中国自然科学博物馆学会 2020年年会论文集

中国自然科学博物馆学会　编

北京航空航天大学出版社

内 容 简 介

中国自然科学博物馆学会 2020 年年会于 2020 年 9 月 23—24 日在江苏常州召开，以“新时代、新需求——自然科学博物馆的新使命”为主题，旨在回应时代需求，进一步激发自然科学博物馆发展活力，行稳致远，不断满足人民日益增长的科学文化需求。

本次会议下设四个分主题：突发公共安全事件科普内容的策划、生产与传播；展览策划与展品研发理论与实践；特色教育活动的开发与实施；智慧场馆理论与实践。100 余名学会会员为会议投稿，经专家评审后，选出近百篇论文结集出版，为科技博物馆从业者，相关高校、研究机构的研究人员与研究生，科普产业相关人员等提供参考。

图书在版编目(CIP)数据

中国自然科学博物馆学会 2020 年年会论文集 / 中国自然科学博物馆学会编. -- 北京 : 北京航空航天大学出版社, 2021.9

ISBN 978-7-5124-3592-6

Ⅰ. ①中… Ⅱ. ①中… Ⅲ. ①自然科学－博物馆－中国－文集 Ⅳ. ①N282-53

中国版本图书馆 CIP 数据核字(2021)第 176162 号

中国自然科学博物馆学会 2020 年年会论文集

中国自然科学博物馆学会　编

策划编辑　蔡　喆　　责任编辑　金友泉

*

北京航空航天大学出版社出版发行

北京市海淀区学院路 37 号(邮编 100191)　http://www.buaapress.com.cn

发行部电话：(010)82317024　传真：(010)82328026

读者信箱：goodtextbook@126.com　邮购电话：(010)82316936

涿州市新华印刷有限公司印装　各地书店经销

*

开本：787×1 092　1/16　印张：38.75　字数：992 千字

2022 年 2 月第 1 版　2022 年 2 月第 1 次印刷

ISBN 978-7-5124-3592-6　定价：188.00 元

编 委 会

序　言

中国自然科学博物馆学会 2020 年年会
开幕辞

尊敬的中国科协党组成员殷皓同志、江苏省科协孙春雷书记、常州市人民政府杨芬副市长，尊敬的严建强教授、王晓刚教授，各位专家，各位同仁，同志们、朋友们：

大家上午好！

今天，中国自然科学博物馆学会 2020 年年会在长三角腹地美丽的常州隆重召开。首先，我谨代表第七届理事会，向出席本次年会的领导嘉宾、专家学者和来自全国各地的 500 多位同仁，表达最热烈的欢迎！向支持本次大会的江苏省科协、常州市人民政府，向为本次大会成功举办而付出辛劳并提供良好条件和服务的恐龙园文化旅游集团，致以最诚挚的谢意！同时，对百忙之中到会做报告、在前期论文评审和大会平行会议担任主持人、点评人的专家表示衷心的感谢！

2020 年是不同寻常的一年。今年的年会也注定是一次意义非凡的年会。在接下来的两天时间里，将有 19 场次活动密集展开，包括 2 个主旨报告、1 个特邀报告、4 场平行会议、1 个发布会、1 个发展论坛、9 个分支机构工作会议及 1 次参观调研。感谢本届新成立的学术工作委员会和学会秘书处提供这样"高调"而丰富的内容设计，感谢全国各地自然科学博物馆及相关领域科技工作者在百忙之中躬临盛会。

本届年会以"新时代、新需求——自然科学博物馆的新使命"为主题，出于以下考虑：

首先，科学技术前所未有地深刻影响国家前途命运，前所未有地深刻影响人民福祉。实现我国高质量、可持续发展的目标，对加快科技创新提出了更为迫切的要求。习近平总书记强调："科技创新、科学普及是实现创新发展的两翼，要把科学普及放在与科技创新同等重要的位置。"这为我们做好新时代科学普及工作提供了根本遵循。这些年来，我国的科普事业得到迅速发展。仅科普场馆建设方面，根据科技部的最新统计，全国共有科普场馆 1 461 个，平均每 95.51 万人拥有一座科普场馆，比 2010 年增加 64.16%；年参观量 2.18 亿人次，比 2010 年增加

131.41%;全国人均科普专项经费4.45元,比2010年增长70.5%。2020年是我国全面建成小康社会、实现第一个百年奋斗目标的决胜之年,也是保障“十四五”顺利起航、开启全面建设社会主义现代化国家新征程、向第二个百年奋斗目标进军的奠基之年。站在这样一个重要的时代节点上,如何回应时代需求,进一步激发自然科学博物馆发展活力,使之行稳致远,不断满足人民日益增长的科学文化需求,是我们需要迫切解决的根本问题。

其次,冬春以来的新冠肺炎疫情是新中国成立以来我国遭遇的传播速度最快、感染范围最广、防控难度最大的一次重大突发公共卫生事件,也是地球人类家园自第二次世界大战结束以来最严重的全球公共卫生突发事件。在以习近平同志为核心的党中央的坚强领导下,全国人民一心一德、同舟共济,发挥集中力量办大事的体制优势,经过艰苦卓绝的努力,付出了巨大代价,才挽狂澜于既倒,从根本上扭转了疫情局势,使我国疫情防控取得重大战略成果。期间,全国自然科学博物馆领域的同仁本着“生命重于泰山”的信念,以高度的社会责任感,在各自岗位上通过多方位、多渠道、多元化的方式,积极投身到全社会疫情防控大局之中,让社会感受到了科普人的温度和力量。应对突发公共安全事件,我们的科普工作如何主动作为、如何提升优质科普内容供给能力、如何创新科普理念与服务模式,是摆在我们面前需要深入思考的一个现实问题。

第三,今年是我会成立40周年。1980年11月26日至12月2日,中国自然科学博物馆协会第一次代表大会在北京召开。来自全国各省、直辖市、自治区的67个自然博物馆、地质博物馆、科技馆、天文馆、人类馆、动物园、植物园、自然保护区等单位代表,以及宁夏、青海、河北、河南等省科协特邀代表共150多人出席大会,见证了中国自然科学博物馆协会的耀世而诞。大会选举时任北京自然博物馆馆长、古生物学家裴文中院士担任第一届理事会理事长。先后历任理事长的还有周明镇院士、李象益教授、徐善衍教授,他们都在不同的阶段为协会的发展作出了历史性的贡献。我们还要特别感谢40年来先后担任学会支撑单位的北京自然博物馆、北京天文馆和中国科学技术馆,他们毫无保留的支持为我们这个小学会提供了温暖的家。为进一步突出我会作为全国自然科学博物馆领域唯一专业学术组织的性质,经中国科协和民政部先后批准,我会于2019年1月1日正式由“协会”更名为“学会”。知所从来,思所将往。在本届年会中举行的学会成立40周年发展论坛,将站在建会40周年这个重要历史时点回望来路、展望前路,邀请我国几代自然科学博物馆人的代表探讨如何秉承“学术立会、科普立身”的办会理念,如何守正创新、传承发展,团结带领全国自然科学博物馆开启新时代新征程。

在围绕年会主题开展的交流之外,本届年会还有一个重要安排,就是由我会联合中国科普作家协会、中国科技新闻学会、中国科协创新战略研究院和北京果壳互动科技传媒有限公司发起的《科普伦理倡议书》即将于明日正式发布。韩启德名誉主席在论述科技与人文的关系时形象地指出，科技就像一辆车，人文就是它的刹车和方向盘。2019 年 7 月 24 日，国家科技伦理委员会正式组建，将我国的科技伦理治理的体制机制建设带入新的阶段，这促使我们科普工作者思考，在科普事业高速发展的同时，如何促进它的高质量发展。我们认为，科学普及在驶上时代的快车道时，也需要"方向盘"和"刹车器"。如何树立科普工作的价值导向，如何让科普工作者达成共识、增强责任，突出科普工作有温度、有感情、有使命感、有责任感的正能量，进而通过各领域科普工作者的共同努力，让科学精神与人文精神交相辉映，让科普在建设世界科技强国大局中贡献更多更大的智慧和力量，也是摆在我们面前值得重视的重要问题。

创建于 2015 年的学术年会，是我会增进会员交流、推进学术建设的重要平台。五年来的年会各具特色，前三年先后在浙江杭州、安徽芜湖、青海德令哈召开，莅会人数均超过 400 人；前年和去年年会均在北京举办，且分别与世界公众科学素质促进大会、"一带一路"科普场馆发展国际研讨会并行套开。受客观因素影响，近两届年会的参会人数和主题设置受到一定限制，让与会代表不无"意犹未尽"之感。从这个意义上说，本次年会实际上是一次回归。2019 年 2 月 25 日，我会召开"中国自然科学博物馆学会第七次全国会员代表大会"，顺利完成理事会换届，至今年 8 月所有分支机构的换届和组建工作也已完成（调整、换届 13 个，新建学术工委会/青年工委会 2 个）。分支机构是我会各项职能的重要承载者、各项任务的主要完成者。值此新旧交替之际，须有承前启后之方。我非常高兴地看到，本次年会期间将有 9 个分支机构召开会议。分支机构如何利用学会平台更好地服务广大会员，是学会改革发展中的一个重要议题，欢迎大家提供意见和建议。

恐龙园文化旅游集团是我会单位会员，许晓音总裁是地学专业委员会副主任。年会最后半天将邀请参会代表去恐龙园参观调研，这是学术交流的深化拓展和生动实践，恐龙园团队对调研活动做了精心设计，本次大会的承办方在尚有疫情防控风险的特殊时期积极担当，并付出了艰辛努力，他们都值得我们致敬。我提议：我们再次以热烈的掌声对恐龙园文化旅游集团表示感谢！

在这里，还要对前期积极响应年会征文的 127 篇论文作者表示感谢。经学术工委评审，40 人将在年会平行会议做口头报告，后续还将择优在我会会刊《自然科学博物馆研究》中刊用。我们相信并期盼，这场特殊背景下汇聚本领域最高端、最广泛智慧的特殊盛会，一定能使大家印象深刻、互学互鉴，收获满满、有得而归！

各位代表，各位同仁，站在时代召唤、社会需求和学会发展的重要历史节点，我会将在中国科协领导和广大会员的支持下，在传承中求创新，在创新中促发展，带领全国自然科学博物馆领域广大科技工作者更加紧密地团结在以习近平同志为核心的党中央周围，锐意进取，奋发有为，共同谱写我国自然科学博物馆事业发展的新篇章！

预祝我会2020年年会圆满成功。祝各位嘉宾、专家和同仁参会愉快！

谢谢。

程东红

中国自然科学博物馆学会理事长

2020年9月23日

目　　录

主题1　突发公共安全事件科普内容的策划、生产与传播

新冠疫情下科技馆应急科普网络作品创作与传播实践——以陕西科学技术馆为例
（陈涛　杨远丛）…… 2
科技馆基于新冠肺炎疫情的应急科普实践探究
（何　旭）…… 8
从突发公共安全事件看自然科学博物馆科普内容的策划、生产与传播
（张　桂）…… 13
“疫情之下，疫防万一——传染病防治科普展”主题展策展记
（程建亮）…… 18
天津科技馆面对突发公共安全事件开展应急科普的积极探索
（范宝颖）…… 24
天津科技馆在疫情防控下的应急科普实践
（许　文）…… 29
科普知识传播的新探索——突发公共安全事件科普内容的策划、生产与传播
（刘　娟）…… 34
科技馆运营过程中遇见的新冠疫情问题及解决对策
（李　娜）…… 39
开展突发公共安全事件科普工作的必要性思考
（胡子耀）…… 44
“与消博互动 和平安同行”——中国消防博物馆做强主业创新开展防火防灾社教工作
（周海滨　张捷　王冰）…… 50
基于闭环控制的博物馆观众服务补救模型探讨——以北京天文馆为例
（管峰　孟洁）…… 55

主题2　展览策划与展品研发理论与实践

浅谈展品互动与展览方式的思路创新
（李继彬）…… 64
浅析科技馆展览展示渗透科学精神的途径与方法
（万望辉）…… 72
科技馆展览问题分析与创新实践——以河南省科技馆新馆“探索发现”展厅主题策展为例
（孙莹莹）…… 78

在科技馆教育中培养学生审辩式思维——以科技馆展项为案例分析
（魏　维）…… 86
因地制宜，精准定位——小成本“精简版”基本陈列改造实践探索
（刘勤学　李梅）…… 93
有型又有料——国内科技馆自然展厅设计探索
（贾　嘉）…… 98
基于4M1E的科技馆展品故障分析
（罗　好）…… 109
矿物宝石类藏品的展陈方式研究——以张家口地质博物馆为例
（韩禹　田建强　李峣）…… 113
人口老龄化背景下的科技博物馆的公共文化服务建设研究
（刘文静　王宇　田文红）…… 122
生物塑化标本在自然博物馆展陈中的应用
（隋鸿锦）…… 127
光学专题科技馆展览设计新构想
（韩莹莹　姚爽　贾晓阳）…… 133
探究动物标本展品开发新思路——大熊猫标本形态艺术制作
（任鹏霏）…… 138
北京南海子麋鹿苑博物馆科研成果科普化的实践探索
（白加德　胡冀宁）…… 143
科技馆展品的研究和创新
（刘培越）…… 149
博物馆创新展览策划与展品研发的分析
（雷凯茜）…… 154
科普科技发展热点的探索和实践——以安徽省科技馆AR展区建设为例
（罗　斌）…… 161
科技馆科普教育活动的创新方式探寻
（徐丽婷）…… 165
内蒙古科技馆科普服务的对策研究
（毛彦芳　苏东红　秦晓华）…… 171

主题3　特色教育活动的开发与实施

面向幼儿的博物馆展厅主题讲述的探索与实践——以国家海洋博物馆为例
（白黎播）…… 184
对接课标开展科普教育活动的思考——以“寻找最美的叶子”科学课程为例
（叶影　叶洋滨）…… 188
浅谈以社会热点创作的科普剧如何有效提升公众的科学素质
（徐　静）…… 193

在科技馆教育活动中倡导文化自信的新尝试——以“科学＋我是科学家之取水新说”为例
（张卓　赵成龙）…………………………………………………………………… 197
浅议科技馆开展“深度看展品”教育活动的开发与实施——以郑州科学技术馆“磁悬浮灯泡”活动为例
（蔡　惠）…………………………………………………………………………… 203
馆校结合活动案例——钉床
（刘一卉）…………………………………………………………………………… 208
固本与交融:新时期博物馆教育的探索——以中国铁道博物馆为例
（李海滨）…………………………………………………………………………… 214
探索新形势下自然类博物馆馆校共建科普教育活动开发与实施
（李银华）…………………………………………………………………………… 219
新时代博物馆教育课程建设的思考
（吴　千）…………………………………………………………………………… 223
探究青少年航空研学活动的定位与开发
（胡鑫川）…………………………………………………………………………… 228
科普场馆开展科普研学的策略——以“少年派的西北漂流记”为例
（王宇　杜鹃　刘文静　田文红）…………………………………………………… 234
基于科研资源开发与实施特色科普教育活动初探——以“无壳孵化小鸡”为例
（鲁文文　朱元勋）………………………………………………………………… 239
在科技馆科学实验表演中加入科学方法教育的实践初探——以合肥科技馆“谁主沉浮”为例
（胡　超）…………………………………………………………………………… 249
将“热点”融入海洋故事——以国家海洋博物馆科普栏目为例
（严亚玲）…………………………………………………………………………… 253
浅谈科技馆科学表演活动的馆企合作模式
（陈丹　万望辉　袁江鹰）………………………………………………………… 257
浅谈古诗词在植物科普教育中的创新应用
（安　玫）…………………………………………………………………………… 263
新时代下天文科普活动的探讨
（杨　科）…………………………………………………………………………… 268
关于普惠教育活动开发与实施的探讨——以固始科技馆为例
（杨胜刚　王汉文）………………………………………………………………… 274
缅怀先贤、牢记使命,发挥自然博物馆在新时代生态文明建设中的引领作用——以重庆自然博物馆为例
（陈　锋）…………………………………………………………………………… 279
浅谈自然博物馆为中小学教学服务的实践与认识
（杜佳芮）…………………………………………………………………………… 285
吉林省科技馆教育活动的开发与实践
（范向花　周静）…………………………………………………………………… 291

关于博物馆举办特色教育活动的探讨——以洪泽湖博物馆为例
（刘 璐）…… 296
以个性化教育活动为抓手 提升优质科普内容——以重庆自然博物馆为例
（张 虹）…… 301
“科创联盟”志愿服务模式在科普场馆中的探索与实践——以郑州科技馆“馆校结合”工作为例
（唐 鹏）…… 306
基于ADDIE模型的科技馆教育活动设计与开发——以山西省科技馆2020年科技夏令营为例
（常 佳）…… 312
浅谈“科学工作室”特色教育活动的开发与实践——以“好玩的空气”STEM系列课程为例
（李 燕）…… 318
浅谈科技馆提升家庭科学素养的办法
（李 玥）…… 326
整合优势科普资源，打造精品科普清单——探讨如何依托科技志愿资源做好校园个性化科普服务
（陆 英）…… 331
农村贫困地区科普工作的思考
（张国强）…… 336
自然博物馆特色教育活动的开发与实施——以“博物馆奇妙夜”活动为例
（雷敏 李晨）…… 342
以PBL模式为核心的博物馆教育课程设计——以陕西自然博物馆“武林‘萌’主”大熊猫课程为例
（周岩 李扬 薛钰 刘梅）…… 348
国内较高水平天文摄影师的现状调查研究
（詹想 宋烜 寇文）…… 354
基于系统理论的博物馆教育能力提升路径研究
（王云龙）…… 372
科技馆特色科普教育活动开发探索与实践——以宁夏科技馆特色天文科普活动开展为例
（柴继山）…… 379
内蒙古科普大讲堂公益活动开展所想到的
（安雪松）…… 387
青少年科技创新后备人才的培养
（尹 可）…… 391
特殊群体教育馆校共建科普活动的探索与实践
（马红源）…… 397
探索在新时代如何拓展强化科普场馆的传播教育功能
（章 珺）…… 401
以科学文化为导向的教育活动
（王韬雅）…… 406
“深入发掘博物馆资源，探索馆校结合的新途径”——以吉林省暨东北师范大学自然博物馆为例
（魏忠民）…… 411

自然博物馆开展科普教育活动的探讨
（易晓煜　刘彩伶）…… 416
对科技馆特色教育活动的思考
（付蕾　聂思宇）…… 421
对接新课标的馆校结合课程教学设计与实践——以内蒙古科技馆馆校结合项目为例
（杨冬梅　胡新菲　斯日木）…… 426
浅谈科技馆如何与社区合作开展特色科普教育活动——以浙江杭州环西社区为例
（叶影　项泉　冯庆华）…… 432
浅谈郑州科技馆展览展品和教育活动的研发——“五代同堂嵩山石”展品探究活动的启发
（张　宁）…… 437
无边界教育模式的有益探索——以“校园博物馆”项目为例
（王莹莹）…… 442

主题 4　智慧场馆理论与实践

5G 时代智慧科技馆建设的探索与实践——以湖北省科技馆新馆为例
（黄雁翔）…… 452
浅析四阶循环法建设智慧博物馆——以中国湿地博物馆为例
（郑为贵）…… 459
浅析线上科普活动的开展
（陆文伟）…… 468
浅谈建设智慧场馆在科学传播中的经验和路径——以天津科学技术馆智慧场馆建设为例
（王　莹）…… 473
新形势下馆校合作模式探索与实践——以吉林省科技馆为例
（范向花）…… 482
线上科普教育活动直播传播策略探析——以武汉科技馆“云尚探究”活动为例
（张娅菲）…… 487
新媒体时代科普教育活动开发——以吉林省科技馆科普“云”课堂活动为例进行分析
（杨超博）…… 493
科普场馆运用短视频提升科普能力的策略研究
（王宇　李星　马亚韬　冯骞）…… 498
新媒体助力科普传播——以抖音为例
（史　晓）…… 506
场馆展品运行管理与服务的信息化实践——以厦门科技馆为例
（洪在银）…… 511
新冠肺炎疫情下科技馆线上应急科普的实践与探索——以内蒙古科技馆为例
（王蕾　秦晓华　特木勒）…… 517
把握科技馆信息化时代特性　推进现代化科技馆体系建设——科技馆科普服务信息化开展模式的研究、探索与展望

（刘一瑞）…… 524
福建博物院自然科学线上线下科普教育新模式的探索与实践
（傅永和　彭珠清）…… 531
线上科普活动要成为鲜活的宣教场地——以长春中国光学科学技术馆近期线上活动为例
（张晚秋）…… 537
关于专业科技博物馆智慧博物馆建设的思考
（马若泓）…… 542
5G 技术构建科技馆发展新形态
（胡　晋）…… 546
浅谈智慧科技馆的探索与实践——以贵州科技馆信息数字化系统平台项目为例
（张璐　向京）…… 552
浅谈推进智慧场馆科普信息化建设的思考
（高　雅）…… 558
探究自然博物馆线上科普展览设计——以陕西自然博物馆线上科普展览为例
（张晨光）…… 563
基于新冠疫情下的科技馆发展趋势探究
（周　娈）…… 567
基于微信社群的科普传播模式探索——以四川科技馆科普社群为例
（庞　博）…… 573
当 3D 打印遇见浑仪——数字科技赋能天文设计
（于建峰）…… 582
科技馆信息系统智能化理论探究
（王　晶）…… 594
以智慧服务引领智慧博物馆建设
（成　萌）…… 599

主题 1

突发公共安全事件科普
内容的策划、生产与传播

新冠疫情下科技馆应急科普网络作品创作与传播实践
——以陕西科学技术馆为例

陈涛[①] 杨远丛[②]

摘 要： 近年来，自然灾害、事故灾难、公共危机、社会安全类突发事件的频发催生了整个社会对应急科普的巨大需求。科技馆作为科普教育基地，及时创作应急科普内容，进行科普宣传，不仅对于公众有巨大的引导教育意义，而且也是利用科学传播抢占公众注意力、提升科普效果的有利契机。新冠肺炎疫情期间，笔者以陕西科技馆应急科普网络作品的创作和传播为例，根据创作期间的思考和内容制作的经验，以及对不同新媒体平台传播效果的数据分析，得出了一些有限的结论，针对科技馆应急科普网络作品的生产与传播提出了一些具体建议。

关键词： 科技馆；应急科普；科普创作；科学传播

1 突发公共安全事件与应急科普的需求和机遇

(1) 突发公共安全事件催生应急科普需求

近年来，自然灾害、事故灾难、公共危机、社会安全类突发事件频发，不仅造成了社会重大人员伤亡、财产损失、环境破坏，而且还严重危及到社会秩序的稳定，尤其是对社会公众的心理产生了重大影响。特别是从2019年底延续至今的新型冠状病毒肺炎（以下简称新冠肺炎）疫情，席卷了全国、全世界。在疫情中，面对铺天盖地的各类信息，既有人重视不足、疏于防范，对社区基层的某些防疫措施颇有微词；也有人过于恐慌、风声鹤唳，给他人造成了巨大的心理压力，影响了社会的正常生产生活秩序。

如何理性看待危机，科学应对疫情？上述背景催生了整个社会对应急科普的巨大需求。应急科普作为突发公共卫生事件应急管理体系的重要构成之一，在引导社会舆论，消除社会恐慌，遏制疫情蔓延，维护社会安定等方面，发挥着重要的作用。

(2) 科技馆在应急科普传播中的机遇

科技馆作为科普教育基地，本身就承担着重要的社会责任。发挥对公众科普教育的职能，实际上是通过提升科学传播的效果来实现的，涉及传播必涉及对公众注意力的竞争，就不得不面对与其他各类传播的竞争。而每一次自然灾害、事故灾难、公共危机、社会安全类事件的突发，都会成为社会热点事件，成为公众注意力的焦点，应急科普的硬需求便体现了出来。此时公众会大幅增加对应急科普内容的主动关注度，自发在网络上搜索、点击、转发相应的应急科普内容。及时生产公众需要的科普内容，进行科普宣传，不仅对于公众有巨大的引导教育意义，而且是科学传播科普内容吸引公众注意力，提升科普教育效果的有利契机。而科普教育本

---

① 陈涛，陕西科学技术馆展示教育一部副主任，研究方向：科学传播与科学普及，E-mail：27101629@qq.com。

② 杨远丛，陕西科学技术馆展示教育一部主任，研究方向：科学传播与科学普及，E-mail：836640486@qq.com。

质上不仅仅是知识的传播，更是科学方法、科学精神的传播，在每一次以突发公共安全事件为背景的科普宣传中，科学方法、科学精神相关元素也会被不断潜移默化地植入公众心中，这是应急科普在传播学语境下的长远意义，也是科技馆通过应急科普提升自身传播影响力的巨大机遇。

2 应急科普网络作品创作的思考——以新冠肺炎疫情为例

科技馆作为科普教育基地，理应是在各类社会热点事件背景下开展科普宣传的"急先锋"，但在新冠肺炎疫情处于高风险阶段时，只能暂停开馆，线下活动更是无法进行。因此，及时开辟线上应急科普阵地，生产和传播应急科普网络作品，对于科技馆发挥其自身职能有重大意义。但是，科技馆并非新闻媒体，没有新闻信息及服务资质，面对疫情能做哪些科普？可做哪些科普？应做哪些科普？都需要认真思考。

（1）新冠肺炎疫情初期应急科普开展情况

作为科协系统下属，科技馆体系中的一员，科普教育基地专职科普辅导员的一份子，笔者平时的日常工作就是科普创作、科普宣传，因此非常关注各类媒体的科普信息。面对突如其来的新冠疫情，在2019年12月底就已经感受到了铺天盖地的庞杂信息，其中既有官方指引、权威发布，但也不乏有许多谣言和不实信息。

2020年1月中旬，中共中央总书记习近平对新冠肺炎疫情作出重要指示，要求加强有关政策宣传解读工作；国务院总理李克强作出批示，要求及时客观发布疫情和防控工作信息，科学宣传疫情防护知识。此后，疫情相关信息公开透明，官方指引和权威发布十分及时，已经占据了公众的主要视野。关于新冠肺炎疫情应对措施、个人防护知识、自我保护意识、消杀规范流程等是科普宣传的重点。

2020年2月初，国家卫生健康委员会牵头成立应对新冠疫情联防联控工作机制，成员单位共32个部门，邀请了科技界、医学界等领域专家围绕疫情防控多方面全流程普及防控科技知识。同时，中国政府网建立"疫情防控知识库"便民服务平台，设置疫情知识、个人预防、家庭预防、就医相关、交通工具、返岗上班、公共场所、居家医学观察等科普专栏，为公众提供防护指南、权威求证、在线咨询等科普知识服务。关于新冠病毒的特征、来源、传播行为等知识也已经大量出现在各类主流媒体平台上，公众对新冠病毒、新冠疫情的关注度已经上升到了一个前所未有的高度。

（2）网络作品科普创作思考

因疫情防控需要，全国博物馆、科技馆相继暂停开放，科普工作的重心由线下转为线上。笔者在2020年1月底开始思考创作新冠肺炎疫情网络作品的科普内容。

当时，各级疫情联防联控机制高度重视疫情应急科普，组织各领域专家围绕疫情防控多方面全流程普及防控知识，科普内容涵盖了疫情病例、传播机制、防护措施、心理调节、营养健康、复工复产等公众关注的各类话题，已经非常全面了。由于科技馆并非新闻媒体，没有新闻信息及服务资质，如果只是单单转发主流媒体的权威信息，就失去了科技馆独立创作网络作品的价值。笔者认为，针对每一次新型病毒的科普，可以多角度、多维度地将科普内容向更纵深的领域拓展和挖掘，这是科技馆应急科普可以做到，也适合去做的。

在此思考的基础上，笔者决定梳理人类探索病毒的历史故事，创作一个科学史类的关于病毒知识的系列科普内容。让过于担忧现状，深陷心理危机的人们能换一个角度看待此次疫情，从现在眺望历史，从普遍理解个例，从而能够重新认识病毒，理性认知疫情。

3 新冠疫情应急科普网络作品创作实践

(1)《病毒的故事》构思与生产

在科技馆暂停开放期间，笔者所在的陕西科学技术馆成立了“数字科技馆内容建设工作小组”，要求小组成员在疫情居家办公期间加强数字科普内容的创作，特别是针对新冠病毒主题的内容。

以此为契机，笔者将之前的思考付诸实践，开始着手创作《病毒的故事》系列科普图文。创作内容每日经审核后发布在“陕西科学技术馆”微信公众号。同时，以录播方式将文字转化为音频，以陕西科技馆辅导员的身份在喜马拉雅音频平台创建了专辑《病毒的故事——从历史到现在》，同步更新科普内容。

创作伊始，笔者主要以《病毒星球》《血疫——埃博拉的故事》《病者生存》等书籍，以及网络上一些资料作为参考。故事从天花病毒的肆虐讲起，一直讲到人类探索天花，最终战胜天花。以天花病毒开头，是为了让公众了解即使这样一个穷凶极恶的病毒，最终也是能被战胜的，从而帮助人们树立战胜新冠病毒的信心。天花病毒之后，再从使用现代科学探索病毒的开端——烟草花叶病毒讲起，鼻病毒、流感病毒、HPV 病毒、西尼罗河病毒、埃博拉病毒、SARS 与 MERS 病毒相继登场，在科普了冠状病毒知识后，又过渡到了同为冠状病毒的新型冠状病毒。接着，再从噬菌体病毒、逆转录病毒、巨型病毒、朊病毒这些不太普通，甚至不算是病毒的“病毒”讲到大自然与病毒、人类与病毒共同演化的故事。

在这之后，笔者之前储备的知识已经用的差不多了，为保证持续输出高质量原创作品，需要每天查阅大量论文、资料，继续补充更多的病毒与人类之间的故事。例如埃瓦尔德关于致病源的“毒力”演化理论，导致“上火”与“缠腰龙”的疱疹病毒，阿尔兹海默症与病毒的关系，从自然疫苗到人工疫苗等。

与此同时，因为对病毒知识的积累达到了一个比较丰富的程度，笔者也开始解读当前最热门的一些话题，比如新冠病毒亚型演化问题、群体免疫是非问题、血型与病毒感染风险相关性、陕西境内汉坦病毒感染事件、无症状感染者的传播能力等话题。

截至 2020 年 4 月，《病毒的故事》已创作完成 5 万余字，配图百余幅，在陕西科学技术馆微信公众平台发布图文 32 期，在喜马拉雅音频平台发布作品 37 期。

(2) 其他网络作品的生产

因为已经查阅了大量论文资料，对相关问题较为熟悉，笔者在知乎问答平台也针对新冠病毒、汉坦病毒及其疫苗研发情况等热点问题进行了 4 次解答。

此外，笔者在喜马拉雅音频平台还创建了《病毒星球》《疫苗的史诗》两个专辑，主要以读书分享的方式展现这两本书的内容。

(3) 内容创作的经验与总结

① 知识的积累是前提。

习近平总书记强调，科技创新、科学普及是实现创新发展的两翼。科研工作者需要不断地积累知识、锻炼能力，才能厚积薄发做出突破。而科普工作者同样需要积累知识、锻炼能力，才能创作出好的科普作品。只不过科研更多的是专精一个细分领域,而科普则需要广博的积累。

科普工作者在平日广泛积累的基础下,当根据某个主题进行创作时,比如新冠肺炎应急科普,就需要在短时间内专注于收集这个领域的知识。因为打算创作系列科普作品,笔者在准备阶段,阅读了大量与病毒学、疫苗研发、流行病学、科技史方面相关的书籍、文献、文章。有了一定的积累和了解之后,才能构思整体思路,从而决定以怎样的方式串联、重组这些庞杂的资料。

在回顾《病毒的故事》系列科普内容创作的过程中,笔者发现最初一篇文章仅800余字,音频仅3分多钟。但随着创作经验的积累,文字量逐渐增加,音频时间也逐渐增加,从3分钟到4分钟、5分钟、8分钟、10多分钟,最长的一期录到27分钟。这都是得益于笔者在本领域积累的知识,知识积累得越多,可创作的素材也就越多。

② 运用故事思维指引内容创作。

本次创作的应急科普内容将以网络作品的形式来呈现,虽然题材本身是社会热点,也是公众关注的焦点,但同类型的网络作品也在爆发式增长。创作的内容和形式也必须要有创新,能够在网络信息爆炸的背景下具有独特的价值。

畅销书作家安妮特·西蒙斯在她的《故事思维》一书中说:"无论是在生活中还是在工作中,如何影响别人、打动对方,都是一项重要的技能,而讲故事是实现这一点的最佳方式,讲一个好故事永远胜过讲道理。"科学传播的目的说到底也是为了用科学来影响公众、打动公众,以受众为中心的应急科普网络作品面对传播竞争,更应该运用讲故事的思维模式来组织内容。

因此,笔者以"病毒的故事"为系列科普内容的主题,不仅全系列讲一个大故事(人类用科学方法探索病毒、战胜病毒的故事),也致力于每一篇都讲一个小故事。虽然在实践中并没有完全做到每一篇都能把"说明文"变成"记叙文",但至少绝大部分都是以这个思路来进行创作的。

③ 有限条件下的多元表现形式。

网络作品自然要在网络上传播,而网络传播的一大特点就是内容的多元化。纯文字、图文结合、音频、视频都有其一定的受众范围,因此笔者在创作了《病毒的故事》文字版后,又采用了图文结合、音频的呈现形式。其实笔者也曾尝试制作视频,但居家办公期间条件有限,创作精力也难以跟上,最终并未实施。

图文结合需要搜索能够直观传达作者意图的图片,与文字结合后能够增加内容的表现力,让公众更容易理解和感受。音频则需要把文字转化为声音,这涉及受众接受信息的形式由视觉转化为听觉,而人类的听觉感受远不如视觉感受强烈,因此在转化时不仅仅是朗读文字,需要更多的再加工和再创作。

分享一些具体的音频创作经验:首先,对于录制设备有一定的要求。笔者起初直接用手机打开喜马拉雅App录音,效果就不太好,之后又尝试了带麦耳机录音,效果稍强,最后,用电脑外接电容麦克风录音,并且实时监听录制效果,录制完成后再用软件进行降噪和调音,从而达到了一个比较满意的效果。其次,对于录制环境也有要求。疫情居家办公期间,白天难以避免各种噪声的干扰,笔者几乎都是在深夜等家人熟睡之后,在另一个房间进行录制。最后,也是最重要的——表达。不仅需要对文字版进行适当的口语化修改,如长句化为短句,还需要注意播讲连贯、吐字清晰、节奏适当。网络音频作品并不一定需要多么专业的播音主持腔,但形成自己的风格,保持录制情绪的连贯性非常重要。虽然文本是基础,但转化为一个较为合格的音频作品也还需要花费一些时间和精力。

4 网络作品的传播效果及分析

科普创作是一回事，科普传播又是另一回事。诚然，好的内容会提升传播效果，但传播效果并不完全取决于创作内容的质量，更多的还是取决于传播方式。

（1）应急科普网络作品的传播效果

① 微信公众号平台。

截至2020年7月底，在陕西科学技术馆微信公众号平台上发布的《病毒的故事》图文内容及音频每篇阅读量仅为100左右，专辑总阅读量在千次量级，评论、点赞、分享行为也很少。而同期转载的各类抗疫政策、防疫知识的阅读量也在同一数量级。

② 喜马拉雅音频平台。

截至2020年7月底，在喜马拉雅音频平台上发布的《病毒的故事》专辑总播放量达9.6万次，完播量7.1万次，平均完播率74%，评论数139条，冲入IT科技类巅峰榜-新品榜的最好成绩是第2名；《病毒星球》专辑总播放量10.2万次，完播量4.6万次，平均完播率45.2%，评论数546条，现在处于IT科技类巅峰榜—口碑榜第71名；《疫苗的史诗》音频专辑获得了4 334次的播放量，完播量2 411次，平均完播率55.6%，评论数21条，因发布较晚且更新较少，未进入巅峰榜排名。

③ 知乎问答平台。

截至2020年7月底，在知乎问答平台发布的4次病毒相关回答的阅读量为1万次，获赞29次，收藏9次。

（2）不同平台传播效果分析

笔者在上述科普内容传播期间，一直关注所创作的作品在各个平台发布后的传播数据，基于有限数据的分析对比，得出了一些结论。

① 微信公众号平台关注后才会推送信息，传播效果取决于公众号本身的粉丝数量。

《病毒的故事》系列作品虽然在陕西科学技术馆微信公众号中以图文方式发布，但也配上了音频，与喜马拉雅音频平台所发布的音频是同一源文件。考察微信公众号的每篇阅读量，无论是疫情发生前所发布的信息，还是疫情之后的信息，无论是转载的官方防疫知识，还是原创的科普内容，阅读量均稳定在百次量级，几乎与作品的主题、内容、形式、质量完全无关。

虽然网络上也曾出现过小众公众号推出过某篇爆款10万+的文章，但实属个例。微信公众号平台以关注后才推送信息的方式向受众分发内容，注定了其传播效果绝大部分是取决于公众号本身的粉丝数量和关注度。而如今，每个人关注的微信公众号大约都在几十个以上，不常阅读的公众号即使发布了信息也不会出现在关注者信息列表的前面，活跃粉丝过少的微信公众号将会更加边缘化。

② 喜马拉雅音频平台以搜索和算法推荐为主，传播效果取决于作品的主题包装和内容质量。

完全同样的内容在喜马拉雅音频平台的传播效果就要远远超过微信公众号平台。这是因为前者向用户分发内容的方式与后者完全不同，对发布者的关注虽然会带来一定的流量引入，但主动搜索行为与算法推荐展示带来的流量则占更大比例。不过，点击了不代表能留存，收听了也不代表会听完，正好喜马拉雅音频平台可以看到更多数据，有利于笔者继续进行分析。

原创作品《病毒的故事》播放量9.5万次，这主要基于用户对新冠病毒相关话题的主动搜索行为和算法推荐展示，当然展示不代表用户会点击，对专辑的包装、描述、简介最终将用户端的展示转化为点击收听。在点击收听之后，能否使用户继续留存，听完本期并继续听下一期内容呢？《病毒的故事》完播量7.1万次，平均完播率74%，这部分传播效果则是取决于内容的质量。

而非原创的《病毒星球》10.2万次的播放量与原创的《病毒的故事》相差无几，说明主动搜索和算法推荐的展示效果差不多。但《病毒星球》的完播率只有45.2%，说明原创作品的持续关注度更好一些，可能源于原创作品内容的唯一性。而对于非原创作品，受众可以在其他平台以其他形式获取内容，关注度可能会有所转移。

③ 知乎问答平台及其他作品传播效果对比分析。

笔者在知乎问答平台也经常回答其他科学类问题，创作质量与回答病毒相关问题也不存在差异，但前者在几年内积累的29个回答才达到11 000的阅读量，32个赞，而后者的4个回答在几天内就达到了10 000阅读量，29个赞。

笔者在喜马拉雅音频平台也创作过其他科普专辑，如《讲给四岁小朋友的科普故事》《讲给小朋友的万物简史》《科学史漫谈》，创作的认真程度和内容质量在笔者本人看来与《病毒的故事》不相上下。但这些专辑的播放量仅为几百、几千的量级，与《病毒的故事》《病毒星球》十万量级的播放量相差甚远。

可见，内容质量相似，在同样的传播平台，仅仅因为主题不同，就可能产生巨大的传播效果差异。

5　科技馆应急科普网络作品生产与传播建议

先说生产。创作应急科普网络作品不仅仅是为了满足社会需要，更是激发科普创作活力的巨大契机。科技馆作为科普教育基地，理应重视每一次社会热点特别是公共安全事件的突发，围绕公众关心的话题开展应急科普，这样既满足了社会的需要，也能拓展自身科普的影响力。需要注意的是，科技馆并非新闻媒体，没有新闻信息及服务资质，特别是面对突发的公共安全事件时，需要确定应急科普网络作品选题的边界，从而与新闻媒体和官方平台的信息形成差异。可以另辟角度，也可以向纵深挖掘，为公众提供不同的知识和信息。此外，科普的目的并非简单地讲述科学知识，更重要的是传播科学方法和科学精神，后两者几乎都可以在历史中找到答案。了解知识是怎么来的，不仅有助于我们更清晰地理解这些知识，也有助于我们更理性地认识危机、看待世界。这是应急科普更加长远的意义。

再说传播。经过之前的分析，我们得出了一些显而易见的结论：微信公众号平台的传播效果取决于长期积累的活跃粉丝数量，而喜马拉雅和知乎问答平台的传播效果取决于主题和包装、内容和制作。越是贴合社会热点的主题，越有利于传播。内容的原创度越高，制作越精心，越有利于传播。可见，无论是喜马拉雅音频平台，还是知乎问答平台，只要是以主动搜索和算法推荐为内容分发形式的平台（如抖音、B站、今日头条等），其传播效果就非常依赖主题的热度和内容的质量，几乎不受之前粉丝数量的影响，非常适合没有积累较多活跃粉丝的科技馆新媒体部门在应急科普的传播中使用。

科技馆基于新冠肺炎疫情的应急科普实践探究

何　旭[①]

摘　要：科技馆作为主要的科普活动举办机构，在遇到突发事件时有责任举起应急科普这面“旗帜”，以便为我国政府的突发事件控制管理夯实基础。科技馆受制于新冠肺炎疫情影响，需要在线上平台开展应急科普教育，只有明确应急科普定义、功能及特征，才能从自身入手对应急科普活动进行统筹管理与控制。本文结合福建省科技馆的实际工作，剖析了科技馆在开展应急科普工作时针对所处阶段特点设计的科普宣传路径，并以此为基础制定相应的改进策略，以便从根本上提高科技馆的应急科普宣传质量。

关键词：科技馆；新冠肺炎疫情；应急科普；科普路径；改进策略

1　应急科普定义、功能及科技馆开展应急科普的优势

（1）应急科普定义、功能

应急科普指的是在遇到突发事件的时候，相关部门及单位需要在第一时间采取适宜的手段将突发事件涉及的知识技能、科学技术准确完整地展示在公众面前，以此提高社会大众对于突发事件的应急处理能力及抗压心理素质，避免社会大众的生命财产安全遭到损失。

通常情况下应急科普具有如下两个功能：一是立足于常态情况，针对某类突发事件展开的教育科普活动，其最终目的在于引导社会大众掌握相关知识及技能，以便从容应对可能遇到的突发事件；二是立足于特殊语境，围绕某个突发事件展开的科学知识、专业技能的科普讲解，此项科普活动的最终目的在于帮助社会大众掌握风险判定能力，从而采取适宜的行动措施。

（2）科技馆开展应急科普的优势

科技馆作为一个公益性科普机构，在社会大众心中占据着重要位置，由于目标受众较多，故在开展应急科普工作时能表现出其特有的优势。通常情况下突发事件是没有征兆、无法预知的，社会大众若想在短时间获得准确真实的应急科学知识，就必须选择最为信服的机构平台，科技馆这个具备足够群众基础的科普机构在遇到突发事件时有责任肩负起应急科普职责，并凭借自身影响力为社会大众提供可靠的应急科普知识讲座。突发事件除了无法提前预测外还会产生较大的不良影响，社会大众在初遇突发事件的时候经常会在恐慌压力的驱使下急于寻求相关信息，由于没有对信息源的可靠性进行验证分析，极易偏信偏听。科技馆作为具有丰富资源储备的科普机构，在突遇危机事件的时候能够准确快速地确定科普活动流程及科普讲座内容，以此正确引导群众舆论、维护社会安定和谐。

---

①　何旭，福建省科技馆宣传策划部副主任。通信地址：福州市古田路 89 号福建省科技馆。E-mail：34620084@qq.com。

2　新冠肺炎疫情下的应急科普新特征

(1) 应急科普内容准确性需要验证

湖北省某位专家曾错误描述"新型冠状病毒与SARS病毒起源相同",造成了严重的信息误导,虽然事后对这一不实言论进行了辟谣,但是这个口误造成的不良影响依然引起了极大的社会恐慌。由此可见,科普内容准确与否不仅关乎社会大众的切身利益,也会在一定程度上影响着突发事件的应急处理成效,一旦科普内容存在错误偏差,势必会影响疫情防控质量,严重时还会造成不必要的生命财产损失。就新冠肺炎疫情的科普工作而言,准确、真实的疫情知识,严谨、科学的病毒介绍,能够很好地平复大众情绪、维护社会安定。

(2) 应急科普主体权威亟需建立

与新冠肺炎疫情相关的消息报道都是"图文并茂"的,极易令社会大众信服,但是这些虚假消息实际上是通过特殊手段"偷梁换柱"的,由于信息传播途径隐蔽,很难被社会大众察觉,由此产生的负面恐慌也不利于疫情防控工作的顺利开展。因此,面对局势紧迫的疫情舆论,我国政府有必要采取强制手段领导应急科普工作,并在第一时间为科技馆这类权威平台提供可靠、权威的科普信息,以此实现拨乱反正、辟谣归真的舆论引导目的。

(3) 应急科普保障机制有待建立

在疫情发生初期,社会大众对于政府决策还是充满信心的,但是自湖北武汉强制交通管控后,有些不良媒体开始过度解读防疫行动,加上防疫科普知识宣传没有得到及时跟进,由此加深了群众对于突发疫情的恐惧心理。面对这一不良社会现状,科技馆这类公益性科普机构有必要动员全部力量、整合优质资源,以科学负责的态度建立应急科普保障机制,做好认知补给、弱化恐慌情绪。

3　新冠肺炎疫情下的科技馆应急科普路径

科技馆面对突发新冠肺炎疫情,在设计应急科普计划的时候需要采取不同阶段分开指导的控制模式,以便获得最佳的科普教育效果。

(1) 触发需求阶段

在新冠肺炎疫情的初始触发阶段,社会大众对于新冠病毒还处于陌生阶段,由于知识缺失、认知不足,在突发疫情的激化下极易出现社会恐慌,科技馆在这个迫切的应急需求阶段有责任填补社会大众的知识缺失。社会大众在特殊语境下急于搜寻相关信息并做出相应回应,科技馆作为公益性的科普机构在开展应急科普教育活动时需要综合考虑传播知识的真实性,并根据突发疫情发展特点选择适宜的传播形式。社会大众在常态语境下通常不会将突发事件涉及的知识、技能熟记于心,因为这些知识对于社会大众来讲是欠缺实用价值的,只有在面对突发疫情的特殊语境下,社会大众才会急于填补相关知识缺失。鉴于此,科技馆在新冠肺炎疫情这一特殊语境下需要做好应急科普活动的筹划、启动及管理,并尽量采取多种途径满足社会大众的多种诉求,这就需求科技馆将我国政府在公开场合发布的新闻观点与现实世界的热点话题联系起来,通过对二者关联性的分析研究,预测在疫情防控阶段可能遇到的风险问题,借助舆情分析明确社会大众的知识缺失情况。科技馆可以在社会大众的众多诉求中筛选出最具价值、最受关注的焦点议题，并聘请国内权威的病毒学、传染病学、临床医学、预防医学、心理学等专家学者在微信、微博、短视频等平台召开直播讲座，将与突发疫情相关的知识、技能及消息呈现在社会大众面前，以便从根本上解决社会大众的知识缺失问题。

自新冠肺炎疫情发生以来，福建省科技馆第一时间积极响应，在大屏滚动播放“科学预防新型冠状病毒肺炎”“用过的口罩如何处理”“乘坐交通工具要注意什么”等宣传图片、视频。同时，在官方微信、网站发布视频、文章等，正确解读、宣传科学的防疫理念，起到了积极良好的效果。截至2020年2月29日，在大屏滚动播出抗疫视频、图片共计500小时，微信发布相关文章126篇，总浏览量55 846人次。

(2) 应急传播阶段

科技馆在触发需求阶段准确掌握了社会大众的认知需求后，还需要联系科学共同体及内容提供者将这一需求内化为科研成果展示及科普知识讲解，并在媒介联合的支持下推动应急科普工作的顺利开展。科技馆依托自身广泛的社会受众将科学共同体研究发现的突发疫情专业知识进行资料整合，内容提供者则凭借其先进科技将相关成果进行可视化处理。在新冠肺炎疫情的影响下，实体科技馆无法正常开展应急科普活动，只能借助微博、微信、短视频等线上平台实现科普知识的宣传与讲解，由于不同传播渠道的受众群体差异较大，科技馆需要综合考虑多方因素选定适宜的传播渠道，并根据传播渠道特点合理设定应急科普内容及展示形式，以便最大限度地满足不同群体的认知需求。例如在每周的固定时间安排一场“全民战役”的直播活动，利用互联网络技术与科学共同体保持紧密联系，并通过实时解答社会大众疑问的方式，消除恐慌情绪、平稳大众心神。

为了积极扩大宣传效果，福建省科技馆就首次与福建电视台共同承办《守护生命科学抗疫》特别节目，于2月28日晚黄金时段18:00在福建电视台综合频道播出，时长1.5小时。这是省科技馆宣传抗疫的又一重要举措，该特别节目在综合大直播、微博、今日头条、央视新闻移动网平台同步播出，观看人次超过15万；相关图文报道通过微图文及长图文的形式在综合频道和帮帮团官方微博、微信公众号、腾讯新闻、今日头条、一点号等新媒体矩阵宣传预热，点击量超过5万；除此之外，该场直播相关的视频还分发至微博、今日头条、西瓜视频、网易新闻、腾讯企新闻、哔哩哔哩、百家号等数十个平台，仅开播前三个宣传预告vlog点击量就超过10万，总视频全网观看量50万+；同时，内容被人民日报、学习强国、中新社、人民网、新华网、科普中国、东南网、福建电视台、福建日报、华人头条、百度、UC头条等13家主流媒体转载报道，截至2020年2月29日，发表文章12篇，浏览量最高达7.23万。

(3) 反馈评估阶段

新冠肺炎疫情这个突发事件因其具有较为严重的危害性及无法预知的特点，迫使科技馆这类科普机构需要以最快的速度将相关资源整合起来，并在此基础上完成科研成果转化及科普产品制造。突发疫情的偶然性也在一定层面上限制了社会大众的知识缺失程度，这也为科技馆的缺失弥补工作降低了难度。这就要求科技馆在开展科普教育活动的时候还需要格外注重反馈评估阶段的知识宣讲与管理，并对社会大众提出的疑问、建议进行收集整理，认真聆听大众心声的同时及时做出回应，以便将应急科普活动由“散播式”递升为“对话式”，进而促使社会大众主动参与到应急科普活动中。除此之外，科技馆还需要加强科普资源的存档、整合与管理，以便为后续科普活动的顺利开展提供可靠参照资料。得益于我国政府的统筹规划与管理，不同地区的科技馆体系建设工作存在一定的互通性，这也为科技馆间的资源共享与交流创造了便利条件，与此同时也有效推动了应急科普资源的整合发展及反馈机制的完善优化。

4　新冠肺炎疫情下的科技馆应急科普活动改进策略

社会经济的发展推动了科学技术的更迭完善，人口密度的增加使得自然资源的争夺愈演愈烈，并给世界生态系统带来了不小冲击，人类社会已然步入高危风险时期。在此背景下，我国政府需要加快应急管理体系建立及管理调控制度确定，以便在遇到突发事件的时候能够有条不紊地进行规划部署。科技馆作为重要的科普机构，有责任为党和政府分担部分应急知识科普工作，现就新冠肺炎疫情下的科技馆应急科普活动改进策略进行概述分析。

(1) 建立顺畅的信息互通机制

科技馆由于科普资源有限且不具备足够的突发疫情预判能力，故不能单凭自身力量开展应急科普工作，而是需要依靠应急办、疾控中心、科研机构、公安部门、气象局等政府部门，做好常态语境下的科普教育活动，并在遇到紧急情况时能够配合职能部门制定科学合理的应急科普流程。为了进一步扩大应急科普活动的受众范围，科技馆还需要与博物馆、图书馆、美术馆等文化传播机构联合起来，在现代科技馆构建体系的基础上实现资源整合及信息共享。除此之外，科技馆还需要善于借助新闻媒体实现多层次、全方位的应急科普知识宣传，拓展传播渠道的同时扩大受众面积，进一步推动应急科普工作的开展。

(2) 科学共同体的技术支持

科技馆在利用互联网络技术开展线上应急科普活动的时候，离不开科学共同体的科研支持，科技馆的能力价值主要在于统筹科普资源，并将其整合为易于被社会大众接受的科普知识。这就要求科技馆加强与权威科研机构的信息交流与沟通，以此掌握专家学者最新研究成果，进而满足社会大众关于突发疫情的认知需求。与此同时，我国科技馆还可以参照发达国家知名科技馆的成功经验，外聘专家作为兼职顾问，为应急机制建立、科普知识制定、科普讲座召开提供意见建议，以便从根本上提高科技馆在突发疫情下的应急科普工作质量。

(3) 建立应急科普教育常态化机制

新冠肺炎疫情属于危害社会大众健康的突发事件，因此需要采取紧急的科普教学手段，以便在最短的时间内获得最大的传播收益。新冠肺炎疫情除了会波及人们的生命安全外，还会在社会中产生很多不安定因素，如果没有开展常态化的科普教育活动，那么势必会影响应急科普工作效果。鉴于此，科技馆除了需要肩负应急科普教育职责外，还需要做好应急科普教育的常态化管理，借助主流媒体平台开设科普教育专栏，讲解宣传与突发事件相关的知识技能；配合学校开展突发事件演练活动，以此丰富学生的应急处理知识、提高学生的公共卫生事件决策能力。

(4) 健全应急科普资源库及人才库

科普资源库及专业型人才库是确保科技馆的应急科普工作得以顺畅开展的基础所在，科技馆需要从自身实际出发联合多方力量构建一个集自然灾害、公共卫生、灾难事故、社会安定为一身的科普资源库，并结合上述突发事件特点制定危险预测、应急管理、紧急撤离、舆论引导、互助自救等应急处理流程。与此同时，还需要尽量搭建一个全面、系统的专业人才数据库，融合科研高校、知名企业、科学协会等多方力量，力求将各学科专业优势发挥出来，并以此为基础形成多层次、全方位的应急科普队伍，在遇到突发疫情时能够对事件进展、波及范围、危险因素进行合理预测与剖析，并在最短的时间内将权威科普信息以简单易懂的文字、图片、动画、视频等形式传播出去，以便让更多的受众知晓。

5 结 语

科学技术是人们战胜重大灾疫的重要武器，我国政府不仅要加快科研探索的脚步，还需要重视科普知识宣传及普及。科技馆作为主要的科普宣传机构有责任协助政府部门开展应急科普教育工作，以此丰富社会大众的知识、技能储备，以免在遇到突发事件时手足无措。

参考文献

[1] 吴琦来，罗超. 我国社会性科学议题的科学传播模型初探——以"PX项目"事件为例[J]. 科学与社会，2019，9(2)：92-110.

[2] 国务院新闻办公室. 抗击新冠肺炎疫情的中国行动白皮书[EB/OL]. (2020-06-07). http://www.scio.gov.cn/ztk/dtzt/42313/43142/index.htm.

[3] 王景侠. 战胜"信息疫情"，需提升公众媒介信息素养[N]. 新华书目报，2020-04-10(005).

[4] 赵正国. 应对新冠肺炎疫情科普概况、问题及思考[J]. 科普研究，2020，15(1)：52+56+62+107.

[5] 王志芳. 新冠肺炎疫情中科协系统应急科普实践研究[J]. 科普研究，2020，15(1)：41+46+106.

[6] 王明，杨家英，郑念. 关于健全国家应急科普机制的思考和建议[J]. 中国应急管理，2019(8)：38-39.

[7] 苏倩. 融媒体环境下应急科普教育探究[J]. 科技创业月刊，2019，32(11)：129-131.

[8] 周荣庭，柏江竹. 新冠肺炎疫情下科技馆线上应急科普路径设计——以中国科技馆为例[J]. 科普研究，2020，15(1)：91-98+110.

[9] JINLING H，RAJIB S. Corona Virus (COVID-19) "infodemic" and emerging issues through a data lens：The case of China[J]. International Journal of Environmental Research and Public Health，2020，17(7)：1-12.

从突发公共安全事件看自然科学博物馆科普内容的策划、生产与传播

张　桂[①]

摘　要：自然科学博物馆在突发公共安全事件的科普工作中扮演着重要角色，在加强公众应对突发公共安全事件的能力、提升科学素质方面发挥着重要作用。岁末年初新冠肺炎疫情来袭，自然科学博物馆在应急科普领域使命在肩，承办天津市科技工作者抗疫风采展，推出"天津市科协预防新型冠状病毒科普知识有奖竞答"和"天津市科协科学素质答题"活动，举办新冠肺炎全域防疫科普作品征集活动，为各区科协推送应急科普电子资源包，同时自然科学博物馆未雨绸缪，打造应急科普队伍，总结经验教训，引导公众科学防疫、健康生活，力求将科学理性的生活方式与态度植入人心。

关键词：自然科学博物馆；突发公共安全事件；科普内容的策划与生产传播

根据第十次中国公民科学素质抽样调查，天津市公民科学素质水平位居全国第三，公民具备科学素质的比例达到14.13％，已达到和接近发达国家21世纪初的水平，超过欧洲27国2005年13.8％的平均水平，发展态势良好。随着我国综合国力的增强，国家对科普基础设施建设的投入力度明显加大，公民参与科普活动的热情显著提升，人民日益增长的科学文化需求与自然科学博物馆发展不平衡、不充分之间的矛盾日益凸显，自然科学博物馆如何回应时代需求，进一步激发发展活力，不断满足人民日益增长的科学文化需求，是时代赋予我们的新使命。

突发公共安全事件是突然发生的、可能造成严重社会危害，需要采取应急处置措施予以应对的自然灾害、事故灾难、公共卫生事件和社会安全事件。当今大环境条件复杂，工业化、城市化和科技高速发展，人类自身对自然界规律的认识、对社会发展规律的认识尚且不足，稍有不慎都可能造成突发公共安全事件，进而带来一系列危及人民群众生命健康和人身安全的重大损害，甚至在不觉间加剧其危害。突发公共安全事件的科普既应包括与突发公共安全事件相关的知识的科学传播与普及，也应包括突发公共安全事件的常态化应对训练。岁末年初新冠肺炎疫情突然来袭，要求自然科学博物馆与时俱进，科学应对，我们作为突发公共安全事件科普的重要传播阵地，既是在突发公共安全事件尚未发生时提供常态化科学普及的必要平台，也是突发公共安全事件发生时提供应急科普资源服务的重要保障。

1　突发公共安全事件科普要引导公众认识真相，提供有科学依据的、值得信赖的信息源

互联网时代，海量信息来袭，信息传播速度加快，尤其是新冠肺炎疫情来袭之际，一些打着关注公众身体健康旗号的"科学谣言"极易泛滥，比如"维生素C可以预防新型冠状病毒？"等，

---

① 张桂，天津科技馆科普资源和信息部工程师。通信地址：天津市河西区隆昌路94号。E-mail：418408906@qq.com。

维生素C能促进抗体生成，但它并不是抗病药物，也不能抑制病毒在体内繁殖，更不能阻止病毒对人体的入侵。这类谣言往往用一些科学概念和理论进行“包装”以吸引眼球，看似科学，实为谣言，不仅误导公众，造成社会恐慌，还影响社会正常运转，必须及时破除。通过科普让公众掌握科学知识，引导公众运用科学知识破除谣言，求得真相，为公众提供有科学依据的、值得信赖的信息源。

对于已经出现的“科学谣言”，要通过采访权威专家、做现场科学实验等形式及时澄清。由于科学的严谨性，大多数时候科学知识可能呈现的会是“冰冷”的面孔，要用活泼、亲民的方式将其展现出来，才能激发公众关注科学的兴趣。虽然相对于科学技术研究，科普可能是相对简单的事情，而且其效益可能无法通过经济学的方法衡量，但是对于提升公民科学素质，在全社会形成相信科学的共同价值取向具有重要意义。科学普及是实现创新发展的两翼之一，是建造创新“通天塔”的塔基，塔基越宽广、越牢固，创新的“通天塔”才能更高、更壮美。突发公共安全事件科普更是助力健全社会预警机制、突发事件预警机制和社会动员机制的重要力量，能够最大限度地预防和减少突发事件及其对社会造成的危害。

2 科普内容的策划、生产与传播在突发公共安全事件中的重要性日益凸显

突发公共安全事件科普有三方面要素，首先时效性强，要在非常短的时间内把相应的科普知识传播出去，如果时间错过了，科普效果将大打折扣；其次针对性强，突发公共安全事件通常都是一个非常特定的事件，需要解决的问题针对性很强；最后挑战性强，每一次突发公共安全事件，不仅会对科技工作者提出新的挑战，更对科普工作者提出了新的挑战。在突发公共安全事件中，自然科学博物馆科普教育的目的就是普及科学文化知识，破除谣言，从多维度展现自然科学博物馆所带来的价值，激发公众对自然科学知识的学习积极性，提升公众科学素质。

突发公共安全事件是社会焦点，吸引公众的眼球。如何在突发公共安全事件科普工作中主动作为，如何提升优质科普内容供给能力、创新科普理念与服务模式，围绕自然灾害、气候变化、环境污染、食品安全、传染病、公共安全等人民群众关注的社会热点问题和突发事件，如何进一步加强突发公共安全事件科普内容的策划、生产与传播，提升公共服务水平，是摆在自然科学博物馆面前的重要课题。

3 自然科学博物馆在突发公共安全事件中科普内容的策划、生产与传播

岁末年初的新冠疫情无疑已经改变了我们的生活，在后疫情期间，如何适应目前的防控常态？如何继续运用科学的武器巩固防控成果？公众在经历这次疫情后能否科学地思考问题？改变不良习惯？这一个个萦绕在公众心头的问题，谁来答疑解惑？谁能提供权威科普知识？自然科学博物馆使命在肩。

(1) 展览在身边，科普入人心

2020年5月30日，在第四个全国科技工作者日到来之际，由天津市科学技术协会主办的“不忘初心担使命，津门战疫当先锋”天津市科技工作者抗疫风采展在天津科技馆揭幕，将原有

“册子、展板、讲座”老三样的基层科普模式进一步优化和提升，让融入艺术设计感的防疫科普以展览的形式走进公众身边，用最直观的视觉感官表达方式，弘扬此次抗疫过程中广大逆行勇士敢于担当、共克时艰的奉献精神，引导公众科学防疫、健康生活，将科学理性的生活方式与态度植入人心。

张伯礼院士“中西医结合治疗”的“中国方案”大幅降低了病亡率；张颖主任对宝坻百货大楼抽丝剥茧的流调分析，为科学防控打下扎实基础；开展专业服务的科技志愿者为筑牢社区防线战斗在下沉一线……我们中有人白衣执甲、逆行出征，我们中有人不畏艰辛、执着坚守，没有从天而降的英雄，只有挺身而出的凡人，多难兴邦精诚志，同心同德显担当。大疫亦是大考，在抗击新冠肺炎疫情的大考中，一幅幅暖心的画面、一个个动人的故事、一句句铿锵的话语，交出了天津答卷，贡献了天津智慧，体现了天津担当。展览分为“科学防控”“患者救治”“科研攻关”“全域防疫科普”“复工复产”“科技志愿服务”六大篇章，通过300余张图片，50余件实物展品，全景记录了天津市150万科技工作者在这一重大历史考验面前，坚决响应党中央号召，投身疫情防控和经济社会发展的天津抗疫历程，记录他们关键时刻万众一心、心手相牵、担当作为、争当先锋的精神风貌。

滚石上山，一步不能退；逆水行舟，一篙不能松。歌诗达赛琳娜号邮轮惊心动魄的24小时，天津动车客车段聚集性疫情的有效控制，宝坻百货大楼的万人大筛查……为了尽快给疫情蔓延按下“停止键”，天津市科技人员在疑似检测、医学隔离、专业消杀、流行病学调查等多方面都发挥了专业作用，他们科学防控、分类施策、倾情投入、无私奉献，根据不同情况对症下药，密切跟踪防控形势变化，及时分析、迅速行动，做到真隔离、硬阻断，从而隔离传染源，阻断传播链，守护万千百姓的安康。为疫而战，既战出了天津责任担当之勇，也战出了天津科学防控之智，更战出了“把人民利益举过头顶”的无私之爱。

(2) 众志成城，战“疫”有我

创新加速技术升级迭代，促使新兴媒体迅猛发展，传统媒体与新兴媒体融合向纵深发展，公众对科普的需求日益增长，各方面均要求科普工作对象要向全体公众转变、科普内容要向普及新技术新成果转变、传播方式要向传统媒体和新媒体融合创新转变。

通过开发“科普天津云”微信小程序，拓展科普信息化的新模式，以微信用户为目标群，挖掘公众传播的社交属性，打造“宣传—学习—互动—监测—竞赛”为一体的社会化媒体阵地。公众可浏览全域科普的最新动态、科普中国每月推出的“科学流言榜”以及最新的科学知识，还可以与微信好友一起参与“人工智能”“防灾减灾”“网络安全”等主题的科学素质竞赛，获取积分并赢得相应荣誉称号，目前共有25万人参与小程序的学习，110万人次参与答题。

疫情爆发初期，为消除公众焦虑情绪、增强公共安全意识，我们及时开通了新型冠状病毒预防专题，汇总、整理、推送预防新冠肺炎的科普信息，快速发布权威官方声音，积极回应社会关切。新冠肺炎疫情期间，为积极响应市委市政府号召，广泛宣传新冠肺炎疫情防控知识，提高市民自我防范意识，我们及时推出“天津市科协预防新型冠状病毒科普知识有奖竞答”和“天津市科协科学素质答题”活动。为保证题目的权威性、可靠性和实效性，我们积极协调中国科协、中国科普研究所获取权威科普题目，从健康中国、科普中国、学习强国等平台广泛搜集题目，建立了800道疫情防控和科学素质题库。从1月30日至3月31日，活动累计参与人次超75万，得到了科普中国及各兄弟单位的广泛肯定与公众的积极响应。其中，贵州省科协、烟台市科协等单位主动与我们联系，学习大赛经验做法，对接科普资源需求，形成了良好的示范推动效应。

为进一步提升我市公民科学素质，以应对之后可能发生的突发公共安全事件，我们依托“科普天津云”微信小程序开展了“2020年天津市公民科学素质网络大赛和预测试”活动。截至7月31日，公民科学素质网络大赛有12万人参与，参与人次超110万；全市16个区、256个街道、5 086个社区参与到预测试答题，参与人数超过3万人。除此之外，我们还前往武清、北辰、东丽、南开等区进行宣传讲解，对“科普天津云”微信小程序的使用事项进行现场辅导，并通过设置奖励等形式激发公众答题热情，小程序日访问量超过3万次。

我馆举办“众志成城 战‘疫’有我”新冠肺炎全域防疫科普作品征集活动，利用“互联网＋”传播方式开展科普整合创新传播模式。活动从2月18日到3月31日，经过40多天的征集，吸引了广大科技工作者、科普创作者、社会传媒及公众的广泛参与，收到来自全国9个省市和全市134家单位提交的包含音频、视频、海报和图画等形式的优秀科普作品2 724组，优秀作品已陆续在科普天津云、今日头条、抖音等媒体平台向社会发布，受益人次达到2 715万，充分反映了全媒体传播的及时性与互动性，海量性与共享性，社群化与个性化等特性，将不易用语言表达的科普内容，以直观、轻松、有趣的方式呈现给公众，降低了科普知识传播门槛，通过个性化制作、可视化呈现、互动化传播，帮助公众科学认知疫情、提高自我防护意识，为打赢疫情阻击战营造了浓厚氛围。

(3) 因地制宜，精准配送

新媒体环境下信息资讯极度丰富，但也造成了传播的泛滥，如何使信息高效传播迫在眉睫，而信息可视化设计是品质传播的趋势需求。为了因地制宜地满足公众实际需求，我们对接各区科协，探索精准配送。

以新冠肺炎疫情的防疫与科普知识传播为例，想要达到疾病防疫的科学舆论先导，需要借助信息可视化设计来助力科普知识的广泛传播。新冠肺炎防疫知识的信息可视化设计，力求做到简明易懂，增强“以人为本”的交互性。同时，要提升趣味性，优化复杂的文字与数据信息，积极落实防控工作部署要求，优质高效传播疫情防控知识，满足公众心理需求，化解社会焦虑。新冠疫情期间，为及时输送应急科普资源“弹药”，有效提升服务的广度和深度。自1月23日起至3月中旬，每天通过“天津科普说”微信公众号、科普天津云平台，从科普中国、国家卫健委、疾控中心等权威平台转发科普信息，共推送300余篇科普图文，累计阅读量超25万人次。同时，坚持每天为各区科协推送优质应急科普电子资源包。为各区设计完成《预防新型冠状病毒》宣传海报、《新型冠状病毒十大谣言你中招了吗》等科普挂图、《科学预防新型冠状病毒肺炎》《新型冠状病毒防控辟谣》等科普视频。累计设计、制作、发布各类科普资源345种，并多次为天津广播电视台科教频道提供权威新冠防疫科普宣传视频资源，助力应急科普全媒体传播，力争做到精准落实科普服务，以理性宣传为内容导向，侧重权威发声和感性宣传相结合。我们力求通过科学与艺术相结合的宣传形式，给观众带来不一样的观感体验，让公众在铭记这一段深刻记忆的同时，重新审视“人与人”“人与自然的关系”，从而引发思考，体会科学生活方式、科学态度的真正意义。多种形式的信息设计和视觉表达，发挥了直观性、趣味性的优势，各区科协及有关单位主动联络、积极转载、印制宣传，让防疫知识在短时间内被广泛传播。由此可见，可视化设计在缓解民众对疫情的恐慌，弥补防疫知识空缺，促进心理健康等方面起到了积极的作用。同时，也为破除谣言助力，有效地驱动了疫情防控的内在动因。

(4) 全面动员,打造队伍

突发公共安全事件最能考验自然科学博物馆人的领导能力、专业素养和作风纪律。要加强自然科学博物馆人的专业训练,把应急科普作为一门科学,涵养专业精神、培育专业思维、提高专业素养,掌握专业方法。让更多的自然科学博物馆人在思想淬炼、实践锻炼、专业训练中成长成才。

科普具有社会公益属性,自然科学博物馆的应急科普宣传不仅需要各级政府的大力支持,还需要公众和社会多元化的积极参与和通力协作。动员社会力量参与应急科普资源共建共享是促进科普投入主体多元化和科普运作多样化发展的有效途径,更是应急科普全民参与共享的集中体现。具体做法如下:

一是主动出击,横向合作。与天津青年宫、天津美术馆、河西少年宫等10多家事业单位开展横向合作,在应急科普中实现优势互补,在专家资源、科普活动资源等方面进行协作共建和资源共享。

二是鼓励科普企业参与科普活动。科普企业拥有丰富的科普资源,可以向公众展示产品研发、制造过程中相关的科学原理、产品的工艺流程等,鼓励企业结合自身优势,参与应急科普活动。通过走访调研科大讯飞、深之蓝、一飞智控、德拉学院、天津农学院等20余家科普企业、社团,建立了良好的合作机制,为应急科普实现社会效益和经济效益的双赢打下了坚实的基础。

三是注重未雨绸缪,组建自己的应急科普队伍。将发展壮大信息员队伍纳入各区绩效考核,压实各单位的主体责任。以基层群众为主体,以手机终端为传播媒介,建立一支活跃在民间的"科普工作队"。截至2020年7月31日,天津市科普中国App注册人数5.3万人,同比增长近250%,传播量超1 400万人次,月活跃量超4.6万人,以后如再有类似事件突发,可以将应急科普知识精准传播到千家万户。

4 结 语

星星之火,可以燎原。突发公共安全事件科普工作要贴近公众,及时全面了解科普需求,在抗击新冠肺炎这场没有硝烟的战争中,应急科普的重要性再次凸显,自然科学博物馆肩负着高效科普的重任和期望,要充分利用场馆的资源优势,在传播科学信息、稳定社会情绪、肃清非智舆论中发挥重要作用。

“疫情之下，疫防万一——传染病防治科普展”主题展策展记

程建亮[①]

摘　要："疫情之下，疫防万一——传染病防治科普展"是由四川科技馆独立策划的展览，该展览以新型冠状病毒感染的肺炎疫情(以下简称新冠肺炎疫情)为纵向知识线索，横向拓展到传染病的相关内容，旨在让观众系统了解防治传染病的相关知识，从而培养严谨的科学态度，提高公民科学素养和防控意识。同时，也想通过展览最后部分分享的一些现象和事例，以及提出的一些问题，引发大家的思考，尤其是如何科学主动防控和应对下一次疫情。本文围绕策展背景、项目实施前几个方向性的确认、框架内容设计、展品设计等讲述策展人策展的思路及理念。

关键词：传染病防治；应急科普；展览策划；框架内容

1　策展背景

人类发展史就是一部与传染病的斗争史。公元前13世纪我国就有以甲骨文记载的占卜瘟疫的文字。在西方，瘟疫被认为是圣经《启示录》中末日四骑士(另外三个是战争、饥荒和死亡)中最为恶劣的一个。纵观全球，目前还没有以传染病为主题的博物馆或科普馆，有的综合类博物馆设有以“传染病”或“瘟疫”为主题的展览。我国目前建有中国医学博物馆(位于河南省长垣县，2015年3月开馆)，是我国首家全门类医学专题博物馆。世界上有以某次瘟疫或某个人物为主题的馆所，较具代表性的有：①英国亚姆村瘟疫博物馆，该馆于1994年开馆，其建立的背景为英国曼彻斯特东南约50千米的亚姆村为阻止村内黑死病的蔓延将村落自行隔离；②英国爱德华·詹纳博物馆，该馆以英国医生、医学家、科学家爱德华·詹纳命名，爱德华·詹纳因研究及推广牛痘疫苗、防治天花而闻名，被称为“免疫学之父”，该馆主要展示的是詹纳的日常生活环境和使用物品，以及对天花历史进行介绍；③澳大利亚人类疾病博物馆，该博物馆建于1960年，收藏展示了数百种疾病及其并发症的资料和相关人体组织样本，包括艾滋病、癌症、中风、心脏病、糖尿病、遗传性疾病等，该馆主要面向学生群体，每年参观者近1万人次，是澳大利亚唯一对公众开放的疾病博物馆；④俄罗斯国家病毒收藏品展览室，展览室内共有2 500多个展品，包括肝炎、脑炎、疟疾、流感、狂犬病、天花等病原体样本，还有一些对人类更危险的病毒被保存在远离莫斯科的谢尔吉耶夫波萨德镇的一个完全封闭的实验室中；⑤玛丽安·科什兰在线科学博物馆，该博物馆是线上展览，博物馆内容包括全球疾病分布、新兴疾病追踪、疫苗和人类免疫、疾病传播背景、公共健康安全、抗生素及新出现的耐药性等板块，可以

---

① 程建亮，四川科技馆工程师；研究方向：科技管理及开发，展览策划与设计；通信地址：成都市青羊区人民中路一段16号；邮编：610000；Email：369428315@qq. com。

进行线上学习和浏览。

新冠肺炎疫情是新中国成立以来在我国发生的传播速度最快、感染范围最广、防控难度最大的一次重大突发公共卫生事件，必将成为人类抗疫史上极其重要的篇章。四川省目前还没有以传染病为主题的博物馆、科普馆或者专题展览，但四川又是我国的传染病高发地区之一，建设“防治传染病科普展”意义重大。四川科技馆作为科普阵地，有责任也有义务做好此项工作。

2 几个方向性问题的确认

该展览需要确认几个方向性问题才可以顺利展开工作。一是采购方式的选择，根据政府采购法，采购项目金额大于50万则必须公开招标，而公开招标的最快周期初步估算至少一个月。如果选择馆内比选程序，不仅流程上简化了，时间上至少节约一半，而且我们也可以直接参与项目的评审，能够保证选择的是更加适合项目后期工作的合作方，另外结合我馆的经费情况，最后确定该项目的预算金额不超过50万，采购方式定为公开比选。二是展览技术呈现手段的选择，如果选择以互动型展品为主，目前还没有比较成熟的关于传染病防治方面的展品可供直接采购，所以展品需要定制，这样每件展品设计的周期较长，费用高昂，显然和我们要求的最短化时间周期和预算不超过50万相背离。所以我们选择以图片、文字，多媒体为主的方式表现展览，同时考虑到如果仅以这些传统的方式表现一个带有沉重感主题的展览，将会导致展览生硬、无趣、死气沉沉，缺乏积极向上、灵动的气息。所以我们考虑加入互动性的展品，并营造一种活跃的氛围。不过预算是个痛点，怎么开发好展品将是一个巨大的挑战。三是设计方案策划由谁来做的问题，根据我们对国内展览设计和制作公司的了解，目前还没有哪家公司具有成熟的传染病防治相关的展览设计经验，尤其在内容方面。其实我馆早在2015年二期改造之初就成立了规划设计组，不仅是为推动二期改造工程顺利进行，也是为四川科技馆未来能够独立开发展览做好铺垫，更是向国内科普风向标——中国科技馆看齐，努力具有在科普展览设计方面独树一帜的能力。所以我们组责无旁贷地承担了方案的策划，这样就节约了设计成本，节省了甲乙双方来回沟通设计的时间，比选的内容也只是制作和施工，从而能够保证我们所想的即为我们最终能够在展览现场看到的，即“所想即所得”。

3 框架和内容设计

该展览在本质上其实是一次应急科普。应急科普是指针对突发事件及时面向公众开展的相关知识、技术、技能的科学普及与传播活动，其目标是提升公众应对突发事件的处置能力、心理素质和应急素养，最大限度减少突发事件对人民生命健康、财产安全以及经济、社会的冲击。根据对应急科普的理解，我们将展览大纲确定为五部分：疫情骤起、病毒入侵、疫情大考、疫情防控、新冠疫情下，并从以下几点进行了设计：

一是凸显应急科普的内涵与功能，其中先是面向已经发生的公共突发事件而开展的应急性科普服务，我们以新冠肺炎疫情为依托，开题回顾新冠肺炎疫情的爆发，让观众时刻对传染病保持警惕，继而引出新冠肺炎病毒和传染病知识内容的科普展示，如细菌和病毒的形态结构特点、生命活动特点、主要危害、预防方法、人类认识细菌和病毒的过程等。然后是针对日常易发、常发的公共突发事件而进行的常规性预防科普教育，例如了解口罩的分类和如何正确佩戴口罩，虽然公众平时在各种媒体上都有看到类似的知识，但是缺乏一个较官方的平台来获取系统性、完整性的知识，另外知识的传播方式也较单一，多是以文字、图片、多媒体这些较平面化的方式进行普及。而我们通过设置形象化、立体化的展品，与观众进行互动。二是提升公众面对传染病的心理素质、应急素养。展览的第三部分“疫情大考”对本次疫情国家、各省、市、区、县、社区层面科学防控工作进行介绍。在这次大考中，科学的应对措施是战胜疫情的关键。首先我们回顾的是被称为“病毒邮轮”的钻石公主号所经历的疫情轨迹，这是疫情发展初期值得参考的一个重要经验。作为对比，我们也将武汉封城的发展过程用时间线来展示，着重梳理了中央部署抗疫大战的时间线，继而整合形成战“疫”日记，并介绍了火神山医院的建设过程，通过中央电视台的在线直播让公众重温全民监工建造方舱医院的场景。展览的第四部分“疫情防控”，一是从防治传染病历史的角度出发，分别简要介绍了中国人民和世界人民从古至今在与各种传染病的战斗中，不断进步不断发展的艰难历程。二是对传染病防治法进行了简要清晰的介绍，向观众普及突发公共卫生事件以及生物安全等级和公共卫生服务等相关知识和信息。通过以上两部分内容的展示，让公众了解到传染病在任何时期都可能发生，并且无论过去、现在以及未来，只要我们拥有科学的防控防治方法，是完全可以战胜它们的，从而避免公众在面对公共卫生事件时的恐慌情绪、消极心理。三是引发公众对疫情的思考，展览的第五部分“新冠疫情下”，从疫情的发生前、中、后不同时期引发公众的思考，这是一个开放性命题，我们以引导为主，例如避免疫情的发生之“构建地球生命体生命安全网”，讲述野生动物、人类、生态系统之间的关系，以目前存在的人类对野生动物的一些错误行为和极端思想为题进行发问并引出话题，从而触发观众思考如何从生活中的点滴做起，从源头上避免疫情的发生。同时以疫情发生期间各种谣言满天飞为题，提出提高全民科学素质的重要性，侧面引导观众关注和尊重科普事业，并主动提升自己的科学素养。然后以均衡营养、适当的运动、优质睡眠、良好的情绪和心情为子主题，直截了当地告诉公众“世界上最好的抗疫药”是什么。疫情发生后则从政府(包括疾控中心)、企业、大数据时代等不同角度、维度展开，讲述他们在疫情发生前中期不同的理念及应对措施，以及疫情发生后为未来做的准备，以此来引发不同主体的反思。最后我们在展览中适当地穿插宣传了一些正能量的内容，如川医援鄂、川资援鄂，缅怀在本次疫情中牺牲的医务工作者、最美逆行者，以及展览末尾习近平总书记提出的“推动构建人类命运共同体”，体现该思想在面对复杂形势和全球性问题中的重要作用，而这次疫情防控也正充分体现了这一思想。

4 展品的设计

基于项目总经费(小于50万)、场地面积(小于300 m^2)、应急科普及临展属性方面的限制，同时结合本展览五个部分内容，共设计了6件展品。笔者认为如何利用已有资源设计展品，并将展览效果和价值最大化是这次展品设计的特点。

例如第五部分关于“世界上最好的抗疫药”——运动的展项(见图1)。硬件的选择上我们采用市面上购买的一台不到3 000元的椭圆机作为观众可以参与其中并能互动的展项，将科技馆库房内的 10 台 43 寸电视(原有库存或者老展品拆卸下来的)做成一个类似 2×5 矩阵的“拼接屏”,播放内容为网络上购买的一批时长为 3～5 分钟的价值共计 200 元的亲民团体类运动高清视频,这些整体作为椭圆机的背景,这样看似简陋的组合,在展项实施落地后却达到了意想不到的效果,观众的互动一下子使整体氛围活跃了起来,跳出了冷冰冰题材的圈子。

图 2 所示为该部分的第 2 件展品科学素质测试答题机。虽然看似只是一个答题游戏,但我们可以借助该展品对公众科学素质进行一个测试,观众在操作时需要输入一些信息,例如年龄、性别。这样经过一段时间一定观众的信息和检测结果的积累,就形成了一个科学素质普查的大数据。

图 3 所示为第四部分“疫情防控”的口罩展项。我们把纱布口罩、棉布口罩、医用外科口罩、N95 口罩四种口罩剪开并分层展示,然后分别对它们的隔离效果进行滴水实验展示。为了表现医用口罩、N95 口罩中的熔喷聚丙烯材料具有疏水性,如果对其中的滴水装置进行定制,图纸设计和制作工期随之延长,造价也会直线上升,然而我们想到医疗中的输液器,它有自带的控制器可以控制水流的大小,而且水的用量也可根据实际使用的多少进行增减,且便于更换,造价仅仅几十元就达到了我们设计的功能需求。

第三部分“疫情大考”中的防护服展项,最初想让观众能够现场体验穿脱防护服的程序,从而切身感受一线医生的辛苦,但经过问询展教中心意见后,了解到该程序存在管理困难的问题,于是我们改变思路,设置医院背景平面场景,制作了一个穿着防护服的仿真人体模型(见图 4)和六块人形剪影(见图 5)。这种场景装置的呈现,不仅丰富了展览形式和内容,还为观众提供了拍照留念的场景。从而增加了展览被上传到社交媒体的概率,进而达到了宣传的效果。以上展品设计过程的描述,不是提倡展览设计一定要采用廉价的材料和机构,而是意在凸显如何以最低的成本、最短的时间、最有效的方式达到最佳的展览效果。

图 1　“世界上最好的抗疫药”——运动展项

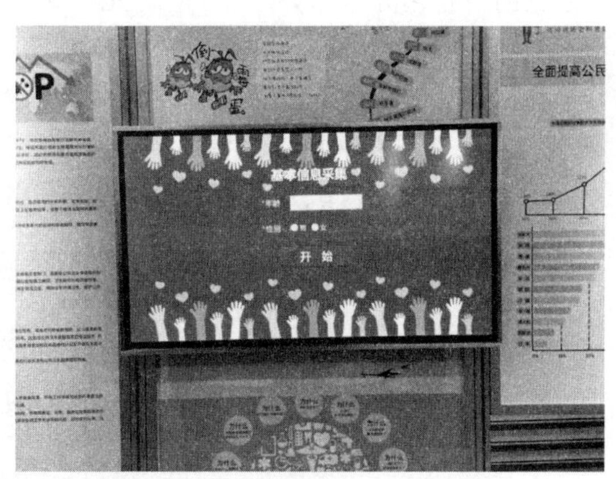

图 2　科学素质测试答题机展项

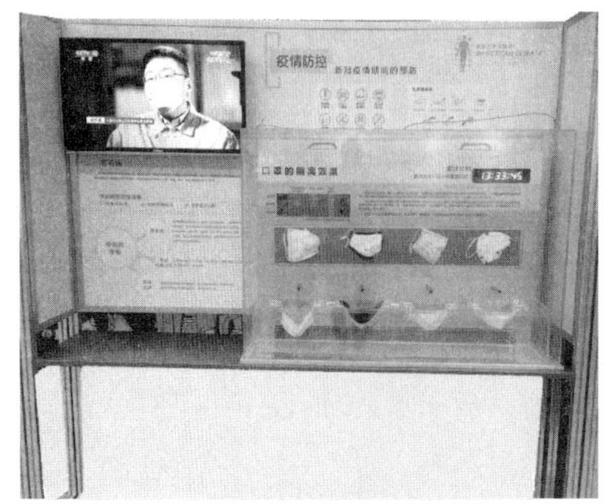

图3　口罩展项

图4　防护服人体模型

图5　人形剪影

5　不足之处

展览的不足之处总结如下：一是展览的整体冷暖度协调性不够，展览中展板和框架是以铝合金框架和PVC为主材料，材料原色色相偏冷，且环境灯光选用了白色冷光源，虽然图文画面的修饰和展品装置的氛围活跃使整体氛围有向暖方向的倾斜，但力度不够有待加强（局部效果见图6）。二是缺乏和其他单位的交流学习，例如本次展品中有关于疫情数据的统计，如果和

图6　展览局部效果

卫健委相关部门有联系，这些数据的收集就会变得简单高效且数据具有权威性，同时省去了我们在海量网络信息中搜集数据而花费的时间。再如我们也可以和中国科学技术馆的展览“新的对决——抗击新冠肺炎疫情专题展”进行资源的共享，这样既能使价值最大化，又可以在交流的过程中提高我们的业务水平。

6　总　结

2020年1月23日新冠疫情爆发武汉封城，从我们产生策划该展览的想法开始，到2020年7月14日展览向大众开放，“疫情之下，疫防万一——传染病防治科普展”展览策展历时不到6个月，展览的开放可能是四川科普事业的一小步，但是我们四川科技馆迈出的一大步，它打破了我们开发展览数为0的记录，使我们不再完全依赖设计公司，坚定了我们继续开发新展览的信心。

参考文献

[1] 疾病主题博物馆、艺术展，是纪念疫情的最佳展现形式！[EB/OL].(2020-02-23)[2020-02-23]. https://www.sohu.com/a/375213151_301606.

[2] 杨家英，王明. 我国应急科普工作体系建设初探——基于新冠肺炎疫情应急科普实践的思考[J]. 科普研究，2020(1)：32-34.

[3] 张瑶，陈康. 站在科技、文化、艺术的交汇点——“榫卯的魅力”主题策展记[J]. 自然科学博物馆研究，2019(1)：64-67.

[4] 徐丽平. 视觉传达设计中色彩的表现与传递[J]. 美术教育研究，2018(8)：28-29.

[5] 吴洁，罗攀. 交错的传统与现代“旧裳新尚”策展记略[J]. 博物院，2018(5)：132-136.

[6] 朱校民. 反思科普，才能应急——以新冠肺炎疫情为例谈应急科普[J]. 科普研究，2020(1)：27-31.

天津科技馆面对突发公共安全事件开展应急科普的积极探索

范宝颖[①]

摘　要：突发公共事件往往会对公众、经济和社会造成诸多不良影响，科普场馆在突发公共安全事件科普工作中的作用越来越重要。本文对应急科普的概念内涵做出了深刻分析，论述了天津科技馆在应对新冠肺炎疫情这一突发公共事件时所采取的应急科普方式及创新，通过大胆尝试多种形式应急科普，发现、总结问题，提出了对未来应急管理科普发展的设想，为探索实践应急科普、提高公众科学素质打下了坚实的基础。

关键词：天津科技馆；应急科普；公共安全事件；公共卫生展区

突发公共事件会对公众身体健康与生命安全、正常的社会经济秩序造成严重影响。新时代开启新征程，科普场馆如何在突发公共安全事件科普工作中主动作为，如何提升优质科普内容供给能力，创新科普理念与服务模式，不断开创事业发展的新局面，是新时代赋予科普场馆的新使命。

在我国，应急科普工作主要从属于国家应急管理体系建设并随之而发展。早在 2003 年的"非典"事件之后，我国就开始加强应急管理体系的建设，应急科普工作随之步入正轨。2006 年国务院出台《关于全面加强应急管理工作的意见》，要求加强应急管理科普宣教工作，把公共安全和应急防护知识纳入学校教学内容，新闻媒体无偿开展公益宣传，充分运用各种现代传播手段，扩大应急管理科普宣教工作覆盖面。2018 年国务院实施部门机构改革，重新组建了应急管理部，加强了国家应急总体预案的规划能力。应急科普是整个应急管理系统不可或缺的重要要素，随着国家应急管理体系日益完善，应急科普工作也日益受到重视。国务院办公厅《关于印发应急管理科普宣教工作总体实施方案的通知》指出应急管理科普宣教工作对于增强公众的公共安全意识、社会责任意识和自救互救能力，提高各级组织的应急管理水平，最大限度地预防和减少突发公共事件及其造成的损害，具有十分重要的意义。

1　应急科普的概念内涵

关于应急知识的科普，主要是在灾前，开展防灾减灾、安全生产以及应急救援等应急管理知识的科普，关注知识层面较多。

在突发事件应对时段的应急科普，主要是提升应急技能，学会自救、互救技能，如新冠肺炎的预防措施"勤洗手、戴口罩、多通风、少聚集"；地震灾害发生之后关于余震的科普，如何避免疫情传播、次生灾害的发生等，以实用导向为主。

---

① 范宝颖，天津科技馆馆员。通信地址：天津市河西区隆昌路 94 号。E-mail：fby715@163.com。

对于应急安全与减灾的科普，这个层次包括辟谣平台的建设、舆情分析与处置、灾后心理康复等，提升公众应急科学素质，较为宏观和系统，重点关注整体和长期。

2　应急科普方式的探索和尝试

应急科普的作用一方面可以提高老百姓的应急意识，保护自己生命安全；另外一方面能使老百姓更加支持理解应急管理部门及政府部门的工作决策，对于应急管理系统工作的开展具有积极重要的作用。天津科学技术馆多年来在应急知识普及方面进行了多种形式的探索和尝试。

(1) 应急体验展项普及应急知识

体验式应急安全教育以其显著的教育效果已逐渐得到社会的认可，全国应急安全体验馆如雨后春笋般成长起来，成为应急科普工作的重要内容。如天津科技馆在展区设置了地震小屋体验、火场逃生应急体验项目，地震小屋可以感受4～8级的地震，火场逃生可以让观众体验火灾来了我们应该怎样安全快速地逃离火场。公众通过亲身体验了解这些灾害的成因和灾害来临时如何开展互救与自救。天津科技馆在临时展厅和大众汽车联合开展道路交通安全体验项目，设有交通认知区、互动体验区、模拟驾驶体验等，增强公众交通安全意识和社会责任意识。

(2) 全媒体联动开展应急科普

面对突发公共安全事件，科普场馆要积极行动起来，高效聚集优质应急科普资源，充分发挥科普桥梁纽带的作用，拓宽全媒体科普宣传渠道、加强全域应急科普联动。此次新冠肺炎疫情突发，引发社会广泛关注，各种恐慌、焦虑、疑惑、盲从、谣言等社会现象骤然而至，此时科学传播防护知识、消除社会恐慌、提高民众防病意识至关重要。天津科技馆迅速作出反应，积极思考如何向公众及时传递正确信息，发挥突发公共时间中科普的知识价值、社会价值和精神价值。

① 线上推送权威抗疫资讯。

应急科普，拓宽传播渠道是关键。天津科技馆高效整合电视、广播、官方网站、移动媒体等传播方式，建立应急科普宣传全媒体传播通道。《应对新型冠状病毒，我们应该怎样预防》《新型冠状病毒谣言四起，疫情面前别大意！》《防病毒如何戴好口罩？》等应急科普视频在电视台滚动播放。密切关注疫情动态，在微信公众平台、今日头条号上及时推送疫情防控科普资讯，从新冠知识、政策宣传、疫情进展、科学防护、一线报道、专家解读到居家卫生、心理防“疫”、科学辟谣等各个方面，多角度、全方位提供权威科普知识，营造良好舆论氛围，帮助公众正确认识疫情发展态势，提高自我防范意识和防护能力。

② 协同行业联合科普。

天津科技馆及时在“科普天津”云平台、“天津科普说”微信公众号开通疫情科普专题，使用原创科普挂图、H5页面、视频等内容，为各区科协提供宣传模板；与天津市卫健委、天津市疾控中心、科普中国等权威机构主动联系，获取一手科普资源，及时下载、整理，通过微信群、邮箱及时发送至各区科协；协同中国自然科学博物馆学会开展“科普联动，共克时艰，助力战‘疫’，誓竟全功”新型冠状病毒肺炎科普知识有奖竞答活动；协同市科协开展预防新型冠状病毒科普知识有奖竞答和“科学知多少，‘鼠’你最有科学素质竞答”活动；加入中科馆发起的“全国科技馆在行动”科学实验DIY挑战赛活动阵营，全力做好科普资源服务保障工作，高效发挥科普联动辐射作用。

③ 开设系列科普课程。

“科学向日葵”活动是天津科技馆在疫情这个特殊时期，为广大公众特别是青少年朋友打造的一系列科普线上活动。每周一个科学实验小视频，让你足不出户就能看、能玩儿；周二张老师讲编程，学会一门程序语言，发现世界从此不同；周三系列天文课程，让我们仰望星空，放飞理想；周四科普视窗，科学改变日常生活；周五科学家讲故事，礼赞科学精神，致敬心目中的英雄，天津科学技术馆微信公众号按时推出音频讲故事、视频做实验等多种形式的内容，天津科普说同步更新。此外，天津科技馆还建立了市级科普资源群，通过中小学、各区县科协、市科普单位等官方网站转发，扩大传播覆盖面。“科学向日葵”系列活动为公众带来持续性、多样化、一站式的科普体验和服务。

(3) 策划展区做好精准应急科普

面对公共卫生安全突发事件，公众对于病毒知识的科普需求大幅提升。但是由于权威、科学、准确的病毒知识的获取途径有限，病毒科普教育的普遍性和针对性不强，严重影响到了公众对于病毒的科学、理性认知，使得人人谈“病毒”色变。为让公众全面、系统地了解病毒知识，减少对于病毒性疾病的非理性恐慌，科学合理地制定病毒防护措施，天津科学技术馆以新型冠状病毒疫情为切入点，结合应急科普需求和科技馆场地条件，将生命、人体和健康、公共卫生、防护医疗等知识进行优化整合，以“认识自我，由小见大，由小家护大家”为新理念来策划建设“公共卫生”展区，同时以展区建设为核心，配套实施互动活动，多角度开展应急科普，促进全民公共卫生与健康意识的提升。

① 公共卫生展区主体建设。

展区设于常设展厅，约160 m^2，通过多媒体、图文、互动展品等多种展示形式向观众介绍病毒与疾病、疫情与防控、科学与健康等相关内容的科学知识。由于病毒学涉及科学知识复杂深奥，通过对社会公众关心担心的问题和权威媒体发布的健康科普类解读调研分析，以“传染病一直伴随着人类历史，甚至可以改变人类历史的进程”为逻辑基础，使展区内容设计更具有科学性、趣味性和知识性，提升内容的延伸性，使病毒防控等内容自然而然地融入展区中。

展区划分为三部分：首先，由小见大来到病毒“拘留所”，即由“小病毒”见“大自然”，以病毒为切入点，了解人类已发现命名的病毒，学习掌握病毒学基础的科学知识，探究病毒致病与传播机理；然后来到防控“护大家”，学习如何对抗病毒，从自身小家出发，保持良好的生活习惯、卫生习惯，疏导情绪，保持积极乐观心态，拒绝食用野生动物，从小家做起共同构筑公共卫生大阵线以保护大家；最后进入天津抗疫“最前线”，了解针对本次疫情天津的防控工作重点内容和成果。

② 互动活动多角度科普。

互动活动以大中小学生、科学教师和辅导员，以及中老年人为主要受众群体，设计开发互动体验、科学微讲堂、科学实验、科普“疫”站特色活动、科普剧演出等5类，共计6个科学互动活动，从多角度开展展教活动。

③ 制作标准化手册画册。

随着科学技术不断发展，公众的科学文化素养有了很大提高，公众对科普知识和文化的需求也在不断提升，现代科技馆体系建设势在必行。公共卫生展区在策划和建设过程中，尝试着按照标准化体系不断更新与完善。《天津现代科技场馆标准手册》是天津市现代科技馆体系建设的一部分，公共卫生展区尝试制作了《标准画册》和《标准手册》。《标准画册》主要面向科普场馆规划者和建设者，每一本《标准画册》就是一个标准化展区的设计与建设集，可以帮助他们以最快速度完成展区初步设计。《标准手册》主要面向科普场馆的展教人员，整体记录展区主题、展板展品内容及讲解词，展品功能与使用方法，科普剧内容与实验设计等，可以让科技辅导员快速熟悉展区，掌握展区所包含的科普剧与科学实验，快速组织青少年开展科普教育与科普互动活动。力求通过《天津现代科技场馆标准手册》不断提高科普服务能力和水平，让不同的科普受众在科技场馆中均能获得其需要的科学知识与科学方法，建立科学思想与科学精神，解决科学问题、理解科技政策。同时《天津现代科技场馆标准手册》也将用于未来新辅导员岗位培训、全市16区科普场馆建设模板制作以及科技馆展区档案存档等。

3　科普场馆开展应急科普现存的问题

目前应急管理科普总体上并未形成比较成熟的体制机制。问题突出表现在以下几个方面：

第一，科普资源需要整合，避免重复、低水平建设。

目前，针对应急科普，我国缺乏系统性、分主题的科普内容资源库建设，尤其缺乏在线应急科普资源网站建设。以线上应急科普资源建设为例，目前多数科普内容资源都分散在各大网站上，科普资源看似实现了开放普及化，但是，不少优质的应急科普资源受限于公众的检索能力而出现闲置或浪费的现象。

第二，应急科普主体缺乏协同。

需要建设线上与线下的平台，线上的平台实现数字资源的整合，线下的平台发挥科普教育基地的作用，权威发布的同时铲除谣言产生的土壤。

第三，缺乏相关应急科普人员开展顶层规划设计。

4　应急科普的发展

面向未来的应急管理科普事业需要新跨越、实现新发展，不断满足公众、社会的科普需求，应该通过打造权威平台、整合资源，不断提高履职创新能力而不断发展。

第一，完善应急科普的顶层设计。建立权威而强大的应急科普平台，健全应急科普相关的政策法规。重视应急科普研究工作，在研究的基础上提出相关政策建议，例如科普基地管理办法、人才队伍培养办法等具体工作指导文件，推动形成科普教育体系。

第二，充分发挥相关协会及专家智库的作用。如发挥相关协会的作用，通过召开研讨会、开展相关科普创作能力提升的培训，解决科普产品低水平、重复建设的问题，培育一大批科普精品，多平台推广，实现资源共享，惠及全体公众。同时，可以开展公益应急科普大讲堂活动，现场互动、答疑解惑，提升公众应急科学素质。

第三，发挥市场机制，利用新技术，充分调动社会力量参与的积极性，研发、推广相关科普产品、文创产品，开展相关科普工作；做好相关的应急科普传播服务及评估工作；强化新技术支撑为科普内容创作提供坚实保障，繁荣应急管理科普创作。

第四，充分发挥应急安全科普体验场馆的重要作用。鉴于应急管理科普基地的重要性，需要开展顶层设计与规划，如发布管理办法，进而实现基地分级分类管理，发挥阵地作用。

第五，关注落后地区、关注弱势群体。现在应急科普资源如场馆主要集中在城市、经济发达地区，落后地区同时也是灾害易损地区，基础设施建设缺乏维护、公众防灾素养不高，更要注重开展应急科普工作。

应急科普是国家应急管理体系的重要组成部分，也是社会经济发展中的一个重大课题。这次新型冠状病毒疫情充分说明了应急科普在增强防控科学性和有效性等方面具有的重要意义。天津科技馆将坚守科普初心使命，从人才队伍建设、科普传播渠道、科普内容资源等方面不断总结经验、开拓创新，为实践应急科普做出更加有益的探索，为提高公众科学素质打下更加坚实的基础。

参考文献

[1] 王明，杨家英，郑念. 关于健全国家应急科普机制的思考和建议[J]. 中国应急管理，2019(8).

[2] 张英. 建立应急科普长效机制[J]. 中国应急管理，2020(06)：15-16.

天津科技馆在疫情防控下的应急科普实践

许　文①

摘　要：2020 年初，新型冠状病毒肺炎疫情爆发，对于突如其来的疫情，科技馆作为科普传播机构，及时转变线下活动方式和内容，利用新型多媒体手段，将原有科普活动转变为线上科普传播，以此为契机，整合线上传播资源，充分挖掘形成行业链条，实现线上科普传播方式的常态化发展，进而形成品牌效应。此外，结合疫情防控等相关知识，利用传统展览融合新型互动式展品、多媒体手段等方式，向公民传播正确对待疫情防控的方法，加强疫情防控知识的宣传力度。与此同时，原有科普工作不松懈，坚持在稳步推进原有科普活动的同时，继续开发创新新型应急科普形式，在降低公众对疫情的恐慌心理的同时，起到传播正确科学知识的目的，这也是科技馆作为社会公共科普传播机构应承担的责任。

关键词：科普；疫情；应急

自 2020 年新冠肺炎疫情爆发以来，天津科技馆转变思路，改变了原有科学传播的内容和方式，开展了多形式、多层次的应急科普实践工作，将线下科普转移到利用多媒体等手段制作的线上科普，包括利用多媒体平台直播，在公众号内定期发送推文，第一时间及时启动策划公共卫生展览等。在稳步推进原有科普活动的同时，加强对疫情期间的公共卫生事件的应急科普研究，并开展相关的展览、组织相关活动展评等。并结合其他各科普场馆的工作模式，制定有效合理的课程及活动安排，及时调整课程活动内容，使公众可以更广泛及时地了解科普动态。承担起为公众传播科普知识的社会责任，并利用自有平台，达到更为广泛地传播科普知识的作用。

1　转变科普传播方式

鉴于疫情防控的特殊时期，同时为响应天津市全域科普号召，即全地域覆盖、全领域行动、全媒体传播及全民参与共享的理念，具有足够群众基础的科技馆便成为了应急科普工作的关键承担者，科技馆作为科学传播先锋，拥有广泛的受众群体，能够覆盖大范围的科普需求。因此，在疫情期间，利用互联网平台开展了线上科普活动，将各项科普工作延续并稳步推进应急科普工作，2 月 14 日天津科学技术馆和天津科普说公众号上线了“科学向日葵”活动，当日累计阅读量上千人。该活动形式丰富，包括科普文章、科普活动音频、视频、直播等，既丰富了公众的科普知识，也发挥了科技场馆科普传播的重要职责，弥补了多媒体、多形式传播科普的空白，经过一段时间的实践反思，我们发现，线上科普活动得到了越来越多公众的认可，因此我们

---

①　许文，毕业于北京师范大学天文系，文博系列馆员，主要研究方向为天文科普教育。通信地址：天津市河西区隆昌路 94 号，天津科学技术馆。E-mail：550341389@qq.com。

计划继续并长期开展此项活动，截至目前，已完成24期的编辑和录制工作，共计约72 000字，累计360分钟。此外，在疫情期间，我们还与区县级科技馆、学校等基层单位建立平台，达成科普资源共享合作关系，根据不同需求和不同的受众群体，将科普知识分享给全国其他省市、各区县科技馆及各学校，发挥科技馆引领作用，达到科普资源共享、科普覆盖面更广的效果。

(1) 稳步推进原有科普活动

新型冠状病毒感染的肺炎疫情发生以来，为在防控疫情期间全面普及天文科学知识，结合原有品牌活动“天文社”的课程及天津市天文学会教师多年天文教学经验，推出了“科学向日葵——天文课堂”线上天文活动，内容涵盖天文学基础知识、天文学小故事、我国天文事业发展进程及天文学家事迹等。该活动将原天文社课程压缩，由浅入深逐步推进，推出适合于向大众及小学生普及的天文科普知识。以文字、图片和音频结合的方式，在微信公众号内每周推出一期，为避免阅读文字的枯燥乏味，还配合有音频的解说，时长大约是5分钟，讲解由浅入深、层层推进，带领公众从身边基础的天文现象入手，更专业更系统地了解天文、喜欢天文。

根据防控疫情的时时变化，并结合学校内开展课程的方式，开发了天文课程直播，将原计划的天文社课程以直播的方式向社员们展现出来，经过前期多方面的调研，从直播软件到直播场地、时长等，都做了充分的准备，最终采取的直播形式不亚于直接教授的模式，也可在平台内与老师进行互动，参与课堂提问等。此种方式既避免了过多的学生聚集，又坚持了疫情防控的要求，可以不间断地稳步推进天文社的天文课程，并可结合实时热点天象开展线上讨论，因此，此种方式虽然避免了到馆授课，但是可实时共享热点话题，课程模式更新颖灵活。此外，我们还设计开发了“星空讲解员”线上展示平台，在公众号固定时间内展示小社员们在家录制的天文知识小视频，此项创新，既可提高社员学习天文知识的兴趣，还可检验学生在家学习的效果。利用多媒体手段在平台内展示，不仅得到了小社员们家长的认可，还可以对科技馆的科普活动起到积极的宣传作用。

(2) 开发创新新型科普宣传

随着互联网的发展，手机在人们生活中扮演着不可或缺的角色，如扫码进入商场、超市等公众场合，因此，线上科普必不可少，公众可通过身边的手机轻松获得科普信息，因此，建立长期的科普知识传播渠道是针对此次疫情的应急科普的反思。天津科技馆利用微信公众号每周推出一期科学小实验项目，内容为简单易做的科学小实验，在保证实验的科学性、可操作性、安全性的前提下，利用简单、安全的材料，以短视频的方式向公众展示科学的奥秘，时长大约为3分钟。

(3) 多方位加强疫情防控知识宣传

通过合理运用网络平台，在疫情期间，针对疫情防控的科普知识进行了线上推广，充分发挥媒介优势，形成科普合力。陆续发布了“面对新冠肺炎，儿童防护怎么做?”“一图读懂，上班8小时防疫攻略”“七招教您疫情期间安全乘坐电梯”等疫情防控日常小知识，通过图文并茂的方式讲解公众疫情期间在生活中遇到的小问题，可以让公众更容易接受，方便公众从众多的网络宣传中选择出最适合自身需要的相关内容，进而使得公众的角色从被动的接受者和旁观者转变为主动的参与者。

此外，还面向全市组织策划了“众志成城 战‘疫’有我 全域防疫”科普作品征集活动，征集范围涵盖科普漫画、海报、视频、音频及文章等多种传播形式，适用于各主流媒体刊发使用，为打赢科普防疫攻坚战备足弹药储备。着眼于全国疫情防控大局，活动作品征集发布辐射全国。

今日头条、抖音等国内知名信息平台，天津广播电视台、人民网等权威媒体，科普天津云平台及“天津科普说”“科普惠”“健康天津”等微信公众号将多时段、高密度地集中发布推广优秀作品，打造防疫抗疫舆论宣传阵列。

科技馆作为面向公众开展科普宣传、科普活动的综合性场馆，一直以来主要是以展览的方式向公众展示，此次受到疫情影响，大部分场馆不能对外开放，因此，在科学普及尤其是疫情科普宣传方面受到了很大的影响。天津科技馆及时转变科普传播的方式，利用身边的材料将展厅内可操作性科学实验的科学原理充分展示出来，并充分挖掘展教项目与校内课程标准的联系，建立与课程标准相符的科普实践活动，搭建了科技馆与学校的相互联系，二者互相促进，从不同角度让学生理解科学、热爱科学，也方便了公众对科学知识的理解运用。

2　坚持传统展览项目

天津科技馆作为一线科普单位，承担着传播科普知识的重要职责，开发多种形式的防控防疫知识宣传，才能有效地避免疫情的蔓延及再次爆发，只有人人心中有防疫的意识，才能确保打赢这场疫情攻坚战。天津科技馆根据天津市政策，于2020年3月25日恢复正常开馆，除必要的人流量限制和消杀工作外，针对疫情开展常规宣传展览是必不可少的。经过紧张的展区设计改造，天津科技馆于5月30日全国科技工作者日当天开放“公共卫生”展区，该展览依托天津科技馆在常态化科普活动中积累下来的应急科普素材，融合此次新冠肺炎的热点话题，从疫情防控宣传到人文精神弘扬，在全国实属首个以疫情防控、公共安全为主题的常设展览，同时以展区建设为核心，配套实施互动活动、教育进校园、录制视频节目等项目，促进全民公共卫生与健康意识的提升。

(1) 多媒体融合常规展览

在设计展览时，突破原有展览模式，转变传统的展板展览形式，通过多媒体、图文、互动展品等不同展示形式向观众介绍病毒与疾病、疫情与防控、科学与健康等相关内容的科学知识，使观众获得科学体验和科学启迪。随着多媒体手段的更新换代，常规展览已不能满足公众的需求，大多数的参观公众认为单纯的文字图片展览会显得枯燥乏味，而将活动融合进展览中，便可增加展览的趣味性、互动性。

(2) 互动教育融合科普宣传

“互动区”活动主要以大中小学生、科学教师和辅导员，以及中老年人为主要受众群体，设计开发互动体验、科学微讲堂、科学实验、科普“疫”站特色活动、科普剧演出等5类共计6个科学互动活动。在此区域内，整合原有科普资源，除增加防控疫情的科普宣传外，将已有的科普活动、科学实验进行学科交叉融合，做到多学科的科普宣传。此外，增加互联网展览的模式，即通过讲解员讲解互动的形式，以青少年的视角和语言普及科学知识，录制的视频在抖音、B站等视频网站播出，让公众足不出户便可参观科技馆，感受科学的魅力。

3　向基层单位推广宣传

疫情期间，在校学生采用停课不停学的模式，带动了直播、录课等新模式的开发与利用。天津科技馆利用疫情期间建立多渠道的网络资源共享互联群，按不同受众群体需求，分享给各区县科技馆、各学校宣传平台，发挥科技馆引领作用，达到科普资源共享的目的。弥补了之前点对点“广撒网”进社区、进校园模式覆盖面不够广的缺点，更系统更全面地带动基层科普单位，为后期的多形式、多方位科普打下扎实基础。

随着越来越多的区县级科技馆陆续成立，基层的疫情防控还是必不可少的，只有加强基层的疫情防控意识，才能有效地抑制疫情的蔓延。但是基层科技馆由于缺乏布展、组织科普活动的经验，常常不能有效地利用科普资源组织活动、开发展览等，故建立与基层场馆或学校的长效联系，可使科普的受众面更广，有利于基层科技馆建设，达到科普资源全覆盖共享的目的。

4　科普工作的未来发展研究

此次新冠肺炎对各行各业都有所冲击和影响，而对于面向社会公众开放的科技场馆而言，这是一次事件也是一次工作方式的转折，是挑战也是机遇。目前，越来越多的场馆由实体展向科学教育中心与科技馆结合的方式转变，将科技场馆与校内教育结合，既丰富学校学科发展，又带动科技场馆活动向更全面、更深层次发展。

(1) 深化网络课程建设

随着新媒体技术的发展，实体馆的发展建设已初步完备，越来越多的科技馆、博物馆从实体馆向数字馆发展，即将原有的科普资源数字化，整合成更全面的资源在网络上传播。疫情期间，为普及科学知识，将原有活动转变为网络线上科普的形式，包括天文课堂直播、科学向日葵天文讲堂等，在网络平台推进的同时，充分发挥本馆特色，未来计划将已有活动整合，结合自身出版的天文科普教材、天文竞赛、天文教师培训等，将品牌活动串联，达到共同促进、协同发展的目的。

在网络课程建设方面，增加音频、视频课程的录制，整合已有资源，对课程进行进一步的完善更新，配合课件、教材、活动等，将完备的课程整理归纳，形成系统的标准化课程，对后期课程的共享推广奠定基础。此外，在网络课程完善的同时，增加对课程所需资源的整合，鉴于天文课程的特殊性，大部分课程需要加入天文实践活动，因此可建立资源包，以方便共享。

(2) 建立标准化手册

在疫情期间，我们打破了以往的展览模式，不仅对“公共卫生”展区的展示方式有所改变，增加了互动、多媒体引入等项目，而且通过对展区的改造，也反思了在布展中需要改进完善的部分。在此展区内，增加的标准化手册，整体记录的展区主题、面积、布局，展板展品内容及照片，展品功能与使用方法，中英文标准讲解词等，将用于未来新讲解员岗位培训、各区科普场馆建设模板制作以及科技馆展区档案存档等，未来将在此基础上，为所有展区建立展区标准手册，使科技馆内的展区形成更系统标准的体系。

(3) 巩固疫情期间的新型活动模式

受此次疫情的影响，很多活动无法定期组织开展，而将活动形式转变为更吸引公众的形式，如通过手机、多媒体等互联网向公众传达科普知识，可以使公众了解科普普及工作的重要性。“科学向日葵”栏目通过简单的文字、音频、视频的形式，在网络平台宣传科普知识，既有利于系统推广科普知识，也为后期搜索相关素材提供保障。不仅是在疫情期间，在后期科普活动及科普宣传中，这将是行之有效的方式之一。在疫情期间开展的天文课堂直播，将原有的课堂授课记录成视频的形式，并以此为契机将已有的天文实践活动纳入视频录制的工作中，既方便档案的留存，也为后期资料的查询提供保障。而将线上文字、音频、视频等材料整合，可实现活动、课程等系统化、标准化，从而形成完整的体系。

此次疫情，有效地反映出一线科普单位的应急科普能力，天津科技馆作为市级场馆，有效地发挥了科普领头军的作用，创新了科普形式和内容，完善了科普内容的整合，针对疫情及时响应，快速设计布展，第一时间形成互动式公共卫生科普展区，坚持防控防疫第一位，积极带动了其他地区的科普发展。

参考文献

[1] 周荣庭，柏江竹. 新冠肺炎疫情下科技馆线上应急科普路径设计——以中国科技馆为例[J]. 科普研究，2020(01):91-98.

科普知识传播的新探索——突发公共安全事件科普内容的策划、生产与传播

刘　娟[①]

摘　要：2020 年伊始，突如其来的疫情，让人们一时不知所措，人们在紧张与无措中度过了一个个白天与黑夜。作为科普传播的重要场所，全国科技馆等科普场馆在此时也及时开展了线上活动传播科学知识，让全国人民在家就可以做实验，活动内容包括“科技馆的科学课”“科学小实验”“科普流言辟谣”“正确的防护措施”等板块，加强科普场馆的重要“阵地”作用。对于突发公共安全事件，科普场馆应该如何利用现有资源加强科普内容的策划、生产与传播；如何利用线上平台丰富公众的居家生活，满足公众对科技与文化内容的需求；又该如何开发新的传播平台与新的传播形式来传播科普文化内容，是未来科普场馆的主要发展方向。

关键词：科普场馆；突发公共安全事件；科普文化传播

2020 年伊始，突如其来的疫情仿佛按下了整个社会的暂停键，人们纷纷宅在家中静待希望。面对突发公共安全事件，在这特殊的时期，科普场馆也从未忘记自己的科普传播使命，如何更好地利用现有资源开发科普活动；策划科普内容的生产与传播；更新科普传播方式与科普平台；满足公众特殊时期对于丰富文化的需求，成为了科普场馆新的工作主题。

1 面对突发公共安全事件，科技馆、博物馆等科普场所如何更好地传播科普与文化知识

(1) 全国各地科技馆、自然博物馆微信公众号、官网、抖音公众号实时更新科普联动资源

随着手机、网络的不断普及与应用，人们获取科普知识的方式更加便捷与多元化。以青海省科学技术馆为例，与全国 200 多家科技馆一起开展“科学实验 DIY 挑战赛”“科学馆的科学课”等活动，利用简单的科学道具设计科学实验、展示科学原理，让公众宅在家也可以利用手机学习科学知识，尝试不一样的科学实验，体会学习科学的乐趣。

① 科学小实验(科学实验 DIY 挑战赛)。

以青海省科学技术馆“气流涌动”科学小实验为例，利用家中简单的实验道具(气球、吹风机、胶带)进行实验：当用吹风机吹一个小气球时，会发现小球会悬浮在一定高度范围，而用吹风机吹气球环时，则发现气球环会不断转动。通过简单的吹动气球环的实验为大家呈现了伯努利原理，即在流体力学中，流速越快，压强越小；流速越小，压强越大。吹风机吹出的气流使得其上方周围的空气流速加快、压强减小，外围的空气气压大于气球周围的气压，因此气球被包裹住，悬浮在吹风机上方。

① 刘娟，青海省科学技术馆科技辅导员。通信地址：青海省西宁市海湖新区科技馆。E-mail：805164914@qq.com。

② 科学小课堂。

以青海省科学技术馆“音律之谜”为例，通过长短不一的吸管（长短不一的吸管的内部空气柱不同）演示空气柱的振动频率不同，从而展示不同的声音音调（吸管越长，音调越低；吸管越短，音调越高）；通过非洲鼓上的纸屑跳动，发现敲击的力度决定了响度的大小（敲得力度越大，响度越大；敲得力度越小，响度越小）；通过敲击玻璃杯、木头等，发现敲击的声音不同，即不同的物质有着不同的音色，因此不同的物体有着自己特有的声音。通过视频的方式，为大家直观展示声音的三要素（音调、响度、音色），从而揭示声音的奥秘。

（2）在微信公众号、官网、抖音公众号等平台实时更新科普与文化资讯，辟谣“科普流言”

① 微信公众号、官网、抖音公众号等平台实时更新科普资讯。

及时利用视频及文字的传播平台，向公众介绍疫情期间《如何做好个人防护》《家中消毒怎么做》《疫情期间宠物怎样做好防护》《人类的体温为什么是37°恒温》《教科书式回国》《“无症状感染者”是什么意思？》《关于核酸检测的几大问题》《外出归家如何正确洗手》等科普文章，向公众普及疫情期间的相关科普知识，了解正确的防护内容。

上海自然博物馆微信公众号平台发布文章《我们要怎样理解新冠病毒的突变》，帮助公众了解新冠病毒复制与变异的原因、变异后会有怎样的影响等内容，普及与病毒相关的生物学知识。

② 微信公众号、官网、抖音公众号等平台实时辟谣“科学流言”。

由于疫情发生的十分突然且传播速度很快，故引发了人们对未知的无限恐惧，于是一时间“流言四起”，科技馆、自然博物馆等公共科普资源及时利用微信公众号、官网、抖音公众号等平台发布科普信息，有效辟谣，消除公众恐惧心理，传播正确的科普内容与信息。

如青海省科技馆及时推送文章《吃大蒜、晒太阳能预防新冠肺炎？世卫这样辟谣14个传言》，向公众介绍抗生素对病毒无效，只对细菌有效；没有证据证明定期用生理盐水冲洗鼻子可以预防新冠肺炎；全身喷洒酒精不会杀死已经进入体内的新冠病毒；紫外线消毒灯并不可以直接用于皮肤消毒，紫外线辐射会损害皮肤；干手器并不可以消灭病毒；饮酒并不能消除新冠病毒；5G网络并不会传染新冠病毒；洗热水澡并不能消除新冠病毒；阳光充足、天气炎热并不能消灭新冠病毒等，从而消除“科学流言”的传播及人们对于新冠病毒的错误认识。

③ 通过网络平台进行“知识竞赛”，并附有答案解析。

如由中国自然博物馆学会主办、11家单位领衔承办、130余家单位承办的“新型冠状病毒肺炎科普知识有奖竞答”活动，通过网络竞赛的方式提高公众的广泛参与度，并在回答交卷之后及时进行答案解析，以回答问题的方式向公众介绍科普知识，并通过丰富有趣的竞答奖品提升公众参与热情，为公众提供学习科普知识的有效平台。

④ 故宫博物院、湖南省博物馆、良褚博物馆、金沙遗址博物馆等多地博物馆开展线上直播，传播文化知识与历史典故内涵，满足公众对丰富文化的需求。

疫情期间，人们宅在家，没有办法四处游玩。尤其是喜欢历史的朋友们，迫切地想要“云游”各地博物馆。于是各地博物馆纷纷开展直播，向公众介绍我国各地的文化与历史典故，感受我国古代文化之韵、传统器物之美。

以故宫博物馆直播为例，故宫博物馆在“国际博物馆日”之际，连续3天在线上直播，以实地连线的方式带领大家云游故宫，感受故宫作为世界文化遗产和大型综合型博物馆的多重魅力。通过3条游览路线为大家介绍故宫的璀璨文化，如乾清宫屋顶有9只小兽，仅次于太和殿的 10 只小兽，由此可见乾清宫的级别之高。乾清宫建于明永乐 18 年(1420 年)，在清雍正之前，乾清宫作为皇帝休息、处理政务的场所。雍正年间皇帝将寝宫搬到养心殿，这里就不作为皇帝的寝宫了，而是作为皇帝招待大臣、举办宴会的地方。经过重新修建，现在展示在公众面前的乾清宫是清嘉庆三年重建的。

金沙遗址博物馆通过线上直播为公众介绍馆内珍品。如馆内数以吨计的象牙：3000 年前的成都平原气候炎热，有很多象群，根据古河道及相关文献记载，古蜀文化中有利用象牙祭祀的相关内容，其中金沙遗址现存有目前发现的最长象牙，长达 185 cm。“太阳神鸟”金饰：19 年前冬季考古队从拳头大的土壤中发现了这件文物，通过药水及蒸馏水处理后得到了这块金箔，它的厚度只有 2～3 头发丝厚，即 0.2 mm，总重 20 g，真正的薄如纸张。图案代表了古蜀人对太阳的崇拜，圆形被人分为 12 等分，鸟的头部与尾部首尾相连并逆时针旋转，而圆形则顺时针旋转，因此感觉图案在不停地旋转，并且整个太阳神鸟的图案是中心对称的，因此人们会有“视错觉”的感觉。

多地博物馆通过线上直播的方式为公众呈现了一场精彩纷呈的线上文化盛宴，让公众可以在家、在线上了解“海昏侯”跌宕起伏的一生、揭开马王堆遗址的神秘面纱、感受上海博物馆为大家呈现的“春风千里的江南文化”、直面同济博物馆水运仪象台，感受中国机械模型独具一格的技艺……

(3) 线上与线下结合，共同传播科普资讯

疫情平稳，各地开始复工复产，学生们也开始复课。科技馆、博物馆等科普场所也在做好场馆的消毒、消杀及公众的人流控制等方面后，正式开馆向公众开放，使得线下的资源可以与线上结合，共同传播科普资讯。

① 利用展板、展品等方式，向公众介绍科学知识相关内容。

充分利用实体场馆内的资源，设计科普展板、科普传单、科普展品等，向公众介绍突发公共安全事件如甲流、新冠肺炎的病毒传播方式、防疫措施、流言辟谣等内容，使公众更好地了解突发公共安全事件的爆发原因及有效预防方式。

可以设计相关展品的设计开发，如在大屏幕上通过知识问答的方式，使公众了解病毒的传播途径与预防方式；通过视频讲解新冠肺炎对身体的危害，传播科学知识；通过自动感应洗手器向公众介绍如何正确洗手，如果操作失误，便会有错误的提醒音发出，纠正公众的错误洗手环节；通过操作触摸屏“连连看”的方式，消除对新冠肺炎的认识“误区”；利用网络的方式，设计属于自己的“健康码”等。利用实体展品传播科学资讯与内容，让公众在参观实体馆的过程中，了解相关的科学知识。

② 与社区、医院等单位合作，共同传播科学知识。

与社区合作，通过向小区居民发放传单、摆放展板、设置宣传栏和海报等方式，向公众介绍相关的科普内容，如外出就餐归家如何正确洗手、放置衣物；家中是否应该存放大量酒精；如何正确地选购、佩戴口罩；在云南等地应该如何正确地选购蘑菇等。

在南方等地，每到夏季经常会出现游泳溺水等事件，如何正确预防及溺水后如何正确抢救；公众突然晕倒，如何正确进行心肺复苏等。通过与医院合作，可以让专业的医生与公众进行面对面的正确指导，如青海省科学技术馆近期与青海省中医院携手开展了“珍爱生命　关爱健康”系列科普活动，现场演示了单人徒手心肺复苏术、海姆立克急救法等常用的急救技能，并组织参训人员进行模拟练习，并拍摄相关的急救情景剧，向观众传播急救的科学知识。只有真正做到线上线下相结合的强强联动，才能有效地传播科普资讯。

2 如何开发新的科普传播方式及维护现有的传播途径

(1) 维护现有的科普传播途径

① 实体场馆科普信息的及时更新。

对展品进行实时更新，如关于病毒的种类、传播途径等内容，及时更新与补充相关信息，使公众在参观实体馆的过程中能够及时得到“第一手”的资讯，使得实体馆可以成为公众掌握科普资讯的“第一站”。尤其是不常使用网络的老人、孩子，更可以在实体场馆获得及时有效的资讯，从而达到传播科学知识的主要目的。

② 微信公众号、官网、抖音公众号的相关账号信息同步更新与账号维护。

对微信公众号、官网、抖音公众号的相关账号及时进行科普信息的同步更新，不要“三天打鱼，两天晒网”。

对公众的相关提问能够做到及时回复。如在抖音公众号发布“科学小实验”“科学小课堂”等相关防疫信息后，及时在评论区回复网友的提问，并进行讨论，提升公众的参与热情；提升账号的活跃度，与其他科普场馆及时联动，共同开发科普文化资源，进行信息的有效更新与互动。

对发布的内容（相关文稿、视频资料）进行有效审核与修改，保持科普信息发布的严谨与准确性，提升公众的信任感。

(2) 开发新的科普传播方式与资源

说到科普场馆，如科技馆与博物馆，公众想要了解更多的现有的常设展厅知识，而从线上资源中只能找到简单的、较为笼统的信息，人们对于自己想要了解的更多内容常常不知所措……

① 认识实体展品、科普活动的方式更加多元化，让科学走近公众。

除了线下的讲解，如何更好地认识实体馆的展品呢？可以从开发新的资源方式的角度来进行解答。将录制的科技馆的科技展品、博物馆的文物展品上传到网络平台，使人们可以更好地游览展馆；公众虽然没有办法亲身体验科普资源活动，如科普夏令营、科普主题活动、科普主题展览等，但他们能够通过网络平台“云参与”，感受科普活动的精彩。今年我们的各个科普场馆也在进行相关的尝试，如8月13—15日，日照科技馆举办的线上夏令营直播、青海科技馆举办的夏令营网络平台展示等，相信会有更多新的惊喜等待着大家。

② 让线上活动的平台更加多元化。

除了利用现有的微信公众号、官网、抖音公众号平台进行科普信息传播，还可以开发新的传播平台。现在使用手机的最大群体——年轻人，除了使用上述平台外，还喜欢浏览知乎、B站、贴吧、微博等平台，科普信息的传播更需要这些平台来拓宽受众资源，使得科普资源的传播拥有更多的受众与群体。

据调查，近年来随着互联网的快速发展，我国网民规模不断扩大，普及率不断提升。数据显示截至2020年3月，我国网民规模为9.04亿，互联网普及率达64.5%，其中手机网民规模为8.97亿，网民中使用手机上网的比例为99.3%。在此背景下，我国微博市场得到了良好的发展态势，用户规模也呈现不断增长态势。以新浪微博数据为例，截至2019年底，微博月活跃用户达到5.16亿，其中移动端占比94%，日活跃用户达2.22亿。所以如何在微博上开设账号，传播科学资讯，并保持“不掉粉”，是未来传播领域的一个巨大挑战。而知乎、B站拥有较大的用户群体，如何吸引他们关注科普公众号，同样也是一个新的机遇与挑战。

③ 让线上传播的科普资讯更加丰富多彩。

现有的线上传播科普资讯的方式包括：“博物馆直播”、录制“科学小实验”“科学小课堂”“科学家精神”“流言辟谣”等内容的视频与文章推送。但是如果长期使用这种较为单一的传播方式，容易引起公众观看的“疲乏感”，极易引起大批粉丝“流失”，因此如何“固粉”成为了一个新的难题。怎样更新直播讲解方式，如何设计科普视频和实验的新的花样等，都需要不断地创新与更新，这是未来科普公众号的设计新理念与难点。

④ 让线下传播的科普资讯更加多姿多彩。

线下传播科普的方式包括参观实体场馆、举办科普活动等。全国科普场馆内的科普活动一般都大同小异，如何更新科普活动、打破传统思维，使得公众的参与度与参与热情得到大大提升，这将是线下活动瓶颈期的难点与突破点。

3 科普场馆的新使命

科普场馆在突发公共安全事件的科普工作中扮演着重要角色。新时代下，如何更新传播的科学内容与传播方式，如何更好地利用网络平台进行科普传播，网络平台如何“固粉”与“吸睛”，“线上平台与线下场馆”如何有效地结合来传播科学知识等，这些将是未来工作中的新机遇与难点，对于科普场馆的挑战也许才刚刚开始，新的使命也在等着所有科普人员去完成。

科技馆运营过程中遇见的新冠疫情问题及解决对策

李　娜[①]

摘　要：当国家遇到突发事件后，开展应急科普活动的“排头兵”应为面向大众的科技馆这一平台，通过利用现有场馆的资源，可以开展新型冠状病毒肺炎疫情相关知识、防治应急措施、相关政策等主题教育活动，还可以通过课程定制化服务，让大众获取系统性、针对性的疫情防控知识。本文主要通过对科技馆应急科普的概念、优势、不足、活动开展中遇到的问题进行分析，并提出了相应的解决措施及建议，以期能够为相关工作人员提供具有价值的参考。

关键词：科技馆；新冠疫情；运营；问题；解决对策

2019年12月湖北省武汉市突然爆发出一种传染性极强的新型冠状病毒，该病毒与SRAS病毒相比，传播范围更广、传染性更强，短时间内就席卷全国，蔓延至世界各地。现阶段虽然多媒体发展较为迅速，人们足不出户就能获取大部分信息，但同时，大量的碎片式信息使得人们获取的疫情新闻难以形成全面系统的信息，且信息的真实性难以判断。因此作为受众面较为广泛的科技馆，无论是从能力还是义务上，科技馆都应将向大众普及新冠肺炎应急知识的责任承担起来。

1　科技馆应急科普的概念

对需要紧急处理的突发事件进行相关知识的科学普及就是应急科普，自2003年我国SARS疫情爆发以来，学术界便对应急科普形成了两种不同的观点：①将侧重点放于应急科普的内容之上，这部分学者认为，应对突发事件的教育活动与科技普及是应急科普的核心所在，以此观念为基础的学者认为借助演习等实质性体验活动进一步提升社会公众应对突发事件的能力是应急科普的主要内容。因此，帮助受众掌握相关的技能与知识，进而提升大众应对突发事件的能力是该观点下应急科普的目的。②将侧重点放于应急科普开展的情境之上，主张此观点学者认为在一突发事件发生过后，围绕该事件及其涉及的原理、知识、相关措施等开展科普活动是应急科普的主要内容。以此观念为基础的学者认为，根据大众关注的热点问题，对突发事件开展公众科普的关键是使用大众易懂的语言对突发事件进行解释，进而打消事件给人们带来的危机感、紧张感、恐惧感；另有学者认为，为将应急科普的效果发挥到最大，应该通过媒体、政党机构进行干预，对广大民众的认知、情绪、舆论的发展走向进行把控。通常情况下，能够帮助公众对自身风险进行合理判断，并选择出适当行动的为第二种观点下的应急科普。

本篇文章中的应急科普则侧重于观点②，即为了让大众在新型冠状病毒肺炎爆发后能够

---

① 李娜，河北省科学技术馆场务部，文博馆员。通信地址：河北省石家庄市东大街1号。E-mail：31306350@qq.com。

正面了解疫情的相关知识、疫情实时情况、科学的防治处理措施等内容而开展的科普活动。

2 科技馆开展应急科普的优势

(1) 科技馆的受众群体比较广泛

像新型冠状病毒肺炎疫情这类突发事件，往往在毫无准备、没有提前预知的情况下发生，大众在了解这类事件的相关知识、事态进展等信息时，难以在短时间内寻找到可信度较高的平台，从而大大阻碍了相关应急技能与科学知识的传播，因此受众群体较为广泛的科技馆便自然而然地承担起突发事件应急科普的工作。作为科学传播先锋的科技馆，能满足大部分群众的科普需求，且科技馆所能覆盖到的范围较大。相关调查统计数据显示，在2018年有近31.9%的公众参观过科技类场馆，相较于美国2016年26%的数据来看，科技馆的覆盖率优势便凸显了出来。而从针对本次新型冠状病毒肺炎疫情所开展的科技馆应急科普活动数据来看，直至2020年2月28日，关于新型冠状病毒肺炎疫情的科普资料在中国科技馆中的浏览量有5亿之多，其中发布于1月27日的《抗击新型冠状病毒肺炎，我们在行动!》这一原创科普动画的日播放量能够突破2 000万，2月15日所推出的原创辟谣科普视频《科普君的辟谣时间》一经上线，3小时内就播放量就高达3 000万以上。以上数据均表明通过有广大受众群体的科技馆进行应急科普，能够起到较为显著的科普效果。

(2) 科技馆的科普资源储备丰富

除具有不可预知的特点外，突发事件往往也具有一定的危害性，使人们在突发事件发生初期容易受到恐慌等负面情绪的左右，为寻求更多的时事信息，人们会到各个渠道寻找信息，最终造成真假消息的混淆，降低信息的真实性，甚至为不法分子提供机会，引起社会恐慌等。科技馆在常规的科普活动中本就已经积累了大量的资源，其中也包含应对突发公共事件的技能与知识，这样就为科技馆开展与突发事件应急相关的科普活动奠定了基础，同时科技馆还能通过及时发布科学权威的信息，帮助引导正确的社会舆论方向，进而稳定民众的心，消除其顾虑与恐慌的负面心理，引导大众在面临紧急事件或突发事件时能够静心做判断、辨别是非，从根本上把谣言扼杀在摇篮中，让其无法出来扰乱人心。例如曾一度流传喝板蓝根、熏醋、吸烟等能够预防感染新冠病毒的虚假消息，给人们造成了误导。

3 科技馆开展疫情防控科普课程的不足

科技馆最大的优势之一就是展品较多，但与疫情防控相配的展品展项却不足。因科技馆在建馆初期并未经历过新型冠状病毒肺炎疫情，所以缺少明确的支线来支撑设计新型冠状病毒肺炎相关的内容，最终造成了现阶段在进行相关科普活动时展品较少的局面。若将场馆中现有的碎片化资源进行处理，整理出与新型冠状病毒肺炎疫情相关的若干展览资源，并将这部分资源进行细化与拓展，制定出新型冠状病毒肺炎疫情主题讲解路线，再结合科技馆辅导员的讲解，便可以扭转局势，从而弥补与疫情相关知识体系的空白。

除此之外，从科技馆内教育活动开发、实施人员的配置角度来看，生物学专业、医学专业人员相对较少，进而造成了专业不对等的局面。但是，开展新型冠状病毒肺炎相关应急科普活动需要我们保证每一句话的专业性，因此对于科技馆内相关工作人员来讲，这无疑是一项较大的挑战。

4　新冠肺炎疫情下科技馆线上应急科普实践及探讨分析

(1) 新冠肺炎疫情下科技馆开展的线上应急科普活动

受新型冠状病毒肺炎特殊性的影响，科技馆线下科普活动无法开展，为了让更多的人了解准确的疫情信息，科技馆决定开展线上应急科普教育。以中国科技馆为例，2020 年 1 月 24 日中国科技馆就发布了暂停开放的公告，同时也启动了线上应急科普活动。科技馆通过考察大众诉求，及时将相关需求向内容提供方与科学共同体进行了传达，就新型冠状病毒的相关科研成果、疫情进展、专业知识、应急防治措施进行了专业的交流活动。

大型主题教育活动“来吧，组团灭毒！战‘疫’有我，用科学精神致敬最美逆行者!”于 2020 年 2 月 6 日正式由科技馆推出。由于疫情期间人们居家隔离，故通过线上的形式，收集大众在家中制作的病毒模型，同时一并推出与新型冠状病毒肺炎相关的科普视频，本次活动的主讲人是武汉大学基础医学院病原生物学系副教授冯勇。除此之外，中国科技馆还邀请到了动物学、心理学、传染病学、病毒学等各个领域的专家出席直播间，为大众解答了疫情期间最受大众关注的十大焦点问题。为帮助民众正确分辨疫情相关信息，科技馆还开展了“疫情信息满天飞，如何辨真伪”为主题的直播。“战‘疫’有我，组团灭毒”为主题的“云讲堂”于 2020 年 2 月 15 日正式上线，首次上线就收获了同时在线观看人数 2 万+，1 500 多条互动弹幕，原定 40 分钟的直播也延长至 60 分钟，大大弥补了民众对新型冠状病毒肺炎知识的缺失。因此从 2020 年 2 月 29 日开始，就确定了每周六进行一次“云讲堂”直播活动。从综合的角度来看，“战‘疫’有我，组团灭毒”为主题的“云讲堂”活动在增强大众抗疫行动参与感的同时，还能够拉近大众与科学的距离，因此可以将“云讲堂”直播活动看作是新型冠状病毒肺炎疫情下科技馆所推出的线上科普产品中较为成功的一款。

除此之外，“‘新’的对决”这一全网首个抗疫网上专题展览在 2020 年 2 月 8 日推出，上线后访问量在 24 小时内就已高达 28.6 万，中国科技馆在常规科普活动中所积累的应急科普素材就是本次展览活动的基础，其主题是“万众一心，共克时艰”，展览共分为五大展区，分别是“疫情笼罩，非常春节”“科学防治，理性应对”“全力抗疫，最美逆行”“抗疫有我，与子同袍”“人民至上，生命至上”，内容从新型冠状病毒的产生、发展、科学认知一直到抗疫活动中的内涵精神。其中值得关注的是，新型冠状病毒肺炎疫情的特殊性要求科技馆的线上应急科普活动应有较高的时效性，对此，中国科学技术馆把内容提供方、科学共同体的互动进行了简化，以科技馆自身所积累的雄厚资源为基础，将“‘新’的对决”这一网上展览活动推行出去，为了能够持续性为大众提供有时效性的科学权威内容，在活动的后续升级上，科技馆对其中涉及的图文内容进行了优化、更新，同时保持与信息提供方、科学共同体的联系，不断更新、补充立体展品。

(2) 科技馆线上应急科普活动中的问题分析

科技馆在此次新型冠状病毒肺炎疫情期间所开展的线上应急科普活动仍然存在较多问题：①在新型冠状病毒肺炎疫情爆发后科技馆如何做出及时正确的反应，如何将触发需求阶段的时限进行缩短，提升大众的需求感知，进而保障科技馆线上渠道构建与应急科普产品提供；② 科技馆如何保证在发生突发事件后能够迅速与内容提供方、科学共同体进行有效的科学互动，如何加强自身的应急科普能力，提升应急科普产品策划和开发能力，如何高效地产出应急科普内容等。因此科技馆的改进空间还较大。

5 科技馆线上应急科普活动的改进策略

(1) 建立与其他机构间的信息互通机制

即使科技馆内积累了大量的资源，但是其资源毕竟有限，加之科技馆自身独立判断突发事件危害性的能力较低，因此为了进一步将触发需求阶段的时限缩短，科技馆需要积极与其他机构保持联系，保证其间信息互通的及时性。

首先，科技馆与各地疾控中心、派出所、应急办、气象局、消防队、地震局等突发事件相关单位的沟通与联系应进一步加强，其一在常规科普活动进行时能够及时与上述单位联合，其二发生类似于新型冠状病毒肺炎等突发事件后，能够在第一时间内将应急科普流程启动，及时作出正确的反应。

其次，科技馆与图书馆、博物馆、美术馆等其他主要在线下开展科普活动的文化传播机构的沟通活动应进一步加强，以中国特色现代科技馆体系的建设思路为基础进行推广，共建共享全社会应急科普资源。

最后，科技馆与新闻媒体之间的沟通与联系也需要进一步加强，若想要扩大应急科普活动的受众覆盖面，使科普活动的推广更加多层次、立体化，就需要新闻媒体的宣传助力。除此之外，通过新闻媒体推广科技馆的科普活动还能够及时获取大众的主要需求、提升大众对于突发事件的敏感性与触发需求阶段的工作效率。

(2) 打造与科学共同体之间的合作共同体

在开展的线上应急科普活动中，科技馆的能力主要体现在科普内容的产出及科普资源的统筹，科技馆本身并不具备权威性科普内容的独立制作能力，也无法掌握特定领域最前沿的研究成果和科学知识，而若要兼备以上能力与知识，就需要加强与科学共同体的沟通与联系，寻求他们的支持。除此之外，在新型冠状病毒肺炎疫情事件突发初期，大众所获取的信息中有真有假，而他们又不具备相应的分辨能力，因此，他们会更加倾向于相信相关领域专家所提供的消息，例如坐镇新型冠状病毒肺炎疫区的李兰娟院士、钟南山院士等。因此科技馆若要设计具有权威性的科普活动就需要进一步加强与相关科学共同体之间的联系与沟通，从而打造合作共同体。

首先，在常规科普活动开展时，要重视科学共同体的参与，进一步了解科学家群体的专业研究方向、参与科普活动的意愿，并为其建立单独的常规科普活动专家资源库，这样一来，不仅能够满足常规科普活动的需求，当突发事件来临时，我们也能够第一时间取得相关专家的联系，缩短成果交流的时间与流程，进而促进应急科普内容及产品的推出。

其次，可以参照国外科技馆，聘请相关专业的科学家坐镇科技馆，担任科技馆的顾问，负责科技馆的把控工作，在构建科技馆应急机制、制作应急科普内容及把控应急科普产品的质量时邀请科学家直接参与进来，进而将科技馆线上突发事件应急科普能力提升上去。

(3) 开发多元化的课程

首先，在自主研发方面，科技馆具有较大的优势，根据其场馆的自身特色，能够为每一个展品赋予其独特的含义。科技馆工作人员不仅是场馆内展品的讲解者，同时也是教育活动的实施者，只有充分了解场馆内的展品，才能在获取客户需求后，第一时间将其感兴趣的展品展项进行深度挖掘，并可以以此为切入点，开发制定相应的课程。

其次，在进行科学课程时，除了在教室讲授的形式外，也可以通过其他形式进行相关教育知识的传授，例如面向大众进行“科学 live 秀表演”，邀请相关领域的权威专家开展“专题讲座”等，将科技馆中现有的资源进行整合，并将不同形式的教育方法进行合理搭配，例如“参观展区＋讲座＋科学课程＋科学 live 表演秀”等，这样一来不仅能够实现全方面知识的传授，还能够最大化激发受众的兴趣，增强其活动的参与感、体验感，进一步满足其需求。

最后，在进行科学课程时，可以将教育的目的作为课程的主体，例如在新型冠状病毒肺炎期间开展“疫情防控科普”科学课程，大众可以根据自己的兴趣进行实验 DIY，例如可以在课程中加入新型冠状病毒肺炎的防治宣传立体书等。

6 结束语

现阶段为抗击新型冠状病毒肺炎，大部分的科技工作者正奋战在第一线，为普及大众对疫情的认知，越来越多的科普工作者积极开展应急科普教育活动。要想加强新型冠状病毒肺炎疫情防控的科学性与权威性，不仅需要最新的研究成果，还需要对大众进行应急科普教育，要获取此场战疫的胜利，需要大家共同参与，结合实际的疫情防控工作需要，借助科技馆开展的应急科普活动，增加全民的疫情知识与自我防护能力，在降低病毒感染风险的同时，预防恐慌情绪的出现。

参考文献

[1] 郭奕辰.基于科技馆资源的疫情防控科普课程开发[J].上海教育科研，2020(5)：36-40.

[2] 周荣庭，柏江竹.新冠肺炎疫情下科技馆线上应急科普路径设计——以中国科技馆为例[J].科普研究，2020，15(1)：91-98.

[3] 李艺雯，刘军喜.停课不停学 科技馆里学知识[J].国际人才交流，2020(6)：38-41.

[4] 中国科协.团结信任 创新争先 坚决打赢疫情防控人民战争——向全国科技工作者的倡议[J].新媒体研究，2020，6(4)：I0011-I0011.

[5] “新的对决——抗击新冠肺炎疫情网络专题展”线下展览启动仪式举行[J].科学教育与博物馆，2020，6(3)：184-184.

[6] 内蒙古科协.首期内蒙古科技馆辅导员在线培训班举办[EB/OL].(2020-02-23).https://www.cast.org.cn/art/2020/2/23/art_183_113516.html.

[7] 孙红.童心战“疫”——小学语文专题学习活动的实践研究[J].七彩语文：教师论坛，2020(4)：4-6.

[8] 中国科协.中国科协召开视频会议研究部署 2020 年科普重点工作[EB/OL].(2020-02-27).https://www.cast.org.cn/art/2020/2/27/art_80_114256.html.

开展突发公共安全事件科普工作的必要性思考

胡子耀[①]

摘　要：立足于公共突发安全事件自身特征及其对社会生产和发展产生的影响来看，有关部门及相关负责人员在革新思想提起充分重视的前提之下采取有针对性的举措，加强突发公共安全事件科普工作开展的力度对于应对公共突发安全事件、减少社会损失来讲有着积极的促进作用。本篇文章主要对公共突发安全事件及科普工作相关理论展开了概述，同时从现状和可以采取的针对性举措两个主要方面对开展突发公共安全事件科普工作这一课题展开了具体的分析。同时，又于结语当中对我国开展突发公共安全事件科普工作及实施全方面应对举措的未来展开了美好的憧憬。

关键词：突发公共安全事件；科普工作及时性、社会性、全民性；自然科学博物馆

就公共突发事件自身特点来看，其往往在短时间内突然爆发，如果准备不充分，未能及时采取有针对性的措施加以应对，可能就会对国民经济运行造成巨大的损失。2020 年的春节中国遇到了今年第一场全国性“灾难”——新型冠状病毒，它的出现不仅阻碍了社会的正常运行，给我国国民经济带来了重大损失，同时也严重威胁到了我国人民的生命健康安全。然而，面对着这样传播范围广、影响强度大的疫情现状，我国人民并没有退缩，而是迎难而上、积极应对。全国人民在党的领导下，立足于疫情发展现状，采取针对性举措，及时阻止了疫情的进一步扩散和发展。当然在这一过程当中也显露出很多的问题，尤其是我国社会各方面对于突发公共安全事件的应对宣传力度不够。针对这一情况，作为我国科普工作开展机构的科技馆就应当利用自身社会工作职能，承担起加大公共突发安全事件宣传普及性的社会职责。不仅能增强自身在开展科普工作过程当中应对突发公共安全事件能力，同时，也可以引起社会公众对于公共安全事件科普知识的重视和了解。从而在此基础上增强整个社会对于应对公共突发事件的能力，减少公共突发事件给社会发展带来的影响和损失。

1　相关理论概述

(1) 突发公共安全事件

从理论上来讲，突发公共安全事件是指在一定时间内突然爆发，从而造成经济损失甚至是人员伤亡等较大社会性恶劣后果，严重的时候可能危及社会公共安全的事件。

一般来讲，突发公共安全事件主要表现为三个特点：其一是未知性，突发公共安全事件的发生往往是人们未能提前预知的，它的时间、地点以及具体情况都有着不确定性。其二是紧急性，突发公共安全事件往往在一定的时间内突然爆发。如果人们未能及时采取相应措施来加

① 胡子耀，内蒙古科技馆运行保障部副部长。通信地址：内蒙古自治区呼和浩特市新城区北垣东街甲 18 号。E-mail：45575556@qq.com。

以处理和拯救,那么将会造成巨大的社会经济损失。其三是破坏性,突发公共事件往往会对社会环境等社会生活条件造成一定的破坏,破坏人们正常的社会生活秩序甚至影响社会公共安全。

就类型来讲,突发公共安全事件主要包括四种表现类型:第一种是自然灾害,毋庸置疑是由不可抗力等自然因素所引起的灾害性事件,如地震,洪水,海啸等。第二种是事故灾难,多由人们的主观性因素引起,如交通事故,环境污染等社会问题。第三种是卫生安全事件,是指会对人们的生命健康安全造成一定影响和威胁的社会事件,如食品安全,疾病防控等。第四种是社会安全事件,指由人们在主观意愿指导下做出的威胁他人及社会安全的社会事件,如恐怖袭击等。

(2) 科普工作

从理论上来讲,科普即科学普及,是利用先进的科学技术手段和媒体宣传手法向人民群众传播和普及具有专业性的理论常识。引导人民群众在充分了解和把握相关理论常识的前提之下,革新自身思想理念,并且以此为指导自觉投身于对于文物等资源的保护以及文化传承的活动当中。就科普工作开展采取的具体举措来看,其需要借助先进的科学技术手段,创新科普宣传方式,不仅要将科普知识以通俗易懂的形式传递给普通群众,同时还要提高科普工作开展的效率。随着社会进步、科学技术不断向前发展,现代科学技术体系具有了复杂性和全面性的特征,有关部门及相关人员在利用先进科学技术推动科普工作开展的过程当中要能够在了解相关科普技术内在构成尤其是理论原理的前提之下,综合利用多种技术手段提高科普工作开展的效率和水平。

就科普工作开展的实质来讲,科普本质上是一种社会教育。与专门性的学校教育及职业教育相比,科普工作开展的特点在于社会性、全面性、持续性。也就是说,需要利用社会资源与技术向所有社会群众宣传有关科普知识,提高全民科学意识,在提高人们对于科学文物保护与传统文化传承重视程度的前提之下,引导其利用先进技术、采取合理举措参与科普工作的实际开展。

2　我国目前公共突发安全事件科普工作开展现状

(1) 重视程度不足

首先,就目前我国突发公共安全事件科普工作开展的具体情况来看,无论是政府有关部门及相关负责人员,还是包括自然科学博物馆在内的开展科普工作的主要场所,都没能对这一课题的实行提起充分的重视。正如上述所述,从突发公共安全事件自身特征来看,其发生往往具有偶然性、及时性特征,因此,有关部门及相关负责人员在应对突发公共安全事件时往往同样存在着这一固有思想。也就是说,对于引导社会公众建立起长期应对突发公共安全事件的意识没能提起相当的重视。除此之外,公共突发安全事件的发生往往需要相关负责人员采取专业性的举措加以应对。从这一层面上来讲,有关部门及相关负责人员没有意识到其在加强公共突发安全事件科普宣传工作这一方面的作用,即认为普通社会公众采取的了解和应对突发公共安全事件的举措并不能产生一定的社会效应,或者所能产生的社会效用极小。因此,就未能立足于相关思想理念的指导,采取有针对性的举措来开展突发公共安全事件科普工作。而重视程度不足,思想意识的欠缺,则对后期突发公共安全事件科普工作的开展有一定的阻碍性影响。

(2) 制度体系不健全

开展科普工作作为应对突发公共安全事件的举措之一，虽然被纳入到公共突发安全事件应急处理的制度体系当中，但是由于有关部门及相关负责人员对其重视程度不足，相关思想理念欠缺。无论是突发公共安全事件应急部门，还是包括自然科学博物馆在内的科普工作开展机构，对于这方面所确立的制度体系还存在着诸多不足之处和需要进一步完善的地方。而从公共突发安全事件自身特点来看，其对于社会所产生的影响往往是多方面的。因此，从这一层面上来讲，突发公共安全事件的应急和处理也应当有相关完善而健全的制度体系作为指导和支撑。在这一前提之下，在有关思想理念的指导之下以及制度体系的规范之下，才能采取有序而高效的相关举措来开展具体的突发公共安全事件科普工作。而在相关制度体系不健全的背景之下开展科普工作，则会带来一系列的问题和负面影响：其一，从相关工作人员开展的具体工作来看，具体的工作职责和需要承担的工作任务没有得到明确，不仅会大大影响其开展科普工作的效率，而且很可能会为一些不良工作行为的出现提供漏洞和机会。这对于其他具备良好工作行为的工作人员是不公平的。其二，科普工作开展需要遵循的规则和具体工作步骤没有加以明确，会影响各个工作人员及各个工作部门之间配合的效率和水平，从而影响整体科普工作开展的效果。

(3) 工作模式固化

受长期以来传统的科普工作思想理念的影响和指导，相对来说，我国突发公共安全事件科普工作模式比较固化。而随着社会的发展、时代的进步，公共突发安全事件发生的原因更加多样，因而对社会各方面所产生的影响也更复杂多样。为了有针对性地应对和处理突发公共安全事件，就需要对包括开展科普工作在内的各方面加以创新，使其能够立足于社会发展现状及公共突发安全事件解决的需求来开展具体的科普工作，提高科普工作开展的效率和水平，以及对于能够解决突发公共安全事件产生具体的效用。尤其在互联网信息迅速发展的时代大背景之下，网络资源对于社会生活和生产活动的渗透影响更加显著，而固化的科普工作模式未能适应这一社会发展的需求。因此，需要采取有针对性的举措，对开展公共突发安全事件科普工作的模式加以创新和完善。

3 开展公共突发安全事件科普工作可以采取的具体举措

(1) 提起充分重视

首先，有关部门及相关负责人员应当对开展突发公共安全事件科普工作这一课题提起充分的重视，充分意识到科普工作的持续性开展对于合理解决突发公共安全事件来说至关重要。从而在革新理念的前提之下，指导有关部门及相关负责人员采取有针对性的举措来开展相应的突发公共安全事件科普工作。其中，尤其要注意引导自然科学博物馆等开展科普工作的机构及场所相关部门及有关负责人员对于开展突发公共安全事件科普工作的重要性提起充分的认识。不仅要认识到突发公共安全事件相关理论常识的宣传也应当作为科普工作开展的重要组成方面，同时也要意识到，各部门工作的开展对于应对和解决突发公共安全事件来讲具有着重要的积极意义和促进作用。进而在这一思想理念的指导之下，有序开展突发公共安全事件科普工作。

(2) 完善制度体系

正如上述所述，完备的制度体系对于有序高效开展公共突发安全事件科普工作、应对和解决突发公共安全事件来讲至关重要。因此，要想保障公共突发安全事件科普工作开展的效率及公共突发安全事件解决的效果，就要完善相关的制度体系。其中尤其要注意在自然科学博物馆等开展科普工作的专业性机构和场所确立完备的开展突发公共安全事件科普工作的制度体系。具体来讲，首先要将突发公共安全事件的宣传作为科普工作开展的方面之一，也就是说在科普工作构成当中纳入突发公共安全事件的宣传，包括设立专门的负责人员及工作人员来对突发公共安全事件这一方面科普工作的开展加以落实，明确每一位工作人员的工作职责。使得其在相关的制度规定当中各司其职，并且能够相互合作。同时采用上下级领导和汇报制度，有专门的负责人员定期检验科普工作开展的效果。

(3) 创新工作模式

在互联网新技术迅速发展的时代大背景之下，在公共突发安全事件产生的影响及原因愈加复杂的社会背景之下，开展公共突发安全事件科普工作要在革新理念的前提之下对相关的工作模式加以创新和发展，具体来讲，可以从以下几个方面展开：

① 丰富展品内容。

就自然科学博物馆工作性质来看，其主要借助相关物品以展览的形式向社会公众进行相关科学知识的普及和宣传。因此，可以借助展品来对突发公共安全事件相关原理及应对举措加以宣传。如，内蒙古科技馆“地球与家园”主题展厅内的“地震剧场”展项，该展项通过六自由度地震模拟动感平台、自控技术、沉浸式多媒体技术等，逼真再现了地震发生时的情景。可以模拟体验 8 级以内的地震，让观众了解地震带的分布、地震前的各种现象、地震成因、震级与烈度、波的概念及传播形式等知识，通过该科普活动，能够让大众更好地了解地震逃生、自救等相关知识。

另外可以在自然科学博物馆内设置专门的突发公共安全事件展厅，根据公共突发安全事件的种类将展厅划分自然灾害、环境污染、食品安全等具体展览类别。以自然灾害为例来讲，可以在突发公共安全事件展区内设置泥石流模型，并且以动态演示的方式来对其加以展现。使社会公众在进行参观时可以充分了解泥石流等自然灾害发生的原理及发生时的具体状况，并且在其旁设置相关的展牌来对具体的理论常识加以介绍，使得社会公众在了解泥石流等自然灾害给社会、自然等各方面带来具体影响的前提之下，提起对这方面事件的关注，在此基础上，引导公众采取有针对性的举措自觉主动地融入突发公共安全事件应对活动的开展过程当中。除此之外，可以通过特定的天文展览区域来展示气候的变化，包括气候变化产生的原因及其可能对社会等各方面产生的影响等，从而在此基础上引导社会公众采取有针对性的举措来应对气候变化，尤其是在日常生活和生产过程当中，采取具体举措来遏制全球变暖。

② 多媒体展示。

在互联网新技术迅速发展的时代大背景之下，自然科学博物馆开展突发公共安全事件科普工作时也应当充分利用先进技术及网络资源，利用有限的场地和时间向参观者展示更多的应对突发公共安全事件的知识原理，最好对其发展过程加以生动形象的立体化展示。以自然灾害之一泥石流这一突发公共安全事件为例，自然科学博物馆可以在其相关展区内以多媒体视频播放的形式向观众展示泥石流发生的整个经过，使观众在观看过程中可以充分了解泥石流等自然灾害及其他公共突发安全事件发生的原理。除此之外，还可以设置模拟房间，在该房间内模拟泥石流等公共突发安全事件发生的实际情况，控制观众限流进入，实际感受。

如内蒙古科技馆的“飓风体验”展项，飓风的产生一般伴随强风、暴雨，会严重威胁人们的生命财产，对民生、农业、经济等造成极大的冲击，是一种影响较大、危害严重的自然灾害。该展项充分利用多媒体等技术，内部采用高流明投影融合技术，模型由六自由度动感平台和风雨特效系统组成。观众通过穿戴雨衣坐在动感座椅上来体验船只在海上遇见飓风时的电闪雷鸣、风雨交加、巨浪滔天的场景，动感平台和特效系统的紧密结合增加了飓风体验的真实度，让观众感受更为真实震撼的1—5级的飓风效果。让观众在身临其境的过程中引起其对于应对突发公共安全事件及了解事件基本原理的重视。

③ 网站宣传。

自然科学博物馆开展突发公共安全事件科普工作应当以具体理论的宣传为基础前提。而在网络等新兴媒体对于舆论宣传产生愈加广泛而深刻影响的时代背景之下，科技馆应当充分利用互联网信息技术及丰富多样的网络资源来宣传各类突发公共安全事件的相关科普知识。

具体来讲，可以在自然科学博物馆的网站、微信公众号、微博、抖音等自媒体当中分模块设置公共突发安全事件相关科普知识。例如，可以设立食品安全板块、自然灾害板块以及环境污染板块等。在各个板块当中实时更新社会中新出现的突发公共安全事件相关案例，同时在其下面设置民众意见和建议收纳链接，引导社会公众认识和了解相关突发公共安全事件。除此之外，自然科学博物馆可以组织录制和播放关于突发公共安全事件相关科普知识的宣传纪录片，发布到多个平台供观众浏览，提高突发公共安全事件在社会公众当中的了解度。

谣言作为一种传播形态，传播速度快、社会危害大，普遍存在于公众生活中，特别是在此次新冠肺炎疫情期间，各类谣言在广大民众间广泛扩散，造成了极为恶劣的社会影响。因此，及时准确地通过各类应急科普平台发布权威辟谣内容是抑制谣言传播最有效的途径之一。

内蒙古科技馆在此次疫情期间一直在进行线上科学传播与应急科普的实践探索，并利用官方微信、微博、抖音、快手等自媒体陆续推出了全景漫游系统、网络科普大讲堂、今日实验室、今日辟谣等科普栏目与系列活动。当中不仅有应对疫情防控的应急科普知识，也有涉及各学科、贴近生活的科普小实验。这样既满足了疫情期间观众对于科普，尤其是应急科普的需求，同时也体现了科技类场馆在科普宣传中的重要作用。此次疫情期间，内蒙古科技馆各平台共发布各类科普信息3 002条，其中微信934条，微博893条，抖音182条，快手185条，今日头条808条，总阅读量830.7万。

④ 知识竞赛。

为了充分调动起社会公众尤其是青少年群体对于学习突发公共安全事件相关科普知识的重视，自然科学博物馆组织开展以青少年群体为主要观众的相关科普知识竞赛活动。竞赛排名靠前的人员可以获得相应的奖励，并且可以把奖励制作成自然科学博物馆独有的纪念勋章等。具体来讲，知识竞赛可以按公共突发安全事件类别分为几个竞答阶段，包括环境污染、自然灾害、食品安全等，从而不断增加试题难度。除了单人竞赛之外，还可以组织以家庭为单位的知识竞赛。

4 结 语

立足于我国目前开展突发公共安全事件科普工作的具体情况，有关部门及相关负责人员已经对这一课题提起了充分的重视，并且在革新理念、掌握相关指导思想的前提之下，对这一课题予以了切实实行。但是，其在具体的实施过程当中还存在需要进一步完善的地方。也就是说，有关部门及相关负责人员在开展公共突发安全事件科普工作的过程当中，应该立足于社会生产和发展现状，充分利用先进的科学技术手段，提高科普工作开展的效率。利用有限的社会资源和时间，将更多的突发公共安全事件科普相关理论知识传递给社会公众。使社会公众在革新理念、掌握基础理论知识的前提之下，可以采取有针对性的举措，积极投身于应对公共突发安全事件的活动当中，为合理解决公共突发安全事件贡献出自己的一份力量。因此，从这一层面上来讲，我国公共突发安全事件科普工作的开展有着更加广阔的发展前景和更加美好的发展未来。当然，这需要我们每个人的共同努力，希望以科普工作者和突发公共安全事件应对工作人员为主的广大人民群众可以积极主动地为突发公共安全事件科普工作的具体开展贡献出自己的一份力量。相信在不久的未来，在社会公众的共同努力之下，我国突发公共安全事件科普工作可以高效地开展，进而减轻突发公共安全事件对社会产生的不利影响，减少带来的社会损失，提高我国社会整体管理效率和水平。同时，也可以提高我国包括自然博物馆在内的场所开展科普工作的效率和水平，推动科普事业全面发展。

参考文献

[1] 索继江，邢玉斌，田晓丽，等. 医院感染管理科在应对突发公共卫生事件中的作用[J]. 解放军医院管理杂志，2004，11(6)：532-533.

[2] 陈海平，郝艳华，吴群红，等. 突发公共卫生事件影响综合评价指标体系构建[J]. 中国公共卫生，2013，29(5)：628-631.

[3] 李燕凌，丁莹. 网络舆情公共危机治理中社会信任修复研究——基于动物疫情危机演化博弈的实证分析[J]. 公共管理学报，2017，14(4)：91-101.

[4] 樊丽. 新闻媒介应对突发事件的职责[J]. 新闻爱好者(理论版)，2007(10)：13-14.

[5] 姜明安. 依法应对突发事件是对各级政府执政能力的考验[N]. 检察日报，2008-01-29.

[6] 常梅. 博物馆社会服务职能的现状与思考——以烟台自然博物馆建设为例[J]. 山东国土资源，2011(05)：60-62.

[7] 张小澜. 自然博物馆的绿色使命及其可持续建设初探[J]. 中国博物馆，2014(01)：107-111.

[8] 樊祖荫. 对保护非物质文化遗产若干问题的思考[J]. 音乐研究，2006(1)：10-13.

[9] 薛艺兵. "非物质文化"新语境下的音乐文化遗产保护问题[J]. 人民音乐，2008(2)：28-29.

[10] 陈云霞. 四川民族自治地方非物质文化遗产保护现状与保护策略[J]. 民族学刊，2013(4)：62-70.

[11] 刘蓬春. 谈川剧保护[J]. 成都大学学报(社会科学版)，2008(1)：102-104.

[12] 李军. 非物质文化遗产保护和利用的路径及发展策略[J]. 当代文坛，2013(6)：114-118.

[13] 周芬. 云南少数民族舞蹈的传承与发展——以保山市傈僳族舞蹈为例[J]. 明日风尚，2018(16)：357.

[14] 谷桂兰. 祥云县白龙潭村傈僳族文化述评[J]. 大众文艺，2013(17)：58-59.

[15] 李晓岑，李云. 中国西南少数民族的火草布纺织[J]. 云南社会科学，2010(2)：64-67.

[16] 欧丽. 彝族"罗噜颇"的火草麻布纺织[J]. 毕节学院学报，2009，27(11)：42-47.

[17] 王俊颖. 彝族火草布外观设计及其在现代女装设计中的应用[D]. 重庆：西南大学，2017.

[18] 宋俊华：文化生产与非物质文化遗产生产性保护[J]. 文化遗产，2012(1)：1-5.

[19] 胡惠林、王媛：非物质文化遗产保护：从"生产性保护"转向"生活性保护"[J]. 艺术百家，2013(4)：27-33.

[20] 蒋凌霞：非物质文化遗产保护与高职教育相结合路径探索——以柳州城市职业学院为例[J]. 太原城市职业技术学院学报，2016(4)：5-6.

“与消博互动 和平安同行”
——中国消防博物馆做强主业创新开展防火防灾社教工作

周海滨[①] 张捷 王冰

摘 要：为适应新时期社会公众日益增长的防火防灾应急安全教育需求，中国消防博物馆立足展馆平台优化展陈体系，创新宣教方法，保持内容活力，拓展传播途径，多渠道、多形式地向社会公众普及防火防灾安全理念、知识及相关技能，有效提升了社会防灾减灾整体素质，并宣传展示了新组建的国家综合性消防救援队伍形象。

关键词：防火防灾；展项升级；品牌宣教活动；青少年安全教育

中国消防博物馆隶属应急管理部消防救援局，是集消防历史文化陈列、灾害警示教育、防火防灾体验教育于一体的国家级行业专题博物馆。全馆展陈面积1万平方米，由序厅、防火防灾体验厅、文化传承展厅、烈火荣光展厅、国家综合性救援队伍的组建展厅、国际交流与合作展厅以及临时展厅组成，以“传承消防历史 弘扬消防文化 普及消防知识 发展消防事业”为宗旨，通过实物、模型、图片资料的陈列展示和场景复原、视频资料、互动体验等形式，反映了我国各个历史时期人们识火、用火、治火的进步过程以及消防组织、消防法制、消防科技、消防文化的发展状况；中国消防博物馆先后被授予“全国科普教育基地”“全国中小学生社会实践消防安全教育基地”“北京市爱国主义教育基地”的称号。开馆运行以来，已累计接待观众100余万人次，观众量持续递增，举办防火防灾主题社教活动90余次，筹办临时性专题展览20余个，并创建“消防安全大课堂”等一系列宣教活动品牌，还组建“流动博物馆”开展下基层、巡回科普宣传教育百余次。

1 立足主业主项，以“大应急”理念为指导全面升级展项

(1) 着力完善常见灾害事故展项内容

为适应新时期应急管理和消防救援事业发展需要，向社会公众更好普及应急逃生自救知识和技能，提升人民群众防灾减灾综合素质，同时宣传展示国家综合性消防救援队伍的崭新形象和消防救援事业的奋斗发展历程，2018年6月至2019年11月，中国消防博物馆对展项进行了全面升级改造：在防火防灾体验馆增设了常见灾害事故展区，主要展示了火灾、地震、台风、洪涝、冰雹等八种常见的灾害事故的成因、危害及案例；设计制作了火灾复原场景展区，真实地还原了火灾现场，展示日常生活中常见的火灾隐患，希望能够通过展现灾后惨烈的场景，警示教育观众，及时排查消除身边的火灾隐患，营造安全的生活、工作环境；升级119火警电话

① 周海滨，中国消防博物馆副馆长/参谋/策划。通信地址：北京市丰台区西马场甲14号。E-mail：237659593@qq.com。

模拟报警展项，运用场景视频与模拟电话装置的虚拟互动演示，通过人机互动对话，让公众熟悉了解报警基本知识和消防指挥中心接处警程序；新增了暴风雨模拟体验项目，该项目在保证体验者安全的前提下，尽量追求真实效果，如在圆形玻璃屋内，观众可从视觉、触觉、听觉等方面感受到从闪电、下雨到暴风持续加大的一系列过程，在亲身感受中了解暴风雨的危害，屋外有环形通道，不参加体验的观众可以观摩体验情况，学习暴风雨及台风等恶劣自然灾害的避险自救知识；新增紧急救治体验展区，设置了心肺复苏急救、自动体外除颤仪器以及海姆立克急救法等三种急救措施体验。

(2) 重点宣传国家综合性消防救援队伍"火焰蓝"新形象

组建国家综合性消防救援队伍，是党中央着眼于我国灾害事故多发频发基本国情做出的重大决策，对于提高国家应急管理水平和防灾减灾救灾能力、推进国家治理体系和治理能力现代化、保障国家长治久安具有重要意义。中国消防博物馆作为消防救援队伍的窗口单位，消防历史文化展厅重点展示了国家综合性消防救援队伍的组建。2018 年 11 月 9 日，国家综合性消防救援队伍授旗仪式隆重举行，习近平总书记亲自授旗并致训词，提出"对党忠诚、纪律严明、赴汤蹈火、竭诚为民"总要求。组建国家综合性消防救援队伍，是党中央适应国家治理体系和治理能力现代化做出的战略决策，是立足我国国情和灾害事故特点，构建新时代国家应急救援体系的重要举措，对提高防灾减灾救灾能力、维护社会公共安全、保护人民生命财产安全具有重大意义。

(3) 积极打造数字化博物馆新平台

近年来，博物馆数字化事业蓬勃发展，广大公众对博物馆文化内容的展示、传播、分享和管理提出了更高的要求，整个博物馆行业都在努力尝试将博物馆信息服务从传统的信息孤岛转变为网络化、个性化、平台化的服务模式。故宫博物院、国家博物馆等一大批知名的博物馆先后建立了自己的数字化博物馆。中国消防博物馆根据多年开馆运营的思考及观众提出的建议，将加强数字化博物馆建设。一是优化网站的基础架构，使网站在前端设计感和操作性上更加贴合观众需求，栏目信息结构更加完整，可视化后台编辑系统让管理人员工作更加顺畅，预约参观系统及数据统计分析功能为运营管理提供强大支撑；二是突出全景图片的展示，观众在线浏览时可看到所在区域的所有展品，浏览者可根据自身喜好选择性参观，同时线上的浏览避免了因为时间或空间等因素对参观的限制；三是利用 VR 技术对重点馆藏进行数据采集，构建逼真的藏品影像，排除角度、光线的影响，同时设置藏品的关联展示，在展品详情中，穿插加入消防博物馆对于此类藏品的研究情况、学术报告、出版刊物等信息；四是在馆区内使用更加先进的预约设备与网站后台相联，使得观众线上线下的体验能够更加融合，通过智能化的设备也可更加有效地增强观众在馆内的参观体验，加快检测速度，增加安全系数；五是语音讲解支持 PC 端和手机端，观众可通过讲解风格及主题关键词进行筛选，形成自己独有的参观路线；六是对主题展览、临时展览、交流展览等进行专题视频制作，同步记录消防博物馆不同时期的主题宣传。

2　增强展馆活力，以"大宣教"理念为指导积极丰富社教活动

(1) 创建"消防安全大课堂"等品牌社教活动

以防火防灾教育为发力点，创新形式，丰富内容，把展馆建成消防安全宣传教育培训的大

课堂。一是深化宣教品牌建设。深化成果，总结运用，做大“消防安全大课堂”宣教品牌，把握全国中小学生安全教育日、安全生产月以及暑期、冬防等时间节点，策划举办了消防安全训练营、企事业消防安全知识竞赛、“健康成长、平安随行”等一系列有针对性的品牌宣教活动。在临时展厅制作消防安全大课堂之“家庭消防达人集训营”“中小学生安全教育展”和“行动起来减轻身边灾害风险特展”等主题展览。自开馆之日起，每年 119 消防宣传月期间，中国消防博物馆与全国人大、中央党校、国台办、北京市民委及社会单位等联合举办“走进消防博物馆”消防日主场活动，还定期举办了“我是消防员”和“消防小达人”体验营活动，主推职业体验，让不同群体观众走进消防站、观摩消防车辆装备、体验消防员工作等，有力提升了观众对消防救援队伍的了解。二是创新宣传教育形式。进一步完善已有网站和微信公众号功能，加强日常信息推送及网上课堂和网上展厅建设。编辑馆刊《既济》，编印《家庭防火自救小课堂》《消防达人攻略》等宣传折页 10 余个种类 50 余万册，设计制作了国际博物馆日、119 消防日观展纪念明信片，制作了微信版《耳朵里的博物馆 · 中国消防博物馆篇》，与《中国消防》杂志联办“消防往事”专栏。积极应用新设备新技术，设置了家庭火灾应急处置 VR 体验微展区。此外，自主创意设计“消防达人”动漫形象，在专题展览和宣教活动中应用推广，受到观众普遍欢迎。三是运用社会力量办馆。主动加强与科普、教育和文博主管部门以及驻地相关部门的联络对接，抢占行业制高点，借力助推展馆建设，拓展宣教空间。连续多年参加科技部和中宣部联合举办的“全国科技周”活动；结合每年“5 · 12 全国防灾减灾日”和“5 · 18 国际博物馆日”相关主题，开展防火防灾知识技能和消防历史文化宣传推广活动；中国消防博物馆还与北京市东城区教委签订东城区青少年法治学院合作框架协议、开设普法实践课程；在京津冀三地科技部门联办的科普之旅活动中被列为驻点场馆；“中国消防博物馆”词条还入编《中国大百科全书 · 博物馆卷》第三版。

(2) 组建“流动消防博物馆”有效拓展宣教空间

中国消防博物馆组建的“流动消防博物馆”连续 7 年参加科技部、中宣部组织的“流动科技馆进基层”大型示范活动，先后赴河北、陕西、黑龙江、四川等省市偏远地区，深入乡镇、社区、学校，面对面为当地群众和中小学生服务，以地震模拟体验车、火灾逃生帐篷和电子灭火器为宣教主体，并联合当地消防部门组织灭火救援车辆装备展示、消防服装穿着体验等项目，以生动活泼的活动形式，从必备的基本常识技能入手，对火灾报警、火场逃生、初起火灾扑救、地震应急避险等方面内容进行集中宣传教授，为利用社会途径开展防火防灾教育、普及消防知识和宣传消防救援队伍的良好形象发挥了积极作用。活动累计受众 20 余万人，免费发放宣传资料 10 余万份。

(3) 侧重青少年观众群体主推专题社教活动

中国消防博物馆作为国内首家“全国中小学生消防安全教育基地”，立足基地平台坚持面向中小学生提供内容丰富的消防安全素质教育活动，充分整合了展馆优质展陈和专业资源，科学设计了活动内容，主推“沉浸式”活动，注重宣教效果，在增强中小学生互动参与兴趣上下功夫，成为学校课堂教学的重要补充和消防知识学习的第二课堂。中国消防博物馆连续 9 年举办“全国中小学生安全教育日”主题活动，始终把中小学生消防安全教育作为展览、社教工作的重中之重，优先向学生观众开放，不断丰富和完善针对学生观众的知识点、教育点，积极创新社教活动形式，激发学生参观兴趣，有效吸引广大中小学生学习掌握基本的火灾防范常识，增强消防安全意识；先后赴冬奥会举办地张家口市及崇礼县的中小学校、北京市青年湖小学及三里河三小等20余个学校开展消防安全科普宣教活动；连续3年联合湖南卫视“新闻大求真”栏目录制中小学生安全教育特别节目；为了使广大中小学生度过一个愉快有意义的假期生活，增强中小学生的消防安全意识和防灾自救能力，激发孩子们学习探索消防科普知识的兴趣，中国消防博物馆紧抓寒假、暑期重要时间节点策划举办主题夏令营和冬令营活动，主推消防科普知识，特别是假期火灾预防的内容，形式新颖活泼，内容生动有趣。中国消防博物馆针对少年儿童认知水平，自主编辑了《小火苗》AR绘本，将于近日由四川美术出版社发行。

3　积极应对疫情，以“大防控”理念为指导创新开展线上宣教活动

新冠肺炎疫情闭馆期间，中国消防博物馆紧抓宣教主业，闭馆不停工，立足展馆阵地多方拓宽媒体渠道、拓展新媒体应用，把握全国防灾减灾日、国际博物馆日等重要节点连续推出“线上”“云端”专题宣教活动，大力宣传防火防灾常识和消防救援队伍形象，有效提升影响力，获得良好社会效益。

（1）大力推广线上防火防灾知识学习

全国防灾减灾日期间举办线上竞答特别活动，全国24个省市自治区5 000余名在线观众踊跃参与；国际博物馆日期间通过博物馆公众号和“中国消防”微博同时推出“云游中国消防博物馆”活动，通过短视频推介重点藏品、消防救援队伍组建情况和防灾自救常识；此外，还组织4名讲解员参加全国文博行业第一季“最美讲解员身影”评选，从全国30个省市自治区博物馆和纪念馆参赛的328名一线讲解员中脱颖而出，1人荣评“全国十佳”、2人获评优秀奖。

（2）连续推出“云听消防”专题宣教节目

中国消防博物馆在疫情发生后积极应对，迅速调整思路、找寻突破口、保持展馆热度，主动联合主流媒体和行业媒体平台，积极谋划线上和云端传播方案，突出主题，创新形式，多点发力深入宣传。期间，先后联合央视科教频道和央广《文艺之声》《旅游畅游天下》等栏目录制播出《古今消防智慧》专题片、“国际博物馆日”专题访谈和“听游进行时——智慧文博”主题访谈等节目，并在网站、影音客户端同步播出；针对青少年防火防灾安全教育，联合央广《小喇叭》少儿栏目录制消防安全技能和消防历史故事小课堂专题节目，并针对暑期青少年溺水、坠楼等常见事故普及安全知识。

（3）不断完备常态化疫情防控举措

为确保中国消防博物馆在疫情防控常态化条件下安全有序开放，调研学习借鉴各大博物馆的经验做法，超前谋划、周密部署，全力做好恢复开放各项工作：

一是排查防控风险，厘清薄弱环节，高标准规范参观流程。为确保博物馆开放环境安全有序，调研国家博物馆、故宫博物院、首都博物馆等多家高水平展馆，研发升级了网上参观预约系统并强化观众实名登记功能，配置了防疫测温设备设施，采取分时段实名预约、登记身份信息、查验北京市健康码及无接触体温检测等措施，做到观众信息可追溯、体温检测有记录、分时入馆不扎堆。并结合场馆条件重新规划了观众入馆流线和车位，设置了测温区和隔离区。同时，严格做好馆内工作人员个人防护和重点区域防疫消杀工作。

二是保持应急状态，常抓不懈做好疫情防控持久战准备。为坚决落实有序恢复开馆的各项措施制度，中国消防博物馆分解细化了入馆参观流程中的各个重要环节，定岗定人定责，组织专门培训，多次进行观众入馆及突发情况处置演练。为避免因麻痹懈怠思想出现疫情防控

漏洞，成立专班负责督导各项措施制度落实落地，强化重点区域和重要节点管控，充分做好疫情防控持久战准备。

参考文献

[1] 中国互联网上网服务行业协会. 文化部印发《"十三五"时期公共数字文化建设规划》[EB/OL]. (2017-12-20). http://www.iasac.org.cn/news/382/435850.shtml.

[2] 中华人民共和国中央人民政府. 中共中央印发《深化党和国家机构改革方案》[EB/OL]. (2018-03-21). http://www.gov.cn/zhengce/2018-03/21/content_5276191.htm#1.

[3] 行业博物馆专委会. 行业博物馆科普课程集锦[M]. 北京：人民交通出版社，2020.

[4] 胡扬帆. 基于Iphone平台的移动博物馆App的设计与实现[D]. 北京：北京林业大学，2013.

基于闭环控制的博物馆观众服务补救模型探讨
——以北京天文馆为例

管峰[①]　孟洁

摘　要： 随着我国博物馆数量及观众数量的快速增长，博物馆在管理服务方面出现了诸多问题，导致因观众服务缺陷带来的服务失效和观众投诉日益增多。有效的服务补救措施，不仅可以挽回观众的忠诚度和满意度，还能给博物馆带来很多正面的评价。笔者结合工作实际经验，立足北京天文馆，以天文馆观众服务补救为切入点，融合先进的控制理论和戴明的PDCA循环理论，提出了一种新型改进博物馆观众服务缺陷补救机制的模型，并且利用观众服务补救实例对该模型进行验证，有效地发挥了该模型在观众服务补救中的作用，对博物馆观众服务质量提升起到了一定的促进作用。

关键词： 博物馆；服务缺陷；服务补救；闭环控制

1　引　言

博物馆是向社会大众提供公众服务的场所，观众服务是基础服务，其质量直接影响观众的忠诚度和满意度，所以做好观众服务尤为重要。由于博物馆接待的客流量较大，工作人员的数量有限，故或多或少会存在服务缺陷，观众不能得到正常的服务，服务延时，观众接受到的服务与观众自身的需求不一致等现象时有发生，带来的实际服务效果不尽如人意，观众投诉接踵而至，出现服务失效的局面，给场馆带来了一定的负面影响。如何有效地避免服务缺陷或者在服务缺陷发生后如何有效地服务补救，成为摆在广大同仁面前的一大难题。

笔者查阅相关文献资料，很多学者提出了一系列的针对服务缺陷的服务补救模型以及服务补救策略，对服务缺陷起到了一定的缓解作用，但是效果不是很显著。本文结合先进的控制理论和戴明的PDCA循环理论，提出了一种改进博物馆观众服务缺陷的服务补救模型，详细阐述了该模型的结构，各功能模块具体功能及实现方式，并以北京天文馆观众服务补救为切入点，用该模型进行实例应用分析，并且取得了显著效果，验证了该模型的科学性和合理性。

2　博物馆服务缺陷分析

(1) 服务缺陷定义

在服务管理的过程中，任何企业都有可能出现服务缺陷。国内外许多学者尝试界定服务缺陷的概念，至今尚未形成一个统一的定义。Gronroos 最早提出服务缺陷，他认为服务缺陷

① 管峰，北京天文馆馆员。通信地址：北京市西直门外大街138号。E-mail：guanfeng1111@163.com。

就是企业没能按照顾客期望进行服务。Smith提出当服务企业由于没能按照顾客的期望进行服务而导致顾客产生不满情绪，此时就产生了服务缺陷。Bitner等人在Gronroos的基础上，指出服务缺陷是指服务过程效率较低，或者传递的核心服务未达到最小预期水平，最终没能达到顾客对服务的要求。笔者在本文的研究中比较认同Bitner等人提出的服务缺陷定义，该定义相对于其他定义而言更加完善。

(2) 服务缺陷类型

笔者查阅相关文献资料，其中著名学者温碧燕认为服务缺陷分为结果缺陷和过程缺陷两种类型。结果缺陷是从服务开始到整个服务过程结束，服务提供者最终未能使顾客感知到分配公平；过程缺陷是顾客在服务过程中所投入的金钱和时间等超过了其在服务过程中所得到的回报，服务提供者未能使顾客感觉到公正。

著名学者应俊祥指出服务缺陷主要可分为服务提供者造成的失误、顾客自身原因造成的失误、不确定因素或第三方造成的失误三种。

笔者比较认可应俊祥的研究成果，结合博物馆观众服务的特点，将博物馆观众服务缺陷归纳为四大类型：

① 场馆服务系统造成的服务缺陷，分为正常服务不能获得、提供服务延时、提供给观众不能接受的服务。

② 博物馆服务提供者造成的服务缺陷。

③ 观众自身原因造成的服务缺陷。

④ 第三方或者不可抗力造成的服务缺陷。

(3) 服务缺陷原因分析

博物馆的服务管理是多方介入完成的一整套服务体系，这一特点使得博物馆的服务效果难以把控，各个环节之间如果配合不完善或者某个环节出了问题，就很有可能引发服务缺陷现象。任何一种服务缺陷的发生都存在一定的原因，结合博物馆服务缺陷的四种类型，探讨其原因，主要表现在：

① 场馆硬件设施检修保养不到位。

② 场馆服务人员业务素质和能力不足，博物馆对服务人员的培训重视程度不足，影响服务效果。

③ 观众自身原因导致的服务缺陷。

④ 场馆提供的服务易受到外部因素的干扰。

3　博物馆服务补救特征分析

笔者认为，服务补救就是企业针对自身的服务缺陷所做出的及时性和主动性的反应，其目的是降低顾客不满以及因顾客不满而给企业带来的损失。它既涵盖了对服务补救的事前预测与控制，也涵盖了对顾客抱怨和投诉的处理。

在服务补救方面，博物馆与其他服务行业相比既具有共性，也具有其自身的个性。博物馆服务补救的基本特点归纳起来，可以分为以下五个方面：

① 现场性。博物馆服务补救活动往往涉及预防、执行、反馈以及解决和改进环节，一般都是全员参与，而且多数时候服务补救活动具有鲜明的现场性，需要工作人员在现场及时做好相关服务补救工作。

② 观众导向性。博物馆的服务补救关注点在于外部效率，在于如何长期维系与观众的友

好关系，而不是仅仅停留在短期的成本控制上。因此，博物馆的服务补救具备观众导向性特点。

③ 实时性。当博物馆发生服务缺陷现象时，我们要及时采取服务补救措施，如果不能及时进行服务补救，那么后期需要投入的服务补救成本将急剧上升。尤其是针对那些程度较轻的服务缺陷，如果现场不及时解决，就会将事态升级，后期补救成本会很大，补救的效果也逊色不少。

④ 主动性。在博物馆日常运营中，我们不仅要善于主动地发现服务缺陷，还要主动地防范服务缺陷，进而及时采取补救措施。这种前瞻性管理机制可以使观众得到一定的慰藉，进而提升观众的满意度和忠诚度。

⑤ 预警性。相对于"反应"而言，在服务缺陷发生之前就事先预警，限制不利结果的发生，为采取服务补救措施提供准备的条件。通过预警式管理模式，可以提前采取预防措施，避免问题来临之时不能把握解决问题的时机，从而限制不利结果的发生。

针对这些特点，我们在处理服务缺陷时，首先要分析好服务缺陷发生的归因，并且第一时间对服务缺陷原因进行合理解释，快速及时地采取能够达到观众期望值的补救措施。

4 闭环控制观众服务补救模型建立

(1) 相关理论概述

所谓闭环控制就是指给定系统一个输入值，经过控制单元、执行单元以及反馈单元后会得到一个输出值，如果输出值和输入值存在一定的误差，此时就说明没有达到预设的控制效果，该误差会作用于控制单元，控制单元中的控制算法会进行调节，并且作用于执行单元，再次输出相应的结果，如果仍旧存在误差，继续前面的动作，反复循环，直至误差稳定在某个值或者误差消失，反馈控制结构示意图如图1所示。闭环反馈控制主要应用于控制领域，比如液位、流量等的控制，而在博物馆服务补救管理中，对于观众接收服务后的感知反馈是非常关键的，所以可以借鉴闭环控制系统中的反馈环节，将观众感知的服务效果与预期效果进行对比，进而保证服务效果尽可能最佳。

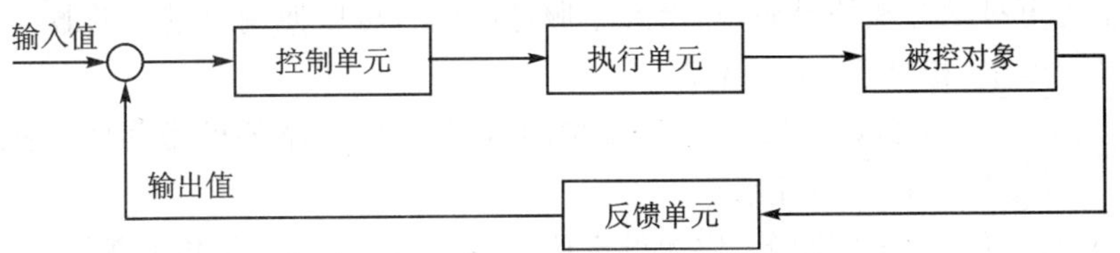

图1 反馈控制结构示意图

美国质量管理专家戴明首先提出"戴明环"，主要包含计划(Plan)、执行(Do)、检查(Check)和改进(Act)四个阶段，由于这四个阶段是循环往复的过程，故又称为PDCA循环。"戴明环"的各个环节相辅相成，环环相扣，每次循环产生的未解决问题就会进入下一次循环来解决，直至所有问题最终解决。PDCA循环体现的是质量持续改善的过程，因此人们也称其为持续改进螺旋。

PDCA循环的四个阶段体现了科学认识论的一种具体管理手段和一套科学的工作程序。

PDCA 管理模式不仅可以运用于质量管理工作中,同样也适用于其他各项管理工作。而博物馆的服务缺陷补救管理采用这种管理模式,可以有效推进博物馆服务补救管理体系的不断完善。

(2) 观众服务补救模型建立

笔者尝试将闭环控制理论与 PDCA 循环理论相结合进行综合考虑,一是为了使观众感知服务反馈渠道畅通,二是保证服务补救管理模式的科学性和合理性。拟建立一种新型改进式闭环控制的博物馆观众服务补救模型,模型具体涵盖了预警、执行、反馈、改进、感知评价等环节,这些环节相互作用、相互协调,构成了博物馆观众服务补救模型这一有机整体,该模型体现了预期服务效果和实际服务效果的比较,展示了从实际服务效果向预期服务效果的转变,科学地诠释了博物馆服务补救的全过程。模型的建立体现了一种博物馆服务补救运营机制的建立。具体服务补救运营机制如图 2 所示。

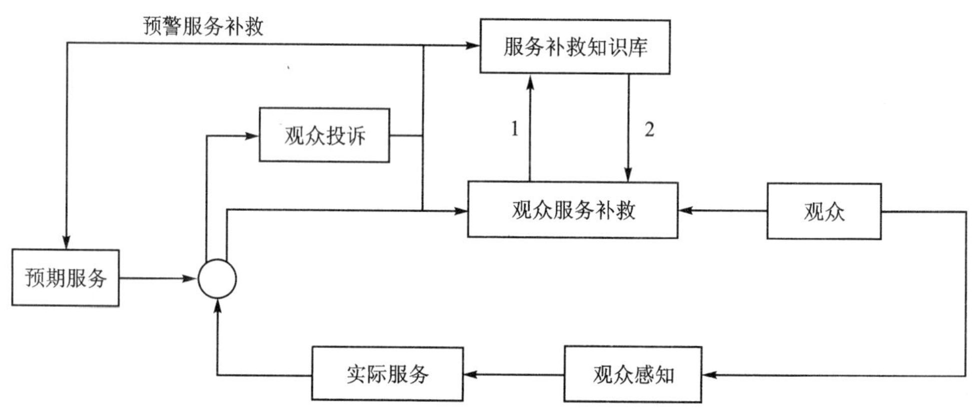

图 2 闭环控制观众服务补救模型结构示意图

图中“1”表示在采取观众服务补救措施后,要及时搜集整理服务补救措施采取后的效果与经验,及时反馈到服务补救知识库里,作为组织过程资产,以备再次发生类似服务缺陷时可以采用。相当于经验总结的局部“反馈环节”。图中“2”表示服务补救措施在吸收服务效果与经验后改进调整为更科学合理的措施,再次发生服务缺陷时可以使用改进后的服务补救措施,提升观众服务补救效果,相当于“改进环节”。

由图 2 可知,闭环控制观众服务补救模型融合了 PDCA 循环模型和闭环控制模型的优点,大大提升了观众服务补救管理水平。

在该模型中,我们将“预期服务”作为设定值,“观众服务补救”是控制算法,“观众”是被控对象,“观众感知”是整个闭环控制系统的“反馈环节”,不同于上文提到的经验总结的局部“反馈环节”。“实际服务”是输出值。在循环过程中,“预期服务”和“实际服务”不断进行比较调整,尽可能最大限度地满足观众的预期服务期望值。这一过程组成了一个闭合控制回路,形成了一种服务补救运营机制。

当“实际服务”与“预期服务”出现偏差时,称为“效果偏差”。“效果偏差”出现时,就有可能引发观众投诉,与此同时,“效果偏差”就会触发“观众服务补救”单元,系统会采取相应的服务补救措施,及时快速地处理服务缺陷和服务投诉,处理后的结果反馈给观众,观众再次进行感知,反复循环,直至观众感知到的实际服务效果与预期服务效果一致时,观众投诉停止,服务补救单元停止工作，这就表明此次服务缺陷处理完毕，这样一个完整的服务补救过程相当于“执行环节”。

每次观众服务补救完毕，系统会及时将服务缺陷类型、服务补救措施等信息反馈给“服务补救知识库”，我们在处理好一项服务缺陷时，要及时搜集总结相关信息，并保存好作为服务补救应急预案。

对于知识库中的服务补救措施，我们要适时根据观众投诉内容咨询相关专家等进行改进调整，提升服务补救措施的科学性和合理性，以便今后遇到类似服务缺陷时，能够快速准确地处理，提升观众服务补救的效率。

再者，“服务补救知识库”的建立，相当于事先针对不同类别的观众服务缺陷所采取的对应的应急预案，对于有可能发生的服务缺陷，事先建立好应对措施进行预防。当观众提出服务需求时，我们可以事先预见可能发生的观众服务缺陷，一旦发生服务缺陷，我们就可以及时准确地采取相应措施，将服务补救成本降到最低，相当于“预警环节”。

整个服务补救模式通过“预警”“执行”“反馈”“改进”四个环节的相互配合，使得博物馆服务补救效率得到很大提升，保障服务补救机制运营得更加科学合理。

5　观众服务补救模型的实例应用分析

观众服务补救模型的关键在于服务补救响应的快速性和准确性，而闭环控制系统具备快速性、稳定性和准确性的特点，运用闭环控制系统可以有效地提升观众服务补救的效率，减小观众服务缺陷发生的频率。笔者以北京天文馆观众服务补救工作为例，具体分析该模型实现服务补救机制的过程。

首先，当观众提出服务需求时，系统根据需求内容，分析其服务需求可能带来的服务缺陷类型，根据服务缺陷类型，在服务补救知识库（服务补救应急预案）中匹配相应的服务补救措施备用。在观众服务过程中，比较观众感知的实际服务与预期服务，会出现以下三种情况：

① 当实际观众服务效果与预期观众服务效果相当时，即服务效果差为零，此时观众服务成功，达到了观众的满意度。

② 当实际观众服务效果超过预期观众服务效果时，即服务效果差小于零，说明此时观众享受到了超值服务，达到了观众的满意度，这与场馆服务人员的努力热情，业务素质和能力高超是分不开的。

③ 当实际观众服务效果未达到预期观众服务效果时，即服务效果差大于零，此时出现了服务缺陷，导致此次观众服务失效，可能会引发观众投诉。这时，系统就会启动服务补救应急预案，快速调用相关服务补救措施，及时准确地进行服务补救，经过多轮循环，最终使观众满意。

案例1：观众在剧场观影时，节目播放至一半时，突然设备出现故障，导致后半场节目无法正常播放。

案例1分析：经判断，设备发生故障属于博物馆系统提供者造成的服务缺陷，造成观众不能获得正常的服务。

过程分析：观众感知到服务效果不能满足自身，向工作人员投诉，相当于反馈给工作人员，与“能够正常观影”的服务需求对比，形成差异，就会启动相应预案机制中的服务补救措施。

处理机制：观众观影到一半设备无法正常播放，这时应该立即启用应急预案，采取补救措施，启用备用设备，重新播放剩余的一半节目；与此同时，我们还要安抚观众情绪，耐心向观众解释原因，可以邀请观众免费观看下一场节目，进而取得观众的谅解，提升观众的满意度，观众满意说明满足了其服务需求，服务补救成功。

案例2：赵先生来我馆参观，购买了某剧场13:55的电影票，但由于工作人员预留检票时间过短，导致进场时已经关灯，电影已经开始，由于我馆每场天文科普片时长都比较短，一般为15～30分钟，导致赵先生不能观看完整的影片，给赵先生带来了非常不好的观影体验。观影结束后，赵先生与剧场工作人员反映问题，而工作人员态度不好，故其进行投诉。

案例2分析：经判断，剧场工作人员态度不好属于博物馆服务提供者造成的服务缺陷。

过程分析：观众无法正常观影进行投诉属于服务反馈，与预期服务形成差异，启动相应预案机制中服务补救措施。

处理机制：赵先生最终感知到的实际服务没有达到其预期的服务，刚开始赵先生进剧场看电影时，系统预警功能可以将可能发生的服务缺陷罗列出来，当服务缺陷发生后，我们应该立即采取相应的服务补救措施，一方面积极向赵先生表达歉意，一方面馆内进行协调，注意开场时间，减少误差；另一方面对相关服务提供者进行批评教育，提醒员工在接待观众时要注意服务态度，并且赠送了赵先生电影兑换券，下次来馆可以免费观影一场。通过这种服务补救方式，得到赵先生的谅解。最终赵先生接受了处理结果，此次服务补救工作圆满完成。

案例3：一观众在节目开演后才急匆匆赶到剧场，检票入场后只观看了半场节目，离开剧场后要求退票，并且进行投诉。

案例3分析：经判断，观众只观看半场节目属于观众自身造成的服务缺陷。

过程分析：尽管是观众自身原因导致无法正常观影，但是观众感知到自身需求没有得到满足进而投诉，属于服务感知反馈，工作人员接收到投诉后应该及时启动相应预案机制中的服务补救措施。

处理机制：该观众因为没有观看到完整节目而要求退票，并发起投诉。服务补救模型预警提出解决该服务缺陷的策略，由于观众是迟到导致观影不完整，是观众自身原因造成的，这时，首先是安抚观众情绪，其次，我们要给观众讲解相关票务政策，动之以情，晓之以理，并且赠送该观众一些小礼品以示慰藉，最终使观众满意。

案例4：由于供电公司临时检修线路，导致剧场停电，已经购票观众无法观影。

案例4分析：经判断，剧场停电属于不可抗力或者第三方造成的服务缺陷。

过程分析：尽管属于不可抗力原因，但是观众需求没有满足，这就形成了服务效果差异，需要工作人员及时启动相应预案机制中的服务补救措施。

处理机制：不可抗力因素导致的服务缺陷的应急预案，应该在服务补救知识库里有相应的措施，可以提前预警。为平复观众的不满情绪，我们应该积极配合观众进行退票，同时可以赠送一些小礼品，并向观众做好相关解释工作。这种处理机制达到了观众的预期服务效果，使得服务补救工作圆满完成。

以上4个案例，分别从4个不同的服务缺陷类型角度出发，结合博物馆观众服务补救模型，详细阐述了服务补救运营机制，效率高、准确率高。同时，也充分证实了该模型的科学性和合理性。

6　服务补救模型配套机制建立

要想真正实现博物馆观众服务补救活动，单凭一个基于闭环控制的服务补救模型是不够的，还需要建立配套的管理措施和机制。通过配套管理措施与服务补救模型的相互配合，博物馆服务补救管理体系将不断完善，服务补救管理水平将得到长足发展。

(1) 注重预警工作的落实

预警工作是服务补救的首要环节。一套完整的服务补救管理体系与切实可行的服务补救预警体系是息息相关的。

首先，博物馆管理部门应该落实好预警工作，尤其是在国庆等长假期间；再者，管理部门应该制定科学合理的服务补救应急预案，做到有备无患；最后，管理部门应该告知观众在紧急情况下的联系方式和安全须知等，保证观众的人身安全和财产安全。

(2) 注重员工素质的提升

博物馆应该注重服务管理人员业务素质的提升，尤其是一线服务管理人员，他们与观众发生直接接触，这一群体自身素质的高低和服务意识的强弱会影响服务缺陷的发生率。他们之间的直接沟通质量会影响服务补救工作的效果。因此，我们要加强制度的管理，降低由于服务缺陷造成的损失。再者，我们还可以给观众适当的精神补偿和物质补偿。最后，我们还可以在观众抱怨和投诉之前主动采取服务补救措施。

(3) 注重反馈通道的建立

博物馆服务补救活动应该建立畅通的反馈通道，进而确保具有价值的信息都能够记录在案。此外，我们还应该主动询问观众对于服务补救工作的建议和意见，以便更好地了解观众的期望值。当服务补救工作结束后，应该及时与观众取得联系，询问观众对服务补救工作是否满意。通过与观众沟通，一方面了解观众的诉求，另一方面将观众反馈意见补充到服务补救知识体系中，以供后续工作参考借鉴。

(4) 注重整改优化

博物馆应该根据观众投诉内容和相关专家意见，定期对服务补救工作进行改进优化，不断提升服务补救管理的质量水平。博物馆还应该告知观众服务补救工作的改进情况，接受观众的监督，进而促进博物馆观众服务补救管理水平的提升，不断完善服务补救管理机制。

7　结　语

观众服务是博物馆的基础性服务，优质的服务是吸引观众的关键因素。文中提出一种基于闭环控制的观众服务补救模型，将闭环控制与 PDCA 循环理论有机结合，详细阐述了系统实现方式和系统的实例应用。该系统有效地解决了观众服务缺陷问题，提升了观众的忠诚度和满意度，从而进一步提升了博物馆观众的服务质量。

参考文献

[1] 冯玮，陈琳. 旅游企业"双向"服务补救的概念与模型探析[J]. 湖北文理学院学报，2012，33(8)：66-67.

[2] Smith A K，Bolton R N，Wagner J. A model of customer satisfaction with service encounters involving

failure and recovery[J]. Journal of Marketing Research, 1999, 3: 356-372.

[3] Bitner M J, Booms B H, Mohr L A. Critical service encounters: The employee's viewpoint[J]. Journal of Marketing, 1994,58: 95-100.

[4] 温碧燕,岑成得. 补救服务公平性对顾客与企业关系的影响[J]. 中山大学学报(社会科学版),2004,(4): 24-30.

[5] 应俊祥. 基于感知公平的服务补救改进对策研究——以C公司为例[D]. 上海:华东理工大学,2016.

[6] 管峰. 基于服务补救的图书馆读者服务反馈控制模型探讨[J]. 大学图书情报学刊,2015,33(4):63-64.

[7] 孙伟, 王卫明, 曹诗图,等. 旅游企业服务补救措施与游客满意度关系研究[J]. 旅游论坛, 2010(6): 713-719.

主题 2

展览策划与展品研发理论与实践

浅谈展品互动与展览方式的思路创新

李继彬[①]

摘　要：当今世界已进入知识爆炸的时代，科技馆作为知识普及的前沿阵地，每件展品都包含着巨大的知识量。在学习、认知这些知识的过程中，如何能使公众在巨大的知识量面前有所收获，已成为每个科技馆在策展时必须探讨的问题。本文从STEM教育设计思路与科技馆策展思路的对比出发，重新梳理科技馆在布展设计时的展览逻辑要点。探讨为了实现这些展览逻辑要点，在展览方式的思路创新，通过利用学习单和提问、提示背景的展前教育，场景式体验和职业教育工具等方面，实现增加科技馆教育任务完成度、提高观众体验度、加强观众认同度，从而达到科技馆展品互动与设置各项展览的展示目的。

关键词：科技馆策展；STEM教育设计；展前教育；场景式体验；职业教育工具

当今世界已进入知识爆炸的时代，1965年时任仙童半导体公司工程师的摩尔撰写文章，文中预言半导体芯片上集成的晶体管和电阻数量将每年增加一倍。这就是人们后来普遍知道的摩尔定律的前身，摩尔定律是指当价格不变时，集成电路上可容纳的元器件的数目约每隔18～24个月便会增加一倍，性能也将提升一倍。根据摩尔定律不难看出，在过去的几十年里，随着集成电路元器件数目的增长，其信息储量和处理能力也将成倍增长，使其为人们提供大量知识成为可能。人们所获得的知识量已从过去的MB级飞速发展到了GB级，电脑、互联网成为人们获取信息和知识时不可或缺的工具，人类文明进入知识时代。而科技馆作为知识普及的前沿阵地，每件展品都包含着巨大的知识量。在学习、认知这些知识的过程中，如何能使公众在巨大的知识量面前有所收获，已成为每个科技馆在策展时必须探讨的问题。科技馆的展陈设计也从自然博物馆、工业博物馆里对收藏标本、模型等的单一展出，慢慢转变为科技中心里通过用户互动体验和实践认知科学地设计展览方式。

经过多年实践，在发展科技馆互动式体验和沉浸式观展的同时，也出现了很多新问题，如暴力操作展项，即使按规操作展项也停留在观赏表层现象的新奇中，无法更深层地探究现象背后的奥秘和本质。本文笔者将结合科技馆展品研究中前辈们的经验和自己的一些粗浅观点，探究一下展品互动创新中上述问题的解决之道。

1　对比国内开展STEM教育设计的成就和误区，找出科技馆互动式体验和沉浸式观展的关键问题

当我们抱怨在展品展览过程中精心设计的互动环节却带来观众的暴力操作时，是否可以

---

① 李继彬，合肥工业大学学士学位，现工作于青海省科学技术馆技术保障部。通信地址：青海省西宁市城西区五四西路74号，邮编：810000，Email：389976794@qq.com。

换个角度去思考这个问题，由于年龄和知识储量的不同，观众从观察现象到认知本质的过程，其本身就不一样。更何况知识本身就包含许多不确定性，从大胆假设到小心论证的过程，也需要无数次的论证、否定、排他，才能最终确定答案。所以公众暴力操作的现象不是展品的互动形式出了问题，大多数也不是观众故意而为之，而是我们应该如何利用观众大胆假设的过程让观众对展品产生兴趣，又如何引导观众在操作展项的过程中小心论证，体验科学研究的过程，领会科学家精神和科学对社会生产的影响和变革。

为了搞清这些问题，让我们首先看看 STEM 教育设计是如何让学生进行实践的，20 世纪 80 年代末诞生的概念“STEM”（Science 科学，Technology 技术，Engineering 工程，Mathematics 数学）强调人们在解决生活中发生的大多数问题时，应该运用认识世界、解释自然界的客观规律，在尊重自然规律的基础上改造世界，实现对自然界的控制和利用，解决社会发展过程中遇到的难题。2013 年美国发布的《新一代科学教育标准》首次将 STEM 教育正式纳入国家教育标准，并指出科学不仅是理解世界的一系列知识，也是用来建构、拓展、修正知识的一系列实践。该标准强调在 STEM 教育设计中必须体现“实践”“跨学科概念”“学科核心概念”三个要素。图 1 示意了 3 个维度与 STEM 教育的关系。

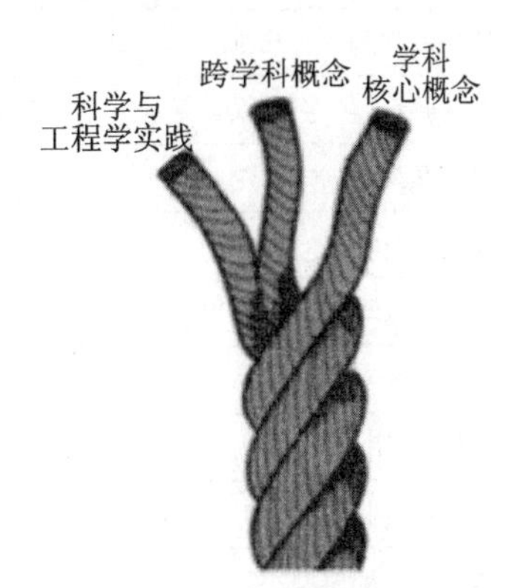

图 1 STEM 教育的 3 个维度

在 STEM 教育设计的这三个维度中，“科学与工程实践 ”是指学生们实践活动的方法和过程；“跨学科概念”即那些应用在不同科学学科领域的共同概念；“学科核心概念”描述了不同科学学科的核心观念，以及科学、工程和技术之间的关系。三个维度的内容如表 1 所列。

虽然阐述时三个维度是分开的，但在具体实践中应当将三个维度融合起来。学生们首先通过维度 3（学科核心观念），确定实践具体属于维度 3 中的哪个学科，了解该学科的核心观念以及本学科与工程和技术之间的关系。然后在应用维度 1（科学和工程实践）中给出科学和工程实践的步骤：依次提出问题（科学）或界定问题（工程）、建立开发和使用模型、设施规划和实施调查、分析和解释数据、使用数学和计算思维、形成解释（科学）或设计解决方案（工程），最后参与基于证据的讨论、获取评价和交流信息，并能联系到维度 2 的跨学科概念。这样的 STEM 教育设计为缺少深度知识和广泛经验的学生提供了参与到较复杂的推理和探究中的可能。从而要求教师应重视学生的原有观念，并在学生已经知道什么和能做什么的基础上进行教育。

对比上述 STEM 教育设计的经验，根据科技馆展项体验程度的强弱，我们可以将科技馆所设展项分为强体验型展项，典型展品例如中国科技馆探索与发现展厅的“牛顿分光实验”；弱体验型展项，典型展品例如“旋转的金蛋”；展陈式展项，典型展品例如“透视消点错觉模型”。无论是怎样的展项，都具有中国科技馆研究员王恒等人于 2013 年提出的科技馆教育的基本特征“通过模拟再现的科技实践，为观众营造探究式学习的情境，从而使其获得直接经验”。也就是说观众所经历的科技实践过程，要么如同科学发现过程一样，经历从现象或问题出发，产生大胆的判断或假说，再小心验证，从而发现结论的过程；要么如同技术发明、工程设计项目的过程一样，经历提出任务、问题，然后通过大胆的技术发明、工程设计项目设计，再小心验证设计，最终产生实施方案的过程。不难看出正确的科技实践与 STEM 教育设计中的实践过程有着惊人的相似之处，也就是说只要按照STEM教育设计的实践过程设计科技实践，就能使缺少深度知识和广泛经验的观众参与较复杂的推理和探究，最终获得科技实践的直接经验，并由此感受科学家在探究过程中体现出的科学方法、科学思想和科学精神。

表1 《K-12年级科学教育框架》中的三个维度及主题

1. 科学和工程实践	3. 学科核心观念
(1)提出问题(科学)和界定问题(工程)	(1)物理科学
(2)开发和使用模型	PS1：物质及物质间的相互作用
(3)规划和实施调查	PS2：运动和静止：力和力的相互作用
(4)分析和解释数据	PS3：能量
(5)使用数学和计算思维	PS4：波与其在信息传输技术中的应用
(6)形成解释(科学)和设计解决方案(工程)	(2)生命科学
(7)参与基于证据的讨论	LS1：从分子到生命体：结构和过程
(8)获取、评价和交流信息	LS2：生态系统：相互作用、能量和动力
2. 跨学科的概念	LS3：遗传：性状的继承和变异
(1)模式	LS4：生物进化：统一性和多样性
(2)因果：机制和解释	(3)地球和空间科学
(3)尺度、比例和数量	ESS1：地球在宇宙中的位置
(4)系统和系统模型	ESS2：地球系统
(5)能量和物质：转化、循环和保护	ESS3：地球和人类活动
(6)结构和功能	(4)工程、技术和科学应用
(7)稳定与变化	ETS1：工程设计
	ETS2：工程、技术、科学和社会的联系

STEM教育设计作为大胆假设、小心验证的典型成功案例，其成功的秘诀在于其首先用维度3(学科核心观念)来明确参与者在思维的过程中是以哪个学科为核心，并将该学科中的核心知识以及本学科与工程和技术之间的关系明确地告诉体验者。其次，阐述时三个维度虽然是分开的，但在具体实践中三个维度却是融合在一起的。作为科技馆展厅教育的主体，展品其实只是维度1(科学和工程实践)的硬件基础，所以要想让展项完成好模拟再现的科技实践，营造探究式学习情境，从而使观众获得直接经验的任务，科技馆在策展时就必须加强维度2(跨学科的概念)、维度3(学科核心观念)的设计力度，完善维度1(科学和工程实践)的可实行方案，最终实现观众参与到较复杂的科技实践，并进行推理、探究的可能。

2 通过设计学习单和提问、提示背景的展前教育，增加科技馆教育任务完成度

当一份设计精美的形如贺卡的学习单送到孩子们的手中时，每一个看到学习单的孩子是否会在心中荡起波澜，产生阅读的兴趣，并迫切地希望去体验学习单上介绍的展品呢？是否会

因为学习单上对展品有趣的提问,按学习单上给出的提示操作展项体验展品,并在这个过程中进行科学探究的思考呢?从日韩印制精美的纸质品风靡全球,到中国的文创纸质品的井喷式爆发,不难看出,上述问题的回答是肯定的,就连成年人也会被文创店内的商品吸引而流连忘返,更何况是对世界充满好奇的孩子们呢。

在芝加哥科学工业博物馆"Simple Machines"的学习单里(见图 2),首先通过介绍六种简单机械结构科学知识的观前教育,让学生在具体了解六种简单机械结构原理的同时,理解在书本中学到的"work = force × distance"的基础力学概念及其在具体问题中的应用过程,最后学生通过在参观场馆时找寻展品中这些简单机械结构的身影,画出展品中的这些机械结构,思考这些简单机械结构是如何让我们的工作变得省力的过程,从而获得对这些简单机械结构概念的理解。其亮点在于通过让学生找寻展品中这些简单机械结构的过程,充分发挥学生的主观能动性,让学习单中介绍的简单机械结构原理落实到具体展品上,使学生们在具体的实物面前理解这些简单机械结构的概念,进而达到通过模拟再现的科技实践为观众营造探究式学习的情境,使其获得直接经验的科技馆展览目的。

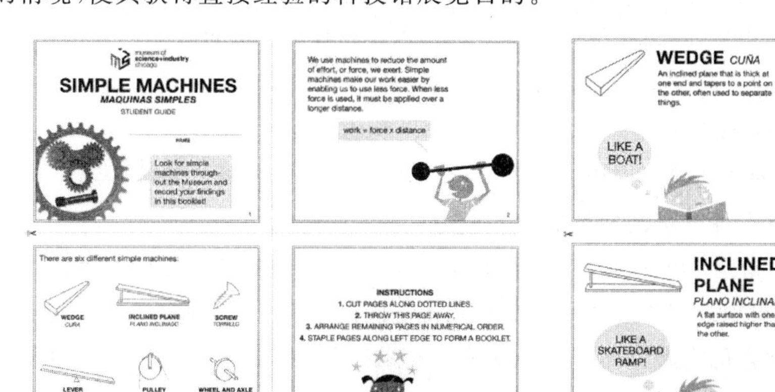

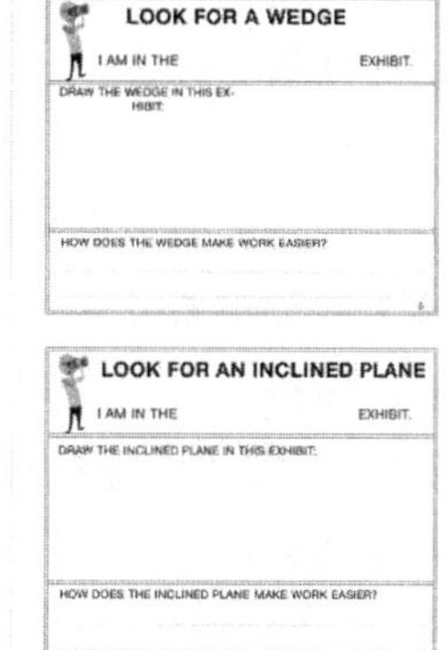

图 2　芝加哥科学工业博物馆 "Simple Machines Student Guide"部分学习单

在黑龙江工程学院工程文化博物馆中我们看到其独特的提问与提示系统,为展品和展览画出了点睛之笔,如表 2 所列。它独立于展览说明图文版系统之外,提问与提示文字以远远超过展品说明牌上的文字尺寸的方式出现在相应展区的不同区域。在与之相对应的展出内容的地方以完全异质化的效果提醒观众在观看展览的同时,继续探寻工程文化。也为展厅讲解提供了与观众对话、深入讲解工程小故事的话题。

表 2　工程文化博物馆部分展览中的标语

展示内容或位置	文字信息
展览入口展示伟大与失败工程的空间地面	伟大与失败
人类从使用简单工具到简单机械系列小雕塑	人和动物的本质区别是什么?
不同机械工程类别与人类社会关系	我们生活在一个机械构筑的世界
汽车的发明	汽车改变了人类的出行方式和活动半径
道路建造技术的演变	道路的演进折射了文明的先进程度
赵州桥与魁北克大桥对比	让一个工程成功关键仅仅是技术吗?
展厅结束处	你想成为一个什么样的工程师?

在当今多媒体爆炸，短视频横行的时代里，人们往往容易忽略文字的价值，而黑龙江工程学院工程文化博物馆的成功尝试，再一次将科技的布展回归到最原始的媒体表达工具“文字”上来。提问与提示文字以醒目的方式恰到好处地出现在观众参观展览的过程中，突破了有声语言在时间和空间上的局限性，促进了观众思维的延伸，进而达到通过模拟再现的科技实践为观众营造探究式学习的情境，使其获得直接经验的科技馆展览目的。

3 通过场景式体验效果，提高观众体验度

在设计博物馆策展时，为了提高博物馆文化的传播力，往往采取陆海空多视角呈现有知识的、有趣好玩的展览。通过制造氛围、各式体验（如穿越时空）、各种时尚/文化上的跨界展示，让博物馆具有仪式型特征和代表性体验。可以说制造再现式的宏伟场景让公众进入一个有别于现实的别样空间，的确是一种提升观众体验度的好方法，在观众参观科技馆的过程中，由于整个科技馆包含着庞大的知识集合，再加之观众本身就生活在这样一个各种信息纷至沓来、几近爆炸的信息时代，很容易造成观众被信息淹没，走马观花的参观结果。再现式的场景体验让观众从信息任意播撒、到处弥漫的现实中抽离出来，进入一个独特、纯净的科学世界。使公众具有一种非凡的哲学慧眼，因此获得对周遭世界及其自身意义的清晰释解。这种“慧眼”被哲学称为诗意想象及其对生活世界的意义穿越能力。

美国探索馆“磁学展项指南”所实施的教育活动为我们提供了再现式的场景场馆设计的良好案例，探索馆通过模拟再现丹麦物理学家奥斯特发现电流磁效应所进行的电磁学实验，引导观众亲自进行一次科学探索的实践。这就使观众所获得的知识并非来自灌输，而是通过亲身实验、亲自观察、亲历探索而得来。通过这种再现发现科学原理的实验室场景体验或再现科学原理发现时代的科学家故事，不仅让展览增强了模拟再现的科技实践效果，为观众营造了探究式学习的情境，从而达到使其获得直接经验的科技馆展览目的，还可以让观众领会科学家精神，以及科学对社会生产的影响和变革。

4 通过渗透职业教育，加强观众认同度

发表在自然科学博物馆研究杂志的《英国格拉斯哥科学中心渗透职业教育的启示》一文为我们详细介绍了英国格拉斯哥科学中心的常设展览通过将展览与教育活动相结合，让学生在富有科学性、知识性、互动性和趣味性的科学体验中探索科学与生活的联系，并了解与展品相关的基础学科的职业信息。

例如该科学中心的常设展览“助力未来”（Powering the Future），通过结合展览展示与探究教育等形式构建充满活力、有趣的能源科学空间，整个展区包括五个部分，分别是“未来景象中的你（The Big Picture&You）”“获取与转换（Harness&Transform）”“传输与存储（Transmission&Storage）”“管理与控制（Manage&Control）”以及“使用与效率（Use&Efficiency）”，展区的展品及其主题内容如表3所列。

表 3　“助力未来”常设展览的展品及其主题内容

序　号	展　区	展　品	主　题	引导学生思考
1	未来景象中的你	照明耗能地球仪（Illuminated Consumption Globes）	如果世界上的每个人消耗的能源与一个英国普通学生所消耗的自然资源一样，全世界需要多少自然资源	能源的未来是一个复杂的难题，能源获取安全性、能源成本和环境等问题，无论对个人还是全人类都会产生深远的影响
2		能源足迹（Energy Footprint ）	通过回答一系列问题绘制属于自己的能源足迹图，从而了解如果每个人消耗与自己同样多的能量，全世界需要多少能量	
3		生物墙（Biowall）	包含各种不同植物种类的生命墙	
4	获取与转换	风机（Wind Machine）	了解如何从风能中获取能量，并感受风机高风速的全部力量	我们善于利用原始能源并将其转化为有用的商品，但这些行动如何进行，我们可以做怎样的改进
5		太阳能喷泉（ Solar Fountain ）	操作太阳能电池板并为喷泉供电	
6		核衰变模型（Nuclear Decay Model）	观看关于核衰变模型的慢动作视频，了解核链式反应	
7	传输与存储	插座背后的故事（Behind the Socket）	拉动展品“插座背后的故事”的电缆，启动动画视频，视频主要介绍“电力传送到我家”的令人难以置信的旅程	无论何时何地提供动力和能源，都需要许多熟练的工程技术，我们的能源决策对这个职业也有很大的影响
8		压缩空气火箭（Compressed Air Rocket）	使用压缩空气火箭，了解如何压缩空气储存能量	
9		佩尔顿水轮（ Pelton Water Wheel ）	使用佩尔顿水轮在水深不同的两个水库之间抽水，了解如何抽水储存能量	
10	管理与控制	2050 年的能源部我做主（My DECC 2050）	在视觉性高、互动性强的游戏“ My DECC 2050”中成为能源部长	智能管理和未来的明智决策可以最大限度地减少能源获取安全性、能源成本和环境可持续性“能源三角”问题对我们造成的负面影响。你准备好挑战了吗
11		能源岛（Energy Island ）	将发电站置于虚构能源岛上的不同位置以应对不同的挑战	
12		满足供给（Meeting Demand）	通过关闭供给来管理供应和需求。但要小心，每个区域的供给都不会因为永久关闭而没有任何后果	

续表3

序号	展区	展品	主题	引导学生思考
13	使用与效率	室内模型赛车（Scalextric）	用手摇曲柄驱动电动汽车，与您的朋友和家人一起在室内的Scalextric模型赛道上奔跑	能源是现代生活的基础。但如果我们想要建立可持续的能源体系，我们必须考虑改变我们的行为，并利用新技术来减少需求
14		今天你通过怎样的交通方式到达这里（How Did You Get Here Today）	计算您通过汽车、公共汽车、步行或自行车等不同交通方式前往科学中心的所产生的二氧化碳的量	
15		能量舞池（Energy Dance Floor）	穿上你的舞裤，尽情跳起来吧！请你尽力在能量舞池中产生尽可能多的能量	

学生通过展览了解与能源相关的科学概念的同时，还可以掌握能源科学的研究方法，获得与能源科学相关的职业认识，充分发挥了科学中心的科普功能。五个不同展区代表能源生产和应用的不同工作程序及环节，有助于学生了解与能源科学相关的社会职业分工，引导学生在探究活动中正确地提出科学问题、分析思考问题，并提高解决问题的能力，可以为日后选择职业做准备。学生通过展览，能够深刻认识与能源学科相关的职业所需要掌握的专业知识和职业技能，以及所需承担的责任等，将科学教育从传播、普及科学知识的层面，提高到倡导科学方法和科学精神的层面。通过模拟再现的科技实践，为观众营造了探究式学习的情境，而学生通过体验与能源相关专业的职业过程，思考自身职业规划，加强了对展项的认同度，从而达到获得直接经验的科技馆展览目的。

5 结 论

在本文的写作过程中，笔者首先要感谢科技馆策展先辈们分享的经验，笔者正是在继承这些经验的基础上，根据自己对科技馆策展的一点粗浅认识，通过对比STEM教育设计思路与科技馆策展思路，重新梳理科技馆在布展设计时的展览逻辑要点。探讨如何让观众在参观过程中发挥主观能动性，完成大胆假设，小心论证的科技实践过程。通过模拟再现的科技实践效果，为观众营造探究式学习情境，使缺少深度知识和广泛经验的观众参与较复杂的推理和探究，最终获得科技实践的直接经验，并由此感受科学家在探究过程中呈现出的科学方法、科学思想和科学精神，以及科学对社会生产的影响和变革。为了达到上述目的，笔者分别讨论了利用学习单和提问、提示背景的展前教育；场景式体验和职业教育工具在实现增加科技馆教育任务完成度、提高观众体验度以及加强观众认同度中的作用和实现过程。在策展过程中，应该发挥科技馆全部力量，收集策展人、维修人员、展览讲解和教育人员、志愿者和热心观众的意见，将展品、展厅设计与维修人员技术支撑、展览教育理念相结合，讲好科技馆故事，实现科技馆展览寓教于展的目的。

参考文献

[1] Gordon E M. Cramming more components onto integrated circuits[J]. Electronics Magazine, 1965, 4(19):114.

[2] National Research Council. A Framework for K－12 Science Education:Practices,Crosscutting Concepts, and Core Ideas[M]. Washington,DC:National Academy Press, 2012.

[3] Hubert D,Derek B,刘润林. 透视科学中的探究及工程与技术中的问题解决——以实践、跨学科概念、核心概念的视角[J]. 中国科技教育,2017(1):15-19.

[5] 中国科技馆展览教育中心课题组.科技馆体系下科技馆教育活动模式理论与实践研究报告[C]//束为.科技馆研究报告集(2006-2015)上册. 北京:科学普及出版社,2015.

[6] Museum science＋industry Chicago. Simple Machines Student Guide[EB/OL]. (2020-8-16). http://www.msichicago.org/fileadmin/assets/educators/field_trips/Simple_Machines_StudentGuide.pdf.

[7] 许捷.科学文化的博物馆表达——黑龙江工程学院工程文化博物馆的策展思考与实践[J].自然科学博物馆研究,2019(6):18-25.

[8] 谢友倩.从先验逻辑到存在绽出——海德格尔想象力对康德想象力的超越[J].江苏社会科学,2007,(5):38-43.

[9] 朱幼文.科技馆教育的基本属性与特征[C]// 中国科学技术协会.第十六届中国科协年会——以科学发展的新视野,努力创新科技教育内容论坛论文集. 2014.

[10] 万望辉,乔翠兰,崔辰州,等. 英国格拉斯哥科学中心渗透职业教育的启示[J] . 自然科学博物馆研究,2020,5(1):47-54.

[11] Glasgow Science Centre. Powering the Future[EL/OL]. (2018-02-09)[2018-03-20]. http://www.glasgowsciencecentre.org/discover/our-experiences/powering-future.

浅析科技馆展览展示渗透科学精神的途径与方法

万望辉[①]

摘　要： 科学精神是科学发生和发展的不竭动力和源泉。科技馆是实施科教兴国战略和人才强国战略、提高全民科学素质的科普基地，是弘扬科学精神的重要场所。科技馆的展览展品是公众亲身感知、体验、实践科学活动的载体，能使公众获得直接经验。通过展览展示渗透科学精神是科技馆弘扬科学精神的重要途径。在展览中展示优秀科学家的故事，突出科学家的榜样示范作用；展示科学史，并引入科学仪器还原经典实验；设计便于探究、试错的开放性展项；采用"5E学习环"模式设计说明牌，将科学知识应用于实践活动中，引导公众自主探究学习，在科学活动中培育求真务实、勇于创新的科学精神；最后还可以在展览展示中设计"留白式"展示空间，为公众提供质疑和思索的空间，培养公众理性思维和批判质疑的科学精神素养。

关键词： 科技馆；展览展示；渗透；科学精神

1　引　言

科学精神是科学发生和发展的不竭动力和源泉。尊重科学，发展科学，是一个国家繁荣昌盛、自立于世界民族之林的战略举措，也是一个国家的希望所在。而要实现这一伟大目标，必须大力培养和弘扬科学精神。2017年5月8日中国科技部、中央宣传部制定的《"十三五"国家科普与创新文化建设规划》中提出大力弘扬科学精神，并具体指出"大力弘扬求真务实、勇于创新、追求卓越、团结协作、无私奉献的科学精神"，将科学普及中科学精神的培养提升到应有的高度。

科技馆是实施科教兴国战略和人才强国战略、提高全民科学素质的科普基地，通过展览展品及教育活动普及科学技术知识、倡导科学方法、传播科学思想、弘扬科学精神。教育活动由科普辅导员组织开展，在活动中组织公众探究学习，不仅可以使公众掌握科学知识和方法，还可以弘扬科学精神，比如科学家通过坚持不懈的探究，才能发现我们现在所学到的科学知识等。但是大部分公众来科技馆还是以自主参观、探索为主，如要达到弘扬科学精神的目的，那就需要我们在科技馆的展览展示及公共环境设计中充分渗透科学精神，以达到公众在游览科技馆时就能自主地感悟科学精神的目的，而不是寄希望于后期的讲解和展教活动。这就需要科技馆在设计之初进行细致深入的调研和收集，深度挖掘展示内容背后蕴含的科学精神，并以适当的方式展示给公众，让公众在参观科技馆之后，不仅知道了科学知识和科学原理，还能掌握科学方法和思想，更重要的是能领悟其中的科学精神，并且将其贯穿于以后的生活学习之中。

---

① 万望辉，武汉科学技术馆展教辅导员，教育学硕士；研究方向：科技馆科学教育；通信地址：湖北省武汉市江岸区沿江大道武汉科学技术馆展教部；邮编：430010；E-mail：swywwh@163.com。

2　科学精神的内涵

如何借助科技馆的展览展示弘扬科学精神，我们首先需要全面了解什么是科学精神，它的内涵到底有哪些。对于科学精神的内涵，很多专家学者们发表了自己的相关看法，不同的研究者在不同的时期、站在不同的角度给出了不同的解释。经过这些研究，科学精神的含义与内涵越来越清晰明朗，很多文件中均已特别注明科学精神的具体内涵，如《中国学生发展核心素养》《"十三五"国家科普与创新文化建设规划》和《关于进一步弘扬科学家精神加强作风和学风建设的意见》等文件中均有具体的解释。

(1) 中国学生发展核心素养之科学精神

学生发展核心素养，主要指学生应具备的能够适应终身发展和社会发展需要的必备品格和关键能力。中国学生发展核心素养，以科学性、时代性和民族性为基本原则，以培养"全面发展的人"为核心，分为文化基础、自主发展、社会参与三个方面。综合表现为人文底蕴、科学精神、学会学习、健康生活、责任担当、实践创新六大素养。其中"科学精神"主要是学生在学习、理解、运用科学知识和技能等方面所形成的价值标准、思维方式和行为表现。其内涵丰富，包括理性思维、批判质疑、勇于探究等。

(2) 科学家精神

2019 年 6 月 11 日中共中央办公厅、国务院办公厅印发了《关于进一步弘扬科学家精神加强作风和学风建设的意见》，以爱国、创新、求实、奉献、协同、育人为核心，对新时代科学家精神做了全新的阐释。意见指出新时代科学家精神的内涵，即胸怀祖国、服务人民的爱国精神，勇攀高峰、敢为人先的创新精神，追求真理、严谨治学的求实精神，淡泊名利、潜心研究的奉献精神，集智攻关、团结协作的协同精神，甘为人梯、奖掖后学的育人精神。

科学精神作为科学的实质、核心和灵魂，贯穿并深藏在科学活动中，凝结和体现在科学知识中。科学精神体现了科学的精神价值，但它蕴涵于科学文化深层结构之中，生发于科学信念、科学方法、科学思想和科学知识之间，并在科学活动和科学建制中发扬光大。遵循科学精神要求我们有基本的科学知识，能运用科学方法，但科学精神不是具体的科学知识、科学思想和科学方法，科学精神是更带有根本性和基础性的信念、意识和品格。就如《"十三五"国家科普与创新文化建设规划》中指出"科学精神的内涵是求真务实、勇于创新、追求卓越、团结协作、无私奉献"。

3　科技馆展览展示中渗透科学精神的重要性

尽管我国的科学事业取得了较大的成就，甚至在某些方面、某些项目上处于国际领先的地位，但从总体上看，科学的创新还是很薄弱，我们的科学精神还是非常欠缺。导致这一现状虽然有着深刻的历史和现实的根源，但长期下去势必会影响我国科学事业的进一步发展。因此，改变现实状况、培养科学精神，将是我们在现代化进程中所面临的一个重大历史性课题。

科技馆是以展览教育为主要功能的公益性科普教育机构，作为弘扬科学精神的重要场所，要担负重责，挖掘展览主题中崇尚科学、弘扬科学精神的文化内涵。

公众的科学精神是在学习科学知识和体验科学过程中潜移默化形成的，既可以是从某个科学故事或者身边人行为中受到启发，也可以是自身实践中思想与行为碰撞的火花带来的思考，也可以是持续地学习和应用科学知识，思想上产生量的积累并发生从量到质的变化，还可以是在对他人慷慨激昂的科学演讲感到恍然大悟等过程的相互作用而逐步形成。

而科技馆的展览展品是观众亲身感知、体验、实践、进行互动科普活动的具象载体，能使观众获得直接的科普经验，对于提升公众的科学精神素养有很大的帮助。通过集科学性、知识性、趣味性于一体的注重参与、体验、互动性的展览内容和辅助性展示手段，鼓励公众动手探索实践，激励青少年崇尚真知，尊重事实和证据，在学习中发扬求真务实的科学精神，严谨细致的科学态度，不畏权威的批评精神，渗透淡泊名利的奉献精神，能用科学的思维方式认识事物、解决问题、指导行为等。

4 科技馆展览展示中渗透科学精神的现状

长期以来，我国的科学教育侧重于传播科学知识，而在培养科学方法、弘扬科学精神方面比较薄弱，科学传播也常常被理解为科学知识的传播。我们的科普工作重科学技术的普及推广，轻科学精神的传播。科学思想和科学精神在很多地方还没有成为被人们普遍接受的观念，科技馆在展示内容上往往以传播科学原理及结论为主，而忽略科学方法、科学思想和科学精神的深层次内涵，对展览展品背后的科学原理、实验方法以及科学家的故事挖掘不够。

另外，科技馆为了满足公众简单的感官刺激，给公众提供所谓的“快餐式互动”，仅仅依靠公众自身的视觉、听觉、嗅觉、触觉等感官体验设计展项，重形式上的“动手”，轻真正意义的“探究”，大大阻碍了公众的想象力和创新思维的形成，无法唤起公众的好奇心、求知欲，不利于科学教育的实施和科学精神的弘扬。

科技馆展览展示的每一件展品都分别生动形象地说明了一个科学原理或一种技术的应用。但是如何将探寻科学知识和原理的过程和方法，以及隐含其中的科学精神展示传达给公众，这是一个值得研究的问题，也是科技馆迫切需要解决的问题。

5 科技馆展览展示渗透科学精神的途径和方法

科学精神的教育既可以是显性化的，即可以明确地以科学精神作为科学教育的内容进行直接教育；也可以是隐性化的，即将科学知识与科学教育隐含于具体教学过程之中，间接地进行科学精神的熏陶，进行潜移默化的影响。在科技馆展览展示中渗透科学精神，可以直接展示科学史，通过史事和科学家的故事直接发扬科学精神和科学家精神；也可以通过展示探寻科学知识和科学原理背后的过程和方法，鼓励公众自主探索、探究，培养公众的创新思维，潜移默化地陶冶其科学精神。

① 在展览展示中采用多种方式展示优秀科学家的故事，突出科学家精神的榜样示范作用，陶冶科学精神。

科学精神往往首先被科学家内化为个人品格，成为其行为规范和价值准则，进而随着科学的传播和普及以及科学家们的示范而成为一种普遍的社会意识和人类精神。在科技馆中要突出价值引领，大力宣传科学家榜样典范。在展览方案制定之初，开发团队就将提升公众对科学家精神的理解和认同作为展览设计目标之一，设计开发者有意识地在展览展示的内容上做到细致深入的调研和收集，在设计展品时融入了科学家精神。当然也要避免科学家精神的简单罗列，要在展览形式上下功夫，将科学家精神渗透到展览展示中，营造良好的参观学习氛围，最终为公众呈现高质量、蕴涵科学家精神的展览活动，有效引导公众走进科学家的精神世界。

例如我们可以将科技史长河里科学家那些不为人熟知的小故事，科学家在长期探索、研究科学过程中积淀下来的科学精神——崇尚真理、唯实求实、锲而不舍、执着探索、善于怀疑、敢于挑战、敢于创新、坚守志业、忘我献身做成短小视频，形成一个关于科学家故事的数据库。将这些视频置于多点触摸交互显示屏中，类似瀑布流式滚动播放，公众可自由选取个人感兴趣的内容进行观看，或者应用创新性设计手段和展现方式，创设沉浸式体验，"情景式"再现科学家的实验场景，以"故事线"展现科学家背后的故事等形式来传播科学家精神。使观众沉浸式模拟科学家工作的场景，亲身体验科学家精神。通过这些短小视频和沉浸式体验，让公众感受伟大人物的人格魅力，引领公众尊重科学家、投身科学，凝聚起建设世界科技强国的强大动力，弘扬科学家精神，使公众懂得要想做到科学上有所成就，就必须有顽强刻苦的精神和勇于创新的精神。

② 在科技馆中展览展示科学史，并引入科学仪器还原经典实验。通过科学史事帮助公众全面了解科学发现和技术发明的本质与关系，及其对社会文化的推动作用；还原经典实验，在科学探究中引导公众重走科学发明之路，培育求真务实、质疑反思的科学思维和精神。

科学发展史，既是认识发展史，也是思维发展的历史。历史上，科研人员积极沉淀下来的许多思想对我们来说是弥足珍贵的。正确的思维方式对公众有良好的指导作用，有助于科学探究，锻造科学创新的思维。当然展示科学史时，不能单纯地展示科学史理论和素材，需要适当引入科学仪器，有必要尽可能还原历史条件下的实验环境。为公众提供验证科学史中相关记载真实性的实验条件，可以让公众通过自主探究理解实验，揣摩科学家探索时的心路历程，理解实验中所隐藏的过程性知识，使公众对科学知识和科学原理形成深刻的认识。这样就可以让科学史起到穿针引线的作用，展览不仅展示了科学知识和科学原理，还注重探寻知识和原理的过程与方法，让公众发现科学家思维方法的特点，从而提高科学精神素养。

例如展示伽利略的斜面时，可以真实还原伽利略的实验装置和计时装置——简陋的"水钟"，营造实验氛围和环境，让公众真正理解伽利略斜面实验的奇妙之处。伽利略斜面实验克服了当时计时技术不成熟这一难关，将科学实验和理论研究完美地结合在一起，创造了物理学史上最辉煌的篇章。这类古老的科学仪器超越时空的限制，为公众与历史搭建沟通的桥梁，培养公众的理性精神，使公众更好地理解科学精神。

③ 展览展示中设计便于探究实验、试错的开放性展项，鼓励公众自主进行科学探究活动，在探究中激发公众的好奇心、求知欲，鼓励试错、质疑，帮助公众理解科学探究的方法，培养公众的科学思维，提高科学精神素养。

科学精神是从科学发展过程中提炼出来的，它反映在科学知识中，隐含于科学方法中，贯穿于科学家的活动中。但是拥有了科学知识、掌握了科学方法，并不意味着具备了科学精神，还需要通过科学类活动培养科学思维，使公众潜移默化地受到影响并发扬科学精神。

科技馆的展览展品要引导公众自主探究，当然这个"参与"并不是按一个按钮就是动手参与，而是指能引起观众的思考和疑问，即脑力的参与才是真正的参与。便于探究实验、试错的开放性展项为公众提供观察实验现象、分析实验结果的机会，用所学的科学知识解决实际问题，掌握科学研究活动的一般规律和方法。在科学探究的过程中，通过模拟再现的科技实践引导观众进行探究式学习进而获得直接经验。在实践探究中享受科学探索的乐趣，激发科学创新的灵感，培养求真务实的品格，树立为科学事业献身的人生观和价值观，从而提高勇于创新、团结协作等科学精神素养。

以国内大部分科技馆都有的展项——最速降线为例，现有展项的形式不外乎两条、三条或者四条不同形状的轨道，以及相应的两个、三个或者四个小球，公众只需要将小球放到轨道上就能迅速观察到哪条轨道上的球最先到达底部，以此了解最速降线的性质。公众在体验此展项时，更多关注小球本身，对隐藏其背后的科学原理理解不够深入，或者根本就来不及比较、思考。以四条不同形状轨道的最速降线展项为例，一般我们会在每条轨道放一个小球，一共四个球，观众在进行展项探究时，同时放下四个球，可以直观地看到哪一条轨道的小球最快到达底部。但是仅经过一次操作，展项的体验就结束了，并不构成真正的科学探究活动。笔者认为，可以将小球的数量控制在两个，这样公众就需要多次的探究试验才能得到最快下降的轨道。其次，在两个球的基础上，四条轨道的设计最多能让观众实现六次探究，我们可以将其中一条轨道设计成可以变动的自由轨道，增加更多探索的可能性。以这种方式增强公众对控制变量法、比较试验法以及定量定性分析等科学实验方法的理解及应用，从而提高公众的科学精神素养。

④ 采用“5E学习环”模式设计说明牌，从展品说明牌入手，引导公众自主探究学习，培养公众好奇心、怀疑精神、独创精神和科学想象力等科学精神。

现在大部分科技馆的展品说明牌文字太长，难以吸引公众阅读的兴趣。有些说明牌中含有太多的专业词汇，公众很难读懂，导致很少被人阅读。不仅达不到传播科学知识和科学方法的效果，更不用提引导，或有助于培育公众科学精神的作用。为了使展品说明牌发挥指引作用，利用文字引导公众自主探索、探究展品，在实践过程中提高公众的科学精神素养，可以采用“5E学习环”模式设计展品说明牌。

“5E学习环”模式是美国科学教育者开发的一种基于建构主义教学理论的模式，是一种致力于引导学生学习兴趣的探究式教学模式和方法。所谓“5E学习环”包括吸引(engagement)、探究(exploration)、解释(explanation)、扩展或迁移(elaboration)和评价(evaluation)。“5E学习环”的理念和方法被广泛应用于科学中心展品设计、说明牌内容编写、学习单内容设计、教育活动策划以及网络教育项目研发等诸多领域，成为世界科学中心实现探究式教育的重要思路。以这种思路制作说明牌有助于公众理解展品，提升公众的学习效果，从而提升科学精神素养。

⑤ 科技馆在展览展示中可以适当设计“留白式”展示空间，为公众提供质疑和思索的空间，培养公众理性思维和批判质疑的科学精神素养。

留白式设计可以唤起公众的问题意识，也可以给公众留出思考的空间，引导公众回顾反思，对理性思维的养成极有帮助。科学精神要求的创新、批判、求真等要素，集中体现在不满足已有的科学成果，不断地探寻和思索未知。创设留白式空间，使公众产生必要的疑惑和思考，为后续的深入学习埋下伏笔。例如针对大家对核能和平利用及转基因食品等一系列热点问题的讨论，可以通过留言墙的方式让公众表达自己的意见和建议，引导公众批判质疑，培养理性思维，从而培养青少年的科学精神。留白和留言墙就有助于引导公众思索并质疑已有的科学成果，鼓励公众大胆求异，多方面、多角度、创造性地解决问题，以培养公众的创造力。

参考文献

[1] 秦元海. 论科学精神——兼析我国科学精神的缺失与培养[D]. 上海：复旦大学，2006.

[2] 中华人民共和国科学技术部. "十三五"国家科普与创新文化建设规划[R/OL]. (2017-05-08). http://www.most.gov.cn/xxgk/xinxifenlei/fdzdgknr/fgzc/gfxwj/gfxwj2017/201705/t20170525_133003.html.

[3] 林崇德. 中国学生核心素养研究[J]. 心理与行为研究，2017，15(2)：145-154.

[4] 中华人民共和国中央人民政府. 关于进一步弘扬科学家精神加强作风和学风建设的意见[R/OL]. (2019-06-11). http://www.gov.cn/zhengce/2019-06/11/content_5399239.htm.

[5] 刘龙伏. 科学精神涵义辨析[J]. 江汉论坛，2013，12：106-110.

[6] 王恒. 科学中心的展示设计[M]. 北京：科学普及出版社，2018.

科技馆展览问题分析与创新实践
——以河南省科技馆新馆“探索发现”展厅主题策展为例

孙莹莹[①]

摘　要： 我国科技馆展览内容与展示模式会给人“千馆一面”的感觉。相比国外科学中心在展览主题内容相同的情况下，却给人不同的印象，很少产生雷同感。从全球范围看，科技馆（科学中心）的展览目的和展览内容有其共性。然而相同的内容，要如何做出差异化的展览，特色化的展览，有品质的展览，这是策展设计要解决的重要问题。本文尝试从科技馆建设目的与定位、展览主题与理念、展览内容的拓展等方面分析产生“雷同”的原因；并以河南省科技馆新馆“探索发现”展厅主题策展为例，介绍了主题展览的策展方法、主题理念的提炼过程、展览框架和叙事结构的创意设计以及内容和展品的构思等；并针对如何提升科学精神、思想、方法的传播效果等提出解决方案。

关键词： 主题展览；展览内容；基础科学；目的；创新

“十三五”以来，我国科技馆建设迅猛发展。据《“十三五”国家科普和创新文化建设规划》显示，全国共有科技馆和科学技术类博物馆 1 258 个，比 2010 年增长 41.35%；参观人数共计 15 206.21 万人次，比 2010 年增长 61.15%。然而从全国范围来看，各地科技馆无论规模大小，其常设展览内容和展品存在很多相似或相同之处。笔者认为，造成这种现象和感觉的原因是多方面的。展览内容的雷同并不是本质的问题，或者说并不是一个问题，这是由科技馆（科学中心）的起源、发展历史和社会需求所决定的。问题是同样的内容，要如何做出差异化的展览，特色化的展览，有品质内涵的展览，这是值得从业人员认真思考的问题。

1　我国科技馆展览内容与模式存在的问题

科技馆是面向广大公众进行科学传播的场所，其内容的选取由科技馆的宗旨、展教特点和主要受众所决定，一般以自然科学（基础科学）为主，同时与学龄前、小学、初高中科学教育课程对标，为公众提供一个学习科学知识、启发科学思维、培养科学精神的非正规教育场所。纵观世界各地的科学中心、科技类博物馆、科技馆，展示内容的雷同和相似是普遍存在的。旧金山探索馆、安大略科学中心、法国发现宫、日本国立科学博物馆，这些著名的科学中心（科学博物馆）在展览内容上都涵盖物质科学、生命科学、天文学、地球科学等内容。然而同样的内容，为什么国外展馆各有千秋，不会让人感觉“千馆一面”？而国内的科技馆会感觉复制和雷同？笔者认为，原因主要有三方面。

---

① 孙莹莹，北京众邦展览有限公司策划部主任；研究方向：科技馆展览策划设计、科学教育与传播、科学史；通信地址：北京市西城区北三环中路甲 29 号华龙大厦 A 座 601；邮编：100029；E-mail：251327859@qq.com。

(1) 我国科技馆的建设目的与定位过于强调共性而忽略个性

从性质而言，我国的科技馆是实施科技兴国、人才强国战略和创新驱动发展战略，提高全民科学素质的大型科普基础设施，以弘扬科学精神、普及科学知识、传播科学思想和方法为责任。这是国家、社会对科技馆广义的、具有普遍性的定位。但具体到不同区域、不同规模、不同需求的每一个科技馆，就要深入研究和挖掘适合其自身的具体目标和定位。这个目标应该适合当地国民经济和社会发展的需求，根据当地的人口规模、科普资源情况、各类型展馆建设普及情况等综合因素来制定，而不能仅依据国家层面对科技馆的总体定位来指导科技馆具体建设。从近几年新建科技馆的招标文件中，笔者发现普遍存在建馆目标和定位高度一致，过于强调共性，而具体建设目标和宗旨则缺乏个性和指导意义。这样的目标“指导”全国科技馆的建设貌似还可以，但指导一个馆的具体工作就显得过于宏观或概念性，很难有针对性地发挥策展过程中的具体指导作用。这样的目标很容易导致省、市科技馆一个样，三四线城市一个样，区域经济文化中心和经济文化欠发达地区一个样，更会导致科技馆主题设计、展品内容设计，甚至布展环境设计的盲目性和雷同。相似的纲领，难免导致雷同的结果。

(2) 国内科技馆展览主题及理念同质化现象严重

2009 年之后的新建科技馆中，有很多照搬或借鉴了中国科技馆“探索与发现”“科技与生活”“挑战与未来”的展览逻辑和结构，选择了以科学、技术、未来三大板块为主的宏大的主题模式，而在同样的主题理念指导下，势必会出现雷同的分主题展区，甚至一模一样的展品和内容结构，没有因地制宜，根据自身实际情况和特点量身定制，设计出有特色，甚至突破常规模式的主题和理念。

从表 1 不难看出，全国主要已建成的省级科技馆和在建的科技馆从展览主题上高度相似或相同。这些主题通过关键词(名词为主)的提炼，简明直观地传达出科技馆的展示内容，体现了科技馆展览内容的普适性，然而却缺少了个性和差异。笔者认为，在建馆和改造前，必须思考和明确几个问题：科技馆的展览目的和愿景是什么？科技馆为谁做哪些具体的服务？科技馆想告诉公众什么？科技馆要为公众解决什么问题？这些问题是指导科技馆建设的根本，需要进行深入的调研、挖掘和提炼，需要翔实而具体的答案；要以观众为主体，了解他们的意见和需求，同时也要体现出策展人的思想。明确了这些，展览主题就不难确定。展览主题是策展人通过展览内容和形式向观众传达的主要思想意图。笔者认为它不应该也不适合各地雷同或一样。虽然，科技馆的功能与展示内容具有普适性、共通性，但是各地科技馆的建设必须依据区域情况、自身条件和特点，与建设规模和城市发展愿景相适应。因此，应有适合自己的主题和理念。由于我国科技馆在建设前期缺乏对定位、愿景、价值取向的深入研究和理解，进而也缺乏对主题理念的挖掘和提炼，导致各地科技馆在展览主题和理念上出现同质化现象。

表 1　国内部分已建及在建科技馆主题一览表

科技馆名称	展览主题
中国科学技术馆	创新・和谐
上海科技馆	自然・人・科技
广东科学中心	自然・人类・科学・文明
广西科技馆	探索・科技・创新

续表1

科技馆名称	展览主题
吉林省科技馆	科技与梦想
山东省科技馆	人类·探索·创新
青海省科技馆	自然·人·科技
宁夏科技馆	自然·科技·人
重庆科技馆	生活·社会·创新
厦门科技馆	人·科技·和谐
湖北省科技馆新馆(在建)	科学·文明·未来
江西省科技馆新馆(在建)	探索·创新·未来
山东省科技馆新馆(在建)	科技·生活·未来
河南省科技馆新馆(在建)	智慧·创新·梦想
合肥市科技馆新馆(在建)	自然·人类·科技·文明

相比而言,国外科学中心(科学类博物馆)的展览主题和理念更为具体,具有导向性,明确传递出(策展人的)价值取向(见表2)。而且一般经过较长时间的前期调研、分析论证,最终确立,对展览设计的指导意义较大,能够更好地落实在内容及展品的设计中。通过调研发现,国外科学中心(科技类博物馆)的展览主题或理念一般为一句话或一段文字概述,相对明确,目的性较强。主题理念体现了共性,也兼具个性;强调服务于公众,使公众有所得,为公众解决什么问题,教育对象多立足于本地区的居民。这些主题理念更强调在思维、方法、价值观等层面给公众带来影响和启示,让每个人能够有依据地决策和行动,协调与社会和环境的健康发展。从影响力角度,国外科学中心(科技类博物馆)并不追求所谓的"国际一流、世界领先"(没有统一标准),但往往却能达到这样的效果。

表2 国外部分科学类博物馆(科学中心)主题理念一览表

展馆名称	总主题(理念)
伦敦科学博物馆(成立于1857年)	致力于保存和展示有关自然、科学、技术发展史上有意义的,对现代科技研究有意义的实物;同时通过简单、有趣的互动模型激发儿童对科学和技术的兴趣和好奇心
芝加哥科学工业博物馆(成立于1933年)	致力于以独特的互动体验激发每个人的创造天赋;将科学带入到各个年龄段儿童和成人的生活中;激励和鼓舞孩子在科学、技术、医学和工程方面的全部潜力
巴黎发现宫(成立于1937年)	致力于通过一系列互动体验和壮观的演示,呈现科学的真实性及有规律可循——"制造中的科学"
旧金山探索馆(成立于1969年)	集科学演示、艺术作品、实验活动、感知困惑于一体的不同于传统的博物馆;让观众在探索中体验科学,激发好奇心和新的思想方向,从而获得个人探索发现的满足感

续表 2

展馆名称	总主题(理念)
安大略科学中心(成立于 1969 年)	激发人类对发现和探险的热情,使我们对个人和社区的生活产生积极的影响。相信科学、技术和创新将为我们的社会和地球塑造更美好的未来
加州科学中心(成立于 1998 年)	我们将科学视为了解世界的可及性和包容性以及丰富人们生活的必不可少的工具;通过创造有趣的、令人难忘的经历来激发每个人的好奇心,激发他们学习科学的兴趣
日本科学未来馆(成立于 2001 年)	以科学的观点来理解我们现今世界发生的事情,思考科技作为一种文化对社会起到怎样的作用,对未来产生怎样的影响

(3) 在共性前提下,科技馆展览内容缺乏突破和创新

根据联合国教科文组织公布的学科分类,基础科学(自然科学)主要包括七类,其中数学、物理学、化学、生物学、天文学、地球科学等是科技馆最普遍的展览内容。《科学教育的原则和大概念》一书中提出的 14 个科学大概念(见表 3)涵盖了物质科学、地球科学、天文学、生命科学等学科领域。这些构成了我国科技馆展览内容的核心,也是国际科学中心、科技类博物馆以及自然科学类博物馆普遍选择的展览内容。

表 3 《科学教育的原则和大概念》中 10 个科学大概念一览表

学科领域	科学概念
物质科学(化学)	1. 宇宙中所有的物质都是由很小的微粒构成的
物质科学(物理学)	2. 物质可以对一定距离以外的其他物体产生作用
物质科学(物理学)	3. 改变一个物体的运动状态需要有净力作用于其上
物质科学(物理学)	4. 当事物发生变化或被改变时,会发生能量的转化,但是在宇宙中能量的总量是不变的
地球科学(地理学)	5. 地球的构造和它的大气圈以及在其中发生的过程,影响着地球表面的状况和气候
天文学	6. 宇宙中存在着数量极大的星系,太阳系只是其中一个星系——银河系中很小的一部分
生命科学(生物学)	7. 生物体是由细胞组成的
生命科学(生物学)	8. 生物需要能量和营养物质,为此它们经常需要依赖其他生物或与其他生物竞赛
生命科学(生物学)	9. 生物体的遗传信息会一代代地传递下去
生命科学(生物学)	10. 生物多样性、存活和灭绝都是进化的结果

除此之外,科技馆的展览内容还包括生活与应用(衣、食、住、用、行)、技术与工程(能源、信息、交通、材料、人工智能等)、安全教育、儿童展览等。一些科技馆还单独设立了地方特色展厅,往往变成了产业成果的展示厅或地方历史文化的陈列厅,很难吸引观众,无法跟科技馆的目标和宗旨相匹配。笔者认为,我国科技馆比较缺乏在展览内容上的突破和创新,比如关于科学与艺术、科学史,以及一些专业领域的主题内容,科技馆鲜少涉及。科技馆在展览内容上,需要更大胆地尝试多元化的、关联性的主题和内容,甚至可以与博物馆跨界合作,让更广泛的社会领域、学科门类等内容与科学建立联系,扩大科普的外延。

2 科技馆常设展览内容策划的创新探索

基础科学展厅是我国科技馆常设展览中一定会设置的展厅，其展厅名称常见如探索与发现、探索科学、科学奥秘等。基础科学展厅通常以自然科学的学科构建展区：声光、电磁、力学、运动、能量、化学等。这种展览结构和框架，吸取了国外早期科学中心的策展模式，有利于观众较好地辨别和理解主题内容，比较适合于综合性、大型的科技馆。然而随着时代的发展，公众获取科技信息的渠道变得多样化，公众对科技文化需求不断提升，科技馆自身发展必须适应这种需求的变化，科技馆业界逐渐形成了展览创新的需求和思潮。就基础科学展厅而言，突破"学科制"策展模式，是业内普遍的关注点，因此出现了一些不同的思路和声音。有种说法认为，"学科制"分类分区方式陈旧过时，已经不适合现实发展需求，应该用一种全新的方式替代，于是"主题制"成为了创新探索的突破。笔者认为，无论是"学科制"还是"主题制"，各有其优缺点，不能简单粗暴地否定前者，鼓吹后者。创新的前提是要根据各地区科技馆的投资规模、受众情况，以及深入研究而确立建设目标、定位、服务宗旨和理念等，在此基础上对展览框架和展示逻辑进行设计，如该城市很早以前就有科技馆，这次在保持老馆不变的基础上，在较远的区域拟建设新馆；或者该城市作为中小型城市，一直没有自己的科技馆，拟建设一个中等规模的科技馆等都需要在策划设计过程中进行充分考虑。

(1) 基础科学展厅主题策划的创新探索

河南省科技馆新馆的总体定位是国际一流、具有复合型跨界融合发展趋势，特大型综合性科技馆。其"探索发现"展厅布展面积4 691 m^2，净高7 m，是国内基础科学展厅中空间体量非常大的展厅。主题展览是河南省科技馆新馆展厅设置和展区划分的基本方式，主题是展览所要表达的中心思想，分主题及内容框架是对主题的延伸和发展。展品和内容则是根据主题（分主题）进行选择和设计的。如何突破"学科制"展览模式，如何提炼主题，如何根据主题设计内容框架和叙事结构，是在策展之初笔者重点思考的问题。

首先，笔者从什么是展览主题出发，明确了"探索发现"展厅的展教目标和传播目的，这是对展览主题、展示内容、展品设计等工作的指导依据。经过文献资料调研、相关专家咨询以及公众需求调查等一系列研究过程，将"探索发现"展厅的展教目标提炼为一句话"让公众通过有趣的互动形式，了解人类在探索自然过程中的重要发现及其规律，并认识数学对科学探索的重要作用，进而达到理解科学、激发公众对科学的兴趣。"其实这也是此展厅的主题和展教目的，是观众参观后能够认同和理解的一个概念和思想。

其次，明确了主题接下来要考虑主题展开框架和分主题（展区）的构成与划分。主题框架是建立在对主题深刻认识的基础上，是对主题的支撑和具体化、深入化。主题框架和叙事结构有多种组织形式，如以传统的"学科制"划分，以人类科技发展史上重要的人物、事件、故事进行划分，以科学问题导向进行划分，以时间顺序根据科学发展史进行划分等。基于"探索发现"展厅的展示内容、科学传播的大概念、展览面积等，结合科学故事为素材，展厅名称被确定为"探索万物的规律"，以三个问题作为主题展开框架（一级标题）：物质有哪些存在形式？物质如何运行？数学如何解释万物？这三个标题是基于人们对物质世界本质属性和规律的总结：世界是物质的，物质是运动的，运动是有规律的。这些也正是物理学研究的核心内容，它可以帮助我们更好地理解物质世界。这三个问题更是人类一直在研究并不断给出解释，推动科学发展的本质问题。伽利略曾说:“大自然这本书是用数学的语言写的。”因此,在展览结构和布展呈现上,“数学如何解释万物?”展区将作为其他两部分内容(一级标题)的纽带,位于整个展厅的中心位置。然后三个问题(一级标题)被继续拆分成若干个小主题(二级标题)(见图 1),主题被进一步细化,并通过具有故事性、启发性、话题性的标题呈现,启发观众的好奇心,拉近与观众的距离。这种主题内容设计,将碎片化的知识、概念、故事等内容进行分析、归纳、分类,构建了逐级递进的展示方式,做到了“纲举目张”,起到了主题引领的作用,形成了整个展览的“故事线”。

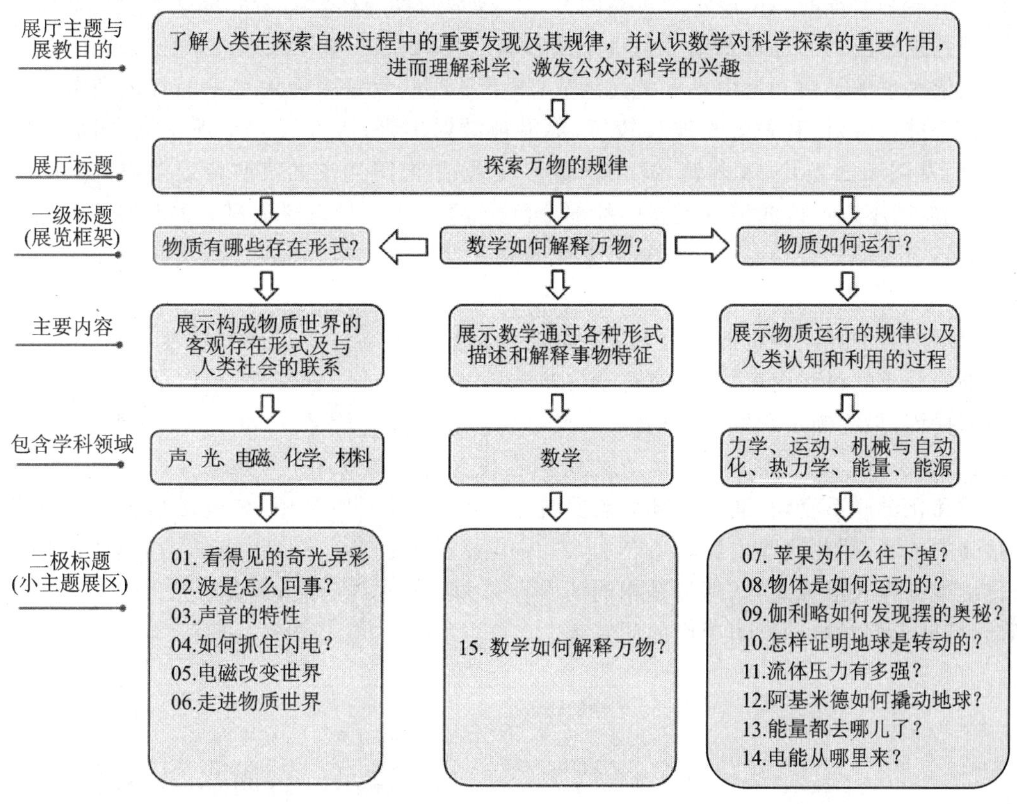

图 1　“探索发现”展厅内容框架及展示结构图

最后,确立了主题框架和分主题展区,还要考虑展区之间的相互关系。美国《K-12 科学教育框架》提出支撑科学教育的三个维度即“科学与工程实践”“跨学科概念”“学科核心概念”。其中“跨学科概念”为展区之间构建关联提供了指导依据。笔者认为各展区之间既相互独立又有内在关联,一方面体现在展区主题在概念上的内在关联,另一方面体现在展品设计上的跨学科概念的关联,如将展区“01 看得见的奇光异彩”“02 波是怎么回事”“03 声音的特性”设置在相邻区域。光具有波粒二象性,声音在不同传播介质中会呈现横波或纵波的特点,波包含了更广的范围:电磁波、机械波、机械波等。这些体现了展区之间的关联性。“人体溜溜球”“发射竞技场”“几何动艺”等展品则体现了跨学科概念和知识点。

(2) 基础科学展厅展品内容创新设计实践

主题和分主题相当于一棵树的树根和树干,展品内容、教育活动是枝条和树叶。基于主题和目标,笔者从三个维度进一步明确了“探索发现”展厅展览内容、展品的设计和选择的标准:

① 反映人类探索自然规律的智慧和科学本质规律。

② 讲述科学与技术对社会发展的影响和作用。

③ 体现了“四科”的重要内涵。

基础科学展厅的展品都比较成熟，互动性较强，通过直观的演示现象体现原理和知识点，一直很受观众的喜欢，因此进行原始创新的难度非常大。笔者从三个方面尝试提升与创新。首先，从新的视角审视传统展项，深度挖掘展项内涵，拓展相关链接，设计“组合式”展品，帮助观众构建新的认知；采用“现象原理—发明应用—社会影响”为线索的展品组织模式，如“气流投篮”“伯努利原理的 AR 展示”“机翼的升力”“逆风行船”这一组展品，能让观众更好地理解科学原理到技术应用的过程及给社会带来的影响。“牛顿的彩虹”“天空的颜色”“滤光镜”等展品让观众依次了解了白光是由不同色光组成；天空呈现蓝色是因为大气中的气体和微粒会对阳光(白光)进行散射，其中蓝光波长较短，更易被散射出来，因此天空呈现蓝色；知道了以上原理，人们发明了滤光片、太阳镜、滤光玻璃等，目的是把阳光中的某些特定波长范围的光过滤掉，滤光玻璃不仅可以滤掉可见光中的部分色光，还可以滤掉电磁波谱中的某些不可见光。这样的展品组合能让观众完整地认知可见光的概念及分光的应用和目的，从而更好地获取直接经验。

展示内容的界定和讲述方式力求在常规内容基础上进一步拓展其外延，因此选择了学科领域外的分支学科和内容，通过对科学—基础科学—适合“探索发现”展厅展示的科学内容的分析和提炼，最终锁定在以物质科学(经典物理学)为主，包括化学、数学以及材料、能源等方面(见图 2)的内容。因为材料、能源、艺术等内容在其他常设展厅中并没有专门设置。材料科学与物质和化学联系密切，能源大部分需要转化成电，被人们所利用，与电磁学和技术发明等具有很强的关联，因此这些内容较适合加入。主题框架的创新和内容的拓展，就是通过“怎么讲”与传统展览模式形成差异，即使是相同的内容和大部分常规展品，也会给人带来不一样的观展体验，打破人们对基础科学展厅的固有观念。

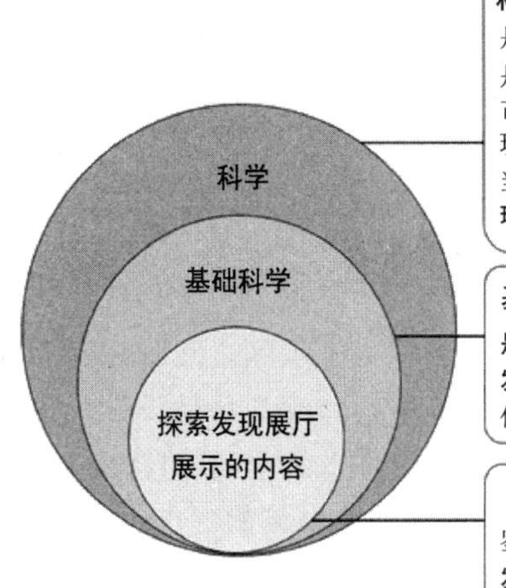

图 2　“探索发现”展厅内容界定示意图

(3) 基础科学展厅对科学精神、思想、方法的挖掘和体现

目前我国科技馆更多是普及科学知识，对科学精神、思想、方法等涉及较少。究其原因可能有三方面：第一，科技馆从业人员对科学教育相关理念、科学传播目标的认识相对薄弱，不够深入；第二，没有深入挖掘展品蕴含的科学内涵以及可能与科学精神、思想、方法等相关联的拓展知识；第三，很多展品没有足够的可拓展挖掘的空间，仅能传达单一的知识点。近几年，如何提升科技馆的科学精神、思想、方法等问题逐渐得到重视，已经成为在建场馆展览设计讨论中的热点。笔者认为，基础科学展厅主题内容是最能体现上述方面的。科学精神、思想和方法更多的是体现在科学家身上或科学探索发现的过程中，这就涉及对科学史内容的拓展及如何讲好"科学的故事"。为此在"探索发现"展厅的策展过程中，笔者从以下几个方面进行挖掘和提升：

① 丰富展品的图文版（说明牌）内容，从科学知识（原理）的发现背景、科学家故事，以及应用和影响等方面，挖掘展品的内涵和外延；设置二维码，观众可以把拓展内容带回家。

② 利用展厅层高优势，设计二层参观廊道，设置深度阅读区，并与周边的展项建立关联。在深入解读相关展项的同时，充分讲述其中蕴含的科学精神、思想和方法；通过图文版与互动多媒体等多种形式，满足不同年龄层次观众的阅读需求。

③ 设计以"科学之路"为主题的科学史主题墙（观览空间），梳理科学发展史上重要的时间节点、人物事件、贡献影响等内容，让观众对科学发展史有概括性的了解，构建对科学的正确认知。

④ 设计各类型的展教活动（科学秀、科普剧、展品串讲活动、探究式互动等），讲述科学家探索发现的故事，用活动和故事感染观众，起到传播科学精神、思想和方法的作用。

⑤ 在环境设计上，将科学巨匠和他们的科学成就以及名言警句等融入其中，营造浓郁的科学氛围，加深观众对展区和展项的理解，提升科学思想。

3　结　语

新时代对科技馆建设提出了更高的要求，如何以观众为中心，为观众呈现有思想、高品质的展览，满足人民日益增长的美好生活需要，究其根本还是如何满足公众需求的问题。从主题展览的顶层策划出发，认真调研和分析不同地区科技馆的受众需求、自身特点，制定出具体的展览目标，并形成独具特色的主题和内容框架；探索策展思路、方法的创新；尝试对展览内容和展品重新构建组合，传达新的认知概念，打造受观众欢迎的科技馆，这也是新时代赋予我们科技馆从业者的使命。

参考文献

[1] 王渝生. 1998—2005 科技馆研究文选[M]. 北京：中国科学技术出版社，2006.

[2] 王恒著. 科学中心的展示设计[M]. 北京：科学普及出版社，2018.

[3] 王渝生. 1998—2005 科技馆研究文选[M]. 北京：中国科学技术出版社，2006.

[4] 罗季峰. 主题展览对主题设计模式带来的挑战与对策[J]. 北京：自然科学博物馆研究，2017(4)：13-20.

[5] 朱幼文. 基于科学与工程实践的跨学科探究式学习——科技馆 STEM 教育相关重要概念的探讨[J]. 自然科学博物馆研究，2017(1)：5-14.

[6] 孙莹莹. 科学史——深化和表达科技馆展览主题的重要途径[J]. 北京：自然科学博物馆研究，2017(4)：32-36.

在科技馆教育中培养学生审辩式思维
——以科技馆展项为案例分析

魏　维①

摘　要： 长期以来，科学教育界都认为审辩式思维(Critical Thinking，简称 CT)是科学教育的重要目标。审辩式思维能力与认知能力、自我激励、合作精神和创造能力并称为 21 世纪最令人期待的教育成果。当前，审辩式思维以它的科学性获得了空前的关注，国内外教育专家普遍认为发展审辩式思维对学生的成长和发展至关重要，从而将审辩式思维纳入核心素养模型的重要组成部分。但我国目前的科学教育常常注重科学知识的积累而不是帮助学生发展像审辩式思维这样的高阶思维，因此，学生的审辩式思维能力相对缺乏。科普场馆如何发挥其教育优势来培养学生的审辩式思维，本文以浙江省科技馆展品为实例进行探讨。

关键词： 审辩式思维；科技馆教育；展品

审辩式思维的培养是创新型人才培养的前提，随着国内外教育越来越重视审辩式思维，培养学生审辩式思维的能力已经成为我国教育迫在眉睫的任务。科技馆作为科普教育的阵地，涵盖的学科领域非常广，包含了数、理、化、天、地、生等知识内容。展厅展品的设计研发也围绕科学技术的各领域展开，把培养学生的审辩式思维贯穿于展品体验过程，帮助学生养成良好的学习思考习惯，也对提高学生来馆参观和学习的质量存在着积极意义。

培养学生的审辩式思维能力不仅能够帮助学生适应信息大爆炸时代的生存需求，还能提高他们的认知水平，帮助他们在复杂情形面前，通过分析、归纳，做出正确的判断和选择，从而逐渐形成自己特有的观点理论，进而推动科学的进步与发展。

1　审辩式思维的定义与内涵

“审辩式思维”一词由西方引入，在我国学术界多被译为“批判性思维”，由于容易受其字面意思影响，因而学术界一致认为“审辩式思维”较为合适。维基百科中关于审辩式思维的介绍是：“审辩式思维是一种判断命题是否为真或部分为真的方式，审辩式思维是学习、掌握和使用特定技能的过程。审辩式思维是一种通过理性达到合理结论的过程，在这个过程中，包含着基于原则、实践和常识之上的热情和创造。” 在相关文献中，学者提出的关于审辩式思维的定义至少有十几种。综合不同定义，北京语言大学谢小庆教授把审辩式思维概括为“不懈质疑，包容异见，力行担责”12 个字。

美国哲学协会将理想的审辩式思维者描述为：对自然保持好奇，持开放态度，懂得变通，公正，有求知欲，理解不同的观点，没有偏见，从他人的角度考虑问题。从认知心理学的角度出

①　魏维，工作单位：浙江省科技馆，研究方向：展览策划、科普教育，职称：馆员，邮箱：262970926@qq.com。

发，审辩式思维是一种人们运用策略和表征去解决问题、作出决策、学习新知识的心理过程。审辩式思维强调个体能看出事物的正反两面，对反对的观点持开放的态度，追求证据，从事实角度出发来进行推理以及解决问题。

2 科技馆中审辩式思维教育的目的和意义

伴随网络信息的发展，获取知识已经越来越便利。借助移动互联的搜索引擎，人们可以随时随地从网络上获取需要的特定知识与技能。科技馆的教育亦是如此，人们可以通过视觉、听觉、互动体验来获取科学知识。教育的目的不仅仅是教会学生对特定知识点的识记，而是发展学生的审辩式思维能力。培养学生的审辩式思维有助于他们认识到复杂的科学问题和社会问题常常并不存在唯一的正确答案，从而引导学生提高其认识和思考的深度与广度，而不是给他们所谓的正确的答案和结论。

综合国内外学者的研究，一致认为有着较强审辩式思维的人，能够很好地适应高阶学习和从事科学研究，识别并理解问题，分析、评估与质疑推理过程与论证论据的严谨性，并能综合考虑，提出结论。因此，科技馆也不应拘泥于科学知识的灌输和概念原理的诠释，而应着力于把学生培养为具有严谨的审辩式思维能力的人才。

3 科技馆教育中审辩式思维培养的具体策略

(1) 依托展项提升学生"审"的能力

审辩式思维首先在于"审"，这里的"审"，即仔细思考，反复分析、推究，也就是说"审"的关键在于阅读理解，在于信息加工、数据分析，在于思维习惯养成。那么在与展厅展项的互动中如何注重培养学生"审"的能力？首先需要科普辅导员通过展项外观设计进行视觉上的引导。以浙江省科技馆的"畅享科学"展区为例，"趣 · 数学"分主题展区中的"橡子车辊"，它的外观是一个平底的小车摆放在一堆"橡子"形状的装置上，如图 1 所示。该展品展示的原理是定宽曲线与勒洛三角形。

图 1 展品"橡子车辊"

通常，没有接触过该数学概念的学生会质疑，为什么小车可以在一层“橡子”上平稳移动呢？这就是一个培养学生审辩式思维的切入点，这里科普辅导员可以组织体验展项的学生进行审题，如图 2 所示。关键的问题出在哪里？如果小车下面是一层球体装置，小车必然可以移动，也就不会让人感觉奇怪了，因为球在每个方向上的直径都是相等的。但“橡子”的出现打破了固有思维模式。通过亲自体验推进橡子滑车前进的方式，巧妙地植入了“定宽曲线”这个数学概念——定宽曲线是这样的一种几何图形，它们在任何方向上的直径(或称宽度)都是定值。当然，圆也是一种定宽曲线，但是定宽曲线可远远不止这么一种，其中最具有代表性的当属勒洛三角形。从而引导学生推导出并非只有球体可以带动小车滚动。数学概念是数学的核心内容，也是学生学习科学基础知识的起点以及逻辑推理的依据。通过对展项在外观上的巧妙设计来引导审辩式思维，可以推动学生积极去审题，从而多角度、多方位地理解该展项展示的原理和衍生意义，同时也对其背后的学科概念理解得更严谨、更深入。

图 2　浙江省科技馆科普志愿者围绕“橡子车辊”展项与小观众展开讨论

(2) 依托展项提升学生“辩”的能力

审辩式思维的信息加工在于“辩”，在实际体验科技馆展项的过程中，如何培养学生“辩”的能力，这就需要依托展项引导学生从科学的视角提出问题、分析问题、检验结果，最终得出结论。

以浙江省科技馆的“弯曲的水流”展项为例，该展项在运行时，我们可以看到水流从装置里流出时发生折弯的现象，如图 3 所示。下落的水流为什么会发生弯曲呢，如何解决这一疑惑？从这个奇特现象着手，我们的科普辅导员可以组织参与体验的学生“辩”一下。“辩”是为了思路更加明确，“辩”的过程是学生对所学知识的融合，也是培养学生提出问题、解决问题的能力。要帮助学生通过“辩”来习得辩证的思维方式。

首先，要鼓励学生积极参与讨论，心理学中著名的维果斯基学派和皮亚杰学派曾进行的理论分析和实证研究结果都表明，同伴间的讨论能够促进学生的认知发展并提高其推理技巧水平。因此，科普辅导员要通过“辩”的过程，来促进学生思维变化和认知发展。如果只观察学习展项的外在表象及原理而忽略辩论这一环节，那么极有可能出现的情况是，个别学生认知到的观点与理论是不全面的，甚至是不正确的。

其次，由于上述展项涉及的科学知识丰富，包括了水分子间的作用力、牛顿力学、声波和视错觉。依托展项在设计时嵌入的力学、光学、声学等科学原理，科普辅导员就可以引导学生从

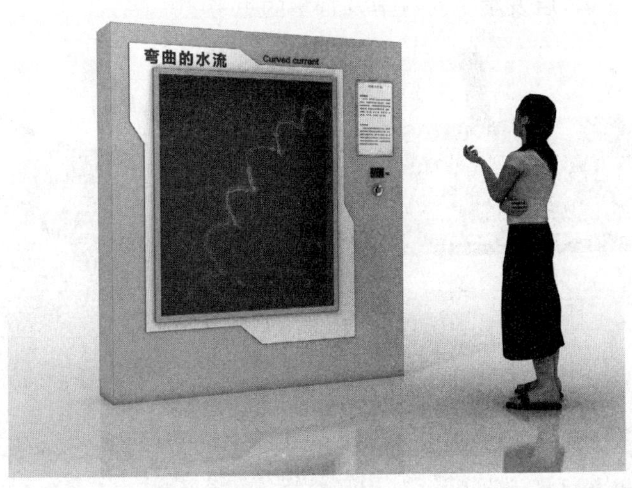

图 3 弯曲的水流

多角度、多维度去思考、去探究现象背后的本质，这相较于原理知识的直接灌输更有利于培养学生的审辩式思维。因为在展项的体验中，学生不仅学习了相关理论知识，也获得了新的思维方式。

(3) 围绕展览展项辅助学生应用审辩式思维

美国哲学学会关于审辩式思维的一项报告中，就审辩式思维的教学和测试向教育工作者提出以下建议：所有课程的教学目标都需要包含培养学生审辩式思维和良好思维习惯的内容，让学生运用这些技能解决本学科中的具体问题，尤其是解决日常生活中的各种问题。只有在解决问题的过程中才能真正发展审辩式思维的人格气质和认知技能。

当然，审辩式思维并非一味地批判、质疑而是对现有存在问题提出自己的想法展示自己的见解，在科技馆的教育中，就需要给学生搭建这样一个应用的平台，帮助他们更深刻地思考与启迪，而不仅仅是在体验了展项以后就终止了思考与发问。例如，平时围绕展项开展一些衍生活动，科普辅导员在通过科普展项原理的同时，还应当引导学生利用提供的材料去解决实际问题，而在解决实际问题的过程中必然还是会发现更多的问题，从而达到一个良性循环。我们来比较两种科普活动开展模式：模式一，围绕展项直接揭示原理，或通过材料制作展项相关衍生品，提问学生通过活动收获了什么。模式二，初步了解展项，或通过材料制作展项相关衍生品，在活动的过程中启发学生大胆质疑，并且所有提问不设置正确答案，只是让学生展示自己的见解。笔者更倾向于模式二的活动效果，因为疑问是对收获系统加工后的再思考，是真正基于审辩基础上的直达学习者思维层面的深度思考。

以今年浙江省科技馆引进的“超级细菌”科普巡展为例。该展览为公众展示“超级细菌”的发现与演变过程、对人类的威胁以及人类的应对策略。展览特别展示了 1928 年英国微生物学家亚历山大·弗莱明发现的青霉菌培育出的菌株标本这一展项。围绕该主题展览，我馆还策划了配套衍生活动，组织小学 3～6 年级学生与相关领域大学教授通过线上线下等交流形式深入探讨微观世界的奥秘，如图 4 所示。主题展览活动分为四个部分，如图 5 所示。学生们首先以线下观展的形式了解相关背景知识；其次进行初步思考，罗列相关问题提交专家；再就超级细菌与人类的关系展开审辩式大讨论并最终形成学习报告。活动旨在以科技馆主题展览为平台，依托展项的背景知识，启发学生对科学及哲学的思考。

图4　小记者团与浙江大学专家线下交流

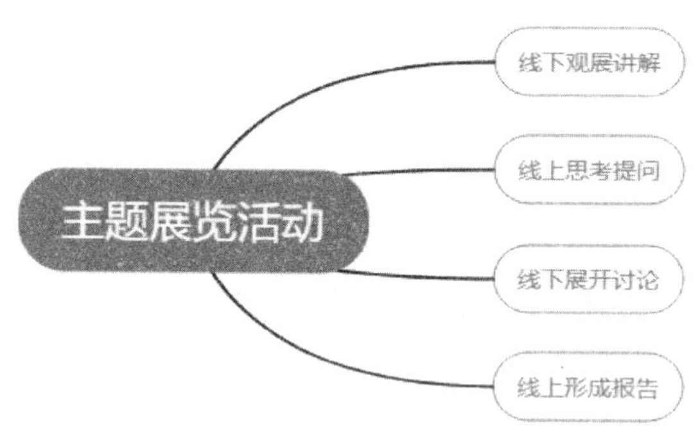

图5　主题展览活动的内容

① 活动设计背景。

教育部在最新印发的《义务教育小学科学课程标准》(2017年1月）中指出了科学探究学段目标，其中包括了8个要素：提出问题、作出假设、制订计划、搜集证据、处理信息、得出结论、表达交流、反思评价。在科学态度总目标中也明确指出了要具有基于证据和推理发表自己见解的意识；乐于倾听不同的意见和理解别人的想法，不迷信权威、实事求是、勇于修正与完善自己的观点；要在科学学习中运用批判性思维大胆质疑，善于从不同角度思考问题、追求创新的重要性。

② 活动设计目标。

基于以上课标要求，科普活动设计以科技馆主题展览为依托、科学探究式学习为载体，以小学中高年级学生为活动主体，策划方以期通过科学知识的传播、科学态度与科学精神的沉浸式体验，在场馆教育中培养学生的科学素养，包括培养他们良好的学习习惯、发展他们的学习能力、思维能力、创新能力；尤其是对事物的审辩式思考。

③ 活动设计步骤。

第一步：回溯展览相关历史背景，如图 6 所示。追溯抗生素的简史，不难发现在抗生素被开发之前，简单的细菌感染就是一个非常严重的问题。肺结核导致每七个人中就有一个死亡，而像轻微伤口也可能会感染导致死亡。到 20 世纪为止，医学都是粗糙的，不可靠的，甚至是危险的。对于像结核病这样的传染病，当时人们称之为“肺痨”，预防是病人最好的办法。一旦你感染了，你可能不得不切除一个肺叶，如果你没有那么幸运，那只能依赖于新鲜空气，然后希望它自愈。

青霉菌是一种生长在水果和面包上的霉菌，霉菌有自己的免疫系统来保护自己免受细菌的侵害。当人类释放白细胞来攻击传染病时，青霉菌会释放一种化学物质来杀死有害细菌。这种化学物质被命名为盘尼西林（青霉素）。青霉素被认为是一种“奇迹疗法”，能够可靠地阻止霍乱和梅毒等细菌感染，否则会杀死数百万人，它使人类预期寿命增加了 20 年。

由于青霉素来自霉菌，研究人员也转向其他天然来源寻找新的药物。从 20 世纪 40 年代到 80 年代，人们发现了大约 30 种新的抗生素并且可以在人类中安全有效地使用。然而不幸的是，细菌非常擅长进化，它们现在正在适应，使抗生素不再影响它们。随着细菌进化来抵抗抗生素，它们又变得无法治疗，使我们又回到青霉素之前的时代。

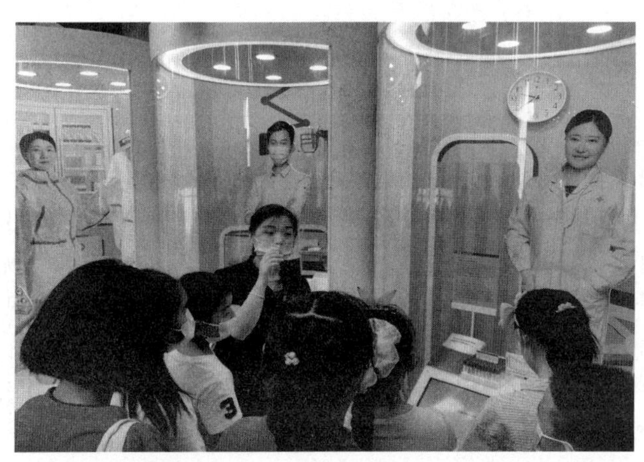

图 6　小记者团聆听浙江省科技馆“超级细菌”主题展览的讲解

第二步：问题酝酿期（包含观展、搜集资料、在线提交问题）。学生提出的部分问题如图 7 所示。

第三步：思考讨论期。目的是让学生们明白站在不同的角度看待缺点与优点的转换关系。

审辩式思考之一：如果我们人类或者地球上的某一种生物，它没有缺点，它什么都不怕，比如不怕高温、不怕低温、不怕疾病、不怕饥饿，甚至不会死，那么它就会在这个世界上不断地扩张它自己，整个世界全部被它所统治，这个世界上如果只剩下这一种生物，是不是件很好的事情？现在我们科学不断发展了，我们的生命延长了。这件事情是件好事还是件坏事呢？简单地来看，大家都希望健康长寿好像是件好事情，但是这么下去这个地球上的人可能到 100 岁还没有死亡，那么这件事情是件好事还是件坏事呢？

审辩式思考之二：如果我们人类没有任何缺点，那么我们就会更加地长寿，那么这个地球上的人就会越来越多，最后的结果就是地球不能支撑我们这么多人类生存。所以我们人类在面对不同的疾病时会不能适应，会生病甚至死亡，所以从这个角度来讲，我们人类有缺点，不能够抵抗所有的不良的病原菌。然而，能够造成疾病和死亡看起来是个坏处，实际上也是个好

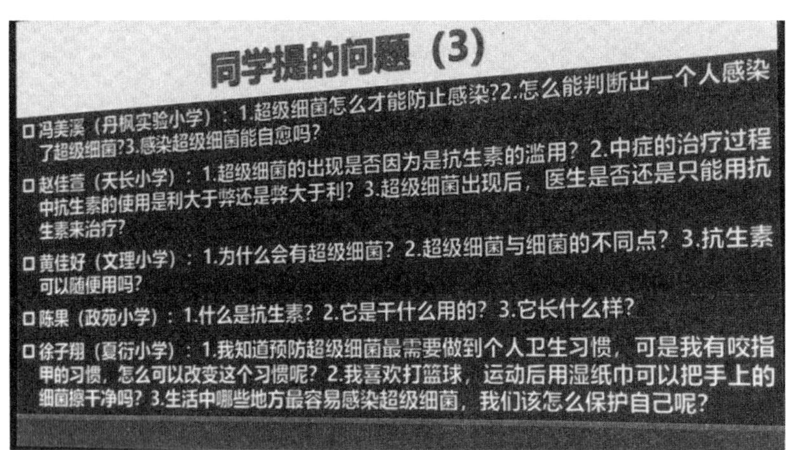

图7 同学提的问题

处，因为人类不可能无限制地增长。如果无限制地增长反过来讲并不是一个好事。这里包含的是一种辩证的观点。

4 结 语

审辩式思维是培养创新人才的基点，我们应该将其镶嵌在科技馆的科普辅导中。浙江省科技馆的案例，验证了审辩式思维培养在科普场馆的可行性和有效性，并且这些案例设计与展项是密不可分的。科技馆要发挥展项、展品能直接启发学生质疑的天然优势以及依托展项开发的衍生活动去培养学生敢于质疑、勇于提问、善于评判、乐于反思的意识和能力，优化思维品质，提升思维能力。这样，我们培养出的学生才能很好地适应社会的发展。希望今后在科技馆的展项研发和活动开展的实践中，作为科技馆的建设者们能进一步探索出更多更好的培养学生审辩式思维的教育策略。

参考文献

[1] 谢小庆. 审辩式思维究竟是什么[N]. 中国教师报，2016-03-16(004).

[2] 刘葳. 审辩式思维能力的培养与训练[J]. 内蒙古教育·综合版，2014，19：12-14.

[3] 林崇德. 发展心理学[M]. 人民教育出版社，2009：252-320.

[4] 林崇德，李其维，董奇. 儿童心理学手册第二卷(下) 认知、知觉和语言[M]. 华东师范大学出版社，2015：618-620.

因地制宜，精准定位
——小成本“精简版”基本陈列改造实践探索

刘勤学[①] 李梅

摘　要：基本陈列直观展现了博物馆的收藏、研究和科普教育等方面的总体水平，其主题和内容要与时代同步。而改造基本陈列需要大额资金的投入，这让许多博物馆望而却步。多年一成不变的展陈无法满足人民群众日益增长的精神文化需求。能否在较少资金投入的条件下，探索一种新的展览模式，摆脱基本陈列更新周期长的困境？大连自然博物馆“远古的生命”展在探索因地制宜、精准定位，完成低成本、精简版的基本陈列改造方面做了一些尝试。

关键词：基本陈列；策划；精简版；探索实践

1　引　言

博物馆作为重要的文化服务机构，承担了传播科学、传承文明的社会责任。随着经济的发展，国家对公共文化事业加大投入，博物馆迎来了发展机遇，纷纷兴建新馆或进行大规模的陈列改造，特别是在基本陈列上下足了功夫，动辄千万甚至亿元的博物馆陈列改造项目比比皆是。然而繁荣过后，随着时间的推移，这些花费巨大的基本陈列也会变成旧的；此外，还有为数不少的博物馆，还是十几年如一日，甚至更久的基本陈列。如何让博物馆的基本陈列常变常新，来满足民众日益增长的科普教育与文化消费的需求，我们在尝试。

2　博物馆基本陈列更新的意义

在科技飞速发展的今天，新的发现不断更新我们的知识体系，甚至颠覆对已有世界的认知。博物馆的基本陈列体现了博物馆的研究、收藏和科普等工作的水平，是博物馆履行展教功能的核心课堂，无论是展陈的主题与内容，还是展陈形式都要同步于（甚至要超越）时代发展的脚步。因此博物馆的基本陈列需要及时地更新改造，将最新知识体系与内容，运用新的展陈形式呈现给观众。

3　制约博物馆基本陈列更新的主要因素

(1) 经费不足影响基本陈列更新改造

博物馆的发展通常与地区经济发展、政府的支持等因素关联，博物馆获得经费与相关资源

---

① 刘勤学，大连自然博物馆陈列展览部主任。通信地址：大连市沙河口区西村街40号。E-mail：1027233972@qq.com。

的支持存在很大的差别。“我们也想改啊,设计方案都做了,就是资金不到位。”这几乎成为一些博物馆人无奈的口头禅。展陈经费不足是影响博物馆基本陈列更新改造的主要原因。

(2) 新技术滥用推高展陈造价成本

曾几何时,是否采用最新的多媒体技术、是否设置大型复原场景、是否应用高档装饰新材料成为评判一个展陈项目是否优秀的关注点。过度追求展陈震撼效果与感官刺激,滥用声光电等现代展示手段,推高了基本陈列的整体造价,让缺少资金的博物馆无所适从。

(3) 展陈同质化严重禁锢创新思路

国内现代博物馆起步较晚,博物馆学研究重视不够,缺少系统的理论来支撑展陈策划与设计工作,形式上相互抄袭现象时有发生。雷同的展陈设计,自身风格的缺失使博物馆的基本陈列同质化现象严重,形成一种所谓的“套路”,禁锢了展陈策划的创新思路。

4 拓展思路,探寻不一样的陈列模式

(1) 时代发展需要博物馆展陈与时俱进

社会在不断地进步,博物馆陈列展览也要跟上时代的步伐。博物馆应该紧跟时代发展的脚步,以观众的需求作为展览策划中优先思考的内容。大连自然博物馆基本陈列“走近恐龙”曾经获得十大精品奖,深受观众,特别是小朋友的喜爱,是每次来馆必看的“打卡地”。但近20年的老旧的陈列内容与形式,不合理的参观动线设置,使700多平方米的展厅,除了几件大型的模型,仅固定展示了30余件古生物标本,而本馆丰富的馆藏标本只能见于巡展或科研论文中,当地的民众却无缘见到。之前的整体陈列改造计划因资金问题而迟迟不能实施,面对这种局面,大连自然博物馆决定将恐龙展厅列入2019年更新改造计划,并在原址进行陈列改造。

(2) 梳理研判,定位策展思路

项目确立后,进入策展的实施阶段,资金成为最大的问题。700多平米的中生代展厅,要做出一个成型的展览,除了展陈部分,展柜、展墙、隔断等必要的基础硬装也包含其中,最终可用于展陈的资金只有80万左右,与标准的基本陈列展厅需求相差甚远,甚至不及一些大馆的精品临展,场景复原、多媒体互动展示装置等更是无从谈起,这样苛刻的条件让项目团队一度认为这是不可能完成。面对难题,不能按照通常的策展思路,必须另辟蹊径,找寻适合的陈列理念,拓宽策展思路。

① 确立展览主题,定位特色亮点。

一个展览首先要确定主题。恐龙一直是一个经久不衰的热点,原展厅主题为“走进恐龙”,整体展陈空间围绕中生代物种的代表——恐龙来进行,后期的升级调整局限性很大。项目团队认为,此次陈列主题,也应该围绕恐龙繁盛的中生代来进行。大连自然博物馆十几年来征集了丰富的辽西地区中生代化石藏品,足以支撑一个大型的基本陈列展陈。而中生代是演化史上重要的时代,也是恐龙活跃的时期,因此确立陈列主题为“远古的生命”中生代古生物化石展。

博物馆的展陈,必须要有本馆特色。今天,人们获得信息的渠道多样而便捷,但真实标本是其他媒体无法比拟的优势——只有博物馆才能看到。观众调查分析认为,“眼见为实”是参观博物馆的一个重要需求,观众希望看到精致、奇特、真实的标本。自然博物馆是用实物说话的地方,这是观众来参观的原因,也是我们要时刻记住的原则。大连自然博物馆丰富的中生代

化石标本，特别是多件辽西地区中生代古生物化石的模式标本，正是有别于其他博物馆的一个亮点。

② 确立展陈定位，定位展示风格。

确立展陈主题，还要明确展览定位。此次改造是在基本陈列展厅进行原地改造，应对标基本陈列来进行展览策划。然而，如何用有限的资金完成一个基本陈列的展陈？策展团队重新理顺思路，认真思考并分析基本陈列的组成元素与必备条件，寻找解决办法。基本陈列是否必须要有复原场景？是否必须有声光电等多媒体展示手段？是否必须有互动展示装置？是否必须用高档的装饰材料？通过对通常的基本陈列所具备的形式与硬件设施进行比对，结合现有条件，提出了一个“精简版”基本陈列理念。其内涵就是展览陈列主题与整体架构定位于基本陈列，形式设计上采用简洁、绿色的极简设计风格，去除无用的符号性装饰，利用好现有资源，适度运用声光电手段，重点突出精品标本陈列，让观众在没有过多视觉干扰的环境中关注展品的展示，更好地重点突出精品馆藏标本，深入挖掘展品背后的故事，打造一个“精品为王”的中生代主题陈列。

5　精准定位，建构特色形式设计

确定了展览主题与陈列风格，如何围绕主题进行展厅规划与形式设计工作就成为展览团队重要工作。在展厅形式设计方面，“精简版”概念贯穿设计的始终。

(1) 突出特色，打造精品标本展示

① 突出精品标本展示理念。

“远古的生命”定位精品标本展示为特色，展陈工作的重点工作就是围绕精品展示进行。精挑细选的展陈标本进行系统的精修与加固，使其符合展示需要，突出精品理念。标本展示方式上进行细致的设计，力求在极简的整体设计上体现一种特别方式。如将双面都有标本的一件大型狼鳍鱼化石标本进行双面展示，对部分昆虫标本采用抽屉式展示，引导观众动手参与。展示水生蜥标本时候，从众多标本中遴选出 18 件从幼体到成体不同时期的标本，呈“S”形展示，效果极佳。

② 一切围绕标本服务。

整体展览内容上深入挖掘展品背后的故事，加强重点标本的解读。图版内容解读上，考虑到普通观众的阅读习惯，语句轻松诙谐，通俗易懂，内容简练，避免过多的学术词语，配以活泼的标题，增强可读性。配合情景再现的视频播放，丰富展示效果。同时将重点标本大量详尽的专业知识采用电子扫码系统，照顾需要深入学习的需求，只要用手机扫描重点标本前的二维码图标就可拓展阅读，并可带回家慢慢品读。一切为诠释主题服务，一切围绕标本阐释，一切围绕展教服务，一切为满足观众的真实需求服务。

(2) 因地制宜，充分利用展厅资源进行形式设计

① 最大限度地利用好展厅资源。

原展厅面积仅为 700 多平方米，策展团队在做展厅规划中，根据展厅空间尺度，结合主题与展示需求，最大限度地利用场地空间进行设计。考虑到资金问题，整体规划中，保留入口处的辽西地层展示，形成一个序厅的隔断设计，同时对应了辽西地区标本的主题。整体展厅空间以大面积的直墙与展柜进行分割，展柜延墙设置，立柱间采用展墙与展柜分割，延长动线长度，形成"S"形的参观动线，增加展示面积。陈列区域规划考虑观众参观习惯与人体工程学的空间尺度，疏密有致。增加参观动线与有效展示面积。克服原来展厅进门后一目了然的通透设计，观众从展厅入口开始，边看边走，一步一景，对后面的内容充满期待，不自觉地沿着参观动线走完全程。

② 极简风格绿色设计。

定位"精简版"概念，就要围绕"精简"做文章。一场展览展现给观众的直接印象，最主要的是形式设计。"远古的生命"展在有限的资金条件下，要开拓思维，营造出具备自己独特的风格的展陈设计。当今的博物馆人要意识到，绿色的展览与建馆理念是博物馆的品质之所在，这些需要通过博物馆展览和博物馆自身行为来体现。自然博物馆的展陈要绿色环保，践行自然环保理念，契合博物馆主题与展示内容。自然博物馆的展陈不但要在内容与主题上宣传国家倡导的绿色环保理念，更要体现在形式设计上。"远古的生命"展在有限的资金条件下，整体结构采用大面积的直墙、简洁的展柜、直线条的围栏，去除不必要的装饰元素，营造出独特的风格——展陈设计极简设计风格。水泥压力板、轻钢龙骨等阻燃可再生的材料，环保无味的乳胶漆饰面，LED照明灯具等环保材料与工艺，应用于布展施工环节。

③ 空间色彩协调统一。

有别于古生物展示惯用的土黄，赭石、熟褐等暖色系，"远古的生命"展整体空间大胆地采用蓝灰色系为主色调，辅助深灰、浅灰色调，沉稳大气，与化石展品形成色彩的互补关系，突出展品，减少干扰，使观众注意力集中在标本本身，重点展现标本的精美细节。图版色彩设计各章节统一色调，辅助鲜艳明快色块点缀，丰富展陈色彩。

6 展览策划的实践意义与思考

经过项目团队的共同努力，"远古的生命"作为大连自然博物馆近些年来第一个全面更新的基本陈列，如期与观众见面。较之前的旧陈列，呈现给观众的一个不一样的古生物陈列。展出标本数量成倍增加，标本数量从原来的30余件增加到200余件，其中的10余件模式标本更是难得一见。展览动线也比之前增加了一倍。整体展陈设计没有花哨的装饰，观众的注意力集中在欣赏精致的展品上。相比之前走马观花，拍照留念的打卡式参观，升级为注重细节，慢慢欣赏的沉浸式参观体验。展览开幕后，得到观众的认可与好评。欣慰之余，有几点思考。

(1) 突破固有思维，实践打造展陈团队

"远古的生命"虽然只是一个投资很少的展陈项目，在策展前期也困于资金的不足而认为无法完成，但经过策展团队全面的分析研判，因地制宜，找准精髓，突破固有模式的束缚，准确定位展览主题与展陈特色。并创新性地打造了一个有别于程式化的"精简版"基本陈列。因多年没有基本陈列的升级改造项目，项目组成员十分珍惜这个难得的实践机会。从展览策划、内容编写到标本维护、展示设计、工程管理、布展上陈等工作都一丝不苟地走了全部的流程。特别对于实践经验欠缺的年轻人来说，是一次很好的演练机会，为将来大型的展陈项目的实施工作打下良好的基础。

(2) 画龙点睛的适度应用声光电技术，事半功倍

现代博物馆展陈中，多媒体等新技术的应用已经成为一个不可或缺的展示手段。对于资金较少的展览项目，整合已有优质资源，合理的利用是解决展陈形式单一的有效途径。"远古的生命”陈列项目中，应用已有的情景复原多媒体资源配合重点标本展示。在硬件上用旧显示器和播放器自制多媒体播放器用于循环播放，用较低的成本取得较好的展示效果，事半功倍。在鹦鹉嘴龙展示区，围绕镇馆之宝——一窝鹦鹉嘴龙，利用复原模型、立体骨骼装架标本、板状化石标本等多种展示形式，配以之前开发的故事性动画视频播放，全方位系统地诠释了主题。

(3) 资金不足限制了展示效果发挥

“远古的生命”用较少的资金完成了一个特殊的基本陈列更新项目，给观众展示了馆藏的珍稀标本，解决了观众对于博物馆老旧展陈的更新需求。然而，低造价也限制了展陈设计的实现，一些原本可在展览中应用的新材料、新技术无法使用，一些可以更好地提升整体展陈效果的成熟的场景复原和多媒体技术手段无法实现。仿制展柜、非专业灯具照明、非专业玻璃的应用达不到标准。展览的内容方面，没有足够资金购买有知识产权的图片资料，特别是大尺寸的恐龙复原图，影响了整体的展示效果。此次展览项目是限制条件下为了解决问题的一次实验性的探索与尝试，如有条件，博物馆还是应该尽可能地争取筹措到相对充裕的资金，完成一个真正意义上的基本陈列。

7　结　语

以上就是大连自然博物馆“远古的生命”展的探索实践，与博物馆同仁们分享，共同探讨。当下，因资金不足而超期服役的基本陈列在国内博物馆中屡见不鲜。如何开拓策展思路，合理有效地利用好资金，充分地利用现有资源，打造适合本馆特色与风格的基本陈列，发挥博物馆的展示教育功能，是一个值得博物馆策展人与决策者认真研究，深入思考的课题。希望与同行们深入交流与合作，开拓博物馆展陈新思路。

参 考 文 献

[1] 齐玫. 博物馆陈列展览内容策划与实施[M]. 北京：文物出版社，2009.

[2] 梁兆政. 论当代自然博物馆——上海自然博物馆创新实例[M]. 上海：上海科学教育出版社，2009.

[3] 徐纯. 绿色是博物馆的品质[J]. 上海：上海科技馆馆刊，2013，001(005)：25.

有型又有料
——国内科技馆自然展厅设计探索

贾　嘉[①]

摘　要：国内科技馆正面向综合性发展，越来越多的新建馆开始设置自然展厅。本文对国内科技馆自然展厅的建设情况进行了梳理，并借助自然展厅与自然博物馆的同质性和差异化分析，探索科技馆自然展厅的设计要点：理念有高度、内容有深度、展品有互动、设计有艺术美感。践行科技馆科普教育目标的同时，力求向观众呈现一个有思想、有内涵、有美感、有情怀的视觉艺术作品。

关键词：科技馆自然展厅；科技馆内容策划；展陈设计；科学与艺术

1　国内科技馆里的自然展厅的现状

(1) 国内科技馆自然展厅的建设情况

科技馆里自然展厅的出现，是国内科技类博物馆面向综合性、大型化发展趋势的产物，也是应对国内自然博物馆数量不足问题的有效途径。国内最早设置自然类展厅的科技馆，是2003年建成的上海科技馆。2001年，上海自然博物馆撤销建制，归并入上海科技馆成为"动物世界"展厅，展示面积约2 000 m^2，分为4个区域：非洲动物群、亚欧动物群、美洲动物群以及澳洲动物群。可以说，上海自然博物馆的这段曲折经历为国内科技馆设置自然展厅开启了先河，此后，国内有数个新建科技馆都设计了自然主题展厅。根据对国内省级以上科技馆展厅主题的梳理(见表1所列)，可以看到已建成或在建的省级以上科技馆里，上海科技馆、河南省科技馆新馆、浙江省科技馆、内蒙古科技馆新馆、宁夏科技馆都设计了自然主题展厅，有些馆设计的当地特色展厅也包含自然相关内容，比如福建省科技馆新馆的"山海福建"、黑龙江省科技馆的"走进兴安岭"，而且许多在建馆也都青睐自然主题，比如合肥科技馆新馆、苏州科技馆、洛阳科技馆等。

(2) 科技馆里的自然展厅与自然博物馆的主要区别

科技馆里自然展厅的展示内容，大多会借鉴自然博物馆。自然博物馆的内容主要围绕天文史、地球史、生物史和人类起源展开，简称"天、地、生、人"。

---

①　贾嘉，北京众邦展览有限公司建筑装修设计工程师。通信地址：北京市西城区北三环中路甲29号华龙大厦A座601。E-mail：76372399@qq.com。

表 1 国内省级以上科技馆常设分主题名称一览表（不含港澳台）

序号	馆名/主题	儿童乐园	基础科学	能源与环境	地球家园	宇航太空	信息技术	人工智能	古代科技	人与健康	科技与生活	材料科学	防灾减灾	动手园地	自然	当地特色
	数量	26	28	18	13	21	14	12	9	20	15	5	4	4	5	15
1	中国科学技术馆	儿童科学乐园	探索与发现	能源世界	地球家园	太空探索	信息之桥	机器人	华夏之光		科技与生活					
2	北京科学中心	儿童乐园			生存展厅					生命展厅	生活展厅					
3	上海科技馆	彩虹儿童乐园	探索之光	地壳探秘	地球家园	宇航天地	信息时代	机器人世界	智慧之光	人与健康					动物家园	
4	重庆科技馆	儿童科学乐园		交通科技		宇航科技					生活科技		防灾国防科技			
5	天津科技馆	梦想天地	探索发现			飞天之梦		机器人天地		认识自我				手工园区		
6	广东科学中心	儿童天地	实验与发现		绿色家园	飞天之梦	数字乐园			人与健康	交通世界	材料园地		感知与思维		
7	吉林省科技馆	梦想的摇篮	智慧的阶梯	我们的未来不是梦		创造的辉煌										
8	山东省科技馆	儿童科技馆园	探索发现	交通与能源							数学与力学					艺术与发现
9	青海省科技馆	少儿科技乐园	电磁王国	能源与环境		航空航天			人类智慧	生命奥秘	科技与生活					走近青海
10	辽宁省科技馆新馆	儿童乐园	探索发现						创造实践		科技生活					工业摇篮
11	福建省科技馆新馆	自然探趣	智慧天地		地球生态	宇宙探秘航空航天				生命科学						山海福建
12	山西省科技馆新馆	儿童科学乐园	机械、数学	能源、生命之源、碳循环	黄土地	宇宙、探索太空	交流			生命与人体	沟通机巧	材料				
13	江西省科技馆新馆	儿童科学乐园	知识探秘	交通能源	走近地球		信息之光	聪明机器人		关爱生命	巧妙机械	神奇材料				
14	湖北省科技馆新馆	儿童科学乐园	数理世界	绿水青山		仰望星空			科技瑰宝、科学风暴	生命3.0						超级工程
15	贵州省科技馆	少儿科技乐园	智慧基石			月球探测				人与健康						走进大数据
16	河北省科技馆	儿童乐园	数学、力与机构、电与磁		身边的水			机器人					防震减灾			光与影的世界
17	河南省科技馆新馆	童梦乐园	探索发现	交通天地		宇宙天文		人工智能	智慧人类					创想空间	动物家园	
18	黑龙江省科技馆	儿童	力学、电磁、数学	能源材料		航空航天				人与健康	交通、机械					走进兴安岭
19	浙江省科技馆	儿童	化学	能源剧场	地球环境	宇宙空间	信息技术		中医	生物技术					海洋探险	生物技术
20	江苏省科技馆		探索发现	生态	家园		数字信息	科技智慧		生命健康						
21	湖南省科技馆	童趣馆	数理启迪	能源世界	地球家园	太空探索	信息港湾			生命体验	制造天地	材料空间				
22	安徽省科技馆	科学之趣	神奇电磁	能源之旅		航天博览	动脑园	智汇海空						创客空间		光影视界
23	陕西省科技馆		电磁、力学、光学、数学				多媒体电子									科技发展史
24	甘肃省科技馆		天籁之声、数学之魅、运动之律、绚烂之光、电磁之奥			宇宙探索、飞天探梦	像素世界			人体结构的秘密、生命的诞生	智慧生活、健康生活、便利生活					甘肃之光
25	四川省科技馆	儿童馆	基础科学	生态家园		航空航天		机器人大世界		生命科学、健康生活	交通科技、好奇生活		防灾避险			都江堰水利工程
26	海南省科技馆															
27	云南省科技馆															
28	内蒙古科技馆	儿童乐园	探索与发现		地球与家园	宇宙与航天	科技与未来	智能空间		生命与健康	创造与体验				魅力海洋	
29	广西科技馆	儿童乐园	科学探秘	环境生存			信息世界	挑战与创新、未来展望		生命健康						
30	西藏科技馆	科技乐园	科技光辉						藏地智慧							体验高原
31	宁夏科技馆		基础科学			宇宙探秘			科技之光	生命奥秘	生活中的科学				走近海洋	生命健康禁毒
32	新疆科技馆	儿童乐园	基础学科	生态	人水和谐	前沿科技	信息网络	未来智能家居		人与健康		新能源新材料	防震减灾			新疆特色

（表格来源：科技馆官网和官方发布的招标文件）

表2 国内主要自然博物馆情况一览表

名　称	开馆时间	常设展厅面积(m^2)	藏品数量(件)	展览内容
北京自然博物馆	1959.1	10000	约20万	基本陈列以生物进化为主线，展示生物多样性以及与环境的关系，构筑起一幅地球上生命发展的全景图
广西自然博物馆	1989.1	未查到	约5万	主要从事现生动植物、岩石矿物、古生物(含古人类)化石等自然标本的收藏、研究和陈列展览
大连自然博物馆	1998.10	10000	约20万	开设地球、恐龙、海洋生物、东北森林动物、湿地、物种多样性、辽西古生物化石等12个展厅
山东省天宇自然博物馆	2004	28000	约39万	世界上最大的恐龙博物馆，包含恐龙厅、和政生物群厅、山旺化石群厅、海百合厅、贵州关岭生物群厅、热河生物昆虫蜘蛛厅、万鱼厅、原始海洋生物厅、宝石厅、钟乳石大厅、蝴蝶标本厅和综合厅等
陕西自然博物馆	2008.1	10700	约2万	展馆设三馆两院，包括自然展馆(设有地质万象、古生物长廊、神奇秦岭、昆虫王国、生命之光展厅、珍惜世界动物展厅)、煤海之光展馆、科技展馆、穹幕影院和5D动感影院
浙江自然博物院	2009	9000	约20万	以“自然与人类”为主题，由地球生命故事、丰富奇异的生物世界、绿色浙江、狂野之地——肯尼斯·贝林世界野生动物展和青春期健康教育展五大展区组成，以地球及生命诞生与发展为主线，带领公众一探自然之壮美
东北师范大学自然博物馆暨吉林省自然博物馆	2007.5	6000	约10万	主要反映吉林省生物多样性以及自然资源状况，由7大展区组成：山之魂、林之韵、蝴蝶谷、鸟之灵、兽之趣、化石世界、猛犸象等
天津自然博物馆	2014	14000	约40万	以“家园”为总主题，从户外“家园·足迹”到一层“家园·探索”，二层“家园·生命”，三层“家园·生态”，讲述一个从远古到当代、从世界到天津的“家园”故事
上海自然博物馆	2015.5	32200	约29万	主题：自然·人·和谐，分“演化的乐章”“生命的画卷”“文明的史诗”三大板块
重庆自然博物馆	2015.11	16252	约11万	由“动物星球”“恐龙世界”“山水都市”“地球奥秘”“生命激流”“生态家园”6大展览组成，主要展示地球演变、生命进化、生物多样性以及重庆壮丽山川，重点阐述自然资源、环境与人类活动的关系，倡导人与自然和谐共处和可持续发展理念
武汉自然博物馆·贝林大河生命馆	2018.7	18000	藏品数量不详，展品约有3000件	常设展览“大河之旅，生命之歌”以大河为背景、以生命为主题、以贝林捐赠标本为基础，以长江对话世界大河为布展理念，围绕大河、生物、人类的重点内容，展示大河相关的地学背景与河流自身的生命史，世界代表性大河的生物多样性、联系性与差异性，以及生态系统演替与生命演化的自然规律，从而唤起人们进一步关注大河、热爱大河、保护大河的意识
浙江自然博物院安吉馆	2018.12	12000	约7万	基本陈列定位以“休闲体验”为主，以专题展为特色，由贝林馆“远方的对话”、生态馆“绿水青山的召唤”、恐龙馆、自然艺术馆、地质馆、海洋馆组成，反映了“自然的演变不依赖于人类，而人类的生存却一刻也离不开大自然”的事实。

(表格来源：博物馆官网)

传统的自然博物馆，尤其是欧美的博物馆，往往以收藏和研究为主。科技馆的自然展厅在展示空间、标本资源方面都远逊于自然博物馆，用藏品进行编年体叙事的方法受到很大制约。另外，传统的自然博物馆多以“非动手”(hands-off)型展示为主，而科技馆的设计理念是“动手”(hands-on)，鼓励观众去动、去看、去听、去想，进行主动探索式的参观。

我国于 2015 年 2 月 9 日颁布的《博物馆条例》，将博物馆的三大传统功能“收藏、研究、展陈”修改为“教育、研究、收藏”，这意味着“教育”也将逐渐成为博物馆的首要功能。在科普教育方面，科技馆显然更具优势。科技馆的自然展厅，不仅可以尝试更灵活、主题化、故事性的叙事方法，还可以在静态模型、场景构建的同时，更多地发挥其擅长的互动科技展品和展陈设计方式，为观众营造一个能激发兴趣、调动感官的体验式学习环境。

2 国内科技馆设置自然展厅的教育功能分析

(1) 符合生态文明建设要求

在和平与发展成为两大主题的当今世界，各国对许多重大的国际政治问题有着不同的见解，但在保护资源和环境方面却能达成高度共识。在这样的现状下，结合国家的生态文明建设需要，科技馆自然展厅应发挥科普教育功能，引导观众重视生态系统的脆弱性和生物的多样性，树立“人与自然和谐发展”生态价值观，激发观众保护自然的意识和愿望。自然生态教育任重道远，且必须尽快起步。

(2) 符合 STEM 教育理念

近年来，STEM 理念在欧美国家被广泛实践。科技馆的自然展厅在 STEM 教育方面有更完备的条件：

① 静态展陈和互动展品相结合，可以为 STEM 提供足够的实物基础和信息载体；

② 展教人员自身所具备的“服务”属性，有利于内容讲解、教学设计和活动组织，并可以及时灵活地做出调整。

③ 美国学者格雷特亚克门(弗吉尼亚科技大学)在 STEM 的基础上又增加了“A”(包括了人文、艺术、美等含义)，成为当下流行的 STEAM。展览原本就属于视觉艺术，以视觉艺术之美展现自然之美，正契合了大众对“A”的重视。

(3) 符合博物教育的愿景

博物，是一种生活方式，能培养人的观察力和包容心，潜移默化地让人拥有一双发现美、欣赏美的眼睛。

博物教育，在西方国家已有一定的发展历史和基础条件，但在我国基本尚处于萌芽阶段。当前，我国综合国力显著增强，经济技术文化等各个方面蓬勃发展，人民的物质生活水平不断提高，精神层面的高要求势必很快凸显。博物教育能引领更多人享受自然的美好，促进人们科学精神与人文情怀相融合，向更多人传达“来自自然，回到自然”的健康生活方式，可以为人民追求精神层面的美好生活打下基础。

3　科技馆自然展厅设计探索

(1) 理念有高度

科技馆的自然展厅不论规模、不论地域,都不能偏离“教育”功能,应当摒弃人类中心视角,反思人与自然关系这一亘古不变的命题,传递生态保护理念。当前,物种的灭绝速度是人类在地球上扩张之前物种灭绝速度的近1000倍,而且仍在加速。科学研究的证据表明:第六次物种大灭绝正在进行中,主要是人类活动的。人类一时的无知行为,很可能对原本稳定的生态系统造成永久性不可修复的影响,最终将危及自身。践行生态保护和生物多样性的保护,要引导公众真正意识到,由物种加速灭绝导致的生物多样性危机,是与流行病、世界战争、气候变化并列的致命性威胁。

在使用标本还是模型的问题上,也提倡接纳先进理念,更多地使用模型,适量使用造价相对合理的标本。

第一,科技馆首先应该践行生态理念。实物标本的使用受到动物保护组织越来越多的质疑,也会受到法律法规的严格限制。目前,欧美等发达国家的自然博物馆也越来越广泛使用动物模型。这本身就是一种环保的、尊重生命的生态教育。我们可以在展厅入口处介绍这种建馆理念,这就是在地科普。

第二,降低后期的运营管理成本。有些标本因处理水平问题所呈现出的状况不太美观,控制标本的变质腐败等问题难度较大。

第三,科技馆的自然展厅是以讲述标本背后的内容为主,而不必须把真实的标本束缚在馆里。大多数标本只能呈现最基本的解剖姿态,而模型则可以根据情境定制各种动作、神态。采用艺术化的处理方法,往往还能收获意外的美感。

图1　由3D打印制作的模型微缩小样

第四,模型的制作可以运用3D打印,后期涂装或植毛的方式如图1所示,目前国内完全可以制作出仿真程度极高的模型,但大多是国外自然博物馆订制的。

(2) 内容有深度

① 与自然类专家真正深入地合作。

大自然本就是一本无法穷尽的百科全书，自然主题的内容相比于基础科学等其他主题更繁杂、更庞大，因而邀请专家参与设计工作的重要性是毋庸置疑的。这里所说的“参与”，绝非蜻蜓点水似的开几次专家会、提几点宏观的想法、给一些概念性的建议，而需要频繁沟通，进行内容梳理、知识点提炼、展品优化以及图文内容撰写等深度介入的工作。在字斟句酌中，设计者才能真正深入到自然这本书中，了解原来有这么多貌似理所当然、实则匠心独具的内容。笔者所在的设计团队亲身经历的几个实例，也印证了邀请专家共同工作的必要性。

实例一，在讨论生命化石相关内容时，设计团队想参考纽约美国自然博物馆的现成展品沉积岩化石抽屉。为了保证科学性，也设置了更新世、始新世、白垩纪、石炭纪、寒武纪五层。但专家提出疑问：地质年代表中 13 个纪，为什么选这五个？设计者推断：可能这五个纪物种更丰富？但这个答案显然缺乏科学依据。专家经过研究判定，这五个纪是根据当地情况选择的，也就是说当地因地层缺失，只保留了这五个纪的化石信息（见图 2 所示）。因此，此项目也可以根据当地地质情况设计层数和具体内容，确保科学性的同时体现本地特色。

很多欧美的现成展品确实值得借鉴，但要避免知其然不知其所以然。而自然类相关内容天然地具备地域差异、文化差异等属性，与专家深入沟通可以避免闹出自以为是的笑话。

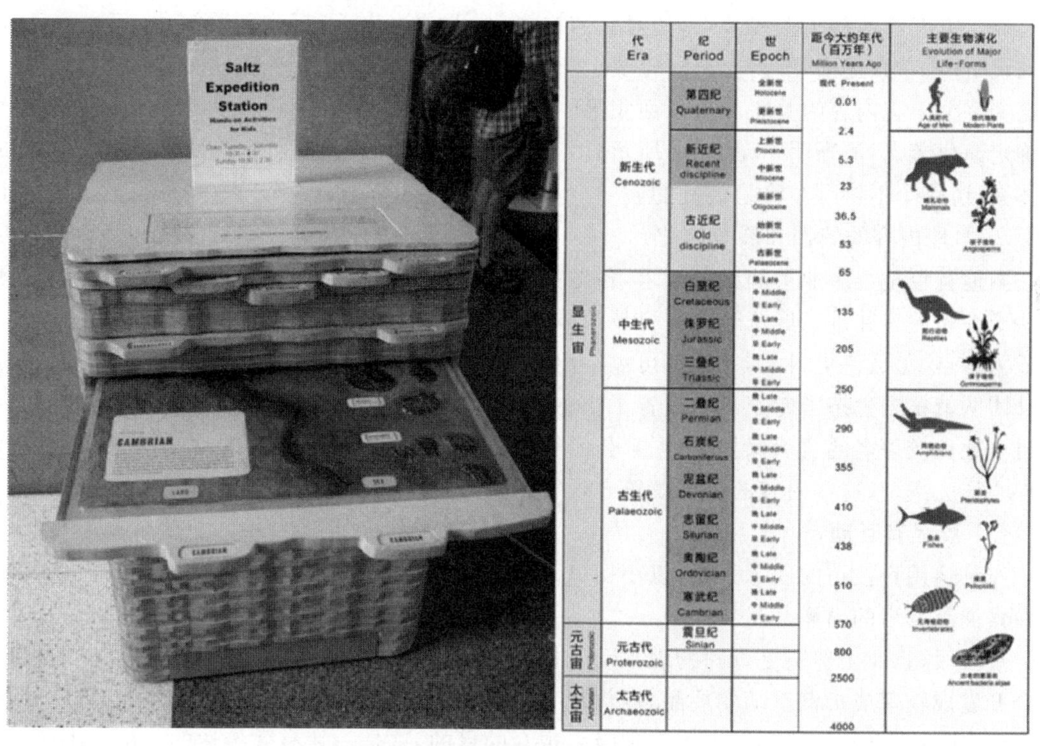

图 2　沉积物化石抽屉展品和地质年代表①

实例二，企鹅育幼景箱。帝企鹅是自然界中极少有的雄性哺育动物之一，设计团队特意设

① 照片由北京众帮展览有限公司提供。

计了育幼景箱展示:雄性帝企鹅用脚背孵育小企鹅、雌性企鹅觅食归来。设计人员在背景画上绘制了姿态各异、大小不一的企鹅,力求把这一瞬间描绘得丰富多彩。在沟通中,专家给我们指出了问题:帝企鹅是在同一时间段繁殖后代的,现实中不存在企鹅宝宝大小不一的情况,所以图3左图的效果有悖科学性,后来修正如图3右图所示。

图3 企鹅育幼景箱效果图前后对比①

实例三,生命演化节点的选择。生命演化节点是在讲述地球生命演化历程时常涉及的内容。概念方案已选择了一些节点,如对称结构演化、下颌演化、飞行和羽毛演化、直立行走等。在初设阶段,专家提出疑问:生命演化节点那么多,为什么选这几个?选择依据是什么?根据展览文字上下文内容的关联和展示面积等因素的综合考虑,专家建议以脊椎动物演化为主线来确定演化节点,清晰明了(如图4所示)。所以,展览内容的选择要确定依据,否则庞大的知识体系,讲哪个不讲哪个将是混乱的。

② 本地内容的挖掘和展览转化。

本地特色是很多业主的必备诉求,各地都有可挖掘的特色自然资源和生态保护案例,挖掘这些个性化内容并进行展览转化是科技馆体现差异性的有效途径之一。什么适合讲、什么可以成为亮点、怎么讲更科学,专家都可以给出专业建议。比如,在讲到生态保护蓝图的内容时,设计团队就根据生态学专家意见设置了小主题:在地保护、迁地保护、种质资源库,在地保护可以讲当地比较著名的自然保护区、国家公园等建设,迁地保护则以典型的动物园、植物园或繁育中心作为案例,这些内容的提出既符合现实,又通达远方。

(3) 展品有互动

充分运用科技馆的展示手段,以小切口、大外延的思路设计互动展品,以具体展品吸引观众探索展品背后的内涵。

现阶段,行业内普遍更青睐物理互动或机械互动展品,尽量"去屏化"已是不成文的规定。适合开发成物理或机械互动的展品,通常都有明确的、具体的知识点,这正符合"小切口"的设计思路,通过具有互动的小切入点实现吸引观众的目的,这是一切有效传达的基础。小切口的成功,才有可能实现大外延的目标。更深的内容和更高的理念,其背后往往是庞大的知识体系,这一类很难用具体的互动展品传达,而需要以图文或多媒体(动态图文)的形式展示。设计

① 照片由北京众帮展览有限公司提供。

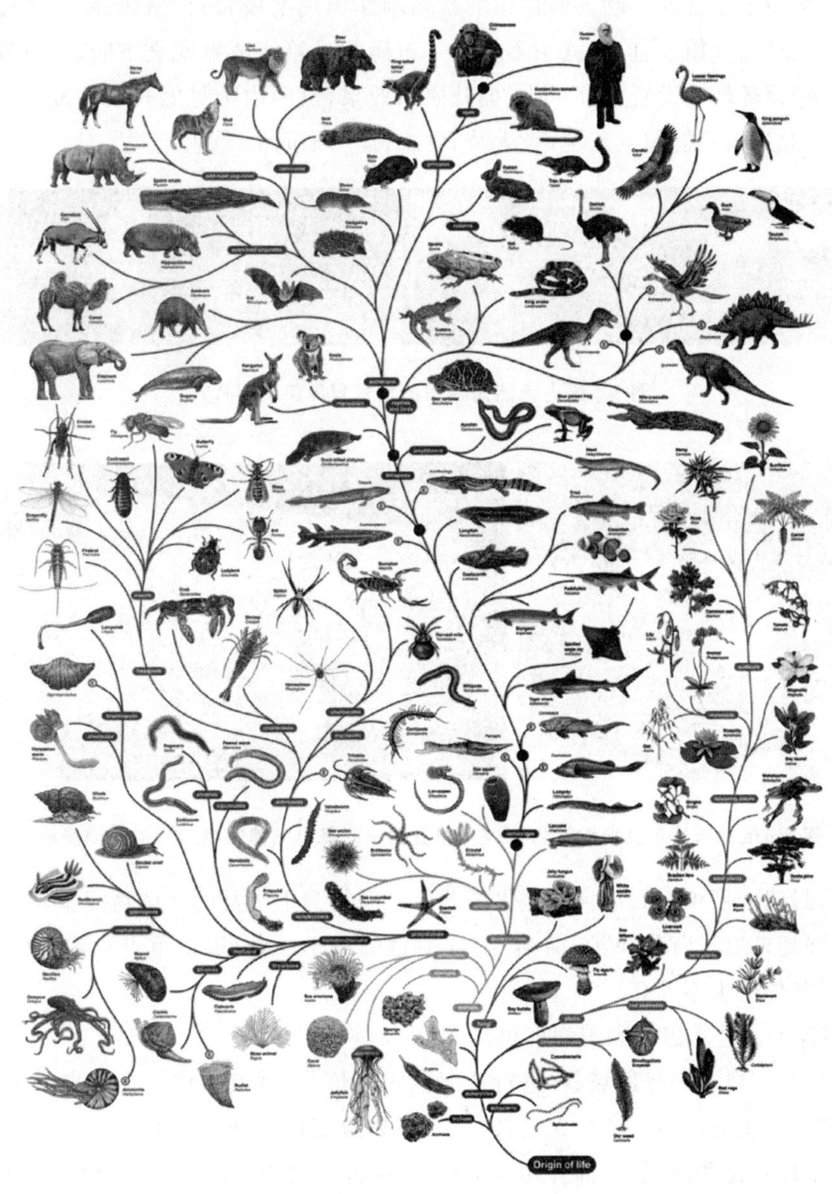

图 4　生命演化史及所选节点(黑点)①

恰到好处的互动展品有助于呈现一个吸引人的、动静相宜的科技馆自然展厅。

(4) 设计有艺术美感

① 对于最主要的模型展示,可以选择多种展示手法相结合。

形式一,动物大游行。有气势、视觉冲击力强,只用围栏而非玻璃封闭,能让观众感觉更亲近,而且对单个模型的精细度要求不是很高。

形式二,封闭的景箱,即西方的自然之窗,大多有明确的小主题。尤其在空间有限的情况

① 原图源于网络,侵删。

下，这种形式可谓上上之选。欧美博物馆的景箱制作因周期较长、价格较高，不太适用于我国国情，所以这类景箱宜精不宜多、宜小不宜大。封闭的景箱能节省安全空间，允许观众近距离观看模型；景箱顶部便于设置足够照明，提升展示效果，与国内常见的较暗的复原场景形成鲜明对比；同时，此类景箱能减少灰尘，大大减轻今后运营期间的清理工作。

图 5　国内自然博物馆的场景复原实景照片①

图 6　俄罗斯达尔文自然博物馆(左)和美国卡耐基自然博物馆(右)的封闭景箱②

形式三，封闭的展柜。如果目的是集中展示某类场景下丰富的动植物资源，可以采用现代风格的模型展柜。展柜背景单纯、简洁、配合适量的科学绘画，可以重点突出，展现出艺术美感，而且对于制作要求不算高。

② 更多地融入艺术思维和美学思想。

尽量避免写实风格的复原场景，进行适度艺术提炼，与现实形成一定距离。朱光潜认为："艺术须与实际人生有距离。照片太逼肖自然，容易像实物一样引起人的实用态度；雕刻和图画都带有若干形式化和理想化，都有几分不自然，所以不易被人误认为实际人生中的一片段。"回忆一遍艺术发展史，会非常认同这个观点。古埃及艺术的正面律、古希腊雕塑的程式化、古罗马的粗犷风格和英雄主义，尤其是印象派、后印象派、立体主义、超现实主义等，这些艺术家当然明白他们的艺术作品不自然，但其目的正是使艺术和自然之中有距离，这种距离恰恰是审美价值的来源。

③ 要明确视觉传达的目的。

什么都想说，等于什么也没说，这常常是当今设计的通病。所以要做减法，明确传达核心，果断舍弃繁冗的、庞杂的信息，把一些必需的背景知识放到拓展屏里去，力求呈现清晰明朗、疏

①，② 照片由北京众帮展览有限公司提供。

图7 写实风格(左,国内某自然博物馆)和艺术风格(右,俄罗斯达尔文自然博物馆)的场景效果对比

密有致的视觉效果。

④ 展示照明设计可以借鉴舞美思路。

为了确保安全参观,科技馆通常照度相对均匀、缺少层次,该亮的区域不够亮、该暗的区域又太亮。自然展厅相对于其他主题更特殊,会包含多个展示动植物模型的场景,更像是一个个小舞台,所以在一般照明的基础上,可以更多地运用局部照明,给场景足够亮度,营造戏剧化氛围,提升视觉效果,优化参观体验。

4 结　语

国内的科学技术馆有两个特质:第一,基本上主要依靠财政拨款建设,其建设过程饱受地方政府的关注,因而它毫无疑问自带流量。科技馆展示什么内容、呈现什么的品位,对观众无疑是有导向作用的,而且借由媒介的口碑营销,会将这种导向性的影响力极度放大。第二,观众属于被动接受型。也就是说,基本上观众无法决定科技馆怎么建,无法选择他要看什么不看什么。虽然,在建设过程中,各个甲方及设计单位都会做调研工作,但最后呈现出的是综合多方论证和审核的成果,必定不仅仅从观众视角出发。因此,终端消费者——观众,看什么基本是被动接受的。所以,运用科技馆擅长的展示手段和展陈设计方法,为观众呈现一个符合教育目标的、有互动的、有艺术性的、有品位的自然展厅,不仅可以满足公众越来越多的休闲需求、满足人民群众日益增长的精神和文化需求,还有利于发挥科技馆的"未来导向性"作用,在自然教育、博物教育和美育方面给予观众正确的引导。

年轻一代越来越难以触碰到自然世界,他们是看着屏幕长大的一代,他们的世界是由媒介打造的,是别人给他呈现的。他们远离自然,直接感知的体验能力有所降低,对身边的自然生命懵懂不觉。鸟兽不辨,花木不分,这样的人如何热爱生活、如何热爱世界?正如卢梭所言:"我相信,不管对哪个年龄段的人来说,探究自然奥秘都能使人避免沉迷于肤浅的娱乐,并平息激情引起的骚动,用一种最值得灵魂沉思的对象来充实灵魂,给灵魂提供一种有益的养料"。引领观众探究自然奥秘,有助于使公众了解生态、理解自然、珍惜生命。

科技馆从业者们,肩负着如此期望,心里一定是忐忑的,甚至是诚惶诚恐的,要严谨地、认真地对待这一重任。只有这样,才能一直支撑着我们,不忘初心,一路向前。

参考文献

[1] 刘华杰. 博物人生[M]. 北京:北京大学出版社,2012.
[2] [美]爱德华·威尔逊著. 魏巍译. 半个地球——人类家园的生存之战[M]. 浙江:浙江人民出版社,2017.
[3] 朱光潜. 谈美[M]. 上海:东方出版中心,2016.

基于4M1E的科技馆展品故障分析

罗 好[①]

摘 要：科技馆是进行科普展教活动的主要阵地，展品是科技馆实现展览教育功能的主要载体，科技馆展品的运行情况直接影响到科技馆的展教效果及观众体验。然而展品由于有缺陷的设计，高强度、长时间的展示及频繁的不规范操作，展品零部件磨损、老化，维护方法不当及展品展示环境不佳等问题，使得展品极易出现各种故障。人、机、料、法、环(4M1E)是对全面质量管理理论中的五个影响产品质量的主要因素的简称。本文用质量管理理论来管理科技馆展品，分析科技馆展品故障产生的原因，找出相应解决办法。

关键词：科技馆；展品故障；4M1E

科技馆是进行科普教育的主要阵地，展品是科技馆实现展教功能的主要载体，展品的状态直接关系到科技馆的展示效果。4M1E是对全面质量管理理论中的五个影响产品质量的主要因素的简称，分别为Man、Machine、Material、Method、Environment。人(Man)，指展品全生命周期中出现的所有人员，包括设计者、制造者、安装调试者、维护者、现场管理者、互动参与者等；机(Machine)，指展品本身；料(Material)，指组成展品的零部件和材料以及展品运行所需的耗材；法(Method)，主要指展品研发制造及维护的方法；环(Environment)，指展品运行的环境，包括外部环境与内部环境。将4M1E法的思想迁移到科技馆展品的故障分析上来，展品故障的产生，基本都与这五个因素有直接或者间接的关系。

1 人员的因素

展品从被设计、制造出来，到安装于指定场所进行展示，与观众交互，直到停展淘汰，全生命周期中离不开多种类型人员的参与，包括设计者、制造者、安装调试者、维护者、现场管理者、互动参与者(即观众)等。科技馆展品的故障，绝大部分是“人”引起的故障，有可能是设计制造缺陷引起的故障，也可能是维护者的不当维护引起故障，或是互动参与者的不规范操作引起的故障。

由于设计缺陷而产生故障的展品不在少数，科技馆很大一部分展品故障原因都有直接或者间接设计缺陷的因素，设计有缺陷的展品大多表现在运行时，展品的某一部分或整体经常性的由同一原因造成故障，如管道频繁卡球、配件频繁丢失、软件频繁出错、某些部件磨损过大等。究其中“人”的原因，主要在于目前专业从事科技馆展品设计的人员较少，而其中经过专业培训的展品设计者更是寥寥无几，缺乏类似于勘察设计行业的完备的行业标准与设计规范，展品的设计基本依靠设计者个人经验，而这种基于经验设计的展品因设计者经验丰富程度不同，

---

① 罗好，武汉科学技术馆展品研制部工程师；研究方向：展品运行管理；E-mail：360263459@qq.com。

经验不足的设计者容易造成展品设计缺陷。不同经验的设计者对展品实现同种功能所选用的方法不同,或者展品结构的不同,后期展品运行时因设计问题引起的故障率也会不同。如视频播放类的展品,对比电脑播放和播放盒子播放两种方式,展品运行时的故障率会有明显的不同。展品结构越简单,越可靠,展品的故障率则相应的会更低。

展品管理者与互动参与者应该是指导与被指导的关系。互动参与者的不规范操作是造成展品故障的最主要因素,因为暴力操作而导致的展品损坏问题非常严重,如观众用力过大、用力过猛,导致展品上的钢制把手多次被损坏;或者互动参与者认为没有看到展品互动效果而连续操作展品,致使展品没有复位就不间断运行,影响展示效果也会导致展品故障。避免互动参与者不规范操作损坏展品,同样需要依靠“人”——展厅管理者,通常为科普辅导员,需要具有强烈的责任心并对展品有一定的熟悉度,在对参与者进行科普辅导的同时对参与者的操作进行现场指导,最大程度避免不规范操作,降低展品故障率。

维护者的工作态度和能力水平对展品故障率也有影响。展品维护的知识涉及方方面面,要求展品维护者具有解决多方面问题的能力,充当多面手。一方面对于损坏的展品要及时修复,另一方面还要对存在问题且不能彻底解决的展品进行改造。同时维护者还需要做好展品定期维护工作,为展品补液、加油、除垢、备份等,定期检查展品运行情况,将展品故障“扼杀在摇篮”,可有效降低展品故障率。对于有设计缺陷的展品,在日常巡检过程中发现展品易损原因,进行辅助性改造,通过加装防护挡板、防护罩、阻尼和固定式连接等改进结构的方式,限制展品的受力大小、方向、速度和范围等,也能有效降低展品故障率。

2 展品的因素

展品从进场安装调试完毕开始运行后,通常要经历磨合期、稳定期和耗损期三个阶段。在磨合期,展品由于刚刚开始运行,会有一些配合不恰当、设置不合理、安全防护不到位的情况发生,这些问题在展品磨合期不断地调整,展品越来越符合场馆展教的需求,最终达到一个相对和谐稳定的状态。在稳定期,展品运行时的各项参数配合已调整至最符合场馆使用情况,只要我们定期进行维护保养,这时候非人为引起的展品故障会减少。当展品稳定运行数年左右,由于零部件磨损、老化等因素,展品会进入耗损期,这时候展品故障率又开始攀升,耗损期的特征是各个部件均可能出现故障。对于展品的运行,我们应该在尽量缩短磨合期、延长稳定期的前提下顺应其规律,如果展品确实已经到了损耗期,故障频发,维修成本攀升,则应该考虑淘汰展品,对展厅或展品进行更新。

另一种可能出现的情况是由于某些缺陷,展品长期无法正常运行,或是存在安全隐患,未通过验收或者勉强通过验收,但运行时故障频发,容易出现安全事故,无法顺利度过磨合期,大部分时间基本处于“瘫痪”状态,无法达到相应的展教效果,这时候应该经过专门鉴定,确定展品确实无法改造后及时淘汰。

高强度、长时间的运行也是造成展品故障的因素。以武汉科技馆为例,2019年全年接待观众达142.4万人次,其中10月4日接待观众23864人次,全年以250日开馆天数计算,平均每日接待观众约5700人;每天开馆8小时,每件展品全年累计运行超2000小时,几乎没有“休息”时间。这种“高压”运行之下,展品故障在所难免。

3　材料的因素

材料的因素主要包括展品零部件所用材料和展品耗材。展品的电气系统部分应该本着标准化、模块化的原则，选用通用性强、稳定性好、功能丰富、维护性好、市场成熟、便于升级的符合国家技术标准的产品，尽量使用标准件、通用件能减少展品的故障率，即使发生故障时也能提高展品的修复效率。然而在科技馆展品设计制造缺乏标准的大背景下，展品的零部件材料大多为厂家自制，对于水平有限的展品厂家，这种自制件容易影响展品运行的稳定性，也会提高展品故障率，延长展品修复时间。展品制作过程中材料的选择，也会影响展品运行时的故障率，如在机械传动类展品上使用钢球，钢制材料的使用使展品的其他部位受到更大的力的冲击而更容易损坏。另一个重要的材料因素则是展品的耗材，耗材能否在市面上便捷地购买补充或者加工制造、价格是否合适，都是展品能否持续正常运行下去的重要原因。

4　方法的因素

展品设计制造的各个阶段均应遵循科学的方法。创新展品的研发制造更需要重视理论研究、试验论证和评估修改的过程，必须保证充足的周期以进行反复试验和修改完善，以降低后期展品运行时的故障率。展品的设计、制造、安装调试、维修维护各个流程都应按照国家的各项规章制度和操作规程进行。展品出厂时，应符合相应的质量标准，还应该配备全套的技术文件，包括技术图纸和说明书等，它们不仅能及时准确地反映展品的生产和质量的要求，还为维护者开展日常维修维护工作提供便利。

维护方法对展品故障率有直接的影响。维护一般分为定期维护和紧急维修。时间管理理论里的四象限法则指出，将工作分为紧急、不紧急、重要、不重要，并排列组合在四象限上，有计划地处理工作，有利于工作的高效开展。它的一个重要观念是应有重点地把主要的精力和时间集中地放在处理那些重要但不紧急的工作上。定期维护重要但不紧急，展品维护者应该有重点地把主要的精力和时间集中地放在定期维护上，做到未雨绸缪，防患于未然，避免每天深受展品完好率的制约，救火般地处理展品维修这一重要且紧急的工作。

东莞科技博物馆将 PDCA 的质量管理办法应用于降低展品故障率的工作环节，成立了专门的质量监督工作小组，从展品维护者的角度降低展品故障率。中国科技馆从制度层面进行了改革，实施了针对展品完好率的绩效评估办法，将维修部门绩效工资与展品完好率直接挂钩。这些制度和办法的制定，能间接地降低展品的故障率。

5　环境的因素

展品环境的因素分为外部环境和内部环境。外部环境主要是指展品所处的空间环境。电能的稳定供给是避免展品故障的重要因素。科技馆绝大部分展品都需要用电，对引入外电源供电可靠性的要求比较高，大型科技馆供电负荷基本被定为一级负荷或二级负荷，设有备供电源或者双回路供电，部分科技馆在购买展品时候还会要求展品中重点用电设备上加装不间断电源（UPS），减少因意外掉电造成的展品故障。伴随着着科技馆的蓬勃发展，科技馆展示环境的空间氛围也得到了极大的提升，展示环境非常重视观众的沉浸感和体验感，与展品结合起来布置，而展品也提前确定好摆放位置，与环境高度融合，这种融合需要预先布置好便于展品安装和运行的接口。有的展品运行需要使用三相电而非普通市电，需提前布线；涉水类展品则还需要对局部区域进行防水处理，避免后期因为展品的渗漏而与环境相互影响；养殖类展品对光线、气候、水等都有严格的要求；标本类展品对温度、湿度、灰尘等参数比较敏感，如武汉科技馆的进口标本展品，厂家提出标本所处环境的理想室温 20 ℃至 23 ℃，理想空气湿度 55%至 65%。这些都需要在布展甚至建筑施工时就需要做好相应配合措施，否则后期运行时会影响展品的故障率。

内部环境指展品内部的空间，这个空间我们主要要注意防尘、散热、防渗漏等问题。防尘基本是所有展品会遇到的问题，展品的透明罩（柜）、敞开式的标本模型、机箱等地方是灰尘的重灾区，大量的灰尘沉积在展品上，轻则影响观感，重则影响运行，造成展品故障。绝大部分用电展品都有散热需求，如果展品中含投影仪和计算机，则散热需求更加明显，展品的散热设施和散热设备如果无法正常运行，展品因过热而损坏的几率便会大大增加。涉水类展品由于有水参与，在实际运行中更容易出现故障，需要做好展品本身的防锈、防渗漏处理，还需要定期清除水垢、藻类等影响展品观感和运行的污渍。

重视外部环境的控制和内部环境的治理，“内外兼修”，双管齐下，是展品稳定运行的基础保障。

6 结　语

人、机、料、法、环（4M1E）是影响产品质量的五大因素，迁移到展品的管理上来，笔者认为4M1E也是影响展品故障率的五大因素。这五大因素中，“人”是处于中心位置和驾驶地位的，就像行驶的汽车一样，汽车的四只轮子是“机”“料”“法”“环”四个因素，驾驶员这个“人”的因素才是主要的，没有了驾驶员这辆车也就只能原地不动成为废物了。因此，“人”是关键，是影响展品故障率的重点，科技馆展品的故障，绝大部分都与“人”有关，而对“人”这一影响因素进行有效提升，能在较大程度上减少展品的故障。但其他因素也缺一不可，只有人员、展品、材料、方法、环境五种因素之间相互协调，共同提升，才能保障展品平稳而可靠的运行。针对五大因素的改进要综合考量，全面分析，单独改进其中的任何一个因素对展品故障率的降低程度都有限，因为任何一个因素出现问题，都会引起展品的故障。

参考文献

[1] 孙燕生，吴翠玲. 提高科技馆展品运行稳定性对策的思考[J]. 自然科学博物馆研究，2017，(4)：73-78.
[2] 崔国胜，吴昱锦. 从人、机、料、法、环看科技馆展品的安全问题[J]. 科技创业月刊，2014，27(12)：104-105.
[3] 裴媛媛. 科技馆展品完好率统计方法初探[J]. 科技馆，2012，(6).
[4] 王贤. 我国科技馆展品损坏的问题分析及对策[J]. 科技传播，2015，(11)：152-153.
[5] 任芸，王紫色. 从设计者角度看科普展品的现状与问题[C]. 2016.

矿物宝石类藏品的展陈方式研究
——以张家口地质博物馆为例

韩禹[①] 田建强 李娆

摘　要：地质博物馆数量在近年来不断增加，但是展陈多遵循传统形式。由于地质博物馆展示的知识较为单一，专业性较强，展品观赏性有限，通过传统形式较难提升展品的艺术效果和科普性。通过将矿物宝石类藏品的固有性质与展示形式相结合，能够在更大程度上凸显宝石矿物藏品的科普性与趣味性，提升展品的艺术效果，吸引观众的注意力。

关键词：博物馆学；地质博物馆；展陈设计；矿物宝石；藏品

近年来，我国博物馆行业大力发展，地质博物馆数量也在不断增加，但具有自身独特性的地质博物馆不多。宝石和矿物作为地质博物馆主要的藏品类别，是地质博物馆最重要的科普载体之一，所以宝石和矿物的展陈效果会影响到地质博物馆的社会职能的发挥。宝石和矿物多具有特殊的性质，充分利用这些性质，结合声光电等技术，可以丰富展陈形式、提升展示效果。使其能够满足观众的需求，吸引观众的注意力。笔者结合张家口地质博物馆从建设到开馆过程中的设计及布展实践，对博物馆的宝石及矿物类藏品的展示方式进行初步的探讨。

1　张家口地质博物馆宝石、矿物藏品情况

张家口地质博物馆是一座以社会公众为主体，侧重广大青少年观众，主要展示以地质科学为核心的自然科学知识的专题性博物馆。博物馆由“寰宇探秘——地球厅”“自然结晶——矿物岩石厅”“远古足迹——古生物厅”“魅力家园——地质环境厅”“守望山河——资源与利用厅”五个基本展厅及共享大厅、临展厅、社会教育区、馆外园区等组成。展厅内陈列各类标本一千余件，以矿物、岩石、宝石、古生物化石为主。博物馆内藏品的特征鲜明，兼顾自然科学的科普和张家口地质特色，充分体现了自然科学的魅力和张家口地区丰富的矿物岩石及独特的地质地貌。

其中，矿物和宝石主要展示于矿物岩石厅，展现了宝石及矿物、岩石的各类知识及具有张家口特点的宝玉石。展厅以明线和暗线相结合的方式进行展示，其中明线以展板和展品相组合，展示了宝石、矿物的基础知识和张家口的特色宝玉石，设有晶系、矿物单体形态，矿物集合体形态、颜色、解理、断口、透明度，矿物分类、矿物用途，岩石分类，天然宝石、有机宝石、人工合成宝石、翡翠、和田玉、其他玉石、宝石奇异效应，张家口宝玉石、中国石文化、世界玉文化、宝石辨真假等多个展项。暗线以同类展品组合和讲解相结合的方式，展示了常见矿物和宝石的品

① 韩禹，张家口地质博物馆工程师。通信地址：河北省张家口市桥东区世纪路12号。E-mail：Hanyu_102@163.com。

种、颜色成因等知识，设有萤石、方解石的颜色分类，水晶的晶体形态和宝石用途，石榴石的品种分类，蓝宝石的颜色等展项。其中张家口的橄榄石为具有张家口特点的宝玉石品种，是我馆的特色展项。

2　矿物宝石类藏品的展陈方式

矿物宝石类藏品的展陈方式分为展示角度和展示方式两部分，因矿物、宝石藏品相较于其他展品具有一定的特殊性，其展示角度和展示方式与其他类型的藏品有所区别。

(1) 矿物、宝石藏品可以用作展示的角度

不同于历史文化藏品可以展现其独特的历史文化，矿物和宝石更多是从其性质来展现其魅力和知识，这些性质在矿物学、宝石学中，多用作鉴定或研究角度。但博物馆定位于大众的科普，其受众多不具有专业的地质学知识。所以，在博物馆中，矿物宝石的性质分类应该服务于科普，以较为简单的方式直观地向大众进行呈现。故与其专业分类不同，这些性质应该以观众的接受渠道结合博物馆展陈实际重新进行分类。通过布展实践，在博物馆展示中，这些性质按照观众的参与模式不同，可以分为直观性质、实践性质和其他性质三种。

① 直观性质。

直观性质是指不依赖特殊的展示技术，使观众可以直观体会到矿物和宝石魅力的性质，如形态、分类、表面形貌、颜色、光泽、透明度等，这些性质的适用性强，也是大部分地质博物馆对于宝石和矿物的展示角度。其中，形态、分类、表面形貌这些性质最为直观，对于展示的要求最小，如张家口地质博物馆矿物形态展项。通过展柜陈列的方式，让观众体会到矿物的单体形态、矿物的集合体形态和不同矿物的形态之间的差异，结合展板内容达到科普的目的。对于颜色、光泽、透明度三种性质的展现，根据其成因和博物馆展陈实践，尚需针对不同展品的实际情况对展柜内的照明做出一定的改变。

在矿物学上，透明度是光透过矿物的程度，一般分为透明、半透明和不透明三个级别。光泽是矿物表面反射光所表现出来的特征，分为金属光泽、半金属光泽、金刚光泽、玻璃光泽四个等级。而颜色是矿物对入射光的自然可见的不同波长的光波选择性吸收后，透射和反射出来的各种波长可见光的混合色，透明度、光泽和颜色是鉴定矿物最直观的特征。对于多数地质博物馆展示的矿物和宝石展品来说，宝石一般具有较高的透明度、玻璃光泽或金刚光泽和艳丽的颜色；矿物则依据种类不同而性质各异。但这三个性质的原理与可见光的关系十分密切，所以在对矿物宝石展品的透明度、光泽和颜色的展示上，光线的使用非常重要。

通过对大部分地质博物馆的考察，其宝石矿物所使用的照明形式均为散射光照明、射灯照明或两种混合的照明方式。这种照明形式对于体色较深的宝石矿物的透明度、颜色特征的体现较为困难，因为矿物的体色会影响其颜色和透明度，体色深的矿物在反射光下无法呈现其本来的颜色和透明度，会呈现黑色、不透明的状态，这必然会影响整体的展示效果。为了提升此类宝石矿物的展示效果，可以尝试使用透射照明与散射光照明、射灯照明相结合的方式进行展示。以张家口地质博物馆的蓝色萤石为例，该展品为体色较深的矿物，在散射光照明和射灯照明下，矿物为深蓝色、不透明（如图 1 所示），在透射光照明下，蓝萤石则会呈现出天蓝色（如图 2 所示）。

图1　散射照明＋射灯照明

图2　散射照明＋射灯照明＋透射照明

② 实践性质。

实践性质是指需要通过简单实践或实验来体验的性质。诸如磁性、条痕、导电性、比重、硬度等性质，无法通过普通的展柜陈列方式进行展示，需要设计为无需技术门槛的小实验或简单实践的方式，让观众自己动手尝试进行体会。相比于传统的参观形式，带有实践性质的展项增加了观众的参与性，提升了趣味性，如张家口地质博物馆的条痕、导电性、比重、硬度、磁性五个实践展项。

条痕展项：条痕是矿物粉末的颜色，条痕展项通过模仿实验室中对条痕的实验，给观众提供具有不同条痕色的矿物和无釉白瓷板，通过使用矿物在无釉白瓷板上的刻划，比较矿物颜色和刻划在无釉白瓷板上的颜色差别。

导电性展项：不同的矿物有不同的导电性，观众动手尝试使用不同导电性的矿物链接灯泡和电流表，通过观察电流经过不同导电性矿物时灯泡的亮度和电流表的数值，了解矿物的导电性。在其他博物馆中，该展项也有设计为小实验的形式，如河北地质博物馆的导电性展项，电流自动通过不同矿物来展现其导电性，无需观众操作。

密度展项：比重是单位体积矿物的质量，该展项设有相同体积的五个圆柱体，通过观众的提拉来感受质量，并对比相同体积的圆柱体质量的不同来体会矿物的密度。在其他博物馆中，密度性质的展现也有借助天平直接展示，但此类展示方法无法与观众形成互动，对于性质的展现不强。

莫氏硬度展项：莫氏硬度是矿物抵抗刻划的度量，在地质学上的使用通常是使用硬度笔或者不同矿物之间相互刻划来确定硬度。在博物馆中，该展项通过给定十种不同硬度的矿物和硬度笔，让观众尝试相互刻划和使用硬度笔刻划，体会矿物的莫氏硬度。

磁性展项：该展项分为三个实验，一是通过动手移动位于下方的磁铁，感受强磁性矿物和无磁性矿物在磁铁经过时的现象区别，体会矿物的磁性。二是通过磁性沙漏，将铁砂从上方流入下方的磁铁上，通过观察铁砂的形态，了解磁铁的磁感线。三是对比磁铁和电磁铁的区别，了解电磁铁的原理。

以上五个展项通过观众自己动手，以实践体会这些性质，感受矿物宝石性质带来的乐趣。在实际的运行过程中，这五个实践展项也收到了很好的效果。

③ 其他性质。

其他性质是指直观性质和实践性质之外的性质，如变色效应、发光性、压电性、热电性、晶颤等，此类性质由于需要较专业的操作技术或特殊的展陈方式或者展现效果不明显，并不适用于一般的展柜展陈和实践展项。所以大部分地质博物馆并没有以这些性质为角度进行科普和展现。笔者结合在博物馆的展陈实践和最终效果，认为发光性和变色效应也可以作为地质博物馆对于宝石和矿物的展示角度。

矿物的发光性是指矿物在某种外加能量的激发下发出可见光的性质，外加能量有X射线、电子束、高速质子流、紫外线、加热、加电等方式，在矿物宝石发光性应用中，一般使用不同的方式激发宝石矿物的发光性进行成因研究、鉴定和找矿等诸多方面。对于激发源来说，紫外线的取得相对较为简单，成本较低，在博物馆的展陈中比较容易实现，此外，对于具有可以紫外光激发荧光的矿物宝石较多，在紫外光的激发下，矿物宝石可以呈现出不同其体色的颜色，如白钨矿、萤石、粉红色方解石受到不同波段的紫外光照射后会发出蓝白色、紫色和红色的荧光，观赏性较强。但在紫外光波段的选择上，需要综合考虑展品的展示效果和观众的舒适度。

变色效应是指宝石矿物的颜色随着入射光的能量分布或波长改变而改变的性质，在宝石中，变色效应最明显的例子是变石。变石是具有变色效应的金绿宝石，在自然光下呈现蓝绿色，而在白炽灯下呈现红色，变石因为具有变色效应而更加珍贵。在地质博物馆的展陈中，可以使用日光灯和白炽灯结合进行交替照明的方式，将具有变色效应的宝石矿物的变色性展现出来，增加趣味性和科普性。

(2) 矿物宝石的展示方式

① 展柜陈列。

在博物馆陈列中，采用展柜陈列是最常见的一种展陈形式。矿物宝石类展品在博物馆中也是如此，展柜的展陈形式可以达到保护展品和防盗的目的。目前常见的展柜有通柜、独立式展柜和桌柜这几种。

通柜在地质博物馆适用于介绍一类展品，或科普某一方面的知识点，将具有相同点的矿物宝石集中陈列于展柜中，这样的展陈形式可以将展品成系列或主题展示给观众，对于系列展品的参观，可以使观众了解矿物宝石的某一系列知识，这类展柜陈列一般为地质博物馆的主要展示陈列方式，如张家口地质博物馆的矿物分类展项，用三个通柜展示了自然元素矿物、氧化物矿物、硫化物矿物、含氧盐类矿物及卤化物矿物五个大类的展品。

独立式展柜和桌柜展示面积一般较小，常独立于展厅中，相比于通柜，这种方式陈列的展品有限且单一，更有利于突出重点展品，聚焦观众的目光，较易给观众留下深刻的印象。故在博物馆中，该类展柜常用于需要重点展示的藏品。但与文化历史类文物不同，由于宝石一般体积较小，在独立展柜中展示较为空旷，因此为提升独立展柜中宝石展品的展示效果，可以尝试使用不同角度的射灯照明形成光影的方式来提升整体效果和展示内涵。张家口地质博物馆的“五皇一后”展柜则是基于这种思考进行陈列，以“祖母绿”独立展柜为例(如图3所示)，祖母绿安置于柱状透明的亚克力展托中央，独立展柜上方以不同角度射灯照明的方式，对祖母绿进行照明的同时，将柱状的透明亚克力展托投影投射于展柜中，通过角度调整，让投影显示出矿物晶体的形态，暗合了宝石是由宝石级矿物单晶体打磨而成的知识点，弥补了宝石在独立展柜中的空旷，提升了展品内涵和科普效果。

另外，因为如蓝宝石、金绿宝石等宝石分很多颜色或种类，较易成为系列，所以在独立展柜

图 3　祖母绿独立展柜

中也常成系列展示。在独立展柜中成系列展示,如何照顾所有方向的观众,使其在任意方向均可以看到所有展品是一个需要考虑的问题。在展陈中,可以使用高度相同的展台或采用平铺的方式进行陈列,但此种陈列方式层次感和立体感不强。因为宝石的展托多为透明亚克力材质,所以系列宝石在独立展柜中展托如何排列是一个问题。经过实践,如图 4 所示的三种排列方式可以达到比较好的效果。以方式一为例,在 360°视角下,均可以看到所有方向的展品(如图 5 所示)。

图 4　独立展框中展托的排列方式

② 展台陈列。

由于文物类藏品的特性,较少使用展台陈列。而对于矿物来说,因其理化性质稳定,故对于体积较大,具有一定美学价值和科普价值的矿物,也可以采用开放的展台陈列方式,这种方式一方面具有单独展柜的重点展示作用,另一方面也可以拉近观众和展品的距离,通过视觉、触觉等多感官的接触,激发观众的参观热情。且该种展陈方式不但可以在展厅内部呈现,也可以在博物馆外部进行陈列,将科普性从馆内延续到馆外,一方面可以提升博物馆陈列的范围,

图 5 360°视角下方式一排列的展品

另一方面也可以成为博物馆对外的名片，对博物馆的宣传起到积极的作用。以张家口地质博物馆外部园区为例，在博物馆外部以展台方式陈列了硅化木、铅锌矿、磷矿等多种矿物矿产，并搭配相应的标识牌，经过三个月的观察，与未陈列标本时相比，博物馆外部园区人流量明显增加。

(3) 展示方式和展陈性质的结合创新

① 独立展柜和透明度性质相结合。

张家口是我国宝石级橄榄石的重要产地之一，宝石级橄榄石多为黄绿色的透明晶体，在张家口矿区以包体的形式富存于玄武岩中。其矿区表层有大量经风化剥落的橄榄石晶体存在，是张家口地质博物馆重点展示的一种宝石资源。在矿物岩石厅中，采用了独立展柜的方式进行展示。因橄榄石刻面展示于独立展柜中较为空旷，所以这里尝试了将独立展柜与宝石透明度的性质、橄榄石矿区地表的景观抽象化相结合的形式进行展示。

如图 6 所示，在尺寸为 40 cm×40 cm×50 cm 的方柱形独立式玻璃展柜下方，铺设 5 cm 的透明橄榄石原石，用以抽象表现橄榄石矿区的地表景观，橄榄石下方的柜体内部设置透射光，通过橄榄石之间的散射将整个橄榄石原石层照亮，展示橄榄石的透明度性质。在橄榄石上方设置三个独立亚克力展台，展示刻面橄榄石，使用射灯进行照明，弥补橄榄石刻面宝石在独立展柜中的空旷感，提升视觉冲击力

在实际展陈中，考虑到橄榄石原石密度为 3.34 g/cm^3 左右，5 cm 若全部为橄榄石，重量在 20 kg 左右，且光线难以穿透所有橄榄石原石到达表面，为了减轻重量，提升整体亮度，在展柜底部中间设置了尺寸为 34 cm×34 cm×5 cm 的亚克力阶梯（如图 7 所示）。考虑到透射光由下向上照射，与观众视线相对，易产生眩光，影响参观，为减少眩光问题，将光源安置在侧面的亚克力阶梯上，向四周发散，使透射光方向在视线的投影方向。经过一段时间的展示，该展项作为张家口地质博物馆的特色展项，取得了比较好的效果。

图 6

图 7

② 展台陈列与矿物发光性性质的结合。

由于矿物发光性的展示需要搭配紫外光照射，因此在通柜中难以重点展示；用于博物馆展柜展陈的玻璃带有微弱的荧光，故不能使用通柜和独立展柜；考虑到矿物的耐久性，可以和展台陈列的方式相结合，使观众可以近距离接触矿物的荧光性；大部分岩矿石及宝玉石对光辐射不敏感，长期照射不会使其损坏。基于此种思考，在布展中设计了利用荧光性和展台陈列粉红色方解石晶体的展示形式。

为了呈现矿物的荧光效应和展陈效果，满足展台展示的体积要求，在藏品的选择上使用了具有较强荧光效应、体积较大且相对较常见的粉红色方解石晶体。使用紫外线灯将矿物的荧光效果展现。在紫外灯波段的选择上，尝试了多种波段的紫外灯下方解石的荧光强度（如图 8～图 12 所示），发现 405 nm 下和 395 nm 下方解石的荧光效果最佳。综合考虑观众的舒适度，确定该方解石使用 395 nm 的紫外灯进行照明，达到了比较好的荧光效果（如图 13 所示）。

图8　452 nm 波长紫外灯下的方解石

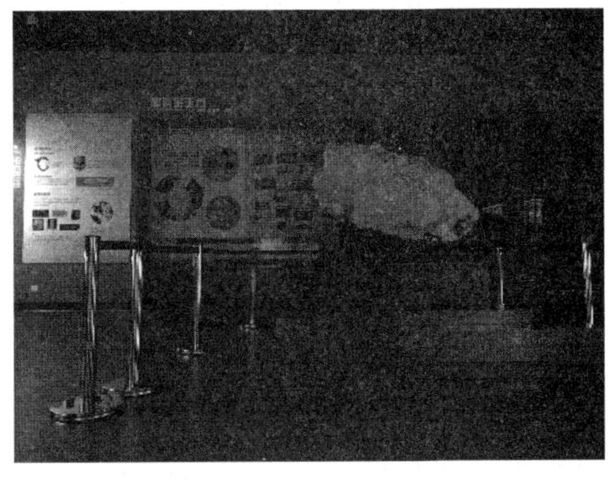

图9　405 nm 波长紫外灯下的方解石

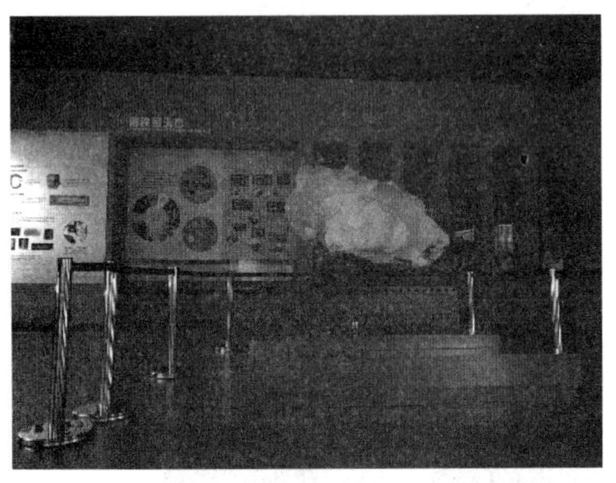

图10　395 nm 波长紫外灯下的方解石

图11　375 nm 波长紫外灯下的方解石

图12　365 nm 波长紫外灯下的方解石

图13　粉红色方解石晶体的最终展示效果

3　结　语

在缺乏相对历史文化内涵的的矿物和宝石展品的展示中，如何在有限的展柜空间提升展品的魅力和科普性至关重要。在布展工作中，应首先确定重点展现的矿物和宝石性质，之后依照不同的性质特点结合适当的展柜，突出需要重点展示的性质，对于一些需要特殊技术的展示方向，选择一些在现有条件下可以达到的光电技术进行展陈是一个可以考虑的方向。只要在展陈中处理恰当，设计合理，科学布光，就可以产生理想的展陈效果和艺术效果。

参考文献

[1] 莫彦. 博物馆展陈照明设计光源初探[J]. 文物鉴定与鉴赏，2018. 12(上)：112-114.

[2] 黄师莉. 纺织品类藏品的展陈方式研究—以广西民族博物馆为例[J]. 中国博物馆，2018. 3：97-100.

[3] 李骥悦. 浅析博物馆展陈设计原则与表现形式[J]. 中国民族博览，2018-12(12)：218-219.

人口老龄化背景下的科技博物馆的公共文化服务建设研究

刘文静[①] 王宇[②] 田文红[③]

摘　要：科技博物馆是面向公众提供科普服务的主要场所，在人口老龄化背景下，科技博物馆的公共文化建设必须充分考虑老年观众的影响。本文从老年观众作为受众的角度和作为人力资源的角度探讨科技博物馆公共文化服务的建设：从受众角度，主要是基于马斯洛的需求层次理论，从生理上的需要、安全上的需要、情感与归属的需要、尊重的需要和自我实现的需要五个层次，分别探讨科技博物馆为老年观众提供的公共文化服务；从人力资源角度，分别从志愿者队伍建设、建立专家库、代际亲子关系培养等角度，探讨老年观众在科技博物馆公共文化服务建设中的重要作用。

关键词：科技博物馆；老龄化；公共文化服务；代际关系

中国是世界上人口最多的国家，截至2019年底，中国总人口数14.0005亿，占全世界总人口数的18.5%。其中60岁以上人口2.5338亿，占国内总人口数的18.1%；65岁及以上人口1.7603亿，占总人口的12.6%；0～15岁人口2.4977亿，占国内总人口的17.8%。对照人口老龄化的定义，当一个国家或地区60岁以上老年人口占人口总数的10%，或65岁以上老年人口占人口总数的7%，标志着这个国家或地区的人口处于老龄化社会。我国的老年人口比重远远超过这一标准，说明我国人口老龄化程度较严重；同时对照60岁以上老人以及15岁以下儿童在总人口中的比重，可以预测我国人口老龄化的趋势还将不断加深。在人口老龄化趋势日益严重的背景下，国内各个领域的公共文化服务建设都应当充分考虑老年群体的需求和影响。

科技博物馆是政府和社会开展科学技术普及工作、为全国社会成员提供公共科普服务的公益性展览教育机构，是科教兴国战略、人才强国战略和可持续发展战略的基础性设施，也是国内面向公众提供公共文化服务的主要场所。在人口老龄化日趋严重的背景下，科技博物馆的公共文化建设必须充分考虑老年人作为科技博物馆参观服务受众的生理和心理需求，同时也要考虑由于人口老龄化带来的年轻劳动力不足的现状，利用老年群体的经验和知识特点，将其作为科普服务工作的重要人力资源补充。

1　从老人作为受众的角度看科技博物馆公共文化服务建设

马斯洛在研究人的需求时，将人的需求分为五个层次：生理上的需要、安全上的需要、情感

---

① 刘文静，内蒙古科技馆中级馆员，研究方向：科学教育，E-mail：287810124@qq.com。

② 王宇，内蒙古科技馆高级工程师，研究方向：科学教育，博物馆技术，E-mail：419242938@qq.com。

③ 田文红，内蒙古科技馆副高级研究员，研究方向：科学教育、科普展览，E-mail：tianwenhong123@126.com。

与归属的需要、尊重的需要和自我实现的需要。科技博物馆作为为公众提供科普服务的公益类场馆,在为老年观众提供公共文化服务的过程中,也应当从人的需求层次来考虑。

(1) 满足老年观众在生理上的需求

在人类所有需求中,最重要也是最基本的是生理上的需求。老年群体区别于其他年龄群体,最大的特点之一是身体行动较为不便。因此,提供适合老年人参观的便利条件是满足老年观众生理需求的最重要因素。科技博物馆在公共基础设施建设中,应当充分考虑到老年观众的身体因素,如在通道的设计上,把台阶建造或改造成便于老年人轮椅通行的缓坡道,在通道中设置栏杆扶手;有些场馆在管理上禁止观众携带拐杖进入展厅,因此在进入展厅的服务中心应当备有可租借的轮椅。在场馆内应当设有直梯,并有明确的指示牌,方便行动不便的老年人乘坐直梯到达各个展厅参观。展厅和公共空间应当设置有一定数量的观众休息区,休息区宜选择在环境相对安静的区域。在医疗急救方面,应当根据老年人常见的急性病,备一些常用急性药,并且定期对工作人员进行急救知识和技能的培训。在展品内容设计上,考虑到老年观众普遍存在老花眼的问题,在字体设置上尽量醒目清晰,尽量以视频和图片代替文字说明,并且配有语音讲解和动画演示;对于听力不好的老人可以考虑配有助听器租借服务。

(2) 满足老年观众在安全上的需求

国内的科技博物馆都设置有专门的儿童展厅,考虑到儿童喜欢玩乐的天性以及老年观众的身体条件,科技博物馆在设计和建设过程中,应当将儿童展厅设在距离其他常规展厅较远的位置。在为老年观众设置休息区时,也要特别注意远离儿童游乐区,避免儿童在追逐打闹中与老年观众发生碰撞。科技博物馆的互动体验类展品的开放要考虑年龄因素,从安全角度考虑,对于不适宜老年观众体验的展项要提前告知,并且给出合理的解释。满足老年人的安全需求的另一个角度是提供“请进来”和“走出去”的科普服务:由于老年群体是骗子和传销组织的主要目标,科技博物馆可以针对老年观众定期开展科普讲座,将老年观众“请进”科普报告厅,从生活中的科学、健康和营养科普、老年人心理健康讲座、老年慢性病和常见病的预防与治疗、生活防骗知识等角度面向老年观众开展专题讲座;同时也可以以老年人为主要服务对象,编排防骗主题的科普剧,组织科普大篷车进社区、进广场,为老年观众带去科普文化服务。

(3) 满足老年观众在情感和归属感上的需求

老年人在退休以后,从原有的社会圈子脱离出来,社会参与度减少,人际交往主要集中在家庭、亲戚、邻里等简单关系,这种变化常常使老年人感到孤独,在情感和归属感上出现缺失。科技博物馆作为公益类的公共文化服务机构,在设计和运营中应当考虑老年观众的情感和归属感的建立。一方面,在服务态度上,加强工作人员的培训,对待来馆的观众特别是老年观众,给予主动问候和微笑,对于老年观众的需求积极满足,对于老年观众提出的建议和意见虚心接受并且积极地做出回应,做到“微笑服务”“耐心解答”“虚心接受”。另一方面,在情感依托上,科技馆作为免费的公益性场馆,在为老年观众提供科普服务的同时,也是老年观众社交和情感依托的重要场所。近年来,由于科技博物馆的免费性和公益性,科技博物馆成为老年人市内旅游的新时尚,围绕老年观众组团逛科技博物馆的现实情况,设计和开发更多专门针对老年观众的展品和活动,在空间设计上考虑老年观众的需求,能够为老年观众带去更好的情感和归属感上的体验。

(4) 满足老年观众在尊重方面的需要

老年观众被尊重感的获得,既体现在老年观众的权利满足方面,也体现在老年观众的义务实现方面。一方面,科技博物馆在参观条件上不得有年龄歧视,不得以年龄作为限制条件拒绝老年观众参与体验。此外,科技博物馆在制度设计上还应当对老年观众适当倾斜,针对老年观众的身体条件提供一些基础设施和公共文化服务的便利,对老年观众设置鼓励性的优惠政策,如65岁以上老人免门票或者设置免排队的绿色通道,持老年证的观众可免费租借讲解耳机或者优先预约讲解服务等。另一方面,科技博物馆还应当引导和鼓励老年观众参与到科技博物馆的运营和管理中。如在展品内容和功能设计方面,应当充分考虑老年人的实际需求,设计主要面向老年观众的科技类展品,如营养与健康、科技成就等相关主题。另外,在科技博物馆建设、管理和决策中,应当广泛吸取社会意见,特别是不应当忽视老年群体的意见和建议,满足不同群体的需求,体现对老年群体的尊重,也使科技博物馆的公共文化服务建设趋于全面和完善。

(5)满足老年观众自我实现的需要

许多刚退休的老年人,随着角色从上班族转变为御宅族,生活重心从工作过渡到家庭,常常出现心理上的落差和生活上的不适应,表现为自我认同感丧失,自信心下降。科技博物馆的公共文化服务职能可以较好地服务这部分老年群体,促进老年观众自我价值的升华。对于部分热爱学习的老年群体,科技博物馆有丰富的科技、文化、教育资源,相当于一所免费的老年大学,老年观众在参观科技博物馆的同时,可以收获各个领域的知识,充实自己;对于部分喜爱社交的老年群体,在科技博物馆通过与其他观众特别是青少年群体进行互动交流,有利于形成积极健康的心态,促进培养良好的人际关系;对于热心公益的老年群体,通过参加科技博物馆的志愿者活动,在科技博物馆的公共文化服务中发挥余热,为社会贡献力量,体现自我价值。

2 从老年观众作为人力资源角度看科技博物馆公共文化服务建设

老年观众既可以是科技博物馆公共文化服务的对象,也可以是科技博物馆公共文化服务的提供者和创造者。老年观众作为人力资源的重要补充,在科技博物馆公共文化服务建设中的作用具体体现在老年志愿者队伍建设、组建科普教师专家库以及培养代际亲子关系几个方面。

(1)老年志愿者队伍建设

老年观众为科技博物馆提供公共文化服务的重要作用主要体现在老年科普服务志愿者队伍建设中。科技博物馆的工作人员数量有限,为了更好地向社会提供公共文化服务,也为了使观众更多地了解科技博物馆的工作,科技博物馆经常面向社会招募各个年龄段的观众作为志愿者,但是即便如此,志愿者数量还是供不应求,这就需要招募老年观众作为志愿者,加入到科普志愿服务的队伍中。对于一些60～70岁之间的老人,刚刚从工作岗位上退休,赋闲在家、身体健康且热爱公益事业,可以邀请这些老年朋友组成科普志愿者队伍,其中一部分有知识、有文化的专业技术人员可以作为讲解志愿者,为科技馆的观众特别是老年观众提供讲解服务;另一部分有热情、有责任心的老年观众可以在取票窗口、观众引导、展品巡查等方面从事服务。对于提供科普志愿服务的老年人,可以根据服务次数和时长累计积分,兑换商品、购物卡或者体检卡等,提高老年志愿者的参与热情。

(2)建立科普教师专家库

科普教师是科技博物馆提供公共文化服务的重要角色。从专业化角度来看,科技博物馆现有的工作人员在知识的精度和深度上，很难覆盖各个行业和领域，从社会招募各个行业的专家志愿者又往往缺乏稳定性，且在时间上可能与其本职工作存在冲突，不能保障科技博物馆的公共文化服务建设。因此从各个领域吸收和招募那些刚刚退休却有着丰富技能和经验的老年观众，建立科技博物馆的科普教师专家库就显得十分有意义。这部分老年群体，在各自领域有着突出的贡献，积累了丰富的人生阅历和经验，科技博物馆通过建立科普服务专家库，吸收优秀的已退休的专业人才，以科普讲座、专家座谈会等形式为观众提供科普类的公共文化服务；以咨询、讲座、授课等形式，为科技博物馆的建设、展厅教育活动、科普创新发展等提供积极的建议。

(3) 代际亲子关系的培养

根据调查，科技博物馆特别是其中的儿童展厅，观众群体中有很大一部分来自60岁以上老人与学龄前儿童组成的代际家庭。形成代际家庭的主要原因是2～4岁儿童处于学龄前，父母工作忙，儿童由爷爷奶奶或姥姥姥爷来带，在这样的家庭关系背景下，良好的隔代教育就显得尤为重要。科技博物馆在提供大众科普服务的同时，在促进亲子关系培养方面发挥着十分重要的作用。但是在过去的研究和实践中，往往侧重于父母与子女间的亲子关系培养，忽视了隔代亲子关系的培养和建立，而在现实生活中，隔代亲子关系往往是幼儿成长过程中非常重要的环节。许多教育领域已经注意到这一点，在图书馆领域，早在2011年，国际图联联合突尼斯图书和图书馆之友协会联合会召开了"作为代际联系纽带的阅读：走向更加凝聚力的社会"国际研讨会，并发表《图书馆、阅读和代际对话的突尼斯宣言》，明确提出图书馆应利用丰富的基础设施和资源开展跨代阅读推广项目，将老年人和年轻人组织起来，促进阅读、相互理解和照顾双方的利益。科技博物馆作为提供和宣传科普知识为主要内容的公共文化服务机构，可以借鉴图书馆领域的经验，将代际家庭中的老年人和儿童组织起来，通过在老年人群体中组织教育学和心理学等方面的培训和讲座，通过科学游戏促进代际亲子关系的培养，将老年人在家庭关系中"哄孩子"的保姆角色逐渐转变为"教育孩子"的教育者角色。

3　结　语

国内许多科技博物馆的前身是青少年科学中心，随着科技博物馆的不断发展，其公共文化服务职能也在不断丰富，从过去的主要面向青少年提供科普教育到现在的面向大众提供科普文化服务，其服务对象和职能定位发生了重要的转变。特别是伴随人口老龄化时代的到来，老年观众成为科技博物馆体现公共文化服务职能的重要环节。科技博物馆在建设中，必须充分考虑老年观众的切实需求，从生理、心理等不同层次切实满足老年观众对于公共文化服务的需求。同时，老年群体也是科技博物馆提供公共文化服务的重要参与者，广泛吸收老年群体投入到科技博物馆的工作中，加强老年志愿者队伍建设，建立专家库，培养良好的代际亲子关系，促进科技博物馆公共文化服务职能的提升。

参考文献

[1] 中国科协.科技馆建设标准[S].中华人民共和国建设部，2007.

[2] 徐春英.中国人口老龄化问题与养老对策研究[J]. 现代经济信息，2019(12)：2.

[3] 苗美娟. 美国青少年和老年人志愿者参与的儿童阅读项目实证研究[J]. 图书与情报，2019(2)：9.

[4] 郝静.我国博物馆老年观众初步研究[D].长春:吉林大学,2019.
[5] 城菁汝,陈佳利.回忆法与英国博物馆:促进年长者参与之应用[J].科技博物,2009.
[6] 赵廷鹤,辛治宁.博物馆高龄观众的经验与需求初探[J].博物馆与文化,2017.
[7] 梁素芳.鳏寡独居老人心理问题的社会工作介入研究[D].长沙:湖南师范大学,2018.
[8] 季良刚.科技馆科学教育的若干思考[J].科学教育与博物馆,2019(5):9.
[9] 丁红玲,宋谱.老年教育公益性及实现路径研究[J].职教论坛,2019(7):5.
[10] 韩雯.老年志愿服务促进老年人继续社会化研究[J]——基于上海市徐汇区老年教育志愿者的调研[J].职教论坛,2018(10):6.

生物塑化标本在自然博物馆展陈中的应用

隋鸿锦[①]

摘　要：生物塑化技术是目前世界上新兴的标本保存技术。通过这一技术保存的生物塑化标本，不仅耐磨耐用，而且在保存标本外部形态的同时，有效解决了传统标本无法充分展示内部结构的难题。从而极大地丰富了自然博物馆的标本展陈，在拓展标本展陈、创新科研应用、开发科普活动等方面具有明显优势。生物塑化标本的不断发展，对自然博物馆传统展陈和内容展示方面提出了新挑战。在机遇和挑战并存的环境下，生物塑化标本为自然博物馆科普教育职能的发挥做出了新贡献，并助力我国博物馆事业新发展。

关键词：生物塑化技术；生物塑化标本；自然博物馆

1　前言——生物塑化技术的发展历史

塑化技术是1978年由德国 Hagens 发明的。该技术自诞生以来，衍生出了许多应用方法，且由于塑化标本的耐磨耐用和极高的教学价值，因此现已广泛应用于解剖学、生物学、组织学、胚胎学、病理学、法医学等多种学科和领域。1995年，塑化技术由大连医科大学的隋鸿锦教授率先引入国内，并不断地创新将其发展，在国内推广这项技术以使其在医学和科普方面发挥更大的作用。2009年，隋鸿锦教授成立了以生物塑化标本为主要展示内容的生命奥秘博物馆，积极发展科普教育。随着多年的积累，以生命奥秘博物馆丰富展品为素材的“生命奥秘”丛书（《人体的奥秘》《达尔文的证据》《深海鱼影》）诞生了，该套丛书用浅显易懂的语言向读者传达了丰富且又独特的动物自然科学方面的知识，深受大众的喜爱，并荣获2018年国家科学技术进步二等奖（科普类），同时被推选为2019年度优秀科普图书，如图1所示。

生物塑化技术是目前世界上最先进的标本保存技术，这项技术不仅可保存标本的外形，还可展示生物标本的内部结构，使深奥难懂的生物学知识更加直观和浅显易懂，而且在医学科普展览方面更是得到了大量的应用。正是由于生物塑化标本的独特性，才使得生物标本以一种栩栩如生的形式进行展示，将“生命的奥秘”以一种更有趣、更易接受的方式展现给大众，这对医学、生物教学和科普都具有极其重要的作用。

目前国内和国际上，生物塑化标本已应用到日常的博物馆展陈中。在国内如北京自然博物馆、上海科技馆、上海自然博物馆、国家海洋博物馆、浙江自然博物馆、天津自然博物馆、南海博物馆、重庆自然博物馆、广东省博物馆等博物馆，在国际上如加拿大的皇家安大略博物馆、日本的国立科学博物馆、韩国的国家海洋博物馆等博物馆都陆续征集、引进生物塑化标本并将其

---

①　隋鸿锦（1965年4月出生），男，教授，博士生导师；“生命奥秘博物馆”创始人、中国解剖学会副理事长、中国科协比较解剖学首席科学传播专家、科普研学指导专家、大连医科大学解剖教研室主任；通信地址：辽宁省大连市金石滩旅游度假区金石路65号（生命奥秘博物馆），Tel：13904287577，E-mail：sui@hoffen.com.cn。

图1 生命奥秘丛书

应用到日常的展陈中。目前自然博物馆的展陈当中，生物塑化标本的应用已成为一个不可抵挡的趋势。

2 生物塑化技术简介

生物塑化是一种可以把组织保存得像活体一样的特殊技术。它通过一种真空物理过程，用硅橡胶、环氧树脂、聚酯共聚体等活性高分子多聚物对生物标本进行浸渗。所用多聚物的种类决定了浸渗了的标本的光学性能（透明或不透明）和机械性能（柔软或坚韧）。塑化标本干燥，无刺激性气味，耐用，可以长久保存而且易于学习。塑化技术可以使标本的表面保持原有的状态，并可在显微镜水平保存细胞的结构。

塑化技术一般包括四个步骤。①固定：主要是采用福尔马林进行固定。②脱水和脱脂：由于水和脂类不能被多聚物直接替换，必须采用中间媒介进行置换。对塑化技术而言，丙酮是最理想的中介媒介，因为在真空过程中，它可以同时充当脱水剂、脱脂剂和中介溶剂。③真空浸渗：这是塑化技术的关键步骤。将充满了丙酮的标本放入多聚物液体中，当应用了真空之后，丙酮以气体状态被持续抽吸出来。标本中由于丙酮挥发而致的孔隙被组织周围的多聚物所替换。④聚合：真空浸渗之后，根据所用的多聚物的种类的不同，将标本采用气体、光照或加热等方法进行聚合。

塑化技术基本上可以分为四种，分别制备四种不同的标本：①硅橡胶浸渗标本柔软而坚韧，主要用于教学。由于硅橡胶技术可以应用于各种生物组织，并且只用很少的设备就可以取得满意的效果，因而应用范围最广。②多聚化乳胶技术制备的标本和硅橡胶标本一样的不透明和坚硬，这一技术主要用于考古中的木制品和厚的躯体断层（>1 cm）。现在已经很少使用。③薄的躯体和器官的断层标本采用环氧树脂技术制备，标本透明而且不同组织的颜色也不同。④聚酯共聚体完全用于脑的断层标本，它可以将灰质和白质明显地区分开来。随着应用于生物塑化技术的多聚物的性能不断改进，聚酯共聚体正在逐渐地取代环氧树脂技术。

目前适用于博物馆展陈的主要有硅橡胶标本和聚酯共聚体标本。

3　生物塑化标本的优势

(1) 生物塑化标本在保存中的优势

目前自然博物馆征集的标本通常是剥制标本,展示的是生物的多样性。而生物塑化标本既可以保留标本的外形,又可以保存标本的内部结构,这样的方法解决了传统标本无法保留标本内部结构的难题。生物塑化标本不仅可以展示生物多样性,而且通过标本完整保存的内部结构可以更好地说明生物结构与环境之间、生物结构与动物生活习性之间的关系,从而丰富了自然博物馆的展陈,有利于开展多种多样的科普活动。这种被完整保留外形与内部结构的生物标本,真实全面地揭示了"生命的奥秘",这样生动的生物标本既激发了大众的学习兴趣也深受大众的欢迎。而以往难以展示的生物结构部位及生物种类如:软组织、头足纲等动物,都可以通过生物塑化技术完好地保存并展示出来,这无疑极大地丰富了自然博物馆的展陈。

加拿大皇家安大略博物馆有一例特殊的标本——蓝鲸的心脏。我们知道蓝鲸是被认为已知的地球上生存过的体积最大的动物。所以在 2014 年,当一头保持完好的蓝鲸尸体被冲上加拿大纽芬兰省的海岸后,加拿大皇家安大略博物馆从这头蓝鲸尸体中取出了重达 440 磅(200 千克)保存完整的心脏,并用生物塑化技术把它制成了标本。如今,这个经过处理的心脏标本正在博物馆中展出如图 2 所示。这种巨大的心脏标本的展示极大地增加了该博物馆对全世界观众的吸引力。

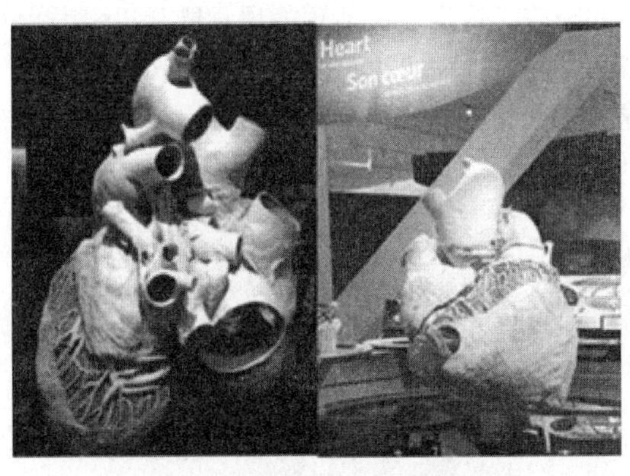

图 2　加拿大皇家安大略博物馆展出的蓝鲸心脏

(2) 生物塑化标本在科研方面的优势

比较解剖学是达尔文进化论的三大理论基础(胚胎学、比较解剖学、古生物学)之一。比较解剖学的研究成果为生物进化论提供了有力的论据,也为阐明动物的演化和亲缘的关系提供了重要依据,而生物塑化标本在比较解剖学展览展示方面也发挥了极大的优势。目前的博物馆当中,涉及比较解剖学的部分主要是骨骼的比较,例如不同物种之间前肢骨的比较(人、蛙、孔雀、蝙蝠、蜥蜴),如图 3 所示。

由于通过生物塑化技术,可以保存生物的内脏系统,因此扩大了比较解剖学可以展示的内容,丰富了同源器官的概念。例如,牛与鲸都有 4 个胃,如图 4 所示。通过观察比较这些部位的生物塑化标本,可以使大众清楚地了解到鲸的祖先可能和现存的偶蹄类食草动物有着共同的祖先。

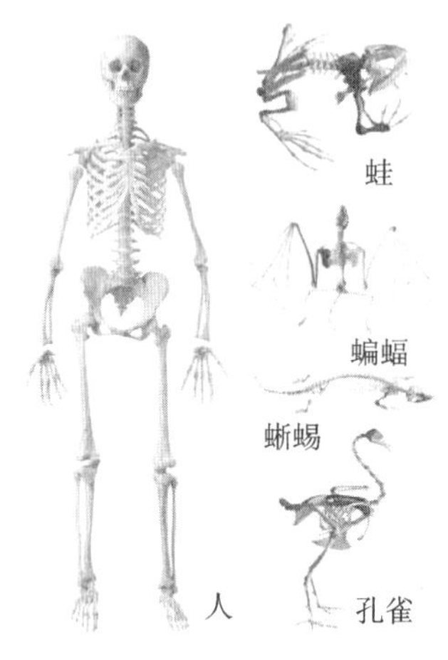

图3 不同脊椎动物前肢骨的比较

图4 牛胃与鲸胃

古生物历来是博物馆展陈的重要内容,也是观众感兴趣的热点内容,例如"活化石"。在漫长的岁月变迁中,"活化石"得以生存下来并且数千万年甚至数亿年没有发生太大的变化。通过生物塑化技术我们可以实现现存生物和古生物的对比如图5、图6所示。以蛙为例,在亿万年的演变当中,它们的形态变化极少。这样活灵活现的展示既可以引发大众对时间的感悟和对生命的联想,又可以更好地使学者了解古生物的功能,并为古生物的研究提供新的方法。所以说生物塑化技术为如何区分不同动物在比较解剖学方面的形态特点提供了新的方向和新的方法。

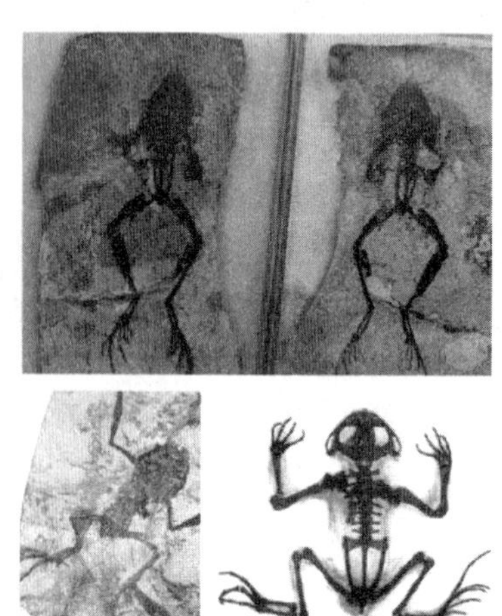

图5 蛙化石与现存蛙的比较

生物塑化技术亦在分类学方面的应用存在优势。目前分类学依靠标本的外部特征以及骨骼特征去进行分类,以往因为标本的内脏结构保存困难,所以在分类学方面的应用的比较少。现在可以通过生物塑化技术保存标本的内脏,使标本的内部结构成为动物分类学研究的重要参考指标。例如软骨鱼,其肠黏膜的结构特点具有分类学意义如图7所示。通过对其肠黏膜的研究,可为分类学提供的新的方法和研究内容。

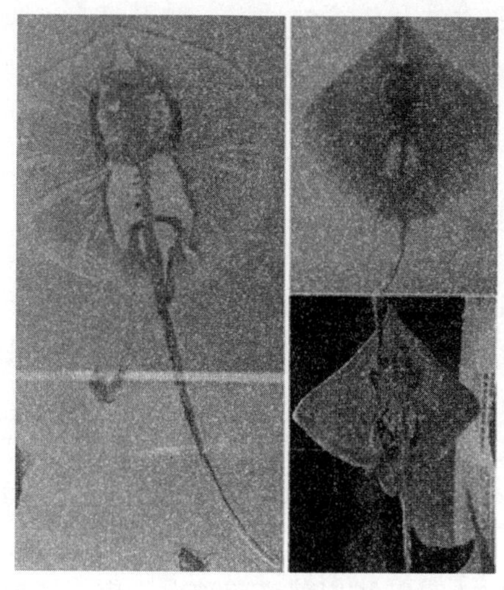

图 6　鳐化石与现存鳐的比较①

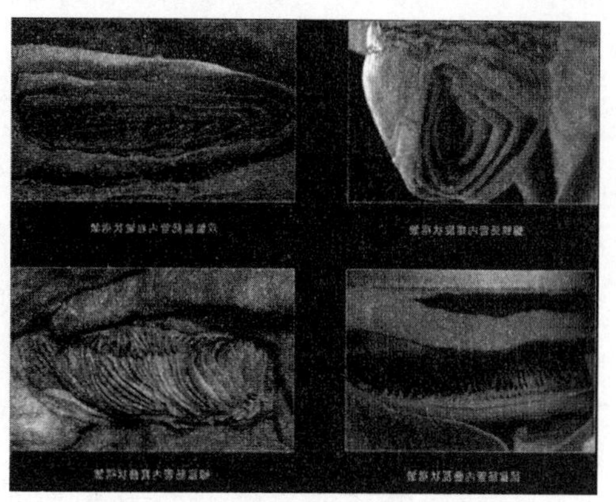

图 7　软骨鱼肠黏膜的不同形式

(3) 生物塑化标本丰富了自然博物馆科普活动的形式

生物塑化技术的独特性使许多以往无法展示的结构可以展示，也可以通过生物塑化技术获得大量独特的与生物结构有关的图片。生物塑化技术可以同时展示标本的外形和内部结构，可以更好地展示生物结构与环境的适应关系、生物内部结构与生物习性之间的相互关系。因此，它不仅丰富了博物馆的展陈，还为博物馆科普活动的多元化打下基础。例如“生命奥秘丛书”，书中展示了大量独有的揭示生物内部形态的图片，使各类生物标本以更加亲切的样貌生动地展现给读者，赢得大众的喜爱。其对生物标本的精准展示，甚至可以用来作为专业性的参考书。比如生命奥秘博物馆展出的怀孕双髻鲨标本如图 8 所示，可以清晰地阐明什么是卵胎生，同时利用这一展示可以举办“生殖方式”科普小讲座和科普研学活动。因为生物塑化标本的可携带性，所以还可以将生物塑化标本带进社区、学校举办科普讲座，甚至还可以以流动大篷车的方式，走进乡村和一些偏远地区，进行流动性的科普活动。

图 8　怀孕双髻鲨

4　生物塑化标本对自然博物馆展陈的挑战

任何一个新的事物、新的技术出现时，社会对其的了解、认知和接受都需要有一个过程，生物塑化标本也不例外。而生物塑化标本由于需要展示标本的内部结构，因此对传统的展陈形式是一个挑战。这样的开放式展陈，对标本的保护提出了挑战，亦对标本内容的正确表达提出了挑战。同时，因为生物标本以被剖开的形式进行展现，所以会让一些观众甚至专家感到不习

① 摄于上海自然博物馆。

惯甚至残忍、血腥。那么如何将这样的标本在结合艺术性和教育性后以一种美的方式展现给大家，是新技术给博物馆界提出的新课题、新挑战，对从业人员的知识结构也提出了新要求。如何将新的知识、新的研究成果结合到展陈和解说中也是一个新的考验。

5 生物塑化技术和生物塑化标本的展望

生物塑化技术自诞生以来迅速得到世界各国的认可，世界各地越来越多的博物馆开始征集和收藏生物塑化标本，并应用在展陈当中。我国在该技术领域已处于世界领先水平，并完成多项世界首例标本制作，如世界最大的塑化标本制作、世界第一例完整的鲸标本制作、世界首例熊猫标本制作……在2018年度国家科学技术奖励大会上，以生物塑化标本为核心内容的"生命奥秘丛书"被授予2018年国家科学技术进步二等奖(科普类)，这极大地推动了生物塑化标本的应用和普及。

我们在生物塑化标本的推广应用中所面临的挑战，也是我们前进的动力。相信这种机遇与挑战会为科普活动的开展及大众素质的提高作出新的贡献，也为我国自然博物馆事业赶超国际先进水平，实现弯道超车，提供了一个新的机遇。

参考文献

[1] Von Hagens G, Tiedemann K, Kriz W. The current potential of plastination[J]. Anat Embryol, 1987, 175(4): 411-421.

[2] 隋鸿锦，张书琴，宫瑾. 生物塑化技术及其应用[J]. 解剖科学进展，1995，2(1):82-86.

[3] Shengbo Yu, Jianfei Zhang, Yan-Yan Chi, et al. Plastination of a whole horse for veterinary education [J]. The Journal of Plastination, 2015, 27(1): 29-32.

[4] Haibin Gao, Jie Liu, Shengbo Yu, et al. A New Polyester Technique for Sheet Plastination [J]. Journal of the International Society for Plastination, 2006, 21: 7-10.

[5] 严翼. 生物塑化技术与动物解剖展览——生命奥秘博物馆参观有感[J]. 自然博物，2017，4:69-73.

[6] 钟世镇. 数字人和数字解剖学[M]. 济南：山东科学技术出版社，2004:279-293.

光学专题科技馆展览设计新构想

韩莹莹[①] 姚爽[②] 贾晓阳[③]

摘 要：长春中国光学科学技术馆是目前中国唯一的国家级光学专题科技馆，其特殊的使命决定了光学馆在展陈设计上要个性鲜明。如何讲述光学馆所在地——长春的自然、科技、人文故事，应该是我们要补充的一个目标。另外，科学普及并不是一种粗浅的翻译或解释，而是经过深刻思考之后的一种对自然对人类智慧的重新表述。如何将王大珩先生的科学精神和情怀以极富创造力的方式表现出来，是我们每一个科普工作者应该思考的问题。最后，通过科普教育实践及经验总结，提出光学科技馆建设及完善的新构想，达成通过对光的探究呈现人类理解与改变物质世界的智慧、吸引公众关注的目的。

关键词：科技馆；展览设计；新构想

1 长春——中国现代光学发源地

对于普通人来说，光学仿佛是一个遥不可及的专业名词，但在生活中，光学的应用却无处不在。在长春中国光学科学技术馆，除了有科普讲座，还陈列着众多光学仪器，它们以有趣的呈现方式向参观者们讲述着长春乃至中国，甚至世界光学不同的发展阶段，在这里，光学的历史与未来连在了一起。

博物馆之于长春，并非新奇之物。伪满皇宫博物院、长春雕塑艺术馆、长影旧址博物馆等长春市区26家各具特色的博物馆，早已将人们的欣赏水平打造得颇为挑剔。但光学科技馆的出现，仍然让这座城市感到新鲜。光学科技馆的建立是一种个体案例对中国文化发展趋势的呈现。

长春的光学发展自20世纪50年代开始，长春中国光学科学技术馆的建设，凝聚着王大珩等中国老一辈科学家对于中国光学事业未来发展的思考。2009年，在国家的支持下，中国光学科学技术馆的建设正式提上了日程。然而，由于国家级同类专业科技馆建设的唯一性，激烈的竞争随之而来。申报的五个地区，最积极的是上海，其次是北京、武汉、成都、长春。对于长春，光学是重要的城市符号，无论是王大珩、蒋筑英等已经逝去的光学先驱，还是中科院长春光学精密机械与物理研究所、长春理工大学等成果卓著的光学教育研究基地，长春的光学发展为国家的科技进步做出了重要贡献。科技馆的建设对城市发展水平和人口科技素质有着较高的要求，面对上海、北京等地的竞争，长春市并无明显优势。吉林省虽然是一个教育科技在国内比较强的省，但是没有国家级的科技馆。然而，正是这种劣势，才更坚定了长春市，乃至吉林省

① 韩莹莹，长春中国光学科学技术馆科技辅导员、研究实习员，Email：hanyingying16@163.com。

② 姚爽，长春中国光学科学技术馆馆员、研究实习员，Email：1395218029@qq.com。

③ 贾晓阳，长春中国光学科学技术馆科技辅导员、研究实习员，Email：jiaxiaoyang_cc@126.com。

补齐短板的决心。在省市两级政府的共同努力下，同时也是出于国家的整体科技布局，加之王大珩院士的自身意愿，中国光学科技馆最终落户长春。

长春理工大学，作为新中国第一所专门培养光学人才的高校，以光电为核心的特色学科在专业领域具有优势地位和核心影响力，构建了光机电一体化系统完备的光电特色学科体系。长春理工大学原名长春光学精密机械学院，校名虽然几经变迁，但却从未改变学校最初的定位。也正因如此，吉林省政府委托长春理工大学作为长春中国光学科技馆的建设与管理单位。以长春理工大学和中科院长春光学精密机械与物理研究所为依托，长春中国光学科技馆的管理团队得以顺利搭建，特殊的隶属关系也为光学馆的发展带来了特殊的资源。目前，作为现代光学发源地的长春已经形成了完整的光学人才培养体系。

东经125°，北纬43°，这是长春中国光学科学技术馆的经纬坐标，中国唯一的光学专业科技馆在中国光学版图上的定位。如何将这个具有行业唯一性的展馆建好，是长春这座城市面临的巨大考验。2017年2月26日，长春中国光学科技馆通过国家发改委的项目验收，正式对公众开放。光学馆承载着王大珩先生的殷殷希望，光学馆发展的四个定位较好地诠释了光学界对光学馆发展的期盼。

作为新中国光学的摇篮，长春为中国的光学事业做出了重要贡献，中科院长春光机所、长春理工大学，每一个名字都代表着一段辉煌的历史。长春中国光学科技馆的建设连接起了这座城市光学发展的历史与未来。从新中国光学的摇篮到如今的光学之城，从青涩学子到耄耋老人，长春一直在光学研究的海洋中劈波前行。无论是具有行业唯一性的长春中国光学科学技术馆的建设，还是传承着光学研究传统的中科院长春光机所和长春理工大学，一个个标志性的符号组成了长春这座城市光学科技发展的诗篇。因此，如何讲述光学馆所在地——长春的自然、科技、人文故事，应该是我们在建设和完善光学馆的过程中要补充的一个目标。

2　感悟王大珩先生的学术思想

王大珩先生对科学战略问题有很深刻的思考，对科学教育普及也非常关心。当年之所以提议建立光学科技馆，是因为光学知识喜闻乐见，老少皆宜，适合作为专业科技馆试点向公众开放，待条件成熟，可以推广到其他的专业领域。在王大珩先生的理念里，科学普及是和科学探索、高科技战略同样神圣的使命。

王大珩早年主持光机所工作时，应教育部要求同时为新创办的光机学院授课，为全国的光学专业的教学培养骨干人才。他主讲了一个进修班，考试方法创新，与以往的考试总是考学生最难、最怕的部分不同，王先生专考学生自认为学的最好的部分。考试时，一个人答辩，其他人旁听，学生一边讲，王先生一边提问，一直提问到知识的边界，问到最后一个学生答不出来问题，王先生给出解答，才完成考试。王先生的这个做法取得了非常好的效果，使考试变成了一件非常愉快的事情。过去，学生认为考试是一种负担，是学习知识之外的事情，王先生小小的变革，把考试变成学生获取知识的非常重要的环节，而且其他学生旁听会分享感受，就这样王先生把一件枯燥乏味的、程序性的事情变成一件极富创造性的、极为重要的教学环节。做王先生的毕业论文也非常有趣，例如《论热力学第三定律》，随便你怎么论，只要有新意有深度就可以，学生们都畅所欲言。王先生带的研究生最愿意参加他的考试，最愿意做他的论文，这就是创造的价值。

在物理学的教学过程中，量子化、波粒二象性等概念非常晦涩难懂，王先生利用生活实例，例如公交车站点、人民币面值等做类比，巧妙化解难题，用宏观世界里我们认为正常的、自然的量子化现象去理解微观世界，深入浅出，使得对概念的理解变得容易了许多。实际上，这可以追溯到人类认识新知识的本质：人类是通过原始经验的类比而理解新事物的。所以比喻、类比绝对不是一种粗浅的说法，而是接受新知识、理解新事物的重要的方法和途径。

王大珩先生把科学传播、科学普及视作和"863 计划"同样神圣的使命，所以王先生在和大家谈话时，经常语出惊人，经常用非常形象、生动、幽默的语言表达深刻的思想。当他谈到一系列的科学技术重要性的时候，讲到："我们自称是龙的传人，我特别担心我们成为恐龙的传人，恐龙就是因为感觉器官和中枢神经系统功能弱，体型庞大不协调，最后被淘汰，我们应该成为耳聪目明腾飞的蛟龙。"我们应该意识到：科学普及并不是一种粗浅的翻译和解释，而是经过深刻的思索之后的一种对自然、对人类智慧的重新表述，是第二次创造。我们在科普教育工作中应该多一些这种幽默、清新的语言，将王大珩先生的这种精神、情怀在工作中以极富创造性的方式表现出来。

我们要飘逸不要漂浮，所谓飘逸就是要超越现在的认知水平，超越现在的观念，做更加浩瀚更加自由的思考，但是一定不要漂浮。用这种类似的思维方式，我们在汉语的语境里实际上可以使我们的修养升华到一个新的境界，例如，我们待人做事，要严谨不要严厉，要简洁不要简单，我们要深刻不要深奥。这些都可以借鉴到我们的展教工作中。

3 光学馆建设的新构想

长春中国光学科学技术馆是中国第一家由科学家设计的科技展馆，科学家们以非常严谨的思维、非常深厚的感情把光学中最重要的知识通过光学馆告诉公众。展品展项的全面性和完整性已经非常好了，建议以适当的方式增加一点新的内容。这些内容可能是专家们设计这个馆的时候想当然地认为这些都是常识，大家都知道，实际上并不是这样。展馆的设计是专家们以自己的学术底蕴取舍知识的，科学家们对光学的理解跟公众对光学的理解有很大的差异。公众往往是从自己熟悉的事物对人文世界的关注来理解和思考自然科学的。所以，我们应该补充一个目标：通过对光的探索呈现人类理解和改变物质世界的智慧，吸引公众关注。

(1) 光学之源

对光学的探索，人们关心的第一个问题是探究光现象、学习光学的源头在哪里？源头在太阳。如果有可能，用一点空间讲讲太阳，因为地球上一切光现象原始的来源都是太阳，对太阳的理解更深刻，人们对光会有更深刻的物理的理解。

(2) 对光的探究，催生相对论与量子论

对光的探究，催生了现代科学的两大理论：第一是相对论，第二是量子论。相对论包括两部分：狭义相对论部分最早源于迈克尔逊干涉，发现光速不变原理；广义相对论谈的是光的引力理论。量子论最早是由三个大的实验基础奠定的，第一个是黑体辐射的研究，单纯是光学的研究，第二个是1905年爱因斯坦对光电效应的解释，第三个就是在1914年，玻尔对氢原子光谱的解释，提出了量子论。最后海森堡和薛定谔完全根据氢原子光谱的特征分析，提出了矩阵力学和波动力学，建立了完备的量子论体系。因此，建议将人类对宇宙的根本问题的探索纳入光学馆的设计中。

(3) 显示器、传感器与光电子学

显示器与传感器展品展项部分，有关CCD(电荷耦合)器件引发的光电子学的一系列问题应该多一点介绍，因为这是目前最重要的一个领域的问题。例如，在谈到相机的时候，要特别谈到现代CCD出现之后电子学进入传统的摄影技术，解决了照相中几个很难的问题：对焦的问题、防抖的问题、曝光时间选择的问题。通过电子学解决了传统的光学问题，这样就通过光学技术和其他技术的联系来呈现时代的新的特征。

(4) 驾驭光的物质——玻璃

1999年美国一个网站负责人布莱克曼向全世界发布一份问卷，问卷的内容是：你认为两千年来对人类最重要的发明是什么？为什么？结果排在第一位的出乎很多人的意料，是透镜。理由一：透镜以最简单的方式解决了困扰每个人的问题，使近视眼不成为残疾，使老花眼不至于失去欣赏世界的机会；理由二：透镜组成的显微镜、望远镜使科学之路变得平坦。排在第二的是核武器，理由就是能够使人类在一秒之内回到石器时代。透镜的重要性是排在原子弹之前的，当然这只是几何光学中的很小一部分。建议讲讲玻璃的历史，从2000到3000年前发现的玻璃开始，到玻璃的演变，同时谈谈中外玻璃技术体系的不同，妨碍中国光学技术进步的原因等等，这些方面的内容应该呈现出来。

(5) 激光的前沿研究

第三展厅中有一个“上海光源”展项，讲到了自由电子激光，建议增加利用自由电子激光、上海光源所获得的关于物质研究的新进展。科学家们关注的是科学问题本身，而公众关注的是科学对人类的意义，公众更想知道通过上海光源的运用，如何丰富了人类的知识、增加了人类的能力。

(6) 光线之外——声波的物理与人文特征

建议在光学的科技馆里讲一个不是光学的知识，就是声学。人们通过声波和光波的差异来对比光的特点，同时有助于人们全面地了解自然现象。光学馆是十年前开始运作建立的，应该把我们最近10年的科技成果和科技知识融合到接下来的展览设计中去。

4 下一个时代可能是光的时代

对于未来，人类有很多预测。人类经历了石器时代、青铜器时代、铁器时代、蒸汽动力时代、电气时代和信息时代。电气时代替代了蒸汽动力时代是因为人类找到了一种驾驭能量的新的方式。同时电气时代又培育了人类处理或控制信息的新的技术的萌芽，这个萌芽由于两个重大的科学发现，一是电子的发现，二是电车的发现而升华到一种全新的技术，使人类步入了信息时代。在信息时代人类对能量的利用基本上是停留在蒸汽动力时代和电气时代的技术基础之上，后来特别是在20世纪60年代，激光技术的发展使光学出现全新的格局，光学使人类对信息科学技术的关注而变成能够改变物质世界的一种工具。未来的旅航，光驱动可能是唯一可行的选择。未来的能源、激光核聚变，可能是人类获取能源的终极形态。同时，人类加工方式的变化，很可能是由强力的激光取代机械结构。

5　结束语

“科技之光，引领未来。”长春中国光学科学技术馆可谓生逢其时，目标为提高全民科学素质贡献力量。本文仅针对长春中国光学科学技术馆科普工作及后续建设工作进行论述，作为国内首家由科学家设计的光学专业科技馆，正式运营时间过短，实践的深度和广度不足，仍需持续探索。我们将秉承科普育人的宗旨，深研科普资源开发，助推光学科技普及。全力打造国际知名、国内一流的高水平光学专业科技馆，为中国光学科普事业的发展做出新的更大的贡献！

参考文献

[1] 张正瑞. 深耕科普资源研发，助推光学科技普及[J]. 光学科普通讯，2018(1):19-22.
[2] 李渌洁，王英鸿，张影. 专业科技馆展品展项设置及特点探析[J]. 光学科普通讯，2018(1):26-29.

探究动物标本展品开发新思路
——大熊猫标本形态艺术制作

任鹏霏[①]

摘　要：随着社会的进步、经济的发展，公众对科普文化有着更高、更丰富的需求。在这样的背景下，对运用艺术化方法制作的动物标本展品的需求日益强烈。依托艺术化展品的需求，主动分析，研究和实施制作成功案例，推动着动物标本展品向前发展，为动物标本制作与开发积累切实有用的经验。

关键词：动物标本；形态艺术；标本制作；大熊猫

1　引　言

景观展览是自然博物馆最主要的科普展览方式，动物标本展品则是自然馆的灵魂，是科普生物科学知识的最好教科书。然而动物标本制作是自然博物馆展品中重要的组成部分，也是自然博物馆藏品的重要基础。每一件制作完美的动物标本，集标本展品原材料的获得，展品应用展览环境的设计，展品形态艺术的设计，方案的确定及其动物标本的制作完成。而制作过程中，又要通过剥皮、测量、皮张处理、形态艺术制作、假体制作等主要工艺过程，程序繁琐而又复杂，最后使用技术手段把皮张与假体相结合起来，从而制成动物标本展品。运用形态艺术手段还原动物生态瞬间并使它达成永恒，是形态艺术的一种特殊表现形式。动物躯体外表面，包括皮、毛、蹄、爪、角等组织，在这种表现形式中有不可替代的作用，已经成为标本外在展示的基础。但是深入探讨就会明了，直观看到的一切都只是标本所表现出来的表面现象，真正起到代替动物胴体，使体表组织呈现各种躯体形态及肌肉变化等艺术效果的因素，是被覆盖在内部的假体。制成后的动物剥制标本，虽然不能直间见到假体，但是假体却是展现这种形态艺术形式的本质。形态艺术的美具有明显的吸引力和强烈的感染力，艺术化呈现标本最终目的是更好地展现标本的美，形态艺术在动物标本展品中得到淋漓尽致的体现。

多年前，采用传统动物标本制作方法制作的标本，由于对动物皮张处理技术水平相对较低，导致皮张在制成标本后的干燥过程里极易形成大范围收缩。当时那种条件，即便有现代的思想、技术、材料，制成现代这样能反映肌肉动态变化的假体，标本各个部位也会因为皮张收缩而变得圆润，完全看不出肌肉形态的变化。虽然现代制作动物标本的本质还是离不开皮张与假体相结合的方式，但指导思想、应用材料、制作手段等主要方面都与传统制作有所不同，一是针对动物皮张做了进一步深化处理，使皮张能在干燥过程中有更大程度的降低本身收缩幅度，同时又保留一点收缩的特殊性，使皮张与假体表面紧密结合，能使肌肉在动态变化中应表现的

---

①　任鹏霏，东北师范大学自然博物馆；研究方向：动物标本剥制研究、标本制作、动物学研究；通信地址：吉林省长春市净月大街 2556 号；邮编：130117；邮箱：rensc550@nenu. edu. cn。

所有凹凸形态全部直观表现出来。有了优化方法处理过的动物皮张做保障,就可以解除传统方法制作思想禁锢,充分运用形态艺术思想,遵循动物躯体真实的自然形态以及相应动感的肌肉变化规律,设计出动物标本生态艺术形态。以这样的形态艺术设计为蓝本,就可以运用造型艺术中与雕塑近似的手段,选择现代适合的材料制作出假体。当皮张与假体结合后,不仅可以完全展示动物躯体各部位特点,肌肉动态变化效果也可以清晰地呈现出来。有了这样好的技术条件做基础,完全可以支撑起形态艺术所能设计的各种艺术形态制作,而能否在标本形态艺术方面有所创新,主要根源在于假体形态艺术的设计。

形态艺术是指运用一定的可视物质材料,通过一定的方式和方法创造出可视静态空间形象的艺术作品,是运用物质材料表现艺术思想的过程。雕塑是造型艺术的一种艺术表现形式,是静态三维空间形象的艺术,动物标本从设计到制作,基本是造型艺术的展现形式,其与雕塑艺术作品具有近似的手段,也具备几乎相同的艺术展示性,同样具备形体美、结构美和很强的表现力。不同的是标本假体设计制作过程,要考虑动物本身生态特殊性和原来躯体大小,不能随意用艺术思想和手段做夸张的表现或处理,特别是在整个躯体大小处理方面,要与动物原来胴体基本保持一致。这样在动物生态剥制标本制作过程中,发挥艺术思想的空间就主要集中在生态形态造型设计方面。运用形态艺术的思想,根据动物生态,设计艺术气息浓郁、又有很强的观赏价值动物标本形态,成为生态剥制重要步骤。动物标本是一种近乎完全写实的造型艺术形式,能艺术化地展示动物生态生活中一个永恒美好瞬间。标本展品展示的时候是静止的,通过设计引人入胜的故事情境,可以使标本自身成为故事中的角色,让观众在情感上产生共鸣。

2　标本形态艺术设计与制作

在确定需要制作的动物标本种类后,首先需要运用造型艺术思想来完成标本假体的形态艺术的设计。当取得需制作动物皮张或是动物尸体时,要做的第一项工作就是物种鉴定。确定了动物种类,才能了解它在自然界中的生存状态和生存方式,并以此依据还原动物真实生活,给形态艺术化设计预置艺术氛围。首先掌握动物学知识,其次,严格按照每种动物的生态习性,最后根据动物的生态行为进行动物标本的艺术形态设计。艺术形态设计其实就是动物在自然界中定格镜头的展现,把自然美传递给视觉,有目的地讲述动物生态行为故事,讲述其从哪里来,要到哪里去,正在想什么、做什么,还要准备去做什么,最终目的是什么,以及周边各种生态环境如:岩石、树木、草丛、坑洞等,给动物的行为动作、姿态造成了什么样的影响,从而进一步讲述动物生活中的故事以及假体形态。

每一件动物标本都是一件艺术品,每一个动作都是符合运动规律的。在制作标本过程中,假体的作用是替代动物原有的胴体,是表现动物生态标本艺术形象的主体,也是表现生态标本形体整体神韵的根源。假体的制作,充分展示了动物行为动态美好的瞬间,体现了动物艺术形态。运用造型艺术思想和合适的造型艺术手段,在了解动物生存状态和生态动作行为特点,依据动物胴体结构和数据设计出整体形态和各个部位肌肉形态变化,再选择合适的材料,使用雕塑的手段制作假体。

3 形态艺术化制作标本案例——大熊猫

(1) 数据测量

数据测量是标本制作不可缺少的一环，通常是在动物躯体上进行测量，记录动物的体积和各部位比例数据，并能够尽量真实地反映在制作标本的假体上。每一件动物标本的假体数据都是唯一的，各部位大小和比例也是不可改动的，否则动物外观皮张就不能与制成假体的大小相互吻合，所以在制作标本假体前，需要获得动物躯体各个部位大数据。为了制作假体内部支架，要测量主要骨骼长度，确定各部位体积，要以骨骼为准，获得每个部位长、宽、高及围度等数据，为艺术形态化造型制作打好基础。

(2) 皮张处理

大熊猫毛皮主要由胶原纤维组成，含有蛋白质、脂肪和水，特别利于细菌的繁殖，使得毛皮变质、腐败。这样就需要多道工序进行防腐处理，处理完的皮张不仅有韧性，还能防止皮张过度干燥变形，而且还具有防腐作用。

第一步：清理皮张。主要是清理皮下脂肪和结缔组织，目的是为接下来浸酸和鞣制做准备。大熊猫皮张从冰柜取出时是冰冻的状态，首先需要解冻，解冻后用专用的手工削刀对皮张肉面进行清理，去除皮张肉面残留的脂肪和结缔组织。

第二步：清洗浸酸。把用中性清洗剂清洗过的大熊猫皮张进行浸酸，浸酸是对皮张化学处理的第一步，目的是改变皮张原有的特性。在浸酸中，可以使得真皮纤维结构变得松散，皮层脱水而变得结实，同时可以促进毛囊收缩，加强毛发和皮张接合度。浸酸这个过程也可以作为保存液进行皮张浸泡长时间保存。

第三步：皮张削匀。大熊猫皮张的厚度是不均匀的，在脊背处最厚，而在腹部的皮张是最薄处，头部相比也比较厚，要想在接下来制作中达到完美的效果，就需要对皮张进行厚度处理。在这里运用削匀机对皮张进行削匀，削匀要做到一整件皮张薄厚一致，方可结束。但皮张不能削的太薄，太薄容易把毛囊破坏掉，造成皮张掉毛，那样就间接地损坏原有的皮张了。把削匀处理后的皮张再进行浸酸保存。

第四步：鞣制。是毛皮加工工艺里的另一个化学处理方式。首先调制鞣制液，把鞣制液PH值固定在7～8之间。浸泡10小时以上，每半个小时或一个小时要对皮张翻搅一次，使皮张浸泡均匀。浸泡过后，把大熊猫皮张捞出，在原有鞣制液中加入硫酸铝，之后再浸泡24小时，每小时充分搅拌。24小时后捞出，甩干备用。接下来就是加脂工序。

第五步：加脂。是对经过鞣制过的皮张所做的物理处理过程。通过加脂，可以使皮张保存浸酸和鞣制过程中所获得的特性，还可以增加皮张的强度、可塑性和柔软度，同时避免已经松散的真皮纤维重新结合。首先把加脂剂涂抹在皮张内侧，待加脂剂完全吸收后，再进行涂抹，经过数遍加脂剂涂抹、吸收的工序后，把皮张放入转鼓中，转鼓是皮毛加工用到的专用设备，在转鼓里进行摔软4到5个小时取出。经过加脂摔软的皮张具有一定的弹性和伸缩性，已经完全符合现代制作艺术形态标本的基本要求了。

(3) 形态艺术化设计

标本的整体形态是运用形态艺术的思想，并根据动物生态行为设计而成，每一件标本的生态效果是否生动，和艺术形态设计有着直接的关系。没有一个完美的艺术形态设计方案，制成的生态标本就不能展现出具有生命气息的逼真的效果。

为了使这件大熊猫标本能有效地展示生态行为特点，在形态艺术设计过程中，不单考虑了标本本身的生态艺术特色，还考虑了在展厅中展示给观众、各种摆放角度的相关因素。首先根据展览概况和展览设计要求后，才能决定了整体形态的设计方案。为了让这件标本神韵饱满，在整体艺术造型设计之前就给它编述了一段生态行为故事。在故事中，大熊猫有着悠闲的心态，正在悠闲地漫步，头部偏向一方，貌似正在寻找最爱的食物——竹子。有了这样简单的一个生态行为故事为原型，大熊猫标本的整体形态就更加生动。这就是根据小故事而做出的人性化设计方案，假体依据这样的一个形态艺术的设计，完全展示了这件标本生命的动感，以及在这个美好瞬间的行为姿态。

(4) 艺术化假体制作

制作假体是表现动物生态标本形态、神态和躯体运动的关系，整个假体的躯体比例和原有动物躯体比例是1:1大小，形态和神态来源于最初艺术形态设计。假体的选材和制作，在材料使用上有较为广大的选择空间，基本要求是牢固、轻便、不易腐蚀，这是制作假体必须遵守的原则。这件标本假体制作是按照设计好的整体故事形态来的，要经过钢骨架焊接、整体填充、肌肉塑刻，以及假体表面黏合前处理等等一系列过程，才能最终完成。

第一步：钢架焊接。钢架在假体中起到支撑和固定作用，钢架也可以比作原有动物的骨架。在制作大熊猫标本时，制作钢架有两层。第一层是体现原有动物躯体的脊背骨、头骨、四肢骨等，这些可以称之为“主骨架”，第二层是体现原有动物躯体内外轮廓，在这里我们称之为“轮廓层”。首先把“主骨架”钢筋型号大小确定后，按照原有测量数据长短进行焊接，制作出主轮廓。之后，在“主骨架”上进行“轮廓层”的编织，初步体现出整个动物躯体及肌肉形态，并进行两层骨架之间牢固地固定。

第二步：假体填充。钢架假体内用聚氨酯发泡材料进行填充，使多层钢架与发泡材料完美粘牢结合成一体。接下来，就是运用工具把超过“轮廓层”的多余发泡材料削割掉。经过修剪处理过的假体，这时看起来就具有大熊猫动作形态轮廓了，最终获得具有轻便、牢固、不易腐蚀特点的假体主体。

第三步：肌肉雕塑。完成上一步的假体已经初具规模，初步能看的出整体形态造型。但是体表各个部位的肌肉运动形态还没有体现出来，这就是接下来的工作。首先参照运动肌肉的形态，在假体上找到相应的位置，使用特殊材料制成的腻子，在假体表面勾勒出肌肉的形态，并把各个部位肌肉做全做细，使腻子在假体表面完全粘牢粘实。在这样精雕细琢的工序下，一具具有艺术形态造型的大熊猫假体就完工了，能看到完整的体态特征。

(5) 皮张与假体结合

在这个工序准备施工的时候，预示着这件标本要进入完成阶段了。同时也是检验前期工序各个数据的准确性阶段。所以这一切都必须达到技术要求，否则，前期制作的假体工作就会白白浪费。在皮张与假体进行数据校验完全无误后，就要进入黏合阶段了。

首先需要对大熊猫皮张与假体进行粘合。将防腐剂勾兑到乳白胶中，充分搅拌均匀，将带有防腐剂的乳白胶均匀地涂抹在大熊猫皮张内侧，接下来再把乳白胶涂抹在假体上，将涂有乳白胶的大熊猫皮张“穿”在假体上，并且不断调整皮张相应的位置，使得皮张与假体紧密地黏合在一起。

接下来，把黏合好的皮张开口处用缝合线进行缝合，边缝合边用钢针固定皮张与假体，并用橡胶锤对皮张进行敲打，防止皮张有褶皱形态，让皮张均匀地与假体结合粘牢。后面就是干制过程了。

(6) 表面处理

经过数天的干制，皮张慢慢地和假体黏合牢固了，就要及时地把钢针拔掉，每天要用梳子把大熊猫的毛发梳理一遍，使毛发呈现自然状态。再经过数天的整理，就完成了运用形态艺术化设计方法制作的大熊猫标本。

4 结 语

在动物标本形态艺术化制作流程中一般由制作人员完成对标本的科学研究，而形态设计人员运用艺术手段制作将其转换成可供观众欣赏的艺术展品。在博物馆标本制作中，形态艺术设计多样化的道路还需要不断探索与实践，因为这是未来动物标本制作的发展方向。探索需要勇气，需要创新，而且本身就具备很多的不确定性，广泛地吸取经验，勇敢且谨慎地创造出更多体现艺术形态的动物标本。

参考文献

[1] 田崴. 思维设计：造型艺术与思维创意[M]. 北京：北京理工大学出版社，2005.
[2] 曾繁仁. 生态美学：一种具有中国特色的当代美学观念 [J]. 国文化研究，2005.
[3] 肖方. 野生动植物标本制作[M]. 北京：科学出版社，1999.
[4] 鲁金波，王玉忠，毛景东. 动物剥制标本制作技术的改进 [J]. 内蒙古民族大学学报，2008.
[5] 吴少湘. 雕塑艺术[M]. 北京：人民美术出版社，2008.

北京南海子麋鹿苑博物馆科研成果科普化的实践探索

白加德[①]　胡冀宁[②]

摘　要：实施创新发展战略，高度重视科技创新，是时代赋予当代科技人员的使命。在科技创新大力推进的当下，如何将科学普及驶入创新发展的"快车道"，如何在自然科学领域中协调开拓科学研究与科学普及的关系，是需要迫切解决的问题。本文以北京南海子麋鹿苑博物馆科研成果科普化为例，提出麋鹿科研成果科普化的两融合两促进理论，为自然科学研究与科学普及贡献力量。

关键字：科学普及；科学研究；自然科学传播；两融合两促进

"科技兴则民族兴，科技强则国家强"这是在党的十八大报告中对科技创新提出的新要求。坚定实施创新发展战略，高度重视科技创新，加快推进以科技创新为核心的全面创新，是时代赋予当代科技人员的使命和要求。

先进的科学技术，创新的科学理念为发展指明方向，而社会的整体进步则需要全民科学素养的提升，这就需要科学普及的大力推广。党的十八大报告明确指出："要普及科学知识，弘扬科学精神，提高全民科学素养。"这是首次将"提高全民科学素养"的表述写入党代会报告，充分体现了国家对提高全民科学素质的高度重视。

在科技创新大力推进的当下，如何将科学普及驶入创新发展的"快车道"，如何在自然科学领域中协调开拓科学研究与科学普及的关系，是需要迫切解决的问题。

1　科学研究与科学普及的关系

科学研究是基础，侧重于"研"。科学普及是趋势，侧重于"普"。关于科学研究与科学普及的关系，房迈莼曾提出科学研究（科研）是运用严密的科学方法，从而有目的、有计划、有系统地认识客观世界，探索客观真理的活动过程。科学普及（科普）就是让公众尽快、尽可能地理解科研创新的成果，使科研创新真正进入社会，成为大众的财富，成为全社会的力量。任海曾提出科学研究是社会知识产生的源头，科学普及是社会知识扩散和应用的实现过程。没有科学研究做支撑，科学普及可谓"无米之炊"。没有科学普及反哺科学研究，研究难以为继、更难有科学研究的创新发展。科研成果科普化就是将科学研究成果转化为科学普及资源，是公众

---

① 白加德，北京麋鹿生态实验中心党总支书记、主任、副研究员；研究方向：科学传播；通信地址：北京市大兴区南海子麋鹿苑博物馆；邮编：100076；Email：baijiade234@aliyun.com。

② 胡冀宁，北京麋鹿生态实验中心展览部部长、副研究员；研究方向：科学传播；通信地址：北京市大兴区南海子麋鹿苑博物馆；邮编：100076；Email：hujining2008@163.com。

掌握科学知识、了解科研方法、体会科学思想、提高科学素养的重要途径。唯有科学普及与科学研究的紧密结合、相互作用,才可促进公民科学素养的全面提升。

自然科学领域中的科学研究是以“自然界”为研究对象,通过对有机或无机的事物、现象研究,揭示自然界发生的现象及发生过程的实质,进而把握这些现象和过程的规律性并预见新的现象和过程。简言之,自然科学领域的科学研究是通过对自然的观察和逻辑推理,归纳自然规律并预见新规律。在自然科学领域中的科学普及,就是将自然科学研究的成果以通俗易懂、大众可接受的形式进行普及,在普及的过程中融入科学研究的方法与内涵,引导公众通过自然现象看到自然科学本质,培育自然科学思维体系,激发公众对自然科学的兴趣与关注度,这也为自然科学研究的创新发展提供更为广阔的空间。

(1) 科学普及的作用与意义

科学普及是科学研究的发展趋势,更是保证科学研究持续、创新发展的必要条件。作为提升全民科学素养的主要途径——科学普及,其意义作用举足轻重。科学普及,在于使社会在提高科研水平和科技能力的同时提升公众的科学素养,科学界和公众得以良性互动,最终使得整个社会的科技事业与其他的事业及公众生活协调健康发展。没有全民科学素质的普遍提高,就难以建立起宏大的高素质创新大军,难以实现科技成果快速转化。

(2) 科学普及工作中存在的主要问题

① 研究成果与普及工作脱节。

“科学技术是生产力”是马克思主义的基本原理,“科学技术是第一发展力”是1988年提出的重要论述,亦已成为当代经济发展的决定因素。在科学技术取得突破性进展的当下,科学研究成果丰硕,使得我国进入世界科技强国行列,但科研成果与科学普及脱节,高大上的科学研究理论、科学研究过程不为众人所知、不为众人所见的现象还普遍存在。以北京南海子麋鹿苑博物馆为例,麋鹿自1985年成功引入至今,科学研究作为工作主要内容,为麋鹿科普教育提供着支撑。多年来,麋鹿的科学人工繁育、基因检测等取得重大突破,但麋鹿的众多科研成果却鲜为人知,麋鹿及野生动物国家级重点实验室也只为科研工作人员开放,公众与麋鹿科学研究成果严重脱节。

② 科学普及理论支撑不足。

科学普及是我国全社会共同的任务,自2002年第九届全国人民代表大会通过《中华人民共和国科学技术普及法》明确规定各级人民政府领导科普工作,应将科普工作纳入国民经济和社会发展计划,为开展科普工作创造良好的环境和条件。2006年国务院发布的《全民科学素质行动计划纲要(2006—2010—2020年)》提出“科研机构要利用科研设施、场所等科技资源向社会开放开展科普活动”。国家近年来相继出台多项扶持科普工作的政策法规,科学普及工作也在全国不同地区、不同层面深化推进中,但关于科学普及的理论研究,我国尚处于起步阶段,现有的科学普及工作只限于广义的宣传推广工作,理论支撑不足、研究不深入的现象较为普遍。以北京南海子麋鹿苑博物馆为例,科普教育工作起步于20世纪90年代,从最初的团队讲解到现在的社教主题活动、展览展示体系,特色鲜明,形式多样,但麋鹿科普教育理论体系还未成形,需要进一步提升凝练与实践探索。

③ 科普教育人员业务综合素质不高。

科学普及工作随着国家对全民科学素养、科技创新的重视与认识，逐步成为科学研究领域的重要一环，形成科学普及学科专业，在国家重点大学开设本科、硕士学位，为社会发展提供专业型人才。但从科普教育从业人员现状来看，特别是自然类科学研究领域科普从业人员，多以自然科学相关专业学习背景的本科、硕士甚至博士为主，还有多年从事自然类宣讲工作或具有自然教育工作经验的志愿者，业务综合素质不高，不能从科普理论的基础层面指导策划科教活动，科普工作多半在摸索实践中积累经验，总结规律，缺乏科普研究理论体系支撑。

(3) 麋鹿苑科研科普的工作思路

北京南海子麋鹿苑博物馆，又名北京麋鹿生态实验中心，北京生物多样性保护研究中心，简称麋鹿苑，成立于1985年，是一家隶属于北京市科学技术研究院的科研科普公益单位，以麋鹿及生物多样性研究与保护为主要内容，立足科研，开创科普，充分发挥着麋鹿及生物多样性研究与保护、生态文明建设与环境教育、爱国主义教育为一体的自身优势，为麋鹿保护事业、自然科普教育贡献了主要力量。

中心自成立至今，麋鹿种群经历了复壮-野化-自然种群建立三个阶段，突破了繁育保种、饲养管理、疾病防控三大研究关卡，开创了麋鹿保护教育、麋鹿文化产品、麋鹿科学传播三大科普模式，提出科研成果科普化的发展思路与工作规划，突出“科研科普两融合两促进”的核心理念，为麋鹿科学研究的科普化工作。

2 麋鹿苑科研成果科普化的实践

麋鹿苑科普工作自1985年建苑以来，与科学研究相平行，并称为中心的两大工作重点，经过三十余年的拓展丰富，工作思路清晰，主题思想明确，为社会公众展示了独具麋鹿特色的科普展教活动，在全北京乃至全国享有自然科普教育成绩突出的盛誉。

麋鹿苑科研成果科普化的实践工作依托自身科普教育资源，通过展览展示、科普设施、主题活动、科普影片四个板块逐一呈现，具体实践如下：

(1) 麋鹿・湿地・生态系列展览

麋鹿苑展览展示立足“麋鹿”与“鹿类”两大主题，并辐射湿地、生物多样性、生态文明三个系列，形成以“麋鹿生命展”“麋鹿东归”“世界鹿类”常设展为主体，“鹿角大观”“麋鹿回归成果展”“人与自然之生物多样性”“麋角解说”多个临时展览为辅的展览展示体系，每年推出系列主题展览1－2项，为社会公众提供了认识自然的场所。2020年，展览工作与时俱进，在原有线上博物馆的基础上，推出H5版线上展览“四季麋鹿苑”“麋鹿文创”，为展览展示开辟新渠道。

近年来，麋鹿苑展览展示工作取得的开拓性创新离不开馆藏标本的基础建设工作。自麋鹿重引入至今，麋鹿苑依托多年来从事的麋鹿解剖学、麋鹿生物学研究基础，自主研发、创新麋鹿标本种类，特别是在2017～2019年间，中心先后制作完成麋鹿塑化、麋鹿组织结构、麋鹿组织切片、麋鹿3D及生态标本600余件，为“麋鹿生命”“麋鹿东归”等主题展览及相关科普教育活动提供了基础保障。

(2) 生态文明主题科普设施

生态文明主题科普设施的设计与制作，蕴含了科普工作人员对生态文明理论及科普教育工作的深入研究,将生态文明的思想理念、重点内容与麋鹿苑的科普教育资源、受众群体、地域差异、公众科学素养等因素相结合,制成形式相宜的生态文明理论知识科普展板于科普栈道进行科普展示;通过“动物之家”主题体验式科普设施,启发公众对动物行为、自然环境与动物关系进行感悟理解,也着重倡导在生态文明建设中要充分“发挥小主人翁”作用,侧重对未成年人开展生态道德教育体验活动;将原有参观体验路线进行提升,融“习近平生态文明思想”金句与主题科普设施、自然湿地景观为一体,意在通过欣赏湿地风光,强化“高度重视野生动物保护”“要像保护自己眼睛一样保护生态环境”的生态文明思想理念,打造了新时代下生态文明教育路径。

(3)麋鹿保护行系列活动

麋鹿保护行系列活动的设计思路来源于对麋鹿文化及麋鹿迁地种群的科学研究,是基于麋鹿文化及麋鹿种群科学繁育基础上的科学普及工作。麋鹿文化源远流长,自古就是中华文化中的皇权象征,麋鹿兴衰历程则更代表了中国近代史的荣辱兴衰,更是新时代生态文明建设下的成功典范。麋鹿种群的繁衍扩充,自1993年中心向湖北石首麋鹿自然保护区输送麋鹿开始,先后在全国40个自然保护区、湿地公园建立麋鹿迁地保护种群,输送麋鹿近千头,并开展野生麋鹿种群的科学调查研究工作,为麋鹿真正意义上的“回归自然”积累了大量的可行性研究数据。

麋鹿保护行系列活动启动于2009年,从最初的“观国宝麋鹿 赏湿地风光 听传奇故事 体验生物多样性”活动发展到“麋鹿自然大讲堂”“夜探麋鹿苑”乃至现如今的“到保护区看麋鹿”“云游麋鹿苑”线上直播等,设计初衷均是带领公众了解认识国宝麋鹿、感悟“国家兴·麋鹿兴 生态兴·文明兴”的主旨内涵,引导“关爱自然 保护野生动物”的生态文明理念,让“同在蓝天下 共享大自然”的种子植入人心。

近年来,“麋鹿保护行”系列活动更是将一线科研人员引入其中,增加“专家带您看麋鹿”“走进麋鹿实验室”等设计环节,将高大上的麋鹿科学研究,如麋鹿基因检测、健康体系指标建立及研究背后鲜为人知的小故事呈现给公众,使得该系列活动向“走进国家级重点实验室,揭开麋鹿科学研究的神秘面纱”纵深方向发展。

(4)小小科学家系列活动

小小科学家系列活动是依托中心多年来的北京地区生物多样性调查研究工作开展的科学普及活动。该系列活动依据生物多样性调查成果,分为植物、鸟类、鱼类、昆虫、两栖爬行、哺乳动物六大主题,开发科普讲座、手工创作、自然科学考察、自然职业体验四种活动形式,逐步形成以小小科学家为基础的小小探险家、小小饲养员、小小志愿者、小小讲解员等众多科教活动,成为中心面向未成人开展的系列主题特色活动,也是中心开展生态文明教育活动的成功典范,多次获北京市优秀科普活动奖项。该项活动通过培育“小小科学家”意识与精神,让少年儿童从心底深处,筑起人与自然和谐共处的“梅花桩”,磨砺生态保护的“七星剑”,担负起“保护地球家园,人类命运共同体”的责任与义务,是麋鹿苑开展自然科普教育工作的全方位扩充与提升。

(5)麋鹿科普影片

麋鹿科普影片创作开始于2017年,依托麋鹿自然保护区资源及麋鹿生物学研究基础,从麋鹿外观形态、自然行为、生物学特征及四季麋鹿与湿地景观的变化角度解读“麋鹿四季”,呈现麋鹿及麋鹿苑四季之美,现已拍摄完成科普影片《小麋鹿诞生》《鹿王争霸》两部,并成功登陆央视及地方省市频道媒体，为麋鹿科学传播宣传工作助力。两部影片的拍摄均以麋鹿故事为主线，通过讲述生活在麋鹿苑中的鹿群在春、夏两季的主要生物行为，即春天产仔、夏天角斗，描述麋鹿伴随季节交替发生的一系列自然行为，科学展示说明了动物在自然环境下的繁衍生息，传递了“共享大自然”的自然教育理念。

3 麋鹿苑科研成果科普化的成效与启示

(1) 麋鹿苑科研成果科普化的成效

多年来，麋鹿科研成果科普化工作秉承着“科研科普两融合两促进”思路，在麋鹿及生物多样性科学研究不断深化推进的同时，强化科学传播、科普教育的理论研究与实践总结，以科学研究为基础，以科普教育为延伸，搭建了公众了解麋鹿、认识生物多样性的桥梁纽带，也为麋鹿及生物多样性的科学研究提供创新思路，开辟了麋鹿走向世界的新篇章，打造了以麋鹿保护教育为代表的全国科普教育基地、北京市中小学生优质社会大课堂资源单位、首都绿化美化先进集体。

(2) 麋鹿苑科研成果科普化工作的启示

从麋鹿科研科普化的两融合两促进到科技创新推动麋鹿文化发展，是科学技术与自然科学的融合，离不开多年来麋鹿的科学研究基础，是在自然科学研究的基础上做创新，形成创新理论、创新研究，而科普教育则是把创新的理论和研究向社会公众普及，当然在普及过程中也会有创新的科普理论出现，然后反过来指导科普工作实践，从而形成科普教育的创新体系闭环。总结经验，面向未来，麋鹿苑科研成果科普化工作应侧重三个方面：

① 不断强化研究基础。

对于科普工作者来说，不论是自然科学研究，还是社会学科普研究，都是需要在成长工作中不断积累和增强的。而科普研究，正是需要从多年的科普实践中总结经验，研究探讨模式规律，形成麋鹿科普教育理论再指导科普实践的过程。

② 内容固化，形式创新。

多年来，麋鹿苑科普教育工作主题日渐固化，根据科学研究内容可分为麋鹿保护与生物多样性保护两大类别，根据科学普及内容可分为麋鹿文化、生态文化、红色文化三个大方向。在内容相对固化的前提下，创新点则应侧重在科学传播、科学普及的模式上。麋鹿苑近年来也正是在社教活动、展览展示、科学传播上不断创新模式，开辟了新渠道。例如在社教活动依托生物多样性及麋鹿科学研究推出科学脱口秀、主题科普剧表演，并多次在全国及北京市科学表演比赛中获奖。在展览工作中，从展览内容延伸一社教活动及文创产品开发，到展览形式延伸一传统与新兴媒体融合推出线上线下展览，再到展览合作延伸一推出麋鹿·湿地·生态主题展进商场、进社区、进博物馆、进麋鹿保护区及走出国门参与国际科普交流展示活动，打造了麋鹿特色，凝聚了麋鹿精神。

③ 开放包容思维。

2020 年“5.18 国际博物馆日”推出的主题是“致力于平等的博物馆：多元和包容”，而应用于自然科普教育，特别是在自然教育如火如荼开展的当下，则更需要有“开放包容”的思维，借助博物馆系统内及系统外的各方力量，集合体制内外不同优势，在国家推进科学普及工作的政策指导下，汇集国家、社会、企业、高校、研究院所、自然教育机构等形成推进自然科学普及的共荣景象，为提升全民科学素养做贡献。

4 结 语

麋鹿苑科研科普两融合两促进的工作思路，以麋鹿及生物多样性科学研究为根本出发点，以麋鹿及生物多样性自然科学研究成果科普化为目标，积极探索科学研究与科普工作融合促进的实践创新，做到了科研与科普的真正融合，符合“实施创新驱动发展战略”并取得丰硕成果及社会效益，为未来规划发展指明方向。科研科普两融合两促进将指导麋鹿研究与麋鹿科普齐头并进，为自然科学研究与科学普及贡献麋鹿力量。

参考文献

[1] 李缘. 打通学术资源科普化“最后一公里”——科研成果向科普资源转化的观察与思考[J]. 改革与开放，2019(11)：19-21.

[2] 赵军，王丽. 促进科研项目科普化的对策及相关思考[J]. 科普研究，2014(4)：23-28.

[3] 房迈莼，任海. 科研与科普有效结合 促进公众科学素养提高——以英国皇家邱植物园和爱丁堡植物园为例[J]. 科技管理研究，2016(3)：252-266.

[4] 任海，刘菊秀，罗宇宽. 科普的理论、方法与实践[M]. 北京：中国环境科学出版社，2005.

[5] 王军. 科研成果科普化必要性及途径浅析[J]. 科技视野，2014：356.

科技馆展品的研究和创新

刘培越[①]

摘　要：科技馆作为我国具有公益性质的重要场所，应该承担起教育和科普的任务。本文从我国科技馆的现状出发，引出我国科技馆存在的展品创新性缺乏的问题。然后从解决问题出发，提出了选择展品和展品表现形式的创新性措施。最后，从展品创新的角度，提出了增强展品创新过程中需要注意的几点要点。

关键词：展品创新；展现形式；主题；科普；多元化

1　我国科技馆展品的现状

谈到我国科技馆展品的现状，就不可避免地谈到展品存在的问题。近年来，随着我国经济的快速发展，人民精神文明需求的提高，国家对于科技馆的建设也越来越重视。科技馆作为一个具有公益性质的科普场所，科技馆的展品也应该随着社会的发展而发生改变，其作为一种教育性质的场所也越来越受到社会的普遍关注。由于科技馆的快速发展，也会造成科技馆展品创新性不够，设计感不符合时代要求，与实际脱节等诸多问题。

在我国，由于科技馆的需求日益增加，多数科技馆的设立并没有完全考虑其设立的条件、设立的标准、民众的真正需求以及自我的真正特色，这样会导致大多数科技馆相互模仿，千篇一律。大多数科技馆并没有针对展品设立相应的管理部门，即使设立了专门的部门管理来展品，但是由于展览的展品众多，涉及的人力、物力与财力巨大，无法完全管理如此复杂的众多展品。大多数自然科技馆都是以购买展品的方式来满足展品的供应，通常是为了满足主题而设立展品，即先设定好固定的主题，然后根据主题来选展品，这样就会导致是为了展览而去选择展品，选择的展品也大都相同，导致创新性不够且不具有地域性的特点。针对我国科技馆中展品出现的诸多问题，需要对展品的创新性进行相应的讨论和研究，并提出相应的可行性改进方案。

2　增强展品创新的措施

针对上述我国科技馆存在的创新性不足的问题，不仅是针对展品本身进行改进，还需要结合当地科技馆的具体情况进行展品创新性改进。

(1) 展品的选择

首先，主题的选择是核心要点。科技馆作为我国最为重要的公益性科普教育场所，其科普的范围应该是广泛的，涉及各个不同领域的，所涵盖的知识点也应该是丰富和专业的，推广的

① 刘培越，新疆科技馆工程师。通信地址：新疆乌鲁木齐市新医路686号。E-mail:309561843@qq.com。

对象也应该是针对我国广大群体的。

第一,基础性质的自然科学科普。这类性质的自然科学的科普主要是针对广大中小学生的,其更应该是结合课本知识而设计的,在普及基础自然科学知识的同时,也可以增强展览的趣味性和互动性。

第二,高新技术的结合。现代科技馆并不能单纯停留在展品的观看与讲解,可以应用高新技术与产品结合的方式,比如将机器人技术或者生物技术与自然科学展品相结合呈现的方式,可以让大家了解自然科学知识的同时,也可以学习到最新科学技术的发展。

第三,根据社会发展的需要选择相应的展品。社会发展的过程中,也会相应地产生许多社会自然与科学的问题,比如发展产生的生态环境的破坏问题,环境污染问题,人工智能的利弊等,这些问题其实也对人类的发展和生存造成了一定的影响,科技馆可以选择人类社会关注的社会问题与展品相结合来展现的方式,在普及科学知识的同时,呼吁大家关注社会问题,引起社会的关注,并给出相应的意见。

其次,针对展品的选择问题,科技馆应该树立一个的主题,主要涵盖普及自然科学文化知识,弘扬科学精神,顺应时代潮流,引领社会发展。在展品的选择方面,特别要关注的是我们所针对的群体是大众,涵盖社会不同层次的人群,在设置展品的时候要关注大部分人群的需求,也需要让展品起到增强大众对于自然科学兴趣的作用,唤起更多年龄层次的人群对于自然科学知识的渴望,普及更多人群自然科学知识的盲区,培养大众对于自然科学知识探究的能力。所以科技馆在选择展品的时候,不仅是由专家站在科学的角度选择展品,更需要考虑广大人民群众的需求和他们的兴趣点和普及点。在选择展品时,可以根据人民的需求,设立不同类型的主题和风格以及展品的表现方式,针对不同的受众人群会有对应的展品类型和主题,会有相应的特点和着重点。

再次,针对学生群体展品的展示,广大中小学生本来就是科技馆重要且特殊的一大群体。他们对于知识的渴求度更高,知识性的局限性更大,且认知水平、理解能力以及教育普及的目的与广大成年群体不同,所以在设置展品时应该针对各个群体的特点去考虑需求。每个孩子在成长过程中都有一种强烈的好奇心,他们对于自己感兴趣的知识或者领域有着与成年人不同的执着,他们更愿意去了解和认识自己熟悉或者感兴趣的知识,实际上这也是一种对于自然科学知识的探索。如果科技馆在展品的设置上能够考虑到未成年的这种特点的话,可以正确地引导未成年人在体验兴趣的同时,对未知的世界提出疑问,针对疑问如果可以提出相应有益的问题,并通过相应的专家进行引导和学习,就可以更加深入地学习和体验自然科学的魅力,并从中学习到生活中无法涉及的领域和知识。如果有更多的小孩、够加以正确的指导和引领,那么就会有更多的小孩加入到自然科学的学习中来,形成良性循环,既能够培养孩子的兴趣,加强自然科学文化知识的学习,又能够帮助自然科学馆达到科普和教育的目的,并促进科技馆进行创新和改进。

最后,随着科学技术的发展,现在的自然科学所涵盖的领域也会越来越丰富。交叉学科以及高新技术也可以应用到展品的制作和开发中。在人们的正常生活中,很少有机会可以接触到一些最新的自然科学发展成果,只在电视上了解的知识是不具体的,所以将展品与最新成果相结合,不仅是一个向广大群众展示我国自然科学多领域最新科技成果的机会,还可以增强大众对于自然科学的兴趣,能够呼唤起他们的求知欲。对于高新技术领域的知识,大部人都所知甚少,所以知识点的选择要全面基础,使其能完整反映主题的原理、应用、发展、成果及所面临的问题。通过这些知识点的展开，使人们能正确全面地了解和认识该科技领域，认识到科学成果的取得是循序渐进的探索和研究的过程。

（2）展品的展示形式

自然科学的基础学科是人民接触以及了解最多的一个分支。所以在设置展品时，首先需要寻找到能够吸引到大众的兴趣点，在得到他们的关注后，才可以尽可能地听过其他的方式向大众传授自然科学文化知识，并从应用和实际的角度，结合一些其他的展示方式和角度，使人们自己去对比和发现科学技术应用的意义有利于人们科学方法和科学思想的培养和建立。

在确定了科技馆的主题以及展品的内容之后，就需要考虑如何展示展品，并使参观的人群能够更好地参与到展览中来。

首先，目前国内科技馆的展览方式主要包含以下几种：第一是通过展品展示配以图片和文字讲解的方式，这种方式也有其好处，直观且展示方便简单，但是仅仅通过文字和图片是不能完全介绍该展品所代表的众多知识以及其交叉领域的知识的，所以会造成不仅没有学习到具体的自然文化知识，也会导致群众失去兴趣，从此不再参与科技馆的参观活动。第二种方式是通过设置主题的方式，以故事线来形成展品群的方式来展示一段历史，这种方式主要通过文字，图片以及视频和动画的形式进行展示，其形式比较多样，可以增加大家的互动性，并通过历史的故事线来穿插自然科学文化知识，形成一个领域的学习体系，适用性比较强，这是目前大都市科技馆采取的一种方式。

为了更好的增强大众的参观体验，也需要对目前单一地展品展览方式进行创新。展品由哪些部分组成，表现形式是什么，需要突出的部分是哪些，这些因素都是展品非常主要的细节部分。首先，可以通过声、光、电等方式来模拟大自然的环境，让人们身临其境，不能仅限制人们通过眼睛和耳朵去看和去听，而应该增加亲身感受，通过感受来真正体验知识的原理和变化。比如模拟大自然的风向、自然灾害、天气预报的预测、动物的迁徙来让大众在学习中去体验这种生活中很少感受的情景，并在情景中穿插知识的讲解，让人们多增加互动。

其次，可以多增加多媒体技术和人工智能技术，增强科技馆的科技感，脱离于之前展品单一的形式，让科学与展品结合形成整体展示，不仅仅是停留在展品本身，还可以让展品生动起来，让展品回到自己所处的环境去设置故事线，并增加多媒体的展示技术，让人们能更加清晰的了解自然科学知识的形成以及发展。

最后，大众是自然科科技馆参观的主题，将人的概念与展品结合，即增强展品的可操作性，摒弃之前展品独立的概念，增强人体互动的概念，比如在展品中设置机关，人们触发机关就可以产生现象，将展品与人体互动相结合，这也是一种新的体验。

3 展品创新的要点

在从展品的选择和展示方式方面对展品创新进行了讨论之后，展品的创新也需要满足特定的要求，可以换一种思路来讨论展品的创新。

（1）展品的创新要结合展示的主题

在通常情况下，科技馆都是选定主题再来选择展品的，这样的方式虽然容易造成为了主题而去选择展品的尴尬。但是在做展品创新的同时，展品和展区的主题无论何时都应该是吻合的，它们的关系是密切相关的，无论是新建一个展区或者是对原有展区进行改造都需要考虑这个需求。若是单纯本着创新来做，为了创新来创新，带有一定的盲目性，那也就失去了展品创新原有的意义了，这样就不能达到我们需要的满意效果了。

结合展品的主题根据需求来选择合适的展品，根据实际的需求，听取大众的意见，可以对已有的展示成果进行保留，完全符合要求的可以完全保留下来，可以使用的可以保留其可取的部分，对于不可取的部分进行改进和创新。展区是由一个个展品组成的，不同展区也有相应的不同主题。展品肯定要首先服从于展区主题和故事线的需要，这样指定计划才有目标，新展区才会有真正的主题，科技馆才会有自己的特色。要是单独从展品入手，直接选择符合要求的大量展品，可能会得到大量符合要求的展品，如果最后要在这些展品之间做出选择，不免没有重点，导致无法取舍，还可能为了凸显科技馆的特色而可以去搞创新，把原本的展区搞得莫名其妙，这样就失去了原本创新的意义。

(2) 展品的创新要以教育和科普为目的

科技馆作为我国自然科学知识科普公益性质的主要场所，本来就应该承担起教育和科普我国广大群众自然科学文化知识的重任。然而，现如今锁着科学技术的发展，自然和科学领域所包含的分支越来越丰富和复杂，交叉学科的横跨也原来越频繁。不说科技馆，就是一个专业的自然科学领域的专家也不可能对这些知识完全掌握，所以说对于科技馆，在涵盖大部分广大群众可以认知或者接受的知识点的同时，也应该考虑不同人群对于知识的理解程度、文化程度不同，还需要重视科技馆所科普的知识是否是最新的，不只是课本知识的照搬，还应该是知识的延伸与思考以及最新靠新技术的传播。

以培养大众对于自然科学文化知识的兴趣为出发点，我们还要重视展品的联系以及展品的外在表现形式和展示的效果，使展品的知识点与兴趣点相结合。同时，展品的管理和研发人员也不应该停止向前，而应该多学习自然科学文化知识，多涉及之前没有接触过的领域，提高自身的科学素养。把对科学知识的兴趣和对展品研发的热情投入到展品中来，使更多大众能够更加接受自己研发的展品，引起大家情感的共鸣。

(3) 展品的创新要立足于多元化

展品的创新不应该只局限于展品本身的创新，而应该是多元化的。这里所说的多元化，不仅仅是展品本身的多样化，还应该包含所涉及的领域多元化，所覆盖的人群多元化，所设置的主题多元化，所表现的形式多元化，应用的技术多元化等。首先，由于科技馆是针对我国全国人民的，存在人口众多，基数大的特点。不同群体之间还存在较大的差异，比如中小学生对于自然科学知识的好骑行更强，但是他们知识盲区多，理解能力还达不到很高的水平，接受能力也可能还不够。相对于中年人，他们所学知识更多，但是兴趣点不高。所以针对不同的人群要选择不同的展品，求同存异，应该让大众都能在科技馆有一个更好的体验。其次，可以将科学与艺术相结合，在展示知识的同时，也可以展示知识的另外一种美感。还可以借助相应的高新技术来提高展品的展示效果。最后，在展品进行创新的同时，也可以更换一种思维，不仅展品需要创新，展品的教育作用也应该创新。科学精神倡导创新精神和开拓精神，鼓励人们在尊重事实和规律的前提下，敢于创新。

科技馆应该打破原有的旧观念，不一定需要展品应该完完全全详细讲解知识的原理，而应该是一种启发作用，诱发大众对于知识的兴趣，敢于产生一些疑问，勇于思考。从展品的创新出发，对我国现存科技馆存在问题进行改进，吸引我国更多的人群来参观科技馆，诱发他们更大的兴趣参与和体验，提出优异的疑问并思考和讨论，增强我国国民的科学探索精神，形成这样一套良性循环的过程，这样才能有利于自然科学知识的传播和学习。

参考文献

[1] 闫光亚.展品创新中的几点思考[J].科协论坛，2007(08)：44-44.

[2] 李小瓯，盛业涛，邢金龙，等.科普展品创新机制研究[J].科技管理研究，2012，32(004)：1-3.

[3] 梁恒龙.科普展品创新机制分析[J].科技风，2017，000(008)：9-9.

[4] 刘默.关于科技馆展品创新的思考[C].2004 年科技馆学术年会论文选编.2004.

[5] 刘晓晶，邵俊年.气象科普展品创新设计的思考[J].科技传播，2019.

[6] 何宝珠.展品创新形式的探讨——以"人体之旅"展品为例[C].2006 中国科协年会.2006.

[7] 廖红.从展品研发角度谈科普展品创新[J].科普研究，2011，006(002)：77-82.

[8] 朱幼文.当前阻碍科技馆展品创新的制度性因素[C].科技馆研究文选(2006-2015).2016.

[9] 唐剑波，杨洋，张彩霞.我国科技馆展品创新现状及评价标准的分析与探讨——基于第一届全国科技馆展览展品大赛获奖作品[J].科普研究，2019，14(02)：24-31.

[10] 彭梦君.融合增强现实与用户体验的科普展品创新设计方法研究[D].贵州大学.

[11] 王琴.促进科普展品创新的三大策略[C].科技馆研究文选(2006-2015).2016.

[12] 韩永志.科技馆展览、展品创新问题浅析[C].科技馆研究文选(2006-2015).2016.

博物馆创新展览策划与展品研发的分析

雷凯茜[①]

摘　要：随着社会经济的发展，人们对自然、科学的关注程度越来越高，自然博物馆传统的“学科分类＋标本陈列＋图文解析”的展品内容的策划已经逐渐不能满足时代发展的需要，通过对自然博物馆展览策划与展品研发创新的发展及应用进行分析，发现目前自然博物馆创新展品策划与研发过程中存在的问题，并提出相应的解决措施，使自然博物馆创新展品策划与研发中能够最大限度的发挥新技术的优势，以增强自然博物馆的魅力与活力，能够更好完成为社会服务的使命。

关键词：自然博物馆；展品；策划；研发；分析

1　引　言

21世纪以来，我国博物馆建设进入快速发展时期，其中，自然博物馆的建设尤为迅速，尤其是在北京、上海、天津、重庆等四大自然博物馆建设以来，我国自然博物馆的建设进入了新一轮的高潮。随着我国自然博物馆经过长时间的成长发展，收藏、展示、设想未来三个阶段的构建得到逐渐完善，但随着社会经济的发展，人们文化需求的不断提高，自然博物馆的服务功能已经不能满足社会、科学以及人们生活的需要，展览策划与研发需要作出进一步的完善，改变传统的“学科分类＋标本陈列＋图文解析”的展览策划与展品研发体系，利用先进创新科技手段和文化创意理念，创建以展品和观众为核心的展示的全新格局。但是，随着大量高新技术和文化创意理念在自然博物馆创新展览策划与展品研发中广泛应用，还存在一些问题值得我们深入探讨，使自然博物馆藏品所蕴含的内涵能够淋漓尽致向观众展示，最大化体现自然博物馆存在的社会意义以及教育价值，更好地服务于社会，造福于人民。

2　自然博物馆概述

(1) 自然博物馆定义

自然博物馆作为一种综合性博物馆，研究的主要内容是研究自然历史，其中涵盖天文、地理、植物、人类、矿物等多个自然学科。大范围的收藏自然标本、资料，并对其进行科学研究和陈列展示；作为科普教育和研究中心的作用能够充分发挥，使全民的科学文化水平能够得到提高，以上自然博物馆存在的主要任务。

(2) 自然博物馆类型

目前，在我国的自然博物馆分类中，根据馆藏内容可以分为：综合型、专业型、园囿型等三

① 雷凯茜，长江文明馆（武汉自然博物馆）藏品保管员。通信地址：湖北省武汉市硚口区城华路园博园六号门。E-mail：564443530@qq.com。

种自然博物馆。

① 综合型自然博物馆。综合型自然博物馆的馆藏分为两大类:人文社会历史和自然科学。通过对某一地区的自然、环境进行调查研究,收集和保存的环境遗存和自然标本,并将这些生物、地质标本进行陈列展示,并将这一地区的自然环境、资源、生态环境的变迁以及社会发展状况等内容向民众做出详细、全面的介绍。综合型博物馆具有馆藏种类多、多学科、规模大的特点,具有代表性的如上海、北京、浙江、重庆等自然博物馆

② 专业型自然博物馆。专业型自然博物馆是指专门收藏、陈列某一专业自然学科门类的自然博物馆,展示陈列和研究的为地质、天文、生物等专业的内容,比较有代表性的有南京古生物博物馆。

③园囿型自然博物馆。园囿型自然博物馆指陈列展示活的动、植物的博物馆,包括各类动物园、植物园、国家公园以及自然保护区等,具有代表性比如秦岭国家植物园。

(3) 自然博物馆的功能

在博物馆学领域,收藏、研究、教育是博物馆的三大基础功能。随着时代的发展,各种学科理论知识的逐渐丰富,博物馆也在不断发展、完善,其他功能不断涌现,博物馆已经成为一个多功能的文化综合体。对于自然博物馆来说,作为一个城市或地区内的重要文化设施,更是自然资源保护、研究以及向公众普及科学知识的基地。其具体的功能表现为:

① 标本收藏。包括标本的保存、研究以及利用等。

② 科学研究。包括地球、环境、生命等多种学科的研究。

③ 科学教育。包括馆藏的陈列展览、科普活动的开展等。

④ 生态园林建设。园林与室外展览项目相结合。

⑤ 旅游服务。为公众提供旅游、休闲、观赏等服务。

其中标本收藏、学术研究、展示教育为自然博物馆的核心功能。

(4) 自然博物馆的作用

① 相比其他类型博物馆,自然博物馆能够帮助人们提高对人类自身和自然环境演变的历史和发展趋势的认识,将蕴藏在自然遗产中的信息资源转化为促进个人全面发展、社会全面进步所必需的科学和文化养分,并以宜人的形式释放出来,在促进人类社会可持续发展中发挥着其他机构无法取代的作用,其作为一个展示教育的窗口,宣扬人与自然和谐相处的理念,是构筑人与自然和谐发展的桥梁。

② 自然博物馆直接面向社会大众,是平民化的。作为普及科学的教育基地。它是人们能够全天候欣赏自然神奇、享受探索乐趣、获取新鲜体验、更新创造知识的场所,让普通人发现周围世界意义的地方。它通过营造一种易接近的、立体的、全景式的、多方位的学习环境,使科学变得通俗化、趣味化、生活化、形象化,以此来激发人们对自然界和未知领域的好奇性,增加人们对自己所生活的自然空间的认知。

③ 自然博物馆是人们认识自然、培养正确生态观的最佳场所。它通过真实的自然遗物和人类遗物来诠释自然演化和文明进步的轨迹的同时,使人们更深刻的认识到人类及人类所生存的自然界之间存在着深远的危机。科学的分析现在人类所处的环境,包括人类出现前的生物与自然环境的变化,以及人类出现后对自然的作用与影响。而自然博物馆无疑是作为人们研究这些问题的最佳场所。

3　自然博物馆展品策划与研发的发展

所有博物馆都起源于“缪斯”神庙，在欧洲文艺复兴时期，首次诞生了自然博物馆的近代雏形，尤其是在欧洲航海、文艺复兴、第一次产业革命以及三大运动的推动下，博物馆在欧洲取得快速发展，产生了具有现代意义的自然博物馆。1748年，第一座自然历史博物馆在维也纳诞生，随后英国自然历史博物馆于1753年建成，此时的自然博物馆均以收藏、研究为其主要功能，直到1793年，第一座以展示生物进化史为主题的自然博物馆在法国巴黎建成，自然博物馆的收藏、研究、展示功能才真正实现。

早期建立的自然博物馆的展品展示方式，是以简单的静态陈列为主，缺少展品的图片及文字说明。这种展示方式虽然被称为展览，本质上更准确的应被称为公开仓库藏品。直到20世纪初，展示方式取得进一步的发展。除基本陈列展示之外，在展品展示中，图片、展板、展柜、沙盘模型等逐渐被广泛应用，灯光的运用和材料的选择上都具有很大的提升，一定程度上使科普传播得到更系统、有效的进行。后来为了更好的表现动物、植物等在自然界中的状态，出现了景观复原的展示方式。通过标本与场景的结合生动形象的模拟自然景观。在博物馆行业的迅猛发展下，观众从被动的灌输信息转化为主动的挖掘信息，因此对于博物馆的展览策划与展品研发也提出了新的要求。在信息技术高速发展的时代，多媒体、虚拟现实等技术融入展品策划中，新技术在自然博物馆中的应用打破了传统静态的展示形式，增添了自然博物馆的魅力与活力，以其独特的趣味性与互动性深受观众喜爱，同时也符合信息时代下人们观展的阅读方式。在新技术的支持下，自然博物馆的展示方式得到了不断的发展和突破，通过运用数字化的展示方法营造空间氛围、传达展示主题，使观众能够“身临其境”，唤起了观众的观展热情，增加了观众与展品的互动性和参与性。此外，信息技术的应用在某种程度上对珍贵标本起到了保护作用。通过将标本的数字化处理，使其形成虚拟模型进行展示。目前，在自然博物馆中应用的高新技术包括多媒体、虚拟现实、增强现实等多种技术。

4　自然博物馆展品策划与研究创新方式

目前，随着科学技术的发展，自然博物馆在展览策划与展品研发中不断创新，大量的新技术、文化创意理念被广泛应用，其中多媒体技术、虚拟现实技术应用的最为广泛，通过这些现代科技手段，可以使产品展示的内涵更为丰富，让自然博物馆传达的信息知识能够使观众得到全方位的愉快的体验。

(1) 多媒体技术的应用

首先，在自然博物馆的展品策划时，由于其展品的特殊性，展览形式以标本展示为主。如今，简单的标本陈列已经满足不了大众的观展需求，人们无法快速、直接地了解标本背后的科普知识及故事。因此，标本结合多媒体的展示方式越来越受大众的喜爱。以武汉自然博物馆为例，武汉自然博物馆新馆于2018年建成，是一所综合性兼具园囿型自然科学博物馆。整个展馆分为：序厅、走进长江厅、感知文明厅、梦幻长江厅、贝林大河生命馆以及园博园。在武汉自然博物馆中，电子触摸屏是最常见的多媒体展示方式，比如在贝林大河生命馆的尼罗河展区中主要是以尼罗河沿岸复原的场景展示为主，虽然场景生动壮观，但其缺点在于信息传播量较少，人们无法通过简单的景观场景来获取更多的科普知识，因此在展厅中心设计一个电子操控屏，人们可以通过触控屏幕上的文字来获取信息。另外，观者可以与其互动，将旁边的标本模型放入感应区内，在屏幕上便显示该标本具体的信息，包括其生存环境、生长方式等等。该技术的应用不仅可以拓展大量的科普信息，突破了空间上的不足，同时还增加了展品的互动性和趣味性，将静态的"被动"学习转变为动态的"主动"学习，拉近了观众与展品的距离。

其次，景观复原是在展示空间中由标本模型、景观环境塑形、背景画、投影设备等元素共同组成。景观场景的复原往往能直观地再现不同事物的特征或某一历史时期的情景，再结合声音、光效等多媒体手段渲染空间氛围，增强体验效果，给观众以身临其境的感觉。同样以武汉自然博物馆为例，在贝林大河生命馆中，亚马逊丛林板块则是采用场景复原的方式，结合空间形式模拟出一条"雨林观光之路"。景观采用半隔离化，隔离带采用木桩和绳索结构，地面以木条拼接，动物则藏匿于神秘的树林之间，同时运用音效的技术手段模拟热带雨林中清脆而神秘的争鸣之声，使受众身临其境地体验亚马逊热带雨林的原始风貌。大量运用了动、植物等塑形来还原动物的生活环境和生活状态，采用模型标本结合背景画的方式进行展示。同时，在景观前设有"望远镜"造型的交互展项，可以通过移动镜头来获取远处动物标本的科普信息，增强观展的互动性。

最后，在展示空间中运用多媒体技术可以增强空间的感染力和表现力。例如，天国之渡主题的展示中，运用增强现实技术投射到立体墙面上，在视觉上形成强烈的真实感。步入叶尼塞河展区，气温骤降，观众步行在冰层之上，裸眼 3D 体感互动技术下，冰层破裂，北极熊、北极狐等动物破冰而出，开启一段奇幻极地之旅。

(2) 4R(AR、VR、CR、MR)技术应用

对于博物馆而言，许多传统博物馆目前仅执行物理陈列与展示，并且它们通常不支持多媒体演示。教科书式的显示方法(例如文物和展板图注)相对单调。这不仅难以吸引普通游客的注意力，而且使具有兴趣的爱好者无法获得他们所需的更丰富的藏品信息。但是，虚拟现实技术的出现弥补了博物馆通常缺乏的物理暴露。

4R 技术是人与计算机之间交互的一种新方式，这使用户可以沉浸其中。近年来，为了渗透和提高博物馆的展览水平，支持以人为本的概念并提高人们的热情和认知度，中国一些科学博物馆首次开始使用 4R 技术，为博物馆的展览应用奠定了坚实的基础。

在自然博物馆应用 4R 技术，可以帮助自然博物馆构建"视域"，即用动态或静态的展示方式展示展品的内容，观众在参观自然博物馆时，通过漫游的方式进行参观。根据自然博物馆的展品内容，对展品每一部分具体的呈现方式进行设计，通过自主体验后，对设计不断进行完善；在设计时，在图像编写程序的基础上，运用 VRML、C＋＋等多种编程语言，进行交互模块的设计；不同的虚拟场景通过使用 3D 成像技术进行搭配，最终，设计完成自然博物馆整体展示场景的"视域"。

武汉自然博物馆在专家的协助下，严格基于科学性，借助 4R 技术，搭建动态开放的知识体系，在步入式热带雨林交互场景中，引领观众探索世界第一大河的生态万象。MR 混合现实微生态系统，AR 立体互动场景，多通道 CR 故事场景，互动地面感应系统共同营造逼真雨林生态。

通过信息技术的运用，建立一个虚拟的展示空间，在这个虚拟空间里，通过不同的交互和遥感操作，观众不仅可以对博物馆内的自然景观进行充分了解，还可以带来全新的体验感受。

通过对自然博物馆内展品进行虚拟体验，展品的展示方式能够得到补充。使观众体验真实的触感，在虚拟空间和真实空间之间建立交互，可以提高人们对自然博物馆的兴趣，更好地引导人们了解自然发展规律，使自然博物馆的社会职能得到充分发挥。

(3) 文化创意理念的运用

作为一种新的社会文化现象，自然博物馆在展览策划与研发中，融入文化创意理念，以自然博物馆独特的文化为元素，将美学、艺术等相关学科进行融合，使文化能够得到多元集合，通过不同载体的运用，将文化进行再造和创新。自然博物馆文化创意理念的融入，必须对自然博物馆的藏品、文物、标本的历史文化价值进行深入、充分的挖掘，才能提升自然博物馆的文化创新能力，推动自然博物馆的展品展示的多元化发展。

① 充分利用自然博物馆的资源。自然博物馆应根据自身丰富的馆藏资源以及特点，以科学研究为依托，通过展品的陈列展览，进行自然博物馆主题活动的开展，加强人才队伍建设，对文化创意理念进行创新，打造自然博物馆的特有的品牌形象，加强文化创意产业的发展，开发自然博物馆特有的文化创意产品，使自然博物馆的特有的文化资源能够得到有效的传承、传播，并能够得到合理利用。

② 加强文化创意与科学技术的融合。自然博物馆应强化科学技术作用，使馆藏资源的文化价值能够深入挖掘，运用多种展品展示的载体、表现形式，构建完善的产、学、研结合的文化创意创新体系，形成自然博物馆数字文化产业化，使自然博物馆展览的策划与研发形成艺术性与实用性的统一，使目前社会多样化的文化需求能够得到满足。例如，自然博物馆可以根据青少年教育的需要，运用虚拟现实技术完善青少年教育、交互式体验、虚拟博物馆的建设；运用新科技开展"环境自然日"以及科学知识竞赛等方式，进行馆校间的教育实践示范活动。

③ 策划文化创业产业项目。以自然博物馆为基地，策划和实施一些文化产业项目，来满足群众文化生活的需要。例如，武汉自然博物馆开展"国际博物馆日""节水护水你我同行""大河讲堂""环球自然日""世界水日""镇馆之宝：夜探神秘王国"博物馆奇妙夜等主题活动，策划了非洲动物精选展、神秘的古蜀王国——三星堆和金沙遗址出土文物珍宝展、武汉自然博物馆·贝林大河生命馆科普绘画作品展等多项活动。

5 自然博物馆创新展品策划与研发中存在的问题

(1) 技术形式单一

虽然新技术在中国的自然博物馆中应用广泛，但技术手段还相对落后。大多数还是以标本展示结合图片文字为主，利用声、光、电等多媒体手段加以渲染氛围，对比国外其他类型博物馆而言，交互形式较为单调。同时由于现代科技发展突飞猛进，新技术的更新换代也是十分频繁。一些应用于自然博物馆展项中的信息技术较为陈旧，已经不能适应当下科技发展的速度，因此一些数字化技术发展的不够完善，还有待继续发展。

(2) 展示目的不明确

自然博物馆的受众人群范围很广，存在着不同年龄、不同职业以及不同受教程度等的差异，部分展项在交互的过程中追求艺术效果而忽略了展示目的，导致科普信息没有进行有效的传播。另外，有些展项技术含量过高导致受众无法与展项进行快速、有效的交互，增加了交互的学习成本，降低了参与者的交互兴趣，使观众在行为上和心理上产生一定的距离感，进而降低了信息传播效率。

(3) 技术专业性过强

新技术的应用往往具有较强的专业性，因此策展人员在设计过程中有时会难以把握最终的展示效果，致使呈现给观众的观览体验不尽如人意。此外，展项也常常需要专业人员参与后期的维护和日常保养方能保持良好的运行状态，进而带来很多问题。

6 自然博物馆创新展品策划与研发的改进措施

(1) 结合实际情况，合理利用新技术

自然博物馆的展示，是自然博物馆展品策划人员传递思想的一种方式，博物馆每个自然博物馆自身特点的不同，造成自然博物馆的展示模式也不尽相同，因此用技术创新自然博物馆的展品策划与研发时，自然博物馆的展品策划人员应结合自然博物馆的实际情况，对需要展示内容进行深入的研究，提取有效的文字信息，并结合科普内容，通过多元化、趣味性的展示方式将展览背后大量的信息展示出来，只有展示出更加丰富的科普知识，才能吸引观众一遍又一遍的走进博物馆，去汲取其想要得到的知识与文化，使知识得到更好的传播。

(2) 以人为本，注重观众体验

在过去，自然博文物馆更多研究和揭示世界过去的秘密和现生万物，将人从“自然”剥离。进入新世纪以来，自然博物馆应承担的社会责任已经远远超出其固有的功能，引导公众形成正确的人与自然和谐发展的自然观、人文观、发展观已经成为自然博物馆功能的侧重点，自然博物馆已经由物为导向转变为以人为导向。因此，现如今自然博物馆不仅是展示标本的场所，还是观众体验自然，感受生命的场所。以人为本的设计理念应该贯穿在整个展品的策划与研发过程之中，展示内容和形式进行不断调整，使展品与观众之间的心理距离能够得到拉近，观众需求能够充分满足。因此，在以人为本理念指引下，可以提升互动多媒体技术应用的趣味性和互动性，同时也要保证展示形式与展示内容的协调性。比如展示的多媒体触控电子屏应根据人体工学设计选择适当的高度或进行适当倾斜，以满足观众的正常操作习惯。对于许多电子屏的设计也要考虑屏幕反光对观众的视觉观感及其对其他展项的影响。

(3) 加强与高校、企业的合作

作为我国科学研究的中坚力量，高校一直处于新技术研发的最前列。另外，在我国目前的高等教育发展过程中，交叉学科培养这种全新的培养方式已经形成，培养了一大批熟练掌握高新技术的展览策划人才和设计人员。对于企业来说，其经营发展的导向来源于市场，因此，能够为自然博物馆提供更先进的技术手段，并能提供更为持续、可靠的技术服务。“产学研”一体化的模式下，自然博物馆应加强与高校及企业合作，研发自身需要的新技术、设备，以取得良好的展示效果，设备的日常运营、维护也能得到充分保证，同时，自然博物馆自身的科研、设计水平也能得到相应提高。

7 总　结

博物馆行业的迅猛发展下，我国自然博物馆正在逐渐改变传统的“学科分类＋标本陈列＋图文解析”的展品策划与研发体系，展品的策划与从研发从被动的灌输信息转化为主动的挖掘信息，因此对于展品的策划与研发也提出了新的使要求。在信息技术高速发展的时代，多媒体、虚拟现实等技术以及文化创意理念融入展品策划中，打破了自然博物馆传统静态的展示形式，增添了自然博物馆的魅力与活力。但是，随着自然博物馆展品策划与研发创新的不断深入，还存在诸如：技术手段单一、展示目的不明确、技术专业性强等问题，为此结合自身工作经历，提出几点相应的解决措施，包括：结合实际情况，合理运用新技术；以人为本，注重体验感受；加强与高校、企业之间的合作。使自然博物馆藏品所蕴含的内涵能够淋漓尽致向观众展示，最大化体现自然博物馆存在的社会意义以及教育价值，更好地服务于社会，造福于人民。

参考文献

[1] 蔡子为. 以展示陈列为主导的自然博物馆使用功能研究[D]. 重庆大学，2010.

[2] 韩坤炯，王濛. 新技术在自然博物馆展示设计中的应用[J]. 工业设计，2020(01)：46-47.

[3] 周进. 我国博物馆陈列设计思想发展研究[D]. 复旦大学，2013.

[4] 唐振洪. 新形势下博物馆文化创意与研发探究——以重庆自然博物馆文化创意与研发为例[J]. 科学咨询(科技·管理)，2019(04)：49-50.

[5] 王林艳. VR技术在自然博物馆的应用[J]. 数字通信世界，2017(10)：181.

[6] 汪铮，车学娅，陈剑秋. 绿色技术选择方法初探——以上海自然博物馆绿色建筑设计为例[J]. 绿色建筑，2010，2(01)：29-34.

[7] 吴诗中. 信息时代的虚拟艺术时空观[J]. 文艺研究，2013(08)：139-141.

[8] 黄玢瑶. 数字娱乐技术在艺术类博物馆展示设计中的应用[J]. 工业设计，2019(05)：142-143.

[9] 梁兆正. 自然，不仅是自然——兼谈自然博物馆创新的基点[J]. 中国博物馆，2013(04)：10-13.

科普科技发展热点的探索和实践
——以安徽省科技馆 AR 展区建设为例

罗　斌[①]

摘　要：及时科普时代科技发展热点，是科普场馆的一项重要任务，本文以安徽省科技馆 AR 展区建设为例，介绍了项目团队组建理念、前期调研情况分析、方案设计策划及技术参数要求、进场安装调试和验收的关键节点管理办法。

关键词：科普；AR 科技；展区方案策划；技术要求；关键节点控制

随着科技的快速发展，各项高新技术陆续被应用于社会生产和日常生活中，及时科普时代科技发展热点，让广大公众了解、体验和感知高新科技，已成为科普场馆的一项重要任务。

增强现实技术（Augmented Reality，简称 AR）可以将现实世界和虚拟世界的信息融合叠加，在同一个画面以及空间中同时存在，并进行互动，这一过程能够被人类感官所感知，从而实现增强现实的感官体验，随着"跟踪注册技术""显示技术""虚拟物体生成技术""交互技术""合并技术"等快速发展，AR 目前已广泛应用于军事、教育、医疗、商业等领域。

安徽省科技馆原动脑园展区约 50 平方米，展品老旧，决定改造为 AR 主题的小展区，通过设置图文版介绍让观众对 AR 的概念、发展历程、在生产生活中的应用有所了解；通过设置互动型展项，让观众可以亲身体验感知 AR 科技。

本文以该展区建设为例，介绍了项目管理理念、展区策划理念，关键节点把控等情况，以求和同行交流学习。

1　项目团队组建理念：科研院所＋科技馆＋展项研制公司

高校及科研院所专业从事该项科技研究的专业人士，熟悉该科技的发展现状及各种应用；科技馆的技术人员熟悉各种科普方法，擅长策划展示模式；展项研制公司是完成项目的主体，三者结合互补，有益于提高项目设计方案、技术路线等整体水平。

展区主题确定后，我馆即聘请中国科学技术大学该专业的教授当顾问，从项目策划到验收给予全程指导。

2　注重前期调研是做好项目策划的基础

通过发征集方案公告、赴展项公司实地查看等方式，然后汇总分析调研信息得知，目前 AR 展示模式主要有：头盔眼镜类、魔方类、扫描类、投影类，情况如下：

---

① 罗斌，安徽省科技馆技术维保室主任、高级工程师；手机：13956960336；邮箱：280231540@qq.com。

AR头盔眼镜类：价格高，功能有限，脆弱易损坏，不便于展厅日常管理。

AR魔方类：魔方的表面叠加有不同的虚拟模型或场景，当观众将红、蓝两个魔方相互触碰时，摄像头系统自动识别图案信息，在屏幕上显示虚实结合的有趣画面。该类展示主题选取范围较广，如食物相生相克、病毒与感染、对症用药、化学反应等，互动性、趣味性均较好。

AR扫描类：观众用AR设备扫描陈列物体，可展示更加丰富的内容，如再现损毁的文物、让化石标本活起来等，效果逼真，还可缩放旋转。

投影类：利用AR图像识别技术、跟踪、输入、交互等技术，在真实空间和虚拟影像间互动，该类展示模式较多，主题选择面宽泛，展示效果好。

3 结合场地实际情况做好策划设计

科技馆展项在科学性之外，还有趣味性和互动性，让观众在玩乐中感知科技，这也是科技馆吸引青少年观众的一个重要因素，在方案策划时我们注重观众可以自己动手参与和展项的玩乐性。

原动脑园展区纵深9米，为不规则的两个长方形小区域，入口处宽5.5米，里面两侧有大型风管和凸出的承重柱，可用宽度3.5米，多次讨论后决定设置2个展项：在展区里部3.5米宽范围里选取6米长区域，为观众体验区，设置大屏幕投影，外部5.5米宽区域作为观众观看区，观看区两侧墙面采用图文模式介绍AR相关知识。二是在展区门口的走廊靠墙处，选取背景开阔的地点，设置一个大型液晶屏，展示AR秀。具体情况如下：

(1)“自然四季”大屏幕投影体感交互体验展项

展项由硬件和软件两部分组成，利用摄像机装置捕捉观众影像，对采集的数据运算分析，利用所产生的数据生成与观众对应的虚拟影像，进行叠加融合，利用投影把增强现实影像呈现给观众，并配合声音效果。

硬件系统采用激光工程投影机+短焦镜头，投影出大屏幕画面，通过绿幕技术将参与者实时抠像并融入画面场景中，通过摄像头姿态捕捉技术与投影场景里的元素产生实时互动。

为保证投影画面达到高清效果，硬件参数要求为：投影机亮度不低于6 500流明；分辨率1 920×1 080以上；短焦镜头投射比不大于0.8∶1；投影画面不小于3.8米×2.2米；PC处理器为Intel i7以上；内存8G，显卡为Nvidia GTX 1 060或者同级别，以保证输出画面帧率60帧以上。

软件是基于VS平台开发，包含视频图像处理、虚拟影像生成等，展示内容为大自然一年四季，春夏秋冬设置多个互动元素：春雨霏霏、燕子飞舞、桃花盛开、电闪雷鸣、云朵彩虹、水果采摘、收割水稻、沙尘暴、美丽极光、堆雪人、打雪仗等。

软件应支持DirectCompute的并行计算，从而实现四季更替的实时演算；支持PhysX的流体仿真，如落下的雨水要实现流体仿真；展示内容应符合自然科学规律；画面须有艺术性和观赏性，分辨率不小于1 920×1 080。

(2)“AR秀”

在展区门口的走廊靠墙处，选取后方开阔位置，设置一大型AR显示屏，摄像机拍摄后方实时场景输入画面中，使得显示屏看上去就像一块透明的大玻璃，叠加AR技术后，画面显示出各种有趣画面。

硬件设施由计算机、摄像头、85 英寸显示屏等组成，内容为多个可互动的 AR 场景循环展示，如：地板突然炸开，跳出一个怪兽伸出长臂，把前面的观众拽入地洞逃走；远处飞来一团火球，快速向着自己袭来，在近前地面上爆炸，顿时展厅里浓烟烈火；前方走来一只熊猫，在观众中间悠闲玩耍；一群侏罗纪时期的各种恐龙，在展厅里奔走，观众纷纷躲避；屏幕中呈现雷电画面，伴随音响的雷声声效，画面出现绵绵细雨，有观众撑起雨伞，雨逐渐变大等。

4　做好布展细节，让展示效果锦上添花

投影大屏展示主题是自然四季，决定环境主色调选取蓝天白云，策划场景布置时，对墙面造型、灯光设置、消防喷淋和烟雾报警等因素，均做了精心设计，考虑到展区有效面积只有 40 平方米，顶高 3.2 米，层高 5.5 米，空间较小，不利于声波扩散，观众聚集时会产生较大的回声和噪声，决定顶部采取铝方通管镂空设计，镶嵌白云造型，充分利用层高，让声音有更大的散播空间。

5　两点思考

(1) 关于“AR 秀”

受一段欧洲街头场景视频的启发，我们策划了“AR 秀”展项，它和“自然四季”大屏投影展项的技术路线是一样的，之所以设置该展项有 2 点考虑：一是能更直观的展示 AR 原理，现实世界和虚拟世界“无缝和谐”地融合叠加在显示屏里；二是给观众很强的惊奇和意外感，让显示屏前的观众仿佛置身科幻电影里。

(2) “自然四季”展项有 2 点不足：

多名观众参与的大型投影互动场景，画面越大现场效果越好，囿于场地限制，现在的设计方案采用一台投影机＋短焦镜头模式，投影画面尺寸为 3.8 米×2.2 米，如果条件许可，设置 2 台投影机，采用边缘融合技术，投影出 6 米或者更宽的画面，现场展示效果会更好。

“自然四季”总内容约 3 分钟，展示内容略显单薄，作为下一步计划，我们考虑陆续增加“海底世界”，“魔法动物园”等参与互动性好、展示画面有艺术感、观众感兴趣的软件，以丰富完善展示内容。

6　进场施工和验收的几个关键节点管控

(1) 设备、材料进场须验收

展项公司进场施工时，馆方对进场材料做一次验收，查验设备材料的品牌、规格型号、技术参数、环保等级、防火等级等是否符合招标文件要求，无误后馆方签字同意开始施工。在这个环节解决设备材料的合格性问题。

(2) 施工中的现场监理

隐蔽工程施工完成后，经馆方按照相关规定验收合格，方可封闭，施工图纸存档。

展项安装调试期间，须注重监管施工是否符合电气、机械、安全防火等相关行业规定。在这个环节解决质量工艺的规范性问题。

(3) 验收程序

展项完成安装调试后，由承制公司对照招标文件和深化设计要求，自查展项合格情况，提交自检报告，然后馆方组织预验收。在这个环节解决展项的各项性能指标和展示效果，是否合格。

通过预验收后，展项对外开放，接受观众日常参观操作，一个月内无故障，馆方即办理验收手续。在这个环节解决展项质量稳定性问题。

科技馆科普教育活动的创新方式探寻

徐丽婷[①]

摘　要：科技馆是向社会公众开展各项科普活动、传播科技文明、进行科普教育的重要的公益性的科学文化设施，其目的就是要从多个方面提高国民的综合科学素养。科普教育活动作为科技馆科普展览的延伸和补充，发挥着越来越重要的作用，对提高科技馆的知名度和社会影响力也起到了一定的作用。随着科技馆的不断发展，如何组织和策划成功的科普教育活动，从而吸引更多观众，是科普工作者们思考的问题。从科普教育活动的创新方式上，分析科技馆展教活动的发展。

关键词：科技馆；科普教育；活动；创新方式

科技馆的数量在不断地增加，但是科技馆的科普教育活动却发展缓慢，为了更好更快地培养人们的科技知识，丰富人们的科技体验，科技馆要不断树立全新的经营理念，并且不断创新科普教育活动的内容和形式等方面，结合人们的实际学习需求，促使科普教育活动向专业化、科学化、人性化方向发展。

1　目前科技馆青少年科普教育活动的现状

科技馆一般坐落于城市繁荣区域，进行科普教育活动的范围比较小，在城市中生活和学习的青少年到科技馆进行参观很是方便，但是对于城市郊区的青少年们来说，科技馆距离他们的居住地来说是非常遥远的，有部分青少年就会因为遥远的距离而放弃参观科技馆的想法。科技馆在一定程度上忽视了这部分青少年对于科技馆的参观意愿，使得科普教育活动难以大范围开展。因此，科技馆更加需要到这些偏远的地方开展丰富多彩的科普教育活动，使得更多的青少年可以参与到科普教育活动之中，丰富青少年的科技知识储备，培养青少年的科技精神和科技意识，促使青少年对科技知识的认识和理解。

2　开展丰富多彩的科普教育活动的目的

科技馆本身是属于公益性的一种教育机构，而且面向广大人民群众，任何人都可以在科技馆开放期间进行自由参观。现如今，各国都在进行科技之间的竞争，这也促使了科技的不断进步和发展，在这样的形势下，科技馆也要做出些改变，紧跟时代的脚步。以往的科技馆无论是在展品的内容、形式还是科普教育活动上，都是比较单一的，这样不利于今后的发展。科技馆

---

① 徐丽婷，内蒙古科技馆科技辅导员。通信地址：呼和浩特市新城区北垣街与东二环交汇处科技馆。E-mail：78871022@qq.com。

是科学技术宣传的载体,是开展科普教育活动的平台,其重要性可见一斑,因此,科技馆更要不断地进行创新和发展,实现自身的独特教育价值,促进人们对于科技知识的认知和理解,不断增强科普教育的效率。

科学技术一般涉及的知识都是人们难以理解的,具有一定的专业性,而科普教育的出现,拉近了人们与科学技术之间的距离,使得科学技术不再那么遥不可及,让人们可以通过多种不同的形式和方法去认识和了解科学技术相关内容和知识,帮助人们更好更快地进行理解。现如今,科学技术对人们的生活和学习的影响越来越深,需要人们不断加强对其的重视程度。与此同时,青少年是参观科技馆的主要群体。科普教育也逐渐显示出了自身的独特价值和重要性。科技馆承担着培育人们科技知识的责任和义务,要不断加强科普教育的质量和水平。它开展的科普教育和学校教育有着明显的区别,但同时也有一定程度的相似性,都是培育人的活动,只是培育的内容和形式等方面有所差异,并具有一定的社会性。大力开展科普教育活动,可以有效帮助人们去更好地认识和了解这个世界,畅游在科学的海洋中,发现更多有趣的科学现象,促进人类社会的持久发展。

3 科技馆科普教育活动与学校科学课的区别

相对于学校各个教育阶段的科学课来说,科技馆的科普教育活动的内容和形式更加丰富,可以创新的地方也更多,在一定程度上是学校科学课的延伸和扩展。学校科学课面对的只是学生,而科技馆面向的群体更为广泛,除了学生以外,还有家长、教师、社会其他群体等。学校的科学课有固定的教学目标,有具体的教学时间限制,学生可以学习到的科学知识有局限性。与此同时,学校教师的教学手段也不够丰富,教学工具有限。而科技馆的科技展品十分丰富,展示方式也更多元化,由此可见,在科普工具上就有极大的区别。

学校的科学课大多数的情况是教师口头知识传授,而很少有实践性的教学互动,科技馆的科普教育活动则更注重实践,通过学生亲身感受,去深入了解相关科学知识。除此之外,学校的科学课一般是按照相应的教材内容进行教学,教材不会经常被改编,有的教材内容中描述的科学相关知识或科学技术,可能已经是几年前,甚至是十几年前的科技成果。现如今,科学技术日新月异,更新速度飞快,这样的教材内容是无法让学生的科学知识与时俱进的,更多时候只能依靠教师去搜集和整理最新的科技成果,并在教学中适当融合。

4 科技馆科普教育活动的创新方式

(1) 加强科普教育的针对性

针对疫情期间,科技馆的人流量骤减的实际情况,科技馆要主动出击,寻找新的科普教育方式,许多科技馆纷纷利用网络的形式开展了不同形式的网上科普活动。这样做不但让社会民众在疫情期间有效减少了对疫情的恐惧心理,还让大家明确了在疫情期间人们应该如何保护自己,如何用科学的力量来武装自己,有效的抗击新冠肺炎带来的种种负面思想和做法。科技馆作为培养学生科技知识的实践基地,和学校进行交流和沟通,为学生提前规划好参观科技馆的时间,并根据不同年龄段的学生开展不同形式和内容的科普教育活动,力求科技知识的难易程度和学生接受科技知识的能力以及水平相适应。当准备的科学技术相关知识超出学生的认知范围，会降低学生对于科学技术知识学习的兴趣，当准备的科学技术相关知识太过简单，又达不到预期的教学效果。因此，科技馆要加强科普教育的质量和水平，并认真、仔细地分析和研究教育活动的内容和形式。

与此同时，学生有着强烈的好奇心，在参观科技馆的过程中，学生希望在一些教育活动中能够进行实际操作，但是以往的科技馆在这方面有所欠缺，没有很好地设计相关体验活动，使得学生只能一味地听讲，大大降低了学生的学习效果。因此，科技馆要在具体的科普教育活动中加入互动的设计，并注重与学生之间的交流和沟通，使得学生可以参与进来，激发学生的主动性和积极性，能够自主探索并独立思考相关科技知识。同时通过实际动手操作来加深学生的印象，并且能够感受到科技的巨大力量，激发学生对科技的强烈兴趣。加强互动的方式有很多，科技馆可以借助网络信息技术，打造一个虚拟的科学世界，让学生尽情地进行相关知识的探索。科技馆也可以利用游戏的方式，增加科普教育活动的趣味性，促使学生更加积极地投入到活动中。

在每次科普教育活动结束以后，科技馆的相关人员需要准备适量的调查问卷，并引导参加科普教育活动的学生根据自身的真实感受和实际情况，填写相关内容，并将自己的建议和意见写在调查问卷上，科技馆要指派相关人员将这些填写过的调查问卷进行整理、归纳和总结，将其中有价值的建议和意见进行上报，科技馆再根据这些建议进行相应的更新和整改，促进科普教育活动的不断创新和发展。

（2）认真规划科学实验室

每一个科技馆的规模、结构都是不一样的，科技馆可以根据自身的实际情况，科学、合理地规划出科学实验室的区域，并且可以根据人们的年龄层次、接受知识的能力和水平等方面来设计科学实验室的相关实验方案和实验过程。科学实验室的建立可以有效促进人们对科技知识的认识和理解，同时在具体的实验过程中，能够丰富人们的实验经验，激发人们对实验活动的强烈兴趣，培养人们的实际动手能力，有利于科普教育活动的有效开展和创新。科学是需要人们去自主探索和独立思考的，人们通过动脑得到的科技相关知识，能够加深人们的印象，为以后的科技知识学习奠定坚实的基础。

科技馆可以根据人们的年龄规划青年实验室、少年实验室等，也可以根据实验科目类别规划出不同的实验室，如物理实验室、化学实验室等，也可以根据实验主题规划不同的实验室，如以“海洋生物”为主题的实验室，以“人体科普”为主题的实验室等。人们进行科学实验之前，科技馆可以按照一定的规则将人们划分成不同的实验小组，并可以设置相应的科技辅导员在一旁进行指导和辅助，当人们在实验过程中遇到问题或是瓶颈时，可以及时并适当地给予一定程度的帮助，保证人们可以顺利完成实验，进而得到实验结果，增长相关科技知识。

有的实验过程会受到一些因素的限制，使得人们难以完成相关实验，此时就需要利用虚拟现实技术。在做一些危险的实验的时候，可以利用此技术将实际的实验过程转换成虚拟的实验，通过图像显示，得到相应的实验结果。与此同时，也可以节约实验时所需要使用的相关材料，并促进实验效果的增强，在一定程度上减少了实验所需要的时间，科技馆实验室的数量毕竟有限，每场实验时间的减少可以增加实验的次数，让更多的人进入实验室做相关实验，从而促进人们健康持续发展。与此同时，科技馆可以在建立实验室的基础上开展大量的科技大赛活动，这样的竞赛活动可以激发人们的好胜心，使得更多的人参与其中，从而促进科普教育的实效性。

与此同时，科技馆可以设计亲子活动，让家长和自己的孩子组成一个小组，参与科学实验或是科技比赛活动，通过多样化的科普教育活动，可以加强家长与孩子之间的亲密关系，促使更多的家长愿意到科技馆参加科普教育活动，并且积极主动地参与进去。

(3) 加强科普教育活动的适用性

针对不同年龄段的学生，科技馆应该在科普教育活动上有不同阶段的创新，满足不同年龄层的学生的真实科普需求。例如，内蒙古科技馆在今年唐山大地震44周年纪念日期间开展了以"防震减灾"为主题的一系列科普教育活动，活动首先要明确每个年龄段的学生的学习目标，针对低年龄段的学生来说，科技辅导员要在讲解中运用儿童化的语言，设计相对简单一些的问题，如"地震的危害是什么?""地震发生的时候该如何逃生?"等，在此期间，科技辅导员可以引导学生利用积木拼成各种建筑的样子，然后通过各种仪器模拟震感，让学生感受这些积木建筑是如何倒塌的，根据建筑物倒塌的特点，寻找相应的安全区域。因为低年龄段的学生科学知识体系还不够健全，所以科技辅导员主要的科普目标是引导学生学会自我保护，同时可以利用情景模拟的方式，组织学生练习逃生的方法，并以此提高学生的科普意识。

针对高年龄段的学生来说，科技辅导员需要在原来的基础上加入一些深层次的知识，首先可以利用大屏幕展示地球的分层，向学生讲解地震发生的位置，加深学生对地震的理解，然后要讲解地震的类型和地震的震级，丰富学生的地震知识。此时，科技辅导员可以模拟震感，根据不同的震级模拟出不同层次的震感，让学生在特定的模拟器中进行体验，之后再模拟多个场景，让学生在各个场景中使用地震逃生或是躲避的方法，其他学生进行观看和评价，从中找出错误的逃生方法，及时指出并进行有效改正。

(4) 科技辅导员讲解方式的创新

现如今是网络信息技术时代，网络信息技术的出现和发展，对各行各业的发展都起到了积极的推动作用，同时给人们的生活和学习也都带来了深远的影响。由此可见，网络信息技术对于人们来说具有重要的意义和作用，人们已经越来越离不开网络信息技术。针对这一现状，科技辅导员要不断与时俱进，充分利用网络信息技术的优势，结合科技馆内的相关展品为人们提供相关科普知识，而在进行科普教育活动的过程中，要更为注重教育的真实性、实用性等，为了让人们更好地认识和理解相关科技知识，科技辅导员在进行科普教育期间，可以使用虚拟现实技术，此技术的应用范围是广泛的，可以给人们带来丰富的视觉体验。将人们带到一个真实的情景之中，促进人们的情感体验和现实理解，也可以促进科普教育的趣味性。

例如，内蒙古科技馆在以"防灾减灾"为主题的科普教育活动中，科技辅导员利用虚拟现实技术，将各种灾害的现实场景展示出来，使得青少年仿佛置身于其中，从内心深处感受到灾害的可怕，明白在自然灾害的面前，人类是多么的渺小。科技辅导员要在人们感受真实场景的同时讲解具体的知识，让青少年认识和理解灾害产生的原因、灾害的影响范围以及灾害的预防方法等等。与此同时，也培养了青少年保护大自然、尊重大自然、敬畏大自然的基本意识，并且熟练掌握相关的自保手段，减少人们的伤亡数量。又如，内蒙古科技馆科技辅导员利用相关展品，将"天宫一号"的整个发射过程展示出来，并且将"神舟"飞船与其进行对接的整个过程进行展示，增加人们的相关科技知识，更加了解我国的科技发展水平。再如，科技辅导员可以结合中国绘制出的最新的人类脑图谱，运用网络信息技术将其转换成一种更为清晰的方式进行展示，使得人们可以更好地进行分析和理解。

(5) 开展丰富多彩的科普秀

科技馆在进行科普教育活动的过程中,可以在创新的基础上开展丰富多彩的科普秀。例如内蒙古科技馆近期最新推出的科普剧《皮皮防疫记》,讲述了疫情期间不注意卫生、不戴口罩的主人公在梦境中发生的抗疫奇遇,该剧以儿童的视角、生动的语言和夸张的肢体动作,生动讲解了新冠肺炎疫情防控知识。科技馆首先要寻找合适且新颖的相关科普剧本,然后再根据具体的剧本寻找合适且专业的演员,经过不断的排练,达到最好的表演效果,再向人们进行展示。内蒙古科技馆在 2020 年 7 月,面向社会征集了十余篇防震减灾科普剧剧本,这样的创新方式是符合大众的审美需求的,并且适用于各个年龄段的人们,它可以在科普教育的基础上加入大量的相关情节,也可以在日常的生活中加入大量的科普知识,使得人们乐于接受相关科技知识,并可以加强自身的认知效果。

(6) 保持科普教育活动的特色

科技馆开展科普教育活动的数量不在少数,而想要在众多的活动中脱颖而出,就需要科普教育活动不断地进行创新和发展,创新是科普教育活动发展的根本动力,最根本的创新方式就是要保持自身的个性和特色。科普教育活动的内容、形式都是创新的关键点,在进行科普教育活动的过程中,要不断挖掘自身的个性化科技展品,并形成自身的独特优势。内蒙古科技馆在 2020 年暑假期间推出的《筑梦航天—运载火箭》《挖掘恐龙化石》《不一样的火山大爆发》《我的机械手》等多门科学课程。依托场馆特色展品资源,对接《2017 小学科学课程标准》,结合学校科学课程体系的同时,采用项目化学习(PBL)模式,在课程实施过程中引导学生通过提出问题、分析问题、解决问题体验工程与技术实践的过程,鼓励学生发挥创新意识,培养他们探究和解决问题的能力,更好的激发青少年对科学的兴趣。

科技馆需要对科技展品的科普教育形式进行转变和创新,可以将同一种科技展品设计多种不同的科普教育形式,也可以在进行科普教育活动的过程中,加入丰富的图像形式,帮助人们更好地认识和理解相关科技知识,同时也可以加上合适的音乐,并与科普主题相符合,使得人们在轻松、愉快的环境中更加积极主动地学习相关科技知识,增强教育效果。与此同时,科技馆要不断调查和研究世界上出现的先进科学技术,并将其以一种更为大众所能接受的方式去进行展示相关的科技展品,帮助人们更好地认识和理解相关科技知识,跟紧时代的步伐,丰富自身的科技知识储备。

(7) 科技辅导员的培养

创新驱动国家发展,科技引领强国。新时代,对青少年科技辅导员素质和能力提升也提出了新的要求,要求建设一支具备创新能力、开拓意识和教育能力的科技辅导员队伍,能够引领和指导广大青少年更好的学科学、爱科学,能够运用科学方法论解决问题,培养青少年科学素养和提高创新思维能力,为我国培养更多更优秀青年创新后备人才。

目前,我国科技辅导员队伍面临数量不足,缺乏专业系统的学习,整体专业素养偏弱。同时,由于得不到重视,科技辅导员队伍流动性大,稳定性差,设计策划科技教育活动能力弱,直接影响了科普活动的开展。科技馆的科技辅导员大部分属于临时聘用的人员,一两年后换岗、轮岗、辞职等原因,不再从事科技教育辅导工作,同时科技辅导员目前没有社会公认的职称评价制度,这些都大大打击了科技辅导员的工作热情和事业归属感。所以稳定科技辅导员队伍,要做到以下三点。一是提高认识、把好关口。在思想认识方面,在发展科技辅导员队伍的人员招募、招聘时,发展热爱科普事业、有较强的责任心、有激情、肯吃苦的年轻人到科技辅导员人才队伍中来。二是转变思想，肯定科技辅导员事业归属感。重视科技辅导员，多关心、鼓励、支持科技辅导员工作，多给他们提升素质平台，鼓励科技辅导员参加全国科技辅导员大赛等各种活动交流，通过各种平台展示自我才能和成绩，得到社会、学校、家长等各方面的认可和尊重。三是增加科技辅导员晋升空间。让科技辅导员感受到只要好好干工作，干出成绩，一分汗水就有一分收获，在科技辅导员职务、职称、薪酬等与其利益相挂钩的方面，有其政策倾向性。这是稳定科技辅导员队伍的重要因素。

要建立科技辅导员长效培训机制，保障科技辅导员良性运行。根据中国青少年科技辅导员协会制定的《科技辅导员培训大纲》的内容，建立辅导员培训班，培训包含师德修养与专业情感、理论水平与科技素养、业务水平与实践能力，从专业体系化来完善科技辅导员知识结构、理论素养和实践能力。培训方式开展线上与线下两种相结合方式，线下在科技辅导员协会举办的定期科技辅导员培训班参加专家讲座、学员交流、动手实践、实践基地考察等形式进行培训，线上可以采取信息化和技术网络授课，科技辅导员利用零碎时间学习，发挥其主动性和能动性。增加科技辅导员外出交流机会。通过“走出去、请进来”等方式，开展多种业务培训。加大科技辅导员外出培训、相互交流的机会。不定期选送骨干科技辅导员外出进修和培训力度，让科技辅导员能接收到最新科技教育理念和科技教育内容。通过一系列的科学系统的业务培训，使科技辅导员能拓宽思路，巩固自身知识体系，提高他们科学素养和能力。

5 结束语

综上所述，科技馆要随着时代的不断发展和科学技术的不断进步，对科普教育活动进行不断创新，向人们不断普及相关科技知识。创新的方式除了上文中提到的几种方式以外，还有更多的创新方式等着我们去挖掘，要真正实现科普教育活动的独特价值，促进人们的全面健康发展。

参考文献

[1] 闫亚婷. 网络直播在科普场馆教育活动中的应用[J]. 科技传播，2020，12(11)：142-143.
[2] 杨秀梅. 发挥科技馆科普教育功能创新开展群众文化活动[J]. 科技创新导报，2020，17(08)：234＋238.
[3] 张宁. 自然博物馆开展科普教育活动的效果比较及思考[J]. 科技风，2020(07)：228.
[4] 张洁. 浅谈科普教育活动与艺术文化跨界元素的融合[J]. 科技传播，2019，11(22)：172-173＋182.
[5] 杨治国. 浅谈特效影院在科普教育活动中的作用[J]. 现代电影技术，2019(10)：32-34.
[6] 刘彩伶，易晓煜. 自然博物馆开展科普教育活动的效果比较及思考[J]. 文物鉴定与鉴赏，2019(18)：122-123.
[7] 曹珊. 发挥科技馆科普教育功能 创新开展群众文化活动[J]. 科技视界，2016(23)：380.
[8] 刘兆君. 发挥科技馆科普教育功能创新开展群众文化活动[J]. 戏剧之家，2018(20)：233＋235.
[9] 曾川宁，许艳. 科技馆科普教育活动开发实施的探索与思考[J]. 科协论坛，2018(04)：28-30.
[10] 陈芳. 科普教育活动：自然博物馆教育功能的展现[J]. 自然博物，2016，3(00)：63-69.

内蒙古科技馆科普服务的对策研究

毛彦芳[①]　苏东红　秦晓华

科技馆是一个公益机构，其宗旨是普及科技知识，促进经济社会发展，负责展示科技成果和发展，组织科技展览会，开展科技活动，提供社会服务。科技馆提供的非正式社会教育服务，是家庭教育和学校教育的补充、延伸和发展。内蒙古科技馆作为省级科普教育场馆，承担着普及少数民族地区青少年科学文化知识，实施科教兴区战略，提高内蒙古自治区公民科学素质的重要作用。本文写作目的是就内蒙古科技馆在科普公众服务提出一些具有可操作性的对策和建议。根据调查问卷的统计分析总结研究成果，从满足服务对象需求，搭建服务交流平台，提升服务质量水平，改善服务方式方法等方面阐述内蒙古科技馆提高科普公共服务能力的对策研究。

1　内蒙古科技馆科普公共服务调查问卷分析

内蒙古科技馆科普公共服务的对象是来馆参观体验的观众，观众的需求点及意见集中的反映出内蒙古科技馆科普公共服务存在的问题。根据调查问卷可以大致归纳出内蒙古科技馆科普公共服务方面存在以下四方面问题：

① 科技馆内部标识不清楚。

科技馆内最广泛的信息传递媒介就是科技馆内部的标示，标识相比于文字说明更加形象直观，不受语言、文字、国家、年龄的限制。更有利于国际交流，也更方便低龄儿童及残障人士参观。标识最本质的特性就是其功能性，建设一套符合本馆特色，功能强大、清晰准确兼有科普性、趣味性的标识系统对于科技馆的建设发展具有极其重要的作用。

本次调查共发放 200 份内蒙古科技馆观众调查问卷 B 卷，收回 113 份问卷。其中 50.43％的观众认为科技馆各类标识或指示牌不清楚，于内蒙古科技馆一楼大厅的公众服务中心，每天接待大部分的观众问询都是询问存包处在哪，卫生间在哪，饮水处在哪，某某展厅在哪里等问题。这种状况也体现出内蒙古科技馆目前的路标或指示牌不够清楚。

② 不开放的展品数量较多。

内蒙古科技馆自开馆以来一直面向所有公众实行免费制度，充分体现出科技馆的公益性、非营利性及开放性特点。科技馆科普公共服务的初衷和核心内涵是“教育”。科技馆与博物馆的不同之处就在于博物馆静态展品居多，而科技馆互动性展品居多，相当一部分展品无法正常使用或者工作不稳定，有的还贴上了“正在维护”的标签，展品不易操作直接影响观众的体验效果。

展品是科技馆的核心和灵魂，目前内蒙古科技馆很多展品因为各种原因而不能正常开放，

---

① 毛彦芳，内蒙古科技馆。通信地址：呼和浩特市新城区北垣街与东二环交汇处科技馆。E-mail：myf0317@163.com。

这个问题在此次调查问卷中也有突出的体现,很多观众反映展品故障率高,无法正常使用,是一种资源浪费,影响参观体验效果。还有一部分展品开放限时限人数,开放时间短而且比较集中,观众一次参观不可能同时体验。还有展品说明不清楚,难以指导观众实际操作。影响观众体现效果,在此次调查问卷中,开放性问题的填写率并不高,但其中28.57%的观众认为展品不能使用的较多,应及时维修,不断更新、更换展品。

③ 服务质量有待提升。

内蒙古科技馆作为少数民族地区重要的公共科普教育场所,面对的观众则是不同民族、不同年龄层次,不同文化程度的所有社会公众。由于不同观众对科学知识的了解程度及对展示教育的接受方式不尽相同,各种不同层次观众的兴趣点和需求点不尽相同,比如有些观众到科技馆参观想找讲解员进行全面系统的讲解,他们认为科技馆也应该像一般博物馆那样对展品有一个系统的讲解才能达到参观的目的,有的则喜欢自己随性的参观体验和探索,科技馆科普教育要达到预期的效果,就需要辅导员及时发现了解不同观众的需求及兴趣点,针对不同观众群体采用不同的辅导方式。目前内蒙古科技馆的讲解服务只针对团体,很多普通观众也有讲解辅导的需求,在观众体验展品遇到困难的时候,科技馆工作人员主动服务意识欠缺,不能满足观众多样化的科普服务需求。

④ 可持续发展动力不足。

内蒙古科技馆开馆初期可以用空前火爆、一票难求来形容,高峰期观众排队平均需要2个小时才能进馆参观,内蒙古科技馆开馆一年半的时间,观众人数已由周末节假日每日上万人次降至3 000～4 000人次,周三至周五每日在1 000人次左右。虽然说这种情况与呼和浩特市区常住人口有限,流动人口不足有关。我国其他省市科技馆也普遍存在这种问题,通常在一座科技馆开馆时,观众参观十分踊跃,但仅仅一两年,观众人数就开始下降,科技馆的展品更新缓慢,又没有丰富多彩的科普活动来吸引观众,参观过一两次的观众就不愿意再来了,这种重展轻教的结果就是导致科技馆持续发展动力不足。

2 内蒙古科技馆存在问题的原因分析

(1) 各类标识设计不够系统完善

科技馆内部标示是科技馆最广泛、出现频率最高,同时也是最关键的视觉元素。对于促进科技馆公共服务水平的提高,创建和完善一套符合科技馆特色的标识导视系统就显得尤为重要。一套成功的标识导视系统可以给公众提供有效的视觉线索,帮助公众准确定位当前位置并识别目标及路线.内蒙古科技馆是一个异型建筑,馆内东区三层,西区六层,电梯间,楼梯间综合交错,不仅是普通观众,就连科技馆人员也有如走迷宫,找不见路的事情时有发生。室内场馆常用的也是效果最好的吊装标识,在内蒙古科技馆却没有。由于内蒙古科技馆场馆属于异型建筑,内部空间大部分层高较高,稍有空气流动就会导致吊装标识晃动严重,因此不适合安装吊装标识。同时又缺乏地面标示等有效的补充,导致公众满意度较低。

(2) 展品维修、维护、更新能力不足

科技馆最核心的科普教育手段是展览,展览的核心是展品,展品的质量和体验效果直接影响科技馆在参观观众心中的形象。观众走进科技馆参观,发现很多展品无法正常使用或者不能随时面向公众开放,难免影响公众的参观情绪。内蒙古科技馆展品开放率低是原因是多方面的，本章试以内蒙古科技馆最受公众欢迎的“探索与发现”主题展区为例，分析造成展品开放率低的原因。

① 展品损坏率太高，但修复能力有限。

内蒙古科技馆自开馆以来，一直实行免费开放，据内蒙古科技馆服务中心统计，如遇周末及五一、十一等法定假期，每天接待观众达到人数 1 万以上，观众人数剧增，给科技馆的运营管理带来巨大压力，部分展品存在故障或反应迟缓的现象，部分观众急于看到效果，会反复按压开关暴力操作，导致展品电机被烧坏或机械损坏的情况频繁发生，根本来不及维修。虽然展品完好率达到 92.86%，但长期开放并可以体验的展品只占 88%，损坏的展品及仅向团队开放的展品多数体量大，占地面积大，散客观众在该展厅参观时感到不能体验的展品较多，导致观众对内蒙古科技馆整体满意率不高。

② 展厅工作人员不足，导致部分展现无法开放，或只能定时开放。

高空自行车展项开放时需要同时配备三名工作人员，由于人员不足，此展项也长期不开放。电磁大舞台及全息音响屋两个展项仅对团体开放，360 度自行车展项虽然是定时开放，每次只能一个人体验，每天开放时间不足 1 小时，接待观众极其有限，多数观众不能体验到。根据科技馆建设标准中展览面积每 200 m^2 应配备 1 个工作人员，该展厅至少应配备工作人员 15 名。目前该展厅共配备工作人员 12 人，每组 4 人，分为 3 组，采取三班倒制度，两组在岗一组休息。也就是说该展厅长期保障 8 名工作人员在岗，平均每名工作人员的人员要看管 12.25 件展品，该展厅在高峰期要接待上千名观众，指导每位观众正确操作明显不现实。观众的错误操作暴力操作则导致展品损坏加剧。

③ 欠缺对公共科普场馆运行的相关制度支持。

据公开资料显示，国外科技馆常设科普展品一般每年的更新率达到其建筑规模的 15%～20%，我国科技场馆的更新率一般为建设规模的 10%。根据 2007 年颁布的《科技馆建设标准》规定，科技馆年更新率不低于 5%。内蒙古科技馆的性质为自治区直属公益一类事业位，经费由地方财政全额拨款，目前没有任何自营收入。内蒙古科技馆每年的运行管理费全靠自治区财政支持。同时，受制于预算，科技馆无法根据社会科技热点灵活开展相应的科技活动及更新展品，无法突破预算维修或补充受损的展品。没有相应的科普场馆运营制度保障，日常运行都捉襟见肘，更难实现展品的定期更新，也很难提高科技馆的科普公共服务水平。

科技馆作为公益性场馆，实行免费开放，但是开放的社会效果如何，目前没有一套科学系统评价体系，人员工资是地方财政拨付，但是对科技馆科普服务效果欠缺具体的目标任务及评价奖励制度。

(3) 公共科普服务绩效机制不健全，缺乏科普队伍素质提升的系统和通道

由于内蒙古科技馆属于公益性事业单位，虽然也在不断追求科学管理、现代化的管理，但是从管理体制、人事制度、分配制度上还停留在计划经济的模式中，还有很多与现代科学管理、绩效管理、目标管理要求不相适应的地方，如人事管理上的“铁饭碗”制度，干部任用上的终身制、分配上的大锅饭等现象。内蒙古科技馆现有职工 149 人，其中 41%是编制内人员，59%是以政府购买服务的方式聘用人员。对于编制内人员，绝大多数是专业技术岗位，除了领导及正副部长之外，其他工作人员的工资薪酬仅和职称挂钩，只要按时出勤，就会拿到全额的工资，工资收入和工作效率及工作成果并无太大关系。以政府购买服务方式聘用的工作人员虽然是企业编制，绩效管理相对灵活，但也存在一定问题，现在虽然根据部门设置了不同的绩效工资标准，但是没有细化到个人，相同部门不同岗位不同工作量没有体现出工资薪酬的不同。而且聘用人员工资待遇在当地居于中等偏下水平，同时由于没有稳固的职业保障，因此聘用人员当中相当部分员工工作热情不高。加之职业发展前途不明，管理岗位有限且流动性不频繁，人员晋升困难。在现行的体制机制下，很多工作人员服务意识不强，参观者对员工的评价未纳入绩效考核中，员工的服务质量没有量化的考核标准，所以员工主动服务的意识淡薄，积极性不高。

(4) 科技馆持续发展动力不足

科技馆是开展科普教育活动的重要场所，其基础和核心是常设展览。科技馆的展品不同于博物馆以静态展示为主，多数都是互动性展品，免费开放带来大量的观众参与体验，日常运行维，修维护需要投入大量的资金，一旦经费跟不上，展品的维修维护就面临停滞，其他科普活动也无法开展。由于科技馆常设展览投资是政府一次性拨款，后续的展品更新则需要重新进行经费审批。伴随着展品老化损坏日益严重，新的科学，技术不断发展，仅靠常设展览吸引观众很难持续发挥科技，馆的科普服务功效，观众在来过一两次科技馆之后就没有兴趣再来科技馆参观。科技馆休闲娱乐功能没有很好发挥出来，不能满足观众参观以外的需求。科技文创产品的销售是一块空缺，没有让观众将科技馆带回家。科技馆的社会效益不高，科普活动不够丰富，吸引展览以外观众来馆进行科普教育活动能力不足。

3 内蒙古科技馆科普展览公众服务的对策研究

(1) 满足服务对象需求

① 改善馆内环境。

改善馆内参观环境，解决观众意见集中的问题。首先应改良科技馆内部标识系统。内蒙古科技馆标识应具有功能性、艺术性、科普性、准确性、趣味性于一体，使参观者进入内蒙古科技馆，不论哪里都能够找到自己的位置和所要到达的目的地。建立科学完善的科技馆导视系统，方便，快捷，用尽可能少的语言指引观众到达他们的目的地。设计出易于浏览、设计连贯、信息清晰、简洁明了、易于识别方向、面向所有观众，提供电子或实物地图或目录。在交通节点，应提供清晰，简单，但有限的导航选择，以便指导观众去想要去的地方，不受太多复杂的信息混淆干扰。每一个展厅入口处或交通节点处都应该有一个总地图或目录，并明确标识当前所在位置。

② 提高展品开放率。

加强展品维护管理，提高展品运行稳定性。互动体验型展品是科技馆最受欢迎的展品，同时也是最易损坏、最难管理的展品。要想提高展品的运行稳定性，必须切实加强展厅管理及巡查力度，提高工作人员的责任心，落实展品损坏、丢失的管理责任制度。针对展品本身来说，最初的设计环节就应该考虑到观众不当操作导致机械损坏的问题，在选材上尽量采用抗冲击耐磨损的材质，同时在维护管理过程中多观察观众的不当操作的动作，研究观众暴力操作的心理，采取针对性进行展品设计改造或加装辅助性装置，以限制展品的受力大小、方向、速度等因素，保障展品持续稳定运行。

提高科技馆自身展品维修水平。当前，我国科技馆事业迅猛发展，展品制作公司纷纷创建发展，但是科技馆展品设计制作仍然算是新型行业，诸多的展品制作公司良莠不齐，展品也多是单体设计单体制作，没有相关国家质量标准约束，展品质量上难免存在各种问题，通用备件也不充足。科技馆展品所涉及的学科种类多，涉及声光电磁、机械、计算机等，维修工作量大，技术难度高，不仅需要较高的技术水平，还需要广泛涉猎各学科的专业知识。应提高科技馆自身的展品维修水平，有计划的组织厂家及相关专家对展品维修人员进行培训，开展业务交流，培养维修骨干力量，以保障科技馆展品展项正常稳定运行。

增加展厅辅导力量，提高展厅辅导水平。科技馆辅导员作为科技馆展厅连接展品与观众的纽带，起到非常重要的作用，展厅的展品是大部分都是一次性投资，很难做到二次改造，展品要想长期稳定开放，展厅辅导员数量是硬指标。科技馆的展品以参与互，动性为主，对科技馆的展厅辅，导员的要求也和展览馆或博物馆的要求不同，科技馆辅，导员要建立观众和科技馆之间的友善关系，解决观众在参观体验过程中存在的各种问题，引导观众正确操作，建立科学的思维。增加展厅辅导力量，提高展厅辅导水平才能更好的满足观众对科普服务的需求。

内蒙古科技馆现有展厅辅导员 53 人，占总人数的 40.46%，通过调研发现，相当多的工作人员不愿意担任展厅辅导员，原因是展厅辅导员工作辛苦又平凡，周末、节假日还不能陪伴家人。建议建立科技馆全员讲解辅导培训制度和行政人员节假日展厅值班制度，要求科技馆所有职工都要掌握全部讲解辅导内容，这样不仅可以选拔出更多优秀的讲解辅导人才，增加了展厅辅导力量，而且还可以执行更灵活的展厅调休制度，使展厅辅导员工作时间更加人性化，周末、节假日能有调休机会陪伴家人，解除科技馆辅导员的后顾之忧，使辅导员有良好的心态和状态对待观众，对待辅导工作。

③ 开展丰富多彩的科普教育活动。

科技馆的核心是常设展览，但开展丰富多彩的科普活动，是科技馆科普服务的必要工作，也是科技馆可持续发展的不竭动力。内蒙古科技馆现已开馆 4 年，展品更新基本为零，单靠常设展览已很难吸引观众了，必须开发一系列适合各个年龄段的科普教育特色活动，才能使科技馆源源不断的吸引公众，更好的服务于公众。

科技馆是启迪人类科学思想的，不仅要让观众知道是什么，更要让观众思考为什么。这一方法强调的是主动学习。美国教育心理学家布鲁纳提出：要以培养学生的探究性思维为目标，使学生根据前人已经总结出来的间接经验进行“再发现”，不仅让学生知道是什么，还要让学生去探究“为什么”。科技馆教育资源丰富，包括展品、实验室、各种教具，学生可以亲手操作体验。和学校正规教育不同，科技馆的科普教育活动没有学习压力，不是枯燥的灌输式教育，而是鼓励青少年自主探索发现，科技馆的教育目的不仅是要传授知识，更要传播科学的方法、启迪科学的思想。让青少年在内蒙古科技馆真正体会到科学的乐趣和魅力。

开展高质量的科普教育活动，拓宽科普服务的深度和广度，可以借鉴兄弟科技馆好的科普教育活动经验，也可以引进一些相关课程资源，以实现科技馆的可持续发展，与当地各大高校科研院所联系提供专业技术支持，组织人员开发特色课程。要重视科技馆展品的二次开发，改变“只展不教，重展轻教”的倾向，加强场馆非正规教育比重，倡导深度教育。

正在开展的内蒙古科技馆科学实验室课程就是科普活动有益的尝试，针对不同年龄段孩子开授的机器人实验室、模型工坊、创客实验室三大课程体系的对少年儿童非常有吸引力。科学实验室课程包括搭建、拼装、编程等内容的学习，教会孩子使用各种数字化工具，采用探究式教学，注重培养学生跨学科解决问题的能力、团队协作能力和创新能力等综合素质。下一步还应该深入设计课程，让更多的公众接受到优质的科普教育。

④ 增加对公共科普场馆运行的相关制度支持。

纵观内蒙古科技馆开馆以来的运行情况与公共科普服务效果，取得了一定的成绩也同时存在一定的问题。在经费来源方面，主要存在缺乏运营经费保障、资金来源单一，缺乏支持社会力量资助科普场馆的鼓励性制度。

国外科技馆在此的方面经验值得我们学习借鉴，发达国家的科普场馆经费，来源一般有多种，其中政府投资占大部分，也支持科普场馆自营创收，同时鼓励科普场馆，从企业、各种基金会及其他社会渠道争取科普经费，鼓励私人捐助，并配套了减免税收的政策支持。

对于内蒙古科技馆，当务之急是在做好现有科普服务的同时，拓宽科普经费来源，采取如儿童乐园等部分展厅收取门票、开发科普文化创意产品，特色纪念品售卖、提供有偿讲解服务、开展有偿科普教育培训等方式积极创收，积极与企业合作，多渠道吸收社会资金助力科普事业发展。

地方政府应该对科普场馆的社会效益进行科学系统的评估，制定合理的发展规划，建立科普场馆绩效评估制度，确保科技馆切实发挥科普功能。

(2) 搭建服务交流平台

① 建立公众意见反馈机制。

建立公众意见反馈机制，是提升科技馆科普服务质量非常重要的一个环节，可以说检验科技馆科普服务质量的最直接、最真实、最权威的标尺和最可靠的依据就是公众的反馈信息。建立一套信息畅通的公众科普服务反馈渠道和行之有效的反馈机制，才能真正起到联系公众，服务于公众的目的。可以在展厅及公共空间醒目的地方安装意见箱或意见簿，设置热线电话，定期进行观众满意度调查，在微信公众号及科技馆网站，app 等渠道设置专门栏目，与公众开展交流，广泛听取公众意见，落实观众意见收集、整理、上报及反馈制度，及时根据公众建议调整科技馆运行管理规划及决策。

② 加强数字科技馆建设。

伴随计算机的普及和互联网的发展，科技馆应该利用好互联网这块科普教育阵地，把科技馆的科普服务功能发挥到八小时以外，为公众提供更便捷的公益性科普服务。使广大公众特别是旗县地区及偏远农牧区的青少年可以足不出户接受优质的科普服务，随时随地坐在家中就可以模拟走进科技馆，体验科学的奥秘。数字科技馆就是要利用虚拟现实、视频动画、互动实现等先进技术，对实体科技馆进行内容上的补充，发挥数字科技馆独特的科普作用。观众到实体科技馆参观，有时会受时间、体力、定时开放、人多等多种因素限制，并不能深入的了解每项展品背后的科学原理和所要表达的内涵。对于常出故障或不受欢迎的展品也很难做到及时更换淘汰，开发设计制作新展品成本巨大，需要投入大量经费，经历层层审批，耗时耗力。而在数字科技馆开发新展品比较起来就灵活、方便、容易的多。比如数字科技馆可以更及时的抓住时事热点进行科普，观众在其间也可以发表意见产生互动，进而激发观众了解科普知识，参与科普讨论的热情。

③ 加强微信公众平台及科技馆 App 建设。

科普场馆作为普及科学知识、传播科学思想、启迪科学智慧的前沿阵地，体现了新技术、新思维的最新应用成果和未来发展方向。在新媒体时代，科技馆的科普服务也必须与时俱进，微信作为新媒体时代最重要的一种交流工具，在科技馆与公众之间也是一条重要的交流通道。新媒体具有信息储存量大、时效性强，传播形式灵活、传播速度迅捷等优势。新媒体不仅可以通过文字和图片传递信息，还可以通过音频、视频等形式，给人们带来更多视听感受。

微信公众平台不仅可以推送科普文章、介绍展馆概况、展厅信息、交通信息、参观指南、展品的科学原理和相关知识、发布馆内活动，还能够提供地图导览、电子讲解、门票预约等服务，并且可以和观众交流，及时了解观众的需求。内蒙古科技馆的微信公众平台已经成为公众与科技馆连接的重要媒介。科技馆 App 的开发同微信公众平台的功能基本相同，手机 App 的内容更加全面，界面更加绚丽，公众可以主动选择，用户体验更好，但是需要依靠二维码或第三方应用市场传播，而微信公众号更加方便简洁，易于推广。通过调查问卷可以看出，微信公众号是目前观众最喜爱的科普交流渠道，科技馆的科普公共服务应该以观众的需求为导向，用好科技馆微信公众平台。

④ 开发科技馆科普文化相关衍生商品。

科技馆承载着科普教育的重要职责，要想对公众产生更深远的影响，引导公众养成科学的思维方式和价值观念，应该从公众的消费需求出发，推广具有自身特色的科普文化及其衍生品。科普文化衍生商品也可以说是科技馆科普教育的最后一个展厅，它将科普与生活紧密连接，是科技馆与公众最好的纽带，使科技馆的奇妙有趣的科普展品与实用性的商品相结合，它既能满足公众对物质上的基础需要，又能够在一定程度上启迪公众科学精神，让观众将科技馆里的感受体验延伸到日常生活中。科技馆可以根据展厅展品开发微型版科普展品模型，如正交十字磨、电磁感应模型、牛顿摆等。也可以是科普读物、科普音像制品和儿童的科学启蒙图书、利用科学原理开发的科普玩具，如盐水电池车、蒸汽引擎等。以及科普场馆特色的纪念品、带有科技馆品牌的文创产品、3D 打印模型、科学实验课程资源包，以及利用 AR 和 VR 技术研发的科普玩具等。

科普文化相关衍生商品可以把科普教育功能从科技馆内向科技馆外不断延伸。科技馆应在充分做好市场调查，合理分析市场需求的前提下，应立足于自身优势，加大对科普展品的科学内容的挖掘，寻求创意设计来源。从观众的消费需求出发，丰富产品种类和形式，开发具有一定特色的科普文创产品。

(3) 提升服务质量水平

① 建立健全内部管理机制。

为参观者提供，舒适的环境，便捷的服务，多样化的展品，并能够让参，观者感受到“以趣，激情，寓教于乐”，满足参观者日益提高的参，观要求，科技馆必须加强监督与考核员工的服务效果，在制定管理考核，机制时，要坚持以人为本，以服务参观者为宗旨，使其，科学化，合理化、规范化，具有可操作性，实现科技馆的人性，化管理，将参观者对员工的评，价纳入对员工服务考核结果，并将其与员工工资，奖金进，行挂钩，以此来提高员工的主动性，积极性，促进服务工作质量的提升。

② 加强人员培训。

科技馆的展品涉及天文、地理、物理、化学、数学、生物、自然等各学科知识，来参观的公众有老人有孩子，有知识分子也有农民工，不是所有人都能通过观看展品的说明牌就能明白展品所蕴含的科学知识和科学原理，有展厅辅导员的帮助和辅导才能更好的理解展厅内每件展品所蕴含的科学知识和科学原理进而激发出热爱科学、探索科学的情感态度。科技馆科普辅导员不能只是背熟讲解词，必须提高学术水平，通过各种专业性培训，深入了解展品原理，知其然更知其所以然，全面掌握展览内容及其相关的背景知识。同时增强综合素质，学习教育学、心理学、管理、礼仪等各类知识，及时了解掌握科技前沿信息及社会动态，更好地服务于参观者。

③ 提高讲解人员主动服务意识。

目前,内蒙古科技馆的讲解服务只针对领导及同行,展厅里虽然配备展品辅导员,但是不为公众提供讲解服务。现在各种高科技的讲解工具已经在科技,馆被普遍应用,例如科技馆App及微信公众平台,每件展品上也都贴有二维码,观众扫码后能够听到展品原理及操作讲解。但科技馆辅导员的讲解辅导仍然是服务于公众的重要手段。因为科技馆辅导员在展厅中能够直接接触到公众,能够了解到不同受众的不同需要,能够带着感情和公众交流,这是任何高科技手段所无法超越的。科技馆辅导员的职责,第一要务是科普教育服务,然后才是展品的维护。把每一位观众当作自己的朋友来对待,让观众感受到科技馆工作人员的真诚和热情,和观众建立起良好和谐的关系,这样既可以减少不文明行为和暴力操作,更能使公众对不熟悉的展品产,生兴趣,激发探索,科学的热情。

(4) 改善服务方式方法

① 建立健全志愿者服务制度。

科技馆科普服务力量不足还可以通过招募科普志愿者的方式解决。志愿者通常分为两类,一类是以在校中学生、大学生为主的青少年志愿者,科技馆受众对象以青少年为主,青少年到科技馆参观过程中更愿意与同龄人交流分享,青少年志愿者在科技馆提供科普服务不仅对自身是一种提升,同时也很受公众的欢迎。另一类是以高校退休教师、科学家为主体的志愿者,这类志愿者有充分的科技知识储备,对教育事业有责任心有热情,是科普服务非常宝贵的社会资源。但这部分人很难吸引到科技馆来志愿服务,需要政府在制度层面上予以支持,比如对这部分高知高薪又愿意服务社会服务科普的人才予以税收上的减免,同时加强宣传,提供一定的荣誉,如全国、全区、全市十大科普贡献人物等奖项。建立健全志愿者服务制度,吸引社会力量到科技馆参与讲解服务,是对科技馆现有服务力量的有效补充。制定严格的志愿者面试选拔制度,加强志愿者岗前培训,培训的内容应包括服务宗旨、上岗纪律、礼仪规范、展品知识等几方面,培训考试合格方能上岗。同时要加强对志愿者的管理,对未在规定时间完成志愿服务的人员予以清退,建立志愿者奖励表彰机制,对在科技馆志愿服务中态度积极、表现突出或作出重要贡献的个人或团体给予表彰,并加强宣传,以此激励更多的志愿者来支持科技馆科普事业的发展。

② 创作科普剧及科学表演秀。

科普剧及科学表演秀是将情境教育、过程教育和体验教育相融合的一种科普模式。科普剧或科学表演秀通过艺术的表现形式将科学原理和科学实验带入剧情之中,让观众在欣赏演出的同时学到科学知识,同时调动人的视觉、听觉、触觉等多种感官,使公众在轻松愉悦的氛围中与科学近距离接触,将枯燥的科学知识通过寓教于乐的形式润物细无声的浇灌到公众的心中。通过调查问卷结果可以看出,公众来科技馆参观的目的以休闲娱乐为主,科普剧或科学表演秀的科普形式更贴合公众的需求。科技馆创作编排的《神奇的蒙医正骨术》《通往净土》《神奇的液氮》《光路》等科普剧及科学表演秀就是很好的尝试,在内蒙古科技馆剧场表演多场,受到公众的一致好评。科普剧作为科技馆的科普产品与活动,科技馆应该充分发挥科普资源优势,与中小学课程标准相结合,进行教育资源的二次开发,创作出更多更好的紧贴青少年生活的科普剧及科学表演秀,并将其作为科技馆里的常态化教育活动,为科技馆科普公共服务带来持续不断的生机活力。

③ 开展科普进社区、进校园活动。

内蒙古科技馆作为少数民族地区的科普教育场所,在青少年科普教育中发挥了积极的作用，但是全区广大农村、牧区、乡镇、嘎查的青少年没有条件走进科技馆，科技馆的科普教育功能还没有充分普及到最需要科普的人群中去。要充分发挥科技馆的科普教育功能，利用好科技馆的科普教育资源，就要走出去，深入社区、校园开展各种形式的科普教育活动，将科普大篷车便携科普展品、展板、科普剧及科学表演秀、科普讲座、科学实验课程等科普服务带进社区、校园、偏远农村牧区等最需要科普的地方和人群中去，让不方便来科技馆参观的公众也能体验到科技馆的科普服务。深入开展馆校结合，拓宽科技馆进社区、进校园活动形式，开发利用当地社会资源，培养学校科普辅导力量，让科技馆的科普教育发挥出越来越大的作用。

④ 开发具有科技馆特色的科普夏令营、冬令营活动。

随着社会发展和人民生活水平的提高，夏令营、冬令营已经成为青少年假期的重要教育途径。2013年国务院办公厅发布的《国民旅游休闲纲要（2013－2020）》明确要求逐步推行中小学生研学旅行，鼓励学校组织学生进行寓教于游的课外实践活动，提升旅游休闲产品科技含量等内容。科技馆拥有丰富的科普资源，开展具有科技馆特色的科普夏令营、冬令营也是为普及科技知识、提升科学素质、锻炼自理能力和团队协作能力的非常有益的科普教育方式，也是对学校教育的有益补充。科普夏令营、冬令营能够充分调动青少年学习科学的积极性，激发青少年探索科学奥秘的兴趣。读万卷书不如行万里路，到野外进行动植物、矿物、地形地貌科考，动手收集、制作标本、天文观测这些活动远比书本知识更能深入人心，通过科普夏令营、冬令营实现了体验式学习，可以真正达到“知行合一”的教育效果。内蒙古科技馆在2017年、2018年开展了“少年派的西北漂流记”“草原沙漠研学游”，2020年开展了“火山主题研学活动”等有益的尝试，在夏令营中既有野外科考、各种科普手作活动，也有参观体验不同的科普展馆，实现了让青少年亲近自然、融入社会、体验生活，在游中学，游中思，游中研的科普教育目的。今后还应该与兄弟场馆合作，将夏令营、冬令营活动作为载体，继续大力开发一系列适合不同年龄段的不同主题，不同路线的活动，提高夏令营、冬令营实践体验活动的质量和深度，让科技馆的科普教育功能得以充分发挥。

如何把内蒙古科技馆的公共科普服务做到极致，真正达到国内领先，西部一流的建馆理念，还需要不断的调整改进。本文通过对观众调查了解，得出以下结论：一是要满足服务对象需求，根据调查问卷结果采取措施改进不足。例如为参观者提供舒适的环境，便捷的服务，及时维修更新展品、提高讲解人员主动服务意识及开展丰富多彩的科普活动。二是要搭建服务交流平台，建立公众意见反馈机制，加强数字科技馆建设，开发建设科技馆微信公众平台，利用AR及VR技术开发科技馆展品相关衍生商品。三是提升服务质量水平，建立服务绩效评估机制，加强人员培训。四是改善服务方式方法，建立健全青少年志愿者服务制度，建立健全以高校退休教师、科学家为主体的志愿者服务制度，创作科普剧，开展科普进社区、进校园活动，开发具有科技馆特色的科普夏令营、冬令营活动等。

内蒙古科技馆作为少数民族地区重要的科普教育阵地，在普及科学技术，提高公众科学素质中肩负着重要的历史使命。内蒙古科技馆应当始终把公众科普服务摆在首位，要以提高公众科学文化素质为重要目标，努力满足人民日益增长的科学技术文化需求，以社会化、市场化、群众化、经常化的活动为主要形式，以科普设施为载体，以科普队伍为主要力量，开展丰富多彩的科普教育活动，为青少年播下一个科学的种子，打开一扇科学的窗户，构筑一个科学的梦想。充分发挥公共科普服务的社会作用，吸引更多的人走进科技馆，在科技馆自觉、乐意的学习和接受科学知识、科学方法、科学思想和科学精神，从而达到提高公众科学素质的目的。

附　录

内蒙古科技馆观众调查问卷 A

亲爱的观众朋友：

您好！为了提升内蒙古科技馆的公共科普服务水平，提升我馆整体的教育性，让您在更加舒适的环境中互动、学习和娱乐，请您填写调查问卷，以便于我们做出相应的改进，我们对此将不胜感激。此调查仅用于科学研究及数据统计，请您放心如实填写。

(1) 个人基本信息：

1. 您的年龄____周岁
2. 您的性别（男/女）
3. 您的文化程度（　　）
   A. 小学　B. 初中　C. 高中　D. 大专　E. 本科　F. 硕士及以上
4. 您的职业（　　）
   A. 学生　B. 职员　C. 管理人员　D. 教师　E. 专业技术人员　F. 其他____
5. 您的住处（　　）
   A. 呼和浩特市　B. 内蒙古自治区其他盟市　C. 其他省市____　D. 国外
6. 您是第几次参观内蒙古科技馆？（　　）
   A. 1次　B. 2次　C. 3—5次　D. 5次以上
7. 您来内蒙古科技馆参观的主要目的（　　）？［可多选］
   A. 了解新的科学知识　B. 开阔视野　C. 作为研究资料　D. 素质拓展
   E. 参加科普活动　F. 亲子游　G. 休闲娱乐　H. 其他

(2) 关于展项：

1. 您认为内蒙古科技馆展示的内容有趣吗？（　　）
   A. 非常有趣　B. 比较有趣　C. 一般　D. 趣味性不强　E. 非常没趣
2. 您认为内蒙古科技馆的教育性怎么样？（　　）
   A. 非常强　B. 强　C. 一般　D. 不强　E. 非常差
3. 您在参与展项互动时，感觉展项容易操作吗？（　　）
   A. 非常容易　B. 容易　C. 一般　D. 不容易　E. 非常难
4. 影响您参与部分展项互动的原因是什么？（　　）［可多选］
   A. 展项趣味性不强　B. 展项教育性不强　C. 展项操作说明较为复杂
   D. 展项操作难度较大　E. 参与展项需要排队等待　F. 不了解展项的开闭时间
   G. 展品损坏　H. 其他
5. 关于展品的介绍文字或展品相关科学知识，您通常是：（　　）
   A. 先看介绍，再体验　B. 先体验，不懂了再看介绍　C. 只玩展品，完全不看资料
6. 当您或您的孩子在参观过程中遇到不理解的问题时，您的解决办法是什么？（　　）
   A. 自己看文字说明　B. 听语音导览　C. 现场用手机查询相关信息
   D. 向工作人员请教　E. 向身边的人请教　F. 记下来，回家查资料弄明白

G. 不懂就算了　　H. 其他您想到的____

7. 您/您的孩子能完全理解展品包含的科学知识吗？(　　)

A. 少部分能理解　　B. 大部分能理解　　C. 全部能理解

8. 您希望内蒙古科技馆以什么形式来辅助您更好的理解和体验？(　　)

A. 科技馆服务人员讲解　　B. 手机APP智能讲解　　C. 语音导航

D. 通过互联网进行深入理解　E. 不需要　　F. 其他____

9. 您认为内蒙古科技馆的展示内容对您学习的课程有帮助吗？(此项请学生回答)(　　)

A. 很有帮助　　B. 较有帮助　　C. 有些帮助　　D. 没有帮助

10. 如果没有,您认为我们应该怎样做才会有帮助呢？(此项请学生回答)

内蒙古科技馆观众调查问卷B

亲爱的观众朋友：

您好！为了提升内蒙古科技馆的公共科普服务水平,提升我馆整体的教育性,让您在更加舒适的环境中互动、学习和娱乐,请您填写调查问卷,以便于我们做出相应的改进,我们对此将不胜感激。此调查仅用于科学研究及数据统计,请您放心如实填写。

(1) 个人基本信息：

1. 您的年龄____周岁

2. 您的性别(男/ 女)

3. 您的文化程度(　　)

A. 小学　　B. 初中　　C. 高中　　D. 大专　　E. 本科　　F. 硕士及以上

4. 您的职业(　　)

A. 学生　　B. 职员　　C. 管理人员　　D. 教师　　E. 专业技术人员　　F. 其他____

5. 您的住处(　　)

A. 呼和浩特市　　B. 内蒙古自治区其他盟市

C. 其他省市　　D. 国外

6. 您是第几次参观内蒙古科技馆？(　　)

A. 1次　　B. 2次　　C. 3—5次　　D. 5次以上

7. 您来内蒙古科技馆参观的主要目的(　　)？[多选题]

A. 了解新的科学知识　　B. 开阔视野　　C. 作为研究资料　　D. 素质拓展

E. 参加科普活动　　F. 亲子游　　G. 教育娱乐　　H. 其他

(2) 关于服务及配套设施：

1. 您对展区工作人员的服务满意吗？(　　)

A. 非常满意　　B. 满意　　C. 一般　　D. 不满意

E. 非常不满意

2. 如果您认为不满意,请问有哪些地方需要改进？(　　)

A. 工作人员的态度　　B. 工作人员的专业知识

C. 工作人员的外貌及着装　　D. 工作人员的效率

3. 您认为各个路标或指示牌内容清楚准确吗？(　　)

A. 非常清楚　　B. 比较清楚　　C. 一般

D. 不清楚　　E. 非常不清楚

4. 如果您认为不清楚,您觉得路标或指示牌对哪些地方的指示不清楚?(　　)

A. 展项　　B. 剧场　　C. 展馆　　D. 影院

E. 临展区　　F. 餐厅　　G. 卫生间　　H. 休息区

I. 其他____

5. 参观时,您希望从何处得知科技馆展览服务信息?(　　)

A. 馆内海报、宣传单　　B. 短信　　C. 导览机

D. AP　　E. 场馆内大屏幕　　F. 询问工作人员　　G. 其他____

6. 在内蒙古科技馆内,您参观多久后会安排休息?(　　)

A. 1个小时　　B. 2个小时　　C. 2个小时以上　　D. 不休息

7. 您在馆内休息时一般都会做什么?(　　)

A. 玩手机或其他移动设备　　B. 和别人聊天　　C. 吃东西

8. 您参观科技馆时长,平均每次是?(　　)

A. 1个小时　　B. 2～3小时　　C. 半天　　D. 一天

9. 参观之后,您是否希望通过互联网继续了解此次参观中未看到的展品或没有完全理解的知识?(　　)

A. 是　　B. 否

10. 您希望通过什么方式定期获得内蒙古科技馆的信息?(　　)

A. 内蒙古科技馆网站　　B. 微信公众平台　　C. 短信

D. 邮件　　E. 内蒙古科技馆相关APP　　F. 新闻报道

11. 您对科技馆的哪些展厅或活动感兴趣?(　　)

A. 常设展览　　B. 专题展厅展览　　C. 教育培训　　D. 科学小实验

E. 科普剧表演　　F. 科技项目论证及研讨　　G. 科技创新成果展示　　H. 虚拟互动

I. 学术交流

12. 您愿意再次来内蒙古科技馆参观吗?(　　)

A. 非常愿意　　B. 愿意　　C. 一般

D. 不愿意　　E. 非常不愿意

13. 通过此次参观内蒙古科技馆,您有什么收获?

14. 您希望内蒙古科技馆有哪些改进?

主题 3

特色教育活动的开发与实施

面向幼儿的博物馆展厅主题讲述的探索与实践
——以国家海洋博物馆为例

白黎璠①

摘　要： 博物馆的藏品、展览及其相关专业人员为博物馆能够提供优质的教育资源奠定了良好的基础，在幼儿教育的社会教育方面应有所作为。展厅主题讲述是一种常见的博物馆教育活动形式，国家海洋博物馆在充分梳理自有资源，充分了解受众特点、教育目标与内容需求的基础上，不断创新推出横纵成网的主题讲述，为幼儿的学习提供更多的选择与更大的成长空间。

关键词： 博物馆；幼儿教育；展厅主题讲述

1　现状与问题

博物馆是为教育、研究、欣赏的目的征集、保护、研究、传播并展出人类及人类环境的物质及非物质遗产的非营利性机构，其宗旨是为社会和社会发展服务。博物馆有教育的功能，有不可替代的原真性见证物，有优雅恢宏的空间，故而博物馆有责任与义务，发挥好自身资源的特色，主动承担更多的教育责任，以实现自身存在的宗旨。教育学家杜威在《明日之学校》中曾说道，教育即生长，教育即生活。教育即经验的继续不断的改造。他认为教育是一种过程，要"从做中学"。而随着社会的飞速发展，博物馆作为学校教育、家庭教育有益补充的社会教育机构这一特质，也得到越来越多的认可与推崇，学校与家庭都更加愿意让孩子们走进博物馆，获得更多的知识与体验。教育部发布的《幼儿园教育指导纲要》也明确要求幼儿园应与家庭、社区密切合作，综合利用各种教育资源，共同为幼儿的发展创造良好的条件。在这样的背景下，博物馆必须要不断审视自身在青少年儿童教育方面的作为。

面对儿童观众，目前国内博物馆提供的主要教育服务为展览讲解、主题课程、主题活动、专属展览等。博物馆的常设展览，充分体现了每个馆的定位、目标、藏品资源，通过参观展览，可以比较迅速而直接的了解这个博物馆期望传达给观众的知识内容。这是观众来到博物馆，最主要的体验，儿童观众亦不例外。有的博物馆的展览讲解，千人一面，没有提供细分受众的针对性服务；有的博物馆在标准讲解的基础上，对讲解语言、讲解时长进行一些改造与提炼，以期适应不同年龄人群的需求。但事实上，除了专门的儿童博物馆外，大部分博物馆的展览在内容体系、知识架构、表达方式上都不可能完全适应甚至可以说是基本不适应儿童，尤其是学龄前儿童的认知方式和接受特点。如何能够使学龄前儿童的博物馆参观，既能较好的传达博物馆

---

①　白黎璠，1983年生，女，国家海洋博物馆筹建办公室副研究馆员，国家海洋博物馆学术委员会主任，毕业于南开大学历史学院文物与博物馆学系，历史学硕士；主要研究方向为博物馆学、展览与社会教育；通信地址：天津市滨海新区海轩道377号国家海洋博物馆，300467，电子邮箱：bailifan817@163.com。

的话语，又能使幼儿获得良好的体验，是非常值得博物馆人思考、探索及实践的问题。国家海洋博物馆成立时间虽然不长，但是在成立之初，就非常重视博物馆在儿童教育方面的作为，一直在不断的努力，致力于实施推广优质的青少年儿童博物馆海洋意识教育，下面就对我们在幼儿展厅主题讲述方面的探索与实践做一些分享。

2 探索与实践

国家海洋博物馆的宗旨目标是通过收藏展示海洋自然与海洋文化历史成果，传播海洋科学文化知识，提升全民海洋意识。博物馆的展览主题为"海洋与人类"，通过海洋自然、海洋人文、海洋科技、海洋生态等展区，全面展示海洋自然历史与人文历史的演化、发展历程及现今的风貌。博物馆的室内展厅面积达 2 万多平方米，已建成开放的常设主题展览多达 11 个，正在建设即将开放的常设展览 3 个，还有 3 个临时展厅及特色鲜明的馆外展区。展览面积大、内容丰富、涉及学科繁多、综合性强、海洋主题突出，是本馆拥有的展示资源的几个主要特性。

庞杂而繁复的知识体系，数量众多且面积巨大的展厅空间，对于幼儿的参观无疑都是极大的挑战。瑞士心理学家让·皮亚杰认为，儿童的思维一般来讲没有成人抽象。他们倾向于把理解基于特定的事例、当时的感觉和能看到或摸到的物体上。同时，儿童也很少使用概况、归类或法则。在充分考虑幼儿认知能力、认知特点及生理因素的基础上，我们将展览的主题和内容进行了拆解与重新归纳，提炼出若干组展厅主题讲述如表 1 所列。主题讲述实施的空间在展厅内，与展览密切相关但又不局限于一个展览。一次主题讲述的时长在 30 分钟之内，用幼儿感兴趣的主题，吸引他们多次前来博物馆聆听、参与。

表 1 国家海洋博物馆针对幼儿的展厅主题讲述(部分内容)

主题名称	主要内容	对应展厅线路
尼莫喊你来帮忙	认知颜色、形状、体量特点突出的珊瑚礁海洋生物	今日海洋
海绵宝宝的谷仓派对	认知动画片中常见的海洋生物	今日海洋
恐龙和它的朋友们	认知恐龙及与它生活在同一时代的其他陆生、水生爬行动物	龙的时代
星球竞赛	比较认知八大行星的大小、颜色、转速	海洋天文

我们初期尝试探索的主题讲述，主要涉及海洋生物、古生物、天文等方面的知识。这些内容，覆盖我们馆最主要的展览内容，是我们的基本陈列中重点想要传达给观众的部分内容。同时，我们认真研读了《幼儿园教育指导纲要》中对于幼儿教育健康、语言、社会、科学、艺术等五个领域的目标、内容与要求，通过主题讲述活动的设计，立足于培养幼儿主动参与活动的自信心、与人交往、合作互助的能力、同情心同理心、理解并遵守日常生活中基本的社会行为规则、不怕困难、对周围的事物、现象感兴趣，有好奇心和求知欲、能运用各种感官，动手动脑，探究问题、能用适当的方式表达、交流探索的过程和结果、能从生活和游戏中感受事物的数量关系并体验到数学的重要和有趣、爱护动植物，关心周围环境，亲近大自然，珍惜自然资源，有初步的环保意识等素质和能力。具体选材方面，我们结合理论研究与开馆试运行以来接待幼儿观众的实际经验，选择了更易受到幼儿欢迎的内容。

下面以今日海洋展厅中的一个主题讲述，尼莫喊你来帮忙为例，做简单分析介绍。今日海洋展厅，通过地球海洋、生命海洋以及保护海洋三大展区，使公众对于海洋中丰富多彩的物种以及各种海洋生态等知识有基本的认知，从而树立公众热爱海洋，保护海洋的生态理念。尼莫喊你来帮忙这一主题讲述概况如表2所列，以幼儿熟悉的动画主角小丑鱼尼莫为引入，科普介绍小丑鱼、蓝倒吊鱼、鲸鲨、海龟、水母五种海洋生物及它们生活的环境与面临的生态问题，从而树立保护海洋生态环境的意识。

内容选择上，尼莫是幼儿熟悉且喜爱的动画片角色，小丑鱼的颜色艳丽，身体有白色条纹，容易引导幼儿进行观察认知。小丑鱼生活的珊瑚礁是珊瑚目动物形成的一种重要的海洋生态系统，为许多动植物提供了生活环境，养活着四分之一的海洋物种。蓝倒吊鱼身上有蓝黑黄三种颜色，尾巴是一个三角形且有一根自我保护的毒刺，其外形和习性都非常利于幼儿观察。鲸鲨是海里“温柔的巨人”，展厅的鲸鲨标本长达9米多，巨大而醒目，背部有独特的星空状的斑点。与鲸鲨一样，玳瑁也是一种濒危动物，可以引导幼儿树立保护海洋生态环境的意识。水母也是幼儿比较熟悉的一种海洋生物，最后会用塑料袋与水母进行外形类比，引导幼儿得知随意向海中抛弃塑料袋对海洋生物们的危害。

表2 尼莫喊你来帮忙主题讲述概况

知识点	小丑鱼	颜色，条纹，生活环境——珊瑚礁
	蓝倒吊鱼	颜色，形状，自我保护工具——毒刺
	鲸鲨	大小，斑纹，进食方式，濒危
	玳瑁	颜色，斑纹，产卵方式，濒危
	水母	颜色，外形，自我保护工具——毒液
情感认知	互相帮助，团队协作；爱护动物，爱护环境	
道具	相关动物手偶，塑料袋	
讲述方法	帮小丑鱼一起找失散的朋友，听他们各自的故事	

这些内容的选择在坚持科学原则的基础上，充分考虑了幼儿对物体的大小、形状、颜色比较敏感的认知特点，既有他们相对熟悉的内容，又有新奇陌生的方面，能够增强对幼儿的吸引力，激起探索的好奇心。主题讲述以帮助小鱼尼莫找朋友的方式串联，运用手偶互动、角色扮演等辅助方式，告知幼儿失散的朋友的外形特点，引导幼儿观察寻找，找到后再一起了解这位朋友的故事。让幼儿在整个主题讲述的过程中不只是被动的聆听、被灌输与接受，而是充满主动性与参与感，在引导中逐步发现，慢慢认知，形成印象。帮助小鱼找朋友的整个环节，也非常利于培养幼儿互助互爱，协作分工的意识。

整个主题讲述，关注了幼儿的颜色、数量、形状认知能力，对熟悉的海洋生物系统了解，对不熟悉的海洋生物探索了解，并培养了互帮互助的协作精神，树立了环保、人与自然和谐共生的理念。

3 愿景与目标

通过策划实施这样的主题讲述，我们首先希望实现的是幼儿从小爱上博物馆，爱上海洋，愿意走进海洋博物馆，来获得新知与体验。能让他们形成博物馆是一个有趣有益的地方的初步认知，在未来的成长阶段，能逐步养成走进博物馆的习惯。在他们的心中播下亲海、识海、爱海的种子。

通过多次参与我们的主题讲述活动，幼儿可以对海洋的诸多方面逐一认知、了解，逐渐初步形成关于海洋多样的知识储备。我们的主题讲述，除了有专门针对幼儿的设计外，还有针对小学低年级、小学高年级和中学生的不同内容。每一个阶段，即使是相同范畴的内容，也对应了不同层次的目标。如果在幼儿阶段，通过多次走进博物馆，参加主题讲述及其他针对幼儿的博物馆社教活动，使得幼儿对海洋知识产生浓厚的兴趣，随着幼儿的成长，逐步接触博物馆提供的进阶版的社教活动，日积月累，对于孩子的知识储备与科学思维形成都将产生极大的益处，也更加利于全面提升国民海洋意识。

对于博物馆从事社会教育的工作人员而言，主题讲述是一种思维与行为的创新，其策划与实施无疑也是新的挑战。在策划的过程中，促使工作人员不断加深对展览的理解、解构，也不断学习幼儿教育方面的理论新知。在此基础上每一个新主题的提炼，都是非常富有成就感的创造性工作。在实施的过程中，生动的演绎，与幼儿的互动，也是不同于普通讲述的新挑战。这样的工作，不仅促使了博物馆社教工作人员的知识更新，能力提升，也更利于他们自我价值的超越与实现，是博物馆激励员工的一种有益途径。

每一个博物馆，都应该热爱并友善对待他的儿童观众，尤其年龄更小的幼儿，他们需要更多的关怀。成长的经历对于每个人都是宝贵的，幼儿阶段的印象可能促使他爱上博物馆，爱上科学探索，对海洋，对未来充满无限向往，他们也的确拥有无限可能。所以，博物馆针对儿童教育的探索与实践，不会停止脚步，愿你我共勉。

对接课标开展科普教育活动的思考
——以“寻找最美的叶子”科学课程为例

叶影[①]　叶洋滨[②]

摘　要：2017 年新的《义务教育小学科学课程标准》的正式实施，为科普场馆开展教育活动指引了方向。为更好开展馆校结合活动，科技馆需要将新课标的要求渗透于科普教育活动中。文章深入分析新课程标准提出的基本要求，结合科技馆的实际情况，基于“对接课标，区别课堂”理念，以浙江省科技馆“寻找最美的叶子”活动进行案例分析，展示科技场馆科学教育活动的设计内涵总结经验，为科普教育活动的开展探索新思路。

关键词：对接课标；馆校结合；科学教育活动；课程设计

1　科技馆对接课标开展科学教育活动的背景

2017 年新的《义务教育小学科学课程标准》正式实施，新课标对小学科学课程设置、内容、教学实施及实施环境等都做了明确的要求，2017 年 9 月起，全国小学科学课程起始年级调整为一年级，每周安排不小于 1 课时，三至六年级的课时数保持不变。明确新增了技术与工程内容，新增对社会与环境的责任，不仅仅是科学技术在现实上的应用，还新增了科学技术对伦理、环境、生活影响的思考。要求科学教师要加强实践探究过程的指导，注重引导学生动手与动脑相结合，增强学生问题意识，培养他们的创新精神和实践能力。

新课标的发布使得科技课的地位大幅度提高，从小学三年级调整到小学一年级就安排科学课，科学课有望成为小学阶段与语数外齐肩的重点科目。强调让学生“动手”和“动脑”相结合，养成通过“动手做”解决问题的能力，这也意味着光动脑不动手的学生时代即将结束。

而科技馆的功能和定位正好符合小学科学课程调整的理念，新课标的修订对于科技馆工作者而言是一个新的机遇和挑战。学校的科学课程理论性较强，过于局限于课本，动脑多而动手少，学习的时间、内容和方法往往被限制。而科技馆具有丰富的科普资源，大量的互动展项、完善的实验设施，丰富的教育资源、与学校相比有资源优势和空间场地优势，更能够带领学生开展体验式学习、探究式学习。

在馆校结合的大环境下，利用科技馆非正规教育机构的优势与中小学科学课程标准相衔接，将场馆教育融入学校教学中，建立“对接课标又区别课堂”的科学活动课程，是馆校合作中的首要任务也是今后科技馆科学课程开发的一个趋势。

---

① 叶影，浙江省科技馆副研究馆员；研究方向：科普活动研发；E-mail：530805850@qq.com。

② 叶洋滨，浙江省科技馆科普活动部部长，副研究馆员；研究方向：科普活动研发；E-mail：35609931@qq.com。

2　对接课标开展科学教育活动的设计思路——以“寻找最美的叶子”科学教育活动为例

(1) 科学活动的设计要充分利用场馆自有资源对接学校课程。

科学活动或者课程的设计开发不能脱离自身科技馆的基础，在进行设计时要充分考察和了解场馆内有哪些可以为我所用的教学资源，各个展区展品的设计理念，有哪些值得挖掘的教育“宝库”。可以邀请老师观摩场馆资源、参与课件实施、探讨课程设计和开展专家对话等形式，馆校双方利用科技馆展品展项资源开掘教育课程，在教案设计阶段要重视与学校科学教师之间的沟通，内容重点包括知识点是否脱标、超纲。利用科技馆现有资源根据某一特定的课程内容设计课程，带领师生在科技馆开展拓展性、探究性的展教活动。

“寻找最美的叶子”科学活动于2015年底上线实施，主题为“认识身边的叶子，寻找最美的叶子”，教学场地主要为地球展区的活动角，配合地球主题展区内保护自然与节能环保的两大核心理念，巧用生活中落叶推出关于叶子主题的“造物”实验活动，包含“叶脉书签”“植物拓印”等子活动，配合地球展区的整体布置营造沉浸式、体验式的教学效果。

活动针对新教科版《科学》三年级上册“植物”单元中“植物的叶”课程进行拓展，对接于课标，区别于课堂，倡导探究式学习，通过情景教学、参与互动、“造物”实验等多方面让学生在叶脉书签制作、树叶拓印等动手实验活动中引导学生通过对树叶的观察，动手实验，学习观察和简单归类的方法，掌握实验原理，帮助其进一步认识生活中常见的叶子和相关的科学知识。

(2) 科学活动的设计要加强探究实践和自主动手环节。

新课标的颁布和实施已经有一段时间，由于我国科学教育改革尚处于探索阶段，受场地和教学设备等条件的限制，许多学校在科技活动课和教学实验环节投入不足，科学教育在真正提升小学生的科学素养方面，仍然有一定的落差和距离。目前，还有许多学校采取的仍是传统教育的单学科、重书本知识的教育方式，比较偏向于“动脑”思考，而忽略了思考与创造力落地实现的过程相比。

而科技馆的科学活动、科学课程设计就要注重对接课标又区别于课堂，设计的教案和活动环节要采取“动脑”+“动手”的形式，弥补学校教育，不仅给予孩子思考、想象的空间，还在“动手”中，检验自己思考的正确性→做出调整→再实践→得到正确答案。通过增强动手实验操作环节，帮助孩子养成解决复杂问题、逻辑思考的能力，激发着孩子的想象力、创造力、求知欲。

“寻找最美的叶子”活动对接新教科版《科学》三年级上册“植物”单元中“植物的叶”课程，设计了包含“叶脉书签”“树叶拓印”等多个动手实践体验环节，有多学科融合的安排。以建构主义学习理论、体验式学习、多感官学习、情境教学为主要教学方法，引导学生观察叶子，使学生在采集叶子、观察叶子，利用叶子进行艺术创作的过程中，帮助学生掌握学习观察、简单归类的方法和科学的实验步骤。对于教学目标，可以进行细分，引导学生达到的不仅仅是科学知识目标，还应包括科学探究目标、科学态度目标、科学、技术、社会与环境目标。

表1　寻找最美的叶子教学目标设定

科学知识目标	1. 了解树的叶是多种多样的，同一种树的叶具有共同的基本功能特征 2. 了解生活中常见的几种树叶，了解树叶的形态和结构 3. 了解叶子的生命过程和现实生活中的作用

续表1

科学探究目标	能从“叶脉书签”和“树叶拓印”的动手体验过程中，分析和总结出适合做叶脉书签的叶子和适合用于树叶拓印的树叶特点，并能做猜想式的解释
科学态度目标	能够在参与活动的过程中了解科学探究、动手实践是获取科学知识的主要途径，学会通过多种方法寻找证据、运用创造性思维和逻辑推理解决问题，学会通过评价与交流等方式解决问题、寻找答案
科学、技术、社会与环境目标	1. 发展研究树叶的兴趣，培养爱护环境，与自然和谐相处的态度和意识 2. 通过观察叶子，联想叶子与人的关系，开阔学生的眼界，增强学生的环保意识 3. 学习适材、适形、适色的即兴创造，制作精美的叶脉书签、树叶拓印画等工艺品

(3) 科学活动的设计要确定目标受众，进行学情分析

学情分析是教学内容分析和设计的依据，没有学情分析的教学内容分析往往是一盘散沙或无的放矢。科技馆要对接课标开展科学教育活动，需要针对具体学生才能界定内容的重点、难点和关键点。学情分析是教案设计的落脚点，没有学生的知识经验基础，任何讲解、操作、练习、合作都很可能难以落实。学情分析包括了解学生的知识基础，学习态度、习惯与能力，已知经验和学习环境等要素。科技馆的辅导员，实际上扮演着科学老师的角色，对活动参与者整体水平做到心中有数，以便于把握整个教学节奏。

“植物的叶”是新教科版《科学》三年级上册“植物”单元中第5课时的内容。本课是在观察了陆生植物和水生植物的个体之后，出现的专门观察植物器官的内容。为后面学习植物的生长做必要的准备。“寻找最美的叶子”“植物的叶”课程进行拓展，招募的目标学生群体为3～4年级，可以通过动手环节，巩固学生们在课堂上已经学过的知识，拓展课外知识。

确定了目标受众后就要分析受众的具体情况和心理特征选择合适的教学方法和技巧。三、四年级年龄段学生对周围世界有着强烈的好奇心和探究欲望，他们乐于动手操作具体形象的物体，很好动，比较喜欢表达自己的思想。虽然，对于生活中常见的叶子学生有一定的感性认识，但是这种认识不完整，也不够深刻。针对学生的情况，在设计教案时，特别设计了多个观察、研究、讨论、动手的环节，强调用符合学生年龄特点的方式学习科学知识，激发学生兴趣。同时，针对三、四年级段学生教学时，沟通语气要温柔亲切，鼓励动手，强调探索实践的过程。

3 对接课标实施科学教育活动的建议——以“寻找最美的叶子”科学教育活动为例

(1) 在课程实施的过程中要善于观察、发现问题，及时调整，积累经验

当下已经有不少科技馆开发了馆校结合主题的教育项目、科学课程，而课程的开发实施是一个动态变化的过程，在进行中会发现许多原本设计教案时未能考虑和注重的问题，这都需要我们在实施过程中及时进行调整，在原有课程基础上进行二次研发和创新，开发系列课程活动，积极塑造活动品牌。

“以寻找最美的叶子”课程为例，在实施过程中也发现诸多问题：第一、学生年龄较小，纪律性不够，注意力不够集中，容易被外界其他因素吸引分心，需要巧妙设计以趣味引起学生兴趣。

第二、小学生的动手能力相对较弱，不够细致，操作没有严格遵守步骤和要求，需要加强引导以一个科学、严谨、细致、安全的态度对待科学实验和科学探究。第三、受场地限制、实验材料、教师精力限制问题，目前这个活动的最佳效果人数为10人，出于效果考虑采取的是一个小班化的体验式教学模式，一旦报名人数较多时，需要根据报名顺序安排到其他时间段，或者邀请观众在旁边观摩。

(2) 教学场地和教学器材的准备要安全、灵活、简单、方便携带

考虑到课程活动实施的便捷性和可操作性，教学器材的准备要安全、灵活、方便携带，同时可以反复使用，所有的实验器材和教学手册可以以资源包的形式呈现。教学场地的安排也应当根据实际情况进行调整。

目前，"寻找最美的叶子"活动常规地点为浙江省科技馆场馆内的地球主题展厅—造物空间工作室，根据实际需要也可以在教室、实验室、表演台、公园等地进行教学活动的开展。课程设计灵活，内容安全有趣，器材简单易寻。以课程中的动手实践环节树叶拓印为例，所需的都为日常性的器材，有利于活动的开展。

表2　树叶拓印教学准备

序　号	物品名称	数　量
1	木棰	12个
2	白布	1卷
3	纺织颜料	1盒
4	画笔	12支
5	调色盘	12个
6	厨房用纸	1卷

（注：材料每次可供12名学生参与动手体验，提前预约报名，需要学生自备各色树叶花草，其他器材由馆方提供）

课程活动自2015年上线以来，按照活动安排表有序开展，实施的时间点为寒暑假、节假日、周末等观众旺期，截至目前，在馆内服务观众在馆内展区已经服务观众上万人次。在馆外参与到了全国科普日、中国科博会、学校科技活动周、科技馆小达人活动中，并且将课程活动加以改进后带进了商场、社区、杭州市中小学校、跟着科普大篷车下乡走进边远山区小学，累计参与外出活动20余次，非常受师生的欢迎。

(3) 课程活动的内容要注意突出区别于课堂的特色

作为科技馆开发的科学课程或是活动，应该要突出科技馆区别于课堂的特色，凡是学生能见到、可触摸、可理解的东西，只要没有危险性，都可以作为学生学习实践的内容，利用生活化的器材道具让参与者体验和领悟到科学就在自己的身边。

"寻找最美的叶子"课程以植物的叶子为主题，致力于创造一种开放式的活动空间，包括围绕叶子开展的一系列创意体验、生活美学、艺术分享，同时结合地球展区的展项进行参观，在学习科学知识的同时，可以培养孩子的观察力、思考力，动手能力，分析归纳能力。

通过制作书签、树叶拓印作品来学习科学课堂上的知识，更容易深化和固化知识，活动中将植物知识巧妙穿插其中，大大吸引了孩子们的注意力，在活动中培养了他们对动植物的好奇心和观察能力，拉近了植物与孩子们的距离。

最后通过手工作品成果的展示来体现孩子对知识点的掌握情况而非采用测试或问答形式

的进行评估，更加活泼、开放。孩子都较为喜欢这种动手动脑、参与感带入感强的课程。

(4) 建立多元化的活动反馈评估机制

没有科学而有效的评价，就没有高质量的教学。要注意对课程评价反馈信息的收集，活动过程中通过对受众的行为、注意力的集中度、参与的热情度等方面进行观察，活动后与家长、老师、学生、专家进行访谈，通过问卷调查等方式掌握课程的效果和满意度等信息。还可以聘请退休科学老师作为科普志愿者参与到活动中来对教育活动的情况进行点评。

在评价形式上可以采取辅导员自我评价、学生评价和第三方评价相结合的形式，建立起多元化、科学化、专业化的监督评估制度。通过建立比较完善的评价体系，以学生需求和教学目标为导向，促进教学过程中辅导员与学生共同完成对知识、能力、情感、价值观的建构。

"寻找最美的叶子"课程推出后，通过收集反馈信息，我们发现受众对于这种多学科融合的教育活动，尤其是包含动手制作、团队合作、利用植物开展手工、培育观察的活动非常感兴趣，这也为我们今后开发其他教育活动提供了思路。

4 结 语

目前，我国馆校结合学习活动的研究还处于摸索阶段，许多馆校结合学习活动的课程设计与学校教学衔接不够紧密，虽然许多科普场馆都开发了面向学校的科学教育项目，但是尚未形成成熟的机制体系。随着社会的发展、科技的进步，大众的科学教育理念也在发生着转变，更加注重科学素养、科学精神的培养，科技馆的科学教育与传播实践及其模式也在随着时代改变。科技馆作为非正式教育场所，在未来与学校的联系合作会更加密切，与观众的互动会更加频繁多元。在此背景下，"寻找最美的叶子"科学课程，是浙江省科技馆对接课标进行课程和教案设计的有益实践，将探究式学习方法融入科普场馆科学教育活动中，充分发挥科技馆的展品、场馆优势，让学生在有趣的科技馆里完成学校的学习目标，也希望通过该案例的分享与分析给其他科技馆科学教育课程的开发带来一些借鉴参考意义。如何开发设计出既对接课标又区别于课堂的科学课程，仍需要进行大量深入的分析与研究。

参 考 文 献

[1] 刘晓峰，于舰．对接于课标，区别于课堂 ——辽宁省科技馆"馆校结合"项目开发思路[J]．自然科学博物馆研究，2017(03)：40-46.

[2] 张磊，曹朋，李志忠．科技馆资源与学校教育——馆校合作实现双赢[J]．北京广播电视大学学报，2017. 22(5)：33-38.

[3] 陈晓君，鲍贤清，李燕，等．对接课标，学校博物馆教育活动的设计[C]// 馆校结合科学教育论坛．2018.

[4] 梁志超．馆校结合大戏的领衔主演——主题式教育活动的研究与思考[C]// 第二十四届全国科普理论研讨会暨第九届馆校结合科学教育论坛．2017.

[5] 朱世定，陈文龙．科技馆基于 STEAM 理念的科学教育课程模式研究[C]//面向新时代的馆校结合・科学教育——第十届馆校结合科学教育论坛论文集．2018.

[6] 于舰，孙龙．"对接课标，区别课堂"理念在主题教育活动中的应用——以"大自然的恩赐"为例[C]//馆校结合科学教育论坛．2018.

浅谈以社会热点创作的科普剧如何有效提升公众的科学素质

徐　静[①]

摘　要：科普剧作为科技馆不可缺少的科普形式越来越受到观众的喜爱，它集知识性、艺术性、娱乐性、社会性于一体，通过舞台表演、故事情节，用艺术形式表现传达科学知识、科学思想、科学精神，能够激发主动学的热情。科普剧这种特殊的表现形式在提升公众科学素质中能够起到积极的作用。科普剧的主题可以是一个科学原理、一个人物、一个事件，笔者认为以社会热点作为科普剧主题，不仅能够增强科技馆的科学传播能力，更能对公众尤其是未成年人提高自身素质起到很好的推动作用。笔者将结合自身科普剧创作实践，以河北省科技馆的科普剧《垃圾的“秘密”》为例，从科普剧结合社会热点的切入点、特点以及在提升公众科学素质的方式方法上谈一下个人的浅见。

关键词：科普剧；社会热点；科学素质

科技馆的展览展项可以满足多层次多年龄段的公众的需求，但由于更新经费和成本等因素的制约还不能做到常展常新，为了吸引更多的公众走进科技馆，为了更好的发挥科技馆在服务公众科学素质提升中的作用，科普活动的种类越来越丰富，包括科学实验、科学秀、科普剧、科普相声、科普小讲堂等等，能够让公众在参与体验中培养科学兴趣，在玩中掌握科学知识，感受科学的魅力。笔者认为科普剧在提升公众科学素质方面有着不可比拟的作用，尤其是以社会热点为主题开发的科普剧更能贴近公众的生活，拉近公众与科学的距离。

1　科普剧与公众科学素质的关系

首届“全国科普场馆科普互动剧创作表演大赛”将科普剧定义为：是一种新兴的独特、新颖的科普形式，它以多个原理简单、现象明显的科学实验为基础，配以相应的剧情，通过戏剧的情节以舞台表演剧的形式展现出来，使观众跟着剧情表演体验科学探究过程，参与科学实验互动，在观看的过程中主动学习科学知识，在弘扬科学精神的同时激发学生的科学兴趣。科学素质包括对科学知识、科学方法的基本了解程度，还包括对于科学技术影响社会和个人的基本了解程度。科学素质决定了公民的思维方式和行为方式，是实现美好生活的前提，是实施创新驱动发展战略的基础，是国家综合国力的体现。

好的科普剧具备准确的科学知识，美好的艺术形式表现，深刻的思想启迪。科普剧的特点非常符合提升公众科学素质的要求。科普剧在结合社会热点方面具有灵活性，可以宣传科学

---

① 徐静，河北省科学技术馆展览教育部副部长、副研究员，主要研究方向为展览教育活动开发，联系电话：13582003686，通信地址：河北省石家庄市长安区西大街73号，E-mail：xujingkjg@163.com。

发展观，通过节约能源资源、保护生态环境等科普内容进行科学传播，不断提高公众科学认知水平、艺术修养、树立人与自然和谐相处和可持续发展的意识。只有普遍提高全民科学素质，拥有被科学知识、科学思想、科学观念武装的个体才能营造出尊重科学、崇尚科学的社会文化氛围，才能拥有科学理性的民族气质，才能形成坚持求真务实、不懈追求、不断创新的民族精神，才能为科技进步提供雄厚的人文支撑。

2 以社会热点创作的科普剧在提升公众综合素质中的作用

(1) 能够以最直接最简单的方式让公众迅速了解社会热点中的科学

科普剧在科学性的基础上一般是通俗易懂。在把握科学内容准确的同时，用最直观甚至是最有冲击力的事实来让公众了解科学。结合社会热点开展科普剧首先主题要具有针对性，选择的是公众当前的实际需要，正好解决了他们心中的疑惑和误解，帮助他们形成正确的科学生活方式。科普剧《垃圾的“秘密”》开头设计的是主人公与观众的一个互动，4 个分类垃圾桶在地上放着，只有垃圾分类标志没有名称，观众需要确认它们各自属于哪种，回答正确会得到相应的垃圾桶纪念品。垃圾桶分清楚后就开始直接投放垃圾了，我们准备有废旧报纸、酒瓶、矿泉水瓶、废电池、塑料袋等等，由观众投放观众评判正确，遇到把握不准的还可以讨论。通过这种直接动手投放和自我评判的环节能够让观众记忆深刻。在表达一件事件时，最直接也最有效的表达方式莫过于用数字，在剧中我们多次用数字告诉大家垃圾分类的迫切。全世界每秒丢弃塑料瓶 3 400 个，每分钟消耗塑料袋 1 000 000 个，自然降解一块塑料需要 400 年，数字能够很清楚的说明我们面临的危机和现状。在科普剧的最后会让大家算一算自己家庭每天会产生多少垃圾，可以用纸写下来，我们随机抽取念给大家听。通过科普剧的观看，观众会对垃圾分类有个明确的认识，活动最后主人公会重复第一个环节的内容，让观众重新投放垃圾，这不单是环节的重复，垃圾投放的正确率最能检验本次活动开展的效果。

(2) 通过对社会热点的关注度能够提高公众对科学的兴趣

科学原理通过肢体动作、故事情节、语言表现将生活化的东西抽象艺术化，吸引公众满足好奇心，激发求知欲。在互动中可以增强对知识点的记忆和理解，提高学习效率。大家爱看电影爱看电视，吸引他们的不是互动而是故事情节，以及产生的共鸣。科普剧就可以利用社会热点来与观众产生共鸣。我们的主题故事有足够的吸引力，才能引起观众的兴趣。垃圾分类最初在上海如火如荼的展开，也掀起了全国学习垃圾分类的热潮，如何分、以什么作为判断标准分类迅速成为公众搜索的热点。网络上有关于垃圾分类的歌曲、顺口溜，都是为了帮助公众快速认识垃圾分类，作为科普宣传的阵地，科技馆利用自身独有的优势通过创作表演科普剧来宣传垃圾分类不失为一个非常好的手段。我们在剧中也用到了网络上一些很流行的分类方法，比如利用猪来划分，只要是猪可以吃的就是湿垃圾，猪吃了会死的是有害垃圾，可以卖了钱买猪的是可回收垃圾，剩下的猪都不吃的就是干垃圾。虽然垃圾分类很麻烦，但是同样能带给你成就感。我们将网上的段子“把大象关进冰箱需要几步?”变为“将没有喝完的奶茶倒进垃圾桶需要几步?”，通过有趣的事例告诉公众，麻烦的垃圾分类也可以很有趣。

(3) 以社会热点创作的科普剧能够最大限度满足公众对即时信息的需求

社会热点具有时效性，如果能及时抓住这个契机对公众开展科普，能够迅速提升公众对热点的认识和了解，甚至能够推动热点朝着积极的方向发展这就需要有意识的收集公众需求。

比如前几年我国大范围的雾霾，我馆立刻推出雾霾系列科普剧《PM2.5——谁才是凶手?》和《霾老大之殇》，及时让公众了解到什么是霾、霾的危害，以及每个人的责任，宣传绿色出行从我做起。这次全国掀起垃圾分类热潮，垃圾如何分类屡上热搜，于是关于垃圾分类的科普剧应运而生。在开展活动中剧本几经改稿，从介绍垃圾分类的具体知识到进行垃圾分类的必要性，最后落脚到人们对垃圾的正确认识，通过观众的反馈不断对剧情进行修改。观众的反馈在做科普活动时非常重要，要想了解观众对活动的评价，必须有观众反馈环节。在科普剧《垃圾的"秘密"》中我们第一次将观众的反馈融入剧中，在主人公学到了垃圾分类的相关知识后，会承接一开始的垃圾分类小游戏，记录观众观看完后究竟了解或是记住的程度，摒弃了由观众手动填表回答问题的方式。在游戏环节记录反馈信息能够最大限度的留住观众，并且能够让观众在互动环节中模拟一遍，有利于现实生活中的实际操作。应公众需求创作，创作中满足公众需求，科普剧是搭建在公众与科学之间的一座桥梁。

(4) 通过对社会热点的科学解读能够树立公众科学发展观和正确的价值观

根据社会热点开发的科普剧更注重实用性，能与公众的生活相关，对日常生活有影响甚至能提高生活质量，能够积极引导公众建立科学、文明、健康的生活方式，转变思维方式，有利于公众遵循科学方法和程序，进行观察、实验、分析和归纳，甚至能宣扬正能量和社会责任。垃圾尤其是塑料垃圾已经成为了我国不得不解决的问题了，每天我国要用掉10亿个塑料袋、6 000万个外卖盒和9 000吨塑料瓶，2004年中国就已经超过美国成为世界第一垃圾制造国。垃圾可怕，更可怕的是没有好好分类就被深埋和焚烧，在科普剧中我们通过垃圾桶之间的互动和图片向观众展现了由于垃圾没有分类就进行填埋后对土壤的污染，对水质的污染，对动物的伤害甚至是人类自己。在城市中的我们，每个人都觉得垃圾离我们很远，剧中的主人公一手拿着垃圾袋，一手拿着手机要发朋友圈抵制塑料，一边为环保文章点赞，一边又在随地乱扔垃圾，这些行为都是我们曾经做过或是正在做的，观众在观看中哄堂大笑的同时会从中找到自己的影子，听到自己也曾说过的"壮志豪言"。在主人公介绍利用手机App扫描物品就可以知道是什么类别的垃圾的时候，遭到了全体垃圾桶的鄙视，垃圾分类不是目的，目的是要认识垃圾产生的危害从而更少的产生垃圾。水过留痕，这种寓教于乐的情节，不仅能够对公众进行素质教育，提高公众科学素养、养成文明、低碳、环保的生活方式，还能促进我国社会主义精神文明和物质文明的建设，在构建和谐社会进程中起到精神支撑的作用。建设社会和谐是实现以全体社会成员的思想道德素质和科学文化素质的发展为基础，以全面提高人的素质、促进人的全面发展为目标。这两者的关系是互相促进，互相成全的。

(5) 对社会热点的正确认识能够提高公众对社会公共事务的参与度

社会热点一般反映的都是关系国计民生的事，尤其是一些关于生态、环保、卫生等会造成负面影响的事件，对促进社会和谐和惠及民生、促进社会稳定具有重大作用，非常需要公众的关注和参与。运用科普的手段，将社会热点融入科普剧，对提高公众科学素质水平，促进公众对社会热点事件的正确认认识，提高公众对事件的参与度就显得非常重要。在《垃圾的"秘密"》中四个垃圾桶分别代表着可回收垃圾、有害垃圾、湿垃圾和干垃圾，于是我们将垃圾桶拟人化，根据垃圾桶的颜色和它们不同的属性赋予了它们不同的性格特征和名字，在垃圾分类时有助于帮助观众对不同属性垃圾的理解。在科普剧观看和与观众的互动环节中，每个垃圾桶的脾气性格都深入人心，尤其是垃圾分类游戏环节，大人小孩齐上阵。在开始和结束的两个相同互动环节中，我们可以看到强烈的对比，最开始的垃圾分类游戏观众参与时会显得小心翼翼,结束时的分类游戏则显得跃跃欲试,积极性提高的同时准确率相当高。而且有第二次来参与活动的家长表示,孩子回到家后会很自觉的要给家里的垃圾进行分类,垃圾分类俨然变成了日常生活中的一个有趣环节,家长也陪着孩子一起参与,一同成长。垃圾分类不是一朝一夕的,需要几代人的共同努力,要看到艰巨性也要看到未来的希望,通过一部科普剧来调动公众的积极性,从孩子开始抓起,由孩子感染成人,进而感染这个社会。

3 结 语

科学知识不依赖于科学家而存在,对科学知识的传播方式是一种人为的,好的科普作品不仅传授科学知识、科学方法,而且弘扬科学精神,甚至能改变或影响人的人生观、世界观、价值观。公众既是科学普及和公民素质提高的受益者,也是宣传者和参与者。科技的发展对人类文化、人类社会产生的影响远大于对某一具体事物的影响。以社会热点作为科普剧的主题一方面可以激发科普创作者的创造力,保持创作者和公众持续的新鲜感,另一方面能够为公众及时了解并正确认识社会热点中的科学增添动力。我国先后出台了《中华人民共和国科学技术普及法》《全民科学素质行动计划纲要》等科学普及相关政策法规,加强科普宣传,能使全社会和广大公众认识到科普的重要性,加强科普宣传,能逐步地带领公众向学科学、懂科学、用科学的方向迈进,可以让全社会树立新风,共建科学文明健康的新生活。

参考文献

[1] 曾川宁.试论科普剧在公众科学素质提升中的作用[J].科协论坛,2017(08):26-29.
[2]《创新生态视角下的科学普及》研究课题组.科普普及的不仅仅是科技知识[J].科技智慧,2018(10):67-71.
[3] 倪晓春.浅谈科普剧是如何提升科技馆的创新能力[J].科技与创新.2017(5):38.
[4] 佘开华.浅议科普剧的表演与创作[J].科技视界,2016,000(013):305-306.
[5] 钟青.浅谈科普剧创作的主题选择[J].科学大众·科学教育.2017(12):90-96.
[6] 廖红.科普场馆科学表演编创的探讨[J].科普研究.2018(01):92-98.

在科技馆教育活动中倡导文化自信的新尝试
——以“科学＋我是科学家之取水新说”为例

张卓[①]　赵成龙[②]

摘　要：文化自信是一个民族、一个国家以及一个政党对自身文化价值的充分肯定和积极践行，并对其文化的生命力持有的坚定信心。作为宣传科技文化的服务机构，吉林省科技馆开发了“科学＋ 我是科学家之取水新说”主题活动，结合科技馆展品，采用了 STEM 教育理念和 PBL 的教学模式，融入情境学习、体验学习等方法，再现中国古代的汲水工具发展史，使受众了解古代两个重要的汲水工具，桔槔和辘轳，提升受众对传统文化的兴趣，增进对传统文化的理解，建立文化自信。

关键词：科技馆；文化自信；探究式学习；科技发展史；体验式学习

随着科技博物馆免费开放与全民学习的热潮，科技场馆也在推动公共文化服务领域发挥着越来越重要的作用。而科技馆的职能就是展览和教育，尤其是近些年，科技馆教育与学校教育的结合越来越密切，基于展品的教育活动也越发受到社会各界的关注。充分利用科技馆资源，服务于当代教育，这是科技馆的重要职责，也是科技馆的社会责任。

这就使得科技馆基于自身特色展教资源开发新形式的教育活动，并使科技馆教育活动对学校教育的薄弱环节，即看中“量”上的学会，忽视“质”上的主动探究、主动学习的能力进行补充。基于此，吉林省科技馆开发了“科学＋我是科学家之取水新说”活动，在准确对接课标基础上将中国传统文化、汲水工具演变史与科技馆展品结合。该活动强调学生体验为主，教师引导为辅，注重学生知识、技能、价值观的全面提升，调动学生学习的积极性与对中国古代科技的兴趣。

1　教学理论

科普教育是科技馆核心功能的重中之重，科技馆作为非正式教育的阵地，承担着落实和支持科学教育的义务和责任。早期科技馆教育活动基本为展览参观和辅助讲解，随着科学技术发展越来越快，促使科技馆的教育活动发生了重大变革。如今科技馆的教育活动一方面是传播科学知识，另一方面是帮助参与者了解知识的发生过程、探索过程和实际应用，知晓科学探究的方法、精神和思想，从而激发其对科学问题的兴趣或探索的热情。

随着小学科学课程标准的出台，小学科学课程从一年级开始开设，但课时依旧不多。科学课程提倡以探究式学习为主要的学习方式，课堂上并没有充足的时间和空间进行探究式学习。

① 张卓，女，吉林省科技馆展教部科技辅导员，电子邮箱：917701189@qq. com。

② 赵成龙，男，吉林省科技馆展教部科技辅导员，电子邮箱：27987289@qq. com。

因此，科技馆利用自身资源开展符合科学课程的教育活动不仅为科学课程提供了空间与时间，也将有效拓展科学课程的内容与形式。

开发基于科学课程的科技馆教育活动需要明确活动是为了帮助学生学会哪些科学概念？通过怎样的方式进行学习？这些概念与其他科学概念又有什么样的联系？现今科技馆开发符合科学课程的教育活动，大多采用了STEM教育和PBL教学法。

STEM是科学(Science)、技术(Technology)、工程(Engineering)和数学(Mathematics)四门学科的简称，强调多学科的交叉融合。STEM教育不是科学、技术、工程和数学教育的普通叠加，而是要将四门学科内容融合成整体。STEM教育源于美国。是美国科学教育学者于20世纪50年代提出的科学素养概念。STEM教育以整合的教学方式培养学生掌握知识和技能，并帮助学生能进行巧妙的迁移应用，来解决现实生活中的一些问题。因此它具有独特的核心特征，可概括为：跨学科、趣味性、体验性、协作性、情景性、设计性、实证性和技术增强性。

PBL教学法(Problem-Based Learning)，也称基于问题式学习，最早起源于20世纪50年代的医学教育，后来发展成为基于问题的探究式学习和基于项目的探究式学习。与传统的以学科为基础的教学法有很大不同，PBL强调以学生的主动学习为主，将学习与更大的任务或问题挂钩，使学习者投入问题中，通过学习者的自主探究和合作来解决问题，从而学习隐含在问题背后的科学知识，形成解决问题的技能和自主学习的能力。

STEM教育和PBL教学法有一些相似之处，即都以学生为主体，以自主学习为主要手段，都通过学习解决实际生活中的问题。因此，在科技馆的教育活动中应用STEM教育和PBL教学法能合而不同地完成新课程标准的教育目标，并更好地配合学校的科学课程，达到科技馆教育和学校教育的融合、统一。

2 规划与设计

吉林省科技馆“科学＋我是科学家之取水新说”活动针对小学科学课程标准技术与工程领域，以“省力”为主题，以“汲水工具发展史”为主线，综合利用本馆“中国古代科技”和“临时展览”的展品、场景、实验道具等教学资源，以“STEM”为教学理念，以“PBL(基于项目的学习)”为教学模式，以情境学习、做中学、体验式学习为主要教学方法，以工程技术的关键是设计，工程是运用科学和技术进行设计、解决实际问题和制造产品的活动为核心概念，以展品参观、动手制作、对比实验、分组游戏相结合的活动形式，以多媒体为辅助教学技术手段，以达成《义务教育小学科学课程标准》“五—六年级”规定的“知道杠杆、轮轴是常见的简单机械，可以解决生活中的实际问题；利用绘图表达自己的构想并将创意转化为模型或实物”的教学目标。旨在活动中提升学生对传统文化的兴趣，了解中国古代科技的先进技术，增强对中国传统文化的自信。

(1) 目标与规划

汲水工具是人类在汲水时使用的物质性器具。如桔槔、辘轳、水车等。它们都是运用一定的科技原理把水从低处往高处提升，体现了人类的创造能力。这类工具在中国历史久远，桔槔、辘轳在春秋时期就广泛使用，水车的发明在汉代就有记录。随着科技的发展，古代的一些汲水工具今天已经被现代工具取代，不再发挥实用功能，但其文化价值并未完全消失。在展览馆、博物馆、游览区内，还展示着这类汲水工具的实体样式，供今人了解和认识水文化。因此，本活动以“汲水工具发展史”为脉络，通过学习桔槔和辘轳，让学生了解汲水工具的发展初期。

本活动的教学目标准确对接《义务教育小学科学课程标准》，包括四个层面，在科学知识层面，希望学生知道杠杆、轮轴是常见的机械结构，了解杠杆、轮轴如何省力，知道机械是依据科学原理设计、制造的物品；在科学探究层面，让学生了解科学探究是获取科学知识的主要途径并能利用绘图表达自己的构想并将创意转化为模型或实物，可以通过单一变量的实验获取事物信息，运用分析、比较、推理、概括等方法得出结论，并通过有效表达与他人交流自己的探究结果和观点；在科学态度层面，使学生产生对事物的结构、功能进行科学探究的兴趣，能够运用批判性思维大胆质疑，善于从不同角度思考问题，追求创新，并实事求是，修正和完善自己的观点，综合小组成员意见，形成集体观点；在科学、技术、社会与环境层面，了解科学知识在日常生活中的应用，认识到社会需求是推动科学技术发展的动力。

考虑到科技场馆特殊性，为了保证课程质量，本活动设置为1课时，时长90分钟。活动分为5部分进行，分别为“选定项目，制定计划(15分钟)”“活动探究及制作作品(25分钟)”“分享交流与原理阐释(10分钟)”“延展探究(25分钟)”和“总结与评估(15分钟)”。小学高年龄段学生观察、认知事物的能力逐渐增强，部分学生能够利用语言文字在头脑中重建模型，有一定的抽象思维能力能根据生活经验选择工具，掌握简单工具的使用方法，并可以提出猜想，设计实验，进行实验以及与组内合作交流。对于杠杆的应用学生有所了解，但缺少理论和系统的学习，探究实验需要老师引导。且此年龄段学生保持注意力的时间约为25分钟，所以活动仅在第三部分“分享交流与原理阐释”环节有新知识的讲授，其他环节皆为动手制作、小组探究，并在整体活动中配备学习单，有利于学生梳理课堂脉络。

(2) 选题和设计思路

无论在历史发展的哪个进程，汲水工具的利用都至关重要，随着经济、技术的发展，汲水工具已经从最原始从一瓮一瓮的抱着取水发展到压重物或者转手轮就可以取水，后期还使用了水力、风力、畜力甚至电力。

在选题方面，本活动不以桔槔、辘轳自身蕴含的科学知识作为重点，而把活动重点放在如何利用工具更加便利的生活，如何设计、制作、改进工具才能使之更好地服务于生活。“授人以鱼不如授人以渔”，与其向学生讲解汲水工具发展史，不如让学生在设置的情境下亲身感受到“社会需求是推动科学技术发展的动力”，桔槔到辘轳的进步是社会需求。

在活动设计上，更加注重学生的“参与感”与“主动性”。第一环节中的绘制桔槔草图，教师仅提供语言描述，学生根据理解画出模型图并进行搭建，整个过程教师仅做引导，更好地发挥了学生构建模型的能力。在学生对搭建的桔槔进行改进时，教师不提供改进的方法，而是通过带领学生体验“扁担挑重物”，让学生获得“直接经验”，再根据类比法进行改进，充分发挥了学生的主观能动性。在第四环节延伸探究中，通过提水的“无限挑战”和古代科技展厅的展品，引导学生学会古人“化直为圆”节省空间的方法，再引导将这一方法应用在汲水工具上，使学生独立思考，找到从桔槔到辘轳的演变过程和原因。

3 项目实施过程

(1) 选定项目,制定计划

在这一环节通过趣味互动激发学生对使用工具的兴趣,通过创设情境,进入活动主线——“汲水工具发展史”。

教师在活动前向学生提出任务“拆解古代发明模型”,为每组学生提供不同的古代发明模型及简单工具(螺丝刀、钳子等),要求学生把模型上的所有零件全部拆下来。引导学生分享对模型的认识及拆解过程,向学生说明“使用工具”的重要性。

教师利用“凿木为机,后重前轻,挈水若抽,数如沃汤。”16个字和富有历史感的音乐引入情景,讲述“子贡教老伯提水”的历史小故事引出“汲水工具发展史”第一阶段——桔槔,利用情境教学法引起学生的兴趣,促进学生快速进入教学场景,利用模型法激发学生的想象力和创造力,了解活动主题、主线,绘制桔槔草图,培养学生开放性思维,激发学生主动学习的意愿。并讲述“汲水工具发展史”第一阶段——桔槔的故事,并引导学生根据描述画出桔槔模型图。

(2) 活动探究及制作作品

这一环节以任务为导向,通过动手拼搭、比较观察、探究实验等环节制作和改进模型,引导学生经过多次尝试,在实践中找到桔槔省力的规律。

教师引导学生搭建桔槔,并进行取水尝试,适时提示学生通过观察本小组和其他组成品对比发现不同,让学生了解单一控制变量的方法,培养学生的逻辑思维能力、小组合作意识和动手制作能力,有效发挥学习共同体的作用。组织学生体验扁担挑重物,将相同重物挂在扁担同一处,手握位置固定,但扁担放在肩膀上的位置不同,引导学生感受所用的力有什么区别。使用类比法引导学生思考,改进桔槔模型使其更方便提水,按小组完成学习单的内容。

在整个活动过程中观察学生的学习效果与动手能力,对学生完成情况进行评估。整个探究活动区别于学校学习的“间接经验”更注重“直接经验”,通过观察、思考、不断尝试,使学生自己得出结论,获得“直接经验”。

(3) 分享交流与原理阐释

这一环节培养学生用科学语言表达、交流研究成果的能力,促进学生对桔槔应用杠杆原理的认知,了解杠杆五要素。

教师总结学生之前的活动的表现,给予肯定或鼓励。点明每种工具的从无到有,从简单到复杂都不是某一个人的成绩,而是很多人共同智慧的结晶,各地区人们相互交流,使其传播发展,他们经历着制作—使用—改造—再制作的过程,取长补短使工具变得更加实用。引导学生对“观察成功作品和体验扁担挑重物后,有什么样的改进思路?最后得出什么结论?在探究过程中遇到了哪些困难及解决困难的方法?”等问题进行小组内部讨论、总结和小组之间分享、倾听。锻炼学生语言表达能力,让学生学会用科学的语言表达和交流。

教师总结并阐述桔槔用到的杠杆原理的五要素及杠杆分类,并组织学生进行拔河游戏,用游戏的形式增强趣味性,增进对新知识的理解。

(4) 延展探究

这一环节让学生了解“汲水工具发展史”到第二阶段——辘轳,了解辘轳是如何应用杠杆原理省力的,让学生知道可以从生活中的其他方面得到解决问题的启示。

教师创设情境：天气大旱，需要更多的水浇灌庄稼但是河里、水井里的水位更低，让学生思考如何改变桔槔外部形态以达成“取更多水”的要求。在学生无法完成提水任务时，借助吉林省科技馆“中国古代科技”展厅中的“凿井碓架”和“天车可动模型”，引导学生进行类比分析，学会古代人“化直为圆”节省空间的方法，找到汲水工具的改进方法。进而进入“汲水工具发展史”的第二阶段——辘轳，讲解辘轳的由来、构成、使用方法及普及应用。引导学生知道辘轳是一种变形的省力杠杆，通过学生在辘轳上寻找杠杆五要素，复习学过的杠杆相关知识。

(5) 总结与评估

这一环节对活动做整体总结，让学生感受到活动过程中体现的科学家精神，感受到中国古代科技的先进；学生通过交流、发言的方式进行自评互评。

教师带领学生一起回顾活动的主要内容、观察到的现象、获取的知识信息。通过交流、分享回顾活动内容，让学生了解科学知识在日常生活中的应用、“技术推动社会的发展和文明的进步”的核心概念，鼓励学生传承科学家精神，并点明主题“汲水工具发展史”，并着重指出活动中隐藏的科学家精神。

向学生发放自我评价和相互评价表、调查问卷，使学生了解到自己的优势和不足，并根据自身情况做出调整，教师了解到活动中学生的收获与感受。

4 教学特色

与学校教学相比，本活动突出学生的主体地位，辅导员负责引导和辅助，一方面启发学生的思维，引导学生观察、实践和交流。另一方面，辅导员在教学中起到知识架构的促进作用，不在解答学生的问题，而是充分调到学生分享自己操作体验的真实感受，从而找到答案。这样突出了直接经验的获取，感受到科学家进行科学研究的过程，领悟科学家的精神。而在教学内容的设计上，本活动对接《义务教育小学科学课程标准》，选取了学生感兴趣却在学校较难实施的技术与工程类知识，对接课标，结合展品，使本活动与传统学校教育“和而不同”，引导学生像科学家一样去设计方案、对比验证、得到结论，使学生认识到工程技术的需求来源于生活，最终解决生活中的实际问题。除了传授知识外，也培养学生使用工具的意识。

同时，本活动融入了中国古代科技史，并且以“水车的发展”为导向，以历史小故事为开端，通过模型设计、对比实验、动手制作、展品参观、分组游戏等多种活动方式，提高了学生的参与热情和积极性。学生在动手实践的过程中不仅能了解到中国古代取水装置的发展历程，也能体会到中国古代劳动人民对科技发展的推动与贡献，突出文化自信。

5 评估与反馈

“科学＋我是科学家”课程累计实施4场，受众160人次，主要通过问卷调查法、观察法从知识性、趣味性、探究性与开放性、对活动和教师的满意度及存在问题五个方面进行调查并在教学过程中进行形成性评估。通过第一阶段动手环节，发现只有20％的学生尝试使用工具，50％的学生对中国古代科技略有了解。在教学过程中，教师进行形成性评估，发现90％的学生会主动使用工具。通过观察法发现学生在动手制作和探究实验的过程中，注意力和兴趣度明显提升。活动总发放调查问卷160份，有效问卷158份，通过活动前动手操作与活动后问卷调查对比，发现学生在知识和技能方面有了显著提高，掌握了杠杆原理、杠杆五要素和杠杆原理的实际应用，并对中国古代科技产生兴趣。

学生评价：问卷调查结果显示，学生对趣味性满意度为98%，知识性满意度为100%，探究性与开放性满意度为96%，对活动和教师的满意度为98%，在问题与展望方面给予了很多建议。

业务人员自我反思：本活动以学生为主体，提升了学生的小组合作意识、语言表达能力。但活动内容偏于工程类，男生的参与性更强；小组合作中没能调动所有人的积极性，让大家各尽其能。另外，由于活动在展厅进行，环境嘈杂，学生注意力容易分散。

6 结 语

目前，基于科技馆展教资源进行教育活动开发，并将科技馆教育活动与学校课程相衔接，科技馆教育与学校教育相融合是科技馆教育活动开发的热点和未来工作的重点。而科技馆是公共科普服务平台，科技馆教育活动也应承担一定的社会责任。

"科学＋我是科学家之取水新说"是吉林省科技馆思索"如何在科技馆教育活动中倡导文化自信"的一种新尝试，活动不仅要贴合现今科技馆教育活动紧随课标、开展探究式学习的大方向，同时也努力让学生在活动中体会我国劳动先民的智慧、了解中国古代科技相较于西方科技的先进性、感受到"科学家通过科学知识来创造新的工具或总结新的理论并利用它们改变生活"的重要性。

目前，科技馆教育活动大多是科技馆工作人员单独完成，如何将科技馆教育与学校教育更好的融合，如何利用科技馆的开放平台为观众打造以人为本的科普教育基地，成为每个科技馆工作人员都要思考的问题。相信STEM教育和PBL教学法等理论可以作为科技馆教育活动未来探索上的基石。只有不断挖掘教育活动的生命力，才能使科普教育之路越走越远。

参考文献

[1] 段勇.中国博物馆免费开放的喜与忧[J]. 博物院，2017(1)：32-35.

[2] 龙金晶，陈婵君，朱幼文.科技博物馆基于展品的教育活动现状、定位与发展方向[J].自然科学博物馆研究，2017，2(2)：5-14.

[3] 魏宏艳.科技馆如何与学校教育相结合打造出具有特色的科普教育活动[J].才智，2012(10)：270.

[4] 余胜泉，胡翔.STEM教育理念与跨学科整合模式[J].开放教育研究，2015，21(04)：13-22.

[5] 林冰冰.整合馆校资源，在STEM教育中融入PBL理念的课程开发与实践——以"我家浴缸会报警"课程为例[C]. 中国科普研究所.科技场馆科学教育活动设计——第十一届馆校结合科学教育论坛论文集.中国科普研究所：中国科普研究所，2019：15-20.

浅议科技馆开展“深度看展品”教育活动的开发与实施
——以郑州科学技术馆“磁悬浮灯泡”活动为例

蔡　惠①

摘　要：科学实验教育是现代科技馆的一种重要的科普教育手段，科技馆开展科学实验教育活动作为常设展览的重要补充，已经得到了充分的认可，并发挥着重要作用。科技馆的展品是科技馆教育的基础，很多互动展品的设计依据就来自实验，可见实验在互动展品的开发设计中有着重要的作用。现在我们将以展品为依托，“深度看展品”以一个主线或主题，将科学实验融入展品辅导中，激发学生的兴趣和探索欲。本文将从郑州科技馆的馆校结合“深度看展品活动”中选取“磁悬浮灯泡”项目，总结科学实验的特点，并将实验的开发环节和实施环节分别进行阐述。

关键词：科技馆；科学实验；深度看展品；磁悬浮

学生是科技馆教育的主要受众，科技馆教育与学校教育是互为补充、互为加强的关系。在科技馆开展科学实验教育活动充分发挥了学校教育与场馆教育的融合作用。因此，馆校结合项目孕育而生。学校的科学教育强调的是“学习”和“获取”知识，以书本和课堂为中心的单一教育，而科技馆的科学教育活动更多的是“探究”和“理解”知识的过程。我们将场馆教育和学校教育充分的结合起来，让知识不再枯燥，让学生通过寓教于乐的方式学科学，充分发挥学生的自主性、探索性、实践性。展品“磁悬浮灯泡”展现出神奇的“悬浮术”，让不少观众瞠目结舌，由此开发出“深度看展品”活动。

“深度看展品”活动利用科技馆丰富的展品、展项和科技活动，开发设计了许多与小学科学课课标相关联的课程，让学生在科技馆上科学课，使学生获得了更多操作和体验的机会，这不仅丰富了学生的课余生活，也使他们对科学学习有了新的认识。可以说，馆、校双方面结合，起到了一个互相促进的作用，不仅丰富了科技馆的教育活动形式，也促进了学校常规教育的发展。

1　开发环节

(1) 实验主题的选择

一提到磁悬浮，大家马上想到磁悬浮列车，怎样把“磁悬浮”这样一个“高大上”的技术让学生了解呢？在科技馆磁电展区有一件“磁悬浮灯泡”的展品，非常吸引观众，能够引起大家的好奇心，但是，大部分小观众经常反映该展品看不懂，“悬浮灯泡”到底是怎么实现的？根据小学三年级科学课课标，结合“磁悬浮灯泡”开发探究式学习教育活动，在互动游戏和动手实验中将“磁悬浮”的知识点串成知识链。首先通过摸一摸，看一看，比一比，做一做，来认识磁铁，了解

---

①　蔡惠，郑州科学技术馆科技辅导员。通信地址：河南省郑州市中原区嵩山南路 32 号。E-mail：zzkjgzjb@126.com。

磁铁的特性；接着通过操作“磁力小车”，亲自体验磁铁的力量；然后通过“磁悬浮笔”的制作，了解“磁悬浮”的简单工作原理，并揭开磁悬浮灯泡的工作原理；最后通过图板的展示，了解磁悬浮在生活中的应用。

(2) 教学对象的选择

本次教育活动的教学对象是三四年级的学生。大部分学生都知道“磁悬浮”，知道磁悬浮列车，这些仅仅是知道，但是对于“磁悬浮”的真正内涵都不是很了解，我们可以通过“磁悬浮灯泡”了解磁铁的特性和磁悬浮技术的应用原理，通过探究式交流和制作活动，使学生一步一步由浅入深的揭开“磁悬浮”神秘的面纱。

(3) 实验教育活动的目标

通过“磁悬浮灯泡”了解磁铁的特性和磁悬浮技术的应用原理，通过探究交流和制作活动，使学生了解并体验到科技飞速发展，让许多美好的梦想成为现实。让学生懂得在科学探究的道路上，需要严谨的科学精神和实践技能。

(4) 实验教育活动的重难点

要让学生们通过一系列的小实验知道磁铁的特性，知道磁铁在磁悬浮中的作用，并以此了解磁悬浮技术，在整个的实验过程中，让同学们利用身边的材料制作自己的磁悬浮作品——“磁悬浮笔”，这个实验考查同学们对磁铁特性的掌握情况，熟练运用磁铁特性完成悬浮。

2 实施环节

本次活动的开展，活动人数20人，分为四个阶段进行。

(1) 第一阶段：认识磁铁，了解磁铁特性

在“磁悬浮灯泡”展品前演示磁悬浮现象，让同学们观察展品现象，并同时进行有奖问答，激发学生的参与的兴趣。一提到“磁悬浮”，同学们马上就想到磁悬浮列车，但是，我们首先讲的不是磁悬浮技术，而是大家都知道的磁铁。同学们对磁铁的知识可能会有或多或少模糊的概念。磁铁，又被称为“吸铁石”，这种石头可以魔术般的吸起铁片，而且在随意摆动后总是指向同一方向。早期的航海者就把这种磁铁作为最早的“指南针”在海上来辨别方向。最早发现及使用磁铁的就是中国人，“指南针”是中国的四大发明之一。人类有史以来就知道磁铁拥有神奇的力量，两块磁铁不但能相互吸引，也能相互排斥。问题引入：U形磁铁和条形磁铁的相同点是什么，不同点是什么？磁铁可以吸起哪些物体？在这个环节中，给同学们提供实验材料和实验记录表（如表1和表2所列），各种形状的磁铁、木块、铁钉、塑料片、回形针、纸片等，让学生们自己摸一摸，看一看，比一比，做一做，通过自己的实验，学生们可以探究讨论，最后自己总结出有关磁铁的知识点，“同名磁极相互吸引，异名磁极相互排斥”“磁铁可以吸引具有铁磁性的物质，如铁、钴、镍等”。

表1 实验记录表(一)

实验材料	铜片	回形针	小石头	铅笔	铁钉	纸片	木片	玻璃珠	铝片	橡皮	布片	小钢珠
能否被吸												
小组讨论：1.能被磁铁吸引的物体有什么共同特点？ 2.不能被磁铁吸引的物体有什么共同特点？												

能被磁铁吸引的物体打“√”，不能被磁铁吸引的打“×”。

表2　实验记录表(二)

类　型	共同点	不同点
U形磁铁		
条形磁铁		

观察U形磁铁和条形磁铁的共同点和不同点(形状、颜色、标识等)。

(2) 第二阶段:磁力小车实验

通过第一阶段的学习,同学们都了解磁铁“同性相斥,异性相吸”的特性,那我们就利用这个特性组装出一辆“磁力小车”。将实验包分发给每个小组,这个过程同样需要同学们相互配合,一起动手试一试。问题引入:怎么利用磁铁的力量让小车走起来呢?是利用磁铁的吸引力呢?还是利用磁铁的排斥力?还是两种力量都可以呢?同学们以小组为单位进行活动,有的组装小车,有的测试磁铁,分工合作,共同完成。“磁力小车”完成后,通过同学们自己的操作,得出结论,“可以利用磁铁的吸引力吸着小车向前走,还可以利用磁铁的排斥力推着小车向前走,这两种力量都可以!”

(3) 第三阶段:磁悬浮笔的制作

几千年来人们一直在尝试用磁铁的斥力来抵抗地球的重力,把物体浮在空中,这是人类的美好愿望。磁悬浮技术是指利用磁力克服重力使物体悬浮的一种技术。随着科技的发展,磁悬浮已经应用在了铁路系统上,磁悬浮列车出现了,磁悬浮列车是一种现代高科技轨道交通工具。我们的科学实验设置了“磁悬浮笔”的制作,这让同学们兴奋不已。问题引入:怎样利用磁铁使一支普通的笔悬浮起来呢?问题提出了,同学们分别发表自己的意见和想法,并请同学们进行大胆的设想,有的同学的说“使小磁铁异名摆放,因为只有异性排斥,两者才可以分离”,有的同学说“让小磁铁同名摆放,使上下两个力平衡”,到底谁的对呢?接下来就需要同学们自己去验证。谁的对?谁的不对?不对,那又该怎么办?这一系列的探究过程,引领着同学们自己寻找正确答案。在组装过程中会出现多种问题,辅导员要加以指导,引导学生将理论用于实践,并用科学的方法分析解决问题。实验结束后,学生以小组为单位总结出“磁悬浮笔”的原理,并进行展示、陈述和相互补充。在进行磁悬浮笔的制作过程中,安放磁铁是关键。利用磁铁“同性相斥,异性相吸”的原理,四块磁铁正极往上,形成一个小磁场,穿着磁铁的笔芯就等于小磁铁,磁场具有抗拒引力下降的能力,把笔放在合适的位置时,使笔的部分装置在磁力的相互作用下克服了自身的重力,悬浮起来。

学生通过三个阶段的探究学习,掌握了磁铁特性,会利用磁力制作“会跑的小车”,最后可以准确利用磁铁的力量使“笔”悬浮,由浅入深,由理论到实践,这个过程这让每位同学都兴奋不已,成就感十足,大大激发了学生的兴趣,培养了学生利用科学的方法解决问题的能力。

(4) 第四阶段:知识的拓展

在探究实验结束后,将知识的拓展延伸也作为重要的一部分,让同学们了解磁悬浮技术,对磁悬浮有一个更深刻的认识,这也是对知识的补充。这一部分的活动,通过图版展示和学生互动交流的形式开展,让同学们了解磁悬浮技术的起源、发展历程和生活中的应用。问题引入:同学们将过列车吗?谁能说一说你见过的列车是什么样的?你见过在空中悬浮的列车吗?它是什么样的?磁悬浮列车和普通列车有什么不同?随着科技的发展,科学家将“磁性悬浮”这种原理运用在铁路系统上,是车体完全脱离轨道而悬浮行驶,悬浮在距离轨道1厘米处,腾空行驶，创造了近乎“零高度”空间飞行的奇迹，成为“无轮”列车，时速可达几百千米以上。“磁悬浮列车”的引入，将科学知识和生活相结合，使课程的结构更加完整，让学生认识到科学就在身边。最后，还要让同学们了解我国的磁悬浮发展历史，我国第一辆磁悬浮列车2003年1月在上海磁浮线运行(买自德国)。2016年5月6日，中国首条具有完全自主知识产权的中低速磁悬浮商业运营示范线——长沙磁浮快线开通运营。该线也是世界上最长的中低速磁浮运营线。2018年6月，我国首列商用磁浮2.0版列车在中车株洲电力机车有限公司下线。2019年5月23日10时50分，中国时速600千米高速磁浮试验样车在青岛下线，这标志着中国在高速磁浮技术领域重大突破，除了高速磁悬浮项目，时速1 200千米的“真空管道”超级高铁研究工作也在展开。“中国制造”“中国力量”让同学们震惊，鼓励同学们好好学习，为建设世界强国而努力。

3　实施情况与效果评估

“磁悬浮灯泡”教育活动的开展，通过原理分解和实验探究演示的方式开展，同学们亲自参与，积极投入主动式学习，自己总结出结论，掌握磁铁的特性，了解磁悬浮的工作原理，并利用身边的材料制作完成“磁力小车”和“磁悬浮笔”。在层层递进的过程中理解磁悬浮的原理，并能将自己在学校学习的知识应用在讨论和解决问题上，通过探究研讨和制作交流活动，使学生了解并体验到科技的飞速发展，让许多美好的梦想成为现实，展现出了非常高的积极性和学习热情。在科学的道路上，需要严谨的科学精神和实践技能。

经过一年的馆校结合活动，在展厅开展“深度看展品”——磁悬浮灯泡课程50余场，能够顺利开展一场探究性教育活动需要做到以下三个方面：

(1) 做好充分的活动准备工作并提前试讲

在“深度看展品”活动开始之前，必须要先明确本次活动的教育目标，深入搜集学生们需要了解和解决的问题，以及在展厅开展活动时的展厅环境的影响。“深度看展品”活动以几个人的小组活动为单位开展，活动中多以相关丰富的实验为手段，让同学们动手、动脑，所以，在活动之前，要反复试验，观察实验结果，以便选定最适合的教具开展活动。由于展厅散客观众较多，所以进行“深度看展品”活动时有一定的限制，要对展厅散客观众参观对上课效果的影响，提前做出预判，并制定出相应的措施。在活动实施之前，要反复进行试讲，观察试讲反映和效果，及时对活动方案做出及时调整。

(2) 活动中要注意教学方法

在活动开展中，学生是探究者，辅导员是引导者，讲课过程中需要特别注意学生在活动中遇到的难点，应及时和学生进行沟通和交流，引导他们在探究的同时要善于发现问题，解决问题。辅导员还要加强对不同学生的学习习惯和能力的了解和掌握，从而尽量满足绝大部分学生的需求。“深度看展品”的活动中就是要注重科学精神的培养和对待科学的探索精神。

(3) 加强活动后教育效果情况的收集

本项教育活动作为“深度看展品”中一个长期的课程，在展厅长期开展，这就要及时掌握每次课程的效果和反馈，并总结出每次的问题和经验，不断完善课程的实施方案，使整个教育活动定期有一个自我的更新。

4　结　语

展品是科技馆最核心的基础教育资源，深入研究科技馆现有的常设展览展品，对展品及学科分类，以某些有代表性的展品为切入点，与学校教育相结合，这样可以使常设展览展品得到充分利用，让展品焕发出新的活力，使有限的展品发挥出更多的科普教育作用，让公众对科技馆展品进一步学习和了解产生吸引力。新的合作模式，新的创新教育模式，为"探究式"学习培育土壤。"馆校结合"已经成为科技馆开展教育活动的新亮点和方向。我们将在"馆校结合"的平台上，将科学实验活动进行到底。

参考文献

[1] 叶澜.教育概论[M].北京：教育科学出版社，1991.

馆校结合活动案例——钉床

刘一卉[①]

摘　要：科学教育改革背景下，“馆校合作”是促进科学教育的有效途径，能够鼓励多学科知识领域的整合。本文基于STEM教育理念对“馆校结合”的学习活动进行设计，利用“钉床”开展课程案例，通过探索式学习让学生充分学习、了解到相应压强与受力面积等物理知识，这种实验设计理念不仅有助于学生学习科学知识，同样是对学生探究精神、创新意识、合作交流等综合实践能力的培养与提升。

关键词：馆校结合；探索式学习；压强与受力面积；实验设计理念

1　活动背景

2018年3月7日，郑州科技馆与中原区教体局举办的“馆校结合”活动于郑州科技馆正式启动。“馆校结合”是科技馆和学校联合的一次全新尝试与探索，是学校科学教育的有益延伸。郑州科技馆展教部精心准备了“深度看展品”的活动，依托科技馆内的展品，深度挖掘展品内容，准备了可供学生动手操作的实验，最关键的不同于以往浮于表面的展品讲解，在辅导员引导以及实验设计的巧妙引导，使学生开展探索式的学习。

馆校结合的科学教育鼓励多学科知识的整合，STEM教育即要求教学过程汇总科学(Science)、技术(Technology)、工程(Engineer)、数学(Math)，以整合的教学方式使得学生掌握概念和技能，此项“钉床”馆校结合活动案例正是融合了这种在当下在科技馆教育界开展最多的STEM教育理念。科技馆作为学校外科学课补充的重要场所，伴随着对小学科学课课标的解读，辅导员将根据课标设计出更加切近学生需要的活动。

2　活动设计思路

(1) 活动基本信息

【活动主题】深度观看展品——钉床

【活动对象】小学四年级学生

【活动地点】郑州科技馆二层展厅力学展区

【活动时间】每周三至周五(上午8:00—9:30，下午14:00—14:30)

(2) 活动目标

【知识与技能】

① 了解受力面积 S 与受力大小 F 如何影响压强 P($P=F/S$)；

---

① 刘一卉，郑州科学技术馆科技辅导员。通信地址：河南省郑州市中原区嵩山南路32号。E-mail：zzkjgzjb@126.com。

② 了解钉床的知识原理；

③ 培养学生观察、测量、记录等基本技能；

④ 培养学生由现象到数据的推算能力；

⑤ 培养学生动手操作能力；

⑥ 培养学生团结合作能力；

⑦ 实验过程(学生比赛)稍做引导后不加约束，凭借学生自己的理解能力来设计实验，培养学生的推演设计能力；

⑧ 得出比赛结果，总结成功和失败的经验，并为学生列举生活中利用受力面积的一些小常识和现象，培养学生归纳总结能力。

(3) 活动过程与方法

钉床作为科技馆一件直观的展品，长期以来倍受参观观众的喜爱，其展品表现形式并无过多的悬念可言，但让学生明确背后的科学原理仍需要借助其他帮助。笔者通过各种方法搜集了三个新奇少见的小实验来丰富引导学生，培养学生掌握科学的探究顺序：发现问题—提出猜想—设计实验—实操验证—结论解释—表达交流。具体实验如下：

【实验一】观察钉子

大钉子是稀松平常的物件，生活中随处可见，使用生活中随手可得的材料进行物理探究不仅能够拉近物理与生活的距离，更能让学生感受到科学的真实性。

示范正确的方法后引导学生用手指去捏住钉子的两端，让学生自行观察手指表面的变化描述出手指皮肤的不同，在手指用力程度大致相同的情况下通过皮肤的现象与触觉直观感受受力面积与压强之间的关系。

【实验二】钉板扎气球

出于安全考量，科技馆的钉床上的钉子均做了钝化处理，在正确操作的情况下非常安全，但这也引来了孩子的质疑：是否因为钉子不够锋利所以手捏在上面安全无恙。

辅导员老师带学生通过做实验得出数据，数据推导出结论是本实验存在的重要意义，即科学素养的培养。笔者利用科技馆创新展区激光加工，设计了一块 30 cm×30 cm 的小钉板，此块小钉板使用的是较锋利的钉子。拿出事先准备好的台秤和气球，将气球放在台秤上，用一根钉子由上向下刺破气球，要求学生集体观察气球爆炸时台秤的指数并记录；随后再拿出一个气球，重复刚才的步骤，不同的是这次拿钉板来扎气球，并告诉学生钉子接触气球的大约数量，同样要求学生集体观察气球爆炸时台秤的指数并记录，通过这两次实验，学生们得到了如下两组数据：

钉子数/枚	1	200
台秤显示数/g	5 000	5 000
每枚钉子受力/g	200	25
思考：是什么原因导致 1 枚钉子受力从 200 g 变为 25 g?		

由于扎气球的实验不便于学生单独操作，因此由辅导员老师进行，学生负责观察并记录数据。联系实验一和实验二的现象和数据结论，少数同学能说出大致的概念，即：受力相同的情况下受力面积越大，压强越小，反之则相反。至此，由学生推断出完整的结论。

【实验三】纸杯大力士

经过前两个实验的热身，学生们想亲自动手做实验的热情已经被全部调动起来，实验三是学生掌握受力面积与压强的验证方法。

笔者将学生分为a、b两组，分别给学生发一块面积相等的塑料版，15个纸杯。让他们自行完成“纸杯托人”的实验，纸杯虽小，在摆出适合的形状后，能将数人“托起”力大无穷，此环节的目的不仅在于对物理原理举一反三的验证，还在于促进学生之间的合作与交流。在进行实验的时候，某小学四年级的同学通过团队协作做到了15个纸杯“托起”8个人。学生们发挥自己的想象，摆出了各种各样的“杯子针”，在团队合作上，也能看出同学们形形色色不同的性格碰撞出科学的火花。实验结束后，由辅导老师来判定a、b两个队伍哪个摆的比较成功，在两支队伍中由同学推举出一名优秀者，给予小小的奖励。

(4) 活动创新、表现与结果

【活动创新】

传统的教育形式缺乏创造力与实践力，科技馆教育具有自主性、延伸性、互动性、探索性，此项活动基于STEM的理念展开，将枯燥抽象可科学原理通过探索实验具象、互动、趣味的表现出来。

【活动表现】

① 带领学生观察展品，提出疑问：躺在由数万颗钉子组成的钉床上到底疼不疼？各派两名学生为代表亲自体验感受并将感受和同学进行分享；

② 培养学生科学素养：提出疑问—观察现象—通过实验得到数据—推测出结论—验证结论—实验结果直接验证学生是否认真听讲并分析解决实验中遇到的困难—总结经验—联系实际。启发学生留意生活中关于接触面积和压强的应用；

③ 对科技馆产生更加浓厚的兴趣，并增强课下主动学习的兴趣；

④ 和未参与该项目的同学互相交流学习体会。

【活动结果】

实验难度呈梯度，由易到难，学生的参与程度高，使用的实验器材(钉子，气球，纸杯等)简单易得，反复利用程度高，为学生自己设计实验起到了良好的示范。

辅导员老师在进行实验过程中担当了引导，学生们探索科学知识的兴趣和能力是推动实验进行的主动力，辅导员老师不干涉学生设计实验的过程。不论实验成功或失败，参与实验的每名学生都有知识的收获。学生们在科技馆不仅仅是参加了一场活动，更是激发了大家探索科技馆，探索科学的渴望。

3 展厅实际开展活动

(1) 活动概要

【活动时间】

8:45—9:00

【活动意图】

对学生介绍科技馆的整体概况和活动内容以及讲解关于参观安全事项。

【活动过程】

① 向学生介绍科技馆的展厅概况以及安全注意事项。

② 对参观学生以班级为单位，送往参与的活动项目地点（郑州科技馆在馆校结合活动中分别有"深度看展品""创新教育课程""魅力科学课堂"三项活动）。

(2) 认识钉床

【活动时间】

9:00—9:05

【活动展品】

钉床

【活动意图】

为学生介绍参加活动的项目、展品，了解学生对科技馆的熟悉程度，了解该组学生对科学知识储备的情况。

【活动过程】

① 将学生的随身物品安置好，分组，简单互动后，提出问题：是否来科技馆参观过，对哪些展品感兴趣等等。

② 带学生集体观察钉床的外观，说出钉床的外观，如何规范操作展品，选取两名学生代表首先体验钉床如图1所示，其他同学在参观结束后，可依次体验。

图1　认识钉床活动

(3) 提出疑问并开启探索"钉床"背后的科学原理

【活动时间】

9:05—9:20

【活动材料】

水泥钉(30枚)、气球、小钉板(自制)、台秤、小黑板

【活动意图】

让学生对钉床提出疑问，让他们能够通过两个小实验亲自体会亲眼看到是什么因素导致人躺在钉床上不会受伤，并用实验得出的数据总结钉床背后关于受力面积和压强的原理。

【活动过程】

① 认识钉子：给每名学生发一枚钉子，观察钉子的外表，并示范用手指捏住钉子的两端，观察手指皮肤表面的有何变化。

② 钉子扎气球：将气球放在台秤，用一枚钉子扎气球，要求学生观察气球爆炸时台秤的指针数据并记录在小黑板；将第二个气球放在台秤，用钉板扎气球，观察数据并记录在小黑板。

③ 引导学生观察数据变化，并找出使数据变化的关键因素——受力面积。

④ 请能够独立总结的学生大声的说出自己对钉床原理的表述。

⑤ 由辅导员老师引导学生，大声说出受力面积和压强之间的变化，重复三遍，加强学生的记忆。

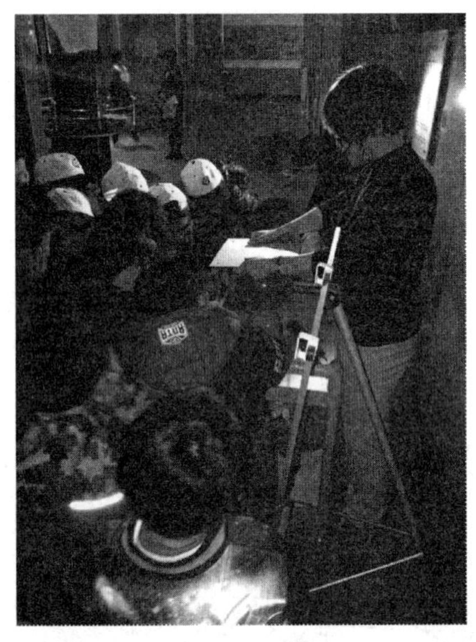

图2 钉板扎气球活动

(4) 分组探究大比拼

【活动时间】

9:20—9:30

【活动材料】

纸杯、有机玻璃板

【活动意图】

验证学生的学习成果，加强团队合作的意识，不规范学生的思维，由他们发挥自己的创意来设计实验。

【活动过程】

① 分组进行挑战，即：15个纸杯，30 s的时间内摆放在有机玻璃板下面，站上的人数多即为挑战成功。

② 学生在规定时间内摆好纸杯，在学生摆纸杯的过程中，辅导员老师不做任何指导30 s时间一到，学生停止。

③ 由辅导员老师监督，如图3所示两队轮流站人，能够不扶不靠人数多的队伍获胜。

④ 两队的学生互相总结双方的成功或失败的原因，为自己的精彩实验而鼓掌。

⑤ 联系生活关于受力面积和压强的相关应用，鼓励学生回家和家长一起动手做实验并继续利用网络学习更多关于受力面积和压强的知识。

图 3 纸杯大力士活动

4 开展情况

“馆校结合”工作是郑州科技馆联手中原区教体局的一次全新尝试和探索，一经推出，受到郑州市中原区下辖小学的热烈欢迎。利用“错峰”参观的方式，在不影响普通观众和团体参观的情况下，为同学们带来了优质的“小班”课程。

5 教育效果

笔者长期在展厅从事一线的科普工作，对于学生和老师的反馈有最及时的响应。通过反馈，馆校合作的方式确实有利于学生理解所学的内容，尤其是实验环节，学生参与其中互相讨论，共同探究科学的奥秘，极大地提升了学生学习物理知识的兴趣。但是仍有不足之处，学生在展厅内有许多干扰因素，展品和普通观众都会发出噪声，对学生的注意力产生了很大的分散，活动设计的质量决定了学生能否一直在展品周围听辅导员老师的讲解。

科技馆不是课堂，没有门窗和老师的限制，如若课程设计的不够精彩，学生会立刻转身参观其他感兴趣的展品，在笔者进行的钉床项目中，30 min 往往不能满足学生对于知识探索的需求。市区的学生反应快见识多，笔者往往会将知识进行延伸；郊县的学生对于探究式学习往往还不大适应，他们还是更适应传统的教学模式，需要辅导员老师鼓励和引导学生自主思考。通过实验后简单交流，有的老师对于笔者循序渐进的实验设计表示比较认同，对于实验二（钉板扎气球）由数据变化引导学生思考受力面积变化感到很新鲜，是别开生面的实验。“小班化”教学也深受老师的肯定，20 个人为一堂课，学生参与和互动较传统课堂有了大大的提升。受展品限制，科技馆内的很多展品往往高出小学科学课课程标准的范畴，这也是辅导员在开发“深度看展品”项目的一个难点；将超出课标的知识难度降低到小学生可以理解的程度，以小学科学课课标为最低标准、以科技馆内的展品为依托是今后在开展馆校结合活动的一个主要方向，力求一件展品可面向普通观众和中小学生。

固本与交融:新时期博物馆教育的探索
——以中国铁道博物馆为例

李海滨[①]

摘　要:近年来,随着我国博物馆事业持续快速的发展以及公众学习和文化需求的日益多样,博物馆社会教育的重要性与年俱增,同时不可避免地面临着新的挑战和问题。尤其是信息交互技术的运用和普及,以及“互联网+”与智慧博物馆的趋近,使得博物馆教育理念的更新和教育活动形式的创新,成为众多博物馆社会教育工作急需破解的难题或瓶颈。本文以近年来中国铁道博物馆正阳门展馆的社会教育实践为依托,坚持特色化(人无我有)、开放性(为我所用)及品牌化(人有我优)的教育活动理念和原则,以铁路历史文化和科技知识为本,积极引入和借鉴相关教育理念(譬如教育心理学)和方法,推动博物馆教育实现长足进步。故此展示和分享社会教育活动的做法和经验,以期能对博物馆教育事业的发展有所裨益。

关键词:特色化;开放性;管理策略

社会教育是博物馆的基础职能之一,通过为观众自我学习提供服务而实现教育目的。迈入新时代以来,我国博物馆事业依然保持快速蓬勃发展的态势,不仅博物馆的数量与年俱增,而且其角色和功能也在悄然加速转变——在强调和加强博物馆藏品征集与保护、陈列展览、学术研究等方面的同时,更加注重博物馆在社会教育和公共服务领域的作用。其实在2007年,国际博物馆协会在维也纳召开的全体大会上通过了修订的《国际博物馆协会章程》,明确定义博物馆是一个为社会极其发展服务的、向公众开放的非营利性常设机构,为教育、研究、欣赏的目的征集、保护、研究和传播并展出人类及人类环境的物质和非物质遗产。教育功能的“上调”和“置首”无疑是此次关于博物馆定义调整的最大变化或亮点。这向我们传递出一个明确而清晰的“信号”:在当今崭新时代和社会背景下,博物馆不仅要以社会教育为重,而且要将“教育”作为“征集、保护、研究、传播、展出”等项博物馆基本业务的共同目标。博物馆各项业务活动要围绕“教育”目标而各展其长,协调配合,使博物馆教育丰富多彩、成效显著。社会教育在博物馆定义中的调整和变动同样在2015年初国务院颁行的《博物馆条例》中得到了继承和重申。同时,《博物馆条例》第四章第三十四、三十五条明文规定:博物馆应该根据自身特点、条件、运用现代信息技术,开展形式多样、生动活泼的社会教育和服务,博物馆应当对学校开展各类相关教育教学活动提供支持和帮助。这为博物馆社会教育提供了基本依照和遵循,而且预示着博物馆社会教育步入新常态。总之,社会教育是博物馆发挥自身职责的基本使命,也是顺应时代发展和服务社会需求的必然要求,也是博物馆坚持并实现社会属性、角色和效益的重要体现和结果。这意味着博物馆必须要承担更多的教育职责和义务,更加把教育作为博物馆业务的重心和支柱。通过以内容丰富、形式多样的教育活动为载体,让观众在博物馆里能够学习文化

---

① 李海滨,男,现任中国铁道博物馆正阳门展馆副馆长、副研究馆员,联系方式:15011006765。

知识，激发科学兴趣，培养科学精神，提升公众的科学文化素养，让博物馆成为社会教育中独具特色、无可替代的重要阵地。

另外，博物馆在履行和肩负社会教育新使命的过程中，也面临着一些特殊或共性的挑战和问题，尤其是教育理念的更新和教育活动形式的创新。长久以来，人们对博物馆教育的理解过于狭义，如今随着社会教育的普及和教育方式的多样化，公众对博物馆教育的认知要宽泛地多。博物馆教育有其独特的资源和多样的方式，以及“开放的和易接近的，并且是能够融入日常生活的，具有潜在的愉悦性和使人兴奋的特点”。然而，众多博物馆在教育理论的更新上存在空缺或滞后现象，或者依然在恪守着较为传统或陈旧的博物馆教育理念，从而影响了博物馆教育角色的扩展和教育功能的发挥，以及教育活动形式的创新不足，进而产生类似资源短缺甚至枯竭的困境和焦虑。其实，随着当今信息传播和交互技术的异常普及和发达，现在正是博物馆充分发挥教育角色和功能的最佳时机。有鉴于此，近年来中国铁道博物馆正阳门展馆坚持特色化（人无我有）、开放性（为我所用）及品牌化（人有我优）的教育活动理念和原则，以铁路历史文化和科技知识为本，积极引入和借鉴相关教育理念（譬如教育心理学）和方法，在社会教育方面进行了积极探索和实践，在成立后的数年时间内逐步实现了社教工作水平的提升，并且取得了较为显著的成绩。其中“探索火车的奥秘”和“铁博开讲啦”两个品牌化的社教活动分别获得来北京市科普教育基地优秀科普活动展评的三等奖和一等奖。通过持续不断地创新，正阳门展馆社会教育活动的主题日渐丰富，形式更加多样，服务范围越加广泛，科普队伍的整体能力也得到了锤炼和提高，基本形成了一个多元化、系统化的社教工作格局。

1　坚持行业本色和特色，突出人无我有

众所周知，任何一个博物馆都有不同于其他博物馆的独特之处。中国铁道博物馆是铁路专业博物馆，这种行业属性是我们与生俱来的“血统”，是我们有别于其他博物馆的最显著的“标签”，也是我们自身独一无二的优势资源。这是其他博物馆都无法比拟的，是我们生存和发展最大的资本。我们在社教工作中就是要千方百计地最大化地展示和呈现这种特色。因此我们在社教工作的源头——策划设计环节就要求务必融入和体现这种特色。如果将一项社教活动喻为一道菜肴，那这些资源就是所需的食材。如何让这道社教菜肴色味俱佳，其中的关键就是实现各种食材的搭配和整合。因此，我们需要摆脱以往较为狭隘的社教理念，不是简单地将社教内容局限在自己的工作范围内，而是在社教活动的策划设计中要树立“烹饪”理念，尝试不同的资源进行搭配或者采取新的制作方法，如此才能做出美味可口的佳肴。循从思路，我们确立将展陈、文物、研究以及文创产品等都作为资源而融入和服务社教活动，例如，展馆策划开展的“探寻火车的奥秘”科普活动，通过“观”“驾”“寻”“拼”四部曲，将图板、文物、模型及3D车模等元素整合在一起，形成一个环环相扣、层层推进的系统性的科普活动。首先是通过“观”（参观常设展览）的环节让观众基本了解铁路历史文化，通过“驾”的环节（驾乘动车组模拟舱）让观众体验铁路科技的魅力，而接下来“寻”（寻找问卷答案）则是发挥参与者的主动性，对学习的知识进行温习和巩固，最后是“拼”（拼装3D车模）的环节通过参与者的动手、动脑，加深对铁路知识的理解，而且培养他们的想象和思维能力。这项活动的开展就需要展陈、文物、文创开发及服务等业务人员的共同参与、明确分工和密切协作，从而保证活动的顺利开展和取得实效。

坚持特色不仅能够展示和突出我们的独特性，而且能够尽量避免社教活动“同质化”的倾

向。当前“同质化”是博物馆发展的一个不良倾向，体现在博物馆的方方面面。其中，社教活动亦是如此，众多博物馆的社教活动在主题和形式上趋向雷同，可谓千篇一律，千人一面，让观众感觉了无新意、味同嚼蜡。因此我们活动策划实施中尽量呈现自己的特点和变化。例如，我们在每年的传统节假日如春节、端午、中秋等节日期间推出契合传统文化主题又具有铁路文化特色的科普活动。许多博物馆在传统节日期间不约而同地开展主题活动，除了宣传和普及传统文化知识外，如何让自己的活动与众不同且受观众欢迎需要认真思考和策划。我们的节日社教活动除了传播和弘扬传统文化知识外，还借助传统文化活动的形式“嫁接”铁路文化元素，如在端午节期间借鉴划龙舟的活动形式，策划开展“铁路龙舟接力赛”项目，在中秋佳节期间，我们组织观众动手制作铁路火车造型的月饼等，让小朋友及家长在动手过程中既了解和体验了传统文化，又学习了铁路知识，实现了传统文化与铁路文化的融合，可以一举多得。虽然这些活动看似简单，但是通过某个环节的创新，就能够让整个活动具备一些新意，进而能够带给观众不同的体验和感受。总之，只有秉持和体现行业本色和特色，才能实现活动的新颖性和吸引力，真正做到人无我有。与此同时，通过开展具有行业特色的教育活动，也对博物馆的行业特色起到稳固和强化的反向作用。

2 坚持开放和吸收，强调为我所用

当代社会是一个更加多元互联、密切合作的有机体。博物馆作为社会文化的分子之一，不能闭门造车、独善其身，而要敞开馆门，加强与社会资源尤其是学校资源的合作也是整合的重要途径。因为相对展馆自身资源而言，社会资源无疑更为丰富和多元，因此结合自身实际有选择性地引入和嫁接社会资源可以收到合作双赢、事半功倍的效果。例如，我们与北京市东城区史家小学开展了追寻火车的轨迹:速度与梦想主题课程。这项课程从前期筹备到组织实施，始终强调了馆校资源的对接与合作，包括馆方社教人员与学校教师建立沟通机制，共同围绕学校教学需求制定活动方案，提出从铁路历史、人物、故事及科技四个方面的要素着手，以问卷答题的形式来实施，确保活动内容和形式紧密贴近学校教学需求和学生学习的特点等，从而使活动具有很强的针对性和实用性，取得了实实在在的活动效果。同时，我们在活动过程中注重信息反馈，多次征求老师和学生的意见和建议，并据此不断对活动进行改进和调整。另外，我们借助北京市“社会大课堂”平台与学校进行一些方式的馆校合作，相继设计开展了《五彩斑斓的小火车》《神奇的蒸汽机车》等火车主题系列课程，并在北京市中小学生社会大课堂教师成果评选中获得奖项。我们还与北京商鲲教育控股集体及北京铁路电气化学校等社会院校建立战略合作关系，使展馆成为院校学生学习的基地和课堂。

跨馆合作和跨界融合也是教育活动坚持开放原则的重要方式和体现。比如，我们与中国国家博物馆合作开展“中国文化＋中国速度”夏令营主题活动，不仅发挥与中国国家博物馆毗邻的地缘优势，而且可以把两个场馆截然不同的资源进行有效“嫁接”，而不是进行简单的“叠加”，从而学习和体验不同历史和科技知识。从实践效果来看，这种形式的夏令营活动还是颇受欢迎和好评。又如，火车雕版印刷活动则开辟了铁路文化知识与传统文化的“跨界”融合的新路。雕版印刷在印刷史上有“活化石”之称，是国家重要的非物质文化遗产而加以传承和保护。鉴于此，我们将雕版印刷和火车机车进行融合，制作了从蒸汽机车直至复兴号动车组机车的火车雕版，并在开展火车雕版印刷的同时，辅以机车知识介绍和问答等环节，在孩子们在动手和动脑中学习和体验多样化的文化和乐趣。

博物馆教育活动的实施和发展有时受制于人力和物力资源的短缺的束缚和牵绊。为此，我们积极寻求和引入馆外人力资源进行补短和补强。例如，我们邀请北京交通大学的老师合作设计开发教育课程，利用简单的道具和通俗的实验来讲解铁路知识及其蕴含的科学原理，在传播科学知识的同时，也宣传科学方法和科学精神。又如，近年来，我们加大与社会文化机构的合作开展教育活动。博物馆具有铁路历史文化和科学知识的独特资源，而社会文化机构则在组织、宣传、推广方面具有丰富的经验，因此，双方完全可以发挥各自优势并实现衔接互补，从而形成完整的活动闭环，达到事半功倍的效果，有效地解决了博物馆在人力资源和宣传推广方面的难题。

另外，参与互动也是坚持开放性原则的“题中之义”。社教活动的体验性或互动性是其能否真正实现寓教于乐的关键和体现。关于这点我们无需赘言。我们在社教活动的策划中坚持引入“hand on—body on—mind on”的理念，让参与者在活动过程中充分调动多种感官，达到逐步深化的教育效果。例如，在今年第三届北京市科普基地优秀科普活动的展评中，我馆报送的《铁博开讲啦》活动荣获一等奖的第一名，之所以能够能够取得这样的殊荣，是因为活动的互动性较强。我们在这个科普讲座形式的活动策划中，努力打破“专家讲、观众听”的简单而枯燥的模式，也不是仅仅增加动漫、视频等元素，而是无论在铁路历史文化还是在高铁科技知识讲座中都根据内容而设计穿插与观众的互动环节，能够让观众走上台亲自参与和融入讲座中来，从而使讲座变得生动和有趣，既带给观众知识，又让他们体会到快乐，因此自然受到了观众们的欢迎。另外，通过社教活动中的互动环节，我们还坚持践行“问题比答案重要”的原则，简单地说就是不仅让参与者学习知识，更重要的是激发参与者的求知欲望、兴趣及主动思考的习惯，努力培养他们的学习精神和科学精神。从某种意义上说，兴趣和精神的培养比学习知识更加重要。

3 坚持品牌化原则，保证人有我优

教育是博物馆向社会公众提供的一种文化产品，尽管这种产品带有公益色彩，而非商业性质。但是，这并不能否定和妨碍我们借鉴市场产品管理的一些理念(譬如品牌观念)及策略用于教育活动。在近几年的工作实践中，我们逐步摸索和形成了行之有效的社教活动管理模式。首先，毋庸讳言，作为非营利性的公共文化机构，博物馆的各项活动都应秉持和服从公益性宗旨及原则。然而，另一方面，博物馆的社教活动从某种意义上可以视为提供给观众消费的文化“产品”，因此在社教活动中借用市场的品牌理念和策略来提升社教活动的知名度和影响力，一方面是打造社教活动精品，确保活动的质量和效果；另一方面是实施“走出去”战略，加大社教活动的宣传和推介力度，提升活动在博物馆界的知名度和影响力，进而让更多的博物馆同仁及观众们知晓、了解和参与。目前，《探寻火车的奥秘》《铁博讲堂》《火车雕版印刷》是我们最为成熟、完善、最受欢迎的社教活动品牌，不仅在馆内长期开展，而且也在馆外开花。这些社教活动多次走进了学校或者其他的博物馆。这些品牌化的社教活动不仅产生了较为广泛的社会影响和社会效益，而且促进了博物馆整体形象和知名度的提升。其次，由于我们策划设计的一些社教活动具有较强的适用性和广泛性，无论是亲子家庭活动，还是学生团体活动等均能适用。所以我们将这些社教活动整理并制作成一个“科普菜单”，包括活动名称、程序、时间及价格等信息。通过校外教育网站、社会大课堂平台及微信等自媒体进行发布，由学校或社会公众根据自身需求来进行选择。最后，在实行菜单化管理的基础上，我们还可根据观众的具体需求而对社教活动进行调整或者策划开展新的社教活动。例如，我们对一些学校及文化活动中心推出来特定的社教活动，实现了所谓的“私人定制”，也丰富了我们的教育内容和形式。

近年来通过开展丰富多彩的社教活动，我们在博物馆教育工作领域取得了长足进步和有益经验，创造了越来越显著的社会效益。这些告诉我们，博物馆在开展教育活动中，必须坚持自身的本色和特色，如同探寻和发掘矿藏一样，必须有明确的目标和指向，而不能“跑偏”。同时，教育活动必须坚持开放性原则，引入、吸纳和融合各种社会资源，弥补自身在人才、宣传推广等方面的不足或短板，从而扩展教育活动的广度和深度。这些是展馆教育取得快速发展的重要准则和不二法门。另外，我们也清醒认识到社教工作中存在的问题，其中最主要的表现依然是创造力或创新性不足。因为创新是博物馆实现可持续发展的灵魂，而社会教育的发展更是离不开创新的驱动，需要在理念、思路、形式、人才培养、合作机制等各个方面或环节进行全方位地探索和创新，如此才能保持社教活动的生命力和吸引力。另一方面，了解和满足观众对社会教育的需求同样至关重要，唯有如此才能保证活动的针对性和适用性。

参考文献

[1] 宋向光.国际博协“博物馆”定义调整的解读[J]. 中国文物报，2009.

[2] 王宏钧. 中国博物馆学基础(修订本)[M]. 上海：上海古籍出版社，2009.

[3] 苏东海.博物馆的沉思[M]. 北京：文物出版社，2006.

[4] 罗杰·迈尔斯，劳拉·扎瓦拉，潘守永，等. 面向未来的博物馆：欧洲的新视野[M]. 北京：北京燕山出版社，2007.

探索新形势下自然类博物馆馆校共建科普教育活动开发与实施

李银华[①]

摘　要：随着《全民科学素质行动计划纲要》(2016—2020)的实施，对青少年综合素质提出新的要求。随着基础教育改革，如何做好青少年素质教育，博物馆作为学校教育的有力补充，结合青少年特点，有效的开展辅助学校教育的博物馆科普教育是博物馆工作者需要进一步思考的问题。通过分析自然类博物馆在馆校共建中的重要性，结合国内外开展馆校共建工作中的丰富经验和陕西自然博物馆的社教案例，探讨自然科学类博物馆如何在馆校共建中开发和实施科普教育活动，探索博物馆教育的新思路。

关键词：社会教育；博物馆；学校；青少年；教育活动

引　言

馆校共建教育一直是教育界和博物馆界寻找最佳结合点的探讨话题。目前，自然类博物馆仅作为一种校外拓展青少年视野的形式存在，还没有真正普及到校内的科学教育事业中。如何促进青少年科学教育进程，充分开发青少年学生的创造力以及学习能力，提高青少年学生对科学研究事业的兴趣，许多博物馆工作者和学校老师，通过多种途径在寻找适合青少年又被他们易于接受的课外博物馆教育模式。

开展馆校共建工作是教育发展的必然趋势，博物馆需要突破的关键在于以下几点：①从自然类博物馆中可以学到什么？②如何激发和培养青少年的科学兴趣、创新意识及学习实践能力？

1　自然类博物馆在馆校共建中的重要性

自然类博物馆作为学校教育的第二课堂，可以提高青少年对各种科学知识的了解并培养其对科学的热爱，这也是馆校共建工作中的首要任务。自然类博物馆的资源与学校的教学内容存在着相辅相成的关系，青少年在学校接触的教育主要倾向于理论知识方面，而自然类博物馆可以利用各种资源对其科学知识及原理进行更为直观的展现。在馆校共建工作中，以博物馆为主导的科普教育渗透到学校的教育体系中，也就是博物馆结合学校的科学课程举行各种形式的科普活动。

馆校共建可以有效衔接学校的科学课程与自然类博物馆的丰富资源，更好地为培养青少

---

① 李银华，陕西自然博物馆研究部部长/副研究员。通信地址：陕西省西安市雁塔区长安南路88号。E-mail：li-yinhua2004@163.com。

年的科学发展观发挥优势。自然类博物馆已然成为很多青少年家长所信任的科学教育途径之一。

2　如何在馆校共建中发挥自然类博物馆的作用

在很多关于青少年教育的著作中都有提到:青少年的教育过程不只是简简单单的传道授业,而是教会学生如何利用现有的资源合理地进行知识学习,这与中国传统文化中"授人以鱼不如授人以渔"有着异曲同工之妙。很多地方学校都遵循教科书上的理论框架对学生灌输各种知识,这种方式虽然能够保证学生对知识的全面接触,但是在教学后期检查学生的学习成果时就会发现学生对于知识的理解程度往往不够深入。自然类博物馆的科普活动不仅会让青少年知其然,还可以让青少年知其所以然,不但能够知晓科学知识,还能够运用各种方式解释科学知识的原理。

在馆校共建工作中应着眼于突出自然类博物馆的教育培养作用。新修订的《博物馆条例》把教育功能作为首位。现在学校及学校老师仅考虑教育大纲范围内的课程和知识体系,偶尔有涉猎博物馆也是仅作为补充,他们的教育课程设计是站在学校教育的基础上,采用"一日游"等参观性大于学习性的方式。要想改变博物馆在整个青少年教育中的被动情况,自然类博物馆一方面要了解孩子们真正的需求;另一方面利用自己丰富的藏品、展示资源,有效的建立起学校与博物馆的互动,学生与展品的联系,找到最佳结合点,是迫在眉睫的事情。

2015年《博物馆条例》的颁布实施,将博物馆教育提到了新的高度。陕西自然博物馆紧跟博物馆发展方向,对馆校共建进行了初步的探索,以青少年的好奇心和创造力为出发点,制作富有趣味性主题实践活动。

3　充分发挥博物馆的平台资源

(1) 专注知识的补充

陕西自然博物馆是以科技和自然两大主题进行展览,涉及学科众多,涵盖地质、古生物、动植物、煤炭、电力、人类学等学科,收藏、陈列着大量的实物标本,标本种类齐全,有足够的空间展示和还原再现。目前中小学虽然有科学课也有陈列室,但远不能满足学生的知识需求。适当开展博物馆开放日、科普主题进校园等实现博物馆与学校的有效衔接。陕西然博物馆每年设置若干主题科普进校园,每次根据所进学校学生的需求不同,准备主题教育的标本和科学实验,与学校真正的需求挂钩,拓展学生知识领域,调动学生兴趣,充分发挥博物馆的藏品资源优势,满足学生更高的知识需求。

(2) 开设小小讲解员学习班,培养学生的兴趣爱好

以培养青少年对自己感兴趣的知识进一步深化学习。陕西自然博物馆针对6～12岁不同年龄段开设了小小讲解员培训班,结合他们的认知和学习能力设置了符合他们年龄的讲解技巧、知识储备和实践操作课程,目前已开发出十几项精品课程,例如《神奇秦岭》《恐龙》《昆虫王国》课程等。每年培养小小讲解员200多位。通过完整的课程体系学习、严格的教学、现场讲解实践以及观众评议等形式,实现青少年对自己感兴趣的知识深度学习和体验,给孩子兴趣一个发展的机会和空间,通过考核"出站"的孩子,在这个领域可以称得上"小小专家"了,通过这

种方式留住了孩子的兴趣，锻炼了孩子的表达能力、与观众的沟通能力以及观众咨询时的应变能力。

(3) 开展专题研究，培养学生的研究思维和能力

陕西自然博物馆结合学校特点与西安曲江二小、高新中学开展周末主题研究课程探究，逐步培养孩子的问题意识、探究意识和实验动手能力。如与高新一中合作开展昆虫翅膀变色研究。他们偶然发现蓝闪蝶翅膀遇酒精变色，酒精挥发后，翅膀又恢复原色。看到这一现象，孩子们很好奇，是否所有的蝴蝶翅膀颜色都会有这一变化，它们的原理是什么？在自然博物馆老师的指导下，他们开始探究这一问题，学生们到博物馆观察蝴蝶翅膀的结构，并对不同的蝴蝶进行对比，博物馆老师给予翅膀结构的分析和教授蝴蝶有关知识，通过反复实验和数据对比，观察变色过程，探究变色原理。通过培养孩子发现科学问题、探究科学原理、体验科学验证，得出科学结论的过程。培养他们的研究思维、科学态度和科学精神。

(4) 传承自然历史文明，开发动手能力

结合煤海之光展馆，煤"文化墙"，开展最受欢迎的煤炭拓印，科普老师详细介绍悠远煤史，讲述煤炭在各个朝代不同的称呼和写法，了解煤炭文化历史，亲手区分生宣、熟宣，小组通力合作，完成8个朝代有代表性的煤炭拓片。整个过程下来，孩子对煤的历史和煤文化艺术有了了解，同时提高了自己的动手实践能力。

4　自然类博物馆与学校二者的有效结合

(1) 增加学生实践参与度，提高其动手实践能力

充分发挥自然陕西自然博物馆丰富的科普资源开展综合实践活动和学科实践活动课程，共同探索"校馆合作"新模式，陕西自然博物馆与西安市多所中小学联合开展"科学共建"工作。通过分批次进馆开展特色第二课堂、博物馆派驻科普指导教师及科普资源送学校等形式，建立科学界与教育界协同推动科学教育发展的有效机制，打造"共建"经验，以提升青少年科学素质。

结合陕西自然博物馆的标本资源，与学校充分沟通，设计的《武林"盟"主——大熊猫》，既考虑到学生课堂的知识体系，又结合博物馆的大熊猫标本，将课堂搬到博物馆展厅，是一种立体的和生动的结合，而且课程开发是连续的多维度的，实物与讲授、实践操作，更加直观。该课程获得中国博协社教专委会选定为"2015—2017年度中国博物馆青少年教育课程"全国十佳教学案例。现已在学校研学中推广。

陕西自然博物馆根据展厅内容开设了"恐龙探秘""昆虫王国""神奇秦岭"等学习班，结合展厅标本，开展的主题式学习，轻松的氛围、形象的实物，让青少年学到了知识，同时经过他们的拓展训练和给参观游客讲解，提升孩子的表达能力，提升素养。

(2) 孩子们研究意识提高，参加国际比赛获得大奖

环球健康与教育基金会发起的环球自然日知识挑战赛，是全球性的自然科普知识类竞赛，以概念主题的形式开展，学生充分发挥想象空间，2018年环球自然日的主题是"过去、现在、未来"，孩子们在这个大框架下，选择技术变化及应用、生物的进化及生活中变迁等方面开展自己的"小研究"，陕西自然博物馆作为西北赛区的组织单位，充分利用博物馆资源和平台，给青少年创造条件，博物馆工作人员与指导老师和学生反复沟通，并给出指导性意见，孩子结合应用性设计出自己的作品，在全球总决赛中陕西代表队获得9个一等奖，7个二等奖，13个三等奖。例如一等奖作品《长安印迹，"醉"海墁》是陕西自然博物馆与西安新知小学开展的科普实验作品，充分证明了孩子的观察力、探索欲望和科学的实践精神。

(3) 提高了青少年关注生活，懂得把握事物的主要方面的能力

来到陕西自然博物馆的珍惜世界动物展厅，你会发现与其他展厅不一样，有些家长甚至抱怨，展厅为何没有前言、展板、标牌信息呢，小展板上密密麻麻的数字编号，弄得很头疼。其实，这是有意而为之，对于孩子来说，好奇是他们最大的特点，尤其是发现自己感兴趣的东西关注度就会增加，同时也会想尽办法找到答案。细心的孩子很快就发现，每个动物旁边都有一个代码编号，每个区域都有一个大的展牌，有编号、有动物名称，只要将二者联系起来，就能找到答案了。通过这种有意识的训练和引导，提高他们对事物的关注度和快速关联解决问题的能力。

(4) 孩子之间交流互动增强，学会了情感表达

陕西自然博物馆新增的《探秘梦工厂》和《重返地球》科普项目，以团队、小组的形式开展。环环相扣，完成每一个环节，都需要孩子的团队合作、相互配合和商量完成，通过这一活动的设计，孩子不仅学会了相关的科学知识和实践能力，最主要是提升孩子的团队协作能力和沟通能力，促进了他们的交流。

5　结束语

总之，馆校共建教育的探索脚步一直没有停歇，作为自然类博物馆的工作者，让馆内的自然标本、科普老师发挥应有的作用，让孩子们更加主动爱上学校教育和博物馆教育，双方共促发展。自然类博物馆让社会教育助推国家基础教育，同时在基础教育的基础上，延伸完善学生的知识结构，丰富知识内涵，培养自然科学兴趣，激发他们的想象力和好奇心，助力孩子健康成长。

参考文献

[1] 余双好.青少年社会教育的本质与内涵[J].中国青年研究，2007(12):5-10.

[2] 李竹."体验式学习"在自然科学博物馆"科技馆活动进校园"科普教育活动中的尝试运用[C]//第十届中国科协年会论文集(一).2008.

[3] 张婕，朱海根，游春燕.浅析科技馆与中小学校科普教育的交流与合作[C]//馆校结合科学教育论文集.北京:科学普及出版社，2013.

新时代博物馆教育课程建设的思考

吴　千[①]

摘　要：新时代的到来使博物馆教育得到了社会各界的高度重视，博物馆教育事业的发展有了前所未有的助力。本文从博物馆教育的课程转变入手，分析当前形势下国内外博物馆教育课程的现状与发展趋势，探究博物馆教育课程的特点，从前期调研、对接学科课标、设计课程要素、开发教具资源包、提高人员素质、完善评估机制等多方面，提出建设博物馆教育课程的建议与措施，力求将博物馆教育课程落到实处，实现博物馆资源的教育价值。

关键词：博物馆；馆校结合；教育课程；课程要素

随着中国经济的快速腾飞、社会的不断进步，我国博物馆业得到迅速发展。博物馆因其丰富的教育资源和厚重的文化底蕴，得到了社会各界的高度重视，成为广大青少年重要的校外课堂。当前，我国博物馆教育处于一个变革的时代，教育思想和行动方向正在发生深刻变化，博物馆教育突破展陈、人工讲解等传统方式，呈现出多元化、分众化、菜单化、互动化态势。做好新时代的博物馆教育，需要更好地与基础教育发展的新趋势和新模式进行契合与对接，借鉴基础教育的"教育课程"理念与做法，实现博物馆教育方式和课程设置紧密结合国民教育体系，更好地发挥博物馆教育功能，服务于广大青少年。

1　博物馆教育中的"课程转变"

(1) 欧美国家博物馆教育课程

欧美国家在博物馆教育理论与博物馆课程的开发方面是先行者。1895 年，英国在修正过的《学校教育法》中，将学生参观博物馆纳入学生教育制度建设之中，将参观博物馆时间统计为学习时间，美国也在较早时期就将博物馆教育系统化地融入学校的课程和教学计划中。制定于 1988 年的英国"国家课程"(National　Curriculum)明确指出博物馆教育可辅助学校课程的实施，强调学生为主、活动为主、体验为主的博物馆课程经验论和课程活动论，并依照英国国家课程标准，策划出版了与学校课程紧密衔接的许多博物馆教育类书籍。在许多发达国家，博物馆教育课程均被纳入国家课程，中小学教育工作者都需要接受专门的博物馆教育培训，以便更好地利用博物馆资源开展教学。

(2) 我国博物馆教育课程

受长期应试教育的影响，我国博物馆教育早期并没有得到太多重视，人们对博物馆的作用仅仅停留在参观展览的层面上。进入 21 世纪以来，随着博物馆教育方式日益受到重视，博物

① 吴千(1983－)，女，中国铁道博物馆馆员，本科学士，从事博物馆社会教育与科普传播方向的研究，联系电话：15910569906，通信地址：北京市西城区马莲道南街 2 号院 1 号楼，10055，E-mail：1145367390@qq.com。

馆教育逐渐向素质教育、培养学生核心素养方面转化。2015年颁布的《博物馆条例》，把博物馆的教育功能提到了首位，明确了博物馆不仅是开放的公共休闲场所，更是教育场所。2017年教育部印发的《中小学综合实践活动课程指导纲要》，明确提出在中小学设置综合实践活动必修课程，校外课程资源的重要性为国家、社会和学校所慧识，博物馆课程资源的开发价值开始引起广泛关注。近几年，教育部又先后出台了一系列研学实践活动的相关政策，博物馆教育走向了素质教育的前沿，博物馆教育作为学校教育的补充和延伸，开展的各项教育实践活动不断向课程化、系统化、专业化方面转变。

2 博物馆教育课程的内涵与特点

原故宫博物院馆长单霁翔曾指出："将博物馆纳入国民教育体系，推动博物馆与学校教育、社会教育的紧密结合，组成更加健全的社会网站，既符合世界博物馆发展潮流，是博物馆履行教育使命的需要，也是提高全民文明素质，完善我国现代国民教育体系，建设学习型社会，开成教育终身教育体系的必然要求。"这些年，国内不少博物馆与学校合作开展了大量多层次多层面的教育课程实践，如中国国家博物馆的《漫步国博——史家课程》系列课程，北京汽车博物馆的《汽车与生活》教育课程，均取得了非常好的教育效果。但是，目前我国大多数博物馆对教育课程的认识还比较浅显，探索与实践尚处于起步阶段，课程开发的水平参差不齐，教育模式往往停留在讲解、讲座、手工制作、互动游戏等单次体验为主的活动层面上，教育形式过于单一，教育内容缺乏与学生学科内容的联系，远未达到真正意义上"课程"的概念。笔者认为，博物馆要将场馆资源转化为课程资源，应具备几个特点：一是馆校双方共同参与策划，或跨界合作但由场馆主导实施的教育项目；二是挖掘博物馆藏品或其他资源，设计、研发具有原创性、教育性、公共性的课程；三是有着明确的教学目标，内容上与学科内容相关联，形式上强调探究、互动、体验感等多元化学习体验；四是，具有较强的连续性、直观性、针对性和可操作性，达到预期教育目的。

3 博物馆教育课程建设的建议与措施

建设博物馆教育课程的目的，不仅仅是给学生提供一个走进博物馆的渠道，更重要的是建立一系列的平台，去实现好的教育效果。

(1) 做好前期调研、分析和设计

博物馆教育课程的内容创建应做好完善的前期调研和分析设计。目前，博物馆和学校都是相互独立存在的，馆校结合开发课程首先应当有顶层设计，其理念和模式对成功合作至关重要。在合作阶段，组建馆校课程策划小组，确定课程创建目的、参与合作主体、课程资金来源、时间节点推进。双方要建立常态化的沟通模式，一方面了解学校在教育改革方面的需求以及教学的进度、方法，另一方面博物馆向学校分享馆藏资源，如博物馆的办馆理念、主题特色、藏品资源以及藏品背后的故事等，加深双方的了解。在此基础上，根据双方提供的资源和需求进行梳理，在博物馆教育课程与学科课程内容的衔接知识点上进行充分的讨论，形成《馆校合作课程建设意向书》《博物馆教育课程建设合作协议》等书面文本，实现馆校教育的有效衔接，促进博物馆课程创建的可持续性。

(2) 对接学科课程,和而不同

各类博物馆拥有的资源类型不同,在开发课程的时候,需要选择与其匹配的学科。按照北京大学宋向光教授对博物馆类型的划分,科学类博物馆与学校合作时,可以结合数学、物理、生物、化学等课程制定教学计划;而在与历史类博物馆合作时,则可以发掘博物馆蕴藏的思想政治、语文、历史、地理等方面的课程;自然类博物馆可以设计与生物、地理、物理方面课程的结合;艺术类博物馆开发音乐、美术、文学等方面的课程。当然,许多综合性博物馆,涵盖学科多,可以根据实际细化课程的学科分类和内容设计。如民航博物馆的"未来科学家—神奇的机械大世界"课程,就是参照物理学科中"功和机械能"课程内容,通过馆藏实物发动机,讲授机械及发动机基础知识,并引导学生组装发动机模型,在动手过程中探究机械原理;"飞上蓝天的大鸟"课程,对照化学学科"金属和金属材料"课程内容,通过观察和对比馆藏运五、BAE146 等飞机的蒙皮材料,了解不同时期飞机的材质特点、认识飞机的外部结构和用途。中国电影博物馆与音乐、美术、戏剧、文学等艺术类学科课程联系较多,他们在开发艺术类博物馆教育课程外,还设计开发了"电影中的化学"系列课程,包括"揭示电影中冰的奥秘""揭示电影中雪的奥秘""电影中的烟火效果"等十个专题,将电影中的特技、道具与学校教学相对应的化学科目联系在一起,收到了很好的效果。

(3) 立足受众需求,设计课程要素

博物馆教育课程的建设需要立足于本馆优势以及受众需求的客观分析,根据中小学生不同年龄的接受能力,以"分众化""个性化"的课程理念,合理设计课程内容和实施形式。皮亚杰所提出的儿童认知发展理论,共四个阶段:感知运动阶段(0～2 岁)、前运算阶段(2～7 岁)、具体运算阶段(7～12 岁)和形式运算阶段(12～16 岁)。博物馆教育课程不能忽视学生身心发展规律,简单地从外部对学生进行知识的"灌输",必须以学生为中心设计不同的课程方案,低年级学生在课程过程中要注重趣味性、互动性和可操作性;中年级学生以任务驱动的方式引导学生自主探索学习;高年级学生建设采用主题项目制的方式,激发学生主动思考、发现规律、总结归纳,最大限度的挖掘学生们的学习潜能。

确定课程领域和不同学生的年龄层次后,循序渐进地进行课程要素的设计。一是结合场馆的资源、社会热点、学生兴趣来选定课程主题;二是从知识与技能、过程和方法、情感态度价值观三个维度分析,确定教学目标;三是根据"分众化"的理念定位,进行"多元化""互动化"的课程实施形式设计。课程设计形式主要有 3 种:

第一种是互动体验课程,强调双向互动,注重趣味性、体验感。首都博物馆的《花样纽扣结》课程,通过互动体验的方式,学习纽扣结的穿编方法,了解中国传统文化;洛阳博物馆的织布体验、濮阳市博物馆的麦秆画体验,均结合文物资源和传统文化来打造富于创意的互动课程。

第二种是参与感强的情景体验课程,营造一种特定的情景,在课程过程中潜移默化地影响学生感知。中国海关博物馆的"通关小达人——海关旅检体验"情景课程,在博物馆复原了机场旅检现场的原貌,通过学生角色扮演、动手操作、互动探究等方式,极大加深学生在交通运输知识上的体验感。北京人艺博物馆的"戏剧初体验"课程中,在了解戏剧常识的基础上探班演员们排练厅,通过引导学生进行表演练习的初体验,真听真看真感受,解密舞台背后的故事。

第三种是向"系列化""菜单化"方面发展的主题课程,实现课程与学科知识点紧密耦合,适用不同年龄和不同种类的需求,提供校方进行多样化选择。中国园林博物馆的"园居生活体验课程"中涵盖了园林科技、园林文化、园林艺术三类别系列课程，包括科技类、文化类、艺术类的多角度、分层次、系统化的课程内容，开展德、智、体、美、劳全面发展的园林启蒙教育。

除以上内容外，课程要素还包括课程资源包（教具、学习单）的开发，教学过程的设计、课程的实施、课程评价与评估。打造博物馆教育课程并不能一蹴而就的，需要一定时间的沉淀与检验，在实践运用中不断完善优化，从而形成一套成熟的博物馆教育课程体系与操作流程。

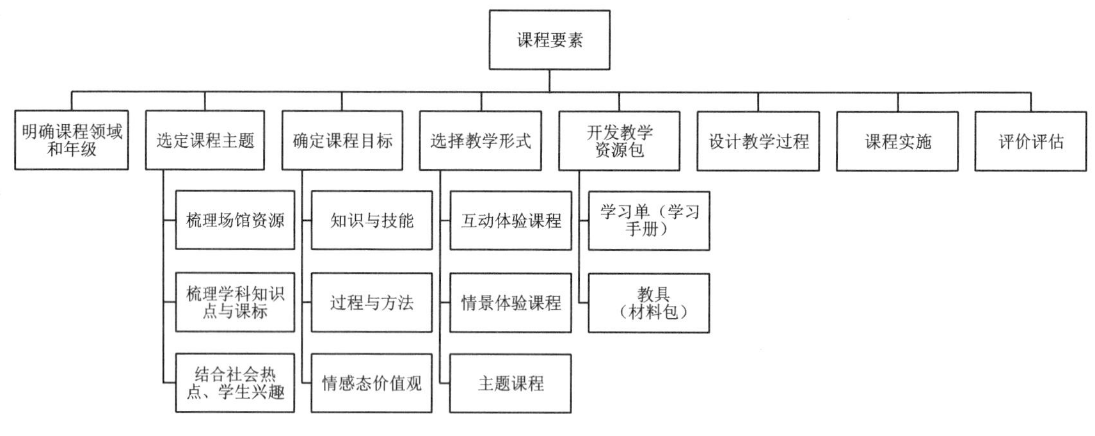

博物馆课程要素构建图

(4) 重视教具或资源包的开发

课程教学资源包作为辅助课程材料，对于激发学生的学习动机和兴趣，增强学生动手能力、科学探究能力、创新精神等方面有着无与伦比的优势。一般包括学习单（学习手册）、教具（材料包）等资料，学习单（学习手册）由于具有很好的"导学"与"反馈"作用，目前已得到广泛应用。一是将博物馆课程内容以任务或问题的形式引导学生开展自主探究，提示学习方法和学习策略，帮助学生整理出课程认知体系。可根据学生认知发展水平策划选择题、连线题、论述题等，如发现与思考、论证与推理、收获与拓展等内容设置。二是拓展博物馆藏品阐述与说明，提升教学资源内容，使课程更具开放性。三是学习单（学习手册）可以专门针对个别学生学习的难点和需求，进行个别化设计，满足个别化教育需求。四是学习单能够成为课程效果评估的重要依据，帮助课程设计人员不断改进课程设计细节。中国铁道博物馆的《中国人的光荣——詹天佑和京张铁路》课程中设计了学习单和读书交流环节，帮助参与学生自主思考，按照兴趣扩展学习，学习单以铁路为主线，串联詹天佑经历的多个重要事件，引导学生了解京张铁路的工程难点以及詹天佑如何克服困难、大胆创新解决了许多工程技术领域的难题。中国邮政邮票博物馆推出的《我和我的祖国》系列课程，以新学期开学为契机，将"第一课"和"邮票知识"相结合，学习单的设计引导学生了解国旗、国徽和国歌诞生的故事，见证新中国成立70年来国家的建设与发展。

博物馆教育课程教具（材料包）是以博物馆藏品资源所蕴含的元素、内容等为基础，经过创意构思和设计提炼后，开发的用于教学过程的用具。它可以帮助学生将相对抽象的认知过程转化成具体直观过程，通过学生观察、操作，分解学习步骤，引导学生思考与创造。教具（材料包）的开发需要注重教学性、易解性、便利性、经济性和安全性，首先，教具不能只供观赏，缺少"教"与"学"的功能；其次不宜过于复杂繁琐，尽量呈现深入浅出的原理本质；再次，教具材料应便于携带，贴近教学实际；最后，是制作教具成本上的经济性，节省经费开支。中国地质博物馆的《我在地博修化石》课程中会向每位学生发一份材料包，材料包里包括牙刷、剔针和化石，剔针用来剔除周围的灰岩，牙刷用来清扫，使用过程中安全可靠，活动结束后再把所有材料收回可供再次利用，学生们通过亲手参与化石修理的过程，体验标本修复工作，了解标本背后的故事。成都理工大学博物馆的“小小博物家——疯狂石头”课程中，借助放大镜、三色手电筒等工具，观察矿物和岩石的物性特点，协助学生认知矿物，并发放水晶、黄铁矿等常见典型矿物，请学生发挥想象设计“宝石盒子”。

(5) 提高人员专业素质，做好课程实施

博物馆教育人员是课程的主要策划者和执行者，在课程的实施中起着关键性作用。一个好的课程策划方案应该有清晰的逻辑思路、简明连贯的语言、恰当的设问置疑、通俗易懂的解析、有条不紊的节奏把握，以及富有亲和力、感染力的态度，这不仅是对语言、文字表达能力的考量，也是对组织管理能力、协调和沟通能力的检验。加强博物馆教育人员的能力建设，可以通过参加专业培训、参与馆校交流、馆与馆之间的观摩学习等方式进行提升，同时自身需要不断丰富知识储备，涉猎尽可能多的学科，特别是课程中涉及的知识点，在深度和广度上同时下功夫，做到授课过程中能够旁征博引，增强说服力和感染力。

(6) 完善评估机制，提升教育课程质量

课程要素最后一个环节就是评估与评价，课程的评估与评价有助于发现问题，解决问题，使课程更完善。不少博物馆在课程结束后会给参与的学生每人一份评估调查表或参与满意度评价表进行填写，然后进行统计评估。笔者认为，在此基础上还应建立馆内评估和校方评估双重机制。馆内评估即课程实施后，馆内领导、其他教育人员进行点评；校方评估即是由中小学教师结合课程开展情况，对应课标，评价课程的实施是否对学校课程进行了有效的补充和延伸，促进馆校结合的博物馆教育课程质量水平进一步提升。

4 结 语

立足现实，展望未来。博物馆课程的建设与常态化运用，实现密切的馆校合作教育机制，是博物馆教育发展的必然要求，也是博物馆界长期的使命担当。博物馆教育工作者需要跟踪学校教育发展大势，及时调整博物馆教育课程设计开发理念，实现与学校教育的有机融合，才能在教育强国的实践中做出自己应有贡献。

参考文献

[1] 唐晓勇. 一样的博物馆 不一样的学习——融合统整项目课程的“博物馆课程”建设思考[J]. 中小学信息技术教育，2019(12):17-18.

[2] 靳玉乐. 课程论(第二版)[M]. 北京：人民教育出版社，2015.

[3] 单霁翔. 博物馆的社会责任与社会教育[J]. 东南文化，2010(06).

[4] 宋向光. 博物馆类型研究的意义与启迪[J]. 中国博物馆，2019(02):29-33.

[5] 刘长城，张向东. 皮亚杰儿童认知发展理论及对当代教育的启示[J]. 当代教育，2003(1):45-46.

[6] 丁福利，林晓平，刘璐. 博物馆教育学程研究[M]. 河南：河南人民出版社，2018.

[7] 宋娴. 博物馆与学校的合作机制研究[M]. 上海：复旦大学版社，2019.

探究青少年航空研学活动的定位与开发

胡鑫川[①]

摘　要：科普场馆作为青少年研学活动很重要的实践运用基地，它的定位与开发直接影响研学的绩效。故借用拉斯韦尔的“五 W”传播模式理论来解读上海航宇科普中心在研学定位与开发的思考，旨在以科学的态度去创新和开发航空科学普及教育工作的内容与形式，尤其是在新形势下建立起青少年航空科普为主题的研学之路、突破传统科普模式、真正打造成为学校可融合的航空科普研学基地是势在必行的工作。通过分析和解读青少年航空研学内容形式与方法也能起到举一反三的作用，而服务于相关场馆的科普教育活动的开发与实施。

关键词：航空教育；研学活动；定位开发；馆校结合

借用美国政治学家哈罗德·拉斯韦尔(Harold Dwight Lasswell)著名的“5W”传播模式理论进行青少年航空科普教育基地的研学定位与运用策划，通过传者、受者、信息、媒介、效果五个维度建立起青少年研学之路，从而推动科普场馆在青少年航空科普教育工作的新领域，也有利于在新形势下的航空科普教育的突破和发展，从而建立起可学习借鉴的科普研学模式。

1　借用“五 W”模式理论进行研学定位的思考

作为航空科普教育的上海航宇科普中心，已有三十年的科普教育历史，且形成了一定的传播惯性和模式。考虑到场馆既要继续保存传统，也急于融入新形势的发展，尤其在提倡研学探索教育时会出现冲突与矛盾，或有水土不服等现象，故提出了借用美国政治学家哈罗德·拉斯韦尔(Harold Dwight Lasswell)著名的“5W”传播模式理论进行青少年航空研学思路的定位与执行，便于解决研学基地在综合能力与馆校融合时出现的薄弱环节和自身缺陷。

拉斯韦尔于 1948 年发表的《社会传播的结构与功能》一文，明确提出了传播过程及其传者、受者、信息、媒介、效果的五个基本构成要素，这就是著名的拉斯韦尔“5W”模式理论。经过上海航宇科普中心的研学需求与定位思考，可解读为相关执行的五个方面内容：

① 需要担负起信息的收集；

② 完成加工和传递的任务；

③ 合理科学地完成讯息内容表达；

④ 充分发挥适用媒介吸引青少年受众；

⑤ 使用受众评估的方法与措施。

由于传播学的“五 W”模式在阐述上缺乏相互关联的解读，研究分析后提出了“五 W”成星

---

① 胡鑫川，上海航宇科普中心研究策划部部长，从事科普理论、航空科普与展厅策展管理等方面研究，1106586738@qq.com，18117154896，上海沪闵路 7900 号。

并可循环互动的“星徽”运用模式：

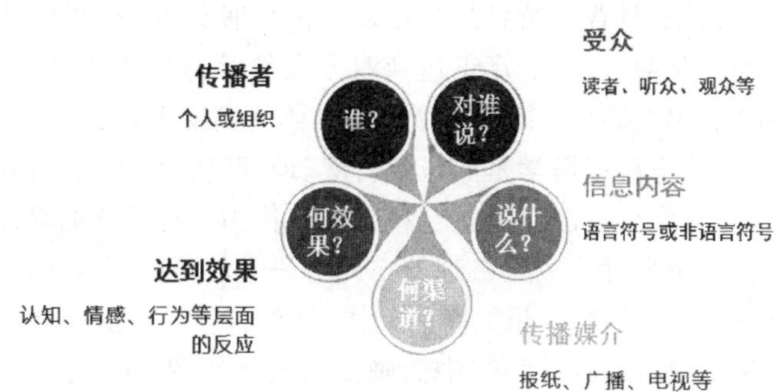

图1　“五W”理论中五个“W”之间的关系图

即教育者不仅关注自身的要求，还要考虑到科普内容、科普形式、科普对象和科普效果四个方面，这样的育者才是有效和可胜任的。同样如此，每个“W”都应该与其他的四个“W”建立起相互的关系和发生积极的作用。

2　青少年航空科普研学的“五W”定位分析

研学，即研究性学习，是指师生在一定的学习环境中，以自然、地理、历史、人文、科技、体验课本为内容进行主动探究学习的过程。通过获取知识、应用知识、解决问题的集体学习活动，来培养青少年科学思维方式和学习能力，培养学生良好思想品德和健全人格，实现素质教育的目标。

作为科普教育的场馆来定位研学的范围与内容，看似相关不大，也不是仅提供学习环境这么简单，而通过“五W”分析，为了达到科普教育之目的，建立与学校共同进行技能与技术的拓展联系，形成研学体系，科普场馆还需要在教师素质、教材内容、传递形式、科普效果等方面的综合要求达到满足才行，故需要进行定位分析如下：

① 科普者，就是航空领域的科普教育者，在科普教育过程中担负着信息的收集、加工和传递的任务。教育者既可以是航空科普工作者、航空专家与学者、学校老师，也可以是航空科普基地、航空博物馆、各级航空学会、航空特色学校等组织。

② 青少年受众，明确青少年受众为满13周岁但不满18周岁的未成年学生，及部分至20周岁的专业类学生，是社会上令人重视的一个受教育群体。

③ 航空内容，是指在航空领域内，需要普及的知识、技术相关的教育内容。

④ 媒介与形式，是航空科普场馆所具有的教育传播资源，包括航空科普内容所借助的展板、宣传栏、多媒体、网络等传统与新媒介形式。

⑤ 科普之效果，是指航空科普内容到达青少年后所引起的航空兴趣、启发、感动、振奋等正能量的反应，形成检验标准的要求。

3　确定航空科普研学的内容定位

馆校结合在研学项目中，科普场馆只是学校研学的一种延伸，有其自身的优点和弱点，只有与校方的紧密结合与相互磨合，才能真正达到双方在教学与科普的双赢。为此有必要进行分析与策划，故提出按“五 W”要求进行研学项目的具体落实要求。

鉴于对研学的理解，航空科普研学是能包括自然、地理、历史、人文、科技、体验的六大类别的选择主题。而从内容选择上，不能仅把航空科普教育作为一种研学的辅助，更要看清航空科技在研学领域中的地位和重要性。故要梳理航空科普研学的可探索内容：

① 从自然角度选择内容：与航空相关联的天体、气象、鸟类、昆虫等自然课程内容，具体展品有《高度与飞行》和展厅《探索飞行奥秘》中的画面与文字介绍，在《航空史》中也会有莱特兄弟与鸟类昆虫在飞行中的介绍。

② 从地理角度选择内容：此类内容不多，在《中国民机成果展》中有少量介绍飞机的高度、地理环境等试验的内容。

③ 从历史角度选择内容：从航空历史上有许多资料可成为研学内容。

④ 从人文角度选择内容：从飞行先驱、莱特兄弟、飞行科学家、设计师、飞机驾驶者等多方面可成为研学内容。

⑤ 从科技角度选择内容：从展览实物与模型来看，可以探索航空科技在不同领域的发展过程，如发动机、机种，尤其在《中国民机成果展》中可以了解中国在航空的科技内容；最主要是在《探索飞行的奥秘》展厅可以得到领略、体会和感受到航空科技的细节和道理。

⑥ 从体验角度选择内容：展厅在体验上的改造是较多，在 DC－8 实体客机内的体验到驾驶舱、客舱、货物舱等设备与布局，也可以看到飞机的内容结构与内容，在体验展厅也可以自己感受驾驶飞机的乐趣，若有时间，可静下心来可以自己动手做一做各种从易到难的飞机模型。

4　航空科普研学的运用定位

以“五 W”理论进行航空科普研学的组织实施过程，落实航空研学“五 W”的基础上进行“星辉”关系的融合，从而达到研学实施步骤的全过程掌控。

(1) 科普工作者的组织建设

① 明确研学项目的组织机构与部门职责，建立研学的科普运行体系。

② 明确科普工作者在研学岗位中工作要求，确保航空科普教育的质量与数量。

(2) 青少年受众的研学接受

① 幼儿娱乐研学的思路与方法。

② 少年课程研学的思路与方法。

③ 专业学生研学的思路与方法。

(3) 航空科普研学课程设计

① 根据受众对象不同进行研学课程的设计。

② 根据学校课程目标进行研学课程的设计。

③ 根据场馆资源特色进行研学课程的设计。

(4) 航空场馆研学资源运用

① 利用场馆展厅资源开展研学。

② 利用场馆活动开展研学互动。

③ 利用科普教育师资进行研学。

(5) 研学效果综合评估总结

① 进行场馆研学效果的评估。

② 进行受众受益结果的评估。

根据以上航空研学“五 W”解读设置实施“星辉”全过程关系图如下：

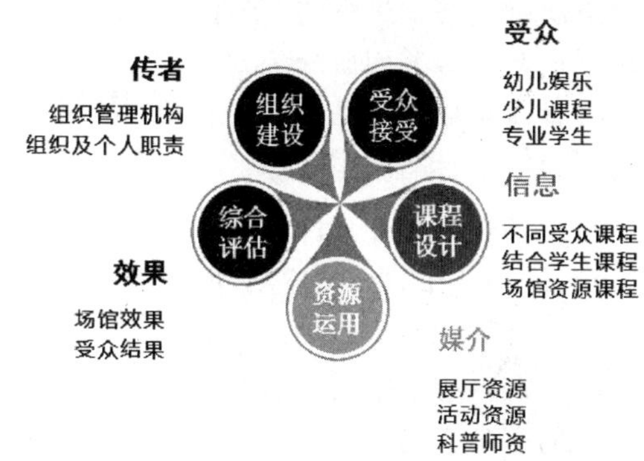

图 2 航空研学实施关联过程图

5 航空科普资源分析与运用准备

以上海航宇科普中心为例进行研学运用，从“五 W”定位开始认证可以从场馆的战略要求进行分析、从现有组织机构与职能角度来分析、从场馆管理体系与综合能力方面进行分析，但最关键的是考虑场馆科普教育资源的能力与适应学校进行研学的科普资源匹配度。为此，上海航宇科普中心需要进行科普资源适应研学的资源分析才能进行有目的的运用。

(1) 利用场馆展厅资源开展研学

上海航宇科普中心在原有三个主题展厅上进行了改造，把原一楼《走进中国大飞机》拓展成《中国民机成果展》、原二楼暂且不变，原三楼《探索飞行的奥秘》试验装置展厅拓展成为综合性的互动科普教育展厅；场外的飞机也进行改造，尤其在 DC－8 客机内进行了适合科普教育与互动探索的内容；场馆增加了技术含量较高的发动机展厅和航天科技的等内容。从而，场馆在整体上增加并提高有利于开展研学的教育探索资源。

展厅资源也包括适用研学的展项或展品的细化和提升。具体可研学资源，包括需要增补或提升的资源归纳如下：

① 从历史、人文、科技方面研学《中国民机成果展》。

② 从历史、人文、科技方面研学《中国与世界航空发展史》。

③ 从自然、地理、科技、体验方面研学《探索飞行的奥秘》。

④ 从历史、科技、体验方面研学场外展品与展项。

⑤ 从科技、体验方面研学《航空体验区》展品与展项。

⑥ 从历史、科技方面研学《发动机展区》展品与展项。

(2) 利用场馆活动开展研学互动

上海航宇科普中心每年组织开展各类丰富多彩的科普活动，最具传统特色的国际少年儿童航空绘画比赛(上海赛区组织方)和上海"航宇杯"静态比例模型比赛等项目，同时也开展航空科技夏令营、航宇科普知识讲座、科普巡展和"中小学校－科普基地"共建结对活动等相关活动，与上海航空学会、上海科普教育基地联合会、中国商飞上海飞机制造有限公司、航空公司等组织和企业有资源上的互动和共享。

具体可研学资源归纳，包括需要增补或提升的资源归纳如下：

① 参与国际少年儿童航空绘画比赛所进行的研学活动。

② 参与制作静态比例模型比赛所进行的研学活动。

③ 参与全国无人机设计大赛所进行的研学活动。

④ 参与全国模拟机飞行比赛所进行的研学活动。

⑤ 参与科技周、科技日、科技之日(夜)等全国性(或上海市)活动所进行的研学活动。

⑥ 参与航空夏令营、冬令营活动所结合的研学活动。

⑦ 参与馆校共建所进行有针对性的研学活动。

⑧ 参与中心科普专题活动所进行的研学活动。

⑨ 参与巡展(临展)所进行的研学活动。

(3) 利用科普教育师资进行研学

上海航宇科普中心是以航空科普接待讲解为传统的教育模式，在与学校共建活动中偶尔也有讲座课的师资，但从整体来讲，中心的科普教育研发与师资是最为缺乏与薄弱的部分。

具体可研学资源归纳，包括需要增补或提升的资源归纳如下：

① 建立一支对航空科普研究再开发的团队，完成包括文字、图片、视频、多媒体等资源。

② 完成适合本馆在自然、地理、历史、人文、科技、体验角度的研学课件。

③ 培养一批老中青相结合的，可服务于不同年龄段受众的研学老师。

④ 建立有效管控的研学领导小组和工作组，进行规范化的管理与内外工作协调和评估。

6 航空研学定位与运用时的一些困惑

科普讲解转变为授课研究的职能转换，影响着科普场馆的经营宗旨与内容，更影响着每一位科普工作者的工作职能。因为科普场馆的新进员工并不需要老师资质就可以入门，老员工也无须授课讲学来进行工作考核，所以这种基础性的缺陷是一定会影响研学质量的。所以，场馆的师资资源是最为重要的资源。其次是课件的质量与数量问题，由于场馆与学校对航空科普的开发与研究的角度不同，因此一定存在着教育上的缺陷，会影响到研学的质量。为此，要建立场馆科普研究与学校教材相结合的课件联系。另外是馆校结合中存在着供应与需求的不匹配问题，"到此一游"或"走马观花"等参观现象致使研学的运行失效。

总之，以研学为目标的场馆不应该是串联进来研学的旅行中的一个点，更应该是有其场馆研学特色和魅力的教育基地，为此需要全局调整，组织高度重视，全员参与与配合的战略性工作,才会带来科普场馆教育开发的新发展。

参考文献

[1] 哈罗德·拉斯韦尔，HaroldLasswell，拉斯韦尔，等. 社会传播的结构与功能[M]. 北京:中国传媒大学出版社，2013.

[2] 胡鑫川. 探索青少年航空科普活动的传承与突破[C]// 中国科协第七届海峡两岸科学传播论坛论文. 2017.

科普场馆开展科普研学的策略
——以“少年派的西北漂流记”为例

王宇① 杜鹃② 刘文静③ 田文红④

摘　要：科普研学是主要针对青少年开展的旅行体验与科学研究性学习相结合的校外教育活动。本文介绍了当前国内科普研学活动的现状，指出科普场馆面向青少年开展科普研学存在泛娱乐化、填鸭式教育、孤岛化的“展品本位”等问题。从研学活动设计的系统性、学生学习的自主性和研学活动的实践性三个方面分析了开展科普研学活动的策略。

关键词：科普研学；科普场馆；策略

当今时代，随着我国教育体制改革的不断深入，越来越多的人意识到，单纯依靠学校的正规教育已经不能满足培养创新型人才的需求，需要采用更加多元的方式来开展教育活动，以便更好的促进青少年的全面发展。在这一趋势下，研学旅行得到越来越多人的重视，它继承和发展了我国传统游学中“读万卷书，行万里路”的教育理念和人文精神，为提升青少年综合素质提供了新的方式。

1　科普研学

研学旅行是旅行体验与研究性学习相结合的校外教育活动，能够基于青少年的兴趣进行内容设计，使其在探究的过程中获取新知识和新技能，同时学会适应集体生活，促进课本知识和社会实践的深度融合，是校内教育和校外教育衔接的创新形式。

科普研学是研学旅行的一个类型，是以青少年为主要对象，通过对旅行地的深入挖掘，选取具备科学、文化特征的代表性资源，设计开发科普内容含量高，科学文化内涵丰富的研学旅行活动。

近几年，随着各项文件的出台，科普场馆已成为重要的研学教育基地，在开展科普研学活动中发挥了积极的作用。例如，上海科技馆创立了研学旅行品牌，其开发的研学项目有“讲座”“动手做”“科学小讲台”“临展配套活动”“学术研讨”“科学 · 分享”“主题 · 探索”等，理论与实践兼顾，主题明确；重庆科技馆针对研学旅行的特点和青少年求知需求，整合馆内科普电影展品展项科普活动等资源，推出“空气炮”“棉花糖遇到意大利面”“DNA 项链”“红外线报警器”等系列研学旅行课程，培养了青少年的创新精神、探究能力和实践能力；中国科技馆、天津科技馆、厦门科技馆等科普场馆也纷纷开设了丰富的中小学生研学旅行课程，加深了青少年对科学

① 王宇，从事展览与教育研究方向，高级工程师，任职于内蒙古自治区科学技术馆，联系方式：18686090246。
② 杜鹃，从事展览与教育研究方向，中级馆员，任职于内蒙古自治区科学技术馆，联系方式：15354875896。
③ 刘文静，从事展览与教育研究方向，中级馆员，任职于内蒙古自治区科学技术馆，联系方式：18586093721。
④ 田文红，从事展览与教育研究方向，副研究馆员，任职于内蒙古自治区科学技术馆，联系方式：18647145583。

的理解和感悟。

2　科普场馆开展青少年科普研学的困境

科普研学符合素质教育的理念，在提升青少年创新能力方面成效明显，是一种新兴的教育形式，然而在其快速发展的过程中，也逐渐凸显出一些问题。

(1) 泛娱乐化现象

党和国家明确要求，研学旅行的内容设置要符合党和国家的教育方针，符合"立德树人"的根本任务，应防止内容设计低级庸俗和娱乐化倾向，要做到主题鲜明、内容丰富、效果突出，确保青少年"研有所得"。

然而一些场馆在设计科普研学内容时，将如何吸引青少年参与活动放在了首位，过分注重激发青少年的参与兴趣，只"游"不"学"，在活动里加入了大量趣闻逸事、奇谈怪论等娱乐化的内容，忽略了"教育"内涵的发掘。例如吐鲁番博物馆曾推出"博物馆奇妙夜——与千年古尸共宿"的研学活动，内容聚焦于"与千年古尸，万年的化石同处一室一起休眠，感受古代文物带给我们的刺激"，期望借助社会热点进行宣传，吸引青少年参与，然而吸引青少年关注并不意味着一味迎合青少年的好恶，这样的单纯和千年古尸同处一室过夜的研学活动，缺失了教育意义，是一种舍本逐末的做法，并不值得提倡。

(2) 填鸭式教育现象

科普研学是内涵丰富的教育活动，旅行是形式，研学是本质。指导教师作为科普研学教育内容重要的设计者、组织者和评价者，如何有针对性的围绕研学主题设计适合的教育内容，是科普研学活动得以有效实施的关键之举。

《中小学综合实践活动课程指导纲要》中明确指出，研学旅行倡导培养青少年的自主学习能力，要求青少年成为学习的主体，减少外界的影响，优化青少年习得知识的过程。在科普研学活动中，指导教师的作用不再以教授知识为主，而是聚焦于激发青少年的学习兴趣，引导青少年在动手实践探究的过程中，保持较高的学习主动性，融合跨学科知识，提高青少年的自主学习能力。然而部分指导教师在设计科普研学内容时，过分注重知识的教授，只"学"不"游"，忽视了科普研学以游促学，培养青少年自主学习能力的要求，还是一味地用呆板僵化的填鸭式教授方式开展研学活动，将本该活泼有趣的科普研学活动变成了换个地方继续上课的枯燥的课堂活动，违背了科普研学的初衷。

(3) 孤岛化的"展品本位"现象

一直以来，科普场馆中的馆藏展品都是各馆的核心资源，科普场馆的展览教育活动也大多是围绕馆藏展品开展的，每个活动都有各自的主题和侧重点，开展活动也往往只需要考虑本次活动的效果，这就使得科普场馆的传统教育活动往往表现为以各个馆藏展品为核心的独立活动。

近几年国家大力推行研学旅行后，科普场馆积极响应号召，开始设计和开发科普研学活动，然而由于长久以来形成的惯性思维，部分科普场馆还是按照之前开展传统教育活动的方式来设计科普研学活动，忽视了传统教育活动和科普研学两者的区别：传统的场馆教育活动是一个个以馆藏展品为核心的"孤岛"，而科普研学则是围绕特定主题开展的一系列存在紧密关联的教育活动的集合，是包含场馆内外多个地点的多项活动的联合行动，需要从总体上梳理整个活动的主题和脉络，调整或重新设计活动内容，使其符合研学主题，有机地“嵌入”研学活动之中，不能“只见树木，不见森林”。

3 科普场馆开展青少年科普研学的策略

(1) 重视研学设计的系统性

科普研学的设计是一个系统性的过程，需要综合考虑青少年的心理发展、认知水平以及所在年龄段对应的中小学科学课程标准的要求、科普场馆的优势资源、多种学习方式和学科内容等各方面因素，按照游、研、学为一体的整体思路进行设计，做到行中有学、学中有研、学研结合、激思导学。科普场馆在设计科普研学活动时，可以从以下三个方面来考虑。

首先，选准活动的总体思路和目标。围绕青少年不同阶段的学习要求，结合其认知水平、兴趣热点、参与活动的动机等因素，选取合适的资源，确定科普研学的总体思路。内蒙古科技馆参与的科普研学项目“少年派的西北漂流记”在项目设计之初，策划团队就综合考虑了上述诸多因素，确立了科普研学活动的总体思路，即在展现内蒙古独特的自然人文风光的同时，通过采用观察、动手、实践、探究的方式向青少年普及科学知识。

其次，优化科普研学旅行活动的具体内容。活动内容的制定要突出人文性、科学性、探究性的特点，以中小学科学课程标准的要求和研学资源的融合为主，加深青少年与自然、文化的亲近感，培养其在探究过程中的创新能力，锻炼青少年的集体生活能力和自主学习能力。“少年派的西北漂流记”在进行内容设计时，将“实地观察风力发电站和大型风车”“乌兰哈代火山群火山口科学考察”“辉腾锡勒高山草甸夜晚观星”“蒙古男儿三艺”等田野研学项目，与内蒙古科技馆的“风力发电”“火山爆发”“四季星空”“射箭机器人”等展品资源进行了统一考虑，设计了相应的研学课程，通过设计科学考察方案、形成知识卡片、提出课后思考等方式，将展厅的展品与后续的田野研学内容进行了深度融合，理论联系实际，引导青少年体验了观察发现、发挥想象、验证总结、掌握原理、发散思维的一整套科学思考、科学实践的过程，提高了青少年的自主学习能力。

最后，完善科普研学的评价体系。解决好科普研学的评价问题，不断完善现有的科普研学内容，才能真正达到以评价促进学思结合、知行统一的目的。“少年派的西北漂流记”活动设计之初确立了活动评价的目标和方式，按照时间顺序制定了细化的评价指标，包括：旅行前的计划发布情况、青少年参与度情况、安全教育和文明教育情况等；旅行中的研学内容的难易程度、吸引力或兴趣点、交通工具、餐饮住宿、环境卫生、安全保障和应急能力以及研学导师的人数、师德、知识、讲授、对青少年的指导情况等；旅行结束后的自评、互评、再次参加科普研学的意向等。通过评价系统的反馈，能够不断完善和优化科普研学的内容设计，提升科普研学的教育质量。

(2) 重视青少年的自主性

自主学习是一种现代化的学习方式，要求青少年成为学习的主体，减少外界对青少年学习的影响，从而使青少年习得知识的过程得到优化。“少年派的西北漂流记”研学活动中，青少年的学习以自主、合作与探究的方式为主，指导教师重点关注青少年自主学习能力的发展，引导青少年明确研究目标，确立研究内容，开展针对性强、有效性高的科普研学活动。发展青少年自主学习能力的过程如下：

第一阶段，问题生成。确定青少年仔细阅读了科普研学的指南信息后，通过创设情境，指导教师开始引导青少年对本次研学相关的社会科学、地理人文方面的知识进行广泛的涉猎，目的是让青少年充分了解本次科普研学的基本情况，扩大知识面，同时也为接下来选择具体的研究课题奠定基础。

第二阶段，分解问题。指导教师组织青少年基于前期的调查研究选定各自的重点研究方向，比如风力发电、观星、火山科考等，然后将选定相同研究方向的青少年编为一组，引导组内青少年自行进行任务分工，例如：资料采集、现场采访、全程记录、整理统筹等，并根据日程安排将分工细化到每一天、每一个时段、每一个人，通过分工，将复杂问题分解。

第三阶段，解决问题。各小组经过阅读文献和查找资料后，将研究面不断缩小、具体化，最终确立研究主题，例如风力发电方向的小组将研究主题聚焦于风力发电对草原环境的影响方面。

通过发挥青少年的自主性，可以有效激发青少年的热情和创造力，使青少年在科普研学活动中能够主动参与、乐于探究、勤于动手，培养了青少年搜集和处理信息的能力、获取新知识的能力、分析和解决问题的能力以及交流与合作的能力。

(3) 重视研学过程的实践性

教育家陶行知先生曾说："听见的知识，容易忘记；看见的知识，只能记住；只有通过实践获得的知识，才能真正地理解。"

实践性是科普研学的本质属性，科普场馆应重视科普研学实施环节的实践性，围绕统一的教育主题，设计需要青少年亲自动手、动口、动脑完成的实践活动，让青少年在体验、体悟、体认中解决具体问题，培养创新精神，发展综合素养。作为一种人才培养模式的创新，研学旅行活动课程的设计要特别注重学生的实践性学习，要避免学生在学校中的以单一学科知识被动接受为基本方式的学习活动。现代学习理论认为，从书本上学到的知识，其理解终归是浅层次的，要想真正掌握其中的深刻道理，必须亲自去做、去实践，要通过亲自实践来激活书本知识，完成从知识到能力和智慧的转化。

"少年派的西北漂流记"的不同小组都有实践性很强的活动内容，例如风力发电小组，在科技馆里设计和动手组装了风车，比较了不同数量、形状的叶片对风车转速和发电量的影响，之后通过田野研学活动，近距离观察了真实的运转中的风力发电机，印证了动手制作环节总结的规律；四季星图小组，在科技馆里亲手制作了四季星图，了解不同季节草原上所能观察到的代表星座，之后通过田野研学活动，在草原上观察真实的夏季星空，对照制作的星图寻找最具代表性的星座，加深了对星空与星座等概念的记忆，这一系列科普研学的动手实践内容，提高了青少年的参与性，发挥了青少年的主观能动性，激发了青少年的创新能力，取得了良好的教育效果。

4 结　语

科普场馆具有丰富的科普资源，在开展面向青少年的科普研学项目方面具有天然优势，只有抓住当前研学旅行蓬勃发展的契机，制定科学的设计策略，创新科普研学产品，才能在研学旅行的大潮中稳步前行。

参考文献

[1] 王小明.科普研学:与场馆科学教育的融合创新[R].中国自然科学博物馆学会教育人员培训班(第四期),2019.

[2] 曾川宁.浅谈科技馆科普研学导师的工作内容及其能力要求[J].学会,2020(02):56-59.

[3] 来也旅游.上海科技馆:科技研学旅行与学校教育紧密衔接[EB/OL].(2017-11-29)[2020-06-22].http://www.laiyelvyou.com/page192.html? article_id=295.

[4] 重庆科技馆.重庆科技馆研学旅行基地课程助力"科学梦"[EB/OL].(2019-04-29)[2020-06-22].http://www.cqkjg.cn/news/dynamic/44/36456044.shtml.

[5] 曹小芹.基于区域文化的研学旅行活动设计探析——以南京为例[J].智库时代,2019(23):200-214.

[6] 许梅.基于学生感知体验的研学旅行课程评价体系的构建[J].中国多媒体与网络教学学报(中旬刊),2020(01):247-248.

[7] 吴煌清.遵循六原则设计研学旅行方案[J].基础教育参考,2019(07):17-19.

[8] 梁爽.博物馆研学旅行探析[J].文化产业,2018,11(05):24-26.

基于科研资源开发与实施特色科普教育活动初探
——以“无壳孵化小鸡”为例

鲁文文[①]　朱元勋[②]

摘　要：本文以中国农业大学李赞东教授的科研项目“无壳孵化小鸡”为例，详细介绍了郑州科技馆基于该科研资源设计与实施特色科普教育活动的四个途径：将科研资源转化成科普展品；围绕科研资源设计对接中小学课程标准的系列化课程；将科研资源品牌化—打造青少年的无壳孵化工作室；将科研资源转化成科普短剧。简要描述了“无壳孵化小鸡”项目的实施效果，总结了该项目的亮点，最后概括了利用科研资源开发与实施特色科普教育活动启示。

关键词：科研资源；无壳孵化；设计与实施；教育活动

1　背　景

《国家中长期科学和技术发展规划纲要(2006—2020年)》和《全民科学素质行动计划纲要(2016—2020年)》明确将“实施全民科学素质行动计划”列入国家发展战略。科技创新由专业从事科研的科研院所承担，而与之同等重要的科学普及，由科普场馆负责。科研机构、大学等拥有最宝贵的科研人才、大科学装置、科学实验室等雄厚的科研资源，可以为科普、科学教育提供人力支撑和资源支持。科技场馆作为青少年科普教育的重要阵地，近年来在与科研机构、大学合作开展科普工作方面有些进展，但整体而言，合作还不够深入。

“科研是科普的源头，既是内容的源头，也是人才的源头。”如果科技馆能与科研机构、大学等合作开展科普、科学教育活动，将科研成果、科研资源装换成青少年能够理解、接触和感受的知识类、精神类产品，将对提升青少年的科学素养形成重要影响。因此，我馆尝试与科学家进行合作，将中国农业大学李赞东教授的“无壳孵化小鸡”项目转换成立足展品、对接课标的系统科学课程资源，并开发科普剧，打造无壳孵化工作室，取得了一定的成效。

2　基于科研资源开发与实施特色科普教育活动——以“无壳孵化小鸡”为例

(1) 科研资源总述

2018年，中国农业大学李赞东教授在中央电视台《加油！向未来》及《开学第一课》节目

---

① 鲁文文，郑州市探奇科学教育咨询有限公司研发中心主任，科学教育专业，拥有12年场馆教育工作经验，联系方式：18039545557，邮箱 luwenwen8@163.com。

② 朱元勋，郑州市探奇科学教育咨询有限公司总经理，机械工程专业，拥有10余年场馆教育项目开发与实施经验，联系方式：15324811066，邮箱 zhuyuanxun@163.com。

中，详细介绍她的“无壳孵化小鸡”项目，如图1所示，让公众见证了从一颗“纯正”的“无壳蛋”到长出眼睛、羽毛、雏形，再到鸡蛋宝宝的每日成长变化，很多观众感动于生命的奇迹与美好，眼泛泪花。无壳孵化技术可以算是禽类孵化的新的里程碑，它标志着人们可以在只有禽类胚胎的情况下实现对新生命的培育，更重要的是这项技术可以为人类疾病研究、建立心血管模型等提供科学依据。

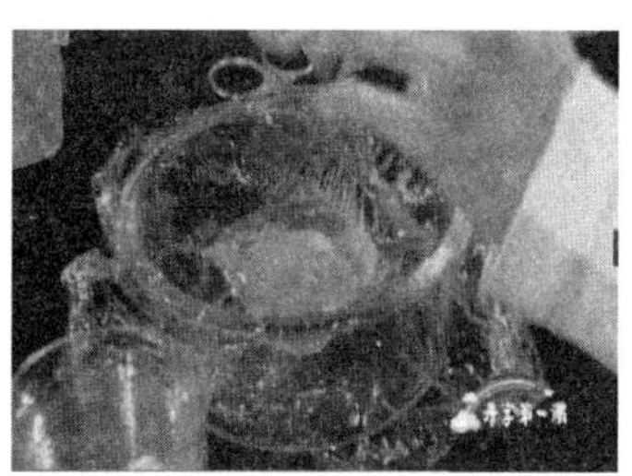

图1　“无壳孵化小鸡”项目

生命科学是自然科学中的基础之一，是与人类生活关系最为密切的一门自然科学。它不仅是一个结论丰富的知识体系，也包括了人类认识自然现象和规律的而需要的一些特有的思维方式和探究过程。学习生命科学，学生可以获得基础的生命科学知识，经历科学探究学习的过程，领悟生物学家在研究过程中所持有的观点以及解决问题的思路和方法。

为此，我馆改造了生命科学展区，打造“无壳孵化小鸡”展区，让学生探究观察无壳孵化的全过程，激发学生兴趣、满足学生对于生命孕育的好奇心。同时，充分挖掘项目的内涵和外延，运用科学实验的方式，开发对接于中小学课程标准的系统化课程。保持科技馆教育的理念与特色，配套建设无壳孵化工作室，走进社区与学校，为孩子们进一步了解无壳孵化技术提供资源和平台。

(2) 基于科研资源开发科普展品：打造“生命科学实验——无壳孵化”展区

该展区设计以科学实验的方式，向学生探究观察无壳孵化的全过程，让孩子们见证生命的奇迹，了解鸡胚体外培养技术，亲眼见证一枚“蛋”→一只“鸡”的孵化过程，培养学生科学实验的意识。主展品包括带壳孵化小鸡、无壳孵化小鸡、雏鸡和小鸡的成长历程动画等：

展品1：带壳孵化小鸡

这项展品可以让学生认识到人工带壳孵化小鸡的条件，观察小鸡破壳而出的瞬间，感受生命的顽强与伟大，如图2所示。学生可以从展示屏上观察到当前孵化小鸡的温大约是38 ℃，相对湿度控制在40 %～60 %；孵化期间，工作人员需要不定期喷水和±45°翻蛋，这么做是为了使蛋壳更酥脆，更有利于小鸡健康的成长。

展品2：无壳孵化小鸡

此展品将带领学生探究壳内孵化的奥秘。学生可以通过使用配置的放大镜观察不同时段(1～7天)的“受精蛋”，可发现观察到小鸡的血管、心脏、眼睛等结构，解除了生命孕育的神秘感，展示了生命诞生的奇妙与美好。展品展示使用的是鸡胚的体外培养技术，如图3所示，这种技术是生物学家为了观察研究鸟禽类胚胎发育的每个阶段而发明创造的一种新型技术，在此基础上，生物学家们利用鸡胚的体外培养技术开发出了许多生物学工具，比如血管增殖用药物筛选，转基因操作，鸡胚尿囊绒毛膜组织培养法等等。因此，“鸡胚体外培养技术”将为鸟禽类胚胎操作技术提供广阔的前景。

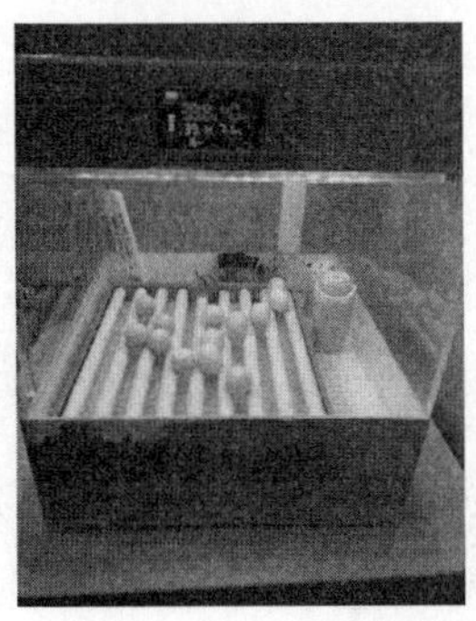

图 2　带壳孵化小鸡

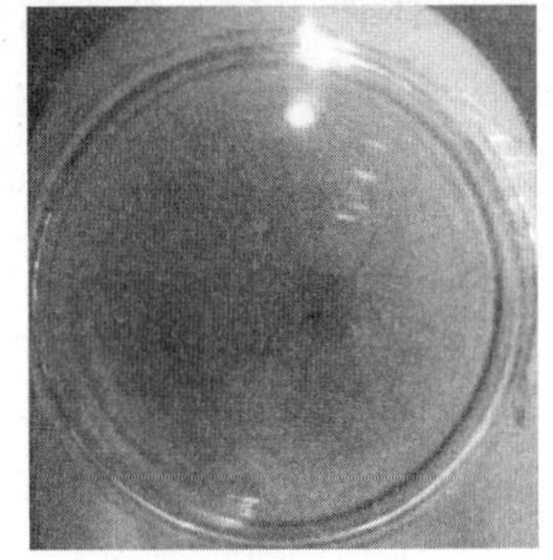
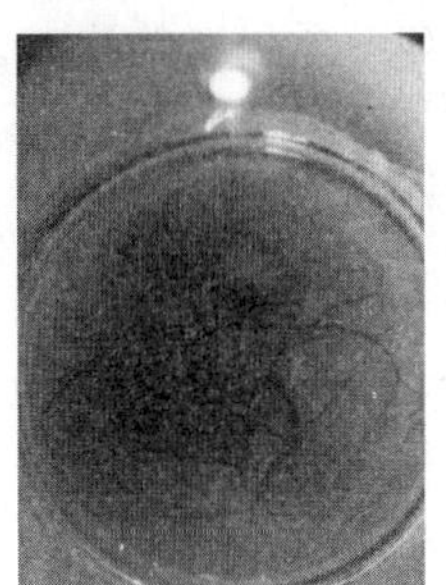

图 3　无壳孵化小鸡

展品 3:21 天无壳孵化视频

图 4　21 天无壳孵化视频

21 天小鸡孵化视频如图 4 所示，完整、细致地观察小鸡孵化的动态过程，学生可以更加清晰地认识小鸡各部分发育的结构特征，同时满足小学科学三年级学生对于动物的结构特征教学需求。

展品 4:出生一周的雏鸡

学生可以观察小鸡的初期成长(也可以看到出生一周左右的小鸡、鹌鹑等)，如图 5 所示，了解小鸡的外部特征、生存环境、饮食习惯等。

(3) 基于科研资源开发科普课程——开发结合展品、对接课标的系列化科学教育课程

研究中小学课程标准后，我们发现从幼儿到中学，对于动物的生活环境、生命周期、生长和

图5 出生一周的雏鸡

发育等有不同程度的要求。孵化小鸡体现的核心科学概念和课程标准有着密切的联系。我们设计了7个单元、共计32课时的科学教育课程,课程内容如表1所示,并为学生提供学习手册、制定评价标准、研发配套实验材料包。

表1 “无壳孵化小鸡”课程一览表

单元名	主题课程	课 时	对应课标
Unit A	生命的新里程	2	9.2.知道科学探究需要围绕已提出和聚焦的问题设计研究方案,通过收集和分析信息获取证据,经过推理得出结论,并通过有效表达与他人交流自己的探究结果和观点能运用科学探究方法解决比较简单的日常生活问题。 3~4年级:在教师引导下,能运用感官和选择恰当的工具仪器,观察并描述对象的外部形态特征及现象
	你没有真正了解过鸡	2	12.4.初步了解通过科学探究达成共识的科学知识在一定阶段是正确的,但是随着新证据的增加会不断完善和深入甚至会发展变化。 3~4年级:在教师引导下能对自己的探究过程方法和结果进行反思作出自我评价与调整。
Unit B	环游脏腑之旅	2	9.3.动物的行为能够适应环境的变化
	鸡为什么不飞了	2	
Unit C	给小鸡安个家	2	18.工程技术的关键是设计,工程是运用科学和技术进行设计、解决实际问题和制造产品的活动
	小鸡饲养员	2	
Unit D	人类主要蛋白质来源	2	12.动物之间,动物与环境之间存在着相互依存的关系
	“废物”再利用	2	
Unit E	母鸡咯咯哒	2	11.动物和植物都能繁殖后代,使它们得以世代相传。 11.2生物繁殖后代的方式有多种。 3~4年级:描述和比较胎生和卵生动物繁殖后代方式的不同

续表 1

单元名	主题课程	课 时	对应课标
Unit F	坚强的卫士——蛋壳	2	17.1.技术发明通常蕴含着一定的科学原理。 1～2 年级:认识周围简单的科技产品的结构和功能。 5～6 年级:知道很多发明可以在自然界找到原型,能够说出工程师利用科学原理发明创造的实例
	鸡蛋大力士	2	
	鸡蛋里的秘密	2	12.1.动物和植物都有基本生存需要,如空气和水。动物还需要食物,植物还需要光,栖息地能满足生物的基本需要。 3～4 年级:描述动植物维持生命需要空气水温度和食物等。
	小鸡出生了	2	
Unit G	科学家的无壳孵化实验室	2	15.1.对自然现象保持好奇心和探究热情乐于参加观察实验制作调查等科学活动并能在活动中克服困难完成预定的任务
	生命再出发	2	
总结	小鸡的生命周期	2	11.1.生物有生有死;从生到死的过程中,有不同的发展阶段
合计		32	

课程设计中,我们不仅注重科学实验与科学知识的融合,更加注重科学方法的学习与掌握。比如在"你没有真正了解过鸡"一课中,教师首先抛出"先有蛋还是先有鸡"的论题,请大家进行讨论,并分发"KWL"表格,如图 6 所示,请学生先填写"K"和"W"部分("K"代表已知的知识;"W"代表想要了解的内容;"L"代表学到的),然后两人或小组之间初步形成方案,由一组代为发言,其他小组进行评价。

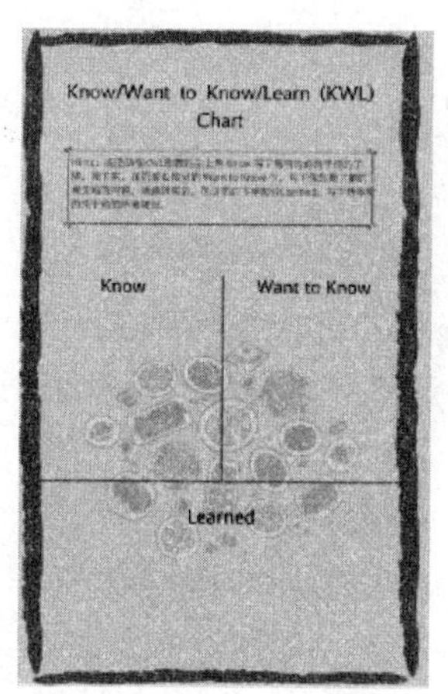

图 6 "KWL"表格

接下来,学生通过视频知道鸡起源于爬行动物,教师引导学生进行初步推理,学习使用归纳法和演绎法进行信息整理。学生首先要知道演绎法指的是通过一个大前提和一个小前提推导出一个结论的过程。在应用时只要给出的大前提和小前提是无可争议的,得出来的结论就是一个必然结果,该结论也就有了一定的说服力。学习归纳法时,同样的学生要了解"归纳法"

是可以理解为在一群事物中寻找它们之间的共同点，在个体属性里面寻找它们群体的共性。

教师请学生根据刚才了解的动物起源视频，尝试使用两种推理方法，找出“是先有蛋还是鸡”的答案。

(4) 基于科研资源开发科普产品：教育活动品牌化——开发配套资源箱和建设无壳孵化实验室

为了便于开展馆校结合课程，打造品牌化的教育活动，我们设计了简单易操作的无壳孵化工作室。开发了配套课程的资源箱，搭建了小鸡饲养区。

无壳孵化教室区域划分为两部分：实验培育区和授课区；效果如图7和图8所示。

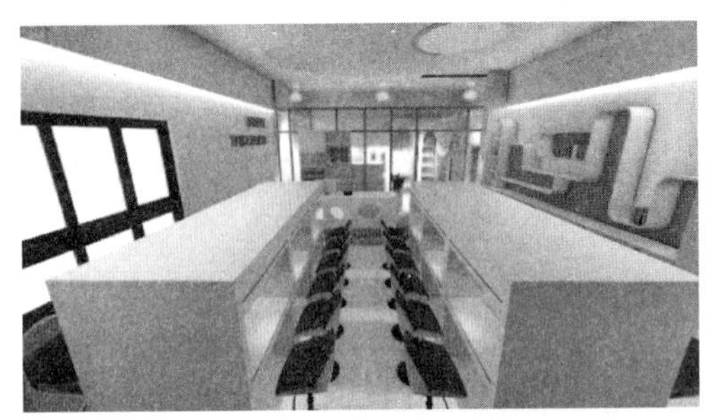

图7　实验培育区

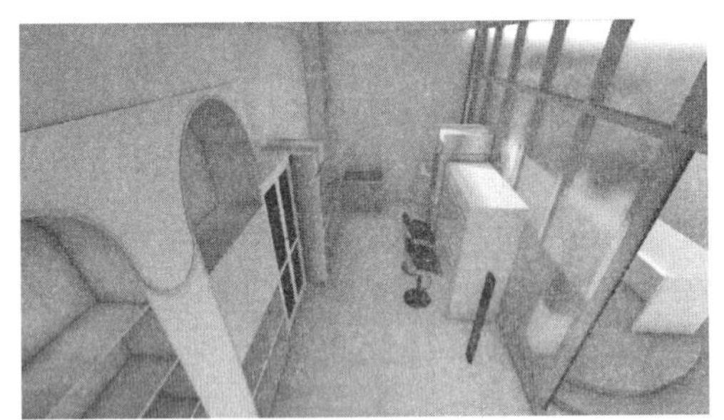

图8　授课区

在这里，学生可以亲自动手操作无壳孵化实验，感受鸡蛋各部分结构的功能和特点。该实验的简单实验步骤为：种蛋、实验设备消毒；取蛋液；加入除菌剂、覆盖保鲜膜；贴标签、放入孵化箱；除种蛋以外的所有工具都配备在资源箱里面，如图9所示。

在小鸡饲养区域，学生可以看到多种品种的成年鸡，并观察自然条件下，母鸡孵小鸡的情景，对于学生理念鸡的完整生命周期有很大帮助。

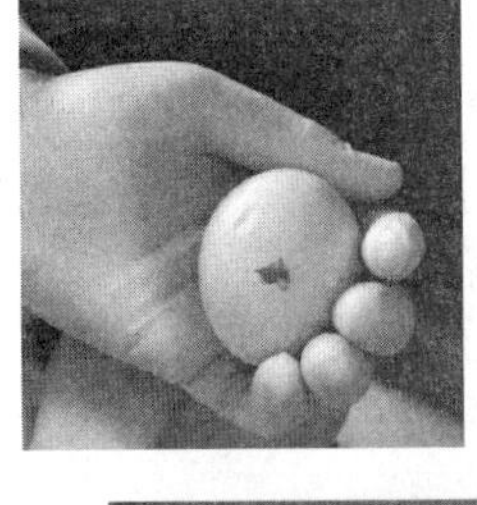

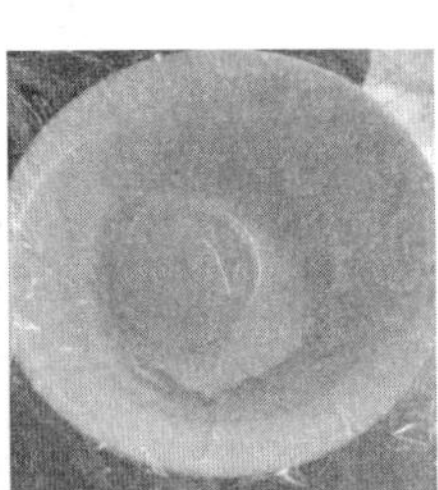

图9　无壳孵化实验步骤

无壳孵化工作室和配套的资源箱(如图 10 和图 11 所示),使学生可以探究观察、体验操作。能让学生探究观察时像在进行科学实验;进入在课堂情境参与活动时,又能像科学一样地进行科学探究,为更好地提升科技馆教育培训水平提供了保障。

图 10 无壳孵化工作室

图 11 无壳孵化配套资源箱

(5) 基于科研资源开发科普剧——《蛋生》

《蛋生》是以童话剧的形式,讲述了在一个美丽的小山村里,公鸡母鸡夫妇遭遇了黄鼠狼偷正在孵化的小鸡的故事。通过鸡与黄鼠狼的矛盾冲突事件,黄鼠狼偶然间知道了小鸡整个孵化过程,体会到了鸡妈妈孵小鸡的不容易!此剧将科学知识、科学方法融入科普剧中,以性格鲜明的人物形象、幽默感十足的表演,加深学生对孵化小鸡的印象。

图 12 《蛋生》童话剧

3 实施效果

无论是在场馆,还是走进学校,无壳孵化小鸡的课程极大地激发了学生的探究热情。该课程被郑州市二七区陇西小学纳入校本课程,被郑州市多所教学选为观摩课程。参与活动的教师觉得这样的课程丰富了学校的教学方式,补充了科学的教学资源,拓宽了教师的教学视野;学生为能亲自参与科学家的研究而激动不已;家长评价说这样的课程是真正培养守正出新、面向未来的学生的课程。

低年级对于小鸡壳内孵化过程的丰富想象,如图 13 所示。

高年级学生通过不同形式,制作的鸡蛋结构模型如图 14 所示。

学生自编诗歌朗诵:讲述科学家进行无壳孵化研究的过程如图 15 所示。

图 13　低年级课程的效果

图 14　高年级课程的效果

图 15　学生自编诗歌朗诵

4　“无壳孵化小鸡”项目的亮点

(1) 将学生的探究学习与科学家的研究紧密结合在一起

科学教育提倡让学生像科学家一样思考,像科学家一样探究。那么,科学家是如何思考,如何做研究的?“无壳孵化小鸡”可以让青少年亲历中国农业大学李赞东教授的研究项目。在特殊时期,我馆邀请李赞东教授面向喜爱小鸡孵化项目的学生开展讲座(见图 16),这种科学家走进学生学习生活的科普形式,可以让学生了解科学家的工作,真正像科学家一样思考、像科学家一样探究,极大地激发了学生的参与热情。

(2) 为学生提供真实的学习场景

泰戈尔说,教育的目的应当是向人类传送生命的气息。“无壳孵化小鸡”展示了真实的自然现象,可以真正触动学生的心灵,对于生命孕育和生命的价值有进一步的思考。

图 16　李赞东教授和孩子们在郑州科技馆

(3) 完善的评估机制

英国著名哲学家弗朗西斯·培根曾说:“知识就是力量。知识的力量不仅取决于自身价值的大小,更取决于它是否被传播,以及被传播的深度和广度”。通过互联网各种媒介传播,科普信息已能达到一定广度。但是在科普信息传播深度方面,即受众的态度、行为层面的改变,只能通过科普活动的效果评估来实现。

“无壳孵化小鸡”项目的评价主体是多元化的:在评价中,教师占据主要地位,但是不再充当裁判员的角色,而应该是学生科学学习的激励者;同时学生也将参与到教学评价中,反思自己的学习状况,以便帮助调整好自己的后续学习状态;我们也邀请学生家长、教育管理部门、社会有关组织等参与对科学课程的组织、实施、方法和效率等的评价中来;

评价内容注重全面化:评价既考查学生对科学概念与事实的理解,又评价学生在情感态度与价值观、科学探究的方法与能力、科学的行为与习惯等方面的变化与进步;

评价方法也尝试多样化,比如问卷、访谈等。

5　对开发基于科研资源的特色教育活动的启示

“无壳孵化小鸡”的项目对于我们利用科研资源开发特色科普教育活动,有以下几方面的启示:

(1) 专业人员的参与

专业的科研团队和专业化的科普队伍都是必要的。专业的科研团队保证了内容的严谨性与准确性,解决了技术难关;专业的科普队伍是科普活动的承担者和诠释者,面对不同需求的受众,科普人员需要不同的传播技巧去传达科学精神和知识。科学普及更多的是人与人之间,面对面的交流,所以专业化的科普队伍建设与科普基础设施的建设是同等重要,甚至比基础设施建设更为重要。另外需要制定相应的激励政策,例如制定科普表彰、绩效评价体系,使科普可持续地发展。

(2) 活动要具有趣味性和参与性

科研资源科普化实施的过程中,一定注意传播形式。“无壳孵化小鸡”按照公众喜闻乐见的科普剧方式,以简洁、通俗的语言、夸张幽默的表演,增加公众对于科普内容的兴趣,加深公众对于小鸡孵化的印象。此外,我馆研发了配套的材料包,让青少年能够亲自动手参与其中,增加了科普内容与公众之间的互动,具有极强的参与性。

(3)活动要有及时性和社会性。

科研资源可以让公众近距离了解前沿科技，接触社会热点中关注的问题。2018年8月12日，中央电视台《加油！向未来》节目中，2018年9月2日，CCTV《开学第一课》中，详细介绍了无壳孵化小鸡的全过程。2020年新冠疫情以来，人类社会越来越多地关注生物技术的重要作用，无壳孵化正是为人类的疾病研究提供数据，是值得孩子们向往并为之奋斗的科研主题。

总之，基于科研资源设计与实施教育活动是科技馆开发特色教育活动的有效途径之一，是一种能有效提升场馆教育活动水平的方式，是一种能让公众了解科学家的研究工作，树立明星“科学家”的有效方式。

参考文献

[1] 中华人民共和国教育部.中学生物课程标准[S].北京：人民教育出版社，2017.

[2] 关苑君，梁翠莎，容婵，等.运用科研资源开展科普活动的机制研究——以中山大学热带病防治研究教育部重点实验室为例[J].科技管理研究，2017，037(023)：52-56.

在科技馆科学实验表演中加入科学方法教育的实践初探
——以合肥科技馆“谁主沉浮”为例

胡　超[①]

摘　要：科技馆的科学实验表演凭借其精彩的实验现象一直是科技馆最受观众喜爱的活动之一，然而大部分场馆的科学实验表演过度追求实验的惊艳，强调科学知识的教育，却很少涉及对观众特别是青少年观众科学方法的教育。然而科学方法不仅是科学家进行科学研究的重要工具，也是培养人审辩式思维的重要方法，所以在科学实验表演中对学生进行科学方法的教育至关重要。本文首先分析了在科技馆科学表演中加入科学教育的意义，并结合合肥科技馆“谁主沉浮”科学实验表演活动，探讨在科技馆科学表演实验中加入科学方法的教育方法和效果。

关键词：科技馆；科学实验表演；科学方法

1　什么是科学方法？

科学方法其实出现的非常早，早在2000多年前，西方的逻辑之父亚里士多德在它的三段论理论中就有了最早的归纳法和演绎法的思想，欧几里地的《几何原本》更是第一次仅仅依靠演绎法通过几条公理构建了一个完整严密的数学世界，震惊了当时的西方世界，让世人感受到了科学方法的魅力！那么究竟什么算是科学方法呢？其实目前并没有一个固定的定义。首都师范大学邢红军教授认为科学方法是人们在认识和改造客观世界的实践活动中总结出来的正确的思维、行为方式，是人们认识和改造自然的有效工具。笔者认为科学方法的内涵非常丰富，它包括科学的研究方法，科学的实验方法甚至生活中可以帮助我们达到更好的效果所采用的做事的各种科学有效的方法都可以算是科学方法。

2　为什么要在科技馆的科学实验表演中加入科学方法教育？

科技馆教育必须要满足新课标的明确要求。科技馆教育作为一种非正规教育，一直以来都是社会教育的重要组成形式。2017年新的小学课程标准相对以往最大的变化之一就是明确将小学科学课程定位为一门综合性的科学活动实践课程，强调科学探究，强调科学实践，从而培养学生能够通过所学的科学方法和科学知识理解生活中的一些自然现象并解决一些简单的实际问题的能力。可以看出新的课程标准已经明确指出以探究式学习为主要学习方式的科

---

① 胡超，合肥全象教育科技有限公司驻合肥市科技馆展教服务项目部科普辅导员，主要研究方向：科技馆教育活动研发与实施，通信地址：合肥市黄山路446号市科技馆，邮编：230031，Email：787333430@qq.com。

学课程不仅是一门科学知识的教育课程,更是一个包括科学探究方法在类的科学方法教育课程,在这样的大背景下很多学校都已经开始重视科学方法教育。在这样的情况表,作为学校教育的重要补充也必须要适应这种变化并且在科技馆的展览教育以及活动教育中加入科学方法的教育。而在科技馆开展加入科学方法教育的科学实验表演活动就可以有效的满足新课标的明确要求。

科学实验表演的受众多、传播效果好,进行科学方法教育效果好。科学实验表演出现的也非常早,西汉时期有个叫栾大的方士就通过表演磁棋获得了汉武帝的奖赏。而伽利略的比萨斜塔实验则是科学家第一次尝试用科学实验表演的方式当众向世人证明了自己科学理论的正确性,科学实验验证的思想也由此得到不断发展,以至于后来的马德堡半球实验后来的傅科摆实验越来越多的科学家选择当众进行科学实验表演的方式来向大众证明自己的理论,而这样的做法通常也取得了非常好的传播效果。这说明科学表演在科学传播中的地位是非常重要的,而科技馆的科学实验表演活动凭借其酷炫的实验现象,良好的互动体验一直以来都是科技馆最受观众欢迎的教育活动,如合肥科技馆的一场科学表演通常会吸引120人左右的观众,这在此科技馆的诸多教育活动中受众人数是最多的,影响力也是最大的。所以选择科学表演类的教育活动进行科学方法的教育获得的传播效果非常好。

科学方法教育对培养人的审辨式思维至关重要。审辩式的思维是一种判断命题是否为真,或者部分为真的方式,是一种通过理性达到结论的过程,具有审辩式思维的人不会轻易相信专家家长领导和权威的说法,他们会通过自己的大脑思考,查阅资料分析进行独立的判断。简单点来说就是不懈质疑,包容异见,力行创造。而培养一个人的审辨式思维就是要他们能通过自己的分析和验证做出独立的结论。科学方法教育至关重要,是因为所谓授人以鱼不如授人以渔,知道了科学方法以后,人们就会主动去探究一个问从而题得到答案,而不是轻易的下结论。这无形当中让人对于实物的认识是实证而来的,长此以往就会培养出具有审辨式思维的人。

科学表演类教育活动可以跟科学探究科学方法联系相连。科学实验表演活动自然通常会有精彩的科学实验,但是一个精彩的科学实验表演项目肯定不仅仅是做几个精彩的科学实验就行了。2019举办的第六届全国辅导员大赛决赛的一个比赛项目就是科学实验表演,参赛的科学表演项目都是从各个省份选拔出来的优秀作品,可以说代表了行业内目前最高的水平。这些优秀的项目大都会在项目中加入科学探究的过程,并且这些科学实验表演活动在科学探究的过程中或多或少大都都会有科学方法的体现。如四川科技馆的科学表演项目“泡泡的科学膜力”就很大程度上是用控制变量对比分析的方法来探究物体的表面张力,其也取得了很好的效果获得了大赛一等奖。这说明科学方法与科学实验科学探究很大程度上是可以做到紧密联系的,特别是在科学探究的实践过程一定还原了最初科学家们以科研为目的的科学探究实践过程,一定会包含着科学家思考问题形成结论的科学思维,一定会运用诸如类比法、等效法、转换法、控制变量法等丰富的科学方法。总而言之科学方法跟科学实验表演紧密相连,是科技馆开展科学方法教育的最好载体。

3 科学表演加入科学方法教育的几点思路

科学实验表演的科学方法教育一定要显性化。前文提到科技馆的科学实验表演通常包含着科学探究过程，蕴含着科学方法的运用。但是这种对于科学方法的运营通常不是显性的，换句话说虽然辅导员在科学探究的时候通常会选择一些合适的科学方法让探究的过程更为简单也更有说服力，但是辅导员通常没有将这样的方法向观众显现出来，甚至根本也就没有意识到自己在使用某种方法进行探究，虽然用了科学方法，但是主观上并没有将科学方法的教育作为重点，这也就根本说不上进行科学方法的教育了，也不会有太好的效果。所以实现在科学实验表演中加入科学方法教育第一步一定要让科学方法在科学实验当中显性化，在活动创作的时候就要明确加入科学方法的内容，让科学方法目标具体化，层次化，而不会将科学方法教育停留在口号上。例如在教学目标中就凸显科学方法的概念和地位，在实验表演过程中辅导员也要带领观众一起进行科学探究，通过讲解演示互动明确告诉观众自己所用的科学方法，给观众从言语上有概念的认识，思维理解上给予启迪，从而达到良好的科学方法教育效果。

科学方法教育一定要跟科学实验表演的科学探究过程紧密相连。科学探究是目前科技馆开展科学方法教育的主要载体。所以要想实现科学方法教育，科技馆的科学实验表演一定要重视科学探究。科学实验表演一定不能是简单的实验的表演，一定要有完善的探究过程，精心设计的探究方案，以及严密的探究思维逻辑。这样才能达到良好的科学教育效果。当然这就对科学表演活动的设计要求非常重要，并不是所有的实验主题都值得探究，也不是所有的辅导员都有能力在科学表演上加入蕴含科学方法教育的探究。

4　合肥科技馆“谁主沉浮”案例分析

“谁主沉浮”是合肥科技馆探究浮力产生原因的科学实验类教育活动。沉浮是生活中经常出现的一种物理现象，也是学生很早就接触到的一个物理概念，比如在小学科学的教材中就有关于沉浮的探究。另外科技馆展厅内也有很多关于的浮力的展品，但是不约而同的这些几乎都是聚焦在物体的沉浮上面，主要探究的是浮力大小与什么因素有关的问题，很少关注浮力的产生原因到底是什么这个基本问题。“谁主沉浮”就是通过科学实验的形式试图以直观地实验现象让观众知道浮力产生的原因就是液体的压力差。除此以外，合肥科技馆一直试图在教育活动当中除了科学知识之外还能够给观众一定的关于科学方法以及科学思维上的启迪，所以“谁主沉浮”在讲述浮力原理的同时还尝试通过重演以牛顿为代表的科学家进行科学研究的过程，让观众了解到科学家进行科学研究的科学方法。

(1) 核心实验

乒乓球由浮到沉实验：一个乒乓球开始会浮在瓶子里面，但是把它放到一个底部开孔的瓶子里面再加水它会沉在水底。这是一个引入实验，目的是通过对比实验打破观众的固有认知)。

水压方向演示现象实验：将一个亚克力长方体六面都开一个方孔，然后贴上薄膜。放到水中，薄膜会受到水压的作用而内凸，说明物体在水中会受到水压，并且水压的方向是四面八方朝内的，同时也体现水的深度不一样，水压不一样。这是一个现象实验，目的是便于在科学探究中能够收集信息。

水深度和水压大小验证实验：四个圆柱底部密封，顶部活塞塞住，距离底部同一高度开了一个小孔。往里面加水，水深不一样，拔掉圆柱顶部的塞子，水会从小孔喷出来，水越深处，水会喷地越远。

乒乓球球由沉到浮实验:一个大瓶子,内部串有一个小瓶子,小瓶子底部开孔,侧面再开一个小孔,将大球放到小瓶子里面,然后往小瓶子里面加满水。开始由于小瓶子底部开孔,底部不会有水压所以不会有浮力,但是随着小瓶子里面的水,流到大瓶子里面,大瓶子里面水位不断升高,乒乓其朝上的水压变大,小瓶子里面的水位降低,水压变小,到一定程度球受到朝上的水压就会大于朝下的水压,从而产生浮力,浮起来。这是一个验证试验,证明推理过程的正确性。

(2) 设计思路

"谁主沉浮"科学实验项目在设计的时候就明确了加入科学方法教育的要求。整个表演过程一共有两条主线。第一条就是探究浮力产生原因的过程,辅导员先是引导学生提出科学问题,然后带领学生查阅相关资料,然后通过分析归纳演绎推理的方式得出结论浮力产生是由于物体在水中受到的水压差,最后再用验证实验证明自己的理论。第二条线则是借辅导员的口向观众展示牛顿等科学家进行科学研究的方法。那就是发现问题,查阅资料,归纳演绎,实验验证。通过这样的方式让观众了解科学知识的同时也能明白科学研究的方法。

(3) 关于案例的几点启示

"谁主沉浮"项目参加了第六届辅导员大赛安徽赛区选拔赛,并获得了二等奖的成绩,说明行业内的专家对于在科学实验表演当中加入科学方法教育的尝试是认可的,值得继续探索。

本项目在合肥科技馆的日常表演当中,受到了很多观众的认可特别是部分在看完表演以后,会主动跟自己的孩子说以后做事不仅要知道答案,还要知道如何简洁有效的寻找答案,这就是科学方法教育的最终目的。所以在科学实验表演当中加入科学方法教育的尝试是能够达到一定效果的。

参考文献

[1] 邢红军.论中学物理教学中的科学方法教育[J].中国教育学刊,2005.
[2] 朱幼文.科技馆教育的基本属性与特征[C]// 第十六届中国科协年会论文集,2014.
[3] 中华人民共和国教育部.义务教育小学科学课程标准[S].2017.
[4] 葛宇春,张凡华.引进核心概念,提升科学教育内涵——将科学方法教育引入科技馆展教活动的思考与实践[J].自然科学博物馆研究,2019.
[5] 郝京华.论科学教育中的科学方法问题[J].教育研究与实验,2000.

将“热点”融入海洋故事
——以国家海洋博物馆科普栏目为例

严亚玲[①]

摘　要：国家海洋博物馆集收藏、展示、研究、教育于一体，是我国唯一的国家级综合海洋博物馆。海洋知识的科普传播作为国家海洋博物馆的一项重大功能，在新形势下微信公众号中的科普栏目策划与实践有着不可替代的地位。因此，国家海洋博物馆挖掘自身“热点”——智慧化与新媒体热点——融入讲好海洋故事中，策划推出《海博标本有话说》与《哪吒时代大千世界的科学解读》系列科普栏目，通过严谨、翔实的相关科学知识为背景推出有趣的海洋故事。探索新形势下海洋知识科普的新途径，成为我馆科普传播的重要方式。

关键词：国家海洋博物馆；科普栏目策划；智慧化

国家海洋博物馆作为我国唯一国家级综合海洋博物馆自试运行后广受各界好评，迅速成为京津冀旅游“网红”打卡地。2019 年 5 月国家海洋博物馆正式开启试运行，截至 2019 年底，累计接待观众 129 万余次，在这些数字背后体现出观众对于增强海洋意识、了解海洋、认识海洋、亲近海洋的强烈需求。如何满足观众的要求，宣传与讲好海洋故事成为国家海洋博物馆全体工作人员迫在眉睫需要解决的重点课题。

博物馆是进行科普教育的重要场所之一，国家海洋博物馆中有大量的与海洋知识相关的展品，筛选出好展品，讲出好故事才能吸引人们欣赏学习，以提高自己的海洋意识。在试运行工作步入正轨后，国家海洋博物馆组织专业技术人员，对宣传与讲好海洋故事进行了全馆资源梳理、整合和全面调研，认为以本馆资源为基础、依靠社会热点话题、各方面优势互补，将已有资源最大化利用是解决此课题的有效途径。一方面智慧化、信息化是国家海洋博物馆的特色之一，通过参考大数据统计筛选观众感兴趣的展品，策划推出《海博标本有话说》栏目；另一方面依托暑期爆款国漫电影《哪吒之魔童降世》，利用“哪吒”这一动漫形象，推出《哪吒时代大千世界的科学解读》栏目。

1　数据＋观众——挖掘自身“热点”，让观众引导策划

智慧化是国家海洋博物馆的特色之一，通过分析大数据统计结果，筛选观众感兴趣的展品，挖掘自身“热点”，以观众的需求进行内容策划。根据国家海洋博物馆 2019 年度试运行情况数据分析报告，自试运行至 2019 年底，开放参观天数共 205 天，累计接待观众 1 292 067 人次，观众守约率高达 91％以上。到馆观众地区中天津市、河北省、山东省、黑龙江省和河南省

①　严亚玲，女，汉族，国家海洋博物馆筹建办公室助理研究员，理学博士，主要从事古生物学的科研、科普工作，联系方式：yanya50ling@126.com。

位居前五，共计约 62.38 万人次，可以看出除本地市民外，观众地区辐射范围较广。观众人群中以青年和成人群体为主，24 岁～40 岁观众 43 万余人次，约 58%，占到了全体观众的一半以上（如图 1 所示）。上述分析直观地表明了我国作为海洋大国，大众尤其是青年和成年人群对于增强海洋意识、了解海洋、认识海洋、亲近海洋的强烈需求。

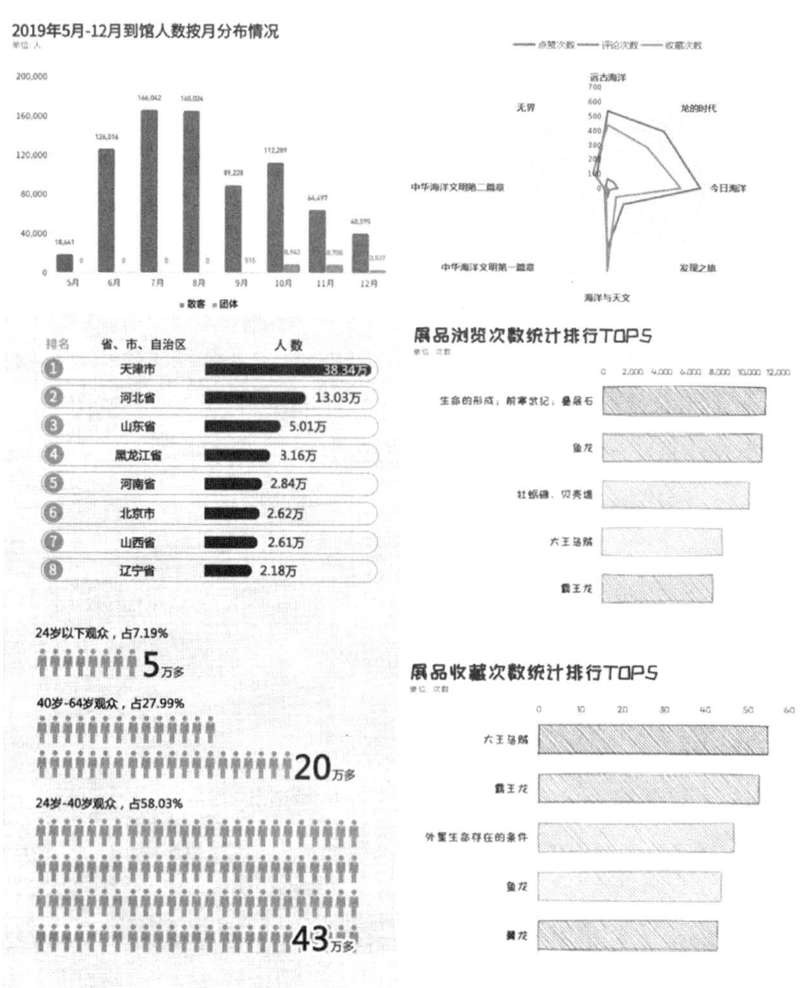

图 1　观众情况及展品大数据分析①

通过对 2019 年试运行期间，网站（PC 端）共 423.1 万余人的后台独立访客、“掌上小海博”小程序 32.9 万人次线上用户、微网站（移动端）共计 1 670.7 万次浏览量的数据统计分析，国家海洋博物馆开放的 8 个线上展厅中《今日海洋》《远古海洋》《龙的时代》的收藏数、点赞数和评论数均有较好的反馈，而这些展厅中的大王乌贼、鱼龙、叠层石和贝壳堤等更是浏览、点赞和收藏中的明星展品（如图 1 所示）。在此分析基础上，选取各个展厅中的明星展品，策划推出科普栏目《海博标本有话说》。以展品为述说者，带观众以更为贴切的感受去深入了解、认知地质时期与现今海洋的深邃和魅力。该栏目主要以标本的基础信息为切入点，配以观众较为感兴

---

① 数据来源：国家海洋博物馆微信公众号。

趣的小问题，加上局部细节放大图，以“文字＋图＋问答”形式重点推介。目前已推出“大王乌贼”“沧龙”“小鳁鲸”“蛇颈龙”4 期，累计阅读量 3 万余次(如图 2 所示)。

图 2 海博标本有话说

2 时效＋专业＋趣味——新媒体“热点”助力科普传播力

新媒体 “热点”是时效的直接表现，也是吸引大众关注的有效手段，依托媒体“热点”融合，将专业知识与趣味性的故事有机结合，提升科普文章的阅读体验感，进而实现提升科普传播力。爆款电影、热点新闻话题、微博热点话题等背后是大众的关注度与好奇心，将“热点”与展品结合，让受众在轻松阅读的氛围中了解海洋知识。

2019 暑期国产动画电影《哪吒之魔童降世》的火爆上线，将不少观众吸引进了电影院，让我们看到了国漫的希望，这部作品不论是从情节展示、动画效果以及细节处理上，可谓是妙笔生花。在为国漫之光感到欣慰的同时，又很想去洞悉那个时代的风土人情，了解传说背后的科学背景。在大众将关注点聚集在“哪吒”这一角色上时，我们围绕“哪吒”及电影中的其他动漫形象策划推出《哪吒时代大千世界的科学解读》专辑栏目。该栏目内容含与海洋相关的古地貌、海洋生物、海浪、海底地貌等多个方面，目前已推出“哪吒寻根记——贝壳堤背后的故事”。该推文采用的是“动漫人物＋对话”的形式进行推介，将国家海洋博物馆形象化为“海博君”，在其与“哪吒”轻松愉悦的对话过程中，通过背景篇人物介绍、回忆篇天津贝壳堤的地理位置、演化篇古今地貌对比，将《远古海洋》展厅中的贝壳堤以及其背后的故事传递给观众。除了精心的内容安排，我们还专门创作了相应内容的漫画（如图 3 所示），使图文更加贴切，文风更加活泼，进一步提升阅读体验。用心的创作自然能得到观众的认可，该科普文推送后，阅读量高达 3.4 万，为我馆目前阅读量最高的科普文章。在此次尝试探索后，我们还为此策划了专辑：最佳 CP 的珍贵礼物——左旋螺背后的奥秘、哪吒闹海——认识海洋波浪、敖丙的家——海底龙宫或是岩浆世界、敖丙身世之谜——龙族确实存在等内容。

图 3　哪吒系列原创漫画

3　总　结

通过“热点”与展品的结合，策划有深度、好故事的科普栏目，获得观众的关注，进而宣传海洋知识，讲好海洋故事。此次探索是我们挖掘馆内自身资源，各方优势互补，讲好新时代、新形势下海洋故事的一次成功实践，集中展示了国家海洋博物馆展品背后精彩的海洋故事，极大提升了我馆做好海洋科普宣传与努力满足人民日益增长的认海、识海需求的能力，为增强全民海洋意识和海洋自豪感做出了一定的贡献。

参考文献

[1] 刘一瑞，王艳丽. 试析科技科普活动的策划和创新[J]. 才智，2019：207.

[2] 赵湘. 论科普期刊策划的时效性把握[J]. 新闻传播，2018(8)：60-61.

[3] 贾程秀男. 新媒体环境下防疫科普时评的策划与实践——以“防疫微话”栏目为例[J]. 新闻文化建设，2020(3)：11-12.

浅谈科技馆科学表演活动的馆企合作模式

陈丹[①] 万望辉[②] 袁江鹰[③]

摘　要：科学表演活动是科学普及的重要形式之一。针对科技馆在开展科学表演活动过程中基础薄弱、人员不足、辅导员专业背景与表演活动所需知识之间匹配有限、辅导员缺少系统性的艺术类知识培训等问题，本文以武汉科技馆科学表演活动的发展模式为例，浅层分析馆企合作的模式及其优点。馆方引进剧本创作团队和专业表演团队，弥补馆方在专业知识、表演能力和人员上的不足，形成三方分工合作、取长补短、相互监督、协同进步的良性发展模式。

关键词：科学表演活动；馆企合作模式；剧本创作团队；专业表演团队

科技馆作为非正规式的科普教育场所，其展示内容和教育活动对正规教育是非常有益的补充，在科学普及方面发挥着重要作用。越来越多的公众愿意走进科技馆探索新知识，一些科技馆已经成为了当地必到的“打卡地”。科学表演作为科技馆教育活动的重要表现形式，以其科学性、新颖性、观赏性的特点受到观众的普遍欢迎。同时，科学表演是剧本创作、科学实验开发能力、辅导员舞台表现力、舞美设计能力的综合体现，对实施科学表演活动的辅导员的综合能力提出了非常高的要求。这也是目前一些科技馆在科学表演领域存在困境主要原因之一。接下来本文以武汉科技馆的科学表演活动发展为例，浅层分析馆企合作模式如何借助外力走出科学表演活动发展的困境，探讨馆方和专业团队协同研发科学表演活动的可行性。

1　科技馆科学表演活动筹备阶段存在的问题

① 基础薄弱。据了解，第一届辅导员大赛（2009 年）开始前，很多科技馆特别是中小型科技馆，没有辅导员专职负责科学表演活动，科学表演团队几乎都是为了参加比赛或重要活动临时组建的团队，活动没有连续性、参与人员流动性大、科学实验缺乏创新、剧本缺乏冲突性和连贯性。

② 人员不足。按照《科学技术馆建设标准》中关于建馆规模与工作人员数量的标准，特大型馆是 1 人每 200 m^2，大型馆、中型馆是 1 人每 180 m^2，小型馆是 1 人每 160 m^2。目前，很多科技馆的工作人员数量都达不到该标准，人员不足，只能抽调展厅辅导员兼职负责科学表演活动，兼职负责的缺点是辅导员在科学表演活动中时间和精力都不够，无论是在剧本创作、表现细节，还是在实验的精细度、稳定性上无法突破，科学表演活动的质量很难有进一步的提高。

③ 辅导员专业结构与科学表演活动所需知识之间匹配有限。在省级、市县级科技馆中，

---

① 陈丹，武汉科学技术馆培训部科技辅导员，研究方向：科普教育，通信地址：武汉市江岸区沿江大道 91 号，E-mail：47799752@qq.com。

② 万望辉，武汉科学技术馆展览教育部科技辅导员，研究方向，科普教育，E-mail：swywwh@163.com。

③ 袁江鹰，武汉科学技术馆展品研制部科技辅导员，研究方向：科普教育，E-mail：whyjy001@163.com。

辅导员理工科类背景占比小，文学、经济学、管理学背景占比大。而科学表演活动中除了需要会讲故事的文科知识背景人才，也需要会做实验、会计算的理工科类知识人才。如果一个剧目只是故事情节好看、舞美效果好，而没有恰如其分的科学实验支撑，是不能称为一部优秀科普剧的。科学实验的策划和创新需要强大的物理、化学、生物方面的背景知识，需要理工科类和教育类背景的辅导员，这种供需之间的矛盾在科学表演活动中特别明显，限制了科学表演活动高质量的发展。

④ 辅导员艺术表现能力不够。这是由科技馆本身性质所决定的，由于科技馆是“普及科学技术知识、传播科学思想和科学方法”的平台，因此在招聘辅导员时着重考查辅导员的科学知识和科学素养。在入职培训时，培训内容也主要以语言表演能力、基本礼仪、科学知识为主，很少涉及编剧、表演、舞美设计等艺术类知识，但这些专业艺术类知识在科学表演活动中必不可少。剧本创作能力不够，辅导员舞台表现生涩、舞美设计粗糙严重影响了科学表演活动要传递的目标信息。

⑤ 缺少系统性的艺术类知识培训。科学表演涉及很多艺术类的知识：如发声、台词、表演等，在辅导员的日常工作中及科技馆提供的学习平台上大部分都是科学知识类的培训，很少有机会进行专业的艺术类知识培训。也有一些辅导员由于自身兴趣的原因，拥有某项艺术才能，如唱歌、跳舞等，但对于科学表演活动来说，这些才艺还不够全面且不能复制，一旦有人生病或人员流动，就会影响整个剧目的演出，所以馆方需要一批经过系统的艺术类培训的辅导员。

2 引进剧本创作团队和专业表演团队

基于以上情况，2016年底，在馆领导的大力支持下，武汉科技馆科学表演项目正式对外公开招标。针对本馆的薄弱环节，科学表演项目分为剧本创作和科普剧表演两个部分招标。

(1) 引进两个团队的必要性

科学表演剧本创作和剧本创作既有联系又有区别。剧本创作的三要素是：矛盾冲突、人物语言、舞台说明。科学表演剧本创作是剧本创作的一个分支，它不仅包含了剧本创作的三要素，还有一个独特的鲜明的要素，就是科普知识。科普知识是科学表演活动的灵魂，没有科普知识，科学表演活动就失去了最初创作的意义。

在科学表演的实践中，最为艰难的是剧本的编创。剧本创作团队必须有深厚的科学知识背景，这可以弥补馆方的辅导员专业知识的欠缺。这就要求剧本创作团队有专门从事某个领域研究的专家学者，有会写剧本的编剧，但是很多时候，这些专家学者和编剧们缺少舞台表演能力，不能上台表演。于是，还需要专业的表演团队，他们有舞台表演经验，有丰富的舞美设计经验，有改编剧本的能力，有专业的演员，弥补了馆方人员不足及艺术表现力不够等问题。馆方取长补短，将双方的优势结合起来，根据科技馆的实际需求，整合资源，发挥出各方最大的优势。

(2) 剧本创作方需具备的条件

为了保证剧本的科学性、安全性、新颖性和可操作性，我们对剧本创作团队提出了如下要求：

① 剧本内容科学健康、主题积极向上。

② 剧本中的科学实验切实可行、安全可操作且具备观赏性。

③ 剧本创作需有专业的科普人员、有专业领域的技术人员参与指导，保证剧本特别是科学实验部分的科学性。

④ 剧本创作人员需有编剧资质或相关从业经验，为投标书中的专职编剧。

⑤ 对馆方的辅导员进行编导培训。

这些剧本创作方必须具备的条件是为了加强馆方的薄弱环节。

(3) 表演团队需具备的条件

表演团队需具备的条件：

① 合法合规的演艺公司。

② 编导根据剧本创作方提供的剧本进行舞台创作，可以根据实际情况，对剧本进行适当改编。

③ 参加演出的专业演员需保质保量地完成演出任务。

④ 每个剧目要有一组贯穿全剧始终的具有代表性、独特性的音乐旋律，音乐风格要符合剧目特点。

⑤ 根据剧情需要提供与剧情和节目形式内容相符合的舞美设计，公演时根据实际情况和演出需要，制作或租赁相应的舞台背景。

⑥ 合同期限内，对馆方辅导员进行表演培训。

为了达到最终完美的舞台效果，这些都是必备的条件。

(4) 合作模式

2017年底，经公开招标，中标的剧本创作团队和专业表演团队正式与武汉科技馆合作。两个团队主要负责周六、周日、法定节假日下午的科学表演。同时，馆方展览教育部成立了专门的科学表演活动小组，负责两个团队的接洽事宜。虽然小组的固定成员只有三个人，但没有了繁重的日常接待任务，小组成员可以将全部精力投入到科学表演活动中。活动人员不足时，则临时抽调展厅辅导员。除了接洽事宜，科学表演小组还需负责周六、周日、法定节假日上午的科学实验。至此，馆方科学表演小组、剧本创作团队和专业表演团队三方相互监督、相互补充、共同进步的良性格局形成了。具体的合作模式如下：馆方科学表演小组、剧本创作团队商讨确定剧本核心内容（即要传递的科学信息），剧本创作团队根据核心内容设计科学实验及编写剧本，剧本初稿完成后，由馆方科学表演小组及表演团队审核。馆方主要审核剧本中科学实验的科学性及合理性，表演团队主要审核剧本的流畅性及舞台呈现的可行性。经过三方反复的磋商，剧本最终稿确定，接下来，表演团队会根据剧本创作舞美及音乐，演员们开始排练。在对公众正式演出前，表演团队会有一次预演，预演的标准和正式演出的标准相同，预演时，馆方科学表演小组和剧本创作方会对科学表演活动做整体效果审查，指出需要改进的部分，表演团队会根据修改意见再修改，直至三方都审核同意。

以科普剧《最后一滴水》为例。在创作初期，剧本创作方会给出3～5个选题供三方讨论。经过讨论，三方一致决定以“水环境”为主题内容，向公众传达“地球上的淡水资源缺乏，我们在日常生活中要避免浪费水资源，珍惜节约水资源”的信息。主题确定以后，剧本创作方就开始围绕主题构思故事框架及情节，再根据故事情节构思科学实验并进行试验。这个过程大概需要一个月的时间。最终《最后一滴水》的故事梗概是：当垃圾国国王恣意毁坏地球上的水生态，最后一滴干净的水即将消失的时候，主人翁桃子和小朋友合力制作了一台污水处理系统，将被污染的水变得清澈，最终战胜了垃圾国国王。根据剧情需要，设计了四个科学实验：玻璃上的窗花（讲述水的三态）、消失的水（水被聚丙烯酸钠吸收）、黏糊糊的胶水（被污染的水失去自我清洁能力）和污水处理系统。剧本和实验经过馆方审核通过以后，专业表演团队会根据剧本设计舞美和道具、选定合适的演员进行排练。在这个过程中，剧本创作方会派专人指导演员操作实验并解答疑惑。这个过程需要三周左右的时间。接下来，就是预演了，预演时我们通常会在展厅里临时邀请观众过来观看，观察他们的反应、咨询他们的意见，观众是最有发言权的，随后我们再综合各方的修改意见，对剧目进行修改。反复修改完成后，就可以正式公开演出了。该剧目的三方合作流程就完成了，如图 1 所示。

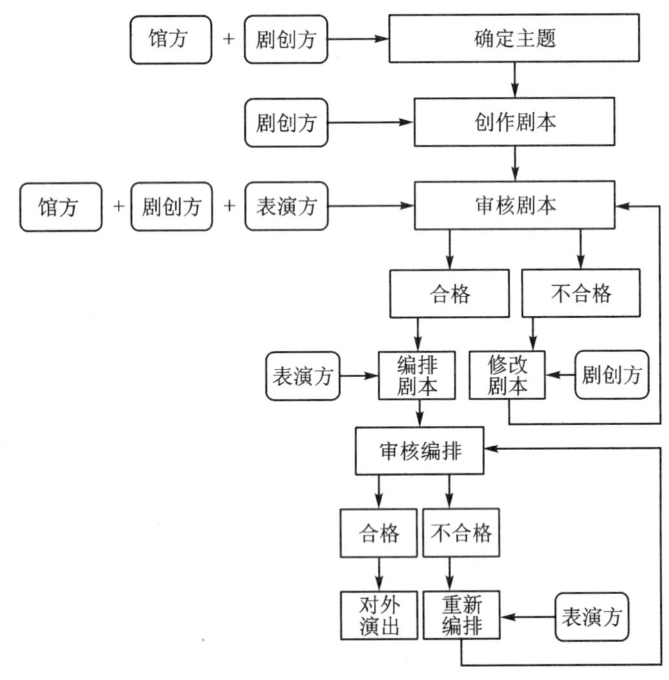

图 1 馆企三方合作模式流程图

3 借助外部力量，提升内部创新能力

科技馆展教工作的要素大体可以分为：辅导员（人员）、教育资源（展览展品、教育活动等资源）及教育实施（展品辅导、教育活动等过程），这三大要素中核心要素是辅导员，辅导员的能力建设是关键。引进剧本创作团队和表演团队不是最终目的，馆方最终的目标是培养一支专业的科学表演团队，为观众提供高质量的科学表演。

① 在和剧本创作团队、表演团队磋商的过程中，不断地积累经验。2017 年至 2019 年，在馆方的指导监督下，剧本创作团队和表演团队创作了 16 部科普剧：《美食总动员》《最后一滴水》《光与火》《怪博士的丛林探险》《针灸铜人》《绿野仙踪》等，内容涉及数学、物理、化学、信息、人文及科学家故事等，科普剧中涉及科学实验 50 余项，对外演出 345 场。在长达三年的合作

中，馆方科学表演团队全程把控剧本、实验、舞美、服装、道具制作的重要环节，在此过程中学习了很多剧本创作、实验设计、舞美设计等方面的知识。

② 给予辅导员系统的艺术类知识培训，提高辅导员的艺术表现能力。每年剧本创作团队和表演团队会根据本年度的工作安排做培训计划。剧本创作培训主要是依托各大高校的科学传播专业的资源，邀请科学传播专业的老师给辅导员做指导。表演培训每年 100 课时，馆方会安排 6～8 名辅导员参加培训。参加培训的辅导员中有上一年度参加过的老学员，也有新加入的辅导员。表演培训内容如表 1 所列。

表 1　表演培训内容

编　号	教学内容	课　时
1	发声训练	5
2	解放天性练习	5
3	观察人物练习	5
4	想象力练习	5
5	注意力和信息感练习	5
6	无实物练习	5
7	行动合理性练习	5
8	音乐小品练习	6
9	角色塑造练习	6
10	单人小品练习	5
11	双人小品练习	6
12	即兴小品练习	6
13	完整剧本台词练习	5
14	完整剧本舞蹈练习	5
15	完整剧本走位练习	5
16	完整剧本细节排练	5
17	完整剧本整体排练	8
18	完整剧本视频录制	8

经过系统的专业的艺术培训，科技馆储备了一批“演技在线”的科技辅导员。他们不仅懂科学知识，会做科学实验，而且会唱歌跳舞、有演技。因每年都有艺术培训活动，科技辅导员的综合素质不断得到提升，馆方科学表演团队的后备力量不断增强。

③ 自创科学实验活动，在实践中提升辅导员的综合能力。2017 年至 2019 年，馆方科学表演活动小组共创作了 36 个科学实验活动，实验内容涉及义务教育阶段科学课程标准的大部分内容，实验约 100 个，对外演出 348 场，剧场上座率 95％以上，观众反响良好。馆方自创的科学实验活动与三方合作的科学表演活动有区别，更注重实验部分，故事情节比较少。在自创科学实验的过程中，如遇到专业的剧创或艺术方面的问题，馆方会请专业剧创团队和专业表演团队做指导，大家一起讨论、取长补短、攻克难点、共同进步。经过三年的实践磨砺，科学表演活动小组的综合能力大大提升，呈现给观众的科学实验活动的质量越来越高，观众的反馈也越来

越好。

4 结 语

“他山之石,可以攻玉”,在科学表演活动起步阶段,引进专业的剧创团队和专业表演团队,借助他们的专业力量帮助馆方的辅导员快速成长不失为一种可尝试的途径,但最终要靠馆方辅导员自身不断地学习积累,提高综合能力、提高创新意识和创新能力,才能把科学表演活动做好,才能持续地推出“新品”和“精品”,以满足人们日益增长的文化需求。

参考文献

[1] 张彩霞.我国科技馆科技辅导员队伍的特点分析及反思——基于全国科技辅导员职业现状调查[J].科技传播,2016,8(05):144-146.

[2]廖红.科普场馆科学表演编创的探讨[J].科技传播,2018,13(01): 90-96.

[3]廖红.科技馆展教能力建设的实践与思考[J].自然科学博物馆研究,2019,1(05):5-11.

浅谈古诗词在植物科普教育中的创新应用

安　玫[①]

摘　要：植物作为意象，在古诗词中的应用十分广泛，我国的中小学生掌握的诗词中很多都与植物有关，自然博物馆在进行植物科普教育的同时如果能融汇相关的诗词内容，将会极大的增加青少年的兴趣，有助于提高植物科普教育的成效。本文将讨论如何在植物科普教育中创新应用古诗词。

关键词：古诗词；植物科普；创新应用

植物是地球生命的基石，在生态系统中有着不可或缺的地位与作用，也与人类的生活息息相关，我们在衣、食、住、行以及工业原料的获取等各个方面都离不开植物，但大多数人对植物认知仅仅浮于表面，关注的大都是那些美、奇、稀、贵的植物，以观赏它们的形、色、味最为主，往往忽略植物本身以及植物所处的生态环境。

我国的学生从幼儿园开始就开始接触古典诗词，中学时诗词的掌握量达到顶峰，但是在诗词的学习中，绝大部分的精力都被用在诗词作者的生平、人格、诗词创作的时代背景、作品的主题、结构、诗词中所用的修辞手法这些方面，而其中包含的植物意象仅仅作为一种理解诗词的辅助。但是古诗词是作者智慧的结晶，是作者用心观察生活、观察身边的事物融合自身情感的总结，其中包含了丰富的植物科学知识。如果将已学过的古诗词运用到植物科普教育中，中小学生不仅能够学习到植物科学知识，还能把语文课做课下延伸，对诗词本身有更好的了解，对作者的心境和情感会有更深层次的体会。与此同时，传承了中国古代文人的自然生命情怀，有助于理解植物为生物圈所做的实际贡献；了解保护环境、物种的重要性，推进当下的生态环境教育。

武汉自然博物馆包含着占地面积200余公顷的武汉园博园，其中有400多种植物种类，为武汉自然博物馆的植物科普教育提供了丰富的科普资源。博物馆作为科普教育的重要场所，如果能将古诗词应用到植物科普教育当中，将会给我馆的植物科普教育带来新的改变和发展方向。

1　植物科普教育

植物科普教育是指植物和植物科学知识为主要对象，对大众进行科普的一种教育活动。植物学科作为科普的一个重要分支，承担宣传植物科学知识、生态文明和环境保护意识的责任，不仅如此，还能提高人们走进自然、亲近自然、爱护自然地生态意识。

①　安玫，植物学硕士，现就职于长江文明馆（武汉自然博物馆）。联系电话15102729342。

2　古诗词植物意象在植物科普中的应用举例

(1) 古诗词在植物分类中的应用

学习植物科学知识的第一步就是要认识植物,植物科普教育从植物分类做起,但植物分类的专业性和知识性比较强,将古诗词运用在植物分类的科普活动中,能够让学习者和参与者在诗词中遨游,有助于他们在短时间内掌握某些植物的特征和与其他植物的区别。

① 用诗词区分三种茱萸。

王维的《九月九日忆山东兄弟》是一首脍炙人口的思乡佳作,其中最有名的一句就是“遥知兄弟登高处,遍插茱萸少一人”。王维在重阳节在这天想起了自己的亲人朋友,也忆起这天最重要的一项活动,就是人人佩戴“茱萸”用以辟邪。

茱萸是原产自我国并很早就被人们开始栽培使用的植物,在古诗词和药典中一共记载了三种茱萸,它们分别是山茱萸、吴茱萸和食茱萸。

茱萸诗词古文当中都出现过,孟浩然诗《九日得新字》中有“茱萸可正佩,折取寄情亲”,也是说在九月九日这天将茱萸插在头上。杜甫的“明年此会知谁健,醉把茱萸细看”。诗人王勃有诗句“影拂妆阶玳瑁筵,香飘舞馆茱萸幕。”宋苏轼有诗“此会应须烂醉,仍把紫菊茱萸,细看重嗅”。再往前读诗还会发现三国魏曹植《浮萍篇》:“茱萸自有芳,不若桂与兰。”在这些诗中,作者们对于茱萸的感情都是正面的,积极的。但屈原在《离骚》中却写道:“椒专佞以慢慆兮,榝(shā)又欲充夫佩帏。”认为榝是不配盛于香囊佩于君子之身的恶草,“榝”就是茱萸。

通过以上诗词中“茱萸”带给我们的信息,可以在植物分类科普中引发出“为什么茱萸的意象在诗人的诗中是多变的? 生活在不同朝代不同地域的诗人们他们诗中的茱萸是同一种吗?”这两个疑问,引起学习者的兴趣,进而把重点转向山茱萸、吴茱萸和食茱萸的分类上去。

山茱萸又称山萸肉、萸肉、药枣、枣皮、山芋肉,是伞形目山茱萸科山茱萸属的一种,落叶乔木或灌木,果子成熟的时候呈现红色至紫红色。吴茱萸又称吴萸、茶辣、漆辣子、臭辣子树,有强烈的气味。是芸香目芸香科吴茱萸属的一种植物,果实成熟时果皮为红色,嫩果经泡制晾干后即是传统中药吴茱萸,入药以吴地所产的最为优质,因此叫吴茱萸。食茱中国植物志中将其命名为椿叶花椒,又称樗叶花椒、满天星、刺椒,是芸香目、芸香科、花椒属的一种植物,在古代典籍中,因其形态特征和药用功能与吴茱萸相似,又可以食用,因此称作食茱萸,食茱萸做药时也是它的果实。把这三种茱萸的植物学相关特点一一介绍,再结合前面的诗句,学习者自然就能知道九月九日重阳节的茱萸是哪几种了。

② 蜡梅不是梅。

梅花大家都很熟悉,古往今来,无数的文人墨客为梅花写下了数不清的赞美之词。它凌霜傲雪,冰清玉洁,被视为高风亮节的楷模。数九之季,百花的凋零与梅花的明媚形成鲜明的对比。但冬天开放并带有幽香的还有蜡梅,人们经常把蜡梅误以为是梅花的一种,在植物分类学上,蜡梅属蜡梅科,落叶灌木,而梅花则是蔷薇科植物,实际上两者的亲缘关系相差甚远。

王安石《梅花》中有“墙角数枝梅,凌寒独自开”。黄蘖禅师《上堂开示颂》中有“不经一番寒彻骨,怎得梅花扑鼻香。”;林逋《山园小梅·其一》中写道“疏影横斜水清浅,暗香浮动月黄昏。”;卢梅坡《雪梅·其一》中有“梅须逊雪三分白,雪却输梅一段香。”;陆游在《卜算子·咏梅》中感叹“零落成泥碾作尘,只有香如故。”;毛泽东《卜算子·咏梅》“已是悬崖百丈冰,犹有花枝俏。"等诗中都直接表达了作者对于梅花的喜爱之情。

为蜡梅写诗词的文人虽然不如梅花多，但是也有佳作传世，苏轼就有《蜡梅一首赠赵景贶》，诗中写道"天工点酥作梅花，此有蜡梅禅老家。蜜蜂采花作黄蜡，取蜡为花亦其物。"苏轼的这首诗在诗名中就点明了他所写的植物是蜡梅而不是梅花，梅花多为红色，但苏轼说"蜜蜂采花作黄蜡，取蜡为花亦其物"，说明他描写的蜡梅是黄色且花瓣蜡质，"作梅花"但并非梅花。

由以上多数人都十分熟悉的诗词作为引子，想必学习者会非常想继续深入了解蜡梅和梅花的具体区别。我们继而在"梅花和蜡梅不在温暖的春天开放，反而选择在寒冷下雪的冬天开放"这一自然现象中提出"梅花和蜡梅为什么在低温下能够开花?"这一问题，引发学习者对梅花和蜡梅的生态习性的深入探索。

在植物分类的科普教育活动中，如果穿插古诗词的讲解，既能保证植物科普教育活动的知识性，又能增加教育活动的知识性和趣味性，并在此基础上提高科普教育活动的艺术性。

(2) 古诗词生态文明教育作用

生态文明教育是当前人类社会发展的必然趋势，以人类文明的可持续发展为核心，立足于培养人们正确的生态文明观，旨在提高人们以和谐互动的方式处理好人与自然的关系、使人类文明在整体协调、多元共荣、环保节能、立足长远的道路上继续稳定健康发展。植物科普教育主要是自然科学知识的教育，这与生态文明教育以自然科学和人与自然发展作用史为基础的教育要求相吻合。

我们在谈论生态保护时，不如从古诗词开始，以推陈出新、古为今用的眼光让学习者感受诗词之美，让更多人通过诗词贴近自然，感受变化，体会生命的节律，从而领略自然之美，并由此生发出爱护自然、保护自然的责任意识。

水稻是我国重要的粮食作物之一，一直十分受诗人们的关注，唐代诗人李绅写稻的《悯农》"锄禾日当午，汗滴禾下土。谁念盘中餐，粒粒皆辛苦。"流传最为广泛，作者在诗中描写了农民种植粮食的不易，表达了对农民真挚的同情。当前人们物质生活条件越来越富足，农民的生活条件和封建古代已经发生的翻天覆地的变化。但是农业种植的过程没有变，粮食的来之不易没有变，杜绝浪费在今天依然重要。

辛弃疾《西江月·夜行黄沙道中》有"明月别枝惊鹊，清风半夜鸣蝉。稻花香里说丰年，听取蛙声一片。"描写出了一幅夏夜自然风光图，夜里明月清风、疏星稀雨、鹊惊蝉鸣、稻花飘香、蛙声一片的情景。既有自然之景物明月、清风，也有自然之生命鹊、蝉、水稻、青蛙，动静结合、情景交融，表达了诗人对丰收之年的喜悦和对自然的热爱之情。

利用这首词勾勒出的美好的画卷，引出学习者的对自然的向往之情，同时点出一个令人心痛的事实：当前有很多人以吃野生动植物为风尚，越来越多的人为了满足口腹之欲，开始吃青蛙和蝉，有买卖就有杀害，人们为了牟利，大肆捕捉这些野生动物，使得诗中描绘的美好画卷不复存在。

利用植物水稻引发学习者关于节约资源、保护野生动植物的思考。两相对比、古今对照，发人深省。学习者在诗中和现实中转换，对于自然的爱护之情也就油然而生，增强了人与自然和谐相处的意识。

白居易在《杏园》中感叹道"莫怪杏园憔悴去，满城多少插花人。"体现了古代诗人提倡保护野生动植物的态度和观念。我们借此诗来向学习者介绍杏花，重点可放在杏花之美上，因其美丽，所以人们忍不住伸手去摘插于头上，人人如此，就使得整个杏园的杏树显得寥落不堪。

这实在是当今人们对待自然的真实写照——人们热衷于“打卡”旅游，不为欣赏美景、也不为感受自然，更加不关心自己走后是否给这片自然景观留下了伤痕。可见千百年来，无论社会发展到什么程度，人们对于自然以及自然中的其他生命仍然没有做到应有的尊重。这就足以引起学习者的思考：人类应当如何尊重自然和自然中的其他生命体？

利用古诗词在植物科普中的应用对人们进行生态文明教育，既可以借古代人们的自然情怀增强我们对于自然的热爱之情，也可以史为鉴，增强我们的自然生态保护意识。

(3) 古诗词在植物科普中体现的文化自信

古诗词对于植物的描写除了能让我们知道植物的习性和用途，还能在一定程度上可以让我们后人确定该植物在我国古人生活中出现的时间，以及出现的形式，是原产我国还是外来引进。这些对于植物科学知识的学习有重要的作用，也有助于我们认识古代人们的生活。

猕猴桃是猕猴桃科一类植物的总称，果实富含丰富的维 C，猕猴桃和奇异果之争从未间断，在市场上，奇异果比猕猴桃卖的更贵，虽然并不一定更好吃。将猕猴桃和奇异果这种常见的水果来认识猕猴桃这类植物，相信学习者的兴趣将会大大增加。

很多人认为猕猴桃是我国的，奇异果是来自新西兰的水果，两者是不同的。但是实际上，奇异果就是猕猴桃，且奇异果也不是舶来品。在我国，猕猴桃有文字记载的历史已经有2千多年，引种作庭院绿化树种也至少有1000年的历史。早在先秦时期的《诗经》中就有了猕猴桃的记载：“隰(xí)有苌(cháng)楚，猗傩其枝。”苌楚就是猕猴桃的古名。唐朝诗人岑参曾有“中庭井栏上，一架猕猴桃”的诗句，说明在一千二百多年前的唐代，已有猕猴桃之名，并已在庭院中栽种，从诗中可以得知猕猴桃的生长特性：是藤本植物，和葡萄一样，需要依靠、攀援其他物体生长。

由此诗引发第一个问题来吸引学习者——古诗既早有描写，而且猕猴桃营养价值高，口味酸甜，为什么猕猴桃早我国古代没有当作果树栽培呢？这就涉及猕猴桃植物的开花问题，猕猴桃是雌雄异株的植物，雌树开雌花，雄树开雄花，雄花上的雄蕊给雌花授粉后才能结出果实，古人不知道猕猴桃的这一生殖特点，因此单种一株作为观赏植物是无法得到猕猴桃果实的。

学习者了解到猕猴桃的生长特性和生殖特点后，我们再抛出第二个问题——为什么原产于我国的猕猴桃名气远不如奇异果呢？

由此疑问来激发学生对于猕猴桃的“前世今生”的探索。原来20世纪初，来自新西兰的一位女教师将猕猴桃的种子带回国并交给园丁培育，培育出的猕猴桃树雌株和雄株都有，最终历经多次培育有了后来的奇异果，后来奇异果的销量大增并返销国内，很多人不明就里，就以为它是国外的水果，哪怕后来国内的各种高品质猕猴桃出现在市场上，也远不如奇异果受欢迎。掌握这一事实后，将会给学习者带来思考：既然是同一种不同品种的水果，为什么大家就是爱叫它奇异果呢？

这其实反映了当下很多国人的一种不正常的心态：贵的就是好的，国外的必定好吃一些，营养必定更加丰富，把猕猴桃叫成奇异果显得更洋气一些，殊不知这种想法实在是大错特错，也是一种文化不自信的表现。

我国植物种类丰富，被誉为“世界园林之母”，影响世界的植物非常之多，有诗词描写的也不在少数，借古诗词对影响世界的植物进行植物科普教育，不仅能增强学习者在植物科学知识的兴趣，还能借此增加他们的文化自信。

3　结　语

孔子就曾对他的学生说"学诗可以多识于鸟兽草木之名，"从字面意思来说，就是指在学诗的过程中我们可以学到很多草木鸟兽的名字，深层意思则是让学生从学习草木鸟兽等直观自然事物过程中去观察自然现象，从自然中获得感发。因而古诗词植物在植物科普中的应用实际上可以非常广泛。如果能将古诗词应用于植物科普中，那么诗词与科普、文学与科学的结合一定可以达到意想不到的效果。

参考文献

[1] 王青，王丽娟，张卫哲. 自媒体视域下的自然教育实践——以植物科普教育为例[J]. 农业开发与装备，2019(02)：62-63.

新时代下天文科普活动的探讨

杨　科[①]

摘　要： 天文学是研究宇宙天体及其系统的科学。它研究天体的位置、运动，物理状态以及它们的结构和演化。由于所研究的对象在时空尺度上的广延性、物理条件上的多样性和复杂性，天文学永远是人类认识自然和改造自然的一门重要的基础学科。本文主要论述天文科普的重要性，以及天文活动形式应该如何随着时代变化与时俱进。

关键词： 科普；天文科普；活动形式；与时俱进

1　天文科普的重要性

(1) 科普的重要性

科学技术是第一生产力，是推动经济社会发展的决定性因素。当今世界，全球范围内的科技革命与技术创新浪潮汹涌澎湃，科技成果转化和产业更新换代的周期越来越短，科技、经济、文化的一体化趋势越来越明显，科技发展与技术创新业已上升到了国家战略竞争层面，世界各国的综合实力竞争越发表现为科技实力的竞争，越发取决于国民科技文化素质的高低。一个想要跻身于世界民族之林，在激烈的国际竞争中立于不败之地的民族，不仅要在科学技术发展中占据优势，更要在提高全体国民科技文化素质行动中掌握主动。

党的十八大以来，习近平总书记就科技创新作出了一系列重要论述，党的十八届五中全会提出来了五大发展理念，强调把创新作为引领发展的第一动力，把人力资源作为支撑发展的第一资源，要求把创新摆在发展全局的核心位置，为我们建成创新型国家并加快向科技强国迈进提供了思想纲领和战略指南。

发挥各地在创新发展中的积极性和主动性，对形成国家科技创新合力十分重要。要围绕“一带一路”建设、长江经济带发展、京津冀协同发展等重大规划，尊重科技创新的区域集聚规律，因地制宜探索差异化的创新发展路径，加快打造具有全球影响力的科技创新中心，建设若干具有强大带动力的创新型城市和区域创新中心。

要实现“两个一百年”奋斗目标，实现中华民族伟大复兴的中国梦，就必须坚定不移贯彻“创新、协调、绿色、开放、共享”的五大发展理念，切实做到习近平总书记提出的“三个面向”，“面向世界科技前沿，面向经济主战场，面向国家重大需求”，用科技创新来提高核心竞争力，更好引领我国经济发展新常态、保持我国经济持续健康发展。

2015 年我国公民具备科学素质的比例达到 6.20%，比 2010 年的 3.27%提高近 90%，而 2000 年美国公众基本科学素养水平的比例更是高达 17%。相对而言，我国目前公民科学素质情况仍落后于世界主要经济体，尚不能完全满足全面建成小康社会的需要，建设创新型国家的

① 杨科，合肥市科技馆科普辅导员，E-mail：1124646236@qq.com。

要求。

《中国科协科普发展规划(2016—2020年)》提出,我国“十三五”科普发展的目标任务是:到2020年,建成适应全面小康社会和创新型国家、以科普信息化为核心、普惠共享的现代科普体系,科普的国家自信力、社会感召力、公众吸引力显著提升,实现科普转型升级。以青少年、农民、城镇劳动者、领导干部和公务员等重点人群科学素质行动带动全民科学素质整体水平持续提升,我国公民具备科学素质比例超过10%,达到创新型国家水平。

科普发展规划指出,“十三五”期间科普工作要以《全民科学素质行动计划纲要》实施为主线,以科普信息化为核心,以科技创新为导向,以群众关切为主题,以政策支持为支柱,以市场机制为动力。必须牢固树立并且切实贯彻创新、提升、协同、普惠的工作理念,实施“互联网+科普”建设工程、科普创作繁荣工程、现代科技馆体系提升工程、科技教育体系创新工程、科普传播协作工程和科普惠民服务拓展工程,带动科普和公民科学素质建设整体水平的显著提升。

“十三五”时期,科普发展大有空间、大有可为,全面创新科普工作,加强科普信息化,提升科普整体水平,对于实现我国公民科学素质跨越提升,具有重要意义。

(2)天文科普的必要性

天文学是人类历史上最早发展的科学,因其观察对象的特殊性和研究方法的独特性,推动了人类历史的发展进程,并影响和带动了其他学科的发展。然而即使在科技十分发达的今天,茫茫宇宙仍然是一个未知的世界,探索宇宙奥秘,发展空间技术仍然是人类长期为之奋斗的目标,我国的天文科普工作起步较晚,虽然已经做出了不少努力,但总的来说仍然比较落后,而在教育体系中,不但在中小学没有天文方面的专门课程,就连大学阶段真正有机会了解和学习天文的学生人数也非常少,实际上,天文学是一门适合培养科学兴趣、创新素质以及有益于培养诚信精神的学科,它以神秘的宇宙作为研究对象,永远是激发人类好奇心和挑战人类想象力的重要源泉。

科学普及的目的就是要传播科学知识,倡导科学方法,弘扬科学精神,教育人民,特别是青少年树立正确的世界观。而天文学能通过亘古奇观的宇宙,深邃幽远的星空,以它们永恒的魅力吸引着人们。天文科普具有很强的教育功能,“当学生脚踩大地,仰望蓝天,探索无垠的宇宙时,他们对科学的兴趣很容易被激发出来。”天文学是最适合培养科学兴趣和创新素质的学科,恰好对于中小学教育来说,兴趣培养的重要性更胜于知识的灌输,由于研究对象大多是远在地球大气层以外的天体,随着观测技术的不断发展,以及与之密切相关的理论方面的推进,天文学的发现层出不穷,时常会有易于被公众理解或关注的重要发现。在学习天文学的过程中,中小学生会懂得知识一直是推陈出新的,观察宇宙要具有一定的客观性,他们也会理解天文知识是需要自己通过各种观测实践才能得出的,这有助于培养青少年对待学习的诚信态度以及树立正确的宇宙观。

在科教兴国的关键时刻,做好天文学普及工作十分必要,普及工作本身对科学的自身发展起着重要的作用,没有普及就没有提高,据调查,许多天文学家都是通过各种科普活动对天文产生了浓厚的兴趣,并与天文学结下了不解之缘,而他们的发现与创造又促进了学科自身的发展。此外,在破除封建迷信、崇尚科学方面,天文科普有着其他学科无法取代的作用。

作为六大基础学科之一,天文学也是唯一一个没有成为初高中独立科目的学科,因此群众对天文学的了解仅仅停留于初高中地理物理书中夹杂的那一点。你看,即使看似高大上的数理化也有能让初高中生听懂的内容,天文学当然也是有很大一部分内容是适合分享给好奇的群众,这门学科可能也是最有可能勾起小孩子们的好奇心和幻想的存在。做科研和做科普还是不一样的,科研要深要精,可能好多天文工作者都不一定知道自己研究的对象在哪个天区哪个位置几点升起,而天文科普人却能对88星座倒背如流,深谙各个天文学家的八卦历史。成为一个优秀的天文科普人也是需要大量阅读,付出思考和努力的。

2 天文活动的困境

(1) 天文课程的缺失

天文学作为一门可以激发学生好奇心、培养研究性学习能力的自然学科,却是"数理化天地生"六大基础学科中,唯一没被列入中小学生课程的一门学科。其实我国一直缺乏对于天文学科的重视,在中小学的天文教育上,就合肥市本地的学习教材,以高中地理学科为例,仅有高中必修一的第一章节介绍了地球的自转与公转,此后再无天文相关知识点。而到大学阶段,天文类相关专业更是少之又少,普通学生想要接触和学习天文知识非常困难。笔者通过对于本地和相邻地区学校课程的了解,在素质教育的大力推动下,一些一线城市的许多中小学开设了天文选修课程,但是就合肥本地的实际情况而言,在目前以高考为中心的教育背景下,天文课程很难有发展的空间。

(2) 天文师资力量匮乏

前文提到天文类专业稀少,并且培养出的人才大都把自己的目标定位于科研领域,很少有到基础教育单位任职。这就说明即使有学校开设天文学科,却没有天文学科班出身的老师任教,只能让物理或者地理老师代职。在培养方法上,缺乏系统性、目的性,任教老师本人也会因为缺乏相关知识和观测实践而无法开展学习活动。

之所以会缺乏观测经验,是因为天文学本身是一门需要观测的学科,要投入大量的人力物力财力,有的学校经费欠缺,无力购买天文仪器,有的学校虽然拥有天文场馆,但是并没有发挥相应的作用。以上情况合肥地区的学校都有存在,但是通过中国科大科技活动周中,天文台开放引起市民排队盛况可知,合肥市的学生家长对于天文观测的渴望和对天文知识的渴求。

3 合肥科技馆天文科普活动

合肥科技馆一直坚持以提高群众的天文素质为己任,丰富现有天文活动,加速构建符合合肥市科技馆特色的天文科普活动。

自2002年10月合肥科技馆天象馆开放以来,合肥科技馆即开始在全市范围开展天文活动。合肥科技馆天象馆集天象和球幕电影放映功能为一体,可以在球幕上放映出各种天体,表现天体之间的相对运动关系、放映生动有趣的天文节目。是很长一段时间内,安徽省唯一的球幕影院,时至今日,合肥市仍然只有合肥科技馆天象馆拥有可以放映天象节目的球幕影院。

天象馆开放之初连续一周免费开放,对外放映天象节目达到了非常好的宣传效果,是合肥科技馆乃至合肥市天文活动的一个非常好的开端。此后,结合球幕影院的硬件设施,逐步进购了若干台观星器材,开启了天文观测活动,2015年球幕影院数字化改造完成后,依托于新球幕系统的天文资源开发了球幕影院玩天文活动,利用球幕模拟自然界的星空以及天象,摆脱了场地和天气的限制,天文活动形式越来越多样化。

合肥科技馆天文科普工作奉行“引进来，走出去”的工作策略，以合肥市青少年儿童为主，逐步拓展面向市民大众；以合肥市为基地，继而走出去，面向全省。

① 组织宣传上巩固2002年开馆以来和各类学校、机关、科研所等单位的组团合作关系，印制大量包含丰富天文基础知识的宣传单、彩页，在各项公益性活动中向公众散发，消除市民对天文学的神秘感，诱发他们的求知欲。

② 主动与安徽省天文学会、中国科学技术大学天体物理系、天文馆专业委员会、北京天文馆等多家单位及组织保持长期联系，邀请专家带领工作人员定期学习天文知识提高自身素质。

③ 与中国科学技术大学天文协会、合肥工业大学天文协会等学生社团保持密切联系，共同开展天文科普活动。

④ 长期开展“路边天文夜”“天文科普进校园、进社区”活动。举办天文知识讲座，针对不同人群开展不同形式与内容的天文科普宣传。

⑤ 结合每年重要天象，如“土星冲日”“木星冲日”“日食”“月食”等，开展现场观测、征文比赛、摄影比赛、影片观看等活动。

⑥ 每年在与天文相关的重要节日，如“国际天文馆日”“国际光日”“国际暗夜周”等，积极响应国际天文联合会以及天文专业委员会等的号召开展相应的联合活动。

⑦ 每年邀请天文专家开展面对公众开放的大型天文讲座活动。

⑧ 每年组织员工参与天文专业委员会等组织的天文培训以及天文论坛等活动，提高科普人员的天文知识水平加强与全国其他天文科普组织的交流与合作。

⑨ 通过合肥市科协定期举办的“三下乡”活动，对农村以及边远山区的孩子展开天文科普。

⑩ 2015年球幕数字化改造完成后依托于球幕天象系统自带的天文资源开发“球幕影院玩天文活动”等室内天文活动，摆脱了天气和场地对于天文科普工作的限制，开创了国内利用球幕系统自带资源开展天文活动的先河，吸引了诸多业内同行前来学习。

⑪ 结合馆内外资源，将天文活动和其他科普活动相结合，展开大型科普联合活动。

⑫ 开展系列线上天文科普工作，活动形式包含科普小视频、线上课程、科普访谈、线上竞答等多种形式。

⑬ 与安徽广播电视台等媒体合作，接受记者采访，通过新闻、广播、报纸等多种形式向公众科普天象知识以及常见的天文名词、节日等。

如今合肥科技馆线上线下的天文活动成果均已覆盖全省，获得了公众和业内同行的一致好评，承办了合肥市天文科普活动的重要组成部分。

4　天文科普的活动形式

(1) 天文观测活动

通过天文望远镜观测星空，是天文科普活动的一个重要形式，也是公众较为喜爱的一项天文活动。现如今，越来越多的天文现象受到关注，比如今年热门的日环食、超级月亮、闰月的规律、十五的月亮十四圆等。但是大多数人都是只知其然不知其所以然，通过观测活动可以让观众只管地感受到天文的神奇与每秒，助长如今日渐形成的天文热潮，让天文为更多的观众所了解。

(2) 天文讲座

天文讲座是合肥科技馆每年都要举行的天文活动，通过天文讲座活动为观众和专业老师之间搭建交流平台，每年坚持邀请来自各界的老师分享自己的天文知识、天文故事，深入浅出的科普方式不仅便于公众理解，也让参与天文科普的工作人员受益匪浅。

(3) 基于各大节日的天文活动

随着人们对于天文的关注越来越多，各种天文相关的节日也逐渐走入人们眼中。除了人尽皆知的中秋赏月，诸如“国际天文馆日”“国际光日”“人类月球日”“暗夜保护周”等不常见的节日也开始为人所知。这也离不开天文科普活动的宣传。在这些相关节日里举办活动往往能取得事半功倍的效果，对于天文科普意义重大。

(4) 天文活动进社区、进校园

针对目前学校天文课程缺失的现状，科普场馆与学校以及社区的联合是十分必要的。可以针对不同知识水平的学生定制不同的课程，提高天文科普的效率与覆盖面。

(5) 基于球幕影院的天文活动

天气对于天文活动尤其是天文观测的影响很大，同时由于光污染严重，星光在城市灯光的包围中，市民们只能看到寥寥无几的恒星，无法感受漫天繁星的夜空，所以城市里面天文观测活动实施存在很大制约。通过球幕来模拟自然界的真实星空以及天象则可以摆脱这些条件限制。是天文活动发展的一个重要方向。

(6) 线上天文活动

受新冠疫情的影响，今年的科普活动大多转为线上，天文科普也不例外。虽然疫情限制了线下天文活动的实施，但是也促进了线上活动的发展。以合肥科技馆为例，今年开展了大量的线上天文活动，整合了多方资源，开启了多方联动线上线下同时发力的新局面，为今后天文活动开创了新的方向。

5 合肥科技馆未来天文活动展望

① 成立合肥市天文爱好者协会，为全市的天文爱好者提供一个交流平台，汇集合肥市的天文科普资源，一起探讨天文知识，改进天文活动。

② 建立天文专家库，定期邀请专家老师对于合肥市的天文科普工作者包括天文爱好者以及中小学科学老师等进行天文知识与技能培训，提升合肥市天文科普工作者的知识水平。

③ 扩大天文活动的规模，利用天文馆的号召力将重大天文活动覆盖至全合肥市乃至安徽省，组织各个中小学进行联合活动。

④ 天文活动走出安徽省，联合其他天文科普场馆进行类似于游学营之类的活动，扩大天文活动影响力的同时，汲取其他场馆的长处，实现共同进步，为中国天文科普事业添砖加瓦。

6 结　语

随着中国特色社会主义进入新时代，科普工作者的被赋予了神圣的使命，作为一名天文科普工作者应当与时俱进，在现有的活动基础上积极创新，寻找新的符合时代特色的活动形式，为天文科普事业做出贡献。

参考文献

[1] 北京天文馆,湛穗丰;论天文科普在科教兴国战略中的重要性[A];面向 21 世纪的科技进步与社会经济发展(上册)[C];1999 年.

[2] 中国科协科普发展规划(2016—2020 年)[J].科协论坛,2016(07):4-9.

关于普惠教育活动开发与实施的探讨
——以固始科技馆为例

杨胜刚[①]　王汉文[②]

摘　要：本文主要分析了当前县级科技馆（以固始科技馆为例）的职能之一——开展普惠教育的意义，并通过对县级科技馆的普惠活动的不同角度进行剖析，解读县级科技馆开展普惠教育的形式及特点，然后对县级科技馆可能存在的开展方式进行论述，主要从馆校结合、整合社会资源、树立品牌形象等方面阐述了县级科技馆普惠教育活动开发与实施的内容，最后，提出笔者的看法和意见，希望能够对县级科技馆实行科普课程提供借鉴的价值。

关键词：县级科技馆；科技馆课程；开发实施

1　引　言

随着人民生活质量的提高和教育的普及，越来越多的家庭注重下一代的培养。国家实施科教兴国战略，强化科学技术普及工作，提高公民科学文化素质。为了响应国家的号召，更多的地方采取修建科技馆的形式，扩大对公民的公益性科普教育，利用科技馆的优势提高当地民众的素养和科学文化知识，而开展惠普工作是科技馆非常重要的一块内容，本文以固始科技馆为例，进行调查和探讨。

2　县级科技馆开展普惠教育的意义

当前，县级科技馆的数量还较少，对于县城来说，一座科技馆的建设是一项巨大的投入，它属于民生工程的一种，是为该县居民及周边地区居民服务的。县级科技馆应当具备一定的普惠教育职能，帮助当地居民了解前沿科技、生态安全及灾情防范意识、基础科学的原理与应用等。展开普惠教育既是响应国家科普教育的政策，也是惠及全民的一项公益性事业。就国内地域发展差异而言，普惠教育能够很好地弥补落后地区对于科学文化知识的缺失问题，有利于提高当地居民整体素质和知识储备。

3　关于县级科技馆普惠教育活动的分析

(1) 固始科技馆普惠教育的受众分析

固始科技馆作为当地筹备建设的第一个科技场馆，目前受到吸引的主要还是当地居民，尤

① 杨胜刚，固始科技馆副馆长，联系电话：13657242623。

② 王汉文，固始科技馆公共教育部部长，联系电话：14792490665。

其以县城中的居民为主。根据参观游客到访实际情况，以家庭为单位的观众是科技馆观众的最重要组成部分。基于家长视角的家庭观众研究较少，家长的参观动机、参观需求往往被忽略，但相关研究表明，家长的参观预期会深刻影响家庭在科技馆汇总的互动行为。人们生活水平持续向好发展，也促进了居民想要得到更多的精神生活，科技馆正好承担了这部分的职能，发挥着普惠教育的作用，通常科技馆观众进入最多的展厅是儿童科学乐园和前沿科技展厅，这两个展厅相比于其他展厅具有独特的吸引力，儿童科学乐园是亲子活动最丰富的场所，前沿科技则是最先进的科学技术和科技理念的展示；因此，这两个展厅对于观众的意义更强，借由该展厅的优势开展相应的普惠教育活动是相对较为容易的。

首先，老年人作为社会一部分，也需要科普教育，老年人对科技类产品较陌生，增加应用展示和系统化的培训，让老年人感受科技发展带来的便利。其次，学生作为科技馆主力军，应当和教育系统合作，结合中小学课标，分年级分学期开发多姿多彩的展教活动，做好中小学生的科普教育。最后，开发适合工薪阶级、大学生等其他居民的活动，引导他们在业余时间接受科普教育，学习科学知识，提高科学素养。

(2) 固始科技馆的普惠教育的活动形式

固始科技馆作为一个崭新的县级科技馆，它的普惠活动主要以儿童科学乐园的科学小剧场（科普实验秀、科普剧）和科学探秘展厅的科普互动区为主，向大众传播有关基础科学现象的原理和基础科学的应用的知识（结合日常生活经验），观众还可以参与到该活动中，体验不一样的科学实验操作，不但对于年龄较小的学生有科学探秘的启发，而且对于年长的大人也能够储备基础科学常识和重构元认知。

(3) 馆校结合开展普惠教育

① 科技馆与学校教育相结合的重要意义。

学校是正规教育组织，属于教育制度的重要内容，有着固定的场所和明确的目标，为社会培养适合社会需求的人才。而科技馆是非正规教育组织机构，是为更广大人群普及科学文化的场所，也是校外最重要的教育资源之一，父母和孩子都有可以在科技馆中获得成长，属于社会教育的重要构成部分。结合科技馆的科技教育和学校的常规教育，可以弥补学校在培养学生的教学模式上的限制，发挥科技馆科技教育、创新教育的优势，提高学生观察生活，体验科技带来的便捷，培养学生对科技事业的浓厚兴趣，同时科技馆具备一定的设备基础，学生能够获得在学校无法获取的技能和体验，参与到实践当中，发展他们的创造性思维，提升他们的观察力、想象力、动手能力等。

② 馆校结合实施普惠教育的具体措施。

学校根据实际情况，充分利用科技馆资源进行科学普及教育的活动。目前，固始科技馆具备基础科学（物理、化学、生物）的展品，结合学校学习的内容，组织到访科技馆进行有目的的使用展品进行学校学科教学活动，既能够提高学生的感官认知，又可以促进科技馆展品的充分利用，真正做到学校与科技馆密切联系。

科技馆工作人员与学校教师互相配合。一起参与到科学课程内容开发与制作的任务中去，组织科技馆科普辅导员到校听课学习交流，提高自身的科学知识的专业性和讲解技能的扎实性，也鼓励学校教师走进科技馆，对科技馆展品设置的改进提出意见和参与科技馆主体活动的研发工作；结合中小学各年级科学课程大纲，双方共同制定适合不同年级不同学期的研学课程或者活动。

(4) 固始科技馆普惠教育的四大特点

① 多样性。

固始科技馆虽然是县级科技馆，但是建设规模较大，投入较高，展品种类丰富多样，包含了基础科学的现象和原理展示，生命科学的探索，生活安全意识的引导，前沿科技的奥秘，创客教育和STEAM的深度融合等内容，是一所真正做到多元化的科技馆，具有特殊的意义。

② 创新性。

固始科技馆的展品相较于其他科技馆而言，展品的表现形势都有所改进，既能保障原有原理结构不变，又能让人眼前一亮，十分具有观赏性和探索意义。在馆内融入了大量的可操作性的展品，为馆校结合提供了支持，不但能够看，还能够实践，使观众进一步了解发生原理的产生方式和变化过程。

③ 实用性。

提高了科技馆的使用价值，观众能够通过科技馆普惠教育获得以前学校不曾深度剖析的知识结构，也给观众提供了探索科学秘密的一种途径，让普惠教育真正成为能够惠及每一个人的教育活动，无论成年人还是孩童，对于事物的元认知都会发生相应的改变，进一步提高人们的科学文化素养和知识结构。

④ 借鉴价值。

固始科技馆以科学、科技、教育为一体开展普惠教育活动，在一定意义上是对当前教育形式壁垒的突破，是县级居民能够获得提升的重要实践，为广大中国城乡居民提供了一种新的成长路径。以前是通过手机、书籍获取科学文化信息，现在可以在科技馆中亲身体验科技带来的变化，身临其境，超出了以往信息获取手段的局限，更好地感受到时代进步，思想焕然一新。

4 县级科技馆普惠教育活动的开发与实施的探讨

(1) 结合学校教育，注重实用性活动开发

固始科技馆目前有常规性科学秀表演，在观众较为多的情况下会有一天8～16场的科学秀表演，主要内容为中学阶段化学试剂反应产生的现象表演及物理现象等，紧贴中小学科学课程标准，带给适龄学生不一样的体验，邀请学校参与到科技馆的活动中，丰富学生的学习过程。公益性质的教育课程主要集中在科学工作室，以STEAM和创客教育课程为主，带领学生体验与学校不同的学习过程和内容。目前有手工坊、机器人教室、创客实验室等主题学习空间，学生可以在周末时间进行学习相关内容。与学校的需求形成互补，科技馆资源的利用会成为学校开展课外教育活动的理想方式。邀请学校教师与科技馆科学工作室一起开发符合学生学习的课程，提高科技馆的使用和普惠教育的实用性。

考虑到县级科技馆的地理趋势，因此还需要关注科技馆普惠教育如何走进校园，尤其是走进乡村学校，这是真正做到普惠教育的根本，因为乡村学校不具备经常性接触科技馆的条件，而这将是普惠教育的短板，想要让乡村学校也能够实现教育资源的共享，才能缓解教育不公平带来的社会问题，开发适合乡村学校的课程走进乡村校园，为乡村学校提供实用性的内容和帮助。

(2) 整合社会资源，注重拓展性活动开发

科技馆通过邀请名人开展面对面系列公益讲座，注重学校的参与度，为学校提供一个良好的平台，也让学生接触到更深刻的科学文化内涵。每个月1～2次的讲座可以极大地拓展学生的思考面，提高思维高度。

开展馆际交流是促进不同馆学习进步的良好渠道，最大限度地整合社会资源，做到真正的进步、协调、共享的理念，提升科技馆的知名度。

关于研学活动，学校要做到小学不出市，初中不出省，高中不出国。每年都有的研学活动该如何举办的不重复有特色是学校面临的最大问题。整合社会资源，利用科技馆的资源优势，结合学校不同年级开展对应的研学活动，不同展项组成一条符合年级需求的讲解路线和对应内容的主题活动，可以丰富学生研学活动的内涵和特色。

整合社会资源，加强与学校的合作，充分利用科技馆的资源和职能，开发出一条可持续发展的普惠教育生态链。

(3) 树立品牌形象，注重荣誉性活动开发

开展科技馆展教主题活动，是打造科技馆品牌的重要方式。主题活动的主要流程如图1所示。

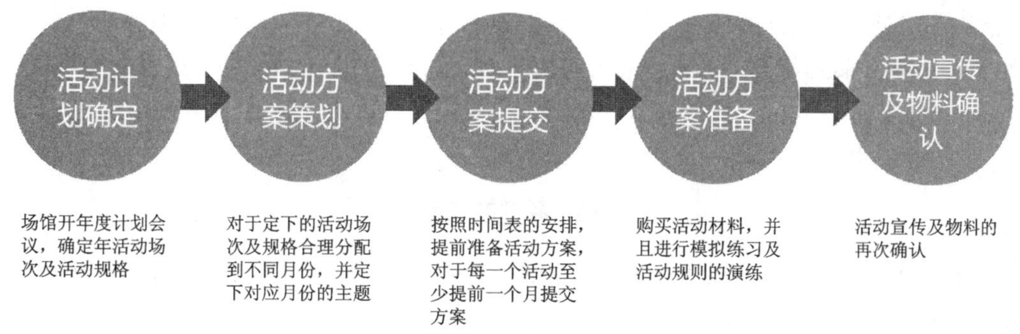

图1　主题活动开展流程

通过主题活动树立良好的品牌形象，有利于科技馆的生态运营，也是吸引流量的重要方式。为贯彻落实"科教兴国"战略，在科技馆内举办科普知识闯关游戏、疯狂实验课、移动课堂之玩转科技馆等一系列有意义，具有挑战性的科学主题活动，不但可以让学生喜欢上科技馆，还能够激发他们对科学热情。科技馆除了是科普圣地，更是教育圣地，主题活动除科技类以外，还有各种有教育意义的活动。

科技馆作为当地最具科技特色的场所，理应承担社会科技竞赛的职能，吸引学校来馆举办或者主动承办一些科协比赛，为科技馆赢得更多的荣誉，同时也可以丰富科技馆展示内容。主要比赛以机器人竞赛、创意制作大赛、编程比赛、科普竞赛为主，结合科技馆的特色，使活动具有活力和表现张力，给观众带来一场视觉盛宴。

5　县级科技馆普惠教育活动面临的问题

(1) 县级学校的痛点

县级学校大多处于经济水平欠发达的地区，往往县级学校的关注点在应试教育，忽略了综合素质的培养，打消县级学校的顾虑才能够让学校甘愿参与到科技馆普惠教育活动中来，也是科技馆走进校园的重要条件。另外，县城中学校条件相比于乡镇中学校要好很多，因此乡镇学校是科技馆普惠教育的最后一公里，协调学校工作，解决学校的认知偏差，科技馆教育活动才能生根发芽。

(2) 做好科技馆教育活动走进县级学校的工作

科技馆的教育活动要根据当地课程标准要求进行设计与开发，与当地学校进行沟通，协商最佳方案，科技馆根据学校需要开发出相应的教育课程，只有馆校结合才能让普惠教育活动开展顺利，科普推广才能做到实处。以主题活动为核心，学校课程辅助，共同构建良好的馆校关系，提升科技馆在社会教育中地位和职能。

6 总 结

县级科技馆是地方性质的场馆，开展惠普教育的目的是让科技馆走向群众中去，也让科普精神扎根群众的心中。在执行的过程中会遇到许多困难，都需要社会各界的共同努力才能使科技馆成为货真价实的科普圣地。针对第二部分提到的有关科技馆普惠教育活动的分析可知，县级科技馆作为当地独具特色的存在，是起到传播科技、推动普惠教育的主要动力，发挥好科技馆的作用是一项艰巨的任务。第三部分提到如何更高效地使用科技馆，提到馆校结合、整合社会资源、树立品牌等方面提出了开发与实施的看法和意见，希望能够对同类型的科技馆具有一定的借鉴意义，同时，也希望县级科技馆思考如何进行自身改革，调整运营方略，提高自身吸引力和可持续发展。

参考文献

[1] 王心怡，傅翼，张晖. 博物馆家庭观众研究——以浙江省科技馆为例[J]. 科学教育与博物馆，2016，2(5)：322-330.

[2] 王卿. 博物馆开展教学导入的意义、原则和方法——以鸿山遗址博物馆的特色教育活动为例[J]. 科学教育与博物馆，2020，6(3)：223-226.

[3] 孟凡涛，卜文瑞，齐源. 基于馆校结合模式下的海洋科普教育实践与研究——以全国海洋科普教育基地特色科普活动为例[C]. 中国科普研究所. 科技场馆科学教育活动设计——第十一届馆校结合科学教育论坛论文集. 中国科普研究所：中国科普研究所，2019.

[4] 胡新菲. 科技馆教育领域馆校结合实践探索[J]. 科技风，2019(33)：202.

[5] 肖芮，崔鸿. 浅谈学校教师充分利用科技馆资源的方式与途径[C]. 中国科普研究所. 科技场馆科学教育活动设计——第十一届馆校结合科学教育论坛论文集. 中国科普研究所：中国科普研究所[C]，2019.

[6] 黄慧. 浅析科技馆实验教育活动的开发与实施——以德国曼海姆科技馆为例[J]. 科学教育与博物馆，2015，1(1)：61-65.

[7] 胡婷婷. 融入STEM教育理念的科技馆教育活动开发设计——以重庆科技馆“你‘浮’‘不浮’”课程为例[J]. 自然科学博物馆研究，2020，5(2)：17-22+94.

[8] 赵润忠. 中国科技馆运营管理新思路[J]. 科技与创新，2020(2)：112-113.

缅怀先贤、牢记使命，发挥自然博物馆在新时代生态文明建设中的引领作用
——以重庆自然博物馆为例

陈　锋[①]

摘　要：2020 年是中国自然科学博物馆学会成立 40 周年，同时也是中国西部科学院（重庆自然博物馆前身）成立 90 周年之际。本文回顾了重庆自然博物馆发展历史，总结了中国西部科学院、中国西部博物馆时期在学科构建、人才培养、自然标本采集、科学研究、科学普及方面发挥的重要作用。最后，以重庆自然博物馆为例，就如何在新时代生态文明建设中发挥引领作用提出了建议。

关键词：先贤；使命；新时代；生态文明；重庆自然博物馆

1　重庆自然博物馆概况

重庆自然博物馆是重庆市文化和旅游发展委员会主管的市属文化事业单位，代表国家履行自然标本收藏、展示、科学研究和科学普及职责。重庆自然博物馆具有丰厚的历史文化积淀，前身为 1930 年成立的中国西部科学院以及 1943 年成立的中国西部博物馆，迄今已有 90 年的发展历史，在我国现代科技发展史、博物馆发展史上曾占有重要一席。我馆先后被命名为"全国科普教育基地""重庆市爱国主义教育基地""国土资源科普基地""中国西部科学院旧址"（重庆自然博物馆北碚陈列馆）为全国重点文物保护单位。重庆自然博物馆大致可以分为如下 3 个阶段（其中，中国西部科学院和中国西部博物馆为两家独立的机构，从 1943 年起并行运营至 1951 年）：

中国西部科学院（1930～1950）：1930 年，由我国著名爱国实业家卢作孚先生在北碚创办，为我国西部第一所民办科学院。西部科学院以"研究实用科学，辅助中国西部经济文化事业之发展"为宗旨，设有理化、地质、生物、农林四个研究所以及博物馆、图书馆和兼善学校等附设机构，同时管理着西山坪农场、北碚气象测候所和三峡染织厂等机构。

中国西部博物馆（1943～1950）：1943 年，中国西部科学院联络内迁北碚的中央研究院动植物研究所、中国科学社生物研究所等 13 家科研机构组成中国西部博物馆筹备委员会，1944 年 12 正式成立，中国西部科学院"惠宇"大楼作为博物馆的陈列主楼。以"从事科学教育之推广及专门学科之研究"为宗旨，设地理、地质、工矿、生物、农林、医药卫生 6 个分馆，是中国人自己建立的、综合了最多学科的第一家自然科学博物馆。

重庆市博物馆（1951～1990）：新中国成立后，中国西部科学院和中国西部博物馆由西南文

---

① 陈锋，男，1982 年生，硕士，副研究馆员，就职于重庆自然博物馆生命科学部，从事植物区系、标本管理及科学普及工作；通信地址：重庆市北碚区金华路 398 号；邮编：400799；E-mail：fengchen408@163.com；Tel：17725068930。

教部接管。由于主管部门变化等因素，博物馆名称发生了多次的变更——西南人民科学馆(1951)、西南博物院自然博物馆(1953～1954)、重庆市博物馆(1955～1980)、四川省重庆自然博物馆(1981～1990)。鉴于重庆市博物馆历时长达25年，建议这一阶段名称用重庆市博物馆。

重庆自然博物馆(1991年至今)：1991年，重庆自然博物馆独立建制。2015年，作为重庆市十大文化设施重点项目的重庆自然博物馆新馆建成开放，位于风景秀丽的北碚缙云山麓，占地216亩，建筑面积30,842平方米，展示面积16,252平方米。基本陈列包括动物星球、恐龙世界、山水都市、地球奥秘、生命激流和生态家园6大展览，主要展示地球演变、生命进化、生物多样性以及重庆壮丽山川，重点阐述自然资源、环境与人类活动的关系，倡导人与自然和谐共处的可持续发展理念。

2 中国西部科学院和中国西部博物馆时期做出的贡献

(1) 机构设置、学科建设和人才培养

中国西部科学院以“从事于科学之探讨，开发宝藏，富裕民生，辅助中国西部经济文化事业之发展”为宗旨。1931年确立了组织机构——董事会下的院长负责制管理体制，并先后建成了理化所(1930)、农林所(1931)、地质所(1932)和生物所(1934)四个研究所，以及博物馆、图书馆和兼善学校，同时管理着西山坪农场、北碚气象测候所和三峡染织厂等机构。实现了研究机构从无到有的建立，学科门类齐全，涉及生物、农业、林业、地质、古生物、化学、物理等。1943年中国西部博物馆筹备会成立，推举翁文灏、卢作孚等13人组成理事会，主持经营，聘请李春昱、王家楫等26位各学科优秀学者组成设计委员会，负责规划本馆教育与研究工作，其中14位成为中央研究院和中国科学院学部委员，保证了博物馆的高水平。博物馆包括地理、地质、工矿、生物、农林、医药卫生6个分馆，是中国人自己建立的、学科门类齐全的第一家自然科学博物馆。

抗战时期的中国非常缺乏专业技术人才，对位于中国西部的西部科学院而言，更是如此。卢作孚先生非常重视人才的培养，通过“小才过考，大才过找”的办法，培养引进人才。一方面，主动与国内学术界胡先骕、翁文灏、秉志等科学大家联系，请求推荐人才到西部科学院工作。比如，中国科学社生物研究所所长秉志，介绍德国佛来堡大学理学博士王希成到西部科学院生物研究所动物部工作，静生生物调查所植物部主任胡先骕推荐北京师范大学毕业的俞德浚到植物部工作，中国科学社社长任鸿隽推荐北大化学系的李乐元到理化研究所工作。另一方面，创办兼善学校培养人才，成为西部科学院人才的重要输出基地。

通过社会实践、技能培训、进行学习、学校学习等多种方式，本地培养与外地引进相补充，基础人员培养与高端人才招贤相结合，储备了大量的科研人才队伍。西部科学院时期，著名的科研工作者包括农林所的刘振书、孟舍予、刘雨若等；生物所的俞德浚、曲桂龄、戴立生、施白南、傅德利(Walter Friedrich)等；地质所的常隆庆、李贤诚、萧有钧等。以上科研工作者大多后来都成为我国各学科的鼻祖。

(2) 资源调查、标本采集和科学研究

中国不仅历史悠久，而且地域辽阔、生境多样，是世界上自然资源最为丰富的国家之一。以植物为例，中国的维管植物达3万多种，居北温带榜首。然而，20世纪前，主要是西方国家的植物学工作者在中国采集植物标本，发表了大量的新种。20 世纪初，留学归国的钱崇澍、胡先骕、陈焕镛等植物学家在国内筹建了中国科学社生物研究所、静生生物研究所等研究机构，在国内开展植物标本采集和植物资源调查，做出了大量的研究成果。

以上科研机构入川考察时，得到了西部科学院的热情接待，卢作孚从中受到启迪，意识到搜集罗列生物地质标本、理化实验的仪器药品、社会调查统计资料的重要性。通过各种途径，为西部科学院的建立储备标本、仪器、设备等物资。1929 年起，西部科学院陆续派出少年义勇队学生随国内入川采集的科研机构大规模采集标本，足迹遍布现在的重庆、四川、贵州、青海、云南等地，采集到大量动、植物标本。标本的获得除采集外，还进行征集和交换。1930～1935 年 6 年间，西部科学院植物部 30 余次向中国科学社、静生生物调查所、美国哈佛大学等国内外科研机构赠送腊叶标本，同时也收到 10 余家科研机构标本的回赠。据不完全统计，重庆自然博物馆现保存有西部科学院时期的腊叶标本约 1.5 万件。郑万钧、杨衔晋、黄成就等国内著名的植物学分类学家根据这些标本描述了粉叶新木姜子(*Neolitsea aurata* var. *glauca* Yang)、紫茎女贞(*Ligustrum purpurascens* Y. C. Yang)、蜀桂(*Cinnamomum szechuanense* Y. C. Yang)等新种，丰富了中国植物区系。这些标本为我国植物资源调查、采集史和植物志编研打下了坚实的基础。

西部科学院不仅在标本采集上取得了重要成绩，在科学研究上也是硕果累累。地质研究所相继发现了雷马峨屏地区的煤矿、铁矿和有色金属矿，发现了綦江和南川间的煤铁矿，发现了华蓥新煤田、中梁山煤田、古蔺煤田，并分赴川中各地进行矿产资源调查。该院地质研究所主任常隆庆先生，六次进入人烟荒芜的攀西地区，调查地质矿产，不仅找到了攀枝花这个地方，还取得了攀枝花钒钛磁铁矿的重大发现，从此攀枝花与常隆庆先生的名字一起载入了中国地质矿产史册。农林所以“垦荒地，培育森林，并收求优良稻、米、蔬菜、果树及牲畜(品种)作改良之研究”为己任，引进大批优质树木及蔬菜、禽畜品种，促进了四川及西南地区农业科学技术的发展。理化所是西部科学院中存在时间最长的科研机构，主要进行矿样分析，以及研究焦煤冶炼、煤化气等实用技术，并将成果直接服务于社会，为各地的开发建设提供借鉴、参考。抗战期间还涉足到军工用品的化验分析等。出版了《中国西部科学院理化研究所丛刊》《中国西部科学院生物研究所丛刊》《中国西部科学院地质研究所丛刊》《中国西部科学院地质研究所集刊》《四川叠溪地震调查记》《四川嘉陵江鱼类之调查》等论文和专著，为民国时期经济建设和科学文化发展做出了不可磨灭的贡献。

(3) 陈列展览和科学普及

20 世纪初的中国积弱积贫，民众科学素养低。以卢作孚为代表的中国有识之士意识到“教育救国”的重要性。1930 年成立了中国西部科学院附设公共博物馆。1944 年，在整合内迁北碚的 13 家科研机构基础上，发展为中国西部博物馆。中国西部博物馆是一所具有公共性、公益性、普适性的博物馆，为广大民众提供各种社会教育服务。博物馆在相当一段时间内都是束之高阁的文物私藏和私人鉴赏，几乎谈不上公共服务性。比如，1868 年在上海建设的徐家汇博物院，需要熟人引导方能参观。而中国西部科学院附设公共博物馆是一所面向大众的免费开放博物馆，前来参观的观众络绎不绝。根据 1936 年统计数据，每日观众上百人，北碚区 60%以上的人都去参观过。以上充分体现了博物馆较高的公众认知度，真正实现了博物馆的公共性和公益性。西部科学院时期的博物馆位于火焰山公园内，分陈列所和动物园两部分，观众室内参观完展览后，可以在公园内散步游玩，实现了馆园的有机结合。整合其他科研单位成果后，中国西部博物馆展陈内容更为全面丰富。结合工业、矿业、农业、林业等经济建设的需，展陈地质、动物、植物、气象、地理等基础知识，体现了博物馆展陈内容的普适性。

除固定展览外，中国西部博物馆非常注重巡回展览。遵照 1941 年教育部规定“办理科学巡回施教工作”、《省市立科学馆工作大纲》进行巡回推广，在北碚办理美术展览 3 次、图片展览 1 次。1947 年 8 月，赴南京参加教育部举办的全国教育展览会，并赴上海、北平展览等。同时为普及科学知识，按月编《博物》壁报，张贴于北碚市场，介绍科学常识。

中国西部博物馆这种完全非营利的社会公益文化教育事业，作为通俗教育最有效的手段，为服务社会和社会发展应运而生，真正体现了 1935 年中国博物馆协会成立之初所倡导的：博物馆要做“文化之保管人”“社会教育之良导师”。

(4) 缅怀先贤、铭记使命

中国西部科学院和中国西部博物馆在资源调查、标本采集和收藏、科学研究、科普教育方面扮演了“排头兵”角色，为民国时期的经济建设和科学文化发展做出了不可磨灭的贡献，同时也为当今博物馆事业的发展奠定了坚实基础。2020 年是中国博物馆协会成立 85 周年、中国自然科学博物馆学会成立 40 周年，同时也是中国西部科学院（重庆自然博物馆前身）成立 90 周年之际，在此向为我国博物馆事业做出贡献的科研工作者致以崇高的敬意，学习他们无私的奉献精神和严谨的治学态度。

3　自然博物馆在新时代生态文明建设中发挥引领作用的建议

自然博物馆肩负着自然标本收藏、展示、科学研究和科学普及的职责，我们应该牢记使命，同时更应意识到自然博物馆在新时代推进生态文明、建设美丽中国的新使命。重庆自然博物馆为全国七大综合性自然科学博物馆之一，以重庆自然博物馆为例，就如何在新时代发挥生态文明建设中的引领作用提出建议。

(1) 以人为本，构建生态文明建设队伍

科学技术是第一生产力，核心在于人才。党的十八大报告要求把“以人为本”作为核心立场，足见党和政府对人才的重视程度。自然博物馆作为公益性事业单位，要取得长久发展，必须走内涵式发展之路，要实现内涵式的发展，人才是根本要素。

为构建一支合理高效的博物馆人才队伍，投入到生态文明建设中，建议如下：首先，根据国家关于自然博物馆最新的方针政策，结合自身人才队伍实际，梳理存在的问题，制定人才队伍规划。其次，采取人才引进、公开招聘方式进行人才队伍补充；最后，加强人才队伍的培训和管理，并构建科学的评价和薪酬体系。

(2) 以物为基，做好自然资源的收集和保藏

生物、地质、化石等自然资源蕴含了丰富的科学知识，是生态文明的物质基础。自然博物馆肩负着收藏自然标本的使命，因此应重视自然标本的收集和保藏。首先，结合自然博物馆发展定位和馆藏标本现状，制订征集计划。以重庆自然博物馆植物腊叶标本为例，该馆藏品的一个重要特色就是收藏了较多民国时期的标本。民国时期是我国植物分类学的初创时期，我国早期的分类学家（大多成为我国植物分类学界的鼻祖）根据采集的标本描述了大量的新种，丰富了我国的植物区系，结束了外国人主导中国植物分类的历史，给予国人精神上极大的鼓舞。位于中国西南的重庆自然博物馆，本身具有资源的优势，建议有计划的进行生物类、地质类、化石类自然标本的采集和征集，成为收藏中国西南地区自然资源的收藏中心，从而为开展以自然科学知识为主题的展示教育和科普活动提供素材。

标本之所以能成为文物，一来自身具有的科研价值，二来时间积淀形成的历史价值。因此，充分说明藏品保存的重要性。西部科学院时期的标本经历了战争年代，在重庆自然博物馆仍能保存至今，实属不易，在此向标本保管员致以崇高的敬意。重庆自然博物馆新馆建成后，藏品有了新家，保存环境得到了较大的改善。腊叶标本最大的威胁就是潮湿和病虫害。新馆植物库房为恒温恒湿控制，避免了潮湿导致标本霉变。此外购置了蒜素灭菌设备，不仅可以对标本进行消毒，而且对人体没有副作用。2016年，按国家文物局要求，对馆藏标本进行了规范化整理、信息采集和编目，实现了数字化管理。采取以上措施后，标本能得到有效的保护。

(3) 开展科学研究，为生态文明科普宣教提供素材

首先，开展藏品研究，挖掘深藏的文物价值。藏品自身蕴含了丰富的价值，包括文化的、历史的、科研的，等等。重庆自然博物馆侯江研究馆员系统收集整理了西部科学院时期的标本、文献等材料，出版了《中国西部科学院研究》，展示了我国老一辈研究人员的光辉历史，给后人以鼓舞作用。

其次，结合生态文明建设中面临的问题，进行有针对性的研究。随着科技的进步，经济得到长足发展的同时，伴随出现了资源枯竭、环境污染、生态系统退化、生物入侵、生物多样性降低等生态问题。国家非常重视生态环境保护和环境治理，以位于三峡库区腹地的重庆市为例。重庆成立了三峡库区生态环境教育部重点实验室，专门研究三峡大坝建设对生态环境、物种多样性的影响。重点实验室在消落带耐淹植物选择、植物耐淹机理及防控对策等方面取得了重要突破，为后续治理提供了理论依据。重庆自然博物馆研究人员应搜集近年来三峡大坝建设过程中正反两方面的研究成果，进行系统整理基础上，提出新的观点，为科普宣教提供素材。

(4) 开展生态文明科普宣教，提升全民生态素养

博物馆不仅是传承中华优秀传统文化、提供更好精神文化产品、满足人民美好生活新期待的重要场所，更是新时代传播生态文理念、宣传生态保护知识、展示生态文明建设成果的重要阵地。重庆自然博物馆目前为"全国科普教育基地""重庆市爱国主义教育基地"和"国土资源科普基地"，在新时代开展生态文明科普宣教方面的建议如下。

首先，合理规划，逐步实施，成为全市宣传生态文明建设的重要阵地，充分发挥自然博物馆在推进生态文明、建设美丽中国的引领作用。

其次，明确展示主题生态要素。

陈列展示或者科普宣教一定要明确主题，这样才能保证有的放矢。生态文明作为一种独立的文明形态，是一个具有丰富内涵的理论体系。生态文明建设内容包括推进绿色发展、着力解决突出环境问题、加大生态系统保护力度和改革生态环境监管体制四方面。因此，可以根据自身实际，从以上4方面进行主题选择。以重庆为例，重庆是中国最年轻、面积最大、经济欠发达而生态功能非常重要的直辖市，赋予了该市既要发展好经济，又要保护好长江中上游生态环境的特殊使命。针对这种特殊情况，重庆市创新性的提出了"一圈两翼"布局，并得到国务院的批复《关于推进重庆市统筹城乡改革和发展的若干意见》国发〔2009〕3号。经过10年的发展，重庆不辱使命，基本实现了经济发展和生态保护双赢的目标，成为生态文明建设的成功典范。因此，以此为题材进行陈列展示，不仅把握了主题，而且具有地方特色，具有较好的启发和教育作用。

最后，开展形式多样的陈列展览和科普宣教。

重庆自然博物馆基本陈列包括动物星球、恐龙世界、山水都市、地球奥秘、生命激流和生态家园6大展览，主要展示自然知识。除此之外，应有计划的开展形式多样、内容丰富的陈列展览和宣传活动，弥补常设展览的不足。比如，可以开展如下主题展览。自然保护地是我国实施保护战略的基础，是建设生态文明的核心载体、美丽中国的重要象征。党的十九大报告创新性提出了“建立以国家公园为主体的自然保护地体”。重庆市作为全国自然保护地优化整合的试点单位，2019年至今已经开展了试点工作，并得到了国家林业和草原局的批复。因此，以区县为单位，同林业局配合进行这方面的专题展览和宣教活动，展示重庆市在自然保护地优化整合中的成功经验。2020年4月，重庆入选“无废城市”建设试点城市，为充分发挥博物馆的宣传功能，建议在社区和学校进行垃圾分类方面的图片展览和宣讲活动，提升公众的环保意识，共同推进“无废城市”的创建。

4 结 语

党的十八大提出“大力推进生态文明建设”的战略决策，自然博物馆作为生态文明建设的重要载体和重要窗口，一方面迎来了新的发展机遇，另一方面，对自然博物馆自身也提出了新的要求。2020年是我国全面建成小康社会、实现第一个百年奋斗目标的决胜之年，也是“十三五”规划的收官之年。自然博物馆应牢记使命、抓住机遇，不断更新思路，探索创新，在推进生态文明、建设美丽中国的建设中发挥引领作用。

参考文献

[1] 侯江. 中国西部科学院[M]. 北京：中央文献出版社，2012：8，12.
[2] 胡先骕. 蜀游杂感[J]. 独立评论. 1933，10(70)：14.
[3] 马金双. 胡宗刚，廖帅，等. 中国植物分类学纪事[M]. 郑州：河南科学技术出版社，2020.
[4] 刘重来. 卢作孚与民国乡村建设研究[M]. 北京：人民出版社，2007.
[5] 杨衔晋. 华西边疆研究学会杂志[J]. 1945，15：71，80.
[6] 杨衔晋. 中国科学社生物研究所丛刊[J]. 1939，12：112.
[7] 黄子裳. 刘选青. 嘉陵江三峡乡村十年来之经济建设[J]. 北碚月刊. 1937，1：5.
[8] 凌耀伦. 熊甫. 罗作孚集[M]. 武昌：华中师范大学出版社，1991.
[9] 侯江. 自然科学博物馆研究[J]. 中国人创办的第一家综合性自然科学博物馆——中国西部博物馆，2019，2.
[10] 侯静波. 北方文物[J]. 20世纪30年代中国博物馆学的发展——从《中国博物馆协会会报》中管窥，2013，2.
[11] 习近平. 决胜全面建成小康社会夺取新时代中国特色社会主义伟大胜利[N]. 人民日报. 2017(001).

浅谈自然博物馆为中小学教学服务的实践与认识

杜佳芮[①]

摘　要： 自然博物馆是收藏、制作和陈列天文、地质、植物、动物、古生物和人类等方面具有历史意义的标本。相关的科普场所资源可应用于我国教学服务之上。本文将从研学旅行入手，分析科普场馆所需要具备的研学旅行条件，结合重庆某馆的科教和展览优势条件，为相关博物馆为中小学教学服务的实践和认识提供参考。

关键词： 自然博物馆；中小学；教学服务；实践与认识；科普互动

1　目前研学旅行政策

研学旅行是由学校结合所在区域特色、学生年龄特点和每个学科教学内容要求和需要，组织学生通过参加集体旅行、食宿等相关活动走出校园，在与平时完全不同的生活环境中开阔自己的视野、增加知识，强化与自然和文化的接触，增加对集体生活方式和社会公共道德的体验。现在的研学旅行是由我国古代游学、近代修学旅行逐步演变而来，继承和发展了我国传统游学、"读万卷书，行万里路"的教育理念和人文精神，已成为素质教育的新内容和新方式。同时有利于提升中小学生的自理能力、创新精神和实践能力。

2013 年 2 月 2 日，《国民休闲旅游纲要》中明确提出："放假总时间不变时，高校可结合实际调整寒、暑假时间，地方政府可考虑中小学放春、秋假"，同时提出"逐步推行中小学生研学旅行"，"鼓励学校组织学生进行校外实践活动，完善相关责任保险制度"。

2014 年 8 月 21 日，《关于促进旅游业改革发展的若干意见》中首次明确"研学旅行"纳入中小学生日常教育范畴，积极开展研学旅行。按照相关素质教育的要求，将研学旅行、夏令营、冬令营等作为学生爱国主义和国情教育的重要传承形式。同时将"研学旅行"纳入中小学生日常品德、美术、体育等方面的教育范畴，提高学生对自然和社会的认识。按照教育为本、安全第一的原则，构建小学以民俗乡情研学为主、初中以县情市情研学为主、高中以省情国情研学为主的研学旅行体系。支持各个地区凭借和利用自然和文化遗产资源、工矿企业、科学研究机构等，构建研学旅行基地，并逐步建立健全相关接待体系。

2014 年 7 月 14 日，《中小学学生赴境外研学旅行活动指南（试行）》对研学旅行举办者安排活动的教学主题、内容、合作机构、合同订立、路线规划、行前培训、安全管理等内容提出指导意见，尤其在研学旅行的操作方面，制定了研学导师人数、课程内容占比、规定事项、行前培训等具体内容的相关标准，为研学旅行一系列相关活动进行了基本标准和规则的划定。

2016 年 12 月 19 日，教育部等 11 部门关于推进中小学生研学旅行的意见，指出研究旅行是通过学生集体旅行、集中食宿方式展开的学习和旅行体验相结合的课外教育活动，是校内外

---

①　杜佳芮，重庆自然博物馆讲解员。通信地址：重庆市北碚区金华路 398 号。E-mail：458860147@qq.com。

教育连接与过渡的一种创新形式，是教育教学的重要内容，是综合实践教育中小学生的途径。开展研学旅行，可有效促进和培育学生实践和实行社会主义核心价值观，强化学生对党和国家的热爱之情；可有效促进素质教育的全面实施，创新青少年人才教育和培养模式，指引学生逐步适应社会，实现课堂和书本知识与实际生活经验的充分融合；可有效增强国民生活质量，满足学生日益增长的旅游需求，培养其文明旅游意识，养成良好的文明旅游行为习惯。

近年来，我国各个地区都在积极探索和开展研学旅行活动，已有部分试点地区取得良好的成效，充分发挥出了强化学生健康成长和全面发展的作用，并且积累了丰富的经验。然而有一部分地区在推进研学旅行期间，还是有缺乏相关教育思想认识、协调和责任机制、安全保障等问题，在一定程度上阻碍了研学旅行有效开展。目前，我国已进入全面建成小康社会的决胜阶段，研学旅行正处在有广阔发展前途的发展机遇期，因此各个地区应将研学旅行重视起来，促进研学旅行健康快速发展。

为了能够响应国家研学的号召，发挥青少年科普基地的示范作用，重庆自然博物馆与周边学校积极进行馆校合作，并加强与北碚区、渝中区、合川区和铜梁区青少年活动中心的合作，开展了研学实践活动。

2 科普场馆具备研学旅行的必要条件

（1）研学老师

不论是在学校之内的学习，还是在学校之外的学习，学生与老师始终是教育培训的核心部分。任何一种教学方式，老师从开始到结束都是影响教学结果的直接因素。国家明文规定应最少为每一个研学旅行团队配备一位研学老师。自然博物馆科普辅导员兼具讲解员、研学老师等多重角色。

（2）研学旅行课程

研学旅行依照资源类型可分为知识科普型、自然观赏型、体验考察型、励志拓展型、文化娱乐型。这种分类对研学旅行课程的开发设计有指导作用，不同的课程也对应着不同的资源需求。科普场馆包含了科技馆、博物馆、科普教育基地、学校科普馆、企业科普馆等。在课程设计上，可以将各种科普知识作为课程的核心，利用各种传媒以浅显的、让公众易于理解、接受和参与的方式，向中小学生介绍自然科学和社会科学知识、推广科学技术的应用、倡导科学方法、传播科学思想、弘扬科学精神。

（3）研学旅行基地

在研学旅行活动中，如果可以安排二天左右的科普培训基地学习行程是非常有意义的，不仅能够让学生们感受培训基地式的集体生活，还能把研学行程安排更为充实。研学旅行基地可以提供给学生们独具特色的学习体验与最真实的学习环境，能更加体现研学旅行的重要性。

重庆自然博物馆的展陈内容丰富，科普活动贴合实际，并且有趣新颖，为研学教育基地的创建打好基础。

（4）研学旅行线路

研学旅行线路包含计划的活动地点、交通、住宿等。从合理的、安全的角度对研学旅行线路的设计进行了规定，距离适合，旅程连贯、紧凑，确保学生们的安全、学习体验良好。在科普场馆中，可以将整个场馆作为一条研学旅行线路。除此之外，重庆自然博物馆还能够以主题再现的方式定制活动路线和内容。

(5) 安全管理

对研学旅行而言，确保学生们和老师们的人身安全是最基础的，任何活动的展开都应当建立在安全的基础上。安全管理是研学旅行中非常关键的一部分。要专门针对科普场馆的研学旅行活动，应分别制定安全制度，建立健全完善有效的安全防控机制。对工作人员、老师们和学生们，必须提前开展安全知识教育，提供安全防控教育知识用书，举办行前大会。

科普场地是应急科普工作的重要依托，包括应急科普教育基地、应急科普场馆在内的科普场地可以有效地提高公众对灾害、事故等的认识，提高应对能力，减少经济损失。

3　发挥科教和展品优势(以重庆自然博物馆为例)

重庆自然博物馆是一家历史悠久的自然科学博物馆，距今为止，已有89年的历史。重庆自然博物馆前身中国西部科学院最早建于1930年，由爱国实业家卢作孚先生所创办，新馆于2015年开馆，位于缙云山麓，占地面积216亩，建筑面积30842平方米，展示面积16252平方米。其设有重庆厅、贝林厅、恐龙厅、进化厅、地球厅和环境厅，同时设有特展厅，多功能厅等配套设施。展览围绕着“地球.生物.人类”总主题，再现地球演变以及生命演化，展现生物多样性和重庆自然环境的发展历史。其中以贝林厅和恐龙厅为例。

恐龙厅是以恐龙世界为主题进行科普教育展示，将史前巨兽恐龙的生活栩栩如生地展现在观众面前。恐龙世界展厅分为发现恐龙、解剖恐龙、恐龙再现和回望恐龙四个单元。

发现恐龙抛出“恐龙由来”这样一个问题，很好的激发了观众对于恐龙，这种曾经生活在地球上的古生物的好奇心，同时也容易引起与观众的思考和共鸣，如“恐龙真的存在吗”“恐龙生活在哪个年代”“人们如何找到恐龙化石的”等一些列的问题。

第二个单元则是“解剖恐龙”。在这个单元中，则对人们第一个单元人们思考的问题进行解答，起到承上启下的作用。在此过程中，观众还能建立有关恐龙的知识储备，为接下来的参观打下基础。如解剖恐龙单元中，以恐龙清修实验室为亮点，分别展示恐龙骨骼清修步骤，恐龙家族分类，恐龙生活的年代以及大陆的飘移对其进化过程产生的影响。简单有趣的知识点，即能解决人们关于恐龙知识的盲区，还能带领观众进行有效的知识储备，使恐龙研究工作鲜明的呈现在观众面前。

有了前两个单元做铺垫，“恐龙再现”和“回望恐龙”两个单元的内容对于观众来说就更容易理解。通过展示，“恐龙再现”单元，将恐龙的五个小家族及其特点分别展现出来。观众可以根据前两个单元学习的内容进行总结和记忆。这种方式是符合当下“探究性体验式学习”的方式，能够帮助观众在一次简单的参观中，能从视觉感受和知识学习中丰富参观体验。

贝林厅是以动物星球为主题进行展示。贝林厅从序厅、非洲厅、亚洲热带雨林展厅、美洲、两极动物展示、动物生存之道以及濒危动物展厅。展厅开始的序厅是以80多只动物的眼睛照片的不规则排列进行展示，而传达的信息与动物有关。作为自然界的高等生命，我们人类很少能从动物的角度去观察世界，而此时，眼睛照片墙的展示就向观众传递出的信息是“此时，我们已经忽略动物们的感受太久了，而现在，我们要从动物的角度去看世界”。非洲厅分为非洲草原、卡拉哈利沙漠和矮木密林等板块，每个板块展示以大动物群和不同的生态环境，栩栩如生地将动物的生存场景进行刻画和展示。其次是亚洲厅和美洲厅，这里不仅展示了相关的动物，还原出动物的生存环境，而美洲厅更是以抽象地展示出北美落基山脉的特征，并辅助后方的抽象场景，对动物进行不同海拔不同季节的展示。这种展示方式很容易让观众置身其中，各大洲的动物生活环境和状况尽收眼底。生存之道则展示了在自然界中所有动物的生存本领；最后濒危动物展区和灭绝动物照片墙则能将观众的感情推向高潮，与序厅内容形成了良好的呼应。

4　重庆自然博物馆开展科普活动的条件分析

（1）历史的厚重为之铺垫

抗战时期，国民政府西迁重庆，一大批重要的学术机关也向大后方迁移。中国西部科学院及其所在地北碚，接受了许多著名学术机构和一流的科技人才的转移安置，一度成为中国科学界的“诺亚方舟”和“战时学术研究中心”

西部科学院的创办人正是爱国实业家、教育家卢作孚先生。

卢作孚，著名的教育家，爱国实业家，民生轮船公司的创始人，北碚之父，重庆自然博物馆的前身西部科学院创始人。卢作孚一生是传奇的一生，世人惊叹的不只是他的才能，更为他的爱国情怀所震撼。他白手起家，以“实业救国”目标，从吞吐量不过70余吨的小火轮，到拥有150多艘客货轮的旧中国最大的航运企业，扭转我国长江流域外国船只的主导地位由此逐渐得以改变，被誉为“中国船王”。在民族存亡之际带领民生公司的员工完成了为期四个多月的“宜昌大撤退”，转移了关系国民命脉的军工物资。其转移量巨大，时间持续之久，一度被称为中国“敦刻尔克大撤退”。

就是这样的一位兼具智慧、勇敢的卢作孚先生，而更大的志向在于启迪民智。1930年卢作孚在北碚创立了中“辖区博物馆”，并亲自到野外采集标本，之后扩建为中国西部科学院，即重庆自然博物馆的前身。该院建成以“研究实用科学，辅助西部经济文化发展”为宗旨，开发宝藏 富裕民生。1943年，联络当时内迁的数十家科研机构，如中央研究院动物研究所、植物研究所、气象研究所等筹备中国西部科学博物馆，并于次年12月24日盛大开馆，更名为中国西部博物馆。随着历史的变迁，昔日的西部博物馆在1949年后先后更名为西南人民科学院、西南博物院自然博物馆、重庆市博物馆自然部，1981年改为重庆自然博物馆。如今西部科学院的旧址（重庆自然博物馆陈列馆）仍旧坐落于北碚文星湾42号，并于2006年5月经由国家核定评为全国重点文物保护单位。

时光荏苒，2015年11月，坐落于北碚缙云山麓的重庆自然博物馆新馆开放，卢作孚雕像坐落于新馆门口，虽然卢作孚和这段历史已经成为过去，但却值得永远铭记。

（2）今天的博物馆

重庆自然博物馆是重庆市文化和旅游发展委员会主管市属文化单位，在推动重庆市科普事业和青少年发展上一直做着积极的努力，已经被评为“全国科普教育基地”“中国古生物协会科普教育基地”“重庆市爱国主义教育基地”“国土资源科普基地”“重庆市人文社会科学普及基地”等称号。

作为重庆地区面向公众的现代化、综合性、多功能的大型场馆类科普教育基地，重庆自然博物馆在以习近平新时代中国特色社会主义思想为指引，重庆市文化和旅游发展委员会的正确领导下，全面推进科普基地能力提升建设，致力为提高全民科学素质发挥重要作用：一是积极组织策划各类主题科普活动；二是加重庆自然博物馆科普基地内部管理和队伍建设；三是不断优化、创新现有科普教育工作，务实推动科普资源共建共享；四是全面推进科普基地能力提升建设，致力于为提高全民科学素质发挥重要作用，社会影响力持续扩大。

2017年，重庆自然博物馆入选第一批"全国中小学生研学实践教育基地"名单。2018年，某馆获评"首届重庆文化旅游新地标"。

(3) 在科普活动与展览的实践中积累经验

科普工作不是简单的知识陈列，而是在传播的过程中，要满足、激发、解答公众对于科普知识中的疑点。因此这是多方面的工作，需要博物馆各部门做好密切的配合，完善参观前、参观中和参观后的各环节部署。而本馆进行科普宣传中采用了人工讲解、语音导览、科普活动、展览讲座等形式多样内容丰富的活动。

自2016年至2019年共开展科普展览与科普活动共354场，其中，自2016年起，暑假期间，重庆自然博物馆为青少年学生带来了活动盛宴"暑假周周乐"系列活动，不少活动得到了观众的好评和认可。如《小小考古家》《3D地球仪》《鹅卵石漂流记》《古法造纸术》和《恐龙大家族》等。

《鹅卵石历险记》引导学生学习鹅卵石的形成过程，以主人翁小Q的故事为线索，科普辅导员引导学生学习和思考鹅卵石形成过程中所要经历的步骤，加之辅助学生手工活动——鹅卵石绘画。学生通过观察、触摸加深对知识点的理解，借助鹅卵石天然的纹理和颜色，在鹅卵石上作画。手工活动看似简单，但学生通过学习在不断观察、感知和思考，最后上升到艺术和审美能力的锻炼上。作为科普辅导员，不仅需要知识点的储备和深入学习，还需要对于学生的观察，以及受众知识面与感知的觉察。

《恐龙大家族》活动中，科普活动被分为了三部分：展厅讲解、现场互动、手工活动。与以往被动的知识灌输不同，《恐龙大家族》活动中，充分给予学生在具有一定知识储备基础上的自由讨论和输出。在互动环节，科普辅导员向学生展示恐龙图片，以分组的方式，让学生自主为图片上的恐龙分类，并通过评比，正确次数多的组将获得活动的奖励。活动最后还要完成手工活动。作为科普活动的载体，手工活动可以充分发挥学生的动手能力和想象力，强化学生对于知识点的吸收和理解。《暑假周周乐》的活动注重学生综合能力的培养，如应变能力、表达能力、团队合作能力以及动手能力。

博物馆的展示职能占到了所有教育职能中的60%的比重，因此展览展示的质量决定了观众的参观体验。而重庆自然博物馆以标本为基础。标本是重庆自然博物馆陈列展览的物质基础，是表现陈列内容的实物例证。它具有很大的说服力和感染力。要系统而深刻地揭示自然历史的发展规律，没有标本是不行的。

因此重庆自然博物馆非常注重展陈教育，除了六大主题常设展览之外，开展了丰富多样的特色展览和临时展览。

5　结　语

博物馆是征集、典藏、陈列和研究代表自然和人类文化遗产的实物，并对那些有科学性、历史性或者艺术价值的物品进行分类的场所。充分利用科普展馆资源，可向中小学生传递自然科学和社会科学知识、倡导科学方法、传播科学思想，提升中小学生的自理能力、创新精神和实践能力。

综合以上的分析来看，重庆自然博物馆科普活动较为丰富，以展览为依托，以讲解为基础，能够充分满足中小学研学实践的课程要求。

参考文献

[1] 陆祎婧. 自然博物馆教育资源在初中生命科学教学中的应用[J]. 生物学教学，2020，(2)：63-65.

[2] 金淼，金荣莹. 自然博物馆教育资源应用于生物学科教学一例[J]. 生物学教学，2019，44(4)：64-66.

[3] 朱钰. 基于科普场馆资源开展科学教学——以上海自然博物馆资源利用为例[J]. 湖北教育(科学课)，2018，(6)：98-101.

[4] 饶琳莉，于蓬泽. 上海自然博物馆校本课程的开发与实施[J]. 科学教育与博物馆，2018，4(4)：270-273.

[5] 刘珺. 小学语文综合性学习博物馆研学课程的实践探索[J]. 速读(上旬)，2018，(9)：294.

[6] 王伟. 自然科学博物馆的科普教育功能与发展对策[J]. 神州，2018，(4)：267.

[7] 刘丽，李晓丹，江雪. 如何发挥自然博物馆教育的特点与优势做好“馆校结合”[J]. 博物院，2020，000(1)：89-94.

[8] 张媛媛. 引进“核心概念”，提升博物馆科学教育——以自然博物馆的进化论教育为例[J]. 自然科学博物馆研究，2018，3(4)：5-10.

[9] 王丹. 自然博物馆资源与初中生物课程相结合的探索与实践[J]. 博物馆研究，2018，144(4)：49-53.

[10] 刘菁. 加强自然科学类博物馆教育活动中的思维训练[C]. 新时代公众科学素质评估评价专题论坛暨第二十五届全国科普理论研讨会. 2018.

[11] 马燃. 博物馆资源与中小学课程对接的探索与实践[J]. 大众文艺，2019，000(14)：206-207.

[12] 杨家英，赵菡，郑念. 中国应急科普场地发展分析[J]. 中国高新科技，2020(06)：11-14.

[13] 吴磊. 博物馆代建制模式研究——以重庆自然博物馆新馆为例[J]. 文物鉴定与鉴赏，2018(7)：128-129.

[14] 唐振洪. 新视角下的重庆自然博物馆科普展览[J]. 科学咨询/科技管理，2019年第42期(总第661期).

吉林省科技馆教育活动的开发与实践

范向花[①] 周静[②]

摘 要：科技馆作为科学传播的主要场所，首要任务就是充分发挥科普教育功能，而开展各种类型的科技馆教育活动是能实现这一功能的重要途径。本文主要阐述了科技馆教育活动的开发主体、分类、开发原则，以及教育活动实施的常规化、活动管理的规范化和活动品牌的标准化。主要以吉林省科技馆开展的教育活动为例，深入的探讨了教育活动的开发思路和实施原则，进而思考如何更加有效地开发和实施具有场馆特色的科普教育活动，使科技场馆的教育资源得到充分利用，更好地实现科技馆的科普教育功能。

关键词：科技馆；教育活动；开发与实践

近年来，我国科技馆事业不断发展，科普场馆的数量、规模、种类都已不逊于发达国家，但所实施的科普教育活动水平与发达国家相差甚远。当今世界教育改革的核心正在从以知识体系为中心的结论教育转向以实践探究为核心的过程教育，强调在过程中学习正在推动整个世界教育的全面改革，时代与社会发展对教育提出了新的要求。[X] 虽然很多科技馆都积极开展各类型的科技馆教育活动，但是在内容形式、开展方法、设计理念等方面依然参差不齐。吉林省科技馆紧随教育改革步伐，学习国内外先进的科学教育理念，重视教育活动的开发与实施，以形式新颖、生动有趣的教育活动吸引了很多社会公众多次走进科技馆，得到了公众的一致好评。

1 教育活动的开发

(1) 教育活动开发的主体

① 科技辅导员。

在科技馆教育活动中，科技辅导员是主要的开发者和设计者，同时还扮演着其他角色。科技辅导员对科技馆的展教资源熟悉，有较多的时间和精力查阅相关资料，了解学生和老师以及其他参观者的需求，设计与之相符的科技馆教育活动。在活动中，辅导员还会开发设计学习单、学习手册、资源包等活动辅助材料，使教育活动更好的开展。另外，科技辅导员还可以协助学校教师，在活动中扮演协调者和指导者的工作。

② 学校教师。

在科技馆教育活动中，教师的角色发生了很大的转变，更多的扮演着教育活动的组织者、

---

① 范向花，吉林省科技馆科技辅导员；研究方向：物理学；通信地址：吉林省长春市净月经济开发区永顺路 1666 号；邮编：130117；Email：382534283@qq.com；电话：0431-81959691。

② 周静，吉林省科技馆科技辅导员；研究方向：教育活动策划；通信地址：吉林省长春市净月经济开发区永顺路 1666 号；邮编：130117；Email：120056846@qq.com；电话：0431-81959691。

协调者、指导者、支持者等。在活动开发阶段，教师要告知辅导员学生在学校教育中的不足和需求，与辅导员共同商议确定教育活动内容。在课程进行阶段，教师要起到辅助作用，观察学生的学习情况，做引导者和支持者。活动结束后，教师负责做活动的总结工作，辅助辅导员做教育活动的评价。教师也可以借助科技馆的教育资源，自行组织设计开发满足其需求的教育活动，科技辅导员做辅助工作。

③ 其他相关人员。

科技馆教育活动的开发还可以是教育活动中起到作用的相关人员，包括学生家长、科技爱好者、志愿者、专家等。他们可以参与到科技馆教育活动中提供各种支持和帮助，比如提供各种科学资源信息，为教育活动开发和实践提供建设性建议，为活动提供有利指导，给予肯定的评价等。

(2) 教育活动的分类

科技馆教育活动主要分为参观类、讲解类、表演类、比赛类、手工制作类、观看阅读类等。

参观类是根据观众不同需要选择参观学习科技馆某一展厅或某些展厅的展品，做到实地学习、直接体验。讲解类区别于学校教学，授课时间不超过20分钟，科技辅导员结合展品，通过小实验、小制作向观众讲解某一件展品或几件展品的科学原理，例如：展品微课堂、魔术快闪、主题讲解等。表演类是根据某一主题或某一科学原理和应用，辅导员自行演绎或邀请观众共同演绎的科学表演，例如：科学实验、科普剧、科学秀等。比赛类有科技知识比赛、科学知识竞猜、科技论文征稿、航模制作比赛等活动，手工制作类包括动手制作实验道具、科学知识卡片、科学模型、科学实验操作等活动。比赛类和手工制作类活动主要针对青少年，目的是提高他们的竞争意识，使他们获得较大的收获和较强的成就感和荣誉感。而观看阅读类是指到图书馆或者借助媒体网络查阅相关资料，或者通过剧场观影来增加知识储备。

(3) 教育活动的开发原则

科技馆教育作为学校教育的有效补充，在教育活动开发时要与时俱进、以展教资源为主体，根据需求，区别于其他形式的教育活动，开发与之相符的中小学生教育活动。在常设展览不变的情况下，要给观众常看常新的感觉，就要结合互动式、启发式、探究式的现代学习教育方式，比如创作灵活性的、表演性的科学实验来吸引孩子进科技馆，使科技馆真正成为学生学习科学知识的第二课堂。如果科技馆的教育活动还是像传统讲解、传统学习单那样“讲解像上课”“学习单像考卷”，这不仅是与科技馆一贯主张的“做中学”“探究式学习”理念背道而驰，还等于是抹杀了科技馆展品固有的“基于实践的探究式学习”的教育功能和教育学价值，退回到灌输式的教育，缺乏特色与吸引力，格外单调、乏味。

① 学生为本。

科技馆教育活动的开发是以学生原有科学知识、生活经验、综合能力、科学素养，尊重学生特色化和个性化发展为基础的。活动内容应选择符合学生的学习规律和学生身心发展特点，主题应丰富多样，并结合多种学习机制，这样才能提高学生学习的积极性，从而取得良好的效果。

② 自主选择。

学生的自主选择主要体现在学生有权力决定是否参与科技馆教育活动，参与什么主题的教育活动，在实践体验活动中学生自主决定扮演什么样的角色、体现的价值等。在教育活动中，需要外部人员如家长、科技爱好者、志愿者等参与进来时，这种参与是外部人员自主决定的，不带有强迫性。

③ 灵活多样。

科技馆教育活动的选择、知识的难度与深度、方式与进度、活动时间、活动场地以及参与人员都具有灵活性，可以根据具体情况做出相应的调整，针对同一主题活动，也可以选择其他方式展开。另外，科技馆教育活动不是固定不变的，随着学生认知程度提升和科学教育资源的更新不断做出调整和完善。

④ 有效补充。

科技馆教育活动并不是辅导员、教师根据自己个人喜好开发设计的，而是基于学生需求，以学生的科学发展为目标，补充学校课程的不足为目的的。教育活动内容要与学校正式课程具有一致性，从而弥补学校科学教学无法实现的真实考察、实验操作、直观感受、最新科技体验的不足。

2　教育活动的实施

(1) 活动实施的常规化

常规化是按照普遍规定或常规标准要求进行，趋向正常的状态。科技馆的教育活动实施就要趋于常规化，结合展品开展，成为日常工作的组成部分。吉林省科技馆通过主题月活动、周末趣科学活动以及配合馆校结合和流动馆、大篷车活动的开展，使科普教育活动常规化。

① 主题月活动的开展。

吉林省科技馆选取每个月的特殊节日，确定主题开展活动。例如：在三月推出了“植树节”主题活动，并结合主题开展了“游历植物王国”“我是一棵树”“我爱我的家园”“叶子制作”等活动，让观众了解树木的生长过程，激发他们对祖国大好河山的热爱；四月结合“航天日”的主题开展了主题讲解“人类通往月宫之路”“抵达太空”，微课堂“月相”等活动；五月结合主题“防灾减灾日”活动，开展了“科学＋ 我是科学家”“科学对抗灾难”活动，让观众了解自然灾害给人类带来的危害及自然灾害来临时如何自救；六月的“环境日”活动，开展了主题讲解“我不是垃圾”“松花江游记”和“Mini 科技营之生态探秘”的活动，主题月活动保证了吉林省科技馆每个月有不同主题、不同形式、不同内容的科普教育活动面向观众，让观众通过活动学科学、懂科学、用科学，提升公民的科学素养，同时丰富多彩的科普活动提高了馆内的参观人数，扩大了知名度，得到了观众的认可。

② “馆校结合”活动的开展。

2018 年吉林省科技馆联合长春市教育局首次与长春市八所中小学签订“馆校结合”合约，为了保证馆校合作达到更好的效果，吉林省科技馆结合中小学课程标准，多次与学校老师研讨商议，开发了适应不同年级的形式多样的教育活动，使得“馆校结合”活动常规化进行。例如：展厅微课堂、魔术快闪、科学实验表演，得到了老师和同学们的一致好评。2019 年吉林省科技馆与二十二所中小学签订“馆校结合”合约，为了使学生获得更大的收获，吉林省科技馆为学校提供了菜单式服务，每个学校可以根据自身的需求，选择需要的教育活动内容，馆里的教育活动内容也不断丰富，例如：增添了集知识与游戏为一体的“Mini 科技营”、表演和动手制作为一体的“科学 ＋我是科学家”，根据热点话题开发的主题讲解“流浪地球”“松花江游记”“地心历险记”“神奇的新材料”等等，另外展教部与培训部配合开课，在特定的基础学科展厅参观学习展品的科学原理，在培训部通过动手实践验证学习的理论知识。2019 年 3 月至 7 月，吉林省科技馆每周三至周五常规化地进行馆校合作活动，共接待师生 7000 余人，开展教育活动 200 余次，不但使“馆校合作”活动成为日常化，而且内容越来越丰富。2020 上半年新冠病毒疫情期间，学生无法集中到馆内参观体验学习，吉林省科技馆并未因此中断馆校合作，而是采取云课堂直播的形式，让学生“走进”科技馆。在最新一期的活动中，吉林省科技馆与来自全省各地市区共计 12 所学校同步开讲，把展厅主题讲解、科学实验表演、科普剧及动手实践课堂等丰富多彩的科普教育活动带给学生们，并利用互联网直播互动技术学生与科技馆老师“面对面”实时课堂问答、交流讨论，极大增强了互动学习的体验性、真实性，整场活动在线观看人数高达 12 万，新华社关于吉林省科普“云”课堂活动的新闻报道点击率近 37 万，取得了较好的活动效果，开创了馆校合作的新模式。

③ “周末趣科学”活动的开展。

为了更好地满足观众地需求，吉林省科技馆每周末都会推出“周末趣科学”活动，活动形式多样，比如：在展厅内开展教育活动、在动手实践园地开展动手制作、在球幕影院、4D 影院观影、在梦幻剧场观看虚拟现实的表演；活动内容丰富，例如：展厅的教育活动内容会根据大众关心的时政新闻、热点话题等开展，动手实践园地会根据学生们的需求安排鲁班工作坊、3D 打印与设计、科学 DIY、创客空间、物联网创意设计、泥塑与陶艺等课程。这些教育活动课程会提前编排月历、以公众号和推送的形式呈现给公众，让大家自由选择喜欢的课程参与。

④ 配合流动馆、大篷车开展活动。

2018 年 3 月 20 日中国科协科普部印发《中国科协 2018 年科普工作要点》的通知指出，加强各地科技馆的展教活动服务水平，促进实体科技馆与流动科技馆、科普大篷车、数字科技馆联动协作。在每年的 3 月—7 月，9 月—11 月，吉林省科技馆都会通过流动科技馆和科普大篷车把教育活动送到乡村学校，使得科普教育活动在科普下乡中常规化地开展，每到一个学校，都会结合实际情况，选择不同教育活动，让孩子们在参观展品外，还能通过其他的活动形式学习科学。

(2) 活动管理的规范化

一个好的教育活动的开展，往往不是个人独立完成，都是一个团队共同智慧的结晶。从活动的策划到执行以及涉及的设计、道具制作、布展等环节，都需要科技辅导员有较高的职业素养和科学修养，因此加强展教队伍建设与管理对于教育活动的实施非常重要。加强建设与管理的主要举措就在于加强对科技辅导员的培养与强化目标管理。

① 科技辅导员的培训工作。

近两年来，吉林省科技馆展教部科技辅导员每年都会进行各类业务培训，到省内外做行业交流和学习活动，积极参加国家和省里组织的各类比赛，聘请领域专家到馆内做知识讲座和专业辅导，走进校园与基础学科教师交流学习、集体备课，聘请东北师范大学语言、形体老师做专业培训，聘请北京索尼探梦科技馆专家和吉林省戏剧家协会专业教师指导科普剧创作表演及培训等，从多方位提高展教人员科普水平。

② 强化岗位职责。

通过强化岗位职责，进一步增强科技辅导员的工作责任感，通过讲解技能考核、展览教育开发能力、理论研究能力几个方面对科技辅导员进行评定星级考核。在开发教育活动方面，鼓励辅导员自创新颖、有感染力的活动。同时，积极参加全国各类比赛与评比，并将参赛成绩与年终绩效考核挂钩且给予奖金奖励。通过创新活动，充分调动了科技辅导员的工作积极性，增强了辅导员从事科普工作的自豪感和工作热情。

③ 活动品牌的标准化。

科技馆的科普教育活动要致力于打造自己的品牌。通过认知标准化和宣传标准化的实施，让科技馆的科普教育活动充分利用自身优势资源，体现科技馆的科普文化、场馆特色，发挥科技馆的科普教育功能。

科技馆的教育活动品牌的形成，最重要的是活动的质量，教育活动的开展能使观众在参加活动中获得科学知识，更重要的是形成科学思维方法、掌握科学探究思路、培养科学学习兴趣。其次，在活动的开展形式上要具有科技馆独特的场馆特色，以趣味互动、引导探究、情境融入等方式让参与者领略到科技馆教育活动与学校课堂教学、其他社会组织活动与众不同的魅力。

科技馆在实施开展科普教育活动的过程中致力于教育活动品牌的打造，是对教育活动质量和服务价值重视的体现。教育活动的品牌化无论对于科技馆还是社会公众而言都是有益的，对于公众来说，品牌便于辨认、识别和选择科技馆的科普教育活动；对于科技馆来说，品牌的打造、建立过程是自我服务质量提升与能力提高的最佳途径。

3　结　语

科技馆是面向社会公众开展科普展览、科普教育活动，宣传科学思想和科学精神的科普教育基地。科技馆的首要任务就是充分发挥科普教育功能，获得良好的社会效益。开展各种类型的科技普教育活动是实现这一功能的重要途径。吉林省科技馆充分认识到这一重要性，重视科普教育活动的开发与实施，克服观众对常设展览兴趣的减退，吸引更多的社会公众多次走进科技馆。随着科普场馆的不断增多，如何更加有效地开发和实施具有场馆特色的科普教育活动，就需要大家立足实际，鼓励创新，以规范有效的管理促进活动的常态化、系列化、品牌化，以有效的方式进一步提升展教人员水平，更好地实现科技馆的科普教育功能。

关于博物馆举办特色教育活动的探讨
——以洪泽湖博物馆为例

刘 璐[①]

摘 要：现代博物馆的功能不再限于参观游览、文物藏品的收藏研究，而是在这些功能的基础上承担了一部分的社会教育功能。现代博物馆的工作重心自然也从藏品展陈研究工作逐渐向社会教育工作转移。洪泽湖博物馆作为科普教育基地和爱国主义教育基地，每年都在用不同的方式进行社会教育活动。洪泽湖博物馆举办的活动很大一部分都与当地的历史文化、风俗习惯、非物质文化遗产等有着密不可分的联系，可以说是具有洪泽当地特点的特色教育活动。本文从洪泽湖博物馆举办特色教育活动的探索和实践为依据进行一定程度的探讨，旨在为博物馆举办特色教育活动提供参考，更好地实现博物馆的社会教育功能。

关键词：洪泽湖博物馆；特色教育活动；非物质文化遗产；拓片

中国博物馆的正式的发展历史并不悠久，古时候收藏把玩珍宝和古物的人非富即贵，他们将珍贵藏品存放在庙堂或私人馆阁仅供自己收藏研究。直到近代西方帝国主义列强在对中国进行军事、政治、经济、文化的侵略的同时，将当时西方比较先进的思想文化带入了中国，西方传教士便开始在中国开办博物馆。由于中国的博物馆事业起步晚，很长一段时间内只是重视馆藏文物和科研功能而对博物馆的社会教育功能认识不全面，导致文物长时间被束之高阁。伴随着中国社会加速发展现代化程度不断提高，现代博物馆的各种功能属性被深入发掘，而博物馆的教育功能也在逐渐被人们重视。博物馆和社会沟通主要就是通过举办展览和开展活动两种方式。举办展览让观众进入博物馆后也要考虑如何将观众留住，不仅要从展览的形式和内容上着手打造有特色的有文化底蕴的展览，还要通过创新活动的后续延伸让更多的观众参与进来，然后再把这些活动情况通过各种方式传播出去吸引更多的游客参与进来形成良性循环，充分的发掘博物馆的资源，有效的实践博物馆的教育使命。

洪泽湖博物馆地处洪泽地区拥有不可移动文物128处(250个文物点)，分别有古遗址、古墓葬、古建筑、石窟寺及石刻、近现代重要史迹及代表性建筑等；洪泽湖地区的非物质文化遗产也十分丰富，大多数与洪泽湖渔文化相关。在洪泽地区的历史文化遗存中，洪泽湖大堤是最具特色和代表性的，它不仅是一项水利工程遗迹，它还包含政治、历史、科学、社会学、工程学、经济学、民俗文化等丰富内容。洪泽湖博物馆拥有如此丰富的文化资源，为博物馆开展教育活动特别是具有洪泽地区特色的教育活动提供了很大的灵感，丰富了教育活动的形式和内容。洪泽湖博物馆依托当地丰富的历史文化资源希望在研究和实践特色教育活动的过程中逐步提升博物馆的影响力以达到传播教育的使命。

---

① 刘璐，女，江苏淮安人，本科，洪泽湖博物馆文物管理员，联系方式：18936779101。

1　洪泽湖博物馆举办特色教育活动的内容

洪泽湖博物馆依托的教育活动资源主要有物质文化遗产和非物质文化遗产两种内容。洪泽湖博物馆内展出的文物来自洪泽地区古代墓葬发掘出土的文物二百余件，来自民间收藏家的捐赠四百余件，来自征集购买的文物一百余件。文物的教育价值不在其本身，而在于它所蕴含的历史背景、思想、技艺等。关于非物质文化遗产方面，2006～2009 年洪泽县展开非物质文化遗产项目调查，共收录非遗线索 2128 条，文字记录 100 万余字，图片资料 12589 张，录音资料时长 50 小时左右，摄像资料时长 108 小时左右，征集到的实物 154 件。如此丰富的物质文化遗产及非物质文化遗产资源将为洪泽湖博物馆的教育活动增添属于自己的特色色彩，其中有很多值得介绍和讲述的内容。

洪泽湖博物馆大湖洪泽展厅展出的文物中有修筑洪泽湖大堤时使用的部分材料和工具。其中具有代表性的文物之一有展出的“铁锯”，历史上在洪泽湖大堤条石墙修建的过程中，为了使条石墙体更加坚固，在每层条石的拼接处利用榫卯倒扣拉扯固定的原理镶嵌入铁锯。榫卯技艺本就是我国古代留存下来的瑰宝之一，在修筑洪泽湖大堤的过程中将榫卯的原理运用铁锯实现在条石的固定上这一举动正是古代工匠精神的体现。不仅如此每一块铁锯上还都刻有铭文，如“钦工”代表钦差主持修理的工程段、“林工”代表林则徐主持修理的工程段等。这些铁锯在修筑过程中都被隐藏在了条石墙墙体内部，外面是看不到铁锯的，同时也看不见铁锯上的铭文。直到某一天洪泽湖大堤被洪水冲垮溃堤时，才会在垮掉的墙体残迹中找到铁锯看到铁锯上的铭文，并根据铭文上的标志找到该工程段的负责人是谁，这种方法不仅节省了调查的时间，还将责任到人，这样工程开始的时候对负责修筑的人也是一种责任的施压。铁锯这个展品具有的就不仅仅是看热闹式的看过就忘，而是真的能够给人以震撼和启发的，震撼于古代工匠的技艺和精神，启发我们现代人在同样的事情上也要有提前意识。

说到有文化背景和精神寄托的展品其实不得不提大湖洪泽展厅的另一样显眼的展品“镇水铁牛”，虽然洪泽湖博物馆内展出的镇水铁牛是一比一的复制品，但并不影响游客参观了解关于镇水铁牛的历史文化。在清康熙四十年，当时的河道总督张鹏翮和修筑洪泽湖大堤的乡绅一起在当时的高家堰也就是现在的洪泽湖大堤处铸造了铁牛，放置在了洪泽湖大堤的各个险工处。具体铸造的数量历史上的相关记载并不一致，目前现存的一共五尊铁牛，实物被放置在高堰渡口、三河闸管理所、高良涧进水闸管理处。关于铁牛，民间一直流传着九牛二虎一只鸡的传说，相传很久以前洪泽湖里有一条妖龙在湖里兴风作浪，祸害周围百姓闹得百姓不得安宁，老子在老子山采药时遇见妖龙，于是劝它返回龙宫不要在人间作恶，妖龙不听劝告，于是老子就上奏玉帝，玉帝派来了两头老虎十只水牛把洪泽湖围住和妖龙缠斗，斗了七七四十九天后妖龙难敌这二虎十牛便逃回了龙宫。却在老虎和水牛睡觉的时候趁机逃出来继续兴风作浪，于是玉帝便又派了一只雄鸡立在最高处，每当妖龙从水底出来时便打鸣提醒水牛和老虎，不让它继续祸害百姓。后来老子炼丹得道，骑着一头牛飞升上天，留下来九牛二虎一只鸡继续守护洪泽湖。铁牛一定程度上是被神化了的，在中国的治水文化史中有着关于牛可以制服水妖的描述，铸造铁牛一定程度上也是应和人们对平定水患的美好愿景，这种被神化了的事物会给予人们精神上的安慰。康熙年间根据这个传说在洪泽湖石工墙建成后便用生铁铸造了九牛二虎一只鸡，分别安放在大堤的险工地段，用以镇堤防浪。铁牛放在比大堤矮的位置，根据水淹没铁牛的部位人们就知道什么时候该开闸泄洪。所以铁牛不仅承载着中国传统的水文化背景和精神文化背景，还发挥着具有科学意义的水文标志的作用。

其实关于虎和鸡民间还流传着很多种说法，我们说的“九牛二虎一只鸡”的传说是目前流传最为广泛人们接受度最高的一种说法，在传说故事中只有牛的塑像是实际存在的，关于“鸡”则有另一种说法，这种说法和洪泽湖大堤上的另一个具有洪泽湖特色的历史遗存石刻遗存有关。洪泽湖大堤的石刻遗存有丰富的内容，主要有四大类：工程碑记工程记录石刻、御题石刻、吉祥图案石刻、吉言祥语石刻。洪泽湖博物馆内关于洪泽湖大堤石刻也有专门的展览区域，供游客参观学习。每一个石刻遗存都代表了当时发生的事或当时的人们对治淮稳堰的美好愿景。之前关于“九牛二虎一只鸡”中“鸡”的解释其实是可以与石刻遗存相关联的，我们暂时将“鸡”不加具化的想象，只叫作“ji”。洪泽湖大堤石刻遗存中有很多与这个“ji”有关，这里的“ji”不是指家禽鸡，而是可以理解为古代的兵器“戟”，我们可以得出一个推论在民间传说的传播和演变过程中由于口述的谐音问题“戟”被误读成了“鸡”。洪泽湖大堤上的石刻遗存中戟经常出现在吉祥图案类的石刻上，传说大禹治水时在龟山擒获无支祁所用的兵器就是戟，戟和铁牛异曲同工的被赋予了能够征服水妖镇压水患的神话效果，是一种希望的寄托，又因为“戟”与“级”谐音，所以经常和“笙”“瓶”“如意”等一起被刻印在大堤石砖上，表达吉祥寓意。洪泽湖大堤石刻遗存中有一块“永保群众利益”碑，这个碑充满爱国主义教育意义背景。它背后有这样一段故事，1945年中国还处在抗日战争时期，洪泽湖大堤黄罡寺段在抗战的重要时期发生了溃堤，淮水水患和日本侵略者同时威胁着洪泽湖地区人民的生命财产安全。如此艰难的时刻中国共产党领导的新四军战士一面与敌人激烈抗战，一面还奋勇向前走向大堤溃决处和人民群众一起抢修溃堤。抢修工程完成后，当时任职淮宝县县长的方原题了“永保人民群众利益”碑，用以歌颂中国共产党的奋勇为民的精神。

洪泽湖博物馆除了物质文化遗产的资源用作教育活动的内容外，还有很多非物质文化遗产的资源，有剪纸技艺、木船制造技艺、花灯制造技艺、草编技艺、门缨天钱制作技艺等。剪纸技艺是一项具有传统文化内涵的民俗技艺，人们用剪刀在纸上裁剪线条形成花纹，用以装点装饰表达生活情趣。剪纸技艺专家金高坤先生以洪泽地区的民间故事、民俗文化及自己的童年过时为题材，创作出许多内容丰富形式多样生动活泼的剪纸作品。最近他还和肖兴莉、裴安年等剪纸艺术家一起以“新冠肺炎疫情”为主题创作了许多充满爱与奉献精神的剪纸作品并将其展出，感动了每一个观看展览的游客。剪纸技艺不仅仅是一项传统的手工艺术，它与现代思想结合与社会热点呼应更能达到和游客的沟通引起共鸣。

2 洪泽湖博物馆举办特色教育活动的形式

洪泽湖博物馆在依靠丰富的文化遗产资源的同时不断创新举办特色教育活动的形式方法，吸引游客深入特色教育活动的内涵，加强趣味性和互动性，使洪泽湖博物馆的特色教育活动多元化，努力做到让游客反复进入博物馆深入学习交流。

以展览的形式进行特色教育活动包括常设展览和流动临时展览。洪泽湖博物馆常设展区有三个：大湖洪泽展区、天下粮仓展区、耕湖牧鱼展区分别展示了洪泽地区的历史风貌、农耕文化。渔业文化等。其中渔文化展区展出了洪泽湖上最具特色的各种渔具，有网类、钩类、叉类、笼篮类；墙上挂的、架上摆的、橱柜中放的林林总总，百十余件。这些展品是洪泽湖渔文化、水文化发展过程中保留着的具体历史见证意义的实物，面对这些展品仿佛渔民撒网捕鱼的场景近在眼前。除了常设展外，洪泽湖博物馆不定期的进行非遗相关的临时展览，有剪纸艺术展、木船展、花灯展，还有具有历史特色的大堤石刻拓印展。这些展览对于游客了解洪泽地区的历史背景、风土人情、文化内涵、民俗文化等提供了丰富的教育资源，发挥了面向游客的基础公共教育的使命。

参加省级文物巡回展览等相关活动，和省内其他博物馆交流沟通，构建教育资源共享体系，让文物"动"起来。洪泽湖博物馆积极参加承接全省文物巡回展承接了东台市博物馆《华夏一绝 巧夺天工 江苏省非物质文化遗产——东台发绣艺术展》、如皋市博物馆《方寸天地 唯印示信——如皋印派印章专题展 》等独具特色的展览，在洪泽湖博物馆内展出月余，让洪泽的游客可以足不出户的感受到其他地方的文化特色。洪泽湖博物馆还参与申报了全省文物巡回展的展览，将具有我们地域特色的石刻制作成为拓印作品，希望能通过这样的方式把洪泽特色文化内涵传播的更广，让更多的人了解洪泽。

举办趣味教育活动，让游客通过实践了解我们当地的特色文化。洪泽湖博物馆在每一个中国传统节日都有举办活动的传统，活动内容包括体验学习剪纸技艺、制作手工贺卡、制作民俗蛋兜、包粽子、制作风筝、体验拓印技艺等丰富多彩的手工活动。每一场活动我们或邀请非遗传承人或邀请专业的老师为游客进行讲解和教学，让他们一边了解洪泽的文化内涵历史故事，一边学习手工技艺。我们在展厅外还常设了拓印技艺体验区，让每一个来到博物馆的游客，都有机会体验这项活动。许多展品光凭用眼睛看外形，用耳朵听介绍，并不能让游客有更加深刻地认识，只有亲手触摸或亲自试验体验才能让游客无论是心理上还是生理上都对其有一个更深的了解，使游客感觉亲切易于接受和理解。正是通过这样交互性的方式让游客对当地的物质文化遗产和非物质文化遗产有更深的了解，从而提高他们的保护的意识，并对这些文化遗产起到广泛的传播作用，从而吸引更多游客走近我们洪泽湖博物馆，保持博物馆的活力和生命力。

组织开展"送文物下乡""文物进校园"等活动，让教育活动不再限制于博物馆场馆内。洪泽湖博物馆曾多次送文物下乡，送文物进校园，让没有机会来到博物馆内的群众能够在家门口看展览，让学生在学校浓郁的学习氛围中了解文物了解展品，实现教育资源的互动。通过这样灵活的方式，主动贴近生活、贴近群众，让博物馆和群众加深了解和沟通，让更多的基层群众了解文化的魅力。

3　洪泽湖博物馆对提升特色教育活动工作的思考

为了让洪泽湖博物馆更好地提升特色教育活动的水平，我们要从现有的问题和挑战点出发，系统的规划并逐步的进行改善。首先要加强工作人员的专业培训，不仅要重视讲解能力的提升，还要提升策划力和创造力；其次洪泽湖博物馆特色教育活动的受众百分之八十是洪泽区的各中小学学生，这说明未来我们要拓宽从教育对象方面进行研究改善，不仅要加强宣传，还要有针对性的对不同的群体策划不同的活动，要将展览设计的更加有吸引力；除此之外，还要继续优化现有的特色教育活动的方式，使其更具趣味性、互动性，并让特色教育活动中特色的部分绽放光彩，真正充分的利用当地的文化内核。洪泽湖博物馆要在实践中不断探索，提升自身实力的同时，优化资源，最大限度的发掘特色教育活动的潜力，让更多的人参与进来，得到更多的人的认可。

参考文献

[1] 李加军.博物馆教育活动的研究[J].中外企业家.2018,609(19):155-156.
[2] 黄旭茹.博物馆教育活动管理研究[D].泉州:华侨大学,2015.
[3] 洪泽县文化广电新闻出版局.洪泽湖大堤石刻遗存[M].北京:中国文史出版社,2016.

以个性化教育活动为抓手 提升优质科普内容
——以重庆自然博物馆为例

张　虹①

摘　要： 教育是博物馆的灵魂。博物馆是社会教育功能的重要承担者，博物馆的社会教育的使命是向公众传播与展示人类及人类环境的物质及非物质遗产。其教育活动所带来的积极效用，极大地提高了国家社会整体国民科学素养。2008 年博物馆的免费开放，开启了中国博物馆发展的高光时刻。近年来，强化教育功能个性化，提升优质科普内容已成为每一个博物馆尤其是自然类博物馆科教活动发展的准则。本文以重庆自然博物馆为例，从馆藏、科研等方面做了分析比较，就如何提升重庆自然博物馆优质科普内容，强化教育功能做了初步探讨并提出解决方案。

关键词： 个性化；教育活动；优质；科普内容；提升

2016 年 11 月，国际博物馆高级别论坛在深圳召开，习近平总书记发去贺信，"博物馆是保护和传承人类文明的重要殿堂，是连接过去、现在、未来的桥梁，""中国各类博物馆不仅是中国历史的保存者和记录者，也是当代中国人民为实现中华民族伟大复兴的中国梦而奋斗的见证者和参与者"。同时，肯定了全国各类博物馆的工作，"近年来，中国各类博物馆在场馆设施建设、藏品保护研究、陈列展示和免费开放、满足民众需求、推动中外文化交流等方面不断取得进展。"

"一个博物馆就是一所大学校"。现代博物馆学教育，鼓励通过构建主义，情景教学的方式帮助观众构建自己的知识体系，而这个知识体系的构建过程是开放式的、多元化的。随着博物馆在社会文化生活中的作用和影响日益增强，新时期如何做出优质的科普内容，发挥好博物馆，包括自然类博物馆的教育功能，提升全社会的科学素养，满足广大受众的精神需求成为各类博物馆面临的紧迫任务。

重庆自然博物馆前身为 1930 年卢作孚先生创办的中国西部科学院，有 90 年的悠久历史，也是中国西部地区唯一的综合性自然博物馆。2015 年 11 月新馆建成后，每年吸引近百万受众来馆参观。2017 年 5 月，晋级第三批国家一级博物馆并授牌。2018 年 10 月被评为全国中小学生研学实践教育基地。

目前，本馆展教品牌一"暑假周周乐"举办已经 3 年，颇受学生和家长欢迎，每个暑假设定 6～7 期，每周一个主题，由讲解员带领大小朋友完成活动。重庆自然博物馆在科教活动上取得了一定的成绩，但如何"百尺竿头更进一步"，整合力量，研发出更多更好具有个性的科学教育活动，提升优质科普内容，服务更多更广泛的民众，这是我们每一个重庆自然博物馆人应该思考的。现就以下几方面做初步探讨。

---

① 张虹，重庆自然博物馆研究馆员，研究方向：植物学研究和博物馆学研究联系方式：13638329182。

1 自然标本

众所周知，自然博物馆是一个科普教育的场所，也是一个自然标本的收藏所。收藏、科学研究和科普教育是自然博物馆的三大基本功能。而自然标本则是自然博物馆一切工作的物质基础，它在陈列展览和社会教育中扮演着举足轻重的角色。

纵观国内外自然博物馆，对自然标本的广泛收藏由来已久。英国国家自然历史博物馆(Natural History Museum)原为1753年创建的不列颠博物馆的一部分，近200余年的历史，拥有动植物和岩石矿物等标本约7000万件，其中，古生物化石标本多达900多万件，至今仍以每年5万件的速度扩充馆藏。事实上，西方的自然博物馆自诞生起，经历两个多世纪的积累，直到现在仍在世界范围内组织大规模的自然资源考察和标本采集活动。美国自然历史博物馆(American Museum of Natural History)自1887年以来，组织过成千上万次的科学考察，足迹遍布世界各地，直到现在，博物馆每年都会派出大约100支考察队以丰富馆藏。位于纽约的美国自然历史博物馆(American Museum of Natural History)始建于1869年，迄今已有100多年的历史，所收藏的标本达到了3600多万件，其中，古生物、昆虫和人类学的收藏在世界博物馆中居首位。

近年来，国际社会对博物馆藏品的收藏和保护屡出新意，其重视程度可见一斑。2015年11月，联合国教科文组织第38届大会上通过了《联合国教科文组织关于保护与加强博物馆与收藏及其多样性和社会作用的建议书》，建议书呼吁成员国进一步保护与促进博物馆与收藏及其多样性，并通过保管与保护遗产、保护与促进文化多样性、传播科学知识、推动教育政策的制定、促进终身学习、提高社会凝聚力，推动创意产业与旅游经济的发展。2016年11月，国际博物馆高级别论坛发布了《关于博物馆和藏品的深圳宣言》(简称《深圳宣言》)，围绕博物馆及其藏品和运营模式的多样化、博物馆的责任、开展更广泛的国内和国际合作等发出了倡议。

重庆自然博物馆的馆藏最早可以追溯到20世纪20年代，馆藏植物标本中最早的来自1922年，由金陵大学植物学教授美国人Albert N. Steward(艾伯特·斯图尔特)于江西庐山采集。本馆标本最初收藏目的主要用于科学研究，涵盖了古生物、矿物、土壤、植物、动物和人类等方面。因为标本征集方式多以计划性组队，分区域采集为主，所以馆藏内容体系多元，标本来源广泛。本馆珍藏有余德浚、曲桂龄、钱崇澍、方文培、秦仁昌、陈焕镛等我国老一辈植物学家在全国各地采集的标本，也有自主发掘的上游永川龙、多背棘沱江龙等众多古生物化石，还有全国两栖爬行动物学家黄永昭捐赠的多种动物标本。因此，重庆自然博物馆馆藏自然标本具有非常高的历史和科学价值，有许多的故事可讲，只有先认清自己的馆藏特色，从博物馆藏品自身藏品出发，依托对藏品的研究以及陈列，才能体现一个博物馆独特文化资源优势和社会价值，同时，也是博物馆教育从“同质化”向“个性化”的转变。

展教方案：①根据本馆馆藏属性和对馆史的研究，进一步挖掘馆藏内容特色，可以做出多个特展，讲述标本背后的故事；出版精选老标本画册；精选老标本研发本馆原创文化旅游产品。②设立“库房开放日”，不仅开放给各种年龄段的学生，也针对自然科学有兴趣的成年人，以此吸引多样化的观众；③组织中国西部科学院演讲团在大中小学宣讲，学习先辈精神。

2　科学研究

中国地质学家杨钟健曾说过“博物馆没有科研就成了展览馆”。自然博物馆从出现之日起就是分类学研究的阵地，宏观的生物经典分类，生物和地质的区系调查等基础性研究工作至今仍在国外和国内的自然博物馆得到延续和发展。

科学研究是自然博物馆的生命线。因为自然标本展示的科学内涵是通过研究得到的，而源源不断的研究成果才能为科普展示和科教活动注入新的活力。在国际上，科研部门构成了自然博物馆的主体，研究实力与科研成果决定了博物馆在国际上的地位。美国自然历史博物馆（American Museum of Natural History）有近200名专家学者在此从事研究工作，涵盖植物学、昆虫学、人类学、古生物学等七大学科。反观国内自然博物馆，科研却处于非常尴尬的境地。由于国内科研项目和科研力量多集中在科学院系统和各地高校，自然博物馆科研长期处于无科研项目和科研经费的处境，也就失去了将第一手科研成果转化为陈列、展览等各种科普活动的契机。由此也大大影响了各个自然博物馆的展览质量和科普水平。

重庆自然博物馆有2个业务部门，有科研人员近20名，博士硕士近一半。本馆设有“重庆自然博物馆古生物化石保护研究中心”，专业优势有蝴蝶分类学、植物保护学等。专业人员除了在自己领域自主研究，也与全国有关科研机构和高等院校进行项目合作，产出科研成果，获得第一手资料。事实上，自然博物馆的研究不仅仅包括自然科学领域，还包括陈列展览研究、社会教育研究和受众研究。

目前，本馆科教活动与大多数博物馆一样，仍以展教部为主，专业人员参与较少，博物馆与全国高等院校科研院所的合作更是寥寥无几。2018年，上海科技馆与中国科学院昆明动物所成功合作，推出“我的一天——狗年生肖特展”，展览受到了各方热烈欢迎。个人认为这是一个很好的突破，为全国自然博物馆树立了标杆，因为通过与科研院所的合作，才能把他们的科研成果转化为博物馆的陈列、展览、图书和科普讲座等各种科普活动，起到科学普及的作用。

展教方案：①继续巩固本馆与西南大学、中国科学院植物所、中国科学院成都生物所等科研院所等在人员、标本和项目上的紧密联系，为后续转化成特色陈列展览和科教活动夯实基础；②本馆参与西南大学项目“重庆自然保护地”成果做成临展，并在重庆境内各保护地巡展，以唤起本地居民保护青山绿水的热情。③分析本馆专业人员特长，可推出多种个性化教育活动，比如植物科学绘画-画植物、辨认植物以及制作植物标本，矿物岩石郊外找一找，蝴蝶田野考察讲座、夜观两栖爬行等等。④定期邀请中国科学院植物所、中国科学院成都生物所、中国科学院古脊椎所等科研院所大咖们来馆讲学，为不同科学素养公众创造接触科学的机会，为全社会创造热爱科学的氛围。

3　跨界整合

跨界（Crossover）是一个随时代发展的新词，“指突破原有行业惯例、通过嫁接外行业价值或全面创新而实现价值跨越的企业/品牌行为。”也有人说，“跨界就是无界”。

在博物馆领域，根据博物馆藏品、展出、教育活动的性质和特点，一般可划分为艺术博物馆、历史博物馆、科学博物馆和专题博物馆四类。而博物馆之间跨学科研究的思路，学科之间的交叉和融合，不仅是学科进步的标志，也是现代博物馆多元阐释视角的需求，学科的融合不仅有利于在展陈中形成更加多元的视角，形成更加深入的文物解读，也能够在公众传播的终端形成更广泛的社会影响。

如今，"博物馆热"已成常态，据统计，2019年全国博物馆数量达到5535家，年接待观众12.27亿人次。因此，在适应这个快速变化、学科交叉融合的世界时，都在做着同一件事情——通过跨界整合资源，以创造更大的价值。2020年7月，浙江自然博物院安吉馆推出，"大自然的跷跷板－儿童教育体验展"。展览分为极地小卫士、森林守护者、文物动物园、自然游乐园四大单元。其中，"文物动物园"版块就是与南京博物院跨界合作，展出了文物动物19件。

本次特展以儿童为观众主体，在布展设计方面充分考虑儿童的性格和心理特点，突出互动体验特色。而"文物动物园"单元以文物为线索，展示人与动物相依相存、从动物的习性中获取创意和灵感的历程，探讨人与动物间关系的变化。展览的设计，巧妙地将自然与历史联系起来，以多元化的方式引导观众进行探索，"让文物说话，让历史说话，让文化说话"。另一方面，也吸引了历史类博物馆的爱好者前来观看。本人认为，自然博物馆与历史类博物馆的跨界合作好处多多，不失为此次展览一大亮点。

时下，博物馆之间、甚至自然博物馆与历史博物馆、专题类博物馆在展览、科教等方面的合作已经成为一种趋势。在跨界中寻找那些交叉的节点，渴望发现更多的宝藏，重庆自然博物馆也不妨一试。

展教方案：①与同城友博中国三峡博物馆、重庆科技馆建立合作机制，共享资源，共同筹备展览和活动；②加强本馆分馆－永川博物馆更紧密关系，共同筹划活动、展览和科学讲座等。

4 双城故事

2020年"国际博物馆日"之际，上海汽车博物馆与苏州博物馆共同推出了一场特别的线上展览"行以致远——水陆出行掠影生活展"。展览将率先以"线上云展览"的形式发布，并于7月16日起落地上海汽车博物馆一楼临展厅。

在长三角区域协同发展战略以及提倡文化自信的背景下，两馆聚集自身特色，以各个时代江南出行的发展脉络为理念，以交通工具为篇章甄选上海汽车博物馆与苏州博物馆馆藏的近百件展品与二十余件等级文物，展示了近千年以来人们水陆出行的风貌和追求自由移动的精神。上海与苏州，在城市的发展轨迹上，从江南到长三角，从太湖到黄浦江，两座城市之间有着千丝万缕的关系。不同的出行方式不仅反映了不同的生活方式与地域特色，同时也印证着社会变迁的巨大浪潮，从城市发展的缩影到对于自由移动的追求与实现，人们对于美好生活的向往与努力从未停止。

同样，重庆和成都，地缘相近，人缘相亲；天府之地，巴山渝水；重庆和成都是西南腹地最耀眼的双子星。

1月3日，中央首次提出推进成渝地区双城经济圈建设；"成渝地区双城经济圈"聚集千万人口，是继"京津冀城市群""长三角城市群""粤港澳大湾区"之后的第4个国家经济战略增长极，是西部发展黄金地带，将会带来交通大发展、人口新聚集等千载难逢的发展机遇。

近两年，重庆的发展战略由"一路向北"变为"一路向西"。有专家指出：成渝"双城"在国家战略布局中处于同一层级。成渝两地的融合正在加速。由此，也将会拉开两个城市文旅的革新与融合。个人认为，重庆自然博物馆要抓住机遇，加强与成都各类博物馆、高校院所的互联互通，双城联手，共同参与建设双城经济圈，上演完全态的高效聚集的“双城记”。

展教方案：①基于“成渝经济圈”战略，与成都市博物馆共同筹备“双城故事”特展。②加强本馆与四川大学博物馆、大熊猫繁育中心、成都理工大学博物馆等联系，捋清思路，共同推出有分量的特展和教育活动，以带动两地文化和经济的发展。

“博物馆是帮助人们学习过去、启迪未来的地方”。目前，重庆自然博物馆的科教活动与国内大多数博物馆一样，仍以展教部为主，专业人员参与较少。所以，建议加强对馆内专业人员教育学培训，制定相关制度，让更多的专业人员投身到博物馆教育第一线，以提高科学教育活动的质量和效率。

构建多种教育体系，关注不同对象，设置多元化教育形式，为不同科学素养公众创造接触科学的机会。

参考文献

[1] 何二林.管窥美国博物馆的教育功能——以美国DIA博物馆为例[J].中国教师，2017(05)：37-41.

“科创联盟”志愿服务模式在科普场馆中的探索与实践
——以郑州科技馆“馆校结合”工作为例

唐 鹏[①]

摘 要： 科技馆是学生的第二课堂，是第一课堂的延伸、补充、发展。科技馆自诞生起，就与学校有了不可分割的联系，除学生自行去科技馆参观学习之外，很多学校还组织学生前往参观进行科学教育。同时，科技馆也是现代公共文化服务体系建设的关键一环。为更好的满足学校对于科技教育的多方面的需求，深化科技馆的教育功能，强化科技馆的公共文化服务功能，郑州科学技术馆以“馆校结合”为载体，探索出具有一定创新性的“科创联盟”志愿服务模式。从具体的工作实例、成效中看出，该模式在馆校结合工作发挥了一定作用，促进了科技场馆和大中小学的有机融合，助推现代公共文化服务体系建设。

关键词：“科创联盟”志愿服务模式；科技馆；馆校结合

构建现代公共文化服务体系，是满足人民群众基本精神文化需求和保障人民群众基本文化权益的主要途径，是中国特色社会主义文化发展道路的重要内容。国家基本公共文化服务指导标准(2015－2020 年)明确提出建立健全免费开放制度，推动全国公共图书馆、文化馆(站)、博物馆、纪念馆和部分科技馆实现免费开放。由此可见，科技馆也是助推现代公共文化服务体系建设的有力抓手。科技馆作为学生的第二课堂，是第一课堂的延伸、补充、发展。科技馆自诞生起，就与学校有了不可分割的联系，除学生自行去科技馆参观学习之外，很多学校还组织学生前往参观进行科学教育。而学校是正规教育的场所，对学生科学素质培养发挥着不可替代的作用，但特点是以灌输式教学为主；科技馆通过展品展览活动进行科普教育，强调探究性和启发性，在配合学校教育方面有着义不容辞的责任。学校教育和科技馆科普教育相辅相成，而“馆校结合”又能够为中小学生提供面对真实对象的机会，对全面提升青少年科学素养具有重要意义。“科创联盟”志愿服务模式在科技场馆“馆校结合”工作中作用发挥，同时也是助推现代公共文化服务体系建设的作用发挥。

1 国内科技馆馆校结合的现状及遇到问题

2006 年中央在政策上给予了科普教育极大支持，推动了馆校结合的进程。科技馆馆校结合工作也从最初的“引进来”到后来的“走出去”，取得了一定的成效。所谓“引进来”就是带领学生到科技馆进行参观学习，主要形式是参加科学课堂、接受学校教师培训、观看科普剧团表演等。“走出去”包括科普大篷车巡展、校本课程及配套实践活动进学校课堂等。比如重庆科技馆根据学校需求，进行个性化课程订制，与学校差异化教学。江苏科技馆基于展品展项，将

① 唐鹏，郑州科学技术馆科技辅导员。通信地址：河南省郑州市中原区嵩山南路 32 号。E-mail：770970220@qq.com。

课程内容和游戏有效结合，寓学于乐地开展探究性科普教育活动，取得一定成效。中国科技馆根据中小学课程标准，紧密结合学校教育制作精品课程，设计科学实践活动，倡导探究式学习，启发式教学。

但是随着馆校结合工作不断的深入，科普项目资源开发量、合作学校数量、接受培训的学生数量都在不断增加，现有人员数量和素质均已经跟不上实际工作的需求，学生接受教育的系统性和连续性根本得不到保障，一定程度上阻碍了馆校结合作用的发挥工作。所以，笔者认为馆校结合中除了科技馆和学校硬件设施不足、课程和活动的设计开发精品较少等问题外，科普师资力量薄弱也是一个不可忽视的问题，科普师资团队的培养与建设只有与工作实际相匹配，馆校结合工作才能有序高效展开。

郑州科技馆科创联盟是以郑州科技馆为圆心链接了学校教师，大学生，中学生，小学生，社会科学爱好者的一个线上线下综合一体的平台，所发挥的作用就是科学传播的志愿服务工作。线上开设展品讲解，专业培训课程如科学，3D打印，激光加工，开源硬件，陶艺等课程。线下他们可以到科技馆在工作人员指导下实地操作，从中受益，在这里他们可以是受益人也可以是传授人。优秀的还能成为科普志愿者与科技馆工作人员一同讲解展品或参与到馆校结合的工作中。在这个平台他们可以找到自己的兴趣和大家相互学习和交流。

2 人民教师教书育人和科学普及的双重作用

教师是从事教育活动的有效链接，有丰富教学经验更懂得教育孩子，科技馆资源的开发与利用离不开教师的参与。教师参加科技馆培训，可以提升利用科技场馆教育教学的能力。教师参观培训后，增强了对科技场馆教育的认识，又对科技馆资源有所了解，可以成为宣传者积极带动学生来科技馆参观学习。培养教师的好奇心和探索能力。能让教师掌握探究式的教学，自身进行一些探究活动。带动学生用探究式的方法来学习，激发学生学习科学的兴趣，培养学生的科学素养。课余时间丰富，学校放假时是科技馆最忙的时候，有充裕时间做志愿者。可以根据长期教学经验，给科技馆教育工作者在工作中提有用建议，比如如何设计课程更吸引孩子。有一定科学素养，很容易培训。

学校科学创客类硬件设施齐全，但对口教师极少，通过培训后老师可以独立完成授课，合理运用学校的资源。运用所学所用参加国家相应比赛，有助于教师职称评定，在学校得到重视步入新一个台阶。

3 大学生是一支活跃的社会力量，是最有潜力的科普力量补充

目前来说，全国各大科技馆馆校结合工作都是以中小学为对象，那么能否把高校也加入到科技馆馆校合作的工作中去呢？是不是可以选出一些优秀的大学生帮助科技馆馆校结合的工作中去呢？

对于科技馆而言，大学生是一个特殊的社会群体，是正在接受基础高等教育而还未毕业走进社会的人，作为社会新技术、新思想的前沿群体、国家培养的专业人才。大学生代表年轻有活力一族，是推动社会进步的有效链接，在科普辅助工作中具有以下几个优势：①大学生因为接受过高等教育，经过简单的培训就能对科技馆的展品或实验现象原理解释快速上手；②大学

生课余时间充足，在节假日和课余时间可以帮助科技馆工作人员做一些辅助性工作，一定程度上缓解了馆内工作人员的工作压力；③大学生的加入可以提升馆校合作工作开展的效率；④大学生的加入可以提升科技馆的社会影响力。

很多知识的讲解因为都学习过，所以沟通起来比较顺畅，对于大学生自己而言，到科技馆做科普志愿者一方面可以学习到更多的科学文化知识，另一方面可以提前在岗位上历练自己。提升自己。在具体的科普工作中慢慢明确自己的需求，不断针对性的提升自己，增加就业的优势筹码。再者他们还可以通过自身努力得到一些奖励或补助，赚取一些补助当生活费。

4 积极探索将社会科技爱好者融入科创联盟

目前的科创联盟还处于刚发展阶段未来我们还将探索将社会科技爱好者也融入科创联盟。社会科技爱好者只要是对科学感兴趣的都可以加入科创联盟中，可以是退休的工作者，也可以是孩子的爸妈。

5 “科创联盟”志愿服务模式在馆校结合中作用发挥的有益尝试

郑州科技馆早在 2000 年建馆初期郑州科技馆已经开始对社会招募教师专家志愿者和大学生志愿者。自 2006 年起，从最初的与郑州师范学院合作，共同开展馆校结合“引进来”活动，承担全省中小学骨干教师、国培计划教师、援疆教师的培训工作，到后来陆续开展“馆校结合”“馆区结合”的“走出去”活动，深受中小学师生欢迎。

今之世界，人类社会已步入创新驱动发展的新时代。创新能力已经成为国家之间、公司之间、人人之间竞争的关键要素。中国要走好“大众创业、万众创新”的创新驱动发展之路，关键在人，在于要有一支庞大的、可与世界发达国家比肩的创新人才队伍，在于要有千千万万具有良好创新思维习惯，较强的创新意识和创新能力的国民。为适应时代发展，郑州科技馆于 2015 年年底成立了创新教育展区。遵循“把创意变为现实”的理念设立了 3D 打印，激光加工，开源硬件和陶艺，神奇画笔五个区域，每个展区同时具有展示和培训两大功能。以创新教育展区为依托，结合学生课程标准，制作相关课程、设计科学实践活动，积极开展“科技馆进校园”馆校结合活动。随着馆校结合活动开展的不断深入，在实践中我们逐步意识到，良好的创新思维习惯的养成和创新能力的提高，仅靠一两次的体验是无法完成的，它需要经过长期、系统的培训才能见效。为做好这一培训工作，我们组织编写了一套创新教育系列教材，全系共分为 4 个科目，分别是 3D 打印，激光加工，开源硬件和陶艺，每个科目都有初，中，高三个阶段，每个阶段 6 个课时(每节课 100 分钟)。

完成展区改造和编写课程后，2016 年到 2018 年我们工作重点主要是对科创联盟的大学生，大学生是拥有创新精神的优秀群体，和创新教育展区工作有较好的匹配性。目前科技馆中的科普志愿者多是自发报名，一般流动性比较大。随着大学生志愿者的增多，他们有的自发在学校申请成立社团，让更多的大学生能够认识、了解、喜欢科技馆。河南农业大学科技创新协会就是这么一个社团，社团成立于 2016 年，隶属于河南农业大学机电工程学院，里面汇聚的优秀创客大学生们具有创新精神，动手能力强，热爱前沿科技，热衷科普事业。协会自创立以来不断吸收、发展成员，不断进行多方面培养提升。

怎么把大学生融入馆校合作的工作中去？首先在科技馆官网或者公众账号发布招募公

告，然后进行一定的选拔。以郑州科技馆创新教育展区3D打印区域为例，该区域对于软件和建模方面要求比较高，首先可以从计算机专业或设计专业进行筛选，因为他们经过相关专业的学习，对3D建模，Repetier Host，Solid work等软件的使用上手比较快。也可以安排一批大学生到科技馆做几天的志愿者，可以从中找到一些有责任心，工作认真，对科技馆感兴趣的大学生。然后对初步筛选的大学生进行培训，他们在相应展厅区域学习过之后。到展厅就行实践操练，再从中选出一批优秀的志愿者进行着重培养，等他们有足够的试讲经验后，方可参与科技馆进学校的活动。

2016年，创新教育展区开始把大学生融入馆校合作的工作中，全年完成初级系统课培训443人次，其中工作人员5人大学生志愿者2人。到了2017年，创新教育展区完成系统课培训626人次，其中工作人员5人大学生志愿者6人。2018年，创新教育展区完成系统课培训675人次，其中工作人员4人大学生志愿者8人，如表1所列。

表1　2016—2018年创新教育展区系统课培训情况

2016年创新教育展区完成系统课培训443人次			
	初级班人数	中级班人数	合计
3D打印	70	0	70
激光加工	81	0	81
开源硬件	88	0	88
陶艺	204	0	204
合计	443	0	443
2017年创新教育展区完成系统课培训626人次			
	初级班人数	中级班人数	合计
3D打印	71	50	121
激光加工	64	51	115
开源硬件	76	55	131
陶艺	143	116	259
合计	354	272	626
2018年创新教育展区完成系统课培训675人次			
	初级班人数	中级班人数	合计
3D打印	75	61	136
激光加工	65	61	126
开源硬件	78	65	143
陶艺	140	130	270
合计	358	317	675

为进一步激发广大学生爱科学爱创新，创新教育展区也会定期开展活动。2019年创新教育展区共开展关内活动106场，直接参与人数3566人。2019年郑州科技馆馆区结合，有6100余名郑州市中原区，二七区四年级小朋友来到创新教育展区，在此期间大学生志愿者起到了不

可忽视的作用。

随着志愿者数量不断攀升，直到 2019 年联盟中大学社团有河南农业大学科技创新协会，郑州大学 TOP 科技社，郑州师范学院 STS 协会。创新教育展区长期大学生志愿者 39 人，参加馆校合作校本课程培训 8 人。

2018 年后我们重点放到了联盟中的学校教师以及中小学生，我们开展了全郑州市小学的教师培训，与 10 所合作意向强烈的学校签订了馆校合作试点学校，不但培训孩子，我们同样培训试点学校的教师，在进行教师培训取得一些经验之后，我们希望扩大活动的覆盖面，把在职教师也吸引到馆校结合的活动设计和组织中来。在职教师更熟悉学生特点和学校教学内容，有丰富的课题教学经验，但是，他们并不擅长在科技馆组织教育活动，常常出现“控制”学生的情况，学生必须严格按照老师规定的节奏和程序进行活动，感觉将学校的讲台“搬到”科技馆，这样的教育活动不太符合科技馆开放的学习资源和学习者有选择性的主动学习的特点。

因此，我们科技馆对在职教师的培训就从“了解科技馆，了解非正式教育特点入手”，安排了科学教育讲座、科技馆资源介绍、科技馆科学课观摩、科技馆小实验观摩、创客课程和分享交流等培训活动，如表 2 所列。每次教师培训时间为半天，不定期举行，教师们可以根据自己的兴趣和需求挑选 1～2 项活动参加。

表 2　活动安排

活动安排		
1	13:00——13:30	馆员对场馆及场馆教育理念进行介绍
2	13:30——14:30	参观科技馆
3	14:30——15:10	观摩科技馆科学课或陶艺课或 3D 打印课(平行)
4	15:10——15:30	参与科学小实验活动或开源硬件课(平行)
5	15:30——16:00	参与科技馆“挑战讲解员”活动
6	16:00——16:40	教师现场设计科学课案例并进行互相交流与分享

我们会对科技馆感兴趣的教师做问卷调查(见表 3)：问卷中包括教师们对科学的认识，科学应不应该普及，培养学生科学兴趣，创新思维的必要性等一系列问题，先了解教师心中的需求。

表 3　调查问卷

调查问卷			
姓名	学校名称	学科	教龄
您能谈谈对科学的认识吗？			
您注重对学生科学素质和创新思维的培养吗？为什么？			
学校领导对科学课重视吗？			
您会主动带领学生做一些小实验等科学探索活动吗？为什么？			
您认为您所教的科目和科学有联系吗？			

续表3

调查问卷			
姓名	学校名称	学科	教龄
科学在我们生活中很普遍，我们应不应该普及科学知识？			
您愿意到科技馆做一名科普志愿者么？			
您对3D打印□ 开源硬件□ 陶艺□ 激光加工□ 感兴趣。			

2018年到2019年初我们发放调查问卷600余份，68.7%学校领导对科学课重视，100%认为应该普及科学知识，72.1%愿意到科技馆做一名科普志愿者。我们从愿意做科普志愿者的教师中挑选出能调出时间且住址距离科技馆相对近的30名教师进行了培训，抽出了考核成绩优秀10位的成为了专家志愿者。他们为馆校合作提出了很多指导型的建议。

6　"科创联盟"志愿服务模式的建议与反思

高校融入馆校合作的工作中出现的几点建议：①有适合自身科技馆的科创联盟的守则。②大学生志愿者，教师专家志愿者选择要严谨。③要有一定的补助和奖惩措施。（如每年度评出优秀志愿者给予一定的奖励）。④对于联盟长期志愿者可以签订协议。⑤经常举行联盟活动。可以是大学师社团和社团之间，也可以是大学生和中小学生间，学校老师可以作为评委或裁判。

从科技馆自身出发，馆校结合的重要意义远不止于此，"科创联盟"志愿服务模式在助推科技馆科学传播方面的作用仍大有可为。笔者只是从一个方面作为切入点，针对工作量大、人员不足及素质不高的问题，探索出具有一定创新性的"科创联盟"志愿服务模式，从具体的工作实例、成效中看出，该模式在馆校结合工作的发挥了一定作用，但还不完善需要更多的实践。在推进馆校结合的道路上，还有很多工作还要做，在今后的工作中，我们只有抓住科技馆和大学，中小学学校各自的教育优势，把"科创联盟"志愿服务模式做强做好，才能促使馆校结合工作深入开展，从而提升青少年科学素养，才能有力助推现代公共文化服务体系建设。

基于ADDIE模型的科技馆教育活动设计与开发
——以山西省科技馆2020年科技夏令营为例

常 佳①

摘 要：以山西省科技馆2020年参观科技展览有奖征文暨科技夏令营活动为案例，将ADDIE经典模型与科技馆教育活动紧密融合起来，分享基于ADDIE模型在活动设计和开发过程中的具体环节，为科技馆同仁高质量推进教育活动开发和实施提供思路与实践案例。

关键词：ADDIE模型；科技馆；教育活动；设计与开发；夏令营

1 引 言

为深入贯彻落实《全民科学素质行动纲要实施方案(2016—2020年)》和《中国科协科普发展规划(2016—2020年)》的有关精神，自2015年起，中国科协开启并连续举办5届“参观科技展览有奖征文暨科技夏令营”活动。活动旨在服务我国青少年尤其是农村青少年科学素质提升，促进实体科技馆、中国流动科技馆、科普大篷车、农村中学科技馆协同发展，为我国青少年创造良好的体验科学、增长学识、开阔视野的机会，为社会营造了体验科学、热爱科学的良好氛围。然而，2020年初的新冠肺炎疫情打乱了我国经济社会的正常运行和人民群众的正常生产生活。经过大半年的抗疫工作，国内的疫情基本得到控制，境外疫情却全面爆发，再加上新冠肺炎疫情极具传染性，使得短期内结束疫情基本无望，不得不使疫情的防控常态化。针对目前环境的特殊性，全国各级各类科技馆的科普教育活动采取线上线下双管齐下的方式，线下参观通过限流措施，取消一切可能引起聚集的教育活动。科技馆把科普阵地转向线上，进行线上的科普教育活动势在必行。因此，连续举办了五届的“参观科技展览有奖征文暨科技夏令营”活动并没有因为疫情而中止，疫情的肆虐给此项活动的举办形式和内容提出了新的挑战。山西省科技馆组织专业力量，认真研究项目要求，精心策划设计，通过云端汇聚，开启了线上科学探索之旅的科技夏令营活动。

2 ADDIE模型的发展背景

ADDIE模型起源于美国军方，1975年，美国佛罗里达州立大学受美国陆军委托，设计出一个课程开发模型。该模型是一套有系统地发展教学的方法，是一种课程开发的有效策略，其结构由分析(Analysis)、设计(Design)、开发(Development)、实施(Implementation)、评估(Evaluation)五个阶段组成，即ADDIE模型(详见图1)。ADDIE模型能应用于各种教学活动及

---

① 常佳，山西省科学技术馆辅导员，助理馆员；研究方向：科普创作和教育活动开发；通信地址：太原市长风商务区广经路17号；Email：394723467@qq.com。

设计课程蓝图中。在 ADDIE 五个阶段中,分析与设计属前提,开发与实施是核心,评估为保证,互为联系,密不可分。

图 1 美国佛罗里达州立大学设计的 ADDIE 模型

ADDIE 模型反映出课程开发的线性过程,即分析学习者的已有能力及学习需要,设计相应学习目标,开发编排学习内容,实施开展学习活动,进行评价总结。随着研究的不断深入,有研究者认为在具体操作过程中,ADDIE 模型的各个阶段也并非完全是线性联系的,活动的实施可以不完全依赖于开发阶段所设计的学习内容。因此,为了解决早期该模型的线性关系的局限性,有研究者提出了迭代循环的 ADDIE 模型(详见图 2),使得这个模型更具灵活性。如此,ADDIE 模型具有较强的响应能力,它是上下联动的、主动的、交互的。这一模型的开发让五个阶段间的联系更加密切、扁平化,更合理高效。现在,这一课程开发模型正被广泛地应用于线上学习、企业培训等领域。

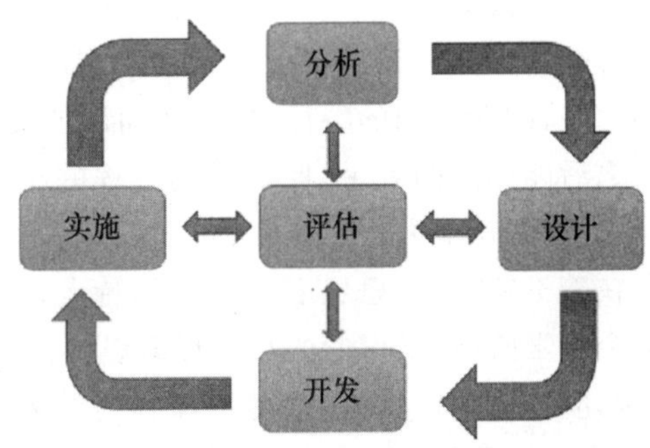

图 2 迭代循环的 ADDIE 模型

3 科技夏令营活动应用 ADDIE 模型的现实意义

“参观科技展览有奖征文暨科技夏令营”活动是由中国科协科普部推动实施的全民科学素质行动专项资助的全国性系列活动,地方营活动由各地科技馆承办,科技夏令营的营员们是从参观科技展览有奖征文的众多文章中选拔出的优秀小作者,截至今年,山西省科技馆已经成功开展五次,先后有 320 余名学生和指导老师参与。因为疫情原因,今年的科技夏令营非常遗憾,他们不能亲临现场,只能通过云端汇聚一堂。突破空间的限制,此次夏令营活动和传统夏令营不同,全程采用网络直播的方式,这样虽然可以使更多的孩子参加到活动中,但同时也使活动开展的质量无法保证。科技夏令营的活动如果缺少科学的活动设计,就会成为一般的线上参观科技馆的活动。

因此,科技夏令营开展实施过程中,系统有效的活动设计是保障夏令营质量的重要环节。在这样的背景下,根据 ADDIE 模型的教学设计特点,以科技夏令营活动为例进行具体的活动设计具有现实意义。在活动设计中具体体现 ADDIE 模型中的分析、设计、开发、实施、评估五个阶段,用 ADDIE 模型指导活动设计的步骤。

4 基于ADDIE模型科技夏令营活动的设计与开发

(1) 分析阶段

ADDIE模型的首要步骤是进行分析。这个过程是对整个教育活动的解读，主要包括对活动对象、活动环境、活动内容三个部分进行分析。在此阶段，设计者已经能够大致勾勒出活动蓝图，并能依据此阶段所得，继续深入开展。

① 活动对象分析。

在进行夏令营活动设计时，首要任务就是要明确参与这次科技馆教育活动的主体是谁，所以十分有必要对活动对象进行深入而细致地分析，即夏令营活动的设计者要开展学情方面的分析，以便更好地把握可利用的科技馆科普资源。

基于ADDIE模型的科技夏令营活动的参与对象是优秀的小作者和他们的指导老师，他们从上千篇参加有奖征文的作品中经过专家评审脱颖而出。由于今年活动形式的特殊，线上夏令营可能会有更多学生参与进来，百分之九十的参与对象是小学生，小学阶段横跨三个年级，从三年级到六年级，属于小学阶段的高龄段学生，剩余百分之十的学生是初中生，仅有一两名高一的学生。无论是针对哪个年级而设计科技夏令营活动，都应适合各个年级的学生来参加，活动设计要与参加科技夏令营的营员们的特征对接，活动设计人员要根据营员的特点预测他们在参加这次云端夏令营之后能达到的效果，保障活动过程的顺利实行。参与这次活动的主体是小学生，山西营的活动设计者从他们的年龄、认知、活动动机、已有知识水平等方面来分析。小学生的注意力普遍存在着不够集中、思想上易走神的特点，所以设计、开发的科技夏令营活动应尽可能地简洁。整个小学阶段，学生们的具体形象思维仍处于主导地位，所以在制作讲授科学概念、原理的活动时，应多显现些具体的、易于理解的事物。以此充分激发营员学习新知的兴趣，调动营员们主动学习的愿望，体验到学习科学知识的快乐与成就感。

② 活动环境分析。

活动环境是开展在线夏令营的必要支撑条件。科技夏令营山西营开展的地点前三天是山西省科技馆，包括二层常设展厅、多功能报告厅、创意工作室。最后一天上午在山西医科大学科学实验室，下午在娄烦县的中药材种植基地。传统的夏令营往往只有营员们独自前往营地参加，家长毫无参与感，只能接送孩子和抱着手机看看微信群里老师发的夏令营照片。今年的活动环境可以让家长们也参与进来，开启一场亲子夏令营活动。营员们仅需要一部手机，在家就可以轻松参与，每个孩子都是主角，让孩子和家长都有更高的参与感。目前山西省科技馆和旅商印象直播间合作，营员进行线上夏令营活动的网络环境是活动顺利开展的保障，所有人都可以通过手机参加在线夏令营活动。线上夏令营的活动环境杜绝了营员们聚集性参与，防止交叉感染，避免不必要的安全卫生事故。线上直播的活动环境也可以让活动实施者有更多的时间精力把知识、原理要点讲透，不必花更多的时间、精力在维持纪律和保证夏令营安全上。

③ 活动内容分析。

依据营员认知规律和学习习惯，在夏令营活动过程中需要根据营员的认知规律筛选和重构活动内容。科技夏令营活动内容应该区别于传统的学校课堂学习，开发设计出具有科技馆特色的教育活动内容。有效利用科技场馆已有的科普资源，充分发挥科技馆内特有场地、特色展区，设计此次夏令营的特色科普活动。山西省科技馆二层的宇宙与生命展厅中生命和人体展区成为了此次夏令营活动的主要展区，展项内容紧扣此次夏令营的生命主题。由科技辅导员进行线上展览展项深度解析，与营员们线上直播互动。除此之外，使用安全环保的配套活动资源包开展“提取 DNA”科学课程。该课程内容符合此次夏令营营员的认知能力和需求，营员们在家就可以随手找到配套的活动材料，提高营员的动手能力。邀请专家在二层多功能厅举办“众志成城，抗击疫情”主题讲座和关于生命科学的前沿讲座，体现了科技馆教育活动的独特性，走进医科大学实验室和娄烦县中药材种植基地线上参观交流，大大提升了夏令营活动的丰富性。此次夏令营的活动内容设计要能够促进营员生命科学知识的增长，增益品格塑造，对抗疫战线中涌现的白衣天使和科学家产生敬畏之情，学习科学家精神。

(2) 设计阶段

① 明确活动主题。

如今我们处于信息日新月异的时代，围绕时下热点确定活动主题、设计活动内容才能跟得上科技馆受众的需求。捕捉热议话题，选择前沿化的主题，受众才会觉得“对胃”，科技馆科普教育活动的主题也应该与时俱进，这样才能提升活动的吸引力。山西省科技馆紧跟时代步伐，抓住最热门的主题，2020 年的夏令营以“体验科技展览，感悟科学精神”为主题，广泛开展以“参观科技展览”“新冠肺炎疫情期间科学感悟”为主题的征文及科技夏令营活动，山西省科技馆承办的科技夏令营山西营活动严格按照活动要求，积极组织开展工作，结合新冠肺炎疫情提出“生命、科学、责任”为主题的活动方案。

② 明确活动形式及流程。

与传统的夏令营活动模式不同，此次科技夏令营活动全程采用网络直播方式，突破空间限制，把山西省科技馆最优质的科普教育资源呈现给广大青少年，也为边远地区的青少年提供了参与科学实践活动的途径。这种活动方式要求营员们转变固有的学习模式，活动的设计和开发人员对这次夏令营活动的设计既要体现能够促进营员学习的主动性和积极性，又要确保营员真的学到了东西。

(3) 开发阶段

① 云讲解辅助材料的开发。

直播界面增加即时聊天板块，拉近辅导员老师和讲座专家与营员之间的距离，增加现场提问，聊天互动等形式，提升营员的参与感，让知识传递更有效。通过白板工具进行夏令营课程讲解，也可通过上传 ppt、word、pdf 或者图片等格式的文档进行云讲解，无论哪种形式，老师都可以使用画笔工具、几何图形工具、文字工具、橡皮擦等工具在白板或者文档内标注重点内容，就像传统夏令营面对面讲授活动内容一样，提高线上夏令营的学习效率。准备多媒体插播、教具等辅助材料，让辅导员讲解表达更准确，营员们学习更轻松、更高效。山西省科技馆 2020 年夏令营云讲解时，辅导员结合新冠病毒讲解人体免疫力，提前准备了吞噬细胞、T 细胞、B 细胞、巨噬细胞的漫画，让现场参与的小观众进行角色扮演，让屏幕前的营员们更容易的理解身体免疫系统的工作原理。生命展区云讲解中，出现了恐龙人偶，使线上讲解更丰富，更具吸引力。

② 邀请讲座专家。

科技馆应该正视社会资源对科技馆科普教育活动的重要性，积极执行“引进来”战略，通过馆企合作、馆校合作，达到提高活动水平的目的。首场“云讲座”邀请山西援鄂医学队队员、山西白求恩医院普外科护士长张燕，讲述抗击疫情的动人故事。活动还特邀中科院生物物理研究所副研究员朱赟讲授《只争朝夕，不负韶华》生命科学前沿知识，山西医科大学副教授胡晓琴讲授《预防新冠肺炎，我们一起行动》科普讲座，清华大学医学硕士张志鹏讲授《中药助力健康生活》中药材知识讲座，首都师范大学博士生导师高颖讲授《源于兴趣，志在创新》教师培训专题讲座，取得了良好的效果。

③ 联系医科大实验室和中药材种植基地。

跟随镜头线上参观中药材种植基地、山西医科大学科学卫生检验试验室，开展了现场配置治疗新冠肺炎的处方、检测饮用水的十项指标、体验防护服等活动。线上参观的这些夏令营基地都是提前踩点联系，依次和项目负责人确定活动基地，丰富了此次夏令营的活动内容。

(4) 实施阶段

活动实施是实现活动预期目标最重要的环节。经过分析、设计、开发三个阶段后，活动设计开发人员将设计好的活动发给此次夏令营活动的负责人和展厅辅导员。这样一方面负责此活动的辅导员可以了解活动安排及流程，避免将活动实施视为一个照本宣科的静态过程，活动实施应当是一个不断生成的动态发展过程，在遵守规则的情况下灵活施教；另一方面馆里其他人员也可以对此活动的开展有所了解，方便做出配合及准备工作。活动实施过程中负责此活动的辅导员要与营员在线互动，注意记录营员们的真实状态，为在评估阶段进行改进工作做准备。

(5) 评估阶段

评估主要针对在整个流程中出现的问题以及整体设计的实际效果。评估阶段包括过程性评估和终结性评估。过程性评估可在任意环节进行，主要是为了保证活动设计每个阶段的有效性。终结性评估则是在教学设计完成后进行的总体性评估，基于操作步骤为整体的教学设计把关；另一方面，它强调整体与局部设计的制约关系、阶段与阶段间的承接关系，这样的作用关系更有利于教育活动的良性构建与优化。针对每一个阶段，活动设计人员一起开会探讨每个过程出现的问题，不断优化。活动结束后，通过对营员和征文的指导老师在线问卷调查的结果对此次活动进行了终结性评估总结。今年的夏令营是首次采取线上直播的形式开展的，在设计和实施的各个阶段都存在不足，比如用户量远远超过直播平台设计的最大承载量，导致屏幕画面卡顿，影响活动连续性。直播时长和环境限制，夏令营活动导师无法真正了解所有营员的学习情况，可能一部分基础差的学生跟不上。如何避免单纯的线上讲解，确保所有营员在动手实践时，在屏幕那边都能真正的参与进来。对于自律性不强、容易分心走神的营员如何提高他们的注意力。这些具体问题还需要引起科技馆展教团队的思考。

5 结 语

在科技夏令营的开展实施过程中，系统的、科学有效的活动设计是保障此次夏令营质量的重要环节。活动设计从根本上说是由分析、设计、开发、实施、评估这一系列步骤构成的，这与ADDIE模型的分析Analsis、设计Design、开发Development、实施Implementation、评估Evaluation五个阶段是保持一致的。目前，该模型已由最初的军事领域研究，扩展到培训行业、学科教学等领域中，因此，ADDIE模型对于科技馆教育活动开发实施研究同样具有重要的现实指导意义。如何将行之有效的活动设计模型融入科技馆的教育活动开发中来，帮助科技馆广大一线的科技辅导员梳理教育活动设计的理论与方法，更好的为改进活动实践提供借鉴，提高科技馆教育活动质量，为优化当前的科技馆教育研究开阔了新的思路。

浅谈“科学工作室”特色教育活动的开发与实践
——以“好玩的空气”STEM 系列课程为例

李 燕[①]

摘 要：科技馆作为重要的科普教育阵地，借助互动性强的科普展品、丰富多彩的科普活动、生动有趣的科学课程，在潜移默化中地向公众普及科学知识，传播科学思想，强化科学意识，提升科学素养。其中，依托展品开展探究式教育活动是引导公众有效体验展品、辅助公众认知建构的重要手段。本文以山西省科技馆“好玩的空气”系列课程为例，基于《科学课程标准》，依托实体场馆展品、科学工作室，针对不同年龄段观众的认知特点开发不同的系列课程，进一步推进馆校合作。通过课程引导学生深入浅出地学习有关空气的科学知识，从而培养创新意识，提高动手实践能力、信息分析总结能力和与团结协作的社会能力等。

关键词：科学工作室；特色教育活动设计；馆校合作；综合实践

科技馆作为科学教育的主阵地，弥补了学校科学教育的不足，并与学校教育形成了良好的互动和合作。科技馆是以展示、教育、研究、服务为主要功能的课外机构，参与性、互动性、体验性是其特点，其优势在于包含了大量具有教育价值的展品和活动，公众可以通过形象可感的展品或体验性、操作性较强的活动，增强对课本中理论知识的理解，提升科学探究的兴趣，进而达到提升科学素养的目的。空气在我们的生活中无处不在，最常见、最生活，不起眼的空气背后蕴藏着哪些科学原理，让我们逐一揭开。

1 教育课程的方案设计

(1) 活动背景

① 设计思路。

山西省科技馆依托新建的科学工作室（创意工作室、机械师摇篮、创客工作室）、实体展品等场馆资源，分别针对不同年龄段观众的认知特点，先后开发了“博士的密室”“科学 DIY”“X-童心探梦”“EV3 机器人”等系列科学课程。这些课程以学生为主导，教师为辅助，将探究式的教学理念融入其中，受到了学生和家长的热烈欢迎。在“2015 年全国科技馆发展论坛” 开发了“聪明的饮水鸟”科学探秘课程，后经不断完善修改，在科学表演台向公众现场讲授，并作为精品课程于 2017 年参加了“第五届全国科技馆辅导员大赛”，荣获科学实验赛三等奖。由于这一科学课程取得了良好的效果，使我更加深刻认识到依托展厅展品开发科学课程，通过分析与综合、动手探究实验的重要性。为此将科学实验融入其中，开发了“好玩的空气”STEM 系列

---

① 李燕，山西省科学技术馆展厅辅导员，助理馆员，研究方向：科普教育活动开发，联系电话：15534482990，通信地址：山西省太原市长风商务区广经路 17 号，E-mail：475037821@qq.com。

课程,后续还会开发“神奇的热”“太阳的光和热”“神奇的磁”等系列课程。

② 科技馆场馆资源。

本活动依托山西省科技馆三层“机器与动力”展厅“风车磨坊”、四层“走向未来”展厅“牛顿第三定律”、儿童科学乐园“空气发射炮”等诸多展项,这些展项都与“好玩的空气”背后的科学原理有关。在科学工作室开展的“好玩的空气”科学探秘系列科学教育课程,将展厅零散、孤立的科技展项、科学知识统一起来,形成新的知识建构,围绕“好玩的空气”展开,开发了《空气的秘密》《魔法空气》《竹蜻蜓》《风车》《气球火箭》《空气炮》等分支课程,逐一揭开“好玩的空气”的科学奥秘。旨在通过活动的开展,为学生们打开一扇探究之门,激发学生们探究生活中隐匿的科学的兴趣,在孩子们的心中埋下科学的种子。

(2) 课程对象及主题

学生们走出校门,来到科技馆,通过深度参观,动手操作,结合科学课堂知识和生活实际,通过学校和科技馆共同努力,搭建科学探秘教育平台,根据不同年龄段的认知特点和课程标准设计,分别开发了针对幼儿园、小学、初高中学生的三段分阶科学课程,紧紧围绕“好玩的空气”这一主题展开由浅入深的剖析,寓教于乐地揭开空气的小秘密。

(3) 课程目标

通过“好玩的空气”系列科学课程,着重以学生为主体,以问题为导向,引导学生积极参与、主动探究,力图贯彻“探究为核心”的教学理念,充分体现新课程标准的特点,把知识获取的过程看得比知识本身更为重要,引领学生经历一个个探究过程,进一步让学生们在学习探究的同时,提升团队合作能力和动手实践能力,拉近了科技馆与学校教育距离,增强了馆校结合学习效果,推动了馆校结合深化落实。

本活动以好玩的空气为基础,根据受众的认知水平拓展延伸,引导学生们操作、观察、体验科技展项,思考空气背后的科技亮点,让学生们开展相关探究实践,并以小组的形式展开交流、讨论,通过展品所展示的科学现象,自己发现和得出结论,从中获取直接经验,进而使观众除了对科学知识有所掌握之外,通过探究体验的方式,构建科学研究方法,讲述科学事件背后的人文精神,培养敢于质疑,勇于实践探索的科学精神,使教育活动的效果由“知识与技能”上升到“过程与方法”乃至“情感、态度、价值观的层面”。

① 幼儿园——课程目标:

感知空气是没有颜色、没有味道、看不见摸不着的特点,知道我们周围到处都有空气。同时,了解空气的重要性。初步认识空气压强等知识。

能运用多种感官动手动脑学习探索空气的简单方法。激发幼儿探索欲望,培养幼儿对科学实验的兴趣。

培养幼儿关心和保护环境的意识。

② 小学——课程目标:

基于学生在生活中已初步认识到的空气的显著特征,引领学生通过运用观察、体验、实验等方法对空气的性质形成科学认识,认识空气的存在以及空气占据着空间。

通过教学使学生借助其他介质来观察空气,从而学到一种新的探究方法。

乐意与同学合作交流,体验合作中的困难与快乐。

③ 初高中——课程目标:

认识空气的反作用力,了解空气的反作用力在生产、生活中的具体应用。进而延伸认识牛顿第三定律。

经历观察物理现象的过程，认识主要特征，在观察和学习中发现问题，培养观察能力和提出问题的能力，通过团队协作，培养团队精神，树立自我反思和听取意见的意识。

通过参与科学探究活动，利用多渠道收集信息，经过信息处理的过程，从信息中分析、归纳规律，培养分析概括的能力、信息交流能力。

培养对科学的求知欲，能够保持对自然界的好奇，乐于探索自然界的美妙与和谐。

(4) 表现方法

① 观察实物，分析每个环节，综合认识科学原理。

分析与综合是教学的重要方式之一。运用参观获得、课堂学习的科学知识对以空气为核心拓展而来的“空气炮”“竹蜻蜓”“空气挖掘机”“风车”“气球火箭”“自制打气筒”进行具体分析，通过多个环节的分析获得相应的知识结论，最终认识到空气蕴藏的科学内涵。

② 采用“做中学”的学习方式，实践出真知。

通过认真观察捕捉到的空气、深度参观展厅并亲自互动操作展品(风车磨坊、空气炮、火箭模型等)、分小组讨论分析，更好地实现对科学原理的认识与理解。参与者通过自己动手制作认识了各个环节的知识点，在做中学中认识神奇的科学技术。

(5) 课程内容

① 前期：预习探究。

空气是我们每天都呼吸着的“生命气体”，对人类的生存和生产有重要影响。通过生活中常见的事物引起学生们的学科学的兴趣，调动学生们观察思考的积极性，并尝试通过自己已有的认知经验进行解答。同时辅导员通过对学生们的初始想法和现有的认知水平的了解，设置疑问，激发探究欲望。

仔细观察“空气”，独立思考、集体讨论其中奥妙。科学工作室系列科学课程开展前，先期筹备开展馆校合作举办科学教育活动，一方面，由学校科技老师布置课余任务，引导学生们认真观察、思考空气的特性；另一方面，由“科技馆进校园”活动科技辅导老师组织学生积极讨论，各抒己见，通过前期观察、实践、思考形成基础的前期认识，完成初步探索。

查阅资料，了解科技馆参观知识。让学生们对科技馆的参观活动形成前期知识储备，在场馆看到事先查阅资料中发现的感兴趣展品展项时，更有知识共鸣，更容易获得深刻的科学知识。

② 中期：深度学习。

深度参观科技馆，体验科技展览，学习科技知识。在科技辅导老师的带领下，参观山西省科技馆公共空间的标志性展项、一层数学展厅、二层“宇宙与生命”展厅、三层“机器与动力”展厅、四层“走向未来”展厅、“儿童科学乐园”。期间，重点学习展厅涉及空气相关科学课程的科学知识的展项进行重点分析，加深认识，在初期对空气的认知基础上有了更为深入的认识，引导学生发现和思考更多空气小实验可能涉及的科学知识。

结合实际展项、具体科学知识，深度探究“好玩的空气”的科学奥秘。

系列课程一：空气的秘密(针对幼儿园阶段学生)涉及展项：二层“宇宙与生命”展厅宇宙展区“适宜人类居住的地球”展项

活动准备：每人一个透明塑料袋；每组提供水、盆、空杯子、纸片。

活动过程：

游戏导入，激发幼儿探索兴趣。

首先，教师空手抓空气。（小朋友们，你们猜，老师在干什么呀？你也来试试吧，看看能不能把空气抓住？）

接着，幼儿自由尝试抓空气，自由发言怎么能抓到空气。

随后，教师示范装空气。（出示塑料袋，我有一个宝贝，我用这个宝贝能不能抓住空气呢？哪个小朋友想试试）

接下来，幼儿借助塑料袋尝试抓空气（现在你们每一个人来拿一个塑料袋，可以到教室的任何地方去抓空气，待会告诉我，你的空气是在哪里抓到的——暗示空气无处不在）

最后，围绕空气的性质，展开讨论。

教师提出问题：你的空气在哪里抓到的呀？你的空气是上面颜色的？什么味道的？让小朋友们闭上小嘴，用小手捏住小鼻子有什么感觉？

请大家一起闻一闻、摸一摸、看一看，感受空气特征（无色无味无形状、摸不着、看不见），最后，指出空气的重要性。事实上，空气中的氧气是人类生存的必要条件。引导幼儿关心和爱护环境。

探究小实验：

我们周围的每一个角落都有空气在发挥作用。而且空气还有魔法哦！它能让很多东西发生意想不到的变化，你们相信吗？

实验步骤：空气是否能让水不从杯子里流出来？谁想尝试一下？幼儿分组操作实验。将杯中灌满水，上面放一片 A4 纸张，将杯中倒扣，观察纸是否会掉下来？

实验结论：集中讨论、分析实验成功与失败的原因。小结：在这个实验里，空气没有从上往下压，而是由下往上托住了纸片，气压很强，压住了水，让水不能从杯子里流出来。大气压强无处不在，指甲盖大小约 1 平方厘米面积上承受 1 公斤的压力，相当于 16 颗鸡蛋那么重，是不是很神奇？

拓展延伸：用牙签纸片上扎孔，观察是否仍旧可以托住水。思考生活中大气压强的应用有哪些？讲述马德堡半球实验的故事。

系列课程二：魔法空气（针对小学阶段学生）课标：小学三年级《认识空气》

提出问题，引发思考，导入主题：

（猜一猜）奇妙奇妙真奇妙，看不见来摸不着，无孔不入变化多，动物植物都需要。

谜底：空气

探究小实验

实验材料：空杯子、蜡烛、打火机（由老师操作）、托盘、水。

实验步骤：蜡烛放在盛有水的托盘里，点燃，杯子盖住点燃的蜡烛，观察有什么变化。幼儿描述观察到实验现象，畅所欲言解释科学原理。集中讨论、分析实验成功与失败的原因。

实验结论：在这个实验里，杯子盖住点燃的蜡烛后，让蜡烛存在于一个小的空间，燃烧一会儿后杯内氧气耗尽，无法让蜡烛继续燃烧，所以灭了。而熄灭后杯内水位上涨是因为，原来杯内的空气因受热而膨胀体积变大，蜡烛熄灭后温度下降，杯内空气体积下降，水被大气压压进了杯内。

系列课程三：风车（针对小学阶段学生）涉及展项：三层“机器与动力”展厅古代展区“风车磨坊”展项　课标：小学五年级科学课《风力的利用》

课程导入:流动的空气形成了风,今天我们来探秘风车。

风车的由来(3000多年的历史)、介绍最早的古希腊——罗拉创造的风车及社会影响、我国风车的历史(始于汉朝—2000多年的历史)

观察研究"风车磨坊"展项,分组讨论、发言研究风车原理

制作简易风车(如图1)。

制作材料:卡纸、工字钉、木棒、剪刀

制作步骤:将一张卡纸剪出一个正方形;沿着对角线从角往中心点剪,到离中心点约3厘米处止;用工字钉在四个角及中心点打孔(注意安全);依次用工字钉穿孔,最后把工字钉钉在木棒上。

图1　简易风车

分组讨论风车的原理:风车是一种把风能转变为机械能的动力机。

课程拓展:风车的用途:古老的风车提水灌溉、碾磨谷物,风车利用风能提水、供暖、制冷、航运、发电等。文化意义:一种精神象征,一种图腾。现代企业文化中风车象征企业精神或为人品质,代表着勇敢、勤奋、进取、忠诚、快乐、灵动和爱。

系列课程四:竹蜻蜓(针对初高中阶段学生)课标:新课标初中物理一《作用力与反作用力》

认识竹蜻蜓:竹蜻蜓(如图2)是一种汉族民间传统的儿童玩具。双手一搓,然后手一松,竹蜻蜓就会飞上天空。它是中国古代一个很精妙的小发明,这种简单而神奇的玩具,曾令西方传教士惊叹不已,将其称为"中国螺旋"。20世纪30年代,德国人根据"竹蜻蜓"的形状和原理发明了直升机的螺旋桨。

竹蜻蜓来历:中国晋朝(公元265年—420年)葛洪所著的《抱朴子》一书关于竹蜻蜓的最早记载。中国人制成了竹蜻蜓。

制作简易竹蜻蜓,组织学生比赛竞技,看哪个竹蜻蜓飞的时间最长。

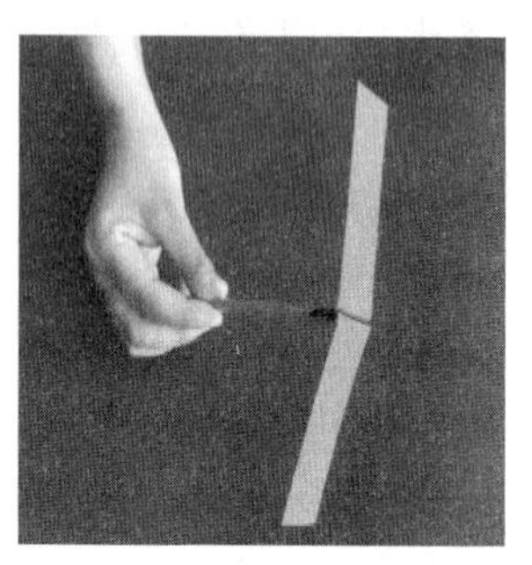

图2　竹蜻蜓

了解了这么多竹蜻蜓的知识,相信你一定对竹蜻蜓充满了兴趣,现在我们来做一个竹蜻蜓吧!

制作材料:卡纸、订书机、吸管、剪刀、尺子、笔。

制作方法:用剪刀把卡纸剪成一个长16厘米、宽2厘米的长方形纸条。把长方形纸条对折,然后用大拇指和食指捏住对折处,从中间把卡纸往下折;用剪刀把吸管剪出三个倒三角形;把折好的卡纸插入吸管的开口位置,然后用订书机把它钉牢固;尝试调整两片叶子的角度才能飞的又高又远哦!

科学原理(如图3):当旋翼旋转时,旋转的叶片将空气向下推,形成一股强风,而空气也给竹蜻蜓一股向上的反作用升力,这股升力随着叶片的倾斜角而改变,倾角大升力就大,倾角小升力也小。当升力大于竹蜻蜓的重量时,竹蜻蜓便可向上飞起。

系列课程五:气球火箭(针对初高中阶段学生)涉及展项:高中一年级物理《牛顿第三定律》

课程导入:随着科技的进步,航天技术飞速发展。我国是世界上公认的火箭发源地,我国的航天技术在世界上占有重要的地位,自行研制的"长征"系列火箭享誉全球。

同学们,你们知道火箭是怎么升空的吗?今天,老师将带大家用气球制造"气球火箭 "(如

图4)，快来试一试吧！

制作材料：火箭纸模、气球、棉线、夹子、吸管。(借助：打气筒、双面胶、剪刀)

制作步骤：1、将气球吹膨胀。然后卷起气球的"嘴巴"，用夹子夹住。2.用双面胶将火箭纸模和吸管分别固定在气球侧面的位置，注意不要将吸管捏扁，否则"火箭"飞不起来。3.找两个相隔一定距离的"支点"，用棉线做"轨道"，将搭载有"火箭一气球"的吸管穿上棉绳。4.松开夹子，"气球火箭"就沿着"轨道"飞奔起来啦！

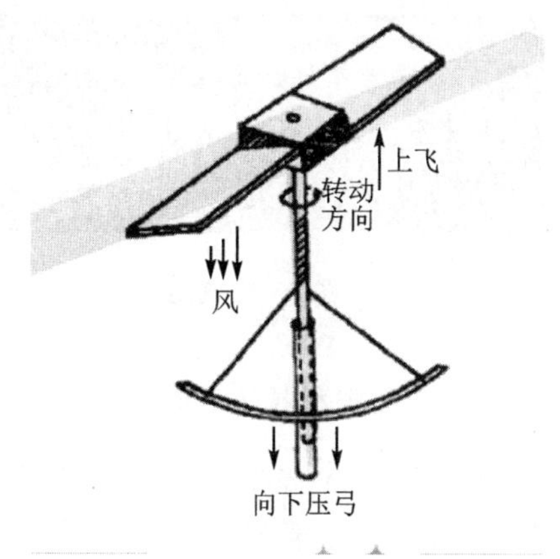

图3 科学原理

图4 "气球火箭"

科学原理：为什么"气球火箭"会"飞行"呢？气球吹起来之后，气球的"皮肤"伸展开来，产生了很强的弹力，这个力压缩了密封在气球里的空气。当气球的"嘴巴"突然张开，被压缩的空气从气嘴中猛烈地冲出来，给了气球一个反作用力，使得气球向前"飞行"。

对应课标：人类很早就发现了作用力与反作用力的关系。著名的牛顿第三定律表明：任何一个力的作用，都存在一个和它大小相等、方向相反的力的作用，即反作用力。

延伸拓展：火箭的运行原理，是利用热气流高速向后喷出产生的反作用力，推动火箭向前运动。2020年，我国载人航天事业迎来了重要的里程碑。5月5日下午18时，长征五号B运载火箭在海南文昌航天发射场点火，发射成功。这预示着中国空间站迎来了御用"搬运工"，为全面实现我国载人航天工程第三步发展战略奠定了坚实基础。希望同学们不断努力，牢记航天梦想，攀登科技高峰！

系列课程六：空气炮(针对初高中阶段学生)涉及展项：儿童科学乐园生活智慧"空气炮"展项 课标：高中物理竞赛专题"流体力学"

课程导入：同学们一定听说过火炮吧！火炮，发明于中国，主要利用机械能、化学能(火药)、电磁能等能源抛射弹丸，射程超过单兵武器射程，由炮身和炮架两大部分组成。从古至今各种各样的火炮被应用在军事中。利用PPT展示各样的火炮(包括清代大炮、坦克炮、高射炮、加农炮、迫击炮等)。同学们，今天我们在做一个空气炮的小实验。你们想过没有，怎么让空气在一瞬间产生强大的冲力呢？

制作空气炮(如图5)

制作材料：气球、去掉底部的塑料瓶、透明胶带、剪刀

制作步骤：剪去气球的口部；将气球套在去掉底部的塑料瓶上；用透明胶带固定气球；瓶口对着竖立的小木块或者塑料杯，把气球皮向后拉，一松手就"开炮"啦。

科学原理：空气炮的"炮弹"就是空气。让空气在极短时间内变成空气流，就产生了冲击力，从而成为"炮弹"，产生"轰炸"效果。

图5 空气炮

比赛竞技：分小组比赛，利用制作完成的空气炮对准10个一排的已经点燃的蜡烛射击一次，比赛哪一个小组吹灭的最多。

③ 后期：课程延伸

组织学生讨论、研究、动手制作与空气相关的其他小实验，剖析蕴含的科学知识、人文知识；拓展了解牛顿的科学之路，学习科学家精神。参加山西省科技馆《科学有曰——“科学家精神”》主题教育活动。

号召学生提交征文、心得体会，选拔优秀者参加“参观科技展览有奖征文暨科技夏令营”活动。

2 教育活动实践中存在的问题

科学工作室开展的“好玩的空气”科学教育系列课程虽然对固有展项进行了深入详细的开发，取得了不错的教学效果，但是仍旧在实践过程中存在一系列问题。

(1) 教学活动形式相对单调

“好玩的空气”科学教育系列课程利用分析与综合的方式，通过参与者观察、思考、动手制作以及实验实现对知识点的认知，相对而言，教育活动中较多地采用“做中学”的教学模式，缺乏内容多样的教育形式，导致教育活动内容相对单一。

(2) 缺乏对实验的讨论与反思

课程按部就班开展教学活动，对于实验后的讨论与反思较为欠缺，对教育课程的进一步探索、开拓思维具有一定的局限和禁锢。针对实验结束后进行集体讨论与反思，可以将参与者在实验中的感知转化为终身学习的意识和能力，提高参与者求异思维能力，培养了对科学实验质疑反思的精神，唤醒了参与者进一步深入探究的意识。

(3) 尚未形成成熟有效的评估体系

科学教育课程目前还没有形成成熟有效的评估体系，以实现更好的科学教育效果。一方面，缺乏对辅导教师的自我评估，对科学教育活动中的不足与欠缺加以弥补修正。另一方面，缺乏对参与者参与效果、存在问题的有效后期评估，缺乏对于参与者的有效认知和强有力的激励机制。

3 提升途径

(1) 增加形式多样的教学形式丰富科学教育活动

当前科学教育课程加入诸多科学与艺术充分结合，科学教育活动中急需巧妙地增加表演秀、科普剧、情景导入、快板等多种形式。参与者充分发挥自己的兴趣，促使更加投入和关注以达到最佳的实验效果。不仅提升了科学教育课程的趣味性，也大大加强了科学课程的传播效果。

(2) 加强对实验结果的讨论与再思考

在活动中，每位参与者在实验后，都应根据观察到的事实，经过自己的思考得出自己的结论。在讨论中，鼓励表达自己的结论和观点，无论观点对与错。通过对结果的质疑往往可以引出新的实验，加深知识点的认识。在充分讨论之后，综合参与者的观点，进行再思考，依据实验结果进行讨论有助于参与者掌握科学的基本法则要有事实依据，富有论据的讨论促使人们能够培养更合乎逻辑、更为严密的思维模式。

(3) 建立成熟有效的评估体系

一方面，通过辅导教师的自我评估，根据活动实施过程中所遇到的具体情况，如活动内容、形式、时间分配、参与热情、现场组织、突发事件处理等方面进行自我记录和自我打分，对成功之处要总结学习，对于不足之处要弥补完善，并与其他同事共同讨论。另一方面，通过微平台进行评估，可以方便、及时地了解参与活动的直观感受，比如建立馆校结合科学教育活动 QQ 群、微信群，让家长、教师和孩子对活动的涉及、内容以及辅导老师的表现进行评估。对于评估真实、建议优秀者给予一定奖励，如公布热心观众名单、发放小礼品等等。

参考文献

[1] 郑坚.青少年科普教育活动的创新路径探索[J].产业与科技论坛，2020，19(13)：279-280.

[2] 彭丽芸.新时期加强青少年科普教育的对策研究[J].甘肃科技，2020，36(11)：64-65+57.

[3] 任伟宏.青少年科学工作室对青少年科学素质提升的作用[C].中国科普研究所.面向新时代的馆校结合·科学教育——第十届馆校结合科学教育论坛论文集.中国科普研究所：中国科普研究所，2018：128-131.

[4] 张锐.浅谈青少年科技教育的现状及策略[J].文化创新比较研究，2017，1(24)：118-119.

[5] 杨孟刚.青少年科学工作室对青少年科学素质提升的作用[J].科技风，2019(08)：11.

浅谈科技馆提升家庭科学素养的办法

李　玥[①]

摘　要：随着家庭教育观念的不断更新，家长越来越有意识引导孩子学习科学知识，科技馆成为了家庭出游的热门选择。有调查显示，在科技馆内，家长携带孩子参观的观众占全体观众一半以上。由于家长自身的科学素养水平有限，对科学教育的理解不全面，导致多数家长在科技馆参观时很难结合展品对孩子开展有效的引导。为了帮助家长加深对科技馆展品的理解，学会结合展品引导孩子学习科学知识，提升孩子的科学兴趣，促进家庭科学素养进步，我们尝试从三个角度提出解决的办法。

关键词：科技馆；科学素养；家长；孩子

1　引　言

实体科学技术馆(以下简称科技馆)，指面向社会公众，特别是青少年等重点人群，以展示、教育、研究、服务为主要功能，以参与、互动、体验为主要形式，开展科学技术普及相关工作和活动的公益性社会教育与公共服务设施。随着科技馆在全国范围内的不断兴建，科技馆的数量也在逐年增长。科技馆作为非正规科普教育的基地，成为了广大公众参观的热门场所。家庭对孩子的教育的重视程度不断提升，培养孩子的科学素养成为了每个家庭的期望。近年来，在参观科技馆的观众中，由父母携带孩子的家庭观众已经成为科技馆参观观众的重要组成部分，也是科技馆不可忽视的观众团体。据调查显示，在科技馆内，家长携带孩子参观的观众占全体观众一半以上。尤其是在周末、节假日和寒暑假，寓教于乐的科技馆更是家庭出游的热门选择。

2　家庭参观科技馆的现状

通过实际观察，我们发现大多数的家庭仅仅把科技馆当做休闲娱乐的场所，家长对自己需要引导孩子学习展品背后的科学知识方面的意识较低，孩子在参观过程中透过操作展品可以获得直接的感官体验，对于背后的知识原理的掌握情况就因家庭而异了。这样容易造成孩子在参观过程中，体验展品的娱乐功能突出，学习展品的教育功能被弱化。造成这样的现象，一方面是由于家长的科学素质有限。《中国公民科学素质基准》(2016 年)指出，公民具备基本科学素质一般指了解必要的科学技术知识，掌握基本的科学方法，树立科学思想，崇尚科学精神，并具有一定的应用它们处理实际问题、参与公共事务的能力。《中国公民科学素质建设报告(2018 年)》是 2018 年 9 月 17 日在世界公众科学素质促进大会上发布的报告。报告显示，我

① 李玥，辽宁省科技馆科技辅导员。联系方式：辽宁省沈阳市浑南区智慧三街 159 号，13940502614。

国公民科学素质水平已进入快速增长阶段,具备科学素质的公民比例从 2010 年的 3.27%提升到 2015 年的 6.20%,2018 年进一步达到了 8.47%。虽然公民科学素质水平较之过去已经有了很大的提升,但是仍然显示了我国目前公民科学素质仍然需要提升的事实。科技馆的展品众多,蕴含的科学知识庞杂,家长的科学素质有限,这就导致很多家长在"裸"游科技馆时很难做到储备充足的科学知识。另一方面是科技馆的科学展品不同于博物馆的藏品,可以通过网络直接获取到藏品背后的相关情况。在我国每一座科技馆的布展、展品种类、展品数量都不相同,尽管有些展品背后的科学原理是相同的,但展品的表现形式也会有所差别,再加上一些展品的解释说明晦涩、难懂,观众借助展品了解展品的科学原理的学习习惯尚未完全养成等因素,都会影响观众参观的学习效果,从而让科技馆的科普教育功能发挥受到限制。

3　解决办法

为了提升科技馆的科普教育功能,科技馆会定期开展各种科学教育活动来提升科技馆的教育职能,丰富科技馆的教育内容。但针对家庭型观众群体很少有考虑如何帮助家长提升科学素养,学会了解科学展品,在参观前帮助家长做好相应的科学知识准备,充分发挥家庭科学教育作用,有效引导孩子利用科技馆开展家庭科学教育,实现家庭科学素质提升。应对这样的情况,我们试着用三种不同的方式,推进家庭的科学教育工作,提升家庭科学素养,帮助家长找到引导孩子学习的路径。

(1) 为家庭设计展品参观路线

为帮助家庭提高对展品的理解程度,充分了解展品背后的原理,提高自主参观的学习效率,基于科技馆的展品有规律可循,我们尝试将展品进行分类规划。把展品按照科学原理、科学主题进行划分。所有的参观路线会发布到科技馆的官方网址上,供家长下载、学习。我们设定的展品参观路线是家庭借助科技馆的展品开展科学活动的一种尝试。路线的设计者是科技馆,路线的执行者是家长与孩子。展品参观路线既要考虑到有趣的互动性,又要考虑到切实的学习效果,因此我们参照了 5E 教学法进行设计展品参观路线。5E 教学法是指"引入(Engage)""探究(Explore)""解释(Explain)""迁移(Elaborate)""评价(Evaluate)"五个环节。通过引入,调动孩子的学习兴趣,利用展品实现探究、解释与迁移,最后小朋友以汇报的形式展现学习的效果。考虑到孩子的注意力时长有限,我们设计的参观路线时长不超过 45 分钟。那该如何操作呢?本文以辽宁省科学技术馆展品为例,进行说明。在这里我们列举出了部分参观路线(见表 1),仅供参考。

表 1　参观路线

序　列	路线名称	涉及展品	原理/核心概念	展品所在展厅
1	奔跑的气流	球吸、伯努利球、气流投篮、感受升力、伯努利升力	伯努利原理	探索发现展厅、创造实践展厅
2	世界的色彩	眼睛、视错觉、视觉暂留	眼睛的成像原理、	探索发现展厅
3	光的秘密	三棱镜、加色法、减色法	光的色散,三原色	探索发现展厅
4	镜子世界	三棱镜、镜子的世界、光具座	平面镜、透镜成像	探索发现展厅
5	谁主沉浮	浮力、潜水艇、浮沉子	浮力	探索发现展厅、创造实践展厅

续表

序　列	路线名称	涉及展品	原理/核心概念	展品所在展厅
6	大力士—大气	马德堡半球、真空中的气球、空气压缩机	大气压强	创造实践展厅、探索发现展厅、工业摇篮展厅
7	我们的身体—心肺系统	心脏、肺、心肺系统、循环冲浪	心肺系统	科技生活A展厅
8	我们的身体—消化系统	人体剧场、人体切片、消化系统	人体的消化系统	科技生活A展厅
9	地震	地震小屋、板块运动、全球现象	地震	科技生活B展厅、探索发现展厅
10	火山	火山、太阳系的成员、地球构造	火山	探索发现展厅

接下来我们以“奔跑的气流”为例，展开说明。涉及的展品有探索发现展厅的球吸、伯努利球、气流投篮，创造实践展厅的感受升力、伯努利升力。本路线的学习核心目标是帮助家长和孩子们认识什么是伯努利原理。

① 入科技馆前：

我们会以图文结合的方式，向家长详细介绍参观路线与参观的展品，包括展厅的所在位置，每件展品的图片、操作方法和原理解释说明，并会对本路线的学习目标、学习策略进行讲述，让家长们在学习展品背后的科学原理的同时，学会如何利用展品引导孩子学习科学知识。

在引导孩子的环节，我们会引入经典的“奥林匹克号”与“毫克号”相撞的事实，提出问题：为什么小船撞上了大船，大船反而要负主要责任呢？这个故事是整个路线的导入，为了激发孩子们的学习兴趣，提示家长不要直接告诉孩子们正确答案，孩子们可以给出自己的猜想答案，也可以与家长利用书籍、网路一起探寻原因，以孩子自主探究意愿为主，家长起到引导、辅助的作用。

设计意图：家长在参观科技馆之前对即将要参观的展品路线有充分的了解，包括参观路线图、展品原理、引导孩子的步骤、每个环节的意义。这样的展品参观路线既能帮助家长自身提高科学素养，也能帮助家长利用展品引导孩子学习科学知识。

② 到科技馆一探究竟：

体验展品：首先找到探索发现展厅的球吸与气流投篮两个展品，家长与孩子一起体验展品，获得直接经验。再让孩子借助展品自己找一找答案，为什么篮球没有被吹跑而是投进了篮筐里呢？

做一做：从展品学会了原理之后，家长可以拿出提前准备好的两张长度相同，宽度不同的纸张，进行简单的实验，演示“毫克号”与“奥林匹克号”相撞的实验，结合展品原理，再次帮助孩子加深对伯努利原理的理解。

设计意图：本环节通过展品的体验、展品的说明、做一做简单的实验，直观让孩子了解伯努利原理。做一做环节的小实验，直接演示了“奥林匹克号”与“毫克号”相撞的情况，加深孩子的理解。

③ 知识迁移：

来到创造实践展厅，找到感受升力和伯努利升力，体验一下飞机的机翼形状与气流的关系，利用刚刚学过的知识解释飞机的升力。

设计说明：我们学习科学知识不仅仅是为了掌握一种原理，还要学会的利用原理来解释生活中的各种现象，学会举一反三。因此，我们去了解飞机的机翼结构。从气流投篮到飞机的升力，正是科学从生活现象中激发起兴趣，在通过思考得到答案，再从答案回到生活的一条线，帮助孩子实现知识迁移。

④ 评价：

小朋友在回家后根据学习过的内容，写成学习报告或者学习感想，回馈给科技馆，一条线路学习完毕。

设计说明：为了促进家庭科学教育的推进，提升孩子们的兴趣，我们设计了反馈的环节。当孩子们把所有的线路都游览通过后，可以培训孩子成为科技馆的小小志愿者，激发孩子们的内在学习动力。

(2)“把展品带回家”系列视频科学实验

科学不仅仅是已经获得的知识体系，更是通过亲身经历去探求自然事物的意义，进而理解这个世界的过程。根据布鲁姆教育目标分类法，教育目标可分为三大领域：认知、情感、动作技能。就“把展品带回家”系列视频科学实验而言，实验就是动作技能领域的目标。实验对应展品路线，每期围绕一个展品，一个原理，以线上视频的方式推出。考虑到视频录制实验，视频的呈现效果尤为重要，我们把“把展品带回家”系列实验的拍摄风格基调定为简洁唯美、观赏性强、易于理解和操作。每一期视频以3—6个实验为主，时长2—3分钟，拍摄注重色彩搭配的运用，画面质感清晰。实验过程整体展示结束后切入与实验原理对应的展品操作视频，最后以图文结合的方式，对每个实验和展品的原理进行说明。

“把展品带回家”系列视频实验方便人们快速学习一个科学概念，看过后会有想要动手试一试的冲动，既可以作为家庭展品参观路线的学习延伸内容，也可以让不能常到科技馆参观的人们了解展品，学习展品背后的科学原理。

下面我们以“大力士——大气”为例进行说明。视频时长2分钟30秒，小实验4个，核心知识点为大气压强，对应的展品为辽宁省科技馆创造实践展厅的马德堡半球。

实验1：覆杯实验：将纸杯倒满水，用厚纸板完全覆盖杯口，倒置水杯，会看到杯中的水不会漏出。

实验2：准备一个空矿泉水瓶、一个气球、一个大头针。用大头针在矿泉水瓶底部扎一个孔，把气球放进矿泉水瓶中，把气球的口外翻，套牢在水瓶口上，并把气球吹大，充满水瓶。按下、松开矿泉水瓶底部的小孔，观看气球变小的过程。

实验3：准备小水盆、水、一段蜡烛和一个玻璃杯。将蜡烛放在水中固定好并点燃，在小水盆中倒入一些水，将玻璃杯罩在蜡烛上，观看蜡烛燃烧熄灭后，水进入水杯中水位升高的现象。

实验4：准备一个塑料滴管，一些染料，A4纸一张。把滴管插入液体颜料中，双手挤压塑料滴管，排空滴管内的空气，松开双手吸入颜料。用力挤压滴管，将滴管中颜料滴到纸上，颜料会呈现不规则的形状，可以绘制成烟花或者花朵。

(3) 开设家长大讲堂

《义务教育小学科学课程标准》(2017版)指出科学素养是指了解必要的科学技术知识及其对社会与个人的影响，知道基本的科学方法，认识科学本质，梳理科学思想，崇尚科学精神，并具备一定的运用它们处理实际问题、参与公共事务的能力。科技馆是科普教育的前沿阵地、宣传阵地，也是提升公民科学素养的重要场所。科技馆开展的科学活动不同于学校的科学课，不会受到传统教学理念、分数成绩的制约，可以更接近科学教育的本质。家长们带孩子到科技馆参观的目的不同，有的是为了增长知识，开阔视野；有的是陪伴孩子，让孩子在科技馆尽兴。很少有家长会意识到，科学教育除了会增加孩子的科学知识之外，还可以提升孩子的科学思维、帮助孩子掌握科学方法、领会科学精神。针对家长意识的空白，科技馆可以利用自身的优势，定期开设家长大讲堂，帮助家长明白什么是科学教育、科学教育的重要性与必要性、如何在参观中有效利用展品资源、如何在家持续开展科学教育以及如何培养孩子像科学家一样来思考等。

4 总　结

在科技馆我们看到越来越多的家长们已经意识到对孩子进行科学教育的重要性，也看到很多家长因自身的科学素养不足而无法引导孩子的科学学习。科技馆的科技展品可以带给人们科学知识之外，还有科学方法、科学思维、科学精神。提升家长和孩子的科学素养，切实帮助家长和孩子理解科学知识，掌握科学方法，学会科学思维，领会科学精神，让家长与孩子领会全面的科学教育。科技馆可以把展品整合，为家长和孩子设计参观、学习路线；可以把展品和与展品原理有关的小实验制作成视频，供孩子学习；可以为家长开设科学大讲堂，帮助家长了解什么是科学教育，科学教育的意义。科技馆可以充分利用展品资源、实验室资源、科技辅导员资源、甚至是专家资源，切实从孩子成长的角度出发，为家庭提升科学素养保驾护航。科技馆担任着科学普及的使命，科学教育的使命，科技馆可以站在科学教育本质的角度，让孩子们在科学教育的领域与国际科学教育接轨，帮助孩子在思维、知识、情感等多维度上的成长。孩子是国家的未来，是民族的希望，家庭环境对孩子的影响是一生的。帮助家长提升科学素养，是为了实现孩子科学素养的提升。从孩子的角度出发，以人为本，科技馆可以拓宽思路，不断尝试，设计更多的选项，供家长与孩子选择。

参考文献

[1] 蓝丽燕. 亲子家庭观众与展品互动研究——以中国科学技术馆为例[D]. 北京：北京师范大学，2009.

[2] 聂海林，王梦倩，刘茜，崔鸿，科学技术馆建设标准化途径探索与实践——以实体科技馆系列规范研制过程为例 [J]. 科学教育与博物馆，2019(26)：85-91.

[3] 朱莹，博物馆在线教育游戏的开发与设计——以“自然探索在线”为例[J]. 科学教育与博物馆，2019(25)：48-52.

[4] 张鸿起，张敬会，中国科技馆未成年观众的参观状况分析[J]. 科技馆，2006(3)：11-16.

整合优势科普资源，打造精品科普清单
——探讨如何依托科技志愿资源做好校园个性化科普服务

陆 英[①]

摘 要：2019年中国科协科普部发布《关于进一步做好科技志愿服务有关工作的通知》，鼓励和规范科技工作者参与科技志愿服务，推动新时代科技志愿服务制度化和常态化。各地科协积极响应，建立起科技志愿者协会、科技志愿者队伍、科技志愿服务团（队），吸纳当地科技专家、科技工作者等人员作为科技志愿者，提供公益性科技类服务。本文根据广西科技馆科普活动进校园的实践情况以及广西中小学校科普活动的现状，并结合具体案例分析如何根据校园科普的需求目标，整合优势科普资源，建设校园科技志愿服务平台及依托科技志愿资源做好校园个性化科普服务。

关键词：整合科普资源；科普菜单；科技志愿服务；个性化科普

2019年中国科协科普部发布《关于进一步做好科技志愿服务有关工作的通知》，鼓励和规范科技工作者参与科技志愿服务，推动新时代科技志愿服务制度化和常态化。各地科协积极响应，建立起科技志愿者协会、科技志愿者队伍、科技志愿服务团（队），吸纳当地科技专家、科技工作者等人员作为科技志愿者，提供公益性科技类服务。广西科协于2019年5月31日为广西科技志愿者总队及5支分队授旗，多渠道建立了科技志愿人才库，科技志愿服务行动也随之迅速展开。青少年是科协重点科普人群，如何依托科技志愿资源做好校园科普服务是值得探讨的工作之一，以下将从广西中小学校园科普活动现状、广西科技馆科普进校园活动情况、整合科普资源打造校园个性化科普服务实践分析、建设校园科技志愿服务平台、打造校园个性化科普服务思路等五个方面进行探讨。

1 广西中小学校园科普活动现状

近年来，随着国家对青少年科技教育的重视，广西中小学校也加强了对青少年科技教育培养的力度，按相关要求开设了科技课，并配备相应的科技教师，积极开展校园科技节、科技实验课、课外实践等科普活动，一定程度上提升了广西青少年科学素养。然受到科技教育资源、传统升学压力等情况，在科技课、科普活动开展方面存在以下问题：

(1) 科技教育师资缺乏

因科技教育是近几年才得到重视，高等院校包括师范类院校较少开设科技教育专业，科技教育人才缺乏，而近年来各中小学对科技教育人才需求庞大，科技教育人才造成供不应求的情况，中小学校很难招聘到有科技教育经验的老师，广西属于欠发达地区，对于相应人才的引进

① 陆英，广西科技馆党办主任。通信地址：广西南宁市民族大道20号。E-mail：40504976@qq.com。

更加困难。

(2) 科技课教师缺乏科技教育经验

目前广西大部分中小学校配备的科技教师是其他专业老师转课程教学，而县、村中小学校中科技教师更是大部分由其他课程老师兼任，严重缺乏科技教育知识与经验，只能照本宣科，无时间更无能力做好科技教育工作，对于如何开展好科普活动更是没有概念。

(3) 科技教育资源缺乏

广西县、村中小学校科技教育资源相当缺乏，教师仅能依靠学校基础配备的课本、课材，没有足够的资金配备其他科技实践器材，不能在科普方面进行更多的拓展与丰富。

(4) 全校性科普活动经验缺乏

目前各地市中小学校基本能组织开展校园科技节、科技周等活动，但由于科技老师经验不足、科普资源不够、与科普单位联系不够等原因，学校该类科普活动的开展仅能让部分同学参与，不能辐射全校学生。

2 广西科技馆科普进校园活动情况

广西科技馆历来重视科普进校园活动，积极与中小学校沟通联系，配合学校开展校园科普活动，辐射范围除各地市城区学校外，更倾向于各贫困地区的学校。每年开展的科普进校园活动百余场，主要科普资源有科普大篷车、科普展览、科普秀、科普互动实验、科普课、专家讲堂、科普扶贫、其他项目活动等。这些科普活动的主要特点如下：

(1) 科普大篷车、科普展览

一辆科普大篷车一次约20件展品，互动性强、学生可近距离感受、接触科普展品，生动了解相关的科普知识，但由于展品操作人员有限，一般仅能容纳一个班级学生同时参观，故只能进行班级轮流参与，如时间有限，仅能由学校指定批数参与。由于互动展品占位大，广西科技馆科普大篷车一般采取除互动展品外配备部分科普展板，以弥补展品数量不足的问题。

(2) 科普秀

科普秀的优势只要有合适的音响设备，全校师生能共同一起观看，而通过表演加互动的形式也能足够活泼，部分学生还能参与互动，有一定的体验感，很受欢迎。科普秀非常适合在科普活动启动仪式上进行表演，能为启动仪式增色不少。但因靠科普人员现场表演，时长一般要控制在30分钟以内。

(3) 科普互动实验

科普互动实验能让参与的学生都能进行亲身体验，科普效果好，主要的问题是受材料和科普老师能辅导的人数限制，一般建议是30人为一组进行互动实验，最多为一个班级学生。

(4) 科普课

科普课主要针对合作学校，由广西科技馆科技辅导员到学校开展系列科普课程，主要针对特定的科普兴趣班或团队，因为是系列课程，优点主要是能培养一批科技爱好学生，缺点是需要花费较大的人力和精力，不能拓展开范围。

(5) 专家讲堂

专家讲堂主要是邀请科普专家到学校开展专题报告，参与人数受到学校设备影响。

(6) 科普扶贫

科普扶贫主要是通过开展科普活动、赠送科普物资等，深入贫困地区、贫困学校，通过广西科技馆的资源为学校、学生奉献爱心。该活动受资金等影响较大。

(7) 其他项目活动

主要是指中小学发明创造示范单位等科普项目的活动实施。

广西科技馆自身科普资源丰富、科普人员具有一定的专业性，然而广西科技馆还有自身场馆需要开放，还有流动科技馆等工作需要安排，此外还举办和承接了众多大型科普活动，在科普活动进校园方面人力与科普物资方面仍有限，一年开展百余场活动已是非常饱和。随着学校科普的需求越来越大，广西科技馆也需依靠社会资源，共同做好科普工作。如专家讲堂依靠了专家志愿者团的专家资源、科学列车依靠了教师志愿者团的教师资源，2020 年根据中国科协对科普大篷车的新要求，也实现了科普大篷车社会化运营，科普大篷车的科普能力得到进一步的提升。依靠社会科普资源来进行科普，是必然的趋势。中国科协适时提出的新时代科技志愿服务正符合新时代的科普要求，顺势而为。

3　整合科普资源打造校园个性化科普服务实践分析

近年来，广西科技馆一直加强与广西各科普单位的联系沟通，探索科普合作新模式。2015 年，由广西科技馆牵头，联合广西博物馆、广西自然博物馆、广西民族博物馆共同发起成立了广西自然科学博物馆协会，现已有 45 家会员单位。广西自然科学博物馆协会的成立进一步加强了广西科普单位的联系与合作，自成立以来，始终坚持两项工作：一是开展会员科普培训，开阔会员的科普思路，提升会员的科普能力；二是联合会员单位开展科普活动，丰富科普活动内容，扩大科普活动影响力。广西自然科学博物馆协会联合开展的科普活动主要有科普进校园活动以及暑期科普联展活动，科普进校园活动采取的是由广西科技馆牵头，联系沟通好学校后向会员单位发出邀请，会员单位自愿报名参加活动，进校园活动每年平均开展 5 场，其中最多单位的联合活动共有 10 多家科普单位参与，活动丰富，效果斐然。暑期科普联展活动是每年暑期开展，由协会秘书处发布活动通知，收集整理各单位暑期科普活动，制作科普活动宣传折页，举办启动仪式向媒体与公众发布信息，得到媒体重点甚至头版宣传，经过多年的宣传，现临近暑期，也会有媒体主动咨询协会的暑期联展活动情况。可喜的是，在国家对科普工作的大力倡导下，现今各企业单位越来越重视科普工作，在广西，除了科技馆，博物馆、动物园、植物园、海底世界以及一些科研单位、科普企业都开始推出进校园活动，结合本单位的特色开展了丰富多彩的科普活动，一定程度上补充了校园科普活动资源缺乏的短板。

广西自然科学博物馆协会也在不断地吸纳会员单位，并不断开拓新的科普联合方式，其中校园个性化科普服务就是科普联合的新方向。以 2019 年的两次实践活动为例进行分析。

(1) 在南宁二中联合开展纪念爱因斯坦诞辰 140 周年

2019 年 3 月 14 日正值爱因斯坦诞辰 140 周年，因南宁二中初中部开设了“爱因斯坦成长基地”科普兴趣班，经与南宁二中科技老师沟通，该校正计划开展学校科技节，经沟通达成一致，于 3 月 14 日在南宁二中举办纪念爱因斯坦诞辰 140 周年暨南宁二中初中部 2019 年校园科技节。本次活动以“爱因斯坦”的“爱”贯穿始终，共设置有“我与爱因斯坦跨越时空的对话”照片墙、“爱因斯坦”主题海报、“我爱动手”项目竞技赛、“我爱挑战”知识争霸赛、“我爱体验”科普体验区、“我爱学习”科普知识展、“我爱爱因斯坦”主题展示区、“未来的爱因斯坦”主题交流区等。1300多名学生同时参与到各个活动区中，凭着大家的智慧和出色的动手能力完成每项任务，勇敢通过科普闯关获得积分，并评比出科普闯关优秀团体。

其中在“我爱体验”科普体验区，广西科技馆、广西博物馆、广西自然博物馆、广西博锐恩科技有限公司、南宁市动物园、南宁市海底世界、南宁博物馆、南宁市科趣文化传播有限公司各自带来了特色的科普体验活动，丰富的科普活动让学生们深刻体验到科技之趣、科技之魅。活动结束后，南宁二中的科技辅导老师感慨说总算看到全校学生共同参与到科技节互动的热闹场景，感受到学生们的开心之情，据了解，前几次学校的科技节仅有部分参赛学生参与，有部分学生基本是待在教室，没有互动参与性。

（2）在北湖路小学联合开展2019年“中国航天日”广西科普活动

2019年4月24日正值第四个“中国航天日”，北湖路小学是中国宇航学会认定的第三批全国航天特色学校，也是广西首批被命名为“全国航天特色学校”的学校。经与学校领导沟通后达到一致，于4月24日在北湖路小学举办“祝福祖国 逐梦航天——2019年“中国航天日”广西科普活动，全校1200多名师生参与活动，共同体验航天科技的魅力。

当天，千名学生和智能机器人以及无人机编队在北湖路小学共同上演快闪，激情唱响《我和我的祖国》，用实际行动和歌声表达对祖国成立70周年的祝福之情，表达对中国航天事业发展的自豪之情。

本次活动主要分为三大部分：“逐梦航天”科普活动竞技赛、“航天强国梦”航天模型设计制作赛、“乐享科技”科普活动体验区，学校的所有学生都积极参与到各项活动中。

竞技赛是联合科普企业共同举办，共有5项，“比一比谁飞得最远”——小小纸飞机、小小飞纸牌、小小竹蜻蜓；“比一比谁飞得最快”——无人机障碍竞速赛；“比一比谁飞的更高”——水火箭比高。赛前一周，由该企业到学校开展相关培训，为参赛选手进行赛前实践操作。

科普活动体验区共设五大科普活动体验区，由广西科技馆、南宁市科技馆、广西振阳教育科技有限公司、博锐恩科技有限公司、科学小天才科普教育团队各负责一个区域，活动有：模拟器体验无人机飞行；用脑电波控制轨道车启动和加速；亲身参与探究航天主题科学实验“驾驶舱在哪儿”“火箭反作用推进力模拟”“遥控纸飞机”“自制空气动力机体”等；自由体验科普大篷车展品、科普展板；动手进行《我的航天梦》科幻画创作；在老师的指导下利用吸管和彩泥等常见材料“搭建火箭发射塔”，自己建设一座具有中国特色的火箭发射塔等，知识性与互动性兼备，活动丰富多彩，全校师生均参与到活动中，亲身体验收获良多。

4 建设校园科技志愿服务平台

在中国科协的指导下，各地开始建立并完善科技志愿服务体系，吸纳了大批科技人才在各方面为科普志愿工作服务。在学校亟需科普资源补充而科技馆明显满足不了的情况下，如何依托科技志愿服务做好广西校园科普工作，做好青少年科普工作是值得深入探讨的议题。根据对部分各中小学校的科技教师的咨询结果，综合分析后发现，目前最大的问题是学校对社会科普资源的联系不畅，而造成这种情况的原因主要有两点：一是学校科技老师或主管科技的校领导对社会科普资源不了解，没办法取得联系方式；二是受教育部门前些年严厉打击校企合作不正当行为的影响，因噎废食，不敢尝试。综合现在科技志愿工作现状分析，解决这两个问题的最好办法是与教育部门联合建设校园科技志愿服务平台，对申请加入科技志愿服务平台的志愿者或志愿团体进行审核，对于经过审核的科普活动项目在平台上予以公示。此外，应对开展的科普志愿服务进行监督与指导，以及定期开展相应的科普教育培训与交流，促进科普志愿服务的规范化，提高科普活动的科普质量。校园科技志愿服务平台的主要应包含以下三个特性：

(1) 开放性

① 对愿意提供科技志愿服务的科技人员、科普单位、科普企业开放自由申请平台，只要有意向，均可以进行申请加入志愿服务工作。

② 对需要科技志愿服务的学校开放自由沟通渠道，通过平台可以了解科普资源情况并可以自由申请安排科技志愿服务。

(2) 权威性

① 须对申请的科技志愿人员、企业单位进行认证，对提供的服务项目进行严格把关。

② 须对申请科技志愿服务的学校进行沟通核实，确认科普活动时间与满足相关科普活动条件。

③ 须安排专人现场协调组织并监督实施情况，及时通报违规志愿服务人员或企业，同时也应开展年度优秀科普志愿活动的表彰。

(3) 丰富性

① 科普志愿人员的丰富，主要指吸纳不同行业不同层次的科普志愿人才。如院士、专家、普通科普人员等。

② 科普志愿服务种类的丰富，主要指应吸纳不同的科普志愿服务项目，如科普活动类、科普咨询类、科普建设类等，科普活动类也可分为科普展示、科普互动体验、科普讲座等。

5　打造校园个性化科普服务

良好的校园科技志愿服务平台、丰富的科技志愿服务项目即是打造校园个性化科普服务的基础，要打造校园个性化科普服务，主要可以推出以下两种方式：

(1) 经过系统性的、专业性的分类，就能打造推出不同类别的精品科普菜单，推荐给学校。此方法适用于缺乏科普活动经验的学校，这样学校能轻易选择出精品科普活动。

(2) 学校可以根据自身的需求自由组合进行下单，打造适合本校的个性化科普服务。此方法适用于对科普活动有明确要求、对科普志愿活动有一定了解的学校，这样学校可以选出适合学校的个性化科普活动，打造出学校科普特色。

一直以来，习近平总书记高度重视科技强国建设，曾深刻指出"建设世界科技强国，不是一片坦途，唯有创新才能抢占先机。"并对新时代中国科普工作提出了"科技创新、科学普及是实现创新发展的两翼，要把科学普及放在与科技创新同等重要的位置。"的要求。可喜的是，现今广西各企业单位越来越重视科普工作，特别是对青少年的科普工作。除了科技馆，博物馆、动物园、植物园、海底世界以及一些科研单位、科普企业都开始推出科普进校园活动，并结合本单位的特色开展了丰富多彩的科普活动，一定程度上补充了校园科普活动资源缺乏的短板。

然而，目前针对青少年的科普资源，无论是科普内容还是科普方式，还存在严重的不足。学校作为青少年教育培养的重要阵地，还需要更多单位的关心和注重。在中国科协发起科技志愿服务行动，建立各级、各行业的科技志愿服务队伍、吸纳更多层次的科技人才的同时，也希望能多探讨如何依托科技志愿资源做好校园个性化科普服务，为提升青少年科学素质服务。

农村贫困地区科普工作的思考

张国强[①]

摘　要： 科学作为一种先进力量，在农村得到广泛深入宣传，科学至上在农村广受认可，科学在农村也具有很强的话语权。然而，传统科普资源难以满足农村贫困地区基本生产生活需要，这些地区难以获得更加持续有效的科普公共服务，随着农村贫困地区农业劳动者的结构发生了显著变化，以传统农业生产为主的农户，难以获得理想的市场机会、分享城镇发展的成果。如何发挥科普在农村贫困地区的重要作用，帮助群众依靠科技脱贫致富、发展生产和改善生活质量在助力乡村振兴方面具有重要意义。

关键词： 科普；农村科普；教育活动；乡村振兴

新中国成立以来，中国共产党带领人民持续向贫困宣战。在2020年的政府工作报告上，落实脱贫攻坚和乡村振兴举措，坚决打赢脱贫攻坚战，努力实现全面建成小康社会仍然是今后一个时期的一项重要任务。提高全民科学素质作为助力脱贫攻坚不可或缺的重要部分，弘扬科学精神，普及科学知识，传播科学思想和科学方法，提高农村妇女及西部欠发达地区、民族地区、贫困地区、革命老区农民的科学文化素质这一任务同样驱使科普工作走进农村这最后一公里。截至2014年底我国7000万贫困人口主要集中在农村，农村贫困人口中留守儿童、留守妇女、留守老年人又占据了贫困人口的90%以上，向他们提供所需的科普服务是构成公共服务体系的一部分。面向这群特殊的科普对象，农民科技教育培训工作如何统筹务农和务工农民培训需求，如何应对受众参差不齐的素质水平，如何创新培训内容、方式和手段，在打赢脱贫攻坚战役中这些都是新的要求，也是新的挑战。

1　农村贫困地区科普现状

科学作为一种先进力量，在农村得到广泛深入宣传，科学至上在农村广受认可，科学在农村具有很强的话语权。然而笔者在乌兰察布市四子王旗农村地区进行了广泛的走访调查，调查结果显示绝大多数贫困村的农民均表示未享受到实际生产生活中发挥重要指导作用的科普服务。根据2015年中国公民科学素质调查结果显示，与其他人群相比，农村农民的科学素质提升非常缓慢。2010—2015年，城镇劳动者科学素质从4.79%提升到了8.24%，而农民仅从1.51%提高到1.70%；从城乡分类来看，2010—2015年，城镇居民科学素质从4.86%提升到了9.72%，而农村居民仅从1.83%提升到2.43%。

(1) 自然资源形成的屏障

我国作为历史上传统的农业大国，农村地区面积辽阔，一些自然资源落后的偏僻地区，资

---

① 张国强，内蒙古科技馆从事展陈策划与展览教育工作11年，2019年被派驻嘎查村成为驻村工作队员，目前主要开展脱贫攻坚工作，17648204860。

源可用度相当低下，且长期与外界的交通和信息分享困难，形成了很多深度贫困片区，农村贫困地区的农民，主要依靠当地有限的自然资源从事农业生产，贫困村长期受气候、交通、信息等自然条件的不利影响，加之传统科普资源难以满足基本生活需要，难以获得更加持续有效的科普在内的社会公共服务，多种因素互相影响共同起作用，科普资源与其他公共服务同样面临“蜀道难”问题，现在很多以前缺位的公共服务做的工作相当于是对以前偏科影响进行的“补课”。自然条件较为恶劣的农村贫困地区基础设施建设落后，劳动人员素质较低，农业生产条件相对较差，科学从事农业生产比例相当低，生产和生活的承受能力相当脆弱，这种自然条件下生活的人们很容易陷入信科学却不知如何用科学发挥正面影响的尴尬境地。

（2）人口结构带来的困境

近年来，随着我国城镇化进程加快，由计生政策、经济和社会发展等多方面的影响，农村生育率大幅下降，婴幼儿逐步减少，农村有知识、有文化的青壮年已经不再从事农业生产，进城转移到了非农业谋生，农村劳动人口结构发生了显著变化，贫困地区农业生产面临劳动力极度短缺问题。以笔者所驻贫困村为例，在册人口 655 户，常住农村的仅剩 168 户，以前本村的公办小学由于生源太少已空置多年，全村 50 岁以上人口占据了常住人口总数的 74%，且受教育水平 88%处于初中及以下，村“两委”成员的平均年龄也高达 51 岁，正是这些老弱病残人口留守农村导致贫困率的循环发生。（本节数据均来源于笔者参与调查的乌兰察布农村牧区 1984 年以来人口流动信息统计表）年青人口的长期流出造成一系列突出问题，主要表现为农村现有人口整体科学文化素质低，对科技的认知接受能力有限。随着农村经济的发展和农村城镇化进程加快，留在农村的农村妇女、儿童、老人弱病残者成为农业生产的主力军和科普对象的硬骨头，进一步加大了农村地区科学技术普及的难度。

（3）科普工作供求关系的脱节

调查中发现，农村科普供求现状与农民实际需求不相符。造成这种状况的原因是多方面的，一是由于农民的科学文化素质偏低，对科学技术价值认识不深，使用积极性差，传统上农民习惯于无偿服务、被动服务，缺乏主动参与意识，对科学技术在农业生产中的重要性认识不足。二是现有农村科普工作的方法和手段供需关系不合理，内容缺乏系统性和针对性，许多优惠倾斜政策、科普信息资源等要么传递不到基层，要么与基层实际需求明显不相符，农民迫切需要的生产咨询、技术培训工、设施、供销等领域指导较少，现有供给对于农业现代化、产业化发展与市场经济不相适应，难以满足农民日益增长的生产生活的实际需求。三是科普方式有待进一步创新，科普人员也普遍认识到农村科普工作不力，通常都会集中资源在农村搞一些大规模的、大场面的、参与人数众多的短期活动，但重形式不重效果，缺乏一以贯之的持续性、临时性、随意性较大，农民直接利用程度有限，各种活动中较多的扮演教育和传播角色主观灌输，与农民互动参与成效程度低。

（4）传统观念影响之下的科普难

在市场化、现代化、集约化、智能化的大背景下，农户仅凭传统农业生产再难获得理想的市场机会和分享城镇发展的成果，传统自给自足的小农生产在市场经济大势中处于劣势地位并极具脆弱性。农业生产不易形成现代化、集约化生产模式，以笔者所驻贫困村为例，一户拥有几十亩承包土地，每年盈余的大多数收益不断投入了农业基础设施完善和更新换代速度非常快的机械化投资，机械化的目的是节省人力无疑，其实真正的原因是为了抵消农村逐年下降的劳动力，这类投资数额非常巨大，各种各样的农业机械几乎家家具备，但大部分时间都在闲置，造成了农业机械资源的极大浪费，而贫困户常常陷入“秋收万颗子，来年无种子”的窘境。上述情况在养殖业同样普遍存在，笔者所在的半农半牧地区，经常一户养殖几只到几十只数量不等的牛羊，周边牧场无法满足数量过多牲畜的放牧条件，经常可以看到草坡上10个人放10群羊，每群羊的数量却不超过100只，究其原因，竟是不信任他人放牧自己的羊，如何从观念上解放这些浪费的劳动力也是科普教育的一项重要内容。

2 农村贫困地区科普工作之探索

随着我国农业的规模化、合作化、市场化等新发展，新型职业农民对科学技术的需要无疑是科普服务的重点对象。按照全民科学素质行动计划纲要实施方案总体要求，到2020年年底，公民科学素质在整体上有大幅度的提高，达到世界主要发达国家21世纪初的水平。对农村围绕科学生产和增效增收，激发广大农民参与科学素质建设的积极性，增强科技意识，帮助农村和农民提高获取科技知识和依靠科技脱贫致富、发展生产和改善生活质量的能力，并将推广实用技术与提高农民科学素质结合起来，着力培养有文化、懂技术、会经营的新型农民。

科普工作具有群众性、社会性和持续性的特点，同时，农村科普工作是一项长期复杂而艰巨的工作，必须避免短期行为和形式主义。农村科普实践最大情况和特点是科普对象的个性化和科普内容的具体化，“一刀切”或粗放式科普无法满足农村科普的实际需求，只有有针对性的工作措施 ，形成长期稳定的工作机制，农民科学素质才会有显著提高，城乡居民科学素质水平差距才会逐步缩小。

(1) 科学力量破除自然资源限制

自然条件及地方消极文化决定了农民对科普的有效需求的不足，农户开展的农业经营规模较小，技术革新的需求不旺，传统技术即可满足基本生产与生活需求。多年来，农业部门也提供了大量的农业技术服务，也开展了大量的农民培训工作，除此之外，农业合作社、农技协、科技特派员等机制也在运用科普手段破除自然资源限制方面发挥了重要作用。仅凭科普工作一己之力破除自然资源的限制并不见得短时期能取得成效，除政策在多方位协作形成合力外，非常有必要制定农村科普工作中的长期发展纲要，明确农村科普工作的主体、对象、原则、任务目标等，形成制度化、规范化的长期稳定运行模式和工作机制。

充分利用学会部分成员的专业与企业经营能力，探索合作成立托管代养协会，依托农业专业化合作组织，积极发展土地规模化经营，推动农业经营方式转变。由农民选择“保姆式”全托管服务或“菜单式”半托管服务模式，通过把农民手中条条块块分散的土地与养殖牲畜流转过来，由协会统一管理、统一服务、统一经营，将优势资源与先进的农业生产要素有机结合，打造农业生产社会化服务综合性平台。这种模式将农户现有的农业资源集中进行管理，通过“资源—网络—服务”从上游到下游的系统经营，实现农村农业在机械化、规模化、集约化方面的整体发展，实现了“产前到产后的全程跟踪服务”，在确保农民现有产权不改变的前提下，既能获得土地、建筑等权益流转收益，又能在闲暇外出务工或合作化组织内务工，有效促进了农业增效和农民增收。

活动型科普持续影响力量仍需加强。农村大型科普活动一般由地方科协系统举办，通过科普活动等形式为当地百姓开展科技服务，例如目前仍在实施的三下乡、科普大篷车进社区等，在全国科技周、全国科普日等大型活动中也涉及农村科普内容。这些科普活动对农村地区对科技力量的广泛认可带来冲击，也确实带来了货真价实的科技服务，但需要克服其供需不对称、覆盖面小、持续时间短、长期深入影响欠缺等缺点，广大在一线的科普工作者仍需开动脑筋继续努力，在农村科普盲区里发扬吃苦耐劳、一往无前的蒙古马精神。

技术服务型科普发展最快，作用最直接，利用好农科学会协会资源，组织专家授课，面对面解决问题，广泛开展农机作业、测土配方施肥、农资直供、农药农技服务、优质农产品代储、新型职业农民培训等科普服务，用现代科学技术使恶劣自然环境在一定程度上向良田优牧转变，如呼和浩特市赛罕区某地开展稻田蟹项目，在巴彦淖尔市某地开展的沙漠稻田项目等等，都是利用现代化农业经营模式打破自然资源与地区限制的良好案例。

(2) 求解农村人口结构下的科普难题

农村人口普遍向城市优质资源流动，造成农村从事农业生产人员“缺血”的现象，归根结底是经济发展与城市化进程的结果，在县级开展科普的工作人员，同样存在非专业和年龄结构偏大的情况。鼓励更加专业的科普工笔者向基层和一线流动，把根在本地的返乡大中专毕业生、在乡务农人员、致富能手、外出务工经商者、复退军人等作为重点，吸收为科普系统内会员，重点进行培训后由其兼任科普志愿者或其他类型工作人员，向农村定期提供技术型科普服务，同时，由熟悉农村环境的以上人员参加到高层次科普行动计划和活动的制定策划当中，使供需关系中承上启下的这部分人发挥作用，促使科学技术在农村转化为摆脱贫困的重要力量，这是在农村老龄化蔓延的背景下，解决农村基层组织建设的积极探索。

农村贫困地区面临劳动力短缺问题，现有农业资源落后形成的传统限制，农民种植作物普遍盲目，对农业活动的未来方向充满困惑，同时，以往小规模散户经营的传统农业生产方式也与现代农业规模化、集约化生产需求不相适应。“术业无专攻”的人力资源现象深刻制约着农村农业生产活动的发展，一方面可以借鉴“大学生村官”经验，加强乡村基层组织建设，对于条件艰苦地区的乡村组织要考虑技术入股合作组织，或考虑政策性补贴，或考虑适当安排任职村职等形式，以吸引优秀人才从事乡村干部工作和合作组织成员，为农村技术带头和专业储备劳动力补充新鲜血液，在农村让专业的事交由专业的人来做，从根本上使农村科普对象的结构和层次发生转变。

就目前农村贫困地区存在大量接受能力较低的人口，制定与这部分人年龄、学历、地方文化相符的科普活动，在加强科普活动可视性上下功夫，毕竟看得见、听得懂对于农村科普对象来说应该放在首位考虑。如在内蒙古科技馆开展的科普大讲堂，在前期选题即考虑覆盖农村贫困地区实际需要，注重科普与技能和落地之间的转化，通过网络等形式在各农村贫困地区开展分讲堂，亦可将培训对象覆盖当地农技协或农业合作社带头人，不仅要进一步强化他们的技术示范作用，更要培育他们成为农村科学文化建设的示范人，成为农村展现科技力量的带动者，促进农村的科学文化形成与建设。

(3) 精神文化建设不可或缺

农村科普精神服务主要是指通过各种科学方式，让农民感受科学的力量，为农民提供科学文化精神体验，提升农民利用科学摆脱贫困的意识，以及理性对待生活中各类事务的能力，尤其是短期通过科学手段发生效益上的变化，对农民来说更具说服力。技术服务是科学文化建设的一部分，围绕农民的生产与生活开展的技能型的服务与指导，技术服务可提升农民的生产能力和生活质量，提升农民的科技意识。

科学就是生产力示范作用带来的影响不可小视。在人情社会非常吃得开的农村，示范效应和从众心理通常都能形成巨大影响力，贫困农村的常住人口的思维习惯和行为方式是长期在其成长的圈子文化里形成的，承担传授式角色的科普工作者千万句说教传播不及身边人实惠到手的收获更有效果。因此，开展对农村威望甚高、致富带头人等的科普专业培训，科技示范户推广农业新品种、新技术，往往效果比科普工作人员“以一敌百”更让人意外，且以富带贫效应在农村地区更有感召力。

如前所述，在农村科普最直接有效的方式就是技术型服务，基层科协、县级学会的经费和技术力量较薄弱，外聘专家在技术领域的针对性、连续性、及时性又相对较差，很难独立支撑农村科普工作大局，由省区级技术资源、资金充沛组织农技专家带领技术人员、志愿者等工作人员“直接到户、直接到田、直接到人”，借鉴精准扶贫相关做法，依照农民个性化技术需求，开展“一户一策”的技术指导和服务，在专家与技术指导员、技术指导员与农民、示范户与普通农户之间实现“零距离”对接，构建“专家组-技术指导员-科技示范户-辐射带动农户”科技成果转化应用的快捷通道。相比专家和技术指导员而言，科技示范带头人是常住农村的“乡土专家”，也是促进农村科技文化转变、农村农技推广的重要力量。

(4) 需求关系背后的思考

从2015年网络书屋项目部开展的“全国基层农技人员能力提升需求调查”结果可以看到，农业新品种和新技术的培训是农民较为稳定、主流化的长期需求，因此，农民科技教育培训工作要积极主动适应新形势的发展要求，与时俱进地调整教育培训目标与内容。当前形势下，科普对象多偏重青少年，内容自然偏向基础科学的培训普及，农村对于新品种和新技术较为突出的需要往往不被基层科普工笔者重视，忽略了农村地区的真实需要，这样即形成了供求关系的不平衡。

从认知途径来说，农民接受科普的途径主要有以下几种：一是阅读相关材料，二是听（如听讲座、听介绍等），三是看。相对于受教育程度普遍较低且以老年人为主的农村人口来说，看和听成了农村人口接受信息习惯的主要方式，利用农村地区喜闻乐见的形式，开展多层次、接地气的科技教育培训，将极大拉近高高在上的科学与受教育程度较低群众之间的距离。

从科学普及技巧来说，要求技术讲解语言尽量本土化，浅显易懂，形象直观，便于群众接受。笔者在农村贫困地区组织的农业技能培训过程中发现，农民在培训过程中中更加关注某一农业生产活动在经验生产中的疑惑，如对高产玉米种植技术播种、育苗、移栽、田间管理、收获等环节全程关注，再如肉牛养殖对受精、牛犊接生、成牛常见病防治等环节重点关注。这些培训的讲授者往往都是某一行业领域内的专家学者，讲授过程中，一些专业术语、高深科技对受教育程度较低的农民形成了知识障碍。

农村生产活动的季节性相当强。因此在农村科普活动中务必要注意知识和技术的时效性，比如在某一地区春耕春播前开展优良选种、农资选购、播种技术等培训，在作物生长期间培训田间管理、丰产技术，秋收期间做销售指导、电商特产、配方测土等培训，这些技术指导不仅及时有效，且极大的增强科学对农业生产在农民心中澎湃的精神力量。选择恰当的时间进行的科普活动及农技培训会取得事半功倍的效果，否则，在没有新知识积累习惯和年迈老人占多数的农村，一些精心准备的活动因为选时不当很快就会被遗忘在一场昨天才发生的历史当中了。

当前迎来的媒体融合时代，网络也成为与农民交流的一种重要方式，在新型职业农民中越来越重要。人手一部智能手机走进千家万户，据笔者观察，手机短视频程序在农村是被广泛接受且利用率很高的传播方式，很多农民开始尝试将一些短视频传递的新兴农业技术进行小范围试点。开展一项科普活动在充分考虑农村需求的同时，各层级的科普公共服务，如何利用好网络平台，将专业技术讲授培训等活动通过视频直播直达农村，直达农民，引导他们在观念和技术上的全方位革新。在充分利用网络的同时，我们也应清醒地看到，不能过高估网络且将其作为唯一手段在农村科学文化建设中的作用，因为农村贫困地区农民对智能手机熟练使用和知识应用习惯还没有充分建立起来。

3 结束语

科普工作对于科学素质的全民提高在带动广大农民增收、脱贫、致富具有重要意义，虽广大科普工笔者也曾长期深入农村，农村科普一定程度上需要颠倒以前居高临下式科普模式，与百姓同甘共苦，思考农村科普工作的目的在于方法论的实践检验和提质增效。建设创新型国家是我们的国策，此时，我们对科普工作的创新需求比以往任何一个时候都更加迫切，如何使科学在农业农村基本实现现代化发挥有力作用，更重要的是把多少科技成果转化成了现实生产力，在保障农产品质量安全、提升农业国际市场竞争力、促进农民收入增长方面贡献力量。有理由相信，经过科普工作者长期调查开展有针对性的工作，定会在乡村振兴战略实施的第一线发挥更大实际成效。

参考文献

[1] 朱洪启.关于我国农村科普的思考[J].科普研究，2017，12(06)：32-39+106.
[2] 陆益龙.究竟怎样合情合理地看待农村贫困成因[N].北京日报，2016-03-14(014).
[3] 孙传范，王喆.我国农村科普工作的发展状况与对策建议[J].中国农业科技导报，2005(05)：76-79.
[4] 石绍峻.农村科普“最后一公里”精细化管理初探[J].海峡科学，2015(12)：44-45.

自然博物馆特色教育活动的开发与实施
——以“博物馆奇妙夜”活动为例

雷敏[①] 李晨[②]

摘 要： 教育职能是博物馆的首要职能，自然博物馆的教育职能主要是实施生态文明教育。发挥自然博物馆的教育职能，对推动我国社会主义生态文明建设具有重要的积极意义。自然博物馆实施教育职能的传统方式主要为：陈列展览、环境解说、科普讲座。随着我国经济的不断发展，人们对文化生活需求越来越大，自然博物馆实施教育职能的传统方式已经不能满足人们的需求。自然博物馆开发特色活动，对于更好地实施教育职能具有重要意义。自然博物馆开发特色教育活动主要有以下几种方式：建立移动博物馆、创新展品展览方式、开展特色教育活动。“博物馆奇妙夜”是近年来兴起的活动，本文以“博物馆奇妙夜”活动为例，阐述自然博物馆对于开展特色教育活动得到的启发。

关键词： 博物馆奇妙夜；教育职能；特色教育活动

自然博物馆作为公共文化服务体系中的重要一环，是提高国家文化软实力的重要组成部分。短平快模式下的速食文化充斥着人们的生活，自然博物馆的发展能够推动中国特色社会主义文化建设，推动建设文化强国。通过自然博物馆的载体作用，积极引导社会大众树立正确的审美观、文化观，增加社会大众对自然科学文化的关注，提高社会主义文化建设的质量。

随着人们生活水平的提高，博物馆传统的展览方式已经不能满足人们的需求，开展特色教育活动为博物馆带来新的生机与活力。“博物馆奇妙夜”是近年来国内博物馆兴起的活动，旨在利用开展特色教育活动深度挖掘博物馆优秀的文化内容和精神。通过开展“博物馆奇妙夜”活动，向社会大众发挥积极的影响，传播自然科学文化知识，提升人们的综合素质水平。

1 自然博物馆的职能定位

(1) 自然博物馆的教育职能

博物馆是社会文化机构的重要组成部分，而教育职能是博物馆最重要的一个职能。2015年，《博物馆条例》在“总则”中写道“本条例所称博物馆，是指以教育、研究和欣赏为目的，收藏、保护并向公众展示人类活动和自然环境的见证物，经登记管理机关依法登记的非营利组织。”教育职能已经被提到了博物馆职能的第一位，博物馆由传统的陈列展示功能转向教育功能。博物馆是学校教育的延伸，是寓教于乐的“第二课堂”。博物馆是面向社会大众平等开放的，为

① 雷敏，华中农业大学博物馆，通信地址：湖北省武汉市洪山区狮子山街特1号华中农业大学博物馆，邮编：430070；联系电话：13264712202；E-mail：1240327048@qq.com。

② 李晨，华中农业大学博物馆，通信地址：湖北省武汉市洪山区狮子山街特1号华中农业大学博物馆，邮编：430070；联系电话：15347229598；E-mail：122683374@qq.com。

每一位进入博物馆的观众进行无差别的服务。不同主题不同类型的博物馆,能够运用不同的传播方式,为广大观众提供丰富多样的知识,满足社会大众的各种需求和爱好,进行文化宣传和教育,从而提高人民群众的精神文明水平,为博物馆社会教育职能的发挥奠定了良好的基础。

自然博物馆是收藏、制作和陈列天文、地质、植物、动物、古生物和人类等方面具有历史意义的标本,供科学研究和文化教育的机构。自然博物馆的陈展展品充分体现了生物的多样性以及自然环境的历史变迁,其本身就是环境教育的重要组成部分。这些决定了自然博物馆的教育职能主要是实施生态文明教育,自然博物馆是最好的生态文明教育基地。生态文明教育与人类文明的可持续发展为核心,致力于培养人们的正确的生态文明观,教授人们关于自然科学知识,处理好人与自然的关系,提高人与自然的和谐互动,人类能在长远的道路上可持续发展。自然博物馆传播的自然科学知识浅显易懂,使得各个阶层的人都可以很容易的接受自然博物馆的教育传授。自然博物馆的教育职能与学校教育互补,是学校教育的延伸。自然博物馆的服务对象大众化与社会生活相融合,是实现社会教育的理想场所。

发挥自然博物馆的教育职能,对推动我国社会主义生态文明建设也具有重要的积极意义。环境保护是实现生态文明建设的基础,我国现在面临诸多的生态环境问题,增强和提高人们环境保护的意识,构建全民参与环境保护的社会行动体系极为重要,因此推动生态文明建设,就要提高公众环境保护的意识。自然博物馆在发挥教育职能,提高人们环境保护的意识具有天然的优势。自然博物馆要充分利用自身优势,挖掘各种教育资源,从各个层面发挥教育职能,促进公众提高尊重自然、顺应自然、保护自然的理念,进而有效地推动社会主义生态文明建设。

(2) 自然博物馆实施教育职能的传统方式

① 陈列展览。

陈列展览是自然博物馆最主要实施教育职能的最主要方式,自然博物馆的陈列展品主要包括天文、地质、植物、动物、古生物和人类等方面具有历史意义的标本,自然博物馆的陈列展览充分体现了物种的多样性以及自然环境的历史变迁。自然博物馆通过陈列展示动植物等标本,模拟它们的生态原貌,让观众能够在视觉和听觉上了解这些生物的生活背景和自然状况。通过这种身临其境的方式,让观众轻松愉悦的获取知识,增加对大自然的热爱,增强探索自然奥妙的好奇心,将环境保护的意识根植于心,增强建设社会主义生态文明的责任感。

② 环境解说。

环境解说能够弥补在自然博物馆中由于空间的限制,陈列标本表现不充分的缺憾。自然博物馆的环境解说,可以从陈列展品的特点出发,讲授关于展品相关的自然知识和自然历史,引导观众将视觉上获得的感性知识上升为对陈列主题思想的正确理解,并将环境保护理念融入其中。环境解说除了能讲授丰富的自然科学知识外,还可以适时的回答观众在参观时提出了疑问,有效的发挥自然博物馆的教育职能。

③ 科普讲座。

由于自然博物馆展厅的不可移动性,观众获得的自然科学知识受到局限。自然博物馆能够充分发挥主观能动性,面向社会大众,定期或不定期的举办形式多样的科普讲座作为自然博物馆展厅的延伸,潜移默化将环境保护的观念融入观众的思想中,培养公众接受环境教育的习惯,将生态文明教育活动渗透到社会的各个群体和层面。启发和引导不同的受众将生态文明理念融入各自的人生观、世界观、工作和生活中。

(3) 开发特色教育活动对自然博物馆实施教育职能的重要性

随着我国经济的不断发展，人们对文化生活需求越来越大，自然博物馆作为文化教育重地，受到的关注日益增多，自然博物馆实施教育职能的传统方式已经慢慢不能满足人们日常对于精神文化的需求，如何有效的发挥自然博物馆的社会教育职能，这个问题已经迫在眉睫，急需去解决。国内自然博物馆由于经费等诸多问题，陈列展览的展品和标本也往往很多年没有更新，自然博物馆开展的专题讲座和学术交流不多，内容缺乏创新。在专业人才方面，环境解说往往依赖志愿者，志愿者由于专业性欠缺导致讲解质量不高，人员流动性大，队伍不稳定。

因此，博物馆必须要对自身的服务理念进行更新换代，从多维度对自身进行定位，充分挖掘博物馆所在环境、资源的优势，了解受众群体特征和需求，开发出具有自己特色的丰富多彩的社会教育活动，发挥出其具备的教育职能。运用更多创新方式，打破自然博物馆的传统教育模式，运用新载体、新技术，开发更多的特色活动，丰富观众的教育体验。自然博物馆开发特色活动，对于实施社会教育职能，满足人民群众对于自然科学的需求，提升广大观众的文化素养，增强文化自信具有重要意义。

2 开发特色教育活动的类型

(1) 建立移动博物馆

随着信息技术的发展，博物馆还要运用新技术、新媒体来对观众进行服务。博物馆开通自己的微博、微信公众号、抖音，已经成为时下最流行的宣传方式。运用文字、短视频、纪录片等方式进行教育传播，为博物馆开展信息传递和社会教育提供了新的渠道。这些新媒体贴近社会大众，特别是贴近年轻人群体的生活娱乐方式，不受时间和地点限制，节省了时间和费用，受到广泛的欢迎。这些平台的宣传方式方便快捷，便于博物馆发布馆藏相关的文物信息、陈展信息、游览信息等，方便了观众进行参观，还可以便于博物馆开展网上咨询意向反馈等服务。

2020年由于新冠疫情的发生，社会大众不能进入博物馆参观。武汉三大高校博物馆：华中农业大学博物馆、中国地质大学(武汉)逸夫博物馆、中国货币金融历史博物馆联合举行“线上云逛馆”活动推出虚拟展厅，借助3D数字技术模拟现实展厅，以官方网页和微信公众号平台为载体，以移步换景的形式，体验VR逛馆。以游客的视角为游客展示博物馆内展厅内的情况，针对一些非常具有价值和意义的展品，虚拟展厅还专门配备了语音讲解，使游客拥有身临其境的游览体验。

(2) 创新陈列展览模式

随着技术的进步与革新，新技术也参与到博物馆陈列展览模式的变革中来。自然博物馆的线下陈列展品除了文物、模型场景复原、图片、文字等传统的布展方式外，也可以积极主动的和互联网高度融合，运用先进的技术手段，提升自然博物馆的现代化水平，实现自然博物馆教育的智能化。利用声、光、电技术、媒体技术、数码技术等高科技手段布置陈列展览，能够更加生动全面的展示展品。充分展现自然博物馆场馆内的动植物的原貌，让展品与观众的交流程度加深，产生一种身临其境的感受，提高视觉环境、音效环境的效果，利用人机交互，产生互动。运用幻影成像（全息投影），增强现实(AR) 等新技术到自然博物馆的展品展览中，AR增强现实技术，将原本在现实世界中受到时间、空间限制很难体验的实体信息，通过电脑等科学技术，实现模拟仿真后的叠加，将虚拟信息应用到真实世界，被人类感官所感知。在国外，AR技术已经开始探索性地应用到虚拟讲解、“复原”展品、“复活”展览对象。通过这些新技术，吸引观众的注意力，激发观众的好奇心和求知欲，潜移默化的实现教育传播。

(3) 开发特色教育活动

自然博物馆的传统活动仍以参观、讲座、环境讲解为主，互动性不强，略显沉闷，观众的参与感不强，教育职能发挥的效果有待挖掘。对于自然博物馆的活动可以结合博物馆内的场景，设计一些互动性、探究性、体验感强的深度课程，如互动游戏、电影场景再现、角色扮演等新颖形式，让不同年龄层次，不同群体的观众们都可以参与进来。开发特色教育活动，增加博物馆活动的参与性，娱乐性和体验性，使得博物馆活动变得好玩起来，让观众们学有所获、学有所思、寓教于乐。

3 以“博物馆奇妙夜”活动为例

(1)“博物馆奇妙夜”活动介绍

好莱坞奇幻电影《博物馆奇妙夜》点燃了人们进入博物馆的热情。通过高科技和想象力，在电影里，在神奇魔法的作用下，纽约自然历史博物馆里不会说话的标本和文物便每到晚上就会鲜活起来，和博物馆的警卫展开了一幕幕惊险刺激的交锋。这部电影为夜晚的博物馆增添了一丝神秘的色彩。在电影外，“博物馆奇妙夜”变成了现实，中国的博物馆也开始关注夜晚的博物馆，如何让博物馆鲜活起来，是近年来博物馆探索和实践的。借这个机会，博物馆也被装扮得奇光异彩，用另外一种方式发挥在公共教育中独特的作用。

博物馆是重要的文化场所，如何让博物馆鲜活起来是近年来政府和博物馆自身也一直在探索并实践的。在精神文明急剧提高的今天，公众对博物馆需求的与日俱增，人们对博物馆有着迫切的游览和学习需求。近年来，南京博物院、上海自然博物馆、武汉自然博物馆等多地博物馆相继推出“博物馆奇妙夜”活动，吸引父母陪着孩子一起来博物馆游览。“博物馆奇妙夜”不光只是开放博物馆的延长时间，更是以一种全新的形式潜移默化的传达精神、知识。

以华中农业大学博物馆为例，华中农业大学博物馆从 2017 年开始，连续三年在元旦策划了主题为“博物馆奇妙夜”的特色活动。“博物馆奇妙夜”在 2019 年单日最高吸引 3500 人次参与活动。作为高校博物馆，华中农业大学博物馆通过举办“博物馆奇妙夜”活动，用一种有别于传统参观博物馆的方式，增强学生对于专业理论的学习和吸收，对学校的教学能够起到助推作用，帮助学校开展素质教育，让大学生能够树立正确的世界观、人生观、价值观。对于社会大众来说，“博物馆奇妙夜”活动用一种积极主动的方式帮助普及自然科学知识，并传递给社会大众学校背后的人文精神。

(2)“博物馆奇妙夜”活动的实施内容

① 华中农业大学博物馆。

华中农业大学博物馆“博物馆奇妙夜”活动每一年设置不同的主题：《神奇动物在哪儿》《冰雪奇缘》《哈利波特与魔法石》，根据主题的不同，利用博物馆场馆内的动植物标本及设施，变换布置场景，让参与的观众有身临其境的感觉。并且设置了有趣生动的闯关游戏、电影场景的经典再现等游戏环节，通过富有意境和想象力的主题闯关游戏，吸引观众认识和找寻馆内典藏标本。根据每年的主题，博物馆还会打造各具特色的文创产品，激励观众全力以赴地参与闯关游戏。“博物馆奇妙夜”活动不光除了师生参与活动，还吸引了很多校外的家长带小孩共同参与闯关，体验博物馆的氛围。“博物馆奇妙夜”活动在给跨年活动增添欢声笑语和节日氛围的同时让游客们收获了自然科学知识，在博物馆的一系列互动游戏中完成了自然科普教育的目的。

② 南京博物院。

南京博物院已连续五年举办“博物馆奇妙夜”活动，以“在博物馆遇见未来”为主题、“传统的未来”为线索、在传统中创造“新中式”生活为出发点，讲述博物馆，展现新生活。将历史文物、非物质文化遗产等内容通过现代舞、社教活动、沉浸式体验等方式呈现，让观众在声光影电中体验既传统又现代的博物馆。在各展馆内，精彩的博物馆夜游活动层出不穷，青年舞蹈家的舞蹈风暴在博物馆奇妙夜惊艳上演，用现代艺术呈现传统灵魂，用现代人最直接的视听感官在南京博物院的殿堂里诠释“多元和包容”这一中国传统文化的精神内核，多元文化要素的绚烂呈现现代派民乐《西行》，沉浸式古典风韵《纸扇书生》，昆曲《牡丹亭－惊梦》等活动都一一呈现给观众，活动通过网络直播，让观众在屏幕前也可以感受精彩的活动现场。南京博物院在创新中不断演绎着博物馆传承传统文化的责任与使命。

③ 上海科技馆、上海自然博物馆。

上海科技馆、上海自然博物馆举办“博物馆奇妙夜”活动观众不仅能观看最新的临展，还能体验两馆推出的各类精彩教育活动。上海科技馆从白天到夜晚都安排了丰富的科普盛宴，知名专家为观众带来海洋主题科普讲座，传递可持续创新，呵护生命摇篮的主题。并贴近人们的生活，结合当下观众最关心的公共卫生问题，科普儿童营养的需求特点、科学用眼护眼的注意事项等知识内容。上海博物馆除里展览特展，举办科普讲座外，还搭建文创集市、茶室餐饮服务，打造“展览＋文创＋轻饮食”的综合夜场活动。

④ 青岛市博物馆。

青岛市博物馆举办的“博物馆奇妙夜”活动，采用情境式沉浸体验空间，将让观众夜游、夜赏与众不同的博物馆。博物馆除了在夜场期间推出新展览让观众先睹为快，还举办“近景即兴剧”式的沉浸游戏和戏剧体验活动，活动采取亲子参与方式，将引导参与者穿越历史，用轻松活泼的戏剧语言将中国传统故事展现给观众。为增强观众的沉浸式体验，夜场还在馆内设置了多个古装“打卡”场景，古色古香的场景等待身着古装的观众自由拍照或短视频打卡。现场通过手机分享、转发、助力活动推广的观众，将获得精美文创礼物。观众还能身着古装，在仿古特色摊位模仿“在古代购物”，体验在博物馆摆摊的乐趣。

⑤ 武汉自然博物馆。

武汉自然博物馆举办“博物馆奇妙夜”活动，解锁博物馆不一样的玩法，从自然科普、人文历史、环境保护、美学艺术四个角度深度挖掘博物馆馆藏及展览，将深度参观、任务探索、手工互动、角色扮演、亲子竞技等多种形式有机融合。邀请来自武汉市的16个家庭在博物馆里观看4D电影、做团队游戏、学习搭建帐篷等，在博物馆里度过“奇妙之夜”。小朋友在家长的陪同下参观博物馆，并在工作人员的带领下玩游戏、搭帐篷，夜宿博物馆，感受动物大狂欢的氛围，在博物馆里度过了一个奇妙的夜晚。活动全面消除大众对博物馆的刻板印象，除了参观、讲座和研学，博物馆还可以是“玩学”并存的公共文化场所。

(3)“博物馆奇妙夜”活动的启发

① 因地制宜，充分发挥博物馆的优势。

博物馆的活动场地是建立在博物馆现有的基础之上，紧紧围绕博物馆的馆藏资源，因地制宜,需充分考虑地区、硬软件、可持续等因素,利用博物馆内的资源优势,活动的设计需要突出博物馆的特色,充分挖掘博物馆的特色与活动内容之间的联系,依托场馆内的展品、场景来设计活动的故事情节和背景。参与的观众通过在博物馆的场馆内活动,通过仔细观察陈列标本,并透过联想、讨论、推理解锁活动设计的难题,通过游戏的方式进一步地加深对自然科学的认识。

② 加强馆校合作。

博物馆应该积极主动地和学校合作,博物馆和学校的合作能够相互补充相互促进,博物馆作为学校教育的延伸,对于加深学生对课本知识的理解,有着重要的作用。博物馆能利用自身的资源,将课堂教育中的概念知识在博物馆内实物化,学生通过参观博物馆,能够加强对课堂知识的理解和运用。在博物馆内的学习,也能让学生深刻地体会到博物馆的文化气息,这些都有利于培养学生的社会责任感,加强文化自信。学校也应该突破传统教育模式,带领学生参观博物馆,将理论知识与实践活动相结合,加深学生对知识的理解和利用,培养学生正确的人生观、价值观,形成健全的人格,提升学生的素质教育。

③ 改变参观模式,化被动为主动。

博物馆在很多人眼里,缺乏变化,学术味太重,显得曲高和寡,没有吸引力。传统的参观模式仍然以参观博物馆的陈列展览,听环境解说为主,观众处于被动接受的状态。"博物馆奇妙夜"则通过活动设计,让观众主动探究博物馆,通过博物馆设置的闯关等游戏环节,亲身探究参与活动,领悟自然科学的奥秘。观众通过活动设计,接受挑战、亲自尝试、探索、思考,获得对自然界的系统认识,体验自然科学的魅力。

参考文献

[1] 熊超.博物馆文化产业发展的意义与原则分析[J].文物鉴定与鉴赏,2020(05):118-120.

[2] 杨焱,高珊珊.从博物馆的临展举办谈博物馆社会教育职能的发挥[J].文化创新比较研究,2020,4(05):179-180.

[3] 陈新恒,王晓航.探讨如何更好地发挥博物馆的教育功能[J].文物鉴定与鉴赏,2020(03):152-153.

[4] 左斌,苏蓉欣.自然博物馆如何发挥环境教育职能[J].自然科学博物馆研究,2016,1(S1):46-50.

[5] 王晓航.数字时代博物馆教育功能探析[J].文物鉴定与鉴赏,2020(04):136-137.

[6] 杨拓.新技术视角下博物馆发展实践与趋势[J].中国国家博物馆馆刊,2019(11):146-152.

[7] 陈茜.寻找复活金牌:博物馆教育期待"奇妙夜"[J].商学院,2018(Z1):90-95.

[8] 婷婷.迈进博物馆的奇妙夜——博物馆活动创意一览[J].中国广告,2017(07):45-51.

[9]赤诚,范陆薇,张莉.武汉市高校自然科学类博物馆集群化发展思路及跨机构合作模式初探[J].科教导刊(下旬),2018(11):183-184.

以 PBL 模式为核心的博物馆教育课程设计
——以陕西自然博物馆“武林‘萌’主”大熊猫课程为例

周岩　李扬[①]　薛钰　刘梅

摘　要：PBL 模式(项目式学习)是一种以学生为核心的教育方法，非常适用于博物馆教育课程的设计。本课程设计以 PBL 教学理念为依托，以明星物种大熊猫为课程对象，深入发掘大熊猫的形态、进化、行为等特点，从大熊猫食性变化引发生理结构变化为主要内容，引导学生了解前掌桡侧籽骨变异为“伪”拇指，牙齿形状发生变化等内容，兼论大熊猫两个亚种的形态差异，作为旗舰种和伞护种对其他物种保护的功能和作用。课程内容将科研成果转化为易懂的科普内容，同时将 PBL 理念植入课程设计过程，以问题引发对秦岭、生态环境的关注与保护。

关键词：PBL 模式；研学课程；教学设计；大熊猫

1　PBL 模式的起源与发展

PBL(program-based learning，项目式学习)是以问题为导向的教学方法，由美国教育理论家约翰·杜威博士(John Dewey)提出。它的核心教育理念为设计一些基本的训练和原则来引导学生完成特定的任务，使学生能独立自主探索问题的答案，进而掌握知识。项目式教学模式在博物馆教育的应用，是指根据教学目的，充分考虑学生身心发展特点，把课程内容和预期目标对象分成多个区块，将区块内容知识划分成若干个项目，教师和学生则围绕项目开展教育教学，让学生直接来参与整个项目教学活动的一种教学方法。在项目式教学过程中，学生将在问题的牵引下和教师的指导下，采取小组讨论，让学生自发地、主动地去认知所要学习的教学内容，调动学生运用已有的知识去完成学习内容，从而使学生掌握解决实际问题的能力。

值得注意的是问题式学习与项目式学习的英文缩写均为 PBL，但是两者具有极大的不同。两者问题真实程度不同，问题式学习的问题场景通常为虚拟情景或者与学生的日常生活较远，项目式学习则是以真实的场景和情景为基础延伸出的在学生经验之内的具体问题。两者学习模式不同，问题式学习的核心为探究模式，以问题为驱动进行信息收集和评估；项目式学习遵循“设计——探究”的步骤，以特定场景展品为依据提出一系列设问，进行调查研究进而解决问题。在问题式学习以学生为中心，主动获取知识；项目式学习则要求教师适时进行一定的指导。

---

① 李扬，男，陕西自然博物馆研究部，馆员，博士，从事博物馆教育、教育课程开发与文物保护工作等，E-mail：19641209a@163.com。

2 教学设计说明

陕西自然博物馆是以陕西古生物、地质、动植物研究成果及典藏标本为主要展示内容，探秘自然发展规律，叙述人与自然的故事。通过馆藏标本资源，激发广大青少年崇尚科学、热爱自然，探索未知的热情和梦想。为探索学校教育和博物馆教育的结合点，依托博物馆展示资源特色，开发系列校外课程。本课程选取神奇秦岭展厅系列课程中的《武林“萌”主——大熊猫》为例进行说明，该课程是由本馆研究部专业老师为主导，展教部科普老师全程策划实施的原创教学课程。通过对大熊猫的认识和了解，探究生物进化规律，唤起学生对珍稀动物生存现状的关注，激发关爱动物、热爱陕西、保护自然的热情。本课也是充分利用博物馆资源进行的教学设计与教学实践的有益尝试。

(1) 内容说明

① 博物馆类型：自然科技类 。

② 主题文物：大熊猫标本。

③ 诠释角度：遵循直观性、启发性和循序渐进、由浅入深的原则，以大熊猫的“萌”为起点，从大熊猫骨骼标本入手，通过观察大熊猫、小熊猫标本差异和分析秦岭大熊猫和四川大熊猫的区别，引导学生了解大熊猫的外形特征、生活习性、食物特点。初步认识生物进化发展规律，从而进一步探寻大熊猫的种类和数量稀少的原因以及与自然保护的关系。通过物种对比分析和角色扮演观摩以及小组动手参与、互动体验方式，培养学生对大熊猫的热爱之情，引导学生关注动物与环境的关系，认识自然发展、演化规律，从而将意识转化为保护自然，倡导人与自然和谐共处的实际行动。

(2) 年段课时

① 授课年段：小学 4—6 年级。

② 授课时数：3 课时（每课时 40 分钟）。

(3) 教学策略

① 课堂教学方法：第一，讲授法。通过展厅实地讲解和课件准备，全面介绍大熊猫知识。第二，讨论法。通过运用活动手册，采用问题设置，引导学生思考，讨论并完成结论性意见。第三，劳作识技法，通过设置活动单：大熊猫头骨测量和为熊猫重建家园两项活动，检验学生掌握课程情况，并通过实际动手展现学生观察、思考和团队合作能力。

② 博物馆教学法：本课选取博物馆学习中的猜想实证法、类比循规法为主要教学策略，在课程前采用提问加实证对比方式，引导学生观察、利用老师提供信息和已有知识进行有依据的分析与推断，从而得出结论，培养学生分析问题、解决问题和表达问题的能力。利用不同物种的对比分析，培养学生观察和探索精神。

(4) 课前准备

① 教师准备 ：教学课件、文字资料、大熊猫和小熊猫服饰，测量工具、活动单任务贴纸。

② 学生准备 ：提前到陕西自然博物馆自然展馆参观神奇秦岭展厅，找到大熊猫实体标本、骨骼标本和小熊猫标本并参观记录。领取博物馆活动手册、本子和笔。

2　教学目标设定

(1) 本课的教学目标

① 知识目标:认识了解大熊猫的头部及四肢的骨骼特点和基本特征,了解大熊猫因食性变化在骨骼结构发生的生理进化;了解大熊猫与小熊猫四肢骨骼的异同点,探究两者“伪拇指”的形成原因,推断两者进化历程中生态环境的异同。

② 能力目标:通过对比观察和动手操作,使学生掌握科学的测量方法,进行实验数据的收集、分析整理工作。通过类比分析、小组讨论,完成任务单,培养学生的思维能力和观察能力。在对课程探究过程中,增强探索精神。

③ 情感目标:产生喜爱大熊猫的情感,通过对秦岭大熊猫亚种的学习,使学生了解陕西珍稀物种,了解“国宝”,激发热爱陕西和自觉维护生态环境的热情。

(2) 本课的教学重点

① 教学重点:通过标本、图片和形式多样的活动,让学生认识到大熊猫进化过程中生理结构、动物行为等方面适应性演化。在类比和猜想的过程中培养学生信息搜集与分析,大胆质疑和推断解决问题的能力。

② 教学难点:通过大熊猫、小熊猫的对比,思考大熊猫因食性变化而发生适应性进化的原因,探究大熊猫产生食性变化的根本原因,让学生了解进化论,了解生物多样性,反思环境变化对物种演化的影响,促使学生萌发环保意识。

3　教学过程设计

本课程根据学生年龄和认知特点,依托小组模拟实践活动,设计五个主要教学环节,依次是:案例导入——观察大熊猫骨骼标本的指骨数量;动手测量——精确测量大熊猫头骨和牙齿数据;类比分析——大熊猫和小熊猫的区别;科学推断——大熊猫行为方面的适应性演化;模拟演绎——认识大熊猫的伴生邻居们。学习过程中通过《博物馆笔记》指引,问题导向,引导学生思考,完成任务单。

(1) 教学主要流程

环节一:案例导入——观察大熊猫骨骼标本的指骨数量

① 教师带领学生进入展厅,引导学生观察大熊猫的骨骼标本,重点观察大熊猫的前后足,并提出:

问题一:大熊猫前爪指骨的数量?

预设学生回答:6根。

问题二:大熊猫后爪趾骨的数量?

预设学生回答:5根。

问题三:大熊猫前后足的指骨数量为什么会不同,为什么前足趾骨的数量为6根,后足的趾骨数量为5?以此问题为基础,引导学生发散开放性思维,并且进行讨论。讨论过程中应提示学生从熊猫食性方面进行思考。

② 总结:大熊猫的食性是以竹笋为主,在没有竹笋的季节,以嫩竹秆和嫩竹叶为食,伪拇

指的进化有利于大熊猫进行取食竹笋和竹秆。同时为学生指明：大熊猫前后足的籽骨都发生了变异，只是前爪的桡侧籽骨变异更为明显，更容易观察，而后足的籽骨变异不明显，但是仔细观察仍能观察到籽骨的增大，因为无论前后足的籽骨都是由同样的基因控制的。

课后问题思考：除了伪拇指数量的变化，大熊猫的其他生理结构是否也发生变化，引导学生进入展厅对大熊猫的骨架进行观察，提示学生对大熊猫牙齿和古生物长廊中食草动物和食肉动物牙齿化石进行比较。

环节二：动手测量——精确测量大熊猫头骨和牙齿数据

① 出示大熊猫的头骨模型。

学生分组观察大熊猫头骨，着重观察大熊猫头骨的矢状脊和牙齿。

② 提问学生哺乳动物牙齿的类型。

以大熊猫的牙齿为例，并提出：

问题一：大熊猫的牙齿有几种形态？

讲解牙齿的种类，不同种类牙齿的结构，以及与结构相匹配的功能。除此之外，注意引导学生的观察能力，注意与展厅中哺乳动物中的食草动物、哺乳动物中的肉食性动物，珍惜世界展厅中的尼罗鳄牙齿进行比较。

问题二：大熊猫牙齿、尼罗鳄牙齿、西北狼的牙齿有什么区别？

哺乳动物的牙齿分为4大类型：门齿，犬齿，前臼齿，臼齿。每种牙齿的结构和功能不同，牙齿相互配合进行咀嚼，将食物磨碎。

补充资料：虽然是食肉目的动物，但是熊猫的臼齿十分发达，构造十分复杂。食肉目区别于其他哺乳动物的区别是上颌最后一对前臼齿和下颌第一对臼齿组成了裂齿，当它们咬合在一起时，这两个牙齿的四个尖恰好像铡刀一样可以切碎和撕裂任何坚韧的肌肉、韧带，这是食肉目的标志。不过大熊猫的裂齿分化并不明显，也就是4个“刀尖”并没有其他食肉目中的豺狼虎豹那么尖利。臼齿也是丘突型齿，咀嚼面非常宽大，大致呈长方形，有大大小小的结节性齿尖。也就是说熊猫的牙齿与其他食肉动物的不同，反而和食草动物中的有蹄类更为类似。

环节三：科学推断——大熊猫秦岭亚种与四川亚种的区别

通过展厅场景参观，进行外形特征对比和原因分析。相较大熊猫四川亚种，秦岭亚种体型较大，头骨要短1/4，牙床宽，牙齿颗粒更大，头部整体更圆，大熊猫秦岭亚种毛色白中带棕，胸部呈深棕色、腹部是棕色、下腹部是棕白色；四川大熊猫则是黑白分明，上胸部是白色的，腹部是白色，下腹部毛杆是白色、毛尖是黑色。

补充知识：

① 秦岭山系的大熊猫与四川大熊猫（包括岷山、邛崃、凉山、大相岭和小相岭山系）的分布区早在12000年前就已经相互隔离。

② 秦岭大熊猫在遗传基因方面更接近原始的祖先，而四川（包括甘肃）大熊猫则具有更快的进化速度。

③ 四川亚种的头长近似熊，秦岭亚种的头圆更像猫，且具有较小头骨、较大牙齿。在皮毛颜色方面，秦岭大熊猫胸斑为暗棕色、腹毛为棕色，而四川大熊猫胸斑为黑色、腹毛为白色。也就是说，秦岭的大熊猫与其他山系的大熊猫在形态学方面已具有显著的差异，其结果与基因方面的差异相一致。秦岭大熊猫与四川大熊猫在形态上的明显差异，使它看上去更漂亮，更憨态可掬，陕西人把秦岭大熊猫称为“国宝中的美人”。

④ 大熊猫是中国特有的，现存的主要栖息地是中国中西部四川盆地周边的山区。全世界野生大熊猫现存大约1590只，由于生育率低，加上对生活环境的要求相当高，在中国濒危动物红皮书等级中评为濒危物种，为中国国宝。

延展知识：大、小熊猫部分基因如纤毛组装、肢端发育、蛋白消化与吸收、视黄醇代谢等类别或通路都发生适应性趋同进化，这些基因与大、小熊猫伪拇指发育和对竹子中必需营养物质吸收利用密切相关。同时，大、小熊猫鲜味受体基因同时失活，而其他食肉动物的该基因正常。伪拇指与味觉的丧失均是动物中适应性演化和趋同演化的经典案例。

环节四：模拟演绎——认识大熊猫的邻居们

① 教师提问学生：大熊猫稀有、珍贵的原因？

借此问题，老师详细叙述大熊猫的分布范围和栖息海拔，生境的植被组成等。着重强调大熊猫栖息地生境的破碎化以及生境破碎化对大熊猫的影响。

补充知识：秦岭—淮河一线是中国南北分界线，秦岭现有18个国家级自然保护区，其中陕西佛坪国家级自然保护区是1978年经国务院批准建立的以保护大熊猫为主的森林和野生动物类型的保护区，为大熊猫繁衍生息提供了一片优越、舒适的乐土。

② 教师提问学生：大熊猫的栖息地其他珍稀野生动物的种类？

栖息地的珍稀野生动物有各种鸟类、小型兽类、两栖爬行类、昆虫乃至其他无脊椎动物，其中珍惜的野生动物有朱鹮、金丝猴、豹、穿山甲、羚牛等众多国家一二级保护动物。

③ 活动设置：重建家园。

动物园里来了四个新伙伴，它们就是秦岭四宝，请同学们按照它们的生活环境，为它们打造最舒服的家园吧。（采用贴纸任务单或者泡泡泥手工制作）

4 结　语

项目式的教学模式是站在学生的角度，利用多样的场景引发学生的学习兴趣，在已有的知识上对新知识进行探索。在项目选定和问题设置过程中，充分考虑学生的接受程度，构建合理的难度梯度，在引发学生好奇心的基础上不至于使难度过大，产生畏惧心理而放弃。整个教学过程中学生作为学习的主体，通过小组合作来完成项目，把学校课堂上积累的理论知识和实践操作结合起来，既提高了学生的理论知识，又提高了学生的实际操作能力。同时，使学生对于大熊猫的了解更深一步，不仅仅局限于外表黑白两色的萌物这一表象；以此为契机在小朋友引导小朋友了解较为抽象的生态学概念，将大熊猫的兴趣转化为对整个秦岭甚至整个野生动物的关爱.在教师逐步的引导下，逐渐培养了学生团队合作、解决问题等综合能力。总体而言，结合项目式的小学科学课程的教学方法，以学习金字塔理论改变教师的教学方法，改变以往以知识为中心的学习方式，从而提升了学生的学习效果。

参考文献

[1] 张红艳，谭婷. 基于项目式教学模式的小学科学课程教学设计[J]. 数字教育，2019（27）：79-84.

[2] 孙羽，李维薇. PBL模式下的研学课程探索与实践——以昆明动物博物馆动物主题探究课程为例，2020（3）：198-202.

[3] Bilgin，Krakuyuy，AY Y. The Effect of Project Based Learning on Undergraduate Students' Achievement

and Self-efficacy Beliefs towards Science Teaching[J]. Eurasia Journal of Mathematics Science & Technology Education (S1305-8215),2015,(03):469-477.

[4] 李亮. 核心素养背景下教—学—评一体化设计与实践:以高中英语项目式教学为例[J]. 中小学教师培训,2018,(10):62-66.

[5] 胡舟涛. 英语项目式教学的探索与实践[J]. 教育探索,2008,(02):70-71.

[6] 斯蒂芬·杰·古尔德. 熊猫的拇指[M],三联书店 368.

[7] Qigao Jiangzuo,Jinyi Liu,and Jin Chen. Morphological homology,evolution,and proposed nomenclature for bear dentition [J]. Acta Palaeontologica Polonica,2019, 64 (4):693-710.

[8] 张鹤宇,林大诚. 大猫熊颅骨外形及牙齿的比较解剖[J]. 动物学报:英文版,1960(1):1-8.

[9] Qiu Hong W,Hua W,Sheng Guo F. A new subspecies of giant panda (Ailuropoda melanoleuca) from Shaanxi,China[J]. Journal of Mammalogy, 2005 (2):397-402.

国内较高水平天文摄影师的现状调查研究

詹想[①] 宋烜 寇文

摘　要：北京天文馆于2019年举办了“2019天文摄影师大赛”，针对全国天文摄影爱好者征集优秀天文摄影作品，同时收集了摄影师的基本信息。本文以进入大赛复赛的123位较高水平天文摄影师的355幅作品作为样本，进行了多方面的分析研究，包括摄影师的性别比例、行业分布、最喜欢拍摄的天体、最喜欢使用的器材、最喜欢使用的后期处理软件等，首次给这类人群建立了画像，可以为更好地开展天文科普活动和组织开展对这类人群更有针对性的活动提供依据，还可以为刚刚踏进天文摄影门槛的初学者提供很多指导。

关键词：天文摄影；星空摄影师；摄影比赛；摄影器材；图像后期处理

1　概　述

近年来，随着我国经济的高速发展，人民生活水平日渐提高。在满足了物质需求之余，人们纷纷开始注重自己的精神需求，开始发展自己的兴趣爱好。在这些人中，出现了这么一个群体——天文摄影师。和普通的摄影师不同，他们专注于拍摄各种天体和天象，尤其是星空，所以他们常常也把自己称为“星空摄影师”。他们中的很多人又和传统的天文爱好者不同，可能没有很扎实的天文基础，也不太会手动操作望远镜进行天文观测，而是只专注于拍摄和呈现夜空之美、天象之奇。

天文摄影师在国内而言是很新兴的一个群体，这个群体的发展和我国经济的整体发展紧密相关。他们的发展，在我看来主要经历了以下三个阶段：

20世纪90年代，我国一些发达地区开始出现了一批天文摄影水平较高的天文爱好者，比较有名的是北京地区的北京天文同好会和北京巡天会，他们主要使用胶片相机和一些相对简陋的设备进行天文摄影，留下了在那个年代水平很高的一批天文摄影作品。

2000年代，随着数码相机、尤其是数码单反相机的逐渐普及，能够进行天文摄影的爱好者越来越多。同时，随着互联网的发达，获取国外资讯更加容易，学习成本显著降低，国内天文摄影爱好者的水平有了很大提升。

最近这十年，诸多利好因素叠加在一起，使得天文摄影师群体呈现出了爆发式发展。这些利好因素主要包括：数码相机的技术已经十分成熟，画质有了很大提高；各种电子自动控制装置的出现（如自动寻星Goto系统），令寻找和跟踪天体变得更容易；国内天文器材厂商的发展壮大，使得我们可以很容易买到质量优良、价格便宜的各种天文器材，包括天文望远镜和赤道仪；手机和移动互联网的发展，令资讯获取空前方便，大家的沟通交流、相互促进变得更加便捷；各种前期辅助拍摄软件（如“巧摄（PlanIt!）”）和后期处理软件的成熟，令摄影作品的表现

①　詹想，北京天文馆副研究员。universezx@bjp.org.cn

力有了巨大的提升。于是，天文摄影师逐渐从天文爱好者群体中分离出来，成为了特征十分鲜明的一个相对独立的群体，一些人，甚至选择成为专职的天文摄影师，当然，大多数人还是把天文摄影作为自己的业余爱好。

目前，国内对天文摄影师这一新兴群体的研究基本还是空白。北京天文馆作为国内最大的天文科普单位，有责任也有能力对这一群体的现状展开研究，以了解他们的基本情况和特点。这一研究有许多意义：

首先，可以为更好地开展天文科普活动和组织开展对这类人群更有针对性的活动提供依据；

其次，也可以为相关的上下游产业——如摄影器材、天文观测器材、天文旅行路线订制等——更好的发展提供数据支撑；

最后，还可以为刚刚踏进天文摄影门槛的初学者提供很多指导，比如购买什么样的器材合适？拍摄什么题材比较容易出彩？去哪儿拍星效果较好？等等。

2　数据收集

国内天文摄影师人数众多，我们目前还很难对这一群体进行完整的调查研究。但是，通过一些方法，我们至少可以对其中水平较高的群体进行研究。为此，北京天文馆于2019年举办了“2019天文摄影师大赛”，针对全国天文摄影爱好者征集优秀天文摄影作品。本次大赛主要参考了英国格林尼治天文台在世界范围内举办的非常成功的“Astronomy Photographer of the Year”大赛，致力于将大赛打造成全国水平最高、并具有国际影响力的天文摄影比赛。

大赛于2019年5月底拉开帷幕，共接收下列五个主题的作品：

夜空之美：表现纯净夜空和美丽地景的星野、星轨作品；

对抗光污染：表现光污染对星空的破坏，能够引发人们对光污染问题的关注，提升公众节能环保意识的作品；

壮丽的特殊天象：日食、月食、流星雨等特殊天象作品；

宏伟的太阳系：太阳、月亮、行星、彗星及其他太阳系天体的特写作品；

神秘的宇宙深处：星云、星团、星系的特写或者广域深空作品。

由于国内已经很多年没有权威机构举办天文摄影比赛，而北京天文馆在国内天文爱好者心目中的品牌认同度很高，所以本次大赛引起了巨大的反响。大赛征稿于6月23日结束，共收到146位作者投来的465幅作品。经过初评以及网上公示，123位作者的355幅作品进入复赛。8月中旬，由9位专家组成的评审团对全部入围复赛的作品进行了打分评议，52位作者的110幅作品进入决赛。8月底经专家评审团评议，评选出每个主题的冠亚季军各一名及2019天文摄影师大赛总冠军一名。10月18日，大赛主办方在北京天文馆举办了隆重的颁奖礼，揭晓了大赛各奖项的获奖名单。

本次大赛在征稿时就注意了对天文摄影师群体相关数据的收集。我们特意设计了作品登记表，摄影师在提交作品时，需要填写作品登记表，对基本信息、拍摄器材和参数、后期处理方法、作品背后的故事等做详细介绍。这保证了我们收集到的都是最珍贵的第一手数据。

并不是所有投稿来的作品都有较高的水平，比如有的作品很明显只能算初学者拍摄的习作，这部分作品在初赛评审时就被淘汰了。而所有入围了复赛的作品，我们认为都具有了较高的水平，所以，我们本次的研究以这部分作品和它们的摄影师作为样本。

3 数据分析

我们将 5 个主题的摄影师和作品信息分别汇总，再将这些信息汇总到一个总表里，由此展开分析研究。

(1) 摄影师人群画像

我们首先分析摄影师们的性别比例。123 位摄影师中，男性 113 人，女性 10 人，分别占比 91.9%和 8.1%，男性摄影师占绝对多数。这 10 位女性摄影师的投稿，大部分集中在“夜空之美”主题，另外有少数投在了“对抗光污染”和“壮丽的特殊天象”主题，从拍摄器材看，都是使用常规的照相机+广角镜头进行拍摄，作品都属于星野摄影（即壮丽星空+美丽地景）的范畴。换句话说，牵涉到使用天文望远镜和天文 CMOS 相机的题材（如太阳系天体特写、深空天体特写），没有女性摄影师投稿。

我们分析，造成这一现象的主要原因是，天文摄影绝大多数时候是夜间进行的活动，而且很多时候需要到远离城市灯光的地方进行拍摄，这里面有一些潜在的风险，很多女性可能因为自己担心或者家人朋友担心而放弃了这项活动。另一方面，使用天文望远镜和天文 CMOS 相机的题材，往往对体力和力量等方面有更高的要求，而女性在这方面处于天然的弱势，所以进行这一题材拍摄的女性摄影师很少。

我们应该关注女性天文摄影师群体，鼓励和帮助更多女性进行天文摄影，需要想办法尽力解决上述问题。我们应该提倡女性天文摄影师的家人和朋友们更加支持她们的爱好，多与她们结伴出行，同时，多选择成熟而安全的知名景区、农家旅馆作为夜间天文摄影的目的地。器材方面，我们呼吁厂商进一步在器材的轻量化、小型化和智能化方面下功夫，以利女性天文摄影师能更容易地使用。

我们再来分析摄影师们的年龄分布，如图 1 所示。123 位摄影师中，有 1 人没有写年龄，因此我们只分析了 122 人。其中，18 岁以下的中小学只有 9 位（其中小学生只有 3 位，年龄最小的一位只有 10 岁），占比很低，可见还是成年人有更多的时间精力来玩天文摄影；18 岁—29 岁的摄影师有 40 位，占 32.8%；30 岁—39 岁的摄影师有 47 位，占 38.5%；40 岁—49 岁的摄影师有 22 位，占 18.0%。50 岁及以上的摄影师只有 4 位（年龄最大的两位均为 65 岁），占比也很低。这个结果是很合理的，青壮年的时间精力是最充裕的，同时他们也能更快更好地掌握新出现的硬件和软件。

我们最后来分析摄影师们的行业分布，这一块是丰富多彩的，如图 2 所示。123 位摄影师中，有 3 人没有写行业，因此我们只分析了 120 人。其中，人数在 3 人及以上的有：大学生和研究生 19 人，互联网行业 13 人，工程师 11 人，中小学生 10 人（有一位中学生年龄 20 岁），教师 9 人，摄影师 8 人，普通职员 8 人，金融业 6 人，医生 5 人，自由职业者 4 人，传媒行业 3 人。剩下 24 人分布在其他行业，比如设计师、国际物流等。由此可见，学生人群、互联网行业、工程师人群里玩天文摄影的比较多，这可能跟他们的时间相对自由，或者收入相对较高有关。值得注意的是，有一位工程师，给自己写的职业是“星空摄影师/工程师”，看起来他更认为应该把星空摄影师作为他的第一职业。

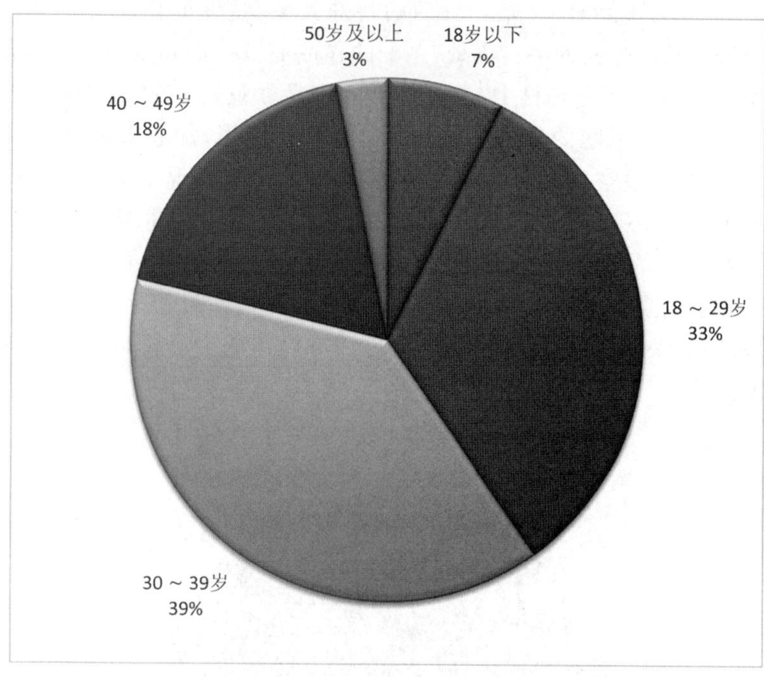

图1 较高水平天文摄影师的年龄分布

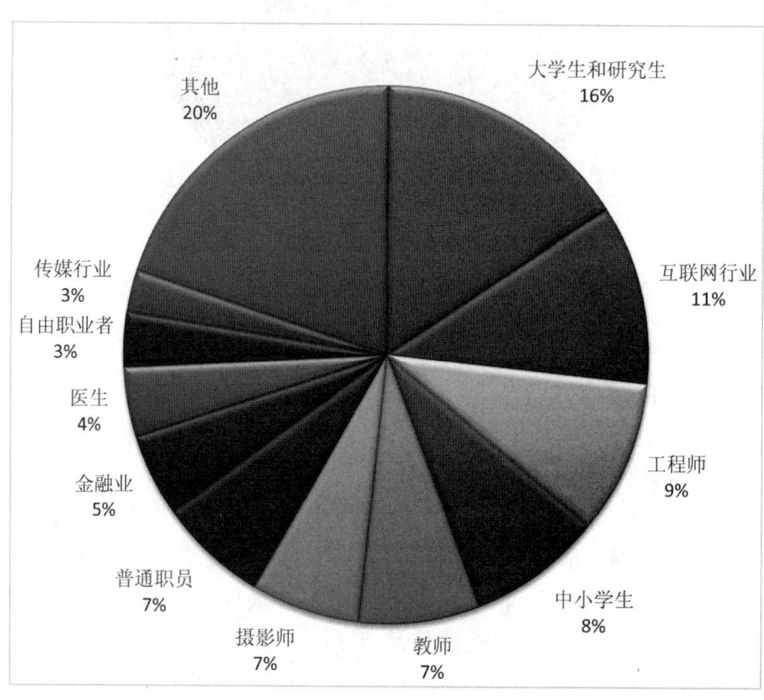

图2 较高水平天文摄影师的行业分布

(2) 摄影师最钟爱的主题

从作品数量看,这355幅进入复赛的作品中如图3所示,“夜空之美”主题的作品有144

幅，“对抗光污染”主题的作品有62幅，“壮丽的特殊天象”主题的作品有57幅，“宏伟的太阳系”主题的作品有35幅，“神秘的宇宙深处”主题的作品有57幅，占比分别为40.5%，17.4%，16.1%，9.9%和16.1%。所有题材中，星野摄影的作品数量遥遥领先，“夜空之美”主题的所有作品加上“对抗光污染”主题的大部分作品都属于星野摄影，加起来占比近60%，难怪大部分天文摄影师会自称为“星空摄影师”了。题材中最冷门的是展现太阳系天体特写的“宏伟的太阳系”主题，占比不到10%，我们分析，其主要原因是这一题材对拍摄器材、拍摄者技术和拍摄环境的要求很高，而作品的美感又不如星野摄影，所以相对冷门。同样对拍摄器材、拍摄者技术和拍摄环境要求很高的主题还有展现深空天体之美的“神秘的宇宙深处”，但这一主题的作品明显多于“宏伟的太阳系”，我们分析，应该是深空天体的美感比太阳系天体强很多，所以有更多人愿意去尝试。

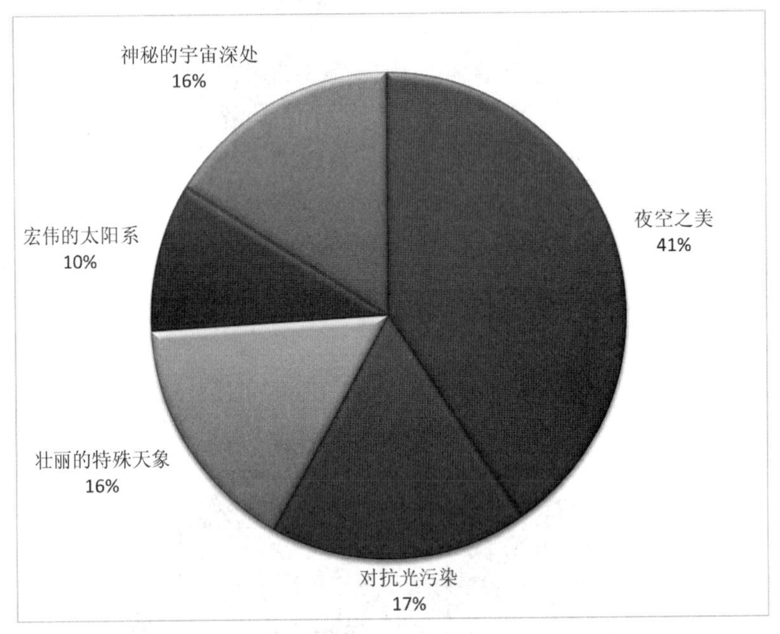

图3 摄影师最钟爱的主题分布

(3) 摄影师最钟爱的天体

这部分内容就要分主题讨论了。

首先分析“夜空之美”主题。如图4所示这个主题共有144幅作品，展现壮美银河(包括银河与附近星空，以及银河拱桥类的全景)的作品有96幅，占比高达2/3。由此可见，银河是星空摄影师最喜欢拍摄的对象，是最能表达“夜空之美”这一主题含义的。拍摄银河以外星空的作品有26幅，占18.1%，这部分作品包括一些照片上有银河但作品表达的主题不是银河的，否则银河题材的占比会更高。拍摄星轨的作品有11幅，占7.6%；拍摄月亮或行星的作品有7幅，占4.9%。拍摄人造卫星的作品有3幅，占2.1%；还剩1幅作品是表现极光的，这出乎我们的意料，因为极光题材是星空摄影的常见题材，拍摄难度不高，也很容易出彩，我们本以为会有若干摄影师投稿极光作品。究其原因，可能是因为国内有条件去看极光的摄影师很少。不过，这一分析也可以给今后参加类似天文摄影比赛的摄影师提供参考，投稿可以适当避开热门的银河题材，多投极光题材，可能会有意外收获。

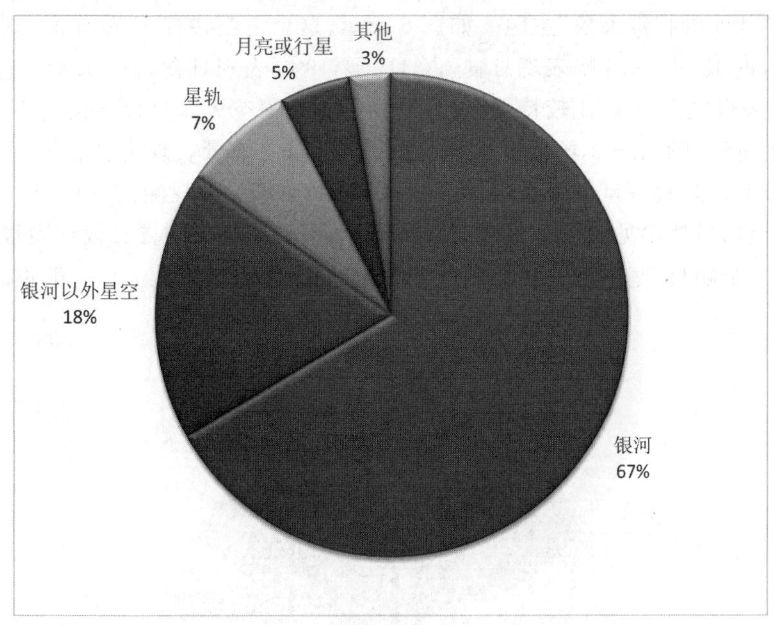

图 4　“夜空之美”主题摄影师最钟爱的天体

接着分析“对抗光污染”主题。如图 5 所示，这个主题共有 62 幅作品，也是展现银河（包括银河与附近星空，以及银河拱桥类的全景）的作品最多，有 33 幅，超过半数。当然，这个主题下的作品更注重表现光污染对银河的影响。拍摄星轨的作品有 12 幅，占 19.4%，且在数量上略多于“夜空之美”主题下的星轨作品，可见星轨题材是很适合在有光污染时进行创作的题材。拍摄银河以外星空的作品有 11 幅，占 17.7%，这部分作品也包括一些照片上有银河但作品表达的主题不是银河的。拍摄月亮或行星的作品有 4 幅，占 6.5%。剩下 2 幅作品则是拍摄流星与深空天体。

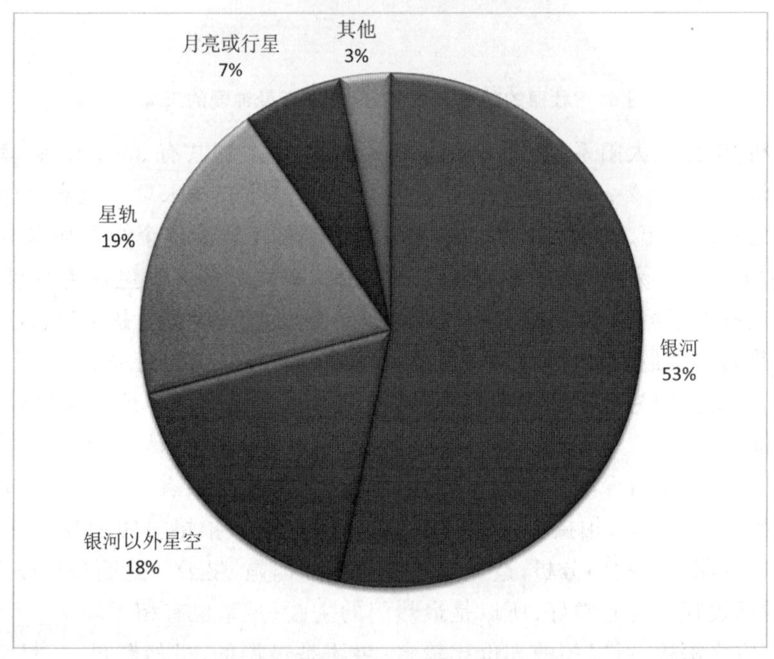

图 5　“对抗光污染”主题摄影师最钟爱的天体

然后分析"壮丽的特殊天象"主题。如图6所示,这个主题共有57幅作品,其中有25幅表现的是流星雨,占43.9%;18幅表现月食,占31.6%;9幅表现日食,占15.8%;另有3幅表现行星冲日,1幅表现极光,1幅比较特殊,表现的是彗星和深空天体会合。我们认为这一比例是合理的,流星雨每年都有2—3场比较大的,且选择不同的地景表现力会各不相同,很容易出彩,所以投稿较多。月食一旦发生,在很大面积的国土上都可以观测到,所以作品也较多。日食,尤其是日全食,虽然罕见、壮观,但很难前往观测,而如果只是拍摄日偏食则很难出彩,所以作品较少。这三个题材,基本就是常见的适合表现的特殊天象,其他天象一般很难拍出精彩的作品。

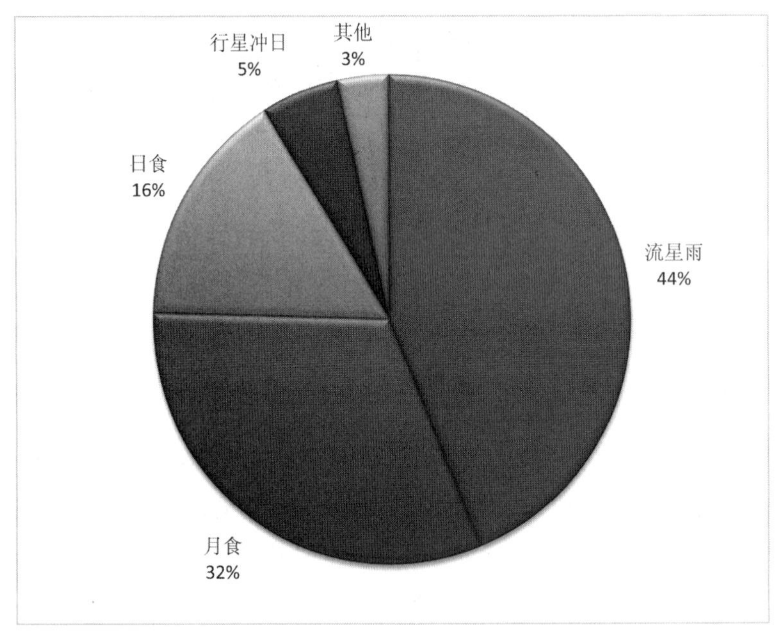

图6 "壮丽的特殊天象"主题摄影师最钟爱的天体

接下来分析"宏伟的太阳系"主题。如图7所示,这个主题共有35幅作品,其中表现月球的最多,有11幅,占31.4%;表现太阳的有9幅,占25.7%;表现木星的也有9幅,占25.7%;另外还有表现彗星的3幅、表现火星的2幅和表现土星的1幅。这个结果基本不令人意外,太阳和月亮作为两个最容易观测的天体,自然被拍摄的机会较多。木星作为行星之王,个头较大、细节丰富,还有卫星可供表现,自然也很受青睐。这里唯一的冷门是土星,拥有美丽光环的土星常被誉为是太阳系最美的行星,但在本届大赛中却只有一幅较高水平的作品,令人大跌眼镜。究其原因,可能是因为土星个头相对较小,近两年在中国观测的地平高度较低,所以没人拍到太好的作品。

最后分析"神秘的宇宙深处"主题。如图8所示,这个主题共有57幅作品,其中拍摄星云的最多,有32幅,占56.1%;拍摄星系的有17幅,占29.8%;拍摄星团的只有3幅;还有5幅是银河相关的广域深空。我们分析,造成这一分布的原因是,星云一般面积比较大,形态、颜色各异,拍得好的话表现力会非常好,所以是最热门的主题;星系也有相对较多的形态,且细节丰富,又能表现宇宙之深邃,所以拍的人也比较多;星团是最惨的,虽然跟星云、星系一起并称为三大深空天体之一,但因为自身形态比较单调,颜色也不丰富,作品很难出彩,所以被大家纷纷

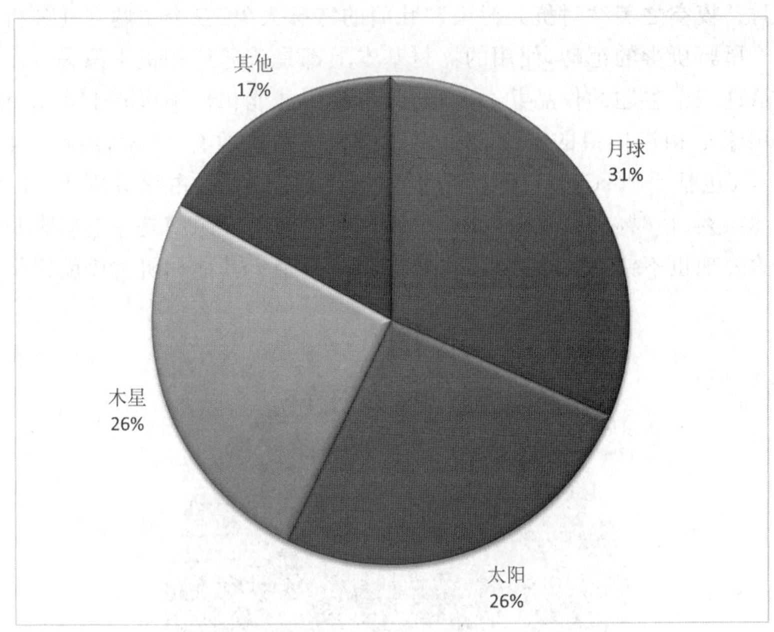

图 7　“宏伟的太阳系”主题摄影师最钟爱的天体

舍弃了。拍摄广域深空的也比较少，但这个题材如果拍好了也挺出彩的，建议摄影师有机会可以多尝试。

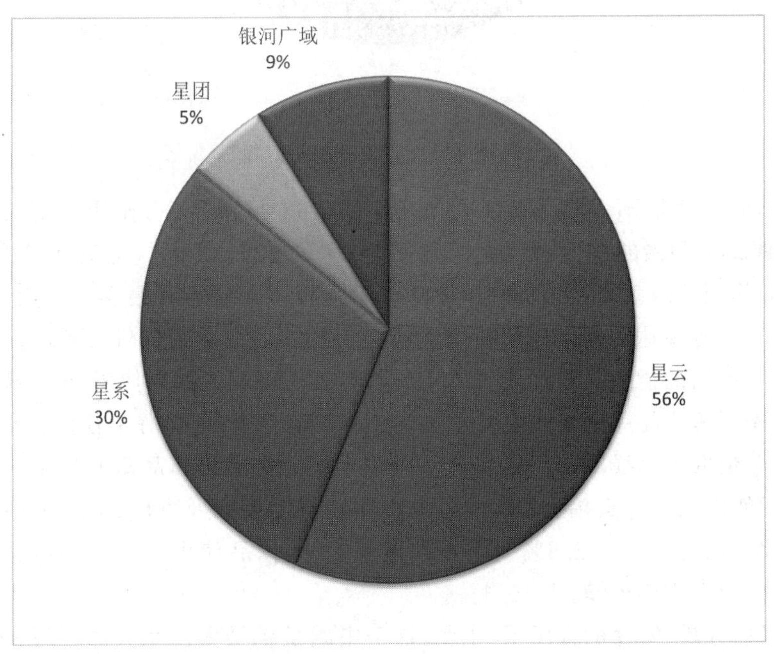

图 8　“神秘的宇宙深处”主题摄影师最钟爱的天体

(4) 摄影师最喜欢用的器材

这部分内容也需要分主题讨论，因为不同拍摄主题所用到的器材类型会很不一样。

首先，我们把“夜空之美”“对抗光污染”“壮丽的特殊天象”三个主题合并分析，因为这三个主题基本都属于星野摄影的范畴，使用的器材基本上都是普通照相机＋镜头。

如图 9 所示这三个主题的作品共 263 幅，其中使用佳能相机拍摄有 110 幅，用尼康相机拍摄的有 97 幅，用索尼相机拍摄的有 33 幅，用宾得相机拍摄的有 10 幅，用富士相机拍摄的有 9 幅，用其他相机（包括手机、QHY 天文相机等）拍摄的有 4 幅，占比分别为 41.8%、36.9%、12.5%、3.8%、3.4%、1.6%。可见，佳能和尼康两大老牌单反品牌是星空摄影师使用的主流，微单新贵索尼的表现也不错，但比前两强仍然有明显差距。其他相机占比就很少了。

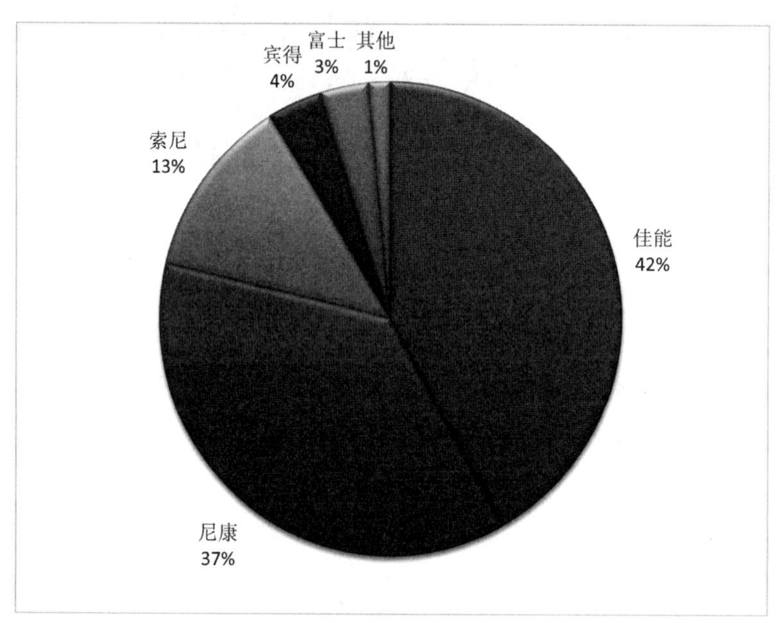

图 9　星野摄影师最喜欢用的相机

再看镜头，情况就很不一样了。如图 10 所示，263 幅作品中，使用佳能镜头拍摄的有 39 幅，使用尼康镜头拍摄的有 42 幅，占比分别为 14.8%和 16.0%，尼康在镜头方面扳回一城。但是显然，使用这两款原厂镜头的摄影师都不是很多。摄影师最喜欢使用的镜头品牌是什么？是适马！共有多达 108 幅作品使用适马镜头拍摄，占比高达 41.1%，这一现象充分说明了近年来适马推出的镜头品质过硬、价格合理，且各品牌相机都能使用，确实很受市场欢迎。另外还有一个副厂镜头品牌的使用者比较多，就是三阳，共有 21 幅作品使用三阳镜头拍摄，占 8.0%，对于这个走低价路线的副厂品牌来说在高水平天文摄影作品里有这个成绩很不错了。余下的作品中，使用索尼镜头拍摄的有 13 幅，使用宾得镜头拍摄的有 7 幅，使用腾龙镜头拍摄的有 6 幅，占比分别为 4.8%、2.6%、2.6%。还有 27 幅作品使用其他品牌镜头拍摄，比如蔡司、图丽，或者使用天文望远镜，占 10.1%。

接下来，我们分析“宏伟的太阳系”主题，这个主题是拍摄太阳系天体特写，大部分情况下需要用到天文望远镜、赤道仪和特殊的天文相机。我们还是先看相机，如图 11 所示，35 幅作品中，使用 ZWO CMOS 相机的有 18 幅，使用 QHY CMOS 相机的有 7 幅，占比分别为 51.4%和 20%，可见在太阳系天体摄影领域，使用 ZWO 的摄影师多一些。另外，还有 4 幅作品使用佳能相机拍摄，2 幅作品使用尼康相机拍摄，其余 4 幅作品使用其他品牌相机拍摄，占

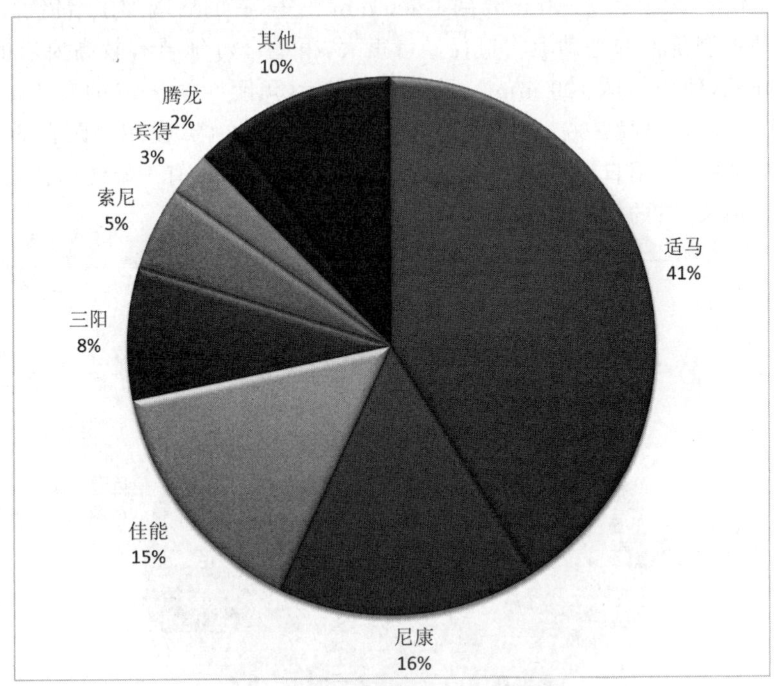

图 10 星野摄影师最喜欢用的镜头

比都很小。

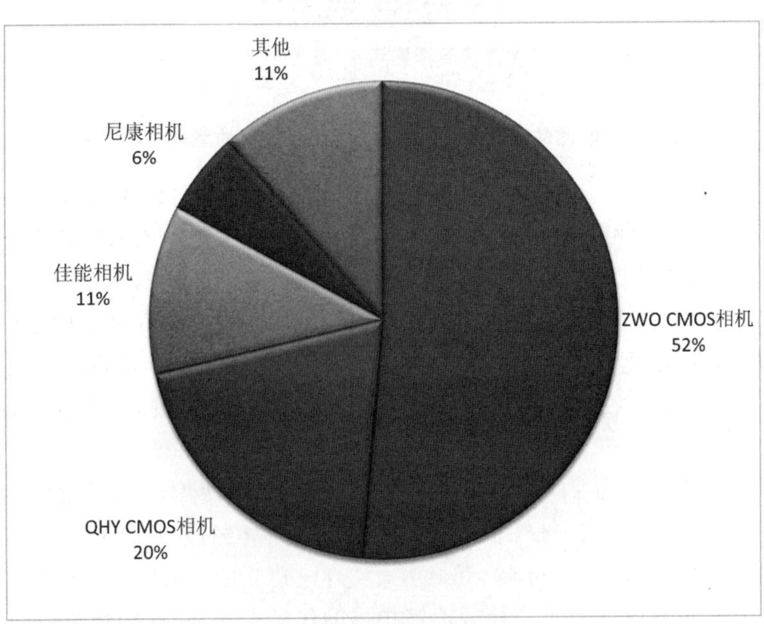

图 11 "宏伟的太阳系"主题摄影师最喜欢用的相机

再看望远镜/镜头。如图 12 所示，35 幅作品中，大部分使用口径较大焦距较长的望远镜，其中使用信达道布森望远镜(DOB)的有 15 幅，占 42.9%，口径从 8 英寸(约 203 mm)到 14 英寸(约335 mm)不等,焦距从1 200 mm到1 600 mm不等,有的后端加了增倍镜。道布森望远镜可以在很好地控制价格的基础上将口径做得很大,很适合对细节有较高要求的太阳系天体摄影。余下的作品,使用信达120 mm口径折射望远镜(焦距600 mm)的有4幅,使用星特朗C11HD折反式望远镜(口径280 mm,焦距2 800 mm)的有2幅,使用焦距在600 mm(不含)以下望远镜的有2幅,使用日珥镜拍太阳色球像的有2幅,另外,有4幅使用长焦端在300 mm(含)以上的变焦镜头(有的加了增倍镜),其余6幅使用其他器材。

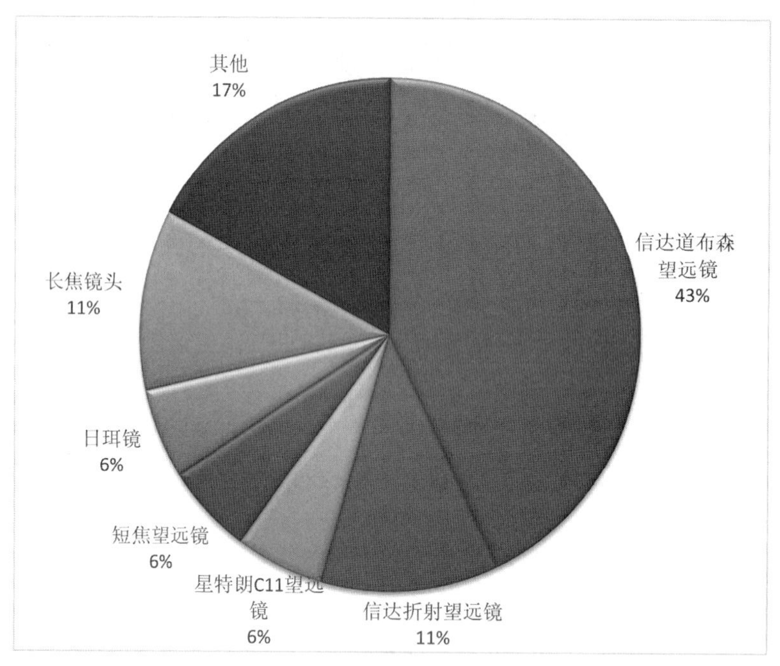

图12 "宏伟的太阳系"主题摄影师最喜欢用的望远镜/镜头

最后,我们分析"神秘的宇宙深处"主题,看一看现在拍摄深空天体的高水平摄影师都喜欢使用什么器材。还是先看相机。如图13所示,57幅作品中,使用QHY CMOS相机的有23幅,占比高达40.4%;使用Atik CCD相机的也较多,有16幅,占28.1%。其余的,使用尼康相机(含红外改机)的有8幅,使用佳能相机(含红外改机)的有7幅,使用索尼相机的有2幅,还有1幅使用宾得相机,占比分别为14.0%、12.3%、3.5%和1.7%。值得注意的是,在"宏伟的太阳系"主题里占比最高的ZWO相机,在这个主题里竟然没有出现,造成这一现象的原因,还需进一步调查研究。

再看望远镜/镜头。如图14所示,57幅作品中,有18幅使用的望远镜口径在8英寸(约203 mm)及以上,焦比在f/2.2～f/4的范围内,占比为31.6%;使用口径在100～200 mm(不含)范围内望远镜拍摄的作品有24幅,焦比在f/2.8－f/5的范围内,占比为42.1%,是最多的;使用口径在100 mm以下的小口径望远镜拍摄的作品有5幅,使用焦距400 mm及以下相机镜头拍摄的有10幅,占比分别为8.8%和17.5%。使用小口径望远镜拍摄的作品是最少的,我们分析,主要原因是小口径望远镜对深空天体细节的表现不如大口径,方便性和对大场面广域的表现又不如镜头,所以地位比较尴尬。

我们再看一下赤道仪。赤道仪是深空天体拍摄系统中的重要组成部分,是对天体保持精

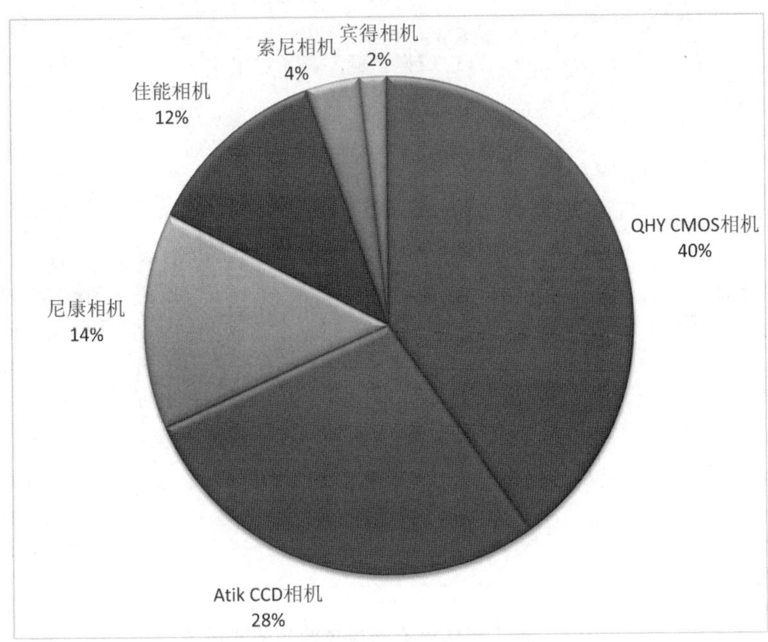

图 13　深空天体摄影师最喜欢用的相机

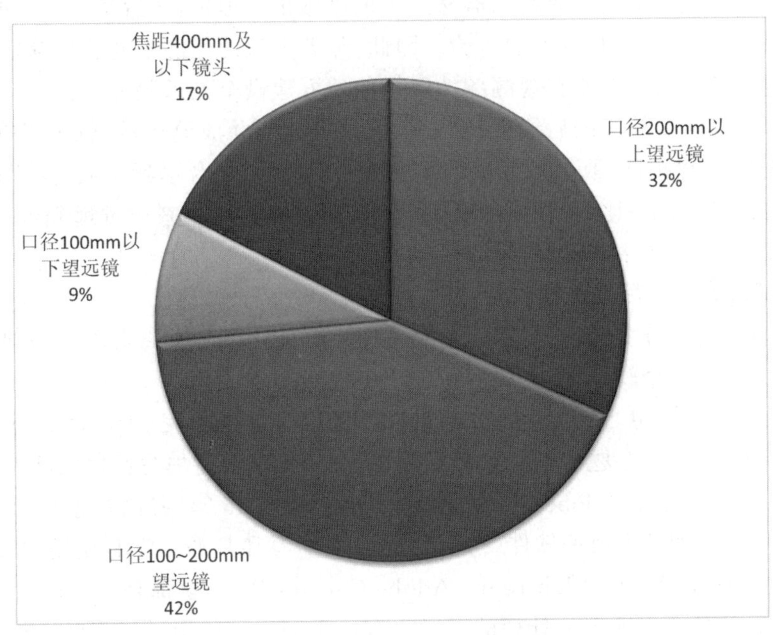

图 14　深空天体摄影师最喜欢用的望远镜/镜头

准跟踪的关键，其重要性不次于相机和望远镜/镜头。如图 15 所示，57 幅作品中，有 29 幅使用了信达的赤道仪，有 27 幅使用了艾顿的赤道仪，占比分别为 50.9%和 47.4%，它们都是国产品牌。只有 1 幅使用了日本威信的赤道仪，没有作品使用国外的高桥、派拉蒙这些高端品牌赤道仪，这充分说明国产赤道仪质量过硬、价格合理，深受国内天文爱好者的喜爱。

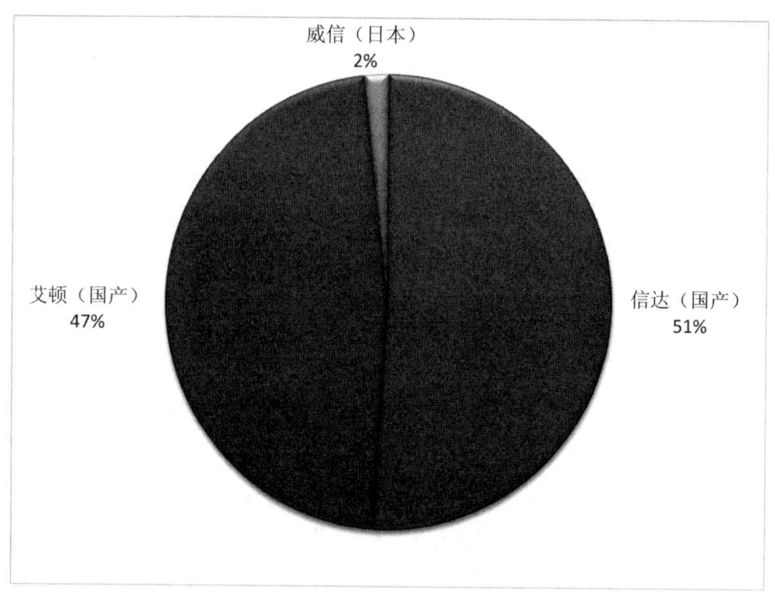

图15 深空天体摄影师最喜欢用的赤道仪

最后还有一个值得注意的现象，就是国内个人远程天文台的兴起。深空天体拍摄往往需要赶上很好的天气，把沉重而又繁杂的器材搬到远离城市的山里，然后花一整夜的时间精心拍摄，这对摄影师的时间、精力是巨大的考验。因此，随着大家的经济条件越来越好，也随着相关科技的成熟，越来越多的人开始在观测条件很好的地方建设个人远程天文台，这可能需要一笔较大的前期投入，也需要持续的后续维护投入，但一旦建成并成熟运转，就可以在当地天气好的情况下，随时随地想拍就拍。最近几年，国内个人远程天文台迅猛发展，这次的57幅作品中，有25幅来自远程台，占比为43.9%，接近一半。可以预见，将来通过远程台拍摄出来的优秀深空天体作品会越来越多。

（5）摄影师最喜欢的后期处理软件

这部分内容也需要分主题讨论，因为不同拍摄主题所用到的软件会不尽相同。另外，一幅好的作品一般会用到多个软件，这在我们的分析中也会提及。

我们仍然首先把"夜空之美""对抗光污染""壮丽的特殊天象"三个主题合并分析，理由同前。如图16所示，这三个主题的作品共263幅，有2幅作品没有填写使用的软件，所以我们只分析261幅。其中，使用了Adobe Photoshop软件的多达245幅，占比高达93.9%，可见该软件确实是星野照片后期处理第一软件，初学者都应该学习和掌握。没有使用Photoshop软件的作品，也主要使用了Adobe Lightroom、Adobe Camera Raw，全都是Adobe系的软件，不得不说Adobe系的软件是专业图片处理的王者。有极个别作品使用了光影魔术手，或者手机上的Snapseed进行后期。当然，在使用了Photoshop的作品里，有很大一部分也使用了Lightroom、Camera Raw软件辅助。全景拼接软件方面，使用PTGui的有69幅作品，使用AutoPanoGiga的有4幅作品，可见PTGui是天文照片全景拼接的主流；叠加（堆栈）软件方面，使用Sequator的有18幅作品，使用KandaoRAW＋的有4幅作品，可见Sequator是更为常用的叠加软件；星轨作品方面，Startrails一枝独秀，有22幅作品使用了它，这基本上是所有的星轨作品了。

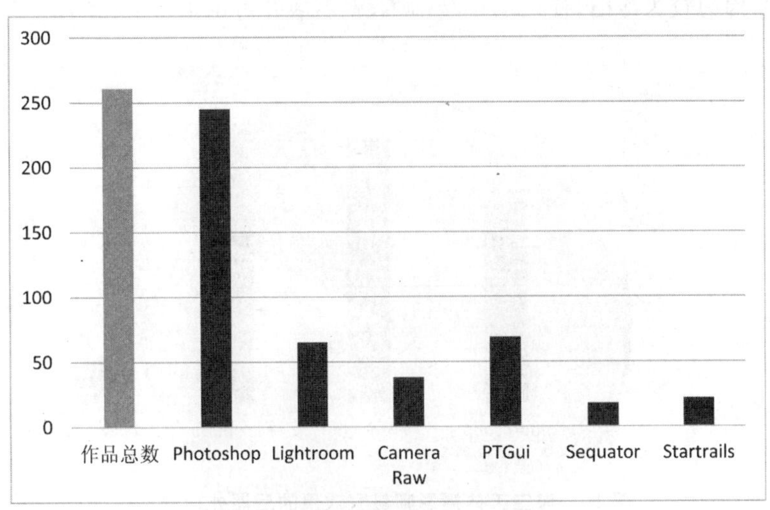

图 16　星野摄影师最喜欢用的后期处理软件

接下来，我们分析“宏伟的太阳系”主题。如图 17 所示，35 幅作品中，有 31 幅使用了 Photoshop 作为最后出图使用，占比高达 88.6%。前期叠加和锐化方面，使用 AutoStakkert 的有 24 幅，使用 RegiStax 的有 23 幅，大部分作品是这两款软件结合使用，可见这两款软件是拍摄太阳系天体特写的主流：一般使用 AutoStakkert 叠加，再用 RegiStax 锐化。也有少数作品没有使用这两个软件，而是使用 Photoshop，或者 Photoshop 结合其他软件进行后期处理。

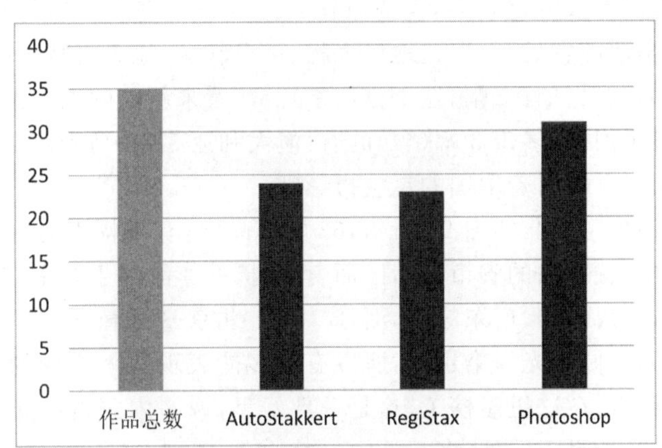

图 17　“宏伟的太阳系”主题摄影师最喜欢用的后期处理软件

最后，我们分析“神秘的宇宙深处”主题。如图 18 所示，57 幅作品中，有 37 幅使用了 Photoshop 出图，占比为 64.9%，比前两个主题下降明显，究其原因，是因为这个主题有更专业和高深的软件可以选择，不过掌握的难度也很大。在这个主题里，被用到最多的是 Pixinsight，共有 49 幅作品使用，占比高达 86.0%，但这个软件我相信绝大多数人都没听说过。由此可见，要想在深空天体领域里拍到较高水平，Pixinsight 是需要掌握的。还有一个被经常使用的软件是 MaxIm DL，共有 32 幅作品用到了它，占 56.1%。在 Pixinsight 和 MaxIm DL 使用较多的情况下，另一个深空天体叠加软件 DeepSkyStacker 的使用就比较少了，只有 9 幅作品用到了它，占比为 15.8%，不过这个软件有中文版，功能也比较简单，更适合初学者上手。还有一些其他软件，因为较为冷门，使用的作品不多，就不展开讨论了。

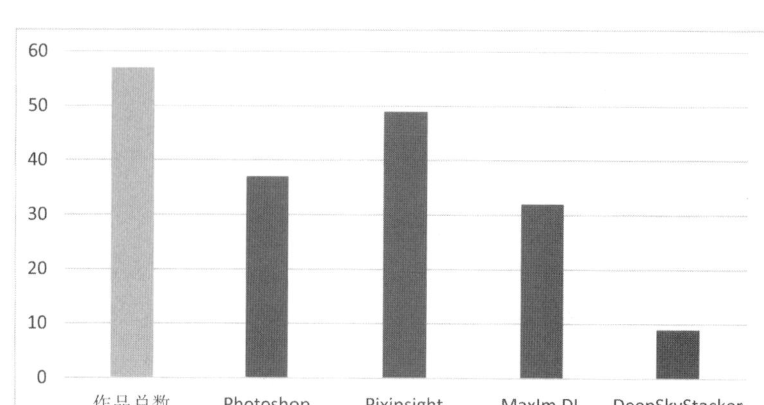

图18　深空天体摄影师最喜欢用的后期处理软件

(6)摄影师最喜欢在哪儿拍摄星空?

这部分内容仍然需要分主题讨论。我们首先重点讨论“夜空之美”主题。如图19所示，144幅作品中，就国内的省市自治区而言，拍摄的作品多于3幅(含)的有：内蒙古25幅，河北14幅，北京13幅，云南12幅，四川9幅，西藏9幅，广西7幅，青海6幅，浙江4幅，台湾4幅，甘肃3幅，辽宁3幅，山西3幅，陕西3幅。作品的拍摄地相当分散，其中内蒙古最多，可见大家很喜欢草原上的星空，但占比也只有17.4%。河北和北京的作品比较多，主要是因为北京地区高水平的天文摄影师数量比较多，同时京津冀地区也有许多不错的拍摄点。其他多于5幅作品的省份，就都是西部省份了，那边地广人稀、星空壮丽、地景有特色的，利于拍出好作品。不过，来自新疆的作品竟然只有1幅，这十分出乎意料，看来新疆的天文摄影师们还要加油啊！还有一部分作品拍摄于国外，多于3幅(含)的有：澳大利亚5幅，马来西亚3幅，澳大利亚以在中国无法见到的南天星空吸引着中国的星空摄影师。

再来看“对抗光污染”主题，如图20所示，62幅作品中，有1幅没有写拍摄地，所以我们只讨论61幅作品。其中，就国内的省市自治区而言，拍摄的作品多于3幅(含)的有：北京16幅，云南6幅，河北4幅，四川4幅，广东3幅，浙江3幅。北京毫无悬念的高居榜首，毕竟这里高水平天文摄影师多，同时城市光污染也大，所以有很多能表现这一主题的作品。而在“星空之美”主题居榜首的内蒙古，在这里落榜了，这是一件好事，说明内蒙古的光污染总体很小，星空很美。还有一部分作品拍摄于国外，多于3幅(含)的有：美国3幅。

分析“壮丽的特殊天象”主题下的拍摄地意义不大，因为日月食往往在家门口就能拍，而流星雨一般需要去观测条件较好的地方，这就和“夜空之美”主题类似了。

分析“宏伟的太阳系”主题下的拍摄地意义也不大，因为太阳系天体的特写一般在家门口就能拍。

我们来分析“神秘的宇宙深处”主题。如图21所示，57幅作品中，就国内的省市自治区而言，拍摄的作品多于3幅(含)的有：云南26幅，北京11幅，江苏9幅，广西5幅。在“夜空之美”主题下不显山不露水的云南，为什么在深空天体主题下的作品这么多，占比达到了45.6%，接近一半？原来，在云南丽江有个有名的远程天文台址，是一个农庄，很多爱好者在那里放置远程观测设备，所以出片多，这26幅作品中有20幅都是远程天文台拍摄的。排名第二的

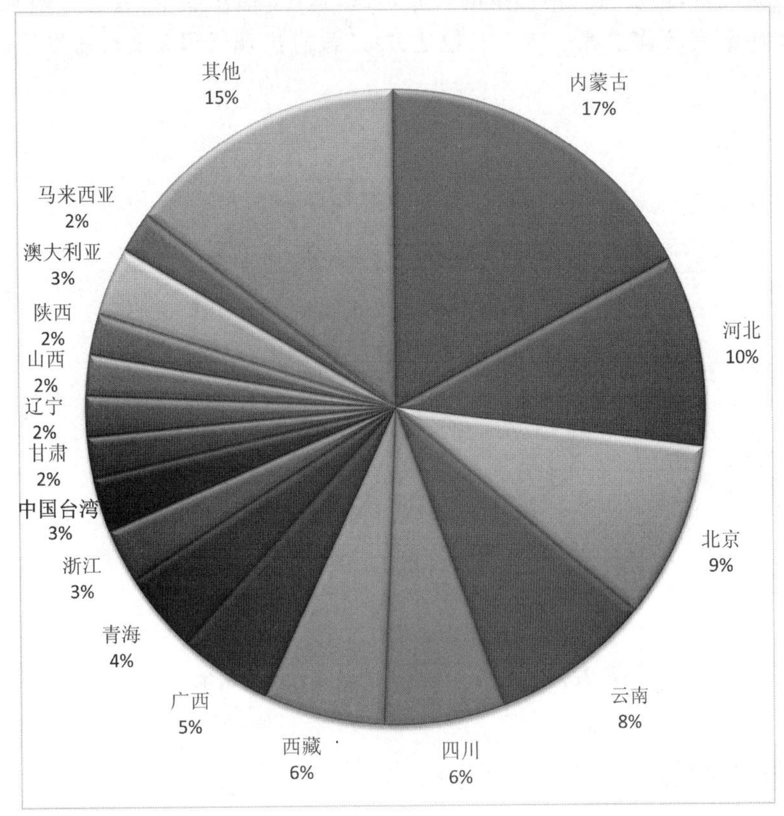

图19 "夜空之美"主题摄影师最喜欢的拍摄地

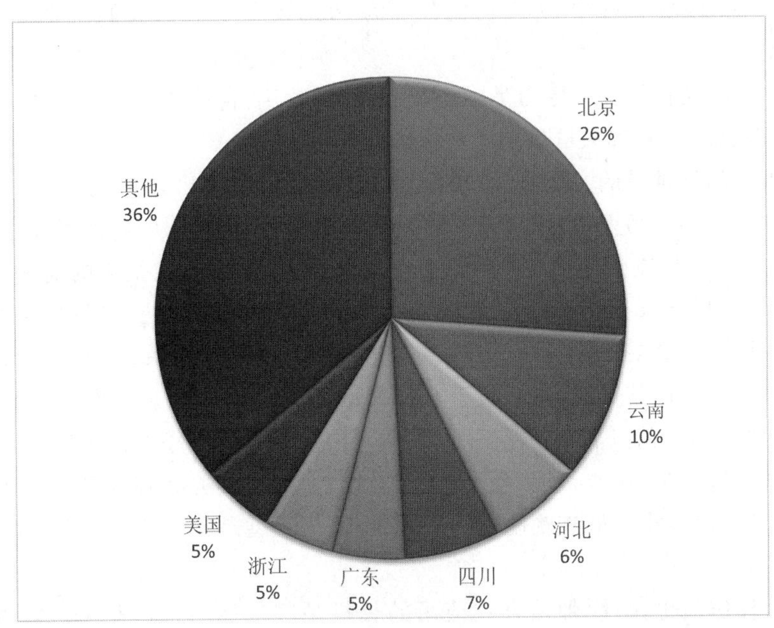

图20 "对抗光污染"主题摄影师最喜欢的拍摄地

北京也有远程天文台，但没有云南那里的火爆，所以这 11 幅作品中，只有 5 幅来自远程台，有 6 幅来自机动拍摄，差不多一半一半。其他地方，还没有出现远程天文台的作品。

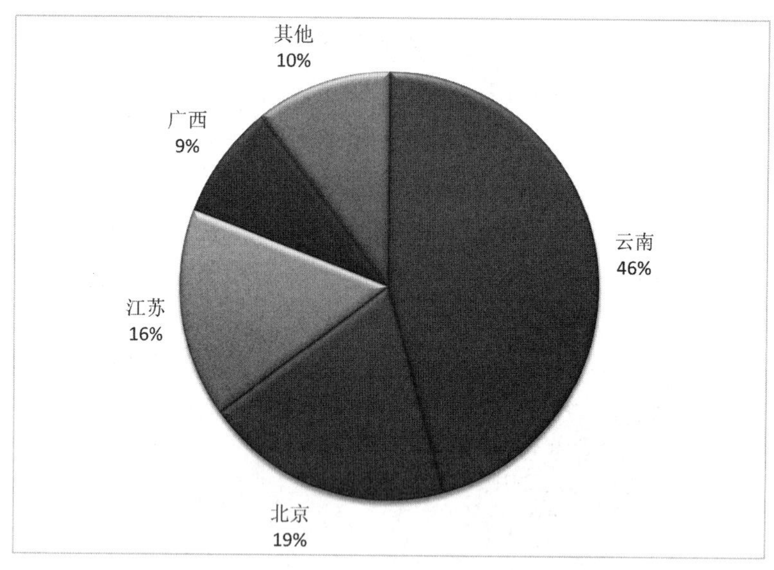

图 21　深空天体摄影师最喜欢的拍摄地

4　结果和讨论

针对本次样本的调查研究，我们可以得出如下主要结论：

① 较高水平天文摄影师中，男女占比分别为 91.9%和 8.1%，我们需要多关注和支持女性天文摄影师。

② 较高水平天文摄影师的主力是 18～39 岁的青壮年，合计占比为 71.3%。从行业看，学生人群、互联网行业、工程师人群里玩天文摄影的比较多。

③ 天文摄影师最钟爱的主题是星野摄影，在全部作品中占比近 60%。

④ 星野摄影类的作品里，摄影师最喜欢拍摄的是银河（包括银河与附近星空，以及银河拱桥类的全景），远多于其他目标。特殊天象类作品里，摄影师最喜欢拍摄的前三名依次是流星雨、月食、日食。太阳系天体特写类作品里，摄影师最喜欢拍摄的前三名依次是月亮、太阳、木星。深空天体作品里，摄影师最喜欢拍摄的前三名依次是星云、星系、星团。

⑤ 星野摄影类的作品里，摄影师最喜欢使用的相机品牌前三名依次是佳能、尼康、索尼，最喜欢使用的镜头品牌前三名依次是适马、尼康、佳能，其中适马镜头的占比远大于其他品牌。

⑥ 太阳系天体特写类作品里，摄影师最喜欢使用的相机品牌前两名依次是 ZWO 和 QHY，其他品牌占比很小。最喜欢使用的望远镜/镜头类型是较大口径的道布森望远镜，其他类型设备占比较小。

⑦ 深空天体作品里，摄影师最喜欢使用的相机品牌前四名依次是 QHY、Atik、尼康、佳能，其他品牌占比很小。最喜欢使用的望远镜/镜头类型前三名依次是口径在 100～200 mm（不含）范围内的望远镜、口径在 8 英寸（约 203 mm）及以上的望远镜、焦距在 400 mm 及以下

的相机镜头。最喜欢使用的赤道仪品牌前两名依次是信达和艾顿，其他品牌占比很小。另外，来自个人远程天文台的作品占比为43.9%，接近一半。

⑧ 星野摄影类的作品里，摄影师最喜欢使用的后期处理软件是Adobe系的图片处理软件，包括Photoshop、Lightroom和Camera Raw。全景拼接软件里被用得最多的是PTGui。叠加(堆栈)软件里被用得最多的是Sequator。星轨软件里被用得最多的是Startrails。太阳系天体特写类作品里，摄影师最喜欢使用的后期处理软件是AutoStakkert、RegiStax和Photoshop。深空天体作品里，摄影师最喜欢使用的后期处理软件是Pixinsight、Photoshop、Max-Im DL。

⑨ "夜空之美"主题作品里，摄影师最喜欢拍摄的地区前三名依次是内蒙古、河北、北京。"对抗光污染"主题作品里，摄影师最喜欢拍摄的地区前两名依次是北京、云南。深空天体作品里，摄影师最喜欢拍摄的地区前三名依次是云南、北京、江苏。

本次工作最大的问题，就是只凭一届天文摄影师大赛，收集的样本数量还不够多，有一些高水平的天文摄影师，因为种种原因没能参加这次大赛。所以，我们在今后的大赛中将会持续收集数据，以期几年后能够让这一调查研究更加详实准确。

本次工作的另一个问题，是"对抗光污染"这一主题定位有些模糊，导致收到的作品类型比较多样，既有城市附近的星野摄影作品，也有在观测条件很好的地方的星野摄影作品，还有在城市里顶着光污染拍摄深空天体的作品，给后续的评审打分，包括分析研究都造成了一定的困难。2020年的大赛，我们把这一主题改名为了"城市星空"，强调了其在城市附近的星野摄影属性，相信这样收集到的调查数据质量会更高。

还有一个细节问题，在"宏伟的太阳系"主题里占比最高的ZWO相机，在"神秘的宇宙深处"主题里竟然没有出现，造成这一现象的原因，还需进一步调查研究。

5 致 谢

在2019天文摄影师大赛的进行过程中，以及在本文的撰写过程中，我们要特别感谢中国科学院院士欧阳自远先生的大力支持，感谢北京天文馆陈冬妮副馆长、曹军老师、杨斌老师的帮助，感谢国家天文台姜晓军研究员、北京师范大学天文系高健教授、外文出版社高级摄影师唐少文老师、北京青少年天文科普联盟专家组成员王宗良副研究员等馆外专家评审的辛勤工作，感谢所有参与2019天文摄影师大赛的摄影师们。没有你们，本文是不可能完成的。

参考文献

[1] 陆荣贵. 国内天文领域的民间爱好者研究[D]. 中国科学院研究生院(上海天文台)，2007:22-32.

[2] 徐志扬，张毓栋. 回眸30年 照相机的发展与变迁[J]. 照相机，2009(10).

[3] 白云. 摄影后期处理中计算机技术的结合应用[J]. 电子设计工程，2015，23(16).

[4] Royal Observatory[EB/OL]. https://www.rmg.co.uk/royal-observatory.

[5] Insight Investment Astronomy Photographer of the Year Exhibitionv[EB/OL]. https://www.rmg.co.uk/whats-on/astronomy－photographer－year/exhibition.

[6] 曾鸿，吴苏倪. 基于微博的大数据用户画像与精准营销[J]. 现代经济信息，2016(16):306-308.

基于系统理论的博物馆教育能力提升路径研究

王云龙[1]

摘　要： 教育是现代博物馆的首要目标和功能，我国博物馆教育成果逐年增多，其中不乏精品，但当前博物馆存在业务割裂现象，部门之间沟通不畅，制约着博物馆教育能力提升。从系统视角来看，博物馆教育并非单独的个体，而是由教育目标、教育实施者、教育内容、教育方法与途径、受教育者等要素构成的教育系统，此外，教育能力的高低还和藏品保护、学术研究、公共服务等多方面关系密切。博物馆应关注教育实施的全过程，重点考察教育与博物馆其他职能之间的关联，以系统维度探索博物馆教育能力的提升路径，助力博物馆教育发展。

关键词： 博物馆；教育能力；关联；反馈

我国2015年颁布的《博物馆条例》指出："博物馆，是指以教育、研究和欣赏为目的，收藏、保护并向公众展示人类活动和自然环境的见证物，经登记管理机关依法登记的非营利组织。"教育已成为博物馆的首要目标和功能。"一个博物院就是一所大学校"体现出国家对博物馆教育功能的重视与期望。2017年中共中央办公厅、国务院办公厅印发的《关于实施中华优秀传统文化传承发展工程的意见》，表明提升博物馆教育能力是国家发展的要求，也是公众文化生活的需求。

为提升博物馆教育能力，学术界展开了广泛的研究讨论。骆晓红认为博物馆教育应坚持专业化、分众化、社会化和市场化，从"一元包揽"转变为全社会"多元集成"，为公众带来更有效的精神产品。陆建松认为教育不仅是博物馆公共服务的主要内容，也是其首要目的和社会责任，我国博物馆应转变观念，确立以知识文化传播（教育）和公共服务为经营目标的新理念。杨秋认为博物馆教育应从权威教化型向参与体验式转换，打造博物馆教育品牌。这些研究讨论都有助于博物馆教育实践，但针对博物馆教育能力提升问题，却少有系统思考，缺乏教育整体观，现实中博物馆业务工作并没有统一于教育目标，比如教育工作被默认为是社教部门的职责，与其他部门无关，导致博物馆教育长期处于博物馆工作的末端，未能将博物馆内部职能与观众紧密联系，发挥出应有价值，因此，有必要结合系统理论对博物馆教育进行系统化研究。

系统理论以其整体性和关联性等优点被广泛应用到自然科学和社会科学的各个研究领域，取得了许多重要成果，如邹凯将系统动力学引用到智慧城市建设研究中，探索出提高智慧城市建设公众满意度的影响因素。周婧景将系统理论引用到博物馆展览研究中，通过构建阐释系统，解决展览阐释不够充分的问题，提高博物馆展览传播效应。本文以博物馆教育为研究对象，结合教育学和系统科学的理论与方法，以教育学为基础提取教育要素，以系统理论为指导考察教育要素关联性，尝试构建博物馆教育系统，提升博物馆教育能力。

---

① 王云龙，男，硕士研究生学历，陕西自然博物馆策展主管，从事博物馆学研究。联系方式：wylsky8068@126.com。

1　博物馆教育能力提升乏力的问题分析

(1) 教育目标贯彻不充分

教育成为博物馆的首要目标是社会经济和博物馆事业发展的必然结果，但当前教育目标的落实大多停留在浅表阶段，没有深入贯彻到博物馆内部的各个业务工作中，致使博物馆教育没有真正从理念走向实践。我国博物馆现状大多为藏品部门仅以收集和保管为目标，研究部门只以学术成果为目标，展览部门只以陈列效果为目标，而教育目标则被默认为只是博物馆社会教育部门的事情，与他人无关，没有上升为博物馆全局目标。

(2) 研究成果转化不足

研究成果转化不足直接导致博物馆教育内涵挖掘不充分，博物馆教育缺失了研究成果的支撑必然会流于形式，引发博物馆教育同质化现象。研究成果转化不足的深层次原因是博物馆普遍存在内部业务割裂现象，传统组织机构设置下的职能部门之间缺乏有效沟通，甚至出现信息封锁、相互推诿等消极现象，导致研究成果未能有效转化为教育内容，影响博物馆教育能力。

(3) 观众信息反馈不全面

科学地收集观众反馈信息是实现博物馆教育功能的必要措施，许多博物馆存在忽视观众信息反馈、轻视观众信息反馈以及应付观众信息反馈的现象。有些博物馆没有设置观众信息反馈途径。有些博物馆虽然设置个别留言本，但大多为摆设，没有设专人管理，灰尘遍布，里面留言截止于若干年前。有些博物馆虽然致力于改善博物馆教育能力，重视观众教育需求的调研，但信息反馈途径单一，仅为馆内留言簿或短期性的调查问卷，没有充分利用微信、微博、官方网站等互联网工具，更缺少反馈数据的统计、分析与应用。

2　系统理论在博物馆教育研究的适用性分析

众所周知，系统具有整体性、关联性以及动态性，通过信息流实现运行、通过反馈回路实现系统的动态平衡，其关注的往往不是局部而是整体，总体大于部分之和是系统整体效能的重要体现。博物馆作为一个社会公共服务机构，它是社会系统的子系统，而教育作为博物馆的核心功能，博物馆教育系统亦是博物馆的子系统，同样具备整体性、关联性以及动态性等特征。整体性表现为博物馆虽然设有多项业务工作，但这些业务不是分裂的，而是统一于博物馆教育目标下的一个整体。关联性主要指博物馆的内部业务关联，要从系统角度打破内部隔阂，部门之间需要相互协作，共同为提升博物馆教育能力发挥应有的贡献。动态性表现为观众对博物馆的文化需求是不断变化的，博物馆应根据这些变化及时调整自身目标，不断改善教育内容和教育方法。

3　构建博物馆教育系统

系统并不仅仅是一些事物的简单集合，而是由一组相互连接的要素构成的、能够实现某个目标的整体。对一个系统来说，要素、内在连接和目标，所有这些都是必不可少的，它们之间相互联系，各司其职。在构建博物馆教育系统的过程中，需要重点考察组成要素和系统结构。

（1）博物馆教育系统的组成要素

按照教育学的观点，教育作为一种培养人的社会实践活动，是由教育目的、教育者、受教育者、教育内容、教育方法与途径以及教育环境等若干要素构成的一个相对独立的系统。博物馆教育是教育体系的组成部分，其组成要素也应参照教育的构成要素，因此，博物馆教育系统主要由教育目标、教育实施者、教育内容、教育方法与途径、受教育者等要素构成。

教育目标体现着观众对博物馆的文化需求，在博物馆教育生态系统中居于核心地位，是整个教育工作的出发点，也是其他要素的行为准则。根据国际博协《博物馆学关键概念》中对博物馆教育的定义“促进观众发展的价值、观念、知识与实践的总和”，博物馆教育系统的目标包括价值层面、观念层面、知识层面和实践层面等内容。

教育实施者，从狭义的角度看，主要指社教人员，他们是实施博物馆教育的一线人员，是直接教育者，从广义的角度看，还包括藏品研究者、策展人、志愿者，他们是间接教育者，藏品研究者为博物馆教育提供具有文化内涵的教育资料，策展人将不同的藏品阐释为物化的教材，服务于各岗位的志愿者为博物馆教育的实施提供全方位保障。

教育内容是博物馆欲向观众传递的信息，包括依托地域文化的博物馆特色教育内容、与社会主流观念相符的博物馆常规教育内容、同社会热点话题紧密联系的博物馆社会热点教育内容。

教育方法与途径是博物馆为实现教育目标，完成教育任务所采用的方式、手段和渠道，包括陈列讲解、教育活动、研学课程、学术讲座、文创产品、线上互动、科技体验等方面，教育方法得当，可使博物馆教育收到事半功倍的效果。

受教育者一般指博物馆观众，不仅包括学生，也包括成人，可划分为少儿教育、青少年教育、大学生教育以及终身教育。受教育者参与博物馆的获得感是评判博物馆教育能力的关键所在。

（2）博物馆教育系统的结构

博物馆教育系统结构是指各项系统要素的联系途径和关系网络。自然界事物千变万化、各不相同，比如钻石和煤炭两者的物理、化学属性相差甚远，但他们的基本构成元素却是一样，都是碳元素，造成它们以不同形态存在的原因就是其组成结构不一样，可见结构对于物质整体表现及价值体现具有重要意义。系统亦是如此，不同系统之间的构成要素或许一样，但由于系统结构即组成方式不同，系统整体也会千差万别。

系统论的创始人贝塔朗菲指出：“为了理解一个整体或系统不仅需要了解其部分，而且同样还要了解它们之间的关系。”博物馆教育系统结构如图1所示，以教育目标为导向，依托博物馆藏品，通过教育实施者对藏品的文化内涵进行挖掘、转化以及再创造，采用科学的方法与途径，将高品质的博物馆教育内容传达给受教育者，同时要不断收集受教育者的反馈信息，明确受教育者需求进而完善教育目标，这样就形成一个闭环的系统结构，信息流不断往复，以实现博物馆教育的可持续发展。

4　博物馆教育能力提升路径

通过构建博物馆教育系统，如图1所示，可以看到博物馆教育是一个系统工程，教育能力

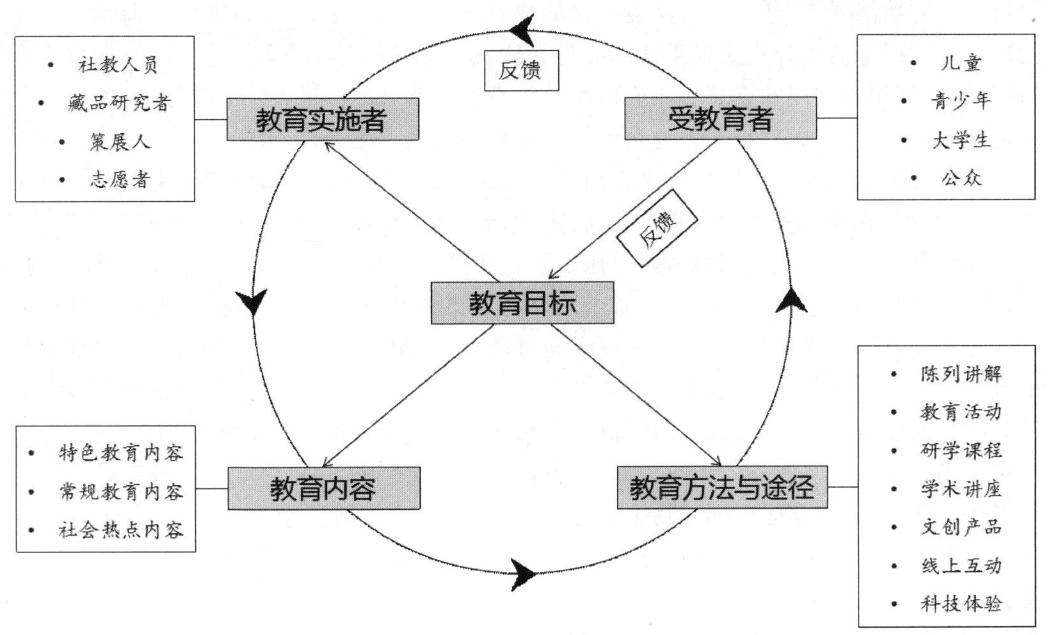

图 1　博物馆教育系统

提升乏力不是某一个部门的问题，而是传统的博物馆教育理念不能满足公众的文化需求。不能将博物馆教育单方面地强压在社会教育部门、甚至社教工作人员身上，而应将教育的视角放大，明确博物馆教育构成要素的相互关系，关注其作用机制，实现博物馆教育系统高效运转。

(1) 强化博物馆教育目标的一体化制定与实施

制定博物馆教育目标，首先要紧密结合博物馆自身定位、藏品特色、展览内容，其次要结合观众需求，最后要综合考虑博物馆内部环境。博物馆自身定位是其教育目标制定的基本导向，特色藏品和展览内容是制定教育目标的基石，受教育者的反馈信息是了解公众需求变化重要途径，以此可以调整并完善教育目标，博物馆内部环境是博物馆教育承载力的体现，也是实施教育目标的核心场所。

从实践来看，博物馆教育应实施目标管理，目标管理是美国管理学家德鲁克于 1954 年提出的应用性管理学方法，目标管理为动机提供基础并对个体提供导向。第一，建立目标导向原则，博物馆应树立以教育为核心的目标导向，将教育目标真正贯穿到每一个业务部门中，贯穿到每一位博物馆工作人员的日常工作中。第二，将教育目标作为绩效指标纳入博物馆各项业务工作的考核体系，树立博物馆教育全局意识，强化教育目标的贯彻实施。第三，创新博物馆管理机构，整合馆内、馆外教育资源，作为博物馆工作人员，不论藏品研究岗位还是陈列展览岗位，在从事本职工作时，注意本职工作与博物馆教育工作总目标的关系，注意体现博物馆教育作用和效果。例如，南京博物院为充分发挥教育服务功能，在“一院六馆六所”的格局下，建立了跨部门的协调机构“开放管理中心”，这是个虚设机构，由社会服务部、后勤物业部、文创产业部、安全保卫部、典藏部等部门组成，由分管副院长兼任主任、负责协调，此举正是将教育服务功能作为全馆工作目标贯穿至博物馆所有相关部门。

(2) 完善博物馆教育生态系统教育实施者的队伍建设

系统要素定位和要素功能发挥是系统科学的基本思维，如收藏、保护、研究、展览、教育等都是博物馆的功能要素，任何一个功能要素的缺失都会造成博物馆系统的瘫痪，而每一个要素功能的充分发挥都离不开相关要素的配合与支持，也就是说，博物馆教育功能的发挥离不开藏品研究、展览等相关部门的支持。作为博物馆教育实施者，也应遵从上述理念，教育实施者不能仅局限于社教部门，而应实现博物馆各个功能部门的全员参与。

具体实施措施主要包括以下几个方面：第一，扩大教育实施者构成范围，博物馆教育实施者不仅包括博物馆藏品研究者、策展人、志愿者，还应包括高校科研人员和馆外行业专家等。第二，明确不同教育实施者的教育责任，比如研究者的学术研究成果可丰富博物馆教育内涵，实现博物馆教育的特色化、差异化发展，关注博物馆特色教育内容、聚焦科研成果向科普类教育内容转化就是研究者的教育责任，策展人通过展览方式对藏品内涵进行阐释，将观众不易接受的藏品转化为物化教材，以展览搭建教育平台，在展览策划过程中充分考虑博物馆教育实施空间和内容表现形式是策展人的教育责任，志愿者服务于博物馆的各个岗位，不论是直接面对观众讲解还是提供导引服务，都为教育的实施提供全方位保障，因此多元化服务就是志愿者的教育责任。第三，建立立体化的博物馆教育人员队伍，全员参与博物馆教育，人人皆为教育实施者是全面提升博物馆教育能力的必要条件，建立以直接教育者为主导、间接教育者广泛参与、志愿者全面辅助所组成的复合型教育队伍。

（3）创新博物馆教育系统教育内容的转化路径

针对现阶段博物馆研究成果转化不足问题，应以博物馆教育系统的关联性为指导，建立博物馆研究部门与其他部门的协作观念和合作渠道，加强藏品、研究、保护、展览以及社教等相关业务工作之间的关联性。

根据博物馆教育系统，博物馆教育内容不仅要进行纵向的文化内涵挖掘，也需要不同部门之间的横向关联，不断创新博物馆教育内容的转化路径。第一，树立协作观念，共享研究成果，转变社教部门“单打独斗”的工作模式，发挥所有部门在博物馆教育方面的职能优势，群策群力，打破业务割裂的现状，定期对内举办业务工作沟通会，对外举办学术讲座，及时发布藏品研究的最新研究成果，放宽藏品使用权，实现资源共享。第二，重点围绕特色藏品和地域文化进行博物馆教育内容深度挖掘，在加强相关课题研究的同时，通过通俗易懂的语言，实现最新研究成果向博物馆教育资源转化。第三，建立合作渠道，让博物馆社教人员广泛参与到博物馆的相关工作中，以临时展览的教育活动为例，从展览设计的第一阶段开始，社教人员就应该参与到策展工作中，同步设计教育内容，避免社教人员在展览设计的最后阶段才被包括进来。

（4）多元扩展博物馆教育系统教育途径

博物馆教育的模式并不是教师站在教室前面给学生传授知识，而是提供一种非正式学习的环境，观众可以从整个环境当中学习到知识，这就必然导致实施主体和实施途径的多元化。社教人员以陈列讲解和教育活动为主要教育途径，研究人员以学术讲座、课程内容设计为主要教育途径，策展人以展览阐释和互动体验为主要教育途径，志愿者则依托具体工作内容而采用不同的教育途径。

在博物馆教育实践过程中，以上多种教育途径往往处于并存状态，除了考虑不同教育途径之间互补与融合之外，也要因地制宜调整教育途径选择策略，创新教育途径。第一，实现博物馆教育活动常态化，创新线下＋线上博物馆教育途径，利用互联网工具，扩大教育活动覆盖面。第二，多方联合开发博物馆教育课程体系，随着中小学生研学旅行和基础教育课程改革的深入开展，博物馆作为观众“第二课堂”的现实需求越来越大，以参观导览、文化讲座、示范表演、手工制作、社区活动等为主的教育活动已不能完全满足当前需要，细分化、课程化已逐渐成为博物馆教育的发展趋势。第三，紧跟需求制定博物馆研学旅行实施方案，2016年教育部等11部门印发《关于推进中小学生研学旅行的意见》，中小学生研学旅行具有人数多、规模大、管理难等特点，造成当前博物馆研学旅行乱象不断，亟待规范，对此，博物馆应摒弃对研学旅行的消极态度，不能认为研学旅行仅是走马观花式的参观，而应积极与学校、旅行社等相关机构沟通，制定博物馆研学旅行实施方案，保障博物馆研学旅行的教育效果。

(5) 全面建立博物馆教育系统教育反馈机制

在人类传播活动中，反馈是指受传者接受到讯息后，运用符码将自己的感受、评价以及态度和愿望向传播者所做出的反应。反馈是维持系统稳定发展的必要条件，也是构成博物馆教育系统的重要组成部分。

全面建立博物馆教育系统反馈机制应重点考虑反馈信息收集方式、信息处理能力以及信息高效率用等方面问题。第一，综合运用多途径的观众反馈信息收集方式，目前博物馆教育的反馈方法有很多，如观察记录、口头问答、调查问卷、观众留言等线下方式，除此之外，还应拓展线上反馈方式，线上、线下同时发力，全面获取观众对博物馆教育的评价、体验感受、意见建议等反馈信息。第二，强化观众反馈信息处理能力，利用大数据等信息科学技术，对反馈信息进行归类、分析，直观呈现信息所反映的现实问题，建立观众反馈信息数据库，为提高博物馆教育能力提供决策依据。第三，编写观众反馈信息分析报告，并向社会公开，接受社会监督，与观众保持长效互动态势，形成观众反馈再循环，让博物馆教育能力的提升呈螺旋式上升趋势。总之，通过观众反馈信息博物馆可以清楚认识到教育过程中存在的问题，并将问题及时地反馈给相关部门，继承优点、改进不足，真正做到让观众对博物馆“投诉有门”“褒奖有门”，让博物馆自身“改进有路”“宣传有路”。

5　结　语

当前我国博物馆处于高速发展期，面对观众日益增长的教育需求，如何提升博物馆教育能力成为博物馆人面临的难题。对此我们应转变传统教育理念，运用系统思维，将博物馆教育看作为一个系统工程，而不是简单的结果或形式，它是一条“线”而非一个“点”的概念，这需要博物馆藏品、研究、保护、展览、社教等部门和观众一起努力，把点和点连成一条线，形成博物馆教育生态链，以教育为核心探索博物馆内部职能的关联方式，关注博物馆各个职能要素对博物馆教育的影响，从教育目标、教育实施者、教育内容、教育方法与途径以及教育反馈等多个方面推动博物馆教育发展，为博物馆教育研究与实践提供一个新的视角。

参考文献

[1] 骆晓红. 浅析博物馆教育职能调整优化的路径选择[J]. 文博，2017(03)：105-108.

[2] 陆建松. 增强博物馆的公共服务能力：理念、路径与措施[J]. 东南文化，2017(03)：101-106.

[3] 杨秋. 博物馆教育的时代建构模式[N]. 中国文物报，2017-08-29(006).

[4] 邹凯，张中青扬，向尚，蒋知义. 基于系统动力学的智慧城市建设公众满意度研究[J]. 中国管理科学，2016，24(S1)：81-86.

[5] 周婧景，严建强. 阐释系统：一种强化博物馆展览传播效应的新探索[J]. 东南文化，2016(02)：119-128.

[6] 德内拉·梅多斯.系统之美——决策者的系统思考[M].浙江人民出版社,2012:26.
[7] 姜德军:教育学原理[M].北京:清华大学出版社,2016:23.
[8] 贝塔朗菲.普通系统论的历史和现状[J].国外社会科学,1978(2):66-74.
[9] 吴岩.教育管理学基础[M].北京:清华大学出版社.2005:142.
[10] 宋向光.物与识——当代中国博物馆理论与实践辨析[M].北京:科学出版社,2009:127.
[11] 龚良.从社会教育到社会服务——南京博物院提升公共服务的实践与启示[J].东南文化,2017(03):107-112+127-128.
[12] 海伦·香农,伍彬.美国博物馆教育的历史与现状[J].博物院,2018(04):43-49.
[13] 刘欣.受众反馈:博物馆观众研究的重要课题[J].中国博物馆,2016(4):92-97.

科技馆特色科普教育活动开发探索与实践
——以宁夏科技馆特色天文科普活动开展为例

柴继山①

摘　要：随着科技馆科普教育在公众科学素质提升中发挥着日益重要的作用，国内各家科技馆积极探索更加适合本馆特色的科普教育活动，极大地促进了科技馆科普教育功能的充分发挥，进一步激发了科技馆的生机和发展活力。各类特色科普教育活动的开发和开展，不仅成为一种喜闻乐见的科普教育形式，更成为科技馆常设展览的有益补充，在唤起公众科学兴趣的同时，满足公众对科普教育的新需求。本文以宁夏科技馆特色天文科普活动开展为例，分享探索和实践经验，希望能给各馆开展特色科普教育活动带来一点启发。

关键词：科技馆；特色科普教育活动开发；探索与实践

随着科学技术的不断发展，科技馆作为国家科技、文化和人类文明的展示窗口，既是传播科学知识、科学思想、科学精神和科学方法的重要场所，也是实施科教兴国、人才强国战略、可持续发展战略的重要阵地，更肩负着向公众进行科普宣传教育、提升公民科学素质的重要使命。为此，不断研究创新科技馆科普教育传播理念，丰富各类科普教育载体和内容，才能永葆科技馆的生机和活力。

1　科技馆科普教育理念的创新

科技类博物馆从早期对科学标本实物的收藏，展示自然和科学现象到倡导观众通过对展品动手操作而获得体验，教育和传播理念发生了重要变化，完成了由普及科学知识、展示科技成就向促进公众动手、体验、学习、探索的重要转变。新理念下的科技馆展教模式改变了传统的单向知识传递方式以及受众被动接受知识的角色，能让观众在身临其境、沉浸其中、亲自参与中领会抽象的知识，获得心理的体验，留下深刻印象和记忆，从而激发观众对科学的兴趣，增加观众的科学意识，促进观众对科学的深层认识和理解，获得启发和启迪。由此，科技馆为了更好地满足公众的科普需求，针对不同观众群体设计不同的科普教育活动，开发设计了各种情景模拟类、实验演示类、互动参与类展品展项，推出了沉浸式、交互式展教模式………

2　科技馆科普教育活动开展的重要意义和目的

科技馆常设展览展品展项，一直以来是公众争相追捧和热议的话题，新奇、好玩、有趣……

---

① 柴继山，宁夏科技馆高级经济师，主要研究方向科学传播教育，联系方式：0951-5085117，13909518494，电子邮箱：3134923407@qq.com。

也是公众热衷和推崇科技馆的原因,随着时间的推移,科技馆的热度在慢慢减退,科技馆展品的更新周期越来越长,展品损坏率越来越高,公众的参观兴趣逐渐变低。来科技馆参观的人员频次不断减少……这是大部分中小型科技馆发展中所面临困扰的问题。由此,各中小科技馆依托展品展项深度开发、挖掘资源,推出了“深度看展品”以及各类主题科普教育活动,延伸拓展了科技馆展品展项的科普教育功能,延长了展品展项的价值和使用寿命,也为科技馆发展节约了成本。

科技馆的科普教育活动是以某一特定主题为线索,开展一系列反映科技动态、贴近生活、关注社会热点的教育活动,以展览、实验、动手制作、讲座、竞赛及培训等多种形式加深公众对主题的理解。目前,通过开展各类丰富多彩的科普教育活动,不断延伸拓展科技馆科普教育功能,最大限度地发挥科技馆科普资源优势和效益,作为科技馆常设展览的重要补充,也成为当前国内外技馆普遍采用的一种科普教育模式,已在世界范围内得到认可和推广。《中国科学技术馆教育活动方案》中提出科技馆教育活动的三种主要形式有展览教育活动、扩展教育活动、培训教育活动。其中,展览教育活动是基础,扩展教育活动是特色,而培训教育活动是保持科技馆可持续发展的重要手段。

科技馆的科普教育活动深受广大青少年喜爱。在不断开发适合青少年的科普教育活动中,通过热情积极参与,帮助青少年了解科学知识的发生过程、探索科学程序和未来研究方向,知晓科学研究的方法、原理、精神和思想,让青少年享受科学研究的乐趣,激发其对科学问题的兴趣或探索的热情。

3 宁夏科技馆特色天文科普活动开展的有益探索和实践

近年来,宁夏科技馆充分发挥天文科普工作室的作用,积极探索和开发各类特色天文科普活动,受到了全区公众的喜爱,充分展示了“小馆也能有大作为”的科普教育理念。

(1) 宁夏科技馆天文科普工作室情况

宁夏科技馆天文工作室于2008年宁夏科技馆新馆开馆成立至今,拥有天文观测台1个、400mm口径折反射望远镜1台、105 mm口径折射望远镜10台、Digistar 6.0星空模拟系统、天文教室等配套基础设施。

宁夏科技馆天文工作室自主创新、设计了许多内容丰富的天文课程和天文活动。天文课程包括介绍天文基础知识的互动趣味课程《星空探秘》、介绍太阳系八大行星的基础天文课程《魅力行星》、介绍太阳地球和月亮关系的课程《追星之梦》、介绍一年四季星空观测要点和主要观测对象的课程《四季星空》等。利用Digistar 6.0系统开发的星空模拟体验课程《行星旅行记》《问天之路》以及《帮太阳女神找痘痘》《你看你看月亮的脸》《太阳的面纱》等大型观测体验活动也深受广大公众的喜爱,宁夏各广播、电视、报刊媒体多次对科技馆组织的天文活动进行报道和在线直播。

宁夏科技馆的天文课程和天文观测活动还作为科普大篷车的配套活动,跟随大篷车走进宁夏各中小学校,为广大中小学生普及天文基础知识,覆盖人数多达30万人。同时有力推动了宁夏及周边地区的天文普及工作。

2018年,宁夏科技馆正式成为中国天文馆专业委员会会员单位,并与北京天文馆等专业天文场馆保持交流合作,同时积极邀请业内专家参与宁夏科技馆天文活动并进行专业指导。

截至目前，宁夏科技馆天文工作室已开展天文活动近 200 场，天文科普讲座 150 余场，组织天文观测 300 余次，受到了宁夏及周边地区广大公众和天文爱好者的欢迎和支持。

(2) 宁夏科技馆开发特色天文科普活动课程设置

① 天文讲座。

"星空探秘"

针对人群：小学三年级以上

建议人数：1000 人以下均可

活动类型：天文基础入门讲座

活动时长：45—80 分钟

活动简介："星空探秘"是一门基础入门的天文课。通过大量的图片、视频和互动为同学们介绍天文学的基础常识来让同学们对天文学产生兴趣并有基本的了解。

"四季星空"

针对人群：小学三年级以上

建议人数：100 人以下

活动类型：天文基础讲座

活动时长：每节课程约 45 分钟

活动简介："四季星空"是一个完整的系列天文课程。共分为"你不知道的春季星空""群星闪耀的夏季星空""绚烂夺目的秋季星空""魅力无穷的冬季星空"四节课程。通过大量的图片、视频和互动为同学们介绍星空的基础常识和神话故事来让同学们对四季星空产生兴趣并有基本的了解。

"邀你去看流星雨"

针对人群：小学三年级以上

建议人数：100 人以下均可

活动类型：天文基础讲座

活动时长：45 分钟

活动简介："邀你去看流星雨"是一节介绍流星雨相关知识的天文课。

"魅力行星"

针对人群：小学三年级以上

建议人数：100 人以下均可

活动类型：天文基础讲座

活动时长：每节课 30 分钟

活动简介："魅力行星"是一个完整的系列天文课程。共分为"银色星球——水星""女神星球——金星""生命星球——地球""火红星球——火星""巨人星球——木星""草帽星球——土星""懒惰星球——天王星""飓风星球——海王星"和"行星运动会"九节课程。通过介绍每颗行星的相关知识让同学们对太阳系和太阳系的组成有一个大致的了解。

"追星之梦"

针对人群：小学三年级以上

建议人数：100 人以下均可

活动类型：天文基础入门讲座

活动时长：45—80分钟

活动简介："追星之梦"是一门基础入门的天文课。通过大量的图片、视频和互动为同学们地球、太阳、月亮的相关常识来以及它们之间的相互关系，让同学们对天文学产生兴趣。

"中国航天里程碑"

针对人群：小学三年级以上

建议人数：200人以下均可

活动类型：航天讲座

活动时长：50分钟

活动简介："中国航天里程碑"是一门介绍我国航天发展历程的航天课。通常在国际天文馆日和中国航天日活动中开展。

"邀你来赏中秋月"

针对人群：小学三年级以上

建议人数：1000人以下均可

活动类型：天文基础入门讲座

活动时长：45分钟

活动简介："邀你来赏中秋月"是一门介绍月球知识和我国探月工程相关知识的天文课。通常在中秋节日期间开展。

② 天文科普主题活动。

"你看你看月亮的脸"

宁夏科技馆精品天文活动"你看你看月亮的脸"，在借助宁夏科技馆天文台及现有天文器材的基础上，通过授课、观测等形式相结合，以寓教于乐的方式，使公众更容易、更直观的接受天文科普教育，体验科学的魅力。活动内容包括天文讲座"你看你看月亮的脸"、月全食直播和户外观测。2018年1月31日，宁夏科技馆组织进行月全食观测活动并进行网络直播，得到了网友们的广泛关注，仅人民网就有360万人同时在线观看，今日头条有54万人在线热聊，加上腾讯、网易、优酷、土豆、爱奇艺、斗鱼、UC头条、宁夏网络广播电视台等直播平台，观看本次月全食活动直播的人数超过了500万人，接近于整个宁夏的人口数量，这是传统的科普模式望尘莫及的参观覆盖量。

"太阳的面纱"

宁夏科技馆精品天文活动"太阳的面纱"，在充分发挥宁夏科技馆天文科普资源优势的基础上，邀请北京天文馆卢瑜老师开展天文讲座，使用宁夏科技馆最新安装的Digistar6.0星空模拟系统，通过科普讲座、观测、动手制作、软件模拟等形式相结合，体验天文科普的魅力。本活动的主要观测天象为日偏食，活动内容包括天文讲座"日食漫谈""魅力行星"、播放穹幕电影"宇宙"及进行户外日偏食观测。

"给太阳女神找痘痘"

"给太阳女神找痘痘"是宁夏科技馆常设展厅、科普大篷车进校园及流动科技馆专门设计的太阳黑子观测活动，本活动利用折射望远镜对太阳黑子进行观测，活动覆盖面广，便携易操作。

"我与水星有个约会"

"我与水星有个约会"是针对2016年5月9日水星凌日天象开发的天文科普活动。通过科普讲座、观测、动手制作、软件模拟等形式相结合，使公众感受天文学的魅力。本活动的主要观测天象为水星凌日，活动内容包括天文讲座《魅力行星》、户外水星凌日现象观测及木星、新月观测。

③ 观测现场模拟体验。

“行星旅行记”

“行星旅行记”是利用宁夏科技馆穹幕影院安装的先进的 Digistar 6.0 系统设计及制作的一门天文模拟体验课程。课程通过软件向公众展示行星外观、内部构成及运行规律等相关知识使公众有身临其境的逼真感受。

“飞向太空”

“飞向太空”是利用宁夏科技馆穹幕影院安装的先进的 Digistar 6.0 系统设计及制作的一门天文模拟体验课程。课程通过软件向公众展示火箭升天、酒泉卫星发射中心发射模拟及月球表面地形等相关知识使公众直观了解我国航天发展的伟大历程。

④ 动手实践。

“简易望远镜”

通过简易望远镜的制作，帮助学生和家长提高动手能力，并感受观测的乐趣。

“星空瓶”

通过简易星空瓶的制作，帮助学生和家长提高动手能力，并感受星空的美丽。

“设计你的外星生命”

通过为同学们介绍地球生命所需的必要条件，进而引出各星球的各项基本数据，让同学们通过分组讨论、问卷调查、设计绘制等循序渐进的方式，最终达到能够每组选派代表走上讲台为大家介绍他们理解绘制的外星生命形象。新颖的活动内容，既锻炼了学生们的团结协作能力、语言表达能力、思维创造能力等，也培养了他们勇于表现自我和展示自我的勇气。

“玩转黄道星座”

通过为同学们介绍黄道星座的神话故事，进而引出各星座之间与太阳的关系，让同学们通过分组讨论、问卷调查、模型制作等方式了解黄道星座的相关知识。

“漫游太阳系”

结合“魅力行星”课程为同学们介绍太阳系八大行星的相关知识，进而引出各星球的各项基本数据，让同学们分组讨论、设计绘制、角色扮演、进行太阳系护照制作等，并以通关签证的形式了解太阳系。

“光影绘画”

“光绘摄影”又叫“光涂鸦”，是指利用长时间曝光，在曝光过程中通过光源的变化创造特殊影像效果的一种摄影方法。光绘摄影一般在室内、夜晚或者光线昏暗的环境下进行。宁夏科技馆开发该活动旨在让公众在参与中感受星空摄影及长曝光摄影的相应技巧。

⑤ 特定节日活动。

中国航天日:“飞天梦想”

为让更多的公众了解中国航天的发展历程，了解我国航天科技的重要事件，宁夏科技馆于举办飞天梦想——纪念“中国航天日”主题活动。“中国航天里程碑”天文讲座为公众介绍 60 多年的航天历史中，中国航天一些值得人们永远铭记的闪光点和第一次，激动人心的航天视频看得大家热血沸腾。辅导员还通过简单而生动的比喻和介绍，使公众了解如何成为一名航天员以及航天员们训练的艰辛。活动中间还特别穿插了航模表演、无人机撒花、滞空表演及火箭发射表演赢得了观众一阵阵的赞叹和掌声。《飞向太空》航天模拟演示是利用穹幕影院先进的Digistar 6.0系统开发的一节新课,是天文教师们历时半个多月的辛勤成果。本次模拟课为公众演示了我国的一些著名航天器、酒泉卫星发射中心、嫦娥探月工程的工作流程,又借由嫦娥探月工程的视角带公众"漫游"了一次美丽的月球,变换的场景和不断闪现的美丽星空,给公众带来了身临其境般的美好享受。

国际天文馆日:"璀璨星空"

宁夏科技馆组织了特色天文科普活动"璀璨星空"(见表1),准备了形式多样、内容丰富的活动,将天文讲座、行星模拟、穹幕观影、对外参观、实地观测和动手操作等结合起来,为大家奉上了一场天文科普盛宴。银川卫视成长栏目、宁夏都市经济频道全程对活动进行了采访和直播,累计观看直播人数近万人。

七夕:"银河两岸的浪漫"

本活动针对2016年8月9日七夕节日开发。除了为大家介绍夏季星空的无穷魅力,还普及了"七夕"的由来等知识,精美的星空图片和生动的卡通视频让公众直呼过瘾。在活动中,科技辅导员还为公众介绍了流星雨的相关知识以及观测流星雨的注意事项等,并让大家通过视频一睹流星雨滑落天际的绝美景象。在科技馆工作人员的指导下,公众还使用专业的望远镜观测土星及月亮。通过观测,公众对我们身处的太阳系有了更深入和直观的了解,增强了对天文观测的兴趣。

中秋:"秋暮夕月"

为庆祝中秋佳节,宁夏科技馆特别设计并实施了"秋暮夕月"中秋天文科普活动。活动中,宁夏科技馆天文老师为参加活动的公众带来了名为《邀你来赏中秋月》的天文讲座,介绍了月球的基本知识、人类对月球的探索、中国的探月梦等精彩内容,为公众模拟了当天的月亮,并为大家介绍了月球地形、月相的相关知识。公众们还参观了宁夏科技馆天文台400毫米口径的折反射式望远镜、亲手制作了简易望远镜、观看了球幕数字天象演示"行星旅行记"。

表1 2019—2020年宁夏科技馆部分特色天文科普活动一览表

2019—2020年宁夏科技馆特色天文科普活动				
内容名称	活动时间	组织方式	观测、直播时间	参加人数
"璀璨星空"——宁夏科技馆纪念国际天文馆日主题活动	2019年3月10日	天文科普讲座、观看宇宙科普影片、现场观测	活动约7个小时	200人次
"秋暮夕月"中秋天文科普活动	2019年9月12日	天文科普讲座、现场观测	约2个半小时	200人次
你不知道的"春季星空"	2020年3月8日	在线直播	约1个小时	3 000人次
"巨龙腾飞的轨迹——中国航天发展史概述"	2020年4月12日	宁夏科技馆一楼"太空探索"展厅在线直播参观	约1个半小时	3 000人次
"太阳的'金项圈'"日环食观测	2020年6月21日	现场观测、斗鱼、抖音同时直播	约2个半小时	7 000人次

续表

2019—2020年宁夏科技馆特色天文科普活动				
内容名称	活动时间	组织方式	观测、直播时间	参加人数
“群星闪耀的夏季星空”	2020年7月12日	斗鱼、抖音同时直播	约1个小时	3 000人次
“八大行星”	2020年7月25日	斗鱼、抖音同时直播	约1个小时	3 000人次
“火星探测之路”	2020年8月9日	斗鱼、抖音同时直播	约1个小时	3 000人次

活动方式：下载斗鱼app，搜索“宁夏科技馆天文工作室”并关注直播间，在活动时间进入直播间进行在线观看及互动。公众可以扫描如图1所示的二维码关注平台直播间，按时观看直播活动。

图1

(3) 宁夏科技馆天文科普活动开展的主要做法

宁夏科技馆特色天文科普活动的有力开展，不仅赢得了良好的社会效益，提高了科技馆的知名度，更重要的是塑造了科普教育活动品牌，提升了科普教育活动品质。具体做法：一是加强培训学习，积极邀请区内外天文科普专家对宁夏科技馆天文科普团队的专业培训和指导，不断提高专业知识和技能；二是针对学校教学实际和不同年龄段学生，开发通俗易懂的天文教学课程；三是利用腾讯、网易、优酷、土豆、爱奇艺、斗鱼、UC头条、宁夏网络广播电视台等直播平台，开展线上科普互动，扩大活动的覆盖面和影响力；四是整合资源，把天文科普讲座、行星模拟、穹幕观影、对外参观、实地观测和动手操作等有机结合，开展形式多样、内容丰富的科普教育活动，提高了天文科普教育活动质量；五是打造宁夏科技馆天文科普教育活动品牌，把天文科普活动与宁夏科技馆太空探索展区有机融合，不断深化拓展科技馆科普教育服务功能，实现“1＋1＞2”的效果，提升科技馆科普教育活动品质。

4　科技馆特色科普教育活动开展中存在的问题及对策建议

存在问题：①科技馆科普教育活动专业人才缺乏，需要进行专业团队建设；②科技馆科普教育活动品牌的主题选择不够精准；③科技馆与学校的有效衔接不够，开展各类科普教育活动还存在掣肘；4、科技馆特色科普教育活动开发中科普资源整合和有效利用还不够充分。

对策建议：

一是加强科普教育活动专业人员培训,提高专业素养和综合能力;二是注重科普教育活动品牌建设,着力打造本馆特色的科普教育活动;三是加强馆校合作,搭建学校科学教师和科技馆辅导员之间的学习交流平台,提高科普教育活动开展品质;四是充分整合科技馆优质科普资源,发挥最大效益;五是加强馆际交流合作,资源共享,拓宽思路,创新科普教育活动方式。

对中小科技馆建设发展的启示:

中小科技馆经费有限,展区、展品更新改造困难,尤其是偏远贫困地区的小型科技馆经费投入严重不足,面临着馆小,展品资源少,参观吸引力不足,资源使用、利用效率不高,由此,加强馆校合作,动员和吸引更多的科学教师参与到科技馆科普教育活动中,开展具有特色的科普教育活动能够有效弥补科技馆资源不足的现状,使场馆焕发新的生机和活力。

5 结语

立足科技馆实际,针对不同观众群体,开发具有特色的科普教育活动,不断深化拓展科技馆的科普教育功能,积极开展青少年探究性教育活动,培养青少年科学兴趣,启发创新思维,引领科技馆高质量发展,更好地满足公众对科普的新需求,将是科技馆科普教育工作者的新使命,我们期待科技馆会迎来更加灿烂辉煌的明天!

参考文献

[1] 周孟璞,松鹰.科普学[M].成都:四川科学技术出版社,2007.
[2] 任福君,中国科普基础设施发展报告(2012—2013)[M].北京:社会科学文献出版社,2013.
[3] 王康友,中国科学教育发展报告[M].北京:社会科学文献出版社,2017.

内蒙古科普大讲堂公益活动开展所想到的

安雪松[①]

摘　要： 随着科学普及工作的不断深入开展，科普讲座作为一种重要的科普传播形式陆续在各地科技馆开展。本文以2019年内蒙古科普大讲堂公益科普活动开展的情况，总结了一年来科普讲座活动经验，就如何利用科普讲座来提升科技馆科普教育加以分析。

关键字： 科普讲座；科技馆教育；跨学科概念

几年来，随着科学普及工作的深入开展，科普传播形式内容不断创新，日益完善，全国各级省市兴建了大批的科技场馆，成为了科普传播的前沿阵地。通过定期在科技馆举办科普讲座，将各学科领域专家邀请到科普讲堂与公众面对面的交流，可以更大程度地提升科普传播效果，特别是激发青少年朋友的科学兴趣。

为深入推进《全民科学素质行动计划纲要》的实施，做好科学普及工作，进一步提升全区公民科学素质，自2019年3月起，内蒙古科协、内蒙古科技馆、全区各有关学会、协会、研究会共同承办"内蒙古科普大讲堂"公益活动。现将活动开展所带来的一些启发总结如下，不足之处敬请指正。

1　"内蒙古科普大讲堂"公益活动开展情况

"内蒙古科普大讲堂"公益活动以社会公众普遍关注的科学热点、重大科技事件等为主题，通过科普讲座、科普音视频图文信息展示、科普专家访谈等互动形式，搭建普通公众与科普专家学者沟通的桥梁，激发公众特别是青少年对于科学的热爱与兴趣，促进公众理解科技与社会的关系、科技与人的关系，帮助青少年塑造正确的人生观、价值观、世界观。活动通过网上预约向公众免费开放。自开展以来，2019年全年举办科普讲座43期，现场观众8000余人。

(1) 利用各类纪念日及热点话题讲述前沿科普知识

讲座内容以自然科学为主，涉及广泛，涵盖航空航天、人工智能、天文气象、北斗导航、陨石秘密、风能利用、水资源保护、遗传学、心理健康、转基因技术等热点话题；肥胖与健康、膳食指南、耳朵眼睛保健、过敏性鼻炎等贴近生活的医学知识；昆虫与人类、本土动物保护、探秘大熊猫、植物世界等动植物话题。在世界自闭症日、国际天文馆日、中国航天日、中国业余无线电节、全民营养周等各类节点联合相关学会组织开展系列主题科普讲座及活动。在世界气象日及暑期开展"雷电魔法师""恐怖的龙卷风""暴雨的灾害"等系列气象主题科普讲座。

(2) 受众定位

科普讲座授课专家以中青年专家为主，受众定位为青少年及家长，讲课内容通俗易懂，授

---

① 安雪松，内蒙古科技馆副研究馆员。通信地址：呼和浩特市新城区北垣东街甲18号。E-mail：121914024@qq.com。

课过程中专家与观众多有互动。

2 关于科普大讲堂的几点思考感悟

(1) 利用科普讲座提升科技馆的科普传播效应

科技馆教育是不同于学校教育的非正规教育，主要以依靠观众自主参观体验为主，一些观众也许来到科技馆体验一到二次后，把科技馆作为景点打卡后就可以了，或者更关心的是展品所带来感官方面的刺激，对展品所蕴含的科学原理没有深入的学习了解。而科普讲座是针对某一学科内容的专门科普，授课专家通过与观众面对面的交流，在讲堂上把科普内容系统地加以阐述，同时可以就话题加以拓展，让观众更多地去理解科学为我们带来一系列的影响，从而激发出科学兴趣。例如在《昆虫与人类的关系》科普讲座期间，授课专家除在讲座中讲述了各类不同种类昆虫的形态、习性外，还谈到了昆虫和汉字关系及各种仿生科学的应用。在《丰富多彩的植物世界》科普讲座中，授课专家还提到文学和植物的关系。正如以色列作家尤瓦尔·赫拉利在《人类简史》中的写道的不是简单以人类社会的时间发展顺序来描述历史，而是在讲述历史的同时不断跨越各个国家民族、各个学科领域，并建立起联系，让读者从不同人文历史角度、不同的学科领域来感知人类的文明与进步，感觉意犹未尽，畅快淋漓。

现代科技馆教育提倡探究式教学、STEM教育，而“跨学科概念”就是STEM教育的主要核心概念之一。多数科技馆采取主题式展区布局模式，并配以相关科学概念的体验式展品展项，更强调的是展品体现的“核心概念”，对于“跨学科概念”展示相对较少，而科技馆本身就是建立在“实践”基础上的“跨学科”融合的教育场所。因此通过邀请不同学科领域专家在科技馆定期举办科普讲座，让观众在参观体验科技馆同时，提供了与科普专家面对面交流的机会，对于提升科技馆教育具有积极的作用。

对于科普讲座，授课内容是有别于学校的课堂的，除了讲述基本科学原理外，同时对科学原理产生的原因、背景及在其他科学领域内的影响和相关性都有所涉及。因此讲座专家除对于本学科领域内专业精通，在讲课中还应考虑如何拓展讲座的范围，与不同学科建立起关联，目的是让观众引起更多的思考，而这也应该是科普讲座区别于学校课堂授课的一个重要目的。

一次科普讲座时间有限，观众不可能成为该领域专家，只能在整体宏观方面体会讲座的精髓，并引导孩子们对该学科产生兴趣，让受众在潜移默化间提升科普素养。

(2) 结合主题展览开展有针对性的科普讲座

在科普大讲堂活动中，我们也进行了不同的尝试，力图在科普讲座中有所创新。

活动开展以来，几期话题安排了和科技馆主题展厅展示内容相近的话题，例如在进行完《人工智能与机器人》科普讲座后，安排现场的孩子们来到了科技馆智能空间主题展厅，在科普辅导员的讲解下系统地参观了解展厅内各类不同种类机器人，体验人工智能科技发展前沿技术。在5.12全国防震减灾日活动中举办“你离地震有多远”科普讲座，同时在公共大厅发放科普资料，进行地震小勇士闯关游戏活动，并由蓝天救援队现场演示心肺复苏术，普及紧急自救知识。在“五五节·草原无线电科普讲座”进行的同时，无线电爱好者在科技馆公共大厅搭建了科普展板，通过LED大屏幕播放科普小视频，并配以展示不同时期的无线电台展品，向公众科普无线电知识，其中有一张小观众拿着无线电实物展品模拟发报的照片刊登在了《内蒙古日报》头版版面。

观众在参加完科普讲座活动后会产生很多关于话题的思考，让观众带着思考去展厅参观体验展品，相当于由科普专家首先向公众对科普内容进行总体认识，为他们提供正确的认识引导方向，再进行自主参观学习。同时科普辅导员及时结合展品向观众辅导讲解，会让观众明白参观体验的意义，从而达到启发教育的目的。

由此建议展厅科普辅导员一起参加科普讲座，可以从专家和观众角度去审视各自负责主题展览的内容哪些是与专家和观众的契合点，从而不断创新自己的讲解模式，提高丰富自己的辅导水平。

不同的学科专家都是各自领域的权威，科普大讲堂活动的开展也是对实体科技馆科普教育活动的有益补充。这种科普讲座加展览教育的形式笔者认为更能够使观众体会讲座的意义。

(3) 结合地方实际开展特色科普讲座

不同地区都具有各自不同的地域特点，内蒙古自治区地大物博，在草原、森林、矿产、畜牧业、乳业等很多方面具有得天独厚优势，通过举办具有地方特色类的科普讲座，让观众更切实地感受地方特色的资源优势，让大家明白科普就在我们身边。比如2019年科普大讲堂邀请内蒙古气象台工程师讲述内蒙古地区气候环境特点，邀请可再生能源学会专家举办《风能与风力发电》科普讲座。8月份是内蒙古地区过敏性鼻炎哮喘疾病高发期，特邀请医学专家举办《过敏性哮喘离你有多远》科普讲座。内蒙古地处高原，气候多晴少雨，是观星的理想地理位置，每年夏天都会有天文爱好者来到内蒙古大草原观星，特举办"四季星空漫步""寻找失去星空"等多期天文主题科普讲座，今后可以还开展稀土等其他领域方面科普讲座。通过结合内蒙古地区实际开展特色科普讲座，使讲座更接地气，让公众来认识了解内蒙古。

(4) 为科普专家与公众搭建起科普交流的平台

内蒙古科普大讲堂公益科普活动的举办得到了区内外各学会、协会、组织、各大院校及科研单位的大力支持，分别与中科院老专家团、内蒙古心理咨询师协会、植物学会、昆虫学会、测绘学会、遗传学会、内蒙古地震局、内蒙古气象台等二十余家协会、组织、单位进行了广泛深入合作。正是因为有了各行业科普专家的参与，使得科技馆科普工作不断丰富完善。

现有科技馆教育业内也是在不断交流探索，展厅科普辅导员辅导的范围受到展厅内展品的局限，缺乏对行业专业知识的深度理解与探究，通过更多与科普专家进行不断的沟通，才能充实自己知识面。科技馆作为多种学科融合的教育场所，也缺乏不同学科种类的科普专家，而科普大讲堂为各行业科普工作者搭建了一座与公众交流的桥梁，将各自科研领域展示在公众面前，很多单位、学会、组织也需要这样一个平台与公众进行交流。2019年内蒙古科普大讲堂部分讲座专家曾参加过自治区举办的讲解员大赛，此外还与内蒙古气象台、呼和浩特天文协会连续合作举办多期专题讲座，可以说大家都充分地利用了这个平台，并发挥了应有的作用。

(5) 爱国主义教育平台

科技馆不仅仅是科普教育的场所，也是弘扬爱国主义教育的基地。科普大讲堂受众主要是青少年朋友，因此及时地利用讲座进行有针对性的爱国主义教育也应该是科普讲座的主要作用之一。2019年4月20日中国航天日，科普大讲堂邀请中国航天科工六院专家开展"科技强军 航天报国"主题科普讲座；10月1日联合内蒙古少年军103团开展"庆祝祖国70华诞，我们都是小小护旗手"活动，小团员们在举行了庄严的升国旗仪式后，与家长在科普报告厅齐唱国歌，聆听科普讲座"从历次阅兵看祖国综合国力的强大"，随后通过LED大屏幕现场收看国庆70周年阅兵式,每个身临现场的观众心潮澎湃……科技强大民族才会复兴,祖国强大是我们共同的心愿。此外还开展了国产大飞机C919、北斗导航系列主题科普讲座,无一不向公众展示日益强大的祖国在科技取得的巨大成就。

通过将爱国主义教育题材融入科普大讲堂,让公众在接受科普教育的同时,更能提高民族自豪感,特别对广大青少年树立正确的人生观、价值观、世界观具有重要意义。

(6) 媒体的传播

随着传播技术的不断发展,尤其是网络自媒体的蓬勃兴起,科普讲座已经可以不受场地空间的限制了。内蒙古科普大讲堂活动初期利用电视、报纸、网络新媒体进行了广泛的宣传报道,先后在内蒙古广播电视台《新闻天天看》《内蒙古日报》《内蒙古晨报》、新浪内蒙古进行宣传报道,部分场次讲座通过新浪内蒙古实时网络直播,其中"流浪地球中的地震科普"直播登上直播呼和浩特本地榜和知识榜,3月23日世界气象日主题科普讲座直播累计观看28.3万人次。此外内蒙古科技馆利用官方网站、微信、微博、今日头条、抖音、一直播等媒体平台全方位的对科普大讲堂进行宣传报道,无疑极大地拓展提升了内蒙古科普大讲堂的知名度。2019年全年累计直播观看量121.4万人次,微博话题"♯内蒙古科普大讲堂♯"阅读量达到142.8万。

新媒体时代,各类网络科普短视频在各大平台广为传播,这些短视频制作精良,时间3分钟左右,深受网民欢迎。而科普讲座相对于科普短视频,所讲述的知识体系更为完整,配以科普专家精心准备的音视频图文讲解资料,可以完整的将知识脉络加以展示。

网络新媒体平台的传播不仅仅是方便快捷,另外一个重要作用是可以实地通过后台统计视频的观看数据。比如通过将科普讲座视频实时上传西瓜视频发布,通过后台可以看到视频的播放量、播放时长、受众人群的性别、年龄段等信息,由此可以对所发布的视频进行数据的对比,找出哪些讲座是大家喜欢的类型,并在今后讲座选题等方面进行筛选注意。

随着科技日新月异的发展,更多更新的科学技术广泛应用于科普展项展品中,科普的内容形式都在不断完善与进步,但科普讲座这种人与人面对面的交流科普形式永远不会落伍。一场精彩科普讲座会让人难以忘记,正如一个灯塔,也许会为一个少年指引明确自己的志向所在。

科普教育任重道远,提高全民科学素养是需要众多科技工作者共同长期不懈的努力。爱因斯坦曾经说过"兴趣是最好的老师",一个人一旦对某事有了浓厚的兴趣,就会主动去求知、去探索、去实践,并在求知、探索、实践中产生愉快的情绪和体验。希望通过科普讲座等各类科普教育活动的开展能够让更多的人激发出对科学的兴趣,碰撞出思想的火花,觉得科学有意思。

参考文献

[1] 廖红.浅谈科技馆的非正规教育特性及其实现途径[J].自然科学博物馆研究,2017,2(03):48-56.

[2] 张彩霞.STEM教育核心理念与科技馆教育活动的结合和启示[J].自然科学博物馆研究,2017,2(01):31-38.

[3] 宋晓阳,杨刚毅,羊芳明.公益科普讲堂品牌创建的再思考[J].科技风,2014(21):212-213.

青少年科技创新后备人才的培养

尹　可[①]

摘　要：科技竞争是综合国力竞争的核心因素，我国早在20世纪90年代就提出了“科教兴国”的战略，强调了科技发展对社会发展的重要性，并要求将科技强国摆在重要的战略位置。党的十九大报告中明确提出，“创新是引领发展的第一动力，是建设现代化经济体系的战略支撑”。科技是第一力量，科技是国家发展和进步的原动力。科技发展，人才是第一要素。今日的青少年，明日之公民。青少年的科技素质关系到国家的未来。对于青少年科学素质的强调和重视，是国内外很多国家青少年培养的重要方面，也是青少年科学教育的重要内容。

关键词：青少年；创新后备人才；科技创新能力

1　绪　论

(1) 研究背景与意义

青少年是国家的未来，青少年科技后备人才的培养是国家科技力量的重要来源。对科技创新后备人才的关注是目前科学教育中的一个热点话题，随着我国青少年参加各种科技竞赛机会和人数的增多，国内科技竞赛的水平和质量也在提高，相关领域的学者与研究人员对科技创新后备人才的研究增多。尤其是近年来国内对青少年在科技创新能力的重视也促使了科技教育领域在这方面问题的思考与研究。

本研究在理论上，丰富了科技创新人才培养的研究人群，为我国的科技创新人才培养工作提供了更多的基础数据。在实践方面，本研究通过调查，进一步了解了科技创新人才的家庭环境和学校教育环境，能够为更好地培养人才提供具体的建议。

(2) 研究方法与研究对象

① 研究方法。

根据本课题研究的理论性与实践性要求，主要采取如下研究方法：

文献研究

借鉴已有的相关学术研究成果，对这些已有的成果进行梳理、思考、分析、验证、深化和发展，将有助于本课题研究的深入。

问卷调查

根据本研究的内容设计编制调查问卷，将参加过全国青少年科技创新大赛的获奖者纳入到调查样本当中，发放问卷开展调查。

② 研究对象。

本课题的研究对象为参加2017年全国青少年科技创新大赛的全体参赛选手。由于全国

---

① 尹可，内蒙古科学技术馆专题合作部部长，中学二级教师。通信地址：内蒙古自治区呼和浩特市新城区北垣甲18号。E-mail：383976321@qq.com。

青少年科技创新大赛的赛制，能够参加全国级青少年科技创新大赛的选手最终都会获奖(最低为三等奖)，因此，本研究认为全国青少年科技创新大赛的选手均为获奖者。

(3) 青少年科技创新后备人才的家庭环境情况

家庭，是青少年社会化的第一个场所，也是青少年接受非正规教育的重要校外场所。家庭所具有的特征决定了青少年的总体成长状况。家庭中父母所具有的教育程度、经济地位、思想观念、价值取向等都会影响到青少年各方面的成长方向，其中就包括青少年对待创新的态度、对于科学学习的主动性和参与科技创新的积极性。在此，将家庭的环境因素量化为两个主要的测量指标：家庭的社会经济政治地位(SES)和家庭中所具备的科技学习资源与设备。从这两个方面来调查家庭的主客观条件对青少年创新能力的影响程度。

① 家庭社会经济地位。

社会经济地位(socioeconomic status，SES)，主要指的是一个家庭的社会地位或社会等级。维基百科显示，社会经济地位是结合经济学和社会学关于某个人工作经历和个体或家庭基于收入、教育和职业等因素相对于其他人的经济和社会地位的总体衡量，一般涉及三个方面的指标：家庭的经济收入、家庭中劳动力的受教育程度和家庭中劳动力的职业。现有研究表明，家庭的社会经济地位对于青少年的学业、心理、思维、能力、素质等都会产生一定的影响。青少年所具有的社会经济地位不同，他们的科技思维发展与科技能力提高都会受到影响。

② 家庭创新学习资源与设备。

家庭为青少年创造的创新学习环境，为青少年提供了学习科学的重要条件。根据 PISA2006 和 PISA2015(国际学生评价项目)对青少年科学素质的评价，家庭中藏书的数量以及家庭中学习设备(如书桌、书房、独立的空间、电脑、教育软件、网络、辅导书等)的拥有量都会影响到青少年的创新素质与创新态度。基于 PISA 研究所具有的较高信度与效度，在本调查中参照了 PISA 调查工具的相关条目，结合研究需要，对家庭中能够对青少年的创新学习情况产生影响的因素进行了量化。

(4) 青少年科技创新后备人才的学校环境情况

创新型教师的教育程度，决定了他们的创新知识储备水平，也在一定程度上反映出他们的创新技能和创新实践水平。教育程度不同，表明了创新型教师的科学经验和创新学习经历必然有所不同，因而他们的教学方式和教学观念也有所差别。而且，不同的教育背景，也会影响创新型教师的科学素质情况，给学生留下不同的科学印象。创新教育工作者的表现形象与直观印象，对于引导学生进入创新职业来说具有一定的影响。

学校是承担正规教育的主要场所，青少年最基本的创新知识、创新技能、创新方法和创新态度，都是在学校当中习得的。学校营造了什么样的校园创新教育环境，将直接影响到青少年创新学习的程度和效果。学校的创新环境，是影响青少年创新学习的主要因素，包括学校的创新课程情况、创新活动举办与参加情况等。

创新课，是教师在学校中传授创新知识、教授创新方法的主要形式。学校的创新课程是否能够满足青少年对于创新学习的需要，是否能够为青少年的创新能力积淀知识基础，反映了学校的创新教育水平，也决定了创新教育的效果。

2 青少年创新后备人才影响因素分析

(1) 影响青少年创新能力的家庭因素

家庭对青少年创新能力情况的影响，主要体现在父母的受教育情况以及家庭教育环境的影响上。家庭是青少年社会化的主要场所之一，青少年大部分人格的养成、思想观念的形塑、行为习惯的确立都是在家庭中完成的。家庭为青少年各方面的成长提供了必要场所，父母的情况以及父母与子女建立的家庭关系，都会影响青少年的学习、认知与态度。家庭环境是影响青少年创新能力情况的重要环境因素之一。家庭环境包括家庭的社会经济地位、家庭关系、家庭观念等很多方面的因素。在此，主要通过对家庭社会经济地位、家庭科学教育态度、家庭科学教育条件三个方面进行分析，以发现家庭环境与青少年在创新能力之间存在的关系。因为家庭社会经济地位会对家庭的教育条件产生一定的影响，所以将家庭的创新教育条件一并纳入到家庭社会经济地位中进行分析。

① 家庭社会经济地位。

社会经济地位影响学生学业发展的理论与实证分析。

家庭社会经济地位(Family Socioeconomic Status，SES)，是目前国际教育研究领域的核心概念之一。很多研究报告的结果都表明，家庭经济条件、父母的受教育程度在青少年的不同年龄段对学业成绩会形成较大的影响。社会经济地位由金融资本、人力资本、社会资本三部分组成，社会经济地位影响学生发展的基本理论假设为不同社会经济地位的儿童获得的资源(经济资源、人力资源以及社会资源）不一样，社会经济地位低的儿童由于无法获得同等资源而可能造成发展上的缺陷。

家庭文化地位与青少年创新能力提升情况。

家庭文化地位，反映了一个家庭的文化环境，主要通过父母的教育情况反映出来。父母的教育情况，是知识水平和文化素质的反映，影响着他们的行为方式、思维方式、价值观念等。父母是青少年在儿童时期接受家庭社会化的直接模仿对象，他们的观念特征与行为表现对儿童一些观念的形成和行为模式的塑造起到了关键性的作用。父母的教育水平，也会影响到家庭的教育环境与文化氛围，从而形成不同的家庭教育条件与教育投入，这是儿童在家庭中所能获得的重要的文化资源。对于青少年的创新能力学习表现来说，家长的教育程度对此的影响，主要体现在对青少年学习兴趣的引导、学习能力的指导和学习态度的培养上，进而影响了青少年的创新成就表现。

家庭经济地位与青少年创新能力提升情况。

影响家庭经济地位水平的主要因素是家庭成员的经济收入水平。经济收入水平较高的家庭，在子女的教育经费计划和家庭教育条件提升等方面，会有相对多的投入。在创新教育的家庭支持方面，对子女创新能力教育具有较强的支持态度，且经济收入较高的家庭有可能会创造尽可能多的机会为子女创新能力成就的提高提供条件。

家庭经济收入与家庭创新能力教育环境之间的关系。

从对调查对象家庭中科普书籍藏书量的调查来看，藏书量在 500 本以上的家庭，父亲月收入 10 000 元以上的占到了 40%，父亲月收入在 5 000～8 000 元的家庭占到了 15%，父亲月收入 8 000～10 000 元的占到了 25%，即家庭科普读物藏书量在 500 本以上的家庭中，父亲月收入在 5 000 元以上的家庭占到了该项所有家庭数量的 80%。藏书量在 200～500 本的家庭中，父亲月收入在 8 000 元以上的家庭占到了 45.9%，父亲月收入在 5 000～8 000 元的家庭占到了 27.1%，即在该项的所有家庭中，父亲月收入在 5 000 元以上的家庭占到了 73%。从这些统计数据可以看到，科普书籍藏书量较多的家庭，父亲的月收入水平比较高。说明，父亲的月收入水平对家庭的科普书籍购置数量是具有一定的影响的。

家庭创新教育条件与青少年创新能力提升情况之间的关系。

以家庭科普书籍的藏书量作为家庭创新教育条件的一个表现指标，来分析它与青少年创新能力提升情况之间的关系。根据统计情况可得出以下内容，在这些青少年创新后备人才中，大部分人家庭中的科普书籍藏书量集中在10～50本和50～100本，其次为200～500本。具有10本以下和500本以上科普图书藏书量的家庭相对较少。从交叉表直观来看，藏书量与青少年创新能力提升之间是否存在一定的关系表现并不明显。

因此，在家庭的社会经济地位与青少年创新能力提升情况之间的关系上，可以说，家庭的文化地位与经济水平对于促进青少年的创新能力提升方面具有积极的促进作用。家庭中父母的教育程度能够影响家庭的教育理念与教育旨趣，父母会对子女的创新教育走向形成不同程度的引导，从而会影响到青少年的创新学习表现与创新能力成就。而家庭的经济收入程度会影响到家庭对于创新教育资源和设备的经费投入，从而决定了家庭创新教育环境与教育条件的水平。同时也要认识到，这些影响因素并非绝对的或排他的，他们相互交织在一起，共同影响了青少年的创新能力表现水平。

② 家庭对创新能力的态度。

家庭对青少年创新教育的支持体现在两个方面，一方面是在教育条件和环境方面的支持；另一方面是在教育态度与教育理念方面的支持。如果说前者是家庭为青少年创新教育提供的硬件条件的话，那么后者则是软件条件或思想精神条件。家庭中父母对子女提升创新能力持有什么样的态度，直接决定了他们会采用什么样的方式处理子女的创新教育问题。对子女参加创新活动持支持态度的家庭，父母比较乐于为子女的创新活动创造条件，鼓励子女参加科技竞赛，并愿意陪同子女参加科技活动。同时，态度也是理念的体现，父母对科学竞赛等科技创新活动的态度在一定程度上是他们家庭创新教育理念的重要体现，也是父母家庭教育偏向的一个表现。

(2) 影响青少年创新能力提升的学校因素

作为青少年接受正式创新教育的主要场所，学校对青少年在创新学业成就各方面的表现中都会产生重要的影响。国内外的相关研究表明，学校因素是影响学生学习投入和学业成就的重要因素。学生对于创新知识的积累、创新能力的锻炼、创新实践的参与、创新态度的形成、创新素质的培养等，大多都是在学校当中完成的。学校中创新型教师的综合能力与水平，以及学校的创新教育环境与理念，是影响学生创新学习程度及创新能力表现的重要因素。

① 学校创新型教师的教育程度。

从调查情况来看，如果以科技竞赛获奖者为例看待我国青少年创新后备人才，在这些获奖的学生中，48.2%的参赛者的创新教师的教育程度为研究生及以上，34.9%的参赛者的创新教师的教育程度为大学本科，也就是说，有83.1%的获奖参赛学生的创新教师教育程度在本科及以上，这种情况同样体现在其他奖项的获奖学生当中。说明，目前大部分的学校中创新型教师的受教育水平是较高的，能够为学生从教育和创新学习提供有效的指导，从而促进了他们创新类竞赛参赛能力和水平的提高。从而对创新型青少年的管理有着积极影响。

② 学校创新型教师的创新教育能力。

创新型教师的创新教育能力，是影响青少年创新综合能力培养的核心因素。教师的科学能力因受教育程度、教育经验等的不同而有所差别。具体来说，教师的创新教育能力，包括教师的创新学科知识储备，创新学科教学能力，创新实践能力等多个方面。这些能力的具备，都是为了有效地解决创新教育中所面临的来自教学本身和来自学生的创新问题。在此,以创新教师解决教学中学生创新问题的能力作为他们创新教育能力的指标之一。根据调查研究发现,在青少年创新后备人才中,有 72.3%的人认为“创新教师能够很好地解决学生的问题”。

③ 学校的创新教育环境。

学校的教育环境,既是学校教育效能的重要内容,也决定了学校效能的结果。学校的教育要取得成效,达到理想的教育效能,需要合理地利用教育资源,并尽可能地创造条件满足学校教育的需求,使教育者和受教育者得到最大限度的发展。现有研究认为,学校的效能应包括四个方面的内容:一是实现教育目标,使受教育者的身心全面而充分地得到发展,这是学校对外表现出的社会目标;二是系统目标的实现。学校作为一个相对封闭的组织系统时,有它自己内在的要求;三是发展,包括质和量两个方面;四是资源利用。学校要以最少的投入获得最大的产出。对于学校创新教育的效能来说,学校的创新竞赛环境状况在很大程度上决定了学校的创新教育效能。学校的创新教育效能目标包含多个方面,其中对于青少年创新人才的培养应是其创新教育未来效能的重要方向。创新教育环境对创新人才的培养来说,是一个必不可少的基础条件。学校的创新教育环境包括两个主要的方面:一是学校的正式创新教育环境,涉及学校的创新教育设施、师资、课程设计、教学模式等;二是学校的非正式创新教育环境,即是在学校创新课堂之外的创新教育环境,包括:课外或校外由学校组织开展的各种教育活动。前者为学生的创新学习奠定基础,后者为学生创新能力的提高提供条件。

总之,青少年的创新教育要取得成效,青少年创新后备人才的培养要实现专业化和国际化的目标,在发展创新教育形式、深化创新教育理念、拓展创新教育内容、改革人才选拔机制的同时,要对其背后的深层原因进行探究。青少年创新教育效果的提高,需要科学地分析其影响因素,从原因出发寻找解决问题的思路和方法。创新教育不仅是一项社会性行为,而且是一项家庭性行为,学校是青少年接受创新教育的主要社会资源,家庭是青少年拓展创新学习效果的基础环境,认清这一关系,在培养创新后备人才的教育实践中实现各影响因素之间的有效合作,是创新教育的革新与提高的重要方面,对于创新人才的培养机制和创新后备人才的管理将起到重要的促进作用。

3 对策建议

(1) 引导家庭形成积极的科学教育氛围、树立正确的科学教育理念

研究表明,家庭的科学教育氛围和科学教育理念,对于青少年科学兴趣的形成、科学学习效果的提高、科学能力的锻炼等能够形成有力的推动作用。要推动家庭科学教育发挥作用,政府、教育机构、社会单位等需探索有效的引导渠道,鼓励和指导家庭依据其亲子关系的特点,形成“乐教”的科学教育氛围,形成对科学的正确认识,树立正确的科学教育理念,以提高家庭科学教育的效果。

(2) 加强学校科学教师的能力培训,重视学校科学教育的环境建设

调查显示,学校科学教师的综合科技能力决定了青少年基础科学知识的积累和基本科学技能的养成。学校科学教育在实施改革的过程中,需充分考虑到这一点,增加投入加强对在校科技教师教学能力和科技指导能力的培训,同时依托学校资源和相关教育资源开拓多样化的科技教育活动,在课堂外为青少年创造科技学习的有利条件。

(3) 拓展家庭科学教育与学校科学教育的合作关系

学校科学教育是青少年科学教育的根本和基础，家庭科学教育是保障和支撑。在提高青少年科学教育效果的过程中，要充分认识到学校科学教育与家庭科学教育各自的作用和效果，力求实现二者之间的合作与协调。家庭教育在开展时要实现与学校教育的及时沟通，在学校教育的指导下，结合学生的科学学习情况进行适时的调整与安排。学校教育也需充分参考家庭教育的特征和效果，实现科学教师与家长的实时沟通。这一合作关系的实现，既是科学教育发展的重要方面，对于科技人才的培养机制创新也将起到重要的促进作用。

(4) 推动校外科学教育与校内科学教育相结合，以促进青少年科技竞赛能力的提高

与学校科学教育课程相比，校外科学教育形式既是对学校所获得科学基础的巩固，又是对学校科学教育内容的拓展和延伸，甚至是发散，对于正处于科学态度形成和科学兴趣培养时期的青少年来说，这无疑是促进他们近距离亲身参与科学、理解科学、评价科学的好机会，有利于科学教育效果的提高，学生的科学能力因此而得到更好地提升。因此，在推动青少年科学教育改革的过程中，要逐步探索校内科学教育与校外科学教育相结合的有效形式，为提高青少年科学教育的社会效益，培养高水平的国际化的科技竞赛人才创造条件。

实现校内与校外科学教育的结合，要在多方面探索有效的合作路径：

第一，在教学理念上实现互相交流与借鉴。校内科学教育要积极吸纳校外科学教育灵活扩展的教育观念和教育思维，校外教育也要吸收学习校内教育理念的严谨性与结构性，探索形成以探究性为特点，以提高青少年综合科学素质为目的的科学教育理念；

第二，在教学形式和内容上实现融合互通。校内科学教育课堂式的教授模式与校外科学教育活动式的参与模式相结合，通过不同的合作交流形式，进行科学教学活动的互相学习和交叉互动，共同促进学生科技创新能力的培养；

第三，在教学评估上探索新的标准。校内科学教育与校外科学教育的效果评估标准有其不同的侧重点，二者可互相借鉴，探索形成国际化的，能够体现学生综合科技能力和水平的科学教育评估标准，提高新型科技人才选拔的标准和水平。

实现校内科学教育与校外科学教育的合作，是相关科学教育机构依托各自优势，整合多方资源，创新科学教育模式的重要表现。在这一科学教育模式下所培养的科技人才，正是全国青少年科技创新大赛选拔科技人才所要求的，也是科技时代社会发展所需要的后备人才。

参考文献

[1] 杨琼编译. 学校效能与学校改革：对英国最新研究成果的述评[J]. 外国教育研究，2003.(12)：35-38.

[2] 黄丹、王正询、杨桂云. 生物学奥林匹克竞赛对高中生及保送生影响的调查[J]. 生物学教学，2005.(6)：46-49.

[3] 李锋亮、侯龙龙、文东茅. 父母教育背景对子女在高校中学习与社会活动的影响[J]. 社会，2006.(1)：112-208.

[4] 甘海鸥. 论青少年创新创新活动与创新型人才的培养[J]. 广西师范学院学报，2008. Vol(9)：102-104.

[5] 甘海鸥. 论青少年创新创新活动与创新型人才的培养[J]. 广西师范学院学报，2008. Vol(9)：102-104.

[6] 翟立原. 中国青少年创新创新大赛发展历程[J]. 科普研究，2008.(4)：11-14.

[7] 李湘萍. 美国择校研究的理论与方法述评[J]. 比较教育研究，2008.(10)：31-40.

[8] 张世伟、吕世斌. 家庭教育背景对个人教育回报和收入的影响.[J]. 人口学刊，2008.(3)：46-53.

[9] 王广慧、张世伟. 社会背景和家庭背景对个人教育收益的影响[J]，当代教育与文化，2009：63-67.

[10] 李大维. 低社会经济地位对儿童发展的影响研究综述[J]. 学前教育研究，2009.(3)：10-13.

特殊群体教育馆校共建科普活动的探索与实践

马红源[①]

摘　要：科技类博物馆是科普素质教育的重要机构，科普教育活动也是日常工作的主体。科技馆的科普教育活动的宗旨在于促进公众，尤其是青少年对自然科学，社会科学等方面的认知与了解，遵循科学性，趣味性和参与性，受教育者范围极其广泛，不同年龄的观众对科技馆的需求也不一样，学龄前及小学生期望增加趣味性，即对内容还要更加丰富，形式更加新颖独特，操作简便，内容通俗易懂。科技馆教育对受教育者进行分类研究，对青少年这个主体，建立馆校共建机制，在此基础之上，拓展到另一个特殊群体，就是我们将要不断探索和实践的工作目标和方向。

关键词：特殊群体；馆校共建科普活动；探索；实践

引　言

科技馆开办馆校共建活动以来，不断创新拓展推动馆校共建的进程。在实践中发现了一个被大家忽视的群体，探索和研究与特殊群体进行科普教育结合方式及教育形式的创新具有重要的现实意义。

1　与特殊群体进行馆校共建开展科普活动的重要性

天津科技馆在馆校共建活动中寻找各种机会，与学校进行各种形式的合作与交流为了实现社会教育与服务的目的，进而策划和实施的系列活动，包括讲解，出版物，讲座等。在策划教育项目时，充分考虑到，为了让孩子们身心快乐，健康成长，社会和谐，针对辅导内容，帮助他们克服困难，积极向上。为实现共同教育的目的，相互配合而开展的一种教学活动，馆校合作优势在于它是一个内涵丰富的教育项目，有开放性，主题性，对象性，多样性，系统性。

科技馆作为校外科普资源，其功能定位从初期的展览展示向着科普教育服务和资源研发转变，通过请进来，走出去的方式，加强与中小学科普教育活动的有效衔接，共建共享科普教育资源平台，关注青少年素质教育。确立研究课题，然后进行研究，每个环节进行研究，作为科普老师应该了解方法，进行材料分析，明确研究活动中需要解决的诸多问题，并确定研究顺序，需要实践摸索。科技馆活动进校园项目实施以来，方式有科普讲解，科普表演，讲座，夏令营，科普制作。馆校结合教育活动要具有特色，离不开长期实践的支持。关于不同主要受众群体的

① 马红源，天津科学技术馆助理馆员。通信地址：天津市河西区隆昌路94号。E-mail：sunquan1616@163.com。

展览和展品区域划分问题，针对中小学内容相对简单，形式要新颖活泼，能引起对科学的兴趣。辅导员的辅导和答疑应做到耐心热情，因材施教，根据现场情况可以更换角色，改变语气，语言变换，吸引他们参与，达到思考的目的。

随着学校教育由应试教育转成素质教育，科技馆也被誉为第二课堂日趋重要，寓教于乐的形式，再加上科技馆的自身资源，自身特色，安排内容丰富，形式多样的实践活动、讲座、手工制作、关爱活动等。促进学生们全面发展，通过学生们自己设计，创造力与想象力的综合性得到了锻炼，协调力动手能力锻炼，同事也增强色彩识别能力以及三维立体式思维方式。这些在正常学生的科普教育中，均能受到很好的科普效果。但是在一次偶然的机会我接触到一群特殊群体的孩子们，他们是天津聋哑学校的学生们。他们的特殊情况触动了我的心灵，使我萌生一个想法。

2017年，一个偶然的机会我作为其他场馆的辅导员参加了一次少年宫关爱孩子们的特殊课程，这也是第一次接触特殊群体，当我在教室里聆听雕塑老师为孩子们讲解泥塑的知识和制作技能时，整个教室一直鸦雀无声，没有常规教室那种语言互动的情形，只有泥塑老师在讲课，同时哑语老师在旁边同步用手语为孩子们翻译，孩子们专注渴望的眼神始终望着两位老师，接下来老师让孩子们自己动手完成一个南瓜造型的泥塑，与孩子们亲密接触的时候，由于我不会哑语，互相沟通出现问题，我想尽办法运用表情、动作、手势表达自己的语言，孩子们也非常配合与我互动，慢慢的我们之间有了默契，在我们共同努力下，完成了形态各异的南瓜造型，孩子们捧着泥塑开心的笑着，看到他们雀跃的样子，使我觉得前所未有的感动，思绪万千，我在想：这些可爱的孩子们太需要我们的关爱，社会的关爱，完全可以利用我们科技馆现有的资源为他们提供更多的科普学习机会，让他们接触到更多的新鲜事物，提供更多的科普知识和各种科普活动，在他们学习之余带给他们更多的快乐。于是我将这个想法，与部领导的汇报，得到部领导的肯定并得到馆领导的大力支持。之后，天津科技馆与天津聋哑学校的馆校共建初步成型。

(1) 特殊群体接受科普教育的主要问题

由于天津聋哑学校对的学生是弱势群体，他们丧失了听力，与之进行语言上的沟通，对于我们从未接受哑语的学习，是根本无法向学生们表述科普知识和原理对的，即使有聋哑学校老师们进行翻译也是无法完全表达的。加之，这些孩子们从未接触过科普教育的形式，无法理解我们要表现什么、说明什么、证明什么，所以之前我们向正常学生准备的科普教育的方式方法，全然无用。还有我们不了解他们的兴趣、爱好和禁忌。如科普演示中具有声、光、电特性的实验或展品，其中涉及声音的部分是不能为他们展示的。这就需要我们重新思考和研究，适用于他们的教案与教材。

(2) 科技馆与其进行科普教育的资源优势

在实践中，我们意识到科技馆的有着强大的科普教育资源优势，这是我们推广科普教育的源泉和基地，我们要在这些资源中汲取营养，找到适用于聋哑学校特殊群体的科普教育方案，并听取聋哑学校老师们的指导和建议，逐步改进、丰富、完善我们的馆校共建活动的项目与形式、方法与内容，提高我们与孩子们的交流水平，更好的为他们进行科普教育。其中有科技馆作为我们强有力的后盾，为我们搭建馆校共建的新平台。

(3) 特殊群体的科普教育活动促进了我们馆校共建新领域的拓展

2017年3月15日，天津科技馆与天津聋人学校签订馆校共建，双方领导和现场的老师孩子们在教室里举行了签约仪式，并且开展了第一堂手工课，我们带给孩子们的课程是智慧豆豆画。豆豆就是五颜六色的塑料小颗粒，孩子们用镊子将豆豆摆在透明的塑料板上，可以按照底图颜色摆放，全部摆好之后，辅导老师要用熨斗将其烫平，一幅美丽的豆豆画就做好了。由于第一次制作，我把使用镊子的技巧，还有颜色的搭配，详细演示给孩子们看。手语老师一直同步给孩子们翻译，当我把材料发到孩子们手里后，我才发现再说什么孩子们也不回应你了。我顿时反映到孩子们是听不见声音的，他们不知道我在说话，这时我意识到了孩子们的特殊性，与常规学校的讲课形式不一样，马上我们修改教学方案，由原来对的老师演示改成了一对一辅导孩子们制作豆豆画，经过共同努力，一幅幅美丽的豆豆画呈现在我们眼前，孩子们互相展示着自己的作品，高兴的在教室里跑来跑去，我心里好欣慰啊。回馆之后，我想把更好的科普活动带给孩子们，能与普通孩子得到的一样的教育和关爱，我们制定计划，按照学期每隔一周活动一次，由小到大，由易到难，每次活动前都精心选择图案和题材，有可爱的动物图案，人物，海洋动物，城堡等30余种图案，按照计划，在学期结束前，孩子们已经可以自己设计图案了。在设计图案的时候，模板的个数，彩豆的排列，坐标的概念，对称的形成，掌握图形的大小，宽度，整体形状有很好的锻炼。我们在活动期间还增加了主题设计活动，如六一儿童节主题，植树节主题，五一和国庆节主题等等，我们都设计了主体图案，如天安门，枫叶等，并要求孩子们在此基础上可以自由发挥。我们还用彩带把豆豆画穿起来，作为挂饰装扮在教室里。

每次进校园之前要与老师交流手工课程方案，结合年级和人数，确定课程内容，活动期间孩子们将内心情感毫无保留的与你互动交流，收到非常好的效果。在特殊的节假日，我们还准备各种主题的项目，切合主题含义，让孩子们创作出独一无二的作品。开发了他们无限的想象力和创造力，达到了预期的效果。

2　与特殊群体馆校共建的主要方式

在与一般学校开展共建活动中，多以加大科技馆与校方沟通的力度，制定喜闻乐见对的活动方案，结合学生年龄，兴趣，经历，联系到当前科技前沿，日常生活基础知识，确定活动项目，引导学生主动思考主动探索主动发现对的能力，以学生接受，吸收为中心，开展活动。主要形式可分为：科普讲座、科普智力竞赛、科普实验、科普剧等载体丰富形式。

但是，相较于一般学校不同的是，特殊群体不能完全运用以上对的科学活动形式，这就需要科技馆的科普工作者们深入了解特殊群的特殊性，并与校方共同探讨心得，研究新的途径与方法，并在实践中不断摸索。

① 特殊群体在科技馆接受教育和服务时常常会遇到各种困难和不便，在社会生活由于个人和群体力量，权利相对较弱，常处于忽视状态，也较少获得社会的权益，更需要得到更多的关爱。我们发现仅仅依靠我们的力量是远远不够的，这时，科技馆的党委、党员干部、团委、海运学院的志愿者纷纷加入我们的团队，为我们加油鼓劲，使我们的共建活动又提升到新的高度。

② 天津科技馆通过技术手段的辅助和展示教育的改进，可以提升对特殊群体的人文关怀

和保障。特殊群体的受教育的权益和展示教育的效果得到显著提升。

③ 特殊群体是弱势群体，需要特别的照顾，才能顺利接受科普教育，获得接近常人的体验。

3 特殊群体馆校贡献探索与创新

① 从特殊群体馆校共建的实践来看，创新科普教育方式，优化了特殊群体的教育模式，完善了科普教育的类型，探索出了一条科普教育的新路，培养了一批有爱心的科普教育工作者。

② 继续在特殊群体馆校共建的探索之路不断前行。近年来科技馆在特殊群体科普教育工作中取得了一定的成绩，同时也积累了一定的工作经验，但这仅限于聋哑学校的共建活动，对于盲人的科普教育对于我们还是一个未知的领域，如何开展科普活动，需要研究创新一套适用于他们科普教育的形式，开发出便于他们接受的教材和教案，是我们下一步重点工作方向和目标。

③ 整合科技馆的优势资源，努力构筑搭建更多的平台，将馆校共建活动提升到新的高度，形成科技馆的品牌活动之一。科技馆要与相关学校积极搭建人才培养机制和平台，与高校、科普专家和机构进行衔接合作，进行多层次、多主题、多形式的培训教育，使科普工作者掌握更加专业的特殊群体科普教育的技能和知识。通过实践和调研，摸索出一整套具有天津科技馆特色的科普活动，形成特有的品牌活动，达到更好的服务于社会、服务于人民的工作目标和效果。

④ 结合疫情期间，继续创新特殊群体馆校共建的形式。在当前新冠疫情期间，天津聋哑学校与科技馆的馆校共建活动受到限制，我们需要一种新的尝试。这就是开发线上展示、云端科普教育活动，成为专为天津聋哑学校互动的新途径、新趋势。

4 结 语

与特殊群体馆校共建活动是一项系统工程，在此过程中，我们要努力探索和创新的工作还有很多很多，真正是任重道远。但我们相信科技馆的科普工作者们在不懈的努力下，领导们大力支持和帮助下，馆校共建活动终将收获丰硕的果实。

探索在新时代如何拓展强化科普场馆的传播教育功能

章　珺①

摘　要：改革开放40多年来，科普场馆在社会发展的过程中，遇到了各种各样的问题。现在，迫切需要与时俱进，跟上整个时代潮流的步伐，不断开拓进取，这样才能将深奥的科学知识浅显易懂地传播给前来参观的人们。

关键词：航空科普；航天科普；功能定位；传播教育

改革开放40多年来，随着生活水平的不断提高，人们已经不再只满足于物质享受，开始关注并追求精神满足。近些年来，人们逐步开始喜欢聚集于各式各样的娱乐场所，例如：游乐场、电影院等等，而与之形成鲜明对比的是，一些科普类场馆里的参观者却相当稀少，特别是一些中小型的科普类场馆，更是门庭冷落，甚至没有人前往参观。科普类场馆的参观者寥寥，使得科普类场馆的传播教育功能无法得到充分有效的发挥，公众对科普类场馆传播教育功能的认识少之又少，进而导致科普类场馆的参观者也愈加稀少。这样便造成了越来越“无人问津”的恶性循环。以个人愚见，造成这种恶性循环的主要原因，一方面在于公众对科普类场馆功能的认识上存在偏差；另一方面在于科普类场馆自身还仅仅停留在对展品的单向性展览展示，而没有更深入地去拓展展品本身的传播教育功能。合理有效地利用拓展科普类场馆传播教育功能的方法来吸引观众，是当前阶段科普类场馆工作中一个相当重要的研究课题。下面，本人将以上海航空科普馆为例，来探索该如何拓展展馆和展品本身的传播教育功能。

1　上海航空科普馆科普教育功能定位的转变

改革开放40多年来，上海航空科普馆在社会发展过程中的定位，特别是对其科普教育功能的定位，已经发生了巨大的变化，早已不再只局限于只是简单地对展品的收集、保存和展览。

（1）从以展品展览为主转变为注重人们的互动体验

上海航空科普馆在20世纪80年代中期建馆之初，只重视对展品的搜集、保存和维护，而这样的运营管理模式早已成为历史。而在新时代，公众对科学知识的需求不断增长，并逐步开始重视展品本身对人类所能起到的发展作用，展览开始注重互动与体验。这种方式，不仅使得

---

①　章珺，男，汉族，上海人，本科毕业。目前就职于上海航宇科普中心（上海航空科普馆），为助理馆员（初级工程师），主要从事与航空航天相关的科普展教工作，目前主要负责针对全市中小学生的科创类课题设计比赛：“雏鹰杯”——“红领巾科创达人”挑战赛，以及针对青少年的科创类活动：上海市青少年科学创新实践工作站活动。所在城市：上海市。电子邮箱：1075969072@qq.com。

展示在内容上更贴近了参观者的生活，还通过与参观者的直接沟通来呈现各种最新的科学技术，并将参观者引入到其他类型的场馆当中。这种将互动理念运用到陈列设计之中，将观众、展品、展览环境等诸多因素有机地融合在一起的模式，使它们成为一个不可分割的整体，从此参观者不再只是单纯的“旁观者”，而是整个过程中的直接“参与者”。

以前，上海航空科普馆内收藏的大型洲际航线客机DC－8只能让乘客进行观赏体验，而现在则新增了国产大飞机C919的模拟驾驶舱，可以让参观者模拟体验驾驶大飞机的感觉。这就有了从“乘客”到“飞行员”的身份体验转换，为参观者的互动体验增加了更多的可能。另外，在馆内2层“寻觅人类飞行的足迹”展厅里，还有专门的自主浏览设备，可以让参观者通过自行操作浏览“世界航空发展史”和“中国航空发展史”。

（2）寓教于乐观念的确立

在新时代，参观者对上海航空科普馆的要求和期望，已经不再只满足于来看看场馆中所展览的展品，或者是简单地听一场科普讲座，参观者们更加渴望能够在场馆内进行多方位体验的同时，还可以得到放松休息，并能够购买一些体现航空文化特色或航空发展历史的纪念品。

为此，上海航空科普馆专门设立了纪念品小卖铺，以方便参观者购买小型航空模型，以及飞机小公仔等纪念品。且小卖铺旁设置了公共休息区，这样一来，兴趣盎然的小朋友就可以直接在休息区现场拼装模型，然后开开心心地带回家。

（3）从隔着橱窗观看展品到运用大量新科技让参观者以实际操作、亲身体验等方式了解感受展示内容

大量运用新科技，让知识传递的过程更富多样性，同时也更吸引人。

目前，上海航空科普馆已经上线了微信语音导览功能，且在A馆室内展厅2层就有专门设置一间最多可容纳约100人的小型3D放映厅，每天分时段播放多场主题不同的3D科普小电影。B馆1层设有模拟体验专区，里面陈列了多台模拟体验设备，有4D太空穿梭机、VR模拟体验器、神舟模拟太空飞船、C919模拟驾驶舱，等等。这些使参观者不再只是单一地观看展品，而是依托新媒体技术的应用，通过实际操作、亲身体验等方式，刺激感官，从而获得更好的体验感。尤其是小朋友，通常都会意犹未尽。

（4）加强旅游功能的比重

目前，上海航空科普馆已经长期配合地方旅游发展，与多家旅行社保持密切联系，及时将馆内最新信息传达给旅行社，并通过旅行社的宣传吸引更多游客前来参观。为了更好地发展自身的文化旅游功能，一方面要有丰富展示的途径和内容，以增加参观者的旅游体验厚重感，并定期更新展品，以确保参观者再访时能有新的内容可以学习，新的设备可以互动体验。另一方面，根据场馆特有的资源开发特色活动，如举办大型会展活动，大型交流活动等（比如航空主题科普讲座、澳门科技周活动、佘山航空嘉年华活动、航空夏令营活动等等，都广受社会各界的好评），以吸引更多的参观者再次来参观。

2 如何拓展强化上海航空科普馆的教育传播功能

上海航空科普馆现在通过运用新科技的展示手段和推广独具航空特色的科普活动，和参观者进一步产生互动,体验活动,从而达到寓教于乐的效果。同时,要进一步展示场馆自身的特色文化,让展品在展示的过程中发挥研究、教育、娱乐等多重功能。

(1) 加强并扩大讲解队伍,实现社会教育功能

科普类场馆的主要社会职能之一是对广大中小学生进行教育。中小学生通过场馆所提供的自我学习服务来获得知识,而场馆本身则达到间接实现教育的目的。例如,让中小学生开心地走进上海航空科普馆,了解国产大型客机C919项目,了解世界和中国的航空发展历史,快乐地学习航空航天相关知识,从而激发他们对航空航天产生浓厚兴趣,进而逐渐从兴趣爱好上升到为祖国的航空航天事业献身的崇高理想和志愿,这是每一个航空航天科普工作者所必须要面对的重要课题!所以,做好科普类场馆的社会教育工作,提高科普类场馆讲解人员整体服务水平是关键!

目前,上海航空科普馆已拥有十余位优秀的专职讲解员,且人才队伍还在不断扩大中。

(2) 以优质"临展"为依托,完善社会功能

陈列展览是科普类场馆工作的灵魂。常设展览在时间的洗涤下,原有的光彩早已逐渐退去。要想在短时间内给展品更新换代,临时展览是一个很好的补救方法。临展具有时效性高、多样性、专题性强等特点,还能把握观众喜欢关注时事热点的心理,把握资讯的脉动,及时推出相关主题,并与临时展览积极结合,就能更好地调动观众的参观热情,吸引观众前来参观。例如在中国空军建军70周年时,以展板巡展的方式,呈现中国空军70年来的发展历程,就不失为是一个成功的实践。而且这个展览不仅仅只在馆内进行,还深入到社区、校园当中,扩大受众群体,传播正能量信息。这也算是"新时代"的"新特色"。

(3) 构建平台,发挥学校第二课堂作用,突出社会教育功能

上海航空科普馆作为一个比较特殊的教育场所,其生动有趣的展览和内容翔实的历史资料,是学校教育的完美补充,也是学校课堂教育的有效延伸。扩大教育内容、丰富航空知识,充分完成对在校生的校外教育服务职能。

对此,我们应该加强沟通联系,建立馆校共建机制,与对航空感兴趣的学校或航空特色学校签订共建协议,了解学校所需及学生们的所思所想,与学校共同制定计划,举办针对性强的活动。以诸如"现场授课、校园讲座"等形式,来整合馆藏、人才、活动等资源,将优质丰富的公共文化服务资源导入学校课程体系。同时,还要明确自身职责,搭建宣传教育平台。在这个过程中,可以面向社会大众、特色高校等,招募志愿者,让感兴趣的孩子们来参加专业讲解员普通话培训,学习讲解时的文明礼仪,航空的百年历史和航空科普馆讲解内容等,学习结束后接受考核,取得上岗证。持证上岗,在参与讲解过程中让他们提前经历社会,体验从紧张到娴熟的过程,感受成功带给自己的愉悦和自信,在德智体美等方面均能获得提升。这样还能让更多对航空科普感兴趣的优秀人才参与到航空科普馆活动策划中来。

(4) 突出个性化的安全体验

新时代,随着中国城镇居民收入水平的显著提高,生活节奏的加快,人们的出行方式逐步从火车、长途汽车向飞机升级,越来越多的人出差、旅行都会乘坐飞机。然而,近些年屡次发生的各类事故,让每个计划乘飞机出行的人都胆战心惊。导致飞机失事的原因多种多样,有人为破坏,也有飞机本身。由此可见,生活中若不掌握点自救知识,一旦碰到突发事件就很难拿出正确的应对措施。想做到遇难不惊？那就来上海航空科普馆。这里以有趣的模拟游戏方式，让你轻松学会各种飞机中的安全知识和逃生实战。俗话说得好，一朝被蛇咬十年怕井绳，上海航空科普馆的安全体验馆就是模拟一次空中飞机失事，让体验者亲身经历一次事故发生，然后在专家的指导下，实战逃生。通过直接的体验，会在大脑记忆中留下更深刻的印象，一旦遇到类似经历，对未来会有所预感，并会立即做出正确的逃生判断，不会出现不知所措，脑海中一片空白的情况，关键时刻或许海可以救自己和他人的性命。

(5) 上海航空科普馆的多元化摸索

目前，上海航空科普馆是全国、上海市和闵行区优秀科普教育基地、中国大型客机项目宣传基地，专门从事航空航天科学知识的宣传普及工作。

近几年，上海航空科普馆开展了“做一天航空小达人”亲子活动及航空科普巡展等活动，同时继续全方位开展科普巡展和讲座活动，赴上海市各区县中小学校和社区街道开展以纪念建军90周年(2017年)、空军建军70周年(2019年)、中国大型客机项目、蓝天下的辉煌、飞行时代的中国梦、航空科普知识等为主题的各类科普巡展、讲座，配合开展全国航空文化季活动，特邀国家级功勋试飞员徐勇凌大校来上海为航空特色学校的学生、航空企事业单位的员工们举行多场精彩讲座。

除此之外，上海航空科普馆还结合自身特色，积极推进科普教育基地品牌化建设，在“全国科普日”活动期间携手科萌萌推出全天主题亲子活动“萌萌机长养成记”，活动内容包括学习航空科普知识、参加航空定向挑战赛、制作航空静态比例模型、体验模拟飞行、萌萌机长实践课等。

同时，成立了静态比例模型工作室，使更多有航空航天梦想、善于制作航空航天模型的爱好者参与进来，动手体验其中的乐趣。

随着近年来无人机的大量研制和投入使用，越来越多的青少年对无人机产生好奇和探索的兴趣，培养孩子学习无人机，是孩子获取经验、发展智能的妙方，也是培养自发性、创造力、好奇心、想象力、探索、冒险及处事能力的良好途径。为此，上海航空科普馆推出了相关的视频课件以及文本课件。

为满足青少年对航空科普知识的需求，进一步丰富科普读物，上海航空科普馆探索出版了《航宇少儿画报》杂志，内容包括大飞机项目的型号特征、产品优势、试验取证、适航知识等方面。

上海航空科普馆参与主办和承办的各类赛事也在持续进行中，例如：

以“做精、创新、探索”的指导方式，分层提升办赛水平。已开展30年的国际少儿航空绘画比赛继续领先全国；

“航宇杯”静态比例模型比赛的作品质量逐年提升，各类别优秀作品层出不穷；

主办了上海市青少年无人机大赛，同时还协办全国青少年无人机大赛。

在多媒体应用方面，上海航空科普馆积极利用互联网＋的优势，在官方微信公众号中加入“微信导览系统”，通过语音介绍和视频，方便参观者更加深入了解场馆内各项展品。

携模拟飞行器等展品先后参展了上海国际科普产品博览会、澳门科技周暨中华文明与科技创新展和中国国际工业博览会等。

继续开展上海市中小学校航空科普共建，学校数又有所增加，完成上海市城区全覆盖。新增多所全国航空特色学校和上海市航空特色学校。

与通用GE公司开展合作共建，邀请GE公司专业工程师赴我馆开展科普讲座，与GE公司共同赴四川阿坝开展科普援助活动。

3 结 语

总而言之，要想更好地发挥上海航空科普馆的传播教育功能，还需要不断地调整策略，不断地探索和拓展，并且在工作上和方法上不断地改进和提高。只有努力做好各方面工作，不断为广大受众提供丰富多彩的、富有时代气息的、深受人们欢迎的特色产品，才能使越来越多的受众涌入上海科普馆，才能真正发挥上海航空科普馆的传播教育功能。

参考文献

[1] 孙莹. 科普场馆教育功能的类型及其实现机制[J]. 理论导刊，2012(2)：99-102.

[2] 谢起慧. 新媒体环境下科普场馆教育功能的提升——基于传播要素的研究视角[J]. 新闻传播，2012(2)：99-100+103.

[3] 陈洋. 论虚拟现实技术在航空科普场馆中的应用[J]. 科技视界，2019(20)：20-21.

[4] 陈洋. 论虚拟现实技术在航空科普场馆中的应用[J]. 中国知网，2019(6).

以科学文化为导向的教育活动

王韬雅[①]

摘　要：科普场馆打破了传统课堂上学生的教学方式，鼓励学生在做中学，在玩中学，并完成探索、体验与创造。新时代的科普场馆教育不仅要追求学习形式的变更，更应该注重引导学生了解科学文化，理解和培养科学精神。

关键词：科学文化；科学精神；科技馆；普遍性；主动性；多元化

2019年4月26日，由中国科协——北京大学科学文化研究院、北京大学科学技术与医学史系、中国科协创新战略研究院共同主办的首届中国科学文化论坛在北京大学举行。加强社会群众文化素养，培养青少年文化精神一直以来是我国重点关注的问题，加强科学文化普及，不仅能够提高群众文化素养，更能够提高我国国际竞争力，是我国未来发展的重要驱动力。

1　科学文化的形成

科学在短短的四百年间所创造的奇迹，完全改变了人类社会的样貌。

正如经济学家罗伯特·福格尔（Robert Fogel）所指出：从耕犁的发明到学会用马拖犁，人们花了四千年时间，而从第一架飞机成功上天到人类登上月球只用了65年。这个现象被经济学家黛尔德拉·麦克洛斯基（Deirdre McCloskey）称作“伟大的事实”。

人类社会便以那些诸多伟大事实堆积起来，并逐渐演变为人类文明的高地，以润物细无声的方式重塑着人们的认知，形成一种进步的认知模式与习性，而这些的总和就构成了科学文化。

科学素质是公民素质的重要组成部分。公民具备基本科学素质一般指了解必要的科学技术知识，掌握基本的科学方法，树立科学思想，崇尚科学精神，并具有一定的应用它们处理实际问题、参与公共事务的能力。提高公民科学素质，对于增强公民获取和运用科技知识的能力、改善生活质量、实现全面发展，对于提高国家自主创新能力，建设创新型国家，实现经济社会全面协调可持续发展，构建社会主义和谐社会，都具有十分重要的意义。

科学文化是培育科技创新的精神土壤，它是自近代科学复兴以来，基于科学实践而逐渐形成的一种新型文化。科学文化建设正引发社会公众的广泛思考和相关决策机构的关注。反思与展望中国科学文化建设已成为学界热议的话题。

---

① 王韬雅，青海省科学技术馆科技辅导员，助理馆员，从事科技馆行业工作5年，多次策划科技教育活动、参加全国科技辅导大赛。

2　科普场馆传播科学文化的优势

非正规科学教育在传播科学文化方面发挥着越来越重要的作用。科技馆是非常典型、非常重要的一类非正规科学教育场所，目前全国平均每96.6万人拥有一个科普场馆。科技馆的教育目的是培养具备基本科学素质的公民，具体说就是培养了解必要的科学技术知识，掌握基本的科学方法，树立科学思想，崇尚科学精神，并具有一定的应用它们处理实际问题，参与公共事务能力的公民。

(1) 普遍性的广泛受众

全国科学素质行动计划纲要实施方案中的五大重点人群为未成年人、领导干部和公务员、城镇劳动者、农民、社区居民。而这些人群无一例外都是科普场馆的受众人群。

科技馆是面向全体社会成员进行开放的公共场所，科技馆的基本及核心职能即进行科学普及和文化传播。科学普及简称科普，又称大众科学或者普及科学，是指利用各种传媒以浅显的、通俗易懂的方式、让公众接受的自然科学和社会科学知识、推广科学技术的应用、倡导科学方法、传播科学思想、弘扬科学精神的活动。科学普及是一种社会教育。

科技馆依托展馆内的展品开展文化传播与普及是最基本的科普方式，科技馆使用光电技术、多媒体技术、仿真模型、虚拟、智能等现代化科学技术手段，能够将公众带入一定的情境之中，带给公众视听体验，从一定程度上带来生理和心理的刺激，从而加深影响，发挥展品的科学文化普及作用。

同时科技馆发展并不局限于“领进来”，在科普进社区、科普进校园、科普进寺院等一系列“走出去”的科普活动中，也赋予了科学文化更加生动的形象。尤其是青海省科学技术馆的流动科技馆，结合青海省的特殊省情，每年对偏远农牧地区、高海拔地区、资源匮乏地区进行科学普及和文化辐射，让科学文化的概念和影响遍布全省，进一步减少了文化差异，不仅是普及全民科学素质的有效举措，也是建立民族团结的强有力行动。

从本质上说，科学文化传播与普及是一种社会教育。作为社会教育它既不同于学校教育，也不同于职业教育，其基本特点是：社会性、群众性和持续性。科普工作必须运用社会化、群众化和经常化的科普方式，充分利用现代社会的多种流通渠道和信息传播媒体，不失时机地广泛渗透到各种社会活动之中，才能形成规模宏大、富有生机、社会化的科学文化氛围。

(2) 主动性的接纳动力

科技馆与传统教育相比，打破了后者在时间、空间上的限制，为公众提供了一个更为广阔的知识海洋。科技馆因其展陈丰富、内容多样、寓教于乐等特点，吸引着各年龄极端、各文化水平、各身份背景的公众。他们在科技馆可以根据自己的兴趣、爱好、需要及特长来自主选择自己想要了解和学习的内容，几乎所有公众都是自愿前往科技馆参观学习的。

因此，在这里科学文化的概念会被主动的接纳。拥有学习自觉性是引导其接纳文化及知识的重要因素。自觉性的加强，使得公众不会有学习的任务或是负担，而是出自兴趣和需要，这对于科学文化的传播有着非常重要的作用。

从科学文化的传播载体来看，科技馆展品是主要的文化教育载体，具有知识性、科学性、趣味性和参与性，能够和参观者形成良好的互动交流。他们通过在科技馆内对展品多种方式的操作，调动全身各种感觉器官，视，听，触，动等多种感觉协调配合，实现多通道参与，“看一看、说一说、闻一闻、做一做、尝一尝”，在体验操作的过程中有效促进整合性感觉、整合性理解的形成，获得真切具体的感受和体验，以此获得知识，达到科技馆教育目的。

营造良好的科学文化氛围，需要进一步提高公众对科学文化的理解和认知。“倡导科学精神和人文精神的融合，科技工作者需要提高科学文化素养和科学道德修养，做好科普工作，让公众真正理解科学。”中国科技新闻学会理事长宋南平说。因此，优秀的科技辅导员也是影响科学文化普及的重要因素，面对不同公众，能够因材施教的展厅辅导，能更好的激发公众的学习热情，在展品的体验中，在知识的积累中，在有趣的互动中来完成科学文化的氛围营造，使得公众能够在潜移默化中感受科学文化的内涵与价值。

(3) 多元化的传播形式

① 多学科的交叉融合。

在信息时代，各学科不断交叉、分化、融合，应运而生许多新兴的综合学科。多学科的交叉发展是当今世界高校适应社会及科学技术发展的迫切要求，在“大科学”的背景下，寻求知识的新突破已经成为了社会和国家共同关注的问题。一个人不可能具备所有的科学知识，但是在科技馆中却可以接收到综合的科学文化与精神。

科技馆以展品展示为基础，但不仅局限于展品本身，本质是传播展品中含有的有关自然或者人文的知识，将“以物为本”转变为“以人为本”。同时，展品展示和各项教育活动是没有单一学科界限与限制的，因此不同偏好的公众都可以在这里找到自己的兴趣所在，同时，各学科的交叉融合，也使科学文化的传播与普及不受限制和束缚。

科技辅导员在带团辅导的过程中并不是单一的以展品陈列顺序进行辅导，而是会寻找展品之间的内在联系，以某一主题进行串联，此时公众便可以从中感知到各学科的交叉与融合，在主题的串联下，使得各学科知识自然而不突兀的融合为一个整体，从而加深展品背后科学知识和科学精神的传播与普及。

② 形式丰富的科普活动。

科学活动不是简单的科技展览，是整合各项资源、精心策划、围绕主题后开展的教育活动。活动也并不如学校教育一样抱有鲜明、强烈、直接的目的性，活动是否达到理想效果，是潜移默化的文化体验所传递的。

青海省科学技术馆已连续3年开展主题性展厅日常教育活动，活动每月设定主题，围绕主题开展分支活动。活动主题结合时事热点、科技新闻、基础学科知识等进行确立。活动受众也依照不同的活动内容和主题进行细分，面向不同年龄阶段的公众，开展对他们有吸引力的活动，进一步调动学习热情，增强他们的接纳能力，使科学文化更好的渗透。如2018年因著名物理学家、宇宙学家霍金去世，随后4月便开展《一代传奇 · 霍金》主题探究活动，围绕霍金生平、霍金天文学理论等，让公众进一步了解霍金及其学术理论。2019—2020年结合中国科技馆“百馆千场万人科学家精神宣讲活动”及“致敬科学家 礼赞新时代”等活动，开展系列活动，尤其是针对青海省是中国第一个核武器研究基地的历史背景，着重介绍“两弹一星功勋奖章”获得者的故事，弘扬“两弹一星”精神和“两弹”研制基地精神。虽然相关理论专业性较强，但是活动以各角度进行切入，使以青少年为代表的广大公众了解科学探索精神，以科学精神为主导，调动了公众的学习兴趣与热情。

科学活动形式也不仅仅以单一的课程为主，科学秀、科学实验、科普剧等等，打破模式限制，让“高高在上”的科学走下神坛，走入每一位公众身边，用它们感兴趣的方式、方法将科学精神传递出去。

3 创新的体验方式

传统的知识接收，是以授课为基础的，学生或成年公众都是被动接受的，但是科技馆内会以各类创新的体验方式转变公众的学习方式。

科技馆展览教育是一种通过知识性、趣味性的展品，使公众对科学原理和文化有一个定性的了解，引起他们的参观和学习兴趣。但是对于公众的素质、科学文化的传播来说，单靠这一种单一、固化的模式，是不可能实现的。因此创新体验方式，采用各种各样的形式吸引公众，特别是青少年公众尤为重要。科普表演是一种生动活泼的形式，如青海省科技馆多年来也致力于策划、开展各类科学秀、科学实验、科普剧等，如《侦探实验室》《漫游气之界》《好奇害死猫》等等，将科学与艺术相融合，增强参与性与互动性。定期的场馆内表演，以及进校园、进社区等表演，用较为夸张的表演方式，吸引公众对科学的兴趣，使科学更加多元化。

寒、暑假期许多科技馆都会招募学生担任小小科技辅导员，青海省科技馆也不例外。学生利用假期来到科技馆，既能丰富假期生活又能学习科学知识，是一举多得的科普举措。小小科技辅导员们来到科技馆后，转变参观者身份为管理者，树立他们的主人翁意识，增强了他们的主观能动性和责任感，使他们能够更加主动的接纳和理解科学知识，甚至引发他们对于科学的探究精神。同时也为他们量身定做融合个人特色与特长的科学表演，如科普相声《我最优秀》、科普剧《新闻科学秀》等等，在表演的同时，增强科学知识的普及、科学文化的传递以及科学自信的建立。

除此之外，青海省科学技术馆创办“科学碰碰车”和“科普小剧场”等活动，打破表演形式、表演场地、表演人员的限制，创造了更多使公众能转变身份，以主角身份体验科学的渠道，使科学文化能够随时随地近距离地渗透在公众的日常参观中。

4 目前科普场馆中科学文化传播能力的局限性

(1) 科技辅导员素质能力有待完善

科技辅导员是公众和科技馆展品之间的桥梁，是他们进行学习的直接途径。科技辅导员工作水平的高低直接影响着公众对科学知识和文化的接纳结果。科技馆教育是以现实生活现象为出发点，再落入知识点进行讲解。科技辅导员对于公众的辅导与学校老师的教育截然不同，辅导员不仅仅是帮助公众来解决问题，同时还启发和引导他们进行思考，让他们在学习的过程中，自己寻找问题、解决问题，甚至可以让他们带着疑问离开科技馆，引发他们更多的想法，使科学文化渗入日常生活。

在公众参观科技馆时，科技辅导员引导公众对展品进行操作，在联系生活和现实的过程中，潜移默化的将科学与生活的各种关系告诉他们，从而完成科技馆普及科学知识、传播科学思想和科学方法的目的。在创造一种和谐的相互学习的情境，改变传统意义上“你讲我听”的灌输式教学模式。

但是目前科技馆内科技辅导员队伍面临着流动性大、科技辅导员能力参差不齐等问题，使得科技辅导员人才队伍建设能力不足，如何提高人才的稳定性、培养的连续性是目前科技辅导员队伍建设的主要问题。

(2) 科学教育活动水平有待提高

科普展示和科教活动中，手段的创新完善是目标、开拓是手段、创新是动力，三者之间是相互联系密不可分的，只有三者的协同，才能使科技馆有序地发挥其整体效益。而如何开拓新的教育功能，确实要选好“市场”和项目。用什么样的形式和内容来吸引活动参与者，使活动具有较强的生命力，是活动策划和开展的关键所在。

“科技是车，人文就是刹车和方向盘，科技离不开人文。”谈及科技与人文的关系，在前不久举行的首届中国科学文化论坛上，中国科协名誉主席、中国科学院院士韩启德如是说。

科技馆教育活动的策划和开展是以科学知识为基础理论进行的，但是并不以科学知识为全部内容，与科学相关的人文精神传递也是科学教育的重点任务，尤其是深入挖掘和传播科学家精神是一种更快速、更容易被公众接纳的科学精神表达方式。青海省科学技术馆已有先天优势，1958年中国第一个核武器研制基地在青海建成，在科技馆“走近青海”展厅为这段历史设立展区，生动的展示使得本地和外地公众能够深入情境之中，通过展品感受“两弹一星”精神，不仅传递了科学精神，也为广大公众尤其是青少年公众树立了爱国主义精神。

场馆是重要的科普教育的场所。场馆学习也是重要的非正式学习的场所。场馆中开展科普教育活动需要与场馆中资源充分的结合。科普教育活动的开展在传播科学知识的同时，也应考虑如何增加科普活动的趣味性、真实性和情境性。科普教育活动开展的目的不仅仅包括向受众传播科学知识、科学态度等，同时应该激发受众对科学探索的兴趣，在不断的探索中发掘真理，向更多人传播科学精神。

“深入发掘博物馆资源，探索馆校结合的新途径”
——以吉林省暨东北师范大学自然博物馆为例

魏忠民①

摘　要：实现博物馆的教育功能，使博物馆资源得到合理的、永续的利用，馆校结合是一条必由之路。本文从分析博物馆资源的概念入手，在总结和评价东北师大自然博物馆开展馆校结合案例的基础上，提出自己在博物馆课程资源开发过程中的思考与心得。

关键词：自然博物馆；资源；馆校结合

20世纪80年代开始，中国博物馆与学校的合作关系逐渐成熟。进入21世纪后，越来越多的馆校结合案例见诸媒体，博物馆作为优质的校外活动场所和第二课堂的地位已经被几乎所有的学校所接受。然而，2014年美国博物馆未来中心发表《建设教育的未来——博物馆与学习生态系统》的报告指出，“在未来的美国，作为沉浸式、体验式、自我引导式、动手学习方面的专家，博物馆将成为教育的主流模式，而不再只是补充角色。”这种“主流教育”的提法，打破了传统观念，提升了博物馆教育的地位，也为馆校结合的发展提出了更高的要求。

1　博物馆资源

馆校结合的实质是博物馆资源的深度开发和有效利用，家底厚是重点，但用得好才是关键。从广义上讲，博物馆资源包括以下几个方面，展览资源、标本（文物）资源、人才资源、经费资源、馆舍资源和信息资源。展览资源包括固定陈列和临时展览，是博物馆实现其教育功能的主要方式和手段。“新世纪博物馆”和“卓越与平等”这两份美国博物馆协会的手册中反复强调，展览的本身应被视为博物馆最有力的学习工具和教育推进器。其次，馆藏标本是绝大多数博物馆最亟待发掘的资源，很多藏品没有展示在陈列中，而是常年陈放在库房中，除了供专家研究外，基本没有实现其教育价值。其中固然涉及藏品的保护工作，但保护和利用不是对立的，在国外就有很多出借藏品或定期开放库房的案例，还有的博物馆实行藏品的定期轮展。人才资源包括科研人员、展览策划人员和教育人员，他们是博物馆中最具有能动作用的因素，在馆校之间沟通交流，懂业务，是馆校结合的生力军。经费资源曾经是困扰博物馆的一大难题。目前已不是问题，中华人民共和国教育部、文化和旅游部、科技部、中国科协以及各省市的财政部门都有支持中小学生课外活动的专项经费，这些长期而有针对性的资金，对馆校结合的持续发展起到坚强的支撑作用。馆舍资源是指包括庭院、建筑、土地以及保障博物馆运行的其他设施和设备。信息资源是指包括文物标本信息、展览信息、人才信息等非实物、便于网络传播的

---

① 魏忠民，吉林省暨东北师范大学自然博物馆副研究馆员；研究方向为博物馆教育和昆虫学研究；E-mail：weizm372@nenu.edu.cn。本文由东北师范大学校内青年项目（19XQ027）资助。

资源。

2 馆校结合中的几种模式

刘婉珍在《美术馆教育理念与实务》中提到，美术馆与学校合作互动模式有六种：

模式一：提供者与接受者模式。这种模式是由博物馆单方面规划设计活动，供学校师生使用，而学校师生完全没有参与规划过程，只是被动的接受与使用。目前，几乎所有博物馆的学生集体参观都是这种模式。

模式二：博物馆主导的互动模式。这种模式是博物馆主动邀请学校师生共同参与活动规划，博物馆通过系列研讨训练，培养出“种子教师”，使之成为活动规划的主导者之一，学校与博物馆成为真正的合作伙伴。

模式三：学校主导的互动模式。此模式是学校主动向博物馆提出本学期的活动构想，博物馆与学校沟通配合，以达成共同设定的教学目标。

模式四：社区博物馆学校。这种模式是在社区中成立学校，利用社区中的各类博物馆作为教育资源，让学生在博物馆的陈列室中学习，学校教师在此模式中扮演主导角色。

模式五：博物馆附属学校。整个博物馆就是学校，是直接受到美国教育改革运动冲击下成立的博物馆“特许学校”，这种学校的成立基本上是建立在社区需要与教育理想基础上。

模式六：中介者互动模式。这种模式则是由博物馆与学校之外的第三机构扮演主导角色，在我国，这个角色多是由师范大学中的教育科学学院、各专业的师资培训部门或者省、市教育学院担任。

我馆自2007年新馆开放后，一直探索着馆校结合之路。先后与东北师大教育学部、东北师大附中、附小以及吉林省实验中学等学校开展了比较成功的合作，总结这十几年来的经验，比较我馆与学校的合作方式有以下几种：集体参观、到校服务、博物馆研学、经验交流和人员交流。

3 馆校结合实例

（1）集体参观

我馆的中小学集体观众大约每年12万人，往往都是一个学校的几个年级一起乘坐大客车来走一圈，博物馆方面只负责讲解和学生的安全。这种参观方式虽然屡遭诟病，但对于博物馆资源比较贫乏的城市来说，也算是学生社会实践活动的一种解决方法。

（2）到校服务

所谓到校服务，是由博物馆教育人员携带展览、教材、课程、标本（文物）或教具等来到学校，服务于教师、学生或学生家长，使不方便到馆参观的学校也能分享博物馆教学资源的一种馆校结合方式。它包括举办科普讲座，开展社团活动，参与学校课程，组织教师培训，编写教材、制作教具，巡回展览和展览推介，编演科普剧，以及帮助学校组建校园博物馆等等。

①“岩石与矿物”课程。

本节课通过对岩石的观察、分类以及系统学习，使学生了解每一种岩石的性能，来历及用途。课程中利用博物馆的藏品资源和专家资源。课前在博物馆的库房里挑选具有代表性的2

组岩石，一组标准岩石，另一组未知岩石。同学们通过老师的讲解，配合我们编写的“岩石鉴定秘籍”把未知岩石鉴定出来，并与标准岩石进行比对。整节课生动、形象、趣味性强，完全达到了预期的教学目标。

② “昆虫探秘”学生社团。

“昆虫探秘”学生社团是我馆昆虫研究人员与附小的科学教师共同组建的一个研究型社团，是馆校结合的又一次探索，也是利用博物馆资源进行学校教育的一次有益尝试。目前，活动内容是“甲虫的饲养”，同学们通过对独角仙、锹甲等昆虫的饲养，观察甲虫从卵、幼虫、蛹到成虫的生活史，学习甲虫的养殖方法，并在饲养中做一些简单的实验，并撰写实验报告。

③ “研究生物吧”校本课程。

“研究生物吧”是我馆与附中合作开发的博物馆课程，同时又是附中的校本课程。博物馆的有五位专家分别讲授“昆虫学”“鸟类学”“物候学”“植物学”以及“古生物学”五个专题的知识，学生们也按照兴趣爱好分成五个小组，分别拜各小组的专家为导师，做一些简单的研究工作。本课程的学习方式多样，有参观博物馆、听取科普讲座、户外实践、动手制作等，学生们能在轻松愉快的氛围中完成学习任务。

④ 校园展览与校园博物馆。

在我们和学校合作的过程中，发现有些学校受到时间或路途的限制，不能来到自然博物馆参观学习，所以，我们就把比较容易搬运的临时展览，还有学生社团活动制作的展览、科普挂图等在各个学校流动展出，这样既能相互学习，又能满足那些不能来馆参观的学校的需求。另外，学校的橱窗也是博物馆的用武之地，类似于每周一虫，每周一花的系列展示也深受孩子们的喜爱。2015 年，我馆为东北师大中信附属小学提供蝴蝶标本和植物标本，帮助他们建立起长春市第一个校园博物馆。该展览位于教学楼的开放空间里，分为四个展区：蝴蝶展区，植物展区，天文展区和社团成果展示区。整个展览利用标本和图片，为同学们营造了一个知识宝库，孩子们可以不到博物馆就能看到这么丰富的标本，也能学习到很多科普知识，甚至还能开展很多相关的主题活动，如标本制作，展览设计和小小讲解员等等。

⑤ 辅助教材和教具的开发与外借。

我们还在开展到校服务的过程中积极编写校本课教材，参编学生研学指导教材。现在已经出版的有《吉林省常见蝴蝶的识别手册》，《小眼睛看展馆》。另外两本中小学研学课程指导丛书《蝴蝶探秘》和《奇趣甲虫》，也将陆续出版。

小学《科学》三年级上册有一篇关于“蚂蚁”的课文，课上要求老师给学生观察活的蚂蚁，于是每当这节课开讲的时候，老师们都要四处抓蚂蚁，城里的蚂蚁都是小型的铺路蚁等，不好捕捉完整的个体，即使抓到完整的个体也不便于观察。得知这一消息，我们利用博物馆技术中的标本包埋技术，在野外采集大型的日本弓背蚁，包埋在树脂胶中形成一个透明的琥珀，当做教具使用，耐用而且方便。另外，在附中校本课教学中，我们经常利用博物馆的蝴蝶和甲虫标本、岩石标本等进行课堂教学和演示，使得课程生动形象，孩子们非常喜欢。

⑥ 科普讲座。

在学校做科普知识讲座是博物馆开展到校服务的一种很好的方式，主要利用了博物馆的人力资源。除了像“科技周”“艺术周”这样的主题活动，我馆派专家给同学们做科普讲座外，我们把校本课或博物馆课程中的很多专题知识并录制成视频，形成了一个科普讲座菜单，刻录成光盘赠送给中小学。这些视频都是每个博物馆专家对自己学科内容的认识，通过这些视频既开阔了同学们的视野，也丰富了他们的业余生活。

(3) 博物馆研学

为了避免学校的闪电式参观，我馆与东师三附小联合开发了博物馆研学课程。每学期让五、六年级的同学利用一天的上课时间来到我馆开展研学活动，利用我馆的固定陈列，结合科学课的相关单元内容，深度发掘博物馆的资源，充分体验博物馆课程的乐趣。

① “蝴蝶谷探秘”课程。

“蝴蝶谷探秘”课程是我馆与东北师大教育学部、东北师大三附小联合开发的博物馆研学课程。分为三个单元进行，单元一在附小的科学教室进行，是激发学生兴趣，产生问题的阶段，在这个阶段产生了学习单，并归纳出学生想知道的5个方面的知识。单元二在博物馆蝴蝶谷展厅进行，分5组分别对蝴蝶的身体结构、蝶蛾区别、蝴蝶的一生、蝴蝶的防御以及蝴蝶的启示5个方面的内容进行探索，填写调查报告，制作蝴蝶标本。单元三在科学教室进行，安排蝴蝶专家与全班同学进行蝴蝶知识大比拼，并交流学生们的体验日记。

这个课程单元既有课前动员和课后评价，又有博物馆人员的全程参与和组织，因此是一堂完整的博物馆课程，由此产生的《蝴蝶身体结构探秘》课程获得了“中国教育学会科学教育分会2011年全国小学科学优质课展示活动”的一等奖。

② “生物多样性”课程。

“生物多样性”课程是利用“鸟之灵”和“兽之趣”固定陈列设计的博物馆研学课程。单元一在科学教室实施正常的大单元教学。侧重于提出问题，形成任务单。单元二是来到博物馆，在两位专家的带领下，详细学习各种生态环境下生活的鸟兽以及对环境的适应，并填写任务单。本课程的实质是学校课程的博物馆实践。用实地观察和聆听讲解来使书本上的知识形象化，生动化。同学们都非常兴奋，学习效果也超好。

(4) 业务交流

① 教师培训。

为了更好地开展科普教育活动，培养小学科学教师利用博物馆资源。我馆从2013年开始参与到吉林省教育学院承担的“国培计划”和“省培计划”，在全省小学科学教师短期集中培训中讲授《昆虫标本的采集与制作》《开发和利用校外课程资源 实现科学课堂的开放性》《有效利用博物馆资源》等课程。到目前已经培训了1 000多名小学科学教师，有效地把我馆的资源推送给这些教师，使他们将在馆校结合中起到带头作用。

② 合作研究。

我馆专业人员经常与中小学教师合作，开展基于博物馆的课程资源开发以及相关策略的研究，先后参与了教师们主持的吉林省教育科学规划课题、东北师大校内基金以及东北师大附小科研基金项目中。在合作研究过程中，博物馆人广泛听取了教师们对博物馆的理解和需求，力所能及地提供资源和方便条件。学校教师也了解到博物馆的资源状况和使用情况，并且能根据学科特点来确定合作方式和资源的取舍等。

(5) 人员交流

在交流业务的同时，我馆与学校之间积极促进人员的互相兼职。学校聘请我馆的专家作为校外辅导员、少工委委员，我馆的理事会成员中也聘请了热衷于开发博物馆资源的中小学老师参加，并且在设计陈列展览时，也请学校老师来对展览内容的深度和普及程度把关。这些专家和老师在馆校结合中起到了桥梁和纽带的作用。

4　对馆校结合的思考

(1) 馆校结合缺乏各个层面的统筹规划和协调

馆校结合在政策层面上是时代的宠儿。2001 年教育部颁布《基础教育课程改革纲要(试行)》,2002 年国家公布《中华人民共和国科学技术普及法》,2008 年国务院印发《全民科学素质行动计划纲要(2010—2020 年)》,2017 年教育部公布《中小学综合实践活动课程指导纲要》。在这些政策落地的同时,博物馆的“全国科普教育基地”“全国爱国主义教育基地”“全国环境教育基地”“全国中小学生研学教育基地”等等,各种各样的基地牌匾赫然墙上。锦上添花的是市、区教育局以及各学校也纷纷与博物馆签订战略伙伴关系。处在这种有利的境况下,馆校结合本应该如火如荼。然而在执行层面却不很乐观,绝大多数的馆校结合都在有识之士的锲而不舍之下默默地进行着。没有专项资金支持,没有行业指导和协作,没有社会舆论的驰援,有时还会被领导误认为出去上课挣钱。这中间的问题到底出在哪儿,需要我们集体反思。

(2) 领导搭桥,各部门通力协作

在博物馆中,一般认为涉及观众的问题都是外联部的职责,其他部室就像隔岸观火,事不关己。但馆校结合却不是观众接待那么简单。首先是双方接洽人员进行制定合作计划,然后是领导层面的沟通,签订合作协议,最后是执行阶段,需要博物馆的各部门通力合作,当学校前来集体参观,外联部主要负责接待讲解。学校组织博物馆研学时,需要各部分陈列的设计人员,还有各学科的专家进行专业知识的梳理。当博物馆去学校服务时,除了专家外,保藏部的同志也得亲力亲为。

总之,加强对馆校结合理论机制的研究,拓宽馆校结合的方式,增加馆校结合的内容,使中国的馆校结合走向常态化、制度化,最后达到馆校融合的理想状态。我们还有很长的路要走。

参 考 文 献

[1] 宋娴. 博物馆与学校的合作机制研究[M]. 上海:复旦大学出版社,2019.

[2] American Alliance of Museums. Building the Future of Education:Museums and theLearning Ecosystem [M]. Washington:American Alliance of Museums,2014.

[3] 马自树. 论博物馆资源[J]. 中国博物馆,2001(04):3-6.

[4] 刘婉珍. 以展览为核心的博物馆课程[J]. 博物馆学季刊,2001,15(4):3-18.

[5] 刘婉珍. 美术馆教育理念与实务[M]. 台北:南天书局,2002:204-222.

自然博物馆开展科普教育活动的探讨

易晓煜[①]　刘彩伶[②]

摘　要：时代的发展，社会的变革，人民日益增长的对科学文化的需求，使自然科学博物馆的教育职能不断激发出新的活力。本文以吉林省自然博物馆为例，列举了在自然博物馆利用多种资源，开展科普教育活动的一些方法，并提出了目前存在的一些问题。

关键词：自然博物馆；科普活动；教育资源

自然博物馆是普及自然科学知识的场所，是公共文化服务机构。新形势下，唤起公众对科学的兴趣，提高全民科学素质，推动形成全民学习、终身学习的学习型社会，促进人的全面发展，是博物馆工作者绕不开的话题。近两年，吉林省自然博物馆结合省政府"健康生活悦动吉林"的部署，利用"科普大讲台"的平台及"国家彩票公益基金"对研学项目的资助，整合馆内多种资源开展科普教育活动，不断拓展教育活动的领域，开创事业发展的新局面，为学生打造研学教育的第二课堂，为公众提供无处不在的科学学习。

1　概　况

吉林省自然博物馆的前身为吉林省博物馆自然部。2001 年吉林省政府为让自然博物馆获得更好发展并发挥更大功能，将吉林省自然博物馆整建制地划归了东北师范大学，保留省自然博物馆牌子，保留独立事业法人地位。东北师范大学设立东北师范大学自然博物馆，至此形成独特的一馆二牌。

划归师大之初，无论在场馆建设上还是资源共享上都获得了前所未有的发展 ，自 2007 年新馆正式向社会开放起，年均接待观众 12 万人次以上，其中绝大多数为中小学生。2008 年被评为首批"国家一级博物馆"，2010 年被评为"全国科普教育基地""国家环保科普基地"。2017 年被评为"全国中小学生研学实践教育基地"。

2　资　源

吉林省自然博物馆是综合性自然历史博物馆，主要从事动物、植物、地质古生物、自然地理等领域的标本收藏、科学研究和科学普及工作。自建馆以来，一直以吉林省自然资源为主要收藏对象和展示内容，倡导将深奥的科学原理，用简捷的博物馆方式进行传播，让公众最大限度的理解科学。

① 易晓煜，吉林省自然博物馆，副研究馆员，研究方向：植物学和博物馆教育。邮箱：yixy972@nenu. edu. cn。

② 刘彩伶，吉林省自然博物馆，副研究馆员，研究方向：植物学和博物馆教育。邮箱：liucl857@nenu. edu. cn。

(1) 标本资源

自然博物馆馆藏标本近十万件，包括动物、植物、古生物、岩石、矿物、土壤、人体等标本类别。标本以反映吉林省生物多样性及自然资源为主，兼有一定数量非本省分布的国家重点保护动物标本。动植物标本中，有国家一、二级保护动植物种类近六百件；包括亚洲象、东北虎、丹顶鹤、中华秋沙鸭、金斑喙凤蝶等珍贵标本；化石标本中，以反映猛犸象——披毛犀动物群的东北第四纪哺乳动物化石为主流收藏，也有来自辽宁朝阳“热和生物群”的珍贵化石，包括完整的猛犸象、披毛犀、原始牛化石骨架及中华龙鸟化石；珍贵的标本还包括德惠陨石等；土壤标本为吉林省土壤近 200 个典型土种的整段标本和分层标准土样。

(2) 展览资源

自然博物馆常设展览分 7 大展区：《山之魂》《林之韵》展区：展示吉林省最具特色的自然景观——长白山自然景观带及生活在长白林海的动物。《蝴蝶谷》展区：展示来自世界各地 600 多种、1200 余件珍贵靓丽的蝴蝶标本，介绍蝴蝶生活、蝶与蛾、蝶文化等。《鸟之灵》《兽之趣》展区：通过营造逼真的自然环境，使珍稀鸟兽标本栩栩如生，进而体现出鸟兽所特有的矫健身姿与优美体态。《化石世界》展区，陈列以珍贵的化石，动感的复原恐龙，震撼的 3D 影片等形式，让观众熟悉化石，了解生命的历程。《猛犸象》展区：展示本地区出土的 3 具猛犸象化石骨架，令观众对本地史前动物有直观的认识。

每年还有临时展览推出，如《走近大象“敢买”》《北极熊妈妈和熊宝宝的故事》《缤纷春华》《大自然语言——物候》《奇趣甲虫》等，从保护野生动物、关注自然景象及辨识周边植物等视角入手，向公众传播生物多样性知识、生态文明思想；同时也积极与博物馆同行交流，先后引进与输出过临时展览。

(3) 科普教育活动

吉林省自然博物馆拥有业务人员近二十名，从事着展陈、保管、对外宣传教育等岗位。近年来，业务人员把主要精力都用在了宣传教育领域，结合自身学科优势，组织开展了多种以青少年学生参与为主的科普教育活动，引领学生进行探究性的实践和研究性的学习，社会效益显著，多种教育活动已形成自有品牌，被评为长春市中小学课外研学活动基地。

① 利用展厅资源开展的教育活动。

博物馆自 2007 年正式开馆以来，至今已十余年，基本陈列的内容即便再有趣，再吸引人，观众也会有觉得乏味的一天。因此，业务人员围绕和配合基本陈列内容，开展了一系列的延伸教育和拓展服务。

展厅《山之魂》《林之韵》展示的是长白林海的生态系统和生物多样性知识。内容设计者围绕这部分知识为小学生和中学生分别编制了不同内容的“学习单”，让学生在讲解员的带领下通过直观的学习体验，借助学习单的帮助获得更多的知识和深入的探究，进一步了解长白林海生物多样性，了解动物和与之息息相关的环境之间的关系。《林海探宝》活动也是围绕着长白林海的展示内容设计的教育活动，既类似寻宝，又考察对动物知识的了解，相比于学习单，它的受众更广泛，到馆参观的观众都可以参加，既可以激发观众探究的乐趣，同时也是一个很好的介绍标本背后的故事的方法。

围绕整个基本陈列设计的《自然博物馆小达人》活动，则是以整个陈列展厅的内容为对象，每个展厅挑选 2～3 件有代表性的展品加以描述，目的是让大家根据描述仔细观察标本及其生活环境特征，这个活动可以促使参加者仔细的观察了解展厅标本，同时具有的竞技性又刺激了大家的积极参与意识，活动在假期举办了多次，非常受学生们喜爱。

宣教工作者积极探索与学校的合作，以促进双方教育的有效衔接。主动与学校生物教师沟通，结合初中生物课程及教师意见，依据展厅内容编写教育活动方案，方案围绕展厅的各种标本知识，根据不同年级的知识结构编写不同的教学方案，用于学校生物教学的第二课堂，受到教师和同学的好评。

宣教工作者利用展厅的标本资源及日常讲解的经验心得总结开发出了《从自然到文化》的课程，非常用心地挑选出展厅内吉林省的代表动物，从动物的自然形态，生活环境讲起，带领大家在展厅仔细观察动物，然后延展到关于这个动物的相关的文化知识，最后再设计一些相关的动手环节，整个课程的设计非常有创意，并形成了一套系列课程，同学们可以通过仔细观察动物标本，认真聆听动物相关的文化知识，了解动物的古今过往。目前开发出的有《从自然鹤到文化鸟》《呦呦鹿鸣，美丽精灵》《森林之王，与我们同行》等系列课程。

展厅的标本资源是自然博物馆向学生传递自然科学知识的物证，讲好标本及其背后的故事是博物馆工作者的职责，展览设计者与展厅宣教工作者分别从自己关注并擅长的领域，开发展厅教育资源，使展览内容始终保持生命力，为公众提供环境保护与自然生态科学知识的学习。

② 利用学科资源开展的研学教育活动。

组织开展教育活动是博物馆发挥教育职能的重要渠道，可以为学生提供丰富的研学体验。吉林省自然博物馆自2017年被评为全国中小学生研学实践基地，获得了国家研学项目的支持，为我们向中小学生提供更好的服务提供了资金保障。

自然博物馆的专业人员分别从属鸟类、昆虫、植物、古生物等领域，这些年来，业务人员围绕自己的专业领域相继开展了多种形式的教育活动。昆虫专家与中小学生物课程、科学课程结合，将昆虫课程送进学校，参与到学校的校本课建设中去，每周带着标本走进校园，与昆虫兴趣小组的同学一起研学昆虫知识，连续进行了多年，深受教师和同学的喜爱，为喜欢探索昆虫奥秘的同学提供了专家引领和实物学习。昆虫专业多点开花，除了把课程送到学校，还利用科普大讲堂向到馆的小昆虫爱好者讲解蝴蝶、甲虫等昆虫知识，带领大家动手制作昆虫标本；另外还利用中央彩票公益金对中小学研学实践基地的支持成立了昆虫社团，向一些爱好昆虫的学生发出了集结令，召集了二百名团员，社团有自己的章程和纪律，在社团里同学们可以学习昆虫的饲养，了解昆虫的身体、生活习性，还可以探索昆虫的奥秘。

植物专业人员则把向学生介绍吉林省常见植物，普及植物知识，宣传植物多样性，了解家乡的植物资源作为研学教育和科普宣讲的方向。博物馆园区共栽植有七十余种植物，大部分为吉林省长白山区常见的野生物种，为植物学课程的开发提供了得天独厚的资源。在踏查、鉴定，获得了园区植物信息的第一手资料后，推出了根据叶子的形态认知园区植物的《千姿百态的叶片》系列课程，从不同的角度观叶识植物。课程在科普大讲堂推出，以先讲解植物知识，再到园区实践相结合的方式，一经推出就受到了广大同学和家长的好评。同时也开展了以多种植物为小主题的教育活动，如《落到地上的“毛毛虫”》《认识一朵蒲公英》《园区几种针叶树的识别》《长白林园寻果》等。另外，为满足城市里的学生对种植的渴望，开辟了种植园，种植谷物、蔬菜等作物，让同学们在汗滴禾下土的辛勤劳作中体会种植的辛苦与乐趣，在等待作物成熟的过程中观察、探究相关的植物知识。

在研学项目的支持下专业人员都在各自的领域开展了多种活动，如鸟类专家讲解鸟的知识；专业讲解员培训“小小讲解员”项目；古生物专家进行的化石讲座等。各学科之间有分工也有合作，在假期组织的各种主题的野外研学活动就是学科合作的案例，如带领学生去吉林省左家地区《观鸟赏蝶识植物》活动就是昆虫、鸟类、植物多个专业的老师联合组织的野外科考，整个活动通过观鸟、捕捉蝴蝶、采集植物标本，讲解相关知识，让同学们在亲近自然、释放天性的活动中学到了很多生物知识；还有《伊通火山野外考察》在识别植物、聆听鸟鸣的过程中也了解了火山的基本知识；《湿地园活动》是认识湿地鸟类和学习湿地植物的活动。这些由博物馆专业人员引领组织的教育活动具有较强的专业性、科学性、参与性和趣味性，同学们在直接的体验中促进了认知的发展，学到了许多自然知识，增加了保护自然、保护生物、保护环境的意识。

③ 利用节假日、纪念日等开展的教育活动。

充分利用各类节假日、纪念日，包括科技周、爱鸟周、科普日、地球日等开展活动，进行爱国主义教育、普及科学文化知识、提高国民科学文化素养。这类教育活动的目的旨在宣传自然博物馆，增加互动性和观众的多重体验。如在传统节日举办的《品.探.研》系列活动，在品月饼、品粽子等美食的同时进行古典诗词的研读，对学生进行传统文化的熏陶和爱国主义教育。结合科技周举办宣传科技知识、体验科技手工制作等活动，让同学感受科技的力量，培养对科学的热爱。

④ 利用多种形式和手段开展科普活动。

利用“千乡万村大学生志愿者环保科普行动”，针对广大农民，由大学生群体通过多种方式宣传农村环保知识，及时把自然科学的科普大餐送进公众视野，帮助公众科学的认知。将博物馆临时展览和标本资源送到社区、学校等进行展示，为公众提供学习机会。

结合社会热点话题，及时表达社会关切，利用微视频、微信公众号、出版物、咨询服务等形式服务公众，丰富公众的学习体验，实现博物馆教育效能的最大化。

福岛核电站事故期间，博物馆推出了介绍核电站知识的微视频，宣传普及大家关注的热点问题；新冠肺炎期间，博物馆开展线上宣传，通过微视频的方式推出了科普抗疫系列节目《蝙蝠》，从科学角度，用科普语言向公众介绍蝙蝠的相关科学知识，引导公众正确的认识蝙蝠，树立保护环境，保护野生动物的观念。

在微信公众号上发表《春到人间草木知》系列科普文章，配上优美的图片，带领观众在疫情期间，足不出户也能观赏到春天的花开。在微信活动群中及时回答同学们提出的各种关于昆虫、鸟类、植物等方面的知识。

印制《园区植物识别手册》，方便大家对身边植物的认知。

通过多种形式的宣传，积极扩大自然博物馆的社会影响，利用多种手段拓展博物馆教育资源，开阔学生视野，丰富学生科学知识。

⑤ 存在的问题。

吉林省自然博物馆开展了多渠道教育活动的探索，经过几年的实践，取得了一些成绩，也遇到了发展的瓶颈，出现了一些亟待解决的问题。

由于我们人员自身水平的局限，在教育活动中满足不了高中生及更高学历人员的需求，不能提供适合的项目。

教育活动未形成体系，还是各专业领域各自为政，研学活动多学科没有整合成一个完整的系列，并缺少与学校进行相关有效的探讨。

虽然对学校的生物教师进行过培训，但也只是泛泛的，其实在探究自然，体验自然，学习环境知识，感受生命多样性方面的合作还是大有可为的。

另外专业人员年龄偏大，对新事物的接受能力不足，在多媒体融合进行宣传教育的方面未进行深入了解，尤其在当前新冠肺炎对博物馆的影响方面响应不足。如果能将新技术应用带进博物馆的教育中，不仅能够提高教育手段，新技术也可以成为博物馆教育的一个内容，引发学生对新技术新领域的探究钻研。

总之，自然博物馆的专业人员利用馆内的多种资源，结合自身业务工作，在科普教育、研学活动等方面进行着积极的尝试和探索，努力为公众提供学习自然科学知识的机会和体验，真正使自然博物馆成为一座为公众提供终身学习的科学殿堂，完成时代赋予自然博物馆的新使命。

参考文献

[1] 郑奕 博物馆教育活动研究[M].上海：复旦大学出版社，2015.

[2] 唐渝芳 李小英 重庆自然博物馆的科普教育资源[J]. 科学咨询(科技·管理)，2012(3).

对科技馆特色教育活动的思考

付蕾[①] 聂思宇

摘 要：目前，科技馆的教育活动形式多样，如何让内容更加丰富是让教育活动充满特色的关键。本文分析了当前科技馆较为流行的特色教育活动形式，列举了各类活动的特点，指出了活动中暴露出的内容单一、线上运营不足的问题，并提出了一些新思路和未来发展方向，以适应社会变革，满足各阶段各人群学习需求。

关键词：科技馆；特色教育活动；未来发展方向

科技馆作为青少年思想启蒙基地、学校传统教育的外延、群众文化活动的阵地，是提升全民科学素质、培养科学意识和科学水平的重要教学场馆，在不断发展和完善中占据着越来越重要的地位，不少家庭和学校已经把科技馆作为集体活动首选。自"科教兴国"战略提出以来，我国科技馆数量和质量也在不断提升发展。根据中国科技馆调查显示，截至2020年，我国科技馆年接待总人数达到3664.1万人次，而随着教育理念的不断深入，近年来参观人数更是呈现指数型上升趋势。科技馆的参观方式也从最开始的纯视觉游览逐渐发展为集观看、聆听、实践为一体的多感官、沉浸式体验模式，开发新模式特色教育活动以满足不同人群的学习需要也成为科技馆能否突破自身发展瓶颈、再登新台阶的首要问题。

1 科技馆特色教育活动存在的意义

(1) 丰富展品内涵

由于资源和场地等诸多方面的限制，科技馆不可能做到展品快速更新换代，部分科技馆甚至自开馆以来从未更新过展品，容易造成参观者视觉疲劳，不能有效摄取新知识，不符合现代意义下与时俱进的教育观念。特别对于小型城市来说，人口流动性不大，科技馆日常参观者以亲子家庭为主，如果馆内展品固定，则不能激发起观众二次参与的热情。而教育活动很好地弥补了展品开发周期长、占用面积大、受教内容固定的缺点，只需要一块固定场地，通过头脑风暴不断开发新内容、新主题，结合现存展品，即可在展品基础上进一步丰富展品所呈现的科学知识。

(2) 提升公众科学素质

科技馆存在的主要意义是传播科学知识、探索科学奥秘，促进群众科学素质的提高，培养创新精神。对于青少年来说，科技馆教育活动是他们参与科技学习的不二途径，学校教育重在灌输式学习，而教育活动则为他们打开了动手实践的大门，将书本上的图片文字通过实际实验或表演生动地呈现出来，更有利于唤醒他们对科学的兴趣。另外，为适应社会发展需求，教育

① 付蕾，新疆科技馆科技辅导员。通信地址：新疆乌鲁木齐市新医路686号。E-mail：27902630@qq.com。

活动也在不断改善，使得科普活动参与的对象不仅限于青少年，部分地区将社会团体和市民纳入科普活动讲解、表演的对象，有助于形成全民学习的良好氛围。

(3) 凝聚中国科学力量，增强社会主义意识形态的凝聚力

意识形态是考察观念的普遍原则和发生规律的学说。从本质上来说，科学并不属于意识形态，但是在教育活动中，为了内容的完整性和内涵的丰富性，在介绍科学知识的同时，工作者会插入关于社会、艺术、政治等属于社会意识形态的内容，群众在接受文化知识教育的同时，会不自觉对授教者产生文化认同，有利于维护社会和平，促进社会各方面稳定发展。

2　科技馆特色教育活动现状

(1) 特色教育活动的形式

目前，全国各大科技馆除在馆内设置基本展品外，均有开设教育活动，并在相应科技馆网站发布活动预告，观众可以在网页中浏览符合各自需求、感兴趣的活动。

以中国科学技术馆为例，在常设展览下，该馆增设短期展览。结合常设展览和馆内资源，该馆开展了大量的教育活动，主要包括中科馆大讲堂、科普活动实验室、科学表演和展厅活动等，目的是提升参观者的参与感，在实践中对科学知识有更深刻的认识。合肥科技馆除设计了科普剧场、科普讲座等形式外，还组织青少年儿童开展“创·行者创客教育训练营”，筛选成员后开展课程和比赛，丰富儿童课外生活。而上海科技馆的教育活动包括活动、比赛、演示、讲座和课程，根据不同年龄段具备的科技能力不同(如三年级以上学生具备计算机基本操作能力)，开设了科迷工作坊、创新大赛、科学实验室等，自开馆以来，根据馆内数据统计，活动数量1 400余个，基本满足了不同水平观众的参观和教育需要。

在分析各科技馆活动内容后可以看出，观众流量较高的科技馆的教育活动形式主要以线下活动为主，根据活动形态的不同，可分为展览辅导类、科普培训类、科学表演类、对话交流类、科学游戏类、科技竞赛类、科技考察类、综合活动类，内容则根据时事热点、各馆主题、区域特点等做展开，如上海科技馆于2020年8月份开展“蕴藏在病毒中的生命奥秘”活动即是结合疫情向大众普及病毒知识，提高未来公共事件爆发后的个人保护能力。随着网络的普及和5G时代的到来，不少科技馆也开展了线上教育活动，如重庆科技馆开展“十万颗科学种子收集计划”，通过学习转发指定的科普视频、图文等，助力2020年为山区人民建桥的公益目标，不仅有利于培养个人科学素养、锻炼互联网使用能力，更有助于进一步开展扶贫攻坚工作，丰富扶贫工作内涵。

(2) 当前科技馆流行的教育活动特点

根据活动类型不同，各教育活动的特点也不尽相同。科学表演类活动如科普剧，重在表演，将科学内容融入表演之中，在活泼轻松的氛围中传播知识理念，受众者多为5～14岁中小学生；对话交流类活动如科普讲座，由专家亲临，其主题多为时事热点、公共事件，贴近公众生活，受众者根据主题的不同而变化，科技类讲座学生居多，生活类讲座多偏向于中老年群体；科技竞赛类活动如机器人大赛，面向具有良好知识基础的中小学生，特点即是专业，在专家指导下，这些参赛者能够更加深入地领略到科学的魅力，并投入实践；综合活动类活动如“科技馆进校园”，特点在于展品内涵贴合受众者，群众参与度高，没有科技馆的城市群众也可以接触到科技最新研究成果。

(3) 科技馆教育活动取得的成就

第一,活动数量丰富。在MAIGOO网站统计的全国前十的科技馆的官方网站中可以看到,这些科技馆每月都会定期组织教育活动,很好地发挥了科技馆的科普教育功能。第二,活动覆盖率高。根据全国科技馆发展现状与趋势研究课题的调查结果,截至2020年,已有93%的科技馆能够开展馆内教育活动,相较于2010年的66%有长足进步。第三,科技馆－网络的"线上线下"相结合(O2O)的活动模式,极大地方便了偏远地区群众了解科学知识,有利于提高公民科学素养。另外,随着《全民科学素质行动计划纲要实施方案》的逐步完善和实施,科普工作者也有意识地寻找新模式,探寻新途径,努力提高参观者的游览兴趣,如"大篷车"系列活动、"馆校结合"模式的探索,将室内活动不断拓展到室外,甚至贫困地区。

3　科技馆特色教育活动中存在的问题

(1) 活动数量仍需提高,活动形式仍显单一

根据2018年科技馆发展研究课题的调查结果,在普遍流行的6种教育活动中,各科技馆平均开展数量不超过3种,且多数集中于科普讲座、科普报告等单向知识传播的形式,活动形式枯燥单一,受众者容易产生审美疲劳,被动接受知识,与学校教育方式无异,不能深入参与其中。

相较于馆内活动,举办馆外教育活动的科技馆数量维持在62%左右,受疫情影响,今年绝大部分科技馆为维持正常营业,将目光重新投放于馆内活动,不利于新模式的探索和策划实施。

(2) 网站功能不丰富

虽然有一部分科技馆在积极探索开发微信小程序或科技馆应用程序等新型教育模式,但是一系列现实问题阻碍了科普工作者的脚步,一方面是馆内资金紧张,对于展品的保存和日常维护等工作已经让科技馆捉襟见肘,疫情导致的客流量骤减、网络程序开发成本和现有网站维护成本的提升更是让科技馆难以投入;另一方面,开发出程序之后的维护和更新成本也是一大难题,特别是软件开发前期对于群众的需求分析不能做到面面俱到,用户体验性差,就更加增加了维护成本,那么这样的软件开发将毫无意义。

另外,在浏览中国科学技术馆、天津科学技术馆、上海科技馆、广东科学中心、重庆科技馆等关注度比较高的网站,并将功能做横向对比后可以发现,网站主要向参观者提供的是网上预约功能和活动风采展示,但是小程序的开发普及使PC端的网页浏览流量减少,网页功能完全可以使用手机代替,部分科技馆在小程序开发后也逐渐放松对网站的管理,活动内容甚至还停留在两三年以前,造成了资源的浪费。

(3) 内容仍缺乏创新

部分地区在建设科技场馆后,没有认清科技馆的教育职责,徒有其表,只注重场馆建设,忽略了内容建设,完全照搬优秀场馆的科教活动范本,缺乏区域特点,内容与时代脱节,不能反映最新科技进展。

4　未来特色教育活动的发展方向

随着改革的不断深入和城乡统筹发展理念的不断完善,我们有理由相信未来科技馆数量将会明显上升，中小型城市、贫困地区、偏远地区群众也能有更加满意的科技体验。针对现存科技馆教育活动中显露的问题，结合时代背景和政治需求，科技馆在未来社会中扮演的角色应该更加多样，社会地位应该逐步提高，从而吸引更多群众参与其中。

(1) 更新活动内容，深化线下活动内涵

马克思主义唯物辩证法指出，内容是事物一切内在要素的综合，形式是这些内在要素的结构和组织方式，形式服从内容，内容决定形式。可以得知，形式是辅助内容而存在的。从建立第一座科技馆开始，科技馆运营模式已经趋于成熟，教育活动形式也涵盖方方面面，若想走的更远，现下需要解决的是内容。

第一，运用计算机技术，发掘参观者偏好和流行趋势。大数据时代，每个人都是行走的数据库表，包含了个人的习惯和爱好。通过前期调查，收集参观者参与活动的感受和建议，数据分析师建立结果数据集，通过数据分析技术，将数据集分为测试集和训练集，从测试集中刻画群众画像，发掘出用户最为关心和感兴趣的主题和内容，再利用训练集检验测试集结论的拟合度。当拟合结果良好时，便可得知大多数用户的参观需求，从而能够更好地优化内容，为科普工作者提供灵感。

第二，探索新型合作模式。馆校结合模式在部分地区的成功实施，让当地中小学生在课外之余不必驱车前往科技馆，也能享受到前沿科技带来的新鲜感，这是否能为我们提供新思路呢？答案是肯定的。一方面，可以建立科技馆-企业合作模式、科技馆-老年活动中心合作模式，以求覆盖各年龄层群众。一提起科技馆我们首先想到的便是：这是幼龄孩子们玩耍学习的地方，其实不然。为建立全民学习氛围，提高全社会科学素养，既然大多数市民不能主动进入科技馆，我们可以反客为主，与企业合作，探索企业文化，挖掘其中蕴含的科学知识；与老年活动中心合作，由于老年群体接受新知识能力较低，因此内容的选择要贴合老年人的思考习惯。另一方面，与政府机构合作，以求覆盖各地方群众。脱贫攻坚战已到决战决胜时刻，任何一个人和集体都有责任参与到这场苦战当中。科技馆主要责任是传播知识，目前不少地区已经将下基层纳入常规教育活动中，但教育内容依然限制于邀请专家和行业精英为农民开展农业知识、农耕常识宣讲。由于农村人口受教育水平较低，我们可以与教育局合作，开展识词活动，讲解新词或旧词新意；与税务局、银行合作，讲解税务常识、拒绝网络诈骗；与党委机关部门合作，讲解国家最新政策，特别是《中华人民共和国民法典》。

第三，突出特色，打造品牌。要在众多活动中脱颖而出，需要的就是此活动背后的意义。一方面，可以反映地方特色，打造完整活动链，如新疆地区可结合当地特色物种新疆北鲵，带领群众参观展览馆、观看科普剧，了解物种多样性对于生态环境的重要性；另一方面，可以寻找社会次要热点事件或热点事件中的次要人物，关键在于"次要"，因为热点事件和人物一定会衍生众多教育活动，缺乏特色，此刻将目光放于"次要"，便会产生眼前一亮的效果，以本次疫情为例，"主要"事件是学习病毒传播和疫情防控、了解医务工作者的辛苦，而"次要"事件可以是疫苗产生和作用机制，"次要"人物可以是医疗用品的处理和回收。

(2) 推动信息化建设，完善线上活动建设

2020 年 8 月，抖音官方账号"四川观察"走红网络，不少地方如法炮制建立"四川观察"分号，现已覆盖全国各大省市。粉丝基础庞大，用户黏性强，让"四川观察"越来越火。分析各项数据指标，可以得出以下结论(也是该账号走红原因)：第一，更新频率快，该账号自 2019 年 3 月 15 日至 8 月上旬发布超五千条视频(人民日报官方账号发布两千余条，央视新闻三千余条);第二,内容丰富,被网友调侃"除了不观察四川,哪里都观察"的"四川观察"摆脱了传统网络媒体内容的束缚,广泛征稿,内容有趣、有用,善用新词、热词;第三,团队建设良好,能够完成高产量、高质量的视频是背后五百多人的共同付出,是他们成熟的新闻采编播流程系统和应急反应机制。

"四川观察"的成功经验值得我们借鉴。线下科技馆教育活动已经有良好的运营模式,而线上活动作为新的尝试,仍有进步空间。

建立完整的运营体系。第一,确定互联网运行平台。是快手还是抖音?是微信小程序还是其他小程序?是互联网网站还是手机应用程序?是微博还是网络直播?平台众多方式众多,难以选择,囫囵吞枣、全盘接受的方式又会造成资源浪费和信息冗余,频繁刷到同样信息会使用户多有反感,因此确定运行平台是关键一步。目前大多数科技馆已建立属于自己的网站,我们在分析参观者使用软件频率和其他行为习惯后确定新形式,利用已有资源进行推广。如果科技馆参观者多偏向于本地居民,且使用抖音 App 人数较多,那么新形式就可以侧重于在抖音 App 发布短视频。第二,确定官方账号"人设"。我们发布的视频也好,图文也罢,每一条消息反映的是账号形象,是严肃认真,还是活泼欢快?是发布活动预告,还是传播科学知识?是采用纪实手法,还是制作动画?第三,建立完整维护机制。十分程序,三分开发七分维护,指出了维护的重要性,不仅要寻找软件在安全策略上存在的缺陷,更重要的是要与用户有良性互动,增加用户黏度。

强化队伍建设。目前科普工作者人才素质参差不齐,缺乏高水平人才,从根本上阻碍了发展脚步。逐步建立科普工作者培养机制,继续与高校合作建立培训试点,从根源上提高科普工作者职业素养。

参考文献

[1] 朱幼文,罗迪,陈明晖,等.科技馆体系下科技馆教育活动模式理论与实践研究报告[C]//中国特色现代科技馆体系'十三五'规划研究课题组.科技馆研究报告集(2006—2015):上册.北京:科学普及出版社,2017.

[2] 齐欣,朱幼文,蔡文东.中国特色现代科技馆体系建设发展研究报告[J].自然科学博物馆研究.2016[2].19-20.

[3] 陆鹏鹏.熬夜刷完5000条视频,我终于知道"四川观察"为什么火了[EB/OL].(2020-08-15).https://www.lanjinger.com/d/142316.

对接新课标的馆校结合课程教学设计与实践
——以内蒙古科技馆馆校结合项目为例

杨冬梅[①]　胡新菲　斯日木

摘　要：本文以内蒙古科技馆馆校结合教育活动课程为例，在馆校结合教育活动的教学设计中，对接新课标进行实践，具体总结了4个方面的内容以改进课程，从而达到教学目标，旨在为科技场馆馆校结合教育活动教学设计与开发提供思路。

关键词：馆校结合；新课标；教学设计

1　馆校结合项目

距离中国科协、教育部、中央文明办联合发布的第一个专门针对“馆校结合”的正式文件《关于开展“科技馆活动进校园”工作的通知》已有14年。在这期间，馆校结合项目在全国各科技馆与地方学校的共同努力下得到了长足发展，形成了合作共赢的良好局面。

“馆校结合”顾名思义就是正规科学教育与非正规科学教育相融合，充分发挥二者的优势，将校外科技活动场所的教育资源、教育理念与学校科学课程相衔接的有效机制，致力于提高未成年人的科学素养。

(1) 馆校结合课程

在新媒体迅速崛起的时代，人们普遍意识到“内容为王”才是硬道理，馆校结合项目也不例外。课程作为馆校结合项目的核心“内容”，如何做到吸引学校和教师的兴趣、有效实施馆校结合项目成为校外科技场馆需要解决的首要任务。经过多年的发展与探索，各科技场馆纷纷意识到，课程不但要在内容上新颖有趣，吸引学生的注意力，同时还应满足学校的需求。而学校在现阶段最大的需求是希望校外机构的活动项目既可以提升学生的科学素养，又有助于加深学生对校内科学知识的理解，提高学习成绩。为满足学校和学生需求，校外科技场馆纷纷将“着力点”对焦在课程标准上，课程内容的选取不仅要结合场馆资源，更要对接课程标准。

(2) 馆校结合课程对接新课标的必要性

馆校结合课程的服务对象就是学校的学生，如何激发学生的科学兴趣、启迪科学思维、培养创造力是科技场馆辅导员不断探索和实践的首要问题。新课标的教育理念是培养学生的科学素养、创新精神和实践能力；倡导探究式学习，保护学生的好奇心和求知欲，并突出学生的主体地位。而科技场馆主要依托以体验操作为特点的展品、展览，开展科学教育活动，本身具有“探究”特征的资源优势，因此在具备优势资源的条件下，主动研究新课标所提出的探究式学习理念、掌握其方法、明晰其环节，是实施馆校结合项目的必经之路。在学校与科技场馆的科学

---

① 杨冬梅，内蒙古自治区科学技术馆副研究馆员。通信地址：内蒙古呼和浩特市新城区北垣东街甲18号。E-mail：839190829@qq.com。

教育中共同引入新课标探究式学习方式，是培养大批具有创新精神和实践能力人才的有效途径。

2 对接新课标的教学现状分析

关于馆校结合教学模式，有研究者建构了馆校协同教学理论模式，即以“一般学习结果理论”的五维价值为核心的科技场馆资源系统与学校教学系统可协同运作的合作模式和理论体系，包括知识与理解，技能，态度与价值观，娱乐性、启发性和创新性，活动、行为和成长五个方面。

当前，学校的科学教育虽然有了较大的改进，但依然存在一些不足，例如专职科学教师及教育资源相对匮乏，以呼和浩特市为例，在市内四区的 122 所小学和 41 所公办中学当中，科学及综合实践课程的专职教师占 10%，兼职教师占 90%；校内科学工作室基本不开放，有的学校科学课程由其他课程代替。学校科学教师的科学课程开发局限于校内，虽然意识到科技场馆可以作为校内科学教育的补充，但缺乏对场馆资源的了解，仅限于短暂的参观浏览，没有深入地开发和利用场馆资源，因此在学校科学课程设计中，很少有科学老师将校外科技场所的资源与校内科学教育相结合。

而科技场馆的教育价值也未被充分开发，主要表现在馆校结合教学中主体身份不明确，场馆辅导员中与教育相关专业的人员较少，对教育心理学、传播学、博物馆学等专业知识的系统学习较缺乏；教案设计缺失，教学活动设计随意性比较大，即便是结合课标在做课程设计，课程各环节的设计意图也往往达不到教学目标。

3 对接新课标的馆校结合课程教学设计内容

2019 年内蒙古科技馆与呼和浩特市教研室展开业务交流，交流的内容重点是将场馆展品的操作与体验对接新课标进行课程开发。双方通过实地了解展品、对所设计的科学课程进行说课评价等方式，彼此发现问题，纠正薄弱环节，经改良过的课程在之后的实施中能够顺利地达到教学目标。按照目前学校科学教育大概念的学与教、科学探究的学与教、工程技术的学与教三个新样态进行教育活动教学设计，重点对接以下几个方面：

(1) 强调大概念

大概念是指可以适用于一定范围内物体和现象的概念。用于特定观察和实验的称为小概念。例如：蚯蚓能很好地适应在泥土中的生活是一个小概念的问题，生物体需要经过很长时期的进化形成在特定条件下的功能是大概念。教师在设计课程时，很容易将小概念作为课程的主体，而忽略了大概念。

实际上在教学设计中强调大概念的意义在于：学生所学的科学知识将成几何级数增加；大概念的适应范围更广泛，解释力更强，有极大的迁移价值；神经科学对认知的研究；相对有联系的概念较之没有联系的概念，在遇到新情况时更容易被运用；能够给学生带来学习的动力。大概念对关键概念的理解能使人做出明智的决策，社会将因此受益。

课程将展品原理、探究、体验对接我国科学课程标准中的主要概念，参照美国课程标准中的大概念进行设计，能够有效实现大概念在教学设计中的意义，如表 1 所列。以内蒙古科技馆开展的“筑梦航天——运载火箭”课程为例，以“你将成为一名火箭工程师”为任务驱动，在教学设计中将展项火箭发射、东风航天城、航天任务与新课标主要概念5.2物体运动的改变和施加在物体上的力有关，参考大概念PS2、ETS2，除完成火箭工程师的设计制作，更重要的是将力的作用力、反作用力、工程设计进行知识性迁移，解决生活中一些相关的问题，通过工程实践提高学生解决实际问题的能力。

表1　美国课程标准中的大概念与我国小学科学课程标准中的主要概念的对比

美国课程标准	我国小学科学课程标准
物理科学	物质科学
PS1：物质及其相互作用 PS2：运动和静止：力和相互作用 PS3：能量 PS4：波及其在信息传播技术中的应用	1. 物体具有一定的特征，材料具有一定的性能 2. 水是一种常见而重要的单一物质 3. 空气是一种常见而重要的混合物质 4. 物体的运动可以用位置、快慢和方向来描述 5. 力作用于物体，可以改变物体的形状和运动状态 6. 机械能、声、光、热、电、磁是能量的不同表现形式
生命科学	生命科学
LS1：从分子到有机体：结构与过程 LS2：生态系统：相互作用，能量和动力 LS3：遗传：特质的遗传和变异 LS4：生物进化：统一性和多样性	7. 地球上生活着不同种类的生物 8. 植物能适应环境，可制造和获取养分来维持自身的生存 9. 动物能适应环境，通过获取植物和其他动物的养分来维持生存 10. 人体由多个系统组成，各系统分工配合，共同维持生命活动 11. 植物和动物都能繁殖后代，使它们得以世代相传 12. 动植物之间、动植物与环境之间存在着相互依存的关系
地球与空间科学	地球与宇宙科学
ESS1：地球在宇宙中的位置 ESS2：地球系统 ESS3：地球和人类活动	13. 在太阳系中，地球、月球和其他星球有规律地运动着 14. 地球上有大气、水、生物、土壤和岩石，地球内部有地壳、地幔和地核 15. 地球是人类生存的家园
工程与技术	技术与工程
ETS1：工程设计 ETS2：工程、技术、科学和社会的联系	16. 人们为了使生产和生活更加便利、快捷、舒适，创造了丰富多彩的人工世界 17. 技术的核心是发明，是人们对自然的利用和改造 18. 工程的关键是设计，工程是运用科学和技术进行设计、解决实际问题和制造产品的活动

（2）强调探究式教学模式

1996年，美国公布了首个《国家科学教育标准》，提出了“以探究为核心的科学教育”理念，引领了新一轮国际科学教育改革浪潮，并对我国产生了深刻影响。2001年我国公布的首个国家科学课程标准《全日制义务教育科学（3～6年级）课程标准（实验稿）》提出“科学学习要以探究为核心”的教育理念，全文共提及“探究”152次。此后，2011年的《义务教育初中科学课程标准》和2017年的《义务教育小学科学课程标准》延续了上述理念，分别提及“探究”215次和164次。课程标准为场馆科学教育模式带来了启示，课程标准提到：“科学教育中的科学探究则是指学生经历与科学家相似的探究过程，为获取知识、领悟科学的思想观念、学习和掌握方法而进行的各种活动。”课程标准把科学探究作为科学教育的主要学习内容是由于科学本质的要求。倡导科学探究的科学教学，重要目的就是要体现科学本质，科学的本质就是探究。场馆教育活动中的探究教学，教师往往干预学生的探究活动，甚至将探究模式变成了一堂手工制作课程，强调动手而忽略动脑，学生探究的是教师提出的问题，得出教师想要的结论，按照规定动作操作，探究仅仅停留在小制作或做实验的层面，在课程中只做到了“做科学”或者是“学科学”，而没有真正“理解科学”。朱幼文老师认为由“以探究为核心的科学教育”进化为“基于科学与工程实践的探究式学习”，是对以往片面理解“探究”的“纠偏”。

探究式学习主张学生亲自参与到学习、获取新知识的过程中。探究式学习具有主动性，在探究式学习过程中，学生需要对一系列的问题进行思考，也就是说探究式学习是一种问题解决型学习方式，强调问题比答案更重要。“问题”是青少年产生新观点、新知识、新方法的种子。教育活动中好的问题能够激发学生强烈的探究意愿，引导其进行反思性探索，深化认知，具有启发性、开放性和趣味性。

科技场馆有很多引发学生认知冲突的展品，为学生创造了良好的学习情境，如“最速降线”“倾斜小屋”“离心力”等。科技场馆可以不受教学时间、教学任务和空间的限制，学生在恰当问题的引导下，在场馆展项展品操作体验的情境中展开充分的探究、互动、交流和思考。除了展品之外，还可以通过实验室材料、特效影片、专题展览等设置问题。问题是探究的核心与载体，教育活动常运用问题来设计活动环节，确定活动思路和方向，运用问题引导学生从一个阶段过渡到另外一个阶段。问题也是探究的起点，具有开放性和弹性，探究的问题答案并不是唯一的。几乎各种教育活动都离不开问题式引导，这就需要科学教师更新教育观念，不断探索改善教育方法，注重培养学生的问题意识，只有关注问题，才能让学生自主学习。

所有教育活动的设计与执行都必须包括两项重要的特征：一是重视学生推理的技巧和能力，二是重视学生批判思考的精神。在不同想法存在争议时，能够通过沟通得到理性的解决方案这一重要过程，从而纠正科学探究课程设计中对解释、大概念的忽视，解决探究形式单一的问题。

(3) 强调工程技术的教与学

在基础教育阶段，工程技术的教与学主要价值表现在激发学生的学习兴趣、深化科学知识的理解、帮助学生了解工程领域、形成职业认知、培养学生综合思维能力等。

课程要素涵盖课程目标的各个维度，包括四个方面，工程技术本体：科学、技术、工程的联系与区别，科学技术与社会的联系。工程设计：调查、设计；制作、优化；展示。工程思维：系统思维、筹划思维、设计思维、计算思维、评价思维。通识性技能：识图绘图、工具的使用、模型制作。培养学生的工程技术素养包括：技术意识、工程思维、创新设计、图样表达、物化能力。

例如“筑梦航天——运载火箭”课程，工程技术部分要求学生首先要制作一张火箭模型设计图，目的是将所学的科学知识部分进行串联整合，避免学习知识的碎片化；其次根据所设计的图纸选材料制作出能够发射的火箭模型，以锻炼学生的计算思维和使用工具的能力。

(4) 强调深度理解

课程设计开发者不应让课程内容滑入内容琐碎之中，要与概念性知识相联系，提高学生的理解能力。大概念的浅层次理解表现为：教师往往满足于学生浅层次的理解，如正确的解释词汇、定义、公式等。

郝京华教授对深度理解总结为以下六个维度：

① 解释：能对现象、事实和数据进行全面、可靠、合理的解释说明，知其然知其所以然；

② 释译：通过案例、类比、个性化表述等表达自己的理解，也就是可以用自己的话来说；

③ 运用：能将所学的知识有效地运用于不同情境之中；

④ 洞察：能透过事务表面判断内在本质，如音调高低与组成物体物质的多少有关；

⑤ 移情：能深入体会他人感情和观点，能站在他人的立场来理解世界；

⑥ 自我认识：一种认识到自己无知的智慧，能够理智地认识自己思维与行为模式的优势及其局限性。

教学设计中，注重对科学知识的深度理解，能够促进对知识的迁移。

4 对接新课标课程教学设计实例分析

通过馆校结合项目教育活动课程设计交流，融入大概念、灵活的教学模式、工程技术的设计，大大提高了教学成效。以交流过的几个教案为例，如表2所列。

表2 对接新课标课程教学设计实例

课 程	对接新课标前			对接新课标后		
	是否融入科学概念	课程时长	教学模式	是否融入科学概念	课程时长	教学模式
筑梦航天——运载火箭	对接但没有具体的融合	45分钟	探究教学模式不突出，手工制作占比时间较大	对接新课标融合科学概念	3小时	PBL教学模式，以教师引导学生为教学主体，分科学知识和工程技术2个部分
创意纸电路	对接但没有具体的融合	45分钟	探究教学模式	对接新课标融合科学概念，四维目标撰写标准	135分钟	基于电路知识，融合STEM理念，融入艺术美感系列科学课
汽车中的伯努利	未明确对接新课标	45分钟	学生所掌握的知识处于浅层次理解	对接新课标融合科学概念，三维目标撰写标准	60分钟	以游戏化学习为诱饵，帮助学生深入理解科学原理，活动主题贯穿始终
食物中的营养	与学校科学课内容雷同，结合场馆资源少	45分钟	教师引导学生动手实验	对接新课标，明确指出课程内容	45分钟	突出问题导入，增加趣味性实验
太阳系大家族	对接但没有具体的融合	45分钟	展品和多媒体配合，体验式学习	对接新课标，三维目标撰写标准	45分钟	情景式教学，加入猜谜语环节，帮助低龄段的学生理解知识部分，探究活动围绕展品进行
神奇的盐	对接但没有具体的融合	45分钟	以实验为主的探究式学习	具体对接新课标，四维目标撰写标准	60分钟	以问题为导向，实现学生在实验中自主探究

5　结束语

科技场馆为提高公民科学素养起着重要的作用，21世纪学校科学教育的新取向是提高青少年的科技素养，较之前赫德提出的科学素养包括科学知识与概念、科学方法与技能、科学精神与态度、科学本质、科学的价值(与道德、社会的关系)，更上了一个台阶。科学教育新取向给科技教师提出了更具挑战的新任务。

科技场馆科学教育是学校科学教育的有效补充，需要对场馆资源进行科学而准确的分析。因此教育活动在教学设计上应能够辅助课堂教学，合理地进行场馆教育资源的建设和开发，科学规划课程项目，结合新课标围绕生命科学、物质科学等主题开设科学探究课程。课程内容避免与学校相雷同，更不能停留在简单的传授科学知识和技能的层面，教师深入研究新课标对教育活动教学设计的再创造是达到教育目标最关键的因素。在教学设计上不仅要对接新课标中的教学内容、教学目标和教学理念，还要发挥科技馆的教育特征。在实践方面，充分发挥展品优势，挖掘可深层探究的内涵，并联合学校开展课程评估方式，更好地服务全民提高科技素质。

参考文献

[1] 郝京华. 科学教育新样态[R]. 苏教版《科学》新教材线上培训，2020.

[2] 朱幼文. 基于需求与特征分析的“馆校结合”策略[C]// 第二十四届全国科普理论研讨会暨第九届馆校结合科学教育论坛. 2017.

[3] 朱幼文. 基于科学与工程实践的跨学科探究式学习——科技馆STEM教育相关重要概念的探讨[J]. 自然科学博物馆研究，2017(01)：5-14.

浅谈科技馆如何与社区合作开展特色科普教育活动
——以浙江杭州环西社区为例

叶影[①] 项泉 冯庆华

摘　要：社区是社会的基础，是城市发展的重要载体和依托。而科技馆是科普教育的前沿阵地。加强科技馆与社区的双向联动，发挥科技馆优势，在社区开展科普教育活动对于提高社区居民科学文化素质，促进和谐社区建设有重要意义。本文以浙江省科技馆结对合作的环西社区为例，结合对该社区科普服务实践活动的案例介绍，分析探究该社区科普教育的基本现状和存在问题，进而针对未来发展提出一些对策建议，探索科普合作新模式。

关键词：科技馆；社区；科普活动；建议

1　科技馆与社区科普教育活动有效衔接的条件与背景

（1）科技馆自身具有的科普人才和展教资源优势

科技馆是科普教育的前沿阵地，是面向公众普及科学知识、传播科学思想和科学方法、提高国民素质的重要窗口。科技馆场馆内科普教育资源丰富，配套设施齐全，同时具有较为专业、经验丰富的展教人才，除了面向观众的常设基础展品之外，各科技馆都根据自身特色开展了一系列丰富多样的科普活动，以更加新颖和群众喜爱的方式多渠道普及科学知识。如果对科技馆现有的硬件和软件条件合理利用，通过迎进来、走出去等方式加强与社区的对接联系，可以给社区群众带来更加有趣生动的科普知识和活动。

（2）社区科普面向广大住户居民，有良好群众基础

社区科普是面向社区广大居民的科技教育和传播活动，这是完完全全为基层群众服务的活动。社区是群众长期居住和生活的地方，人口集中密集，在社区开展科普活动是社区成员的共同需要。社区板报、社区宣传栏、社区阅览室、社区活动室等科普宣传设施都深受居民的喜爱，通过开展社区科普活动，可以提高社区文化的科学内涵，增强社区居民的科学精神、帮助社区群众树立科学理想、掌握科学方法、培养文明科学生活的理念。在当下，社区科普活动有较为广泛的群众基础，受到了群众的欢迎和支持，科技馆加入到社区科普当中，可以更大限度地发挥科普教育功能。

（3）社区自身的科普资源和力量难以满足居民需求

目前杭州大小社区受到自身财力、物力、人力的限制，科普工作的开展存在一定难度，尤其是边郊社区、老小区科普资源、科普活动匮乏的问题更加严重。目前，杭州市社区科普工作总体上还不能够适应社区居民日益增长的科普需求，社区提供的科普活动基本还停留在社区宣

---

① 叶影，浙江省科技馆副研究馆员。通信地址：浙江杭州下城区西湖文化广场2号浙江省科技馆。E-mail：530805850@qq.com。

传栏、板报、社区阅览室等以静态为主的活动上，社区科普手段滞后、老旧。许多社区受经费、人力等客观条件限制，科普设施简陋，科普活动频次低，活动单一，针对性不强，创新性不够，不能满足社区居民的需要。

(4) 科技馆与社区合作开展科普教育活动可以实现优势互补，达到双赢

科技馆有较为丰富的科普类流动展项，有经验丰富的科普宣传人才，有先进的场馆资源，而社区的群众基础良好，居民对科普知识，科普类活动的需求大，接地气的科普活动很受群众欢迎。科技馆进社区，加强与社区合作，可以进行优势互补，充分发挥科技馆的资源优势，深入社区开展科普教育活动，通过科学性、知识性、趣味性的科普秀、科学小课堂、科学小实验、科技馆亲子一日游等活动，让社区居民多渠道地感受科技，为提高公民科学素质服务。

2　环西社区科普教育活动的现状与问题

以笔者工作的浙江省科技馆所结对的环西社区为例，基本情况如下：环西社区为杭州市中心的老社区，共有 72 栋楼，9 个居民小组，常住人口 1 717 户，4 566 人，流动人口 448 人。同杭州市绝大多数小区一样，随着社区科普工作的不断深入，社区科普工作所存在的问题也逐渐凸显。环西社区科普工作的开展受到主客观条件的限制，虽然设立了科普活动室，开展了科普宣讲等活动，但是仅靠社区自身力量进行科普难以真正满足居民的需求。通过社区工作人员的介绍了解、居民家庭的随机走访、查看社区资料等方式，我们发现目前环西社区在科普活动上存在如下问题：

第一、社区科普工作人手短缺，经费捉襟见肘。这导致投入科普教育活动的财力有限，科普物资缺乏，科普设施简陋。就环西社区而言，科普设施水平总体偏低。科普活动室里大多只是图片、文字说明等展示，实物较少，可供动手操作的展品更是稀缺，难以真正吸引居民的关注。

第二、缺乏社区科普创新理念，科普教育活动形式较为单一，以静态展示为主，动态活动较少。科普形式较为陈旧落后，向公众传递科学信息仍然以单方向的灌输方式为主，互动性、参与性不强，难以激发观众的求知欲，与现代科普要求的观众积极参与，强调通过自我探索实践来获得知识的科普理念相距太远，难以满足居民多元化的需求。同时，社区群众性科普服务网络缺乏，利用 App、微博、微信等手段进行科普宣传的机制尚未形成。

第三、缺少合作，场馆、企业介入社区科普的机制没有形成。科普工作主要依靠社区现有工作人员完成，同时基层的科普工作“广而杂”，对科普工作人员各领域及不同程度的科普知识均有要求，使科普工作者的工作压力剧增，工作难度加大，疲于应付。没有公益性科普场馆和企业的支持加入也一定程度导致社区科普工作流于形式，缺乏新意，无法真正吸引基层受众，降低了群众的参与积极性和热情，科普工作没有形成合力。

3　浙江省科技馆与环西社区合作开展科普教育活动介绍及案例

根据我馆自身长期从事科普活动的经验和丰富的资源条件，深入环西社区加强合作，优势互补，我馆可以发挥自身职业特点与特长，与社区形成良好互动，提供各类科普项目，为服务基层百姓出力出策。作为科普宣传的前沿阵地，科技馆的加入也可以较好地帮助社区解决笔者上文中写到的几大问题。

目前我馆与环西社区的科普宣传活动已经合作了三年，在实践的过程中不断对活动的形式进行改进，推陈出新，在这三年中根据社区工作人员的经验和居民的要求，主要采用的是传统与创新相结合方式，给社区群众带来了各种类型的科普饕餮大餐。目前我们推出的科普活动主要有传统和创新两大类，所有的的活动都是公益、免费的，这也一定程度上缓解了社区科普经费不足的问题。

传统类活动一：科技馆参观体验。社区与科技馆进行配合，由社区组织报名，每期安排20人左右的社区居民来浙江省科技馆进行参观、体验、学习。我馆将派出娴熟老练的科普辅导员对前来参观的居民进行全程带队讲解。社区群众可以通过亲身体验展项、操作展品、趣味问答、参与工作坊动手制作等各种活动来感受科技的魅力，学习科学原理，了解科学知识。这相比以往仅仅在社区内通过板报、阅览室、宣传栏来科普知识要生动活泼许多，更受群众的欢迎和喜爱。

传统类活动二：实验表演进社区。除了把观众引进来，我们也会主动走出去，把科学趣味小实验带进社区，深入群众，让群众在自家门口也能欣赏到趣味横生的科学实验表演。每次社区将开展实验表演的通知一发出，社区居民就积极回应、踊跃报名。通过一个个互动性、趣味性极强的小实验，社区群众学习了大气压强、水的表面张力、水的密度、作用力与反作用力、伯努利原理等系列知识，相较于枯燥、单调的授课式宣讲，科普效果显著，很受群众欢迎。

传统类活动三：科普展览。目前在浙江省科技馆一楼大厅开展过的临时展览数不胜数，3D打印机、食品安全、拓扑学、水母展等，主题多样，内容精彩。环西社区自身的位置距离浙江省科技馆也仅有几千米，交通便利，参观方便，科技馆的科普临展丰富了居民业余文化生活，可以培养广大青少年和社区居民的科学兴趣，达到弘扬科学精神、普及科学知识、传播科学思想和科学方法的目的，是社区科普展览的有力补充。

创新类活动一：科学＋系列活动。科学＋系列活动是浙江省科技馆一直在打造的特色科普品牌，倡导用流行的概念做科普活动，旗下有六大子品牌：科学＋ASTalk、科学＋会客厅、科学＋EFTlink、科学＋咖啡馆、科学＋在现场、科学＋百日谭。六大活动有各自不同的活动定位和科普内容。每期活动都会结合公众关注的社会热点精心策划，组织实施贴近实际、贴近生活、贴近群众、符合当地特色的活动，这个活动一经推出就得到了结对社区——环西社区群众的大力支持和热烈欢迎，除了积极参与各大活动感受科技的魅力，许多居民朋友也为这个系列活动建言献策，充当科普志愿者，积极参与其中。目前环西社区的许多群众都已经是科学＋活动的常客和忠实粉丝，通过这个活动，可以帮助群众零距离体验科学的真实质感，解答公众对科学的疑惑。

创新类活动二：科学奇妙夜亲子游。根据环西社区的家庭构成、年龄层次和居民实际需求。我们还面向社区家庭推出了科学奇妙夜亲子游活动。最好的教养在路上，带着孩子来体验科普，既可以增进家长和孩子的感情沟通，并且通过家长带着小孩一起动手实践体验，培养孩子的科技意识和动手实践能力，挖掘学生的潜能。科学奇妙夜亲子游每期的主题和内容都不同，每期会邀请10组家庭聆听科普讲座，观看科普影视，参观科技馆，动手参与科技小制作和趣味科学实验，进行趣味知识问答。最后家长还要带着孩子在科技馆内的月球大厅基地内搭帐篷住一晚，在科技馆内真正体验科学奇妙夜。通过家长和孩子在科技馆内一天一夜的游玩、学习、生活体验，增加亲子互动交流，让科学教育生活化、生活教育科学化。

创新类活动三：AST-SPACE体验。AST-SPACE的活动也是我馆近几年推出的新的科普教育活动。目前成员有科技馆辅导员、阿里巴巴程序员、SegmentFault社区前段工程师，还有浙大在读研究生、博士等，开设在我馆二楼的科学院区域。场馆内设施丰富，推出了电子电路、Arduino开发、3D打印、无人机、生物DNA提取、IOS开发小组等系列趣味体验课程。这一活动内容相对有一定难度，对受众的知识储备有一定要求，目标群体面向初高中生、大学生以及科技爱好者等。该项活动作为高阶科普教育活动，吸引了广大热爱科学、探索科学的求知群体。这一活动的开展很好地满足了具有一定科学素养的群体继续探索科学的需求，目前环西社区的多名初高中生、老师、大学生都已经加入到了AST－SPACE活动当中。

4　科技馆与社区合作开展科普教育的对策与建议

(1) 以科技馆现有资源为依托，打造科普活动多元化。科技馆由于自身的定位和功能，相比于其他场馆有更为丰富的科普资源，主要分为硬件和软件资源两大类。硬件资源主要为场馆内的展品展项、影院、临展等，而软件资源则包括设计开发的一系列科普教育活动、专业的展教、研发人才队伍等。科技馆要面向社区开展好科普主题活动，就要以现有的资源为依托，充分利用好所有的科普资源，丰富和创新科普活动。

长期以来，社区科普活动受主客观条件的限制，宣传形式都较为单一、枯燥，缺乏互动性，灌输式的工作方法使群众处于一种“被动科普”的尴尬境地，收效甚微。科技馆的加入除了给社区带来新颖丰富的科普资源，还应该面向大众提供多元的科普形式，与群众的日常生活紧密结合，并做到紧扣热点、融入生活，扩大科普宣传的影响力。科普表演剧、科学秀、科学行走、科普亲子游等都是目前深受群众喜爱的科普活动形式。

(2) 根据社区居民需求，分层次，因人而异地设置科普活动。科技馆进社区是科技馆工作中的重要一环。科普工作是一项面向大众的重要群众工作。要做好社区科普工作，最重要的是了解群众需要什么方面的科普，针对群众的需求和意见，有目的、有方向地策划活动，再向群众去传播、灌输这些科学知识，才能得到群众的广泛支持，达到事半功倍的效果。

社区工作人员可以通过家庭走访、发放问卷、电话采访、发布布告通知等方式搜集群众意见需求，结合数据分析本社区居民构成，分析居民的生活需求和有效的接受方式，有针对性地开展科普活动。根据社区特点、居民文化层次、年龄结构等因素，既要注意居民参与，又要考虑居民要求，针对目标群体设计群众喜闻乐见的形式，从而使得科普活动取得良好的社会效果。

不同层次、不同年龄的人群对科普的诉求是不一样的。比如老年人更加关注养老、医疗、保健话题，而中年人倾向食品安全、就业、子女教育，营养膳食等话题，年轻人更关注气候变化、节能环保、地理旅游，少年儿童则对动漫、卡通、大自然探索等感兴趣。做科普活动要做到有的放矢，坚持从群众需要出发，提高不同层次、不同年龄人员的科技素质。

(3) 科技馆与社区双向联动，实现科普资源共建共享。科技馆与社区合作科普，双向联动，形成资源共享、优势互补、互动发展的良性循环机制，可以有效发挥社区和科技馆科普资源优势，集成各类资源，扩大社区的服务范围和种类，也可以让科技馆的科普工作更加深入基层，更接地气。

科技馆可以补充社区科普内容，缓解社区经费、人力不足问题；社区可以宣传科技馆，让更多的市民了解科技馆，让更多的市民认知科学，加强科技馆内容向社会全面拓展，加强辐射面。

扩大科技馆的知名度和影响力，两者在形式和内容上互相补充，在科普工作上达到双赢。

比如在社区的日常和节日科普活动中，科技馆可以为社区提供多种科技内容的益智展项、宣传展板、图片资料，让群众在自家门口就能“玩上”科技馆里的项目。也可以派出辅导员给居民带来科普脱口秀、实验表演。同时可以将社区的居民迎进科技馆，观看科普电影、参观科技馆、充当科技馆志愿者等。科技馆进社区，社区群众走进科技馆可以让广大市民朋友通过参与互动、体验等方式从实践中学习总结科学知识，培养广大群众的科学兴趣，启迪科学观念，达到普及科学知识、培养科学思想和科学精神、提高全民科学素质的目的。事实证明，科技馆与社区的合作可以取得良好的效果，让科技馆走进社区，投入到全民素质教育活动中，是一项需要长期坚持的惠民工作。

五　结束语

科技馆科普资源的充分发掘和利用是值得大家不断探究的课题，科技馆进社区，发挥科技馆的优势，丰富科普活动的内容，以多种多样的活动形式宣传科普知识，有利于社区科普工作的深化改进，扩大科技馆科普的普及度、覆盖面，也有利于进一步提高居民的科学文化素质。

由于调研的范围有限，本文更多的是以浙江科技馆与环西社区结对开展的特色科普教育实践活动为例来阐述，难免存在局限性，希望本文能对其他科技馆与社区深入合作互动，实现现有科普资源的发掘利用与共享共建起到一定的参考作用。

参考文献

[1] 于亚军. 社区科普工作存在的问题及对策[J]. 科协论坛，2014(03)：2.

[2] 张少卿. 发挥科技馆优势为科普教育服务[J]. 科海故事博览・科技探索，2012(008)：272.

[3] 卫红. 科技馆充分发掘利用科普资源的思考与实践——从受众的角度去思考，用专业的理念去实施[C]//科技传播创新与科学文化发展——中国科普理论与实践探索——全国科普理论研讨会暨亚太地区科技传播国际论坛. 371-378.

[4] 叶洋滨. 基于“科学 +”品牌的科普模式创新初探[J]. 科技信息，2014(13)：2.

[5] 贵州省科协. 立足城市中心区开展社区科普工作[J]. 科普论坛，2012(06)：2.

浅谈郑州科技馆展览展品和教育活动的研发
——“五代同堂嵩山石”展品探究活动的启发

张　宁[①]

摘　要：本活动基于郑州科学技术馆天地自然展区“五代同堂嵩山石”展品，结合小学科学课教材，采用“探究”的形式开展、指导学生对岩石进行搜集、调查、观察、实验、归纳概括、比较、分类等探究活动，结合我馆展品特点，让学生通过参与“看一看、想一想、动一动”等一系列探究活动的过程，获取科学知识，增强他们科学探究的能力，培养学生尊重事实和善于质疑的科学态度，发展他们的创新思维，培养他们热爱家乡、爱护环境的情感价值观。

关键词：展品探究；科学课；教育活动研发

小学《科学》教材中的《岩石和矿物》一课分为6个课时，帮助学生了解岩石和矿物。根据第1课时中的“各种各样的岩石”探究活动，结合郑州科技馆“五代同堂嵩山石”展品指导学生对岩石进行观察、实验、归纳概括、查阅资料、研讨交流等探究活动，培养学生观察、实验、分类、归纳概括、查阅资料等科学探究的能力。本课是该单元的第1课，让学生初步了解大自然中各种各样的岩石，了解岩石的不同年代，学会对岩石进行分类。使学生由初步观察岩石特征到根据特征给岩石进行简单分类的一个探究过程。激发他们的兴趣，使探究活动开展得有声有色，从而开发学生的创新思维和提高科学探究能力。

在我馆展厅开展的展品探究活动，主要是结合展品开展活动，使参与活动者对展品有一个由浅到深了解的过程。我馆的“五代同堂嵩山石”主要以雕塑的手法展示了太古宙、元古宙、古生代、中生代、新生代五个年代的地质地层地貌，在展台上观众可以亲自观察不同年代的岩石标本，也可以通过展台上的显微镜进一步观察岩石内部的片理结构。而这五个年代的地质地貌都可以在河南嵩山地质公园内看到，因此，嵩山被誉为“地球的百科全书”。这也是我馆展品为什么叫“五代同堂嵩山石”的原因。

“五代同堂嵩山石”教学活动应该达到课程标准中关于岩石与矿物的大部分要求。通过显微镜对岩石切片进行观察，认识不同岩石的成分和片理结构。通过亲手对岩石进行观察、分类，利用工具深入研究岩石的光泽、硬度、条痕等方面的知识，让学生在活动中经历一次关于岩石的探究过程。通过展品旁边播放的影像资料，再现嵩山的地质运动过程，使学生体验地质的神奇变化过程。展现嵩山的雄伟壮观，体验嵩山的自然之美。从而使学生产生环保意识，认识到资源开发与环境保护的关系。这样的目标设计，可以让学生在认知水平、技能水平和情感水平等方面都有充分的发展。通过“五代同堂嵩山石”展品，开展想一想、动一动、看一看等环节的活动，让学生对岩石的年代有了清晰的认识，激发学生游览祖国大好河山的兴趣，增加学生对家乡的自豪感。引出在我们身边有时也会发生滥开、滥采岩石的不文明现象，这对环境造成

---

① 张宁，郑州科学技术馆科技辅导员。通信地址：河南省郑州市中原区嵩山南路32号。E-mail：zzkjgzjb@126.com。

了很大的破坏,还会导致洪水、泥石流等自然灾害的发生。从而呼吁大家保护环境,保护我们生存的地球。

1 展品"五代同堂嵩山石"探究活动——各式各样的岩石

展品"五代同堂嵩山石"探究活动的开展对象是小学四年级学生,每次参与活动的学生人数为15~20人,分为3或4个小组开展活动。我们采用了小班制开展活动,目的就是让每一个学生都有参与活动的机会,在动手实践和体验中达到课程教学目标。活动的第一个环节是辅导老师做好引导,让学生了解嵩山石的形成。老师可以引导学生说:"石头在我们生活中处处可见,有哪位同学能给我们讲一个关于石头的故事?"(如果没有学生想起来,可以提示学生们学过的《司马光砸缸》的课文,请一位同学来讲一讲这个故事,通过故事教育学生遇到事情要像司马光一样,在学生开动脑筋、创造性地解决问题的同时,学生会发现石头的一个基本特征——硬度同学们,你们知道石头在我们生活中都有哪些用途呢?(利用一些图片,可以让同学们举例发言。有的同学会说它可以作为建筑材料铺在马路上,装饰在我们居住的房子和一座座高楼大厦当中,还可以作为丰富的矿产资源开发利用)同学们一一列举了很多例子,可以说岩石和我们生活有着紧密的联系。下面就让我们通过一段影像资料,来了解一下位于我们家乡河南嵩山的石头!(旨在通过观看影像资料了解科学家对嵩山形成的猜想,使学生掌握地质运动形成高山的知识。感受嵩山的美,感受地质的神奇变化,在激发学生对嵩山石的研究兴趣的同时,增强学生对家乡的自豪感)观看影像资料后你有什么感受?有什么问题吗?(这部分需要老师提前了解一些背景资料,能及时回答学生的一部分提问)

活动的第二个环节就是了解展厅展品"五代同堂嵩山石",先用"想一想"做导入语,同学们,你们想亲自研究一下嵩山的岩石吗?你想知道"五代嵩山石"指的是哪五代的岩石吗?你能说出一些岩石的名字吗?你想通过显微镜观察岩石的构造吗?下面我们到一层展厅的大地自然展区看看吧!再通过"动一动""看一看"引导学生观察展品。在观察展品的过程中,老师提前在展厅的几个展品后面分别藏几块不同年代、外观比较漂亮的石头。对学生进行分组,通过岩石寻宝活动,以小组pk赛的形式,让学生各自去寻找石头,获得第一名的小组首先获得体验展品的机会。通过分小组操作的形式观察展品,给学生提出问题(通过调节显微镜可以从屏幕上看到不同年代的岩石的片理结构,同时也可以听到每一个岩石标本的特征介绍)。可以问同学们,这件展品为什么叫作"五代同堂嵩山石"?你们知道不同年代的岩石有什么特征吗?通过了解展品,你们认识了哪几种岩石?同学们刚才寻找的岩石和展品中的岩石是相同年代的吗?

活动的第三个环节是引导学生一起来"动一动"。刚才每个小组的同学都寻找到了一块岩石,现在请同学们仔细看一看,看到了什么?平时在生活中我们见到过许多岩石,今天我们用什么样的方法可以对岩石进行观察?都能观察到哪些特征?下面我们就一起来开个岩石展览会好吗?(只有让孩子们亲自参与,学生才能真正认识到岩石的不同特征,产生深刻的情感体验)石头展览会该怎样开?就只是将洗净的石头摆出来就行了吗?要组织学生对岩石进行展示交流,既是对活动情况的交流和激励,也有利于学生对当地的岩石情况多一些了解。把石头洗净是为了使观察更准确,养成良好的习惯。利用找到的岩石和展品展台上展示的岩石搭配,便于学生尽可能观察到多种岩石。指导每组学生观察岩石的特征,之后让学生对岩石做一个简单的介绍。首先要仔细观察一下它们，看看可以从哪些方面进行介绍？观察岩石特征的活动，要提示观察活动的内容和方法，同时要做好记录：用钥匙划一划，看它硬不硬；看一看岩石上面的花纹和图案；看一看岩石的形状，有没有年代相同的岩石？可以充分发挥学生的主体作用，共同研究、讨论从哪些方面进行观察，如何观察，比如可以利用放大镜、钥匙等工具进行观察。同时，要记录在“我的岩石”观察记录单上。

“我的岩石”观察记录单

姓名：__________

我用什么方法观察？观察到了什么？（简要记录，也可以画图说明）

“我的岩石“分类记录单

第______小组

1、按（　　　　）来分： ________号为一类，________号为 ·类，________号不能分类
2、按（　　　　）来分： ________号为一类，________号为一类，________号不能分类
3、按（　　　　）来分： ________号为一类，________号为一类，________号不能分类
我们还想按（　　　　　　　　　　　　　　　　）来分。 我们的发现：

通过小组观察、记录，引导学生编写岩石身份证。每一块岩石都有不同的特征，就好像每个人一样，不同的人，我们可以用身份证来区别，你们能为岩石写出符合他们特征的“身份证”吗？请各小组的组员挑选一块岩石准备一张身份证，介绍这块岩石的特征，看谁写得最好。要求学生养成边观察边记录的习惯，学生的观察所得和表述方式（如文字、图画等），只要是客观真实和有效的，都应得到认可和尊重。同学们，你们的岩石身份证都准备好了吗？小组内评选出哪块岩石身份证写得最好。一份好的岩石身份证最能表示岩石的特征，下面我们再来做个岩石寻宝游戏，将那份你们认为写得最好的岩石身份证放在桌面上，让其他小组的同学根据这份岩石身份证来寻找到底是哪块石头，看看身份证和岩石到底对不对得上号。岩石寻宝活动开始，这里要提出问题，让学生在探究展品的过程中找出问题的答案。为什么你们小组找得那么快？是根据什么？让每个小组展示写得好的岩石身份证。通过岩石身份证，学生们基本可以把岩石的特征都写出来，引导学生通过岩石身份证找出每块岩石的共同点或者不同点。可以把这些相同之处作为标准为这一大堆岩石来分类吗？

活动的第四个环节是小组讨论。各小组讨论如果要给岩石分类，会怎样分？可以按怎样的标准去分类？可以想到几种不同的分类方法？用自己的方法给石头分类，大家的分类结果会一样吗？“用自己的方法给石头分类”意在激发学生在分类时对丰富多彩的岩石进行发散性思维，也使学生进一步了解岩石的特征、岩石的多样性。对于学生的分类结果，教师应鼓励学生多样分类，并充分表述理由，并且可以借助实物展台进行展示，也可以循环参观各小组的分类。对岩石的观察和分类都是对岩石进行科学研究的最基本步骤，可以一起看看科学家是怎样观察岩石和将岩石分类的(短片和图片中简单地介绍科学家是怎样观察岩石和将岩石分类的，另外还可以介绍一些常见的岩石，如书本中的花岗岩、水晶、宝石等)。

活动的第五个环节就是大自然中的各种各样的岩石，今天我们为岩石的研究开了一个头，同学们还想继续研究下去吗？那你们想研究些什么呢？(提示学生：岩石的名称、岩石的用途、岩石的形成、岩石的里面是什么？)教师根据学生的回答稍作点拨，特别介绍一下岩石的用途和怎样研究岩石的里面有什么。希望各个小组找到自己感兴趣的课题，为后面几个课时做准备。

2 在科技馆展厅开展展品探究科学教育活动的启示

让学生走出教室，走进科技馆，自己动手做实验，一块做游戏，更进一步激发了学生探究的兴趣，培养他们的观察能力和科学素养。在我馆“五代同堂嵩山石”展品研发活动设计中，主要通过以下几种方式开展活动，在增加活动趣味性的同时让学生获得知识。

(1) 把讲故事、小组pk赛等多种形式穿插其中

让学生在玩中学。例如，引导学生讲故事，让他们发现石头在我们生活中处处可见，讲一个关于石头的故事，石头在我们生活中都有哪些用途等，从而让大家了解岩石和我们生活的紧密联系。之后通过观看影片，了解位于自己家乡嵩山的石头！

(2) 通过展厅寻宝、找石头的活动，让学生观察展品，开石头展览会

先在小组进行交流，再到全班进行汇报交流，以激发学生对嵩山岩石的探究兴趣，认识不同年代的岩石，能说出一些岩石的名字等。

(3) 让学生给岩石编写“岩石身份证”来总结每一块岩石的特征和名字

利用这样的方式，把教学内容融于游戏当中，在整个探究过程中，不用太多的讲述，让学生在玩的过程中发现了新知识，解决了本课的教学难点。

总结以上几点，我发现不管是低年级的学生，还是高年级的学生，他们都非常喜欢在玩中学、动手、体验，这种轻松的学习方式进一步加深了对学校学到的知识的理解。特别是本次探究活动中的寻宝、编写“岩石身份证”这两个环节，都是他们非常喜欢的环节，这两个环节也让他们充分发挥了小组协作的能力，使他们分工明确、高效率地完成了寻宝过程。在小组同学的相互配合下，认真细致地编写了“岩石身份证”，这也充分体现了他们在活动中对各种岩石结构特征的认真观察、讨论和总结。《义务教育小学科学课程标准》中明确提出：“科学学习要以探究为核心。探究既是科学学习的目标，又是科学学习的方式。亲身经历以探究为主的学习活动，是学习科学的主要途径。科学课积极倡导让学生亲身经历以探究为主的学习活动，培养他们的好奇心和探究欲。然而，我国的教学是让学生坐在教室里接受老师的“传教”，仅仅是以文字或语言形式呈现出现成的知识，学生不能充分感受到学习科学的趣味和体验到科学的魅力。

3 小　结

文学家卡尔说过："每个孩子在他们幼年的时候都是科学家，因为每个孩子都和科学家一样，对自然界的奇观满怀好奇和敬畏。"所以，我们要充分利用学生的这一特性，充分利用科技馆的展品资源，带领学生走出教室，来科技馆进行学习。

课本是教材，生活是教材，而科技馆的展品更是一部大教材。学生对科学的学习和探究不能被教室的四面墙壁所隔离，学生大多的时间还是在校外，生活中的科学无处不在，最重要的就是要教会学生善于在生活中发现问题、提出疑问、探究问题并解决问题。让小学科学课和科技馆展品实现完美结合，让学生走出教室，走进科技馆，激发他们对科学的兴趣，提高他们的科学探究能力，培养学生探索、创新思维的同时又彰显了学生的品质和个性。因此，在全面实施素质教育的今天，让科学课走进科技馆，由我们来进行展品辅导，是激励、唤醒每一个学生潜在科学能力的有效渠道。

无边界教育模式的有益探索
——以“校园博物馆”项目为例

王莹莹①

摘　要：“校园博物馆”项目是以政府拨款为主要经费来源，以馆校合作为基础，以博物馆优势资源为依托，以展览创作为方式在小学校园内建设的特色场馆。其展现出的“跨界性”“共享性”“融合性”，与美国博物馆学校所倡导的“无边界教育”理念不谋而合。全文重点围绕中国湿地博物馆“校园博物馆”项目，就项目背景、项目理念、项目课程活动的相关探索以及存在的问题等方面展开探讨，以期为我国馆校合作模式及教学实践提供借鉴。

关键词：博物馆学校；无边界教育；校园博物馆；馆校合作

1　引　言

20 世纪 90 年代，纽约州布法罗科学馆和明尼苏达州科技馆率先向社会公开招收学生，标志着具有现代意义的博物馆学校诞生。截至 2015 年，全美已建成 40 多所博物馆学校。博物馆学校将馆校合作教学的优势发挥得淋漓尽致，其存在的意义及创造出的价值也为我国馆校合作教学提供了宝贵的经验与启示。博物馆学校倡导一种“无边界教育”理念，改变一直以来以学校教育为主的育人方式，倡导学校与家庭、社区、社会进行资源共享，消融家庭教育、社区教育与学校教育的固有边界，实现家庭教育、学校教育与社区教育相互渗透、优势互补和有机整合。

无巧不成书。2018 年起，笔者连续三年参与的“校园博物馆”项目与博物馆学校倡导的“无边界教育”理念不谋而合。“校园博物馆”项目是以政府拨款为主要经费来源，以馆校合作为基础，以博物馆优势资源为依托，以展览创作为方式在小学校园内建设特色场馆。其以场馆主题或单元为课程特色，采用独特的教育方式，探索开放的交流机制，为青少年儿童搭建了最为直接的学习实践平台。本文将重点围绕“校园博物馆”项目，就项目背景、项目理念、项目课程活动的相关探索以及存在的问题等方面展开探讨，以期为我国馆校合作模式及教学实践提供参考。

2　“校园博物馆”项目基本情况

作为“校园博物馆”项目的倡导者，2018 年起中国湿地博物馆分别与杭州市文新小学、杭州市行知二小、杭州市之江二小开展馆校合作，利用其科学教室等场所建设完成三所校园博物

①　王莹莹，中国湿地博物馆馆员，研究部主任。通信地址：杭州市西湖区天目山路 402 号。E-mail：740812831@qq.com。

馆，即中国湿地博物馆贝壳馆、中国湿地博物馆蝴蝶馆、中国湿地博物馆螃蟹馆，共展出1 500多种3 000余件软体动物、节肢动物标本，受到了青少年学生的热烈欢迎（见图1、图2）。

图1　中国湿地博物馆贝壳馆标本墙

图2　中国湿地博物馆蝴蝶馆标本墙

“校园博物馆”项目以提高小学生科学素质为主要教育目的，展示的方式适应学生观众多元化需要和深度欣赏的要求，借助听、看、摸、翻、想，创造出极具乐趣的展项，激发青少年对自然科学的兴趣。项目执行团队下设三个小组，分别为建设小组、工程小组、运营小组（见图3）。建设小组负责项目的策划准备，具体包括内容策划、展品征集、展示设计、互动体验、安防措施等事项，以馆方工作人员为主，校方人员结合实际教学情况提出意见、建议；工程小组负责项目的建设落实，具体包括布展施工、多媒体集成和工程监理等事项，以第三方布展公司人员为主，馆校各派1～2个工作人员确保施工的正常推进和进行质量监督；运营小组负责项目的长效管理，具体包括宣传接待、日常管理、活动开发与长效维护等事项，以校方工作人员为主，馆方人员在课程开发、展品维护等方面为校方提供指导与帮助。

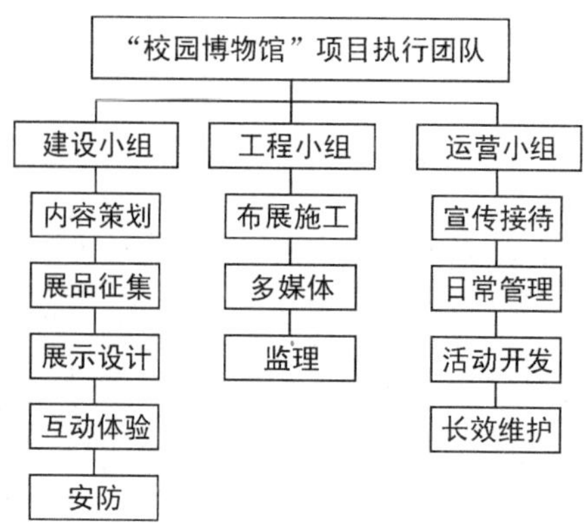

图3 "校园博物馆"项目执行团队组织构架

3 "校园博物馆"项目对"无边界教育"理念的诠释

"无边界教育"作为一个教育概念，最早见于1990年加拿大国际教育署发布的一份名为《无国界与边界的教育》的研究报告。该报告充分肯定了"无边界教育"是促进高等教育国际化发展的基本路径。此后数年，"无边界教育"理念逐渐成为世界范围内构建高等教育贸易服务体系、推进高等教育全球化进程的一个重要理念。王柯等认为，"无边界教育"是一种教育制度、内容、技术、时空等多重要素构建的开放、竞争与合作体系，其既是一种教育技术组织形式，也是一种教育资源的配置方式。

"校园博物馆"项目以馆校合作为基础，以博物馆优势资源为依托，旨在突破有限的学校育人边界，实现学校教育、社会教育的有机整合；打破学校有限教育时间的限制，实现学校教育与非正式教育的整合；超越学校课堂空间的界限，实现课堂空间与场馆空间的有机整合。其所展现出的"跨界性""共享性""融合性"，与"无边界教育"理念的核心要义不谋而合。

首先，"校园博物馆"项目是对无边界教育理念的实践探索，也是校园博物馆的特色所在。整个"校园博物馆"项目的推进经历了三个阶段：从最初的浅层次协作，逐渐发展到合作，最后达到深层次的共同创造，学校与博物馆之间的协作水平和相互依赖性不断加深。随着学校和博物馆之间，教师、管理人员和博物馆专业人员之间的角色和责任发生变化，两个机构之间的界限变得逐渐模糊。

其次，"校园博物馆"项目有助于整合馆校资源，建立无边界团队。我国有着丰富的博物馆资源，但在实际的教育教学实践中，开发和利用博物馆课程资源支持课程实施和学生学习的实践较少。通过馆校双方深度合作，在一定程度上解决了影响教师利用博物馆资源支持课程实施的因素：经费、学生安全、学校领导支持程度等。另一方面，校园博物馆利用场地资源优势可以为学生创建全新的学习环境，为青少年带来便捷又新奇的感官体验，从而达到科普场馆教育资源与学校教学目标、科学内容的契合。

最后，"校园博物馆"项目有助于寻找共同需求，搭建共享平台。博物馆教育与学校教育之间存在着相互补充、相互延伸的关系。在项目建设的基础上，通过深入研究《义务教育小学科学课程标准》进行科学课程开发，可以满足学生科学素质与学习成绩共同提高的需求。使学生在学习科学知识的同时，形成尊重事实、乐于探究的科学态度，培养创新意识、保护环境的意识和社会责任感。

四　“校园博物馆”项目课程活动的相关探索

(1) 设计校园博物馆学习流程

博物馆学习流程(Museum Learning Process)是纽约博物馆学校的教育专家以“基于实物的学习”和博物馆流程为理论基础设计出来的一种反映博物馆研究特点与规律的学习模式。它的典型学生活动包括:①观察实物或现象;②进行头脑风暴和探索,提出问题;③收集数据(通过创建展览、物品和研究论文来综合研究结果);④通过自己创建的展览展示和传播课堂外的关键知识;⑤通过写作、演讲、对话等形式演示和展示自己的学习成果,与他人分享所得,接受来自博物馆专家、教师、同学等的意见和反馈;⑥对整个学习流程进行反思。以博物馆学习流程为蓝本,笔者通过与三所小学的合作、交流,不断总结课程活动经验,设计并形成校园博物馆学习流程(见图4)。

校园博物馆学习流程分为活动前、活动中、活动后三部分,学生的整个学习过程都在教师的引导下,循序渐进、不断循环直到达到学习项目的目标。活动前主要进行准备工作,如明确活动目的、场所、形式,为开发设计学习活动方案及材料做好铺垫;活动中又分为参观前、参观中、参观后以及涉及整个过程的相关元素,分别对应参观前的课堂教学、利用学习单开展分组参观、参观后的课堂交流、讨论以及设计相关展区地图和学习单参考答案或问题支架等内容。其中,参观前的课堂活动需要进行精心的教学设计,系统化地规划所有师生活动,是一项系统工程。参观中使用的学习单,需要结合课程内容和课程标准进行合理设计;参观后回到课堂环节,教师可以组织学生利用手中的学习单进行分享和问题探讨。分享讨论更容易产生集体智慧,从而让学生从不同视角体会新的学习模式;活动后具体指学习材料的整理、存档,学习活动的反思等,为后续活动的不断完善提供反馈。校园博物馆学习流程作为一种循序渐进、螺旋上升的学习模式,遵循了学生发展的阶段与规律,有助于提升学生的学习和研究兴趣;展现了博物馆科学研究的流程与方法,有助于促进学生高阶思维和能力的发展。

(2) 立足《义务教育小学科学课程标准》,以展览主题统领课程设计与活动开发

一方面,学校教师、博物馆教育工作者要深入研究《义务教育小学科学课程标准》,借助校园博物馆的空间、资源、情境为学生创建真实的课堂,让学生通过真实的经验建构知识。另一方面,二者将展览开发过程及其相关活动(如收集、研究、观察、实验、解释和展示)引入课程活动设计,激发青少年儿童的创造力和批判性思维,提供跨学科学习的框架,将创造的过程转化为学习的过程。

在“校园博物馆蝴蝶馆”项目的科学课程开发中,开发人员首先研究并提炼蝴蝶展品等教学资源中蕴藏的“科学核心概念”,围绕相关科学概念的构建和各年级段知识目标间的联系进行教学设计。课程结合教科版三年级科学课中“动物的生命周期”、六年级科学课中“生物的多样性”的知识点,依托“蝴蝶馆”中“蝴蝶的外部构造”“蝴蝶的生命历程”“蝴蝶百态”等展项及百余种蝴蝶标本,使学生结合已有知识经验理解“生命周期”“生物多样性”等知识点,激发学生研究生命奥秘的兴趣。其次,教学内容设置避免“知识碎片化”倾向,注重揭示展品背后的信息,帮助学生完成知识构建。围绕蝴蝶这一载体开展形式多样的活动课程(见表1),引导学生主动揭示“动物的生长发育规律”,探究生物与自然,生物与人类以及人与自然的关系,传达保护自然环境与生物多样性的理念。

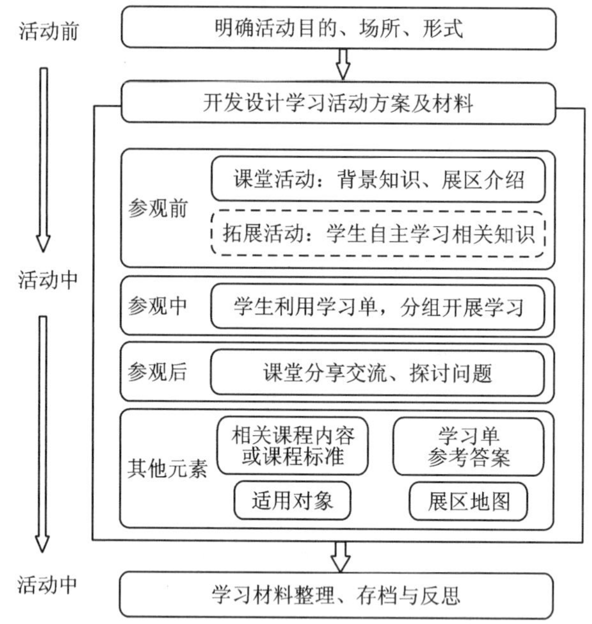

图 4　校园博物馆学习流程

表 1　"蝴蝶密码"课程安排表

序　号	主　题	课时安排
1	蝴蝶百态	第 1 课时：蝴蝶的生态特征观察
		第 2 课时：制作蝴蝶模型
		第 3 课时：蝴蝶种类、蝴蝶之最
2	蝴蝶的生命周期	第 1 课时：蝴蝶饲育
		第 2 课时：蝴蝶的生命周期观察
		第 3 课时：蝴蝶观察日记
		第 4 课时：其他动物的生命周期
3	蝴蝶与自然	第 1 课时：蝴蝶与自然环境
		第 2 课时：蝴蝶的生存本领
4	蝴蝶与人类	第 1 课时：蝴蝶的保护
		第 2 课时：蝴蝶的价值
		第 3 课时：蝴蝶文化
5	蝴蝶、人与自然	第 1 课时：蝴蝶的保护与生物多样性
		第 2 课时：生物多样性与人类
6	跨学科综合实践	第 1 课时：蝴蝶创意写生
		第 2 课时：蝴蝶生态摄影
		第 3 课时：蝴蝶主题工艺品制作
		第 4 课时：蝴蝶标本制作

(3) 基于受众的年龄特征与认知规律,进行有针对性的设计

小学生常被看作最理想的教育群体。他们学习兴趣浓、有积极性、热爱大自然,并对教育人员充满信任。在设计“校园博物馆蝴蝶馆”的活体观察活动时,开发人员基于小学学生的年龄特征与认知规律,在教学目标和教学内容上有针对性地提出要求:1—2 年级学生以观察为主,记录不强作要求;3—4 年级学生在观察基础上做简单和短时记录;5—6 年级学生做较为完整记录,要求是一个生命周期;参与蝴蝶兴趣小组的学生做蝴蝶的长时观察记录,同时做更加复杂的记录。

在“校园博物馆螃蟹馆”项目中,根据表 2 所列的四类问题,结合小学学生的认知规律,笔者设置了三个学段的参观学习单。图 5 展示了不同学段学习单的问题设置情况。横轴为记忆性、收敛性、发散性和评判性四类问题,纵轴为题目数量。

表 2　学习单的问题设计

问　题	要　求	举　例
记忆性问题(Memory Questions)	通常会要求学习者找到唯一的正确答案。这类问题要求学习者能够辨别、再认、描述所观察到的事实类知识	这个是什么? 说出你看到过的……
收敛性问题(Convergent Questions)	需要学习者根据已有知识或者观察到的信息,提供一个最恰当的答案。对应的思维层次是解释、比较	这个展品的功能是什么? 它与另外一个展品有什么不同?
发散性问题(Divergent Questions)	没有固定的答案,需要学习者通过想象、假设、推理解决问题。对应的思维层次是预测、推理	如果地球上没有水会怎么样? 这个展品能说明当时的环境可能是……
评判性问题(Judgmental Questions)	引导参观者进行评价,形成个人的观点。通常会涉及个人的信仰和价值观。对应的思维层次是评价	你同意这样的说法吗? 你觉得他这样做值得吗?

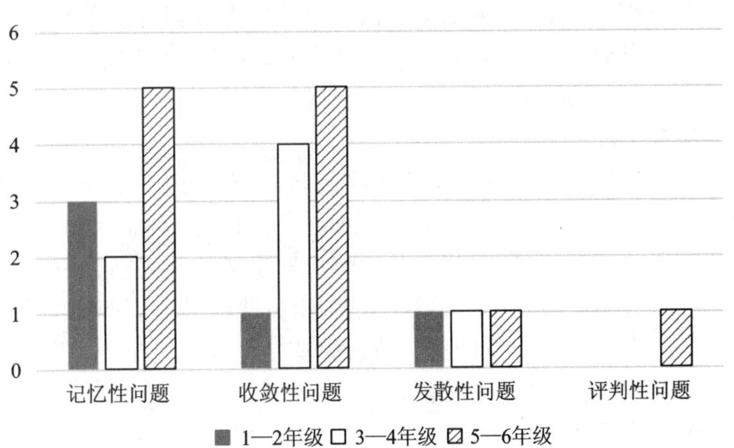

图 5　不同学段的学习单问题设置

1—2 年级学生的科学认知以“观察与辨识”为特征,且认字量有限。因此,为其设计的参观学习单图片较多,题量较少(共 5 题),记忆性问题占比最大。

3—4 年级学生的科学认知具有“理解和应用”特点,具备初步的推理能力,能够理解简单的科学原理及应用。因此,为其设计的参观学习单题目种类多样,题量增多(共 7 题),涉及需要简单比较和推理的知识点。其中,收敛性问题占比最大。

5—6 年级学生已经初步具备"推理与思考"的能力,具有一定的自主意识,并逐渐发展出抽象推理和假设思维的能力。为其设计的参观学习单配图较少,题量最多(共 12 题)。以收敛性问题和记忆性问题为主,相比 1—4 年级学习单,增加了评判性问题。

5 总结与反思

三年来,尽管校园博物馆在育人模式、管理模式以及课程模式等方面有所创新并积累了一些经验,但在模式推广、馆校合作关系的发展、信息共享平台的搭建及学习效果的评估等方面仍需要进一步解决和优化。

(1) 校园博物馆模式的推广

目前,校园博物馆项目主要针对小学生群体。随着初、高中学业难度的不断增加,继续将博物馆体验作为学校课程的优质项目可谓凤毛麟角。而且当博物馆项目被用来丰富课程时,往往会倾向于根据学校的需要而不是博物馆的优势来塑造。因此,校园博物馆模式向初、高中阶段的推广和普及过程中除了需要更高层面的资金支持外,更面临着诸多现实问题:如何找到馆校双方需求的契合点?如何实现课程整合?如何制定学业考试标准?这一系列问题尚需博物馆与学校共同努力。

(2) 馆校合作关系的发展

尽管校园博物馆在馆校深度合作方面积累了有效的方法和经验,但在实践中仍然存在地域限制、时间限制、长效维护等现实问题。一是由于项目成本等原因,已建成的三所校园博物馆均为博物馆周边学校,行政区划一致。而其他区划较远的学校,无论从建设选址、资金支持到馆间交流参观的机会都相对较小。二是博物馆教育工作者和教师作为两个业务主体,在一起探讨、合作开展项目课程规划的时间非常有限。尽管二者共同开发课程或单元模块确实有效,但相当耗时。三是校园博物馆的长效维护有待时间的检验,如生物标本的定期维护、消杀,展项与多媒体的维修保养等,均对馆校双方的长效协作提出了挑战。

(3) 关于信息共享平台

尽管现有的三所校园博物馆已开放预约参观机制,亦有省内其他小学慕名前来参观的例子,但校园博物馆的共享功能尚未得到最大的发挥。笔者认为,在经费允许的情况下,一方面可以考虑将展品资源、活动音/视频、学习单及教师指导手册等相关活动材料上传至学习共享平台,供学校师生在参观前后下载使用。另一方面,相关课程活动也可制作成微课,利用微博、微信等新媒体平台进行分享传播。借助三所场馆的星星之火启动燎原之势,期待更多的学校加入"校园博物馆"项目,成为分享者与受益者。

(4) 关于学习效果的评估

真正有价值的无边界教育,应该是继承和发扬了馆校双方的优势和特色,既借鉴了学校教育的系统和目的性以及教育过程设计的严谨性,也传承了博物馆教育的开放性、自主性、实践性以及多元化教育目标,因此有必要对校园博物馆进行教育效果的评估。与大部分自然科学博物馆一样,校园博物馆现行的活动评估主要通过学生的课程汇报、教师的访谈交流、工作人员场外观察等渠道了解学生和教师对活动的满意程度和参与性。这些评估方法缺乏系统、严谨的维度设置,缺乏清楚的描述和分析方法。评估的手段也仅限为活动后的调查,缺乏前置评估、形成性评估和总结性评估等多种评估方式的组合。项目团队也将后续尝试以“是否可以使用更多的科学表述、参观后是否比参观前产生了更多的问题、是否能够改变他们日常生活中与科学有关的行为”等作为对展览活动教育效果评估的重要依据，构建一种具有校园博物馆特色的学习效果评估方法和评估指标。

参考文献

[1] 王乐.美国博物馆学校的办学特色及其启示——基于目的、内容与方法的案例分析[J].中国博物馆，2020(1):59-64.

[2] 王牧华，付积.美国博物馆学校的办学模式创新及挑战[J].外国教育研究，2020(2):35-46.

[3] 王柯，刘琳.“无边界教育”理念在高职教育资源配置中的价值与推进策略[J].教育与职业，2018(24):12-17.

[4] 李君.博物馆课程资源的开发与利用研究[D].吉林:东北师范大学，2012.

[5] 郑奕.博物馆教育活动研究[M].上海:复旦大学出版社，2016.

[6] 王莹莹.对接《课标》又区别课堂——“校园博物馆”项目课程开发的思考与实践[J].科学教育与博物馆，2019(6):415-420.

[7] 朱幼文.“馆校结合”中的两个“三位一体”——科技博物馆“馆校结合”基本策略与项目设计思路分析[J].中国博物馆，2018(4):91-98.

[8] 杨艳艳.学习单支持下馆校衔接学习活动设计的研究[D].　上海:上海师范大学，2013.

[9] 廖红，曹鹏.中国科技馆为学校提供开放学习服务的实践探索[J].开放学习研究，2016(5):14-23.

[10] 顾洁燕.构建科技博物馆的教育体系，提升常设展览的教育效果——以上海自然博物馆为例[J]. 2016，2(1):16-20.

主题 4

智慧场馆理论与实践

5G时代智慧科技馆建设的探索与实践
——以湖北省科技馆新馆为例

黄雁翔①

摘　要： 5G是2020年新基建的“领头羊”。湖北省科技馆新馆作为新建大馆，刚好赶上5G建设热潮，并已与移动、联通、电信达成全面覆盖5G室内信号的协议。5G的eMBB（增强移动宽带）、mMTC（海量大连接）、URLLC（高可靠低时延）三大应用场景为智慧科技馆建设提供了巨大可能性。科技馆如何抓住5G浪潮，运用信息化技术，打造集智慧传播、智慧服务、智慧运营、智慧管理于一体的智慧科技馆？本文尝试以湖北省科技馆新馆为案例，剖析以弱电智能化工程、展厅中控系统、信息化项目为主的智慧科技馆建设“三步走”战略，以期为智慧科技馆建设提供借鉴。

关键词： 5G；科技馆；智慧科技馆；智慧服务

为响应国家网络安全和信息化政策，顺应信息化时代要求，中国科协在2018年提出要着力打造“智慧科协”的口号，形成内部智能办公、外部协同高效的网上工作新模式。中国科技馆也在同年提出“智慧科技馆”建设工程，包括智慧展教、智慧学习、智慧服务等内容。中国科协的政策引领催生了国内“智慧科技馆”研究、探索和建设的新潮，同时科技馆作为以“科技”为主题的场馆，应用最新科技实现“智慧化”是其应有之意。我国博物馆对信息技术的应用已领先于国外博物馆，在智慧博物馆、智慧城市、智慧交通、智慧工业园区等智慧项目建设实践的基础上，国内智慧科技馆建设将逐步走上正轨并推向高潮。

1　5G在智慧科技馆中的应用探索

如何理解“智慧科技馆”或者“科技馆智慧化”？以数字化为基础，在某种程度上信息化、智能化、智慧化的层次逐渐提高，智慧科技馆就是借助信息化技术，实现科技馆传播、运行、服务、管理基本智能化及以人为本的智能生态系统。因此，要想充分运用信息化技术，实现科技馆传播、运营、服务、管理的智能化，同时强调以人为本，就离不开5G技术。ITU（国际电信联盟）为5G定义了eMBB、mMTC、URLLC三大应用场景。湖北省科技馆已与移动、联通、电信达成新馆全面覆盖5G室内信号的协议，预计新馆开馆前完成5G信号覆盖，除供馆方和观众通信外，5G还将被应用于智慧科技馆建设的各个环节。

（1）eMBB与信号通道

eMBB（Enhanced Mobile Broadband，增强型移动宽带），是指在现有移动宽带业务场景的基础上，对于用户体验等性能的进一步提升，是最贴近我们日常生活的应用场景，主要体现在

① 黄雁翔，湖北省科技馆信息服务部工程师，负责湖北省科技馆“智慧科技馆”建设。E-mail：523862355@qq.com。

信号通道的高速与稳定，典型应用包括超高清视频、VR、AR 等。

科技馆作为非正规科学教育机构，观众参观行为具有非制度化、非常规化的特征，即使在预约限流的情况下，观众数量也将呈现两极分化的情况。传统信号通道难以承载瞬时客流峰值所产生的数据流量，很可能造成移动通信和网络的崩溃以及智慧系统的瘫痪。5G 具有高容量、高速率、高并发数、高稳定性等特点，作为智慧科技馆的信号通道将足以应对瞬时客流峰值、超高清视频、VR、AR 多点使用所产生的数据传输压力，保证系统稳定和高效运行。与此同时，5G 的灵活性和可移动性，为展教设备、手持终端的安装、移动、更新提供了更多可能性。

5G 的出现并不意味着光纤和 AP(Access Point，无线接入点)的淘汰。以展厅中控系统为例，目前主流还是光纤和 AP。5G 作为信号通道目前还绕不开资费较高和内部数据联网两个阻碍，资费较高使得作为公益性事业单位的科技馆提高了运营成本，内部数据联网使得涉密信息传输增加了风险。因此，如何合理应用 5G 信号通道，同时规避可能产生的风险，需要根据科技馆的实际情况进行合理抉择与组合使用。

(2) mMTC 与感知互联

mMTC(Massive Machine Type Communications，海量大连接)，对应大规模物联网服务，主要体现物与物、人与物之间的信息传输与交互，典型应用包括智慧城市、智慧工业园区、智慧场馆、智能家居等。

科技馆为观众提供大量展品展项、教育活动器材。除此以外馆内还装配有安防、监控、灯光、暖通等设施设备。科技馆一般为较大空间，要实现智慧运营和管理，就必须将展品展项等设施设备物联网化，将原本需线下操作、人工分析的工作进行数字化处理。当前大部分场馆的物联网，主要依靠 Wi-Fi、Zigbee、蓝牙、RFID 等短距离无线传输技术。无线传输技术属于家庭用的小范围技术，应用于科技馆中具有一定的局限性，例如层高引起的信号衰减、设备功耗较高提升的运营成本等。

mMTC 将在 6 GHz 以下的频段发展，同时应用在大规模物联网上，而 NB-IoT 是 5G 商用的前奏和基础。NB-IoT(Narrow Band Internet of Things，窄带物联网)，是 5G 的三个标准(LTE、LTE-U、NB-IoT)之一，具有低功耗、广覆盖、低成本、大容量等特点，其传输距离可达 10 km，足以覆盖一座小县城，而且 1 个基站可以连接 20 多万个终端[8]。5G 背景下，蜂窝物联网已经具备了替代 Wi-Fi 物联网的可能性，应用于智慧科技馆的物联网建设也具备可行性。

(3) URLLC 与交互管理

URLLC(Ultra-reliable and Low Latency Communications，高可靠低延迟)，使用场景的特点是对时延、可靠性和高可用性有严格的要求，典型应用包括工业控制、无人机控制、无人驾驶、远程医疗、智能安防等。

在安全方面，科技馆作为公益服务机构，高峰时期接待大量观众，其中大部分为少年儿童，在涉及智能安防、智能安检、人群疏散引导等智能系统时，需要做到快速反应。当前科技馆管理人员很难实时掌握展厅运转情况，对于冲突、突发故障、现场疏导的处理会出现信息延时和信息差，而 5G 的引入将缓解这种局势。

URLLC 场景应用将极大拓展科技馆教育项目。科技馆越往后期越需要跟上科技发展步伐，并将最新的机器人成果向观众展示，例如无人机方阵的实时表演、无人驾驶汽车的特定巡演，这些成果只有 5G 传输，才能达到特定效果。

2 智慧科技馆的整体设计

eMBB、mMTC、URLLC三大5G应用场景在科技馆中不是割裂开来的，需要融合使用。智慧科技馆因5G赋能，但也需要使用AI、大数据、VR、AR等其他新兴技术，甚至在一定时期还将继续使用传统信号通道和物联网方式。智慧科技馆是在非正规科学教育机构的定位上，服务观众参观、服务业务运营、服务领导决策、服务未来拓展，如图1所示。依托5G应用场景，根据已有智慧场馆建设实践，结合设计公司为湖北省科技馆提供的智慧科技馆建设方案资料，可以将智慧科技馆大体分为智慧传播、智慧服务、智慧运营、智慧管理四大模块，前两个主要服务观众，后两个主要服务馆方。

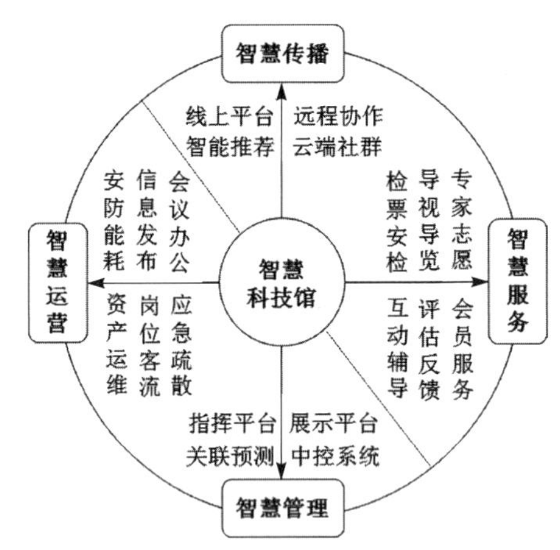

图1 智慧科技馆整体设计

(1) 智慧传播

场馆的传播主要有“场馆与观众”“场馆部门之间”和“场馆决策层与业务层”三个主要传播渠道，主要解决的是科技馆的引流、入口和信息交流问题，包括线上平台、协作平台、智能推荐、云端社群等内容。传统科技馆传播主要通过网站、微信公众号等方式宣传展览、教育活动、工作动态。通过传统媒体宣传惠民科普活动等，本质上还是一种科普信息化的“干部思维”。

① 线上观众入口。

智慧传播的目的是吸引观众，将线上流量转化为线下观众数量，为此必须重视线上科普阵地。一是完善线上平台。在官方网站、微信公众号、小程序等线上平台中嵌入科技馆虚拟漫游和室内微型地图，主动展示科技馆全景；搭建预约、购票、导览、个性化定制参观路线等系统，将观众服务信息摆在首位，可以尝试与旅游平台合作推广。二是促进观众主动传播。VR互动、AR展示、巨幅科技史名画换脸等是营造科技馆“网红打卡地”，是促进观众主动宣传展示的科技手段。三是智能推荐和云端社群服务。大数据分析后产生用户画像，可以将特定展品、教育活动、主题展览定点推送给注册用户，同时建立云端社群定期维护，形成“铁粉”传播阵地。

② 科普信息化。

智慧传播是科技馆科普信息化的主要载体，需要在创新传统传播方式的基础上，运用5G等信息技术开发新的传播方式和内容。一是打造科普直播品牌。借用抖音、快手、斗鱼等平台，在不便线下活动时，面向特定群体开展科普直播。疫情以来，湖北省科技馆已进行“童趣玩科学”科普直播活动10余场，共吸引观众100余万人次。二是开展跨时空科普协作。借用5G和VR技术，借鉴湖北省博物馆与山东省博物馆实现曾侯乙编钟和天风海涛古琴的跨时空演奏，国内各大型科技馆可以实现“电磁大舞台”等展项的跨时空联动表演。三是打造科技大数据综合展示平台。通过5G信号，将环境监测数据、水文监测数据、自然保护区实时影像、交通数据等接入展示平台，让观众实时了解自然、交通等与生活息息相关却很难接触到的信息。

(2) 智慧服务

智慧服务旨在从观众参观前、参观时到参观后进行全流程服务，从进门、参观、休息到出门，大致包括检票、安检、导视、导览、互动、辅导、评估、反馈，以及支撑的资源库、会员库、专家库、志愿者库等内容。智慧服务是科技馆智慧化最主要的体现，也是智慧科技馆特色和水平的体现，考验着科技馆和设计公司的想象力。

① 参观前服务。

参观前服务是指观众即将来到科技馆门口，智慧科技馆系统所能提供的服务。一是路线推荐和智慧停车服务。科技馆与高德地图、百度地图共享馆内实时人数，当观众以科技馆为目的地进行导航时除展示路线外，还会显示在馆人数和1小时候人数预测。观众将被直接导航到智慧停车场，在停车场入馆时完成检票和安检。二是人脸识别入馆和无感安检。在线上平台搭建会员系统，支持已预约的会员通过人脸识别闸机无感入馆和安检。三是丰富入馆方式。普通观众凭二维码、身份证从闸机入馆，人工售票窗口设在闸机附近。四是建立数据库。包括资源库、会员库、专家库、志愿者库、观众库等，是智慧服务的数据基础。例如按身份证、手机号、出入馆时间分条目记录观众信息建立观众库，为后期研究做准备。五是设置失信黑名单，对预约两次未到馆的观众设置黑名单，需到馆解除。

② 参观中服务。

参观中服务主要为智慧展教，包括导视、导览、互动、辅导等环节。一是智慧导视。互动展示屏，在空旷场地安装大型屏幕，展示场馆信息、客流信息、展厅热力图、展项热度、影片和教育活动安排等重要信息。二是智慧导览。多元导览设备，在展厅出入口放置柜式导览设备，或将导览系统嵌入微信，通过导览系统规划参观路线，并且通过室内微型地图、精准定位了解自己所处的精确位置；个性化参观路线定制与推荐，根据不同展览主题和对观众的人群画像，推荐参观路线和核心展项，完成主题展览的参观学习。三是智慧互动。人机协作展项，观众与协作机器人共同完成某项任务；展项与线上活动配合，线上AR游戏等活动需通过线下展项配合完成；教育活动服务、展项预约提醒，减少排队负担，根据预约顺序提前10分钟提醒观众到场等候。四是智慧辅导。AI科技辅导员，科技辅导员是目前国内科技馆的短板，AI科技辅导员可以机器人、手机小程序等方式为观众提供智慧导览；虚拟学习单，改变传统纸质学习单，将虚拟学习单应用于科技馆学习辅导。

③ 参观后服务。

参观后服务主要内容包括观众参观后的反馈、分享和学习效果评估。一是反馈系统，观众使用小程序预约参观后，就建立一个服务单，观众离馆后有反馈提示，既可以用以提升观众的参与感，又可以完成观众自我评价和对场馆的评价。二是评估系统，科技馆的教育评估仍处于起步阶段，主要难题是如何在不干预情况下获得观众学习数据，智慧评估系统在观众允许的情况下能将观众的对话、表情、行为等要素数据化，并提取关键学习数据，供评估人员进行专业评估。

(3) 智慧运营

智慧运营为运用信息技术保障科技馆正常对外服务、对内管理的综合系统，包括智慧楼宇系统在科技馆的迁移，以及科技馆展厅智慧化建设。

① 智慧楼宇。

楼宇智能化在国内已较为成熟，其出现和应用不仅带来了更安全、舒适的办公环境，也使得楼宇日常管理更加高效快捷。一是能效管理，主要为精确控制空调、灯、办公设备、展品等耗电设备。二是智能安防，主要包括场域安防、灭火系统、红外围栏、电子巡更、失物寻回、拥堵疏散等功能。三是视频监控系统，主要通过人脸识别摄像头、高清摄像头监控公共空间，并对特定人员进行追踪。四是出入口控制系统，限制流量的同时，为儿童和家人进行头像匹配，儿童单独出馆或发现家人不匹配时，触发警报。五是其他智慧楼宇系统。

② 智慧展厅。

展厅是场馆面向公众服务的主要场所，除智慧传播、智慧服务有关系统外，还包含了信息发布、公共广播、展品控制等内容。一是信息发布，信息发布智能管理系统能够做到对电子屏发布内容进行智能审查，发现问题时立即上报工作人员二次确认；公共屏幕采取封闭式后台管理和智能审查。二是公共广播，分展展厅独立播报语音广播、背景音乐、展厅解说等。三是展品控制，包括展品等固定资产的全生命周期记录，以及展品一键开关机、操作情况记录、维修工单生成与处理等内容。

(4) 智慧管理

① 综合管理平台。

综合管理平台是智慧科技馆的最高指挥权限平台，在一些场馆中被设计在“馆长驾驶舱”“中央控制大厅”。一是展示作用，馆内所有智慧系统均被集成到综合管理平台，通过数据可视化形成直观图形，在大型LED屏幕实时展示出来。二是管理作用，管理人员可以通过综合管理平台查看任一智慧系统情况，实时掌握全馆运行情况，并下达管理指令。三是关联预测作用，大型科技馆每日产生的数据是可观的，大数据系统需要实现各系统的数据交叉分析、外部数据与系统数据的关联分析，达到提前预测、提前预警、提前决策的目的。

② 公众展示平台。

庞杂的智慧科技馆系统并非能通过亲身体验一一感受到，因此除了让观众感受到智慧服务外，还需要通过公众展示平台向观众直观展示场馆的智慧化程度。一是利用互动导视屏，实时展示数据可视化图形，增强科技馆的科技感。二是利用展厅信息发布屏幕，实时展示外接数据、高清视频，打破科技馆的空间限制。

3 智慧科技馆的建设实践

智慧科技馆的建设仍处在起步阶段，智慧传播、智慧服务、智慧运营、智慧管理也仅仅是基于5G应用场景和其他智慧场馆的建设实践和设计方案而做出的构思和整体设计。随着5G、AI、大数据、物联网应用的不断进化，智慧科技馆的未来发展也许会出乎所有人的预料。湖北省科技馆新馆建设正处在智慧科技馆的起步时期，作为省级大馆，有义务也有意愿对智慧科技馆建设实践做一些尝试。

湖北省科技馆新馆由湖北省发改委于2013年8月批复立项，总用地面积约19.4万m^2，主体建筑面积7.03万m^2，展示面积约4万m^2，常设展厅总面积约1.6万m^2（不含专题展厅），其中二层展厅面积3 298m^2，三层展厅面积12 730m^2，共设置展品525个，其中二层展品75个，三层展品450个，总概算约11.88亿元。湖北省科技馆新馆“智慧科技馆”建设大体上经历了土建工程的弱电智能化工程建设、展教工程的展厅中控系统建设、开馆运营前期的信息化项目建设三个阶段，分别从智慧楼宇，智慧展厅，智慧传播、服务与管理三个方面完成了智慧

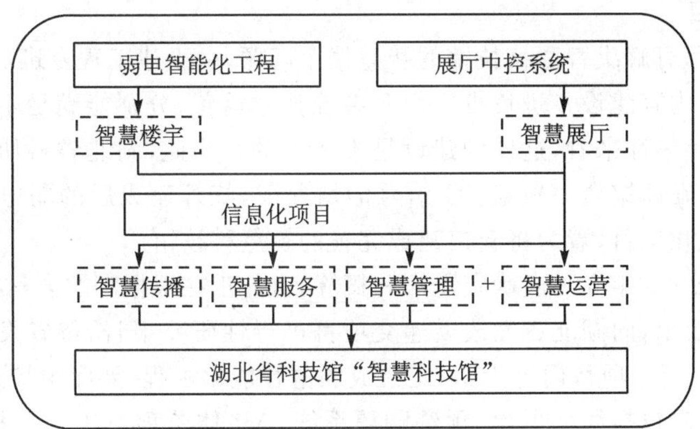

图 2　湖北省科技馆“智慧科技馆”建设思路

科技馆的整体设计与建设，如图 2 所示。

(1) 弱电智能化工程

弱电智能化工程全称为“湖北省科技馆新馆弱电智能化（设计施工一体化）分包工程”，由武汉烽火信息集成技术有限公司于 2019 年 3 月中标，总投资约 1 600 万元，预计 2020 年 9 月底完成验收。项目内容为：根据招标的技术要求及平面图纸进行计算机网络系统、无线覆盖、综合布线系统、无线对讲系统、公共广播系统、信息导引发布系统、建设设备管理系统、能源监测管理系统、电子票务系统、安全防范综合管理平台、视频安防监控系统、弱电 UPS 配电系统、入侵报警系统、出入口控制系统、电子巡查管理系统、停车场管理系统、消防安防控制室及信息机房的整体深化设计，科技馆智能化整体的深化设计与施工，以及配套设备和材料的选配、采购、运输、安装、调试、维保、主管部门的检测验收等。

弱电智能化工程在 2013 年完成初步设计，并获得项目及概算批复，彼时智慧楼宇尚处在起步阶段，因此有关设计目前看来已稍显落后。作为最早建设的智慧模块，弱电智能化工也是智慧科技馆赖以存在的基础，但主要为智慧楼宇内容，几乎没有涉及有科技馆特色的智慧服务内容。

(2) 展厅中控系统

展厅中控系统全称为“湖北省科技馆新馆常设展厅中控系统设计、设备采购、安装、调试及相关服务”，于 2020 年 7 月 30 日挂网公开招标，将与展厅布展施工同步进行，总投资为 500 万元。项目内容为：一是基于网络的中控系统展品管理系统。建设一套展品网络控制系统，将所有带电展品分类，按 PC 控制、单片机控制、PLC 控制和时序电源控制等方式，通过内部网络实现展品开机和关机控制。其中 PC 控制类展品、单片机控制类展品和 PLC 控制类展品可实现基础的状态监控和预警。机控制类展品和 PLC 控制类展品可实现基础的状态监控和预警。系统可在中控室内可进行集中开关机操作。二是个性化参观服务系统。实现特别场馆信息收集传输和演示，包括天文台、光伏发电系统、科普剧场、二层及二层夹层科学教育基地的信息收集、贮存、传输和演示。

展厅中控系统于 2020 年 6 月确定基本需求和概算，因概算限制仅包含一键开关机系统和个性化参观服务系统，只能满足常设展厅、儿童展厅、特别场馆的智能化控制，主要为智慧展厅内容。

(3) 信息化项目

弱电智能化工程可解决智慧科技馆的智慧楼宇问题，由土建工程专班负责；中控系统可解决智慧展厅问题，由内容建设专班负责。两套系统独立运营，分别能满足不同部门的需求，但是从智慧科技馆的整体性来看，这样的建设是不完善的。为此，湖北省科协领导高瞻远瞩，成立新馆智能化专班，在新馆全面覆盖 5G 信号的情况下，统筹建成后的弱电智能化工程、展厅中控系统，增加信息化项目，着力将新馆建成完善的智慧科技馆。

信息化项目于 2020 年 6 月底确定需求和概算，目前正在根据湖北省科技馆新馆工程建设领导小组会议纪要要求，向湖北省发改委递交项目可行性研究报告，待省发改委批复后实施，投资估算为 1 600 万元。项目内容为：一是集成弱电智能化工程、展厅中控系统有关系统。二是搭建智慧传播系统，包括线上平台、预约购票系统、AR 体验项目等。三是搭建智慧服务系统，智慧导视、智慧导览、智慧互动、智慧辅导、反馈系统、效果评估等。四是搭建智慧运营系统，在集成弱电智能化工程、展厅中控系统基础上，丰富有关功能。五是搭建智慧管理系统，建设智能化中央控制大厅，嵌入综合管理平台，建设公众展示平台。

智慧科技馆的建设是一个系统性工程，也是一个持续性工程。信息技术的飞速发展将促使智慧科技馆不断迭代进化，因此在进行整体设计时要考虑前瞻性和可拓展性。相信在国家对信息化建设的重视下，在科技馆界的不断尝试下，智慧科技馆建设将不断走向前进。

参考文献

[1] 中国科协机关党委. 中国科协党组理论学习中心组专题学习研究“智慧科协”建设[J]. 科协论坛，2018(3)：61.

[2] 中国科技馆. 中国科技馆“智慧科协”之“智慧科技馆”建设方案[R]. 2018.

[3] 蔡文东，莫小丹. 智慧博物馆的建设经验及其对智慧科技馆建设的启示[J]. 中国博物馆，2020(1)：115-119.

[4] 黄雁翔. 5G 时代智慧科技馆的探索与实践[J]. 科普研究，15(6)：12.

[5] 中国电信集团有限公司. 中国电信 5G 技术白皮书[R/OL]. (2018-06-26). http://www.chinatelecom.com.cn/2018/ct5g/201806/P020180626325489312555.pdf.

[6] 台钰莹. 5G 技术在图书馆中的应用研究[J]. 现代信息科技，2020，4(9)：135-137.

[7] 与非网. eMBB/mMTC/URLLC 这三大 5G 应用场景具体指向哪些领域？[EB/OL]. (2019-01-10). https://www.eefocus.com/communication/427156.

[8] 四信网. NB-IoT 和 5G 两者关系你知道了多少，二者对物联网有什么影响？[EB/OL]. (2018-08-10). http://www.four-faith.com/2018/industry_0801/641.html.

[9] 李静，董秋丽，廖敏. URLLC 应用场景及未来发展研究[J]. 移动通信，2020(2)：20-24.

[10] 王文彬. 试从传播学角度谈智慧博物馆[J]. 文博学刊，2018(4)：48-55.

[11] 黄雁翔，聂海林. 微信公众平台科学传播的现状、问题与策略研究——从用户、新媒体平台、运营方三个角度分析[A]. 中国科普研究所，江苏省科学技术协会. 中国科普理论与实践探索——第二十三届全国科普理论研讨会论文集[C]. 中国科普研究所，江苏省科学技术协会：中国科普研究所，2016：12.

[12] 中国科技馆. 中国科技馆“智慧科协”之“智慧科技馆”建设方案[R]. 2018.

[13] 梁庆庆. 楼宇智能化系统的集成设计探讨[J]. 决策探索(中)，2020(3)：36.

浅析四阶循环法建设智慧博物馆
——以中国湿地博物馆为例

郑为贵[①]

摘　要：为了进一步探索智慧博物馆建设方法，构建完善、成熟、专业的博物馆服务体系，更好可持续地发挥科普场馆的公共文化服务功能，以中国湿地博物馆为例，提出了基于数字“引流”、智慧“暖流”、互动“固流”和专家“养成”的四阶循环法建设智慧博物馆平台，详细阐述了平台的基础设施层、大数据中心层、数据库层、支撑及工具层和业务应用层设计思路和技术架构，并就四阶循环法在智慧博物馆建设中的有效应用作了举例说明，以期对博物馆智慧化平台架构设计提供一些思路。

关键词：四阶循环法；智慧博物馆；平台；引流；暖流；固流

1　前　言

智慧博物馆是在传统实体博物馆、数字博物馆概念基础之上，运用大数据、云计算、物联网、区块链、人工智能等新信息技术，感知、计算并分析博物馆“物、人、数据”三者之间的双向多元数据信息，建立“物—人”“物—数据”“人—数据”之间的信息交互和远程控制，从而实现对场馆管理智能化和公众服务个性化的自适应控制和优化，加强藏品和藏品之间、藏品和展品之间、研究者和策展者之间、观众和展品之间、藏品/展品和保护之间、线上与线下的有效互动的关系，助力博物馆构建完善、成熟、专业的现代场馆服务体系，更好地发挥公众文化服务功能。自 2014 年国家文物局提出并推动智慧博物馆试点工作以来，我国智慧博物馆的建设进入井喷式的发展时期，纵观已建成的部分智慧博物馆，整体建设水平却差强人意，究其原因，主要在于部分智慧博物馆秀技术的现象非常普遍，走入了以技术为主导的误区，没有坚持需求驱动和业务引领相结合的设计原则，致使智慧博物馆的建设缺乏清晰的路线图。众所周知，每座博物馆都有各自的特色和不同的业务需求，深度挖掘业务需求才是博物馆的创新发展之本，忽视自身博物馆业务需求而去盲目热衷追求技术“新奇特”或全盘模仿其他已建智慧博物馆模式，这样做的后果无异于舍本逐末，对博物馆管理、保护、研究和服务体系改进工作上的系统支持还是非常有限的。

2　挑战与探索

科普场馆在开放初期观众流量都具有很强的开馆效应，散客络绎不绝，团体应接不暇，甚

① 郑为贵，中国湿地博物馆高级工程师；主要研究方向：博物馆陈展技术、特效影院建设；通信地址：浙江省杭州市西湖区天目山路 402 号中国湿地博物馆；邮编：310013；Tel：0571-88872927/15395817319 Email：zgsdbwg2009@163.com。

至出现爆满的现象，观众期待、技术一流和服务周到是造成这种观众爆满的开馆效应现象的主要原因。很多科普场馆经过若干年的运营后，开馆效应的红利逐渐消失，落后的场馆服务体系已无法满足现代观众多元化的个性需求，导致观众流量急剧下降。究其原因，主要是无“引流”、少“暖流”和缺“固流”3个方面因素所致。

无“引流”：我们如今已处在信息爆炸和文化消费方式多元化和个性化的时代，可很多场馆运营模式还停留在传统坐等观众上门的因循守旧思维定式上面，“引流”动力不足，线上数字化对外展示能力和内部统一管理体系还存在欠缺，新媒体宣传推广不到位，造成公众对场馆展览的内容和举办的活动缺乏及时的了解的现象，极大限制了场馆受众覆盖面的持续扩大。

少“暖流”：主要体现在微信公众号功能单一，游客预约参观、自助导览、购票、购物等便捷性较差，很多场馆的游客数据目前还无法采集，导致场馆对馆内日常运行情况、游客对展厅喜好、游客类型、相关活动效果等无法数据化沉淀，无法有针对性的为游客提供个性化的暖心服务，亟待改进服务观念和模式。

缺“固流”：很多场馆还停留在单向输出的模式，即“我办我的展，你参你的观”，由于一直缺乏与游客的闭环良性互动，导致游客的黏性不足，迫切需要基于微信服务号和云上数字博物馆等创新载体打造功能更丰富的服务应用与互动体验，增强“固流”能力。

以上这些因素都严重制约了科普场馆公共文化服务功能的可持续发挥，为此，中国湿地博物馆就提升“引流”能力、改进“暖流”方法、创新“固流”举措做了一些架构设计思考与实践探索。中国湿地博物馆是展示中国湿地保护成果、普及湿地科普知识的重要场所，始终坚持以向公众普及湿地文化宣传和保护知识这个业务需求为核心，紧紧抓住“杭州市打造全国数字经济第一城”契机顺势而为，积极探索运用前沿技术，主动拥抱数字化变革，按照“统一规划分步实施”“注重特色兼顾先进”和“以数促文以文兴旅”的建设原则，构建符合自身业务需求的线上线下相结合的新型智慧博物馆发展模式，构建完善、成熟、专业的智慧场馆服务体系，探索基于数字“引流”、智慧“暖流”、互动“固流”和专家“养成”的四阶循环法构建智慧博物馆打通湿地文化服务最后一公里，中国湿地博物馆智慧博物馆平台（以下简称平台）业务设计架构见图1所示。

3 总体设计

平台整体应用系统设计架构如图2所示，通过基础设施层、大数据中心层、数据库层、支撑及工具层和业务应用层5个基础层级的有效划分可以全面展现平台整体应用的设计思路。

基础设施层主要指保障上层系统正常运行的硬件设备，主要包括监控设备、入口闸机、物联网设施、网络设备、中国湿地植物数据库服务器和第三方数据库等，视频数据存储在本地视频存储服务器中。系统拓扑结构见图3所示，系统运行在城市大脑文旅云平台，通过城市大脑统一的数据标准，可将场馆的游客数据输出到城市大脑，对城市大脑的数据进行补充；同时，城市大脑的游客数据，脱敏标签化之后，反馈到平台，丰富游客画像纬度。平台中的游客数据采集主要由双目客流摄像机、检票闸机和显示屏等组成，所有设备通过网络方式进行连接，所有的数据及信号通过内部网络上传到监控中心进行存储及管理。同时，游客密度及属性分析摄像机也通过专网接入平台，对入馆游客进行密度、流量统计以及属性分析。

大数据中心是平台数据资源库建立的保障，提供基本的采集模块数据录入和数据库对接来获取博物馆数据，同时为后期智慧场馆其他特色应用系统的建设，预留了扩展接口，技术架

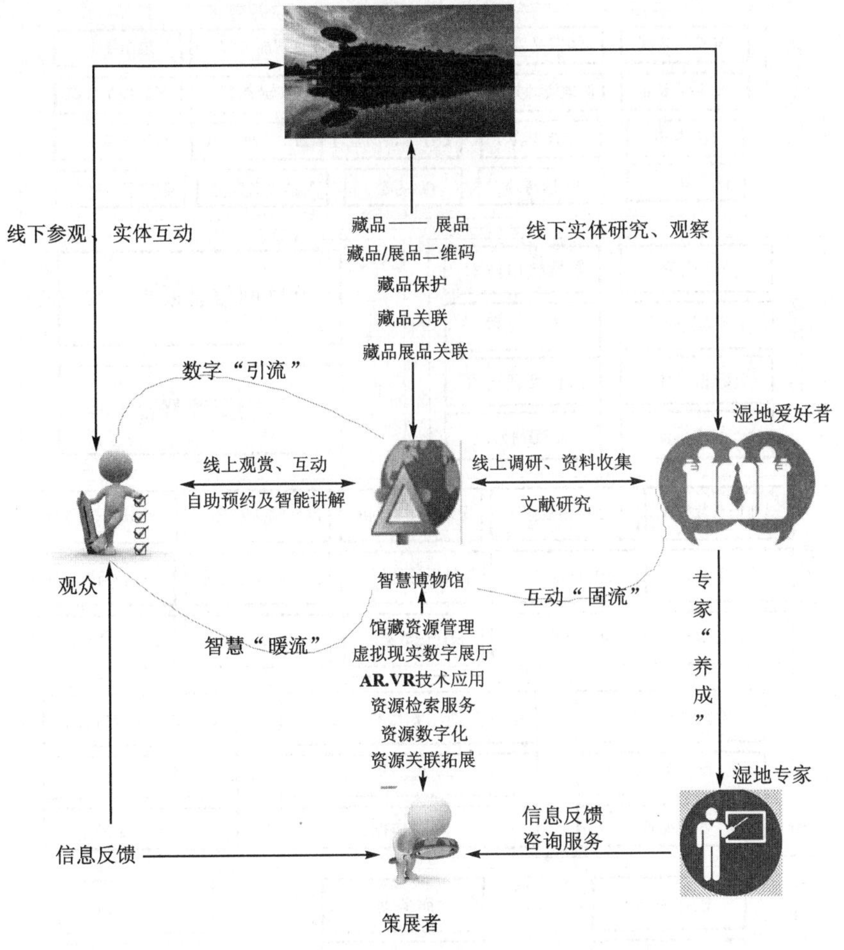

图1 中国湿地博物馆智慧博物馆业务设计架构

构如图4所示。采集模块的数据主要来源包括系统管理员添加发布的内部湿地相关特色资源数据、采集工具采集到的湿地文化网络采集资源数据、三方数据库采集的文献数据资源仓储、游客画像数据、藏品数据和展厅关注度数据等,博物馆数据主要包括两方面,一方面是博物馆基本数据,包括各展馆简介、藏品简介及相关的影像、湿地文化资源等相关数据;另一方面是运营产生的数据,包括展览活动、游客预约、游客游览互动等相关数据。前者通过数字化建设来实现数据的共享传播,后者通过公众号、智能导览、智慧安防、人流检测等系统进行信息发布和游客数据采集,实现“物、人、数据”动态双向多元信息传递。例如可以通过采集到的游客参观时间、性别、年龄、兴趣爱好、购物消费等数据信息,做好游客画像综合分析,为博物馆接下来组织活动、调整展项、征集展品、举办专题展览等更有针对性的吸引游客、通过数据共享和协同,从而为提高博物馆文化影响力等决策提供有力的数据支撑。

数据库层通过对大数据中心的资源重构,通过检索式以及接口打通的方式,对大数据中心的数据资源进行动态调用,实时同步平台应用层的数据库基础,包括湿地场景数据库、湿地植物数据库、湿地标本数据库、湿地藏品数据库、湿地知识数据库、湿地专家数据库、湿地图鉴数据库、湿地客流数据库、植物领养数据库、安防系统数据库、消防系统数据库、云课堂数据库、多

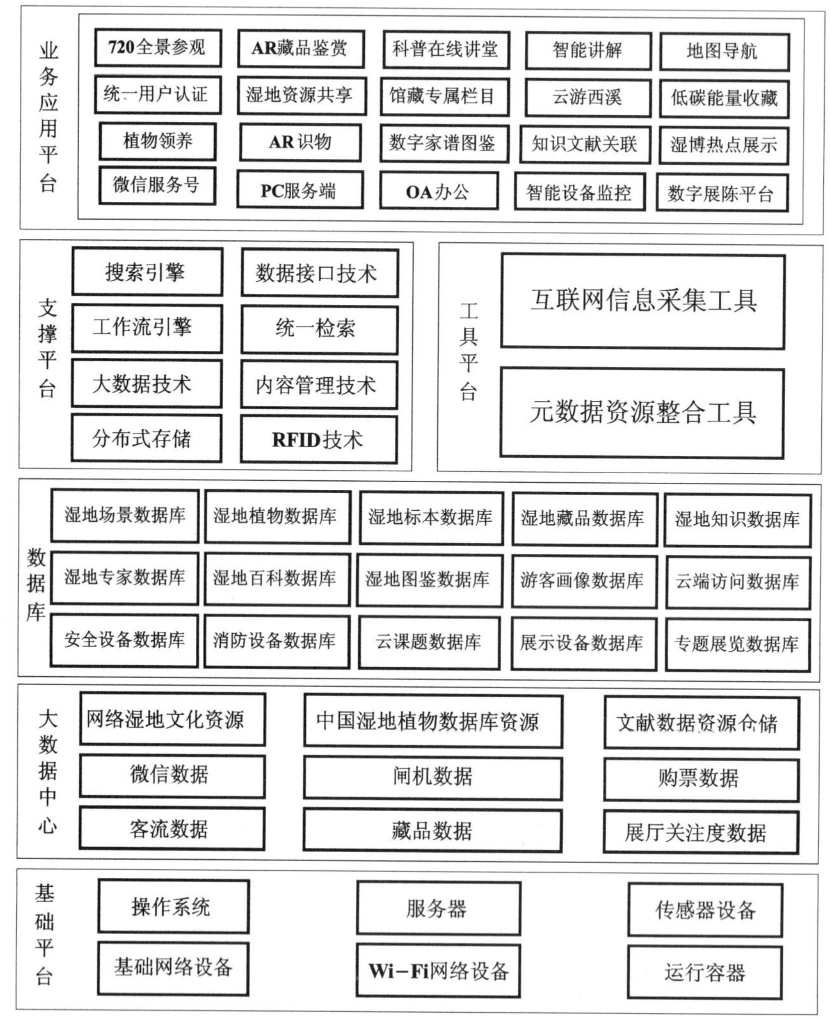

图2　平台整体应用系统设计架构

媒体展项数据库和特色展览数据库。

支撑层是整体应用系统建设的开发技术保障，采用相关面向服务体系架构的设计，采用基于J2EE技术的B/S架构，实现智慧博物馆的复杂应用环境、跨平台应用系统开发和对接的支持，并采用目前非常流行、成熟的SSH(Struts、Spring、Hibernate)WEB应用程序开发框架，用于构建灵活、易于扩展的多层WEB应用程序，通过统一的企业级总线服务实现相关引用组件包括大数据搜索引擎、RFID技术、信息分类标准、数据接口技术应用、工作流、网络信息采集、元数据资源整合、身份认证、安全审计等应用组件进行有效的整合和管理，各个应用系统的建设可以利用基于基础支撑组件的应用，快速搭建相关功能模块。

业务应用层是平台前台功能以及系统管理功能的体现，从湿地文化的线上引流、线下暖流、线上固流、线下增流的几个环节内的应用场景设计，针对不同参观者对湿地文化的兴趣点进行应用场景设计。打通以湿地文化为中心，与到馆的参观人群，包括以儿童科普为主体以及以专家研究为主体的用户，以及与本馆内的实体场景，包括植物、标本、藏品等进行场景结合以及数据关联设计。通过数字“引流”——智慧“暖流”——互动“固流”——专家“养成”的四阶循

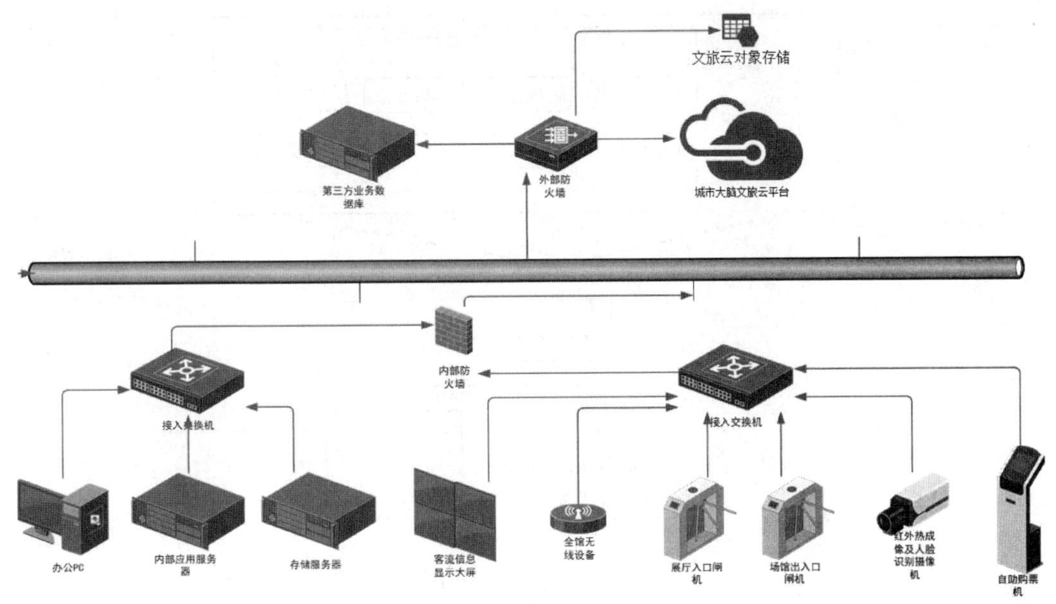

图 3　系统拓扑结构

环法(见图 5 所示),持续让更多的参观者走进博物馆,使产生黏性的用户不断学习湿地知识并不断积累经验,逐渐成为湿地领域爱好者以及湿地知识专家。通过资源共享、发布,达到文旅融合,通过平台活动建设,实现线上、线下的藏品、标本、实体场景的融合,拓宽湿地文化的知识传播渠道。

4　四阶循环法

(1) 数字“引流”

中国湿地博物馆利用资源数字化和数字云上化打造数字博物馆来创新“引流”载体,数字博物馆是包含有数字展览、云游湿博、数字馆藏、数字服务等一系列经过数字化包装和优化的线上栏目。数字博物馆可以突破线下博物馆难以逾越的时间和空间限制,让展示形式更多样、展示内容更精彩,数字博物馆通过与实体场景的 3D、VR 体验空间的构建给用户营造身临其境的访问体验。用户可基于手机微信客户端或 PC 端进行线上访问 720°全景漫游、AR 藏品鉴赏、科普在线讲堂、自助讲解、地图导航、统一用户认证、湿地资源共享、馆藏专题栏目、云游西溪、西溪能量收集、植物领养、AR 识物、动植物数字家谱图鉴、知识文献关联、湿地热点展示等功能,数字博物馆还巧妙的将包含 2 169 种湿地植物以及 6 000 多张植物图的中国湿地植物数据库和深藏于库房中的 2 万余件动植物珍贵标本数字化后上云转化为 AR 等生动形式的有趣科普教育素材与观众见面,并利用这些原创数字素材融合再生打造具有西溪特色的自然环境教育品牌,使其更便捷和更接地气的飞入寻常游客家且让游客看得懂喜欢看,从而进一步提高社会各界保护湿地原生态环境意识和走进博物馆参观的兴趣,达到数字“引流”初衷。

(2) 智慧“暖流”

在数字博物馆利用富有特色的线上数字内容和精彩展示形式成功实现有效“引流”的基础

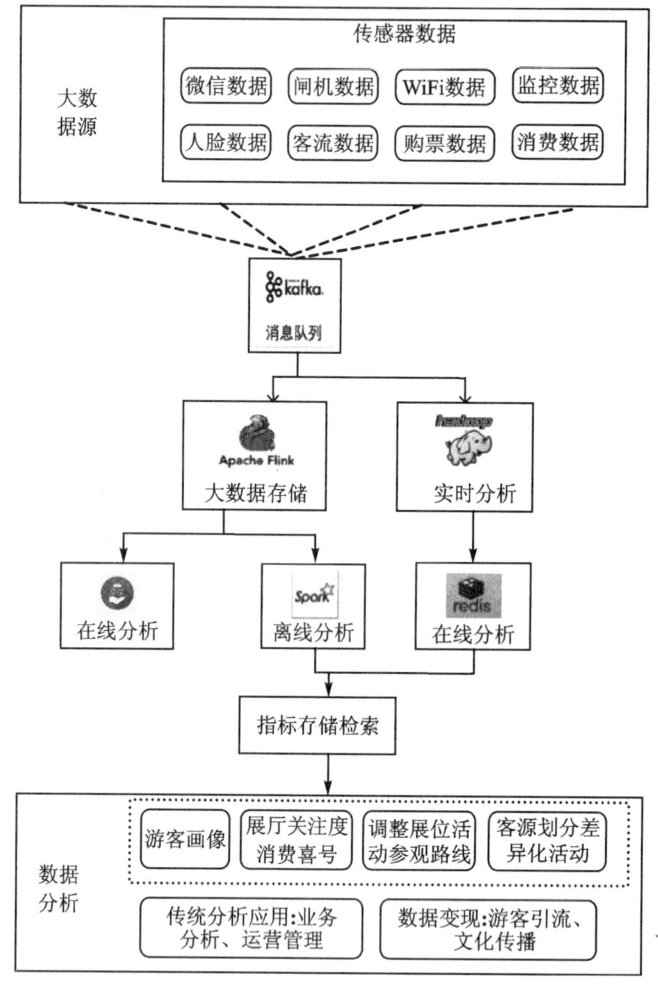

图4　大数据中心技术架构

上，针对收集到平台各个角色的用户个体对平台的访问数据，生成数据层面反馈较好的互动渠道，并借此更好的对平台内湿地文化相关的内容、功能、栏目进行数据分析展示。让“引”来的“流”更方便和更温暖的参观博物馆，实现从“引流”到“暖流”一站式无缝对接，“暖流”具体措施主要是基于微信服务号打造以手机预约参观、智能个性讲解、场馆参观攻略推荐等一系列特色应用为代表的大数据智慧博物馆平台搭建，例如依托“大数据”画像实现游客刷脸入馆，个性化智能语音导览、“科普活动”线上直播、有奖竞猜“数字藏品”“办您喜欢”的专题展览等特色应用，这些都是对博物馆传统业务领域富有变革性的创新探索，很好的满足了游客“一机在手畅游湿地”的个性化参观需求。

(3)互动“固流”

为了增加用户黏性，在“暖流”过程中，通过线下实体与用户互动的方式，获取到用户的基本信息，并且使他们与本平台产生一定的黏性，为达到让用户基于平台对湿地文化以及相关知识具有更深一层次的了解，平台为用户提供科普云课堂以及动植物数字家谱图鉴的服务，让用户在线下积攒的湿地相关知识的得到巩固，用户还可以通过微信服务号进行实时互动，达成互

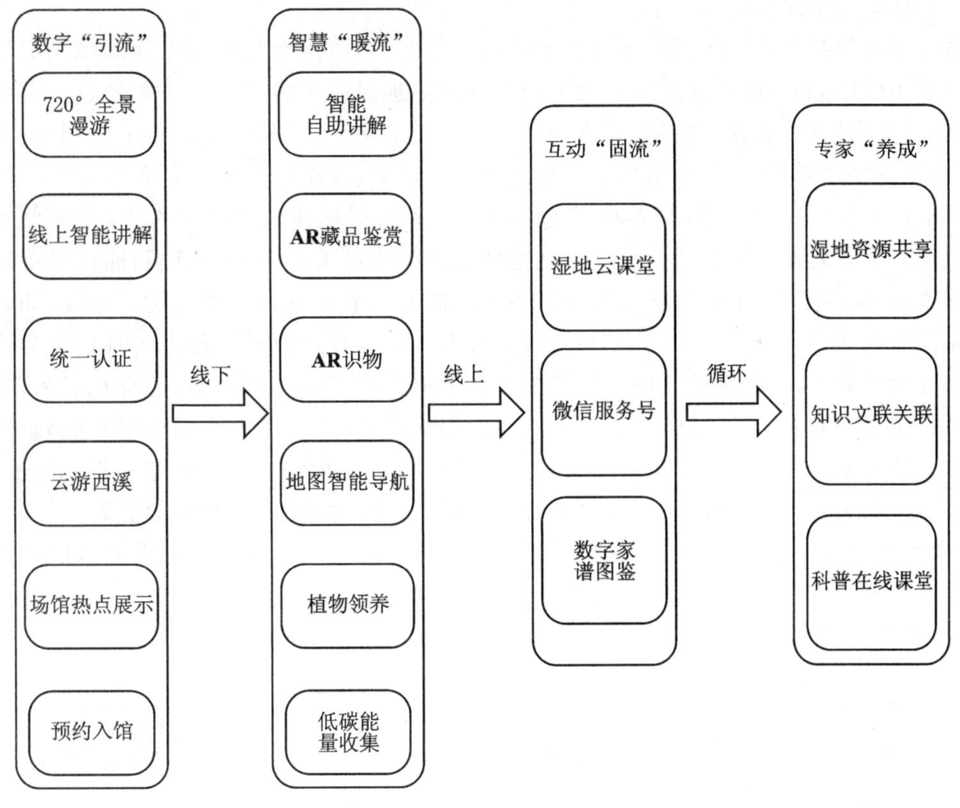

图 5　四阶循环法示意图

动“固流”的目的，例如游客可通过云上博物馆，在数字图鉴、植物课堂、动物课堂、数字馆藏、线上展览、AR 互动等平台浏览学习，根据停留时间和阅读量的统计可转换为相应的“低碳能量值”，一定数量能量值可在植物地图上进行虚拟植树，低碳能量树结构如图 6 所示，通过构建低碳能量体系实现了引导游客对博物馆的深度学习，同时也通过数据的沉淀可分析量化用户对平台的体验度。

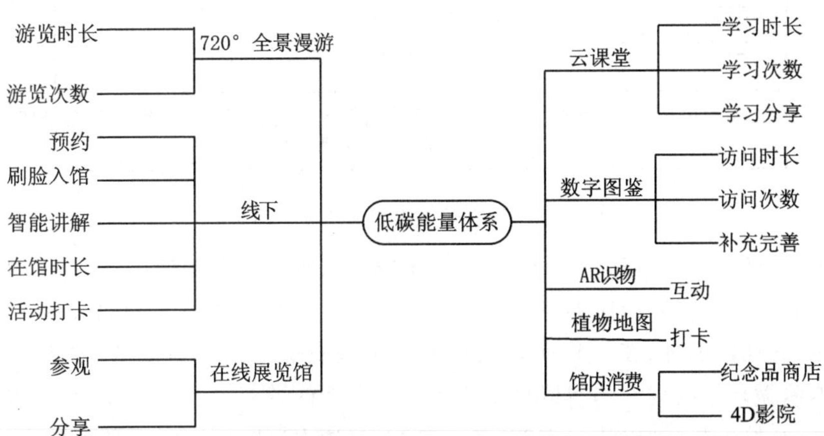

图 6　低碳能量树组织结构

(4) 专家"养成"

通过多次的线上——线下——线上的湿地文化互动,可以充分发挥湿地动植物数字图鉴的专业引领作用,部分用户逐渐成长为平台认证的湿地爱好者或专家。例如通过对湿地的植物、动物的数据梳理,实现对植物、动物的种类家谱关系建设,实现对湿地动植物知识的关联建设,并通过研究共同特性,发现植物与动物之间的关联关系,并可通过对关键词的关联建设,直接关联平台所有的知识库、相关文献、专题库、视频、图片等资源。通过本平台更直观快速的展示给观众以及研究者。例如图 7 是平台湿地植物数字家谱关系图鉴示意图,通过对湿地植物的数据梳理、属性定义,平台可根据湿地植物所属的节点数值进行家谱结构的建设,如 001 为第一家谱节点,002 为第二家谱节点,001 001 为第一家谱节点的第一分支,001 002 为第一家谱节点的第二分支,以此类推。以该种结构建设湿地植物家谱关系图鉴,并直观展示,方便了解湿地植物之间的关系,通过图形化展示植物的形状或图片,用户可直观的了解到湿地植物数字家谱关系图鉴。此外,通过选取某一植物,可按照植物的属性进行展示,包括形态特征、生长环境(温度、光照、水体化学性质等)、主要价值(药用价值、食用价值、能源价值等)、品种(主要品类、稀有种类等)、危害、治理知识(繁殖、处理、改善作用等),以直观的结果展示植物的属性特征。以此来探究湿地植物之间表面属性无法体现的关联关系,进而增加知识厚度,帮助探索新发现,助力专家"养成",进一步提升平台的智库质量和吸粉能力。

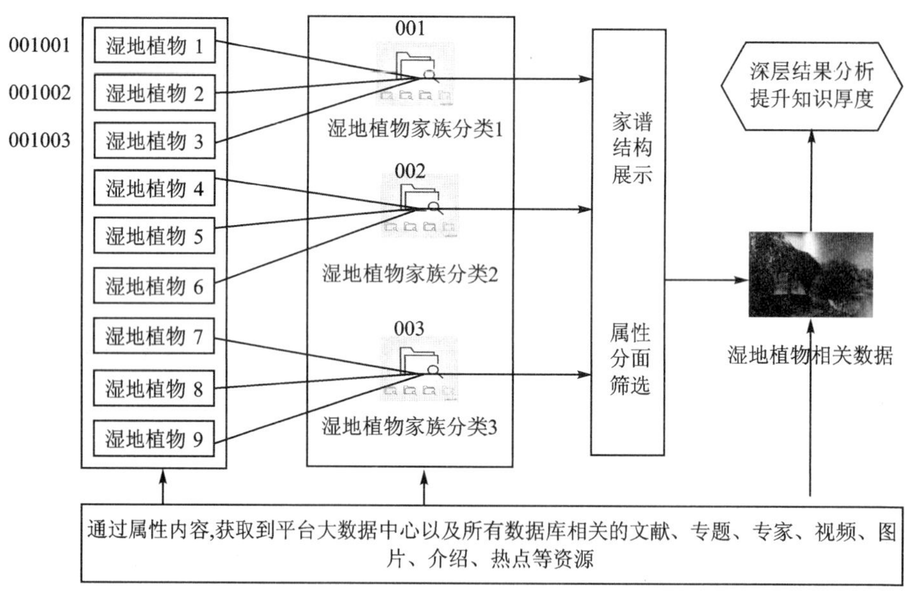

图 7 湿地植物数字家谱关系图鉴示意图

平台"养成"的专家可以持续发挥自带"引流"效应,吸引更多新的用户走进博物馆,并为平台新加入的用户提供帮助,四阶循环法至此完成第一轮循环并由专家自带粉丝或数字"引流"驱动进入新一轮四阶循环,新一轮四阶循环中由于拥有更多的用户基数、专家参与和智库资源,新一轮四阶循环中的用户将得以享受到更多更专业的资源,从而更好更快的成长为湿地爱好者或专家。从第一轮的"引流输血"到新一轮"专家造血"转变,四阶循环法模式效果初现,随着四阶循环法的多次迭代和接力优化,"养成"专家的数量越来越多,平台的可持续发展力得到持续提升。

5 结　语

数字“引流”让更多的观众走进博物馆，智慧“暖流”让“引流”享受到更个性化的服务，互动“固流”让产生黏性的观众不断了解、学习湿地知识并不断积累，从而帮助更多观众逐渐成为湿地领域爱好者以及知识专家。四阶循环法在中国湿地博物馆智慧博物馆的成功应用，构建了完善、成熟、专业的智慧场馆服务体系，全面提高了博物馆的整体运营服务能力，不仅可以为观众提供更精准、更方便的参观服务，而且通过数字赋能可以让更多的观众以及研究人员参与，实现了湿地文化资源、藏品、标本等数据在不同应用场景下的资源共享和融合利用，达到了增强湿地文化服务功能的建设目标。

参考文献

[1] 蔡文东，莫小丹.智慧博物馆的建设经验及其对智慧科技馆建设的启示[J].中国博物馆，2020（1）：115-119.

[2] 周子杰.智慧博物馆的公众服务中台架构设计[J].信息系统工程，2020(3)：76-77＋80.

浅析线上科普活动的开展

陆文伟[①]

摘　要：科普活动是科普展教人员传播科普知识，以及社会公众获取知识、技能的重要途径之一，他们利用这一途径达到信息增量的效果。我国已经全面进入到数字化时代，随着移动互联网的发展，人们生活节奏的加快，突发的公共卫生安全事件等原因的影响，人们越来越倾向于从智能终端这一途径获取讯息。线上科普活动将成为新时代科普活动的一个重要手段，在提升全民科学素质中发挥越来越大的作用。本文针对线上科普活动的开展进行分析，为活动的开展提供一些建议。

关键词：线上科普活动；数字化；数据

在当前社会经济不断快速发展的背景下，网络化的建设速度越来越快，特别是在当前数字时代的发展模式下，城市生活逐渐朝着数字化的趋势发展。随着信息科技迅猛发展及网络时代的进步，网络业逐步普及到世界的每个角落，越来越多的活动会倾向于选择网络上面来。也正是在这种新时期社会环境的影响下，线上科普活动逐渐发展起来。线上科普活动的开展，虽然具有一定的优势特点，但是对于活动的内容及互动形式要求越来越高，对于活动策划人的要求也越来越高。因此，必须要结合实际情况，加强对工作人员的培训提升力度，让工作人员对线上理念有更深入的了解，这样才能够有利于线上活动的开展。

1　线上科普活动的开展现状

(1) 线上科普活动的开展情况

随着信息化、网络化、大数据、智慧化、智能化等数字科技深入发展，人类社会数字化趋势越来越明显。在新时期，以大数据、5G、人工智能等技术为支撑，我国拥有了全球最大的互联网用户、智能手机网民。线上活动应运而生，而作为科普活动的新兴手段——线上科普活动也得到了很好的开展。尤其是今年新冠肺炎疫情期间，各大科普机构、企业，甚至个人，都在线上推出了各式各样的线上科普活动，给公众提供了科普知识的同时，也提供了各式各样的新奇线上活动体验。线上科普活动的百花齐放，让我们看到了伴随技术的发展一个新兴领域的出现，为我们提供了一种新的科普手段，也让我们多了一个科普阵地。

(2) 开展线上科普活动存在问题

随着网络化的深入发展，涌现的线上科普活动百花齐放，跨地域、跨时空，极大地满足人们随时学习知识的要求。但也存在着一些尚待解决的问题。

---

① 陆文伟，广西壮族自治区科学技术馆工程师。通信地址：广西南宁市青秀区民族大道20号。E-mail：406477317@qq.com。

网络的开放性,容易导致线上科普活动出现同一个主题的内容大同小异,甚至是复制粘贴的情况。现今移动互联网的飞速发展和空前的普及,使每一个受用者可以使用智能终端接收信息的同时,也可以发布信息。为了能更快的抓住公众的关注,获得更高的点击量,发布者对于内容不加提炼,只争发布的时间不求内容的鲜活吸引力,使得公众在线上阅读的时候出现"阅读疲劳",久而久之,失去了对线上科普教育活动的兴趣,十分不利于线上科普教育活动的发展。

网络的自由性,容易导致线上科普教育活动展示的内容不科学、不严谨,甚至是反科学。每一个人都可以参与到线上科普活动的开展,对于展示内容的提炼加工都存在一定的主观性。而近百年来,科技得到了迅猛发展,不断产生出许多新的知识,新的技能。人们要掌握所有的知识显然是不实际的,每一个人的知识储备,对于科学知识的认识、理解都是存在差异的,或者注重于展示方式而忽略了对于展示内容的严格把控,这就导致了线上科普教育活动内容出现错误,甚至是反科学。公众在面对这些线上科普活动时,只能被动接受,无法辨明真假,容易导致"去真存伪"了。

网络的阻隔性,容易导致公众在参与线上科普教育活动时,面对的是一个智能终端,不能进行面对面的情感互动,不能很好的感受宣讲人的人格、语言魅力。宣讲人也不能及时了解听众的实时状态而对宣讲内容进行调整。当前的线上科普活动互动性普遍较差。

2　线上科普活动的环境建设

(1) 将线上科普活动建设与科普事业的发展战略结合

任何一件事情的发展,都需要遵循循序渐进的基本原则,不可以追求短期的利益,而盲目发展。线上科普活动也是如此。线上科普活动是新时代科技发展促进科普活动发展的一种新兴方式,在未来将会成为科普活动非常重要的一部分。在具体实践中,政府及行业主体要让线上科普活动正规化,将其与科普事业的发展战略进行结合,制定相关的发展规划和目标,并有相关政策进行支持。这样不仅有利于线上科普活动的系统化全面发展,让数字化理念深入人心,而且还能够调动起公众的参与积极性,让公众能够真正意识到线上科普活动的重要性。

(2) 建立科普知识大数据库,树立行业标杆

数字化时代的快速发展,促使很多领域在发展过程中,都会逐渐朝着数字化的趋势发展,这样不仅有利于顺应整个时代的变化形势,而且还能够满足数字化发展对于社会生活的作用和价值。在推动线上科普活动发展的时候,政府、行业主体要将自身在其中的主导作用充分发挥出来,引导各个部门相互之间形成一定的联系,共建共享科普知识数据库,同时,要组织相关专家对数据库的知识点进行审核,保证数据库的合理性、科学性、权威性。在数据共享体系建设中,需要在一定层级上构建系统性、权责分明、管控可信的信息资源共享交换体系。数据库的共建共享,可以从科学性上指导科普从业者开展线上科普活动。线上科普活动的开展,要依托强有力的网络、基站等基础设施的帮助,政府、行业主体要强化基础设施建设,提高线上科普活动的便利性,积极调动公众共同参与其中。

(3) 运用大数据处理技术,进行"精准科普"

纵观人类的发展历程,数据一直伴随着人类社会的发展变迁,承载了人类基于数据和信息认识世界的努力和取得的巨大进步。因此,我们可以知道,对数据进行分析,有助于帮助我们了解现状从而做出正确的判断和决策。在信息化发展历程中,数字化、网络化和智能化是三条并行不悖的主线。数字化奠定基础,实现数据资源的获取和积累;网络化构建平台,促进数据资源的流通和汇聚;智能化展现能力,通过多源数据的融合分析呈现信息应用的类人智能,帮助人类更好地认知复杂事物和解决问题。

随着政务信息化的不断发展,各级政府积累了大量与公众生产生活息息相关的信息系统和数据,并成为最具价值数据的保佑者。在充分保护数据隐私前提下,能活用这些数据,将能更好地指导我们了解公众的需求,从而策划、设计、推出更有针对性的"精准科普",能吸引更多的公众参与到线上科普活动中。比如,新冠疫情期间,政府可以监测到公众非常关注公共卫生安全的相关信息,我们就可以利用这样一些统计数据来指导我们开展公共卫生安全的线上科普活动。

3 开展线上科普活动的建议

(1) 高层管理人员介入

线上科普活动的开展,应该是要有助于科普事业的发展,有助于单位完成全年工作目标,而高层管理人员比其他人员更明白单位的发展方向及工作目标。同时,线上科普活动在策划、制作和发布过程中,会涉及很多技术手段和各部门之间的协调工作。高层管理人员的介入,能更好解决这些问题。当然,这里的"介入"有其特定的含义。既可以直接参与,也可以是决策或指导,还可以是在经济和人事等方面的支持。在开展线上科普活动的时候,高层管理人员的介入,不仅有利于对方向、标准等一些关键性问题进行妥善处理,而且还能够实现对各个活动合理的规划和利用。此外,高层管理人员的介入有利于积极调动所有参与部门、参与者的积极性和主动性,这样更有利于为线上科普活动注入新鲜的力量。

(2) 突出地方特色,彰显地域文化

在网络化、数字化快速发展的今天,人们拿起智能终端,扑面而来的是大量的讯息,讯息已经彻底从供不应求变成了供大于求。这给人们提供便利的同时,也带来了苦恼。同一主题的不同推送大同小异,越看越提不起劲。所以,线上科普活动设计者要放慢脚步,做出自身特色。一方水土孕一方文化,设计者应认真仔细去了解地域文化精髓,要有传播、传承、发扬地域文化精髓的意识,将科普活动的内容与地域文化相结合,突出地方特色。地域文化,广义上是指有地方特色的文化,包括地方的政治、经济、历史、名胜、环境、风俗等方面的文化信息。科学技术的发展都会对社会变迁起着不同的作用,所以,在实践中从地域文化中挖掘科学知识的故事是我们解决同一主题下不同情节的故事叙述的很好途径,在多元差异中体现出同一科普主题下各地的不同影响。今年广西科技馆针对夏至推出了线上科普活动,结合北回归线贯穿广西的地域特点,讲述了北回归线附近地域的气候、环境特色,收到了不错的效果。

(3) 充分利用AI智能技术,实现多手段多方式互动

近年AI智能技术的高速发展,语音识别、语音分析、图像识别等技术手段都越趋成熟,并能广大地应用于市场。这给线上科普活动的互动提供了很好的解决方案。线上科普活动的最终目的是让参与者能沉浸于活动中学习到知识。那么怎样提高这个沉浸式获取知识的成效就是我们在策划和设计活动时要考虑的问题。通过AI智能技术,我们可以很好的实现人机互动,提升活动的趣味性和参与性,降低参与者面对智能终端单一、被动地接受而产生的乏味感。

比如,利用语音识别进行课堂互动问答;利用触屏感应进行选择问答等等。同时,很好地将AI智能技术融入活动中,还可以起到"督学"的作用。因此,政府、行业主体在规划数字化科普的发展中,要注重AI平台的搭建,从软、硬件方面提供支持,从而提升数字化科普的效果。

(4) 引入市场化运营模式

未来,线上科普活动会逐渐发展成为科普事业非常重要的一部分,数字化科普的有序开展,不仅能够扩大科普活动的辐射广度,而且还能够促使数字化科普的质量和水平达到一定标准和要求。从互联网发展到移动互联网,图文阅读模式已经不能满足人们的快节奏获取资讯的需求。近年来飞速发展的短视频APP就是一个很好的佐证。短视频不仅直观、明了,而且比图文内容生动、方便。在保证能传输知识点的同时,又能够满足人们视觉、听觉、精神阅读的基本要求。因此,线上科普活动里应该更多地使用科普短视频。随着网络技术和智能终端设备的不断发展,人们对于视频的品质要求也越来越高,过去的许多科普短视频因内容、画质等原因已经不能满足现在的观看需求。术业有专攻。短视频的拍摄及制作过程是一个比较专业化的工序。市场机制在其中的引入和利用,具有非常重要的影响和作用,它不但可以提高整个线上科普活动的质量,更能促使市场各个主体共同参与其中,主动接触、学习、挖掘科普知识,促进科普事业的发展。不仅是科普短视频的制作,线上科普活动实践过程中,引入市场化运营模式,促使市场各个主体共同参与其中,这样不仅能够充分调动社会资源,而且还可以针对各个不同主体,提出有针对性的措施。

(5) 针对时事热点,线上科普活动专题化

线上科普活动依托网络技术,拥有自身的优点,其灵活性和机动性可以给传统科普活动提供了一种补充和扩展。针对时事热点,传统的科普活动需要策划、设计、制作、现场布置并需要参与者来到特定的场地进行观看学习。而线上科普活动可以快速反应,策划、设计、网络推送就可以为公众提供科普服务,省去现场布置和地域的限制。所以,针对时事热点,线上科普活动是一个非常好的选择。而针对时事热点做出相应推送的线上科普活动,也需要注重分门别类,让公众能更好地进行选址。据统计,广西广电网络电视的线上科普板块,此前的科普信息为平铺式展示,让客户自行进行筛选观看。今年新冠肺炎疫情期间,他们对板块进行了调整,设置了专题分类,如新冠肺炎防控专题等。点击观看量一星期上涨了4万多人次,而这些上升的点击量并不单纯局限在新冠肺炎防控专题中。

(6) 注重团队能力的培养

信息技术的飞速发展,计算机算法和理论的不断更新,促使更多的技术能真正地应用到生产生活中,给人们提供便利。但是,不管技术怎么发展,应用的过程中,人才是起决定作用的因素,始终需要使用者能充分地运用才能发挥出最大、最好的效果。

开展线上科普活动的实践过程,是一个多学科、多工种、多技术互相交叉配合完成的过程,要求有一个团队的配合完成。团队的综合能力则决定到线上科普活动开展的质量和效果,这就要求我们注重团队能力的培养。首先是数字化理念的培养,只有团队成员认可了数字化理念,才能真正地把它贯彻在实践过程中;其次是学习能力的培养,活动的开展需要团队成员熟悉掌握科学各学科知识,精通视频开发处理的各种方法和技术,善于运用工具,能透过现象认识问题的本质,具有丰富的想象力和创造力,能从核心要素中挖掘、创造出宣传学科知识的方式方法,敢于接受新鲜事物,善于从经验积累中进行创新,这些都需要团队成员拥有较强的学习能力;再次是谈判和协商能力的培养,引入市场化运作模式,可以更大地吸引社会资源的参与，提升整个活动的辐射广度。其中就需要与很多社会个体、企业进行沟通、打交道，需要团队成员能抓住自身需求，并善于将需求传递给对方，让对方能理解、认可并执行我们的需求。同时，活动的开展是一个互相协助的过程，需要团队成员有较强的与他人协商合作共事的能力。

4 结束语

线上科普教育活动这一概念的提出，其实是当代社会背景下的一种必然发展趋势。线上科普教育活动的有效开展，有利于提升全民科学素质，为国家建立起宏大的高素质创新大军打下良好基础，加速实现科技成果转化。

参考文献

[1] 李学龙，龚海刚.大数据系统综述[J].中国科学：信息科学，2015，45(1)：1-41.

[2] 许文虎，钟敏.基于“互联网+”智慧教学的新型教学模式研究与实践[J].职教论坛，2017(32)：58-61.

[3] [瑞典]大卫·萨普特.被算法操控的生活：重新定义精准广告、大数据和AI[M].易文波.长沙：湖南科学技术出版社，2020.

浅谈建设智慧场馆在科学传播中的经验和路径
——以天津科学技术馆智慧场馆建设为例

王　莹[①]

摘　要：伴随新一代信息技术在迭代发展中快速融合，众多科博场馆正在从数字化向智能化再到智慧化逐步转变。天津科学技术馆自1995年正式对外开放以来，始终着力推进信息化建设，2018年启动智慧场馆建设，准确定位、主动对位、把握机遇，探索更为积极有效的传播模式。本文分享了“互联互通、线上线下、共建共享、全智全能”的建设经验，从应用技术、矩阵平台、资源信息、管理决策等方面高标准规划、高质量建设、高品质服务进行阐述和分析，总结经验、提出不足，努力探索协同、高效、赋能的持续发展之路。

关键词：智慧场馆；科学传播；智能化管理；个性化服务

新一代信息技术在迭代发展中快速融合，在更大范围、更广领域、更深层次加快推动了数字化—智能化—智慧化转型。智慧场馆的建设使得众多科博场馆，取得了资源建设的新成效、交互体验的新亮点、管理服务的新突破，实现了科学传播新的跨越。天津科学技术馆2018年启动了智慧场馆建设，全面构建“互联互通、线上线下、共建共享、全智全能”的智慧科技馆体系，以公众需求为导向，提升用户体验，在科学传播上创新升级，在决策服务上攻坚克难，探索更为积极的传播模式，竭诚为公众提供更为优质的科普服务。

天津科技馆是天津市大型公益性科普设施，1995年正式对外开放，共接待了包括37位党和国家领导人、500多位省部级领导和1 000多万公众。天津科技馆始终紧跟时代步伐，突出信息化、时代化、体验化、体系化、普惠化和社会化，积极推进信息化建设。1998年建立官方网站；2006年着眼数字资源开发；2011年参建中国科技馆数字科技馆工程；2012年起步自媒体建设、系统平台升级搭建，网络科普服务模式初步形成。在随后的实践中，主动对位，准确定位，注重与科普场馆间的横向纵向融合发展、资源共享、渠道拓展。2018提出来智慧场馆建设理念，2019年充分论证调研，形成建设方案，付诸实践，并在实践中不断探索前行。

1　强化顶层设计，夯实底层基础

(1) 高标准：制定符合本市实际的建设标准

以习近平新时代中国特色社会主义思想为指引，坚持政府主导和市场运作有机结合，加强科普基础设施建设，发挥市级科技馆的辐射引领作用，增强科普资源集约化和有效供给，调动全社会力量共同参与，促进公共科普服务能力跨越提升，为天津社会主义现代化强市建设提供科学素质保障。

---

①　王莹，天津科学技术馆，信息系统项目管理师。手机：1338802729，邮箱：59708466@qq.com。

市级馆牵头制定符合本市实际的智慧科技馆建设标准;区级馆结合自身特点,制定本馆智慧科技馆建设方案;基层科普设施根据需求,选择设置相关内容,市、区、基层三级在统一标准指导下,进行有序建设和自我完善。到2025年实现已建成开放的科技馆全部具有数字化功能;到2030年各层级科技馆完成从数字化到智能化转型;到2035年实现市内全部科技馆智慧化。

(2)高品质:组建智慧化网络体系

智慧场馆的建设是一项综合提升建设工程,注重可持续、可发展,以高速可靠网络为基础,以实际业务为导向,以成熟、先进技术为支撑。天津科技馆在智慧化场馆建设中进行了大量实践,通过一系列覆盖场馆对外开放、内部管理业务需求的应用系统及其配套设施规划建设,构建适用于科技馆的智慧化支撑体系。总体建设上注重统筹规划,逐步根据业务需求分步实施,最终形成一套覆盖并适用于天津科技馆开放接待、线上服务、公众教育、宣传讲解、数字展示、资源分享等各个方向业务及公众职能需要的可持续发展体系。实现各个系统之间互联互通、数据共享,业务之间衔接紧密、相互配合的智慧化服务体系架构(见图1)。

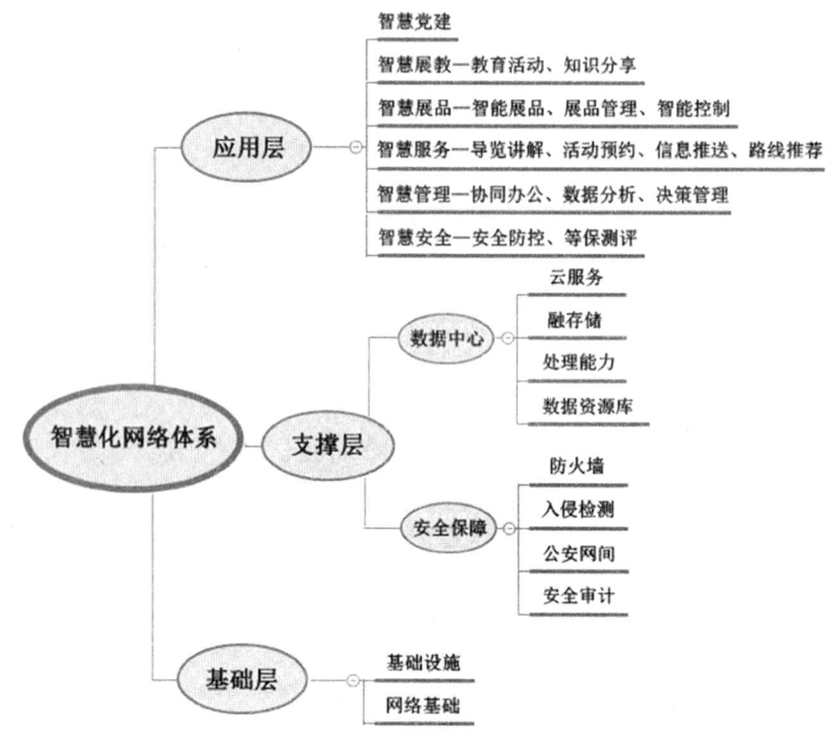

图1 天津科学技术馆智慧化网络体系

2018年、2019年完成了智慧场馆基础支撑和安全保障系统建设,有效提升了科技馆现有互联网及信息化水平;提升了微信公众平台,拓展公众服务线上渠道,强化公众服务能力;升级了数字科技馆、智慧展品,增强了科技馆线上线下宣传教育、展览展示能力。通过线上渠道和数字化技术手段延伸线下展览体系和科普教育触角,升级展品智慧化水平,加强线下展览的互动性、科学性和数据采集渠道。

2020年,立足智慧安全建设,在智慧服务上创新升级,全面搭建符合观众需要的综合服务平台，建设宣传教育、线上分享、科普服务等综合智慧化服务管理系统，开启天津科技馆智慧场馆的智慧化科普服务新征程。

(3) 高速度：构建科普场馆网站集群

网站早已从单一服务转向多元化、深层次、互动式全方位服务。采用网站集群系统（见图2），网站统一标准、统一规范、统一管理、统一审核、统一信息整合，建立高安全性和高扩展性的接口，实现互联互通、资源共享。

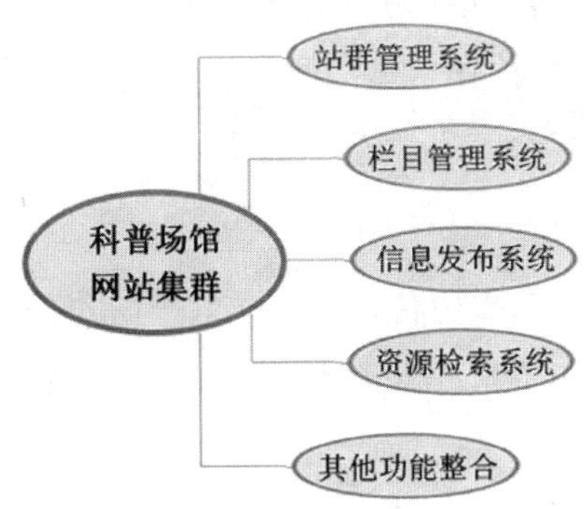

图 2 科普场馆网站集群

站群管理系统：主要运用多站点管理技术，通过分级权限分配，实现站点的创建、复制、继承及个性化设置。

栏目管理系统：依据信息内容属性，通过栏目维护、文章编辑、页面模板管理等手段实现对信息的采、编、审、发等处理。

信息发布系统：通过资源分类、信息公开、审核发布、整合统计等实现相关信息的发布。

资源检索系统：利用信息检索技术，通过对网站内的信息定制检索，实现搜索结果分类展现，可实现完全匹配搜索和模糊搜索。

其他功能整合：可将其他区县级科技馆或科普场馆门户网站整合到站群平台中。

(4) 高效率：促进科普资源优化配置

市级馆建立统一的数字化网络系统建设标准和技术规范，通过集成社会科普资源进行数字化入库，为科普创作、展品研发、活动策划、科学传播等提供数字资源支撑；各区级馆依托市级馆底层平台，适配软硬件环境，以相同的模式建设本馆的科普网站；基层科普设施开设专栏，开展科普服务，实现科普信息服务落地应用，形成“一级建设、三级应用”协同高效的良性循环。

市级馆网络系统建设和应用：包括市级馆基础数据库、管理信息系统、服务平台、数据中心、共享平台、系统应用与保障系统、统计决策平台。遵照“统筹规划、统一建设、统一管理”的原则，建立统一的数据中心、构建统一的机房、服务器与存储资源；建立统一的信息安全保障体系与容灾备份预案，提供统一的运维服务；建立安全高效的信息化平台。

各区级馆系统应用：包括各区级馆基础数据库、管理服务平台、系统应用与安全保障中心。通过市级馆网络系统，整合与集成各类科普资源，通过科技馆数字平台，为本地区各级用户提供技术支持与服务，同时与市级馆保持互联互通，及时反馈相关信息。

基层科普系统应用：包括系统应用与安全防护系统。重点做好市级馆网络系统的应用，明确系统应用责任人员，深度融合系统应用与日常管理工作，将其纳入日常流程。

2　砥砺奋进新时代，智慧科普新跨越

（1）新技术：把握互联网时代传播规律

加强研判，统筹谋划，协同创新，稳步推进。以5G网络为基础，利用"大云物 移智区"等现代信息技术，研发智慧科技馆技术支撑体系，建设智慧科技馆云计算中心、公共服务支撑平台和业务管理支撑平台，形成智慧科技馆标准、安全和技术支撑体系。针对公众服务需求，不断丰富内涵，融合新科技，快速迭代，加速创新。通过提供"物、人、数据"三者之间的双向信息交互通道，以多维的展示互动形式，实现科技馆与公众需求的高度融合，为公众提供无处不在的智慧体验与管理服务。

（2）新手段：推动精准决策和服务

弘扬科学精神，展现科学价值，着力传播坚持问题导向、实事求是、求真务实等科学思想和方法，引导公众提高科学思维能力。天津科技馆分类施策、建立机制、寻找路径，成效正在显现。

感知社会态势：以大数据为基础，通过动态监测现状，来研判问题与发展并预测未来。建立一体化的数据检索服务、系统化的数据推送服务、集成化的数据专题服务及知识化的数据挖掘服务。

畅通沟通渠道：建立社会沟通机制的多元化渠道和方法。通过畅通渠道和集约化管理，使各科普场馆、高校、科研单位等相互联系、分工协作，成为网络化生态系统，形成科普资源的"一次开发、多重应用"，实现效益倍增。

辅助科学决策：重视数据背后蕴含的价值，通过对数据清洗归纳，进行深度挖掘，减少传统管理的模糊性和不确定性，优化管理机制，提高管理效率与效果，提供精准科普服务，为公众提供个性化服务，使管理成为一种数据支撑的科学（见图3）。

图3　大数据统计分析管理决策系统

（3）新策划：构建新时代科普行为方式

打造全媒体科普传播体系，通过一体化用户验证、吸粉、兴趣划分等方式对特定人群的入馆时间、参观习惯、展品兴趣点、内容合理性等诸多方面进行深层数据挖掘，并结合网络实时互动的特性，提供展品知识点问答、满意度调查等问卷，力求针对特定人群进行科普信息的精准

投放。

例如,科普教育宣传、科学素质监测、科普工作指导管理于一体的“科普天津云”平台,统筹涵盖今日头条、新浪微博、喜马拉雅 FM 等在内的科普矩阵平台,把关科普内容源头,强化优势互补、分工侧重的网络化管理,发挥集群矩阵效应。带动全域科普全民参与共享,依托“科普天津云”微信小程序开发的公民科学素质网络大赛和公民科学素质预测试,得到了公众的积极响应。2020 年公民科学素质网络大赛参与人数超百万;预测试对天津市公民科学素质实施了摸底测试,实现了 16 个区的街道(乡镇)、社区(村)、园区全覆盖,仅 7 月就有 18 万人参与测试。

(4) 新体验:助力用户细分、交互体验

发展基于互联网与物联网的科普展教资源创造和传播渠道,促进科技馆科普资源的虚实结合以及科技馆与公众之间的互动交流,使公众在智慧体验中感受科技魅力。

2019 年,天津科技馆着力完善大数据中心建设、加强线上线下宣传教育能力,规范预约系统模块,与重要节点活动相结合、与时事热点活动相结合、与品牌特色活动相结合,做到线上推广、线下核实,达到增粉引流,并建立积分环节、结合问卷调查等方式,扩大日常宣传,锁定活跃用户,增加粉丝黏性,提升服务。通过线上线下相结合,以宣传促活动、以活动带品牌、以品牌扩影响,打造科技馆活动品牌效应。2019 年面向青少年推出的天文讲堂、天文观测等系列特色天文活动参与人数达 13 901 人,对于青少年来讲这类活动鼓励了创新思维,提高了动手能力、启发了科学思维,得到了充分肯定和认可。

2020 年初,着力打造场馆智慧服务体系,升级推出智慧防疫观众参观服务管理系统,加入防疫环节,助力打赢疫情防控的人民战争、总体战、阻击战。将公众数据统一汇聚到系统数据平台,实现用户细分,为公众提供个性化服务。通过数据可视化组件直观展示馆内观众的参观数据。公众预约时收集实名信息和健康状况进行记录和筛查;入口处做好公众健康状况监测与记录;后台可查询公众参观记录、接触人群、联系方式。

3 建设智慧场馆,厚植公民科学素质

(1) 互联互通:筑牢智慧场馆建设基础

打破系统“壁垒”,联通信息“孤岛”,实现物理链路、数据、应用、系统互联互通。以“智慧化”为支撑,“标准化”为关键,“安全性”为保障,进行资源集中调配、状态集中监控、数据集中分析的集约化管理,大幅拓展信息技术的基础工程和应用范围。

(2) 线上线下:显现科普信息化优势

挖掘实体馆展教资源,对经典内容进行整合、再现,转化为符合网络传播特点的优质网络科普资源,发展“线上到线下(O2O)”“线上服务与实体馆服务相结合(O2S)”等新型模式。引入“用户产生内容(UGC)”的模式,吸引公众个人参与网络科普资源开发。疫情期间,天津科技馆承接的“众志成城,战‘疫’有我”新冠肺炎全域防疫科普作品征集活动,40 余天内吸引了广大科技工作者、科普创造者、新闻传媒、高校学院及其他公众的广泛参与,收到了来自全国 9 个省市提交的优秀科普作品共 2 724 组,优秀作品陆续在科普天津云、今日头条、抖音等媒体平台向社会发布,收益人次超 2 700 万。进一步向广大公众宣传解读有关政策措施,提供权威科普知识,帮助公众正确认识疫情发展态势、提高自我防护意识和能力,筑牢战“疫”科普防线。

（3）共建共享：创新科普活动载体

创新科普共享化形式。市级馆通过建立合作、协作、协调关系，联合拥有科普资源的各方力量，以定制共享、免费共享、合作共享、交换共享、交易共享的“菜单式”服务方式，将科普资源供给与公众需求有机结合，解决科普资源内容分散、重复建设、利用率低等问题。

新冠肺炎疫情期间，为聚焦疫情防控，天津科技馆采集整理新型冠状病毒题库，制作活动页面、开发竞答平台，推出“预防新型冠状病毒科普知识有奖竞答”和“科学素质答题”活动，广大公众积极参与，累计参与人次超75万。得到了科普中国和其他科普场馆的肯定，交流借鉴了大赛经验做法，对接科普资源需求，形成了良好的示范推动效应。

（4）全智全能：提升科普服务能力

通过智慧场馆建设，有助于提高科普质量，厚植公民科学素质。全方位推进科普理念、传播方式、科普内容、展示手段、服务模式等创新，规范科学管理模式，推进科普资源开发，拓宽科学传播渠道，实现科普精准推送服务，有效实施科学普及，以信息化驱动现代化，推动互联网、大数据、人工智能和科学普及深度融合。

① 提升展品展项管理方式，保证展品完好率，提高参观满意度。

科技馆内展品以互动操作为主，寓教于乐，在学中玩，玩中学，对展品的稳定性、安全性、可靠性及耐用性要求较高，需要对展品状态进行实时巡查监测，发现问题及时上报、立即响应、迅速分析、准确评估，做好相应处理，保证展品完好率，提升公众参观满意度（见图4）。

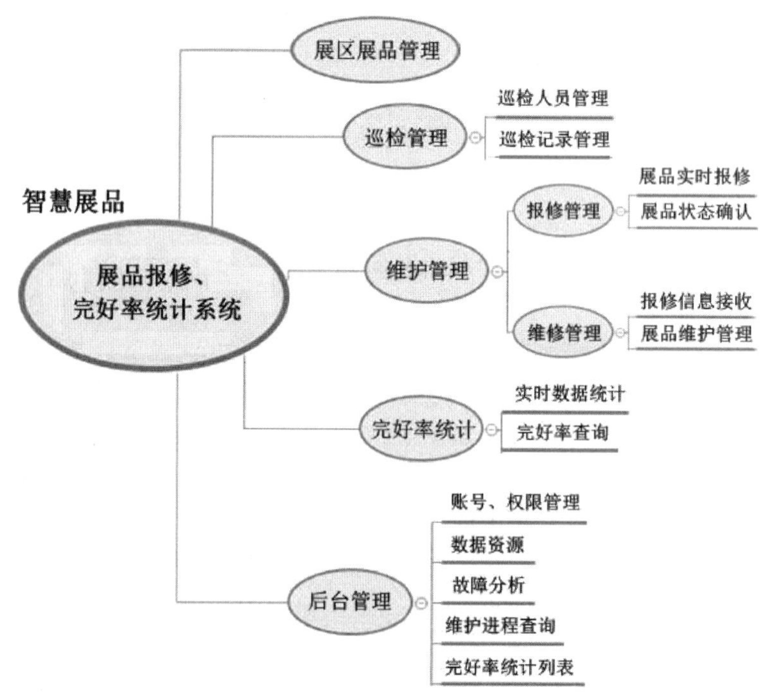

图4　智慧展品——展品报修、完好率统计系统

② 优化志愿者队伍，发挥志愿服务优势，提高科普服务能力。

加强科技志愿，彰显科技为民，充分调动科技和科普工作者积极性，满足公众对新时代科技知识的需求。广泛征集志愿者，进行分类筛选、审核培训、安排岗位班次，壮大科普服务队伍，拓宽获取知识的渠道，形成对学科知识的增益互补，提高科普服务能力，大幅提升公众满意度(见图 5)。

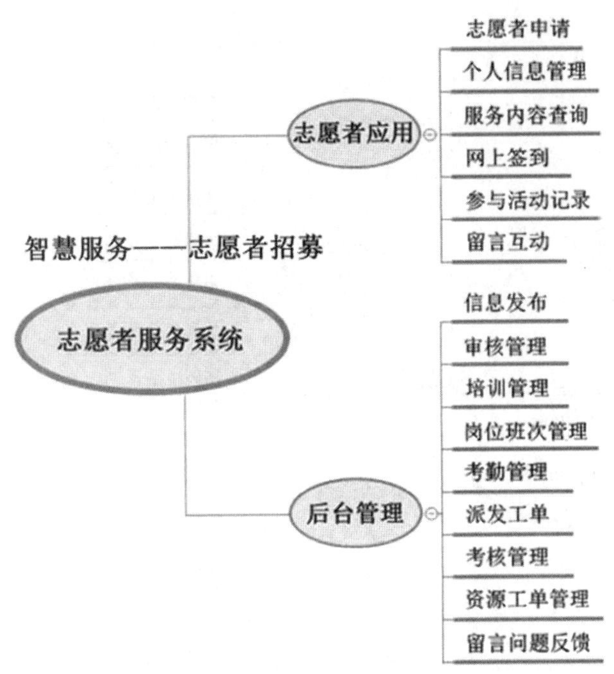

图 5 智慧服务——志愿者服务系统

③ 统一平台，提供个性化服务，提高服务满意度。

统一平台管理，提供基础服务模块，使传播更便捷、影响更广泛，效果更突出。整理归纳公众在浏览信息、驻留时长、选择服务及应用的行为模式，筛选贴近公众、贴近实际、贴近热点信息资源，提供个性化服务，统筹推送集思想性、艺术性、观赏性于一体的消息资讯(见图 6)，让科普工作更好服务于不同人群。

4 结 语

中国科协印发的《面向建设世界科技强国的中国科协规划纲要》指出："建设智慧科技馆，全面提升展览展品、教育活动、观众服务和管理运行等方面的信息化水平，实现场馆的智能化管理和公众的个性化服务。"明确了智慧科技馆的建设方向及实现目标。天津科技馆在智慧场馆建设中进行了积极的探索和有效尝试，在实践中积累了宝贵的经验，同时也有一些问题和短板待解决和提升。第一，信息科技发展迅速，如何加速前沿技术的相互支撑和融合，提升赋能水平。第二，科普场馆大都重视信息化建设，往往出现"人有我有"的情况，如何打造"人有我优"的亮点及优质服务创新点。第三，打通数据壁垒，如何规范数据使用，提高平台兼容性。

智汇八方，博采众长，智慧场馆建设正在积极探索更为高效的持续发展之路。做好顶层设计，开展前瞻性建设研究；统筹全局，夯实基础性建设；协同共建，拓展信息技术应用的广度和

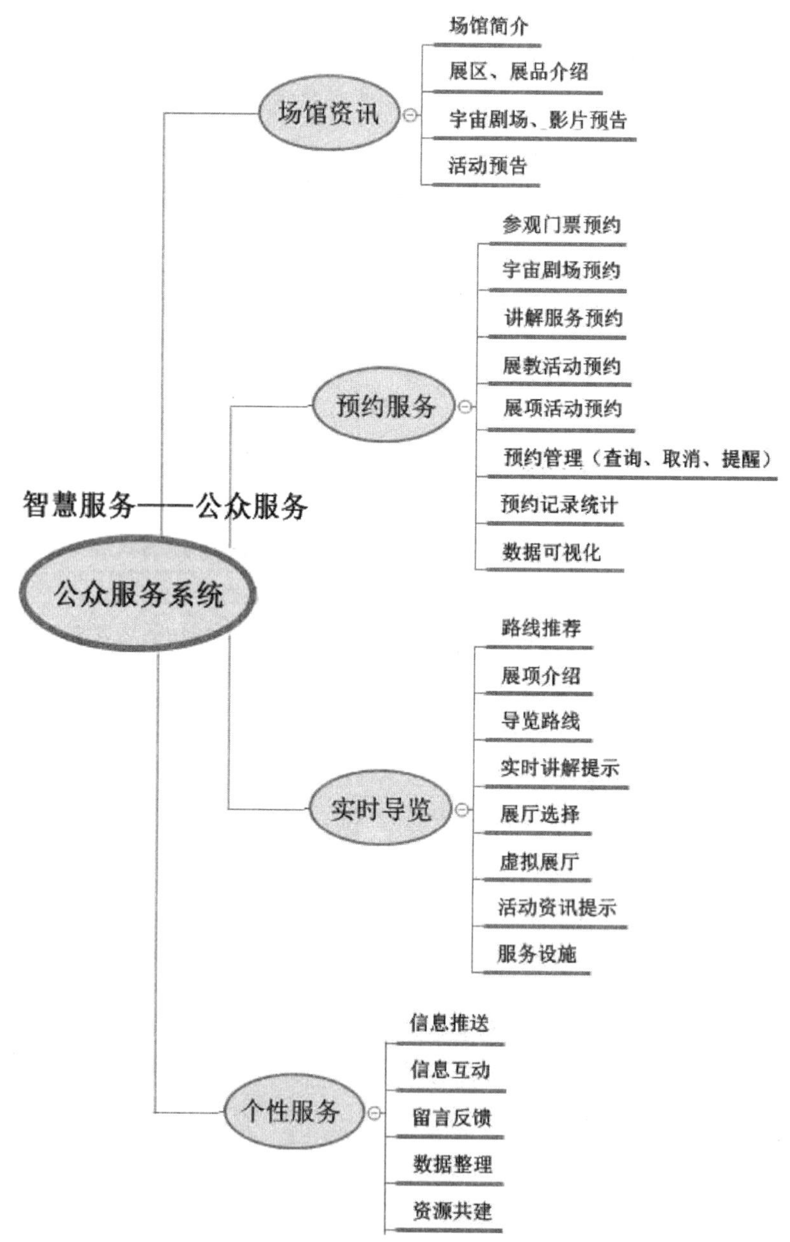

图6　智慧服务——公众服务系统

深度。随着时代发展，从数字化到智能化再到智慧化，建设智慧场馆，实现信息高度系统化整合和深度融合，运用新一代信息技术，建设大量可采集的信息数据、高性能的传输网络，建立强大的计算应用系统及核心数据中心，搭建稳定强大的系统综合服务平台，助力场馆服务、管理、决策的智慧化转型，全面提升展览展品、教育活动、公众服务能力，真正把科学普及放在与科技创新同等重要的位置，为建设科技强国贡献力量。

参考文献

[1] 齐欣,朱幼文,蔡文东.中国特色现代科技馆体系建设发展研究报告[J].自然科学博物馆研究,2016,1(02):14-21.

[2] 张莉.论科普场馆的数字化建设[J].科技视界,2013(06):189.

[3] 中国科协科普信息化建设领导小组办公室.科普信息化建设工程总览[J].科技导报,2016,34(12):86-106.

新形势下馆校合作模式探索与实践
——以吉林省科技馆为例

范向花[①]

摘　要：馆校合作是一个长期持续的过程，为了有效促进馆校合作，科技馆应当与时俱进，顺应教育改革形势，借助先进的科学技术手段，不断创新教育活动形式，通过与学校教育的结合，达到校内外教学资源的优势互补，进而促进科学教育的不断发展。论文以吉林省科技馆为例介绍了利用新媒体平台，通过抖音App和“云”课堂，与省内乃至偏远地区学校建立合作，分享科普教育活动资源，实施线上“馆校合作”的模式。另外，还介绍了通过创建综合素质评价基地，开创与高中学校合作的新模式，最后提出了关于创新馆校合作模式的几点思考，为科普场馆开展馆校合作提供一些参考的思路。

关键词：馆校合作；科技馆；模式

近年来，先进科学技术飞速发展，加快了我国现代化发展的步伐，学校的传统教育已经远远不能满足我国发展现状。科技馆作为主要的科普教育基地，拥有众多教育资源，它以生动、直观、互动的形式展示出教学内容。与学校过于强制和机械单一的教育方式相比，科技馆科普教育具有自主性、灵活性，对学校教育的短板进行了弥补。2017年《科技馆活动进校园“十三五”工作方案》通知中进一步明确了要促进科技馆与校内科学课程的有效衔接，把科技馆资源与学校科学课程结合起来。在这样的新形势下，科技馆和学校都应该定位好各自的优势和不足，取长补短，探索新的合作途径与方式，共建共享优质科技活动资源，建立完善科普场馆科学教育活动与学校科学教育衔接的有效机制，充分利用新媒体技术手段创新活动方式，建立行之有效的馆校合作模式，打造科普场馆特色品牌活动。

1　馆校合作面临的问题

从2006年起，中央文明办、教育部、中国科协发起“科技馆活动进校园”的试点工作，举国范围就馆校合作进行中小学的科学教育，一直都在进行试验、实践及探索，时至今日，取得了一定的成效同时也存在着一些问题。

（1）中小学校面临的问题

从主观上，大多数学校愿意与科技馆合作，但是在落实的过程中呈现出各种困难，将学生带出校园，学校面临着组织学生外出学习的审批流程复杂，需要征求家长的同意，保障学生出行安全，考虑课时安排、出行的时间和经费以及与科技馆前期沟通、预约、协作等问题。另外，

---

① 范向花，吉林省科技馆科技辅导员；研究方向：物理学；通信地址：吉林省长春市净月经济开发区永顺路1666号；邮编：130117；Email：382534283@qq.com；电话：0431-81959691。

馆校合作的学生人数多，时间紧，年级跨度大，几百甚至上千的学生同时进入展厅参观，科技辅导员的精力转移到对秩序和展品的维护上，缺少了对学生进行启发思维的引导。在参观中时间有限，所以学生通常是走马观花式地浏览体验，学习效果不佳。

（2）高中学校面临的问题

高中生面临着较大的升学压力，校内的课程已让他们自顾不暇，很少有学校参与到馆校合作中。以吉林省科技馆为例：2018年吉林省科技馆与长春市教育局签约8所学校参与馆校合作，其中有7所小学，1所初中，没有高中；2019年与吉林省科技馆签约的学校达到31所，其中小学23所，初中7所，高中1所，这所学校与科技馆距离较近，而且在活动中只有高一学生参与，参观时间也相对紧张，并未有效达到预期的活动效果，通过了解国内其他馆校合作的情况，大多数与吉林省科技馆存在着相同的问题。

2　利用新媒体平台开创基于中小学生的线上合作模式

新媒体是一个不断变化的概念，它随着科技的发展、技术的进步在不同的时代有着不同的形式。当前，互联网、微信、微博、移动应用App等都是新媒体的主要形式。科技馆作为科学传播的主要科普阵地，应该有效的利用新媒体的学习资源，体现它的功能优势，提升科学传播的吸引力和教育效果，为馆校合作搭建新的平台。

（1）抖　音

2020年新冠病毒疫情期间，中小学生通过网络平台上课，学生无法集中到馆内参观体验学习，对此，吉林省科技馆通过抖音App进一步拓展了馆校合作的新途径。抖音App是新媒体的代表之一，是一款音乐创意短视频社交软件，是一个目标人群为年轻人的社区平台，而科技馆馆校合作的受众人群是青少年，这种富有娱乐性的视频对青少年有很大的吸引力，所以利用这样的新媒体平台做科普教育，会大大激发学生对科学的兴趣，提高他们的想象力和创造力，这完全符合科技馆寓教于乐的教育理念和教学方法。因此，吉林省科技馆针对馆校合作中签约的32所学校"量身定制"教育活动，为学校提供"线上科技馆"菜单式服务，服务的内容包括：以直播的形式进行趣味性展品讲解、科学实验和科普剧表演；通过抖音短视频传递科学知识和科技小制作；针对不同年级结合课程标准和展品的微课堂和主题讲解；通过讲故事的形式讲述科技史；线上版科普大讲堂和影迷沙龙会等，通过抖音平台发布的科学教育活动没有时间和地点的限制，学生既可以参与直播也可以通过回放观看，伸缩性较大，每个学校可以根据自己的不同情况和不同需求选择活动内容，这种馆校合作的新形式得到了学校和家长的一致好评。

（2）"云"课堂

科普"云"课堂是基于科普场馆现有的科普教育资源，通过互联网融入信息化手段的创新课堂。"云"课堂通过线上直播的形式与校外师生实时互动、问答，实现"面对面"线上教学，弥补了线下参观次数有限、参观时间紧，学生探究学习不充分等问题的不足。吉林省科技馆开展的科普"云"课堂活动主要面向长春市与馆内签约的中小学校和科普大篷车、流动科技馆巡展的市县级中小学校，以主题的形式进行开展，活动时长为60分钟，根据针对对象的不同和学生的需求设计不同的活动内容，包括云游科技馆、科学在身边、动手"做做做"和向科学家学科学四个环节。以第二期活动为例，此期活动对象为初中八年级的学生，对于刚接触的杠杆滑轮的相关知识掌握的不好。基于此，在"云"课堂中，吉林省科技馆以"省力"为主题，在活动的四个部分设置了一系列与其相关的内容，在云游科技馆环节中，以讲解、演示的形式向学生介绍了展品桔槔、辘轳、比扭力、自己拉自己等；在科学在身边环节中以科普剧的形式为同学们演绎了"曹冲称象"；在动手"做做做"环节让学生亲自动手制作杠杆，并探究如何省力；在向科学家学科学环节，邀请了吉林大学物理系教授梁志以水车的发展史为主线，向学生介绍了杠杆的由来及作用，通过这种"动手＋动脑"的活动形式，极大增强了互动学习的体验性和真实性，实现科学知识多学科融合、科学方法多角度运用、科学实践多维度拓展的目标。

科普"云"课堂活动是吉林省科技馆线上开展馆校合作的新方式，各地区学校只要有网络就可以通过线上的形式走进科普场馆，与老师和专家实时交流互动，将优秀的科普教育活动资源带到中小学校，特别是偏远贫困地区学校，实现全省乃至全国科普资源的共享。

3 建立综合素质评价基地，开创基于高中生的线下合作模式

由于高中生学业压力大，所以在馆校合作中参与性不强，为数不多的参与学校，也基于表面的形式，学生收获并不大。从场馆角度讲，能够提供给高中生的科普活动内容有限，以参观讲解为主，少有深入开发有针对性的教育活动。近几年，随着教育体制改革深化，"普通高中学生综合素质评价"机制在多省开始实施，改革要通过社会实践等方式提高高中生综合素质和科学素养。基于此，吉林省科技馆充分运用馆内资源，创建高中生综合素质评价基地，探索新的馆校合作模式。

(1) 通过志愿服务，提升高中生综合素质

现在的高中生对于科学知识的掌握并不匮乏，匮乏的是他们走进社会解决生活中实际问题的能力，为此，吉林省科技馆面向馆校合作的高中生招募志愿者，学生可以选择自己感兴趣的志愿服务，比如，服务台助理员、展厅看护员、引导员、图书借阅管理员、辅助讲解员等，这些岗位工作环境安全，专业要求不高，能够接触到社会各个年龄段的人群，完全适合参与社会实践的高中生，通过这样的岗位志愿服务，给予高中生充分的实践过程，不仅提高了他们的生活技能、与人沟通的能力，也让他们深切地感受到工作的辛苦和父母的不易，从而让他们能够更好地适应社会，珍惜当下幸福生活。另外，高中生的志愿服务在满足学生需求的同时也为科技馆缓解了工作人员不足的压力，高中生志愿者在岗位上发挥了积极的作用，使展馆的接待能力和服务质量有了较大的提升。

(2) 通过开发针对性的教育活动，激发高中生对科学的兴趣

在馆校合作中，学校最关注的是学生的学习成绩，希望通过这种模式，提高学生学习成绩，辅助学校的课堂教学；学生关注的是科技馆的互动性展品和趣味性活动，能够给他们带来震撼感和愉悦感；科技馆关注的是馆校合作达到良好的效果，吸引更多的学校加入其中；对于不同的需求，只有找到一个契合点才能达到共赢。科技馆的核心资源是展品，所以结合展品和教材开发学生喜欢的教育活动是科技馆吸引学校的最大优势，科技馆里的展品涉及的科学原理对于大多数高中生都不难理解，但是他们理论性更强，对知识的掌握更多通过解题方法和解题技巧，而科技馆的展品更与实际应用贴近，如果能将理论和实际有效的结合，会极大的促进学生对知识理解和掌握。另外，主题教育活动可以以"角色转换"的形式调动学生的积极性，通常学生到科技馆参观，都是科技辅导老师进行讲解，学生被动的听，活动中可以让学生与老师互换

角色，学生讲，老师听，让每名同学都参与其中，学生自己选择展品，梳理知识点，整理讲解词，流利的表达。通过这种形式，不仅巩固了学生的已有知识，在资料整合的过程中还提高了他们的逻辑思维能力和搜集重要信息的能力，重要的是所有同学在老师和同学面前展示自我，增加了学生的自信心和表现力。除了这种方式还可以通过主题串讲、思维导图法讲展品、头脑风暴科普剧等方式，既结合教材又结合展品，还能以学生喜欢的方式去开展活动，有效的提高了学生对科学的兴趣和参与活动的积极性。

(3) 以大赛为载体搭建校外活动平台，提高馆校合作的吸引力

高中阶段不仅学生面临升学压力，学校和老师也承受着很大教学压力，所以少有学校有精力去承办各种科普竞赛，但是竞赛确实是检验实践知识的最高层面。科技馆可以提供有效的科普资源，利用创新竞赛的形式，可以鼓励学生走进场馆，提高馆校合作的吸引力。

通过竞赛的形式可以丰富学生的实践活动内容，也是对日常实践成果的检验，但是这种竞赛的目的并不是为了证书的获取，而更重视实践的过程，希望学生认真的对待，最大限度的投入，只是通过比赛的方式，调动学生参与实践的积极性，让每名同学都有所收获，奖项的设置不会拉开太大的档次，对付出努力的同学都有奖励，区别于其他比赛形式，真正实现科技馆寓教于乐的宗旨。

4　关于创新馆校合作模式的几点思考

(1) 科技场馆应基于“课标”开发教育活动

在馆校结合中，很多场馆在传统的参观讲解模式上，针对学生团体开发了很多教育活动，但是由于馆校合作的学生人数多，时间紧、年级跨度大，所以活动都以体验性和趣味性为主，能从学校、学生、场馆三者需求的角度开发设计活动并实施的不多，由于馆校合作是长期的、连续性的合作，所以科普场馆要从长远立足，了解学生在各个阶段的学习需求，认真学习解读不同学段课程标准，依托场馆特色资源，运用先进的教育理念和教学方法，开展区别于学校课堂的教育活动。

(2) 发挥新媒体优势，创新线上活动

继报刊、杂志、广播、电视等传统媒体之后，近几年新媒体如雨后春笋般层出不穷，科技馆作为重要的科普基地，在馆校合作中应充分利用新媒体向学生传播科学教育，深度挖掘它的潜力，发挥它的优势，为科技馆科普教育传播开辟新的渠道。对此，科技馆工作人员不仅要加强自身学习，努力提高业务知识和专业水平，还应学习并掌握新媒体技术，与老师学生多沟通，深入了解学生的需要，与时俱进，为馆校合作的可持续发展提供优质、高效、多元化的服务。

(3) 重视高中生素质教育的培养，提高科技辅导员自身的科学素养

应试教育使得学校和家长更重视学生的学习成绩而忽略了对于学生综合素质的培养，尤其对于高中生更是过之而不及。“普通高中学生综合素质评价”机制的实施是一个重要的信号，标志着国家对教育体制改革的力度，彰显了社会、学校、学生对科普场馆的需求和认可，也体现了素质教育的新理念。作为科普场馆要打破束缚，推陈出新，为高中生提升科学素养搭建良好平台，科普场馆的科技辅导员更要做好准备，不断提高专业技能，充分利用场馆资源，倾尽所有力量，与学校深度合作，不断探索新的活动模式。

5 结 语

我国的馆校合作还处于初级阶段,存在着合作数量少、合作模式有限、合作深度不够等不足,还有很大的发展空间和潜力。顺应教育改革形势,充分利用馆内丰富的展品资源和课程资源,结合新的教育理念,创新活动形式,丰富活动内容,利用线上与线下相结合的方式创新的模式是新形势下馆校结合的有效途径。同时,我们应该借鉴国内外先进经验,让科技馆的"馆校合作"模式更加完善,实践更加深入。

线上科普教育活动直播传播策略探析
——以武汉科技馆“云尚探究”活动为例

张娅菲①

摘 要：新冠疫情以来，线上科普教育成为各大科普场馆应对疫情的积极探索和有效活动展开方式。其中，尤以线上直播活动最为突出。本文以武汉科技馆五一期间推出的“云尚科普”系列线上主题科普教育活动子栏目“云尚探究”为例，对直播间开展的直播探究活动传播特点及其存在的问题进行分析，并基于传播主体、传播对象和传播技巧等方面，提出应对线上科普教育活动直播的传播策略。

关键词：线上科普教育；网络直播；传播策略

1 武汉科技馆线上科普教育活动

2020 年 4 月 28 日，《第 45 次中国互联网络发展状况统计报告》出炉。报告中显示，截至 2020 年 3 月，我国在线教育用户规模达 4.23 亿，较 2018 年底增长 2.22 亿，占网民整体的 46.8%；手机在线教育用户规模达 4.2 亿，较 2018 年底增长 2.26 亿，占手机网民的 46.9%。受新冠肺炎疫情影响，全国大中小学开学推迟，教学活动改至线上，推动在线教育用户规模快速增长。

武汉科技馆在抗击疫情的同时，及时将科普工作重心由线下转到线上，积极开展各项线上科普教育活动，先后推出“科学实验 DIY 挑战赛”“新冠肺炎科普系列漫画”“云游 · 春光中的武汉：带您走进武汉科技馆”直播、“心理健康科普”等系列线上科普活动和科普资源，并于“五一国际劳动节”期间，通过官网、微信公众号等渠道启动“云尚科普”系列线上主题科普教育活动，让“宅”在家的孩子能够轻松学习科学知识，在实践中感受科学的魅力。

“云尚科普”系列线上主题科普教育活动包含“云尚观展”“云尚讲堂”“云尚探究”“云尚心苑”等四个子栏目。其中，“云尚探究”依托武汉科技馆赛因斯科学探究中心的品牌科学探究课程，将线下的 3 个科学探究主题——科学 DIY、创意航模和科学多米诺搬至线上，在线进行科学探究活动，打造“自主性”科普教育线上“课堂”。

2 “云尚探究”活动直播特点

(1) 概 念

对于网络直播的含义，中国互联网信息中心的界定是：网络直播，即互联网直播服务，是一

---

① 张娅菲，武汉科技馆培训部，传播学硕士。联系方式：武汉市江岸区沿江大道 91 号武汉科技馆新馆。E-mail：516604708@qq.com

种全新的互联网视听节目，它是基于互联网，以视频音频、图文等形式向公众持续发布实时信息的活动。通过钉钉等平台开展的"云尚探究"活动属于网络直播的范畴。

"云尚探究"自"五一"启动至7月31日，通过官网、微信公众号、钉钉等平台，共开展了54期。其中，近六成活动采用了网络直播的形式，如表1所列。

表1　网络直播数据统计表

	"云尚探究"网络直播	"云尚探究"网络录播	
期数	32	实时录播	点播回放
		22	54
平台	钉钉直播群	钉钉直播 斗鱼直播	官网、微信公众号 钉钉点播回放
占比	59.3%	40.7%	100%

(2)"云尚探究"直播特点及问题

在"云尚探究"线上科普教育活动中，网络直播是一个循环互动的传播体系。传播和反馈设施是手机或者电脑，传播介质是互联网，传播内容是围绕特定主题的科学探究活动。其中，处于屏幕两端的老师与家长孩子，在互动反馈环节同时兼有传播主体与传播对象的双重角色和功能。

表2中，将"云尚探究"的直播活动与录播活动传播要素进行对比。基于此，对活动网络直播的特点与存在的问题分析如下：

①"云尚探究"直播特点。

实时性。"云尚探究"在钉钉直播平台进行实时直播，其实时性是首要特点。这也是区别于其他播出形式的唯一特质。

序列性。直播活动是按科学探究活动的进度依次展开的，因此时空上不可逆转、快进、跳跃。直播时长一般为20分钟左右，较录播时间长5～10分钟。

高互动性的现场体验。屏幕两端的传授双方处于同一时空环境内，双向的传播过程更加流畅，缩短了双方之间的距离感，削弱了非面对面交流带来的隔阂感。引入环节的提问和课后答疑环节，由钉钉直播群的评论弹幕功能完成。这种互动体验较录播更接近于线下活动，传授双方容易产生共鸣。

强针对性的定制体验。在直播过程中，传授双方建立了一对一的传播关系。老师在直播互动过程中点名、点赞某一位同学的精彩回答或者分享，激发了他们的参与热情。直播过程中参与者有极强的代入感和获得感。

②"云尚探究"直播存在的问题。

受制于"噪声"干扰。无论是软硬件上的故障，还是对直播过程中突发状况的难以把控，都会对直播传播效果产生较大影响。这是直播的硬伤。如武汉梅雨期间，空气湿润造成的网络设备等传输媒介阻力大、传送数据时间延迟或是延误，其中一期直播被迫延后；直播过程中使用的手机，如果有来电或者短信、微信铃声，可能对直播产生一定干扰；在六一特别直播中，手持设备的稳定性较差，导致直播画面呈现效果不佳；其他直播事故包括老师口误、节奏把握不准等等。

进度和节奏难以把控。直播环节实施中可能会出现拖沓,或者某一环节出了问题,影响整个探究过程。另外,对于老师来说,每个孩子对实验活动的接受程度不一,影响整个探究的进度。

传播符号相对单调。直播中能够运用的传播符号是语言、手势、视频、评论弹幕、图片、音频、点赞等,相对于录播后期制作使用的剪辑、字幕、配乐、转场、特效等,表现手法上相对单调,可能难以有效抓住孩子们的注意力。

活动黏性不稳定。目前"云尚探究"直播活动黏性还不稳定,互动、体验类的主题探究实验更吸引参与者的关注,科普类的主题探究活动还未找到抓住传播对象的核心内容和传播方式。另外,由于点播回放随时观看的灵活性,以及录播的精简吸睛,使部分参与者直接选择点播回放参与活动。

表2　网络直播特点

	"云尚探究"网络直播	"云尚探究"网络录播	
传播平台	钉钉直播群	实时录播	点播回放
		钉钉直播群斗鱼直播	官网、微信公众号钉钉
传媒及反馈设施	手机、电脑		
传播介质	互联网		
传播主体	老师/小助手	群主小助手	官网、微信公众号 钉钉直播回放
传播对象	参与者	参与者	网友
传播内容	科学探究活动		
传播时长	20分钟左右	10～15分钟	10～15分钟
环节设置	预告→引入(现象&问题)→启发→思考→探究实验→结论→拓展	预告→引入(现象&问题)→启发→思考→探究实验→结论→拓展	引入(现象&问题)→启发→思考→探究实验→结论→拓展
传播符号	语言、手势、视频、评论弹幕、图片、音频、点赞	视频、音频、字幕、转场、特效、音乐、手势、语言、评论弹幕、图片、点赞	文字、视频、音频、语言、手势、字幕、转场、特效、音乐、评论、点赞
噪声	网络故障、软硬件故障直播事故	网络故障软硬件故障	活动关注度网络故障

3　"云尚探究"活动直播传播策略

上文分析了"云尚探究"活动直播的特点以及存在的问题。因此,开展线上科普教育活动时,应扬长避短,充分发挥优势,补足短板,优化"云尚探究"活动直播的传播策略。

任何一种有目的的传播活动都希望取得良好的传播效果,因此,在制定传播策略前,我们应先厘清传播效果受哪些因素的制约和影响。

包括“云尚探究”线上科普教育活动在内的每一个具体的传播过程，都是由传播者、传播内容、讯息载体、媒介渠道、传播技巧、传播对象等要素和环节构成的，每一要素或环节都会对传播效果产生重要的影响，传播效果实际上是作为这些环节和要素相互作用的结果体现出来的。

(1)基于传播主体优化的传播策略

作为传播主体的传播者，不但掌握着传播工具和手段，而且决定着信息内容的选择，是传播过程的控制者，发挥着主动的作用。“云尚探究”活动中，传播主体是主持科学探究活动的老师，他们在直播平台担任群主，和小助手一起，主导整个活动的流程和进度调控。

由于老师首次尝试线上科普教育活动，且直播自身存在的问题，因此，针对传播主体，传播策略应遵循“双线合一”的原则，即结合线下活动积累的经验，开辟线上活动新阵地，完成“科技老师”向“科普主播”的角色转换。

线下科普教育活动与线上科普教育活动存在差异。线下活动多是在特定的时空环境内展开的教学活动，老师与参与者面对面进行互动交流，有问有答；线上活动则是“隔屏”互动，空间环境是虚拟的，对象不固定、不确定，互动交流因网络原因有一定的延时。当科学探究活动的“科技老师”最初进直播间进行直播活动时，会感到拘谨，无法正常发挥水平。

因此，“云尚探究”活动对“科技老师”提出了转型的要求，即培养具有直播意识的“科普主播”。根据直播的特点和问题，要求老师在保持原有科普教育能力水平的基础上：

增强镜头意识。无论是网络直播或录播，主播老师都是面对镜头展开科学探究活动。一方面，直播活动中主播老师需要在镜头前展示整个活动流程和科学探究过程，同时需要顾及镜头里参与者实时提出的问题，以及互动环节参与者的反馈情况；另一方面，屏幕镜头是活动传播对象的虚拟存在，主播老师需要“一心多用”，将镜头当做是实实在在的传播对象，防止直播互动中“冷场”的状况发生。

增进交流互动。如何解决“隔屏”互动的难点？“云尚探究”活动中，主播老师除了是直播群群主外，还设置了小助手。在直播中，小助手在线协助主播完成活动流程，并帮助主播及时回答参与者提出的问题，抛出互动小问题。这种方式很好地解决了主播老师在活动中无法顾及所有参与者的难点，让每一个参与者的互动不被“刷屏”淹没，增强他们的参与感、融入感和获得感。

确立鲜明的个人风格和特色。网络直播时代，区分直播的并不是类别，而是主播个人。因此，线上科普教育活动的“科普主播”须确立自己鲜明的个人风格和特色，为科学探究活动直播贴上合适的“标签”。同时，培养一批喜欢科学探究，喜欢科普主播的“粉丝”。利用“科普主播”自身的影响力，鼓励更多的家长和孩子加入到科学探究的队伍中来。

加强直播风险意识。相对于录播，主播老师在直播中更容易产生口误、表述错误等问题。因此，在直播前除了做好课程设计外，还要进行多次演练和风险预案，保证活动安全与顺利进行。

(2)基于传播对象优化的传播策略

传播对象，并不是完全被动的信息接受者，相反，传播对象的属性对传播效果起着重要的制约作用。传播对象的属性包括性格、兴趣等个人属性，也包括人际传播网络、群体归属关系等社会属性。所有这些属性都作为人们接触特定媒介或信息之际的“既有倾向”或背景，规定着他们对媒介或信息的兴趣、感情、态度和看法。

在“云尚探究”活动中，传播对象包括家长和孩子。其中大部分孩子参加过2019科学探究课和夏令营，也有不少新朋友，年龄段在 6～12 岁左右。这一年龄段的孩子从其个人属性来说，爱好科学探究，但注意力集中的时间有限，思维比较跳跃。

因此，基于传播对象优化的传播策略主要有以下几点：

提高参与者对直播的关注度。“云尚探究”直播活动前会在武汉科技馆微信公众号和钉钉直播群进行预告，包括宣传海报和当期主题实验的预告小视频。通过文字、图片、视频等元素吸引参与者的关注。特别是预告小视频，短短几十秒内，将探究主题以悬念、魔术等方式展示，吊足参与者的胃口，让他们跃跃欲试、一探究竟。因此，在以后的直播活动前，继续大力在各社交平台推出预告小视频和海报，吸引更多热爱科学探究的大小朋友参与。

培养参与者看直播活动的习惯。参与者可以自由选择看直播或者看点播回放，我们无法干预这种选择。但是我们可以决定直播和录播的差异化呈现方式，即设定突出直播优势特点的表现方式和环节，与录播有所区别。比如，在直播活动中加入“打卡”和“奖励”环节，只有在直播时间段内参与互动，或者实验成功并分享，才有可能获得奖品。同时，在技术成熟的条件下，可以利用直播平台，进行视频或语音连线，让参与活动的大小朋友在直播中“出镜”“发言”，使互动交流的现场体验感加倍。

增强直播活动与参与者的黏性。“云尚探究”直播活动是基于钉钉直播平台开展的，参与者通过群号或者分享的二维码加入其中。充分利用好群功能，可有效增强直播对参与者的黏性。如群主和小助手积极与参与者进行互动交流，对于参与者提出的问题或者作品分享，积极回复与鼓励。内容上，设置一环扣一环、层层递进的探究主题，即每期实验相对独立，但知识点和实验步骤相互关联。一个直播季的内容形成多米诺骨牌效应的综合实验，吸引家长和孩子对每场直播活动的期待和参与。

找到适合参与者的节奏。针对参与对象的年龄段和性格特征，以及直播进度难以把控的问题，在设计教案时应增加探究实验部分的比重和趣味性。如出现失误或者实验效果不明显，可立即通过小助手在直播群里发布直播前演练成功的图片或视频，并做好解释说明。

(3) 基于传播技巧优化的传播策略

传播技巧，指的是唤起受传者注目、引起他们的特定心理和行动的反应，从而实现说服或宣传之预期目的的策略方法。

① “诉诸理性”与“诉诸感情”。

诉诸理性，是通过冷静地摆事实、讲道理，运用理性或逻辑的力量来达到说服的目的；诉诸感情，主要通过营造某种气氛或使用感情色彩强烈的言辞来感染对方，以谋求特定的效果。

诉诸理性在“云尚探究”直播活动中表现为对科学原理的讲解，以及严谨而又不失有趣的科学探究过程。诉诸感情在“云尚探究”直播活动中呈现比较丰富，包括主播老师生动地语言、词汇，丰富的表情、动作，魔幻的科学故事等等，让参与者在听觉、视觉和感觉上融入直播中。

② 巧用传播符号。

“云尚探究”直播活动中可以借鉴电视直播和录播中对于传播符号的运用。如动态贴图、文本字幕等等，丰富直播的画面语言。同时，适当的音效和背景音乐也有利于直播氛围营造，优化传播效果。

另外，尝试运用多镜头参与直播活动，根据需要进行画面切换，满足参与者对于实验步骤细节特写画面的要求。针对一些“噪音”，镜头切换可以用事先备好的小视频、图片等元素替换直播事故镜头，起到关键性“救场”的作用。

(4) 打破边界,建立直录一体传播模式

线上科普教育活动直播与录播各有优势和劣势,为了达到最优的传播效果,在活动中,应打破直播与录播的边界,将录播的优势为直播所用。

以"云尚探究"六一特别直播活动为例。6月1日当天,邀请小朋友参加科学实验闯关挑战赛。老师分别设置3关,通过闯关的形式,让现场及屏幕前的家长和孩子共同探究3个科学小实验。这一企划无论是内容还是流程都非常适合直播。

当天探究活动中,在闯关及转场过程中直播存在的问题暴露出来,由于设备的问题,手持镜头不稳定,画面效果比较差。同时,紧张的闯关探究节奏被迫慢下来,容易让孩子们分散注意力。

因此,特别直播活动中,在信息量丰富和流程调度难度较大的特定情况下,其传播模式不能仅仅是单一的直播或者录播,而应是直录一体——"直播+录播",即在直播中,综合运用直播和录播的有效元素。比如在六一直播转场过程中,利用提前录制好的串场花絮、字幕转场等等进行画面的切换,既能营造轻松的直播氛围,又避免了节奏拖沓,锁定孩子的注意力。

4 结 语

从对"云尚探究"活动直播传播特点和传播策略优化分析中,充分了解了直播在线上科普教育活动中的作用。除了传播主体、传播对象和传播技巧外,线上科普教育直播活动对传播过程中每一个要素都是全新的体验和尝试。如何充分发挥其功能,使传播效果最优化,将在以后的实践中做进一步学习和研究。

参考文献

[1] 中国网信网. 第45次《中国互联网络发展状况统计报告》(全文)[EB/OL]. 2020.4.28:45-46. http://www.cac.gov.cn/2020-04/27/c_1589535470378587.htm.

[2] 许向东. 我国网络直播的发展现状、治理困境及应对策略[J]. 暨南学报(哲学社会科学版),2018,40(3):72.

[3] 郭庆光. 传播学教程[M]. 北京:中国人民大学出版社,1999.

新媒体时代科普教育活动开发
——以吉林省科技馆科普“云”课堂活动为例进行分析

杨超博①

摘　要：随着时代的发展与科技的进步，科技馆职能也在不断地更新变化，其中科普教育职能越发凸显。近年来以互联网、大数据、新媒体为依托的网络创新产品大量涌现，不仅影响了我们的生活方式，同时也为科技馆科普教育工作的开展提供了新的机遇和挑战。将科普工作仅局限在场馆之内，展品之中已很难满足公众日益增长的科普教育需求。基于这种认识，本文对新媒体环境下线上科普教育活动开发进行探讨，为关注这一话题的人们提供参考。

关键词：科技馆；科普；新媒体；直播

1　新媒体时代科技馆面临的机遇与挑战

新媒体是相对于传统媒体而言的，是继报刊、广播、电视等传统媒体以后发展起来的新的媒体形态，是利用数字技术、网络技术、移动技术，通过互联网、无线通信网、卫星等渠道以及电脑、手机、数字电视机等终端，向用户提供信息和娱乐服务的传播形态和媒体形态。

新媒体与传统媒体相比有较强的互动性，受众接收新媒体信息，不受时间、地点场所的制约。截至2020年3月，我国网民规模为9.04亿，较2018年底新增网民7 508万；其中，手机网民规模达8.97亿，较2018年底增长7 992万，我国网民使用手机上网的比例达99.3%。在这样的环境背景下可以说“新媒体”正在给我们的工作、生活带来前所未有的影响和改变。

(1) 科技馆职能变化

随着科学技术对社会生产力的促进和发展，科技馆应运而生。科技馆的主要功能是展览教育，通过常设和短期展览，以激发科学兴趣、启迪科学观念为目的，用参与、体验、互动性的展品及辅助性展示手段对公众进行科学技术和创新的普及。如今，随着移动通信网络和移动终端技术的不断进步，公众对科技馆的需求也是多样化的，科技馆的职能被进一步扩大、丰富起来，如何发挥科技馆资源特色，创造多样化科普教育活动，正是新媒体时代下科技馆面临的巨大挑战。

(2) 科技馆科普传播现状及存在的问题

传统科技馆科普传播渠道主要分为两个部分，即“走进来”和“走出去”。“走进来”主要是对走进科技馆的参观者进行科普；“走出去”是科技馆主动走入学校、社区等场所开展科普教育活动。

据科技部2019年12月发布的2018年度全国科普统计数据显示：2018年全国共有包括科技馆和科学技术类博物馆在内的科普场馆1 461个，比2017年增加22个。科普场馆展厅

---

①　杨超博，女，吉林省科技馆研究实习员，邮箱：1486102081@qq.com，电话：13244036655。

面积 525.70 万 m^2，比 2017 年增加 5.14%。全国平均每 95.51 万人拥有一个科普场馆。但由于全国不同地区社会、经济发展水平存在差异，导致了科技馆布局不甚合理。全国西部、东北地区科技场馆数量较少、投资经费也相对较少，而中东部地区科技馆和科普经费投入相对较多，因此从科技馆数目以及科普经费投入上就可以看出不同地区的科普资源存在明显差异。

尽管这些年来，国家推出了"中国流动科技馆巡展""科普大篷车""全国科普日""科技活动周"等一系列全国性推广活动，但也无法从根本上解决科普资源不均等问题。科技馆存在的根本目的意义就在于最广泛的传播科学精神、科学思想和科学知识，但传统的科普传播方式极大程度限制了科技馆科普工作的有效开展。

(3) 新媒体时代科普的机遇和挑战

从机遇角度来看，新媒体时代，不仅改变了人们的生活方式和思维观念，还拓宽了传统科普传播的渠道，为创新科普传播方式、方法提供了技术支撑。科技馆想要开展科普教育活动不用等待观众进入场馆后再实施，而是可以充分发挥自身的科普展教资源主动出击，通过直播、录播、制作抖音、快手、西瓜短视频等新媒体传播手段吸引观众进入场馆或观看科技馆线上科普教育活动，这样既能打破地域、时间、空间限制，又能为喜爱科学的群众提供更多优质的科普内容。与此同时，融入互联网时代，研发创作新型网络科普产品也是对科普人才队伍的培养与考验。

从挑战角度来说，随着互联网和移动技术的发展，短视频自媒体也逐渐兴起，成为自媒体中一股不可忽视的重要力量，一些自媒体通过短视频这种灵活的方式进行知识的科普，通过自身人格化的 IP 塑造迅速积累大量粉丝。目前，抖音平台上很多做科普相关内容的自媒体人他们的粉丝数量、视频点击率、获赞数、直播观看人数都远超大多数科技馆的官方抖音账号。不过抖音等多媒体平台发布的科普短视频更偏向于对成年人的科普，学生不仅学业紧张，家长也不会让孩子长时间接触网络，基于这种环境下，科技馆开展线上科普教育活动如何精准定位自己的受众、如何设计更具吸引力的教学内容、如何进一步拓宽科技馆科普信息传播渠道是我们现在急需探究讨论的问题。

2 以吉林省科技馆开展的科普"云"课堂活动为例，探索线上科普教育

(1) 科普"云"课堂活动的主体对象

吉林省科技馆开展的科普"云"课堂活动的主体对象为青少年，青少年群体思维活跃、好奇心强，对于新鲜事物有较强的探索精神和接受能力。如何让更多的青少年参与到科普"云"课堂的活动中来，是前期筹备阶段急需思考的问题。吉林省科技馆采取与当地各县市科协、教育局、中小学校进行沟通合作，利用中国流动科技馆吉林巡展、科普大篷车活动多年积累、掌握的各县市中小学的实际情况，开创全新的馆校结合新模式，让更多学校的学生以班级为单位参与到科普"云"课堂直播活动中，即"云直播＋科技馆＋学校"。

这种形式不仅拓宽了科技馆科普信息的传播范围又能给全省爱好科学的中小学尤其是偏远贫困地区的学生带去优质科普教育资源，还有助于架起链接省市县区的科普信息传递桥梁。吉林省科技馆开展的科普"云"课堂活动，最新一期活动已实现与来自全省各地市区共计 12 所学校同步开讲，实时连线互动，整场活动在线观看人数高达 12 万，新华社关于吉林省科普"云"课堂活动的新闻报道点击率近 37 万。

(2) 科普"云"课堂活动的内容设计

科普"云"课堂内容设计本着与学校课程"合和不同"的理念，进行自主研发创作，针对学生的年龄层设计符合学生认知的课程内容，既对接"课标"的教育内容和教育理念，又充分依托科技馆的科普展教资源，突出科技馆活动特色，区别于学校课堂教育，并充分发挥科技馆作为非正规教育机构的优势。借鉴 STEM 教育理念，注重科学实践，通过趣味科学实验表演、动手实践课、情景科普剧等多种表现形式，让学生在轻松愉悦的氛围中感受科学魅力，激发科学兴趣，学习掌握综合运用多学科知识，解释生活中的现象，解决实际生活中的问题。

以其中一期主题为"生活无限精彩，科学就在身边"科普云课堂活动为例，课程内容时长 1 小时，活动对象为初中二年级的学生，针对教科版《物理》八年级下册第九章第三节《大气压强》，云课堂课程设计紧紧围绕大气压强主题，以科技馆科普教育资源为载体、生活中常见的物品为道具进行设计，课程内容设置了三个环节，分别是趣味科学实验表演《空气实验室》、动手实践课《挑战不可能》、情景科普剧《科学请柬》，让学生通过观看表演、参与互动问答、动手探究实践等多种方式了解大气压强的威力、知道理想状态下气体体积与压强之间的关系以及流体的流速与压强之间的关系，既巩固了已学知识点又进一步培养了学生的科学探究精神。

(3) 科普"云"课堂活动的特点及在科普中优势

科普云课堂活动是基于科技馆科普教育资源和全新科普教育模式，通过互联网直播互动，消除地域、时间限制，让全省师生轻松获得优质的科普教育资源，实现课堂知识多维度拓展、科学原理多角度展示、科普实验动手+实践的目标。

科普云课堂的优势，不是传统上我来直播你来看、你留言我回复的形式，而是可以让多所学校通过会议系统直接进入到云课堂直播间，活动过程中来自全省各地多所学校的师生可以与科技馆的老师"面对面"实时课堂问答、交流讨论，极大丰富了学生们的科学学习内容、增强互动学习体验，从而增加学生的参与感、真实感、体验感。

与此同时，吉林省科技馆还将自身与学校直播互动的这个会议系统通过网络终端如搜狐、新浪、微赞等平台分发出去，这样即便不方便参与直播互动的学校也可以组织学生在教室观看到课程直播，给全省乃至全国爱好科学的中小学生分享优质的科普教育资源，架起科普信息传递的桥梁。最新一期科普云课堂活动已实现与来自全省各地市区共计 12 所学校同步开讲，实时连线互动，整场活动在线观看人数高达 12 万。新华社关于吉林省科普"云"课堂活动的新闻报道点击率达 38 万。未来还计划在电视终端同步直播，实现传统媒体与新媒体的全覆盖，普惠全国更多的青少年。

科普云直播作为网络创新产品，还兼具网络社交功能，共同观看直播的师生还能实时互动交流，增强代入感的同时还契合了交互式的学习方法，科普云直播不仅仅是一种单纯的科普模式，更是可以与其他科普方式相结合的辅助工具，其自身的特色优势与功能配合科技馆的科普工作可以说是相得益彰。

(4) 科普"云"课堂活动对科普教育事业发展影响和意义

科普"云"课堂活动是科技馆线上开展科普教育活动的新方式，将线上直播互动技术应用于科普工作中，可以充分发挥科技馆科普前沿阵地作用，与爱好科学的中小学生分享优质的科普教育资源，架起科普信息传递的桥梁。科普"云"课堂活动能打破科技馆自身地域、时间、空间的限制，还能有效改善我国科普资源分布不均的现状，给偏远地区的学生们带去科技之光。同时还能加快现代科技馆体系建设，丰富科普作品形式和传播渠道，对科技馆未来整体工作思路方向产生深远影响。

当今时代,信息技术创新日新月异、数字化、网络化、智能化深入发展,使用云直播技术,顺应了时代发展的新潮流,是思维方式的转变。借助物联网的快速发展,将互联网思维融入科技馆的创新工作中,有助于科技馆打造出更具有影响力的品牌科普活动,同时又符合国家提倡的创新发展理念,通过分享与合作,可以带动整个科普产业市场的大发展、大进步。

3 线上科普教育活动开发现存的问题及未来展望

(1) 线上直播课程内容设计

科技馆作为我国科普教育的前沿阵地,开展科普教育活动是自身的重要职责和使命。如何让线上科普教育活动形成品牌效应长效发展,是未来值得深思和努力实践的方向。

2017年颁布的《小学科学课标》指出:"科学探究是人们探索和了解自然、获得科学知识的重要方法。"在《义务教育初中科学课程标准(2011年版)》中,"探究"一词出现了181次,其中"科学探究"和"探究式学习"出现频率很高。由此可见,课程标准是倡导以探究式学习为主的学习方式。基于此,线上教育课程的设计不仅知识层面上要与课标相结合,实验及科普剧等内容的设置上还要有一定的探究性,要力争结构良好、容量合适,问题环节的设置既要有难度但又能利用已学知识解答,从而激发学生探索的欲望和兴趣。

与此同时,探究实验的设计还要尽可能地利用日常生活中的器具,方便学生课前准备,为了观看效果,道具要尽可能地大且具有一定的舞台效果,同时课程的设计还要突出科技馆场馆教育资源特色,充分利用科技馆展品展项,从而达到区别于学校课堂教育的目的。

(2) 直播授课人员职业素质的要求

一场精彩的线上直播课程不仅内容要设计精良,对于直播授课老师的教学水平还有一定的要求。首先,应熟悉掌握课程内容且对于相关领域的知识要有一定的储备;其次,要有创新创造精神,课程内容要紧跟时代发展,结合时下科技热点、前沿资讯等,不断创新改变授课的方式方法;另外,还要有较强的语言表达能力、遇到紧急突发情况的应变能力;最后,需具备契合直播形式的娱乐精神,充分发挥个人性格特质,与学生积极互动、提出问题,调节活跃现场气氛,达到寓教于乐的效果。

线上科普教育活动想要延续发展,形成品牌化深度开展,必然对于课程内容、教学人员有所要求,但通过线上直播活动的实操训练可以进一步提高科技辅导员的业务能力,培养一批本领过硬的明星科普人员,还能扩大科技馆的影响力,让更多人群从中收益,助力科技馆工作的健康长足发展。

(3) 未来规划与展望

吉林省科技馆科普云课堂活动想要形成品牌长效发展,未来会不断的进行升级改造,现已规划了四个版本。1.0版本是目前实施开展的课堂以外的拓展教育;2.0版本是整合吉林省特色优质的科普教育资源开展线上暑期科技夏令营活动,吉林省是农业大省、国家重要的商品粮食生产基地,还是国家老工业基地、自身具有深厚的文化底蕴,未来将会通过这种线上直播的方式开展暑期科技夏令营的活动,让学生足不出户就能了解到吉林省的历史文化以及高新科技等。目前已经开展了一期暑期科技夏令营活动,参加直播人数累计近60万;3.0版本将是对标学校课堂教育和老师的教学作为课堂知识的补充、延伸;4.0版本将根据学校的需要提供定制化服务，用菜单点播的方式是开展线上科普教育活动，延伸学校科学课程，更好地满足学生的兴趣和需要，促进青少年的个性发展，为青少年科学素养的初步培养和持续发展奠定良好基础。

4 结　语

科技馆开展多样式、多种类的线上科普教育活动是新媒体时代发展的必然选择，科普“云”课堂活动具有实时互动性和真实体验性，能够解决传统科普工作中的困难和问题，搭建科技馆与学校、青少年沟通的桥梁，有效实现科技馆多元化传播的社会效应，多维度多样化地发挥科技馆科普功能，多方位多功能地拓展科普信息的输出渠道，为科技馆融入新媒体时代提供新思维、新方向、新角度。

科普场馆运用短视频提升科普能力的策略研究

王宇[①]　李星　马亚韬　冯骞

摘　要：通过文献研究法和案例分析法，报告了我国科普场馆的科普能力现状，分析指出场馆科普能力建设存在科普服务形式缺乏创新、科普服务效能的边际效用递减、科普服务均等化水平较低、科普创作能力薄弱的问题，总结了科普短视频的现状及特点，提出短视频在提升场馆科普能力方面具有创新服务形式、提升服务效能、促进服务均等化、缓解科普创作能力薄弱的优势，但也需要警惕短视频泛娱乐化、低质化的问题，最后从坚守科学内涵、创作优质短视频产品、提高短视频账号的运营能力、关注短视频相关技术的发展方面提出了科普场馆运用短视频提升科普能力的实施策略。

关键词：短视频；科普场馆；科普能力

《全民科学素质行动计划纲要(2006～2010～2020)》(以下简称《科学素质纲要》)指出："要新建一批科普场馆，提升场馆的接待能力""要建设科普基础设施工程，对现有科普设施进行机制改革和更新改造，充实内容、改进服务、激发活力，满足公众参与科普活动的需求"。由此可见，科普场馆是我国科普事业的重要组成部分，作为公益性的服务机构，科普场馆的使命就是为社会及其发展服务，不断提高公民的科学素质，增强公民获取和运用科学知识的能力，实现公民的科普权利和科普福利，促进公民的全面发展。可以说，发挥科普场馆的科普能力，为社会提供优质的服务是科普场馆的本质属性，也是义不容辞的责任。

1　科普场馆的科普能力现状

科普能力包含科普资源建设和科学技术普及传播等方面，是一项高度综合的能力，主要包括科普创作、科技传播渠道、科学教育体系、科普工作社会组织网络、科普人才队伍以及政府科普工作宏观管理等方面。科普场馆的科普能力主要表现为科普服务能力和科普创作能力。

(1) 科普服务能力

科普场馆是为广大人民群众提供科普服务的基础设施，近年来，在党和政府的高度重视下，我国科普场馆的服务能力取得了长足进步。科技部发布的全国科普统计数据显示，截至2018年底，全国共有科普场馆1 461个，比2017年增加22个，科普场馆展厅面积525.7万m^2，比2017年增加5.14%；科普场馆规模不断扩大的同时，参观人数也持续增加，2018年科技馆共有7 636.51万参观人次，同比增长21.18%，科学技术类博物馆共有1.42亿参观人次，同比增长0.27%。可以说，科普场馆已经成为人民群众向往的美好生活的重要组成部分。

① 王宇，内蒙古科技馆高级工程师。通信地址：内蒙古自治区呼和浩特市新城区北垣街甲18号。E-mail:419242938@qq.com。

(2) 科普创作能力

科普创作能力是科普能力建设的重要组成部分,具体表现为科普作品的创作生产,常见的科普作品主要包括科普图书、音像制品、挂图、海报、影视节目、美术作品、摄影作品等。科普场馆围绕自身的优势资源,如馆藏展品、教育活动等进行科普创作,是场馆科普能力建设的一项重要内容,目前我国部分大型科普场馆在这方面进行了一些有益的探索,取得了一定的成绩,例如上海自然博物馆创作的科普读物《两栖之王——中国大鲵》《芦苇丛里的流浪者——震旦鸦雀》入选了教育部《中小学图书馆(室)推荐书目》;拍摄的系列科普纪录片《中国珍稀物种》,获得了国家科学技术进步奖二等奖,目前已推广至 40 多个国家,收获了上亿人次的观看量,取得了良好的科普效果。

2　科普场馆的科普能力建设的困境

我国科普场馆建设取得了一定的成绩,科普能力得到了长足的进步,然而依托场馆实体开展的科普服务,由于受场地设施、人力财力、资源数量等客观条件限制,科普能力的提升遇到了"瓶颈"制约,凸显出科普服务形式缺乏创新、科普服务效能的边际效用递减、科普服务均等化水平较低、科普创作能力薄弱等问题,严重制约着场馆科普能力的提高。

(1) 科普服务形式缺乏创新

当前我国科普场馆的科普服务主要有两种形式:一种是依靠科普场馆的优势资源,如馆藏展品、科学实验室等开发的科普教育活动,这种服务大多采用引导实验、动手制作、知识讲座等方式来开展;另一种则是简单的参观展览服务,主要依靠富有趣味、知识内涵丰富的常设展览、临时展览来吸引群众,通过讲解、参观等方式进行服务,这两种都属于传统的科普服务形式,而当今社会已进入信息时代,以数字化、网络化、信息化为标志的信息技术革命日新月异,深刻的改变着人们的生活,在这样的时代背景下,科普场馆需要充分运用先进的信息技术,创新服务形式,提升科普能力,为全民科学素质的快速提升提供强劲动力。

(2) 科普服务效能的边际效用递减

科普场馆主要通过开放参观,举办展览教育活动为广大人民群众提供科普服务,场馆的观众参观量是衡量场馆科普服务效能的重要指标。目前除少数大型科普场馆能够保证观众参观量的逐年增长外,大多数科普场馆建成开放后都出现了"一年热、二年冷、三年少人问津"的现象,似乎观众参观量逐年下降已成为大多数新建科普场馆不可避免的趋势,以江苏科技馆为例,从 2000 年开馆时春秋游时间段日均观众接待 5 000 人,到 2017 年春秋游时间段日均观众接待不足 500 人,观众参观量差异巨大,场馆科普服务效能的边际效用递减趋势明显。

(3) 科普服务均等化水平较低

我国科普场馆自 2008 年免费开放以来,一直致力于让科普服务能够覆盖更加广大的人民群众,实现服务的均等化,然而由于科普基础设施、资源数量、经费投入的不平衡,使得我国科普场馆的分布不均衡,科普服务的均等化相对滞后,水平仍待提高。科技部发布的 2018 年全国科普统计数据显示,不同地区的科普场馆总数存在较大差异,数量最多的上海市有 169 座科普场馆,而数量最少的西藏自治区只有 2 座;不同地区每百万人拥有的科普场馆数也存在较大差异,数量最多的上海市每百万人有 6.97 座科普场馆,而数量最少的河南省每百万人只有 0.32 座科普场馆,由此可见,我国科普场馆的服务均等化水平较低,发展不平衡的矛盾依然突出。

(4) 科普创作能力薄弱

传统的科普作品如科普图书、音像制品、影视节目等，大多具有较高的创作门槛。一部好的科普作品，往往需要专业的创作团队合作完成，这样的团队既需要具备一定的艺术创作能力、较强的科学素养和学习能力、严谨务实的科学态度的科普创作人员，又需要具备专业能力，能够操作相关设备的行业技术人员，还需要购置相应的专业软件、设备，例如科普纪录片、科普图书的制作，需要购置费用高昂的摄影设备和专业处理软件，需要经验丰富的影视技术人员和科普创作人员通力合作，创作门槛很高，而目前大多数科普场馆虽然拥有较多的科普创作人员，然而受政策、财力等条件限制，在行业技术人员和专业软件、设备方面相对匮乏，没有培养和建立专业的科普创作团队，没能将丰富的场馆资源转化为优秀的科普作品，科普创作能力薄弱。

3 科普场馆运用短视频提升科普能力的机遇

随着移动互联网的发展，短视频作为快速崛起的信息传播方式，已经开辟出了一个全新的信息交流空间，为科普场馆解决上述问题，提升其科普能力带来了新的机遇。

(1) 科普短视频的发展现状

QucstMobile 发布的《2019 短视频行业半年洞察报告》显示，截至 2019 年 6 月，我国的短视频用户规模超 8.2 亿，同比增加超 32%，意味着 10 个移动互联网用户中有 7.2 个正在使用短视频产品；短视频用户规模快速增长的同时，用户使用时长也在爆发式增长，月人均使用时长超过了 22 小时，短视频已经成为群众生活中不可或缺的组成部分。特别是 2020 年年初，一场突如其来的新冠肺炎成为了每个人关注的焦点，其中短视频、直播等新媒体成为重要的疫情咨询传播手段，抖音平台设立了“新冠肺炎疫情实时动态”专栏，内容包括疫情实时追踪、个人防护等科学知识，并邀请了权威的专家解答疫情相关问题。快手平台也在 1 月 22 日开通“肺炎防治”频道，为观众带来“佩戴口罩”“正确洗手”等行之有效的短视频防疫知识。据《抖音 2020 年春节数据报告》，整个春节期间，抖音用户共搜索了 4 373 万次和疫情相关的内容。1 月 20 日至 1 月 31 日，肺炎防治频道点击量突破 30 亿次。据七麦数据，快手平台、抖音平台均在今年春节期间经历了一个下载量高峰，近一个月，快手平台、抖音平台下载量分别超过了 697 万、532 万，单日最高数值分别超过了 47 万、28 万。在此次疫情中，短视频除了信息传达和内容的创作外，也开始发挥其服务和功能作用。

相较于其他类短视频，科普短视频有其自身的严谨性和专业性。科普短视频定义为：“由机构或个人制作，版权清晰，无知识产权纠纷以普及科学技术知识、传播科学思想和弘扬科学为主要内容的、时长为 30 秒至 20 分钟的小电影、动画片、纪录短片等视频作品。”目前，在国内外众多的科普短视频作品中，国外的《Emergence of life》《A Brief History of Humankind》以及 Coursera 平台下的《How Things Work?》等，国内的果壳网各大科普板块内容、网络团队飞碟说发布的《每天一分钟》、中国科协主办的“科普中国”、中国数字科技馆原创专栏“榕哥烙科”“居家实验”以及“美丽科学”系列科普短视频，都是系列科普短视频中的代表作。在国内众多的科普短视频中，涉及内容多为气象、天文、消防安全、动物保护、医疗健康、防灾减灾和节能减排等领域。飞碟一分钟、飞碟说、壹读、科普中国、你说了蒜、米粒计划等涉及的主题多为综合性科普常识，采用动画、平台搭建、场景植入等技术。而像“丁香医生”这类公众号主要以传播健康知识为主，针对大众关心的健康热点进行答疑解惑。“美丽科学”则以独特的拍摄视角将科普与艺术结合，将自然科学之美呈现在大众面前。短视频利用多样的视听元素、音乐、解说、动画、特效等将晦涩难懂科普知识重新“演绎”，回归一种“亲民”的传播状态，为科学普及开辟了一条新的传播途径。

(2) 科普短视频的特点

第一，科普知识的内涵更加丰富。短视频制作者多为自媒体，这就大大丰富了知识的生产队伍。有着不同职业背景的人们和拥有不同兴趣爱好的自媒体号都可以参与科普知识内容的讲解和生产。例如，一个人通过抖音获悉的健康知识可能来自一位专业医生，也可能来自一位业余养生爱好者。在不同的短视频平台上，科普知识来自用户，又发给用户，传播的主体不再有界限，科普知识的内涵相较于以往更加丰富。

第二，视频内容短而精。有别于过去科普内容需要追古溯今、冗长难懂的传播形式，科普短视频要求提炼核心知识点，能够在较短时长内将科学原理、科学现象表达清楚。例如，粉丝量达 1 209.6 万的科普账号“地球村讲解员”于 2019 年 9 月 12 日发布的《假如月球突然消失》，在短短 45 秒内将如果月球消失后会造成海啸、洋流紊乱、四季不复、陨石撞击地球的后果讲解清楚，阐述了月球这颗卫星对我们的重要性。

第三，多媒体技术的应用。各种动画、实验模拟、影像资料等在满足科普传播的苛刻要求同时，将死板科学的知识以更加立体的方式呈现。动画可以演示病毒传染过程，可以再现宇宙行星运行。实验模拟可以将理论知识可视化，复杂知识简易化，例如果壳旗下专注做演示类实验的科普账号“酷炫实验室”，其发布的海底火山实验点赞量达 4.9 万，翻滚翼飞行器的制作点赞量达到 54.7 万。

第四，特效化处理。短视频吸引观众的重要手段之一就是加入各种特效从而吸引观众眼球，一个复杂的科学原理由于其各种枯燥无味的解释使人望而却步，特效的加入使得视频画面更加丰富，使人耳目一新。例如“美丽科学”公众号发布的《滴》，采用显微摄影技术将明矾的结晶过程展现，使人仿佛是在欣赏一件美轮美奂的艺术品，不禁感叹，原来科学可以如此之美。

4　短视频在提升科普场馆科普能力方面的优势

短视频作为一种顺应潮流而兴的信息传播方式，在提升科普场馆的科普能力方面具有一些显著优势。

(1) 短视频能够实现场馆服务形式的创新

有别于传统的科普服务形式，科普场馆围绕自身丰富的科普资源创作科普短视频，并通过网络发布平台向广大的人民群众提供服务，是一种创新的服务形式。《科学素质纲要》中指出，要“研究开发网络科普的新技术和新形式，开辟具有实时、动态、交互等特点的网络科普新途径”，场馆运用短视频进行科普服务，就是利用新技术开辟出的一种具有动态、交互特点的全新的科普途径，这种全新的服务形式实现了传统科普资源与新技术的有机结合，能够有效提升场馆的科普能力。如由湖南省博物馆首创的博物馆题材类手绘科普短视频——《汉代穿越指南》，将馆藏中极具代表性的马王堆汉墓出土的漆器、服饰、乐器、帛书等不同文物还原到汉代生活的场景中，从而解读文物、讲述文物背后的故事。该短视频共 5 集，每集约 3 分钟，以手绘动画的风格，通过趣味叙事的方式，向观众展示汉代饮食、时尚、娱乐等方面的生活。该系列短视频延续了湖南省博物馆关于长沙马王堆汉墓陈列“讲故事”的展陈理念，既引起了观众浓厚的兴趣，又能将科普文化知识讲得通俗易懂，从而使观众更好地了解历史。

（2）短视频能够提升场馆的服务效能

短视频是一种十分高效的信息传播方式，科普场馆通过创作和分享短视频，能够架设起场馆与群众间的沟通“桥梁”，使科普场馆与群众之间形成良好的互动，提升场馆的服务效能。通过这座“桥梁”，一方面能够使广大与科普场馆“素未谋面”的群众了解场馆丰富的馆藏展品、开放的临时展览、有趣的教育活动等信息，从而吸引其参观科普场馆，增加观众参观量；另一方面科普场馆能够通过群众观看短视频时的点“赞”数量和留言反馈，准确了解广大人民群众对科普场馆的真实需求，对科普活动的感受建议等信息，有针对性的调整场馆的服务内容，改进服务质量，提升场馆的观众重复参观率。例如，科普短视频与“科普大讲堂”相结合。科普大讲堂由于场地的限制，每场“科普大讲堂”的听众有限，有时甚至需要网上预约才能与大讲堂的老师“面对面”交流，而将大讲堂的内容进行实时录制，通过后期剪辑、压缩、加入音视频特效，就形成了一集“微讲堂”，如果是系列讲坛类节目，就可以制作成一部系列微讲堂教程，这样就突破了场地的限制，使更多的人能够聆听到专家学者的讲授内容。

（3）短视频能够促进场馆服务的均等化

科普场馆、借助短视频，能够将“实体”的场馆科普资源转化为“虚拟”的数字科普资源，并通过发达的信息网络将资源分享给群众，在智能手机普及率极高的信息时代，这种服务方式极大的降低了群众获得服务的门槛——只需一部智能手机就能享受到场馆提供的无差别的科普服务，打破了地域、身份、地位、收入、文化水平等方面的限制，一定程度上消除了可能引发分享科普场馆价值方面的障碍，扩大了服务均等化的覆盖范围，使科普场馆成为所有群众生活的一部分。如中国数字科技馆推出的原创短视频专栏“居家实验”，该栏目通过1分钟左右的短片教人们利用生活中随处可寻的物品对一些科学实验进行模拟，并对实验原理进行解释，从而激发公众特别是青少年的科学兴趣，培养科学思维。

（4）短视频能够缓解场馆科普创作能力薄弱的现状

短视频是一种新兴的科普创作形式，相较于传统的科普创作形式而言，门槛较低，能够有效缓解场馆科普创作能力薄弱的现状。首先，短视频的制作设备如手机、三脚架、光源、稳定器等，相较于其他的专业制作设备而言，购置费用较少，设备易获得；其次，短视频有大量操作简单、效果强大的视频拍摄、处理软件，易于上手制作，普通人通过短时间的学习就能掌握从素材拍摄、粗略剪辑到处理声音效果、生成视频文件的整个短视频制作过程，对专业技术人员的要求较低，人员易获得，这就极大的缓解了科普场馆受财力、人力限制，科普创作能力不足的现状。

5　科普场馆运用短视频提升科普能力需要警惕的问题

短视频在提升场馆科普能力方面具有极大的优势，同时必须承认，短视频并非“完美无缺”，随着短视频的快速发展，一些问题也逐渐暴露出来，特别是泛娱乐化现象和低质化现象，需要警惕。

(1) 警惕短视频的泛娱乐化现象

泛娱乐化是一种以乐为标杆,把表现的内容和形式过度娱乐化,将原本不含或者不应含娱乐元素的事物赋予娱乐的属性,同时能对人的价值观产生消极影响的一种文化现象。短视频的迅猛发展,产生了充满潜力的巨大商机和市场,一些短视频平台在商业利益的驱使下,为了快速抢占市场,刻意迎合观众的猎奇心理和追求感官刺激的心理,只重视通过特效技术营造绚丽的视觉奇观,忽略视频的内容和内涵,甚至不惜哗众取宠、触碰红线,极力炒作虚假信息、低俗信息等挑战道德底线甚至触犯法律的内容,这种泛娱乐化的倾向极易给受众,特别是青少年群体传达错误的信息和观念,使青少年沉溺于感官刺激,缺乏深层次的思考和意义追求,冲击传统社会的价值观。正如人民日报所批评的:“低俗不是通俗,欲望不代表希望,单纯感官娱乐不等于精神快乐,如果任凭无原则、无底线的娱乐占据人们的精神世界,把内容产品当作追逐利益的‘摇钱树’,其结果势必塑造出空虚的生命个体和灵魂。”

(2) 警惕短视频的低质化现象

短视频的创作门槛较低,依靠 UGC(用户生成内容)模式吸引了大批的用户,生产了大量的产品,这对于激发用户创作活力,增加平台流量具有积极的作用。但与此同时,UGC 模式也带来了一系列问题:一方面,UGC 模式对技术和审美的要求不高,导致创作的短视频产品泥沙俱下、良莠不齐,大量粗制滥造的短视频产品充斥其间;另一方面,UGC 模式降低了产品内容门槛,一个现象级的短视频产品出现后,不少人都会跟风模仿,导致同类型的产品在一段时间内数量激增,严重同质化,用户容易产生审美疲劳,造成短视频的低质化。

科普场馆在运用短视频提升科普能力时,必须警惕这些问题,制定相应的对策,进行深度创新。

6　科普场馆运用短视频提升科普能力的对策

(1) 坚守科学内涵

技术需要正确价值观来引领,科普场馆是一座科学殿堂,而不是一个游乐场;“玩科学”是一种快乐的学习,而不是肆意玩耍。科普场馆的本质特征是其丰富的科学内涵和科学精神,只有坚守这些本质特征的、适应时代需要的创新,才是科普场馆发展的灵魂和活力所在。因此,科普场馆在运用短视频提升科普能力时,必须保证短视频这种新兴的科学传播手段服务于科普场馆的本质特征,必须坚守科学内涵和科学精神的主导地位。

科学内涵和科学精神是科普场馆之“本”,短视频技术是“末”,切不可舍本逐末,盲目追求短视频技术的绚丽效果和夸张形式,以至于对科学内涵的表达过度娱乐化,弱化科普场馆的内涵和功能;更不可“本末倒置”,将利用短视频技术吸引群众放在向群众传递科学内涵之前,以至于对科学内涵的表达低俗化、虚假化,消解科普场馆的价值和本质属性。

(2) 创作优质短视频产品

美国博物馆专家 G. B. 古德(G. B. Goode)有句名言:“博物馆不在于他拥有什么,而在于它以其有用的资源做了什么”,高质量的科普产品是科普场馆获取群众注意力的关键一环,科普场馆虽然能够通过短视频这种门槛较低的方式创作科普产品,一定程度上缓解科普创作能力薄弱的现状,但短视频易学难精,要想将内涵丰富的场馆科普资源转化为优质的短视频科普产品,还需要从内容策划、拍摄剪辑等方面着手,不断提高“生产能力”。

内容策划的质量决定了短视频产品的整体品质。在选取主题时,要以科普场馆的优势资源为核心，聚焦人民群众关注的热点科普问题，结合短视频产品的特点，找准切入点，实现三者间的有机融合；在编排内容时，要反复打磨，精炼内容，在有限的时间内用最准确的文字语言、视听语言将核心的科普主题呈现给人民群众。中科院旗下的抖音账号中国科普博览在上线之初，群众正在热议中科院在贵州建成的天眼 FAST，于是中国科普博览抓住这一热点内容，策划制作了一个关于 FAST 天眼的 38 秒的短视频，这支短视频发出后吸引了大量的关注，累计播放量达到了 180 万，取得了良好的科普效果。

拍摄剪辑决定了短视频产品的最终效果。在拍摄时，不同于横屏的镜头特性，采用竖屏构图的短视频有自己的表达逻辑，竖屏模式的画幅狭窄而长，更适合采用小景别的大特写、特写、近景等镜头，把拍摄对象的细部加以放大，展示其外部特征，揭示其内在本真，同时还可以配合使用光学显微镜、望远镜、无人机等设备，采用延时摄影、慢速摄影、长曝光摄影、高速摄影等技术，使拍摄对象具有充分的视觉表现力；在剪辑时，要重视节奏的把握，采取一个不怎么变化的节奏，会使观看者的注意力逐步分散，而一个保持很快节奏的剪辑，往往又会使观众高度紧张而产生疲劳，适当的节奏变化，辅以画龙点睛的音乐和旁白，能够将一个连贯流畅、含义明确、主题鲜明并有艺术感染力的科普短视频作品呈现给观众。

(3) 提高短视频账号的运营能力

良好的账号运营是科普场馆运用短视频提升科普能力，持续健康发展的重要保障。目前我国各大科普场馆虽然在短视频平台都开通了官方账号，但在账号的运营方面却差强人意，还须投入更多精力，提升账号的运营质量。

首先，要增加账号活跃度，积累粉丝，提高影响力。一方面，官方账号要打造明星项目，定期发起各种创意互动活动，如挑战赛等，邀请群众参与互动，引发群众对科普场馆的兴趣，例如由中国科技馆抖音短视频官方账号发起的“我的科学之 yeah”线上挑战活动，邀请群众采用短视频流行的拍摄方法，参与“扔水瓶”“铅笔穿水袋”“竹签扎气球”等趣味实验拍摄挑战，完成挑战的群众上传挑战短视频，而官方账号则会揭开挑战游戏中蕴含的科学奥秘，活动推出后，累计获得 35 万条群众投稿视频，17.6 亿次视频总浏览量，超 5 000 万次点赞，该活动也获得了“典赞・2018 科普中国”十大网络科普作品奖；另一方面，官方账号要保持平均每天都有科普短视频的发布，传播科普场馆常设展厅、临时展览、服务设施、经典馆藏等信息，加深群众对科普场馆的熟悉度，吸引群众进入科普场馆参观活动，例如抖音平台的科普账号“笑笑科普”，自 2018 年 11 月 17 日发布第一条短视频以来，截至 2020 年 5 月 29 日，“笑笑科普”在 559 天里累计发布了 584 个短视频作品，获赞 2 140.9 万，积累 287.2 万粉丝，其中关注度、互动率最高的作品累计评论 2.3 万条，转发 2.9 万次，点赞量超过了 112 万，取得了良好的运营效果。

其次，要加强内容管理，确保账号健康有序运营。科学普及是一项专业性要求较高的工作，官方账号作为科普场馆的“发言人”，具有极强的公信力的同时，必然要输出对公众负责的正确无误的信息，因此必须建立专业团队，加强内容管理。一方面，要加强 UGC 模式的内容审查力度，对粉丝的短视频投稿，坚持采取审慎的态度仔细甄别，确保科学性，积极宣传正确的媒介素养，加强对粉丝价值观的引导，营造健康向上的氛围；另一方面，要加大 PGC(专家生产内容)模式、PUGC(专业用户生产内容)模式的合作力度，安排专业的运营及编导人员，从短视频制作的选题阶段开始介入，确保内容的正确性和平衡性，生产高质量且符合传播要求和规范的科普短视频。

(4) 关注短视频相关技术的发展

关注短视频相关技术的最新发展成果，寻找科普场馆与短视频前沿技术的融合点，能够为科普场馆提升科普能力提供新的发展空间。

短视频传播能力的提高离不开视觉效果、互动形式和精准推送等多种技术的发展，科普场馆需要对相关技术的最新成果加以关注。无人机、360°全景相机、人脸识别、VR、AR 等技术能够为短视频提供独特的拍摄视角、炫目的视觉特效、有趣的小游戏等沉浸感强烈的互动功能，增加短视频的体验维度，为科普短视频的创作提供更多的创意空间；AI 及大数据算法技术能够基于用户的历史浏览数据和行为，推测用户感兴趣的内容，形成个性化标签，最终推荐合适的内容给用户，实现科普短视频内容和用户需求的精准匹配。

7 结 语

如今人类社会已进入信息时代，短视频等众多新兴的传播方式蓬勃发展，深刻的改变和塑造着人们的思维方式和信息获取习惯，科普场馆需要密切关注、积极运用这些日新月异的技术手段，增强科普能力，为提升人民群众的科学素养做出积极的贡献。

参考文献

[1] GB/T32003-2015. 科技查新技术规范[S]. 北京：中国标准出版社，2015.

[2] 新华网. 每 95.51 万人拥有一个科普场馆 解读最新全国科普统计数据[EB/OL].（2019-12-25）[2020-05-29]. http://www.xinhuanet.com/politics/2019-12/25/c_1125385998.htm.

[3]王小明. 科普研学：与场馆科学教育的融合创新[R]. 中国自然科学博物馆学会教育人员培训班（第四期），2019.

[4] 道客巴巴. 从公共管理角度谈科技馆受众范围的变迁[EB/OL].（2019-01-16）[2020-06-22]. http://www.doc88.com/p-1126424575436.html.

[5] 中国科普网. 科技部发布 2018 年全国科普统计数据，一图看懂这份成绩单！[EB/OL].（2019-12-25）[2020-06-22]. http://www.kepu.gov.cn/www/article/dtxw/84160b8e156846448fdf572aeee5a3e6.

[6] QuestMobile. QuestMobile 短视频 2019 半年报告[EB/OL].（2019-08-06）[2020-05-29]. https://www.questmobile.com.cn/research/report-new/58.

[7]中国科学技术协会. 中国科协办公厅关于开展 2014 年“公众喜爱的科普作品”推介活动通知[EB/OL].[2018-02-01]. http://www.cast.org.cn.

[8]杨东伶，马月飞. 科普短视频的传播特色与价值分析[J]. 视听，2020(05)：087.

[9] 单霁翔. 博物馆的社会责任与社会发展[J]. 四川文物，2011(01)：3-18.

[10] 颜美艳. 对于泛娱乐化概念的探讨[J]. 科技创业家，2012(14)：173.

[11] 靖鸣，朱彬彬. 我国短视频内容生产存在的问题及其对策[J]. 新闻爱好者，2018(11)：19-24.

[12]新浪. 人民日报：短视频勿短视 低俗信息挑战道德底线[EB/OL].（2018-08-16）[2020-05-29]. https://tech.sina.com.cn/i/2018-08-16/doc-ihhtfwqs0512093.shtml.

[13] 陈同乐. 后博物馆时代——在传承与蜕变中构建多元的泛博物馆[J]. 东南文化，2009(06)：6-8.

[14]搜狐. 抖音能给科普带来什么？[EB/OL].（2019-03-26）[2020-05-30]. https://www.sohu.com/a/303843766_524286.

[15] 国春阳. 竖屏时代移动短视频策划要点[J]. 西部广播电视，2019(12)：3-4.

[16] 张正. 新闻短视频的拍摄和剪辑技巧[J]. 传媒论坛，2020，3(08)：69-70.

[17] 科普中国. 玩出科普——看“我的科学之 yeah”如何掀起科普热潮[EB/OL].（2019-01-22）[2020-06-22]. http://kpzg.people.com.cn/n1/2019/0122/c404214-30583181.html.

新媒体助力科普传播
——以抖音为例

史　晓[①]

摘　要：抖音作为新媒体平台的佼佼者，拥有庞大的用户群体。充分利用好这个平台，让其发挥科普传播的巨大潜能，将其打造成科普传播新阵地，是新时代背景下的必然趋势。本文介绍了抖音平台信息传播的优势，指出抖音平台科普传播的现存问题，同时为提高科普传播效果提出建议。

关键词：新媒体；抖音；科普场馆；科普传播

随着互联网技术的不断发展，新媒体已渗透到公众生活的各个领域，成为公众获取信息的重要渠道。新媒体的出现打破了原有的科普传播的模式和格局，对科普传播既是挑战又是机遇。尤其是对于科普场馆来说，如果能够有效利用成熟、热度较高的新媒体平台发挥科普作用，并逐渐打造成为重要的科普阵地，将大大推进科普传播进程。近年来，短视频发展迅速，热度不断攀升，通过短短十几秒，或者几分钟的视频，就可以让我们了解一个人、一件事，言简意赅，生动形象，非常适合当下人们快节奏的生活，为大众喜爱和追捧。近年来抖音平台逐渐崭露头角，成为时下最热的自媒体平台。根据第44次《中国互联网络发展状况统计报告》显示，截至2019年6月的数据统计，中国的网络用户量已经达8.54亿，而使用手机上的用户所比为99.1%，手机已经成为我们上网的最主要的载体。2020年1月6日，抖音官方发布《2019年抖音数据报告》，截至2020年1月5日，抖音日活跃用户数已经突破4亿，已经占到手机网民比例的50%，拥有如此庞大的用户量，如果利用好这个平台，对科学传播具有非凡的意义。

抖音平台以“记录美好生活”为宗旨，它集结声音、文字、图片于一体，让普通人拥有了轻松快速制作视频的能力，随着抖音平台逐渐壮大，越来越多的政府、事业单位、企业、媒体等更多的机构入驻抖音。而科普相关的机构也在这一潮流中悄然登场，这不仅丰富了抖音的传播类型，而且也为打开科普传播新渠道提供可能。根据抖音官方网站公布的数据，截至2019年2月28日，抖音平台科普内容累计播放量已超过3 500亿，条均播放量高出抖音整体条均播放量近4倍，用户点赞量已超过125亿。由此可见，科普类作品对用户具有较高吸引力，存在巨大潜能。

1　科普场馆官方抖音号的成长过程

在2018年年初时，抖音开始加大对各专业领域内容生产者的扶持力度，科普领域覆盖其中。随着平台不断成熟，科普领域专业人士和机构开始陆续入驻，包括科普机构、科研机构、科

---

① 史晓，吉林省科技馆馆员。通信地址：吉林省长春市南关区永顺路1666号。E-mail：624827431@qq.com。

学工作者、科学爱好者等。各大科普场馆也在其列。自2018年上旬中国科技馆账号正式入驻抖音后，其他各省、市科技馆也相继入驻。这是科普场馆的一次集体行动，无疑是一次大胆尝试，同时对短视频平台的全面健康发展贡献力量。

2018年8月，抖音联合中国科技馆等42家科普场馆，发起“最美科普辅导员”趣味短视频挑战赛。2019年3月，抖音所属的字节跳动公司联合中科院科学传播局、中国科技馆、中国科技报社以及中国科协科普部共同发起“DOU知计划”全民科普活动。由此，抖音短视频的科普传播实现了从无到有，从个别到规模的蜕变。当然看到成绩的同时，我们不难发现很多问题。虽然入驻规模在迅速壮大，但纵观两年间这些官方抖音号的运营情况，成绩显然不理想，粉丝量、点赞量、观看量这些数据是最直接的体现。

2　抖音平台科普传播现存问题

(1) 作品数量少

目前，全国大部分省级科技馆基本已入住抖音平台，从2018年入驻开始到2020年间，作品的发布量普遍偏低。比如“中国科技馆”2年间共发布作品563个，“厦门科技馆”发布作品106个，“内蒙古科技馆”发布作品364个，“吉林科技馆”作品187个，从数据上看，平均每个作品的创作周期3天，但实际上作品发布并不规律，普遍在建号初期发布数量较多，在后期呈逐渐递减，大部分账号都存在连续20天以上无更新的情况，作品创作周期严重不规律，假定每个作品都优质上热门，每个作品最多维持一周的热度，但中途较长时间不发作品，很难保抖音号整体热度不降，何况我们无法保证每个作品都能上热门，所以少更或停更的情况下想运营好账号，对于信息更迭极端迅速的抖音而言无疑是不现实的。以上列举的科技馆是已入驻抖音发布作品相对较多的账号，大部分的科普场馆发布的作品数量2年间不足100个，停更的时间更长，账号活跃度非常低，那么时间久了，这个账号自然凉凉，即使偶尔发布作品，但所发挥的科普传播作用非常微弱。

(2) 内容杂乱

大部分科技馆入驻抖音时，并不懂抖音的运营规则，账号怎么做会火？怎么样作品能上热门？账号的定位是什么？很多问题在入驻之前并不了解，入驻后上传的作品内容既有线下开展的活动宣传片、活动剪影，又有馆员风采展示，也会有某一主题大型视频征集活动以抖音平台为推广手段进行视频展映，比如2020年初由中国自然科学博物馆协会科技馆专业委员会动员全国科技馆开展的联合行动，组织各省开展线上科普小视频制作，很多省份将本馆制作的视频和征集的视频上传到抖音平台进行推广，视频内容主要以简单的科学小实验为主，但由于收集的作品风格、制作水平、演示手段、内容结构等方面各不相同，视频上传后，作品的观看量和点赞量并不理想，比如“吉林省科技馆”官方抖音号，从2020年2月至4月连续上传征集的科普实验短视频，每日上传2～3个，中间无停更。上传初期作品播放量平均300次，随后逐渐递减，播放量达不到100次，粉丝量几乎没有增长。除了实验短视频以外，各种形式的活动视频、风采展示视频等，让抖音号内容杂乱无重点，不利于吸粉，抖音平台也无法准确定位到账号类别，有针对性的进行推广。其实从更深层次讲，作品杂乱现象所反映的问题是我们在运营抖音号时对于抖音号的定位模糊，仅仅是作为信息发布和宣传的新手段，还是科普传播的新阵地？我们的目的都是后者，但在实际操作中往往践行的是前者，而前者不符合抖音运营规则，无法吸引更多的公众关注,达不科普传播的目的,值得我们思考。

(3) 形式呆板

作为场馆官方账号,在科普展示形式的选择上,大部分科技馆短视频的风格中规中矩,虽然增加了音乐和特效等配合,让科普内容更生动,但在内容的编排、文案的设计,还维持了科技馆本身特有的风格,缺乏特色和特点,各场馆抖音号视频内容主要围绕两个方面,一是以科技馆特有的科普展厅或者展品,将一些效果明显、趣味性较强的展品演示现象记录下来,二是记录场馆现有的科学表演、科普活动的精彩片段。视频主要依据直接拍摄的素材进行剪辑,动画等后期制作运用较少,过于简单,缺乏个性化、特色化的表达方式,难以对公众形成黏性化吸引,也很难在以"内容为王"的平台立稳脚跟。非官方科普抖音号相比官方科普抖音号,在形式上要丰富很多,比如"笑笑科普""不热科普""小二黑科普"等,这些科普账号很多作品结合动画制作,或者采用动画和实拍相结合的方式。除在视频制作方面形式单一以外,从内容表达上,科普场馆官方抖音号也缺乏更个性化的表达,值得借鉴的成功案例如"四平警事",由四平市公安局运营的抖音政务号,主要承担普法宣传工作,截至2020年8月粉丝量1 622万,视频点赞量高达1.2亿,一贯严肃的政务短视频账号让他们做成了"大网红",四平警事凭借独创的"段子手"式普法独树一帜,用更接地气、群众普遍接受的搞笑表演成功出圈,在段子中传递正能量,打开了普法传播的新世界。同样作为服务公众的科普账号,如何将我们的抖音号打造成网红,这是运营者必须要下工夫思考的问题。

(4) 互动性差

科普场馆陆续开始迈入了直播大军,带观众线上参观科技馆、直播大型主题活动,打破了空间、地域的局限,让公众足不出户就能共享科普资源,参与场馆各项活动,但网络科普和面对面科普最大的区别就在于互动性,各科普场馆在线下开展科普活动时,有明确受众群体的年龄层次,随时根据观众的反馈调整活动内容,丰富的互动环节调动现场氛围,但对网络科普来说这些较难实现,虽然在直播间中,会中途设置抽奖等互动环节,但活动进行中,对于观众的留言,我们往往不能及时回复,整体风格往往还停留在传统的"我播你看"模式。

另一方面,互动性体现在内容的选择上,各场馆往往依据自己所想展示的内容作为的创作思路,忽略了对受众的年龄结构分析,对抖音平台主流用户群体兴趣方向关注不足 ,虽有部分作品和直播内容是针对即时热点进行的反应,但也明显关注不够。

3　抖音平台提高科普传播作用的几点建议

(1) 提高账号的垂直度

总结抖音上较火的账号,他们的账号都有一些共同特点,总结起来最重要一点就是垂直度高,也就是说一个账号只专注一个领域,不能今天发人物传记、明天发冷知识、后天发科技前沿,比如科普类账号"科学宇宙",粉丝140余万,所有内容围绕宇宙的知识开展,再比如"笑笑科普",粉丝量360余万,以日常生活的常见现象引发思考,探索背后的科学。增加垂直度,除了在内容上,还可以从风格上进行统一,比如很多电影剪辑的账号,所有内容的封面都是文字+封面,文字风格、颜色均统一,版面非常简洁清晰,比如科普类账号"回形针 paperclip"内容以大众平时很难想到问题为研究对象,对其进行科普,除了内容做到垂直之外,它的封面颜色、版面排布也做到了统一。

(2) 打造特色风格

官方科普抖音号在风格特点上和非官方科普抖音号相比，有很多值得借鉴的地方。比如抖音号“模型师老原儿”，今年 4 月入驻抖音、西瓜视频累积发布 47 条抖音、29 条较长视频，累积播放量 7 000＋万，一个戴着卡通眼镜和围裙的模型师老原儿凭借着各式各样制作精良的模型，将晦涩难懂的生物、物理知识通过好玩、易懂的方式呈现给观众。把躺在书本上枯燥无味的知识，转化成一个个生动有趣的实物模型，让我们边看边学。比如，在讲苍蝇为什么打不着的视频中，老原儿做了个放大一千倍的苍蝇模型，让受众清晰直观地看到苍蝇从内到外每一个器官的位置、大小、作用等等，甚至精细到苍蝇腿上的绒毛。再比如上文提到过的“四平警事”，把一向严肃的普法宣传，演绎成了一个个好笑的喜剧故事，一个市级公安局政务号，成功吸引了全国 1 600 多万人关注喜爱，这是一个非常成功的普法宣传案例，科普类账号同样如此，我们可以尝试以独特的视角和风格，打开科普传播新局面。

(3) 专人运营

运营好抖音账号，首要任务是了解对象需求，这需要我们有固定的人员随时检测用户行为，对观众的观看、转发、评论、年龄结构等数据进行检测和分析，根据这些信息来了解用户偏好、探究特定群体的科普息行为规律，从而做出高效、适需的科普内容，并且及时对观众的留言、提问等进行回复，保证与观众的互动性。这方面的需求一些专业公司可以完成，因此有一些官方账号聘请专业公司代为运营，但这种方式实际操作起来复杂、低效。虽然在数据分析上及时专业，但在内容的把握上却困难重重，传媒公司并非业内，我们既要与其明确科普知识又要对内容进行把关，双方在沟通上必然费时低效。所以这需要各场馆建立自己的抖音团队。团队成员要能够独立完成文案、拍摄、表演、剪辑等任务。这样由固定团队运营，既能保证作品风格统一，演员统一，作品有较好的垂直度，又能确保账号的稳定运营。

(4) 借助热点，利用平台的推广与扶持

网络时代，信息快速更迭，热点每天都有。账号想要迅速成长的策略之一就是借助热点，这个热点既包括新闻热点、科技热点等。当一个热点出现时，需要找准切入点，以某个角度运用热点，策划、创作脚本、拍摄和剪辑，以直播或者短视频形式，让它随着热点的热度而变热。比如在今年 2020 年 2 月疫情爆发时，“中国科技馆”“吉林省科技馆”等各大场馆第一时间发布了系列视频，通过短视频的形式向公众解答了如何科学佩戴口罩和勤洗手等科普内容。再比如 2020 年 5 月 5 日，我国载人空间站工程研制的长征五号 B 运载火箭，搭载新一代载人飞船试验船和柔性充气式货物返回舱试验舱，在我国文昌航天发射场发射成功，此次发射也是中国乃至亚洲火箭首次发射超过“两万公斤”的航天器。就这一个热点事件，“吉林省科技馆”抖音账号抓住这个热点，在 5 月 8 日，进行了抖音直播，揭秘长征五号 B 运载火箭背后的故事，直播观看量和以往相比有显著提高。

当前，公众对于科普的需求，随着新媒体的迅速发展发生了巨大的变化，新媒体时代就要用新媒体渠道传播科学，这是必然趋势，只有与时俱进，才能有效提升科学传播力度和效果。抖音作为新媒体的领军代表，以其独有的内容特色和传播形式深受广大公众特别是青年群体的喜爱。对于科普传播者尤其是官方科普机构，要善于利用抖音平台在科普传播广度、深度、参与度方面的积极作用，深入探索其平台传播特性和推广机制，重视平台的运营和维护，真正将新媒体平台打造成科普传播的重要阵地。

参考文献

[1] 中国互联网络信息中心. 第44次《中国互联网络发展状况统计报告》[EB/OL]. 2019-8-30. http://www.cnnic.net.cn/hlwfzyj/hlwxzbg/hlwtjbg/201908/t20190830_70800.htm.

[2] 李霞,陈耕. 抖音与科普:社交媒体传播功能再探析[J]. 传媒,2020(2).

[3] 梁芳. 科普抖音传播现状及发展策略[J]. 新媒体研究,2019(23).

[4] 张冰洋. 短视频内容生产与传播研究——以抖音平台为例[J]. 视听,2020(7).

场馆展品运行管理与服务的信息化实践
——以厦门科技馆为例

洪在银[①]

摘　要：随着信息科技的不断发展，企事业单位基于互联网开展的信息化建设不断延伸与拓展，科技馆通过开展线上导览，云端教育活动的新型展览教育形式成为场馆与公众交流的新趋势，在信息化浪潮下，科技馆如何利用新技术、新手段在开展科普教育的同时，最终有效提升公众在场馆内的体验满意度？本文基于信息化背景，从场馆展品运行的角度出发，分析了场馆展品运行下展品管理与展品服务两方面的现状与关系，结合展品运行信息化存在的相关问题，以厦门科技馆在展品管理与服务的信息化实践为例，对场馆展品管理与展品服务的信息化建设与运行做了剖析，从而对新时代下科普场馆如何提升展品运行的信息化管理以提高公众个性化科普服务提出了几点建议。

关键词：信息化；展品管理；展品服务

近年来，随着科学技术的不断发展，信息化建设与应用逐渐融入我们的生产生活中。信息化建设对企事业单位而言，涵盖至工作运行中的方方面面，现今科技馆的建设更是离不开信息化建设的辅助与支撑，自场馆初期的设计制作、建设，到场馆的行政管理，再到科技馆的科普教育信息化运行管理等等，集网络化、智能化、数字化为一体的新型科技馆成为了现今科技馆发展的一种趋势，科技馆的信息化建设不断完善与加强，对提升场馆的管理效率与管理运行水平有着重要的意义。

1　信息化与展品运行

(1) 信息化

信息化概念。关于信息化的定义与概念各有不同，比较常见的信息化概念是指培养、发展以计算机为主的智能化工具为代表的新生产力，并使之造福于社会的历史过程。谈到信息化建设，更多人倾向于以智能化来看待信息化，信息化注重的是以计算机为主体的网络方面的基础建设，而智能化是在信息化基础上对设备设施进行的控制，可以说智能化是信息化的一个体现，而信息化代表着一个过程，其主要目的在于提高生产力，便利企业生产效率的提升，方便用户的使用。简单地说，笔者认为，信息化可以说是某种资源的知识化展示形式，以智能化形式对信息处理的一个过程。

科技馆信息化建设。科技馆作为科学技术展示的平台，其信息化建设不仅体现在科技馆

---

①　洪在银，厦门科技馆，展览教育部主管，主要研究方向为科学教育、科普创作及科普志愿者文化。联系电话：15859239001。E-mail：624700917@qq.com。

的建设、还体现在科技馆运营上各业务的信息化建设与融合。随着信息技术的发展，越来越多的科技馆不断将多媒体信息化技术与科普展教、科普宣传、科普传播等工作相结合，逐渐开拓了科普资源搭载信息多元化、表现形式立体化、传播方式互动化的新局面。信息化建设已经成为当今科技馆事业发展中的一项不可缺少的工作。

(2) 展品运行

科技馆里的展品是科技馆开展科普教育的载体，同时是科技馆的场馆核心，在信息化建设下，如何做好展品运行管理与展品服务，是推动科技馆展品科普教育工作顺利开展的重要环节，因此，在信息化建设方面，有必要对场馆展品运行的信息化建设进行深入的了解。笔者认为，作为科普场馆的一线工作者，除去科技馆展品项目建设管理、展品设计管理等，展品运行重点主要有对内的展品管理以及对外的展品服务两个方面。

展品管理。展品管理包含对展品的资产管理、展品的日常维护管理、展品的保养等与展品相关的管理性工作，如何有效跟踪展品的使用情况、了解展品的维护保养成本、落实展品运行的动态化管理、展品的完好率情况等，这些都是保障展品运行的重要管理性工作，是保障场馆正常有序开放的基础。

展品服务。展品管理的直接目的是让展品更好地运行与使用，确保场馆的顺利开放与接待，间接目的则是通过展品传递、发挥其展品的科普教育意义。因此，展品服务包含基于展品开展的各项活动、教育项目等服务，需要科普工作者、科普场馆进一步挖掘，展品服务作为展品运行的延伸其教育性意义应当引起一定程度的重视。

(3) 展品运行的信息化管理

基于展品管理与展品服务的内容及运行上的重要性，展品运行的信息化建设如何将两者有效结合以更好地提高展品运行管理的效率？例如构建智能化展品管理系统，展品的台账管理，融合智能化资产管理系统等，对展品的使用情况做好实时信息的记录，在服务上基于展品情况尝试开发的线上科普展品服务项目等，这些都是展品运行信息化的体现，也是科技馆信息化建设的重要内容。

2 展品运行下管理与服务的重要性与信息化建设现状

(1) 展品运行的重要性

两者的相互依赖关系。展品服务依赖于展品管理，只有优质高效的展品管理诸如在保障展品维护保养的完好率才能给公众提供齐全的科普体验服务；而展品管理需要展品服务的深层次开发，才能进一步提高展品的科普使用价值，并不仅仅局限于展品物质性上的展陈教育功能，通过引入人文性的科普服务活动更能进一步提高展品的教育内涵。

提升公众科普服务的目的一致性。高效的展品管理、优质的展品服务，最终是为了服务公众、提升公众对于场馆的科普体验满意度，从而达到科普服务的教育性目的，这一点是展品运行下展品管理与展品服务的共同性原则。

展品运行信息化是深化科技馆展教的重要途径。做好展品运行的日常管理，使信息化技术应用成为科技馆展览、展品的载体，对于提升、深化科技馆的展览教育功能有着重要的作用。

(2) 展品运行的信息化建设现状问题

单一性。比如展品管理方面，展品的管理还是停留在传统的办公化软件管理、人工化的数据性管理，仅仅是将展品的类目、展品使用情况定期、不定期地进行人工汇总转化为数据化信息，从生产角度上看，存在明显的单一性问题，一定程度上造成工作效率低下，对于实时把控展品的使用情况明显不足，甚至需要投入一定的人工成本。

被动性。这一点主要体现在展品服务方面，随着展品设计与开发前端的智能化愈加明显，很多展品在前期开发过程中便对展品的展陈教育功能、互动体验性做了充分的结合，公众在体验展品过程中能够直接有效利用语音、图像、说明牌形式来对展品进行了解，但这是从展品服务开发角度而言，公众在现场的体验很大程度还是出于被动性地接受这一展品服务。

3　展品运行信息化管理的实践——以厦门科技馆为例

基于新媒体技术的发展，厦门科技馆在展品运行信息化建设上以“对内加强展品管理，对外提升展品服务”进行内外联动，实行的信息化运行管理，对内有效提高了展品完好率，对外提升了公众科普体验满意度。

(1) 厦门科技馆的信息化展品管理实践

展品管理上开发手机端“维护保养”APP进行高效管理。厦门科技馆在2019年综合展品运行过程存在的问题开发了“维护保养”APP，该应用的投入使用有效提升了科技馆的展品管理能力。目前主要有两块功能，一是面向一线科普展教人员的报修功能，二是面向维修人员的维修与保养功能。该APP的投入使用优化了展品的报修与展品维护保养流程(见图1)。

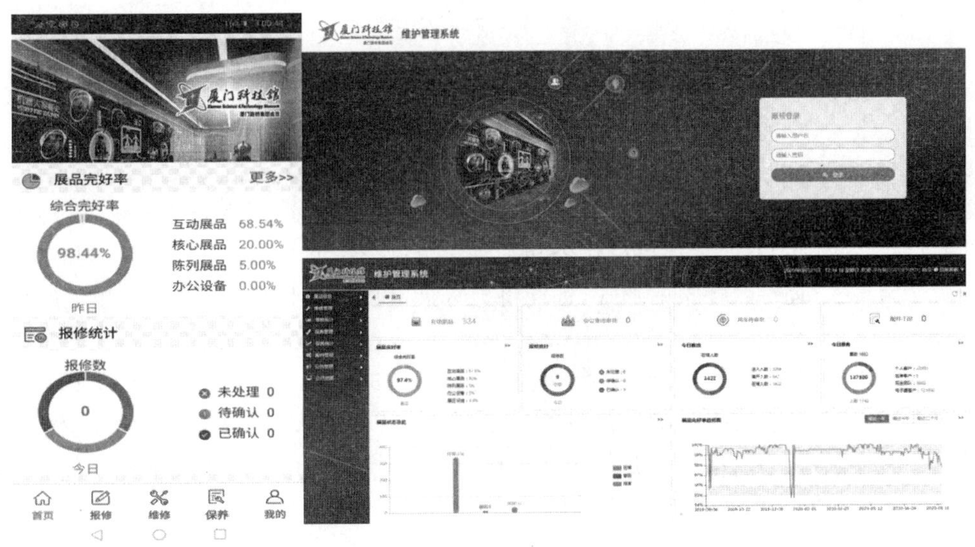

图1　厦门科技馆展品维护保养系统

经过近一年的该信息化技术的使用，厦门科技馆对内的展品管理水平有效提升，一是有效监督了展品的维护进度；二是提高了展品完好率；三是对展品有了更清楚的认识；四是责任到位，从生产角度上看一定程度提高了科技馆整体展厅运行管理效率。另一方面，借由信息化、智能化管理的应用＋行政管理上的人员绩效管理，最终实现了对展品管理的规范性、高效性把控，对推动公众在对展品体验的满意度上起到了积极的作用。

展品服务上建立自助导览的互动体验形式。厦门科技馆早在 2012 年就接入数字科技馆的运行，将场馆的展览布局以线上的形式展示，但近年来随着科技馆场馆内的更新改造，部分场馆已不再是当初投入建设的数字科技馆模样，且考虑到线上参观导览更新的成本以及观众浏览量的降低，厦门科技馆根据公众的科普讲解需求，在 2020 年初接入建设了“自助语音导览系统”(见图 2)。

图 2　厦门科技馆自助语音导览系统

该系统基于公众个人微信，利用个人自媒体端口，公众不用下载相关软件，只需关注“厦门科技馆”公众号，进入“语音导览”栏目就可以进入厦门科技馆自助语音导览系统，该项目真正从公众的自我需求、主动性出发，可以让公众了解学习科技馆里的展品，现有展示内容为“图片＋音频＋文字”三方面综合播报的形式，远期将导入展品的视频操作指导、展品相关的科学实验等形式。

该系统基于厦门科技馆官方服务器，有着稳定、高效的硬件支撑，且系统围绕公众自我需求的角度出发，让观众参与展品的科普服务具有主动性特征。从试运行的几个月来看，观众参与浏览量有所提升，作为展品讲解服务的有效补充，厦门科技馆自助语音导览系统对于提升公众的现场展品体验满意度有着积极的作用。

(2) 存在的不足

展品管理在维护保养中的覆盖面、优化性服务不全。现有展品管理主要功能较少，体现在对展品的报修、维修进度的跟踪、展品保养的实施情况以确定展品的完好率，但在既有信息化平台中，借助大数据信息，可否围绕展品情况分析展品的故障频次、展品集中性存在的问题以及追溯展品的前世今生(如展品投入使用时间、展品的生命周期、展品的改造情况等)，这些都是对健全展品管理很好的补充，通过对展品的数字化分析与管理，提高展品管理的细致度与优质性，这些在目前前期投入使用该系统上其功能的覆盖面、功能性不全。

展品服务在导览形式上的单一性、个性化服务不足。在厦门科技馆投入“自助语音导览系统”后，不管是从馆方角度还是从对受众角度，因形式上目前还是使用传统的图文为主，辅之以语音播报的形式稍显单一，甚至于从内部展教人员的角度上看，仅仅是将场馆内的讲解词照搬成线上的信息展示形式，而没能做改进与创新。从这些不足的方面来看，是否从线上导览讲解词、音频、视频方面分别将其打造为面向不同年龄段观众的形式来区分、定制化科普讲解受众对象，以更有针对性地开展科普服务。

4　如何在信息化的基础上进一步提升展品运行管理水平

(1) 持续改进，不断开发

完善平台。随着信息化技术的不断提升与发展，结合厦门科技馆现有在展品运行信息化上存在的问题，我们可以看到信息化拓展的空间是无止境的，如何提升科普服务项目的质量，只有在信息化的基础上进行持续改进，不断开发出适合公众、对公众进行定制化的展品服务项目，才能促使场馆自身不断提升展品的运行管理水平。

加强传播。基于展品信息，深入发掘展品资源，对展品的信息化进行二次开发，从科普内涵上进行高效的科普传播，使其成为科普传播的重要途径和手段，比如可以建立展览展品教育信息化平台、展品服务中心、教育活动延伸等，进行科普教育传播，发挥信息化建设下对展品的数字化、网络化运行的教育功能。

(2) 项目管理，运行保障

以项目制的形式对展品运行的信息化进行立项制管理，运行保障上主要从人才管理、资金管理两项保障条件出发。

人员技能提升。涉及的人员主要有两部分，一部分是信息化软件技术人才的培养，基于场馆内的展品资源，软件信息化人才对信息化项目的设计、制作离不开技术的支持，通过构建符合自我场馆需求与运行的契合性信息化产品，才能让技术人员真正服务到展品的信息化运行；另一部分是科普专业化人才的补充，我们可以把信息化技术人才作为项目保障的硬件需求，而展品运行的内容才是保障展品活力性服务的根本，科普内容上的策划人才，对科普服务项目的更新与发展，这也是在信息化技术下不可或缺的另一人才资源要求。因此，人才管理上需要加强对这两类人才的培养、提升人员的专业化科普技能，才能进一步推进展品运行管理水平的提升。

资金管理保障。软件的开发与实施，需要一定的经费支持，而人才的培养、培训与技能的提升同样需要资金的投入，在信息化技术普及的浪潮下，场馆展品运行的信息化管理需要有一定的专项经费，通过加大资金投入，在年度工作计划、经费预算方面预留一定空间的资金额度，有计划性开展展品运行信息化管理工作。

(3) 按需调整，优化提升

在信息化技术的支撑下，如何评价展品运行管理的使用效果及使用水平，离不开对项目运行的验收。

对内的信息化管理。一线展教人员对于展品信息化运行管理存在的问题如何规避，展品管理保障部门对于展品的规范、有序、高效性有没达到其运行效果，从场馆内部人员角度方面看，可以进一步拓展人员对信息化管理的深层次需求，让信息化服务于管理，真正实现管理的便捷性。

对外的信息化服务。对于公众在使用科技馆展品提供的各项服务包括但不限于展品导览、场馆指南、游览路线等内容，观众的真正需求是什么？比如观众希望对内容的优化要求、对形式的接受性，可以通过线上＋线下调研的形式展开，从观众的体验满意度与需求性出发，调整信息化展品的展示形式以提升科普服务，真正提供实现以人为本、以客户为核心的科普服务内容。

(4) 加强建设，深度融合

随着网络时代科技的突飞猛进以及智慧理念的兴起，科技馆的发展从以信息技术为支撑的数字科技馆迈向强调数字化、智能化、人性化的智慧科技馆。智慧科技馆的建设是综合性推动科技馆信息化建设的一大展示形式，融合了多项技术以及科普形式多样化的特征，同时是实体科技馆的科普功能的延伸，只有真正做到信息化与实体科技馆运行管理的高效融合，与时俱进，把握信息化建设及科技创新的发展趋势，才能进一步提升展品运行管理水平。

5 小结

信息化是信息科技发展的必然产物，它已经融入我们的生产与生活当中，科普场馆只有适应信息化发展的潮流，让信息化不仅服务于场馆本身的日常管理，还能够助力提升场馆的科普服务。科技馆发挥科普场馆的科普教育功能的目的最终是为进一步提升场馆的科普服务水平，因此让信息化优化场馆的展品运行管理、提升科技馆的科普服务能力是信息技术发展的未来趋势，这也是科技馆在信息化下履行其弘扬科学精神、传播科学思想和方法、普及科学知识的场馆宗旨的重要形式。

参考文献

[1] 党卫红. 信息化在人力资源管理中的应用[J]. 黑龙江史志，2015，18(13)：118-119.
[2] 刘媛. 浅析信息化建设在科技馆发展中的应用[J]. 科学家，2017，5(07)：69-70.
[3] 李巍巍. 数字科技馆的建设实践与思考[J]. 科技传播，2019，11(14)：11-13.

新冠肺炎疫情下科技馆线上应急科普的实践与探索
——以内蒙古科技馆为例

王蕾[①] 秦晓华 特木勒

摘　要：2020 年年初在新冠肺炎疫情的影响下，作为人群聚集的公共场馆，很多科技馆相继关闭，线下各类科普活动均无法开展。因此及时而有效的进行线上应急科普就显得尤为重要且意义重大。本文重点分析内蒙古科技馆在新冠肺炎疫情期间的线上应急科普实践举措及应对方式，进而分析归纳出其具体的特征，总结反思存在的问题并提出改进措施及建议，以期为未来相关的科学传播及疫情防控预警提供一些有益的启示。

关键词：应急科普；新冠肺炎疫情；内蒙古科技馆

春节前夕，新冠肺炎疫情爆发，来势汹汹且迅速席卷全国。往年初三雷打不动的"内蒙古科技馆陪您过大年"变成了一则实时发布的闭馆公告。然而，"闭馆不停学"，在实体科技馆、流动科技馆及科普大篷车等线下科普活动面临无法开展的困境下，内蒙古科技积极开拓线上应急科普阵地。通过充分运用微信公众号、官方微博、官方网站及短视频等多种全媒体线上渠道，内蒙古科技馆依托不同媒介平台，结合呈现方式差异化的特点，迅速构建线上应急科普服务，第一时间提供应急科普宣传内容，积极主动，不断尝试探索，逐渐与参与受众形成良性互动。

1　应急科普的概念

应急科普，顾名思义，是指应对公共突发事件时所进行的科学普及活动。2007 年 8 月，我国颁布的《中华人民共和国突发事件应对法》中对于突发事件下了这样的定义：突然发生，造成或者可能造成严重社会危害，需要采取应急处置措施予以应对的自然灾害、事故灾难、公共卫生事件和社会安全事件。其具有突发性、公共性、紧迫性、严重性等特点。而在此文中，笔者所提及的新冠肺炎疫情就属于突发事件中的公共卫生事件。

其实，早在 2003 年爆发 SARS 疫情的时候，我国便开始对应急科普进行研究。学界对于应急科普这一概念的含义逐渐形成了两种观点。

一种观点着眼于应急科普的内容，认为应急科普指的是常态化语境下开展的有关如何应对各类突发事件的科学普及与教育活动。这类应急科普在科技馆常态化的科普教育活动中并不少见。例如，每年的 3 月 23 日世界气象日，5 月 12 日国际防灾减灾日等重要的纪念日，内蒙古科技馆便会以预防气象灾害、防震减灾为主题，开展专题展览、"科普大讲堂"、各类主题活

---

① 王蕾，内蒙古自治区科学技术馆，中级馆员；科学传播；内蒙古呼和浩特市北垣东街甲 18 号；010010；1053043279@qq.com。

动、微信微博宣传等一系列的科普活动。同样,公共场馆每年开展的1～2次的消防安全教育培训也是一种常态化的应急科普。这是一种事前预防科普,目的在于让受众掌握某些知识与技能,从而能够在突发事件真正来临的时候有充足的准备并迅速做出反应。

另一种观点则立足于应急科普开展的情境,认为应急科普应当是在某一突发事件发生之后,在应急语境下围绕这一事件相关的科学知识、科学原理、科学方法等开展的非常态科普活动。其关键是在第一时间用通俗的语言发出科学之声,从而消除恐慌。这一观点下的应急科普就成为一种能够使公众有效判断自身风险,选择适当措施的行动指南。这种宣传性强、时效性强和指导性强的应急科普更加考验在媒介传播中对受众的指导意义和连贯于后续一系列科普活动的实践意义。

本文研究的应急科普侧重突发事件发生时开展的非常态科普,即新冠肺炎疫情爆发后,为使公众迅速了解必要的科学知识,掌握基本的科学方法,科学理智面对各类谣言,在此过程中逐渐树立科学思想,弘扬科学精神,并具有一定的应用其处理生活中实际问题、参与公共事务的能力而开展的科普活动。

2 内蒙古科技馆应急科普实践

从1月27日延期开馆至3月31日再开馆,内蒙古科技馆并未停下脚步,而是一直在进行线上科学传播与应急科普的实践探索,陆续推出全景漫游系统、网络科普大讲堂、今日实验室与今日辟谣、云游科技馆等应用系统、科普栏目与系列活动,既满足了疫情期间观众对于科普,尤其是应急科普的需求,同时也体现出了科技博物馆在应急情境下进行科学传播的重要作用,也是其应当承担的一种社会责任。

(1) 全景漫游系统

2月2日,内蒙古科技馆推出全景漫游系统,让观众足不出户也能畅游科技馆。该系统基于全景拍摄技术,真实再现了内蒙古科技馆各展厅、特效影院的场景和展品,使观众能够以360°全景虚拟漫游的方式在家"游览"内蒙古科技馆,如图1和图2所示。全景漫游系统共展示航拍及馆外广场、科技馆大厅及公共空间、常设展厅三部分。共呈现全景图89张,视频热点13个,图文热点337个,音频热点337个,漫游热点202个。使用户产生强烈的沉浸感,以图文、音频为主的交互热点也兼具记忆性和趣味性。

(2) 网络科普大讲堂

为及时应对疫情带来的变化,2月13日,内蒙古科普大讲堂迅速调整传播方式,第4期线上开讲。讲座内容十分贴近该阶段民众的实际生活与心理需求,聚焦"居家心里调节方法",应急科普内容把握及时且准确。同时,将以往1个小时左右的线下讲座,整合为三小节十几分钟的线上讲座。讲座的专家也是观众比较熟悉和信赖的大讲堂的老朋友,国家一级心理咨询师孙雅智教授。同时,她和她的团队一直在科技馆为贫困家庭的青少年提供免费心理咨询。虽然隔着屏幕,但观众在心理上的适应性和亲近性却得到了满足。该期在官方微信上发布后当日阅读量达983次。此后,还围绕抗击疫情怎么吃、免疫系统是什么等实用性较强的内容持续进行应急科普,取得不错的传播效果。

图1 内蒙古科技馆VR全景导览图

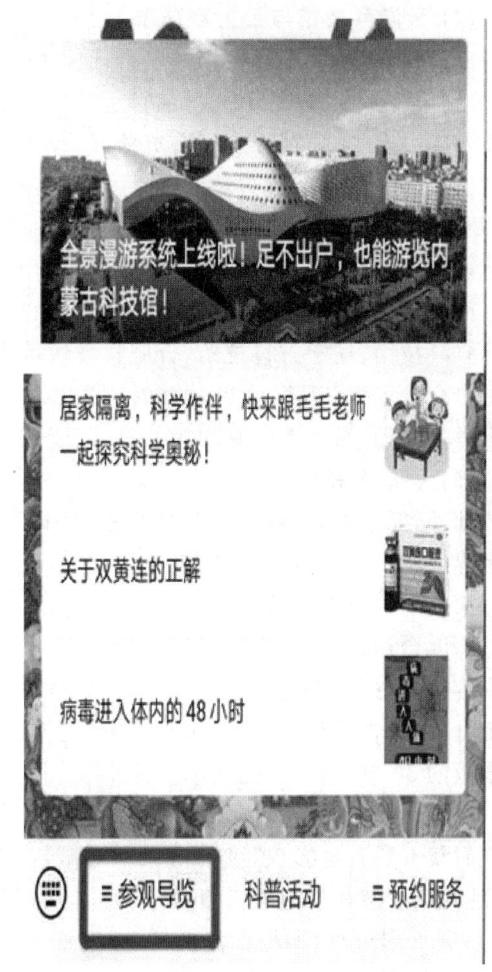

图2 微信公众号菜单栏设置

(3) 今日“实验室”与今日辟谣

2月9日，“居家隔离 科学作伴 毛毛老师教你配制75%的酒精”原创科普小实验发布。随后，从2月17日起，内蒙古科技馆实验室线上“开放”，在官方微信公众号开辟新的科普栏目“今日实验室”，科技辅导员带着观众一起在线做实验，内蒙古科技馆官方微信、微博、抖音号、快手号全媒体同步更新。截至8月11日，共发布线上科普实验96期，内容涵盖广泛，既有应对疫情防控的应急科普小实验，也有涉及理化生各学科、贴近日常生活的科普小实验。已经成为疫情期间脱颖而出的品牌栏目，同时，还在呼市广播电台都市生活频道《校园》栏目播出，不断扩大受众面、提升影响力。

谣言作为一种传播形态，普遍存在于公众生活中，特别是在突发性公共事件中广泛扩散，传播速度快、影响范围广、社会危害大。因此，及时准确通过各类应急科普平台发布权威辟谣内容，让公众理性应对，是抑制谣言传播最有效的途径。2月22日，内蒙古科技馆今日辟谣上线。首发转载自《人民日报》微信的辟谣图文《钟南山预测“解禁”时间？温州出现变异病毒？统统都是谣言》。此后，陆续转载发布来自新华网、科普中国、科技日报等权威媒体的辟谣科普文章，截至8月11日，共转载发布62期。

(4) 云游科技馆与云上观球幕

疫情期间，内蒙古科技馆还联合内蒙古广播电视台，以“直播赋能云游，服务不打烊”为主题，分别于3月5日、6日、9日进行了三期直播，总点击量超54万人次。三期直播中，科技辅导员带领线上观众，精心策划游览路线，参观游览讲解了“魅力海洋”“生命与健康”“探索与发现”“创造与体验”“宇宙与航天”展厅的经典和热门展品展项。直播过程中，全程与观众线上互动，及时反馈，激发公众浓厚参与兴趣的同时取得了不错的效果。

进入5月，我国新冠肺炎疫情已持续向好，但作为人员密集场所的科技馆特效影院暂时还未全面开放，为满足公众对特效科普电影的需求，中国科技馆联合内蒙古科技馆、甘肃科技馆、吉林省科技馆、辽宁省科技馆、合肥科技馆等中国自然科学博物馆学会科普场馆特效影院专业委员会会员场馆，基于11部球幕转制影片共同打造“云上观球幕 战疫大联盟”系列专题线上观影教育活动，活动上线时间为5月8日～6月12日，每周2期。

(5) 科普主题活动

此外，抓住重要节日、纪念日和重要时间节点，进行了多场科普主题活动。例如，3月23日世界气象日，内蒙古科技馆走进气象局，通过科技馆抖音号、官方微博线上同步直播的形式开展第十期内蒙古科普大讲堂。3 500余人次在线观看了直播。此后，积极与内蒙古气象局开展深度合作，联合制作了《气候与水——揭秘干旱》科普视频，作为第十一期内蒙古科普大讲堂内容，并通过联系动员各盟市科协、科技馆、中小学校，推送至各有关中小学线上课程平台。据统计，内蒙古呼和浩特市、包头市、通辽市、赤峰市、锡林郭勒盟，以及天津市在内的共计61所学校的30 000余名中小学生，通过线上网络课程平台学习观看了科普视频。

5月12日国际防灾减灾日当天，联合自治区地震局举办“防震减灾，科普在线”活动。通过观看线上科普电影《超级火山》、防震减灾科普知识在线问答、地震地质知识深入讲解等活动，让观众了解和学习地震、地质及防灾减灾方面的知识。

5月30日全国科技工作者日，通过线上直播“蒙医蒙药”科普讲座、主题科普教育活动以及电影会客厅等系列科普主题活动，向一直奋斗在一线的医务工作者和奋战在各行各业的科技工作者致敬，体现“科技为民，奋斗有我”的主题精神。

7月28日唐山大地震44周年纪念日，以线上直播、线下活动相结合的形式，开展了内容丰富、形式多样的地震科普活动，并通过内蒙古科技馆官方微博进行了同步直播。同时，内蒙古科技馆科普剧团最新排练的抗疫题材科普剧《皮皮防疫记》面向观众首次公演，取得了良好的效果。活动累计观看量85万余人次。

3　内蒙古科技馆应急科普的特征

(1) 信息量大，关注度高

疫情以来，内蒙古科技馆各平台共发布各类科普信息和应急科普2 899条，其中微信879条，微博873条，抖音号182条，快手号185条，今日头条780条，总阅读量高达814.2万。在其他媒体上发布应急科普信息和科普动态227条，总体呈现出信息传播量大，关注度高的特征。

(2) 内容丰富，短小精悍

依托于内蒙古科学技术协会智力荟萃、人才密集的优势和内蒙古科技馆丰富的信息化资源和科普资源，在原有品牌活动的基础上，新开辟“今日实验室”“今日辟谣”等科普栏目，以新冠肺炎疫情的应急科普为核心，不断丰富科普内容。同时，内容的呈现也较为短小精悍。将以往线下一小时左右的内蒙古科普大讲堂的讲座，浓缩为十几分钟左右的“三部曲”，开门见山、直剖重点，使受众在碎片化阅读观看的同时，最为直接有效地学习讲座实质内容，掌握最为实用的核心知识。每期科普小实验的时长也控制在2～3分钟，配合一段简短的文字介绍。转载的辟谣文章也都是几百字左右，以图文、小视频为主的中短篇内容。

(3) 形式多样，简约活泼

不仅是网站、微博、微信、各类短视频等传播媒介的形式多样，更是通过内容传播的多样化以吸引公众参与。包括专题讲座、互动直播、科普实验、线上VR游览在内的多种内容呈现方式，主要针对科技馆主要受众：即学龄儿童、青少年及其家长，科普内容便于家长理解启发孩子，科普实验在短时间内便于观看理解更加易于操作。在保证科普的传播效果和便于理解记忆的前提下，不拘泥于形式，根据不同媒介的不同特点，将内容进行简约活泼的编辑，达到使人耳目一新的效果。

(4) 受众面广，年龄分层

科普活动中“科”是前提，“普”是目的。在当今传播渠道多元化，信息分享便捷化的条件下，因时因地制宜，注重分众传播理念，充分考量不同年龄分层，精准定位，设立对应栏目或开展相应科普活动才能取得良好的传播效果。一是“每日实验室”面对学龄人群，偏重物理、化学、生物实验，大多数实验在保证安全性的前提下，易于操作，疫情期间在家中即可反复进行，满足了青少年儿童对科学探索的好奇心和求知欲。二是“科普大讲堂”针对青少年及其家长，让家庭成员共同参与应急科普话题讨论，满足家庭成员话题议程设置和共享交流的需求，拉近了彼此之间的距离。三是“每日辟谣”栏目为中老年群体提供疫情期间各类谣言和日常生活中常见谣言的甄别指导，避免看谣信谣传谣，提高信息鉴别能力。四是一些大型的云上活动和主题活动，受众面广，影响力大。

(5) 资源共享，联合行动

在疫情期间，联合自治区地震局、气象局等科普单位，进行多场科普主题活动；通过与内蒙古广播电视台合作，加强与新闻媒体沟通，提高受众覆盖面和活动推广面，先后组织三场线上直播科普活动，获得了观众及网友的广泛认可，为应急科普拓展了更多渠道，实现了传播方式的有效融合。此外，联合全国各地科技馆开展了“共克时艰，助力战‘疫’誓竟全功——新型冠状病毒肺炎科普知识线上有奖竞答活动”和“云上观球幕 战疫大联盟” 线上观影教育活动，为科技馆在应急科普情境中积累了更多经验和做法，提供了切实可行的实践方案，促进了社会应急科普资源共建共享。

4 内蒙古科技馆应急科普存在的问题及改进措施

(1) 存在问题

在此次新冠肺炎疫情期间，内蒙古科技馆线上应急科普虽反应迅速，在实践探索过程中也开辟了一些新的科普栏目，做了很多前所未有的工作，也取得了令人印象深刻的积极成效，但在一些环节中仍存在不足和短板，值得反思。

① 应急科普原创能力不足。

仔细梳理内蒙古科技馆在疫情期间发布的各类科普信息和应急科普传播信息就会发现：官方微信公众号发布的原创的内容不少，但是原创的应急科普内容却较为缺乏，尤其是疫情爆发前期的1月末至2月中旬，内蒙古科技馆官方媒体发布的各类应急科普信息全部转载自权威媒体。这样的转载信息在其他各类媒体当中也可以见到，而且铺天盖地，井喷式爆发，对公众而言是一种信息过载，接收阅读得过多，还容易造成负担，引起心理上的恐慌。即使是中后期上线的今日实验室、今日辟谣等科普栏目，也并非专门针对新冠肺炎疫情的应急科普而设置，其中多期内容是日常性的科普。虽说作为非卫生健康相关机构，为保证科普信息的科学性、准确性和权威性，适当的转载也无可厚非，但也应该从中总结出自己应急科普原创能力不足的问题。而且，在一些较为大型的联合行动和新冠肺炎科普知识线上有奖竞答活动当中，我们更多地扮演的是跟随者和参与者的角色，而非始发者和引领者。只有这样，才能在真正需要应急的时候而不必再急。

② 缺少顶层设计与整体规划。

在新冠疫情防控期间，缺少对应急科普传播的前瞻性与战略性的顶层设计和整体规划，事前没有形成完整的应急科普体系，在实践探索的过程中，也没有逐步建立起一个完整连贯的应急科普知识体系和知识传播体系。我们需要对传播的内容与形式、手段与载体、诉诸感性或诉诸理性的传播方式进行科学规划，需要将需求和服务前置，积极主动研究而不是机械刻板跟进。

③ 缺乏反馈评估机制。

施拉姆在大众传播模式中明确提出反馈这一概念。在传播研究过程中，反馈的重大意义不言而喻。传播的过程不是线性的单向流通，而是双向流动的信息传播回路。无论是传播者还是受众，如果没有形成良性有效的渠道反馈，最后都将造成“闭门造车”的尴尬。科普是需要与公众对上话并营造共语环境的，内蒙古科技馆在疫情防控期间的传播力度和科普力度都是空前的，不仅得益于传播渠道的广泛，更是科普内容的精心制作。但是在收集观众反馈意见，在应急科普过程中及取得阶段性成果时，适时探索并建立相应的评估反馈机制方面，还有很大的进步空间。

(2) 改进措施

一是加强应急科普人才建设，提升应急科普能力。21世纪的竞争归根结底是人才的竞争，人才是第一位的。我们只有充分理解“打铁还需自身硬”的核心内涵，才能真正明白应急科普人才建设在应急科普实践中的重要意义。努力培养建设一支老、中、青三代结合，既具备相当的科学知识和科普素养，又懂得教育学和传播学相关理论并能够在实践中应用得当的人才队伍，应急科普的原创问题也就迎刃而解，也才能从根上提升应急科普能力。从而不断打造属于自己的具有地方特色、区域特色和民族特色的科普品牌，在同样的应急科普情境和话题下，体现出不同的原创科普特色与水平。

二是注重应急科普传播的顶层设计与整体规划。整合科技馆现有软硬件资源，建立自上而下的应急科普工作领导机制，完善应急宣传机制，包括保障机制和考核机制等。在此基础上，强调应急科普传播的前瞻性，从具体方面进行科学规划，加大支持和引导力度，确定每个阶段的工作重点、项目难点、宣传资源等，形成应急科普工作长效机制。同时，充分借鉴全国各地优秀科技馆的宝贵经验，不断改进完善，不断在实践进行修正。

三是建立健全应急科普反馈评估机制。其实，不仅仅是在应急科普传播过程中，在科技馆开展的各类科普活动、教育活动中，反馈评估都是其中非常重要但又颇具挑战性的一环。我们要努力通过深度学习、实践经验和宝贵借鉴，尝试建立有效的反馈机制。以微信扫码、发放填写线上线下问卷等多种方式，多维度多层次了解受众对内蒙古科技馆疫情期间应急科普的满意程度、内容评价和其他建议。对应急科普的内容、形式和媒介等进行评价打分，将预期和现实对比，不断深化改进。针对科普主题、内容、应急情境、传播特色、互动方式等多项环节进行细化可控化管理，针对反映集中、可操作性强的环节及时调整，通过官方微信、微博等方式第一时间让参与者看到反馈效果和效率，从而形成良性互动。下一步，将可整合的反馈机制以规章制度等方式固化，形成不断优化行之有效的长效机制。

凡事预则立，不预则废。面对突发公共事件，不打无准备之战，科学有效应对，科学谋划决策，做好应急科普，十分重要。在此次疫情防控中，应急科普发挥了重要作用，“互联网＋科普”深度融合地模式能够打破时空限制，及时满足公众的科普需要，传播效果广而显著。此外，要以应急科普为抓手，通过优质内容的生产、制作与传播，传播方式的不断改进与更新，探索各类科普资源的有效整合，并加强与全国各地科技馆和区内主流媒体的交流合作，资源共享，建立全领域行动、全地域覆盖、全媒体传播、全民参与共享的科普工作体系，不断扩大和提升科普平台传播覆盖面和影响力，全面提升公民的科学素质。也只有这样，当下一次应急科普来临的时候，我们才能从容不迫进行科学传播，而不必再应急。

参考文献

[1] 中华人民共和国国务院. 中华人民共和国突发事件应对法(主席令第六十九号)[EB/OL]. (2007-08-30)[2020-02-29]. www. gov. cn/zi liao/flfg/2007-08/30/content_732593. htm.

[2] 石国进. 应急条件下的科学传播机制探究[J]. 中国科技论坛，2009(2)：93-97.

[3] 谢莉娇. “公共事件科普”的提出及其形成机理分析[J]. 科普研究，2010，5(1)：32-36

[4] 蔡文东，庞晓东，陈建，等. 在中国特色现代科技馆体系中开展应急科普工作的研究[J]. 科普研究，2016，11(4)：53-56，62，96.

[5] 斯蒂文・小约翰. 传播理论(中文版)[M]. 北京：中国社会科学出版社，1999.

[6] 郭庆光，传播学教程. [M]. 北京：中国人民大学出版社，1999.

[7] 周荣婷，柏江竹. 新冠肺炎疫情下科技馆线上应急科普路径设计——以中国科技馆为例[J]. 科普研究. 2020，2(1)：91-98.

[8] 江苏佳. 信息疫情：新冠肺炎疫情谣言传播及应对研究[J]. 科普研究. 2020，2(1)：70-78.

[9] 赵正国. 应对新冠肺炎疫情科普概况、问题及思考[J]. 科普研究. 2020，2(1)：52-56.

[10] 王志芳. 新冠肺炎疫情中科协系统应急科普实践研究[J]. 科普研究. 2020，2(1)：41-51.

[11] 李正风. 从当代科技治理看公民科学素质[J]. 科普研究. 2020，2(1)：5-10.

把握科技馆信息化时代特性 推进现代化科技馆体系建设
——科技馆科普服务信息化开展模式的研究、探索与展望

刘一瑞[①]

摘　要：智慧科技馆建设是一个动态变化的过程，随着新一代信息技术的快速发展，现代科技馆的信息化建设将通过空间形态、场馆业态和信息化技术等高度融合，以及在技术突破背景下产生的新的发展模式和建设方法论，实现科技馆科普服务的信息化建设。本文从科技馆信息化管理的必要性、科技馆信息化建设的基本情况、黑龙江省科技馆在科普服务建设过程中的信息化探索实践、关于科技馆信息化建设未来发展的思考四个方面来描述国内现代科技馆的信息化建设情况，在于"智"与"能"二字。"智"代表着面向科技馆观众的全流程智慧化服务；"能"代表着面向科技馆智能建筑的全方位科学化管理，细化分解后分为智慧服务、智慧运营、智慧管理、智慧支撑、智慧展览、智慧共享六个方面。

关键词：科技馆；信息化；科普教育；探索发展

1　科技馆信息化管理的必要性

（1）现代化科技馆体系建设的内容以及背景

科技馆是利用科技展项和相关科普活动向公众普及科学和技术知识、弘扬科学精神，传播科学思想和方法，增强公众求知、探索和创造的能力的重要载体，是国家实施科教兴国战略、大力推进和构建和谐社会的重要基础设施。随着新一代信息技术的快速发展，如5G、物联网、人工智能、大数据、云计算等技术，为科普事业的发展带来了新的契机和强大的推动力。科技馆以展览教育为主要功能，作为青少年科普教育基地和科学文明素质培养基地，承担引领科普行业发展的重任，推进实施科技馆信息化已经成为新时期的现代化科技馆体系建设必然要求，符合时代的进程和发展，是科普类博物馆可持续发展的必然趋势，必须在展示教育和观众服务上不断创新提升，提供优质、高效、便捷的服务，提升科技馆品牌形象，提高观众满意度，促进公众科学文化素质。

（2）科技馆信息化在现代化科技馆建设发展中的重要地位及意义

信息化所指向的目标与科技馆借助展陈来复现科学技术的原型、情境和意义的使命具有内在的一致性。当代的信息化发展可以概括为数字化、网络化和智能化三个阶段，这也符合科技馆信息化的整体进程和趋势。因此可以将科技馆智慧化应用视为科技馆在信息技术驱动下的发展形势，科技馆的信息化建设则成为科技馆智慧化场景应用的必要过程。

智慧科技馆建设是一个动态变化的过程，随着新一代信息技术的演变，现代科技馆的信息

---

① 刘一瑞，黑龙江省科学技术馆。通信地址：黑龙江省哈尔滨市松北区太阳大道1458号。E-mail：liuyirui_hstm@163.com。

化建设将融合物联网、云计算、人工智能以及大数据分析等新技术，以及在科学技术快速发展背景下产生的新的发展形势和建设理论，科技馆在信息化道路上将不断引入、增添更多新动力，带来了更多的可能性，实现"互联网＋科技馆"的科普教育目的，促进科技馆的信息化建设将有重大发展意义，通过这些新型技术，不断推进科技馆的转型、升级与创新，综合多领域先进科学信息技术的发展应用，促进了对参观观众、场馆工作人员、藏品、馆内设备等各方面人力资源和物力的智能性管理，为博物馆观众提供了展览形式更加多样化、参观服务更加人性化、设施管理更加科学化的全方位体验，这将有益于科技馆的科普服务和运营管理水平的提升。

2　科技馆信息化建设的基本情况

(1) 科技馆信息化建设的主要内容

现在科技馆的信息化建设需以人为核心，通过物联网、三网融合及云计算等新兴信息科学技术的综合化应用，实现观众与场馆结合、观众与观众结合和场馆与场馆结合的智慧生态系统。现代科技馆信息化建设的重点，在于智慧服务与智慧管理。其中智慧服务是面向科技馆观众的全流程智慧化服务，智慧管理是面向科技馆智能建筑的全方位科学化管理，细化分解后分为智慧服务、智慧运营、智慧管理、智慧支撑、智慧展览、智慧共享六个方面。

① 智慧服务。

智慧服务的范围包括包括参观前、中、后全过程，为观众提供互动性强、灵活性高，具有个性化的全方位科学体验服务，如科技馆官方网站、微信公众号和小程序、APP、票务管理系统、讲解管理系统、互动展示系统等观众服务系统。

② 智慧运营。

"智慧运营"的建设包括安、消防系统，强、弱点系统，能效管理等系统以及外部系统接口的集成。所有运营数据汇总到统一后台，将成为科技馆新馆的重要资源，应用于监管、控制、改进、提升等方面。

③ 智慧管理。

面向馆内、外部人员，针对科技馆管理流程如观众应用服务管理、行政管理、数据资源管理等相关管理需求而建设的一系列管理系统。

④ 智慧共享。

智慧科技馆可以通过综合运用现代科学技术、统筹业务系统、利用物联网、云计算等技术整合信息资源，搭建人与人之间、人与物之间、物与物之间的信息资源共享平台，通过广阔的科学知识信息资源共享平台搭建，在不同观众群、不同场馆、不同区域之间进行展示目的明确、展陈内容生动的信息化交流和互动式体验。

⑤ 智慧展览。

运用以大数据、云计算等技术为基础的各类信息处理手段，收集、处理、存储、聚合多种资源，并以一定的方式组织关联起来，形成与实体科普展品融合并相互补充的科技馆，实现科技馆与公众之间的双向信息互联。

⑥ 智慧支撑。

智慧支撑为各应用系统提供基础环境支撑，包括网络支撑、内容支持、技术支撑、硬件支撑。

(2) 当前科技馆信息化现状

当今我们新时代下的科技馆服务社会公众有着高的追求，除了高水平的展示、具有科学趣味的展品、展项以外，科技馆的信息化建设同样是科技馆发展的重要环节之一，这样才会吸引源源不断的观众到馆参观，还可提供丰富的线上体验使我们的科普进万家。

参观科技馆的观众群体中青少年观众占一定的比重，尤其是中小学生，其关注的是“哪好玩?”“玩什么?”，同行的家长、长辈应引导青少年观众“怎么玩?”“为什么这么玩?”“背后的道理是什么?”。这就要求我们为观众提供科技馆怎么玩、如何玩，需要方便地做好攻略；了解“展品说明”很重要；亲子互动的好场所，培养孩子动手能力、思考能力；提高科学文化素质，引流回孩子的教育，激发数理化等门科的学习，培养逻辑思维。

当前科技馆已具备官方网站、官方微信公众号、微信小程序平台、App客户端等的前端服务平台。针对资源内容有一定的原创科普内容生产、VR线上虚拟漫游、AR增强现实类展品。观众服务方面，一些科技馆陆续建设了票务系统、人脸识别系统、客流统计系统、会员成长系统、大数据展示系统、智慧监控系统、志愿者管理系统、数字资产管理系统、OA办公系统、科研文献管理系统、智慧后台综合管理系统等。虽然科技馆行业针对智慧系统建设做出了大量探索，通过信息化手段提升科技馆工作效率，利用智慧化手段达到数据融合、业务协同，初步实现了智慧决策的应用探索。但总体来讲，目前国内科技馆行业的智慧化建设仍需不断探索和完善，亟待发展和提升。

3　黑龙江省科技馆在科普服务建设过程中的信息化探索实践

(1) 黑龙江省科技馆科普服务信息化建设的探索和实践

为了顺应时代的发展，提高黑龙江省科学技术馆服务质量、服务水平和管理水平，黑龙江省科技馆于2017年进行了服务应用信息化升级改造，分三期进行了信息化系统建设，建成的系统运营以来，广大观众反响良好，无论是参观前、参观中还是离馆后，信息化服务贯穿全流程，观众能够切实体会到系统服务的便捷性。

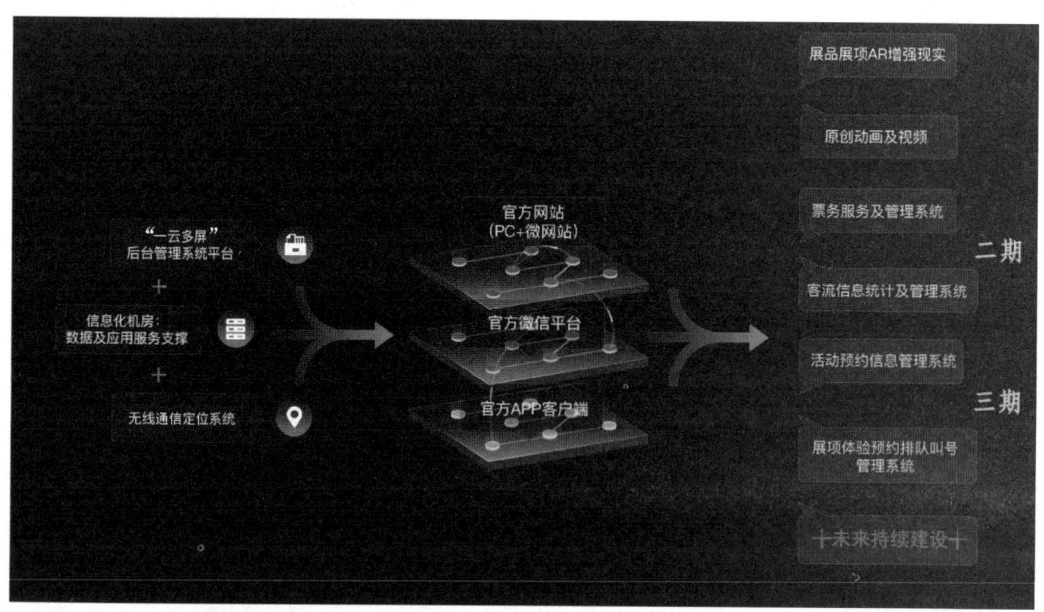

① 一期。

黑龙江省科学技术馆服务以基础服务管理项目建设为支撑，应用提升项目基于科学文化知识传播与服务管理目的，加强具备“互联网＋”特征的信息化建设，旨在为观众提供特色参观游览功能，同时提升科技馆的工作管理能力，为实现智慧化的可持续发展科技馆打下坚实基础。一期主要建设内容如下：

基础服务能力建设：基于无线网络通信及定位传感的无线通信定位系统

通过定位传感网络建设结合导览 App 等前端应用，为参观观众提供馆内位置信息服务，为观众和工作人员提供更好地参观导览服务和位置管理服务。

基础服务能力的建设为我馆“互联网＋”科技馆打下了坚实的信息化基础，通过融合 WiFi、蓝牙和 RFID 定位技术，为来馆观众提供精准的连续定位系统和快速、便捷的无线通信系统，打通了科技馆与观众之间网络通信链路，为科技馆采集观众信息、与观众进行互动搭起了数据传输高速路和骨干网。

“互联网＋”特性的传播与服务能力：官方网站、微官网、微信公众平台、微博平台、VR 展馆；

以“互联网 ＋ 科技馆”的思路为指导，通过网络手段展示黑龙江省科技馆独特的内涵，有助于提高黑龙江省科技馆科学展示、信息交流共享的功能，扩大了科技馆的影响力，提升了博物馆观众的服务水平，成为博物馆观众了解黑龙江省科技馆的重要途径。

黑龙江省科技馆以馆内特色展项和陈展设计为背景统一设计、搭建了官方网站、微信公众平台、微官网、微博平台，各平台之间互联互通，数据共享，互为补充。我馆根据馆内科普活动、内容、提供服务、信息和用户需求设计各平台的功能元素和侧重点，完成科技馆媒体价值链条的完整构架，为观众提供多元化导览途径。

观众特色参观游览功能：参观服务 App（基于位置的导览服务、AR）

参观服务 App 为观众提供了全面的定位、导航、信息发布和互动服务，同时兼顾了趣味性和科技馆。我馆甄选了 10 件展品进行 AR 增强现实制作，观众通过 App 扫描实景展品、展项，或扫描 AR 卡即可体验 AR。AR 展示可观看虚拟跳舞机器人舞动、观看火箭发射升空、航空飞船分离过程等场景，并辅以讲解，充分挖掘展项背后的科学原理，激发了青少年参观相应展区的热情，增加青少年与科技馆的互动。

App 客户端采用了 Hybrid 架构，利用 HTML5 与原生开发技术实现功能开发，扩展了 APP 的跨平台资源内容展示能力和浏览兼容性。

科技馆工作管理能力：“一云多屏”的综合管理系统

信息化的建设采用了“一云多屏”的建设理念，为科技馆的终端设备、内容资源建设了统一管理的平台。一个平台管理所有的前端应用展示，包括专业智能终端、App、馆方网站、微信公众平台、展项预约互动终端等。丰富了科技馆的内容资源，提升了科技馆多媒体资料的利用管理能力，为整个科技馆的智慧化建设提供具备高稳定性、可扩展性、兼容性的服务支撑。

② 二期。

黑龙江省科学技术馆二期提升建设以观众需求为核心，以提升现阶段馆内服务流程为抓手，并以信息基础设施、集约化管理平台及信息化基础支撑体系建设为基础，充分利用现代信息技术，实现科技馆基础信息支撑平台的整合提升，同时通过票务服务管理系统、客流监控系统的建设，促进黑龙江省科学技术馆与观众交流、提升服务能力，通过丰富多媒体资源、加强观众互动等多手段，多角度展示黑龙江省科学技术馆的魅力，向观众科普科学知识；通过大数据分析与智慧化管理给我馆决策者与相关部门提供完备的支持。

票务服务管理系统。通过票务服务系统建设，观众可以在网站或微信端进行预约，到馆后可以通过移动核验终端核验检票快速进馆，系统分别针对基本陈列、免费展、收费展、临展等不同展览设计散客和团队观众的预约、取票、检票、参观全流程服务。考虑哈尔滨冬季漫长寒冷的气候环境，对设备室外使用的条件要求较高，我馆设计了带有防护隔温功能的自助取票机，保障观众在冬季也可使用身份证快速自助取票，缓解人工售票压力，减少观众排队等待时间。

将前端观众服务流程到馆方票务后台进行统一管理的系统，前端功能与后台管理功能相对应，提升博物馆票务服务管理能力，提升科技馆工作效率并减少人力物力的投入。票务服务管理系统为观众提供了完备的票务服务流程，同时为我馆提供了一个全方位自动化管理的系统软件，打造了以网络为通道、以数字为驱动、为智能为特征的场馆票务服务管理体系。

客流信息统计系统。搭建客流统计系统，获取场馆实时客流量和展厅客流分布情况，发现异常情况可及时告警。同时，帮助我馆准确的获取客流量数据，通过数据分析为科技馆经营管理提供数据支持。根据分析结果在客流高峰时段加强重点调配，保障现场服务质量。针对异常情况，可采取分流疏散、错峰、限流、预警等应对措施，保证参观秩序，预防危险事件发生。

③ 三期。

按照统一规划分阶段建设的步骤，对信息化系统进行优化和升级，确保黑龙江省科学技术馆信息化的先进性和前瞻性，更大程度发挥信息化优势，优化馆内社教活动及展项体验预约的服务管理能力，为国内外游客提供便捷的优质服务，提升科技馆信息化管理能力，建成系统如下：

活动预约信息管理系统。活动预约信息管理系统可对科技馆举办的各类社教活动、科普活动实现全流程的管理。通过该系统支持观众通过科技馆官网、微信公众平台进行个人注册，并提供活动报名、活动查询、参加考核、活动评价等服务。系统后台可以对学生报名、活动课表、学生考勤、活动资料等所有在活动开展过程中所产生的信息进行精细化管理。通过系统的建设，对于进一步便利观众报名参与活动，提高活动管理效率都具有极为重要的作用。

展项体验预约排队叫号管理系统。科技展项体验项目趣味性强，操作性强，会吸引大量观众前来互动体验，经常造成人员聚集、排队混乱情况。我馆根据现场调研，建设了展项体验预约排队叫号管理系统，通过信息化手段优化了传统排队模式和业务流程，遵循公平普惠原则，确保观众入馆后才能预约，每个展项每人一天只能预约一次，实现线上预约排号与线下体验前认证的集成融合，确保展项资源合理分配，提高观众参观体验感受。

（2）黑龙江省科技馆科普服务信息化的社会效益和宣传影响

① 让科技馆科普教育更鲜活。

通过信息化的建设对于黑龙江省科技馆科普教育效率的提高有明显的效果，利用新媒体平台的建设对科普内容的质量进行提高，对教育形式进行改变，充分利用现代科技，使用VR、AR虚拟现实技术来增加建设情境的真实性，改变传统科技馆实体展项观看、互动体验的单一模式，增加观众在科技馆中自我探索学习途径，带给参观者全新的感受和体验，为教育的现代化发展提供助力。

② 让科普服务意识更浓厚。

通过建立以科学研究、陈列展览、观众服务、运行服务面向多层次受众的信息化系统，使得互联网与黑龙江省科技馆建筑完美结合，为大众提供科普知识学习、体验的互联网平台，让大众更方便的体会科技的魅力，增强大众对于黑龙江省科技馆的探索兴趣，加深观众对科学知识的全方位理解，让科技为人类的教育和发展提供更多源泉动力。

③ 黑龙江省科技馆在疫情期间的信息化应对策略。

在疫情期间黑龙江省科学技术馆对票务系统进行升级，增加防疫健康信息填报功能，通过线上售票、实名登记、前置测温、健康填报、预约筛选、分时预约等多个环节建立健全的观众信息，能在发生疫情时快速精准定位观众线索，并有效掌握疫情传播的途径，从而找出有潜在的感染风险，提升黑龙江科技馆在运营中不断提高应对疫情突发事件的能力，通过预约、入馆、事后追查三方面为科技馆做好"疫情防控防火墙"，实现有序开放和疫情防控两不误。

4　科技馆信息化建设未来展望

(1) 科技馆信息化建设的发展趋势

当代科技馆信息化建设应以智慧化为目标，贯彻中共中央国务院:将数据视为新的生产要素"的新指导意见，结合当前"互联网＋"发展形势，注重顶层设计和统筹规划，以先进成熟技术为依托，以实际业务需求为导向，实现科技馆建设先进性、可持续、可扩展的目标。就目前发展趋势，针对物联网、人工智能、数据可视化、智能终端、5G网络技术、科普内容制作等方面在科技馆信息化建设中的发展助力进行探讨。

新媒体技术的应用应随科技的进步不断改进，全方位拓展科技馆教育活动的传播渠道以适应时代的发展，完善科技馆教育体系建设，积极搭建以新媒体为载体的互联网科普交流平台，探索数字化、智能化、虚拟化的网络传播新途径，打造线上线下实体网络共同结合的新型科学教育模式，充分发掘全社会教育资源，利用大众智慧开展大众创新发挥互联网便利优势，带动科学传播辐射更广的地域和人群，真正实现共建共享。

(2) 新时期黑龙江省科技馆信息化建设的发展方向

新时期黑龙江省科技馆信息化建设将基于黑龙江省科学技术馆信息化现状，注重"将数据视为新的生产要素"指导意见的贯彻实施，从科普服务角度出发探讨数据可视化服务、智能互动科普教育作为后期建设设想和发展思路，力求快速完成黑龙江省科学技术馆从经验驱动到数据驱动的转型。

① 建设新互联网技术的互动科普展项。

"新互联网技术的互动科普展项"运用智能互动设备，使观众的感官及身心与展览(包括环境)发生交互作用，通过问答、触动等互动形式给予观众直观视听、触觉体验，改变以往图文、实物展览静态参观模式，增强观众科普知识学习兴趣和效果，使自主探索、体验和学习贯穿于科学博物馆整个展览教育过程。同时，智能互动式展览可对科普主题进行更为深入地挖掘，增进观众与展品之间的双向交流，加强观众对展品背后的科学内涵的深入理解，实现"刺激——传播——反馈"的闭环。

② 建设基于观众数据的可视化观众服务。

科技馆中展览展示场景众多、观众使用的服务产品多样，观众数据的来源非常庞大，那么，观众服务数据的来源一般由观众主动数据和被动数据组成的"人为数据""机器和传感器数据"以及"与观众相关的外部互联网数据"组成，通过这些数据分析利用科技馆的管理数字化，可极大地优化时间、空间资源节省管理成本。对于游客来说拓展了展示互动的方式,通过智能终端和移动终端扩大了游客接受服务的渠道。以互联网平台为依托,打造面向观众服务体验的多元化和人性化是科技馆智慧化发展趋势,通过数字化交互技术拓展服务的渠道、丰富展项展示途径,提升观众参观体验。这样不仅可以提升观众对科技馆满意度,对科技馆树立良好的公益性机构和政府形象、提升大众科学素养、场馆可持续发展以及科技兴国发展战略都有积极的推动作用。

③ 建设信息化时代的创新型科普服务。

基于黑龙江科技馆已有的信息化系统和内容资源,建设科普智慧课堂,针对不同类型的科普受众群体,结合校园科学教育计划,定制化设计主题学习内容资源包,为观众提供科技馆创新型增值内容服务。既可以馆校联合,引领学生们走进科技馆边看边学,将课堂知识与科技馆展项知识融会贯通,增加科普课堂教学互动内容和形式,提供教师传授知识以及与学生进行双向互动的服务平台;又可以帮助科技馆"走出去",深入到学校、社区等进行科普交流,实现科学知识的传播和共享。

5 结　语

近几年,随着我国经济实力的增强以及政府对科普事业的重视,智慧科技馆建设发展处于大好时光,但同时智慧科技馆的发展面临着新的机遇和更多探讨话题,对科技馆工作也提出了全新的、更高标准的要求。

如何抓住科技创新和时代发展机遇,使科技馆事业迈向崭新台阶,实现智慧科技馆真正变得"智慧"目标,是我们科技馆人面临的一个十分重要的课题。只有准确把握科技馆事业未来发展方向,以业务需求为驱动、以观众服为导向、以公众科普为重任,求真务实,开拓创新,智慧科技馆的发展才能真正顺应时代发展、满足观众需要、发挥科教职能、成为科普惠民的新时代科技馆。

参考文献

[1] 翟宏英.《中外科技博物馆智能互动式展览比较研究》[J]. 知识管理论坛,2019,4(2):110-120.

[2] 羊芳明,段飞.《基于信息化平台的智慧科技馆建设方向初步设想》[J].现代信息科技,2018,(08):8-11.

[3] 吴甲子.《现代科技馆信息化建设典型案例评析》[J].学会,2019,(03):53-56.

[4] 兰鲁光,刘曦东.《智慧科技馆设计思路初探》[J].自然科学博物馆研究,2019,4(05):36-43+94.

[5] 杨露丹,《"互联网+"背景下新媒体在科技馆教育活动设计中的应用探究》[J].科技风,2018,(24):68-69.

福建博物院自然科学线上线下科普教育新模式的探索与实践

傅永和[①] 彭珠清[②]

摘 要：随着社会和时代的发展，科普教育成为博物馆的主要功能。本文围绕近几年福建博物院自然科学线上线下科普教育开展情况，分析了“引进来”“走出去”的科普教育新模式，并对如何推进自然科学科普教育提出意见和建议，旨在提升对自然科学科普教育工作认识，使博物馆真正成为自然科学的传播者和生态文明理念的倡导者。

关键词：博物馆；自然科学；科普教育；线上线下

加强科普教育，提高民族素质，是增强国家创新能力和国际竞争力的基础性工程。博物馆作为收藏、展示和研究人类活动及自然环境见证物的机构，具有开展科普教育工作的天然优势和职责使命。福建博物院地处福州西湖公园内，是集自然科学、社会科学于一体的省级综合性博物馆，以其丰富的文物藏品和自然藏品为依托，利用数字多媒体、高水平的专业技术团队、丰富多彩的科普读物等，积极探索多种多样的科普教育新模式，不断丰富展教内容和手段，打造福建省科普教育基地、福建省野生动植物保护协会科普教育基地、福建省社会科学普及基地，旨在提高博物馆的社会效益，发挥国家一级博物馆的示范辐射作用，切实履行博物馆科普教育的职能，助力我国科普事业的繁荣发展。

自然科学科普教育是福建博物院展览教育的重要内容之一，意在向公众普及自然科学知识、倡导绿色文明的生态环保理念。随着社会的发展，尤其是信息技术的普及，博物馆教育的方式越来越多样化，除了传统的线下科普教育模式，还推出了线上科普这种虚拟的教育模式。博物馆科普教育水平的提高，为科普教育“走出去”提供了更多的可能性。与此同时，展馆软硬件设施的改善，为科普教育“引进来”创造了条件。本文从福建博物院自然科学科普教育的实践出发，对自然科学科普教育模式进行分析思考，旨在提升对自然科学科普教育工作认识，使博物馆真正成为自然科学的传播者和生态文明理念的倡导者。

1 福建博物院自然科学科普教育“引进来”模式

(1) 展馆软硬件设施齐全

博物馆的生存既要有稳定的主体展馆支撑，还要有丰富的藏品以及专业的业务人员。直观的实物性是博物馆的知识传播和社会教育方式，具有很强的感染力和说服力。福建博物院现有动物、植物、化石和矿物等标本近 9 000 件，重点保护野生动物标本 176 种 543 件。依托

① 傅永和，福建博物院自然科学部主任，文博研究员；研究方向：科普教育管理；通信地址：福州市鼓楼区湖头街 96 号福建博物院，邮编 350025；E-mail：33463750@qq.com。

② 彭珠清，福建博物院文博馆员，硕士，研究方向：自然科学科普教育；E-mail：13489945975@126.com。

丰富的藏品资源、专业的科普教育队伍和科普志愿者队伍，极力打造富有活力的福建省科普教育基地。自然馆展厅面积 2 800 m^2，为公众准备了涵盖古生物、陆生动物、海洋生物、红树林等内容的多项科普展览。现有常设展览《闽海蔚蓝》和《恐龙世界》，全面系统地展示了独具特色的福建海洋生态及恐龙霸主的历史文化风貌。

近年来，福建博物院充分利用自身馆藏藏品，举办了一系列与自然类主题相关的临时展览，如《蜕变之美——蝴蝶标本展》《共同的家园——福建博物院珍稀动物标本展》《十二生肖展》系列等，吸引了众多观众前来参观，深受广大观众喜爱，生动诠释了大自然的生物多样性。为向公众更好地学习藏品蕴含的科学知识，还精心组织编写了《福建博物院自然类典藏系列——哺乳动物》图录、《舌尖上的丝绸之路》等系列科普读物。

(2) 科普展览引进来

针对院内藏品资源的特点，引进科普展览弥补不足。博物馆也是一个需要互相借鉴、互相学习的场所，适时引进新展览，进行资源共享，能够让观众有时来时新的感觉，达到有效增加观众量的目的。2018 年我们引进并承办了《第四届中国动物标本大赛》，展览汇集了全国标本制作企业、博物馆及研究所等 60 余家单位 257 件标本作品，涵盖哺乳类、鸟类、两栖、鱼类等动物的皮张和骨骼标本，其中《小熊猫》(见图 1)和《高山秃鹫》(见图 2)为我院代表作品，荣获二等奖。这次展览，吸引了大量的观众慕名而来，不仅让观众见证了标本制作技术的实力，也宣传了生物多样性和生态文明，同时还加强了同行间的交流，有利于提高中国野生动植物标本制作的整体水平。

图 1　小熊猫

图 2　高山秃鹫

2　福建博物院自然科学科普教育“走出去”模式

(1) 线下科普教育

① 基于展览开发的科普教育活动。

博物馆的常设展览一般持续时间比较长，至少几年之内都不会太大变动，一成不变的展览是很难永久留住观众的，特别是年龄小的观众。因此，我们需要借助形式多样的科普教育活动凸显展览的意义和其所传递的科学知识，通过“以教促展”的方式提升观众对展览的理解、对自然科学的认知，从而达到科普教育的效果。

福建博物院针对常设展览《恐龙世界》，开展了“闽博自然侦探团”的科普教育活动。小侦探们化身为侦探，分为恐龙密码、化石密探、湿地工作组、浅滩小分队 5 个小组，在自然馆内进行探秘；每组不仅要通过信息残片找到对应的古生物资料，还要动脑筋想象并推测出没有展示出来的相关信息，更要在规定的时间内完成古生物碎片的拼装。如此复杂的任务组合并没有难倒小侦探们，他们迎难而上，领取任务后迅速进入了侦探家的工作状态，出色地完成了任务。这种寓教于乐的自主探索学习方式，不仅科普了恐龙知识，还提高了孩子们的独立性、信息获取能力以及团队合作能力。

展品是博物馆教育最大、最有特色的资源，是实现博物馆教育功能的物质基础，但仅靠展品本身并不能充分实现其展教功能，需要设计并实施基于展品的一系列教育活动。针对《蜕变之美——蝴蝶标本展》，我们设计了两期以“画蝶”为主题的科普教育活动，小观众们通过近距离观察蝴蝶姿态、观看蝴蝶影片等，认识蝴蝶的特点及其生长发育过程，并根据这些信息为风筝画蝶。活动受到了观众们的广泛好评，实现了展览与教育双赢。

② 打造科普教育品牌活动。

福建博物院在实现博物馆的科普教育职能上不断开拓创新，通过“走出去”的模式，开展标本进校园（见图 3）、进社区、进乡村、爱鸟周活动（见图 4）等形式多样的品牌科普活动，把馆藏标本带出去，让基层观众有机会目睹野外动物的风采，给他们带去一系列生动的科普教育课程，呼吁观众保护自然、主动参与到生态福建的建设中来，充分发挥博物馆的科普阵地作用。

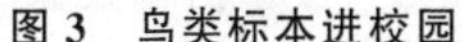

图 3　鸟类标本进校园

图 4　爱鸟周活动

暑期夏令营也是福建博物院馆科普教育“走出去”的有效途径（见图 4、见图 5）。福建博物院每年两期的暑期夏令营活动深受儿童的喜爱，在获得自然知识的同时，还能愉悦身心。在夏令营主题甄选上，我们以馆藏资源为基础，深挖开拓，植物、陆生动物、海洋鱼类、古生物等，在科普基础知识的基础上，亲近大自然，同时强化儿童的动手实践能力，寓教于乐。至今已完成8期的夏令营活动，主题涉猎鱼类、植物、恐龙、蝴蝶等，获得了观众的广泛好评。

图4　工作人员为小朋友讲解植物知识

图5　小朋友们参加植物标本制作活动

(2) 线上科普教育

在新冠疫情防控期间，博物馆作为公共场所不能正常对外开放，公众不能走进博物馆，但这并不是说博物馆就停止服务了。博物馆的教育、展示、宣传等功能是通过多渠道为公众提供服务的，首屈一指的当属互联网平台。在互联网技术快速发展的今天，科普教育方式也必须与时俱进，"互联网+科普"的模式成为新时代传播科学知识的新途径。线上科普已成为科普教育"走出去"的新模式。通过逛科普展览，公众扫描展品二维码获取展品解说资源，初步实现了线上线下混合的科普教育新模式。

今年因新冠疫情原因，福建博物院自然馆于1月23日～6月24日闭馆。期间，我们做了一系列的线上科普宣传活动，借助网络走出去，助推了网上博物馆的发展。累计在福建博物院微信公众号平台上发表自然类科普宣传推文11篇，微博上发布自然馆相关动态3条，抖音号"微闽博"直播"云游福建博物院自然馆"1场，网上展览2个，录制自然馆展品相关音频25个，拍摄微视频17个。

① 线上展览。

线上展览依托于强大的互联网，可以实现快速传播，覆盖面广，任何一个网民，都是线上展览的潜在用户。展览是博物馆的核心服务内容，线上展览可以满足观众足不出户看展览的需求，避免聚集，在抗疫期间是一种非常受欢迎的观展方式。可以包括博物馆的基本陈列、临时展览以及历年举办的展览回顾，通过VR/AR等现代技术打造360°场景、高清图片等呈现亲临现场的视觉感。福建博物院现有自然类线上展览2个，其中一个是基本陈列《闽海蔚蓝》，另一个是回顾性展览《第四届中国动物标本大赛》，实现了在家就能逛展览的目的，免去了博物馆开放时间的顾虑。

② 线上科普教育活动。

开发线上科普教育活动，创新新媒体的科普教育之路。线上科普活动具有可回顾、易归类的特点，讲座类的可以以音频、视频或者直播、录播的方式进行推送。

2020年至今，总共录制了25个自然馆展品相关的音频(见表1)，17个微视频，为观众讲述了古生物、海洋生物等的故事，从多方位满足观众的不同需求。与此同时，借助2020年文化和自然遗产日的契机，在抖音号“微闽博”平台上做了“一起云游福建博物院自然馆”的直播观展。

表1 自然类音频目录

序号	名称	序号	名称	序号	名称
1	永川龙	10	多棘沱江龙	19	鳀鲸
2	三叶虫	11	孔子鸟	20	斑海豹
3	许氏禄丰龙	12	恐龙蛋化石	21	鲸鲨
4	鹦鹉嘴龙	13	小天鹅	22	儒艮
5	棘鼻青岛龙	14	大白鹭	23	棱皮龟
6	合川马门溪龙	15	唐冠螺	24	中华鲟
7	李氏蜀龙	16	窄鹦鹉螺	25	长尾鲨
8	霸王龙	17	鳞砗磲		
9	三趾马	18	抹香鲸		

此外，社教部还推出了“食物的奇妙之旅”等特色教育课程，科普传统的自然历史文化，设置生动问答进行互动，让观众充分享受并体验有趣的博物馆云教育。

③ 充分利用新时代数字化科普手段

福建博物院还拥有1 500 m^2 全国首创的创新型“博物馆社区”智慧小苑，里面承载着新时代数字化科普教育资源。数字化是一种符合新时代要求，体现新时代特色的科普方式，福建博物院首次借助VR技术，利用考古学、地质学、植物学、动物学等多学科融合考究闽台同根同源的关系，制作科普教育片《海峡人的乐园》，提升了科普知识的传播效果。观众戴上VR眼镜，徜徉在海峡两岸之间，通过听觉、动觉、视觉给观众全方位的刺激，让观众在虚拟环境中体验海峡人的生存环境，感受闽台自然资源的共有性与差异性，深刻感悟闽台两岸自古是一家的历史渊源。

3 关于推进自然科学科普教育的几点思考

自然类博物馆扮演着向大众进行自然科学科普教育的重要角色，而作为综合性博物馆，福建博物院也承担着这样一个责任。随着大众科学文化素质的普遍提高，传统的科普教育方式已经不能满足人民日益增长的科学文化需求。今年新冠疫情又加速了博物馆行业线上教育的发展，开启了博物馆运行及宣传渠道的新模式。因此我们要多维度、多种方式共同开展科普教育活动，在实践的基础上，总结分析探索适合自己的科普教育方式。

线上、线下同步发展。巩固原有的线上科普教育方式，加强线上科普教育的建设和开发，实现线上与线下的互补。

线上展览要能为观众提供多样化的观展线路和丰富的展示内容。借助先进技术，自然类标本可以多角度清晰显示，弥补现场观展的不足。线上展览从二维到三维，实现了空间的无限延伸，少了空间的束缚，展线层次可以更丰富，还能做线上观展互动，提升体验。

立足本土地域特色，增强感性体验，意即建立观众的情感共鸣机制，实施多感官教学，培养观众的科学精神和态度。让学习过程基于观众自身的探究体验，吸引观众的注意力，诱发他们的好奇心，从而让观众在情感上与某一主题产生共鸣。

加强与自然保护区、植物园等的合作，拓宽自然科学科普教育之路。福建博物院作为集自然科学与社会科学于一身的综合性博物馆，除了与学校、社区、乡村合作外，还可以加强同自然保护区、植物园的合作。一方面能扩大宣传，提高知名度，另一方面还能有效整合各类资源，可以将自然科学的直观性与知识性、艺术性强强融合，有利于开展野外科普教育活动。

4 结 语

福建博物院从自身条件出发，通过“引进来”“走出去”的模式开展了线上线下相结合的自然科学科普教育新模式。作为自然科学的传播者和生态文明理念的倡导者，我们要充分挖掘标本内涵，拓展展示内容，丰富教育活动，运用新技术、新形式增加展览的可看性，开发以展览为基础的科普教育活动，线上线下同步发展，打造自己的个性化特色，努力营造全民保护自然、构建人与自然和谐共生的良好社会氛围。

参考文献

[1] 武立华，刘志海，孟霆，黄玉. 依托国家级示范中心的线上线下混合科普教育新模式[J]. 实验室研究与探索，2020，39(5)：140-142.

[2] 曾剑奇，蔡让平. 浅谈自然科学博物馆的科普教育功能和发展对策[J]. 湖南地质，2003，22(2)：157-160.

[3] 王丹. 自然博物馆基于展览的教育活动的实践与探索[J]. 教育现代化，2019，6(37)：80-82.

线上科普活动要成为鲜活的宣教场地
——以长春中国光学科学技术馆近期线上活动为例

张晚秋[①]

摘　要：本文向大家介绍展览与展示的定义和分类、线上科普活动的几种模式、线上线下科普活动的优劣势，以及线上科普活动对于宣教工作的重要意义。随着科技的进步、互联网的发展，我们的生活方式正在发生着改变，科普教育方式也随之改变。应中国科技馆发出“全国科技馆启动战‘疫’总动员，充分进行线上联动、资源共享，以打造线上‘永不闭馆’，进一步激发公众爱科学和学科学的热情”的倡议，我馆举办了一系列线上科普活动，在活动中总结经验、开拓创新，真正实现让线上科普活动成为鲜活的宣教场地。

关键词：展示；宣教；线上科普活动

工作、学习、消费、交流……随着科技的进步、互联网的发展，不管是主动的还是被动的，不可否认，我们的生活方式正在发生着改变。这一现象随着 2020 不寻常之年的到来，显得尤为突出。在家上网工作的大人们、在家上网课的孩子们、在家购物订餐的我们，生活改变你我，你我就要创造新的生活。应 2020 年 1 月 31 日中国科技馆发出“让孩子‘宅’在家里也能学习科学知识，感受科学的魅力，全国科技馆启动战‘疫’总动员，充分进行线上联动、资源共享，以打造线上‘永不闭馆’，进一步激发公众爱科学和学科学的热情”的倡议，我馆举办了一系列线上科普活动，在活动中总结经验、开拓创新，真正实现让线上科普活动成为鲜活的宣教场地。

1　展览与展示及分类

线上科普活动主要的实现方式为展览和展示，下面简要介绍一下相关定义。

(1) 展览及分类

简单来讲，展览就是公开陈列，它是一种既有市场性也有展示性的经济交换形式。在古代，它曾在经济交流中起过重要的作用；在现代，它依旧在很多方面发挥作用，包括宏观方面的经济、社会作用和微观方面的企业市场营销作用。

展览的分类。按功能划分，展览可分为观赏型展览、教育型展览、推广型展览、交易型展览等；按内容划分，展览可分为综合型展览、专业型展览等；按地域划分，展览可分为国际性展览、洲际性展览、国家性展览、地方性展览等；按规模划分，展览可分为超大型展览、大型展览、中型展览和小型展览等；按时间划分，展览可分为长期展览、短期展览、定期展览、不定期展览、永久展览和临时展览等。

---

① 张晚秋，长春中国光学科学技术馆助理研究员；研究方向：光学；通信地址：长春市净月国家高新技术产业开发区永顺路 1666 号；邮政编码：130117；Email：21086472@qq.com。

（2）展示及分类

展示是展现、显示、呈现出来让人看。它也是实现线上科普活动的一种手段，决定着科普活动效果的好坏。展示过程是指陈列工作者通过一定技术手段把实物或其他形式的信息载体所包含的意义传递给观众的过程。一般情况下，展示方式越复杂，科普活动的效果越好，科普活动所包含的信息量也越大。展示有时也包括表演和演示。

按照展品类型所决定的最佳展示方式来划分。一般来讲，展品可以分为两类：一类是外观形式与内涵意义之间具有必然联系的物品，如具有欣赏装饰功能的绘画、雕塑、瓷器等，这类展品在展示中无需附加理解条件，可以直接向观众展示，这种展示方式称为独立展示法；另一类展品是外观形式与内涵意义之间没有必然联系的物品，为了准确地传播这类展品的意义，需要采取附加理解条件和特殊的展示方式。对此类展品所采用的展示方式可以归纳为三类，即场景展示法、互动展示法和生态展示法。场景展示即为场景再现，将展品重置于原来的环境关系和生存背景当中，使得观众可以更加深刻的理解展品；互动展示是要用有趣、浅显、能参与、可操作的手法布置陈列，在观众参与的过程中，产生协作或竞争关系，实现人与人之间的交流；生态展示是把一定区域内的物质形态因素，如地形、地貌及自然环境等完整地展示在观众面前，从保护和展示的角度来看，生态展示是一种理想的展示方式。

按照展示效果来划分，展示方式可以分为静态展示、动态展示、探究式展示、交互式展示等。静态展示是最为传统的展示方式，如图文展示、实物展示以及模型展示等，旨在用最简单的方法使观众直观的理解展品；动态展示是现今备受青睐的展示方式，它采用活动的、可操作的方式，让观众可以触摸展品、操作展品、制作模型等；探究式展示强调的是参观者能够边动手、边动脑，操作展品的同时更为深刻的了解展品的功能和特点，充分调动参观者的积极性，使展示活动更加丰富多彩；交互式展示，顾名思义，能够与展品进行交流和互动的展示方法，有了问题就要交流和互动，从而解决问题，这是一种高级的展示方法，也是值得我们推崇的展示方法。

展品展项可以按照上述规则划分，科普活动同样可以。

2 结合长春中国光学科学技术馆近期线上活动，阐述线上科普活动的优势和劣势

（1）线上静态展示模式：以"'神奇的光'绘画作品展览"为例

"神奇的光"绘画作品展览（第三届）作为一项线上静态展示项目，得到了省内外中小学生的积极响应。该画展举办至今已经是第三个年头了，前两届为线下展览，第三届为线上展览。

对比两种展览模式，线下画展的流程：工作人员线上征集绘画作品——绘画爱好者按照主题进行创作——绘画爱好者在规定的时间内现场提交作品——工作人员按条件筛选作品——工作人员对入围作品进行装裱——分类——线下展出——观众参观展馆的同时欣赏画作展览；线上画展的流程：工作人员线上征集绘画作品——绘画爱好者按照主题进行创作——绘画爱好者在规定的时间内线上提交作品的图片——工作人员按条件筛选作品——工作人员对入围作品进行线上展出——观众在浏览我馆官方网站、官方微博、官方抖音、微信公众号等平台时欣赏画作展览。

从这个简单的流程对比可以清楚的看出,同为静态展示项目,线上展览相较于线下展览具有覆盖人群更广、作品质量更高等优势。

当然,对于此类静态展示项目,线上展览相较于线下展览也有它先天不足之处,比如观赏效果不够直观等。最好的解决办法是,条件允许的情况下,此类项目线上线下同时进行。

(2) 线上动态展示模式:以"'小小讲解员'暑期体验营"为例

"小小讲解员"暑期体验营(第三季)与前两季纯线下活动不同之处在于,它是一项集前期线上选拔,中期线下实践,后期线上展示于一体的动态展示项目。

对比往届"线上招募、线下选拔、线下培训、线下实践、线下颁奖"的流程,本届的"线上招募、线上选拔、线上培训、线下实践、线上展示、线下颁奖",不只更改两个环节的模式,还增加了一个最重要的"线上展示"环节。

这不能不说是一次创新尝试,增加了这一环节,让评选优秀"小小讲解员"不再只凭工作人员的主观印象打分,更加入了广大观众票选结果,提高了活动的公正公开性,使得此次活动的国民参与度更高,有助于提高科技馆的知名度。此外线上选拔和线上培训两个环节,紧跟当下潮流的同时,也增加了活动的新鲜感和话题感,激发了参与者的热情。

此次线上线下相结合的活动形式也存在一定的问题,如受技术条件所限,线上培训环节组织稍显不力、培训演示环节略有沟通不畅等情况发生。但这些问题经过充分准备和周全应对是可以避免的。

(3) 线上探究式展示模式:以"'光学小达人'实验邀请赛"为例

"光学小达人"实验邀请赛可以归类为线上探究式展示项目,它可以让参与者能够做到边动手、边动脑,完成实验的同时更加深刻的理解实验的光学原理,充分调动了参与者的积极性。

这是一档为响应中国科技馆号召而举办的全新的线上活动。我们充分利用现有资源,在往届优秀小小讲解员中择优五名,录制了五个操作简单、效果明显的经典光学小实验视频,发布在我馆各官方平台上。活动一经发布,起到了抛"砖"引玉的作用,立即吸引了"宅"家的中小学生踊跃投稿。来稿内容五花八门、奇思妙想,完成后续邀请赛的同时,还充实了我馆科普活动资源的数据库。

此次线上活动的优点是显而易见的,但也存在参与者实验过程中遇到的一些问题反馈不及时,以至于实验现象不够明显等弊端。

(4) 线上交互式展示模式:以"OMI 乐队直播秀"为例

以上几种线上展示模式都存在着一些阻碍科普活动达到预期宣教目的的缺点,下面介绍的这种模式,能够完美的解决这些问题——线上交互式展示模式,即直播。

直播,当下最"火"的行业之一,确确实实给人们提供了一个展示魅力的渠道。这就是我们科普人应该拿来作为己用的,"OMI 乐队直播秀"应运而生了。

"OMI"为"Optical Musical Instruments"的简称,意为光学乐器,是由我馆研发团队自主设计制作的新概念乐器,包括"贝森鼓""莲花鼓""球鼓"和"激光马林巴琴""立式扬琴""音符像素琴"6 件乐器。乐器采用激光传感器等光学元件制作而成,演奏时用手或鼓棒对光束进行遮挡,产生电信号,触发音源,从而发出声音。在观众看来就是演员以敲击空气的形式演奏出美妙的音乐。OMI 乐队组建于 2019 年 4 月,并于国庆节期间完成了首演,受到了观众的喜爱和认可。

如此奇妙有趣的乐器,在不能对外公演的特殊时期蒙尘在舞台上,实在是可惜了。直播为我们开辟了另一条路，展示乐器和自我的同时，还能实现与观众的交流和互动，你问我答，寓教于乐，这正是科技馆实现“永不闭馆”的方法和道路。

(5) 综合以上四个活动可以总结出线上科普活动的劣势和优势

劣势：如静态展示模式的观赏效果不够直观；受技术条件所限，动态展示模式若干环节稍显组织不力及沟通不畅；探究式展示模式由问题反馈不及时导致的实验现象不够明显等问题。

优势：

科普活动的时空延展性更强。线上活动最大的优势在于打破了时间和空间的限制。对于非直播性质的科普活动，观众可以随时随地参与到活动中来，无限次的浏览、学习、参与，加强了科普活动的时空延展性。不论是身处繁华都市，还是偏远山区，都能够获得平等的科普教育权力。

受众面更广，参与度更高。对于线上活动参与者和观众而言，科普活动始终处于线上展示的状态中，不再受撤展制约；参与者和观众不再因为地域的限制，而无法及时提交作品和不能来到现场欣赏，双方都有了更简单便捷的参与方式。这就无形中为此次活动乃至整个科技馆增强了覆盖面。

作品质量更高，科普活动更有价值。对于线上参与者和观众而言，打破了时空限制，自然会吸引到更多更优秀的作品参与进来，从而提高作品水平，提高展览的观赏价值。

更利于扩大科技馆知名度。科普活动搞得好，观众参与度高，自然就会为科技馆拉动新的观众、活跃休眠观众、留存已有观众。科技馆的知名度也会随之提升。

解放劳动力。以画展为例，对于科技馆工作人员来说，单单是减少了装裱和线下展出这两个环节，就已经是很大程度的减轻了劳动量。作为一线科普工作者，我们对于基层科普工作的烦琐复杂深有体会，哪怕只是一两个环节的解放双手，足可以让他投入到更有意义的工作中去。

3 宣教的意义与形式

宣教即为宣传教育。教育是人类社会化的基本途径，人们通过接受教育获取有关社会的和自然的各种知识，建立人生观念和价值观念，因而高层次的宣传最容易在教育领域发挥效能。

据《中国大百科全书(第二版)》释义，宣传是指运用各种手段传播一定的观念以影响人们的思想和行动的社会行为；教育是培养人的一种社会现象，是人类实现再生产的手段。那么宣教就是运用各种传播手段进行的以满足学习需要的有意识而系统的活动。

宣教工作对社会发展的作用，是通过培养人来实现的。其本质功能是促进人类的自我生产、自我超越、自我发展的实践活动。现代社会对宣教工作提出了极高的要求，宣教的作用越来越受到世界各国的重视。宣教的媒介和形式也呈现多种多样。宣教的媒介有报纸、杂志、图书，以及广播、电视、电影、互联网等；还有不需要媒介的人与人之间面对面的宣教。宣教的形式有理论文章、新闻报道、讲解辅导、文艺表演、展览展示等。

4　线上科普活动对于宣教工作的意义是非常重大的

第一，相较于其他宣教活动的表现形式而言，线上科普活动是面对面的呈现在人们面前，不需要假以媒介。这就使得我们要传播的事物能够更加直观、更加鲜活的呈现出来，让受教者能够身临其境，从而更容易理解和接受这些事物，达到宣教工作的目的。

第二，基于展览展示在功能、行业、类型、规模等方面有着细致的划分，使得受教者能够在事前大体了解展览的基本内容，从而区别甄选，有目的地选择自己想要接受的事物。对于受教者来说，选择参与一场适合自己的科普活动，能够相对快速的了解教育内容，并在其中获取重要的信息，也许会得到受益终身的帮助。

第三，展示方式的多样化决定了线上科普活动具有直观性、灵活性、易理解、可操作性、探究性、交互性等特点。优秀的展示不再是一个孤立的展品，而是形成了一个艺术的动态的场，给人们创造出一个综合互动空间，让受教者融入其中，来体验由单纯的形态感受升级为全方位立体式感受的快感，最终达到深刻理解的目的。

资源共享、寓教于乐、身临其境、新颖奇妙已经成为线上科普活动与其他传统宣教形式的重要区别。因此，线上科普活动对于宣教工作的意义是非常重大的，它必须要成为鲜活的宣教场地。

5　结　论

现今我国正处在中国特色社会主义进入新时代的关键时期。为夺取习近平新时代中国特色社会主义的伟大胜利，实现中华民族的伟大复兴，宣传教育工作担负着前所未有的使命，肩负着普及科学文化、提高国民素质、培养具有创新精神和能力的社会主义现代化建设者的重任。而线上科普教育活动正是完成这一伟大使命的必要手段之一。科普工作者们定会开拓视野、完善自身、积极创新、不辱使命，在这样一个伟大的时代里承担起应尽的责任，发挥出应有的能力，让线上科普活动成为鲜活的宣教场地。

参考文献

[1] 陆保新.博物馆展示方式与展示空间关系研究[J].建筑学报.2003.(04):60-62.

[2] 周腾.体验式展示空间设计研究[D].湖南师范大学，2016.

[3] 刘培会.现代科技馆展项工程的设计[A].中国自然科学博物馆协会，2004年科技馆学术会论文选编[C].中国自然科学博物馆协会:中国自然科学博物馆协会，2004:11.

[4] 刘力.探究式教学的探讨[J].学科教育，2003 (10).

[5] 朱幼文.科技博物馆教育功能“进化论”[J].科普研究.2014.9.

[6] 徐善衍.科学传播与普及的走向[N].学习时报，2009.3.

关于专业科技博物馆智慧博物馆建设的思考

马若泓[①]

摘 要：智慧博物馆是继数字博物馆概念之后，随着物联网、云计算、大数据、人工智能等新一代信息技术逐步成熟而产生的博物馆发展新模式和新形态。从国家层面推动智慧博物馆建设已经有6年时间，试点的7家文物历史类博物馆已经产生了一批可利用的优秀成果，可为其他类型博物馆的智慧博物馆规划建设提供参考。本文以上述实践成果为依托，从专业科技馆角度思考了智慧博物馆的建设内容和面临的挑战，提出了规划建设建议。

关键词：博物馆；专业科技博物馆；智慧博物馆

1 引 言

智慧博物馆是继数字博物馆概念之后，由于科学技术的进步而演变发展起来的新生事物。是通过充分运用物联网、云计算、大数据、人工智能等新一代信息技术，感知、计算、分析博物馆运行相关的人、物、活动等信息，实现博物馆征集、保护、展示、传播、研究和管理活动智能化，显著提升博物馆服务、保护、管理能力的博物馆发展新模式和新形态。智慧博物馆强调了从物→数字→人的静态单向二元关系向人←→物←→数据的动态双向多样关系的转变。从《“互联网+中华文明”三年行动计划》中鼓励有条件的文物博物馆开展智慧博物馆工作开始，由国家层面陆续出台了一系列政策，鼓励智慧博物馆发展。国家文物局从2014年开始推动智慧博物馆建设，首批7个试点单位都属于文物历史类博物馆。经过6年的实践，产生了一批具有实践意义的成果，为其他类型博物馆进行智慧化建设提供了指导。

专业科技类博物馆是以根据某种生产实践或科学原理而发展成的某种专业工艺操作方法和技能，以及相应的材料、设备、工艺流程等等为内容的科技博物馆。专业科技博物馆大多归口于各自的行业主管部门或某一行业的一个企业，其管理、保护和服务都具有很鲜明的行业特色，是各行各业历史、科技、文化展示交流的窗口，承担着向社会公众普及行业科技的职能，在普及行业科技中发挥了重要的作用。随着智慧博物馆试点工作的深入和研究成果的丰富，专业科技博物馆参与到智慧博物馆建设中来将成为必然趋势。本文将以试点工作的实践成果为依托，从专业科技馆角度思考了智慧博物馆的建设内容和面临的挑战，并提出规划建设建议。

2 专业科技博物馆智慧博物馆建设内容

智慧博物馆的功能主要体现在三个方面：博物馆智慧服务、智慧保护和智慧管理，涉及的

---

① 马若泓，中国铁道博物馆编研部副主任。通信地址：北京市西城区马连道南街2号院1号楼。E-mail：47111245@qq.com。

具体项目几乎覆盖了博物馆的所有业务范围，是一个多维度的，关联性强的智能生态系统。考虑到专业科技博物馆的观众数量和资金投入都要少于文物历史类博物馆，在设计智慧博物馆的具体项目上应是有选择性的。

(1) 博物馆智慧服务

博物馆的智慧服务主要是针对观众服务需求，是将观众与博物馆(线上和线下)连接的行为和需求作为核心，以多维展现互动形式，实现公众与博物馆信息交互的高度完美融合，为公众提供无处不在的服务，提高连接效率和体验。主要内容包括：展示体验、互动导览、分享传播、纪念回忆、教育研究等。

专业科技博物馆的专业性特点决定了普通观众仅靠简单陈列和图片文字说明难以理解展览内容，由此往往会产生参观走马观花的结果，这在科技部分的展览展示中表现更加明显。在展示体验方面，可选择增加数字化陈列手段。把一个(组)文物或展品放在实际应用场景中进行再现，或对复杂部件进行三维分解和原理演示，配以触摸交互功能，让展品都能在观众的手中“动”起来。如日本的名古屋铁道馆的“新干线的一天”展示项目，将东京——大阪这条线路的基础设施和技术、24 小时内的运营维修情况等通过视频、交互装置等系统展示，配合体验模拟购票和闸机进站的全过程，以直观的方式将复杂的系统阐释清楚，同时有效减少了展示面积，提高效率。在互动导览方面，可将重点集中于提高展馆 WIFI 的覆盖范围和效率，并依托成熟平台例如微信公众号或小程序开发多语种展品演示讲解、线路导览、需排队展项的分时段预约等功能，观众仅使用个人移动设备就可高效率地畅游整个展馆。在文化创意产品开发方面，可在现有门票或产品中添加 AR 技术使其具有互动性。

(2) 博物馆智慧保护

博物馆的智慧保护，是在文物和藏品保管分级分类的基础上，利用智慧化手段建立针对文物和藏品的“监测——评估——预警——调控”的预防性保护流程，在本体、环境、修复、运输、安防等方面真正实现文物风险预控，提高馆藏文物藏品的收藏保管能力。与综合类博物馆不同，专业科技类博物馆工业类藏品较多且体积较大，其挥发的气体容易污染展厅微环境。部分博物馆还拥有面积较大的室外展区，极端温湿度、紫外线、雨水、大气挥发物等对文物藏品的伤害也不能忽视。通过专业的环境监测，加之指标的检测、评估、调控，建立一个“稳定、洁净”的博物馆室内外环境尤为重要。还可以通过加强展厅通风，对新风采取过滤净化等措施，降低展厅内污染气体含量。在文物藏品的预防性保护上，专业科技类博物馆的文物藏品数量和珍贵文物数量一般要少于文物历史类博物馆，且文物藏品材质类型的复杂程度低，故可分级分类逐步实施。在文物藏品库房内，可按文物材质进行分类监测，在珍贵文物上要给予特别关注，根据监测情况采取相应的保护措施。在展厅内，使用可调控微环境质量的展示柜单独展示珍贵文物。另外，由于专业科技博物馆在文物藏品修复保养上会请到博物馆外或行业内部的团队，构建文物藏品修复档案可详细记录文物藏品状态、修复过程及结果和施工团队情况，为文物藏品今后的研究、保管、利用提供重要依据。

(3) 博物馆智慧管理

博物馆智慧管理，是以先进的计算机信息技术为支撑，优化了传统博物馆的管理模式和工作机制，为与博物馆管理的计划、组织、领导、控制等内容相关的决策活动提供支持，使管理工作更为科学、职能、高效。在内部管理上主要体现在藏品管理和行政管理智能化;在外部管理上主要围绕提高观众服务,改善参观体验进行;在藏品管理上,专业科技博物馆都有已经建成的文物管理系统,只需在此基础上增加必要项目。如增加不可移动文物管理模块,收录行业内部不同地理区域的不可移动文物,有效地进行全方位的管理。添加文物数字化资源的管理模块,动态管理文物藏品的三维数据、多媒体信息等,方便取用与编辑,同时还可以进行版权管理。在观众管理上,可选择建立一套在线预约——现场票务管理系统,通过网络预约,现场自助取票或闸机进馆,配合人数统计系统,最大限度减少人工服务。还可在此基础上进行临展和社会教育活动的预约,通过收集此类观众信息,可全面了解的受众情况,辅助相关部门在展览活动组织前做决策。

3 专业科技博物馆智慧博物馆建设面临的挑战

(1) 整体规划难度大

专业科技博物馆是隶属于某个行业的博物馆,做好对内对外的宣传展示工作是第一要务,业务在所属行业难以纳入发展规划,也难以得到上级主管部门的专业指导。要进行智慧博物馆建设,首先要争得行业主管部门和领导的支持。要将博物馆智慧化建设的理念、趋势和现状通过不同渠道向上级部门或领导汇报,使其认可开展此项目的必要性。另外,智慧博物馆建设需要从整体层面上进行信息化发展规划,提出总体目标,在目标基础上采用系统化方法进行整体框架设计。还要制定配套的管理制度体系指导具体项目实施和运营。这就需要博物馆管理团队树立全局观和适度超前的理念,设计出的系统架构要既能满足博物馆的业务需求,又要防止产生“大马拉小车”系统利用效率低下的问题。

(2) 资金和专业人才不足

由于专业科技博物馆属于行业中的非主业单位,不是上级主管部门的核心职能,难以受到上级重视,在申请运营管理费和财政经费时难度很大。上级部门拨付的资金全部用于日常展馆运营和业务活动尚捉襟见肘,很难有剩余资金或申请到专项资金开展这类具有前瞻性的系统工程。由于归口不同,专业科技博物馆同样难以得到文物博物馆主管部门和科协系统的业务指导与经费支持,无法使用常规的行政方式在专业科技类博物馆中推动相关政策的实施。另外。设计运营此类项目必须要组建博物馆自己的专职团队,以专业视角和良好的信息化技术找准目标,完成规划。完全依靠外包公司会产生大量沟通成本,耽误项目进度。然而,目前博物馆的工作人员以博物馆学、历史学、文学等文科专业毕业生居多,少有计算机、信息化专业的人员,缺乏组建专业团队的人员基础。

(3) 后期运营保障难度大

智慧博物馆系统建立起来以后,面临着系统安全保障、管理运营机制建立、系统定期维护和项目升级,数据的规范化管理等一系列的后期工作。这不仅需要持续不断投入大量资金,还需要有博物馆自己的专职团队完成细化工作。大多专业科技博物馆尚不具备这些条件,故不敢触碰此类项目。

4　专业科技博物馆智慧博物馆建设几点建议

(1) 进行合理的顶层设计

智慧博物馆建设是一项系统工程，涉及博物馆各项业务和行政管理，子项目多，内容复杂，科学合理的顶层设计是这项工程建设的关键。国家文物局已经组织制定了一批行业标准和规范，如博物馆藏品信息指标体系规范、不可移动文物档案影像拍摄技术规范及指标体系、博物馆藏品二维影像技术规范等。2014 年开展智慧博物馆建设试点工作以来，智慧博物馆的系统理论、体系架构、技术支持和工作方法日趋成熟，并已经出版了一系列的成果。中国文物出版社在 2017 年出版了《智慧博物馆案例(第一辑)》，中国博物馆协会登记著录专业委员会编辑分别出版了《中国智慧博物馆蓝皮书(2016)》《中国智慧博物馆蓝皮书(2018)》，对第一批智慧博物馆试点的成果进行了总结和展示。专业科技博物馆可以这些成果作为指导，结合自身行业的特点和优势开展体系架构的论证和设计，有选择地规划具体项目，避免增加没有必要的硬件设施或出现理论规划太庞杂无法实施的局面。也可通过行业内部的博物馆学协会推动上级管理单位制定全行业的智慧博物馆发展规划或操作规范，提高整体规划水平。另外，有针对性的观众调查、完善的文物数字化建设等基础工作也可以帮助博物馆筛选子项目。

(2) 分步实施、加强监管

在总体规划确定后，各博物馆要根据可投入资金情况分步分项实施。首先部署基础设施，如数据中心、云平台、智能传感设备、运行平台等；在此基础上根据智慧服务、智慧保护、智慧管理中的核心需求分别扩展子项目；同时要建立运行的标准和规范，确保系统具有统一结构并能高效运转；在后期运营维护上，要加强网络信息安全保护能力，要明确权限、加强监管，防止数据泄露和产生舆情。

(3) 依靠行业优势

每个行业都有自身丰富的资源和科技创新成果，可将其与博物馆做最大限度结合。如日本的铁道博物馆，普遍将车站售票和进站系统用于博物馆售票和进馆流程中。既省去开发成本，又体现了铁路的特色。目前，国内的火车站已经逐步实现“刷脸进站”，持有效证件仅需 3 秒即可完成进站流程，铁路的票务系统基础也很成熟，如可将其改造后用于博物馆的服务中，既可节省成本，又体现行业特色。

智慧博物馆建设使博物馆不再是单纯的文物藏品保管展示机构，而是一种观众与历史、科技、文化的互动中心，这个变化过程既有不确定性又充满希望。专业科技博物馆应该在现有政策、知识、财力的基础上大胆探索，创造出具有行业特色的博物馆智慧发展模式。

参考文献

[1] 宋新潮. 关于智慧博物馆体系建设的思考[J]. 中国博物馆，2015，32(02)：12-15+41.

[2] 国家文物局. 国家发展和改革委员会 科学技术部 工业和信息化部 财政部. 五部门联合印发《“互联网+中华文明”三年行动计划》[EB/OL]. (2016-11-29). http://www.ncha.gov.cn/art/2016/12/8/art_722_135614.html.

[3] 胡高伟.《博物馆分类与专业科技博物馆》[N]. 中国文物报，2019-11-26(003).

[4] 文物保护领域物联网建设技术创新联盟. 智慧博物馆案例(第一辑)[M]. 北京：文物出版社，2018.

[5] 全国文物保护标准化技术委员会. 馆藏文物预防性保护方案编写规范：ww/T0066-2015[s]. 北京：中国标准出版社，2015.

[6] 蔡文东，莫小丹. 智慧博物馆的建设经验及其对智慧科技馆建设的启示[J]. 中国博物馆，2020，140(01)：117-121.

5G 技术构建科技馆发展新形态

胡　晋[①]

摘　要：当前公众正持续提升对5G的关注，且伴随着科技馆持续推动信息化2.0进程，5G肯定将对科技馆产生重大影响，5G和科技馆实现对接甚至融合，这将对传统科技馆参与模式产生巨大影响。5G即将开启科技馆发展的新时代，创造一个全新的立体化数字环境，与虚拟现实、人工智能等技术，从本质上共同改变科技馆的发展态势。本文旨在探讨5G和智能技术的结合将为科技馆带来何种机遇与挑战？5G时代我们该如何应对这些挑战？该如何创新性地实现科普教育等，以期结合当下信息技术的创新与变革，提供一些前瞻性的参考与启示。

关键词：科技馆；5G；增强现实；人工智能

近年来5G商业化进程不断加速，引领了新一代移动通信技术的发展，正逐渐成为人们生活的重要组成部分。许多国家十分重视把5G这一通信技术转变的重要战略机遇，计划通过5G技术来培育新的增长点，产生新的市场优势，全面推动经济社会的发展。我们国家也非常重视5G的发展，中央经济工作会议确定的2019年的重点工作任务中提出"加快5G商用步伐"。

5G技术相较于2G萌生数据、3G催生数据、4G发展数据，5G则是融合数据。5G三大特点是极高的速率、极大的容量以及极低的延时性。相对于4G网络传输速率提升10～100倍，峰值传输速率达到20 Gb/s，端到端的延时达到毫秒级，连接设备密度增加10～100倍。流量密度提升100倍，频谱效率提升3～5倍，能够在500 km/h的速度下保证用户体验。

目前科技馆正在不断推进信息化2.0进程，民众对5G的关注持续升温的背景下，5G肯定将对科技馆产生重大影响，5G和科技馆实现对接甚至融合，这将对传统科技馆参与模式产生巨大影响。5G即将开启科技馆发展的新时代，创造一个全新的立体化数字环境，与虚拟现实、人工智能等技术，从本质上共同改变科技馆的发展态势。本文旨在探讨5G和智能技术的结合将为科技馆带来何种机遇与挑战？5G时代我们该如何应对这些挑战？该如何创新性地实现科普教育等，以期结合当下信息技术的创新与变革，提供一些前瞻性的参考与启示。

1　5G技术在科技馆应用场景

5G主要技术场景包括：连续广域覆盖、热点高容量、低功耗大连接和低时延高可靠。国际电信联盟(ITU)将5G的主要应用场景分为：增强型移动宽带(eMBB)、高可靠低时延通信(mMTC)和大规模机器通信(URLLC)三类。

①　胡晋，湖南省科学技术馆展品技术部副部长。通信地址：长沙市天心区杉木冲西路9号省科技馆。E-mail：263646479@qq.com。

增强型移动宽带(eMBB),是指通过增强用户体验、系统性能等技术指标,从而大幅度提升原有的移动宽带用户的移动通信网络的网速,提供高速率、高带宽网络服务,最高网速可达到 10 Gbit/s ,可以支持 3D 超高清视频、云存储、混合现实等对网络带宽要求较高的网络服务。

高可靠低时延通信(mMTC),指的是 5G 网络可同时为大数量、高密度的终端设备提供支持服务,国际电信联盟 ITU 对 mMTC 应用场景公布的标准为至少 100 万部终端设备 / 平方千米 ,大密度的终端连接让 5G 网络可以支持如自动驾驶汽车、工业自动化管理等对延迟敏感的服务。mMTC 对大规模物联网等行业十分重要,可以满足高连接密度要求的服务,例如智能城市、智能家居、智能农业等,最终可以实现泛在网和万物互联。

超高可靠和低时延通信(URLLC),是指在降低移动通信延时的同时,又保障移动通信连接稳定可靠。国际电信联盟 ITU 规定 5G 的时延应低至 1 ms,为此 5G 技术可以支持如远程教育、远程医疗、无人驾驶、应急处置等方面的应用。

科技馆中对 5G 技术的应用应主要是增强型移动宽带(eMBB)和超高可靠和低时延通信(URLLC)这两个场景下,随着 5G 技术的落地,依靠 5G 技术高可靠低时延通信服务,可以为科技馆打造全新的全时域、全空域、全受众的科普互动新体验。5G 技术可以解除 3D、AR/VR、全息影像、超高清视频、人工智能等前沿的展示技术在数据传播方面的瓶颈和桎梏。促进这些技术与科技馆的达成深度融合。

移动增强现实技术与 5G 联动在科技馆应用。AR 是一种“虚实结合”的技术,一个完整的 AR 系统一般包含以下 4 个部分:摄像机跟踪定位,虚拟模型渲染,三维注册,系统显示。它在真实环境上叠加虚拟世界,无缝对接虚拟与真实世界。根据 AR 显示技术的对 AR 进行分类,应用广泛的显示器有头盔显示器、手持显示器和屏幕显示器三大类,目前科技馆的 AR 展品大多是通过投影或电视显示器进行展示,屏幕显示可视范围大,对环境有一定要求,观众必须站在一定的区域才能参与体验,灵活性的机动性较差。目前科技馆领域对 AR 的展示大多数用于展示 AR 技术本身,既没有对 AR 所包含的技术原理的展示,也没有相应的科学内容的展示,仅将 AR 技术作为一种新奇的显示手段,仅让观众感受到好玩、新奇、有趣,没有传播科学内容。

近年来随着智能手机价格的日渐走低,使得智能手机得到了迅速的发展和广泛的普及,智能手机的发展也对 AR 技术的发展产生了较大影响。目前智能手机已经获得了电脑相似的网络连接、图像显示、高速计算等能力,还配备有电脑所不具备的加速度计、GPS 导航、电子罗盘等的功能,因为智能手机的功能不断发展,使得智能手机成为增强现实的理想平台,移动增强现实(Mobile Augmented Reality,简称 MAR)技术也因此应运而生。

基于单机的移动增强现实应用,需要运用手机自带的处理器识别图像,并进行实时 3D 渲染,呈现虚拟现实和实际现实重叠的效果,如果智能手机不具备很强的图形运算能力,就很难获得良好的增强现实效果。由于手机图形处理速度的有限,导致单机版移动增强现实应用往往会出现图像识别率低、识别量少、识别速度慢等等一系列的问题。移动增强现实应用的实现不仅基于强大的识别能力,还需要大容量的图像识别数据库来为图像识别提供服务,更需要叠加更加精致的 3D 渲染图像来产生虚实结合的效果。由于独立手机的存储容量有限,单机的增强现实应用常常难以实现用户的实际需求。为了解决手机存储空间不足的问题,可以使用云存储技术来扩展手机的存储空间,通过云储存技术不仅可以增加识别的图像的数量,还可以添加更多的多媒体资源。通过云储存技术,在理论上可以为移动增强现实应用提供无限量的图像识别数据库和多媒体资源库。通过云计算技术,可以突破移动设备的计算能力的瓶颈,让增强现实应用能够更准确地识别复杂图像进行跟踪定位,更迅速地进行 3D 渲染,从而呈现更真实的图像。

AR 软件需要的数据流量较大,云计算中心强大的计算能力还需要 5G 的快速传播,才能为移动增强现实技术提供解决手机存在的计算能力弱、存储空间有限等问题的方案,为学习者提供更为真实、准确的增强现实学习服务。5G 技术的增强型移动宽带业务为移动增强现实应用提供了低时延的高速传播,能够使学习者具有与世界零距离的真实感知体验。5G 的传输速度比 4G 快 10 倍以上,可以将网络延时远低于人类视觉感知延时,可以将 AR 的显示从屏幕转移到手机终端上来,使 AR 技术真正成为科技馆中的有效展示工具,参观者才具有身临其境、与世界零距离的感知体验。笔者认为基于移动增强现实技术应用在科技馆有 3 个方向:

① 展品讲解。

目前科技馆对展品的解释说明,主要依靠说明牌或图文版,由于篇幅有限,说明牌和图文版难以对原理进行全面的展示,这就导致了不少观众在操作展品时,流于形式不求甚解,尤其在展示数学、物理等传统展品方面,这方面的现象尤为明显。要对展品原理进行全面阐述,只能依赖教育活动的开展,由于科技馆的展教人员人数是远远不能满足每位观众对展品的个性化需求的。还有一种补充的方式是讲解器,通过事先录好的语音进行讲解,这种方式较为呆板,单调,而且每位观众的理解程度不一,很难提供让观众满意的讲解,如果能通过手机用 AR 的形式进行讲解,并就展品的不同现象进行解释。以前在 4G 网络情况下,只能将数据储存在软件中,造成软件体量较大,使用麻烦,而且对智能手机的性能也要有一定的要求。在 5G 时代,我们可以将数据储存在云端,借助 5G 的低延时性,观众的手机将现场的实景上传的到网络,网络服务器将经过渲染的图像数据传输到观众的手机上,观众可以通过手机观察到采用 AR 技术对展品操作、展品现象、展品原理解释,甚至在不同的科技馆之间同一件展品还可以实现资源共享。

如果采用 MAR 技术对观众的操作进行引导,观众可以通过手机屏幕先对展品操作进行了解,二是可以对展品的现象做出解释,对科学原理进行传播,如经典展项:椎体上滚,对于为什么椎体不会向下滚,而是向上滚,由于其原理抽象,很难通过说明牌解释,如果通过 AR 将椎体的机械结构、重心的运动轨迹结合展品展示出来,观众一目了然,采用 AR 技术对展品操作、展品现象、展品原理进行全面的讲解,一是可以减少误操作,减低展品损耗率,观众自行探索往往容易产生误操作,造成展品无现象、现象不明显等情况,观众在得不到有效反馈的情况下,进行进一步误操作很有可能对展品及观众自身造成伤害。

② 新的展示手段。

科技馆常常需要展示一些物理学中难以用肉眼观察的物质对象,例如,电场、磁场等“场”的概念,目前科技馆一般通过一些现象来进行展示,但是这种展示手段不太直观,观众很难理解,但借助于 MAR 技术、体感技术、5G 技术,就可将磁场可视化。观众可以通过手机和展品进行互动,如:运用 5G 手机结合特制的磁铁展品,通过增强现实技术就能将磁感线可视化,通过手机可以直观的观察磁场和电场的种种变化规律,能够帮助观众理解磁场、电场和磁感线等抽象的概念和物理规律,提升观众的学习兴趣。通过增强现实技术还可以模拟各种物理实验,可以便捷的对物理变化中不同的变量进行精准的调控,产生不同的实验结果,这对于帮助观众理解物理公式，有很直观的效果。

在物理学中，光学一直是科技馆展示的重难点之一。目前，国内科技馆对光学的展示且多以演示为主，观众往往只能注意到奇妙的光学的现象，缺少对原理的理解，也很难理解为何产生了这样的现象，还有些经典的光学实验则通常操作复杂、实验结果不易观测，难以得到展示，如：双缝干涉实验对实验环境要求较高，现象也不是很明显，如果考虑采用移动增强现实技术则可以对光的波长、双缝的等进行调整，可以很好的模拟出不同情况下不同的干涉条纹。

同物理一样，对化学的展示中，也包含许多如分子、电子、原子结构等这类无法直接观察到的内容，这让 MAR 在展示中有较多的用武之地，可以尝试设计若干个化学物质结构的虚实融合操作实验，观众可以通过虚实结合的方式对微观世界中的分子、原子进行各种互动，并可进行分离、组合等操作，通过这种有趣又直观的交互方式，可以极大的提升参观者学习兴趣以及对物质微观结构的理解。

③ 新的教育活动开展方式。

移动增强现实技术不仅可以对图像进行识别并叠加信息，还可以根据手机数据确定物理位置进而呈现信息。移动增强现实技术支持的教育活动方式变得可行。综合实践课应当将不同学科的知识进行整合，以任务的形式引导学生主动探究获取知识。移动增强现实技术支持的综合实践课以增强现实技术为工具，将数学、物理、生物、地理等科目的知识进行整合，创设真实的学习情境，在科技馆中进行探究学习，既能激发参观者的学习兴趣，还能在教育活动中学到知识。例如和病毒的对抗，我们创设在科技馆中发现了病毒的展示环境，参与者可以选择医生、医药技术人员和公众健康专家等不同角色进行扮演，可以从在环境系统中的获得线索，也可以通过增强现实应用来获取虚拟数据，还可以通过与角色之间的交互来收集信息，通过各个角色合作来达成防止感染性病毒扩散的目标。通过协作探索，参与者可以把科学知识和生活实践结合起来，从而达到建构起自己的知识体系的目标。

2 基于5G＋人工智能在科技馆的应用场景

进入 5G 时代，5G 采用异构网络、面向软件的网络架构和绿色通信技术，有助于推动 5G 与 AI 深度融合，5G＋人工智能 ＋科技馆“强强携手”，会实现互促发展。第一，5G 超过 100 Mbps 的用户体验数据速率，可大大增强 AI 数据分析处理能力，促使不同模态的数据实现跨媒体的学习和推理；同时，也降低了学习者在线学习体验的时延，促使 AI 能够深度融入学习活动，做出有效的决策。5G 网络为人工智能在云端和终端间的良好衔接、配合、互补，提供通信基础设施支撑，5G 将助力人工智能的科技馆教育应用更加丰富和走向普及，实现万物互联；而 AI 技术应用也将实现 5G 网络智能化。第二，在数据和算法的支持下，5G 助力 AI 能使数据与算法融入教育决策，达到人机协同运作。5G 将驱动人工智能更具“教育智能化”，助力教育公平化、个性化和智慧化。即 5G＋人工智能将进一步催生智能教育，促进观众自主学习和自主探索，真正做到“做中学”“学中做”。

近年来，许多科技馆都增设了人工智能的展品，但是由于人工智能技术的核心是自我学习和提升，实际上是很难展示的，目前科技馆对人工智能的展示还集中在机器人及机器人控制技术，并没有展示真正的人工智能的核心技术。笔者认为人工智能应该成为科技馆的展示手段，展示工具，应该让观众可以在科技馆内使用人工智能，让观众感受到人工智能对科技馆的影响。

在实现AI与科技馆展览的融合过程中，既要发挥AI的技术支持作用，又要兼顾科技馆的教育本质，重视观众的个性化需求，重视科技馆和观众之间的双向互动。科技馆作为一个非正规式的学习场所，观众的知识层级不一，导致观众对展品有些难以理解，怎样为每位观众提供个性化的服务，是值得探讨的问题，近年来随着人工智能发展、数据和网络的成熟，人工智能的应用潜力正不断增强，可以考虑设计一个全国性的AI科技馆服务平台，由各个馆提供基础数据，为各个科技馆提供人工智能服务，利用AI聊天机器人为科技馆提供个性化的导览服务，观众可以通过智能手机App可以在浏览科技馆的同时提问，收集观众的问题，并进行解答，使得记录、组织和提供来自观众的详细反馈成为现实。AI与科技馆领域融合，能够提高传播效率，为观众提供更好地个性化服务，对观众浏览提供持续化的反馈，收集观众的参观数据。AI平台还可以通过观众的反馈为观众推荐合适的游览路线、教育活动等。收集的数据也可以提升对展品的管理，为后续展品的开发和改进提供帮助。

3 5G技术带来的挑战

(1) 抢先布局还是保持观望

5G的网络构建需要时间，每个5G的基站覆盖距离仅为100～300 m，比4G小了许多，需要更多的基站才能完成覆盖，目前仅有部分城市开始了5G的信号基站建设，并没有全国覆盖，预计要2021～2022年才能完成了全国的覆盖，在5G的前期建设阶段，因为基站覆盖不到位等问题，会造成5G体验感不佳。5G信号穿透力差，信号不稳定，在建筑、人口密集的地区，容易掉线，虽然快但不稳定，如果想在科技馆实现5G的应用，需要展厅配置微型基站，5G需要设备的升级，置换手机需要一定的时间，短时间内无法覆盖到全体观众，5G配套的生态系统尚未成型，5G的全面应用还有很长的道路要走。

5G的展品设备引进和更替，无疑是一笔不小的投资，科技馆更新换代都将面临财政压力，由此产生一部分科技馆抢先建设，另一部分科技馆维持观望的态势。另外，对投资较大的展览教育项目，科技馆往往采取谨慎的态度，笔者建议先做展厅局部铺设，为了保证使用效果，可以对人流进行限制，考虑到展厅从设计到开放大约需要一年的时间，正好赶上5G全面铺开，紧跟时代潮流，顺应时代发展的需求。

(2) 丰富的合作框架和平台建设与匮乏的资源建设间的矛盾

目前对5G的开发多数体现在合作框架和平台建设方面，而高品质、有针对性的平台资源严重缺乏。5G技术平台大幅度提升了数据的传播途径，但是如果不进行配套的网络资源开发与创新，缺乏配套资源的5G平台建设难以立足。一个合格的科普5G平台需要配套开发大量优质的科普数字资源，但是数字资源的开发十分复杂，包含编程、模拟和渲染等许多步骤，需要多媒体技术、数字创意等多学科配合完成，开发难度大，时间长，需要经费高，导致目前开发的资源严重不足。

(3) 5G技术引发隐私、知识产权等问题

5G作为高速的信息传输通道，将会收集到大量跨层次、多渠道的数据，而且其中有可能包含生理、心理和行为数据，这意味着，即使科技馆环境收集到的数据也可能侵害参观者的隐私。这种数据的收集和分析，是否会有可能导致参观者感到反感，甚至导致一些不良的后果。

虽然通过参观者的数据，可以促进科普资源教育研究以及科技馆管理，但也有可能导致个人隐私泄露或滥用等技术伦理问题。技术伦理问题难以从法理方面给予解释和问责，因此加大5G 时代的技术伦理研究，有助于保障 5G 技术在科技馆领域的健康运行。

5G 技术将加速数字资源的传播，《中国教育现代化 2035》明确指出，"建立数字教育资源共建共享机制，完善利益分配机制、知识产权保护制度和新型教育服务监管制度"（国务院，2019：2）。对于资源建设方，对新形式数字资源的知识产权保护难度更大，究其原因有二：一是由于随着网络技术的迅速发展，让人们可以通过网络便捷地下载和复制数字资源，而且对于网络侵权的各种行为取证和查处十分困难；二是网民的知识产权保护意识普遍比较淡薄，因此导致网络侵权行为有较大的市场。现今科技馆行业对知识产权保护工作相对薄弱，在支持科普创新发展的同时，更要加强对知识产权的保护。

参考文献

[1] Lewis J A. How 5G will Shape Innovation and Security：A Primer[R].（2018-12-6）. Washington：CSIS.

[2] 阮晓东. 5G 运用模式与趋势[J]. 新经济周刊，2018(04)：62-66.

[3] 翟尤，姚可微. 5G 对产业发展带来的机遇和挑战[J]. 信息通信技术与政策，2019(06)：59-63.

[4] 尤肖虎，张川，谈晓思，金石，邬贺铨. 基于 AI 的 5G 技术——研究方向与范例[J]. 中国科学：信息科学，2018，48(12)：1589-1602.

[5] 程菲. 基于移动增强现实的移动学习模式及效果研究[J]. 杭州电子科技大学学报（社会科学版），2018，14(1)：70-74.

[6] 张四方，江家发. 科学教育视域下移动增强现实技术教学应用的研究与展望[J]. 电化教育研究，2018，39(7)：64-69.

浅谈智慧科技馆的探索与实践
——以贵州科技馆信息数字化系统平台项目为例

张璐[①]　向京[②]

摘　要：贵州科技馆通过对信息化管理系统平台和智慧场馆建设的探索，立足自身条件和资源，深化馆内管理和服务，以提升科普能力和服务水平的内涵式发展为方向，在展教理念和展教方式、展品内涵上不断地进行探索和创新，实现了贵州科技馆全馆概念的信息数字化管理、精细化管理、实时动态化管理和网络化管理，并以广大人民群众，特别是青少年科普展教服务为中心，提升和创新了科技馆的内部管理，以及现场的体验服务。

关键词：信息化；智慧场馆；互联网＋科普；大数据；RFID

智慧科技馆是在实体科技馆、数字科技馆概念基础之上，由于科学技术的进步而演变发展起来的新生事物，它不仅改变了公众的学习模式和交流方式，也丰富了科普场馆科学传播的手段，是科普场馆可持续发展的必然趋势。

在以物联网、云计算、人工智能、大数据、互联网＋为代表的科学技术大发展的时代，新型智慧城市、智慧场馆、现代科技馆、虚拟现实科技馆、专题特色科技馆等热点概念层出不穷的今天，贵州科技馆正在探索和实践如何在贵州科技馆现有资源和资金的条件下理性分析，在智慧管理、智慧服务、智慧展览上不断地进行探索和创新，希望走出一条具有贵州特色的以科普能力和水平提升的内涵式发展为方向的智慧化建设道路。

1　基于信息化建设的智慧化场馆建设背景及发展依据

(1) 智慧场馆发展背景

信息化建设将经历数字化、网络化、智能化、智慧化的发展阶段，因此，智慧场馆是场馆建设发展的成熟结果。智慧场馆是以人为核心，通过新一代信息技术的智能化应用和场馆业务的知识化应用，通过空间形态、场馆业态和信息生态的高度融合，实现人物结合、人人结合和人机结合的智慧生态系统。

2012 年 4 月，巴黎卢浮宫博物馆建设了欧洲首个智慧博物馆。此后，全球各地的智慧博物馆建设掀起了一股热潮，各种创新技术和服务被不断探索和应用，如基于定位的展品内容推送、流程化的设备和展品运营管理；基于可穿戴设备的人机互动；藏品的高保真 3D 扫描；智能环境监测和优化等。智慧博物馆的概念在被提出后，迅速应用于众多博物馆的建设管理、运维和展示中。我国是博物馆大国，在智慧化的建设上成果显著。例如，中国国家博物馆网站已具

① 张璐，贵州科技馆设计研究室主任/副研究馆员，18008511325。
② 向京，贵州科技馆技术保障部副部长/工程师，13608536154。

备展览咨询、导览服务、门票预订等功能，微信语音导览正取代传统的人工向导和解说机；重庆中国三峡博物馆，利用大数据客流分析系统让博物馆的管理工作更加便利；中国（海南）南海博物馆的智慧型服务机器人具有人脸识别功能和 VR 技术，能身临其境体验水下考古，使观众与展品的交互性更强。

智慧化科技馆的建设其实是紧跟其后的，在前期建设的数字科技馆为进行智慧科技馆建设提供了良好的基础和平台。

（2）发展依据

《“十三五”国家科技创新规划》对“十三五”期间我国科普工作做出了全面部署，规划明确提出，未来五年，我国科技创新工作将“围绕夯实创新的群众和社会基础，加强科普和创新文化建设。深入实施全民科学素质行动，全面推进全民科学素质整体水平的提升；加强科普基础设施建设，大力推动科普信息化，培育发展科普产业；推动高等学校、科研院所和企业的各类科研设施向社会公众开放；弘扬科学精神，加强科研诚信建设，增强与公众的互动交流，培育尊重知识、崇尚创造、追求卓越的企业家精神和创新文化”。

为全面推进《全民科学素质行动计划纲要（2006—2010—2020）年》的实施，大力提高我国科学传播能力及科普公共服务水平。中国科协制定并颁发了《中国科协关于加强科普信息化建设的意见》《中国科协科普发展规划（2016—2020 年）》，以指导科普信息化工作的开展。

2 信息化、智慧化场馆建设现状

我国的多数科技馆是由公共财政投资建设的非营利性公益事业单位，是为广大人民群众，特别是广大青少年提供科普教育的公共基础设施。要使科技馆在开放运营后具有永恒的生命力，就必须具有长久吸引公众的魅力。而要形成这种魅力，就要靠运营管理来不断适应形势的变化，满足公众新的期望和需求。因此，在加强信息化建设以及大数据的背景下寻求一条以人为中心、空间感知、数据融合、智慧交互、智能泛在融合一体的智慧平台，促进科技馆可持续发展的路径已经成为现阶段各层级、各个科技馆普遍的诉求和探索。以期待打破线上线下科普服务壁垒，为公众提供更优质、更便捷、更高效的科普服务，逐步促进公共服务均等化，实现科普资源公平普惠共享，全面助推我国公民科学素质提升。

比如中国科技馆与百度公司联合打造“AI 科技馆”智慧化科技馆服务体系；上海科技馆完成了包括无线网络与手机智能导览 APP 项目、科技馆视频会议系统、馆间光纤联网建设以及各业务部门的应用系统在内的信息系统体系建设。

3 贵州科技馆信息数字化系统平台建设实践

2017～2018 年，贵州科技馆重点打造了信息数字化系统平台建设，实现对内能够完成业务追溯，固定资产有效管理，采集观众相关统计数据信息从而对展品设计及采购、管理提供决策指导，实现管理转型和统一管控等目的。同时实现对外在公众服务中能够突出数字化优势，拓展观众互动和陈列展示手段，通过手机或智能终端等新载体为公众提供更效率的公共文化服务，扩大服务范围和服务对象，拓展服务渠道。通过自助导览讲解提升观众参观的整体效果，提升服务体验，实现对观众参观轨迹的记录，展品知识原理及扩展知识的推送，并且能够进行人员分布的动态显示，实现观众的定位和搜寻，提升综合管理的效率等目的。

2019～2020年，贵州科技馆在积累大量有效的业务数据和业务经验基础上，充分运用物联网＋科普＋大数据＋人工智能等前沿技术，继续进行科普研究、展示教育、社会合作、多馆联动的智慧科技馆建设探索。

(1) 建设目标

实现贵州科技馆全馆概念的信息数字化管理、精细化管理、实时动态化管理和网络化管理，以广大人民群众，特别是青少年科普展教服务为中心，提升和创新馆内现场的服务体验。

(2) 本阶段建设内容

根据贵州科技馆的实际情况，对信息化、智能化管理决策和大数据服务的需求，从注重实效出发，贵州科技馆目前建设完成了信息数字化系统平台，如表1所列。平台下挂13个系统模块和功能模块，其中包括：科技馆业务管理系统、科技馆资产管理系统、展品信息管理系统、展教大数据分析展示系统、馆内多系统登录管理系统、展品展示库管理系统、科技馆办公自动化系统（OA）、自助参观导览服务系统、展教知识服务管理系统、地理信息和全景系统、微信公众号及微网、科技馆网站、手机APP等。通过应用该系统平台，运用物联网、互联网＋、云计算、大数据、人工智能等新型信息技术和科技手段，使贵州科技馆实现全馆的数字化管理、精确化管理、实时动态化管理和网络化管理。实现建立放在口袋里的科技馆导览系统，实现对公共文化服务平台的真正随时、随地、随身访问，建设更“智慧”的科技馆。

表1　贵州科技馆信息数字化系统平台架构

<table>
<tr><td>终端</td><td colspan="4">WEB浏览</td><td colspan="4">终端应用</td><td colspan="4">移动应用</td></tr>
<tr><td rowspan="5">平台业务</td><td colspan="4">信息管理系统</td><td colspan="4">业务管理系统</td><td colspan="4">资产物业管理系统</td></tr>
<tr><td colspan="4">大数据分析/展示系统</td><td colspan="4">……</td><td colspan="4">……</td></tr>
<tr><td colspan="4">自助参观导览管理系统</td><td colspan="4">系统登录管理系统</td><td colspan="4">知识服务管理系统</td></tr>
<tr><td colspan="4">办公自动化系统</td><td colspan="4">展馆知识库管理系统</td><td colspan="4">地理信息和全景系统</td></tr>
<tr><td colspan="4">……</td><td colspan="4">……</td><td colspan="4">……</td></tr>
<tr><td>平台服务</td><td colspan="2">文件服务</td><td colspan="2">消息服务</td><td colspan="2">日志服务</td><td colspan="2">短信服务</td><td colspan="2">图片服务</td><td colspan="2">……</td></tr>
<tr><td>引擎服务</td><td colspan="3">查询引擎</td><td colspan="3">分析引擎</td><td colspan="3">调试引擎</td><td colspan="3">……</td></tr>
<tr><td>标准层</td><td colspan="4">数据标准</td><td colspan="4">评价标准</td><td colspan="4">安全标准</td></tr>
<tr><td>设施层</td><td colspan="12">基础设施平台</td></tr>
</table>

(3) 技术方案及做法

技术方案选择上，我们探索应用最新、最前沿的云计算技术，以便支持海量信息处理、数据整合、SaaS服务；在定位技术的选择上，物联网RFID技术的应用可以为感知展馆、展品信息，定位服务，信息推送，智能导航、导览提供先进的技术保障；新媒体技术的应用，多媒体展示与图片、语音、视频自动讲解；智能终端应用，智能手机、电脑等。

信息学数字化系统平台主要系统功能模块可以分为业务管理系统、信息管理系统、资产管理系统、大数据分析展示系统等四大系统模块。

根据对信息化、智能化管理决策和服务的要求，从注重实效出发，建立相应的信息管理系统，信息共享平台，信息互联网络，如、自助参观导览服务系统、知识服务管理系统、地理和全景系统、微信公众号微网、网上科技馆、办公自动化信息系统（OA）、展品展示系统等的开发集成。

通过建立和应用以上信息管理系统和合理运用先进的技术实现手段，助推科技馆实现信息数字化管理、精确化管理、实时动态化管理和网络化管理水平。

通过数字化系统平台和技术手段，提高信息的传递速度；实现管理转型及统一管控的目标；推动数据规范化的目标；实现业务的可追溯性，提高发现问题和解决问题的及时性和响应速度，发现问题及时解决问题，同时对展品展出、运行、设计、采购的决策提供指导性数据；以客户为中心，提升服务体验等。

借此提高系统响应速度和观众参与的满意度，减少资源浪费；通过自助导览讲解，提升参与者的知情、知趣、知动的整体效果；提升对参与者管理的有效性；通过人员参观轨迹记录等，实现人员搜寻方便化和提升安全管理效率；提升综合管理的效率等。

同时通过对系统数据的沉淀可以进行大数据统计、分析和挖掘。如可以按不同数据特征进行各种分析，如：进行人流分析、分布分析、对比分析、统计量分析、周期性分析、关注度分析、参与度分析、效果分析、贡献度分析和相关性分析等；可以进行聚类、分类和关联规则、时序模式和偏差检测分析、静态和动态分析等，以支持管理和决策；并可以按需进行各种管理所需的数据成效展示等。

4 贵州科技馆信息数字化系统平台的初步成效

贵州科技馆通过信息数字化系统平台打造智慧科技馆，通过现代信息技术，给科技馆的科普展教内容和形式带来了深刻变化，在科普展教的理念、展教方式、管理、手段上带来了较大的创新，具体如下：

(1) 从单一的科普展品展示向启发式引导式展教转变

过去，科技馆的展品可以展示的内容，局限在馆方可以提供的基础内容上；现在通过展教知识服务管理系统观众对展品知识的深层次理解的需求，平台可以提供展品的科普知识深度挖掘，帮助和激发观众的思考和对知识的探索。

(2) 从单一的线下场馆科普活动向线下线上科普活动结合的模式转变

过去，科技馆开展科普大讲堂、科普大篷车、科普交流培训、科普夏令营、科技探索系列活动、启迪智慧活动、科普周活动、科普日活动、科学节活动、临展、流动科技馆巡展、送科学进校园活动、志愿者工作等活动，一般采用电话报名、微信报名方式，活动的推广覆盖面较小，现在通过科技馆官网、微信公众号、APP、科技馆现场等活动的发布和报名方式，形成线下线上科普活动结合，公众科普活动参与度更广。

(3) 从有限的场馆展品科普服务向无限的、无地域化的科普服务转变

过去，科技馆因为场馆展教面积有限的限制，可以摆放的展品有限，很多形成专题化的展品知识无法做展教，现在，通过官方网站的展品知识主题和专题栏目，能够把馆内与馆外的、各地市科技馆资源链接，构成无地域限制的科普服务。

(4) 从线下操作体验型向交互参与思考学习型的展览方式转变

过去，观众参观某个展品，必须到现场参观操作，现在，通过馆方提供的AR/VR版块，直接可以远程操作每个可展示展品，体验感和参与感更强，并可以通过3D漫游贵州科技馆，了解馆内各展区展品的分布情况。

(5) 从简单的图文游览参观模式向会说话的推送式自助导览参观模式转变

过去，观众参观场馆时，没有现场的人工导游讲解，经常不知道如何操作展品，并且有固定演示时间的展品，因自己参观安排随意，会错过时间；现在通过遍布全馆的物联网RFID自助导览手机系统及导览大屏系统，观众可以走到哪，语音、视频导览内容推送到哪，非常方便和及时，还能知道自己还有哪些展品没有参观，保证不会漏过。

(6) 从粗放的科技馆管理向数字化管理、精细化管理、实时动态化管理和网络化管理转变

过去，科技馆的观众、展品、固定资产、工作人员主要靠人工进行管理，没有历史记录，管理时效性差，现在，通过平台，可以随时了解馆内观众、人员、展品、固定资产的实时情况，真正实现了全馆资源的数字化管理、精细化管理、实时动态化管理和网络化管理。

(7) 从人工记录数据到大数据平台的应用的转变(自助发卡机、闸机)

通过自助发卡机采集观众的信息，科技馆可以获得观众性别、年龄段统计信息，通过闸机可以获得观众出入馆的数据信息。管理者可以及时了解观众在全馆各楼层的人数分布情况及展品参观情况，对场馆应急、限流、客流疏导提供数据支撑。通过大数据分析展示平台，管理者可以获得直观的数据统计图表，每件展品的参观人数、停留参观时间等，通过数据分析为展品部署设计、展品更换、馆方服务管理提供决策依据。

(8) 从传统的固定资产人工盘点到智能化盘点的转变

利用物联网的RFID技术，通过无线电讯号识别目标资产并读写相关数据，而无需识别系统与特定目标之间建立机械或者光学接触，不用像以前必须完全靠人员肉眼或扫描枪近距离正对物体进行确认，特别是对挂在房间顶、狭小角落等比较难以够及的地方，会对盘点清查准确率、效率，以及数据可靠性产生严重影响，RFID技术的应用可实现更简单快捷和准确可靠的资产盘点；通过手持机的盘点功能，可以大大降低资产管理部门的工作压力，原来几个月的盘点工作1天就可以完成了。同时在后台可随时监控资产的位置和移动情况，方便对资产的全生命周期的统计和可追溯精细化管理。

5 智慧科技馆建设展望

未来，贵州科技馆在积累大量有效的业务数据和业务经验基础上，将充分运用物联网、互联网＋科普＋大数据＋云计算＋人工智能技术，继续进行科普研究、展示教育、社会合作、多馆联动的智慧科技馆建设探索，进一步完善以人为中心、空间感知、数据融合、智慧交互、智能泛在的智慧化建设。让公众参与感更强，科普推广覆盖面更广，科普活动更丰富，科学知识更丰富，表现方式更多样，大众的科学技术学习兴趣更浓郁，科普产品跨界开发机会更多，科技馆运营资金筹集更多元化。

6 结 语

智慧科技馆的规划和建设，既需要和本地新型智慧城市建设协同发展，又要与本地的现代文化旅游产业充分结合，在科普产业、文化产业、教育产业、旅游产业发展的相互促进下，充分体现以人为中心、多维感知、启发引导、知识内涵、智能学习、智慧交互、科学发展的理念，凭借服务水平与国际接轨良好的发展机遇，积极吸收国内外科技馆建设的经验和教训，实现科技馆在地方省市县乡镇发展的使命和价值。

参考文献

[1] 李伟，李鹏，张炬，刘军."智慧科技馆"概念内涵及山东省科技馆智慧化实践探索[A].中国科学研究所、江苏省科学技术协会，中国科普理论与实践探索—第二十三届全国科普理论研讨会论文集[C].中国科普研究所，江苏省科学技术协会：中国科普研究所，2016：10.

[2] 于峰. 智慧科技馆，上海城市文化新地标的思考[J].科普研究，2015，10(04)：52-57.

[3] AMTGROUP. 上海科技馆：开创智慧场馆建设新篇章[EB/OL].（2017-06-15）. http://www. amt. com. cn.

浅谈推进智慧场馆科普信息化建设的思考

高　雅[①]

摘　要：现代社会经济的快速发展，不断促进当前信息技术的普及和创新，为科技信息化建设发展平台提供有效可靠的技术支持。当今世界正在进行空前变革，新一轮科技革命与产业变革形成历史性的交汇，新时代赋予公众科学素质提升以新的意义，在传统城市建设基础上提出了全新的建设模式以满足大众需求，其中最为突出的是以物联网、云计算为主导的信息技术发展和创新2.0形态的形成，逐步成为全球科技发展的趋势。这也要求科学普及工作要从基建设施、知识架构、传播途径等诸多方面保证发展进程以及时采取相应措施加以解决从而进一步完善提升。

关键词：智慧场馆；信息化；科普素质；发展策略

想要提高公众的科学素质，实现公民的科学素质提升和对国家实施科教兴国战略有如虎添翼的作用，那么科普场馆的建设与投用是必不可少的，其中就涉及了不少的问题。本文主要就针对智慧场馆科普信息化建设问题及其对策作浅析。

科普场馆作为教育之外的课堂，承担着提高观众的科学素养与创新能力的重要职责。其主要功能包括：

展览功能。当前科普场馆中的展览，早已不像过去那样千篇一律，而是以生动形象的展品为载体，强调互动体验以及观众参与。即使是介绍枯燥的定义概念，也会充分利用多媒体技术，使得展示效果清晰直观，更具吸引力。

活动功能。相对于学校刻板的教学方式，科普场馆的教育活动则充满了趣味。如某科技馆结合社会热点，针对疫情期间，广大科技工作者在党中央坚强领导下，坚决贯彻落实市委市政府各项决策部署，积极投身疫情防控和经济社会发展天津战役的战斗历程，建设了全国首个科技工作者抗疫风采展。展览用一个个鲜活生动的历史瞬间，记录有血有肉的科技工作者群像，讲好科技工作者投身疫情防控和经济社会发展的天津故事，奏响听党话跟党走的主旋律！除此之外，还可以结合场馆资源，设计开发有针对性的活动，诸如科学表演、科学实验、科普讲座、特色培训等。科普场馆信息化建设是指科普场馆科技管理与信息技术互动的动态发展过程和结果，是科技和经济发展的必然趋势，是提高公民科学素质的一项硬件支撑。

1　当今科普场馆存在的一些问题

(1) 分布不平衡，发展参差不齐

随着生活水平的不断提高，中国经济的快速发展和国家对科学普及工作的大力推进，特别

① 高雅，天津科学技术馆，科普资源和信息部，工程师，联系电话：13920776550。

是在 2002 年的《科普法》、2006 年的《全民科学素质行动计划纲要》这两门法律颁布后，我国的科普场馆建设进入了高峰期，但是虽然建设了许多的科普场馆，但是这些科普场馆的整体布局却存在着不平衡。这些科普场馆主要集中在东中部经济文化比较发达的地区，而西部地区的科普场馆建设落后，并且西部地区由于人口稀疏、高校数量少、公众科学素质相对较低，所以科普场馆在寻求于社会、学校的机会减少，国家的财政支持也较少。与此同时这些科普场馆主要集中在大城市中，在小县城中很难找到一家像样的科普场馆，就算有，规模也不会很大，并且属于基础科普场馆，缺少专业类科普场馆。

(2) 成熟科普场馆的科技创新步伐较缓

我国当前的科普场馆大多数是政府部门或者某一资金雄厚的大型企业资助其建成，但此类科普展馆大多停留在原有对公众科普教育的基础层面，很多创新观点、创新理念、教育方法都过于陈旧，导致了我国科普场馆的教育功能发挥与欧美发达国家存在明显差距。

(3) 科普场馆与外界合作太少

我国的大部分科普场馆与社会尤其是与教育界之间的沟通尚且停留在表层，缺乏更深度的联系，这就阻碍了科普场馆的教育功能在更大范围内实现，没能让它对社会起它所应有的作用，同时也削弱了它自身在社会中的影响力和广泛的接受程度，并且科普场馆对外的合作交流也很少。很多发达国家或地区的科普理念、知识解析方法没有得到分享、交流，做到知识共享。这些都大大阻碍了智慧场馆的进一步建设。

2　互联网应用在日常生活的占比逐步提升

第 45 次《中国互联网络发展状况统计报告》显示，截至 2020 年 3 月，我国网民规模为 9.04 亿，互联网普及率达 64.5%，庞大的网民构成了中国蓬勃发展的消费市场，也为数字经济发展打下了坚实的用户基础。当前，数字经济已成为经济增长的新动能，新业态、新模式层出不穷。主要呈现三个特点：

一是基础设施建设持续完善，“新基建”助力产业结构升级。2019 年，我国已建成全球最大规模光纤和移动通信网络，行政村通光纤和 4G 比例均超过 98%，固定互联网宽带用户接入超过 4.5 亿户。同时，围绕高技术产业、科研创新、智慧城市等相关的新型基础设施建设不断加快，进一步加速新技术的产业应用，并催生新的产业形态，扩大了新供给，推动形成新的经济模式，将有力推动区域经济发展质量提升和产业结构优化升级。

二是数字经济蓬勃发展，成为经济发展的新增长点。网络购物持续助力消费市场蓬勃发展。截至 2020 年 3 月，我国网络购物用户规模达 7.10 亿，2019 年交易规模达 10.63 万亿元，同比增长 16.5%。

三是互联网应用提升群众获得感，网络扶贫助力脱贫攻坚。互联网应用与群众生活结合日趋紧密，微信、短视频、直播等应用降低了互联网使用门槛，不断丰富群众的文化娱乐生活；在线政务应用以民为本，着力解决群众日常办事的堵点、痛点和难点；网络购物、网络公益等互联网服务在实现农民增收、带动广大网民参与脱贫攻坚行动中发挥了日趋重要的作用。

以上诸多经济领域的报告说明，网络传播将成为未来科普宣传的重要途径。

3 网络传播时代对科普信息化建设有哪些影响

(1) 多元化的传播路径

随着网络时代的到来,传统媒介的劣势显现出来,其难以突破时间和空间的限制,使得信息的传播受阻。在网络技术飞速发展的今天,科普信息化传播可以通过图片、声音以及文字等实现优化组合,当人们在阅读新闻信息的时候,享受着视觉以及听觉的冲击,使他们体会到新奇色彩。当我们将一些科普定律、科普基本常识放到互联网上传播时,通过多元化的途径,诸如视频、问卷调查、直播等多种形式,不同的人群可以根据自己的需求得以选择,通过不同的视角以及不同的方面,对科普知识、科技信息进行学习、获取。

(2) 广泛的信息量

新时代背景下广泛的信息量让人眼花缭乱,在选择信息的时候,应该积极的辨别信息的真实性。通过网络技术飞速发展的新兴媒体,提供了丰富的信息。借助于多种媒体,受众可以在各大平台获取相应的信息资源,搜索感兴趣的科普内容,整个过程不再限制于有限的空间。但这种快速消费的时代,网络信息的真真假假难以分辨,使得受众群体面临着极大考验。比如一些科普知识谣言的产生,内容子虚乌有,与实际情况不符,但却能很快在公众间流传开来,主要的目的就是夺人眼球,赚取点击量。此类新闻的出现存在着造谣、侵犯他人隐私等违法乱纪的行为,除了造成不利影响外,还能扭曲社会风气,直接的威胁到青少年的身心健康,对于科普事业的长远发展十分不利。面对当前浮躁的社会风气,科普工作者应该积极的正视职业道德,对于扑朔迷离的信息,应该准确的分辨真伪,第一时间进行辟谣,制止谣言的二次传播,通过高度的责任心,将正确的科普内容在第一时间得到有效的传递,承担起对社会、大众的责任。

(3) 交流方式发生变化

在传统媒体发展中,群众始终处于被动的地位,对于相关的信息,并没有主动地选择权,仅能通过媒体提供的信息资源,获取对应的消息。在现代社会,网络技术的迅速普及和发展,使得人们拥有了自主选择的机会,每个人都可能成为信息传播的助手,甚至担任着传播的主角。网络技术使得大众和媒体之间的交际方式发生了变化,不再限制于特定的模式,而是更加简易的获取信息资源,通过鼠标的点击作用,即可获取相关的新闻内容。传统媒体的数量十分有限,受众所能接触到的新闻资讯无法满足所有人的需求,因此,网络时代的科普内容呈现出多元化趋势,个人可以依照自身的兴趣爱好,自主的选择关注的内容。如何能将科普场馆的创新内容向公众做出推广,值得我们思考。

4 吸引公众接触智慧科技馆的措施

(1) 充分应用现有展教资源和展研力量

科普场馆作为学校正规教育的有效互补,以灵活多样、生动有趣的展教形式向公众提供传播科学知识,是提升观众科学素养、促进全民终身学习的科普教育基地。科普场馆通过对丰富的教育资源进行再次开发,展项展品自主创新开发,强化展项展品研发的学术理论和成果支撑,结合自身地域特点和资源优势创新展览的主题和内容,要在科普展览展示手段方面下功夫。尤其是科普场馆更新改造工程要注重科技创新集成的应用和展示,通过集成创新的传播方式、集成创新的科普内容、集成创新的运作模式，使观众特别是青少年更多的接触科学、了解科学，将科技馆打造成观众喜爱的最新科创成果集成展示基地，从而使更多观众走进科普场馆。

(2) 强化受众调查研究

科技馆事业发展好坏，其社会效益是参考评价指标因素之一，就是观众对其喜好、参与度、特性和来访人流量如何等。科普场馆应联合相关的专业研究机构或委托第三方市场调研策划机构，进一步针对不同目标群体和观众的喜好和需求，细分各类群体，结合科普场馆自身资源内容亮点，通过各种有效途径和科学方法，科学的数据采集、复核、处理、分析，结合定量调查和定性调查结果进行深入研究。要坚持不懈地开展市场调查和分析研究，了解国际上的新趋势、新理念、新技术、新经验，找出自身存在的不足，关注展教内容的社会效应和观众反馈，拓展教育功能的深度和广度，实现"以人为本"的服务理念，从而让更多观众走进科普场馆。

(3) 合理引入相关评价机制

目前我国科普场馆对评价机制的理论基础缺乏深入研究，评价范围和层次界定比较混乱，更缺乏相应的标准和指标体系，导致管理和服务的效能、效率和效益并未充分地发挥其应有的功能。因此需要把科学化的评价机制引入应用于科普场馆建设和运营管理中，通过借助第三方客观的评价和评估，有助于分析与揭示科普场馆在运行管理中的不足，以评促管，落实以服务评价和合理奖惩机制促进改善服务水平，发挥以人为本的管理激励功能。同时通过研究出一套具有科普场馆特色的模式和实务操作流程、规范，探索建立长效的创新机制，以此创立形成一个交流学习平台，更好地实现科普场馆的基本功能和社会效益，从而为更多观众走进科普场馆创造条件。

(4) 科学建立人才培养机制和专业化的人才评价体系

为了促进科普场馆的健康发展，相关的科普场馆应建立一套专门的人才队伍培养评价机制或评估体系，通过对人才队伍其不同阶段发展和能力特性进行持续性的评价，实现动态化管理，从而适时调整和优化人才队伍培养和建设方案。同时利用各科普场馆各自资源、地区优势，探讨馆际间的人才交流培养深造合作模式，启动各馆间的人才交流。

5 让更多观众认可智慧科普场馆并主动参与的建议

为了让更多观众走进科普场馆，除了上述措施以外，随着信息技术的发展，在新媒体时代，科普场馆要善于运用微信、网站及微博等新媒体进行推广，以促进相关科普活动的开展，吸引更多的观众走进智慧科普场馆。

(1) 应用网络推广，让更多观众了解智慧科普场馆

微信、抖音、微博这些作为热门的社交工具，成为众多企业、传媒、组织乃至个人宣传与推广的新阵地，其中不少科普场馆也纷纷注册了自己的公众号进行推广。例如某市科技馆微信公众号进行线上教学，只要关注其公众号即可免费享受到专业详尽的语音讲解服务，其主要介绍某科普场馆的现有科普资源、科技资讯和馆内科普活动，帮助观众了解和参与相关科普工作。某科技中心的官方微博主要推送以下内容：一是科普资讯，向观众提供最新的科技咨询，科普要闻独家报道等；二是活动通知，向观众发布近期将举办的各类科普活动通知，鼓励观众积极参与；三是科普场馆推介，通过微信、微博等新渠道展示某科学中心各个项目的基本信息；

四是门票申请，观众可以通过该功能获取场馆的电子门票。因此通过网络推广，可以让更多观众走进智慧科普场馆进行体验。

(2) 合理应用网站推广，让更多观众关注智慧科普场馆

科普网站作为科普场馆推广的重要阵地，在向观众展示科普场馆整体形象方面具有重要作用。当前科普网站数量迅速增加，但多数科普网站的建设水平仍处于起步阶段，知识体系不完善、专业化程度偏低。表现形式比较单一，基本上是图文方式；大部分科普文章都是简单的复制粘贴，原创内容少，特色不够鲜明；网站缺乏互动性，少有能及时与浏览者产生互动。为了让更多观众走进科普场馆，必须充分发挥网站推广的作用，并且基于网络科普自身的规律性，涉及范围较广，必须做好科学规划。首先，科普网站要特色鲜明，选题要新颖紧密围绕科学知识和科学思想，发布形式要多种多样，加大对多媒体形式的使用。其次，要培养观众的求知欲，多增加些互动的项目和游戏。最后，多采用丰富多样的图片和视频音响来推广场馆，甚至可以采取动画和漫画的形式，从而让更多观众关注并愿意主动体验智慧科普场馆。

(3) 优化网络服务平台，提高科普场馆资源研发质量

在科技馆体系中，中国数字科技馆处于枢纽位置。应优化和加快中国数字科技馆共建共享服务平台建设，使其发挥更大的作用。通过网络技术将实体科技馆、流动科技馆、科普大篷车等各类科普设施连接在一起。制订相应的管理制度，形成各方共建资源、共享数据的集约化建设机制。基于共建共享服务平台，各方可以更紧密地开展科普资源共建共享、数据采集汇总、活动统筹呼应的科普工作，从而提高科普资源的研发质量与共建共享程度。例如，充分发挥共建共享服务平台中展品设计共享平台的作用，共享展品设计软件、设计经验和展品库，提高展品设计的工作效率和展品设计质量。

6 结 语

2020年是全面建成小康社会和“十三五”规划收官之年，是科普信息化事业全面提升的新起点。科普信息化事业发展必须贯彻以人民为中心的发展思想，把增进人民福祉作为信息化发展的出发点和落脚点，让人民群众在信息化发展中有更多获得感、幸福感、安全感。综上所述，智慧场馆的信息化建设是衡量一个地区科普发展水平的重要标准，如何利用网络吸引观众，如何利用网络提高公众的科学素质，如何提高科普场馆信息化建设速度，都需要采取相关措施，充分发挥科普场馆的特色吸引观众。并且随着信息技术的，新媒体的发展，必须充分发挥其宣传推广的作用，通过吸引更多的粉丝扩大科普目标人群进行宣传，同时结合本场馆资源并以创新的参与形式开展各种各样的微博、直播粉丝活动，从而让更多的观众走进科普场馆，以促进公民素质的提升，我们仍任重道远。

参考文献

[1] 中国互联网络信息中心. 第45次《中国互联网络发展状况统计报告》[EB/OL]. (2020-04-28). http://www.cac.gov.cnl. 2020-04/27-c-1589535470378587.htm.

[2] 于迎春. 传统电视新闻编辑如何运用网络新闻资源突破传播理念[J]. 西部广播电视，2017(06)：160-161.

[3] 陈姗敏. 试论传统电视新闻编辑如何运用网络新闻资源突破传播理念[J]. 才智，2012(30)：183.

[4] 郝鹤. 推进中国特色现代科技馆体系建设的思考[N]. 吉林党校报，2019-12-15(004).

探究自然博物馆线上科普展览设计
——以陕西自然博物馆线上科普展览为例

张晨光[①]

摘　要： 线上博物馆、线上云展、线上科普的路径以一种新的形式呈现在观众的眼前，并延续成为一种必不可少的展示方式。本文重点阐述线上展览及线上科普工作的重要性，结合陕西自然博物馆自疫情以来推出的系列线上展览及线上科普，遵循5E设计模式，包含在制作、推送及浏览过程中五个与认知理论一致的阶段总结，结合线上展览及线上科普的展览特点、展览方式及受众群体的接受度，对博物馆开展线上展览及线上科普工作提出相关建议并总结经验。研究结果表明5E教学模式适用于线上展览与科普推送的设计模式。线上推送模式是一个复杂的综合体，主要目的还是让大众开阔眼界，得到知识的科普，达到这个目的过程中娱乐是其必不可少的添加剂。

关键词： 线上展览；线上科普；5E设计模式；探究式设计

2020年上半年，新型冠状病毒感染肺炎疫情在国内横行蔓延，为应对疫情所做的许多公共措施，例如闭馆、限流、防止人群聚集、佩戴口罩等，使得各地博物馆面临实体场馆无法开门，直至三月底国内各个博物馆才陆续开放，七月底科普影院等场所才被允许营业。期间科普影院、科普活动、科普进校园及科普讲解等线下系列科普活动都面临无法开展的困境，因此，线上博物馆、线上云展、线上科普的路径成为了一种新的形势呈现在观众的眼前，并延续成为一种必不可少的展示方式。本文重点阐述线上展览及线上科普工作的重要性，结合陕西自然博物馆自疫情以来推出的系列云展及云上科普，总结线上展览及线上科普的展览特点、展览方式及受众群体的接受度以及存在的不足，对博物馆开展线上展览及线上科普工作提出相关建议并总结经验。

1　信息化展览和科普的发展

信息化是充分利用信息技术，开发利用信息资源，促进信息交流和知识共享，提高经济增长质量，推动经济社会发展转型的历史进程。信息化的特质让传播内容从稀缺变得更加丰裕，让传播行为从单向变得更加互动，让传播渠道的管道被平台所替换。展览和科普信息化存在三个方面的特殊性。首先是内容的特殊性，展览及科普的信息化没有统一的标准，必须与各个博物馆的特点相融合，兼备地域特色及广谱性特点，并在实效性及热点性方面有更高的要求，必须具备前沿性、科学性及一定深度，不仅要有稳定成熟的体系性内容，还要包括最新研究知识及开放性理论观点。其次是方式方法的特殊性，展览及科普平台等互联网方式的选择，借助

① 张晨光，陕西自然博物馆馆员，植物学博士，研究方向：展览与科普，E-mail：chenguang0627@163.com。

图片、gif图、视频等科技手段从三维立体角度以全新的面貌展现在观众眼前，突破现实环境的束缚，让展览或藏品或科普内容的传达更加有趣、丰富、全面，也实现了博物馆展陈及科普的数字化转变。最后是工作对象的特殊性。信息化展览和科普是全社会博物馆的职责，工作对象涉及人群广泛、复杂，包括儿童、青少年、工人、干部、学者等各类人群，工作领域会与社会其他单位的工作领域产生交集，所以精准性要求更高。因此，展览和科普信息化面临的问题更为复杂，重点在于利用更新颖的方式高效利用更多元的平台及基础设施，做好展览及科普的推送，引领理念和模式的创新发展，抓住观众的注意，并持续吸引观众。

2 线上展览及科普设计的形式

陕西自然博物馆作为自然与科技为主的综合性大型场馆，是陕西省青少年科普教育的主阵地，致力于讲述陕西、讲述中国、讲述世界"人与自然"的故事。依据不同对象对展览和科普活动进行差异化设计开发，组织和实施科学教育活动，积极引入现代科技及科学教育理念，开发并更新展陈设计及科学教育资源。

线上展览与科普的推送必须遵循5E设计模式，包含在制作、推送及浏览过程中五个与认知理论一致的阶段：吸引（Engagement），探究（Exploration），解释（Explanation），延伸（Extension），评价（Evalution）。这一模式原本应用于课程教学过程中，是由美国生物学课程研究会开发的，致力于引起学生的学习兴趣。近年来这种5E教学模式越来越多地被应用于中小学科学课程中，线上展览及科普设计主要以展示教育为基础，以听觉、视觉的享受形式，引起观众的兴趣并进行深入探究学习，进而了解新的领域及概念知识。陕西自然博物馆引入5E设计模式，依托陕西地域特色结合博物馆常设展陈，开发设计了"爱自然，云端看展"系列科普展览。

（1）吸　引

推送映入眼帘的首先是题目及配合文本的约1 cm^2 的小图，所以新颖有趣、抓人眼球的题目是吸引观众点击进入的首要因素，让观众对这篇推送产生好奇和兴趣，第一时间有打开看看的欲望。在这一阶段的探索我们走了弯路，最初几期介绍秦岭四宝的推送我们的题目直接就是四宝的名称，观众对四宝的熟悉程度已经很高了，所以普通的题目并不能引起大众对于线上观看四宝展览及科普的兴趣，阅读量自然不高。经过改良我们推送了"谁将接棒恐龙成为新的Leader?"等内容，点击阅读量直线上升。

当观众被题目所吸引点击内容后，推文的设计排版就显得非常重要了，无论是线下展览科普还是线上，"娱乐先行"的理念必须融入设计中，只有"娱""教"相融，把握二者的平衡点，才能刺激观众的求知欲。在本阶段我们采取了三维立体图片或动图的展示手法，让动植物的细节动作重复展示，精美灵动，并配以音频、视频让补充听觉及视觉的享受，让不同层次的人在内容设计中找到让自己舒适的兴趣点，这些手段的应用我们通过调研得到的反馈良好，所以动静结合的方式是每一篇推文必须具备的基本要素。接下来的设计，我们将引入原创动漫设计形象，融入与内容相匹配的互动体验游戏，帮助观众接收展览及科普所传递的信息，吸引更多的人阅览学习。

（2）探　究

探究包括两方面的内容，一方面是设计者对内容的探究，另外一方面是引导观众对内容进行探究。本阶段忌开篇对所介绍的主角进行基本概念及笼统的系统介绍，我们需根据上一阶段所设计的题目,围绕兴趣点切入展开说明,探究与线下展览及科普教育不同的模式。例如,在“丝路骆驼”的推文中,着重阐述了骆驼在丝绸之路上成为主要运输担当的法宝;在北京自然博物馆的推文“长颈鹿的秘密”中,介绍了长颈鹿与抗荷服的关系——即从长颈鹿神奇的皮肤控制中受到启发发明了保护飞行员的“法宝”抗荷服。这两篇推文一篇是抓住社会热点“一带一路”入手引入骆驼的科普,另外一篇是从大家熟悉的物种长颈鹿中提取新的亮点内容进行科普,把握住了内容探究。引导观众对内容进行探究必须在上一阶段引起观众对推文的兴趣之后进行,多引入提问式语句,设置开放性问题,引导观众对内容继续思考、探索。

(3)解　释

解释,是指用通俗易懂的语言让概念、过程或技能变得易于理解的行为,将上一阶段的探究过程用逻辑顺序进行排列的过程。针对本阶段,内容设计者必须积极针对观众在留言栏目提出的问题及意见建议,针对探究过程中的逻辑顺序对问题给予分析落实,给出明确的解释,并基于观众的能力,进行简洁、清楚、一目了然的概括,为下一阶段做准备。例如在“邂逅秦岭之两爬和鱼类篇”的推文中,有观众对大鳞黑线餐的配图表示询问,因为大鳞黑线餐是濒危特有种鱼类,鱼类志的记载中只出现过两次,没有留下过多资料,在留言中设计者和观众共同讨论并查阅文献搞清楚了这种特有种的外貌特点,观众之后留言说是非常感动跟他这么“轴”的人一起学习讨论,有很大的收获。所以设计者一定要重视并耐心解答每一位观众的疑问和困惑,如果一期推文的反馈较少,就要主动进行反馈收集,这就涉及下一阶段的推文延伸。

(4)延　伸

延伸这一阶段分为主动延伸及被动延伸。在探究过程中涉及的热点话题及开放性问答,会让观众主动参与讨论并寻找信息,并在互动区域留下自己理解的概念或技能。被动延伸需要设计者开拓专题栏目或根据本集推文的聚焦点继续深入挖掘,向相关的知识情景进行迁移延伸,引导满足大众更深层次的需要。例如,我们根据侏罗纪——恐龙的时代推文,专门通过H5 程序设计了一系列的知识问答互动内容,根据观众的参与度和他们的反馈的兴趣点及意见建议,又设置了专项的霸王龙专题科普展览,进一步区分了侏罗纪和白垩纪的恐龙特点,深入讨论了各种恐龙灭绝理论。

(5)评　价

评价不是一个固定的阶段,可以说评价贯穿于整个线上展览及线上科普,可以是专业人士也可以是非专业人士对整个内容、设计形式、图片、语言风格等进行评价。在整个线上过程,可通过公众号留言、网站留言、电话联系、游客服务中心留言等方式进行批评、赞扬、或意见建议。在延伸阶段或固定的栏目结束时,就探究内容组织发放调查问卷等形式进行正式评价。评价的优点在于启迪设计者的灵感思路,丰富线上展览及科普的形式设计,增强线上线下的互动性,校准设计的科学态度,促进设计团队的协作能力等。

3　结　语

综上所述,发现 5E 教学模式适用于线上展览与科普推送的设计模式,线上推送模式是一个复杂的综合体,主要目的还是让大众开阔眼界,得到知识的科普,达到这个目的过程中娱乐是其必不可少的添加剂,只有形式新颖、内容有趣且有深度,才能得到观众的青睐,才能为观众继续营造探究式的线上学习情境,使其在潜移默化、耳目之娱下获得知识,启迪科学思维,培育科学精神，让观众从走近到走进。

参考文献

[1] 中共中央办公厅，国务院办公厅. 2006—2020 年国家信息化发展战略[EB/OL]. [2014-10-01]. http://www.gov.cn/test/2009－09/24/content_1425447.htm.

[2] 维克托迈尔·舍恩伯格，肯尼思·库克耶. 大数据时代：生活、工作与思维的大变革[M]. 盛杨燕，周涛，译：浙江人民出版社，2013.

[3] 音袁，王家伟，苏昕. 从藏品到展品，从沉默者到讲述者——科学博物馆藏品向展品的转化模式与传播效果分析[J]. 自然科学博物馆研究，2019(3)：05-12.

[4] 胡俊平，钟琦，罗晖. 科普信息化的内涵、影响及测度[J]. 科普研究，2015.

[5] 吴成军，张敏. 美国生物学"5E"教学模式的内涵、实例及其基本特征[J]. 课程·教材·教法，2010(6)：108－112.

[6] 郑弈. 博物馆教育活动研究[M]. 上海：复旦大学出版社，2015.

[7] 故宫博物馆[EB/OL]. [2017－10－22]. http://dpm.org.cn.

[8] 鲍其泂. 如何提升博物馆图文的传播效果——论上海自然博物馆图文的策划、设计与撰写[J]. 大众文艺，2015(14)：52.

[9] 朱幼文. 科技博物馆展品承载、传播信息特性分析——兼论科技博物馆基于展品的传播/教育产品开发思路[J]. 科学教育与博物馆 2017，3(3)：161-168.

基于新冠疫情下的科技馆发展趋势探究

周　娈[①]

摘　要： 近代工业革命以来，科技馆在各个国家均日渐丰富。由初始的自然博物馆到后续的科学工业博物馆，再到目前所规划的数字信息科技馆，科技馆在不同的历时时期有不同的表征形式。本文通过对世界科技馆的发展趋势分析，结合目前疫情下的由社会需求所带来的科技馆的影响情况，对整个科技馆的发展趋势进行了相应探究，提出了对科技馆未来线上线下并行形式的一些思考和总结，也对未来人员模式，合作机制等提出了相应构想。

关键词： 科技馆；新冠疫情；发展趋势

1　绪　论

科学技术馆(简称科技馆)是以展览教育为主要功能的公益性科普教育机构。主要通过常设和短期展览，以参与、体验、互动性的展品及辅助性展示手段，以激发科学兴趣、启迪科学观念为目的，对公众进行科普教育。通过面向全体公民来提升整体国民的可行素质，属于重要的基础设施工程。本文通过对世界发达国家科技馆的发展趋势分析，结合目前新冠疫情下的中国科技馆运行现状，对科技馆未来的发展趋势进行探索，提出构想和应对建议。

2　科技馆的发展

科技馆是目前对科学技术馆的简称，其前身为自然博物馆和科技博物馆，在不同的历史时期有不同的表征形式，整体而言在文艺复兴后期，自然科学蓬勃发展之后，整个社会进入工业化体系后，科技馆也逐渐开始普及，其重要性也日益凸显。

(1) 国外科技馆演变历史和现状

国外发达国家科技馆发展历史整体经历了由自然博物馆、科技类博物馆到近现代科技馆，再到科学中心的发展历程。其中自然博物馆以始建于1753年的伦敦大英自然博物馆为主要代表。科技博物馆的主要代表为始建于1683年的牛津大学阿什莫林博物馆（Ashmolean Museum)，其全称为“阿什莫林博物馆艺术与考古博物馆”(The Ashmolean Museum of Art & Archaeology)。该博物馆是英国第一个公共博物馆，也是世界上最早的公共博物馆之一，同时是世界上规模最大，藏品最丰富的一座大学博物馆，代表了出现年代的最高科技水平。近现代科技馆的主要代表为：建于1937年的法国巴黎发现宫，发现宫坐落在法国巴黎著名建筑“大宫”里，是世界著名的科技馆，隶属于巴黎大学。法国物理学家、诺贝尔奖金获得者让·伯

① 周娈，武汉科学技术馆展教辅导员；研究方向：科技馆科普教育；通信地址：武汉市江岸区沿江大道91号；邮编：430014；Email：709794279@qq.com。

林用自己的奖金兴建了这座科技馆。发现宫的宗旨是向广大观众介绍科学上的重大发明和发现，以引发人们对科学的爱好和进一步探索。科学中心的代表为始建于1969年的美国旧金山探索馆，它的建筑雄伟庄重，紧邻的湖水给探索馆平添了几分秀色，场馆展品丰富，属于当时的科技馆的模范，探索馆的创始人，美国物理学家弗兰克·奥本海默在其1968年发表的题为《科学博物馆的原理》的文章中提出："一个博物馆不应当是学校或者教室的替代品，它应该成为一个人们既可以传授知识又可以学习的地方，观众在那里应当收获到耳目一新和激动人心的体验。最重要的是，它应当诚实可靠地传递这样一个信息：科学和技术所扮演的角色，根植于人们的价值观和信念。"该文整体定义了探索馆的教育内涵，整个场馆的展品设计理念也是基于此内涵进行。而探索馆也对整个科技馆领域产生了巨大影响，探索馆展品开发过程如图1所示。

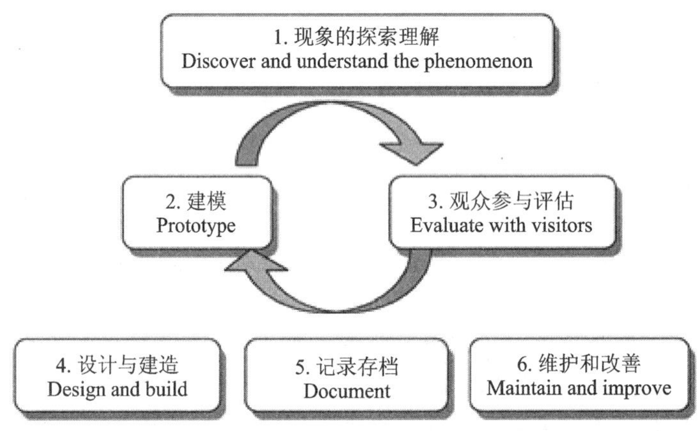

图1　探索馆展品开发过程

在此之后，以美国为代表的各项科技场馆逐步定位为科技中心，如1987年更名的加州科学中心，1976年开放的加拿大安大略科学中心，这些变化也说明了科技馆的定位和发展方向。

目前，发达国家科技馆的规模和布局已趋于稳定，美国和日本大致在20世纪60～80年代，欧洲在20世纪80年代至90年代末，已完成在多数大中型城市或新建现代科技馆，或改建原有的工业博物馆为科技博物馆。发达国家经过长期的积累和发展，科技博物馆已经在功能定位、经营管理、运行模式等可持续发展能力方面积累了丰富的经验；科技博物馆也从立法和资金保障两方面得到政府的大力扶持，运营体制相对成熟稳定，其发展与布局已基本进入稳定时期。

(2) 我国科技馆发展历史和现状

我国的科技馆发展具备发展时间短，发展速度快，社会响应良好的特点。

1988年中国科技馆的建成开发代表着我国正式进入现代科技馆时代，我国用30多年的时间走完了国外科技馆的发展历程，目前正处于大发展阶段。整个发展凸显出我国良好的政策环境和社会基础，且整体发展属于联动效应式发展。各地省会陆续建设了对应的科技场馆，例如1995年建成开放的天津市科技馆，属于我国首座展厅面积10 000 m^2 以上的大型科技馆；2008年建成的广东科学中心，占地面积45万 m^2，是世界最大科技馆；2015年建成的武汉科学技术馆新馆毗邻武汉江滩，紧靠长江，是武汉市科教宣传的桥头堡，也是两江四岸的一张亮丽名片。

中国科学技术部 2019 年 12 月 24 日在北京发布最新完成的 2018 年度全国科普统计数据显示，截至 2018 年年底，全国共有包括科技馆和科学技术类博物馆在内的科普场馆 1 461 个，其中，科技馆 518 个，科学技术类博物馆 943 个。基本符合《科技馆建设标准》、符合国际上科技中心概念的科技馆 244 座，参观人数逐年稳定上涨。科技馆共有 7 636.51 万参观人次，同比增长 21.18%。科学技术类博物馆共有 1.42 亿参观人次，同比增长 0.27%，在各部门、各地区的共同努力下，全国科普事业稳定发展，公众参与科技活动积极性不断提高。科普工作作为我国创新发展的重要一翼，对扎实推进创新驱动发展战略起到了有力的助推作用。

与此同时，科普事业发展也面临着不少挑战。从人均拥有科技馆的数量来看，与发达国家还有较大差距。我国平均每 95.51 万人拥有一个科普场馆，而发达国家平均为 20 万～40 万人就拥有一个科普类场馆。另外，经费来源形式单一，政府拨款是我国科普经费的主要来源，各地经济发展水平不一也导致了科技馆发展的不均衡。部分场馆展览教育水平低，无法围绕展览或展品开发形式多样的活动，更谈不上如何实践当代科技馆的展览教育思想——通过展品引导观众进入"发现与探索"科学过程，导致科技馆科普教育职能缺失，观众参观如走马观花，流于形式，也导致科技馆对公众的吸引力大大降低。这些问题凸显出我国目前在科技馆层面的主要矛盾：人民日益增长的科技文化的需求与自然科学博物馆发展不平衡、不充分之间的矛盾。

3　新冠疫情下我国科技馆现状

2019 年底，爆发了冠肺炎疫情，整个疫情期间，全国聚集性活动全部停摆，室内聚集性场所更是重点关注对象。科技馆，作为科普宣传的桥头堡，原本应进行的线下科普活动直接关停，整个疫情期间无法进行线下科普活动。而整个突发事件的出现，激发了民众对科普的需求，在这类需求的激发下，科技馆的线上运行机制被迅速的搭建起来。由疫情前期的线上科普宣传到疫情后的线上科普、线上互动活动。

在中国科技馆，期间线上内容：1 月 27 日发布的原创科普动画《抗击新型冠状病毒肺炎，我们在行动!》的播放量在一天内突破 2 000 万，2 月 15 日推出的原创辟谣科普视频《科普君的辟谣时间》的播放量在 3 小时内超过 3 000 万。可见，科技馆能够依托自身广大的受众基础保证其在应急科普中建立足够的影响力。此外，设计推出全国首个抗击疫情网络专题展厅——"新的对决"，展览包括"疫情笼罩 非常春节""全力抗疫 最美逆行"等 5 个展区。"中科馆大讲堂"变身"云讲堂"，邀请病毒学、公共防疫、传染病学、心理学等各领域权威专家，结合疫情科普热点，以网络直播形式与网友在线交流针对青少年群体居家学习。推出"空中课堂"，提供丰富校外科普内容，包括《科普课堂》《科学家》等专栏及 229 个移动 VR 资源；针对低龄儿童，特别创作了《科学开开门：给小朋友们的新型冠状病毒感染防护绘本》，并同步制作了动画版；携手全国 19 家科技馆推出"疫情不结束，实验赛不停"线上活动，号召公众在家就地取材、发挥创意，参与场馆数量达到 357 家，征集视频数量达 9 540 个，选送优秀作品在人民日报新媒体、中国科技馆新媒体及抖音号、快手号上进行推广展示，取得良好的社会效益。

在湖南省科技馆：官网、公众号增设了《家庭实验室》《科学小课堂》《大熊老师请回答》栏目，以线上科学课堂、实验课程视频、展品科普剧表演等形式丰富科普活动，发布疫情防控科普文章，还承办了由中国自然科学博物馆协会发起的《“疫”起答题，静待花开！湖南省科学技术馆邀您参加“新冠病毒肺炎科普知识有奖竞答活动”》活动，社会反响热烈。

在甘肃科技馆，利用国际天文馆日到来，在线上开展了“璀璨星空”主题科普活动，让大家足不出户就可以了解天文学知识，感受璀璨星空的神奇魅力。

在山西科技馆，线上科普活动包括“科学实验DIY挑战赛”“线上讲展项”“新冠科普知识线上竞答活动”“呦呦之鸣——探秘生命科学的奥秘”“数学之趣”微课堂等丰富多彩的内容。此外，还推出“讲述科学家故事、弘扬新时代国家脊梁”“致敬新时代 礼赞科学家”作品征集等活动，邀请青少年用音视频、绘画、书信、写作等形式向心中最敬仰、影响最深的科学家致敬。

在武汉科技馆，整体凸显线上武汉科技馆线上活动的品牌项目：“云尚科普”系列，整个云尚科普系列包含“云尚观展”“云尚讲堂”“云尚探究”“云尚心苑”四大板块构成。“云尚观展”以武汉科技馆八大展厅、600余件展品为基础，利用网络多媒体平台，线上展示辅导员展品讲解，足不出户领略科技馆魅力。“云尚讲堂”和“云尚探究”邀请各界学科专家针对社会热点和大众关注热点，通过解读民生、抗疫、舆情、安全等精选案例，深入浅出地传播科学知识，由讲堂聆听到实操动手。“云尚心苑”针对武汉市民在疫情解封后的心理需求开展线上心理咨询等工作，邀请中国科学院心理研究所专家团队从心理科普、心理素质提升和心理援助三个维度普及心理健康知识，解答市民的心理困惑，训练和提升市民的心理素质。整个线上机制运营以来，受到热烈欢迎。可见，地方科技馆的线上机制也初具规模。

4 基于新冠疫情对科技馆未来演变的分析

(1) 科技馆运行机制的变化构想

基于目前疫情以来的发展情况，各场馆均已初步搭建了线上运营模式，整个线上模式被迅速搭建起来，且在疫情期间形成了一定的固定使用群体，预估未来中短期内，科技馆将会是线上线下并存的状态，且线上普及率日益重要。在未来长期状态下，随着5G、6G技术的进一步落地，未来可能衍生出AR科技馆，沉浸式线上体验科技馆等新模式的科技馆。

线上模式具备明显的优缺点：优点可以概括为不受场地和时间限制，更加利于碎片知识、拓展知识、全民共享和应急需求科普的推广。从中国科协官网数据2018年第三季度和2019年第一季度中国网民科普需求搜索行为报告可以看出：截至2018年12月，我国网民规模达8.29亿，百度搜索的日均请求达80亿次。通过对网民科普搜索行为的大数据挖掘，可以准确地了解网民科普需求的实时动态、精准刻画科普网民群体的独有特征，为科普信息化建设的宏观决策以及精准推送服务提供科学依据。目前我国网民基数巨大，且网民的应急科普需求属于脉冲式的，具有持续时间短，但需求迫切的特点。2018年以来，健康与医疗、信息技术、前沿技术、航空航天四大类属于我国线上网民最迫切关注的四个领域，而这些领域均属于科技馆的重点承载部分。通过科技馆线上模式推进：可借助于微信公众号，自媒体平台，短视频平台形成碎片化，包围式科普信息，便于将科普内容覆盖群众的方方面面。线上模式的缺点则主要体现在线上模式过于虚拟，且互动模式过于单一，短时间的接触科普内容后，往往遗忘十分迅速，且内容过于虚拟，无法沉浸式学习。

线下模式作为传统的科技馆运营模式，承载科技馆展教结合、互动学习、科技价值观引导的根本职能。优点明显，但往往也受制于基础投资大，周期长，展品无法及时动态更新的缺点。

因而未来中短期内，线上线下机制的有机融合将会是主要发展方向。而未来长期的发展将出现线上模式线下化，和线下模式线上化。线上模式线下化即随着 5G、6G 的技术落地，线上模式更加推进沉浸式体验，实现在虚拟网络状态下的展教互动和感官体验；线下模式线上化即：即随着 VR\AR 的普遍推广，线下场馆推行更多的线上虚拟体验。

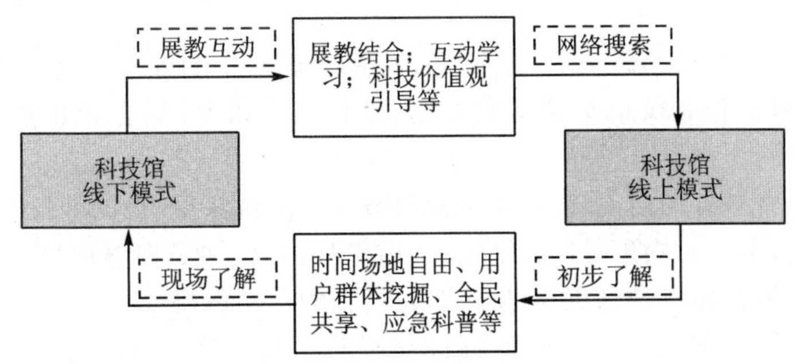

图 2　科技馆运行模式构想

(2) 科技馆人员模式的变化构想

线上机制的推进，主要承载对象为全国网民，根据中国科协 2019 年统计数据显示，目前我国关注科普总体的网民年龄层分布为：19 岁以下占比 13.9%；20～29 岁占比 44.14%；30～39 岁占比 33.89%；40～49 岁占比 7.05%；50 岁以上为 1.02%。因而科技馆线上线下运行机制的变化，推动科技馆主要受众和普及人员由中、低龄向全年龄层覆盖。

这种变化的出现预示着科技馆的未来发展将会推动现有馆校联合机制的变动，馆校联合将由单纯的中小学低龄阶段的馆校联合发展到全方位的馆校联合，覆盖小学、中学、大学、研究生博士各个阶段，从而在某一方面解决了目前科技馆人员机制短缺和经费短缺的问题。

在低龄阶段的馆校联合凸显的是科技馆的教育宣传职能，主要以小学、幼儿的科学启蒙教育，动手能力培养，馆内夏令营活动为主。在中学阶段则主要为科学原理的剖析，例如对课本教材内容的实物化理解，现场操作等内容。在高校阶段的馆校联合则可以凸显科技馆的社会智能，例如可基于地方或省级科技馆形成硕士、博士培养点，基于教育类专业或者物理生化类专业形成联合培养机制。在该培养机制下，硕士博士在校人员可借助科技馆资源进行课题实践，与科技馆负责展教、培训的人员共同研讨，并基于现有资源下进行模式创新，形成研究课题的同时帮助对应科技场馆形成了展品设计、教案设计等内容。

(3) 科技馆合作机制的变化构想

随着国家的工作推进，根据中国科协 2018 年发布的图文信息，至 2018 年全国已实现免费的科技馆共计 123 所。科技馆由原本的门票收费型机构变化为目前的全公益性政府机构，整个科技馆的运行经费全部经由政府拨款。在年度经费和部分活动策划中可能会存在经费紧张或财政压力的情况。而基于本文的推测，未来馆校联合机制的变化也将影响到观企联合机制的进一步深化合作。覆盖年龄层的提升将对科技馆的社会宣传效应和社会推动效应产生放大效果。笔者大胆预估这类变化将推动科技馆对相关前沿性科技公司和大型企业具备更多的吸引力。双方的合作将不再是科技馆单独的与展品设计企业的合作，也不再是与企业进行表面的、行政层面的合作，将出现一种双方互利共赢的一种新局面。例如武汉科技馆交通展厅采用的东风雪铁龙公司汽车断面进行汽车相关知识宣传，无形中对相应车辆厂商形成了广告推广效应。后续场馆设计中，流动场馆可以更多的考虑与地方科创企业的合作，双方就先进前沿产品进行现场展教，如 5G 模式下的自动驾驶、材料成型领域的超高强材料性能展示等均可作为未来场馆的合作方向。

5 结 语

综上所述，在新冠疫情的影响下，整个科技馆线上运营机制被迅速搭建和使用起来，在这个机制的影响下，科技馆相关的后续运营机制，馆校结合机制、馆企合作机制均会发生相应变化。

科技馆作为科普教育的前沿阵地，是全民科教兴国的桥头堡，是提升公民基本科学素养的重要基础设施，在目前全民娱乐导向日渐清新，由崇拜网红、演员向尊敬科技工作者的方向转变，这个大背景下，科技馆将迎来更加迅猛的发展，作为基层的科普工作人员更应积极思考，探索科技馆的未来发展趋势，提前规划，挖掘科技馆的基础功能，从而营造全民拥抱科技的新局面。

参考文献

[1] Oppenheimer F. A Rationale for a Science Museum[J]. Curatorthe Museum Journal，1968，11(3)：206-209.

[2] 李铁璇. 旧金山探索馆展教模式探析[J]. 科普研究，2007.

[3] Bowen A M. The Role of Museum Marketing Departments During the Exhibition Development Process [D]. University of Washington，2014.

[4] 许以刚. 浅论科技博物馆运行机制的创新 [J]. 科技通报，2013.

[5] 徐善衍. 关于科技馆发展趋势和特点的思考[J]. 科普研究，2007.

[6] 周荣庭，柏江竹. 新冠肺炎疫情下科技馆线上应急科普路径设计——以中国科技馆为例[J]. 科普研究，2020，15(01)：91-98+110.

[7] 中国科技协会. 中国网民科普需求搜索行为报告[R/OL]. 2018 年度 &2019 年度信息.

基于微信社群的科普传播模式探索
——以四川科技馆科普社群为例

庞　博[①]

摘　要： 微信时代的到来，使科技馆通过微信社群与公众联系更加密切，信息传播更加高效，科技馆应充分利用社群优势进行科普传播。本文提出科普社群这一概念，以四川科技馆科普社群为例，探讨科技馆如何立足现有用户群，服务用户，打造私域流量，以期对科技馆科普模式创新提供参考。

关键词： 科普社群；科普传播；四川科技馆

"社群"一词源于拉丁语，表示共同的东西或亲密的伙伴关系。社群概念最早出现在亚里士多德《政治学》一书中，即人类社会发生社会行为的本意就是追求善，人们因追求某种善的目的而组成的关系或团体就是社群。

随着互联网的发展与用户对于互联网接受度和使用度不断提高，人们不再局限于身边的社交圈，兴趣成为人们之间交往的重要联结点，人们基于相同的兴趣爱好、志向聚集而形成社群，如英语社群、舞蹈社群、声乐社群、运动打卡社群等。根据艾媒咨询发布的《2017 年中国新媒体行业全景报告》显示，中国网络社群数量超 300 万，网络社群用户超 2.7 亿人，网络社群市场经济规模超 3 000 亿元。报告预测，在社交越来越成为用户需求的今天，网络社群数量与用户规模将继续增长。另据《2019 年微信数据报告》显示，2019 年微信的月活跃账户数超过了 11.5 亿，微信已经成为人们生活的主流社交工具。借助微信社群运营，"逻辑思维"成为利用社群经济发展内容平台最为成功的自媒体之一；"吴晓波频道"形成了全国范围内的吴晓波书友会，信息过载的时代增加了人们在信息获取上的难度，为了能够获得更加有效的信息和内容，越来越多的人开始加入到各种各样的社群当中。因此，科技馆行业应充分认识到社群的重要作用和巨大优势，充分利用社群推动科普知识的传播。

1　科普社群的定义及功能

科普社群应当属于知识社群的一部分，但是由于其主体不同以及公益性质，又应当与传统的知识社群区分开来。笔者将科普社群定义为一群对于科普知识持续具有兴趣爱好的受众，以网络为载体，以科学兴趣为纽带联系在一起组成的较为稳定的群体组织。主要功能为传播科学知识、答疑解惑、分享经验与方法，解决公众对科普需求"最后一公里"的问题，是科普爱好者的聚集地。

① 庞博，四川科技馆外联部副部长、高级人力资源管理师。通信地址：四川省成都市青羊区人民中路一段 16 号。E-mail：24603720@qq.com。

2 建立科普社群的意义

(1) 有益于科技馆新媒体矩阵的有机融合

新媒体时代，随着科技馆宣传阵地的不断扩大，APP、微信公众号、微博、抖音、快手等平台已经成为科技馆媒体矩阵的“标配”，媒体融合将成为下一步任何一家科技馆都无法回避的话题，如何持续吸引用户、提高用户黏性、打通公众与科技馆的沟通壁垒将成为科技馆面对的紧迫命题。因此，基于用户需求，以优质的内容和服务做大做强“科普社群”这一私域流量，成为科技馆科普传播模式的新打法之一。未来，科技馆的新媒体阵地将以“三微一抖一站一端”（微博、微信、微社群、抖音、网站、客户端 APP）为主体，构建可看、可听、可转、可互动的新媒体传播矩阵，实现一体策划、一次采集、多种生成、多元发布的线上科普传播新模式。

(2) 有益于科普内容的有效传播

现有的科普传播模式下，科技馆一般通过微博、微信、抖音等平台将科普内容分发给受众，再通过受众之间进行转发扩散，传播范围小，传播速度慢，裂变效果低。而在社群模式下，科普内容由科技馆发布到科普社群中，只要社群中有人关注，就可能通过他的朋友圈、社群等社交网络进行转发、分享，有共同兴趣的用户会打开浏览，若内容得到认可，则可能通过朋友圈被再分享、再转发，不断重复、循环、裂变，科普内容得以迅速扩散传播。

(3) 有益于科普内容的精准推送

现有的科普传播模式下，通常由科技馆的领导或新媒体负责人挑选和决定科普推送内容，受个人偏好、素质、学科背景和业务能力影响较大，不可避免会出现与受众需求的偏差，无法做到专业化、个性化的精准推荐。而在社群模式下，科技馆可以通过对社群中用户发言、信息、专业背景、研究方向等信息行为收集，利用大数据手段进行分析，建立社群用户画像模型，掌握用户个性和共性特征，发掘用户现实和潜在的科普需求，从而进行科普内容推送，将大幅提高科普内容推荐的针对性、有效性，实现符合用户需求的个性化、精准化推送。

(4) 有益于科普爱好者的互动交流

现有的科普传播模式下，受众通常只能被动接受科技馆的推送信息，科技馆一般在科普信息推送之前很少征求受众意见，推送过程中又缺乏与受众交流，推送结束后也不评估推送效果，很难得到受众的普遍认可。而在社群模式下，科技馆与受众之间，科技馆可通过微信社群上的小程序、留言、接龙、抽奖、打卡等互动设计在科普内容推送的全过程直接与用户实时沟通，了解和收集用户对科普内容的评论、需求等信息，并可酝酿和形成话题，吸引更多受众参与讨论，持续关注。

(5) 有益于科普志愿者的补充

现有的科普传播模式下，科技馆的科普志愿者主要以网站、微信发文的形式进行招募，但对于某一领域擅长的专业型志愿者招募，一直是各场馆的工作难点，其原因在于科技馆与志愿者之间缺乏联系和沟通。而在社群模式下，由于加群的都是经过筛选的忠实粉丝，可以通过群友资料分析，朋友圈推广，大数据画像来进行分类，提取出群友所擅长的科普领域，然后进行资源配置和供给，将群友或者群友的朋友吸收培养为科普志愿者。随后可以根据用户兴趣投票在群内开展科普微课堂，以群内语音直播、问题答疑和小程序视频直播等形式，实现多元化科普，同时还可以联动其他领域社群，吸引高校大学生、科学课教师来进一步扩充科普志愿者队伍。

(6) 有益于科技馆各部门之间协同合作

现有的科普传播模式下，科普内容推送主要由专职人员、部门或第三方机构独立进行，编辑工作量大，各部门之间缺乏协作，难于形成合力。科技馆是一个有机整体，各项业务既独立开展，又相互影响，要想提高运转效率，就必须加强各部门间的共享与合作。而在社群模式下，基于微信社群为核心的科普传播模式的建立，不仅仅可以用于科普内容传递，还可以用于科普活动前期调研、推广和效果反馈；同时还可以打通观众意见及投诉通道，督促各部门相互协作，共同推进科技馆各项工作迈上新台阶。

3　四川科技馆科普社群建设的实践

四川科技馆作为西部地区具有影响力的科技馆，自 2020 年 3 月起开始进行科普社群建设，对微信公众号、微博、抖音共 150 万粉丝进行逐步转化，划分幼儿、少儿、少年、成人 4 个年龄段，目前共创建科普社群 52 个，覆盖用户 7 000 余人，安排专职人员每日维护，彻底打破了科技馆服务号每月 4 次信息发布的局限性，弥补了过去科技馆无法与用户建立起实时有效联系的被动局面，拓开了以科普社群为核心的科普内容的重要出口，建立起了可持续增长的"用户池"，并通过打卡＋服务等内容设计，构建起了稳定的社群运营生态。

(1) 科学辅导员，分享与创造科普内容的关键人物

每一个科普社群中的管理员不应该只是群秩序的管理者，更应该是科普内容的传递者和创造者。根据科学辅导员的工作性质，他们往往对某一个知识领域具有一定的传播优势，熟悉某个领域的专业知识，对该领域的动态信息具有较强的收集能力。因此，可以建立起科学辅导员与科普社群"1＋1"模式，他们根据自己所擅长的知识领域，为社群用户分享有针对性的知识；反过来，科普社群中科普内容传播带来的正向反馈，也会进一步激发科学辅导员创造信息的积极性。在分享与创造科普内容的过程中，获得整个群用户的认可与信任，继而成为科普社群传播中的关键人物。

例如，科普社群可以定时发起问题接龙，让用户把自己感兴趣的问题发出来，由群管理统一整理后交给相应的科学辅导员进行解答。

(2) 社群运营：精准服务社群成员，弱关系变为强连接

所谓社群运营，就是在社群的规模和社群活跃度之间寻求最佳的平衡点，进而获得最大范围群成员的满意度。科普社群的运营就是运营我们的核心粉丝，就要努力把内容转换成为服务，既要有服务模式，还要有服务内容，要想一群人自发在群内长期活跃，就需要社群能不断推出新的内容，从而让用户重视这个社群的存在。

① 活动设计。

好的活动设计与微信社群是相互促进的，科普内容作为科普传播过程中的核心，是聚合起志趣相投受众的前提条件；活动设计作为社群运营过程中的核心，是社群保证活力的源泉。例如，科普社群会每日发起早起打卡、早睡打卡活动，通过微信小程序进行记录。

在每日打卡的同时，社群助理会从《科普中国》《天府科技云 APP 科普板块》摘录"科学小贴士"进行发送。

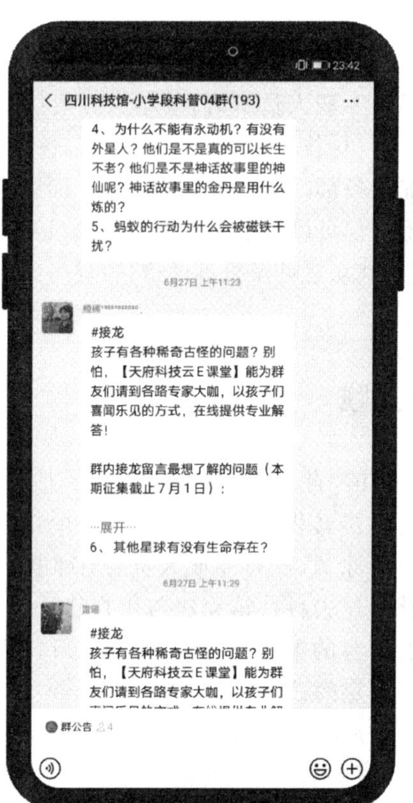
23:42
四川科技馆-小学段科普04群(193)
4、为什么不能有永动机？有没有外星人？他们是不是真的可以长生不老？他们是不是神话故事里的神仙呢？神话故事里的金丹是用什么炼的？
5、蚂蚁的行动为什么会被磁铁干扰？
6月27日 上午11:23
#接龙
孩子有各种稀奇古怪的问题？别怕，【天府科技云E课堂】能为群友们请到各路专家大咖，以孩子们喜闻乐见的方式，在线提供专业解答！
群内接龙留言最想了解的问题（本期征集截止7月1日）：
…展开…
6、其他星球有没有生命存在？
6月27日 上午11:29
#接龙
孩子有各种稀奇古怪的问题？别怕，【天府科技云E课堂】能为群友们请到各路专家大咖，以孩子们
群公告

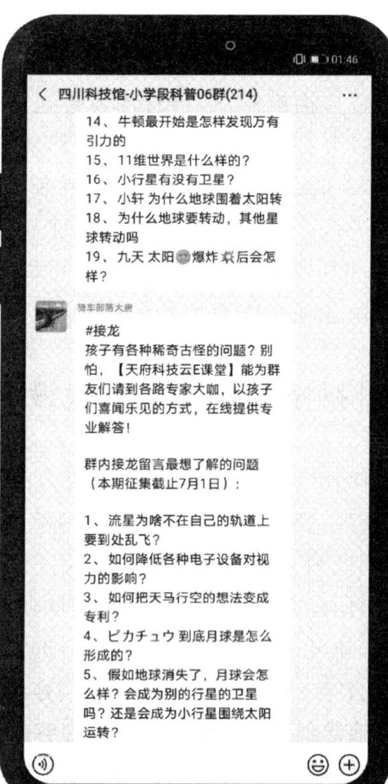
01:46
四川科技馆-小学段科普06群(214)
14、牛顿最开始是怎样发现万有引力的
15、11维世界是什么样的？
16、小行星有没有卫星？
17、小轩 为什么地球围着太阳转
18、为什么地球要转动，其他星球转动吗
19、九天 太阳爆炸后会怎样？
#接龙
孩子有各种稀奇古怪的问题？别怕，【天府科技云E课堂】能为群友们请到各路专家大咖，以孩子们喜闻乐见的方式，在线提供专业解答！
群内接龙留言最想了解的问题（本期征集截止7月1日）：
1、流星为啥不在自己的轨道上要到处乱飞？
2、如何降低各种电子设备对视力的影响？
3、如何把天马行空的想法变成专利？
4、ピカチュウ 到底月球是怎么形成的？
5、假如地球消失了，月球会怎么样？会成为别的行星的卫星吗？还是会成为小行星围绕太阳运转？

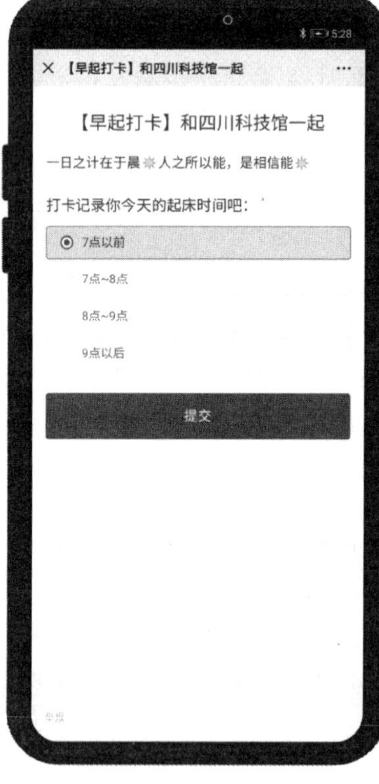
5:28
【早起打卡】和四川科技馆一起
【早起打卡】和四川科技馆一起
一日之计在于晨 人之所以能，是相信能
打卡记录你今天的起床时间吧：
7点以前
7点~8点
8点~9点
9点以后
提交

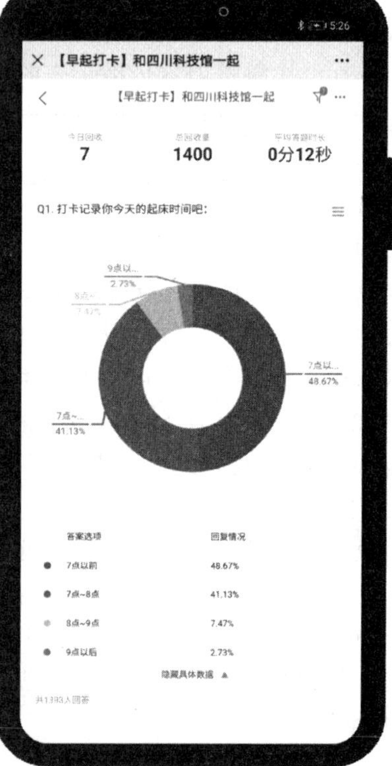
5:26
【早起打卡】和四川科技馆一起
【早起打卡】和四川科技馆一起
7
1400
0分12秒
Q1. 打卡记录你今天的起床时间吧：
9点以...
2.73%
7点以...
48.67%
7点~...
41.13%
答案选项
回复情况
7点以前
48.67%
7点~8点
41.13%
8点~9点
7.47%
9点以后
2.73%
隐藏具体数据

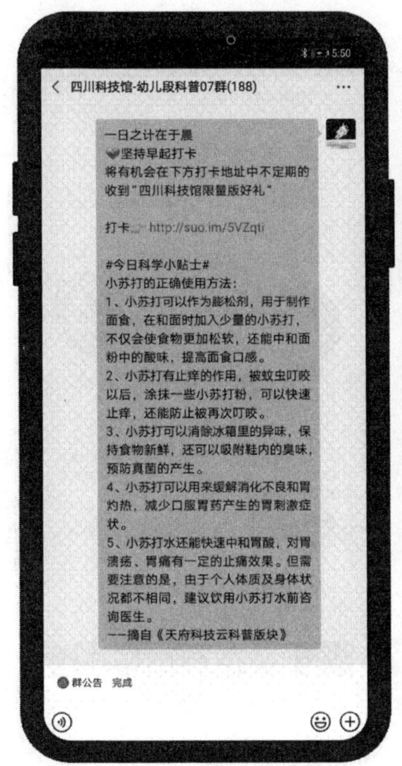

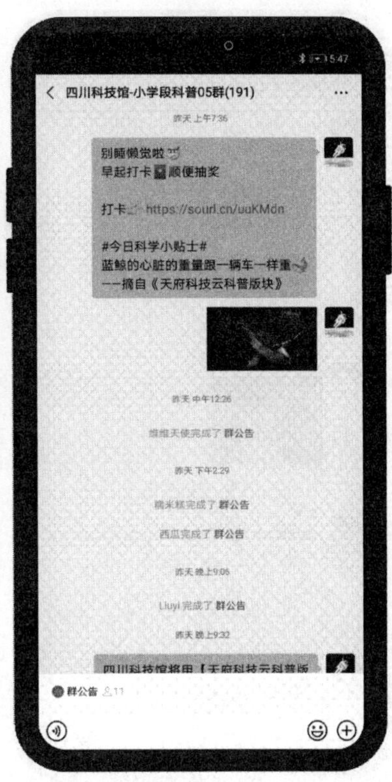

被动的接收信息，肯定不如主动学习，所以社群管理员每周还会选择发送过的知识点来做成一个小测验。

为了引导社群用户使用四川省科协打造的《天府科技云》平台，社群管理员在"有奖科普问答"抽奖时，不会直接公布正确答案，而是让群友们动动手，通过下载《天府科技云》APP 进入"科普大厅——科普苑"亲自去"向科学要答案、要方法"。

同时，为了解决周末、暑假等节假日科技馆预约难的问题，四川科技馆鼓励公众加入到科普社群中来，积极参与社群活动，每周赢取科技馆额外入馆资格。

② 主动服务。

在社群面前，科技馆要主动变成社群的服务者，提供符合社群的增值服务，建立线下线上连接，增加粉丝对社群的认同感。今年年初突发的新冠肺炎疫情，迫使科技馆活动从线下走到线上，四川科技馆年初打造的"天府科技云——科学 E 课堂"线上直播活动受到公众追捧，从 13 万人在线观看的金边日环食，到仿照莫比乌斯环设计的"成都网红第一桥"，或是四川省疾控中心专家主讲的"人类与病毒并行的抗疫史"，只要是科普社群的群友，社群管理员都会提前收集群友提问，及时发送开播提醒，结束收取群友意见反馈。

同时，凡是和四川科技馆相关的各种问题，在社群里都会得到及时、耐心的解答。

据统计，自今年 3 月四川科技馆科普社群建立以后，四川科技馆微信服务号活跃度在这段时间明显提升，文章阅读量是之前的两倍，每日取关用户数大幅下降，粉丝活跃度显著提升，文章阅读量屡创新高。截至 2020 年 8 月 20 日，四川科技馆服务号发稿 100 篇，总浏览量达 84 万次，10 万＋文章共 3 篇；科普社群转载科普文章 236 篇，收集/解答问题 121 个，分享科普活动 20 余次，微直播 6 场。

四川科技馆-幼儿段科普08群(165)
社群小助理-科科
@所有人
本周继续用【天府科技云科普版块】中的知识点来考考你，提交答案后即可抽奖本周答题时间截止2020年7月19日（本周日）！
这次有奖问答和汽车有关 虽然我们不知道汽车人能不能打赢霸天虎
考考你
https://sourl.cn/GsXGwg
社群小助理-科科
总是和大奖失之交臂
22:05
群公告
@陶陶 重在Get各种知识点

天府科技云-有奖科普问答（第3期）
天府科技云-有奖科普问答（第3期）
每周一个知识点，滴水成河，粒米成箩。
四川科技馆将用【天府科技云科普版块】中的知识点来考考你
（本周中奖的下周末【7月25或26日】任选一天免预约进馆）
1956年的7月13日我国第一批解放牌汽车试制成功，而今已是新能源汽车的时代，问题来了：中国的新能源汽车产销量在全球排名第几？
全球第一
全球第二
全球第三
全球第四
提交

天府科技云-有奖科普问答（第3期）
答案提交成功
下载【天府科技云APP】进入"科普大厅-科普苑"搜索关键字"新能源汽车"查找正确答案
天府科技云
让生活更美好
长按二维码下载天府科技云APP，向科学要答案、要方法
注意：本期中奖者下周末【7月25或26日】选一天免预约进馆
答题有礼 请您抽奖
谢谢参与
GO

抽奖
恭喜你中了一等奖
一等奖 四川科技馆好礼
填写收货地址
发奖人：社群小助理-科科
联系方式：18224463369
发奖时间：2020-07-25
发奖方式：1、注意事项：中奖者请搜索并添加微信号18224463369，将姓名、身份证和手机号发给"社群小助理-科科"（进馆时要核验）。2、进馆流程：【2020年7月25日或26日】（任选一天，若闭馆则顺延至下周末）到四川科技馆南广场服务中心（i中心票务服务大厅）报活动名【天府科技云-科学E课堂】带上你抽奖时所填姓名对应的身份证进馆，可带一名儿童（儿童不用带身份证，但要大人小孩都要提前登记健康码）。3、明信片将在后期邮寄到家【注意：请准确填写收货信息！尤其姓名要和进馆时的身份证对应！】。

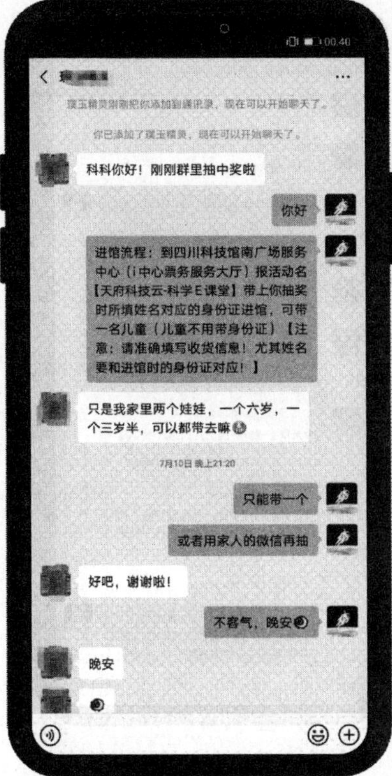
科科你好！刚刚群里抽中奖啦
你好
进馆流程：到四川科技馆南广场服务中心（i中心票务服务大厅）报活动名【天府科技云-科学E课堂】带上你抽奖时所填姓名对应的身份证进馆，可带一名儿童（儿童不用带身份证）【注意：请准确填写收货信息！尤其姓名要和进馆时的身份证对应！】
只是我家里两个娃娃，一个六岁，一个三岁半，可以都带去嘛
只能带一个
或者用家人的微信再抽
好吧，谢谢啦！
不客气，晚安
晚安

四川科技馆-小学段科普03群(219)
我也收到了
哦，平邮的哇？我以为是快递呢
挂号信
哦哦，明天去看看，谢谢
都是小朋友们画的，很特别，还可以邮寄给其他大朋友小朋友们

四川科技馆-幼儿段科普10群(169)
快开始了
点击下方链接进四川科技馆直播间！今天14:00，天文学家给你直播日环食！
天府科技云——科学e学堂"我们一起见证2020天文奇观"

微直播
6月21日 14:00
我们一起见证2020天文奇观
日环食
甘孜州 宜宾 雅安 达州
阿坝州 内江 绵阳 遂宁
全省联动
感谢厦门也为四川同胞的努力点赞
厦门666
都很牛逼，工作人员辛苦了！

4 科普社群运营的一些思考

(1) 粉　丝

社群存在的基础是粉丝。没有粉丝，社群也没有存在的意义，没有粉丝互动，群也会渐渐沦为僵尸群。因此，在社群平台搭建后，培育粉丝、发展粉丝就成为社群建设的重中之重。科技馆应全方位、多渠道培育和发展粉丝，充分利用现有粉丝池进行有效转化。比如可以从培养核心粉丝开始。在社群中发掘真正热爱科学的受众，通过线上、线下的活动的组织联系，慢慢培养成最忠实的科技馆粉丝，然后通过核心粉丝的朋友圈进行快速裂变，进一步扩大科普社群的影响力。其次，可以吸纳一部分有管理经验的社群成员和热心观众加入社群管理，与科技馆共同完成科普社群的管理和维护。再次，加大对于科普社群的宣传力度，可以通过科技馆官网、场馆入口二维码、线下活动、推文等渠道，着力推荐科普社群，逐渐将公众从线下转化到线上，从公域引入到私域。最后，要重视情感联络，科技馆社群负责人要与群员保持紧密联系，培养群员忠诚度，最终实现群员主动出谋划策，形成多方合力，为科普传播贡献力量。

(2) 舆　情

社群虽然打通了科普传播的“最后一公里”，但是伴随而来的是舆情风险及控制。群管理必须在入群前明确群规，24 小时监控群内文字、图片、音频、视频、文件、二维码、链接、小程序以及刷屏内容，违规者通报原因后踢出群，加入黑名单，杜绝违规者再次入群。

(3) 实时响应

社群是以体验为核心。移动互联网时代用户需求更加碎片化、长尾化、多元化、个性化，谁能为用户提供更优质的服务体验，谁就能吸引更多用户，这就要求社群管理员对用户诉求的全天候、无间断响应，来增强用户体验。

(4) 激励机制

应当对表现优异的科学辅导员、群员给予精神上和物质上的奖励，同时可以对核心群员比如科普志愿者采取分级制度，年底进行总结表彰，激励更多的群员向他们学习，从而产出和传播更多更好的科普内容，形成良性循环，为科普社群持续注入新鲜内容，增添社群活力。

5　结　语

科普社群给科普传播模式带来了新的变化，为科技馆发展注入了新的活力，解决了公众对科普需求“最后一公里”的问题，承担着完善科普传播体系的社会价值，现阶段科技馆行业对于科普社群的探索还是初步的，还需要不断扩展科普社群边界及其界限。

参 考 文 献

[1] 艾媒网. 艾媒报告 2017 年中国新媒体行业全景报告[EB/OL]. (2018-12-01). http://www.iimedia.cn/50347.html.

[2] 汪兴和. 强化“微社群”建设 增强县级融媒体传播力[J]. 中国广播电视学刊，2020(08)：43-45.

[3] 翁晋阳，管鹏，徐刚，等. 解密社群粉丝经济(实战版)[M]. 北京：人民邮电出版社，2016：56.

当 3D 打印遇见浑仪
——数字科技赋能天文设计

于建峰①

摘　要：近年来，随着计算机辅助设计（Computer Aided Design-CAD）软件快速迭代、频繁现身于工业设计之中，并与工业设计深度结合，工业制造工程师在设计作品时大幅提高了工艺精度，也极大提升了行业水准。增材制造俗称 3D 打印技术，无须借助传统刀具或夹具，也无需经过多道加工工序，在增材制造的设备上就能快速、精确地制造出所需要的任意复杂零件。本文结合作者自身实践，探讨如何在数字工程技术支持下，利用逆向工程技术和 3D 打印技术，复刻国宝文物——浑仪，将其制作成艺术品，在天文普及、科学教育、工艺创新等领域，更好地向世人展示中国古代天文的辉煌成就与仪器制造领域中领先时代的技术。

关键词：逆向工程；增材制造；3D 打印；古代天文仪器

1　浑仪介绍

(1) 浑仪的历史

我们所熟知的浑象、浑仪是两种不同的天文观测仪器。简单地说，浑象是一种演示天体运动的仪器，类似于今天的天球仪；而浑仪则是古代用于测量天体球面坐标的测量仪器；浑象和浑仪统称为浑天仪。

浑仪发明于公元前 400 年至公元前 100 年间。西汉《尚书通考》记载："汉落下闳为武帝于地中转浑天。"原始的浑仪由两个环组成，一个是固定不动的赤道环，另一个是绕极轴转动的四游环，环内设有观测用的窥管。东汉傅安和贾逵在浑仪上增设黄道环，张衡在此基础上又增设地平环和子午环，构成了具有二重环体的浑仪。唐代李淳风将二重浑仪改为三重，即外层六合仪、中间层三辰仪、最内层四游仪。经过历代的改进和创新，浑仪发展成完善且精密的天文测量仪器。环体重数的增加，导致操作不便，观测范围也在变小。于是，宋代沈括对浑仪进行了简化，取消了白道环，并改变了一些环的位置。元代郭守敬在沈括简化的浑仪基础之上，又将各个环体分开，使其互不干扰，独立运行。至此，简仪便诞生了。宋元时期，中国古代天文仪器发展到了顶峰，据宋代史料记载，有浑仪四座。宋元浑仪、简仪随着时间推移，物件老化，如今都不复存在。

仅存明代浑仪，现陈列于南京紫金山天文台，如图 1 所示。这架浑仪为明代正统二年（1437 年）奏言仿制元代郭守敬制作的浑仪，全身为青铜铸造。浑仪结构稳固，工艺精美，龙饰造型栩栩如生，堪称我国古代天文仪器、冶炼、铸造技术领域的巅峰。

---

①　于建峰，江苏省天文学会会员，工业设计师。邮箱：s-science@163.com。

图 1　铸造于明正统年间的浑仪,现陈列于中科院紫金山天文台(南京)

(2) 浑仪的特征

浑仪总高 3 220 mm,基座 2 450 mm 见方,总重 10.03 t。整体分为三个部分:球体、支柱、基座,由 30 多个元件装配而成。其中球体为浑仪的核心部件,球体共有 8 个圆环、1 个窥管,圆环均有周天刻度和文字。由于各个环相互交叉组合,三重环里外嵌套,当时为了便于环体的安装,有的环在安装时被磨出缺口,有的被切断成几个部分。支柱部分共有 5 个:4 个龙柱和 1 个鳌云柱。龙饰造型栩栩如生,纹饰细腻,充分体现了中国古代神兽、山、海、云等古典意象特征。底部基座为"田"字形,四个角及中心共有 5 个方墩;表面平整并刻有纹饰,底座上侧设有水槽,灌水后可用于水平校准。除此之外,浑仪外侧还放置 4 座铜铸假山:巽山、艮山、乾山、坤山,四维之山象征大地。

2　工业制造技术现状

(1) 工业制造方式

当前,我们可以大致将制造技术分为三大类:等材制造、减材制造、增材制造。等材制造是指通过铸造、锻压、冲压等方式生产制造的产品,材料重量基本不变,这种方式沿用了 3 000 多年。减材制造是指工业革命后,使用车床、铣床、刨床等设备对材料进行切削磨加工,以达到设计需要的形状,这种方式如同雕刻手法,距今有 300 年的历史。和减材相反,增材制造是指通过熔融堆积、激光烧结、光固化等技术,使材料一点点的增加,形成所需要的形状。增材制造俗称 3D 打印,历史上第一个 3D 打印专利授权于 1986 年,3D 打印充分发挥了数字计算机发展所带来的技术便利,发展十分迅速。

3D 打印不需要传统刀具或夹具以及多道加工工序,也不需要复杂的开模设计流程,在 3D 打印设备上就能够快速、精确地制造出需要的任意复杂的零件。3D 打印技术不受传统制造工艺的约束,能让设计师更加专注于创意和功能上的创新,无须担心产品无法加工出来。曾经只有设计师才能做到的事情,现在只要学会 CAD 画图软件,每一个人都可以成为一名创客。

(2) 3D 打印技术种类

3D 打印(又称三维打印),它融合了 CAD 软件、数字模型、数控系统、成型技术、材料加工等技术,通过软件与数控系统将专用的金属、非金属、生物材料,用烧结、熔融、挤压、光敏等方式层层堆积出需要的实物。

3D打印机常见分类有：熔融沉积式（FDM）、光固化式（SLA、DLP）、激光烧结式（SLS、SLM、LDM）、三维印刷式（3DP）。熔融沉积式（FDM）通常采用高温熔化PLA（聚乳酸）或ABS塑料，喷头挤出细丝，数控系统控制喷头运动，在构件平台上进行堆积成型。FDM结构最为简单，也是最常见、最为普及的一种3D打印技术。光固化式（SLA、DLP）在微型计算机及显示器的驱动下，计算机程序提供图像信号，紫外光照射液态光敏树脂使其发生聚合反应，逐层固化生成三维实体。激光烧结式（SLS、SLM、LDM）利用激光器烧结粉末使其部分黏合成一体，经过反复铺粉、烧结，最终成型。粉末材料有尼龙、树脂、钛合金、不锈钢、铝合金等，该成型方式精度高、材料多、质量好，工业领域生产使用居多。三维印刷式（3DP）采用标准喷墨打印技术，在每一层粉末薄层上喷涂色彩，逐层创建各个部件，实现三维彩色实体模型。该技术主要以陶瓷粉末为主，是目前市场上最为成熟的全彩3D打印技术。目前3D打印技术广泛应用于航空航天、汽车研发、牙科医疗、土木工程、工业设计、艺术设计、机械教学等领域。

(3) 浑仪制造方式分析与推测

浑仪的制造缺乏史料支持，依据浑仪实物特征结合现有制造技术推测，制造方法可能为等材制造中的——铸造技术。铸造种类细分为三类：砂模铸造、金属模铸造、失蜡铸造。具体的，浑仪的铸造结合了砂模和失蜡铸造。

关于浑仪的底座及球体，结构单一，使用砂模铸造即可完成。其中形态复杂的龙柱，可能采用失蜡铸造：制铁骨、制蜡模、制模具、出蜡和烘烤、浇注和清理。具体流程为：第一步，先制作蜡模骨架，龙柱长1.77 m，纯蜡结构极易损坏。第二步，在骨架的外面进行覆蜡，蜡冷却后进行龙的形态塑造和雕刻。第三步，将蜡模整体放入制作好的池内，逐渐倒入混合的砂泥水，静置等待沉淀。第四步，等待砂模自然干燥或加热烘烤，使模具固化。加热使蜡融化并流出，得到空心龙柱的铸造模具。第五步，将熔融状态的青铜注入模具内，等待其冷却凝固。第六步，敲碎去除外面砂泥，取出铸件。最后，根据需要对成品进行打磨、雕刻等工艺处理。

3 逆向工程案例

(1) 软件操作

浑仪的铸造技术难度之大，非一己之力所能及，需要多名工匠历经数年才能完成。在工业技术发达的今天，我们可以通过计算机技术复刻浑仪。在复刻过程中，我们用到的逆向工程技术，是一种产品设计技术再现过程。具体说来，就是测绘原来的实物，然后通过测量的数据重新录入CAD软件，生成相同或相近的三维数据，最后通过工业技术加工出来。

目前CAD工程软件市面较多，如CATIA、UG、Pro/E、Solidworks、Inventor、Rhino、3D MAX、MAYA、Meshmixer、ZBrush等，建议使用自己较为熟悉的软件，完成的三维数字模型的绘制结果都是一样的。这里笔者推荐使用Rhino和Meshmixer两款软件。Rhino是一款PC上强大的专业3D造型软件，它具有比传统网格建模更为优秀的NURBS建模方式，不仅能够轻松实现参数化建模，还能输入和输出几十种文件格式，包括3D打印行业通用STL格式。Meshmixer是一款Autodesk开发的三维模型设计软件，占用内存资源较小，而且可以任意编辑、制作所需要的形态，如同使用橡皮泥塑形一样简单，上手较为容易。这款软件还能对模型进行修改、拼接、结构分析、添加打印支撑。

(2) 测绘要求

实物的数据测绘上,笔者建议采用1:1数据构建,三维软件构建的点、线、面均为矢量,不存在输入尺寸越大、占有内存越大的问题,决定模型文件大小的关键是构成模型的平面数量。在逆向工程中,工程师在三维软件中,需要尽可能还原实物尺寸,这样才能最小限度地降低误差,也能够避免多次测算中比例换算产生的失误。1:1测绘、建模后,输出打印的时候可以进行等比例缩小,模型的常用比例为1:8、1:12、1:18、1:24等。数据测绘上,可以使用卷尺、激光尺、皮尺等,如果实物尺度超出测量工具范围,可以通过分段累计测量计算,实现超大尺寸测绘。

测绘之前,首先对要测量物体划分区域,分别进行逐一测量。这里,将主体分为三个部分,如图2所示:底座、立柱、环体。测量的过程中,需要建立一个坐标参考系,这样测量具有一个基准性。数据在输入三维建模软件的时候,也是需要重新设定一个坐标系,这个时候就可以共用同一个坐标系,而且可以避免两个不同的坐标系换算造成的失误,省时又省力。

图2 将主体分为三个部分:底座、立柱、环体

(3) 建模要求

建模时,首先要确定坐标系的中心,三维软件中有 X、Y、Z 三个轴,$X=0$、$Y=0$、$Z=0$ 就是我们所说的坐标系中心点,这个中心点是至关重要的一个点,决定后续建模的参考坐标。大多数情况下,都需要从这个中心点出发作辅助参考线,来确定其他零件方位、基准点。建模如同盖房子,同样需要从最底层开始,层层加盖,直至最终完成。

底座的绘制,Rhino软件NURBS建模优势就能充分体现。使用曲线工具输入测量数值,即可勾勒出轮廓线,如图3所示。通过曲面工具即可生成曲面,最后使用组合工具将每一个曲面进行组合,就可以生成实体三维数模,如图4所示。

关于立柱的绘制,浑仪的立柱是形态复杂的龙,对于这种不规则形态,NURBS建模方式将不适用,需要使用3D MAX、MAYA、Meshmixer、ZBrush等网格面建模软件,这些软件能够像捏橡皮泥一样,如图5所示,拖拽、挤压、切削曲面形成需要的形态。Meshmixer软件里有很多画刷可以切换使用,稍加练习就很容易上手,即使是初学者也很容易操作,如图6所示。在绘制立柱前,通过观察,我们会发现一共有5个立柱:4个龙柱、1个鳖云柱。其中龙柱是镜像对称的,这样我们只要绘制其中一个龙柱,通过镜像对称即可复制出其余三个龙柱,如图7所示。工程量立马由四个变成了一个,大大地缩减了工期。再通过Meshmixer捏出鳖云柱,如图8所示。这种网格面体的塑形,需要有耐心地去塑造,熟练操作命令及快捷键,对绘制速

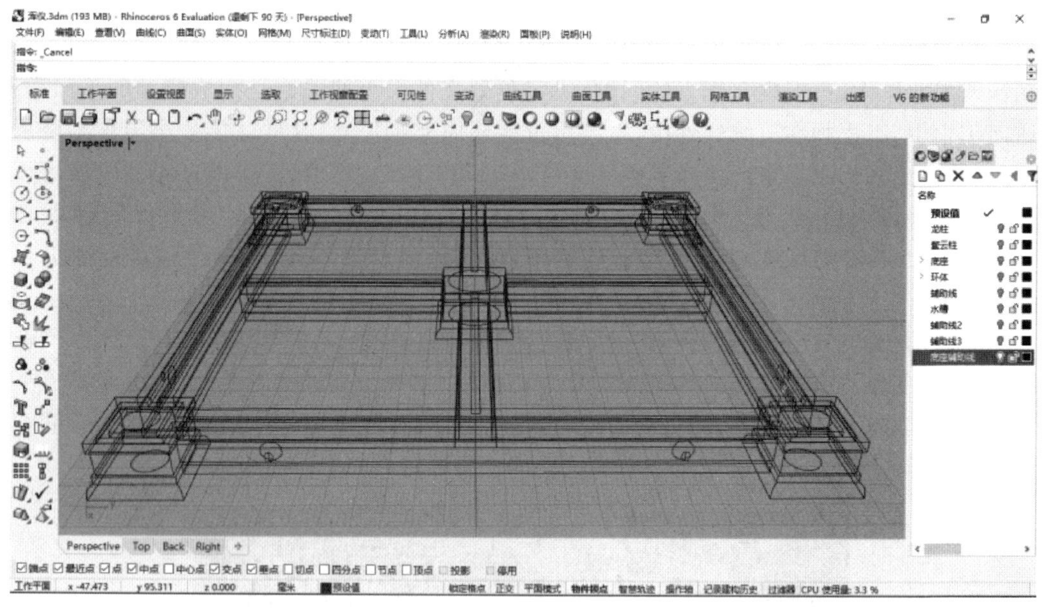

图3 NURBS建模:使用曲线工具输入测量数值,逐一勾勒出轮廓线

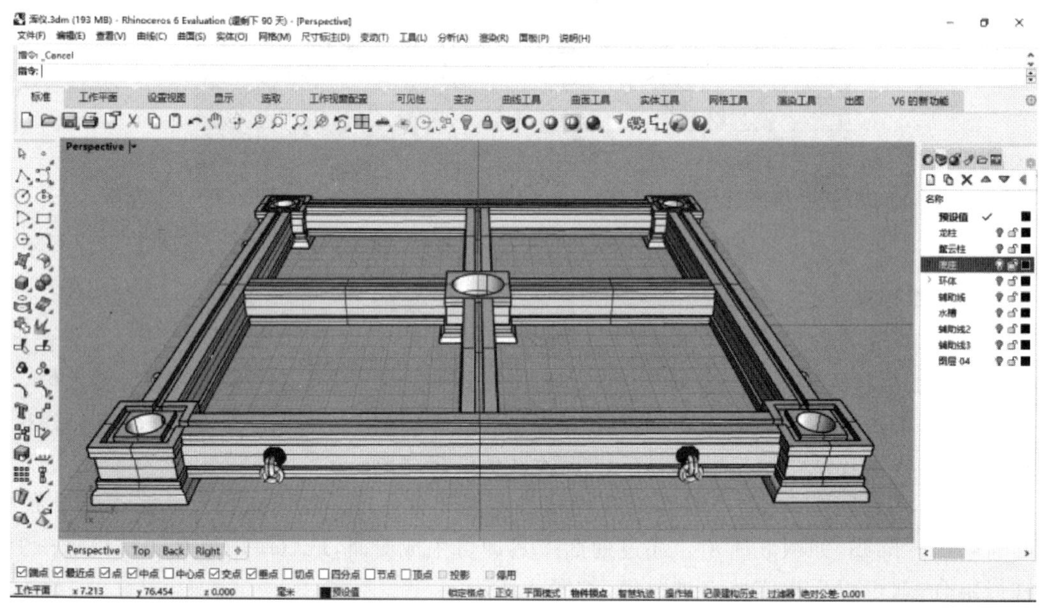

图4 通过曲面工具即可生成曲面

度会有所提升。

环体的绘制,首先对环体观察分析,乍看环体,里外三层甚是复杂,眼花缭乱的环让人无从下手。如果仔细分析,并不会太难理解,由此也会令我们惊叹中国古人的智慧,看到古代工匠们是如何巧夺天工的。环体从外向里分为三层:六合仪、三辰仪、四游仪。

第一层,六合仪结构分解为:地平环是整个环体的基准,它被固定在地平方向。子午环固定在正南北方向上,将天球分为东半球、西半球。外赤道环是指天球赤道,它是由地球赤道平

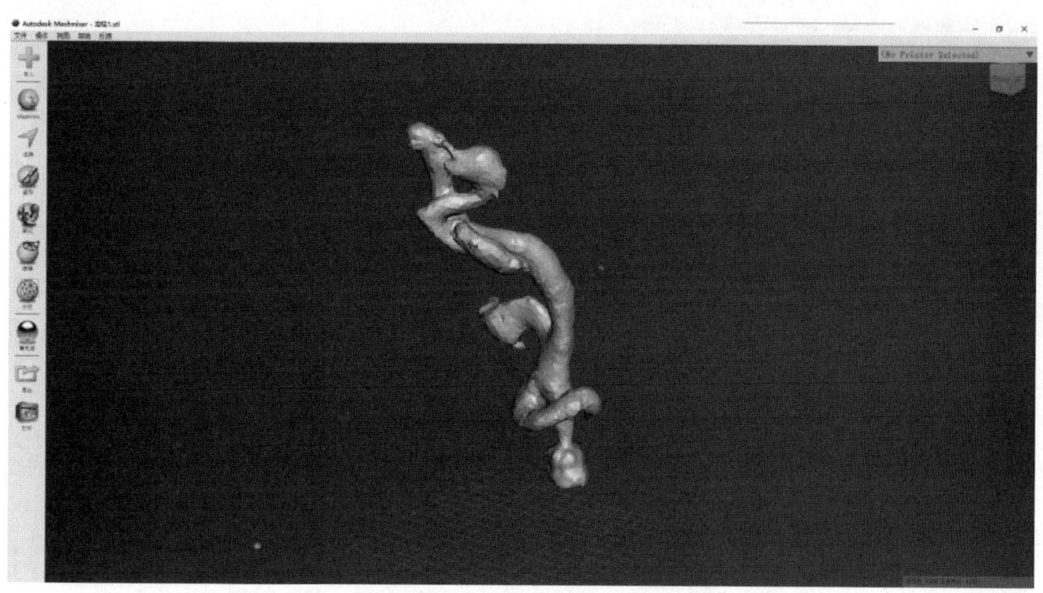

图 5　使用 Meshmixer 捏出大致形态，再慢慢雕刻细节

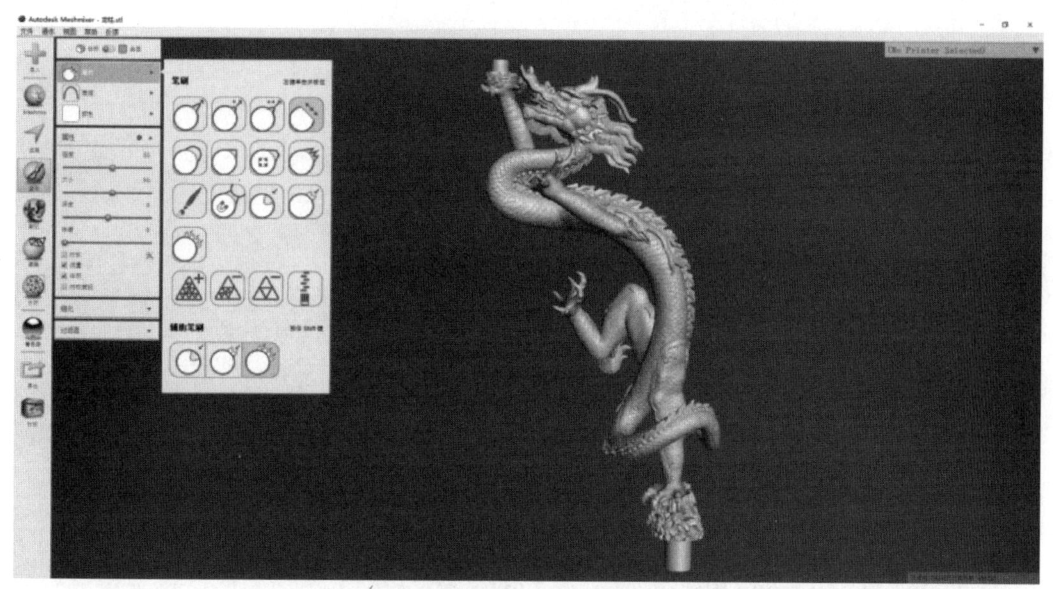

图 6　使用 Meshmixer 捏出龙柱，软件里有很多画刷可切换使用

面无限扩大与天球相交割的大圆，地球赤道与天球赤道同圆心、共平面。天球赤道将天球划分为南半球、北半球。在软件建模中，为了确定天球赤道环的角度，我们从谷歌地图上进行选取，如图 13 所示，这里以北京天安门广场英雄纪念碑为中心，测得纬度约为 39.90°，计算可以得出天球赤道环与地平环的夹角为 129.90°，如图 9 所示。

第二层，三辰仪结构分解为：内赤道环与外赤道环同圆心、共平面，软件建模参数相同。二分环用来显示春分、秋分，二至环用来显示夏至和冬至。二分环与二至环，同圆心并互相垂直 90°，可将天球等分四分，用来表示一年四季。黄道环是指地球上的人看太阳于一年内在恒星

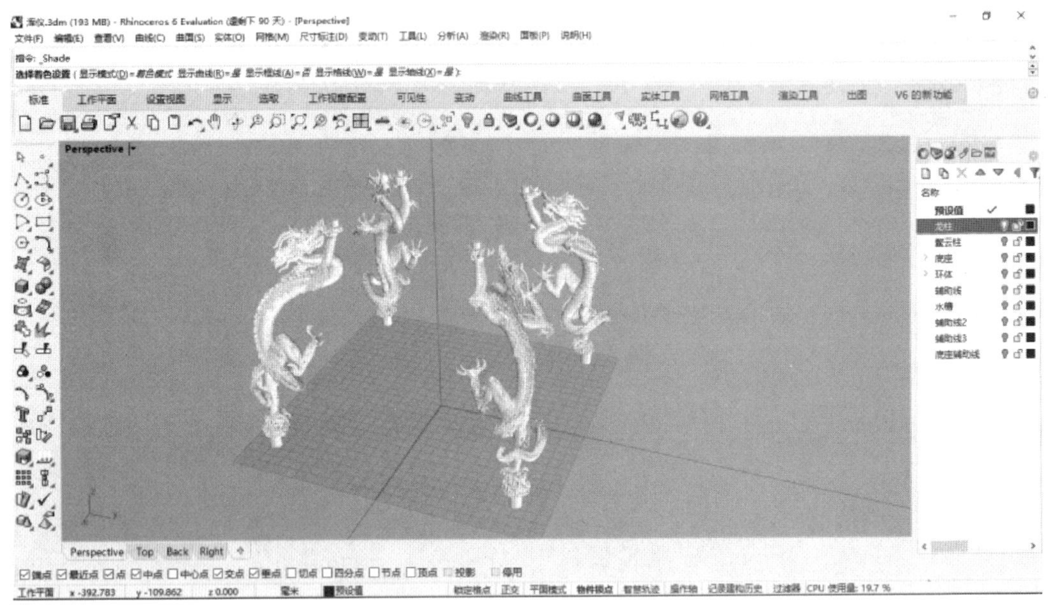

图 7　将绘制好的龙柱导入 Rhino，使用镜像工具，复制出其他三个龙柱

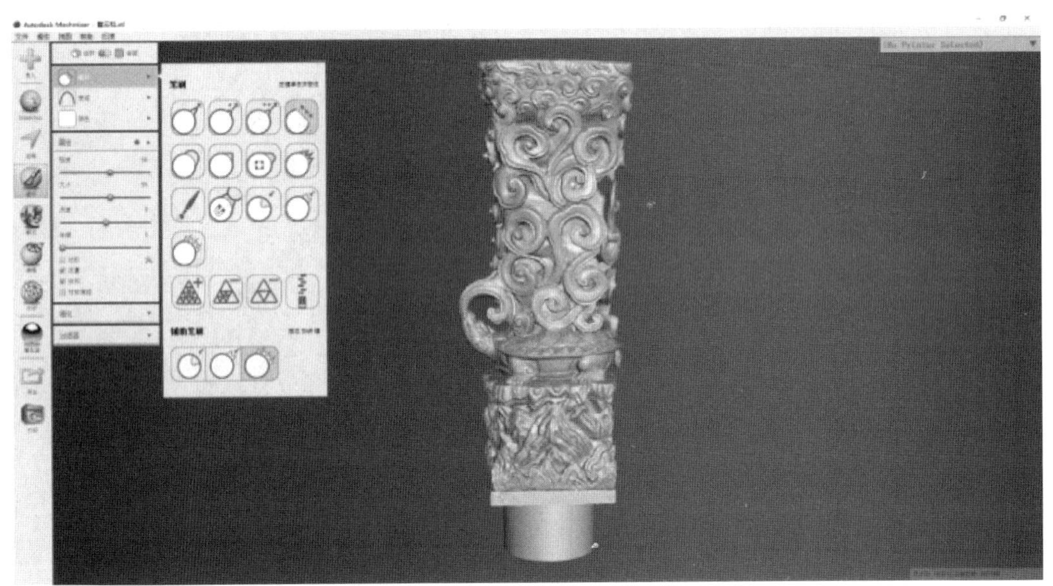

图 8　同样使用 Meshmixer 捏出蟠云柱，再导入 Rhino 进行组合

之间所走的视路径，即地球的公转轨道平面和天球相交的大圆。黄道和天赤道成 23°26′的夹角，相交于春分点和秋分点。经过换算黄道环与赤道环的夹角约为 23.43°。内赤道环、黄道环、二分环与二至环，四个环自成一个整体，被固定在平行于地球自转轴的南北极轴上，并绕南北极轴旋转，如图 10 所示。

第三层，四游仪结构分解为：四游环可以绕南北极轴转动，作为就是让窥管自由运动。窥管被设置在四游环的中心上，用来对准测量的天体，根据环上的刻度来确定该星体在天空中的位置，如图 11 所示。

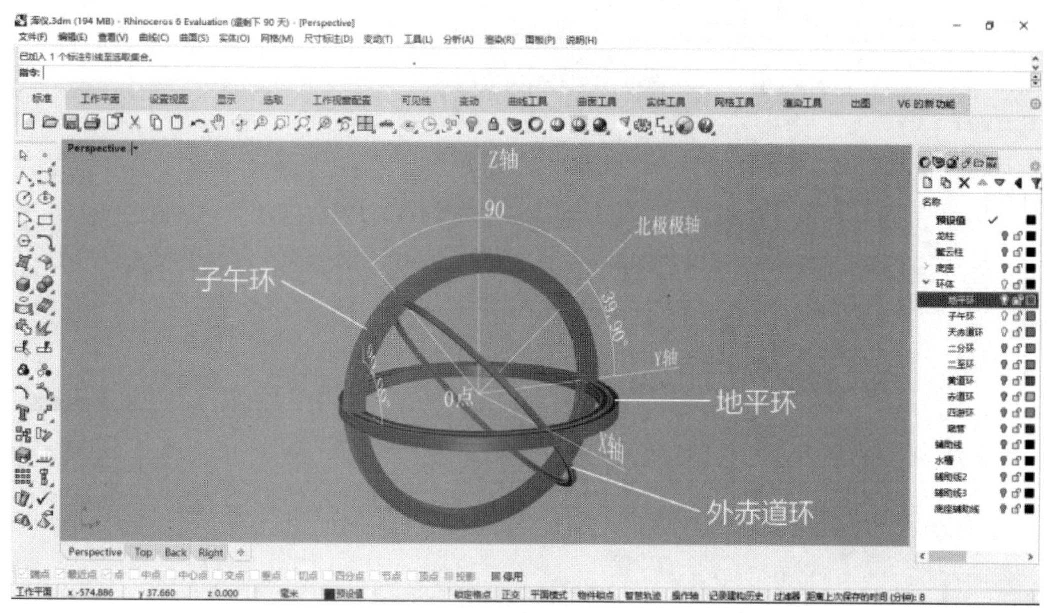

图 9　第一层为六合仪，由地平环、子午环、外赤道环组成

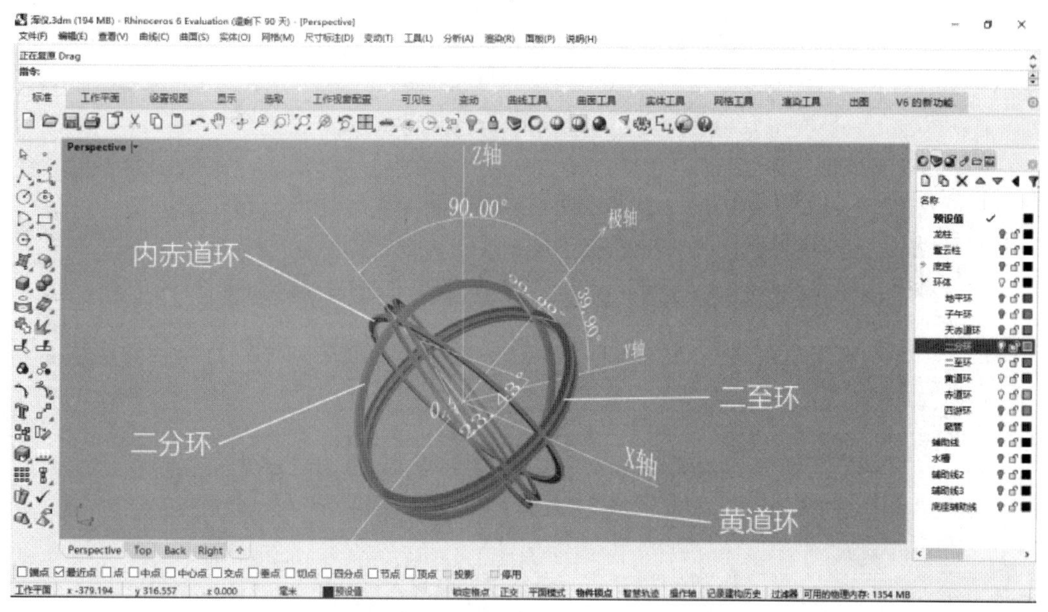

图 10　第二层为三辰仪，由内赤道环、黄道环、二分环、二至环组成

完成球体绘制后，浑仪三维模型绘制完毕。最后通过移动工具，在软件中将所有的零部件进行组合，如图 12 所示。

(4) 模型输出打印

完成浑仪三维数模的绘制，接下来就是激动人心的时刻了。将浑仪零部件分开导出 STL 文件，导入 3D 打印机切片软件，进行打印模型的刀路编程，整个过程都是自动的。参数设置中需要勾选“打印支撑”选项，如图 13 所示。

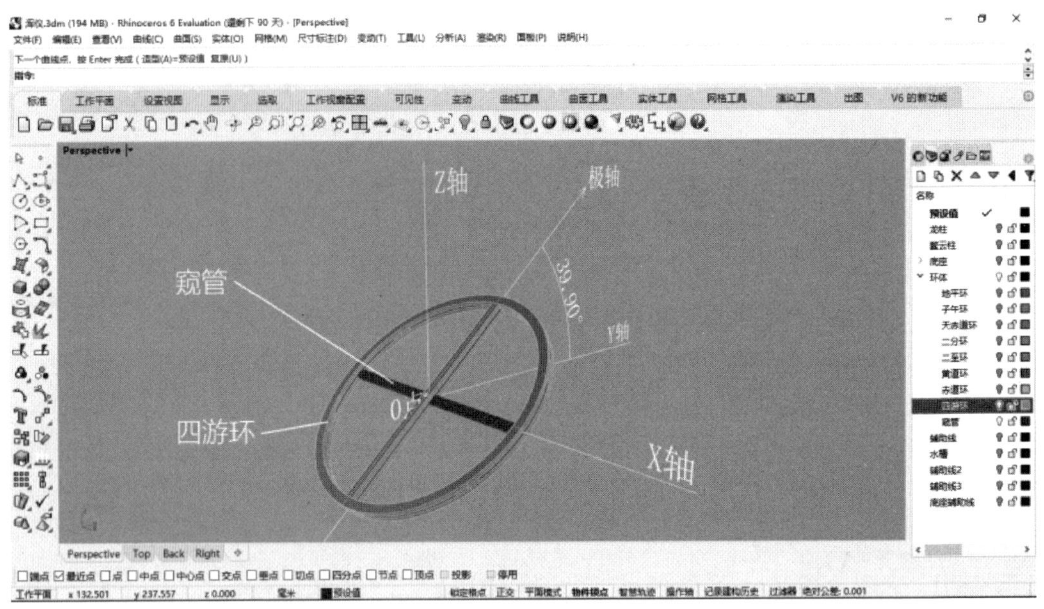

图11 第三层为四游仪，由四游环、窥管组成

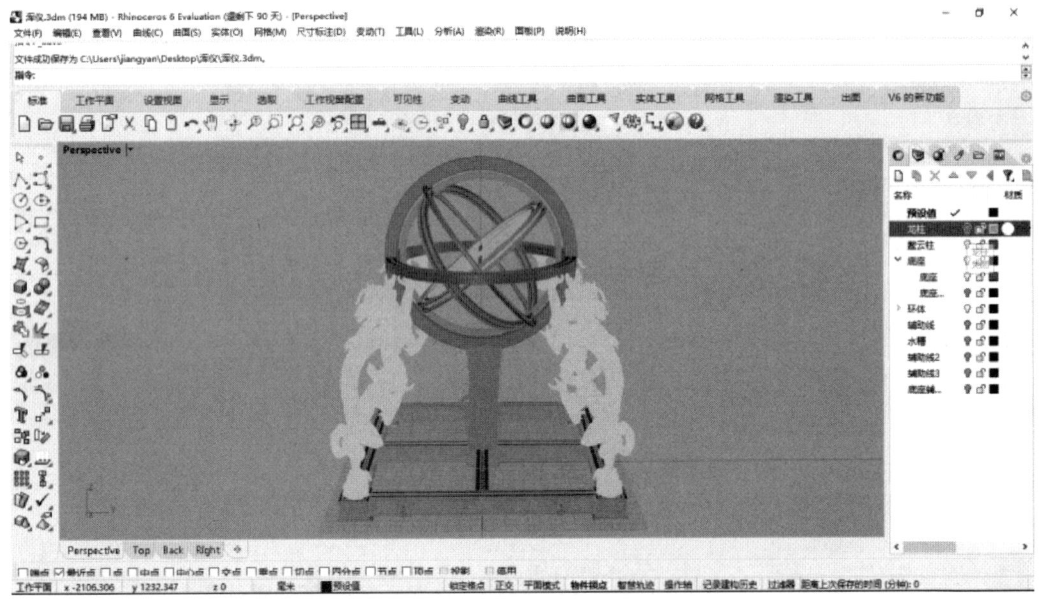

图12 浑仪的整体三维数模

“打印支撑”的作用就是起到悬空部位打印，不会坠落到平台上，支撑起到依托的功能，打印完毕后使用工具去除支撑即可得到所需的物件，如图14所示。切片软件还能模拟刀具移动过程，让工程师更加直观地分析打印的最佳方式。3D打印切片软件有很多种，如Cura、MaterialiseMagics等，还有上面建模使用过的Meshmixer软件。每种打印机都有自身配套的软件，如果家里没有3D打印设备，也可以在网上寻找光固化打印的商家，一般情况下，只需要提供给商家STL文件即可，切片的部分操作商家会帮忙解决。

图13 切片打印需要注意悬空的部位，要勾选“打印支撑”

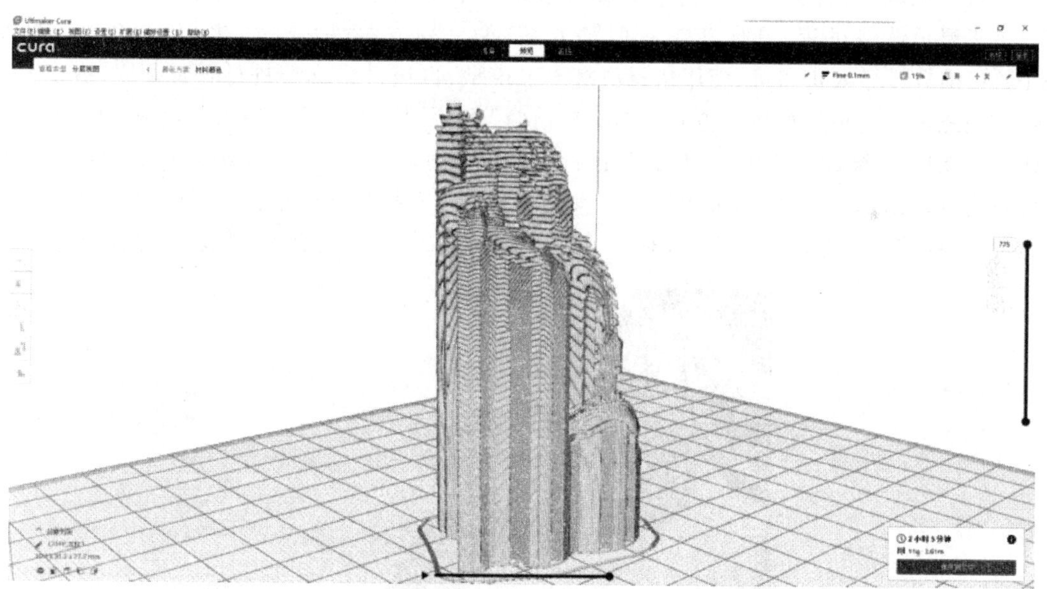

图14 “打印支撑”就是在悬空的部位下面，建立一个依托支架，防止模型倒塌

Cura切片比较简单，也是众多FDM打印机通用的切片软件。笔者曾任3D打印研发工程师，3D打印是工作上的一个得力助手。它不仅帮助实现很多设计上的验证需求，还能帮助笔者解决家里大小零件的替补。关于FDM打印使用的耗材，通常使用PLA耗材，PLA耗材的特性是60℃以上开始软化，通常打印机的设置耗材温度在190～220 ℃，具体要看不同厂家的说明书。完成打印后需要去除不需要的支撑，去除完成后，即可使用UHU胶水进行黏合，如图15所示。这样，一个浑仪就打印好了，接下来就是给它喷涂油漆，使其更加美观。

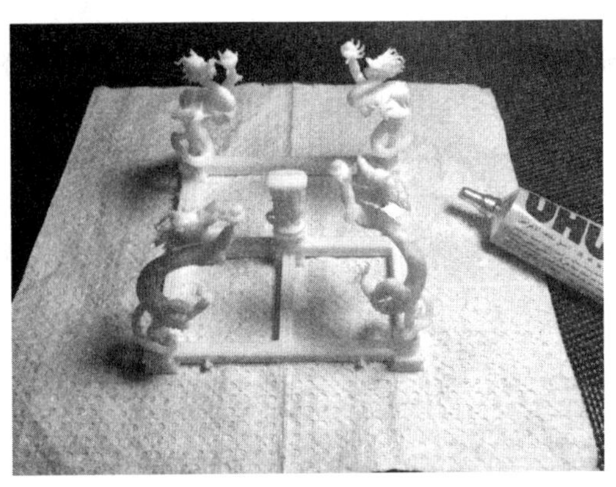

图15 使用胶水将浑仪各个部件进行黏合

4 总 结

古人需要耗时数年才能完成的铸造，今天我们使用3D打印技术即可轻松完成复刻工作。在科学教育领域，我们还可以通过模具设计及3D打印技术，展示浑仪模型及浑仪铸造的过程。关于展示铸造过程，具体实施有两种方案，第一种方法采用光固化3D打印机（SLA、DLP），三维数模导入打印机，使用蜡材料打印出模型，再通过蜡模型进行石膏翻模，有了模具即可实现浇铸。这种精准铸造方式，在珠宝首饰行业应用最为广泛。第二种方法采用陶瓷3D打印机（3DP），三维数模使用CAD软件进行模具设计，再将模具的三维数据导入打印机，使用陶瓷材料打印出模具，打印出来的模具可直接浇铸。现有技术条件结合实际操作，在展示和教学方面，这种简易的操作方式方法，对于学习和理解铸造技术的原理，无疑是非常有帮助的。

图16 笔者为了使其更加生动，在喷漆后使用了做旧喷刷

浑仪，是中国古代以浑天说为理论基础制造的天文仪器。从古至今，历经多次改进，由简而繁，而又由繁至简，最终形成今天的模样。它曾经改进了中国古代历法，见证了中国古代天文学的发展，也展现了中国古代工业技术超高的铸造水平和雕刻工艺。在600年前，没有数控加工、起重机等设备，古代工匠需要复杂的工艺和制作过程，历经数年才能完成。在数字工程技术支持下，利用逆向工程技术及3D打印技术，得以进行复刻国宝文物——浑仪。使用3D

图 17　鳌云柱的 3D 打印细节展示

打印机将其制作成艺术品，在天文普及、科学教育、工艺创新等领域，更好地向世人展示中国古代天文仪器、铸造、榫卯、历法等灿烂文明和工艺结晶。

参考文献

[1] 吴坤仪，王金潮，李秀辉. 浑仪、简仪制作技术的研究[J]. 东南文化，1994(06):97-111.

[2] 潘鼐. 现存明仿制浑仪源流考[J]，自然科学史研究，1983(03):234-245.

[3] 蒲永峰，梁耀能. 机械工程材料. 北京:清华大学出版社，2005.

[4] 凌松. 增材制造技术及其制品的无损检测进展[J]. 无损检测，2016，38(06):60-64。

[5] 张学军，唐思熠，肇恒跃. 3D 打印技术研究现状和关键技术[J]. 材料工程 2016，44(02):122-128.

科技馆信息系统智能化理论探究

王　晶[①]

摘　要：科技馆现阶段正处于发展的黄金期，"改革""创新""发展"是近年来在各个论坛讨论最多的词汇。5G时代即将到来，信息数据的高速传输以及大数据发展给科技馆的信息管理提供了新机遇。本文立足当前科技发展，结合工作实际遇到的问题，提出建立"信息智能管理平台"的理念设想，为科普场馆充分利用先进技术，冲破重重枷锁，进行信息的智能化管理提供理论依据，为科技馆创新发展提供新的思路。

关键词：科技馆；信息系统；智能化；信息智能管理平台

1　科技馆信息系统智能化提出的背景

国内科普场馆经过萌芽、发展、壮大这半个多世纪的发展形成了今天的现代科技馆体系。根据不完全统计，截至2017年，我国共有科技馆1 258座。虽然目前科技馆实体馆数量还在扩张，但科技馆事业的重心已经从重数量重规模逐步向重内容建设进行转变，软件内容也从有展无教、重展轻教向展教结合、展教并重、探究式展览教育活动开发进行转变，现在的科技馆正处于发展的黄金期。数量的急剧上升说明了科技馆发展的欣欣向荣，然而方兴未艾，科技馆可持续发展的探索才刚刚开始，从现有政策和现象来看，当前科技馆变革已经展开。在现代信息社会，随着科技的发展，信息的重要性毋庸置疑。而对于体现科技和创新性的科技馆而言，信息管理的水平就显得更为重要。

中国自然科学博物馆协会理事长程东红在"首届'一带一路'科普场馆发展国际研讨会"上所作的主旨报告中讲到，科技创新及其与社会的互动层出不穷的科学新发现、新成果，持续地推动着世界的转变，也不断地刷新人们理解科学和认识世界的方法。科技进步固然不可逆转，但是在取得巨大成就的同时，更给我们带来了诸多挑战。为此，自然科学博物馆必须做到三点，其中第二点讲到，充分利用诸如信息技术等高新技术去寻求展览教育、观众服务、用户体验等方面的创新，同时将其服务拓展至观众参观之前和参观之后，并及于不能到达现场参观的公众；文章中不难看出，科技馆要瞄准科学的明天，在万事联网的时代，科普工作既在科普内容、形式上要实现创新，同时在管理中同样需要做到智能化，让硬件和软件、职责和管理匹配，需求与供给互通、信息共享，以提升整体科普服务能力水平。受新冠肺炎疫情的影响，科技馆的线上科普迅速发展，这对科技馆实现线上线下数据互通提出了更高的要求，信息的智能化管理成为提升科技馆整体服务的重要手段。

① 王晶，吉林省科技馆助理研究员；研究方向：科技管理；通信地址：吉林省长春市净月开发区永顺路1666号；邮编：130117；E-mail：2541313363@qq.com。

2 国内科技馆信息系统智能化管理现状

(1) 信息系统应用不均衡

目前,国内拥有信息系统的科技馆只占少数,且系统的完备程度和功能参差不齐,部分只局限于省级以上的科技馆,在地县级科技馆中信息管理系统尚属少见。以吉林省为例,目前只有吉林省科技馆配备尚不完善的信息管理系统,各个地县级科技馆尚无此类系统。

(2) 信息管理各自为政

目前国内各个科技馆都有自己的信息管理方法,涵盖先进的计算机网络系统,也有传统的纸质记录,但总体而言都是以馆为单位进行单独记录统计,并未实现科技馆体系的信息一体化和信息共享。部分大型科技馆拥有自己的信息管理系统,能较为全面的统计全馆的各项数据。以北京自然博物馆科普服务信息管理系统为例,该馆的系统就较完整地呈现了信息统计上的功能,包括:培训班信息管理系统(学生端)、培训班信息管理系统(教师端)、会员俱乐部信息管理系统、志愿者信息管理系统、展厅维护信息管理系统等五大方面,较好地将各类信息汇总到一个平台,一目了然。广东科学中心根据信息化、智能化管理和服务的要求,从注重实效出发,建立相应的信息管理系统,如客户关系管理系统(GRM)、办公自动化信息系统(OAIS)、订售票信息管理系统、物业管理信息系统等。通过建立和应用以上信息管理系统,对科学中心实现信息化管理、精确化管理、实时动态化管理和网络化管理。由此可见在,在已拥有管理系统的科技馆中,信息管理可满足自身发展要求,但科技馆体系内整体的信息链接尚未建立。

(3) 信息数据互联共享尚未实现

信息系统的功能一方面为科技馆提供管理和服务的信息技术支撑,另一方面为游客提供界面友好、形式新颖、操作简单的终端。在目前科技馆信息统计的过程中,无论是公众还是管理者很多信息需要登录固定的系统,进行填报,过程烦琐,没有统一固定的终端形式,且各个系统不相通,存在重复登录的问题,观众的体验度和满意度并不高。涉及科技馆体系内信息统计时,还需要导出数据进行人工填报,增加了管理者的工作量。

3 科技馆信息系统智能化的必要性

(1) 供给侧结构性改革的启示

在我国,政府部门是科普工作的投资者;科技馆既是科普工作的被投资方,又是科普服务的供给侧;观众既是科普活动的参与者、直接受益者,又是科普服务的需求侧。2015 年中央经济工作会议上,决策层强调要“着力加强供给侧结构性改革,着力提高供给体系质量和效率”,在学界内外引发广泛热议。这虽然是经济上的改革,但就方向来看,科普工作也应该向供给侧调整,及时掌握需求侧的信息数据,以调整改变供给侧的质量从而进行整体服务水平的提升。

广东科学中心有一篇关于科技馆科普服务供给侧结构性改革的调研,团队分别向广东科学中心的观众和员工开展调研发现,代表科普服务供给侧的科技馆员工与代表科普服务需求侧的观众认知存在明显差异。例如,在报告分析中,观众认为展品互动操作性是唯一一个重要性高、满意度低,需要重点加强的因素,而员工认为该因素供给过度。可见,及时掌握供给侧与需求侧的认知差异对于提升供给侧服务质量有至关重要的作用,所以掌握需求侧的数据信息可以为改善供给侧服务提供精准的数据参考。

(2) 动态数据指标采集遇到的问题

目前国内科技馆的动态数据上报一般分两种方式:一是通过系统连接进行采集,二是以电子表格方式人工填报采集。信息的采集过于笨重并且在统计的第一步存在偏差,不能全面反映科普工作的情况。在《中国科协科普部关于开展免费开放科技馆动态数据指标采集调查的通知》中可以看出,在信息采集主要有以下几个方面:观众量数据、展品数据、教育活动数据、短期展览数据、会员数据、自媒体数据、其他数据。采集方式分为通过系统连接口采集、人工填报两种。以吉林省科技馆数据统计为例,在观众量数据实现了系统连接口采集,同时在微信平台或网站的预约可以通过后台统计出来,但微信和网站不是一个平台,预约人数有重叠,其他的展品数据、教育活动数据、短期展览数据等大部分是手动记录,工作量大、汇总困难,在采集和统计时难免有漏采和上报不及时的现象,对于日后的研究缺乏精准的借鉴价值。

(3) 教育效果评价分析的难题

现阶段国内科技馆在馆校结合开展上已有成熟模式,但馆校结合的评价体系却是困扰各馆的因素。目前,馆校结合在参与数量,探究模式,课程开发质量等都方面有较为成型的模式,但我们忽略了一个重要因素就是最终学生的学习效果,在教育效果的评价方面做的还不够完善。以吉林省为例,2019 年中共吉林省委宣传部、吉林省教育厅、吉林省科学技术协会等 5 部门联合印发关于对《吉林省普通高中学生综合素质评价试点工作相配套文件》征求意见的通知,通知中包含与科普场馆紧密相关的《吉林省普通高中学生综合素质评价社会实践实施细则》(征求意见稿),文件中提到,社会实践活动过程的信息化管理通过吉林省普通高中学生综合素质评价平台技术服务方来实现。社会实践基地要与学校共同负责个人学生社会实践课程和主题活动的信息录入,对学生的学习信息进行痕迹管理。抛开科普场馆的承载力问题,此项工作的信息整理录入对科技馆而言在工作量上无疑是一个巨大的挑战,在科技馆现有人员紧缺的客观情况下,要耗费巨大的人力资源进行数据上报,同时需要根据上课情况进行课程升级,在这项工作中,科技的优越性完全没有得到充分的发挥。那么科技馆如何能精简流程,把更多的时间和人力资源从大量的信息统计录入里解脱出来,有的放矢地向教育内容倾斜是值得深思的。

4 科技馆信息系统智能化管理模式初探

对于我国现代科技馆体系建设来说,在科技馆体系内是否能有这样一整套完备的系统,将全国科技馆涵盖进来并且实时掌握各馆信息就对信息的智能化管理提出更高的要求。基于以上分析,笔者提出了依托大数据的"智能科普管理平台"理念设想,通过"一人一卡一平台"的信息智能化管理完成体系内信息的统一管理,在后期信息的统计过程中数据一键生成,可以减少很多事务性的工作,同时操作简单。

在科技馆探索智能化管理的初期,可遵循一部分地区、一部分人群率先实现的"试点先行"原则进行探索,以个别省或者市为试点进行尝试;根据科技馆的定位,充分发挥科技馆科普教育阵地的作用,由于学生方便进行统一管理和数据统计,故文章所针对的对象首选为在校的青少年学生。

(1) 信息智能管理平台

信息智能化管理不仅在内部管理上实现各单位智能化，更是在全国科技馆体系内实现体系内互联互通，数据量化，形成自身评价体系。“信息智能管理平台”建立在大数据下，借助大数据可以随时掌握各基地和场馆参观人数、实时用户体验评价、用户科普信息分析等数据，实现科普信息动态管理。平台内实现信息的交互需要三个重要因素：平台、用户、终端(见图 1)。

平台：建立统一平台，所有科普场馆对接同一平台，数据既能独立又能实现共享。平台囊括各个科技博物馆和基地的基本信息，记录各地青少年的入馆参观记录、学习课程内容、课程喜好、科普积分等，并实时进行数据更新。

用户：为在校青少年建立“信息智能管理平台”账号，也就是建立科普档案。科普信息卡像身份证一样，每人一卡制，真正实现“一人一卡一平台”。通过刷卡终端与平台相连，记录着每个人在各个科技馆、基地或者任何具有科普功能的场所的学习信息。公众要参观科技馆或者参加教育活动，就要通过“智能科普信息卡”接入，通过刷卡进行科普工作的痕迹管理。所有“智能科普信息卡”在终端的刷卡信息直接接入平台，实现观众数量、教育活动开展数量等一系列信息对口联网上报，并实时分析。

终端：为加入平台的各馆、基地建设终端，各单位根据活动开展情况进行设置，通过用户体验刷卡、数据输入等方式进行数据采集。

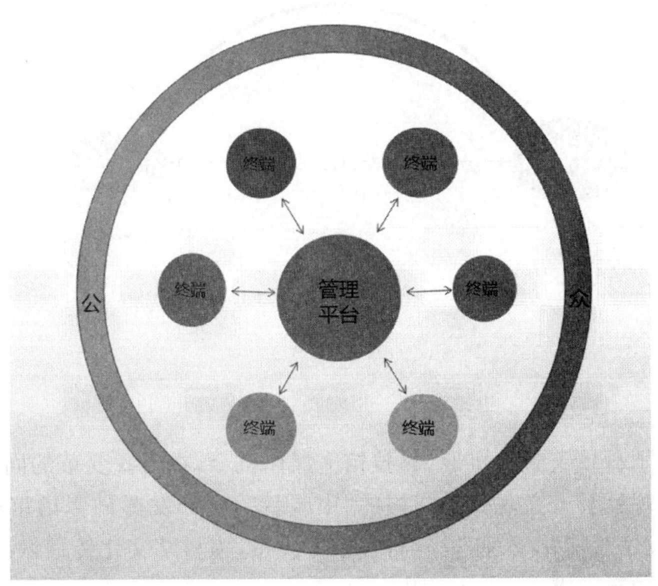

图 1

(2) 信息智能管理平台的作用

有效避免了信息逐级上报的烦琐和信息统计不完善等弊端。该平台通过刷卡记录进行痕迹管理，避免了现有数据逐级上报的烦琐以及统计不完善等情况，并且数据实时更新，避免了隔年上报的情况，更具有参考价值。该平台可实现二次平台(包括综合素质教育评价平台)链接，使科普与教育直接对接，完成在线实时评价，避免了二次录入的烦琐性。

实时数据分析。利用后台进行大数据分析，可以了解科技馆参观的人流规律性、各地科技馆实时人流及活动开展情况等等。同时，在教育内容上可以了解到一名学生上了什么课，分析出他对什么感兴趣，还可以分析哪类课程受学生欢迎，老师和孩子的切入点在哪里。可以线上线下多种途径参与科普素质测评，也可以在全国范围内开展科普素质比赛等。根据数据记录，可以为科普研究者提供实时精准数据。

其他作用。实现互联互通后，各单位可根据自身情况开展不同的活动或功能开发，如对参与活动的青少年进行积分管理，积分可以作为青少年科普值，兑换科技奖品或者参加夏令营等。

(3) 信息智能管理平台的意义

智能科普信息平台的应用可以极大减轻数据统计的工作量，更好地进行科普痕迹化管理，科普可追根溯源，真正智能化，并且建立长远发展规划。公众与科技馆之间的互动都可以通过这张卡来实现，使科学传播方式从传播者到受众的单向传播，转变为多主体开放式交互传播(见图2)。

目前各省积极推进垃圾分类普及工作，部分小区已经建立了垃圾分类站，推广“互联网+”垃圾分类模式。在居民小区中发放智能卡，布设智慧垃圾分类站点，通过智能卡进行积分鼓励，垃圾分类效果明显好于普通模式。“信息智能管理平台”的功能与作用与其有异曲同工之妙，同时兼具评价体系，让科技馆工作从被动转为主动，让公众主动参与到科普活动中来。

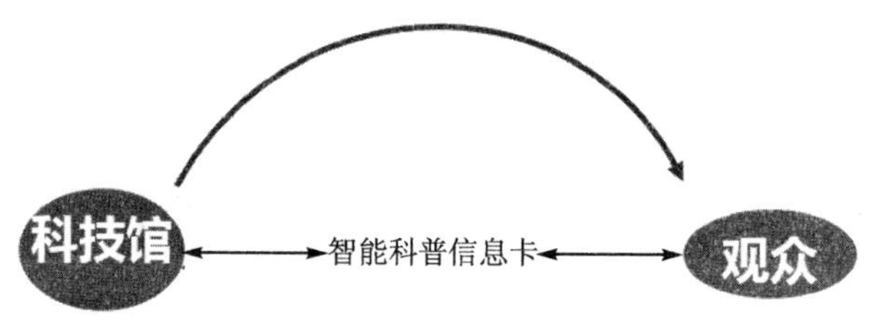

图2

5 结语

科技的进步给了科技馆新的机遇，科技馆应抓住机会，在自我变革的同时谋求新发展。科技馆要紧紧围绕实现社会主义现代化强国的“中国梦”，充分发挥科普场馆在科技展示中的先进性，积极探索科技馆智能化管理，提升科普服务质量，为科学文化传播做出新尝试，满足公众对理解和参与科学的新需求。

参考文献

[1] 程东红.顺应大势、勇于担当，共同开辟“一带一路”科普场馆发展的光明前景[J].自然科学博物馆研究 2018(1):17-26.

[2] 朱才毅，萧文斌.科技馆运营管理系统的探索——以广东科学中心运营管理为例[J].科技管理研究，2011(9):185-190.

[3] 杨玉娟，段飞.试论IPA对比分析下的科技馆科普服务供给侧改革[J].科普研究，2019(3):66-74.

以智慧服务引领智慧博物馆建设

成　萌[①]

摘　要： 随着时代的发展，经济的快速进步，人们对精神文化生活也开始有了新的期待。为了使得人们的文娱生活变得更加丰富，不少地区都开始对代表城市文化的博物馆进行信息化建设。逐渐引入了信息技术的博物馆以智慧型服务为突出特征，切合了社会的发展需要，突出博物馆展示功能，能够给予参观者更好参观感受。烟台自然博物馆作为烟台唯一自然综合类博物馆承担着展示展览的科教文化职能，自2012年开馆至今，共接待参观者二十余万，正在向智慧型服务引领的智慧博物馆发展，但是仍然处于摸索阶段，还存在着许多亟待解决的问题。本文将对此进行研究与分析。

关键词： 智慧服务；智慧博物馆；建设分析

在马斯洛的人类需要层次分析说中，精神层面的需要处于高等层次，在生存需求被满足之后被人们所重视。经济进步与科学技术进步带来的，不仅仅是人类最基本的生存需求获得满足，更需要唤醒人们追寻内在精神世界的升华。现代科学技术的发展，如何将新技术、新手段运用到博物馆的陈列展览服务、智慧博物馆建设中去，更好提升博物馆的信息化水平，实现场馆的智能化管理和公众的个性化服务，本文将对此进行研究与分析。

1　现阶段的博物馆建设存在问题分析

烟台自然博物馆展陈面积大约$1.3\times10^4\,m^2$，室外景观8处，室内厅馆13个，馆藏标本近万件，是一个以矿产为重点，以黄金为特色，自然科学与人文艺术交相辉映的主题博物馆。馆内有总揽烟台历史的主题序厅，揭开地球奥秘的地球厅，探索生命之源的化石厅，寻秘黄金之都的黄金厅，纵观基础资源的矿产厅，徜徉生物世界的生物厅，鉴识木艺千秋的根雕艺术馆，领略造化天成的观赏石馆，缅怀甲骨之魂的甲骨文与王懿荣馆，透视内画神技的内画馆，悟道三象大观的石齐美术馆；馆外设两个展厅，有诠释经典的四大名著根雕馆，隽秀书画的文房四宝馆。在使用智慧服务引领进行智慧博物馆建设之前，烟台自然博物馆是以标本陈列较为传统的方式来进行展示、展览的综合性博物馆，当中存在着许多问题需要进行深入的探讨。

(1) 日常宣传不到位

博物馆作为日常运营的文化娱乐休闲场所，需要让更多的当地居民与游客前往进行参观与学习。但是很多地区的博物馆并不注重日常的宣传，他们的宣传既不依靠新流行的自媒体公众运营平台，也没有成熟完整的广告运营体系，因此在日常的开馆期通常并不能吸引到太多

---

① 成萌，2007年参加工作，现任烟台自然博物馆科研展陈部副部长，在博物馆工作以来，策划特色展览十余个，对馆内近万件标本进行管理信息整理汇总。连续被评为优秀工作者。2019年获得“中国野生动物保护成果展”精品标本最佳文化传承奖。联系方式：13562536210，0535－6762360。

顾客。倘若日常宣传不到位的问题得不到解决，那么即便有许多存在出行意向的当地居民与游客，也不会将博物馆作为自己旅行游玩的首选地点来进行考虑。烟台作为沿海旅游城市，每年会有很多游客慕名前来，而作为城市名片的博物馆也需要有一定知名度才能更好的吸引参观者，烟台自然博物馆从开馆至今对外的宣传少之又少，连本地市民知晓度都不高，严重影响了博物馆的科普教育的基本职能。造成这个问题的原因也是多方面的，一是认为博物馆区别于旅游景区，不应该采用商业化的包装来进行宣传；二是宣传费用受到限制，作为全额拨款的事业性单位经费需要预算审批也是制约对外宣传难以展开的一个主要原因。

（2）游览方式存在限制

每一个博物馆的游客载量是有一定限制的，即便相关博物馆在日常的宣传过程中取得了良好的宣传效果，也很有可能由于博物馆本身的游客载量所限，而无法使得更多有出行意向的当地居民与游客进入到博物馆内进行游览。除此之外，每个博物馆都会配备相对应的解说专员，对博物馆里所存在的展品进行解说。即便博物馆拥有较为得力的宣传手段与宣传途径，能够为博物馆带来大批的游客，博物馆也很有可能由于工作人员配置的限制，而无法在同一时间为众多顾客进行详细的引导参观与解说。倘若这个问题无法得到解决，那么博物馆建设也就无法得到更明显的改进。本人作为一名博物馆从业者，也到过其他博物馆进行参观学习，印象比较深刻例如北京故宫、南京博物院这种国内知名的博物馆，由于知名度很高，参观游客蜂拥而入参观效果并不理想，参观体验度较差，展览内容不能得到充分的展示，后期有些博物馆采取了限流预约的方法，也很大程度上限制了博物馆的展示职能。特别是从去年新冠疫情爆发后，公共安全的要求使得博物馆的参观人数和场地又受到了更多的限制，自然科学博物馆在突发公共安全事件的科普工作中其实扮演着重要角色。场馆不能开放，职能发挥不出来矛盾突显出来。烟台自然博物馆按照上级要求在疫情严重时期实行了闭馆，调整风险等级后先是开放了室外八处景观，然后又在五月份实行每日限流200人的方式开放室内场馆，但是随着暑期来临，参观人数激增每天参观游客都是超过限流人数。现阶段的传统展示展览已经不能满足参观者的需求，烟台自然博物馆必须回应时代需求，进一步激发自然科学博物馆的发展活力。

（3）依赖人工管理

国内大多数的博物馆都是完全依赖人工管理，馆内藏品管理方式相对简单，将标本放置在展厅和库房两个位置，每一件标本进行了建档立卡并拍摄照片。但是都是人工管理，未进行数字化。而国内较早较大的博物馆馆藏标本上百万件，完全依赖人工管理已不现实，就连烟台市博物馆这种市级博物馆的馆藏数量已经达到42万件，资产的盘点都没有办法通过人工实现。作为博物馆对标本的管理和查询都要求较高。这必须通过信息化的手段，对标本进行数字化，并按照一定的标准对标本进行详细分类，按类别形成标本管理数据库，并记录好数量、保存状态以及标本的高质量的图片和视频信息资料，方便用户管理和查询。烟台自然博物馆馆藏8 432件展品，对馆藏标本的管理是一项十分复杂的工作，现阶段的工作主要分为实物管理与资料管理。对标本实物进行管理时要始终遵循一个原则，尽最大努力保持实物的原貌，使得标本信息不被破坏，以便于在今后进行科学的研究。馆藏品数量众多，单纯使用展柜进行陈列展示，往往会忽略展品背后所代表的丰富文化与意蕴。如何梳理展陈主线，挖掘故事，让观众体验、探索与互动成为下一步发展的主要问题。

2　使用智慧服务引导智慧博物馆建设

针对上述问题,各地区博物馆开始有意识的引入信息技术来进行博物馆日常工作模式的改进。逐渐引入了以智慧服务引导智慧博物馆建设的措施。下文将对有关措施进行研究与分析。

(1) 使用线上宣传模式

在进入到信息时代后,依托于无线传感网络的自媒体时代开始来临。新媒体时代的营销手段与策略,降低了宣传准入门槛也降低了宣传成本,能够通过最方便快捷的方式来达到想要的宣传效果。但许多博物馆由于缺乏敏锐的嗅觉,没有通过自媒体运营来进行博物馆展馆宣传的意识而浪费了许多宣传机遇,造成了大量潜在客户流失。为了避免这种情况恶化下去,相关技术人员应当紧紧抓住信息时代的宣传特征,制定详细的宣传策略与手法来进行博物馆的展馆宣传。相关技术人员可以通过公共社交账号平台的宣传,相关纪录片艺术的宣传以及网络直播平台的宣传,来帮助潜在顾客以更加细致周到的方式了解到博物馆的内在文化内涵与魅力。有经验的技术人员还可以通过运营微信公众号的方式,通过科普介绍的手段发送推文来进行相关博物馆内展馆展品的宣传,通过该种方式来吸引对有关产品感兴趣的顾客前来参观。从去年疫情时期开始很多博物馆已经开始依托网络平台进行宣传,多家博物馆与抖音平台合作推出"在家云游博物馆"项目(见图1),借助年轻人喜爱的抖音平台,在特殊时期带来一场新奇的线上文化体验。烟台自然博物馆对线上宣传做了一系列的准备工作,与当地知名的胶东在线网站多次沟通,深入讨论今后的宣传计划,下一步将建立自己的网站、微信公众号,不定时发布、推送我馆最新展品展示、教育和信息资讯,提供门票预约、活动报名等服务,开拓新的宣传途径。

图1　"在家云游博物馆"项目

(2) 使用线上互动模式进行参观

前文已经说到过,由于每个博物馆的游客载量有限制,因此即便相关的广告宣传已经到位,各个地区的博物馆也并不能同时接纳超量的游客。再者,由于疫情的影响,现阶段的博物馆在正常的开馆期还需控制人流量,用以避免紧急情况的发生。基于此,相关技术人员可以通过智慧型服务手段,进行线上互动参观模式的建立。以平台直播的方式让博物馆的专业解说员带领游客进行线上参观(见图2)。由于有互联网做支撑,平台直播的人流容纳程度要比实体博物馆的游客总量大得多,而在通过网上互动平台进行博物馆相关展品介绍的同时,也能够让更多的线上观众感悟到城市历史文化的魅力,使得线上观众的精神世界得到提升。这也能够为日后相关游客进行线下参观打下良好基础。例如威海文登博物馆就率先推出了系列展厅在线讲解,互动提

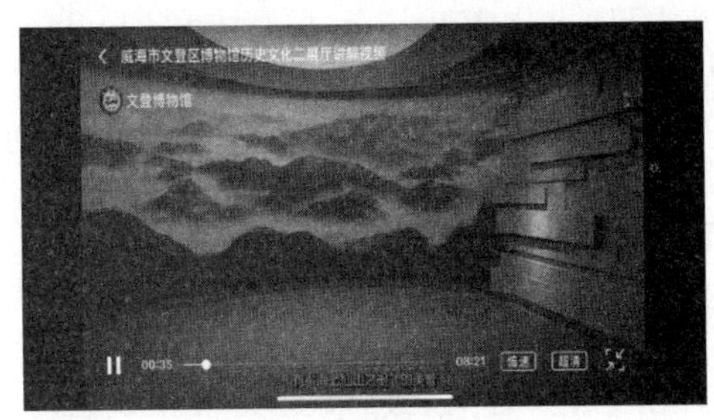

图2　线上参观博物馆

问解答，对展厅全面的介绍让参观者置身馆内一般，收获界内界外的一致好评，提升了知名度，收获了美誉度。

烟台自然博物馆可以构建网上博物馆720°全景展厅，发挥自己13个特色厅馆的优势，挖掘馆内特色展品，讲好展品背后的故事，通过故事让游客对展品留下深刻的印象。利用全景拍摄技术和三维激光扫描技术，获取馆内展厅的高清全景数据和高精度三维激光点云数据，通过互联网进行展示传播，展示博物馆展厅及陈列文物的图片、文字、音视频、虚拟三维文物等成果。让参观者足不出户就能身临其境的感受到现场的环境。还可以利用广泛普及的微信平台和日渐成熟的自助导览技术，打造一个集展示、学习、互动、服务为一体的，受众广泛的展示推广系统。实现与观众融合、线上线下融合，展示与互动融合，让用户参观时不再枯燥乏味，做到真正全方位、互动式体验。

(3) 尝试“博物馆＋”创新模式

① 博物馆＋VR技术。

虽然线上互动模式能够让有关人民群众足不出户的状态下进行博物馆展品的参观，但这种参观仍然是不立体的，无法留下深刻印象的。为了追求极致的参观体验，有条件的参观者可以通过新媒体技术来进行参观。譬如，热衷于使用VR技术的游客可以戴上VR头盔，通过AR传感技术来真实的感受博物馆的文化氛围以及展品的深刻内涵。这样的参观方式既能够保持人与人之间安全距离的隔断，又能够满足游客进行相关博物馆文化氛围感受的需，可谓一举两得。

② 博物馆＋趣味体验。

博物馆的参观其实是枯燥的，在展厅之间切换，在展品之间游走，怎么样能将博物馆要展示的内容使游客有更强的参与感，本人认为可以在博物馆中加入游客体验式参与项目，爱沙尼亚国家博物馆（见图3）是一座以历史与艺术为主、系统展示爱沙尼亚民族悠久文化历史的综合性博物馆。爱沙尼亚国家博物馆把陶罐复制成拼接木制品，随手打碎后，再把碎片像积木一样组合拼接，趣味体验考古挖掘之后文物的修复过程。再例如烟台莱阳白垩纪恐龙博物馆，充分发挥馆内的资源优势，设立趣味体验手工坊，游客可以按照地质年代土壤特点，制作一瓶属于自己年代的许愿瓶，在瓶内许下心愿并将许愿瓶带走。

图3　爱沙尼亚国家博物馆

烟台自然博物馆也可以开展一些趣味体验特色项目，比如结合矿产厅的厅馆特点，选择一些物美价廉的小宝石放在一袋一袋的沙包中，通过水流的冲刷后可以找到沙包中的小宝石，将这独一无二的小宝石制做成项链，手串，耳环带走留念。

③ 博物馆＋文创商品。

博物馆的文创产品一直是国内博物馆的薄弱环节，很少有文化内涵且实用性较强的文创产品。国内现在这方面做的好的只有几家大型博物馆通过引入市场机制，由专门的创意公司设计出各种有趣好玩、有文化内涵且实用性较强的文创产品。2019年，一篇关于北京故宫“神兽雪糕”的文章竟然超过了10万人点赞（见图4），故宫博物院在文创方面是国内做的最好的，每年拥有超过十亿元的销售额。西安秦始皇兵马俑博物馆的文创产品依托强大文化内涵和抖

图4 “神兽雪糕”

音平台的推广也受到游客的追捧。

烟台自然博物馆在文创方面暂时还是起步阶段，三叶虫化石的砚台，玉石的工艺品都是比较简单的纪念品，没有形成具有特色的文创产品，下一步可以通过合作的方式引入市场机制，运用新科技三维翻模技术等等设计出具有自己博物馆特色的文创产品。

④ 招纳复合型人才。

在智慧行博物馆建设过程中，单一拥有相关专业文化知识的人才已经不能满足博物馆未来的发展需要。因此博物馆的相关领导应当有进行复合型人才招纳的意识。通过招纳具有一定信息技术知识基础的员工，要不断的完善博物馆的智慧型服务建设。烟台自然博物馆现阶段还没有信息技术方面的专业人才配备，全面打造智慧博物馆，必须招募相关的技术人才来进行建设。

3 结　语

信息技术的发展脚步不会停止，因此博物馆的智慧型服务建设也会一直更新。这种博物馆的建设方式是符合社会发展趋势的，它能够使得博物馆更具经营活力的同时，满足参观者的游览意愿，给参观者较好的游览体验。

参考文献

[1] 岳娜."大数据"背景下智慧博物馆发展现状及对策[J].中北大学学报(社会科学版),2020,36(02):128-132.

[2] 黎巍巍.从公众服务视角谈智慧博物馆建设[J].数字技术与应用,2019,37(07):219-220+222.

[3] 周继洋.5G时代的智慧博物馆建设[J].中国建设信息化,2019(09):54-57.

[4] 何涛.大数据时代博物馆的服务创新与发展分析[J].课程教育研究,2019(17):41-42.

[5] 罗作为.略论智慧博物馆与"智慧服务"——以桂林博物馆为例[J].中共桂林市委党校学报,2017,17(02):38-41.